消費者行爲

Consumer Behavior:
Buying, Having, and Being
6th Edition

美國奧本大學（Auburn University)消費者事務系教授
Michael R. Solomon　著

台灣大學商學研究所教授
張重昭　審訂

PEARSON
Education
Taiwan

台灣培生教育出版股份有限公司
Pearson Education Taiwan Ltd.

譯者簡介

陳志銘

現任職意識形態廣告公司，譯有《品牌密碼》、《透視影響力》等書。

郭庭魁

台灣大學心理學系學士，元智大學管理研究所MBA，美國史丹福大學MS＆E交換學生，專長於行銷管理、科技與技術管理、服務業行銷。曾任職美商惠普科技、高露潔棕欖家品、現任悅智全球顧問公司助理顧問，譯作有《消費者行為個案集》、《金融時報大師系列——資訊管理》等。

杜玉蓉

政治大學新聞研究所、中央大學英文系畢業。曾任旅遊雜誌採訪編輯、出版社編輯。譯有《情緒勒索》、《白金定律》、《40個天堂》等書。

蕭幼麟

現於英國威爾斯大學卡地夫分校(Cardiff UniversityCardiff University)攻讀商學博士學位，主修行銷及人力資源管理。

周佳樺

台大商研所畢業。曾任Mook旅遊網站兼職編輯，翻譯校稿書籍包括《e-企業概論》、《管理學》、《網際網路商業》；目前任職於美商睦拉達公司。

推薦序

「消費者行爲學」可說是最貼近每個人生活領域的一門學問,因爲任何人都無法脫離「消費者」的身份,必然都歷過作出購物決策的各種喜怒哀樂的歷程。因此,如果你想對這個與每個人生活作息密切相關的知識有最完整的了解,就需要一本能涵括消費者行爲研究完整面向,而且能與時俱進,隨時針對市場中的消費者行爲趨勢進行分析的書籍。

本人教授「消費者行爲學」課程多年,第一次採用Michael Solomon教授撰寫的這本《消費者行爲》爲第二版,當時即覺得內容結構完整,說理清楚,可稱爲消費者行爲領域的佼佼者。當培生出版社邀請本人爲第六版審訂時,發現作者爲此版新增不少新的觀點與市場實例,讓本書的可讀性更高。本人在審訂時特別重視該書譯筆表達的清晰與否,在細讀過譯文之後,認爲譯筆清楚明瞭且不失眞,才首肯擔任審訂工作,以求本書能提供最完整、正確的消費者行爲研究概念。

Michael Solomon教授的論理清晰,舉例及字裡行間更時時流露幽默感。在最新版中,作者除了系統性提出許多消費者行爲學者與專家的精闢想法及見解之外,更增添了許多最新、範圍擴及全世界的實際案例(連在台灣上市的青島啤酒廣告也在列)來支持理論,不但充分表現了消費者行爲學應用科學的特色,更提供了各國消費市場中的不同珍貴經驗,讓讀者在學習理論之後,更能藉由全球化的行銷視野來進一步析論理論的可行度。此外,本書更強調消費者行爲理論是行銷策略的重要理論依據之一,許多行銷概念與決策都是從認識人的能力爲基礎。爲闡明消費者研究擁有爲行銷策略提供資訊的潛力,書中也列出了行銷人員應用消費者行爲學概念的大量實例,提供行銷人員應用消費者行爲研究概念的最佳指引。

本書不僅是消費者行爲研究極佳的教科書,也可做爲行銷管理、廣告管理與顧客關係管理等領域的參考書。此外,本書還附有中英文投影片、教師手冊、教學平台等教學資源,相信對授課老師也有很大的參考價值。因此推薦本書,期望各位先進不吝採用,並給予指正。

張重昭

台灣大學工商管理學系教授

目次

目次

原著序

　　我喜歡觀察人，你呢？觀察人們購物、開玩笑、炫耀……消費者行為學就是研究人，以及有助於塑造個人認同產品的研究，因為我自己也是消費者，所以我對於更深入瞭解這個過程及運行機制有著一種個人的興趣——你也是吧！

　　在許多課程中，學生都只是被動的旁觀者，學習那些對他們頂多只有間接影響的主題。並非每個人都是等離子物理學家、中世紀法國學者或者行銷專家，但是我們都是消費者。本書中所涉及的許多主題都是專業的，而且跟讀者本身有關，無論讀者是學生、教授，還是行銷人員。幾乎每個人都曾經歷過在購物最後一分鐘時的考驗和磨難，如為晚上的重要外出精心打扮，因昂貴的購買決策而感到極度痛苦，在加勒比海一週逍遙度假的幻想，歡慶某個節日或紀念一個重要事件，如畢業、拿到駕照或彩券中獎。

　　在本書最新版中，我盡力將一些優秀的消費者行為研究專家提出的想法及見解介紹給大家，但這是不夠的，消費者行為研究是一門應用科學，因此，在試圖將研究結果應用於現實生活時，我們絕不能忽略「常識」的作用。你將發現我用了許多實際案例來支持這一些很吸引人的理論。

本書與眾不同之處：購買、擁有與感受 ▶ ▶ ▶ ▶ ▶ ▶

　　如本書副標題所示：購買、擁有與感受(Buying, having, and Being)，消費者行為學在我眼中遠遠超出了對購買行為的研究——擁有與感受也一樣重要。消費者行為不只是買東西，還包括研究擁有（或沒有）這些東西會對我們的生活有怎樣的影響，以及我們擁有的東西如何影響我們對自己及彼此的感覺——也就是我們的生活狀態。我發展出消費者行為輪，在本書開頭用來強調消費者與存在社會環境間複雜且難以分割的交互關係。

　　除了瞭解人們的購買原因，我們還試圖瞭解產品、服務和消費活動對於這個廣大社會所產生的貢獻。無論是購買、烹飪、清潔、打棒球、海灘漫步，還是看看鏡中的自己，我們的生活都被行銷體系所觸及。如果這樣的情況還不夠複雜，那麼當我們用多元文化的角度觀察不同地區消費者時，這個任務的複雜度就隨著地理區域的不同又複雜了好幾倍。

這些想法都有實際有趣的案例來支持，也代表著消費者行為與現實生活的互動，在本書最新版中，你會發現許多上一分鐘發生的事已經納入本書中，如生化恐怖事件、網路隱私、九一一之後的消費者行為、辨識小偷、天花亂墜的流言、購買動能、新信仰主義、廣告遊戲、食物文化、部落格、網路化身、無聲商務、品牌叢林、種族行銷，甚至是肉毒桿菌美容等。

邁向全球　▶ ▶ ▶ ▶ ▶ ▶

思考美國本土經驗固然重要，不過仍會失之片面或偏頗。本書同時觀照世界各地不同的消費者，不論在於購買、擁有與感受，他們繽紛多樣的體驗，都是我們理解消費行為的關鍵。因此綜讀全書，你將發現許多來自美國本土以外的行銷與消費實例，本書最後也附上這些例子的完整表列。九一一事件悲劇過後，大家都應該已有這樣的體認：我們都是世界公民的一員，必須知道如何欣賞他人看事情的角度，同時知道別人怎麼看我們。本書最新版特別推出「全球瞭望鏡」新單元，透過這些精彩實例，可以知道不同地區消費者對美國以及美國所輸出的一切懷有什麼樣的看法。這裡收錄的不盡然都是正面評價，不過每個觀點都為美國加諸於全球的正負面強勢影響，提供了頗具價值的反思。

數位消費者行為：虛擬社群　▶ ▶ ▶ ▶ ▶ ▶

隨著越來越多人每天上網，毫無疑問，這世界正在發生改變──而消費者行為學則以比你能說完網站兩字還要快的速度向前發展。本書最新版彰顯出在勇敢拓荒新世紀中的數位消費者行為。消費者和製造商以一種前所未有的資訊電子方式集合起來。資訊的快速傳送正在改變著新趨勢的發展速度和前進方向──尤其是因為虛

擬世界讓消費者參與新產品的創造與討論。

新數位世界最鼓動人心的一面是消費者能夠與住在全區或全世界的人直接互動。因此,社區的定義正從本質上發生改變。消費者不僅僅相互討論產品,現在,我們在網路社群中對新電影、CD、汽車和服裝——舉凡你想得起來的消費品,共同分享彼此的看法,這些人可能包括一位美國阿拉巴馬州的家庭主婦、一位美國阿拉斯加州殘障的銀髮公民,或者一位在荷蘭阿姆斯特丹身上有穿孔的少年。

就在我們剛開始探討消費者行為學的錯綜複雜時,一位網上瀏覽者可以把她的照片放上一個網站進行虛擬美容,一家企業的採購代理商也可以在幾分鐘之內在全世界廠商中進行一件新儀器的招標。市場中這些新的互動方式為商人和消費者創造了大量的機會。在本書中,你會看到這些劇烈變化的實際例證。此外,每章中都有「網路收益」的專欄,針對網路可以改善商業運作方式的潛力提供了特殊例子。

但是,數位世界總是一個美麗的世界嗎?與「真實世界」一樣,不幸的是,答案是:不。不管是侵犯消費者的隱私、利用孩子的好奇心,還是提供從頭到尾虛假的產品資訊,總是有可能在網路上發生消費者權益受損的事情。這就是為什麼你會發現本書中有「混亂的網路」專欄,專欄指出了這種迷人的新媒體的一些弊端。然而,我無法想像沒有網路的世界,我希望你喜歡網路改變我們的方式。當談到虛擬消費者行為的新世界時,你不是正參與其中,就是已經受到了影響。

消費者研究是一頂大帳篷　▶ ▶ ▶ ▶ ▶ ▶ ▶

與本書大多數讀者一樣,消費者行為學這個領域也很年輕,有活力,並且還不斷變化。它不斷地從許多不同學科觀點中汲取各方面的營養——這個領域是一頂融合各種觀點的巨大帳篷。我試圖在書中表達它這種驚人的多樣性。消費者行為學幾乎呈現了社會科學的每個學門,還有物理科學和測量技術中的一部分。出自這個砂鍋的是一道有益健康的「燉菜」,混合了適當的研究方法、觀點和見解,甚至還包括深植於消費者行為學研究者的信念——什麼是合適的研究問題、什麼不是。

本書還強調瞭解消費者在制定行銷策略上的重要性。行銷中的許多基本概念都是從認識人們能力為基礎的。畢竟,如果我們不明白人們行為的原因,又怎能辨識他們的需要呢？如果我們不能滿足人們的需要，就沒有一個行銷概念，乾脆捲鋪蓋回家算了！為闡明消費者研究為行銷策略提供資訊的潛力，書中包含了行銷人員應用消費者行為學概念的大量實例，並列舉了可能應用此類概念的機會之窗（也許就是透過在學習這門課後的靈活策略應用）。許多這樣的可能性都在「行銷契機」專欄中特別強調。

好的，壞的與醜陋的

策略焦點固然重要，但本書卻並未假定行銷人員所做的一切都是為了獲取消費者或環境的最大利益。另外，我們作為消費者也會做許多不太有正面意義的事情。人們都為吸毒、嫉妒、民族優越感、種族主義、性別歧視和許多其他的「主義」所困擾。遺憾的是，行銷活動確實──有意無意地──鼓動或利用人類的這些缺點，本書將毫不掩飾的呈現消費者行為學的全部內容。在「行銷陷阱」的專欄中，我們還強調了行銷的錯誤和道德上的可疑行為。

另一方面，行銷人員也幫我們創造了許多美好的事物，例如節日、連環漫畫冊、電子音樂、口袋寶貝以及在服裝、家居設計、工藝和烹飪上許多不同風格的多樣選擇。我也盡力表明行銷對大眾文化產生相當大的影響。確實，本書最後的部分反映了這個領域中最新的仔細考察、分析評價、有時是稱讚日常生活中的消費者。我希望你們在閱讀時能像我在寫作時一樣享受到這些美妙東西所帶來的樂趣。

市場中的
消費者

本篇介紹消費者行爲學領域的概況。

第一章檢視行銷領域如何受到消費者行爲的影響，

以及身爲消費者的我們又是如何被行銷人員影響。

本章亦介紹消費者行爲學的原則，以及促成消費者行動的不同途徑。

此外，本章也強調消費者行爲學研究

對於如吸毒和環境保護主義等公共政策問題的重要性。

消費者行為學導論

上會計課之前，蓋兒在房間裡上網來消磨時間。她為了準備會計和行銷考試，已經好幾週沒看有趣的網站了。受夠了那些嚴肅的內容，她決定去真正有教育意義的網站上瀏覽一下。

首先去哪裡呢？蓋兒想從一個頗受歡迎的女性入口網站開始，看看有什麼趣事。她來到iVillage.com，看了自己的星座（太好了！今天正適合開展一段新戀情）、搜尋了幾個美容技巧，然後做了「美妙約會」的測驗（不妙，最近跟她約會的布魯斯或許要換掉了）。然後她在gammaphibeta.org這個新網站看了自己所屬的女生聯誼會，該網站的宗旨在於「經由教育、社交生活，以及對於國家社會的服務來創造最具典範的女性組織」[1]，非常不錯，不過她想也許該看些更有趣的東西了。

在購物網站瀏覽了一個小時，並發誓要在考完試回來好好獎賞自己一件禮物後，蓋兒決定看看「真正的人」在網上都做些什麼。她先到自己所屬的college-club.com網站上——哇！現在有30多個同學登入！看來，其他學生也都跟她一樣努力地在做功課！接著她點到http://navisite.collegeclub.com/webcam，決定要去看看網上直播，該網站有很多拍攝真實男女工作或居家情形的網路攝影機，但大部分都相當無趣。「DissCam」網站居然在放映一個禿頭研究生寫論文的鏡頭！天哪！蓋兒看了「校園視界」（Campus View），在那裡她可以選擇很多學校的實況轉播，從賓州州立大學到洪堡大學都有。最後她選了一個四人房的實況轉播，他們就做著學生們平常所做的事情。她看著一個很吸引人的場景——其中一個男生正在刷牙準備去上課。嘿！這可不是阿姆的演唱會，不過還是待會再念會計吧。

消費者行爲學：市場中的人們　

　　本書就是在描述關於像蓋兒這樣的人。本書關注於人們購買與使用的產品和服務，以及其切入生活的方式。本章描述消費者行爲領域中的一些重要面向和原因，對於理解人們如何與行銷體系互動是不可或缺的。

　　現在，我們回過頭來看這個「典型的」消費者：主修商學的學生蓋兒。這個簡短的故事讓我們注意到了本書所包含的消費者行爲學面向。

　　作爲一名消費者，我們可以許多方式來形容蓋兒，並把她與其他個體相比。基於某些因素，行銷人員也許會發現，將蓋兒按照年齡、性別、收入或職業進行分類是比較有用的，這些是描述一個群體特徵的例子，或者說是人口統計學(demo-graphics)變數。而在另一情況下，行銷人員則更願意瞭解蓋兒對於服飾和音樂的興趣，或者她打發空閒時間的方式。此類資訊屬於心理描述變數(psychographics)，指的是一個人的生活方式和人格的歸類。對消費者特徵的認識對許多行銷策略的應用中都很重要，如爲產品規劃市場區隔，或在確定某目標消費者群體時決定使用適合的策略。

　　蓋兒姐妹淘們的意見和行爲對她的購買決策有很大影響。許多產品資訊，以及使用、或是避免購買某種品牌的建議，都是透過現實中人們之間的談話來傳遞，而不是透過電視廣告、雜誌、廣告告示板，或是一些奇怪的網站來傳達。網路的發展創造了數千個網上消費社群(consumption community)，那裡的成員共用彼此對芭比娃娃到掌上電腦等產品的意見和建議。蓋兒所屬群體內部的聯結是由他們共同使用的產品來維繫的。在每一個群體成員身上還存在一種壓力，以驅使其購買群體認同的東西。當一個消費者的行爲不符合其他人對於好、壞、入時、過時的觀念時，那他就會遭受群體的排斥或拒絕。

　　作爲美國社會的成員，人們共同具有某種文化價值觀(cultural values)，或者對世界應如何建構抱持堅定的信念。次文化群體(subcultures)，或者說文化中更小群體成員也共有一些價值觀，如西語系人口、青少年、美國中西部的人，甚至「暴動女孩」[2]和「地獄天使」。

在瀏覽網站時，蓋兒看到許多競爭性「品牌」。有很多網站根本沒引起蓋兒的注意，而有些雖被蓋兒注意到卻因不符合她認同或崇尚的形象而放棄。運用市場區隔策略(market segmentation strategy)就是指為特定消費者群體進行品牌的目標定位，而不是為所有人——不屬於這一目標市場(target market)的其他消費者將不被這種產品所吸引。

品牌具有清晰界定的形象或「個性」，這是由產品廣告、包裝、商標和以某種方式定位產品的行銷策略所塑造的。選擇「我的最愛」網站很像是生活方式的宣言：說明了一個人對什麼感興趣，還有想成為哪類的人。人們往往因為喜歡產品的形象，或覺得其「個性」有點符合自己而選擇某種產品。而消費者或許認為，購買或使用了某種產品或服務，那些令人羨慕的特質就會奇蹟般地轉移到自己身上。

當產品成功地滿足了消費者特定的需要或慾望，就可能會贏得維持多年的品牌忠誠度(brand loyalty)：一種競爭者很難破壞的產品與消費者的聯結，往往只有生活條件或自我概念的變化才能削弱這種聯結。

消費者對產品的評價會受到其外觀、口味、質地或氣味的影響，一個好的網站可以讓消費者用眼睛看就能對產品有感覺、嘗到味道和聞到氣味。我們可能會因為包裝的形狀和顏色而搖擺不定，也會因更細微的因素如品牌名稱、廣告，甚至雜誌封面的模特兒而猶疑不決。這些判斷受制於——也常反映出——社會對於當時人們應該怎樣表現自己的看法。如果問蓋兒，她或許也說不出自己考慮某些網站而拒絕其他網站的具體理由。許多產品的意義都隱藏在包裝和廣告之下。本書將探討行銷人員和社會科學家發現和應用這些含意的一些方法。

如我們從蓋兒身上所發現的，我們的觀點和慾望正日益受到來自世界各地的資訊所影響；由於通訊與運輸系統的發展，這個世界也變得越來越小。在今天的全球文化中，消費者往往比較重視那些能把他們「送往」不同地方領略異域文化的產品和服務——即使只是看看別人刷牙。

▶ 何謂消費者行為？

消費者行為(consumer behavior)的領域涉及很多方面：它研究個體或群體為滿足需要和慾望而挑選、購買、使用或處理產品、服務、創意或經驗時所涉及的過程[3]。

消費者有多種類型：從八歲孩童要求媽媽買皮卡丘的卡片，到大公司經理對價值數百萬美元電腦系統的投資決策。消費的商品包括從豌豆罐頭、一則資訊、民主政體、嘻哈音樂到明星等的一切事物。要滿足的需要和慾望範圍也從饑餓、口渴到追求權位，甚至是精神滿足。我們對日用品的依戀可以從消費者對可樂的熱愛得到例證。拉斯維加斯的「可口可樂世界」每年都吸引100萬人次參觀。展覽會主辦單位問了一個問題：「可口可樂對你的意義是什麼？」許多人都表達出了對這個品牌強烈的感情聯繫[4]。

消費者是市場舞臺上的演員

角色理論(role theory)的觀點認為，許多消費者行為都類似戲劇中的情節[5]。在一齣戲中，每個消費者都有成功演出必要的台詞、道具和服裝。因為人們要扮演不同的角色，他們有時會隨當時的特定情境而改變消費決策。他們在一個角色中用以評價產品和服務的標準，可能與另一個角色中的標準大相逕庭。

消費者行為是一個過程

在消費者行為學的發展初期，消費者行為領域常是指購買者行為(buyer behavior)，強調的是消費者在購買時與生產者之間的互動。現在，許多行銷人員意識到，消費行為是一個發展的過程，並不僅只是消費者支付金錢或使用信用卡而得到產品或服務那一刻所發生的事情。

這種交換(exchange)，即兩個或更多組織或個人相互付出並取得某種價值的過程，是構成行銷不可或缺的部分[6]。雖然交換仍是消費者行為的重要部分，但在廣義觀點上更強調消費的整個過程，包括在購買前、購買時和購買後影響消費者的一切問題。圖1.1闡明了消費過程每個階段中的一些問題。

消費者行為有許多不同的參與者

一般認為，消費者(consumer)是在消費過程的三個階段中，對產品先產生需要或動機、再購買、然後進行處理的人。然而，在很多情況下，各式各樣的人都可能

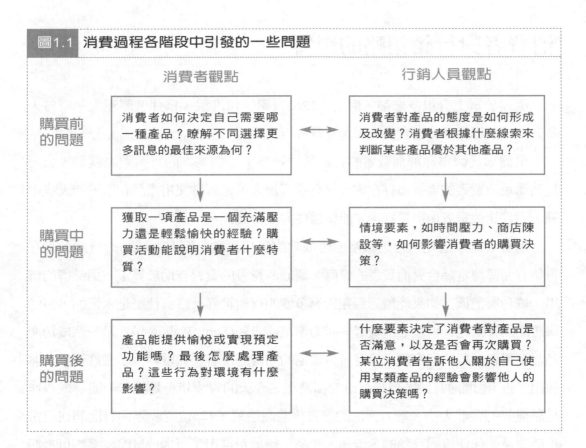

圖1.1 消費過程各階段中引發的一些問題

	消費者觀點	行銷人員觀點
購買前的問題	消費者如何決定自己需要哪一種產品？瞭解不同選擇更多訊息的最佳來源為何？	消費者對產品的態度是如何形成及改變？消費者根據什麼線索來判斷某些產品優於其他產品？
購買中的問題	獲取一項產品是一個充滿壓力還是輕鬆愉快的經驗？購買活動能說明消費者什麼特質？	情境要素，如時間壓力、商店陳設等，如何影響消費者的購買決策？
購買後的問題	產品能提供愉悅或實現預定功能嗎？最後怎麼處理產品？這些行為對環境有什麼影響？	什麼要素決定了消費者對產品是否滿意，以及是否會再次購買？某位消費者告訴他人關於自己使用某類產品的經驗會影響他人的購買決策嗎？

捲入這一連串的事件當中。產品的購買者(purchaser)和使用者(user)可能並非同一個人，正如父母為十來歲的孩子挑選服裝（在孩子的眼中，父母的選擇會造成『扼殺時尚』）。第二種情況則是，他人可作為影響者(influencer)，提供支援或反對某種產品的建議，而並未實際購買或使用產品。例如，一個人在試穿新褲子時，朋友做的鬼臉也許比父母親所做的任何事都更具影響力。

第三，消費者也可以是組織或群體，其中一人可對購買產品作出決策，而產品將被許多人共同使用，如總務部門訂購辦公用品。在另一些組織情境下，購買決策是由一大群人作出的——例如，公司的會計師、設計師、工程師、銷售人員及其他人員——包括所有在消費過程不同階段有發言權的人。我們將在第12章中看到，由於許多產品和服務是全家共用，家庭中的各個成員在決策時都有重要作用，因此家庭是一個重要的組織。

消費者對行銷策略的影響

　　流連於網上有很多樂趣。但是，從更嚴肅的角度說，為什麼經理人、廣告人及其他行銷專業人員要費心來學習消費者行為學呢？

　　很簡單，因為理解消費者的行為是件好事。一個基本的行銷觀念就是，公司是為滿足消費者的需要而存在的。只有當行銷人員瞭解會使用產品和服務的人或組織，而且比競爭者做得更好，才能使這些需要得到滿足。

　　消費者的反應是對行銷策略能否成功的最佳測驗。因此，成功的行銷計畫在每個方面都應當結合對消費者的瞭解。關於消費者的資料有助於界定一個品牌的市場、威脅與契機。如果能體認到在紛繁多變的行銷世界，沒有什麼是永恆的，便能保證產品不斷地吸引核心消費者。新力索尼隨身聽(Sony Walkman)就是一個成功產品需要更新形象的好案例。儘管新力索尼的隨身聽使音樂體驗發生了徹底變革，並售出了近3億個隨身聽，但最近研究卻發現，今天的青少年可是把卡帶隨身聽看作是恐龍般的龐然大物。新力索尼的廣告代理商追蹤了125位青少年，看他們在日常生活中是如何使用隨身聽的。現在，產品已經重新推出了可播放MP3檔案的可拆卸式隨身碟，來取代卡帶隨身聽。同時，新力索尼還需要一條新的廣告標語，於是廣告代理商決定在這一波的廣告宣傳中，推出一個藍色的外星人柏拉圖(Plato)來吸引青少年。選取這個角色是為了吸引今天具有民族多樣性的市場。新力索尼的業務總監解釋道：「外星人不代表任何人，因此外星人反而可以代表每個人。」[7]

▶ 區隔消費者

　　市場區隔(market segmentation)是要區分出一方面或多方面具有相似性的消費者，然後制定出吸引一個或多個群體的行銷策略。Amazon.com試圖同時吸引多個區隔市場，而玩具反斗城(toysrus.com)則將焦點放在給孩子的禮物上[8]。如果一家公司能事先做足功課，就不難找出有特殊需求的市場區隔，並開發能滿足這類需求的產品或服務。例如從1980年代至今，美國監獄收容的受刑人已躍增為三倍。對身繫囹圄的人來說，這固然不是什麼好消息，不過部分業者已經嗅出商機，準備推出符

合監獄內部安全標準的產品，進軍「苦窯」。新力索尼推出受刑人專用耳機，其他企業如Union Supply則推出特製湯鍋、垃圾筒與刮鬍刀，避免受刑人在裡頭藏匿違禁品或武器[9]。

以下我們將會發現，建立品牌忠誠度是一種非常聰明的行銷策略；因此，有時候公司會以品牌的忠誠消費者或是重度使用者(heavy users)來區隔市場。例如，在速食業，重度使用者僅占全部顧客的五分之一，但他們卻占速食店所有光顧者的60%。塔科‧貝爾公司(Taco Bell)開發了一種油炸更久、熱量更高的墨西哥餡餅「恰魯帕」(Chalupa)，以吸引這些高頻率光顧的顧客。Checkers漢堡連鎖店將核心顧客定位在30歲以下、喜歡喧鬧音樂的勞動階層，他們大多是不太喜愛讀書看報，喜歡跟朋友閒晃的單身男子[10]。

除了對產品的頻繁使用，還有許多面向可細分出較大的市場。人口統計學就是測量如出生率、年齡分佈和收入等人口觀察方面的統計學。美國人口普查局(U.S. Census Bureau)是家庭人口統計資料的一個重要來源，也有許多私人公司收集關於特定人口群體的其他資料。行銷人員常對於人口統計學研究所揭示的變化和趨勢抱有極大的興趣，因為這種資料可用來為許多產品進行市場定位和預測市場規模，從房產抵押到掃帚和開罐器都行。設想一下，試圖向單身男子銷售嬰兒食品，或向年薪只有15,000美元的夫婦推銷環球旅行計劃會有什麼結果！

本書將揭示能區分出消費者的重要人口統計變數，也會考慮如消費者人格和品味差異等細微的重要特徵。我們雖然很難客觀地測量這些特徵，但它們在產品選擇時都擁有巨大的影響作用。以下概述幾種最重要的人口統計學面向，並在後面章節中作更詳細的描述。

年齡

不同年齡的消費者，顯然有相當迥異的需要和欲求。雖然，年齡相近者在許多方面還是有所差異，然而他們終生所懷抱的價值觀與共同文化體驗，依然相當接近[12]。我們知道，青少年族群是時髦產品的消費主力，當爸媽的壓根摸不透這些新玩意的用法（其實擺明就是要他們摸不透）。其中，行動電話業者搶破頭給這些孩子他們想要的——也就是把手機當成時尚配件。Wildseed公司特別鎖定青少年為目

標，設計一種功能面板與外殼一體成型、可隨時更換的「智慧外皮」(smart skins)
手機。該款手機的面板／外殼形狀酷似墨西哥餅的餅皮，內建電腦微處理器，讓青
少年可以任意讓手機隨身變，從功能到外型徹底改頭換面。舉個例，如果你酷愛滑
板運動，就選用街頭塗鴉彩繪外殼，面板裡已經預錄充滿酷炫都會感的來電鈴聲組
合，更有超猛手機圖案。類似的產品還包括市場龍頭諾基亞的「表情」
(Expression)手機系列，該系列衍生出各種副產品，如個人化設定的面板、外加光
源，以及可供下載的來電鈴聲[13]。

性別

　　性別的區分從很小的時候就開始了——甚至連嬰兒尿布都有粉紅女孩和粉藍男
孩的區分。從香水到鞋子等許多產品都將目標定位為或男人或女人。2002年，寶鹼
公司一支全由女性組成的行銷團隊（她們戲稱自己是『丫頭當家』），推出了大眾市

殘障人士開始成為廣告訊息常見焦點，如這張
南非的耐吉廣告。(Courtesy of Nike)

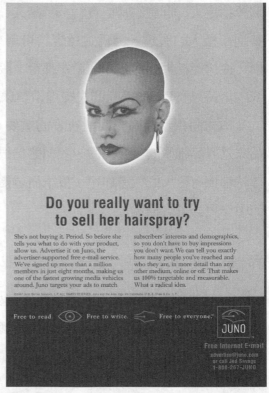

微調過的市場區隔策略使業者得以精確鎖定目
標客群。(Courtesy of Juno)

場首支定位為女性專用的牙膏「Crest Rejuvenating Effects」。為了打造出女性專用的產品形象，寶鹼特別設計藍綠色調的擠管包裝，外紙盒更呈現宛若珍珠光澤的質感。擠出來的牙膏，同樣也是亮晶晶的藍綠色，口感則類似香草與肉桂[14]。

家庭結構

家庭和婚姻狀況也是另一個重要的人口統計學變數，因為這對消費者的主要支出有相當大的影響。這並不令人驚訝，年輕的單身及新婚夫婦最有可能去運動、去酒吧、聽音樂會、看電影，還有喝酒。有幼兒的家庭是健康食品和果汁的大買家，而單親家庭和有大一點孩子的家庭則比較會購買一些垃圾食物。年紀大一些的夫婦或單身貴族則更可能使用家庭維修服務[15]。

社會階級和收入

社會階級是指收入和社會地位相當的人。他們從事相似的職業，對音樂、衣服、藝術等具有相似的品味。他們還傾向於相互社會化，而且對一個人該怎樣生活有許多共同的看法和價值觀[16]。行銷人員對這種財富分配很感興趣，因為它決定了哪個群體具有最強的購買力和市場潛力。

行銷契機

殘障消費者開始被視為一個有利可圖的市場區隔，而不再只是慈善事業。這並不令人驚訝；他們組成了一個5,200萬人的市場，有近8,000億美元的購買力。這種「殘障弱勢主義」的新精神正被三種趨勢的交會所刺激：(1)1990年美國殘疾人法案使這個群體有了更強的意識；(2)電動自行車和言語識別軟體等新技術使這些消費者與他人和市場的相互作用變得更加容易（如諾基亞為聽覺障礙者製造了閃光或震動的手機）；(3)人口老化使殘疾人口不斷增長。如果能細心留意殘障人士在廣告中出現的形象，當然再好也不過了。最近耐吉在殘障人權團體抗議被歧視的情況下，被迫撤掉一張ACG Air Dri-Goat新跑鞋平面廣告。也難怪，這個廣告形容殘障人士是「流涎且畸形」的一群。耐吉表示，這個廣告旨在傳達適當的裝備可以避免傷害；不過，傷害已經先造成了[17]。

種族和民族

　　在美國，非裔美國人、西班牙裔美國人和亞裔美國人是成長最快的三個族群。隨著美國社會日益多元化發展，行銷人員就有機會對種族和族群傳遞特定的產品，並轉介給其他群體。

　　例如，許多主流商品開始邀請嘻哈藝人在市中心等地點進行促銷活動。饒舌歌手J-Ro在提倡極限運動的同時，也為「Mountain Dew」運動飲料打廣告。這個品牌也找來都會音樂偶像Run DMC與Ja Rule等「Dew友」助陣推廣產品[17]。

生活方式

　　即使性別或年齡等特徵相同，消費者也有不同的生活方式。我們對自己的感覺、珍視的東西、空閒時喜歡做的事情——這些因素都決定著哪些產品會吸引我們。這就是發展快速的「新時代飲品」製造商SoBe飲料公司將其草本混合飲品命名為「蜥蜴營養品」的原因，它強調的是能量而不是味道等屬性。SoBe公司運用「蜥蜴愛巴士」山地自行車賽這種反傳統的行銷運動，來強調「就做你自己！」（SoBe Yourself）[18]的生活方式。

地理位置

　　許多美國行銷人員為吸引居住在不同地區的人，而對他們的需求量身訂作產品。例如，美國南方人喜歡讓人傷腦筋的南方士紳形象；儘管許多北方人認為「Bubba」這個名字是個負面辭彙，美國南部各州的商家卻驕傲地炫耀這個名字。例如，Bubba公司是查爾斯頓一家授權經營Bubba-Q-Sauce等產品的公司。在佛羅里達州，餐館、運動酒吧、夜總會、禮車出租公司都驕傲地命名為Bubba[19]。

▶ 關係行銷：與消費者建立連結

　　行銷人員現在都很認真地定義消費者區隔市場，並且聽取市場中人們的意見，這是前所未有的。許多人都認識到，一個成功的關鍵就在於品牌與消費者之間建立起持續終生的關係。信守這個所謂關係行銷(relationship marketing)哲學的行銷

人員都在努力與消費者定期來往，告訴他們長期與公司保持聯繫的理由。

　　建立關係的另一創舉是電腦帶給我們的。資料庫行銷(database marketing)是指密切追蹤消費者的購買習慣，並根據這些資訊量身訂做、巧妙地製成產品。例如，麗池卡登連鎖飯店(Ritz-Carlton)就訓練了一批專門人員將房客的詳細資訊輸入資料庫，如果房客曾要了一杯低咖啡因咖啡，那麼她再次光臨時，飯店也會為她準備好一杯低咖啡因咖啡[20]。美國運通、通用汽車和卡夫食品(Kraft General Foods)等大公司都不斷從公眾檔案和行銷研究調查中整合並更新資訊——資料是由消費者在回廠保養卡、參加抽獎或郵購時自願填寫的——以建立複雜的資料庫，從而精確地瞭解人們購買的產品及購買頻率[21]。

行銷對消費者的影響　　▶ ▶ ▶ ▶ ▶ ▶ ▶

　　不論好壞，我們都生活在一個強烈地受到行銷行為影響的世界上。我們周圍全是以廣告、商店、產品等不同形式來吸引我們注意和刺激消費。我們對世界的認識中有一大部分都經過行銷人員的過濾，不管是透過精美雜誌廣告中描述的富足景象，還是商業廣告中家庭成員所扮演的角色。廣告告訴我們，資源回收、酒類消費甚至希望擁有的房子和汽車類型上，該如何選擇，以及甚至是如何以別人購買或不購買的產品來衡量他人。在許多方面，我們都任由行銷人員擺佈，因為我們要依賴他們向我們銷售安全和履行承諾的產品，告訴我們銷售商品的真實資訊，並公平地定價和分配產品。

　　大眾文化(popular culture)，包括音樂、電影、體育、書籍、名人和其他為大眾市場所消費的娛樂形式，對行銷人員而言既是一種產品，又是一種啟發。我們的生活也受到更深遠的影響，從如何接受婚姻、死亡或度假之類的文化活動，到怎樣看待像大氣污染、賭博和吸毒這樣的社會問題。不論是超級盃、聖誕採購、總統選舉、報紙回收、身體穿孔、吸煙、溜冰，還是線上遊戲，行銷人員對我們怎樣看待世界和生活方式都有重要的影響。

　　這種文化影響是不可忽視的，儘管許多人似乎並未意識到自身觀點——崇拜的電影明星和歌星、最新的時裝款式、食品和飾品的選擇，甚至對男人和女人身體特徵美醜的看法──都受到行銷人員的影響。例如，公司用來作為產品標識的圖示，從貝式堡公司的麵糰寶寶(Pillsbury Doughboy)到歡樂綠巨人，許多虛構的動物和人物都曾一度或幾度成為大眾文化的中心人物。事實上，很可能更多消費者能認出這些形象，卻認不出過去的總統、企業領導人或藝術家。儘管這些形象從不曾真實地存在過，許多人卻會感覺好像自己「認識」他們，而他們也理所當然地成為產品的有力代言人。如果你不信，可以去看一下www.toymuseum.com網站。

消費的意義

現代消費者行為領域中的一個基本前提是，人們購買產品往往並非因為產品的功能，而是產品的意義。這並不是說產品的基本功能不重要，而是產品在我們生活中的作用已遠遠超出了它所能完成的工作。一個產品的更深層涵義也許能幫助它從其他相似產品和服務中脫穎而出──在一切平等的情況下，購買者會選擇與他潛在需要相符形象（甚至個性）的產品。

例如，儘管大多數人穿耐吉球鞋並不會比穿銳步鞋跑得更快或跳得更高，但許多死忠支持者都對喜愛的品牌深信不疑。這些主要的競爭對手幾乎都以形象──在大批搖滾明星、運動員和巧妙製作的廣告下精心打造的意義──和數百萬美元達成行銷的目的。因此，當你要買耐吉「swoosh」鞋的時候，你也許並不是在挑選一雙去逛商場的鞋，而是在闡明自己的生活方式，說明你是什麼樣的人，或是你想成為什麼樣的人。對於一件由皮革和花邊製成的簡單商品，這可真是個漂亮的本事！

我們對運動鞋、音樂家甚至飲料的忠誠都為我們在現代社會中界定了自己的位置。一位焦點團體參與者的這段話呈現了因為消費選擇所引起的好奇情結：「我在『超級盃』聚會上挑了一杯不知名的飲料，有個人從房間那邊走過來說『呦！』，因為他也拿著同樣的飲料。當你們在喝同一種飲料時，人們會覺得彼此之間有某種聯繫。」[22]

我們已經看到，當今行銷策略的重要課題即是致力於建立與顧客的關係。這些關係的本質可以是各式各樣的，而且這些關係還有助於理解產品對我們可能具有的某些意義。下面是一個人可能與產品存在的幾種關係：

- 自我概念的寄託：產品有助於確立使用者的身份。

- 懷舊的寄託：產品是與過去自我的聯繫。

- 相互依賴：產品是使用者日常例行行為的一部分。

- 愛：產品引發出溫暖、激情或其他強烈情感的情感連結[23]。

有一位消費者研究人員近來為探求產品與體驗對人們的不同意義，發展出一套分類系統。這種消費類型學(consumption typology)是出自於他兩年來針對在維哥利球場觀看芝加哥少棒賽的觀眾分析得來的（當然，研究這場不幸的球賽必定會帶來一些獨特且令人感到挫折的體驗！）[24]。

這種觀點把消費看作是人們以不同方式利用消費物件的行為。棒球比賽提醒了我們：當提到消費的時候，我們除了指有形的(tangible)事物（如在球場吃掉的熱狗）之外，還包括摸不到的體驗、創意和服務（一個擊出球場的全壘打帶來的激動或球隊的吉祥物）。這項分析指出了四種不同的消費活動：

- 體驗性消費：對消費對象的情感反應和審美反應，包括學會標注比賽記分卡，或欣賞喜愛球員運動表現的喜悅。

- 整合性消費：瞭解並使用消費物件來表達自我和社會的某些層面。例如，一些球迷身穿球衣以表示他們與球隊的團結。到現場觀看棒球比賽比從電視中看比賽更能令球迷徹底地將其體驗與球隊合而為一。

- 分類性消費：消費者與群體間就消費對象相互交流的活動，既對自己也對他人。例如，球賽觀眾也許會購買紀念品以向別人顯示自己是死忠球迷，更有甚者可能會將對方的全壘打球扔回球場以示輕蔑。

- 扮演性消費：消費者以消費產品來分享一種共同的體驗，並將自己的身份與群體融合。例如，如果支持隊伍的球員打了一記全壘打，球迷就會高興地齊聲尖叫，還會彼此擊掌慶賀。這是與獨自在家看比賽完全不同的一個共享體驗。

全球消費者

到2006年，地球上大多數人將居住在城市中心，城市中心人口超過100萬的美國大城市到2015年預計將增長到26個[25]。複雜的行銷策略有一個副產品就是全球性消費文化(global consumer culture)的產生，在這種文化中，全世界的消費者透過他們對品牌消費品、電影明星、名人，以及休閒活動的共同熱愛而聯合起來[26]。特別是年輕人，不論國籍，他們之間有很多相似之處。的確，有錢有閒的人可以一口氣玩遍世界各地，於是一些動筋動得快的旅行業者特地為這些神行太保推出「冒險之旅派對」行程。一家名為「放馬過來」(BringItOn!)旅行社的工作口號就點出了這樣的生活態度：「在海灘待到晚上7點。在俱樂部待到早上9點。」[27]如果能到這家旅行社上班，倒也不錯。

　　全球性行銷的出現意味著即使是較小公司也在尋求海外擴展，這就為理解其他國家消費者的不同之處帶來了更大壓力。例如在餐飲業，Shakey's公司的比薩餐館正在菲律賓蓬勃發展，而國際薄煎餅屋(International House of Pancakes)則有東京的據點。但菜單有時需要改變配方以迎合當地人口味：Schlotzky's公司在馬來西亞提供「童子」山雞，而在泰國的大亨餐館(Bob's Big Boy)則提供滾著「異國風味麵粉」油炸的熱帶蝦[28]。本書將對這種文化同質化現象的正負面影響作較多討論。

這則三星公司的電子產品廣告，焦點在於純粹慾望——將消費視為體驗。

(Courtesy of Samsung Electronics America, Inc. Reprinted by permission)

這則廣告點出一個主題：各地消費者透過現代產品逐漸調整了生活形態。

(Courtesy of Mitsubishi)

虛擬消費

　　無庸置疑，數位革命是目前對消費者行為最重大的影響之一，而網路帶來的衝擊還會隨著世界各地上網者的增加持續擴大。在2001年，58%美國民眾已經開始上網，部分歐洲國家上網人口比例更高，如荷蘭(61%)與瑞士(60%)等[31]。我們大多數人都是熱切的上網者，所以很難想像過去當電子郵件、MP3檔或PDA還不是日常生活的時光。Forrester Research預測，到2004年，單是美國消費者就會在網路購物花上1,840億美元（占全部零售額的7%），也就是每個家庭近4,000美元[32]。那可是能買很多CD和毛衣的。

　　數位行銷透過打破許多因時間和地點引起的障礙而提高了便利性。你不出家門就可以一天24小時購物，不用冒雨取報淋濕一身就可以閱讀今天的報紙，也不必等下午6點的新聞就可以查出明天的天氣──當地或全球的。而且，隨著手提設備和無線通訊的普及，你還可以得到同樣的資訊──從股票報價到天氣預報──即使你不在電腦旁[33]。

　　而且，這不全光是關於企業對消費者的電子商務行為(B2C e-commerce)，網路的急速擴張還開創了消費者對消費者的電子商務(C2C e-commerce)革命。歡迎光臨虛擬品牌社區(virtual brand community)。就像電子消費者在購物時不只限於當地零

網路收益

　　隨著技術日新月異，坐在電腦前上網的景象將會慢慢絕跡。「遍存商務」(U-commerce)的登場，告訴我們無所不在(ubiquitous)的網路架構，勢必慢慢成為日常生活一環。網路可能連上我們穿在身上的電腦，也可能直接把個人化廣告訊息傳進你的手機。從麥當勞門前走過，你的手機會響起「嘿，進來坐，漢堡特價喔」的訊息[29]。

　　不久的將來，很多商品會隨附一小袋電腦晶片與微型天線，讓這些東西與網路保持連線。東西吃光光，或者放過期，這些家庭雜貨都會自動通知商家補貨。開車回家，才到車庫，整間房子已經開始動作，在你踏進家門之前自動點亮燈光，播送你最喜歡的音樂。IBM所推出的智慧型洗衣機與烘乾機，已進駐某些大學的學生宿舍，不論人在房間、圖書館，或是透過手機，只要找得到地方上網，就能隨時追蹤衣服是不是洗得差不多了。同學們也可以登入網站，看看是否有洗衣機已經空出來了，或接收電子郵件或網頁畫面，通知他們衣服洗好了沒[30]。

售市場一樣，他們在尋找朋友的時候也不只限於當地社區。

　　試想一下一小群團體每個月在當地的餐館聚會一次，討論他們對咖啡的共同興趣。現在將該群體擴大數千倍，包括來自全世界的人們，他們透過對體育大事、芭比娃娃、哈雷機車或冰箱磁貼的共同熱情聯合在一起，或者在《模擬市民線上版》(The Sims Online)打造模擬鄰居，並爲你創造的角色供應眞實世界的商品，從配備Pentium 4處理器的電腦，到麥當勞薯條一應俱全。網路也爲世界各地消費者提供一道簡易途徑，讓大家可以交換不同商品、服務、音樂、餐館與電影等消費體驗資訊。好萊塢股票交易(hsx.com)這個網站提供模擬的娛樂業股票市場，交易員會預測每部片的四週票房收入。Amazon.com鼓勵購物者寫下書籍評論，你甚至可以在virtualratings.com給教授評分：從A+到F（別把這個告訴教授：這是我們的秘密）。

　　聊天室愈來愈流行，消費者可以去那裡與全世界志趣相投的網友討論各種不同的話題。新聞報導也說，隨著網友在match.com或Lava Life網站尋找交友對象，一些可能浪漫或悲慘的網戀就這麼展開了（最近一個月內，就有2,600萬人造訪交友網站！）[34]。一家叫做skim.com的瑞士公司甚至可以讓你登入去追蹤現實生活中你所看到的人。每位用戶都發放印在購自該公司夾克與背包上的一組6位元數字，當你在街上或在俱樂部看到想認識的某個人，就到skim.com鍵入該人的號碼，給他發一則短訊。而你如果幸運地收到一條這樣的訊息，就可以決定是否作出回應[35]。

　　網路會讓人們靠得更近，還是驅使每個人進入自己的私人虛擬世界？有安裝

像Levi's牛仔褲這類美國產品銷遍了全世界。(Courtesy of Levi's)

網路的美國人與朋友和家人相處的時間變少了，去商店購物的時間也減少了，而下班以後在家工作的時間增加了。根據三分之一以上能夠上網的受訪者表示，他們一星期至少上網5小時。而60%的網際網路用戶都說他們較少看電視了；三分之一的人則說他們看報的時間減少了。

另一方面，根據Pew Internet和「美國人生活研究案」(American Life Project)所進行的一項研究報告，發現一半以上的用戶都覺得電子郵件確實加強他們的家庭連

全球瞭望鏡

詹札米(Zamzamy)先生坐在雅加達一家風格相當西化的餐館裡。這名年輕人擔任廣告公司主管，身穿粉紅色襯衫，手機隨時都在開機狀態。隨著桌上的炸雞慢慢變涼，詹札米解釋他如何試著以做對事情而不是訴諸爭戰，來成為一個好的回教徒。他覺得這是一種最好的方式，去面對他認為已經受到美國文化與道德觀影響而沈淪的傳統生活方式。印尼是全球最大的回教國家。

兩年前，為了不違抗自己愈漸虔誠的宗教信念，他毅然辭去廣告公司工作，根據回教信念成立自己的公司。他不承接銀行或酒商的案子，也不在週五（回教的聖日）做生意。對於不能和他分享信念的人，他倒頗能釋懷，例如他不堅持要妻子穿戴頭巾，也不排斥在這家餐館裡與一群飲酒泡妞的公子哥兒比鄰而坐。他說：「每個人都得為自己做出選擇。」

雖然詹札米不喜歡美國流行文化所充盈的性暗示，但他明白「你避不開美國文化」。起居生活嚴守回教清規的他表示：「我以自己的方式對抗美國人。只是我不贊成使用暴力。」

放眼整個回教世界，像詹札米這樣認同自身回教文化的年輕人，正在全球化、世俗化社會的羈絆中擺盪。巴基斯坦首都伊斯蘭馬巴德(Islamabad)大樓林立的工業園區裡，阿海爾大學(Al Khair University)管理系學生納比爾・阿默德(Nabil Ahmed)與同學正坐在教室裡。他們都是衣冠楚楚、出身中產階級家庭的年輕男孩。他們和具世家優勢的貴族階級沒有淵源，也不屬於構成該國保守核心的貧農階層。阿默德和同學是巴基斯坦人民中沈默的大多數，同時接受東西兩方不同文化的養成與洗禮。平時他們會聽惠妮・休斯頓(Whitney Houston)與麥可・波頓(Michael Bolton)的熱門金曲，穿著Dockers長褲與Van Heusen襯衫。週末，他們當中有很多人會換上當地傳統服裝，和父親一起前往清真寺禱告。他們深受西方生活風格薰陶，大多數會計畫移居美國住個幾年，賺點錢之後返鄉。雖然受到西方文化吸引，他們也保持著某種警覺。阿默德表示：「我們其中大多數人會希望兼容並蓄，我們喜歡美國時尚、音樂、電影，不過最終，我們還是回教徒啊。」

資料來源：節錄自《基督教科學箴言報》(*The Christian Science Monitor*)所載「他們為何恨我們？」(Why Do They Hate Us?)，彼得・福特(Peter Ford)撰。www.csmonitor.com/2001/0927p1s1-wogi。2001年9月27日。

結。網際網路用戶比非用戶進行了更多的非網路社會交往[36]。這些結果說明，人們與他人待在一起的時間比以前更多了，只是是透過網際網路而非實際面對面來形成穩固的關係。但是第一項調查的作者不同意這個說法。根據他的觀察：「如果我下午6點半到家，一晚上都在發電子郵件，第二天早上醒來，那我還是沒有和妻子孩子和朋友說話。當你把時間花在網際網路上，你就聽不到人的聲音，也永遠得不到擁抱。」[37]

　　一項後續研究發現有兩種結果產生，外向者透過網路交到更多朋友，內向者則感覺與世界離得更遠。這種現象已被稱為網路的「富者愈富」模式[38]。所以，如同於非線上世界，我們的新數位世界有好處也有壞處。本書將在「網路收益」和「混亂的網路世界」專欄中舉一些例子，來看看虛擬世界消費者行為的正反兩面。

▶ 模糊的界限：行銷與現實

　　行銷人員和消費者共同存在一種複雜的雙向關係之中：往往很難判斷行銷的作用能到哪裡，而「真實世界」又是從哪裡開始的。界限模糊會造成的一個後果是，我們再也不能確定（也許我們壓根不在乎）現實與虛構間的分界。有時我們會歡天喜地接受幻覺。最近出版的一期《神力女超人》(Wonder Woman)漫畫，故事情節依舊是常見的虛構超級英雄事蹟，不過，這期卻出現一則來自真實世界的求婚宣言[39]。某連鎖漫畫店負責人麥迪維特(Todd McDevitt)說服出版商讓他的求婚宣言在這期漫畫出現。天曉得他的蜜月還會玩啥花樣！

　　行銷人員的努力對大眾文化的世界──甚至還有消費者對現實的知覺──會產生多大改變呢？這個改變比許多人相信的還要巨大，而且隨著公司試用新方式來吸引我們注意的情況下，影響力更急遽增強。美國國家廣播公司談話節目「另一半」(The Other Half)，會固定讓廣告贊助商的業務代表上節目，如家庭用品業者高羅士(Clorox)、現代汽車美國分公司(Hyundai Motor America)、甚至生產DIY仿曬紙巾的Tan Towel公司等。節目進行到由高羅士贊助的段落，幾位主持人就會當著現場觀眾，煞有介事地開始一場以做家事為主題的競賽節目[40]。尤有甚者，美國哥倫比亞廣播公司的實境冒險節目「我要活下去」(Survivor)把人困在一個島上，讓他們為一雙新運動鞋或一瓶冰涼百威啤酒之類的產品進行競爭──所有都是節目贊助商提

行銷訊息往往由其他流行文化形式借用圖象，以引起觀眾共鳴。這則糖漿廣告借用的是平裝偵探小說的風格。
(Courtesy of Torani Syrup)

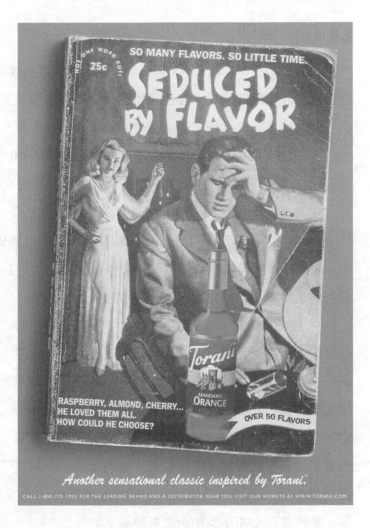

供的[41]。跟企業共眠怎樣？佛羅里達州的Holiday Inn度假村就提供裝飾著企業主題的房間，包括Orange Minute Maid套房和「艾迪冰淇淋」套房。可口可樂公司的一位經理評論道（這裡也有以北極熊爲主題的可口可樂套房），這些家庭「覺得好像他們不出房間就能夠與我們的品牌進行實際的相互交流。」[42]現在你也能馬上享受這樣的假期！

行銷道德與公共政策 ▶ ▶ ▶ ▶ ▶ ▶

　　商業活動中，在市場達到成功的手段經常與爲消費者提供安全、有效的產品及服務、使其福利最大化的願望產生衝突。另一方面，消費者會對商家期待過多，而試圖利用這些約束，也許這可以解釋一位婦女控告菁英郵輪並求償超過200萬美元的原因。她被上層甲板一位乘客掉下的Coco Loco飲料砸到了頭，她說公司應該知道乘客會試圖在郵輪欄杆上放飲料[43]！

▶ 商業倫理

商業倫理(business ethics)是引導市場行為的行為規則——是文化中大多數人判斷對與錯、好與壞的標準。這些通用的社會價值包括誠實、可信任、公平、尊重、正直、關心他人、負責和忠誠。道德的企業是好的企業。一項針對美國消費者的研究發現，在評價企業形象時，最重要的標準是在勞工訓練、商業倫理和環境問題等領域的社會責任[44]。消費者對於行為合乎倫理的公司所製造的產品評價較高[45]。

但究竟什麼是商業倫理的行為呢？有時很難定義。例如，假設你透過KaZaa、Morpheus之類檔案共享程式來下載歌曲，這算不算偷竊？在電影與唱片公司眼中，是的！欣見全美大專院校都加入打擊網路盜版行為行列，提倡應加強檔案共享管制的人士稱這類行為是一種「電子順手牽羊」[46]。

在不同的個人、組織和文化中，所謂正確和錯誤的意義是不同的。例如，某些企業認為推銷員說服顧客購買是很正常的事，即使這意味著向消費者提供錯誤的訊息；而一些企業則認為，只要對消費者沒有做到完全誠實就是錯誤的。因為每一種文化都有一套價值觀、信念和習俗，所以有倫理的商業行為在全世界也有不同界定。例如最近一項研究發現，由於抱持不同的價值觀（第4章有深入討論），墨西哥企業在倫理方面較缺乏正式規範，他們比美加企業更可能向公家單位行賄。另一方面，工作與人際關係價值觀的不同，即使同為「北美自由貿易協定」(NAFTA)會員，墨西哥企業卻比美加企業更照顧低階員工[47]。

這些文化差異確實會影響當地對企業行賄這類作法的觀感。日本人稱之為「黑霧」(kuroi kiri)，德國人稱之為「油膩錢」(schmiergeld)，墨西哥人則稱為「那筆錢」(mordida)，到了法國叫「小酒瓶」(pot-de-vin)，在義大利則會說「小信封」(bustarella)。各地都有描述賄賂的說法，中東地區講的baksheesh指的是打通關節用的「小意思」。在許多國家，為生意圖個方便、給人「好處」是很普遍的事，大家也見怪不怪，但有的國家對此可能就會皺眉頭了。從1977年起，美國依據「外國貪污行為法」(Foreign Corrupt Practices Act)，明文規定為爭取生意向外國人士行賄是觸法行為。擁有大多數工業國為會員的「經濟合作暨發展組織」(OECD)也明文禁止賄賂行為。近來，超過800位的企業專家被邀集找出賄賂行為最猖獗的國家。俄

羅斯與中國大陸的企業名列前茅，台灣與南韓則緊接在後。最「乾淨」的國家則爲澳洲、瑞典、瑞士、奧地利與加拿大[48]。

不管是否有意，某些行銷人員確實破壞了他們與消費者之間的信任連結。在某些情況下，這些行爲事實上是違法的。例如，某個製造商故意在包裝上標示錯誤的產品內容，或者採取「引誘和轉換」(bait-and-switch)的銷售策略，用廉價商品的承諾吸引消費者走進商店，而唯一目的卻是使消費者改買定價更高的商品。

在另一些情況下，行銷行爲雖然沒有明顯違法，但是卻對社會造成了不良影響。有些公司在低收入居民區豎立出售酒精和煙草的廣告牌；另外一些人則在商業廣告中描述那些被人另眼相看的人群以吸引目標市場的注意。例如，公民權利組織控訴RJ雷諾公司(RJ Reynolds)向非裔美國人推銷薄荷香煙是非法的，因爲薄荷香煙比一般品牌更不安全。該公司的一位發言人回應道：「這關係到一個更大的問題，就是少數民族需要一些更特殊的保護。我們覺得那是冒犯性的家長作風且具屈辱性。」[49]到底誰是對的呢？有關行銷實踐的倫理問題都將在本書進行討論。「行銷陷阱」的專欄描述了行銷人員令人質疑的作爲，或者某種行銷策略可能會對消費者產生的負面效應。

▶ 需要和慾望：行銷人員在操縱消費者嗎？

對市場行銷最普遍也是最尖銳的批評之一是，企業使消費者相信他們「需要」許多東西，如果他們沒有得到這些「必需品」的話，就會成爲不快樂的下等人。這個問題很複雜，而且無疑值得我們思考：行銷人員到底是給人們想要的東西，還是告訴人們應該要什麼？

歡迎光臨消費者空間

是誰控制著市場——企業還是消費者？隨著發明出來更多的購買、擁有和行動的方式，這個問題越發複雜了。行銷人員空間(marketerspace)的「昔日美好時光」似乎一去不復返了，那個時候是企業掌權，他們決定讓消費者知道什麼和做什麼。就像我們看到蓋兒在網上瀏覽的決策，許多人現在建構自己的消費者空間(con-sumerspace)時，都認爲自己有權去選擇如何、何時或是否與企業來往。反過來，企業需要以全新的方式開發和補充品牌資產，以吸引這些消費「游牧民族」的忠誠。人們仍然「需要」企業——卻是以新方式、根據自己的主張。我們將在本書中看到，消費者行為所發生的深遠變化正在影響著人們搜尋產品資訊和評價不同品牌的方式。在消費者空間的美麗新世界裡，我們有塑造自己行銷命運的潛力[55]。

行銷人員創造了人為的需要嗎？

　　行銷體系自產生之初就受到了政治光譜兩端的攻擊。一方面，一些宗教成員認為，行銷人員透過描述享樂主義的愉悅形象，鼓勵人們追求世俗人生，而造成了社會道德的敗壞。最近有個「全國宗教環境保護協會」(National Religious

混亂的網路世界

　　消費者的個人資訊在網路上究竟可以公開到何種程度？這是目前最受到爭議的一個倫理問題。昇陽(Sun Microsystems)執行長史考特・麥克尼利(Scott McNealy)曾評論道：「你毫無隱私可言了，看開點吧。」顯然許多消費者不同意他的說法，他們不會高興自己在網路上留下尾巴給人抓。由美國「全國消費者聯盟」(National Consumer League)舉辦的一項調查發現，消費者對個人隱私的在意，甚至超過健保、教育、犯罪問題與納稅等議題。民眾格外在意自己的孩子成為業者下手的目標[50]。將近70%的消費者會擔心個人資訊隱私不保，不過根據Jupiter Media Metrix的調查，只有40%網路使用者會實際閱讀各網站所發佈的隱私權政策。這也許是因為這些條文往往充滿法律詞彙，這些實際閱讀隱私權政策的人當中，只有30%表示他們讀得懂裡面寫的意思[51]。

　　這個棘手的倫理問題要如何解決？有些分析師預測，隱私權的市場即將興起，我們可以確保個人隱私獲得某種程度的保護，不過需要付出高昂的代價。目前的技術已經讓消費者可以向「匿名技術業者」(anonymizer)購買產品，讓你能在瀏覽網站與發送郵件時隱匿個人身份。加拿大蒙特婁市的軟體業者「零知識」(Zero-Knowledge Systems)發售一套名為「自由」(Freedom)的套裝軟體，其中包含五組電子假名可分別搭配不同身份[52]。

　　還有人相信，除了花錢圖個清靜外，我們也可以用自己的個人資料賺外快。根據一位網路公司主管觀察，「雖然觀念還沒有辦法那麼快轉變，不過可以確信的是，消費者會開始發現自己的資料有多大的價值。交出身家資料，他們將可以得到對等的回報[53]。」**資訊中介者**(Infomediaries)有點像資訊掮客，為想要販賣自己資料的消費者從事代理仲介（包括年齡、性別、家庭狀況、性取向、收入、資產，以及最近的購買偏好等），再把這些資訊轉售給有興趣的公司。

許多消費者想保護個人資料不外洩，開創了保護線上隱私方案的新市場。(Courtesy of Zeroknowledge)

Partnership for the Environment)的宗教團體聯盟，就宣稱喝油像喝水的休旅車違反了基督教要保護人與土地的訓誡（詳見第5章）[56]。另一方面，一些左派成員則認爲，行銷人員對物質享受的欺騙性承諾起了收買人心的作用，要不然那些人可能會成爲改變此一體系的革命者[57]。按照這種說法，市場行銷體系製造了需求──主張只有其自身產品才能滿足的需求。

回應：需要(need)是一種基本生物動機；慾望(want)則代表了社會教導我們可滿足需要的一種方式。例如，口渴是生物本能，而我們被教會了用可口可樂而不是用羊奶來滿足口渴的需要。因此，需要本來就存在，行銷人員只是推薦了滿足需要的方式。市場行銷的基本目標是創造人們對需要存在的認識，而不是創造需要。

廣告和行銷是必要的嗎？

社會評論家范斯・巴卡(Vance Packard)40多年前寫道，「有人付出極大的努力，並且獲得令我們印象深刻的成功。他們透過從精神病學和社會學得到的洞察能力，來引導我們未加思索的習慣、購買決策和思維過程[58]。」經濟學家高伯瑞(John Kenneth Galbraith)指出，廣播和電視是操縱大眾的重要工具，因爲實際上使用這些媒體時並不需要太高的文化水平，所以它們利用反覆的、令人注目的傳達方式將資訊傳遞給每一個人。這種評論對網路通訊甚至更貼切，只要我們點一下滑鼠，它就會帶給我們一個資訊的世界。

　　許多人認為行銷人員任意地將產品與人們期望的社會屬性相聯繫，孕育一個以彼此擁有物質來相互衡量的物質主義社會。一位有影響力的批評家甚至認為，問題在於我們還不夠物質主義化——也就是說，我們並沒有徹底地以商品的功利性功能來衡量商品的價值，而將焦點放在商品所象徵的非理性價值。例如，根據這個觀點，「啤酒本身對我們來說就足夠了，並不需要如喝啤酒

由美國廣告人協會(AAAA)製作的這張廣告，反駁了外界認為廣告創造莫須有需求的指控。
(Courtesy of American Association of Advertising Agencies)

能顯得更有男子氣概、內心年輕或者友好的附加承諾。洗衣機是一種洗滌衣物很有用的機器，而不是用以說明我們有遠見的標誌，或是讓鄰居羨慕我們的物品。」[59]

　　回應：產品被設計是為了滿足現存的需要，而廣告只是有助於傳達它們的可得性[60]。根據資訊經濟學(economics of information)觀點，廣告是一種重要的消費資訊來源。這一看法強調了在尋找產品上所花的時間經濟成本；也就是，因為廣告提供的資訊縮短了搜索時間，所以是消費者願意支付的一種服務。

行銷人員會承諾奇蹟嗎？

　　行銷人員透過廣告使消費者確信產品有神奇的性質；產品會作出一些特別而

神秘的事情來改變他們的生活：他們會變得美麗、能影響別人的情感、獲得成功、擺脫所有病痛等。從這一方面來看，廣告產生了原始社會中的神話作用：為複雜的問題提供了簡單而又能減輕焦慮的答案。

回應：以新產品失敗率從40%上升到了80%來看，廣告人對人的瞭解尚未達到能操縱他們的程度。雖然廣告人總會有層出不窮的神奇手段和科學技巧來操縱他們，但事實上，廠商試圖銷售優質產品時才會成功，銷售劣質產品時就會失敗。

公共政策和消費者權益保護運動

至少從20世紀初開始，不論在美國或其他地方，對消費者福利的關注就已成為一個重要議題。英國的小學現在都教導小學生如何做個「有責任感的消費者」，鼓勵學生仔細觀察公司從廣告到產品製造的所作所為，同時也給予學生檢驗自己角色的機會，思考其購物的理由，以及消費造成的衝擊。

在美國，部分是由於消費者的努力，許多聯邦機構已經建立起監督與消費者相關的活動。這些機構包括農業部、聯邦貿易委員會、食品和藥物管理局、證券交易委員會及環境保護局。1906年，亞普頓‧辛克萊在著作《叢林》(*The Jungle*)中揭露了芝加哥肉製品包裝業的可怕情況，促使國會通過了幾個重要的法案來保護消費者，包括1906年的乾淨食品和藥物法案及一年以後頒布的聯邦肉製品檢查法案。表1.1摘錄了之後的一些重要消費法令。而在consumerreports.org和cpsc.gov（消費品安全委員會）上可以找到有關消費者問題的其他資訊。

消費者行動主義：美國™

「絕對不舉」(Absolut Impotence)這則詼諧諷刺的廣告，是「廣告剋星」(Adbusters)揶揄著名品牌（Absolut伏特加）的又一鉅獻。「廣告剋星」這個非營利組織以宣揚「資訊時代新社會行動者運動」為己任，該團體發行的《廣告剋星》雜誌有位編輯表示，美國不再是個國家，而是被財團惡搞出來的總數值幾十兆元的超級品牌。他指出「美國™」跟麥當勞、萬寶路，或通用汽車等品牌沒什麼不同[64]。

「廣告剋星」贊助了許多引領風潮的運動，如「拒買日」(Buy Nothing Day)與「電視關機週」(TV Turnoff Week)，旨在澆熄勢力猖獗的重商主義。這些行動以及

表1.1	促進消費者福利的聯邦法令範例	
年份	法案	目的
1951	毛皮產品標籤法案	規範毛皮產品的商標、廣告和運輸。
1953	易燃紡織品法案	禁止易燃紡織品跨州界運輸。
1958	國家交通和安全法案	為汽車和輪胎制定安全標準。
1958	汽車資訊公開法案	要求汽車商公佈新車的建議零售價。
1966	公平包裝和標籤法案	規範消費產品的包裝和標籤（製造商必須提供有關包裝內容和產地的資訊）。
1966	兒童保護法案	禁止銷售不安全的玩具及其他物品。
1967	聯邦政府香煙標籤和廣告法案	要求在捲煙包裝上附有一條來自衛生局的警告說明。
1968	誠實租借法案	要求貸款人公開每一項信貸交易的真實成本。
1969	國家環境政策法案	制定了一項全國環境政策並創立了環境質量委員會來監督工業品對環境造成的影響。
1972	消費品安全法案	建立消費品安全委員會來鑑定不安全產品、制定安全標準、回收劣質產品和禁止危險產品。
1975	消費品定價法案	禁止在製造商和經銷商之間訂立價格維持協議。
1975	麥格努森—莫斯擔保改進法案	為消費品擔保制定公開標準，並允許聯邦貿易委員會制定關於不公平或欺騙行為的政策。
1990	營養品標籤和教育法案	重申了食品和藥物管理局關於食品標籤新規定的法律基礎，並為這些規定的實施制定了日程表。有關健康要求的法令在1993年5月8日生效，涉及食品標籤和食品內容要求的法令則在1994年5月8日生效。
1998	內部稅收自由法案	為網際網路的特殊徵稅建立3年延緩償付期，包括付給美國線上(American Online)和其他提供網際網路服務公司的使用費稅額。延長延緩償付期仍在考慮中。

嘲諷時下廣告訊息的辛辣「假廣告」，構成了文化反堵(culture jamming)的策略，致力阻撓財團世界主導整體文化風景的野心。此運動的信念是「文化反堵……將改變資訊流動方式、各機構權力的行使、電視台的營運，以及食品、時尚、汽車、運動、音樂與文化等工業議題的設定。一言以蔽之，它將改變社會裡意義產生的方式。」《文化反堵者宣言》(Culture Jammers Manifesto)開宗明義反對「污染心靈

者」：「踩著舊文化的瓦礫，我們將以捨棄商業的心智與靈魂，建立新的文化。」[66]

　　雖然在財團當道的美國社會中，有些人對這樣的激情不以為然，將之視為瘋狂極端者的囈語，不過，應該嚴肅看待這些運動者才對。近年，典範企業紛紛醜聞纏身，如能源交易商安隆公司(Enron)、安達信會計師事務所(Arthur Andersen)、世界通訊(WorldCom)與美林公司(Merrill Lynch)等一一中箭，加深了消費大眾對企業的不信任與懷疑。新醜聞陸續被踢爆，時間終將證明這些對業者不利的反彈究竟會不了了之呢？還是如雪球般愈滾愈大？當報紙財經版愈讀愈烏煙瘴氣時，要有更大的動作，才可能重建大眾的信心。

　　以下是一些消費者聯合抗議活動的實例：

　　● 於1998年成立的「真相」(The Truth)團體，由著名反菸團體「美國傳統基金會」(American Legacy Foundation)所贊助，其豐沛資金源自菸草公司在各州官司中屢行和解所支付的金額。「真相」的使命是「提醒大眾警覺香菸公司的謊言與檯面下的動作，同時賦予人們發聲的工具來改變現狀」。這項計畫以青少年與高危險群為目標展開行銷溝通，傳播關於尼古丁致癮的資訊、香菸廣告的一般手法，以及菸草對人體的危害[67]。

　　● 「拯救杉木／抵制GAP聯盟」(Save the Redwoods/Boycott the GAP, SRBG)直接卯上GAP連鎖成衣商，抗議他們行使諸多不當政策，如在塞班島上設立製造廠，剝削廉價勞工血汗來生產該公司部分產品[68]。該聯盟最受矚目的一次嗆聲，是同時在許多大城市發起「寧可脫光光也不穿GAP！」活動 (We'd Rather Wear Nothing Than Wear GAP!)，遊行者

《廣告剋星》這份加拿大雜誌致力於文化反堵行動。
(Adbusters Media Foundation Image courtesy of www.adbusters.com)

脫到一絲不掛來強調理念。另一個組織BehindTheLabel.org則利用分散式電子郵件來號召抗議人潮，推動一次反GAP的訴訟[69]。

● 「匹茲堡反色情聯盟」(The Pittsburgh Coalition Against Pornography, PCAP)指稱成衣大廠Abercrombie and Fitch針對十三到十七歲青少年製作色情廣告。該聯盟列舉的廣告案例中，發現該公司起用了衣不蔽體的年輕模特兒來促銷最新款青少年服飾。聯盟成員鼓勵大眾抵制該公司產品，並在網站上公開：「展開行動：你能抵制Fitch的五個步驟」[70]的訊息。

消費者權益保護運動與消費者研究

約翰·甘迺迪總統用他在1962年發表的《消費者權利宣言》宣告了消費者權益保護運動新時代的到來。這些權利包括獲得安全的權利、被告知的權利、獲得賠償的權利和選擇的權利。隨著消費者開始組織要求質量更好的產品（並抵制那些不提供優質產品的公司），60年代和70年代就成為消費者積極行動的時期。這些運動由於一些書籍的出版而得到助力，如1962年瑞秋·卡森所著《寂靜的春天》(*Silent Spring*)，以及1965年勞夫·奈德所著的《車上驚魂》(*Unsafe at Any Speed*)。前者抨擊了不負責任濫用農藥的行為，後者則揭露了通用汽車Corvair汽車在安全性能上的缺陷。許多消費者對與消費有關的問題保持濃厚興趣，包括從關注環境，如石油外洩、有毒廢物等引起的污染問題，到電視或流行搖滾樂和饒舌歌曲中過多的暴力和性。

消費者行為的研究對於改善消費者生活有重要的作用[71]。許多研究人員注意到規劃或評價公共政策的作用，例如確保產品標籤的正確說明、確保人們能夠理解廣告傳達的重

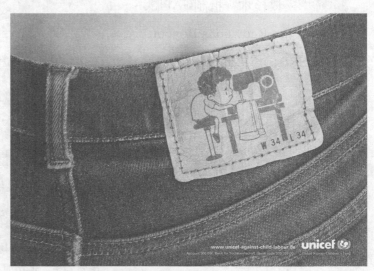

這則Unicef的廣告提出對童工問題的省思。
(www.unicef.de against child labor.)

要資訊，或確保孩子不被以電視節目長度冒充電視劇的玩具廣告所誘惑。

　　許多公司在從事商業活動時，選擇保護或改善自然環境，這就是所謂的綠色行銷(green marketing)。有些公司則把重點放在減少無用的包裝上，如寶鹼公司的織物柔軟劑採用可填充式容器[72]。另外，成功的行銷人員承諾捐贈慈善機構來作為購買誘因，甚至將他們的錢捐出作為良善的用途[73]。例如，有600多萬美元資產的eBay公司創始人皮爾‧奧米戴爾(Pierre Omidyar)積極地向有完整計畫的慈善機構捐獻種

CREACION SAATCHI&SAATCHI GUATEMALA / GUILLERMO MARTINEZ / ALFREDO SANCHEZ

九一一事件後，廣告紛紛以不同方式傳達人們內心的恐懼。
(Anti-weapon ad by CREACTION NAZCA SAATCHI & SAATCHI, Guatemala. Creatives: Guillermo Rene Martinez and Alfredo Sanchez.)

子基金，還打算在接下來的20年裡將自個驚人財富中的1%捐出來[74]。

　　社會行銷(social marketing)通常使用銷售啤酒和清潔劑的行銷技術來鼓勵提高文化水平之類的積極行為，以及勸阻酒後駕車之類的消極行為[75]。一項瑞典勸告青少年勿飲酒過量的計畫，正代表了目前的社會行銷力量。瑞典釀酒業者聯盟合力投資了約750萬美金於瑞典非暴力計畫，以改革年輕人對酒精消費的態度。此研究的消費者研究人員發現，瑞典年輕人坦承是「為了喝醉而喝酒」，並享受上癮的感覺。因此，說服其戒酒是一相當艱難的任務。然而，青少年也表示他們擔心無法控制自己的行為，特別是牽涉到暴力行為時。但飲酒引發的長期健康問題並不困擾他們（畢竟這年紀的人總以為自己不會面臨死亡），青少女們則擔心大量購買酒精飲料會使自己缺乏吸引力。

基於這些結果，該組織被委任執行此計畫，以強調更現實的訊息，像是「想喝就喝，但注意安全界限，勿失去控制。因爲一旦如此，你可能會陷入暴力情境中。」他們製作了「酒精在你頭上挖了洞」這樣的警語，以強調把握界限的重要性。這個訊息出現在廣告看板上，是一個青少年失去控制的畫面，同時也出現在學校對年輕人的宣導活動中[76]。

消費者行為的黑暗面

儘管研究人員、政府管理者和相關業界人員已做了最大努力，但有時消費者最大的敵人卻是自己。消費者經常被描繪成理性的決策者，冷靜地盡力去獲得那些能使自己、家庭和其社會健康和福祉最大化的產品和服務。但實際上，消費者的要求、選擇和行為經常帶給個人和社會負面的後果。

這些行為有些是無傷大雅的，有些則會帶來麻煩的後果。一些有害的消費者行為源於社會壓力，如過度飲酒或吸煙；金錢的文化價值則鼓勵了商店偷竊或保險詐騙等行為。面對不可能達到的美與成功的理想，會使人產生對自我的不滿。這些問題將在本書之後繼續探討。現在，先來看看一些消費者行為的「黑暗面」。

▶ 消費者恐怖主義

2001年的九一一恐怖攻擊是給自由貿易體系的一記當頭棒喝。這些攻擊突顯出非軍事性目標的脆弱性，也提醒人們，金融、電子與供應網路一旦遭到截斷，對日常生活的潛在損害與嚴重程度恐更甚於傳統戰爭。這類襲擊不盡然都是刻意策動的，歐洲爆發狂牛症疫情之後（目前也蔓延到日本及其他地區）的經濟衝擊，至今仍在牛肉業餘波蕩漾[77]。從事美國政策研究的蘭得公司(Rand Corporation)與其他研究機構發佈的評估報告指出，美國食品供應系統高度易受污染與破壞，已成爲生物恐怖主義(bioterrorism)的潛在目標[78]。

在2001年炭疽病毒恐慌之前，在商品裡下毒的手法，已經是長期縈繞於商家賣場的陰影。這種手法最早受到大眾注意可追溯到1982年，有7位民眾服用被摻入

氰化物的泰樂諾(Tylenol)藥物後死亡。百事可樂在10年後也遇上一次類似危機，該公司的健怡可樂鋁罐中被發現注射器，總案例超過50起、範圍廣佈23州。百事可樂放手一搏，透過公關管道全力為事件消毒，向大眾澄清該產品在製程中絕不會出現注射器此類物件。該公司甚至公開了一段由商場監視器拍攝的畫面，逮到一位顧客趁店員不注意時將注射器塞進可樂罐裡[79]。百事可樂主動積極地採取行動，也突顯出正面、迅速因應這類危機的重要性。

▶ 成癮性消費

消費成癮(consumer addiction)是一種對產品或服務在生理或心理上的依賴，當然包括酗酒、嗑藥及菸癮——許多公司藉著這些易上癮或解決上癮的產品賺進了大把鈔票。例如，含有尼古丁的瓶裝水「尼古水」，是香菸類產品線中最新一代的產品，最新產品還包括了糖果口味的香菸和尼古丁棒棒糖。該產品網站將尼古水描述為「針對想戒煙或不能抽煙的消費者推出的安全尼古丁飲料」，在餐廳、辦公室及機艙都可飲用。該公司的執行長針對這項產品可能吸引孩童的指控反駁說「沒有人會因為二手水而喪生」[80]。

雖然大多數人認為只有毒品有上癮的問題，但實際上依賴任何一種產品或服務以緩解某些問題或滿足某些需要的程度達到極致時，都算是成癮。甚至有一個護唇膏支援團體(Chap Stick Addicts)有將近250名的熱心成員[81]！有一些心理學家也正日漸關注「網路成癮」問題。成癮者（特別是大學生）沉迷於網上聊天，「虛擬」生活甚至比真實生活更重要[82]。

▶ 強迫性消費

對某些消費者來說，「為購物而生」這個說法毫不誇張。這些消費者到商場購物是因為被迫，而非由於購物本身很有趣或有一定的功能。強迫型消費(compulsive consumption)是指重覆的、而且經常是過度的購物行為，以作為壓力、焦慮、沮喪或無聊的解毒劑。「購物成癮者」依賴於購物和吸毒或酗酒者依賴毒品或酒精是一樣的[83]。

強迫性消費和將在第10章討論的衝動購物完全不同。想要購買某一特定物品的衝動是暫時的,並在一個特定時刻集中在一樣具體的產品上。但相反地,強迫性購買是一種持續性行為,在乎的是購物過程而非購買品本身。一位每年花20,000美元購置衣服的婦女坦白承認:「我一進商場就鬼迷心竅,會買那些不合適、不喜歡、而且不需要的衣服。」[84]

在某些情況下,這類型的消費者和毒癮者沒什麼兩樣,他們對消費行為幾乎沒有控制能力。無論是酒精、香煙、巧克力還是健怡可樂,都是產品在控制著消費者。對於某些消費者來說,購物行為本身甚至都是一種令人成癮的體驗。許多負面或破壞性的消費者行為都有三個常見特性[85]:

1. 這行為不是經過選擇作出的。

2. 這行為帶來的滿足是短暫的。

3. 行動之後,個人會感受到強烈的遺憾或罪惡感。

賭博就是一個存在於各個市場區隔的消費成癮例子。無論是賭場賭博、玩「吃角子老虎」,還是和朋友或專業賭徒在體育競賽上打賭,甚至是購買彩票,過度的賭博都會造成極大的危害。如果沉迷其中,賭博還會導致自尊降低、負債、離婚或疏忽子女等種種惡果。按照一位心理學家的說法,賭博呈現了一個典型的成癮循環:當他們賭博時體驗到了「快感」,停止賭博後則感到沮喪,而迫使他們回去尋找這種行為的刺激。然而,和毒蟲不同的是,金錢是頑固不化賭徒所濫用的東西。

▶ 被消費的消費者

在市場中被商業利益利用或剝削的人,無論自願與否,都可以看作是被消費的消費者(consumed consumer)。消費者成為商品的情況包括:標榜矮子或侏儒的路邊表演、出售人體器官或嬰兒。下面是一些關於被消費者的例子:

• 妓女:據估計,僅美國一年在娼妓上的消費可達200億美元,相當於美國國內製鞋業的年收入。

• 器官、血液和頭髮的捐贈者:在美國,每年有數百萬人出售血液(不包括自願捐贈者)。也有一個活躍的人體器官(如腎臟)交易市場,還有一些婦女出售頭髮以製作假髮。在eBay網站拍賣的一個腎臟在結束競價(在網上出售人類器官

是非法的──至少到目前為止）前就衝到了570萬美元。賣腎者寫道：「你可以選擇要左腎還是右腎……當然，只賣一個，因為我還需要另一個。無誠勿試。」[88]

● 被販賣的嬰兒：有好幾千個代理孕母受雇替無生育能力的夫婦人工受孕，並代為孕育嬰兒。商業的精子銀行已經成為大生意，因為許多國家依賴進口，這個市場範圍還是國際性的。幾間最大公司中的一間公司負責人自誇：「我們認為我們能夠成為像是麥當勞連鎖店的精子公司。」該公司有三個等級的精子，包括一個「極品」等級：精子含量是一般等級的兩倍。該公司以一種特殊的冷凍技術，將精子放在液氮瓶中運輸，可在72小時之內將貨送到幾乎全世界任何一個顧客的手上[89]。

▶ 非法活動

麥肯廣告公司近期進行的一項調查揭露出以下這些有趣的事實[90]：

● 91%的人說自己經常撒謊。三分之一的人對體重撒謊，四分之一的人對收入撒謊，21%的人對年齡撒謊，有9%的人甚至對頭髮的原色撒謊。

● 五分之二的美國人曾試圖虛報保險單來補償可扣除的部分。

● 19%的人曾偷偷溜進戲院沒買票。

● 五分之三以上的人曾經未進行任何相關工作就取得了創業貸款。根據皮爾斯伯利公司(Pillsbury)執行長的說法，「這種行為非常普遍，我們可以將此名為速成偽造(speed scratch)」。

 混亂的網路世界

在南韓，沈迷上網正逐漸變成一個嚴重的問題。南韓的高速網路市場穿透率高居全球首位，超過二分之一的南韓家庭裝有高速網路（美國尚不及10%）。爆炸性成長的上網文化，使得為數眾多的年輕人無可自拔地沈迷於線上遊戲（25歲以下南韓人有80%曾參與這類遊戲），流連於可供他們暢玩不休的網咖裡。評論家指出，遊戲工業創造出數百萬計行屍走肉般的遊戲迷，為了遊戲，他們甚至中輟學業，脫離現實生活裡的團體互動，變得疏離甚至有暴力傾向。南韓社會崇尚團體制度，所以成群結伴是他們偏好的互動形式。評論家也指出，網咖已經成為發展戀情的大本營，青少年透過網路交換照片後，再決定本尊要不要現身。一反南韓男性至上的社會傳統，小女生上了網路可以當家作主，主動向男生傳送露骨的訊息，留點線索，讓男孩子們可以找出她們在哪家網咖裡，坐哪個位置[87]。

　　許多消費者的行爲不但對自己或社會造成傷害，同時也是違法的。據估計，每年消費者對商家進行的犯罪行爲都造成400億美元以上的損失。

消費者偷竊

　　平均每5秒鐘就會發生一起零售店失竊事件。「縮水」(shrinkage)一詞特指因商場偷竊和雇員偷竊造成存貨和現金損失的行業術語。這對企業來說是一個嚴重問題，而它又透過提高產品價格把損失轉嫁到消費者身上（約40%的失竊案是雇員而非購物者所爲）。購物中心每年要在安全事宜上花600萬美元；由於補償縮水而引起的價格上漲，一個四口家庭每年要額外支出300美元[91]。確實，商店失竊是美國成長最快的犯罪。一項關於零售業的全面研究發現，商店偷竊是一個全年都存在的問題，每年導致美國零售商損失90億美元。最常被竊的產品是香煙、運動鞋、品牌和名牌服裝、設計師品牌的牛仔褲以及內衣。每件偷竊案平均價值上升至58.43美元，而1995年則是20.36美元[92]。這問題在歐洲也同樣令人擔心，光在2001年，各種賣場通路一共逮捕了123萬名竊賊。這種情況在2002年將對歐洲零售商造成300億的成本支出。竊盜問題在英國造成的影響最大（以年度銷售百分比來看），接著是挪威、希臘和法國。瑞士與奧地利則影響最少[93]。

　　絕大部分的商場偷竊行爲不是職業小偷或那些眞正需要商品的人所爲[94]。每年約有200萬的美國人因竊盜被起訴，但根據統計，每破獲一起竊案，同時也正有約18起未報案的竊盜案正在發生[95]。大約四分之三被抓的竊賊是中高收入者，他們偷竊是爲了尋求這種行爲帶來的刺激或作爲情感的代替品。此外，商場偷竊在青少年中也很普遍。研究顯示，十幾歲的青少年偷竊往往是受到曾在商場偷竊的朋友等因素的影響。當青少年不認爲商場偷竊是不道德時，偷竊行爲就更可能發生[96]。

反消費行爲

　　某些類型的破壞性消費行爲可以看作是反消費行爲(anticonsumption)：這種行爲會故意破壞產品或服務的外形或使之殘缺不全。這些活動中有一些較不具傷害性，像是進入dogdoo.com網站訂購一包狗便便給某位幸運的收件人。這個網站甚至讓顧客挑選不同的「便便包裝」來量身訂作「禮物」大小：經濟型便便（20磅的狗），特別便便（50磅的狗），及最大包裝便便超值包（110磅的狗）。良心建議：打開禮物前先聞聞看。

反消費行為的範圍可以從在建築和地鐵上塗鴉的溫和做法，到蓄意破壞產品甚至散發讓大公司束手無策病毒的惡劣事件。反消費行為還可以採取政治抗議的形式，積極分子會塗改或毀壞那些宣傳他們覺得是不健康或不道德行為的廣告看板和其他廣告。例如，少數民族聚居區的部分牧師會組織集會，來抗議鄰近地區的煙酒廣告日益增多，有時還包括毀壞宣傳煙酒的廣告看板。

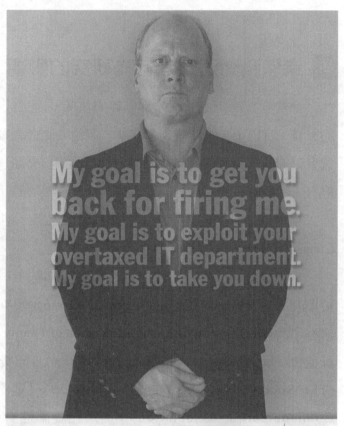

個人可以透過網路從事反消費的行動，對企業發出高破壞力的一擊。(Courtesy of Internet Security Systems)

消費者行為學　　　　　　▶ ▶ ▶ ▶ ▶ ▶ ▶

現在，我們應該很清楚，消費者行為領域包括了許多內容。從簡單的購買盒裝牛奶到選擇一套電腦網路系統；從捐贈慈善機構到敲詐一家公司或商店的邪惡計畫，都屬於這一範圍。

需要我們理解的內容多得可怕，而著手研究的方法也有很多。雖然人們成為消費者已有很長的歷史，但消費現象成為正規研究主題還是近年來的事。事實上，雖然許多商學院現在都要求主修行銷學的學生必修消費者行為學的課程，但大多數大學直到70年代才開始開設這門課。

▶ 跨學科對消費者行為研究的影響

消費者行為學是一個非常年輕的領域，而且成長過程還受到了許多不同觀點的影響。實際上，很難想到還有哪一個領域比它更具跨學科性。我們會發現從事消費者研究的人所受的專業訓練來自廣泛的學科背景——從心理生理學到文學等應有盡有。消費者研究人員受雇於大學、企業、博物館、廣告公司和政府。1970年代中期以來，這一領域已經建立了好幾個專業組織，消費者研究協會(Association for Consumer Research)就是其中之一。

為了瞭解消費者研究工作者的興趣何其廣泛，我們來看一下主辦這一領域重要期刊《消費者研究期刊》(*Journal of Consumer Research*)的專業協會名單：美國家庭和消費科學協會(American Association of Family & Consumer Sciences)、美國統計協會(The American Statistical Association)、消費者研究協會、消費心理學協會(The Society for Consumer Psychology)、國際傳播協會(The International Communication Association)、美國社會學協會(The American Sociological Association)、管理科學學院(The Institute of Management Sciences)、美國人類學協會(The American Anthropological Association)、美國行銷學協會(The American Marketing Association)、人格和社會心理學協會(The Society for Personality and Social Psychology)、美國公眾意見調查協會(The American Association for Public Opinion Research)、美國經濟學協會(The American Economic Association)等。

那麼，既然有這麼多來自不同背景的研究人員對消費者行為感興趣，什麼才是研究這個問題「正確」的準則呢？你也許記得盲人摸象的故事。這個故事說到每個盲人都摸到了大象的不同部分，因此，每個人對大象外形的描述完全不同。這種情況同樣可以類推到消費者研究中，一個特定的消費現象可以以不同方式、在不同層次上進行研究，而有賴於研究這個現象的人的專業訓練與興趣。表1.2說明了像雜誌用途這樣一個「簡單的」主題，就可以用許多不同的方法加以研究。

圖1.2提供了這個領域涵蓋的學科方法以及每一種方法研究問題層次的概略描述。我們可以視這些不同學科的焦點是在微觀還是宏觀消費者行為的主題，來進行

表1.2 消費者行為學中具有跨學科性的研究問題	
學科關注點	雜誌用途的樣本研究議題
實驗心理學： 產品在知覺、學習和記憶過程中的作用	雜誌特定外觀，如結構或版面如何被認知和解釋的；雜誌的哪一部分最有可能被讀到
臨床心理學： 產品在心理調適中的作用	雜誌如何影響讀者的自我印象（如較瘦的模特兒會使一般婦女感到自己超重嗎？）
個體經濟學／人類生態學： 產品在個人或家庭資源分配中的作用	影響一個家庭在雜誌上花費多寡的因素
社會心理學： 產品在社會集體成員個體行為中的作用	同儕壓力如何影響個人的閱讀決策
社會學： 產品在社會機構和群體關係中的作用	在某一社會群體（如女生聯誼會）對雜誌偏好的分佈模式
總體經濟學： 產品在消費者和市場關係中的作用	在高失業率期間，時裝雜誌的價格及其廣告產品費用所產生的影響
符號學／文學批評： 在文字與視覺意識傳播面向上的產品作用	雜誌中廣告和模特兒傳達隱含資訊的方式
人口學： 產品在一個人口數中可測量特性中的作用	雜誌讀者的年齡、收入和婚姻狀況產生的影響
歷史學： 產品在社會變遷中的作用	在雜誌中，我們的文化對「女人味」的界定隨著時間發生變化的方式
文化人類學： 產品在社會信仰和實踐中的作用	雜誌中流行時尚和模特兒影響讀者對男性和女性行為的定義（如職業女性的角色、性禁忌等）

粗略的描述。那些接近金字塔頂部的領域較為關注作為個體的消費者（微觀問題），而接近底部的則對發生在較大人群中的群體行為更感興趣，如文化或次文化群體中成員共同具有的消費模式（宏觀問題）。

▶ 策略性焦點的爭議

許多人認為消費者行為領域是一個應用性社會科學；因此，這個領域的知識價值應該根據它促進行銷實踐的能力來判斷。然而，近來一些研究者主張，消費者行為學根本不應存在策略性焦點；這個領域不應成為「商業的女傭」。相反地，它

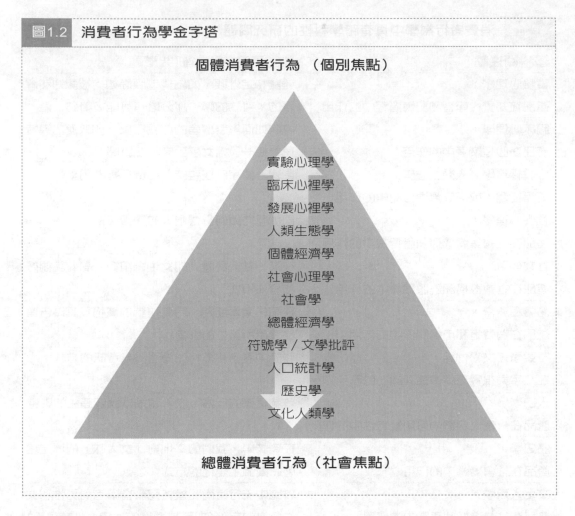

圖1.2　消費者行為學金字塔

個體消費者行為　（個別焦點）

實驗心理學
臨床心裡學
發展心裡學
人類生態學
個體經濟學
社會心理學
社會學
總體經濟學
符號學／文學批評
人口統計學
歷史學
文化人類學

總體消費者行為（社會焦點）

應該為了研究目的去理解消費，而不是因為這些知識能為行銷人員所用[97]。大多數消費者研究人員可能並不支持這個極端觀點，但它鼓勵了許多人去擴展工作範圍，從這個領域的傳統焦點，即食品、電器、汽車等消費品的購買問題，到社會問題，如無家可歸、環境保護等。當然，它也在這一領域的工作者中引起了激烈爭論！

▶ 兩種消費者研究觀點的爭議

　　一種對消費者研究進行分類的通用方法是以研究人員的基本假設為分類標準，關於研究主題及研究方法，這一套信念被稱為典範(paradigm)。和其他研究領域一樣，消費者行為領域中占主導地位的典範也只有一個，但有人認為這一領域正處於典範轉移的中間階段。當一個異軍突起的典範向占有主導地位的假設體系挑戰

時，這種轉移就發生了。

　　現在主導的基本假設體系被稱為實證主義（positivism，有時也被稱為現代主義）。自16世紀末以來，這種觀點對西方藝術和科學產生了顯著影響。它強調人的理性是至高無上的，並且存在著可以被科學發現的唯一客觀真理。實證主義鼓勵我們強調客體的功能、頌揚技術，並把世界看作是一個理性而有秩序的場所，具有清晰界定的過去、現在和將來。

　　詮釋主義（interpretivism，有時也稱後現代主義）典範的出現對上述假設提出了質疑。這種觀點的擁護者認為，我們的社會太過重視科學和技術，這種行為的理性、有序觀點否定了我們身處其中的複雜社會和文化。還有一些人認為實證主義過於強調物質的富足，而且邏輯框架受制於強調白人男性統治文化同質性觀點的意識形態。而詮釋主義強調的是象徵性主觀經驗的重要性，以及意義存在於個人意識中的觀點——也就是說，我們每個人都根據自己特有和共有的文化經驗來建構意義，因此也無所謂的對錯。在這種觀點看來，我們所處的這個世界是由五花八門的模仿物(pastiche)或各種印象的混合體構成的[98]。我們因為產品能幫助我們在生活中建立秩序而賦予產品價值，而這種價值已經因產品能提供一系列不同體驗而產生的消費增值所取代。表1.3為消費者研究兩種觀點主要區別的摘要。

　　為了理解行銷溝通的解釋主義框架，我們來分析一場最著名也是歷時最長（1959～1978年）的廣告運動：這項工作是由伊登廣告(Doyle Dane Bernbach)為福斯(Volkswagen)金龜車(Beetle)所做的。這場運動以其自嘲的睿智而廣為人知，當大

表1.3	消費者行為學的實證主義途徑與詮釋主義途徑	
假設	實證主義途徑	解釋主義途徑
現實的本質	客觀的、明確的、唯一的	社會建構的、複合的
目標	預測	理解
產生的知識	無時間限制、不依賴背景	有時間限制、依賴背景
對因果關係的看法	存在的真實原因	複合的、同步發生的事件
研究關係	研究者與實驗對象的分別	與研究者的互動與合作也是研究中現象的一部分

資料來源：改編自Laurel A. Hudson and Julie L. Ozanne, "Alternative Ways of Seeking Knowledge in Consumer Research," *Journal of Consumer Research* 14 (March 1988): 508-21. Reprinted with the permission of The University of Chicago Press.

多數汽車廣告都不斷強調自身優點時，這則廣告將甲殼蟲的樸實、體積小與動力不足一下轉換成了積極的特性。對這些資訊的解釋性分析運用了文學、心理學和人類學的概念，以便在更廣的文化背景中為這種訴求打下基礎。這款謙遜的車型所塑造的形象是與喜劇學者所謂的「小人物」模式相連繫的。這是一種與小丑或變戲法有關的喜劇角色；是對官僚與服從的僵硬沉悶能夠橫加指責的社會邊緣人。其他「小人物」形象的例子還包括電視情境劇《外科醫生》(M.A.S.H)中的霍基；喜劇家伍迪‧艾倫和卓別林。如果你從這個角度看待行銷資訊的文化涵義，那麼IBM為使消費者相信其新型個人電腦的易用性，而在多年後利用卓別林這個形象來幫助「柔化」其沉悶威嚴的形象也許就不是巧合了。

從這裏開始：本書的計畫　▶ ▶ ▶ ▶ ▶ ▶

本書涵蓋了消費者行為的諸多面向，許多在本章作了簡單介紹的研究觀點都將在後面進一步的討論。本書的計畫很簡單：從微觀到宏觀。我們可以把本書看成是消費者行為的一套影集：每一章都提供了一張消費者的「快照」，但每幅照片的鏡頭不斷地變寬。本書從與個體消費者有關的問題開始，逐漸展開到考慮大群體在社會脈絡下的行為。而接下來欲探討的主題與圖1.3

Heard any Volkswagen jokes lately?

想瞭解行銷溝通，可以從這則福斯金龜車廣告看出某種解讀架構。(Used with permission of Volkswagen of America and Arnold Worldwide.)

是相互呼應的。

　　本書第二部分「作為個體的消費者」，所關注的焦點是在最微觀層面上的消費者。它研究了個體如何從直接環境中接收資訊、如何習得這些資訊並儲存在記憶中，以及運用這些資訊去形成和修正個體關於產品和自身的態度。第三部分「作為決策者的消費者」，探究了消費者利用獲得的資訊對消費行動進行決策的方式，這裡的消費者既可以是個體，也可以是群體的成員。第四部分「消費者與次文化」藉由探討消費者作為一個整體社會結構一部分來進一步延伸焦點，這個結構包括消費者從屬和認同的不同社會群體的影響，包括社會階級、民族群體和年齡群體。最後，第五部分「消費者與文化」，檢視了行銷對大眾文化的影響，包括行銷與文化價值及生活方式的關係、產品和服務如何與原始儀式和文化神話發生聯繫，以及行銷行動與我們生活中無所不在的藝術、音樂和其他形式大眾文化創造間的相互作用。

圖1.3　消費者行為輪盤

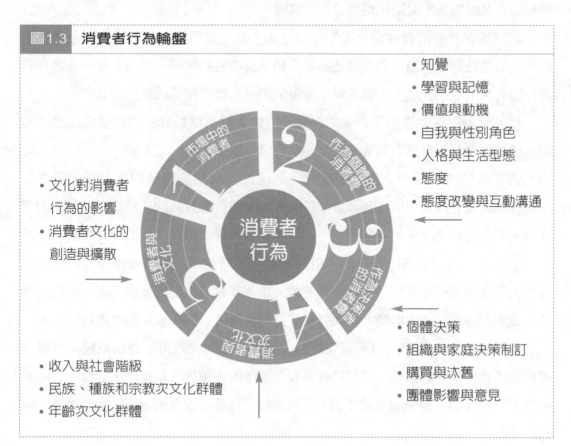

摘要

消費者行為學研究的是個體或群體為滿足需要和慾望而挑選、購買、使用或處理產品、服務、創意、經驗時所涉及的過程。

消費者可以購買、使用和處理一件產品，但這些功能也可能由不同的人來完成。此外，消費者可以被視為要用各種不同產品來幫助他們扮演不同角色的演員。

市場區隔是消費者行為學的一個重要面向。可以根據許多面向將消費者進行分類，包括：產品的使用、人口統計學變數（人口的客觀層面，如年齡和性別等）以及心理描述變數（心理和生活方式特性）等。對關係行銷的強調及資料庫行銷等新發展，意味著行銷人員能更適應不同消費群體的需求和需要。這在人們建立起自己的消費者空間時尤其重要——在這個空間消費者隨時隨地可以得到產品資訊，並開始與企業聯繫而不是消極地接受行銷溝通。

網路正在改變消費者與企業的互動方式。線上交易使我們可以找到全世界的產品，消費社群提供讓人們交換彼此意見和推薦產品的論壇。然而，有一些潛在問題伴隨而來，包括人們上網時間增多所帶來的隱私喪失和傳統社交的退化。

行銷活動對個體產生了巨大的影響。消費者行為學對於我們理解公共政策問題（例如倫理行銷行為）及大眾文化的動力學非常重要。

儘管教科書經常把消費者描繪成一個理性而且見多識廣的決策者，但實際上，許多消費者行為對個人和社會都是有害的。消費者行為的「黑暗面」包括消費成癮、把人當做商品使用（被消費者）以及偷竊或破壞行為（反消費行為）。

消費者行為領域是跨學科的，由許多來自不同領域的研究者組成，這些研究者對人與市場如何相互作用有共同的興趣。這些學科可以根據微觀層面（個體消費者）或宏觀層面（作為群體或更大社會成員的消費者）的研究焦點來進行分類。

關於消費者行為學有很多研究觀點，但研究取向大致可劃分為兩種：實證主義觀點強調科學的客觀性，並把消費者看作理性的決策者。相反地，詮釋主義觀點強調了消費者個人經驗的主觀意義，認為任何行為都是受多重因素，而不是單一原因的支配。

思考題

1. 本章指出人們扮演著不同的角色，而且消費行為可以根據扮演角色而改變。你是否贊同這個觀點，並提出個人生活中的例證。試著為你扮演的角色建立一個舞臺場景——特別是道具、服裝和表演用的劇本（如求職者、認真的學生、派對狂等）。

2. 有些研究者認為消費者行為學的領域應該是純科學，而不是應用科學。也就是說，研究課題的框架應該根據其學術意義而非是否能直接應用到相關行銷問題來規劃。談談你對這個問題的看法。

3. 列舉一些被你所處社群廣泛使用的產品或服務，並說明你是否認同這些產品有助於形成群體的情感聯繫。以實例來證明你的觀點。

4. 儘管許多行銷領域中都運用了大量消費者的人口統計資料，但仍有人認為出售關於消費者的收入、購買習慣等方面的資料構成了對個人隱私的侵犯，應被禁止。本章中還提到即使是人們的賭博活動現在也受到賭場人員的監督。分別從消費者和行銷人員的角度對這個問題發表評論。

5. 列出消費過程的三個階段。描述你最近的一次重要購買活動中每一階段所考慮的問題。

6. 說明消費者研究中的實證主義途徑和詮釋主義途徑有何不同。針對此兩種途徑，分舉兩例說明不同產品使用的研究方法比另一種研究方法更為有益。

7. 財政規劃人員會對消費者行為學哪一方面感興趣？大學校長、平面設計師、政府部門的社會工作者以及護理指導員關心的又是哪一方面呢？

8. 針對目標行銷策略的批評者主張這種活動具有歧視性且不公平，特別是如果它鼓勵人們去購買那些會造成傷害或難以負擔的產品。例如，少數民族聚居區的社團領袖發起了抵制運動來反對這些地區的煙酒廣告。而另一方面，國家廣告協會則認為為了禁止目標行銷而審查行銷活動違反了憲法第一修正案。你如何看待這個問題？

9. 行銷人員有控制我們的慾望或創造需要的能力嗎？在網際網路開創了我們與企業互動的新方式之後，這種情況會改變嗎？如果會，又將怎樣改變？

10. 一位企業家因爲在網路上拍賣最知名模特兒的卵子，並以高價賣出（起價15,000美元）而成了全球關注的新聞。他寫到「只要看電視，你就會發現我們只對看漂亮的人有興趣，這個網站只是單純反映了現在的社會。在這樣的社會中，美麗總能標得高價⋯⋯所有與生俱來的美麗、聰明才智或社交能力都能幫助你的小孩更快樂與成功。如果你有機會可以創造更漂亮的小孩，讓他們一出生便享有優勢，你願意嗎？」[99]這種買賣人類的行爲是否只是一種消費者行爲而已？你同意這樣的服務只是爲了更能生出快樂、成功的小孩嗎？這種型態的行銷活動是否應該合法化或被禁止？你會在網路上販賣自己的卵子或精子嗎？

11. 許多大學學生藉由網路下載來「分享」音樂，這是一種竊盜行爲嗎？

作爲個體的消費者

在本篇中，我們將焦點放在消費者內在的動力過程。雖然「沒有人是一座孤島」，但每個人在某種程度上對於外部資訊都是獨立的接收者。我們不斷地面對廣告資訊、產品以及說服我們買東西的人，甚至面對讓自己或喜或憂的鏡中影像。本篇各章將介紹那些別人「看不見」的個體不同面向──但這些對於自己卻是至關重要的。

第2章描述的是知覺過程，在此過程中，來自外界關於產品和他人的資訊被加以吸收和解釋。第3章主要專注於資訊的心理儲存方式，以及在學習過程中這些資訊如何加進我們對世界的現有認識。第4章討論我們吸收這些資訊的原因或動機，以及特定文化成員贊成的價值觀如何對我們產生影響。

第5章探究我們對於自身的看法──尤其是性別特徵和外表──如何影響行動、慾望和購買。第6章接著介紹個體人格如何影響這些決策，以及我們在產品、休閒活動等方面的選擇如何幫助定義生活型態。

第7章和第8章則討論行銷人員如何形成及改變我們的態度──即對所有產品、資訊等的評價，而作爲個體消費者的我們又如何利用這些資訊的反應來繼續我們與生意人的對話。

知覺

　　這次歐洲度假真是妙極了，里斯本這一站也不例外。蓋瑞兩個星期以來吃遍了歐洲大陸上最好的一些糕點店和餐廳，他開始有點想念在家裡最愛吃的點心──美國知名老牌奧利歐(Oreos)餅乾配上冰涼的盒裝牛奶。他的妻子賈姬還不知道他藏了一盒餅乾來「以防萬一」──是該拿出來的時候了。

　　現在，他需要的就是牛奶了。衝動之下，蓋瑞決定給賈姬一個驚喜下午茶。他趁她午睡時溜出房間，找到最近的超市，但來到冷藏區時他卻愣住了──這裡沒有牛奶。蓋瑞並不氣餒，他問店員：「請問新鮮的牛奶在哪裡？」店員笑了一下，指著店中間堆放著白色小方盒的貨架。不，不可能──蓋瑞決定要好好練葡萄牙語，他重複了那個問題，但還是得到同樣的回答。

　　最後，他走過去仔細端詳那些盒子，是帕瑪拉特(Parmalat)牌超高溫處理(UHT)牛奶。可惡！誰會喝放在溫暖架上的小盒牛奶？天知道這已經放了多久！蓋瑞沮喪地回到旅館，他的下午茶夢就像是那些不新鮮的餅乾一樣碎成一片片了……

序論　　　　　　　　　

　　要是蓋瑞知道這個世界上有許多人每天都喝盒裝牛奶，他會大吃一驚的。UHT是經過高溫消毒的A級牛奶，那些造成危害的細菌全都經過加熱消滅，如果無菌包裝未被打開，則可在非冷藏狀態下保持5～6個月。主要製造商帕瑪拉特集團(Parmalat Group)是世界上最大的乳製品公司之一。

保久乳在歐洲特別流行，因為家庭和商店中的冷藏空間比美國有限，歐洲每10個人有7個經常喝這種牛奶。帕瑪拉特公司正試圖打開美國市場，儘管分析家對其前景表示懷疑。首先就是美國青少年選擇喝其他的飲料，導致美國的牛奶消費量不斷下降。乳製品產業基金會甚至花了4,400萬美元來強打牛奶促銷的廣告（『喝牛奶了嗎？』）。

但誘使美國人喝盒裝牛奶則更困難。在焦點團體討論中，美國消費者很難相信這種牛奶是沒腐敗或安全的。他們認為一品脫大小的方盒更適合裝乾燥食品，有人甚至覺得「帕瑪拉特」聽起來比較像是Enfamil或Similac之類的嬰兒配方奶粉。帕瑪拉特美國分公司正試圖透過引進復古牛奶瓶與這種抵抗進行戰鬥。

帕瑪拉特正在美國發動一場大規模的配銷和行銷活動。帕瑪拉特已經收購了很多美國乳製品公司，而且正以西海岸為基礎進行新的配銷。由於吹起一陣有機食品的狂熱，帕瑪拉特於2002年將「全有機牛奶」引進美國市場。帕瑪拉特美國公司售出的產品，其中許多是銷售給學校和速食連鎖店，因為他們喜歡它的長期存放時間[1]。儘管美國人也許對享用麥當勞用帕瑪拉特牛奶製成的冰旋風(McFlurry)不會有所顧忌，但要改變他們對奧利歐餅乾最佳拍檔的看法，卻還要進行一場長期艱苦的戰鬥。

我們生活在一個感覺刺激氾濫的世界，不管是奧利歐的味道、激情香水(Obsession)的廣告，還是Offspring樂隊的聲音。無論走到哪裡，我們都會受到色彩、聲音和氣味綜合成交響樂般的衝擊，這支交響樂有一些自然「音符」，如狗吠聲、傍晚天空的暮色或玫瑰花叢的醉人香味；還有一些來自於人：上課時坐在你身邊的人染著一頭惹人注目的金黃色頭髮、穿著鮮豔的粉紅色褲子，還用了足以令你眼睛流淚的難聞香水。

行銷人員當然也為這種混亂作出了貢獻。消費者永遠無法遠離廣告、產品包裝、廣播電視廣告以及廣告看板，它們全都在叫囂著吸引我們的注意。有時候，消費者還盡力去體驗「不尋常的」感覺，像是高空彈跳，或者玩虛擬實境的遊戲。在秘魯一個很受歡迎的電視節目「蘿拉在美國」中，參賽者得體驗所有可能狀況（當然有適當誘因）：為了得到20美元，兩個女人脫得只剩下內衣，把幾桶癩蛤蟆身上的黏液倒滿一身。為了得到同樣多的錢，3個男人比賽吞下幾碗亞馬遜叢林裡的樹

蛆。為了得到30美元，一個女人去舔一位滿身是汗健身者的腋窩，而他已經兩天沒洗澡了[2]。你以為那裡沒有大學兄弟會嗎？

不論是不是電視競賽的參賽者，我們每個人都透過注意某些刺激而排除其他刺激，來應對這種感覺的衝擊。因為我們每個人都選取與自己獨特經驗、偏見與慾望相符合的意義，進而對事物「加油添醋」，因此，我們選擇注意的廣告往往與贊助商的預期不同。本章主要討論知覺過程，在此過程中，消費者接納某些感覺，進而用於解釋周圍的世界。

感覺(sensation)是指我們的感覺接受器（眼、耳、鼻、口、手指）對光、色、聲、氣味和質地等基本刺激的直接反應。知覺(perception)是對這些感覺進行選擇、組織和解釋的過程。因此，對知覺的研究焦點在於為原始感覺賦予意義。

蓋瑞與盒裝牛奶的遭遇就說明了知覺的過程。他已經學會將冷藏牛奶的冰涼度等同於新鮮，因此，當遇到與期望發生矛盾的產品時，他就體驗到負面的身體反應。蓋瑞對帕瑪拉特的評價受到包裝設計、品牌名稱，甚至在店中的擺放位置等因素的影響。而這些期望又受到消費者文化背景相當大的影響。歐洲人對牛奶不一定有同樣的知覺，因此，他們對產品的反應也大相逕庭。

和電腦一樣，人們的資訊處理也經歷不同的階段，在此過程中刺激被輸入，並且儲存。然而，與電腦不同的是，我們不是消極地處理所有眼前的資訊。首先，我們環境中只有很少的刺激被注意到，其中又只有更小一部分是我們留意到的。進入意識的刺激未必會被客觀地處理。刺激的意義是由個體來解釋的，而且會受到自己獨特的偏見、需要和經驗的影響。如圖2.1所示，暴露、注意和解釋三階段構成了知覺的過程。在檢視每個階段之前，讓我們先看提供感覺的感覺系統。

▶ 感覺系統

外部刺激或感覺輸入，可以透過許多頻道進行接收。我們可以看到廣告看板、聽到叮噹聲、感到毛衣的柔軟、嚐到霜淇淋的新味道，或聞到皮夾克的氣味。五種感官拾取的感官輸入構成了知覺過程開始的原始資料。例如，來自外部環境的感覺資料，如聽到收音機傳來的一首歌，產生了內部的感覺體驗。這首歌觸發了一個年輕人第一次跳舞的記憶，讓他想起舞伴的香水味道，或她的髮絲掠過他臉頰的

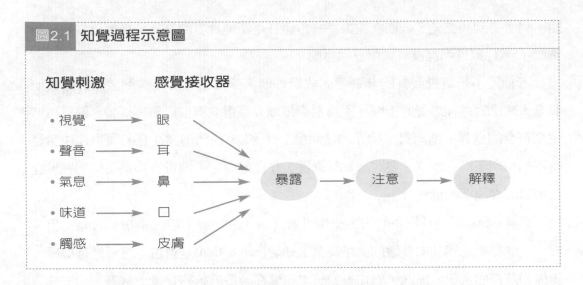

圖2.1　知覺過程示意圖

知覺刺激　　　感覺接收器

・視覺 ⟶ 眼
・聲音 ⟶ 耳
・氣息 ⟶ 鼻
・味道 ⟶ 口
・觸感 ⟶ 皮膚

暴露 ⟶ 注意 ⟶ 解釋

感覺。這些反應是**享樂性消費**(hedonic consumption)的一個重要部分，也是消費者與產品相互作用的多重感覺、幻想和情感面向[3]。

　　產品的感覺特質對在競爭中脫穎而出有重要作用，尤其是當品牌與感覺建立獨特聯繫的情況下。歐文―康寧玻璃纖維公司(Owens-Corning Fiberglass Corporation)是第一家註冊顏色的公司，當時它的絕緣材料採用亮粉色，並用粉紅豹這個卡通人物作代言人。哈雷也試圖註冊重型機車發動機加速轉動的獨特聲音[4]。

▶ 視覺

　　行銷人員在廣告、店面設計和包裝上都非常依賴視覺因素。意義透過產品的顏色、規格和樣式等視覺通道得以傳遞。飛利浦試圖賦予旗下電子產品更年輕的氣息，因此採取體積更薄、色彩更繽紛的設計。以往該公司的音響產品均為銀色，現在則有四種色彩問世，包含電鍍綠[5]。

　　顏色甚至更直接地影響我們的情感。有證據顯示，有些顏色（特別是紅色）能產生喚醒的感覺，並且刺激食慾；而有些顏色（如藍色）則更令人放鬆。在廣告中，以藍色背景呈現的產品比使用紅色背景更受喜愛；而跨文化的研究顯示，不管在加拿大還是香港，人們對藍色的偏好是一致的[6]。在有研究顯示藍色可以引發對未來的積極感覺之後，美國運通將新信用卡命名為「藍色」；廣告代理商把藍色稱為千禧年的顏色，因為人們會把它與天空和水聯繫起來，「傳達出一種無限與和平

的感覺」[7]。

　　對顏色的一些反應是來自後天學到的聯想——在西方國家，黑色是哀悼色；儘管在一些東方國家，特別是日本，是由白色扮演這個角色。另外，黑色也與權力相聯繫。在美國足球俱樂部和美國曲棍球俱樂部中，穿黑色隊服的球隊是最具攻擊性的：他們在賽季中總是位居所屬聯盟中的犯規榜首[8]。

　　造成不同視覺反應的因素，還包括生物性與文化性的差異。女性容易受到比較明亮的色彩吸引，對細微的顏色濃淡與式樣變化更為敏感。部分科學家認為男女構造有別，女性較男性更能感受色彩，男性患有色盲的機率則為女性的16倍。年齡也會影響我們對色彩的感受力。隨著年歲漸增，眼睛構造愈漸成熟，視覺上會開始偏黃。老年人看到的顏色比較沈，因此他們偏愛白色與明亮的色彩。這有助於解釋了中高齡消費者格外屬意白色車款的原因——凌志汽車的銷售著重此一市場區隔，推出車款有60%為白色。

　　明亮及更複雜的色彩也反映了美國文化逐漸多樣化的趨勢。例如西班牙人喜歡較為明亮的色彩，反應了拉丁裔美國人熱情的個性，因為強烈的顏色讓他們的個性有如耀眼的陽光[10]。這就是為什麼寶鹼公司在拉丁國家販賣的化妝品都採用較為鮮豔的顏色[11]。

行銷契機

　　紫色的蕃茄醬？顏色大膽搞怪的產品正熱門，行銷人員致力研究新招數，好讓產品一舉脫穎而出。首先，佐料醬大廠漢斯(Heinz)推出可擠壓包裝的「爆綠」(Blastin' Green)蕃茄醬，緊接著又來個「怪紫」(Funky Purple)醬。在推出綠色系列產品之後，漢斯的蕃茄醬市場佔有率，在一年之間由50%躍升至56%。康家(ConAgra)食品公司抓住這個概念，希望小朋友們（各年齡層都有吧？）都能快快樂樂地把飯飯吃光光，於是推出可擠壓式粉紅與亮藍色的果醬，讓小朋友可以在玉米或吃完的玉米棒上塗塗畫畫。甜點時間到囉！來點納貝斯可(Nabisco)特製的「牛奶良伴」(Milk Changer)藍橘雙色奧利歐餅乾如何[9]？這些餅乾顏色或有不同，吃起來則如假包換，至少閉上眼睛就吃不出差別啦。膽子大一點的朋友，下回到南非記得試試雀巢(Nestlé)公司的「咕嚕吧」(Gloob)美乃滋，藍藍的，吃起來像嚼泡泡糖。

　　顏色在網站設計上具有主導性，引導瀏覽者的視線掠過網頁，配合設計主題、分隔視覺區域、組織前後關係、營造心境，以及吸引注意。綠色、黃色、青色和橙色等飽和色被認爲是吸引人們注意的最佳色彩，但是不要做得過火：對這些色彩的大量使用會使消費者視覺疲勞[12]。當然，顏色在包裝設計上也是一個關鍵。顏色的選擇過去常是隨意的。例如，大家熟悉的金寶濃湯(Campbell's Soup)之所以採用紅色和白色，是因爲公司經理人喜歡康乃爾大學的足球隊服！然而今天，顏色選擇可是件嚴肅的事，許多公司都意識到，消費者對於包裝內產品的猜想會受到公司選定色彩相當大的影響。

　　這類決策使我們會對包裝內產品的期望加以「著色」。一家丹麥公司在推出白色起司時，把它定位爲既有藍色起司的「姐妹產品」，以Castello Bianco的名稱、紅色包裝投入市場。紅色包裝是爲了在商店貨架上達到最醒目的視覺效果，但儘管味覺測試的結果非常受到肯定，最後這款產品的銷售額卻令人失望。後來對於消費者詮釋的符號學分析顯示，紅色包裝和產品名稱使消費者產生對產品類型和甜度的錯誤聯想。丹麥的消費者很難將紅色與白色起司聯想在一起，而且該產品名稱Bianco有甜的意思，又與產品口味格格不入的。之後，這款產品以白色包裝和White Castello的名字重新推出，銷量幾乎立即提高2倍以上[13]。

　　一些顏色組合與公司緊密相連，而成了公司的**商品形象**(trade dress)，公司甚至被授予這些顏色的獨家使用權。例如，伊斯曼柯達公司(Eastman Kodak)就成功地在法庭上保護了它黃、黑、紅三色的商品形象。然而，通常只有當消費者可

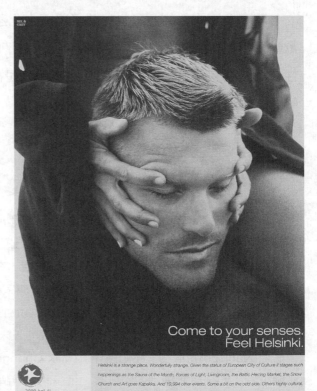

這則芬蘭廣告訴諸感官，邀請人們造訪赫爾辛基。

(Courtesy of Sek & Grey Advertising)

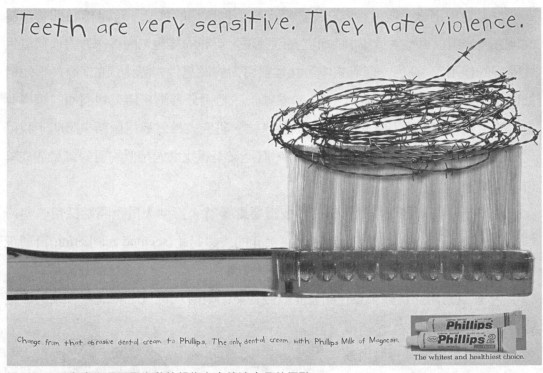

這則巴西牙膏廣告運用了生動的想像力來傳達產品的優點。(Courtesy of Tiempo BBDO SAP and Ruffles)

能因競爭者包裝使用相似色彩而分不清購買的產品時,商品形象才會被授予特權[14]。

▶ 嗅覺

　　氣味能激起強烈的情緒,也能產生平靜的感覺;可以增進記憶,也可以減輕壓力。一項研究發現,在觀看鮮花或巧克力廣告時,能聞到花香或巧克力味道的消費者更可能會花更多時間對產品資訊進行處理,並更可能在每個產品種類中試用不同產品[15]。

　　我們對氣味的一些反應是由早期聯想產生的,這種聯想會引起或好或壞的感覺,這就是企業探索氣味、記憶與心境之間聯繫的原因[16]。為福爾傑公司(Folger)工作的研究者發現,對於許多人來說,咖啡氣味能喚起他們對童年時期母親做早餐的記憶,因此,這種香味使他們想起了家。公司把這個結果引入一則廣告,一位身著軍服的年輕男子一大早趕回家、走到廚房、打開福爾傑咖啡的包裝,芳香飄到樓上。他母親睜開眼睛微笑說道:「兒子回家了!」[17]

　　香氣是由邊緣系統進行處理的，是大腦中最原始的部分，也是體驗即時情緒的地方。一項以男學生爲樣本的研究甚至發現，新鮮肉桂麵包的香味會對他們產生性喚醒的作用[18]！在另一個研究中，女性很用力的聞男性穿過兩天的T恤（不知道他們花了多少錢讓她們這樣做？），看看哪一件她們最喜歡。結果她們傾向選擇與自己味道相似、但又不是完全一樣味道的T恤。研究人員聲稱這個結果證明了我們選擇配偶時像是有一條「線」牽動我們，但是又不想找太過相似的對象以免造成繁衍的問題[19]。

　　當科學家持續發現嗅覺行爲的許多重要影響時，行銷人員也開始採用一些巧妙的方法來開發這些關連。價值9,000萬美元的香味行銷(scented marketing)目前正在發生有趣的轉變。以下是最近的一些相關發展：

　　● 香氛衣飾：紡織業正在開發能散發香氣的新時代材質，將內含香水的微型膠囊縫嵌到衣服裡。一家法國內衣廠商推出碰觸時會發出香氣的新款內衣。韓國男性甚至選購能發出薰衣草氣味的西裝，以掩蓋酒氣或煙味[20]。

　　● 香氛商店：湯瑪士平克(Thomas Pink)襯衫店在各門市噴灑一種衣物洗淨後的香味，以刺激顧客購買慾。零售業者伍爾渥斯(Woolworth)讓店面瀰漫一種獨特的耶誕香氛，寄望這種混合著南瓜、香料酒與百里香的氣息，不僅可以營造溫馨的感受，更能帶動買氣營造收益。

　　● 香氛汽車與飛機：英國航空 (British Airways)讓一

生動色彩讓產品具吸引力。這則去污劑廣告就是個好例子。
(Courtesy of Procter & Gamble)

種類似戶外空氣的味道，飄散在頭等與商務艙空間裡。勞斯萊斯車主送車進廠維修時，原廠會為車子噴灑1965年「銀雲」(Silver Cloud)車款獨具的氣味（當今款式無緣聞到的一種老式皮革與精緻木料氣味，如今藉由精心調製的配方再度重現）。福特為了讓新車能散發一致的氣味，啟用了價值75,000美元的「E-Nose 4000」探嗅器，以高分子「海棉」來檢測氣味，取代真人擔任的聞香師[21]。

• 香氛家庭用品：廠商紛紛搶搭芳香療法的列車，推出冠上「海之和風」、「春天花祭」或「靜思霧語」之類名稱的心

這則廣告幽了香氛廣告一默。「哦，好濃的汗臭味！」
(Courtesy of Everlast Sports)

情香氛。牙膏大廠高露潔眼看墨西哥進口的清潔用品以更濃郁的香氣成功搶灘，也大幅提高旗下品牌棕欖(Palmolive)「迎春」(Spring Sensation)系列產品的香氣。寶鹼也為自家的洗潔精配方猛灌香氣指數。這股香氛熱是90年代崇尚自然淡香的一大逆轉，廠商找出幾個因素來解釋這個轉變：例如年事漸高的消費者對氣味的敏感度不若以往，拉丁美洲與亞洲市場對馥郁香氣的喜愛，再加上日常生活裡的沐浴與保養用品大多含有香味，使得消費者對淡香的家庭用品開始麻木了[22]。

• 香氛廣告：在英國，寶鹼公司在公車亭製作了能發出香氣的廣告，為新配方的海倫仙度絲柑橘洗髮精進行宣傳。海報裏一位神采飛揚、秀髮飄飄的妙齡女子，海報底下則有一枚按鈕，按了就可以聞到香味[23]。另一個更有意思的香氛廣告，是加拿大YTV頻道與食品業者卡夫(Kraft)公司合作，製作出前所未「聞」的刮刮看聞一聞猜謎競賽，把電視變成「聞香電視機」。小朋友收看該頻道週末晨間播出的節目

時，螢幕會出現一個動畫設計的鼻子沿著螢幕嗅嗅嗅，小朋友可以在遊戲卡上尋找螢幕上出現的卡夫產品，刮一刮旁邊的小框框聞味道。撥打免費熱線答出正確答案的第100位幸運小朋友，可以獲得價值500加幣的禮券。遊戲卡上的味道包括蒔蘿醃瓜、橘子皮、沼氣，和老奶奶的腳趾甲。這下子還有人想邊看電視邊吃飯嗎[24]？

▶ 聽覺

消費者每年購買價值數百萬美元的錄音製品——廣告音樂維持著品牌意識，背景音樂營造出想要的心境[25]。一項新科技高速音波聲音系統(Hyper-Sonic Sound System, HSS)甚至可以讓你在100碼以外就被吸引來買一罐氣泡式或無酒精飲料。這個過程採用實際環境中的任何聲音符號，像是音響或電腦，然後再將其轉換成超音速頻率，這個頻率可以控制指向目標的光束[26]。

許多聲音都會影響到人們的感覺和行為。Muzak公司就估計每天有8,000萬人在聽它的唱片。這種所謂的「功能性音樂」或為了使消費者放鬆，或為了刺激消費者，會在商店、購物商店街和辦公室內不斷播放。有研究顯示，上午10點和下午3點的時候，工人容易情緒低落，於是Muzak公司使用一種名為「激勵進行曲」的系統，在這些懶散的時段加快節奏。Muzak已經有效降低工廠工人的缺勤率，據稱也增加了牛奶和雞蛋的產量[27]。想想說不定它對你的學期報告也有效呢！

▶ 觸覺

儘管觸覺刺激對消費者行為的影響研究相對較少，但日常的觀察告訴我們，這種感覺通道是很重要的。不論是奢侈的按摩還是刺骨的寒風，在感覺觸及皮膚時人都會感到興奮或放鬆。在銷售互動過程中，觸覺也是一個因素。在一項研究中，與侍者有身體接觸的用餐者會給更多小費，而在超市中與消費者有輕微接觸的食品試吃服務人員會比較幸運，能夠請到顧客品嘗新式點心，以及收回消費者購買此產品的折價券[28]。英國的Asda連鎖商店在商店內陳列著拆掉包裝的多牌衛生紙，方便讓消費者觸摸和比較不同衛生紙的材質，結果使得商店自有品牌的衛生紙銷售量暴增，並且在貨架上多出50%的陳列位置[29]。

　　日本把這個想法發揚光大爲感性工學(Kansei engineering)，意指將顧客的感受加入設計元素當中。馬自達汽車的設計師注意到年輕駕駛者把車子當作身體的延伸；一種他們稱之爲「騎師與馬合一」的感受。歷經廣泛的研究後，他們發現把排檔增長9.5公分具有最佳的操控性[30]。

　　人們常將織物和其他表面質地與產品品質相聯繫，一些行銷人員也正在探索如何在包裝上利用觸覺來喚起消費者的興趣。用來裝美容品的一些新型塑膠瓶混合了「觸感柔和」的樹脂，以產生拿在手裡一種柔軟、有摩擦力的阻力。在進行了可麗柔(Clairol)的新型日常防護洗髮精的包裝測試之後，焦點團體成員把這種感覺描述爲「近乎性感的」，居然對瓶子愛不釋手[31]！

　　這種對服裝、床組、室內裝潢品的材料質感，不管是粗糙還是光滑，是柔順還是堅硬，都與產品的「感覺」相聯繫。絲綢等光滑的織物等於奢華，粗斜紋布則被認爲是結實耐用的。表2.1總結了觸覺—質感的一些關連性。由稀有材料製成或要求精密處理過程以達到光滑細緻的織物一般是比較昂貴的，因而被認爲是更高級

行銷契機

　　聲音工程(sound engineering)是頂級車廠的最後挑戰，工程師們戮力開發技術，好讓自家產品能藉著低噪音表現，從同級競爭車中脫穎而出。汽車聲學(auto acoustics)在過去頂多是指在車門中多填充隔絕物，好維持車內的安靜。如今，噪音大小已等同汽車的品質高低。如果一款車聽起來很安靜，應該就是好車。賓士工程師會替負責升降車窗與調整座椅的電子伺服馬達紀錄聲音數值，再與寶馬或其他競爭廠商的相關數值比較，否則遇到噸位較大的乘客調整座椅，馬達忽然發出怪聲，真是情何以堪。寶馬公司甚至召集多組消費者徵詢意見，幫助設計師決定駕駛人車門尚未關緊或引擎出了毛病時要用哪些聲音作為警示訊號。

　　為了打造極致的駕駛體驗，工程師們每個細節都不放過。以寶馬為例，他們希望雨刷啓動後能完全無聲，因此用吸音墊來隔阻雨刷馬達產生的噪音，然而雨刷的橡膠材質仍使其在刷到邊緣時會發出輕微「啪」聲。經過數月測試，工程師們發現如果可以讓雨刷的橡膠保持柔軟度，就能大幅消除這個聲音。這可不是個容易的技術，因為雨刷歸位後靜止個幾天，就會順著擋風玻璃弧度硬化定型。工程師想出一個方法：每隔幾天，寶馬新七系列的雨刷馬達會自動調整雨刷歸位的方向，讓它們偶爾朝上或朝下，如此一來就能保持橡膠的柔軟度與無聲[32]。這些人真的很有衝勁。

表2.1　織物的觸感分別

知覺	男性	女性	
高級	羊毛	絲綢	精緻
低級	粗斜紋布	棉	↕
	重 ⟷ 輕		粗糙

的；而較輕柔和較精緻的質地則被認為富有女性氣息。粗糙常常得到男性的積極評價，而女性則追求光滑的質感。

▶ 味覺

味覺感受器官使我們對許多產品產生不同的體驗。舉例來說，上一章曾提過全新恢復年輕效果的女性牙膏被設計為具有輕微刺激口腔的感覺，寶鹼公司希望藉此提供口腔健康與口氣清新的「感覺信號」[33]。

名為「調味屋」(flavor house)的專業公司一直從事於開發新的調味品，以迎合消費者不斷變化的口味。科學家就站在他們背後，研發出新設備來測試這些口味。一家Alpha M.O.S公司販賣設計複雜的電子舌頭，目前在電子口腔中用來測試口味，並且與人工唾液配合來咀嚼食物與偵測口味。可口可樂與百事可樂用電子舌頭測試糖漿的品質，而必治妥施貴寶(Bristol-Myers Squibb)與羅氏(Roche)醫學儀器股份有限公司則利用電子舌頭來找出不苦的藥[34]。

文化的改變也決定了我們喜歡的口味。例如，消費者對不同民族風味菜餚的日益喜愛促成了對辣味食品的日益渴望，於是追求最辣的辣椒油成為一陣味覺的熱潮。現在美國有50多家商店專門供應火辣的調味品，它們冠以「刺痛與回味」、「瓶中地獄」和「虔誠體驗」等名稱（達到原味、辛辣和憤怒）[35]。這些調味醬辣到商店在賣給顧客前得要他們簽署法律責任的棄權聲明書！胡椒粉的「辛辣」程度是以斯科維爾(Scoville)為單位來進行測量的。1912年，威爾伯·斯科維爾請了一個5人小組來調查消除胡椒粉辛辣得用的糖水份量。是多少呢？要中和一茶匙的「炸彈」(Da's Bomb)辣汁，需1,981加侖加糖的水，據廣告說，它是有史以來最辣的調味汁[36]。

另一個知覺極端的例子則是日本的飲料公司正在追逐年輕日本消費者的新狂

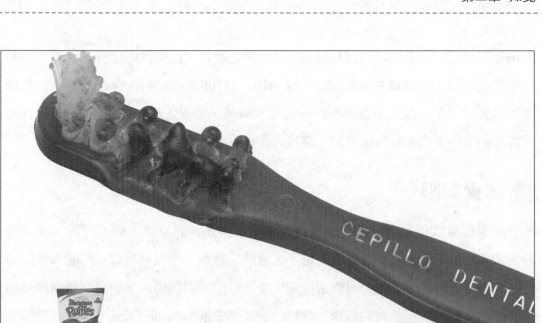

這則超辣薯片的西班牙廣告運用了全新視覺影像來傳達該產品的嗆辣味。(Courtesy BBDO, Barcelona, Spain)

熱。他們變得越來越關注健康，想避免有害的成癮習慣：他們要的是味道溫和、稀薄的飲料。日本的飲料製造商正努力製造透明的水果飲料。可口可樂推出了一種新的茶飲料，一個演員盯著瓶子迷惑不解：這是茶，還是水？商店裡還堆著一箱箱有少許味道的「近似礦泉水」。札幌啤酒(Sapporo)出售一種用水稀釋了的冰鎮咖啡，朝日酒業(Asahi Breweries)生產了一種和水一樣清的啤酒，有一個概括這種新趨勢的名字：啤酒水(Beer Water)[37]。對於美國人來說這不太有吸引力，但可能有益於沖掉一點辛辣的調味品？

暴露

　　當刺激物到達某人感覺接收器的感受範圍之內，就產生了暴露(exposure)。消費者對某些刺激會全神貫注，但對另一些卻絲毫不察，甚至置之不理。明尼亞波里銀行所做的一個實驗顯示，消費者有略過或忽視不感興趣資訊的傾向。在一項要求銀行詳細解釋網路轉帳的州法通過之後，西北國家銀行(Northwestern National

Bank)投入相當大的成本，分發手冊給120,000名顧客，以提供所需資訊。這本手冊是那種難以讓人提起精神來閱讀的床邊讀物。有100封通知郵件會在手冊中告訴讀者，只要發現某一段文字就可得到10美元。但是，卻沒人來領這份獎金[38]！在我們思索人們選擇不去知覺什麼之前，讓我們先來看看他們能夠知覺到什麼。

▶ 感覺閾限

如果你曾吹過狗哨，觀察過寵物對你聽不到聲音的反應，那麼對於一些人們無法知覺到的刺激也就不會感到吃驚了。當然，有些人選取感覺資訊的能力是比另一些人強，後者的感覺頻道也許由於殘疾或年齡而受到損傷。集中研究物理環境如何與個人主觀世界相整合的科學，就是心理物理學(psychophysics)。

絕對閾限

能被一感覺頻道感受到的最低刺激強度稱為該感受器官的閾限(threshold)。聽起來像是一個很棒的搖滾樂團名字，但絕對閾限(absolute threshold)是指能被特定感覺頻道覺察的最小刺激量。狗哨聲頻率太高人耳無法聽到，因此這種刺激超出了人類聽覺的絕對閾限。絕對閾限在設計行銷刺激時是一個重要的考慮因素。公路廣告牌上也許有著有史以來最有趣的文字，但如果字體太小，路過的駕駛人看不到，這個天才廣告就浪費了。

差別閾限

差別閾限(differential threshold)是指一個感覺系統覺察兩個刺激之間的變化或差別的能力。能夠覺察到的兩個刺激之間的最小差別稱為最小可辨差(just noticeable difference, j.n.d.)。

兩個刺激之間的差別何時以及是否能被消費者注意到，都與各種行銷情境有關。有時，行銷人員也許想確保一種變化能被注意到，如商品打折促銷時。在另一些情境下，變化會被低調處理，如價格上漲或產品縮減的情況。

消費者覺察兩個刺激之間差別的能力是相對的。在喧鬧大街上不能理解的低聲

密談，在安靜的圖書館裡一下子變得公開且令人尷尬的響亮。決定刺激物是否能被感受到是談話的分貝水準以及周圍環境的相對差異，而不是談話本身的絕對音量。

19世紀，心理學家厄斯特・韋伯(Ernst Weber)發現，引起注意所需的刺激變化量與原始刺激的強度有關。最初的刺激越強，引起注意所需的刺激變化量越大。這種關係就是**韋伯定律**(Weber's Law)，如下列公式：

$$K = \frac{\Delta i}{I}$$

其中：

K＝常數（不同感覺的常數不同）

△i＝產生最小可覺差所要求的刺激強度最小變化量

I＝發生變化的刺激強度。

例如，在特價銷售的產品價格下降時，該如何應用韋伯定律。一些零售商的經驗法則是，價格降低額至少應在原價的20%以上，才能影響購物者。如果是這樣，售價10美元的一雙襪子應售8美元（折價2美元），然而100美元的一件運動上衣卻不能「僅僅」降價2美元——要產生同樣的影響，它必須將價格減到80美元。

▶ 閾下知覺

大多數的行銷人員以創作超越消費者知覺閾限的廣告語來獲得注意。諷刺的是，大部分消費者似乎都以為許多廣告語實際上是為了使其從潛意識知覺到，或為使其在消費者閾限下被知覺到而設計的。閾限的另一個名字是閾 (limen，譯注：拉丁文)，落在閾以下的刺激，稱為閾下刺激。當刺激在消費者意識層次之下時，就會產生**閾下知覺**(subliminal perception)。

閾下知覺是令公眾困擾了40多年的一個話題，儘管實際上並沒有證據顯示這種過程會對消費者行為產生影響[39]。對美國消費者進行的一項調查發現，將近三分之二的人相信閾下廣告的存在，二分之一以上的人確信這種技術能讓他們購買不想買的東西[40]！

實際上，已「發現」大多數閾下知覺的例子根本不屬閾下範疇——相反地，這些影像完全是可以看到的。請記住，如果你能夠看到或聽到某些訊息，那麼就不屬於超越意識層次的閾下刺激。儘管如此，對閾下說服技術無休止的爭論，在影響公眾對廣告和行銷人員能否操縱消費者改變意志的看法上仍十分重要。

閾下技術

　　閾下訊息應該既可以透過視覺通道與聽覺通道進行傳遞。嵌入(embeds)是透過使用高速攝影或噴墨插入雜誌廣告的微小圖形，這些隱藏的圖形通常與性有關，很可能為單純讀者施加了強烈而無意識的影響。有限的部分證據隱約指出，假設某人無意間接觸到發生在無意識層次、具有性暗示的訊息，此內藏廣告訊息有可能導致心情變化，不過產生的效果（如果有）非常微妙──甚至有可能適得其反，導致觀眾產生負面情緒[41]。到現在為止，這種潛在資訊的唯一真實影響是多賣了幾位作者寫的「暴露文學」作品，還有讓一些消費者（以及學習消費者行為學的學生）更近的去看印刷廣告──看到的可能是想像指引他們看到的東西。

　　隱藏在錄音帶裡的廣告訊息可能產生的效果也會引起許多消費者的興趣。在自助類(self-help)卡帶市場不斷發展的同時，我們發現了閾下聽覺的技術。這些卡帶一般有波浪聲或其他自然的聲音，可利用閾下資訊幫助聆聽者戒煙、減肥、產生自信等。儘管這個市場在迅速發展，卻並沒有證據顯示，經由聽覺通道傳遞的閾下刺激能夠帶來預期的行為變化[43]。

 行銷陷阱

　　迪士尼公司是最近被控告使用閾下知覺的公司之一。1999年，公司主動收回了340萬個動畫片《救難小英雄》的拷貝，因為該影片有一個坦胸女人一閃而逝的影像。這張圖片是在1977年惡作劇插入原版底片的，但是這「赤裸的事實」到最近才被發現。多年來，迪士尼一直在與有關影片中閾下形象的傳言搏鬥，這也是1997年南方浸信會教友大會對該公司產品進行聯合抵制的原因之一。有一次，該公司執行長艾斯納不得不在電視節目《60分鐘》上進行反駁，因為有人指責《小婦人》中的牧師有勃起現象。他爭論說：「每個人都知道那是他的膝蓋。只是人們花了太多時間去尋找沒有的東西。」他很有可能是對的，但無論是誰製造了《救難小英雄》的惡作劇，都很難提出一個完全令人信服的論證[42]。

在對錄音帶裡隱藏的自助資訊感興趣的同時，一些消費者還開始關注有關搖滾樂選集中反向錄製有害內容的傳言。大眾傳媒對此類新聞大肆報導，而且州立法機關也考慮提出對這些內容加註警語的法案。這些反向的資訊確實在某些專輯中出現，包括齊柏林飛船經典歌曲「天堂之梯」裏「還有時間可以改變」這句歌詞。當以相反方向播放時，這個句子聽上去就像「這是給我可愛的撒旦」。

這種反向錄製的新奇特性也許能賣出更多唱片，但是內含的「邪惡」資訊則是無效的[44]，人類並未具有一種能在無意識狀態下解碼反向信號的語言知覺機制。另一方面，美國的1,000多家商店都在播放微妙的聽覺資訊，如「我是誠實的。我不會偷竊。偷竊是不誠實的。」以防止有人偷東西，而且好像確實有一些效果。不過，與閾下知覺不同，這些信息是以幾乎不能聽到的程度來播放，使用的是閾限傳訊技術(threshold messaging)[45]。然而有證據顯示，這些資訊只有在易受暗示的個體身上才會產生效果。比如，有人可能正想從貨架上偷東西卻又有罪惡感，這些資訊就可能會阻止他，但卻無法改變職業小偷的想法[46]。

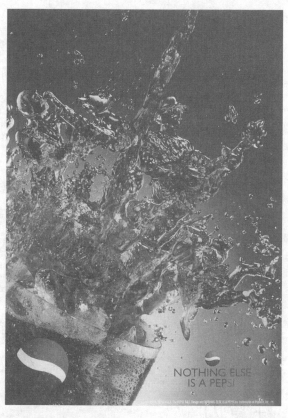

閾下廣告訊息所引發的議論中，常以飲料廣告視覺表現中潛藏的性意象，作為廣告運用這項技巧的證據。這則百事可樂廣告離「性」有點遠，不過多少有借用這類手法的味道。(Courtesy of PepsiCo, Inc.)

閾下知覺有效嗎？

臨床心理學家的研究顯示，在非常特殊的條件下人們會受到閾下資訊的影響，可是這些技術在大多數行銷背景下會有多大作用是令人懷疑的。有效的資訊必須針對個體詳細制定，還應該盡可能地接近閾限，而不是廣告訴求的大眾資訊[47]。

其他的阻礙性因素還包括以下問題：

- 不同個體在閾限程度上存在很大的差異。一則資訊若要不被低閾限消費者的意識察覺，就必須微弱到可能無法影響高閾限消費者。

- 廣告者不能控制消費者距離螢幕的遠近和位置。例如，在電影院裡，只有一小部分觀眾會正好坐在能暴露閾下資訊的座位上。

- 觀眾必須對刺激物有絕對的注意力。看電視節目或看電影的人一般都會週期性地轉移注意力，也許在刺激物出現時甚至沒在看。

- 即使引起了想要的效果，也只是籠統的。例如，一則資訊也許增強了一個人的口渴感，但不一定促使他要喝特定的飲料。因為基本的驅力受到了影響，行銷人員可能發現，在勞心又花錢地製作了一則閾下資訊之後，消費者對競爭產品的需求也增長了！

顯然，有更好的方式來引起我們的注意。

注意力　　　

在你聽演講的時候，也許會發現自己心不在焉。這一分鐘你還全神貫注，下一分鐘卻發現自己做起週末渡假的白日夢來。突然，你回過神來，因為你聽見有人叫自己的名字。幸好，這是個錯誤的警報——教授叫的是與你同名的另一個「受難者」。但現在，她又引起了你的注意……

注意力(attention)是指因某特定刺激物而引起資訊處理過程的程度。當你聽過有趣和「沒那麼有趣的」演講後就可以知道，這種注意力的分配是依刺激物（也就是演講本身）和接收者（也就是你當時的心理狀態）的特性而有所不同。

儘管我們生活在一個「資訊社會」裡，還是可以擁有許多美好的東西。消費者經常處於感覺過度負荷的狀態，接觸的資訊遠多於能夠處理或願意處理的訊息量。在我們的社會中，這種衝擊大部分來自商業廣告，而希望獲得我們注意的競爭也不斷增加。一般成年人每天要接觸大約**3,000**則廣告資訊[48]。

電視網在節目中塞入的廣告數量也創下了最高記錄——平均一小時節目有16分

43秒的廣告時間[49]。同時,這些迷你電影比以往包含更多資訊:為了抓住年輕觀眾愈來愈短暫的注意力,廣告導演們在相同時間裡填塞了更多的鏡頭。每個場景都有繁複的分鏡,讓廣告看起來更動感,更能挑起觀眾的情緒。在1978年,一般的30秒廣告影片只有8個鏡頭,每個鏡頭持續約4秒;到了1991年,30秒廣告的鏡頭數增加到13個,每個鏡頭只持續了2秒[50]。

　　更糟糕的是,這種大量衝擊還在增加,因為我們上網時還要受到網頁廣告(banner ads)的轟炸。實際上,只要瀏覽者接觸一次這種網路廣告,品牌知覺就可能增強,但只有在激發上網者點入才有這種效用[51]。一些行銷分析者認為,網際網路已經改變了做生意的方式──他們認為現在正是注意力經濟(attention economy)的時代。首要目標是把目光而不是鈔票吸引到網站上來。這個觀點認為,商家可以提供給消費者的資訊量是無限的,但人們只能投入固定時間來存取資訊。所以,互動媒介的目標就是購買和銷售的注意力,如一個公司的營運目標就是將某網站的流量轉移到另一個網站。例如,包括亞馬遜書店(Amazon.com)的許多網路公司都有類似計畫,讓人們透過自己的入口網頁把購物者帶到商家那裡,就獲得促成每一筆交易5%～25%的分紅[52]。

　　因為大腦進行資訊處理能力是有限的,所以消費者對要注意的資訊會有選擇。知覺選擇(perceptual selection)的過程意味著人們只注意到所接觸刺激物的一小

耐吉以有殘缺的運動員取代賞心悅目的模特兒,試圖從眾多廣告中脫穎而出。(Courtesy of Nike Advertising)

部分。消費者實行 「心靈經濟」 的形式，在刺激中加以挑揀和選擇，以免被資訊吞沒。他們是怎樣選擇的呢？個人因素和刺激因素都有助於作出決策。

▶ 個人選擇因素

一位美國科羅拉多州法官的行為，說明了我們的品味在決定想看到和聽到什麼時是多麼有影響力。他要求判定因違反城市噪音法的年輕人去聽他們不喜歡的音樂——包括大量像韋恩·牛頓、迪恩·馬丁和風笛唱片這樣的「精選」[53]。什麼？沒有「九吋釘」(Nine Inch Nails)？經驗(experience)是決定一個人對所接受特定刺激暴露程度的一個因素，而它是長期獲得與處理刺激的結果。知覺篩檢(perceptual filters)是以過去經驗為基礎，影響著我們決定吸收處理的資訊。

知覺警惕(perceptual vigilance)就是這樣的一個因素，即消費者更可能意識到與目前需求有關的刺激物。在為購買一輛新車來到市場時，以前很少注意汽車廣告的消費者會變得非常注意汽車廣告。當一個人在5點鐘課堂中偷瞄一眼報紙時，平時不引人注意的一則速食店廣告就會變得意義重大。

知覺警惕的反面是知覺防禦(perceptual defense)，人們看到的是自己想看到的。如果一個刺激物以某種方式對我們構成威脅，我們可能就不對它進行處理——或者我們會扭曲他們的意義以便容易接受。例如，一位重度吸煙者會拒絕接受罹癌的肺部影像，因為這些生動的暗示毫無保留地擊中他的要害。

還有一個因素是適應(adaptation)，是指消費者持續注意一個刺激物的程度。當消費者因為已熟悉刺激物而不再對它加以注意時，就產生了適應過程。消費者會變得「習慣」，要引起注意就需增加刺激物的「劑量」。在上班途中的消費者也許會注意到初次安裝的廣告招牌，但是幾天以後它就只是路過景色的一部分了。導致適應的幾個因素有：

- 強度：強度較小的刺激較容易適應，如輕柔聲音或模糊顏色，因為其感覺影響較小。
- 持續時間：為了進行處理而要求更多暴露的刺激容易適應，因為它們需要較長的注意時間。
- 區別：簡單的刺激容易適應，因為不需要注意細節。

- 暴露：頻繁接觸的刺激容易適應，因為暴露率增加。
- 關聯性：無關的和不重要的刺激會引起適應，因為無法吸引人注意。

刺激物的選擇因素

　　除了接收者的心理狀態，在決定注意與忽略某些訊息時，刺激物本身的特點也有重要的作用。行銷人員需要瞭解這些因素，將其運用於廣告詞和包裝，以提高廣告脫穎而出博得注意的機會。這種觀點甚至可以用來得到動物的注意：英國的一家廣告代理商做了一則針對貓的電視廣告，用魚和老鼠的形象和聲音吸引貓類消費者。在試放過程中，60%的貓對廣告表現出某種反應，從抽動耳朵到敲打電視螢幕都有[57]。這項記錄甚至比某些「人類廣告」表現得更好！

　　一般來說，與周圍不同的刺激物更可能受到注意（記住韋伯定律）。這種對比

行銷契機

　　在百家爭鳴的媒體環境中，如何凸顯自己吸引消費者注意？許多廠商使出渾身解數，就是希望能博得消費者對自家產品的注意：

- 經營錫業的休艾爾托依德公司(Huge Altoids)廣告無所不在，為的是讓品牌映入消費者眼簾。例如我們可以在紐約港埠看到拖船被裝飾成一枚巨大的銀質薄荷糖匣，同樣變成大盒子的還有芝加哥的地鐵列車[54]。
- 美國音樂電視頻道VH1為了宣傳年度流行獎，募集了一群模特兒打扮成警察，向民眾發送捍衛流行正義的傳喚通知。「時尚警察」真的出現啦，可惜曇花一現，只執法幾天。
- 發現頻道(Discovery Channel)為了讓各家雜誌多「捧捧」該頻道剛成立的網站，派了一位員工打扮成大蚊子，提著一籃餅乾到各雜誌辦公室發放。
- 總部位於舊金山的教科書線上書店Bigwords.com雇用了1,000名學生，模仿為該公司代言的MTV頻道喜劇演員湯姆・格林(Tom Green)，穿著橘色跳傘裝走進各校園展開宣傳。為了徹底能引人注目，該公司將50英呎高的工程吊臂開進校園，從空中拋下兩萬顆彩色球[55]。
- 可口可樂為了促銷Dasani瓶裝水，在亞特蘭大與費城的地鐵站設計了非常特殊的看板廣告。該廣告借用了19世紀時發明的活動西洋鏡(zoetrope)技巧，透過一列狹長縫隙去看一整排嵌板時，就會產生圖像流動的幻覺。當乘客們隨著地鐵列車以特定速度行經廣告板，就能看到車窗外出現令人稱奇的流動小瀑布[56]。

可以透過幾種方式：

● 尺寸：刺激物本身與競爭物對比之下的大小有助於決定它是否將贏得注意。雜誌廣告的可讀性與廣告尺寸成正比[58]。

● 顏色：顏色是將注意力吸引到產品上，或賦予產品一個獨特身份的有力方式。例如，百得(Black & Decker)開發了一個目標市場是住宅建築業的新工具系列得韋(Dewalt)。這個新系列是黃色而不是黑色，因而能從其他「平凡無奇的」工具中突顯出來[59]。

● 位置：這並不奇怪，放在我們更可能看到地方的刺激物受到注意的機會也更大，這就是為什麼供應商們競相把產品擺放在商店內眼睛水平位置的原因。在雜誌裡，放在刊物前面的廣告會贏得讀者的注意，在右邊則更好。下次你看雜誌的時候，注意你比較可能花時間看哪幾頁[60]。一項研究紀錄了消費者在搜索電話號碼簿時的眼球運動，也說明了廣告語位置的重要性。消費者以字母順序搜索列表、會瀏覽93%的四分之一頁面廣告、只注意到26%的表列項目。他們的眼睛首先被引向彩色廣告，而且注視彩色廣告比黑白廣告的時間更長。此外，在撥打完選擇的電話號碼後，他們會多花54%的時間觀看相關的商業廣告，這說明了注意後續產品選擇的影響[61]。

● 新穎性：以意想不到的方式或地點出現的刺激物容易抓住我們的注意。其中一種方法就是把廣告放在非傳統的地方，那裡對注意力的競爭比較小，包括購物車的後面、地下道的牆上、體育館的地面，對了！甚至還有公共廁所[62]。最近在歐洲推出的香草可樂新產品上市廣告活動，正說明了有效新意的運用方式。可口可樂公司在購物中心放了一個巨大的木頭箱子，要人們把頭伸進去。

這則澳洲廣告以強烈對比色彩吸引我們的目光。(Courtesy of Howard Schatz, Leo Burnett Connaghan & May)

業者知道消費者觀看廣告時，會訴諸既有經驗架構來解釋意義。這則新加坡的豐田汽車廣告雖然呈現的是居家沙發椅，卻讓人產生有關汽車的聯想。(Courtesy of Saatchi & Saatchi and Toyota)

一些勇敢的人果真把頭伸進去，結果得到一瓶香草可樂。這個活動呼應了新產品電視廣告訴求：「給你的好奇心一點獎勵。」其中一則廣告是有個男人走在街上，看到木牆上有個洞，就把頭探進去看，一個全身黝黑的怪物抓住他的頭，另一個怪物則把一瓶香草可樂湊進他嘴裡[63]。

　　解釋(interpretation)是指我們賦予感覺刺激物的意義。就像人們對同一刺激有不同知覺，他們賦予這些刺激物的意義也不盡相同。兩個人可以看到或聽到相同的事件，但對這個事件的解釋可能天差地別，這取決於他們對刺激物的期望。例如，Vernor's的薑汁麥芽啤酒在品嘗測試中的表現與一流的薑汁麥芽啤酒相比是很糟糕的。但當研究團隊將它定位為一種味道較濃、薑汁口味的新型飲料時，它就輕而易舉地獲勝了。一位執行經理說：「人們不喜歡它是因為它沒有滿足他們對於薑汁麥芽啤酒的預期。」[64]

　　消費者賦予刺激物意義的基礎是基模(schema)，或者說是一種刺激物的信念集合，這可以解釋蓋瑞想到常溫牛奶就那麼厭惡的原因。在初始化(priming)的過程中，刺激物的某種特性將喚起一種基模，讓我們能對這個刺激物作出評價。確認並喚醒正確的基模對於許多行銷決策是至關重要的，因為這決定了用什麼標準去評價產品、包裝和廣告語。超強氫氧化鋁與氫氧化鎂混合噴霧抗酸劑(Extra Strength Maalox hip Antacid)就失敗了，儘管噴霧罐是一個非常有效的給藥方式，但是對消費者來說，按鈕式噴霧器像是甜點上的裝飾物，而不是藥品[65]。

▶ 組織刺激物

決定刺激物將如何被賦予解釋的一個因素是它與其他事件、感覺或形象的關係。納貝斯可公司在為成人推出泰迪·葛雷姆（Teddy Grahams，一種兒童食品）時，使用了拘謹的包裝顏色以強化這種新產品是為成人準備的觀念。但是，銷售量

這則瑞典廣告藉著格式塔知覺原則，確保人們可以將這許多獨立影像組合成自己熟悉的圖象。
(www.vasakronan.se)

卻令人失望。之後包裝盒又換成亮黃色，來傳遞它是開心餐點的印象，購買者在明亮顏色和味道之間產生了積極聯想，使得成年人開始購買這種餅乾。

我們的大腦一般會基於一些基本的組織原則將接收的感覺與記憶中已有的其他感覺聯繫起來。這些原則是以**格式塔**(Gestalt)心理學為基礎，這個思想流派認為人們是從一套完整的刺激中獲得意義，而非從單一刺激中取得意義。德語格式塔大體上就是整體、模式、結構的意思，這種觀點由「整體大於部分之和」這句話得到了最好的印證。獨立地分析刺激物的每個元素無法獲得總體效果，格式塔的觀點提供了關於刺激物組織方式的幾個原則。

- **封閉性原則**(closure principle)說明了人們傾向於把接收到的不完整圖形化為完整圖形。也就是說，我們一般會根據先前經驗填補空白。這個原則解釋了為什麼大多數人即使霓虹燈中的幾個字母燒壞了，也看得懂廣告招牌。當我們只聽到了廣告語或主旋律的一部分時，封閉性原則也會起作用。在行銷策略中利用封閉性原則會鼓勵民眾參與，可以增加人們注意廣告的機率。

- **相似性原則**(principle of similarity)是指消費者傾向把具有相似物理特徵的物

這則Land Rover廣告運用了封閉原則，讓消費者自行補上語句中缺少的字母。(Courtesy of Land Rover North America)

體放在一起。在重新設計冷凍蔬菜包裝時，綠巨人(Green Giant)就依據這個原則，創造了「綠色海洋」的造型，統合了旗下所有不同的產品。

● 圖形─背景原則(figure-ground principle)是指刺激物的一個部分居主導地位（圖形），而其他部分則變模糊、成為相對不重要的地方（背景）。如果你仔細地想像在中心處有一個清晰聚焦的物體（圖形）照片，這個概念就很容易理解了。圖形是眼睛直視的主導位置，被視為圖形還是背景得依消費者與其他因素來決定。同樣地，在使用圖形─背景原則的行銷廣告中，可以把刺激物視為廣告的焦點，或者將之置於圍繞核心的背景當中。

▶ 旁觀者之眼：詮釋的偏見

我們知覺到的刺激常常是模糊的，得基於過去經驗、期望和需要來判斷它的意義。一個古典實驗呈現了「看到你想要看到」的過程。在實驗中，普林斯頓大學和達特茅斯學院兩校學生都觀看了兩校對壘的一場粗暴足球賽電影，儘管每個人都接觸到相同刺激，然而不同學校看到的犯規和對於球員受罰程度的認知卻不同[67]。正如這個實驗所呈現的，消費者傾向把慾望和假設投射到產品和廣告上。這種詮釋過程會使行銷人員的期望事與願違，如以下案例：

● 底特律的一位婦女錯把Anheuser-Busch麥芽冰啤酒放在孫子的午餐袋裡，以為它是夏威夷果汁。而西雅圖的一位母親把啤酒當成了紀念版的罐裝百事可樂，結果她的女兒損失慘重：她因為把啤酒帶到學校而受到休學5天的處分[68]。

● 「回到原點」(Back to Basics)公司推出「微釀」系列的護髮產品，添加了大麥、酵母和啤酒花等，還用了像「蜜糖小麥」(Honey Wheat Pilsner)和「黑莓黑啤」(Black Cherry Stout)這樣的名稱，用帶有旋鈕瓶蓋的褐色瓶包裝。造成混淆的原因是什麼呢？某公司發言人聲稱：「人們應該知道把這款產品放在浴室，而不是冰箱。」[69]

● Planters Lifesavers公司推出了「Planters新鮮烘焙」(Planters Fresh Roast)的真空包花生，利用了消費者對新鮮烘焙咖啡的日益喜愛，而以同樣方式強調花生的新鮮。這真是個好主意──直到憤怒超商經理打電話詢問誰來付錢把那些黏糊糊的花生泥從店裡咖啡研磨機裡清理乾淨之前[70]。

符號學：我們周圍的記號

　　當我們試圖讓一個行銷刺激物「有意義」時，不論是獨特包裝、精心製作的電視廣告，或者是雜誌封面的模特兒，我們總是根據自己對這些形象的聯想來解釋它的意義。因此，我們所獲得的意義當中，大多都受制於我們對於知覺到象徵符號的解釋。畢竟，許多行銷形象表面上看來與實際產品原本並無實質關連。一個西部牛仔與過濾嘴捲煙有什麼關係呢？而前籃球明星喬丹又怎能提高無酒精飲料或速食店的形象呢？

　　爲了進一步瞭解消費者如何解釋符號意義，一些行銷人員求助於符號學(semiotics)的研究領域，它檢視的是符號和象徵與其賦予意義的關連性[71]。因爲消費者會藉由產品來表明社會身份，所以符號學對於理解消費者行爲是很重要的。產品具有後天賦予的意義，而我們要靠行銷人員來幫我們瞭解那些意義。正如一些研究者形容的：「廣告具有一種文化／消費辭典的作用；它的詞條是產品，而產品定義就是文化的意涵。」[72]

　　從符號學的觀點來看，每則行銷廣告都有三個基本元素：客體、象徵或符

Whatever you do, don't get them mixed up.

The bunny on the right is one of 12 Dung Buddies — lovable miniatures made with Zoo Doo fertilizer that dissolves in soil over time. But remember, they go in your garden, not in your mouth.　**DUNG BUDDY**

我們常常藉著外包裝的特性來揣測裡面包了什麼。這則肥料廣告提醒我們：「……這個是花園用的，不是給嘴巴吃的。」(Courtesy of Zoo Doo Compost Company)

號，以及詮釋。客體(object)是廣告詞中訊息焦點的產品（如萬寶路香煙），符號(sign)即代表著客體意指的感官形象（如萬寶路牛仔），詮釋(interpreting)即延伸義（如粗獷的、個人主義的、美國人的），三者關係如圖2.2所示。

根據符號學家皮爾斯的看法，符號與客體的關連性有以下三種：它可以與客體相似，與之相關或在習慣上與之相連[73]。圖示(icon)是在某些方面與產品相似的一種符號（如貝爾電話用電話形象代表自己）。指示(index)是與產品相關的一種符號，因為兩者具有共通處，如寶鹼Spic and Span清潔產品上的松樹就表示兩者都具有清新香味。而象徵(symbol)是透過習慣性或一致認可的聯想而與產品相聯繫的一種符號，如德萊弗斯基金管理機構(Dreyfus Fund)廣告中的獅子使人習慣性地聯想到無畏與力量，繼而聯想到公司的投資方式。

大量的時間、思考與金錢都用來創造希望能清楚傳達產品形象的品牌名稱與商標圖案，甚至Exxon這個名稱還是電腦想出來的！日產Xterra車結合了「地形」(terrain)這個字，以及能讓許多年輕人聯想到極限運動的X字母，希望讓品牌名稱充滿尖端先進、上山下海的感覺。至於商標圖案的選擇難度更高，因為品牌必須要能

図2.2　符號學關係

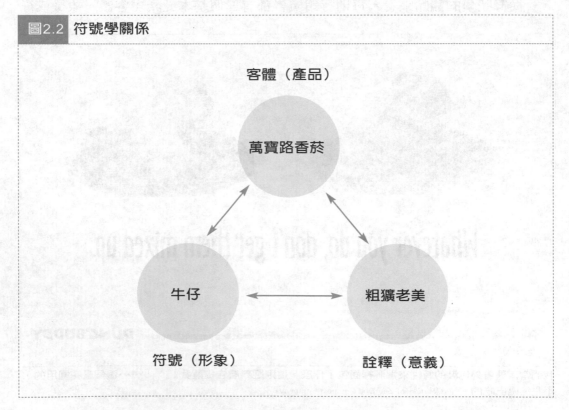

跨越不同文化。例如，中國的企業現階段開始邁向全球化，於是他們開始運用中國古代象形文字，來構形東西不同文化都能領會的新商標圖案。中國字其實就是表意圖象，這些古代符號的形成源自於對字義的圖像描述。例如，中國電信的商標由兩個環扣在一起的C字母構成，傳達出中國字「中」的意象，也同時代表該公司「顧客」(customer)與「競爭」(competition)兩大新焦點。此外，這個商標看起來也類似一對牛角，牛正代表辛勤耕耘之意。軟體業者甲骨文(Oracle)公司最近也為進軍中國市場重新設計商標，在圖案底下加上「甲骨文」三個中文字。這個典故可以回溯至中國古代，當時占卜之辭均刻於獸骨龜甲之上。甲骨文公司對這個翻譯熱衷不已，因為它傳達了該公司的核心能力：資料儲存[74]。

超現實

現代廣告的特徵之一就是超現實(hyperreality)。超現實是指最初的虛構或「誇大廣告」逐漸變為真實。廣告商透過創造產品與優勢的聯結，從而建立客體與詮釋之間的新關係，如將萬寶路香煙與美國先驅精神相提並論[75]。

在超現實的環境下，象徵與現實間的真實關係在一段時間後就不太可能被察覺出來，而產品象徵與真實世界間的「人工」聯結卻開始起作用了。例如，瑞士地區就被旅遊行銷人員稱為「海蒂之鄉」，是為了紀念這位虛構瑞士女孩的假設「出生地」。在馬恩菲特城(Maienfeld)，關於海蒂的新吸引物層出不窮。對海蒂的追隨先是帶來了海蒂售貨亭，然後又有了一個男子專職擺出海蒂祖父的造型。最初，官員們不允許「歡迎光臨海蒂之鄉」的廣告牌在公路上出現，因為瑞士法律只允許使用真實地名，而長途跋涉來到這個童話人物故鄉的旅遊者數量顯然使他們改變了主意[76]。在我們這個超現實的世界上，海蒂活著！

▶ 知覺定位

一個產品刺激物常常是根據我們對這個產品種類和品牌特點的既有瞭解來加以解釋的。品牌知覺包括它的功能屬性（如特色、價格等）與象徵屬性（如形象，以及我們認為使用時能表達出什麼樣的自己）。我們將在後面仔細探究品牌形象之類的問題：但我們現在就要記住，我們對產品的評價一般都是因為它的意義，而非功能，這一點非常重要。這種意義——即消費者所知覺到的——構成了產品的市場定位，而且它可能不是與產品本身，而是與我們對產品性能的期望更有關係；性能則是透過顏色、包裝或款式來表現的。

行銷人員如何確定一種產品在消費者心目中的地位呢？有一種方法是詢問消費者哪些屬性是重要的，以及他們覺得競爭產品在這些屬性上的等級。這個資訊可以用來架構一個知覺地圖(perceptual map)，是畫出產品或品牌在消費者心目中「位置」的一種生動方式。圖2.3是GRW廣告公司為一家英國唱片公司HMV製作的一張知覺地圖。這家公司想對目標市場、購買CD的頻率以及購買者可能惠顧的不同商

圖2.3　HMV唱片行知覺地圖

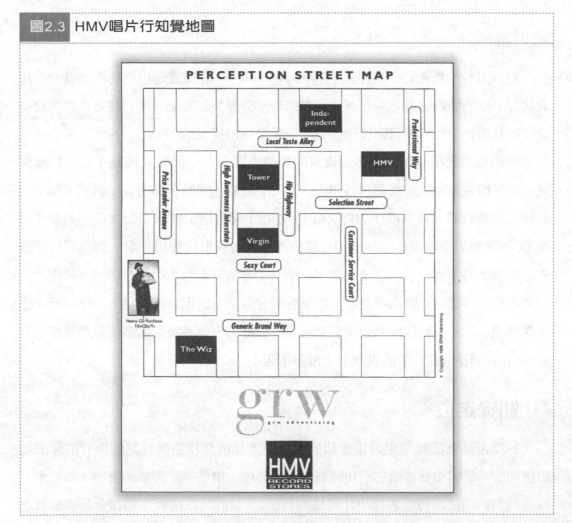

(Courtesy of GRW Advertising.)

店有更多的瞭解。GRW就在這張虛擬街道地圖上呈現出競爭者的產品選擇、價格、服務和內行程度等屬性的知覺。基於這項研究，公司確定，HMV的強項在於服務、產品選擇和商店迎合當地口味的能力，因爲商店經營者可以訂購自己想要的產品。這張地圖被用於制定策略，即專門銷售與競爭者相對的音樂品項，提供對方所沒有的產品，如電視遊戲、芳香劑和電腦光碟機等[77]。

定位策略(positioning strategy)是公司行銷努力的一個基本部分，使用了行銷組合（如產品設計、價格、配銷和行銷溝通等）的元素來影響消費者對意義的解釋。例如，儘管消費者對於一種產品的味道偏好非常重要，但這種功能屬性只是產品評價的一部分。可口可樂在80年代犯下著名「新可口可樂」(New Coke)行銷錯誤時認知到了這一點。在受測者不知情的狀況下，新可口可樂獲得較百事可樂更多的青睞，在17個市場中的平均比例是55%：45%；然而，新可口可樂在取代原味可口可樂時遇到了問題。消費者的強烈抗議和信函活動迫使公司重新推出「經典可口可樂」(Classic Coke)。人們不是只因爲口味而購買可口可樂，他們還購買品牌形象的無形資產[78]。可口可樂擁有屬於美國人的、喜歡開心生活方式的獨特定位，多年來是以

行銷契機

在充滿虛像的超現實空間中，不存在於現實中的虛構人物，甚至於不存在的商品，也會因為觀眾信以為真，進而從虛構走入現實。這說明了為什麼長期出現在某系列廣告「美食鑑定男女」中的虛構男女角色，因牽動了觀眾情緒的曖昧情愫，而使他們成為英國一本愛情小說的主角。還有一家出版商特地為經典電視劇中的一位阿姨發行一本食譜，讓觀眾能夠實際體驗這位阿姨的烹飪秘訣。

在熱門經典電影《上班一條蟲》(Office Space)中，有個名為米爾頓(Milton)的古怪角色。他每天上班幾乎都把時間用來提防周遭虎視眈眈的同事，以免他們幹走了他紅色史雲奈牌(Swingline)釘書機。因為本片之故，史雲奈公司接到蜂擁而來的紅色釘書機訂單。有個小問題是：該公司壓根沒有生產大紅色款式的釘書機，出現在片中的紅色釘書機是片場道具人員隨手漆上去的。當顧客們發現沒有紅色史雲奈釘書機可以買，乾脆自己動手DIY，甚至在eBay網站上掀起DIY紅色史雲奈釘書機的競標狂潮。就在這陣狂潮三年之後，史雲奈公司終於推出一款稱為「里約紅」(Rio Red)的釘書機，該公司在官方網站swing-line.com上大聲呼籲：「大聲給他釘下去！」轟！轟！轟！[81]超現實開始入侵啦⋯⋯

包括口味在內的多種行銷努力為基礎。百事公司在2000年推出了「百事可樂的挑戰」；在可口可樂推出造成災難的較甜新可樂口味之後，這種原始的促銷手段一般咸信是驅動這項活動背後的一股驅動力量[79]。

有許多不同的特點可以用來確立品牌的市場定位，包括[80]：

- 生活方式：Grey Poupon芥末就是一種「較高級」的調味品。

- 價格的領導地位：歐萊雅Noisome品牌系列的潔面乳在高消費層的美容店出售，而Plenitude品牌卻能在折扣店裡以六分之一的價格買到——儘管二者的化學配方相同[82]。

- 屬性：Bounty紙巾「表層吸水更快」。

- 產品階級：馬自達的 Miata車是敞篷跑車。

- 競爭者：西北保險公司是家「清靜的公司」。

- 場合：箭牌口香糖在禁止吸煙的場合裡是另一個選擇。

- 使用者：Levi's的Dockers系列主要將目標群定位在20～40歲的男子。

- 品質：在福特公司「品質是最重要的」。

摘要

知覺是對視覺、聽覺和嗅覺等物理感覺進行選擇、組織和解釋的過程。對一個刺激物的最終解釋賦予了刺激意義。知覺地圖是被廣泛使用的一種行銷工具，用來評估競爭品牌在不同特點上的相對地位。

行銷刺激有重要的知覺特性。我們在評估產品時，必須依賴顏色、氣味、聲音、味道，甚至對它們的「感覺」。

並不是所有的感覺都能成功地通過知覺過程。許多刺激在爭奪我們的注意力時，大多數都沒有受到注意或得到正確理解。

人們有不同的知覺閾限。一個刺激物在能被感覺器官覺察到之前，必須以某種強度水平加以呈現。此外，消費者察覺兩種刺激是否具有不同能力（差別閾限），在許多行銷背景下都是個重要的問題，譬如改變包裝設計、改變產品大小或降低產品價格。

所謂的閾下說服和相關技術引發了許多爭議，因為人們是暴露低於閾限的視覺和聽覺訊息下。儘管實質上並沒有證據說明閾下說服是有效的，但是許多消費者還是堅持認為廣告商有使用這種技術。

決定哪些超過閾限的刺激能被知覺到的幾個因素是對刺激物的暴露程度、引起的注意力大小，以及解釋方式。在越來越擁擠的刺激環境下，當過多的行銷廣告詞爭奪注意力時，就會發生廣告混亂。

被注意到的刺激物不是在孤立狀態下被知覺到的，而是按照知覺的組織原則來進行分類和組織。這些原則是由格式塔，也就是一個整體模式來引導。具體的分類原則有封閉性、相似性和圖形—背景的關係。

知覺過程中的最後一個步驟就是解釋。象徵透過提供刺激物的解釋從而幫助我們理解這個世界，而這種解釋往往是與他人共有的。象徵體系與過去經驗的一致程度影響著我們賦予相關客體的意義。

行銷人員試圖利用在產品或服務與人們渴望得到的屬性之間建立聯繫，來進行與消費者的溝通。符號學的分析涉及刺激與符號之間的對應。預期的意義可以是平實的，如帶有兒童玩耍圖的街道標誌圖示；也可以是指示的，有賴於共有的特徵，如停止標誌中的紅色表示危險。最後，意義可以由象徵來表達，象徵中的形象是由社會成員的約定俗成來賦予意義，如停止標誌是八角形，而投降標誌是三角形。隨著虛擬被視為真實，行銷人員創造的聯想往往具有生命：這就是超現實。

思考題

1. 許多研究顯示，隨著年齡增長我們的知覺覺察能力逐漸下降。討論試圖吸引老年人的行銷人員應該怎樣應用絕對閾限。

2. 對3～5個男性朋友和3～5個女性朋友就男士香水和女性香水二者的知覺進行訪談，建構出每種產品的知覺地圖。根據你的香水地圖，你能看到目前產品不足的區域嗎？如果有，對於評價者使用的相關特性和特定品牌在這些面向上的位置，你得到了什麼樣的性別差異？

3. 假定某些形式的閾下說服能夠達到想要影響消費者的目的，你認為使用這些技術是道德的嗎？對你的回答作出解釋。

4. 假定你是一位諮詢人員，想對設計一種質優價高的新巧克力棒包裝的一位行銷人員提供意見。這款巧克力棒的目標是富裕市場，你會在顏色、象徵體系和圖形設計等包裝要素方面提供什麼建議？說明你的理由。

5. 你認為行銷人員有權使用部分或所有公共空間來傳達產品的廣告詞嗎？你會對哪些場所以及產品加以限制？

6. 用圖書館中的雜誌追蹤一個特定品牌隨時間變化的包裝風格。找出包裝設計的逐漸改變可能小於最小可覺差的一個例子。

7. 瀏覽為同一種產品，如個人電腦、香水、洗衣精或運動鞋設計的幾個網站，分析其顏色和其他設計原則。哪個網站「較有效果」？哪個網站「沒有作用」？為什麼？

8. 閱讀一本近期的雜誌，挑出相較其他廣告較吸引你注意的一則廣告並說明原因。

9. 找出利用對比和新穎技術的一則廣告。說明你對每則廣告有效性的觀點，以及這種技術對於廣告的目標消費者而言是否適宜。

10. 電影《酷斯拉》(Gorzilla)的宣傳標語為「大小絕對有差別」(Size does matter)，這個標語是否也適用在美國身上呢？許多行銷人員相信是的，因為市面上的飲料從小杯變成重量杯。一位產業顧問解釋，食物變大份是因為「人們喜歡手上拿著大大的東西，大就是好」。哈帝漢堡的「怪物堡」以兩層牛肉、五片培根，打造飽含63克脂肪與900卡路里的熱量巨無霸。衣服也在變大：服飾廠商Kickwear推出褲管寬達直徑40吋的女牛仔褲。電視機的標準以前是19吋，現在是32吋。龐大的休旅車取代輕巧的越野車，成為新世紀展示身份位階的車種。一位顧客心理專家分析，消費大尺寸商品在於想確認「大的東西可以填補我們的脆弱」。這位專家指出：「這給我們一種隔絕感，覺得自己比較不容易死。」[83]人們怎麼會執迷於大東西呢？你相信「愈大愈好」這句話嗎？這是確實可行的行銷策略嗎？

學習與記憶

　　啊，星期天的早晨！太陽照耀、鳥兒歌唱，喬感覺好極了。他穿上老式的 Levi's 501牛仔褲（大概是1968年出品）和伍德斯托克(Woodstock)運動衫（是真的伍德斯托克，不是90年代重新推出的那種可惡假貨），然後漫步到了廚房。想像著自己早晨的計畫能夠按部就班地實現，喬不由得笑了。首先，他要給自己準備一大碗的奎斯普(Quisp)。這款從1965年開始販賣的盒裝麥片，在水牛城的雜貨店裏要賣到10美元，但他發現可以在netgrocer.com網站以3.49美元買到後，他快樂得不得了。今天，能夠和奎斯普（譯注：奎斯普食品的卡通形象）來個「親密接觸」是多麼美好啊。奎斯普是個頭上帶個螺旋槳的外星人，喬迷上這個卡通人物好多年了。然後，也許上網瀏覽一下hippy.com，在這個網站可以找到一些著名的嬉皮語錄。也許上一下嬉皮聊天室，再在嬉皮全球事件指南(Hip Planet Event Guide)的網址尋找下一個節日的發生地。喬一邊焦急地等待著第一個大麻世界度假勝地(Hemp World Resort)在夏威夷開放，一邊想像著「進入狀態、產生幻覺、脫離主流社會」的假期。按照網站(HempWorldResort.com/pstindex.html)上介紹的：「遊客們可以在大麻中安眠、沐浴和更衣。來一次大麻油按摩，然後再享受配有大麻啤酒或大麻葡萄酒的大麻餐，甜點是大麻霜淇淋或大麻芝士蛋糕。」[1] 喬把一張傑佛遜飛船（譯注：Jefferson Airplane，60年代紅極一時的迷幻搖滾樂隊）的唱片放入留聲機中（乙烯樹脂產品的絕妙享受），然後坐回他的巴卡隆戈(Barcalounger)沙發椅上，讓回憶湧入腦海中。

學習的過程

現在已經是21世紀了，但事實上喬從來沒有離開過60年代（嬉皮的生活方式、與日俱增的癮君子和迷幻搖滾是那個時代的特徵）。當然，他現在有錢購買那個時代的東西，並且讓周遭充斥這些玩意。喬是個非常誠實的人，甚至願意多付一些錢在每天所需的商品上，如麥片。他並不孤獨。桂格(Quaker)的奎斯普玉米麥片本來銷量低落（據說銷量以10倍速度不斷下跌），每年僅售出92,000盒。但當生產商把奎斯普的網站Quisp.com與netgrocer.com建立鏈結後，一切都變了。幾乎一夜之間，這個品牌就取得該網站銷量的第一位，甚至擊敗了Cheerios和Frosted Flakes這些受歡迎的品牌。拯救了這種穀類製品的桂格品牌經理解釋：「當我還是個孩子的時候就吃這種麥片，很多人希望這種情況能夠繼續下去。」[2]在拍賣網站上，奎斯普大事記加入了熱銷的老式產品行列，奎斯普解碼環竟能夠賣到600美元以上。在日本，這種對老式美國產品的狂熱更加強烈。愛迪達、耐吉和Converse的「二手鞋」已經賣到了1,000美元[3]。

許多行銷人員意識到，這種在產品與記憶之間的長期聯繫是形成和保持品牌忠誠度(brand loyalty)的有效方式。所以，一些公司重新起用那些已經退休的老商標形象，如康寶小童(Campbell Soup Kids)、麵糰寶寶(Pillsbury Doughboy)、小瓦人貝蒂(Betty Crocker)和Planters公司的花生先生(Mr. Peanut)[4]。近來，有些熟面孔又回到了廣告中，如1925年誕生的快樂綠巨人(Jolly Green Giant)、1961年第一次出現的鮪魚查理(Charlie the Tuna)，甚至還有已退休卻在1999年又重新推出的Charmin公司的惠普爾先生(Mr. Whipple)[5]。本章將探討在感覺、事件、產品以及由前三者喚起的記憶四者間的學習聯結是如何成為消費者行為的重要影響因素。

學習(learning)是由經驗導致的相對持久之行為變化。學習者不必直接獲取經驗，也可以透過觀察那些影響他人的事件而獲得經驗[6]。甚至即使沒有做任何嘗試，我們也在學習：例如，消費者可以認出許多沒有使用過的產品品牌名稱，還可以哼唱出那些產品的廣告歌。這種不經意、無意識的知識獲得過程就是無意間的學習(incidental learning)。

　　學習是一個不斷發展的過程。隨著我們不斷受到新的刺激，以及接收到即時回饋，我們不斷地修正自己對於這個世界的認識。這使得當我們處於相似情境時，就能進行行為的調整。從消費者對於產品標幟（如可口可樂）的刺激，以及反應（如提神飲料）之間的簡單聯想，到複雜的認知活動（如在消費者行為測驗中撰寫一篇關於學習的短文），都屬於學習的概念。那些研究學習的心理學家們發展了若干解釋學習過程的理論，包括行為主義理論及認知理論等。行為主義理論關注簡單刺激—反應聯結，而認知理論則把消費者看作複雜問題的解決者，透過觀察他人來學習抽象的規則和概念。瞭解這些理論對於行銷人員也很重要，因為基本的學習原則會在許多消費者進行購買決策時產生核心作用。

行為學習理論　　

　　行為學習理論(Behavioral learning theories)假設學習是外部事件引起的反應。贊成這一觀點的心理學家們並不關注內部的思維過程，而是強調可觀察的行為。他們提議把大腦看做「黑箱」，如圖3.1所示。可觀察的部分包括輸入箱子的東西（從外部世界感知到的刺激或事件），以及從箱子中輸出的東西（這些刺激引起的回應或反應）。

　　關於學習的兩個主要途徑說明了此一觀點：古典制約與工具制約。按照這種觀點來看，正是人們生活時收到的回饋塑造了他們的經驗。同樣地，對於品牌名稱、氣味、廣告語以及其他行銷刺激物，消費者的反應基礎是隨著時間形成的學習

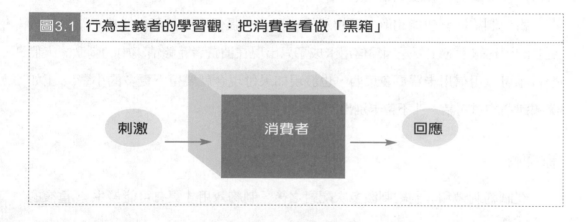

圖3.1　行為主義者的學習觀：把消費者看做「黑箱」

刺激　→　消費者　→　回應

聯結。當受到獎勵或懲罰時，人們也可以學習行為，而且這種回饋會影響他們在未來相似情境中的反應方式。那些因為選擇了某種產品而得到稱讚的消費者，更有可能再購買這個品牌的產品；而那些在某個新餐廳食物中毒的消費者，則不太可能再次光顧這個餐廳。

▶ 古典制約

　　古典制約(Classical conditioning)是指將一個能夠誘發某個反應的刺激與另一個原本不能單獨誘發這個反應的刺激相配對，隨著時間的推移，因為與第一個刺激相聯結，第二個刺激會引起一個相似的反應。這個現象是由研究動物消化的前蘇聯生理學家巴夫洛夫首次在狗身上證實的。

　　巴夫洛夫透過一個實驗歸納總結了古典制約的反射學習。這個實驗是把一個中性刺激物（鈴聲）與另一個已知能引起狗分泌唾液的刺激物（他把乾肉粉噴到狗嘴裏）配合。因為乾肉粉能自然地引起反應，所以是非制約刺激(UCS)。隨著時間的推移，鈴聲成了制約刺激(CS)：原本不能引起分泌唾液，但狗習得了鈴聲與肉粉的聯結，所以當狗單獨聽到鈴聲時也會開始分泌唾液。當這些狗消費者聽到已經與餵食時間相聯結的聲音而流口水時，這種流口水的行為便稱為制約反應(CR)。

　　這個由巴夫洛夫證實古典制約的基本形式，主要用來解釋那些由自主神經系統（如分泌唾液）和神經系統（如眨眼）控制的反應。也就是說，重點是那些能引起饑餓、口渴、性興奮以及其他基本驅動力的視覺和嗅覺線索。這些線索會不斷地與品牌名稱這樣的制約刺激相配對，所以當消費者後來受到這些品牌線索刺激時，就可能會學到感覺饑餓、口渴或興奮。

　　古典制約同樣也能夠解釋更複雜的反應。一張信用卡甚至也能成為讓你花費更多的制約線索，主要是因為信用卡成了只出現在消費者花錢情境中的刺激。人們學會了可以用信用卡買更多東西，也發現如果付現金就要留下更多的小費[7]。正如美國運通的這句話：「不帶卡別出門」。

重複性

　　在制約刺激和非制約刺激多次配對之後，制約效用才更有可能發生[8]。重複的

配對能夠增加刺激─反應聯結的強度，並能防止這些聯結在記憶中衰退。

　　許多經典廣告都使用了那些經由不斷重複而深深印在消費者腦中的廣告口號。如果制約刺激和非制約刺激只不過偶爾配對，制約既不會發生，更不能維持。缺乏聯結的結果之一便是消退(extinction)，先前形成的制約作用會逐漸減少，最後消失。舉個例子來說，由於某個產品在市場中出現太多次，以至於它最初的誘惑力消失了，這就是消退。搭配與眾不同鱷魚紋飾的鱷魚牌(Izod Lacoste) 馬球衫便是一個好例子。當曾是惟一的鱷魚紋飾開始出現在嬰兒衣服以及其他衣服上時，它便失去了原有的威望，更進而受到Ralph Lauren馬球運動員(polo player)等其他競爭者的強力挑戰。

刺激類化

　　刺激類化(stimulus generalization)是指與制約刺激相似的刺激有引起相似條件反應的趨勢。例如，巴夫洛夫在後續研究中注意到，當他的狗聽到如鑰匙碰撞的聲音等類似鈴聲的聲音時，有時也會分泌唾液。

　　對於和原始刺激相似的其他刺激，人們也會大致採用原有反應方式來回應。某個藥店的不知名品牌漱口液故意與李斯德霖漱口液包裝得很像，有些消費者就會假設這種「仿造的」產品也有原始產品的其他屬性，所以仿造品也會引起與正牌商品相似的反應。事實上，在一個關於洗髮精品牌的研究中發現，消費者傾向認為相似包裝也會有相似的品質和性能[10]。這種「背負」(piggybacking)策略會以兩種方式損害原始產品的利益：當仿造產品品質比原始產品差，消費者會對原始產品產生更強烈的消極情緒。然而，如果消費者覺得兩個競爭者品質差不多，他們就會認為原

 混亂的網路

　　學著喜歡網路性愛吧：大約三分之一的上網者會瀏覽與性有關的網站。如此容易就能獲得以前被禁止的資料，便產生了新的混亂：有些人沉溺於網路性愛，難以自拔。一位醫師說：「網路的性愛就像海洛因。它掌握了人們，並掌管了他們的生活。」可是對於那些不斷流連在性網站的人，問題可能更嚴重。有臨床醫學家提出報告，那些對電腦形成制約反應的患者，甚至只面對電腦就有興奮反應[9]。

先多付給原始產品的價格是不值得的[11]。

近來，一些公司扭曲了這一原則，使用了故意隱藏產品真實來源的策略——偽裝品牌(masked branding)。例如，通用汽車(General Motors)拉高與釷星車(Saturn)的距離，將其定位於由普通人運作的小鎮商業。又如，李維‧史特勞斯公司推出了「紅旗」(Red Tab)系列商品，來吸引那些不希望與「老」品牌有牽扯的年輕消費者。藍月啤酒(Blue Moon)將自己定位於久經世故的企業，雖然事實上它的啤酒是由酷爾斯公司(Coors)生產的，但標籤上的生產商卻是藍月釀造公司(Blue Moon Brewing Co.)。當美樂釀造公司(Miller Brewing Co.)開始販賣冰屋(Icehouse)和紅狗(Red Dog)牌啤酒時，就創造了一個木板路釀造廠(Plank Road Brewery)的傀儡公司[12]。

刺激區辨

刺激區辨(stimulus discrimination)是指在呈現一個與制約刺激相似的刺激後，非制約刺激並不伴隨出現，因此反應會減弱並很快消失。有些學習過程會要求對一些刺激進行回應，但對其他相似刺激則不做反應。知名品牌的製造商們通常會力勸消費者不要買那些「便宜的贗品」，因為贗品品質不會像消費者預期的那樣。

▶ 行為學習原理的行銷應用

許多行銷策略都注重如何建立刺激與反應之間的聯結。行為學習原理可以用來解釋許多的消費現象，從如何創立與眾不同的品牌形象，到產品與潛在需求間的知覺聯繫，都可以得到很好的解釋。

從非制約刺激到制約刺激之間意義的轉移，就能夠解釋為什麼萬寶路、可口可樂和IBM這樣的「拼湊」品牌名稱能夠對消費者產生如此強大的影響。比如萬寶路人(Marlboro Man)與香煙間的牢固聯結，有時公司甚至不必在廣告中呈現品牌名稱。當把無意義音節（沒有意義的一組字母）與美好或成功的有價值詞彙配對之後，詞義便遷移給了假詞。這些最初無意義詞彙象徵意義的變化顯示，即使透過簡單的聯結也能制約出甚至更複雜的意義[13]。這個研究發現在古典制約中形成的態度能夠維持很久[14]。有許多行銷策略都依賴於品牌權益(brand equity)的創立和維持，在這些行銷策略中,這些聯結是至關重要的。品牌權益使得一個品牌在消費者記憶中有牢固的積極聯結,並因此博得許多忠誠[15]。

重複性的應用

一個廣告研究員提出,超過三次以上的行銷資訊就是多餘的。第一次看見會引起消費者發覺產品的存在,第二次能夠證實它與消費者有關,第三次就會提醒消費者注意產品優點[16]。然而,即使是這個不加渲染的研究也在暗示我們,至少需要重複三遍來保證消費者確實見到(並處理)了資訊。正如第2章提到的,因為人們傾向

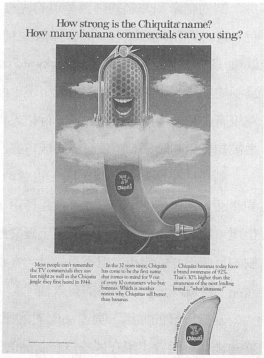

許多經典廣告包含不斷反覆宣傳、最後深烙於消費者心中的廣告詞。(Courtesy of Chiquita Brands, Inc.)

於拒絕或曲解行銷訊息,所以無法保證人們確實見到了資訊。對於那些試圖制約某個聯結的行銷人員,就必須保證目標消費者能夠受到足夠次數的刺激,從而讓刺激「黏住」消費者。

另一方面,好東西也有可能過度渲染。如果消費者已經習於聽到或看到某種行銷刺激,就不會再注意它。但是這個廣告損耗(advertising wearout)的問題可以透過保留基本資訊,但變換不同形式來緩解的。例如,H & R Block預繳稅款公司就以其歷久不衰「使用H & R Block17個原因的另一個原因」廣告而聞名。

制約產品聯結的應用

通常,廣告會把某個產品與另一個積極刺激相配對,創造出一個合意的聯結。市場訊息的音樂、幽默和比喻,都會影響到制約反應。例如在一個研究中,讓觀看者觀賞關於鋼筆的幻燈片,並配上愉快或不愉快的音樂,發現觀看者更有可能選擇那些與愉快音樂配對的鋼筆[17]。

　　制約刺激和非制約刺激呈現的先後次序會影響到學習是否能夠發生。一般來說，制約刺激應該出現在非制約刺激之前。先播放廣告詞（非制約刺激）然後再呈現飲料（制約刺激）的反向制約(backward conditioning)技術，一般是不會起作用的[18]。因為制約反應的發生需要刺激相繼出現，所以在靜態下並不會形成古典制約反應。與電視廣告和廣播廣告相比，由於行銷人員無法控制雜誌廣告中制約刺激和非制約刺激被知覺到的順序，所以沒法形成古典制約反應。

　　刺激—反應聯結可以形成，也會消失。由於消退的威脅，對於那些經常出現的產品，古典制約策略可能不會起作用，因為無法保證產品一定能伴隨著制約刺激出現。比如，將一瓶百事可樂配上碳酸飲料潑在冰上的提神聲音，雖然可以看做對制約反應很好的應用；但不幸的是，在很多沒有這種聲音的情境中也可以見到此類產品，這就降低制約策略的有效性。

　　基於同樣的原因，與產品配對的應該是新奇曲調而不是流行曲調，因為流行歌曲極有可能會出現在那些沒有產品的情境中[19]。音樂錄影帶尤其可作為有效的非制約刺激，因為它通常會影響到觀眾的情感，而且這種影響會轉移到伴隨音樂錄影帶的廣告中[20]。

刺激類化的應用

　　為了從消費者對於某個現有品牌或公司名稱的積極聯結中獲利，品牌創立和包裝核心通常是刺激類化的過程。以下事實無疑證明了一個令人羨慕的刺激有多大的行銷價值。在大學校園裏，那些勝利的運動隊忠實愛好者會瘋狂搶購各式印有校名的商品。在20年前，這種生意根本不存在，因為當時的學校不願意讓學校形象商業化。美國德州的農工大學是第一批甚至要申請商標保護的學校之一，還只是因為有人把農校(Aggie)標誌放在手槍系列商品上。現在情況完全不可同日而語。從運動衫、杯墊到垃圾桶，所有印有學校標誌的東西都很受學院管理者們的歡迎。根據刺激類化擬定的策略有以下幾點：

　　●家族品牌：指各式產品從同一個公司名稱的聲譽中獲利。如康寶(Campbell's)、漢斯(Heinz)和奇異公司(General Electric)等就是依靠積極的企業形象來銷售不同的產品系列。

● 產品線延伸：是指在一個已經確立的品牌基礎上再附加推出相關產品。雖然陽光少女(Sun Maid)最初是從銷售葡萄乾開始建立起葡萄乾的品牌，但後來引入了冰鎮果汁和果汁吧的概念，繼而推出了能夠聯想到水果的都樂(Dole)。其他延伸產品包括：麗冷地毯清潔劑(Woolite)、琥珀爆米花(Cracker Jack)和象牙洗髮精(Ivory)。然而，擴展也會產生副作用：正如康乃馨公司(Carnation Company)發現擴

 行銷契機

選擇一個響噹噹的品牌名稱實在太重要了，因此業者往往會雇用「命名顧問」專家構思個好名字。這些專家往往會試著透過語意上的聯繫去發想，好讓大家一聽到就能產生業者希望傳達的心理聯想。這類策略催生了以下命名，如「Qualcomm」結合「品質」(quality)與「溝通」(communication)兩種關鍵概念、「Verizon」結合了「地平線」(horizon)前進意象、英特爾(Intel)融合「聰慧」(intelligent)與「電子產品」(electornics)。威而鋼(Viagra)的尾音是希望讓人聯想到雄渾有力的尼加拉瓜(Niagara)瀑布，「水」可以帶動有關性能力與生命力的聯想，尼加拉瓜瀑布也正好是許多人心中的蜜月「聖地」。菸草大廠菲利普莫里斯(Philip Morris)更名為「Altria集團」，希望將原本的事業版圖從香菸拓展到食品與酒類市場。「Altria」有「高」(high)的含意，大家對此一命名有不同評價。一位品牌顧問認為：「對於產品概念以改變心情為訴求的公司而言，我不確定『高』這個概念選得對不對。」[21]

發想這類組合字愈來愈不容易，部分命名顧問開始把腦筋轉到更直覺的層次，也就是名稱唸起來所能帶動的情緒反應。聲音象徵學(sound symbolism)的研究顯示，儘管語言有千百種，然而同樣的音在不同語言裡帶動的情緒是相近的，例如像悲傷、不安全感，或者是活潑、進取的感覺。為了找出聲音與心理之間的聯繫，研究人員通常讓受試者觀看兩個沒有特殊意義的名稱，兩個字唯一不同的地方，是同個位置出現了不同的音（如Paressa與Taressa），然後詢問受試者哪一個聽起來比較快、更大膽、更細膩等等。研究者發現p、b、t、d等塞音(full stop)會給人滯緩的感覺，f、v、s、z等音感覺較「快」。百憂解(Prozac)與亞馬遜(Amazon)唸起來給人一種速度感（頭痛消除得快，或者訂購書籍可以一下子收到）。當一組命名顧問受委託為一款新型掌上PDA命名時，草莓(strawberry)這個字首先躍進他們腦海，因為小鍵盤上的按鍵，看起來像草莓種子。他們喜歡strawberry這個字當中包含了「berry」（莓）字根，因為子音「b」給人一種「可靠」(reliability)的聯想，而且「莓」也傳達出體積輕小的訊息。不過有位語言學家指出，strawberry前面的字根「straw」唸起來有拖慢之感，違反命名必須傳達「迅捷」特性的使命。「黑莓」(Blackberry)這個名稱就這麼誕生了[22]。

展有可能會減弱原有的品牌效應。該公司取消了推出一種叫做Lady Friskies的避孕狗食計畫，因為先前的測試顯示這會減少一般Friskies的銷量[23]。

● 授權(Licensing)：是指把著名名稱「租用」給他人，並收取一定費用。隨著行銷人員試圖透過許可聯繫產品、服務與知名形象，授權策略便流行起來。即使是紐約消防隊及警察也開始授權。2001年九一一事件之後，警察與消防隊員相關產品的需求攀上高峰，許多不合法的業者藉此大撈一票。但此景已不復見，目前紐約消防局消防安全教育基金因為授權給費雪牌（FisherPrice，美國玩具製造商）製造比利火焰人偶，以及授權給Activision（知名美國遊戲製造公司）生產罐裝礦泉水、製造電腦遊戲軟體而獲得不少收入。為了不被消防局超越，紐約市警察機構也已授權給廠商製造玩具、填充娃娃、帽子和T恤，或是供收集的第三號直昇機模型[24]。

● 相似包裝：獨特包裝設計能夠創造出與某個特定品牌的緊密聯結，這種聯結通常會被普通品牌或私人品牌的製造商利用，因為他們希望能夠透過非常相似的包裝來傳達一個較好的品質形象[25]。在當今琳琅滿目的市場中，模仿某個成功品牌外觀的現象是非常普遍的。有一個研究發現，對模仿品牌的消極經驗能夠提高對原始品牌的評價，而對模仿品牌的積極經驗則會降低對原始品牌的評價[26]。

刺激區辨的應用

定位(positioning)的一個重要面向便是如何強調一個產品相對於競爭者的特色，因為消費者就是由此學會區分某個品牌和競爭者。這個任務可不容易，特別是有些產品類別品牌名稱眾多，而且可選擇的商品外觀、聲音都很相似。

那些品牌形象很好的公司試圖透過發揚品牌的惟一特色來促進刺激區辨。因此，美國運通旅行支票(American Express Traveler's Checks)不斷地提醒我們：「要旅行支票時，一定要說美國運通。」另一方面，如果一個品牌名稱被過於廣泛使用，就不再與眾不同，也不再受版權限制，甚至可以被競爭者使用，就像阿司匹靈(aspirin)、玻璃紙(cellophane)、悠悠球(yo-yo)和電動扶梯(escalator)。

有個相關問題是，仿冒品什麼時候會偽裝成眞品出現。以打擊盜版為主要宗旨的「國際反仿冒聯盟」(International Anti-Counterfeiting Coalition)是由業者組成的團體。根據該協會推算，光是商標仿冒行為就讓美國每年損失2,000億美元[28]。著名

品牌被仿冒行為打得落花流水，此現象全世界皆然。例如，Converse的恰克泰勒(Chuck Taylor)版本All Stars球鞋，是最受巴西青少年歡迎的球鞋之一，然而這款鞋只在日本與美國出現較高的銷售業績。儘管大多數穿著這款鞋的人沒有察覺，但巴西發售的所有All Stars都是仿製品。這些球鞋幾可亂真，連高統鞋筒上的星星式樣都與真品殊無二致。當地一家公司早在1979年就已註冊All Star商標的使用權，如今以Converse球鞋定價約三分之一價格，每年售出一百萬雙[29]。

▶ 工具性制約

工具性制約(instrumental conditioning)又稱操作性制約，是指個體習得能夠產生積極結果並避免消極結果的行為。與這一學習過程關係最緊密的是心理學家史基納，他教會鴿子和其他動物跳舞、打乒乓球以及完成其他活動，從而證實了透過系統獎賞來獲得所需行為的工具性制約[30]。

儘管在古典制約中反應是自然而然發生的，而且相當簡單。但在工具性制約中，反應是為了達到一個目標而故意造成的，而且可能很複雜。學習行為的發生需要一段時間，因為在塑造(shaping)過程中還要獎勵中間步驟。例如，一個新店老闆會僅僅因為購物者惠顧就給予他們一些獎勵，希望他們以後會不斷惠顧，而且最後還會買些東西帶走。

行銷陷阱

接受企業贊助興建運動場之前，千萬要三思使用該企業名稱的後果：

- 位於佛羅里達朝陽市(Sunrise)的「國立汽車租賃中心」(The National Car Rental Center)，縮寫與母公司ANC Rental Corp.相同，而後者已聲請破產。
- 位於休士頓的「安隆球場」(Enron Field)，於安隆公司爆發醜聞後，重新命名為「少女球場」(Minute Maid Park)。
- 亞達爾菲亞(Adelphia)電信公司在納許維爾市贊助興建「亞達爾菲亞表演場」(Adelphia Coliseum)，該公司創辦人卻因為財務問題受到起訴。
- 美國電信業者MCI於華盛頓設立MCI中心，然而母企業世界通訊卻聲請破產，高階主管悉數被逮捕[27]。

　　同樣地，儘管古典制約的發生是因為兩個刺激緊密配對，但工具性學習發生的原因則是，在所需的行為發生之後給予了獎勵。工具性學習需要一段時間，在此期間個體也會嘗試其他行為，但這些行為因為沒有得到強化而被個體放棄了。記住區別古典制約和工具性制約兩者間的一個好辦法是：在工具性學習中反應之所以發生，是為了獲得獎賞或者逃避懲罰的工具。慢慢地，消費者會逐漸與那些給予獎賞的人交往，並選擇那些能夠讓他們感覺很好或是滿足某些需要的產品。

　　工具性制約有三種發生方式。當環境給予獎勵，也就是提供正強化(positive reinforcement)時，可以使反應得到鞏固，並使個體學習適當的行為。例如，如果某位婦女在噴香水後得到了稱讚，她就會學會只要使用這一產品就能得到滿意效果，所以她就很有可能不斷購買這一產品。負強化(negative reinforcement)同樣能鞏固反應，並因此習得適當的行為。某個香水公司可能會播放這樣一則廣告：一名女性週末夜晚不得不獨自在家，就因為她沒有使用這個公司的香水。這要傳達的資訊便是，她只有使用這個公司的香水才能避免這樣的消極結果。負強化是指我們為了避免不愉快而學會做某些事情，而懲罰(punishment)則是反應後隨之而來的不愉快事件。如某人由於噴灑了有難聞氣味的香水，而遭到朋友們的奚落。這是一條使我們學會不再重複這些行為的艱難之路。

　　為了幫助大家能更理解這些機制間的區別，請記住：一個人所在的環境會給予行為積極或消極的回饋，而且也可以撤去這些結果。也就是說，在既有正強化又

網路收益

　　市場研究者經常會面對消費者不願在調查中透露個人資訊的問題。線上技術能夠幫助我們跨越這個屏障嗎？如果自動詢問系統能夠做得與人類的互動一樣，也許就可以辦到這一點了。有研究發現，如果電腦看起來似乎具有人類行為的某些特點，如使用日常語言和能理解會話，消費者就會親切回應，並能夠與機器建立起很好的關係。換句話說，消費者會把在人類互動中學到的規則遷移到人機互動中。有研究發現，如果電腦先向消費者透露資訊，消費者就更有可能也透露個人資訊，而且隱私透露的程度會逐漸加深。例如，電腦先透露自己有時沒有什麼明顯原因也會發出轟隆聲，然後要求消費者透露一些與自身有關的事情作為回報。而且，比起那些沒有參與過這種互動的消費者，那些曾經自我暴露並與電腦互惠互利的消費者會更願意線上評價產品。所以，過去好好擁抱一下你的電腦吧[31]。

有懲罰的條件下，個體會在做某事後得到回饋。相反地，負強化則是指個體爲了避免消極結果而不做某事，也就是環境撤去了消極事物，而能使個體愉快，因此是種獎賞。

最後，當個體不再得到積極結果時，就很有可能發生消退，而且學習到的刺激－反應聯結也無法繼續維持。比如，那位婦女若不再受到關於其香水的稱讚，就可能不再使用香水。因爲正負強化能夠給予個體愉快的經驗，因而可以鞏固反應和結果間的未來連結。但在懲罰和消退的情境下，因爲個體得到的是不愉快的經驗，所以會削弱此一連結。參照圖3.2可以更容易理解這四種情境間的關係。

要依照什麼規則來適當強化行爲，是影響工具性制約的一個重要因素。如何確定最有效的強化程式對於行銷人員是很重要的，因爲這與他們爲了獎賞消費者，從而制約需要行爲所必須付出的努力和資源數量有關。包括以下幾種計畫：

- 固定時距強化法(fixed-interval reinforcement)：是指在規定的一段時間間隔後，所作出的第一個反應就會帶來獎賞。在這種條件下，一般在人們剛得到強化

圖3.2 四種學習結果

	事件	
	應用制約	撤消制約
積極行為	**正強化** 效果：正面事件強化了之前發生的回應。 學習過程：消費者學習到去實行能產生正面結果的回應。	**消退** 效果：撤去正面事件削弱了之前發生的反應。 學習過程：消費者學習到無法產生正面結果的回應。
行為	強化聯結	削弱聯結
消極行為	**懲罰** 效果：負面事件削弱了伴隨負面結果的回應。 學習過程：消費者學到不要實行產生懲罰的回應。	**負強化** 效果：撤去負面事件強化了避免負面結果的回應。 學習過程：消費者學到允許個人避免負面結果的回應。

後，反應會變緩，但在下次強化迫近時，他們的反應會迅速增多。舉個例子來說，在某個店鋪舉辦的季特賣最後一天，消費者會大量湧入這個店鋪，但直到下一次季特賣之前，他們就不會再出現了。

● 不定時距強化法(variable-interval reinforcement)：是指在強化之前必須經過的時間間隔故意在某一平均數上下變化。因為個體並不會確切知道何時可以得到所期待的強化，所以反應的速率能夠保持一致。零售商聘用所謂的秘密購物者就是依照這一邏輯。這些秘密購物者會不定期伴裝成消費者來測試服務品質。而店主永遠不會確切知道何時會遇到所期待的拜訪，所以為了「以防萬一」，必須不斷保持高品質的服務。

● 固定比率強化法(fixed-ratio reinforcement)：指個體只有在完成固定數量的反應後，才會得到強化，這會激勵人們反覆作出同一行為。例如，某個消費者為了收集到獲獎所需的50張收據，就會在同一間店鋪裏不停地購買日用雜貨。

● 不定比率強化法(variable-ratio reinforcement)：是指個體在完成一定量的反應後會得到強化，但是他並不知道需要反應多少次。在這種情況下，人們一般以非常高且穩定的速率反應，而且如此形成的行為很難消退。吃角子老虎之所以對消費者有那麼大的誘惑力，就是因為它利用了這一強化程式。消費者學到了這樣的認知：只要不斷地往機器裏扔錢，最終一定會贏得些什麼（當然如果不破產的話）。

▶ 工具性制約原理的應用

當消費者因購買決策而受到獎賞或懲罰時，工具性制約的原理便開始作用了。行銷人員會透過逐漸強化消費者所採取的適當行動來塑造合宜的行為。舉個例子來說，某個汽車經銷商會鼓勵一個本不願意購車的顧客先在展覽車裏坐一下，然後又建議他試一下車，最後再試圖把車賣出去。

消費的強化

行銷人員用很多方式來強化消費者的行為，從購買之後簡單的道謝，到實際折扣和追蹤的電話回訪都算。例如，和那些沒有受到任何強化的控制組相比，每次

付錢後都收到感謝信的新顧客組，會使人壽保險公司得到更高的保單更新率[32]。

頻次行銷

現在有一種很流行的**頻次行銷**(frequency marketing)，以獎品來強化那些常來的購物者，而且獎品會隨著購買次數的增多而增值。航空公司首先使用了這種工具性學習的策略，在80年代早期便引入了「飛行常客」計畫獎勵那些忠誠的顧客。這一策略很快就傳播到其他企業中，從錄影帶店到速食店都在使用這一策略。也許最熱衷高頻率行銷的人莫過於人稱「布丁小子」(Pudding Guy)的大衛·菲利浦了。他在巧克力布丁包裝上注意到飛行常客的廣告，就買了足夠在美國航空贏取125萬英哩里程數的布丁，贏得了終生免費乘坐飛機的獎勵。後來他把這些布丁捐給了地方食物銀行。為了交換，工人們同意在把布丁盛盤時將標籤去掉，最後總共有12,150杯的布丁[33]。

認知學習理論　▶ ▶ ▶ ▶ ▶ ▶

和行為學習理論相比，**認知學習理論**(cognitive learning theory)則強調內部心理過程的重要性。這種觀點把人看做問題解決者，人們積極地使用周圍資訊以掌握環境。這一觀點的支持者還強調創造力和洞察力在學習過程中的作用。

▶ 學習是有意識的還是無意識的？

人們是否意識到他們的學習過程？如果意識到了，又是何時意識到的？關於這方面有很多爭論。儘管行為學習理論強調制約的例行性和自動性的本質，但認知學習理論的支持者則認為，即使是這些簡單的制約也是以認知因素為基礎的。這裏所說的認知因素是指對刺激後應該發生反應的預期，而預期的形成則需要心理活動的參與。按照這種學派的思想，制約的發生是因為主體發展了有意識的假設，並且按照假設來採取行動。

另一方面有證據顯示，確實存在無意識的程序性知識。很顯然地，至少在處理某些資訊上，人們確實是採取自動、被動、「不用動頭腦的」的方式[34]。比如說，當我們遇到第一次見面的人或新產品時，我們一般會按照已習得的反應類別對這個刺激作出反應，而不是費心去規劃新的反應類別。在這種情況下，某個觸發特性啟動了我們的反應，也就是說，某些刺激使得我們按照某一特定模式來反應。在讓男性評價廣告中各種汽車的一項研究中，如果讓一位性感女性（觸發特性）與汽車同時出現，則不論汽車的特徵如何，男性都會對汽車評價較高。儘管男性並不相信女性的出現確實會影響他們的評價[35]。

但是，許多現代的理論家開始把自動制約的某些例子視為認知過程，特別是如果在這些例子中存在著對於刺激與反應間聯結的預期。事實上有研究發現，如果使用掩蔽效果，也就是讓受試者很難習得制約刺激與非制約刺激的聯結，制約反應就會顯著減少[36]。某位青少女會觀察電視或現實生活中的女人，發現似乎當她們散發甜美氣味並衣著誘人時，更容易得到他人的稱讚和注意。她因此斷定，如果她噴上香水，就更有可能獲得這些獎賞。所以為了得到社會認可的獎勵，她就會故意在身上噴上一些流行的香水。

▶ 觀察學習

當人們觀察他人的行動，並注意到他人行為獲取的強化效果時，就屬於觀察學習(observational learning)——這裏的學習是替代性經驗而非直接經驗作用的結果。這類學習是個複雜的過程。當人們積累知識時，會把所觀察到的事物儲存在記憶中，也許以後會使用這些資訊來指導自己的行為。這種模擬他人行為的過程叫做模仿(modeling)。例如，當某位婦女去購買一種新品牌香水時，她會想起朋友在幾個月前噴灑這種香水時收到了什麼樣的反應，而且會根據朋友的行為結果來決定她的行為。模仿過程是一種有效的學習形式，但也有消極作用。特別受到關注的問題是電視節目和電影會不會教給兒童暴力。在給兒童觀看的節目中，他們可能會看到榜樣（如卡通英雄）採取新的攻擊方法；當孩子生氣時，就可能模仿這些行為。

一項古典研究證明了模仿對於兒童行為的影響。讓兒童觀察一個成年人踩踏、擊倒或以其他方式折磨一個大的充氣娃娃，然後讓他單獨和這個洋娃娃呆在房

間裏，結果兒童會重複這些行為。那些沒有觀察到成年人攻擊行為的兒童則不會有這樣的行為[37]。不幸的是，這一研究與暴力電視節目的相關性是十分顯著的。

圖3.3顯示了模仿形式的觀察學習必須滿足以下四個條件[38]：

1. 消費者的注意必須指向適當的榜樣，該榜樣因魅力、能力、地位或與消費者的相似性而被模仿。

2. 消費者必須記住榜樣的所作所為。

3. 消費者必須把這些資訊轉換為行動。

4. 必須有動機促使消費者表現出這些行為。

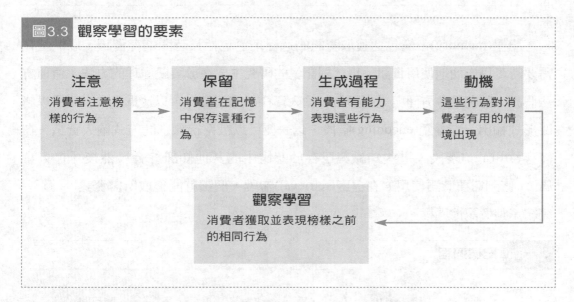

圖3.3 觀察學習的要素

注意	保留	生成過程	動機
消費者注意榜樣的行為	消費者在記憶中保存這種行為	消費者有能力表現這些行為	這些行為對消費者有用的情境出現

觀察學習
消費者獲取並表現榜樣之前的相同行為

▶ 認知學習原理的應用

藉由觀察他人行為獲得強化，消費者會以替代性方式學習這些行為，這讓行銷人員的日子更好過了。因為不必直接強化人們的行為，所以行銷人員不必實際去獎賞或懲罰消費者的購買行為。如果真如此實施獎懲的話，將會花費多大？又會帶來多少道德上的問題？實際上，行銷人員只需告訴消費者那些使用過或沒有使用過這些產品的榜樣身上發生了什麼事。因為他們知道，消費者將來總會被某些動機所激發而模仿榜樣的行為。例如，某則香水廣告會如此描述：某位女性被一群仰慕者所包圍，就是因為她使用了某產品。這位婦女使用該產品的行為受到了仰慕者的正強化。不用說，比起真讓每一位購買這種香水的女性都被一群仰慕者包圍，這種學習過程反而實際得多！

　　消費者對於榜樣的評價遠比簡單的刺激一反應聯結複雜。例如，某位名人給人們的印象絕不僅是反射性的好或者壞[39]，而是許多屬性複雜結合的結果。一般而言，榜樣被模仿的程度有賴於他的社會吸引力。社會吸引力基於以下幾個要素：外表、專長以及與評價者的相似性。

記憶在學習中的作用　

　　記憶(memory)不僅包括獲取資訊的過程，還包括長時間儲存資訊，以保證在需要時可以方便地使用資訊。現代對記憶的研究主要在於資訊處理的方法。這種方法假設人腦在某些方面與電腦類似：輸入資料、處理資料，以及為了未來使用以修改形式輸出。在編碼(encoding)階段，以一種可以被系統識別的方式輸入資訊。在儲存(storage)階段，這些知識與已存於記憶中的其他知識綜合，然後「存入倉庫」，直到需要時再使用。在提取(retrieval)階段，個體就能獲取所需資訊[40]。圖3.4總結了整個記憶過程。

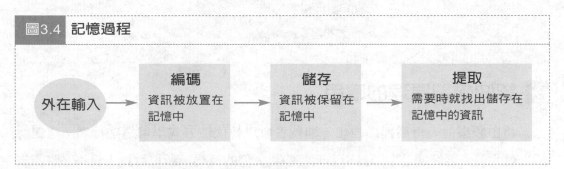

圖3.4　記憶過程

外在輸入 → **編碼** 資訊被放置在記憶中 → **儲存** 資訊被保留在記憶中 → **提取** 需要時就找出儲存在記憶中的資訊

　　我們有許多經驗都鎖在腦中，多年以後，如果給我們正確的提示線索，這些經驗就會再次浮現。消費者能否保住他們習得的關於產品和服務的資訊對於行銷人員是非常重要的，因為他們相信消費者以後在進行購買決策時肯定會用到這些資訊。在消費者的決策過程中，這些內部記憶會與外部記憶結合，使人們能夠識別和評價各種品牌的備選方案。這裏所說的外部記憶包括包裝和購物清單上所有的產品細節以及其他行銷刺激[41]。

購物清單是說明強大外部記憶協助的極佳例子。當消費者利用購物清單,他們會照著購買約80%的商品。特別當寫購物清單的人也參與購物時,就更容易會照單採買。研究人員同時發現,清單上的商品被購買的機率隨著家庭規模及是否在假日採購而增加。也就是說,如果行銷人員可以讓消費者在購物前事先規劃購買自己的商品,該件產品被購買的機率就很高。一種鼓勵這種行為的作法是在包裝上提供可撕標籤,一旦消費者注意到家中這項產品的存量太低時,就會撕下這張標籤直接貼在購物清單上[42]。

有種觀念認為行銷人員可以歪曲消費者對於產品經驗的回憶,研究結果支持了這一觀念。我們認為我們所「知道」的產品資訊,是可以在使用產品後又被接觸到的廣告訊息所影響。如果這種後經驗廣告(post-experience advertising)與真實經驗的記憶相似,或者能夠活化有關真實經驗的記憶,就很有可能改變真實的記憶。比方說,廣告可以讓產品在記憶中比在實際中更受歡迎[43]。

▶ 為提取階段進行資訊編碼

資訊編碼或被心理程式化的方式決定了資訊如何在記憶中再現。一般而言,如果進入的資訊與已經存在於記憶中的其他資訊有關聯的話,就更有希望被保留下來。例如,比起那些比較抽象的品牌名稱,如果品牌名稱與產品類別的物理特性有關:如咖啡伴侶(Coffee Mate)、衛生沖洗抽水馬桶清潔劑(Sani-Flush);或者品牌名稱很容易形象化:如汰漬清潔劑(Tide,原意為潮汐)或水星美洲豹汽車(Mercury Cougar),就更容易在記憶中被保留下來[45]。

網路收益

現在有一個新方法可以幫你記住所珍愛的人們。FinalThoughts.com提供了一個線上存儲電子信件的地方,會在你死後把信投遞給家人或朋友。這個網站的創立者有一次搭乘飛機穿越亂流時,他想到了這個主意。當飛機搖晃時,他才意識到自己還沒有真正地與家人、朋友道別。這個網站就是鼓勵大家事先有個計畫。每個用戶要選擇一個「守護天使」,會在用戶去世時通知網站,以確保送出適當的資訊。網站還包括一個資源中心,可以鏈結到關於如何應付損失的文章,以及通知生者死者最後願望的表格。大約10,000名顧客簽了約,當然大部分人並不希望很快得到這項服務[44]。

老牌子糖果產品「洛基路」運用短故事來提醒消費者效果持久的價值。
(Courtesy of Miller Group Advertising)

意義的類型

消費者可能只是根據感官意義(sensory meaning)，如顏色或形狀。而且，當他看到這個刺激的照片時，也會啓動這種意義。舉個例子來說，我們最近剛嘗過一種新快餐，再看到它的廣告時，我們就會有一種熟悉的感覺。但是在許多情境中，意義是在更抽象層次上進行編碼的。語義意義(semantic meaning)指的是象徵性的聯想，如認爲富人喝香檳、時尙女人戴臍環的觀念。

個人相關性

情景記憶中儲存的是個體親身經歷的事件[46]，所以個體要保留這些記憶的動機是很強烈的。夫妻間通常都會有「自己的一首歌」，這些歌曲可以讓他們想起第一次約會或是婚禮。某些特別鮮活的聯想叫做閃光燈記憶(flashbulb memories)。而且過去的回憶也會影響到未來的行爲。比如說，如果一個大學的基金籌募活動可以喚起捐贈者愉快的大學回憶，就可以得到更多的捐款。

傳遞產品資訊的方法之一就是透過敘事(narrative)或是故事，個體獲得的很多社會資訊在記憶中就是以這種方式再現的。因此，在產品廣告中使用這種方法就是一種有效的行銷技術。敘事能夠說服人們對見到的資訊建構出一個心理表徵。在建構的過程中，圖片可以幫助我們建構出更完善、更詳細的心理表徵[47]。

▶ 記憶系統

資訊處理觀點認爲有三個截然不同的記憶系統：感官記憶、短期記憶(STM)和長期記憶(LTM)。每一種記憶系統在對與品牌相關的資訊處理中都扮演了不同角色，圖3.5總結了這些記憶系統的相互關係。

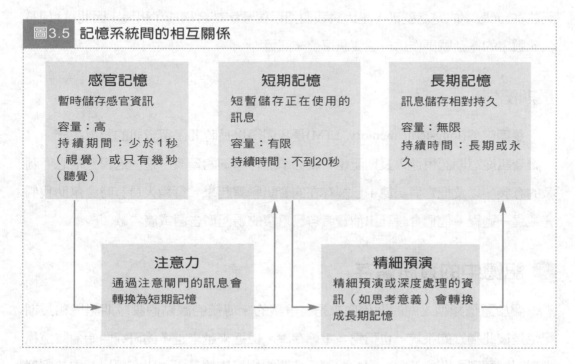

圖3.5 記憶系統間的相互關係

感官記憶	短期記憶	長期記憶
暫時儲存感官資訊	短暫儲存正在使用的訊息	訊息儲存相對持久
容量：高 持續期間：少於1秒（視覺）或只有幾秒（聽覺）	容量：有限 持續時間：不到20秒	容量：無限 持續時間：長期或永久

注意力	精細預演
通過注意閘門的訊息會轉換為短期記憶	精細預演或深度處理的資訊（如思考意義）會轉換成長期記憶

感官記憶

感官記憶(sensory memory)中儲存的是我們從感官處獲取的資訊，儲存時間很短，最多持續幾秒。比如說，有個人路過一個甜甜圈店，聞到裏面烘焙食物的陣陣誘人香味。雖然這種感覺只能持續幾秒，但已經足夠讓這個人決定是否要進去看看。如果為了進一步處理而保留了資訊，這些資訊將通過注意閘門，轉入短期記憶。

短期記憶

短期記憶(short-term memory, STM)儲存資訊的時間和容量都是有限的。和電腦相似，這個記憶系統可以看做是工作記憶(working memory)，儲存的是正在處理的訊息。言語輸入可以根據發音按聽覺形式儲存，也可以根據意義按語義形式儲存。

在組塊(chunking)的過程中，小片段的資訊會結合成較大片段以方便儲存。組塊是個體熟悉的組合，並以一個單位進行操作。例如，一個品牌名稱就是歸納了大量關於品牌細節資訊的組塊。

最初，人們認爲短期記憶能夠一次加工5到9個組塊的資訊，所以電話號碼被設計成7位數字[48]。現在看來有效提取的最佳容量則是3至4個組塊。我們之所以能夠記住7位元數字的電話號碼，是因爲我們把單獨數字結合構成了組塊，因此可以把3位元數字的電話號碼作爲一個資訊單位來記憶[49]。

長期記憶

長期記憶(long-term memory, LTM)是我們得以長時間保留資訊的記憶系統。爲了讓資訊從短期記憶進入長期記憶，就必須進行精細的預演。這一過程包括思考刺激的意義，以及把它與記憶中已經存在的資訊聯繫起來。行銷人員有時會幫助我們完成這一過程，他們會設計出消費者自己重複的易記廣告語或廣告歌。

▶ 記憶中的資訊儲存

關於記憶類型之間的關係向來是有爭議的。傳統的觀點假設短期記憶和長期記憶是彼此獨立的系統，也稱爲多重儲存說。但近來越來越多的研究開始偏離這種兩種記憶類型之間的區別，開始強調系統間的相互依賴。這些研究提出，由於處理工作的本質不同，不同層次的處理對記憶某些方面的活化會比其他更多。這些研究的基礎是記憶啓動模式(activation models of memory)[50]。處理資訊付出的努力越多（即所謂的『深度處理』），資訊進入長期記憶的可能性越大。

關聯網路

啓動模型認爲輸入的資訊被儲存在關聯網路(associative network)中，包括許多按照某種關係組織在一起的相關知識。消費者就組織了關於品牌、製造商和商店的概念系統。

我們可以把這些稱爲知識結構(knowledge structures)的儲存單位想像成充滿了一個個數據的複雜蜘蛛網。資訊將被放入結點(node)，以關聯鏈在知識結構內彼此聯繫。在某種程度上，相似的一條條資訊將被組塊到一個比較抽象的範疇下。現在，爲了與已經在適當位置的知識結構保持一致，新輸入的資訊將被重新解釋[51]。

層級處理模式(hierarchical processing model)認為，資訊是按照自下而上的方式處理的：處理是從非常基本層次開始，而且從屬於需要更大認知容量的更複雜之處理操作。如果一個層次的處理過程沒能喚起下一個層次，對廣告的處理過程就終止了，容量也被分給了其他任務[52]。

隨著結點鏈的形成，關聯網路也在發展。比方說，某個消費者會有一個關於「香水」的網路。每個結點代表一個與範疇相關的概念，可以是一個特徵、一個特定品牌，也可以是認同一種香水的名人，甚至可以是一個相關產品。一個香水網路包括的概念包括品牌名稱，如香奈兒、激情(Obsession)、 Charlie；也包括屬性，如性感、優雅等。

當要求消費者列出香水品牌時，他們只能回憶起那些包含在適當範疇下的品牌，列出的這一組香水就是這個人的記憶組合(evoked set)。如果新進入的概念，比如一種新的華貴香水，想要成為範疇的成員，就必須提供能夠讓它更容易安置到適當範疇下的線索。圖3.6就描繪出了一個香水網路實例。

圖3.6 **香水的聯想網路**

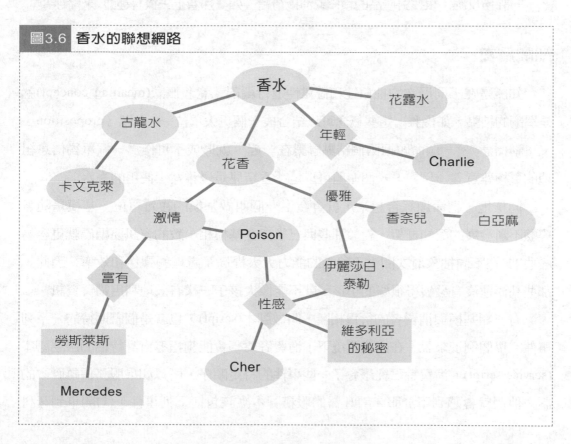

擴散啟動作用

一個意義可以被間接地啟動，因為能量會在抽象層次不同的結點間變化。隨著一個結點的活化，也開始觸發了與其相連的其他結點。因此隨著能量在網路間擴散，就啟動了許多意義，使那些競爭品牌及相應特徵等概念會在腦海中浮現出來，而形成了對於某一品牌的態度。

擴散啟動(spreading activation)的過程使消費者可以在不同層次的意義間來回轉換。一條資訊在記憶中儲存的方式在於其意義類型，意義類型反過來又決定了意義啟動的時刻和方式。比如說，可以按照下面幾個方法儲存一則廣告的記憶痕跡：

- 特定品牌：根據對品牌的要求來儲存。
- 特定廣告：根據廣告的媒體或內容來儲存。
- 品牌識別：根據品牌名稱來儲存。
- 產品種類：根據產品如何運作或何時使用產品來儲存。
- 評價反應：根據對產品的積極或消極情緒（如『那看上去很有趣』）來儲存[53]。

知識層次

知識是在不同層次的抽象性和複雜性進行編碼。意義概念(meaning concept)就是單獨的結點，如優雅。這些概念可以結合成一個更大單位——命題（proposition，又可稱信念）。一個命題把兩個結點聯繫在一起，就形成了可作為一個單獨信息組塊的更複雜意義。例如，一個命題可以是「香奈兒是優雅女士使用的香水」。

同樣地，把命題綜合起來，就會產生一個叫做基模的複雜單位。基模是隨著經驗不斷發展的認知框架。對於那些與已經存在基模相一致的資訊要編碼就更容易一些[54]，在不同抽象層次間上下移動的能力大大提高了處理的彈性和效率。因此，那些基模還沒有發展得很好的小孩，就不能像大孩子一樣有效地利用購買資訊[55]。

有一類基模與消費者的行為相關，叫做腳本(script)，也就是個體期待的一系列事件。舉個例子來說，在商業環境下，消費者要學會能夠指導自身行為的服務腳本(service script)。消費者已經學會了一些事件的特定順序，所以如果服務偏離腳本的話，他們就會感到不舒服。看牙醫的服務腳本應該包括下列事件：(1)開車到牙科

診所；(2)在候診室裏閱讀過期雜誌；(3)聽到護士叫名字，然後坐在診室的椅子上；(4)牙醫把古怪的東西放在牙上；(5)牙醫清潔牙齒等等。希望事件能按照腳本進行的願望，可以幫助我們解釋爲什麼有些服務革新，如自動提款機、自助加油站和「自己結賬」的雜貨店結賬櫃檯，會遭到一些消費者的抗拒，因爲他們在適應事件的新順序時遇到了麻煩[56]。

▶ 購買決策的提取資訊

提取是從長期記憶中重新獲取資訊的過程。正如電視節目「誰想成爲百萬富翁？」大受歡迎所證明的，雖然人們在腦中儲存了大量資訊，但在需要時並不一定都能使用。雖然大部分進入長期記憶的資訊並沒有消失，但是除非出現適當的線索，否則很難或者根本不可能將其提取出來。

影響提取的因素

生理因素可以解釋一部分提取能力的區別。老年人一致表現出對於當下項目（如處方、藥物說明書）較差的回憶能力，但對於年輕時候發生的事件則可以回憶得相當清晰[57]。

除了生理因素之外，影響提取的其他因素則是情境因素，這些因素與傳遞消息的環境有關。當然，如果消費者在第一次得到訊息時付出了更多的注意力，就能夠增強回憶。有些證據顯示，關於先鋒品牌（進入某一市場的第一個品牌）的資訊比其他後續品牌的資訊更容易從記憶中提取出來。因爲第一個產品的介紹更可能有區辨性，而且暫時沒有競爭者可以轉移消費者的注意力[58]。另外，比起那些沒有提供足夠產品屬性線索的品牌名稱，消費者更有可能回憶起那些描述性的品牌名稱[59]。

行銷資訊出現的視覺環境同樣能影響回憶。比方說，如果比較那些對於在體育節目間插播廣告的回憶結果，在棒球比賽間播出的廣告就會得到最低的記憶分數。因爲棒球比賽是時斷時續的，而不是連續的。與足球、籃球運動不同，棒球運動的節奏使個體有很多機會分散注意力，甚至在比賽時也是如此。同樣地，奇異公司發現，由於綜藝節目或談話節目是由一系列活動組成，會不時中斷，所以在這些節目中插播的廣告，就不如在故事劇或戲劇這類連續的節目中的插播廣告成功[60]。最後，一個大規模的電視廣告分析發現，在連續播放的一系列廣告中，對第一個出現的廣告回憶效果比對後來出現的廣告更好[61]。

最近對事後經驗廣告效果的研究強調，強而有力的行銷溝通對我們的日常經驗會有極大影響。廣告中的語言與影像可能會與自己的體驗記憶混淆，因此我們可能會開始相信廣告中所見真的就是自身關於產品的經驗。這個研究顯示，當消費者在直接體驗過產品後看到廣告，廣告就會改變他們對於產品體驗的回憶[62]。

狀態依存性提取

在狀態依存性提取(state-dependent retrieval)的過程中，如果人們在回憶時的內部狀態與學習資訊時的內部狀態相同，就更有可能獲取資訊。這種現象叫做心境一致性效應(mood congruence effect)，強調了行銷人員希望能夠將消費者購買時的心境與見到行銷訊息時的心境相配合的願望。比如說，如果消費者見到廣告時的心境或喚起層次與購買環境相似，他就更可能回憶起這則廣告。如果再現資訊第一次出現時的線索，就可以增強回憶。比如，生活(Life)牌穀類食品在包裝盒上印有廣告中的「米奇」(Mikey)形象，就是為了讓消費者能夠更容易回憶起品牌的主張和良好的口碑[63]。

有些市場研究者使用催眠(hypnosis)來挖掘消費者對於產品經驗的舊有回憶[64]。殼牌石油(Shell Oil)的銷售額在長達10年的時間裏不斷下滑，該公司在尋找原因時遇到了不少困難。在嘗試過許多不同的研究方法後，經理人決定要試試由催眠引導的焦點團體方法。催眠後，人們可以回憶現實生活中小時候第一次去加油站的經歷。殼牌發現，消費者現在對於汽油品牌的偏好與這種早期記憶有關。所以，為了提高銷售額，該公司在努力為那些稚齡孩子們營造出一種積極的印象，而不是等到他們可以取得駕照才開始努力[65]。

熟悉度與回憶

通常，項目的高熟悉度能夠增強回憶。事實上，為了創造並保持產品能見度，行銷人員的基本目標之一就是提高產品的熟悉度。因為消費者對於一個產品的經驗

越多，就能對產品資訊進行更佳利用[66]。然而，美中不足的是，有些證據顯示，高度的熟悉反而會導致學習和記憶的效果變差。當消費者高度熟悉一個品牌或廣告後，他們就只會留意到較少的產品屬性，因為他們不相信任何額外的努力會獲得更多的知識[67]。例如，當消費者聽到收音機廣告只是重播電視廣告的聲音部份時，他們就根本不會進行重要、評價性的資訊處理，只會在腦海中重演廣告的視覺部分[68]。

顯著性與回憶

品牌的**顯著性**(salience)指的就是它在記憶中的啓動層次。如第2章提到的，與周圍環境相比，突出的刺激更有可能博得他人的注意，也就更有可能被回憶。幾乎所有用來提高刺激新穎性的技術也同樣能夠改善回憶，如馮·雷斯托夫效應(Von Restorff Effect)[69]。這個效應可以解釋為什麼不尋常的廣告或與眾不同的包裝能夠讓消費者更容易回憶起某品牌[70]。

在廣告中加入一個驚奇元素，就可以特別有效地幫助回憶，即使這個元素與出現的實際訊息無關[71]。此外，**神秘廣告**(mystery ads)也就是那種直到最後才出現品牌的廣告，更能有效地讓消費者在記憶中建立起產品類別和品牌之間的聯結，特別是對於那些比較沒名氣的品牌[72]。

一幅圖勝過千言萬語嗎？

有些證據證明視覺記憶優於言語記憶，但這一優勢並不明確，因為很難測量對於圖片的回憶[73]。然而有些資料顯示，以圖片形式呈現的資訊更可能在以後被辨識出來[74]。的確，廣告視覺部分更有可能吸引消費者的注意力。事實上，眼動研究指出，大約90%的觀眾在費心看解說詞之前，會先看廣告中的主要圖片[75]。

雖然圖像廣告可以增強回憶，卻不一定能夠改善理解。有一個研究發現，以圖解為背景的電視新聞能夠提高對於新聞故事的細節回憶，卻不能改善對於故事內容的理解[76]。

▶ 影響遺忘的因素

　　行銷人員顯然希望消費者不要忘記他們的產品。然而，在一項有13,000多位成年人參加的民意測驗中，超過半數的人沒辦法想起30天前看到、聽到或讀到的任何一則廣告[77]。很明顯地，消費者的健忘讓行銷人員很頭疼，更別提學生在準備考試時有多頭疼了！

　　早期研究記憶的理論家假設，記憶會隨時間流逝而消失。在衰退(decay)過程中，那些由於學習而產生的腦中結構變化完全消失了。干擾也會導致遺忘。因為隨著我們學習到新的資訊，這些資訊就取代了先前的資訊。

　　消費者學習到對一個刺激的反應之後，如果又學得對於這個刺激或相似刺激的新反應，就會忘記最初的刺激─反應聯結，這叫做反向干擾(retroactive interference)。如果先前的學習干擾了新的學習，則叫做順向干擾(proactive interference)。因為以結點形式儲存在記憶中的一條條資訊，是透過許多鏈結聯繫的，所以與更多鏈結相連接的意義概念就更有可能被提取出來。但是，隨著學習新反應，那個刺激在提取舊反應的過程中就失效了[78]。

　　這些干擾效應能夠幫助我們解釋回憶品牌資訊時遇到的問題。消費者傾向於按照品牌來組織關於品牌屬性的資訊[79]。所以，關於某個品牌或相似品牌屬性的新資訊，就會限制一個人對於這個品牌原有資訊的回憶能力。如果品牌名稱是由常用片語成的，回憶也會受到抑制。因為這些詞會提示消費者其他競爭性的聯想，從而導致消費者只保住了很少的品牌訊息[80]。

　　在一個研究中，一則廣告與同一類別的另外12個品牌的廣告一起出現，或讓它與不同類別的另外12個品牌的廣告一起出現。在前一種條件下，對這則廣告的品牌評價降低得更快[81]。提高一個品牌的顯著性就可以削弱消費者對於其他品牌的回憶[82]。另一方面，讓消費者根據某個品牌名稱對競爭者進行回憶，就會使消費者對於這個品牌的回憶變差[83]。

　　最後，一種稱為部分列表提示效應(part-list cueing effect)的現象使得行銷人員會策略性地使用干擾過程。部分列表提示效應是指如果只把一個類別中的部分項目呈現給消費者，省略的項目就不容易被回憶起來。例如，那種只提及部分競爭者的

貨比貨式廣告，行銷人員當然最好選擇那些令他們不怎麼擔心的競爭者，就會抑制對那些沒提及品牌的回憶[84]。

▶ 作為記憶標記的產品

產品和廣告本身就可以成為有效的提取線索。事實上，對於消費者最有價值的三種所有物是：傢俱、視覺藝術和照片。消費者如此依戀這些物品最普遍的解釋是，這些物品可以喚起他們對於過去的回憶[85]。這些線索的力量有助於解釋正在橫掃美國的一股強大的照片剪貼簿風潮。居市場領導地位的剪貼簿雜誌*Creating Keepsakes*估計，約有全是女性的400萬人，會為了「剪貼技巧」或「快速相片整理法」而每個月聚會。這些人通常會約在某人家碰面，但有時候也會相約搭乘加勒比海和阿拉斯加郵輪，以及週末在飯店聚會[86]。

現在，研究者們只是剛開始調查自傳式記憶(autobiographical memories)對於購買行為的影響，因為這種記憶似乎是廣告使消費者產生情感反應的一種方式。我們似乎更喜歡那些能夠使我們懷念過去的廣告，特別是如果懷舊經驗和品牌間聯繫很牢固的話[87]。

當我們對過去的感覺受到威脅，也就是當消費者對於自我認同受到離婚、搬家、畢業等導致角色變化的挑戰時，作為標誌過去的產品就會變得特別重要[88]。財產通常能夠幫助我們回憶，這些財產會促使消費者去提取情境記憶，所以可以作為外部記憶的一種形式。比方說，家庭攝影就可以讓消費者創造出自己的提取線索，每年業餘愛好者拍攝的110億幅照片就構成了我們文化外部記憶的銀行。舉一個比較悲哀的例子，為了紀念被謀殺的朋友或家人而印製的T恤在某些地區很受歡迎。這種襯衫會在死者照片周圍印有一些詩句和祈禱語。在幫派地區，這一習慣非常普遍，以至於出現了這則俗語：「堅持下去──你就會出現在襯衫上。」[89]

懷舊的行銷力量

懷舊(nostalgia)被描述為一種苦樂參半的情感。對於過去，人們是又悲傷又渴望[90]。正如喬對於60年代的熱愛，人們開始普遍提到「美好的舊日時光」。廣告商也想透過廣告喚起消費者年輕時的記憶，並希望這種懷舊感能轉移到他們當前販賣的東西上。這也許可以幫助我們理解同學會能成為快速發展行業的原因：每年大約有2,200萬美國人會參加一場同學會[91]。即使離最初知覺到某個刺激已有很多年，但有時這個刺激也可以喚起那個已經很微弱的反應，這稱為自發恢復(spontaneous recovery)。這種重建的聯結也許就可以解釋那種消費者對於很久沒有遇到的歌曲或圖片的強烈懷舊反應。

　　為什麼懷舊如此受消費者歡迎？一位消費者分析家說：「我們正在創造一種新的文化，我們不知道將會發生什麼，所以需要一些來自過去的溫暖模糊的東西。」[92]或者如羅珀斯塔奇公司的研究所證明的，這一策略之所以能夠生效，是因為超過半數的成年人認為過去事物比現在的要好[93]。在九一一事件之後，消費者似乎對過去的商品更加狂熱。像福特、奇異、莊臣及席爾斯等公司的行銷人員皆贊助讚揚其過去種種的活動。紅極一時的產品像是Breck洗髮精、Sea & Ski防曬乳、莊臣的阿斯匹靈或是熊寶貝都重新復活。其他的廣告人員則帶回了老節目中的主題與主角，並且重新包裝成新產品，像是老海軍（服裝品牌Old Navy）把The Brady Bunch變成The Rugby Bunch來推銷他們的上衣。Mr. T代言一間電話公司，羅賓·林區則出現在Marriott飯店的廣告中。

記憶和審美偏好

　　我們不僅喜愛那些能夠讓我們回憶起過去的產品和廣告，而且過去的經驗也會決定我們現在喜歡什麼。研究消費的專家們創造了一個懷舊索引，用來測量這種偏好形成的關鍵期和持續時間。舉個例子來說，對特定歌曲的喜愛似乎與這首歌流行時這個人的年齡有關。平均在消費者23.5歲時流行的歌曲，似乎最受到喜愛，而對時尚模特兒的偏好到33歲時則達到頂峰，最喜愛電影明星的時期則是在26至27歲[95]。

▶ 行銷刺激的記憶測量

　　行銷人員為了把訊息呈現在消費者面前，付出了大量金錢，所以自然會關心人們後來是否確實記住了這些訊息。看來關注這些訊息似乎有很好的理由。在一項研究中，少於40%的電視觀眾在商業廣告和相應產品間建立了積極連結，有65%的電視觀眾注意到了廣告中的品牌名稱，但只有38%的電視觀眾非常認同這種連結[96]。

　　更可悲的是，只有7%的電視觀眾能夠回憶起最近看到電視廣告中出現的產品或公司。這一數字甚至不到1965年的一半，這也許要歸咎以下幾個因素：30秒和15秒廣告的增加；電視廣告成群出現的次數要遠多於獨家贊助節目廣告出現的次數[97]。

辨識與回憶

　　檢驗一則廣告的指標之一，當然是看它給消費者留下什麼樣的印象。但是如何定義和測量這種印象？兩種基本的測量方法就是辨識(recognition)和回憶。在典型的辨識測試中，受試者一次看一則廣告，然後回答是否看過這則廣告。相反地，自由回憶測試則先不給提示資訊，而是要求消費者獨立思考所看到的廣告再描述出來。顯然後一個任務要求應答者付出更多的努力。Intermedia媒體集團是一間研究性質的公司，該公司藉由監測電視觀眾在24小時中記憶廣告的能力來衡量廣告效果。他們為每則廣告制訂能夠指出廣告效力的指標。2002年的測試結果顯示，令人容易記憶的角色能夠幫助廣告記憶。雖然由小甜甜布蘭妮、麥克‧邁爾斯、麥可‧喬丹代言的廣告回憶率很高，但最容易被記憶的前五大廣告中，有三則廣告是由其他（更高的）明星代言：玩具反斗城的主題人物長頸鹿[98]！

　　在有些情況下，這兩種記憶的測量方法會得到相同

Lifetime電視頻道訴諸懷舊氛圍吸引女性觀眾。
(Courtesy of Lifetime Network)

Fossil的產品設計喚起早期、古典風格的回憶。(Courtesy of Fossil, Inc.)

結果，特別是如果研究者能夠在播放廣告時始終保持住觀眾的興趣[99]。但是，一般說來，辨識分數更可信，而且不像回憶分數會隨著時間下降[100]。辨識分數幾乎總是比回憶分數高，因為辨識是一個簡單的處理過程，而且消費者可以得到更多的提取線索。

　　然而，這兩種提取類型在消費者進行購買決策時都扮演了重要角色，但如果消費者沒有可任意使用的產品資料，回憶就變得更重要了，因為他們必須依靠記憶來生成這些資訊[101]。另一方面，在商店裏，辨識則似乎是更重要的因素。因為消費者要面對上千的備選商品及資訊，在大量獲取外部記憶、再辨識一個熟悉包裝的任務是很簡單的。不幸的是，消費者靠包裝辨識和熟悉性來選擇產品可能會產生消極結果──忽視掉警告標籤。因為這些產品資訊都被視為裡所當然，並無法真正獲得消費者的注意[102]。

斯塔奇測驗

　　有一種廣泛使用的測量雜誌廣告回憶率的商業方法──斯塔奇測驗(the Starch

Test)，是1932年創辦的一種企業服務。這種服務會提供一些關於消費者對於一則廣告熟悉性的各方面分數，包括以下這些類別：如「注意到了」、「能聯想到」和「讀得最多」等。它還會評價整個廣告的各個要素給人的印象，並提供下列資訊：如「看到了」主要插圖，「閱讀了一些」主要的解說詞等[103]。根據斯塔奇測驗的評分，有些因素會明顯影響人們對於一則廣告的注意程度，如廣告的大小、廣告出現在雜誌正面還是背面、廣告在左頁還是在右頁、插圖的大小等。

▶ 記憶測量的問題

雖然測量對一則廣告的記憶是很重要的，但現有測量方法準確評估記憶各面向的能力由於某些原因受到了批評。現在我們來探究這些原因。

反應偏差

使用測量工具所得到的結果不一定是由測量內容決定，而是由工具或應答者決定。這種形式的污染叫做反應偏差(response bias)。比如，不管問的是什麼，人們總習慣回答「是」。另外，為了取悅實驗者，消費者通常熱衷「作個好的受試者」。他們會設法給出他們認為實驗者所期待的回答。在一些研究中，對偽造廣告（先前沒有看過的廣告）的辨識率幾乎和真廣告一樣高[104]。

記憶失誤

人們通常也會無意識地遺忘資訊，典型的問題有遺漏（忽略事實）、平均化（使記憶『標準化』的趨勢，不報告極端案例）和縮短（對時間的錯誤回憶）[105]。所以，這些扭曲也讓人質疑，依賴消費者購買和消費食物和家用品的回憶所作成產品使用資料庫的正確度。比如，在一個研究中，要求人們描述一餐中不同食物的分量：少量、中等還是大量。然而，在不同的實驗組裏，對於「中等」卻使用了不同定義，如四分之三杯或三分之二杯。儘管使用的定義不同，各組裏有大約相同的人數宣稱，他們一般都吃「中等」飯量[106]。

是事實還是情感

　　雖然用來提高記憶分數準確性的技術正在發展，但這並不能解決更基本的問題──「回憶」在廣告效果中是必需的嗎？特別是一些批評家所提出的，這些測量方法不足以觸及到那些「表達感情」廣告的影響。這些廣告的目的在於喚起強烈情感，而不只是傳達產品的具體好處。有許多廣告活動都使用了這種方法，如賀軒卡片(Hallmark)、雪佛蘭汽車(Chevrolet)和百事可樂[107]。行銷策略想要有效，必須依賴長期形成的感情，而不單只是試圖說服消費者這次要購買產品。

　　同樣地，我們無法確定回憶是否能轉變成偏好。我們可以回憶起廣告中吹捧的好處，但卻不一定相信。或者說，我們之所以難忘一則廣告，是因為它太討厭了，因此對產品我們也會「由愛到恨」。最重要的是：回憶是重要的，特別是在創造品牌意識時，但這卻不一定足以改變消費者的偏好，而需要更複雜的態度改變策略。我們將在第7章和第8章討論這些問題。

摘要

　　學習是由經驗導致的行為改變。學習可以是簡單的刺激─反應聯結，也可以是一系列複雜的認知活動。

　　行為主義學習理論假設學習是對外部事件反應的結果。古典制約是指將一個能夠自然誘發反應的刺激（非制約刺激）與另一個原本不能誘發這個反應的刺激相配對。隨著時間的流逝，即使第一個刺激不再出現，第二個刺激（制約刺激）也可以誘發這個反應。

　　在刺激類化的過程中，其他相似的刺激也可以誘發相同反應。這一過程是許可和家族品牌等行銷策略的基礎，消費者正是透過這個過程把對一個產品的積極聯想轉移給了其他相關內容。

　　操作性或工具性制約是指個體習得能夠產生積極結果，並避免消極結果的行為。古典制約是因為兩個刺激的緊密配對，而工具性學習則是因為個體面對一個刺激的反應被強化了。反應後給予獎勵叫做正強化；不作反應從而避免了消極結果，叫做負強化。反應後伴隨不愉快事件叫做懲罰。不再給予強化就會發生行為的消退。

　　認知學習是心理過程的結果。比如，觀察學習是指消費者看到其他人作出一個行為並因此而受到獎勵，所以也作出這個行為。

　　記憶是指習得資訊的儲存。我們知覺到資訊時，資訊編碼的方式決定了將如何在記憶中儲存這些資訊。記憶系統中的感官記憶、短期記憶和長期記憶在保留和處理外部世界的資訊中各自扮演了不同的角色。

　　資訊並不是孤立儲存的，它將被併入到知識結構中。在知識結構中，資訊會與其他相關資料連結。在關聯網路中，產品資訊的位置和編碼的抽象層次決定了以後何時以及如何啟動資訊。影響提取可能性的因素有：對一個項目的熟悉層次、在記憶中的顯著性，還有資訊是以圖片形式還是以文字形式出現。

　　產品也可以扮演記憶標誌的角色。消費者可以使用產品來提取關於過去經驗的記憶（自傳式記憶），而且人們通常很重視產品引發懷舊的能力。在行銷策略中，這種能力也促成了懷舊的使用。

　　可以透過辨識或回憶技術來測量對於產品資訊的記憶。比起沒有任何提示線索就讓消費者回憶出一則曾經見過的廣告，人們比較有可能經由辨識記起這則廣告。然而，無論是辨識還是回憶都不會自動或可靠地將這些資訊轉化為產品偏好或購買行為。

思考題

1. 指出強化的三種模式，並舉例說明如何在行銷中使用這三種強化。

2. 描述短期記憶和長期記憶的功能。兩者間的外在聯繫是什麼？

3. 設計一個「產品廣告歌記憶測驗」。編輯一系列與難忘廣告歌有關的品牌，把這系列品牌唸給朋友們聽，找出大家記住了多少廣告歌。你也許會對大家的回憶能力感到吃驚。

4. 找出某個眾所周知品牌的一些重要特徵。以這些特徵為基礎，作成一系列可能的品牌擴展或許可，再列出消費者最不可能接受的品牌擴展或許可。

5. 收集一些有很高懷舊價值的「經典」產品圖片。把這些圖片拿給消費者看，然後讓他們自由聯想。分析喚起的記憶類型，並思考在產品促銷策略中如何使用這些聯想。

6. 部份死忠歌迷對於滾石合唱團把"Start Me Up"以400萬美金賣給微軟感到很不開心，而微軟希望以這首經典名曲配上Windows 95廣告。海灘男孩出售"Good Vibrarions"給吉百利食品用在香吉士飲料的廣告。Steppenwolf提供"Born to be Wild"給Mercury Cougar的廣告。甚至鮑伯‧狄倫把"The Times They Are A-Changin"賣給資誠會計師事務所(PriceWaterhouseCoopers)，同樣也令歌迷反感。其他的搖滾傳奇人物則拒絕玩廣告遊戲，包括Bruce Springsteen、the Crateful Dead、Led Zeppelin、Fleetwood Mac、R.E.M.還有U2合唱團。U2合唱團的經理說，「搖滾樂是獨立的最後遺跡，把這創造性的努力與辛苦成果用來搭配隨手可丟的飲料、啤酒或汽車是不莊重的。」[109]歌手尼爾‧楊(Neil Young)特別堅持不出售他的音樂。在他的音樂中：「這章節是爲了你而唱，」他輕輕哼著，「不是爲了百事可樂，也不是爲了可口可樂，我不會爲了這些東西唱歌，我不想被當成笑話。」你對這件事情的看法爲何？如果你最喜歡的歌手出現在電視廣告裡，你會有什麼反應？懷舊是否爲一有效的行銷產品方式？試說明原因？

動機和價值觀

　　巴茲爾被鳳妮塔拉進了一家新開的素食健康餐廳,他看著菜單,卻想著爲了愛情必須放棄的一切。現在鳳妮塔已經成爲一個死忠的素食主義者,她一定會慢慢地影響巴茲爾,讓他放棄鮮美多汁的牛排和漢堡,而更親近那些健康的食物。他在學校裡甚至也要吃豆腐和素食主義者口中的美食;宿舍裡的學生餐廳也開始提供素食,以作爲那些大魚大肉和美味佳餚的替代食物。

　　鳳妮塔已經完全愛上素食了,她說這不僅能除去多餘脂肪,而且對環境也有幫助。巴茲爾很幸運能完全成爲一個熱愛大自然的人。當巴茲爾勇敢地在辣味洋薊和燒烤醃南瓜之間作出選擇時,眼前卻浮現了一塊熱騰騰的24盎司丁骨牛排。

序論　　　　　　　　

　　寶拉當然不是唯一相信綠色食品對身體、心靈、地球都有好處的人。據估計,全部人口有7%的人是素食主義者,而婦女和年輕人又佔了大多數;另外還有10%～20%的消費者在平常的肉類之外也對素食很感興趣。2003年一項針對12～19歲的消費者調查顯示,有20%的受訪者(而且有近三分之一的女性受訪者)認爲素食主義是很時髦的。這個現象甚至讓牛肉產業注意到並展開反擊:美國國家畜牧者牛肉協會(The National Cattleman's Beef Association)製作了一個名爲「眞材實料」(Cool-2B-Real)的網站,鼓勵年輕女孩要建立自尊心並擁有健康的飲食——需要增添各種不同牛肉料理來維持美好身材。另一方面,人道對待動物協會(People for the Ethical Treatment of Animals, PTEA)也加入了這場宣揚素食主義的戰爭,他們以一位吃漢堡的胖小孩為廣告主角，並打上這樣的口號：「讓小孩吃肉類就是虐待小孩，我們要打擊肥胖。」[1] 很明顯地，我們的菜單還是有根深蒂固的結果。

　　一般說來，會驅使人們購買和使用產品的力量都是很簡單明確的，就如同一個人決定午餐要吃什麼一樣。然而，正如死忠素食主義者所述，即使是基本的食品消費也可能與廣泛的信念有關，包括合適性和需求性。在某些情況下，這些情感反射往往會對產品形成很深的投入程度。有時，人們並沒有完全意識到這些促使他們選擇某些產品的力量。這些選擇往往會受到個人價值觀，即個人對世界的喜好和信念的影響。

　　了解動機就是要了解消費者為何要去做某件事。為何有些人會選擇在橋上作高空彈跳，或是在紐約時報廣場上吵著要卡森‧戴利(Carlson Daly)帶他們去MTV台的「完全現場點播秀」(TRL)的錄影現場，而另一些人卻將空閒時間花在下棋或園藝上？不論是解渴、消磨無聊時間，還是獲得某種深層的精神體驗，我們做每一件事都會有一個理由，儘管我們說不出這個理由。學習行銷學的學生從第一天起就被教導行銷目標是滿足消費者的需要。然而，除非我們能知道那些需要是什麼以及為何存在，否則這種程度的理解也毫無作用。有一則啤酒廣告曾這樣問道：「為什麼要問為什麼？」我們將在本章中找出答案。

動機的過程

　　動機(motivation)是引導人們表現出他們所做行為的過程。當消費者希望得到滿足的一種需求被喚醒時，動機就產生了。一旦有需求產生，就會存在一種緊張狀態，驅使消費者嘗試減輕或消除這種需求。這種需求可以是功利的，也就是達到某種功能或實用性利益的慾望，如一個人因為營養會去食用綠色蔬菜。這種需求也可以是享樂的，即經驗需求，這牽涉到情感反射或幻想，就如巴茲爾不由自主地幻想鮮美多汁的牛排。想要達成的最終狀態就是消費者的**目標**(goal)。行銷人員試圖創造的產品和服務，就是要能提供消費者想要的益處，並使消費者能減輕緊張感。

　　不論是功利性還是享樂性的需求，消費者的現有狀態和理想狀態之間都存在著不一致，這種差距造成了一種緊張狀態，張力大小則決定了消費者想要降低張力

的迫切程度。這種激勵的程度稱為驅力(drive)。基本需求可以透過很多方式得到滿足，一個人選擇的特定方式既受個人經驗影響，也受生長文化的價值觀所影響。

將這些個人和文化的因素組合後就形成要求(want)，是需求的一種表現形式。例如，饑餓是所有人都須滿足的一種基本需求，缺乏食物會造成一種緊張狀態，可藉由攝取如起司漢堡、巧克力雙層夾心餅乾、生魚片或豆芽等食品來減低這種狀態。驅力降低的特有途徑是由文化和個人決定的，一旦目標達成，張力就會變小，動機也會降低。描述動機時可以用兩者來討論：強度(strength)，或者說施加在消費者身上的拉力；以及方向(direction)，意即消費者試圖減小動機張力的特定方式。

動機強度

一個人願意努力達到某一目標的程度，會反映出他想要達成那個目標的動機。已經有很多理論可用來解釋人們為何會表現出進行某件事的方式。大多數的理論都有一個基本觀點，認為人們都必須有指向某個目標的有限能量。

▶ 先天需求與後天需求

早期的動機研究是將行為歸因於本能(instinct)，本能是種族中普遍存在的天生行為模式，但現在這種觀點已經不太有說服力了。因為，本能的存在與否是很難證實或否定的。本能必須要從一些可以解釋本能的行為來作推論，這種循環的解釋稱為同義重複(tautology)[2]。若依照這種說法，一位消費者購買具有地位象徵的產品是因為他有獲得地位的動機，這種說法很難成為一個令人滿意的解釋。

驅力理論

驅力理論(drive theory)的重點是放在產生不愉快狀態的生理需求，如你在第一堂課時肚子餓得咕嚕叫。我們會受到激勵而去降低這種緊張狀態引起的動機，降低這種緊張狀態被認為是控制人類行為的一種基本機制。

在行銷背景下，緊張狀態是指一個人的消費需求未被滿足時的不愉快狀態。一個人如果沒吃飯，可能會因為飢餓而變得性情乖戾；如果買不起想要的新車，可能就會沮喪或生氣。這種狀態會啓動目標導向的行為，會努力減少或消除這種不愉快的狀態，而回復到平衡狀態，這稱為體內平衡(homeostasis)。

　　藉由滿足潛在需要而有效減低驅力的行為，會被加強並容易重複進行。如果你已經有24小時沒吃過東西，那你想早點離開教室去買些點心的動機就會比單單2小時沒吃過東西的動機要強得多。如果你真的溜出教室，狼吞虎嚥地吃下一包Twinkies（某種用兩片麵包夾著的垃圾食物），卻覺得有些消化不良的話，你就不太會想在下次吃點心時再重複這種行為了。因此，一個人的動機程度取決於當前狀態與目標之間的差異。

　　然而，在試圖解釋有悖於驅力理論預測的一些行為時，驅力理論也遇到了困難。人們常會做一些會加強驅動狀態而非減弱驅動狀態的事，例如人們會延緩滿足。如果即將要去享用一頓豐盛的晚餐，你也許就會在晚餐前少吃一次點心，即便你當時已經饑腸轆轆。

期望理論

　　目前多數對於動機的解釋主要都利用認知因素而非生理因素來理解行為的驅動原因。期望理論(expectancy theory)認為大部分行為是由想要達到結果的期望──正向誘因──來牽引的，並不是受到內部的推動。我們會選擇某樣產品是因為我們期望這種選擇能帶來更正面的結果。因此，驅力在這裏既用來意指生理過程，同時也包括認知過程。

運動用品廣告會展露某種男性希冀達到的狀態，並提供達到該狀態的解決方案（購買產品）。(Courtesy of Soloflex, Inc.)

動機方向 ▶ ▶ ▶ ▶ ▶ ▶ ▶

　　動機不僅有強度，而且有方向性。因為動機會驅使我們去滿足某一特定需求，所以屬於目標導向。大多數目標都可以透過許多途徑達成。行銷人員的目標就是使消費者相信，他們所提供的選擇是達成目標的最佳機會。例如，一位消費者認為她需要一條牛仔褲來達到被他人接受的目標，就可以從Levi's、Wranglers、Jnco、Diesel、Seven以及許多其他品牌中進行選擇，每一種品牌都承諾能帶給消費者一定的好處。

▶ 需求與要求

　　能使需求得到滿足的特定方式是取決於個人歷史、學習經驗和文化環境；用以滿足需求的特殊消費形式則稱為要求。例如，有兩個同學在午餐時間的課堂上覺得肚子在咕嚕叫了，如果兩人中午之前都沒吃東西，他們各自的需求（饑餓）強度會大致相同。然而，每個人滿足這種需求的方式卻可能大有不同，第一個人也許是像鳳妮塔那樣的素食者，幻想著能狼吞虎嚥地吞下一大把的乾果，另一個人則可能是像巴茲爾那樣愛吃肉的人，期望能有個油膩的起司漢堡和一份薯條。

▶ 需求的類型

　　人們生來就有對於維持生命所需的需求，如要求食物、水、空氣和遮蔽處等，這些稱為生理需求(biogenic needs)。然而，人們還有許多其他需求並非天生的。心理需求(psychogenic needs)是在成為特定文化一份子的過程中所獲得的，包括對地位、權力和歸屬感等的需要。心理需求反映出一種文化的主要特性，對行為的影響也會隨著環境而變化。例如，一位美國消費者可能會被驅使而用一部分收入去購買能彰顯個性的產品，而一個日本消費者則會努力工作，來確保自己不會在團體中引人注目。

　　消費者還會產生滿足功利需求或享樂需求的動機。功利需求(utilitarian needs)的滿足是指消費者強調客觀且有形的產品屬性，如汽車一加侖汽油可跑幾英哩，一個起司漢堡的脂肪、卡路里和蛋白質含量，以及一條藍色牛仔褲的耐穿性。享樂需

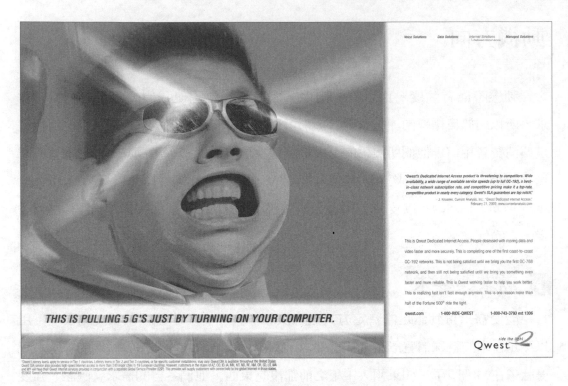

技術性產品可以滿足內心的享樂慾望。(Courtesy of Qwest Communications Int'l Inc.)

求(hedonic needs)是主觀性和經驗性的；消費者靠產品去滿足對興奮、自信和幻想等需求。當然，消費者也會因為產品能同時提供這兩種好處而購買。例如，購買貂皮大衣可能是因為它的奢侈形象，也可能是它能使人在漫長寒冬裡感到溫暖。

▶ 動機衝突

目標是有數價性(valence)的，可以是正向值或是負向值。引導消費者目標具有正向值，就讓他們有趨近這個目標的動機，並會尋找有助於達到目標的產品。然而，並非所有行為都有因想要趨近於某個目標的動機。如同前一章對於負面強化的討論，消費者反而會產生避免負面結果的動機。他們會安排購買或是消費活動，以降低演變成這種後果的機會。例如，許多消費者努力工作是為了避免遭到拒絕，這是一種負面目標，他們會遠離那些遭到社會非難的產品。像體味清新劑和漱口水之類的產品就常會描述狐臭或口臭帶來的麻煩後果，以利用消費者的負面動機。

　　由於一項購物決策牽涉到不只一種動機來源，消費者往往會發現自己處於一個動機相互衝突的情境。因為行銷人員試圖滿足消費者的需求,若能提出可以解決這些兩難處境的方法也會很有幫助。如圖4.1所示,有三種衝突可能會發生。

雙趨衝突

在**雙趨衝突**(approach-approach conflict)中,一個人必須要在兩種渴望選擇間取其一。一個學生也許會掙扎於要回家度假還是跟朋友一起去滑雪;或者在唱片行裡,她不得不在兩張CD中作出選擇。

認知失調理論(theory of cognitive dissonance)就是基於這樣的假設。在生活中人們有對於秩序和一致性的需求,當信念或行為之間彼此衝突時,就會產生一種緊張

我們希望現階段的技術性產品可帶來迅捷與便利。(Courtesy of T-Mobile, USA)

狀態。在選擇二者之一時產生的衝突會藉由降低認知失調而得到解決，在這個過程中，人們會產生要降低這種不一致或失調，進而消除不愉悅緊張狀態的動機[3]。

如果有兩種或兩種以上的信念或行為間存在著心理不一致的話，就會產生失調狀態。當消費者必須在兩種產品中作出選擇，而這兩種產品又剛好都具備好和壞的特質時，就常會出現失調的狀態。選擇某種產品而放棄另外一種的話，消費者就會得到所選產品的不良特質，而失去另一樣產品的優良特質。

反毒廣告以毒癮副作用勸導剛開始吸毒者遠離毒品。
(Courtesy of Partnership for a Drug-Free America)

這種損失會產生一種不愉快的失調狀態，而使得人們產生消除此種狀態的動機。在事實既成之後，人們會找出支持他們所選產品的其他理由，或是找出未選產品的瑕疵，來說服自己的選擇是正確的。行銷人員可以結合多項產品優點來解決雙趨衝突。例如，美樂淡啤酒(Miller Lite's)就聲稱「少添加物」，並且「口感極佳」，讓飲用者能夠「擁有一種適合自己的啤酒」。

趨避衝突

我們渴望得到的許多產品和服務也會有附帶的負面後果。我們也許會在購買皮草大衣時，對於這種彰顯地位的產品產生罪惡感或虛榮感；或者在盯著誘人的Twinkie外包裝時，會覺得自己像個貪吃鬼。當我們想要達到一個目標，但同時又希望能避免時，就產生了趨避衝突(approach-avoidance conflict)。

解決這種衝突的一些方法包括生產仿造的皮草，能減低為了追求時尚而傷害

動物的罪惡感。還有減肥食品的成功例子，如Weight Watchers公司生產的減肥食品，保證是不含熱量的優質食品(weight-watchers.com)。許多行銷人員都試圖說服消費者應當享用奢侈品，如萊雅化妝品宣稱：「因為我值得！」以克服罪惡感。

雙避衝突

有時消費者會發現自己「進退維谷」，會面臨都不太想要的兩種選擇。例如，是該花更多錢維修舊車，還是乾脆買輛新車。行銷人員在處理雙避衝突(avoidance-avoidance conflict)時，常常會利用一些訊息來強調某種無法預見的好處，如強調利用特殊信用方案以減輕購買新車的痛苦。

▶ 消費者需求的分類

針對人類的需求分類已有許多研究。一方面，有些心理學家試圖去定義一份通用的需求清單，希望能有系統地追溯並能實際解釋所有行為。亨利‧默瑞(Henry Murray)就記述了導致特定行為的20種心理需求（有時包含多種需求），包括自主（autonomy，也就是獨立）、防衛（defendance，保護自我免受批評）和遊戲（play，從事令人愉悅的活動）[4]。

默瑞的需求結構被廣泛地作為許多人格測驗的基礎，主題統覺技巧(Thematic Apperception Technique, TAT)就是其中之一。在TAT中，受試者會觀看4～6幅的模糊圖片，然後寫下有關圖片四個引導問題的答案。這些問題是：(1)發生了什麼事？(2)什麼導致了這個情境？(3)想到了什麼？(4)將會發生什麼事？無論受試者何時提及需求，每個答案都會進行分析以作為特定需求與評分參考。這項測驗的理論基礎是，人們會直率地將潛意識的需求投射在圖片刺激上。從他們對於這些圖片的反應，就可以真正瞭解到這個人最主要有關成就、歸屬感或其他方面的真正需求。默瑞認為，每個人都有一套相同的基本需求，但是個人對於這些需求的優先順序則有所不同[5]。

特定需求與購買行為

還有一些動機研究是將重點放在特定需求以及行為產生的分歧。例如，對於成就有高度需求的個人會特別重視個人成就[6]。他們願意多花錢在那些意味成功的產品和服務上，因為這些消費品可以為其目標提供回饋。這些能提供成就的產品可能使這種消費者成為老主顧。有一項針對職業女性的研究發現，具有高度成就動機的職業女性比較會選擇乾淨俐落的服裝，而對強調女人味的服飾不太感興趣[7]。其他與消費者行為有關的一些重要需求包括下列幾項：

● 歸屬感的需求（他人陪伴）[8]：這種需求與在群體中進行「消費」和減輕孤獨感的產品和服務有關，如團隊運動、酒吧和購物中心。

● 權力的需求（控制周圍環境）[9]：許多產品和服務能使消費者感到自己對周圍事物具有統治權，從大馬力的汽車、可以把自己的音樂品味灌輸給別人的大型手提式收錄音機，到保證滿足顧客每一個奇想的度假勝地都算。

● 獨特性的需求（堅持個人身份）[10]：產品可以藉由保證突顯消費者獨有特質以滿足其需求。例如，Cachet香水就聲稱：「就是像你這樣獨特。」

馬斯洛「需求層級理論」

心理學家馬斯洛提出了一種對於動機研究極具影響力的方法。馬斯洛最初的研究是為了理解個人成長和「高峰經驗」(peak experience)（編注：一種強烈及高度被尊重的時刻）的成就[11]。馬斯洛有系統地提出了生理和心理需求的層級，並詳細說明動機的每一層級。此層級(hierarchical)理論表示發展的順序是固定的，也就是說，必須達到某一層級後，才能往下一個更高的層次邁進。這種觀點已經被行銷人員所採用，因為它根據人們在發展的不同階段或環境條件，直接地指出了人們要尋找一些產品好處的確切類型[12]。

圖4.2替這個模式作了總結。在每一個層級，就消費者尋找的產品好處形式，都可找到不同的優先順序。在理想的情況下，個人會不斷地提升層級，直到主要動機達到了「最終」目標，如公正和美麗。遺憾的是，在正常情況下這種狀態是很難達到的：大多數人都不得不從驚鴻一瞥或高峰經驗中得到滿足。

馬斯洛需求層級的基本概念是一個人必須先滿足基本需求才能往更高的需求層級邁進；也就是說，一個饑餓的人對地位的象徵、友誼和自我實現是不會感興趣的。這意味著消費者會依據目前可獲得的東西來評估不同產品的屬性。例如，前東

圖4.2 馬斯洛的需求層級理論

高層需求

相關產品		例子
嗜好、旅行、教育	**自我實現的需要** 自我實現、豐富體驗	美國陸軍 「展現你所有的風采」
汽車、傢俱、信用卡、 商店、鄉村俱樂部、酒類	**自我的需要** 聲望、地位、成就	皇家英格蘭威士忌 「彰顯品味」
穿著、飾品、俱樂部、 飲料	**歸屬的需要** 愛、友誼、被他人接受	百事可樂 「你就是百事世代」
保險、保全系統、退 休、投資	**安全的需要** 保險、遮蔽處、保護	Allstate保險公司 「Allstate在手，萬事無憂」
藥品、日常用品、 無商標商品	**生理的需要** 水、睡眠、食物	桂格麥片「桂格麥 片是你正確的選擇」

低層需求

資料來源：*Motivation and Personality*, 2nd ed., by A. H. Maslow, 1970. Reprinted by permission of Pearson Education, Upper Saddle River, New Jersey.

歐共黨集團的消費者現在也受到奢侈物品形象的衝擊，卻仍然很難獲得基本的生活必需品。在一項研究中，羅馬尼亞的學生列舉出希望得到的產品，不但包括像跑車和最新電視機之類的產品，還包括像飲用水、肥皂、傢俱和食品等日常用品[13]。

有時行銷人員對這種需求層級理論的應用過於簡化，尤其是在同一項產品或活動能滿足許多不同需求的時候。例如，一項研究發現，園藝工作可以滿足需求層級中的每一層需求[14]：

- 生理：「我喜歡在土壤上工作。」
- 安全：「我在花園裡感到安全。」
- 社會：「我能與他人共同分享勞動成果。」
- 尊重：「我能創造美的事物。」
- 自我實現：「我的花園給我一種寧靜感。」

把馬斯洛需求層級過於教條化的另一個問題是，它有文化上的侷限性，這種需求層級的假設可能僅限於西方文化。其他文化中（或是在西方文化內部）的人也許會對馬斯洛的各個層級順序提出質疑。一個信仰宗教而立誓不婚的人就未必會同意必須滿足生理需求後才能達到自我實現的觀點。

同樣地，在許多亞洲文化中，群體的福祉（歸屬感的需求）比個人需求（尊重的需求）更受重視。重點在於，雖然這種需求層級已在行銷中被廣泛應用，但並非因為它詳細指出了消費者在需求階梯上的進展，而是因為它能提醒我們，消費者在不同消費情境和人生階段中會有不同的需求優先順序。

天堂：能滿足需求嗎？

所有需求都可以獲得滿足的人想必是生活在「天堂」了。對任何希望達致理想狀態的產品（如度假旅行），「天堂」概念對於產品行銷和消費活動必定有所啟發。然而，在不同文化中，對於天堂構成要素的定義似乎也有所不同。為了瞭解這些差異，有一份研究比較了美國和荷蘭大學生對於天堂的概念。這兩種文化的學生都要構思一幅拼貼圖片，來說明他們對於天堂的整體概念，然後要寫一篇短文來解釋這張圖片。結果，兩種社會中的一些相似之處十分明顯：美國人和荷蘭人都會強調對於天堂的個人和體驗觀點，像是「每個人的天堂都不一樣……是一種感覺……一種存在的狀態。」此外，兩個社會的人都認為，天堂必須有家庭、朋友以及其他重要的人。

然而，兩個文化在幾個重要且有趣的方面卻也有所不同。美國人始終強調享樂主義、物質主義、個體性、創造性，以及被區隔化並幾乎被視為商品的時空概念（詳見第10章）。相反地，荷蘭的受訪者則表現出對下列問題的關心：對社會和環境的責任、社會的整體秩序和平等性，以及工作與玩樂間的平衡等都被視為是天堂的一部份。例如，一位荷蘭學生說道：「尊重動物、花草和植物……再生能源，如風、水和太陽，都是天堂的重要部分。」行銷人員應該要預期到，因為天堂的概念在不同文化中會有所不同，所以當消費者面對行銷訊息時所產生的印象和行為也會不一樣，如「夏威夷是個天堂」，或者「駕駛這輛車就能體驗天堂的感覺。」[15]

消費者涉入　　　　▶ ▶ ▶ ▶ ▶ ▶

　　消費者會與產品和服務形成堅定的關係嗎？看看以下例子：

　　● 在英國的布萊頓(Brighton)，有一位消費者非常喜愛當地一家名為「合而為一」(All In One)的餐廳，他甚至把這間餐廳的名稱和電話號碼都刺在額頭上。餐廳老闆說：「不論他什麼時候進來消費，都不用排隊。」[16]

　　● 《幸運》(Lucky)是專門針對鞋子和其他時尚配件的一本新雜誌。在雜誌第一期的中央摺頁就是數排化妝棉的特寫。一位編輯說：「這跟你看高爾夫球雜誌展示9號鐵桿的情形是一樣的。《幸運》雜誌就是以一種迷人又特別的方式，來表現出女性生活中的一種情趣。」[17]

　　● 美國田納西州的一名男子在被女友突然拋棄之後，竟想要和自己的福特汽車結婚。然而，當他列明未婚妻出生地是底特律、父親是亨利‧福特(Henry Ford)、血型是10W40之後，他的計畫就被迫停擺。原因是按照田納西州的法律，只有男人和女人可以合法結婚[18]。想想在洗車場的蜜月有多令人興奮。

　　這些例子說明，人們可能會與產品的關係十分密切。我們已經看到消費者想要達成一項目標的動機，會增加他想要獲得那些認為會滿足目標的產品或服務的慾望。然而，並非每個人都有相同程度的動機。有人或許會認為沒有最新設計或現代化的便利，他就無法生存，而有些人根本對這些東西沒有興趣。

　　涉入(involvement)是「一個人基於內在的需求、價值觀和興趣所意識到的物體關聯性。」[19]物體(object)在這裡是一般涵義，指一種產品或品牌、一則廣告或一種購買情境，消費者可以在這些物體中發現涉入的情形。涉入是一種由不同因素引發的動機概念，如圖4.3所示。這些因素可能是有關於個人、物體以及情境的事物。

　　涉入也可視為資訊處理的動機[20]。根據消費者需求、目標或是價值觀與產品認知間一種可意識的關聯程度，消費者會受到刺激而注意到產品資訊；當記憶中的相關知識開始啟動後，就會產生一種驅動行為（如購物）的誘導狀態。隨著對產品涉入的增加，消費者會更注意該產品的廣告，也會更努力去理解這些廣告，更會把焦點放在廣告中與產品相關的資訊上[21]。

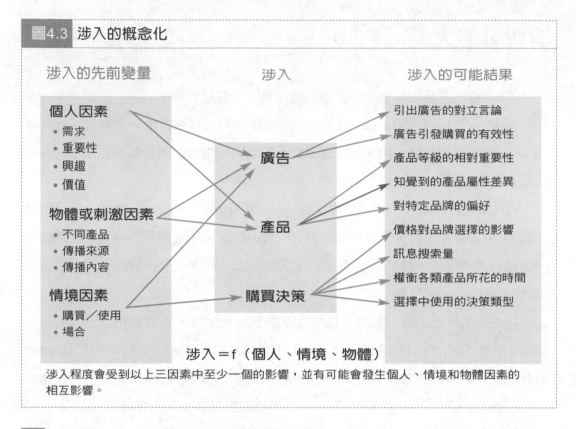

圖4.3 涉入的概念化

涉入的先前變量　　　　　涉入　　　　　涉入的可能結果

個人因素
- 需求
- 重要性
- 興趣
- 價值

廣告

物體或刺激因素
- 不同產品
- 傳播來源
- 傳播內容

產品

情境因素
- 購買／使用
- 場合

購買決策

- 引出廣告的對立言論
- 廣告引發購買的有效性
- 產品等級的相對重要性
- 知覺到的產品屬性差異
- 對特定品牌的偏好
- 價格對品牌選擇的影響
- 訊息搜索量
- 權衡各類產品所花的時間
- 選擇中使用的決策類型

涉入 ＝ f（個人、情境、物體）

涉入程度會受到以上三因素中至少一個的影響，並有可能會發生個人、情境和物體因素的相互影響。

涉入程度：從惰性到熱情

資訊處理的類型取決於消費者的涉入程度，可從簡單處理(simple processing)到推敲(elaboration)，前者只考慮訊息的基本特徵，後者則將接收到的資訊與某人原有的知識系統進行連結[22]。

惰性

我們可以將一個人的涉入程度視為一種連續體，從對行銷刺激毫無興趣的一端到深深著迷的另一端。低涉入端的消費特點就是惰性(inertia)，因為消費者並沒有考慮其他替代產品的動機，這種消費決策通常都是出於習慣。在高度涉入的一端，我們可以發現消費者對具有重大意義的人和物體累積的那種熱情。例如，一些消費者對知名人物，像麥可‧喬丹或貓王的熱情就表現出高度涉入。

當消費者衷心地涉入一項產品、廣告、或是網站時，就進入了一種流暢狀態(flow state)的心理狀態。這種狀態是網站設計師致力追求的境界，他們希望能夠規

劃一個讓使用者流連忘返、完全沈浸其中的網站,也希望使用者藉此光顧一下站上的商品。「流暢」是一種最理想的體驗,有以下特徵:

- 快樂感
- 駕馭感
- 全神貫注
- 活動帶來的精神愉悅
- 忘了時間
- 個人具備因應當前挑戰的技術[23]

風行產品

風行產品(cult products)掌握了消費者狂熱的忠誠度、熱愛、甚至是高度品牌認同者的崇拜。這些產品有許多形式,從蘋果電腦、哈雷機車、Krispy Kreme甜甜圈到豆子娃娃(Beanie Babies)等。要不然,還有什麼原因能夠解釋許多女性肯一口氣掏出3,400美元來買一雙Manolo Blahnik設計的鞋子?

▶ 涉入的多種面向

如前所述,涉入有多種形式。涉入可以是認知上的,如一個電腦白癡會有盡可能去瞭解最新型多媒體電腦的動機。涉入也可以是情感上的,例如一想到新的亞曼尼(Armani)套裝,就會讓一個講究穿衣的人起雞皮疙瘩[25]。再者,購買亞曼尼的特別行為也許是為了熱衷購物者的特別涉入。進一步說,如耐吉或愛迪達的廣告本身就會由於某種原因而產生涉入,因為這些廣告能讓我們大笑,讓我們哭泣,或者鼓舞我們更努力工作。因為涉入總與其他概念重疊,而且對每個人都有不同意義,所以涉入似乎是個模糊的概念。的確,實際上有關產品、廣告和認知者的涉入有下列幾種主要類型[26]。

產品涉入

產品涉入(product involvement)與消費者對特定產品感興趣的程度有關。許多促銷活動的策劃都是為了提高這種類型的涉入。Lifesavers就宣布除非消費者到網站上投票支持，否則將不再生產鳳梨口味的產品，結果有超過40萬人次的消費者聞訊投票保住了這款口味[27]。

訊息－反應涉入

訊息－反應涉入（message-response involvement，又稱廣告涉入advertising involvement）是指消費者對於處理行銷訊息的興趣[28]。電視被認為是一種低涉入媒介，因為它的觀眾是被動的、對內容較無支配權（儘管遙控器可以快速轉台）；但另一方面，MTV頻道的《TRL秀》的年輕觀眾似乎相當投入這種經驗！相反地，印刷品就是一種高涉入的媒介。讀者主動地涉入資訊的處理，而且能夠隨時停下來思考，再繼續閱讀[29]。訊息特質在改變態度時的作用將會在第8章進一步討論。

購買情境涉入

購買情境涉入(purchase situation involvement)是指在不同背景下購買相同物體時可能發生的差異。人可能會認知到很大的社會風險，也可能完全沒有。例如，當你想要給某人留下深刻印象，你就會試圖購買具有某種特定形象的產品或品牌，藉此反映出高品味。當你處於一種義務情境下不得不為某人購買一件禮物時，如要買結婚禮物給一個不太喜歡的親戚時，你也許就不會在乎這個禮物表現出的形象。或者是，你也許會選一個便宜的東西，反映出你想要與那個親戚保持距離。

 行銷契機

創造風行品牌的人都賺翻了。不過，萬事起頭難，有位企業家就經歷過這樣的心路歷程。在1996年時，彼得・凡・史托克(Peter van Stolk)剛開始推出「瓊斯汽水」(Jones Soda)這個品牌時，產品幾乎沒有上架的機會。於是他把這些五顏六色的飲料擺在人們意想不到的地方販售，例如唱片行、髮廊、刺青店、甚至情趣用品店。等到品牌開始凝聚出討論的人氣後，凡・史托克開始推波助瀾，請擁戴此品牌的人把自己的相片寄來，後來這些相片都登上了產品的商標。該公司的官方網站(www.jonessoda.com)也成為品牌迷的言論廣場，大家會聚集在此聊聊學校和生活，或者討論蘇打飲料[24]。

▶ 涉入的測量

涉入對於許多行銷應用都十分重要。例如，有研究證據顯示，對電視節目涉入程度越多的觀眾，會對電視節目中的廣告有更正面反應，而且這些廣告也更有機會去影響他的購買意圖[30]。最廣泛用來測量涉入狀態的一種方法如表4.1所示。

表4.1 測量涉入的量表		
對我來說（要判斷的對象）是		
1. 重要的	__ : __ : __ : __ : __ : __ : __	不重要的*
2. 無聊的	__ : __ : __ : __ : __ : __ : __	有趣的
3. 相關的	__ : __ : __ : __ : __ : __ : __	無關的*
4. 令人興奮的	__ : __ : __ : __ : __ : __ : __	不刺激的*
5. 無意義	__ : __ : __ : __ : __ : __ : __	對我來說極具意義
6. 動人的	__ : __ : __ : __ : __ : __ : __	不動人的*
7. 令人著迷的	__ : __ : __ : __ : __ : __ : __	尋常無奇的*
8. 沒有價值的	__ : __ : __ : __ : __ : __ : __	珍貴的
9. 讓人投入的	__ : __ : __ : __ : __ : __ : __	無法讓人投入的*
10. 不需要的	__ : __ : __ : __ : __ : __ : __	需要的

註：總共10個項目的得分，最低10分到最高70分。

* 表示該項為反向記分。例如，第1項（重要／不重要）的7分實際上是1分。

資料來源：Judith Lynne Zaichkowsky, "The Personal Involvement Inventory: Reduction, Revision, and Application to Advertising," *Journal of Advertising* 23, no. 4 (December 1994): 59-70

找出涉入的面向

法國研究人員設計了一個測量產品涉入的前提量表。他們發現，消費者會涉入一種產品是因為有交易風險，或者產品用途反映或影響了個人，這種涉入側寫 (involvement profile)的概念包含了五個成分[31]：

1. 消費者對於產品種類的個人興趣，對個人具有意義和重要性。

2. 能夠察覺到購買錯誤引起的潛在負面後果的重要性（風險的重要性）。

3. 購買錯誤的可能性。

4. 產品種類的愉悅價值。

5. 產品種類的象徵價值（與本身的關連性）。

研究人員以家庭主婦為樣本，請她們就涉入情況對14個產品種類作出評分，如表4.2所示。這些資料顯示無法靠單一成分來引發消費者的涉入。例如,購買吸塵器這樣的耐用品被認為有風險,因為一旦選擇錯誤就必須要忍受很多年。然而,吸塵器不會提供愉悅(享樂價值),也沒有高度的象徵價值,用途與個人自我概念無關。相較之下,巧克力就有很高的愉悅價值,但卻不具風險,和自我概念也沒有密切關係。另一方面,服裝和女性內衣則由於兼具以上種種原因而具有涉入性。要注意的是,關於產品等級的涉入可能會因不同文化而改變。雖然樣本中的法國消費者對於香檳的象徵價值及個人價值非常重視,但香檳提供愉悅或是自我定義的重要性,在其他文化中可能並非如此(如回教文化)。

表4.2　一組法國消費產品的涉入側寫

	負面後果的重要性	購買錯誤的主觀可能性	愉悅價值	象徵價值
服裝	121	112	147	181
女性內衣	117	115	106	130
洗衣機	118	109	106	111
電視機	112	100	122	95
吸塵器	110	112	70	78
熨斗	103	95	72	76
香檳	109	120	125	125
油	89	97	65	92
優格	86	83	106	78
巧克力	80	89	123	75
洗髮精	96	103	90	81
牙膏	95	95	94	105
洗面皂	82	90	114	118
清潔劑	79	82	56	63

產品平均得分＝100。
注意:個人重要性和負面後果重要性在此表中是合併計算的。
資料來源:Gilles Laurent and Jean-Norel Kapférer, "Measuring Consumer Involvement Profiles," *Journal of Marketing Research* 22 (February 1985): 45, Table 3. By permission of American Marketing Association.

根據涉入程度進行市場區隔

這種測量方法使消費者研究人員能掌握涉入結構的多樣性,也提供了一種將涉入作為市場區隔基礎的可能性。例如,一個優格製造商會發現,雖然其產品的象徵

價值對一群消費者而言是較低的，但也許對另一個與自我概念有關的區隔市場（如健康食品愛好者或熱切的節食者）是高度相關的。公司可以針對不同區隔市場在處理產品資訊時的動機來調整行銷策略。某項針對加拿大大學的宣傳研究觀察了涉入類型（情感或認知）和涉入程度（高或低）的角色。研究人員發現，認知涉入的學生會熱切地搜尋大學資訊，而情感涉入的學生則主要依據情緒因素來選擇大學[32]。

提高涉入的策略

雖然消費者在產品訊息的涉入程度上會有差異，但行銷人員卻不能守株待兔。藉由瞭解一些能夠增減注意的基本因素，行銷人員可以採取一些措施來增加完整傳達產品訊息的可能性。行銷人員可以運用下列技巧以提升消費者處理相關資訊的動機[33]。

● 對消費者的享樂需求進行訴求，如使用感性訴求來引起更多注意的廣告[34]。

● 利用新奇刺激，如在廣告中使用不尋常的拍攝技巧、突如其來的安靜或出乎意外的移動。在2002年時，一家名為雞蛋金融(Egg Banking)的英國公司針對法國市場推出了一種信用卡。這間公司的廣告代理商推出了幾個不尋常的廣告而遭到質疑。有一則廣告宣稱「貓總是怪自己的爪子」，有兩位穿著白色實驗室外套的研究人員將一隻小貓從屋頂丟下，就再也看不到這隻貓的蹤影了（倡導動物權的人士一點也不覺得這廣告有趣）[35]。

● 在廣告中使用顯著刺激，如大聲的音樂和快速的情節來吸引消費者注意。若是印刷品，尺寸較大的廣告能夠增加消費者的注意力。此外，觀眾在觀賞彩色圖片的時間會比看黑白圖片時要長。

● 在廣告中用名人代言能令人產生更大興趣，此一策略將在第8章討論。

● 保持長期關係以建立與消費者間的聯繫。我們可以學習香菸公司的做法，他們知道要如何保持吸煙者的忠誠度（至少在他們死去之前）。R. J.雷諾煙草公司在工廠裏招待了將近3,700個吸Doral牌香煙的消費者，讓他們學舞、打保齡球、玩二十一點，還提供很多免費香煙。有一位高興的參加者說：「要我改抽其他牌的香菸之前，除非先讓我把在這所做的所有事都戒掉才行。」[36]

價值觀

　　價值觀(value)是喜愛某種情況而不喜愛其對立面的一種信念。例如，我們可以大膽的假設絕大多數人都愛好自由，而不喜歡受奴役。還有人會熱切地追求那些能使他們看起來年輕的產品和服務，認為這比顯得蒼老要好的多。一個人的價值觀在消費活動中扮演了十分重要的角色。消費者購買許多產品和服務是因為他們相信這些產品會有助於達成一個與價值有關的目標。

　　兩個不同的人或許會認同一樣的行為（如素食主義），但他們潛在的信仰體系可能是截然不同的（如保護動物與注重健康）。人們共享信仰體系程度視個人、社會和文化力量的彼此作用而定。信仰體系的擁護者往往會找出其他具有相似信仰的人，所以社會網路就產生了重疊，信仰者因此較容易接觸到支持其信念的訊息（如熱愛大自然的人就不太會和樵夫一起出遊）[37]。

▶ 核心價值觀

　　《柯夢波丹》雜誌已經被翻譯成28種語言，並且在全球50個國家中擁有超過820萬的女性讀者──即便有一些女性會因為當地的保守作風而必須將雜誌藏起來，以免老公發現。《柯夢波丹》想要使該雜誌的主旨「趣味、無所懼的女性」適用於所有國家，但卻不是這麼容易。不同文化注重的信仰體系也會不同，這些信仰體系對於女人、女性、或是訴求都下了明確的定義，而且也很適合拿出來討論。在印度，你絕對無法在《柯夢波丹》裡發現有關性愛姿勢的文章。在中國大陸是根本不允許出版商在雜誌中談論到性，所以有關女人乳溝的文章都被換成有關年輕人犧牲奉獻，振奮人心的故事。諷刺的是，在瑞典版本也很少會有低級不堪的內容，但卻是相反的理由：因為瑞典性文化實在太過開放，以致於這完全無法吸引瑞典人的注意，不過這一點在美國就行得通[38]。

　　每個文化都有傳承給成員的一套價值觀[39]。某個文化中的人民也許認為作一個獨一無二的個體比從屬於群體要好，但另一個文化卻可能強調作為群體的一份子有哪些好處。從沃斯林全球公司(Wirthlin Worldwide)的一項研究發現，亞洲地區的企

業人士認爲最重要的價值觀就是努力工作、尊重學問以及誠實。相反地,北美地區的企業人士則是強調個人自由、自立和自由表達的價值觀[40]。

這些價值觀的差異常是行銷人員在某個國家成功,卻在另一個國家徹底失敗的原因。例如,在日本有一則非常成功的乳癌宣導廣告,畫面中是一位穿著低胸服裝的迷人女性,使得街上的男性都目不轉睛地盯著她看,這時旁白說道:「但願女人可以像男人一樣地注意她們的胸部」。但同樣廣告在法國就完全行不通,因爲用幽默方式來談論嚴肅疾病會使法國人有被冒犯的感覺[41]。

當然,在很多情況下,價值觀是普世接受的。誰不渴望健康、智慧和世界和平呢?區分這些文化的是普世價值的相對重要性(relative importance)或是排序。這組排序會構成一個文化的價值體系(value system)[42]。例如有一項研究發現,北美地區的人對於著重自力更生、自我進步和實現個人目標的廣告訊息有更正面的態度,但是韓國消費者卻強調家庭完整、集體目標和與他人相處融洽[43]。

每一種文化都由成員對其價值體系的認同所凸顯。也許並非每個人都認同這些價值觀,而且在某些情況下,價值觀又似乎會相互矛盾,就像是美國人好像既重視服從,又重視個性,並且尋求二者之間的平衡。話雖如此,但通常我們還是有可能確立一套普及的核心價值觀(core values)來定義獨特的文化。像是自由、青春、成就、物質與活力等中心價值觀已經是美國文化的特徵。

我們要如何理解一個文化所崇尚的價值觀?去學習本身文化所認同的信仰和行爲的過程稱爲濡化 (enculturation);學習另一種文化的價值體系與行爲的過程則是涵化(acculturation),這也是希望理解外國消費者和市場的人要優先考慮的事。我們是藉由社會化媒介(socialization agents)而學習到這些信仰,這些媒介包括了包括父母、朋友和老師。另一種重要的媒介類型就是媒體;我們會藉由觀察價值觀的廣告傳播,學習到很多有關文化的顯著特性。例如,美國和中國大陸兩地的銷售策略完全不同。美國的廣告比較傾向於表現有關產品眞相和專家權威的建議。但是中國大陸的廣告商則比較注重情感訴求,而不會花太多心思在產品的具體部分。美國人的廣告是比較年輕導向的,中國人的廣告則較爲考驗成年人的智慧[50]。

 網路收益

　　我們會比較在乎和自身需求直接相關的商品，這是人之常情。網路最大的一個好處就是能提供個人化的內容，如此一來，網站可以針對個別使用者提供獨特的資訊或商品。我們來看看這種個人化策略如何為消費者與商品建立另一種關係：

- 產品涉入：一項最近的研究調查顯示，有**75%**的美國成人希望擁有更多量身訂作的產品，更重要的是，有**70%**的人願意多花錢追求這種服務。這種心態在年輕世代身上更為強烈：**18**到**24**歲的族群當中，有**85%**希望得到更多量身訂作的商品服務，特別在衣服、鞋子、電子產品與旅遊等[44]。Venturoma.com網站讓顧客自行創造喜歡的按摩油、乳霜與沐浴用品組合。Customatix.com網站則讓你自行設計喜歡的運動鞋與休閒鞋。在亞洲地區，可口可樂正在測試一種稱為「替可樂造型」（Style-A-Coke）的收縮包裝系統，讓消費者可以選擇自己喜愛的瓶裝式樣[45]。

- 訊息反應涉入：荷蘭有個廣告活動號召青少年前往一個網頁設計的網站，讓他們自己製作可口可樂的廣告。到了月底，約有10至15位入圍者的作品在網站上公開播放，供大家瀏覽並票選最受歡迎作品[46]。這個想法後來更是發揮得淋漓盡致，英國某個倡導關懷遊民的廣告活動，讓觀眾為當事人選擇不同的故事情節以創造出不同訊息。廣告的主軸是追蹤一位出身於問題家庭的青少年保羅，觀眾在保羅的經濟陷入困境時，可以為他選擇不同的命運路徑，例如舉發施暴的父親，或讓他下海從事性交易賺錢，例如有道指示會寫：「讓他選擇為錢賣身，請按綠鍵」[47]。或者，來張會開口講話的電影海報如何？在不久的將來，「動腦圖像智慧顯示系統」(ThinkPix Smart Display)會讓你體驗什麼叫「栩栩如生」的海報，當你從旁邊經過時，海報上的名人會對你眨眼睛。這種互動式海報具有高度個人化的設計，只要插入載有個人喜好設定的卡片，就能看到自己最喜歡明星主演的電影預告[48]。

- 購買情境涉入：對網路使用者而言，應用程式的**外觀**(skin)是一種圖像式介面，具有區分不同軟體與操作面板的功能。與其遷就大多數軟體的貧乏外觀設計，不如擁有自己的專屬設定。軟體業者**Real Player**的產品經理表示：「這種量身訂作的設計，是讓使用者能親近產品的一項因素……我們已經走入一個崇尚因人而異的世界，同樣的規格無法滿足每個人的喜好，而科技的一大好處就是能為你量身訂做個人專屬的體驗。」**Real Player**本身已開發超過**1,500**萬種外觀選擇，而像「模擬市民」與「魔域幻境之武林大會」(Unreal Tournament)等遊戲還設置網站供玩家自行設計軟體外觀。玩家可以更換「綠巨人浩克」(Incredible Hulk)或第一滴血中的「藍波」系列，甚至還有可以自行變更的外觀。電影與唱片業者已經開始定期的請旗下藝人自行開發宣傳活動外觀，如《一世狂野》(Blow)與《黑洞頻率》(Frequency)等電影，還有U2合唱團、小甜甜布蘭妮和'N Sync等藝人[49]。

▶ 價值觀在消費者行為中的應用

　　儘管價值觀十分重要，但並未如預期地廣泛應用在消費者行為的直接調查上。像是自由、安全或內在和諧等廣泛概念更會影響一般的購買模式，而不僅用於區分各種品牌。基於此種理由，一些研究人員也區分出價值觀之間的差異：像是文化價值觀（如安全或快樂）、特定消費價值觀（如便利購物或即時服務等）以及特定產品價值觀（如易於使用或耐用性），這些差異會影響到不同文化中對於產品相對重要性[51]。

　　有些品牌形象的觀點是希望能融合不同文化，其他品牌卻比較傾向只與特定地方相關。在日本，和平的特性會被高度重視，西班牙會強調熱情，美國則是注重強壯的特徵[52]。因為價值觀駕馭著許多消費者的行為（至少普遍來說），所以我們認為幾乎所有的消費者研究最終都與價值觀的確認和測量有關。以下我們將描述一些關於文化價值觀的測量，以及將其應用在制定行銷策略的具體研究。

羅基奇價值觀調查

　　心理學家密爾頓‧羅基奇(Milton Rokeach)發現了一套最終價值觀 (terminal values)，或者可以說是渴望的最終狀態，可以運用在許多不同的文化中。「羅基奇價值觀調查」(The Rokeach Value Survey)是用來測量這些價值觀的一個量表，其中也包含了要達到這些終端價值觀所需行動構成的一套工具性價值觀(instrumental values)[53]，請參照表4.3。

　　雖然有一些證據顯示，這些全球性價值觀的差別確實反映出關於特定產品的偏好和媒體使用的差異，但行銷研究人員仍未廣泛地使用「羅基奇價值觀調查」[54]。原因是我們的社會已逐步在較大的文化環境中發展出越來越小的消費次文化(consumption microcultures)，而且每一種次文化都有一套中心價值觀。例如，在美國有相當多人十分相信天然的健康醫療與替代性藥品。這種對於疾病只強調健康而不注重主流醫學方法的觀點已經影響了許多人的行為，包括食品的選擇、另外找別的開業醫師，甚至對政治和社會議題的看法[55]。的確，美國人的價值觀結構似乎有了些微的轉變。例如，研究人員發現住在山脈地區的人民會較注重環境的控制，而在中

表4.3	羅基奇價值觀調查中的兩種價值觀		
工具性價值觀		最終價值觀	
雄心壯志	心胸開闊	舒適的生活	興奮的生活
有能力	興高采烈	成就感	平靜的世界
乾淨	勇敢	美的世界	平等
寬恕	有益的	家庭安全	自由
誠實	富於想像	快樂	內在和諧
獨立	理智的	成熟的愛	國家安全
邏輯	愛	愉悅	拯救
順從	禮貌	自尊	社會認同
負責任的	自我控制	真誠的友誼	智慧

資料來源：Richard W. Pollay, "Measuring the Cultural Values Manifest in Advertising," *Current Issues and Research in Advertising* (1983): 71-92. Reprinted by permission of University of Michigan Division of Research.

部西南地區的人則是注重個人成長和快樂愉悅的感覺；中部西北地區則強調平靜的感覺、和平和滿足；中部東南地區的人則較為重視如何使其他人過更好的生活[57]。

價值觀列表

　　研究人員發展出一個價值觀列表(List of Value, LOV)量表，把價值觀從更直接的行銷應用中隔離出來。這個方法基於消費者認同的價值觀而確定了九個消費者區隔群，並涉及到每個價值觀與消費行為間的差異。這些區隔群包括了具有不同價值觀，如從屬感、興奮、與他人的友好關係和安全感等的消費者。例如，認同從屬感價值觀的區隔群相對來講年齡層偏高，較喜歡看《讀者文摘》和《電視指南》(*TV Guide*)，也更愛喝酒、娛樂和群體活動。相反地，那些認同刺激價值觀的消費者就比較年輕，也比較愛看《滾石》(*Rolling Stone*)雜誌[58]。

方法—目的連鎖模式

　　另一項將價值觀納入的研究方法稱為方法—目的連鎖模式(means-end chain model)。這個方法假設特定的產品屬性會在越來越抽象的層級上與最終價值觀產生關連。人具有重要的末稍狀態，並且會在不同方法中選擇一個以達到目標。因此，產品就被認為是達到目標的方法。透過一種所謂的階梯(laddering)技巧，我們就可

以發現消費者在特定屬性和一般後果間的關係，這有助於消費者爬上這座抽象的「階梯」，來連結功能性產品屬性與想要的目標狀態[59]。研究人員依據消費者的意見回饋，建立了所謂的價值觀層級圖(hierarchical value maps)，可以呈現出特定產品屬性如何與目標產生關連。

圖4.4顯示了三種不同的價值觀層級圖，是三個不同歐洲國家裡消費者對於食用油的認知情形[60]。階梯技巧(laddering)正好說明了不同的產品／價值觀是如何跨越文化而結合在一起。對丹麥人來說，健康是最重要的終端狀態。英國人也重視健康，但也比其他國家的人更重視省錢和避免浪費。法國人就和前兩個國家的人不同，他們會將食用油（特別是橄欖油）與文化特性相結合。

行銷契機

每個文化都有其珍貴的價值。然而這些價值卻可能產生某些令外國人感到匪夷所思或些許極端的新產品。日本日前掀起一波「馬桶大戰」，各家廠商劍拔弩張，爭相開發最專業、最氣派的衛浴設備。

為何要在馬桶這種產品上互別苗頭呢？一位行銷主管解釋道，在日本的房屋中，「唯一可以獨處、安靜坐著的地方可能只剩馬桶了。」在日本，因為狹窄的居住空間，以及對新科技的熱愛，再加上日本文化對乾淨一絲不苟的要求：許多日本人會戴手套以隔離陌生人身上的細菌；有些提款機甚至會吐出消毒過的現鈔（這可真的是『洗錢』了！），有將近半數日本家庭的馬桶裝有噴水沖洗器，能夠洗滌並按摩閣下的臀部。精彩的還在後頭：

- 一開始，是由松下(Matsushita)電器開啟了戰端，它發表了一款配備監測電極的馬桶墊，讓日本人在如廁時也可以測量體脂肪指數。
- 依奈(Inax)公司也不甘示弱，推出了能在黑暗中發光的馬桶。使用時，馬桶還有6種聲音任選播放，包括鳥鳴、流水聲、風鈴、還有一小段日本傳統琴音。
- 松下為了挽回面子，精心打造了售價3,000美元的馬桶精品，這款馬桶會自動掀起蓋子向你致意，還有一組雙孔吹風設備，保持臀部冬暖夏涼。
- 東陶(Toto)公司以「Wellyou」系列的第二代馬桶加入戰局。這款產品包含一具配備取樣匙的機械臂，能協助你檢測糖尿數值。
- 接下來呢？松下正在開發一種能夠測量體重、心跳、血壓與其他身體指標的裝置。馬桶將能透過內建網路的行動電話，將測量結果傳到醫生診所。還有另一款開發中的產品是會說話的馬桶，內建小麥克風，只要你一出現，馬桶就會用一些媽媽常用來鼓勵我們的話問候你。再過不久，馬桶還能聽懂我們口頭下達的一些簡單命令[56]。

圖4.4 三個國家植物油的價值觀層級圖

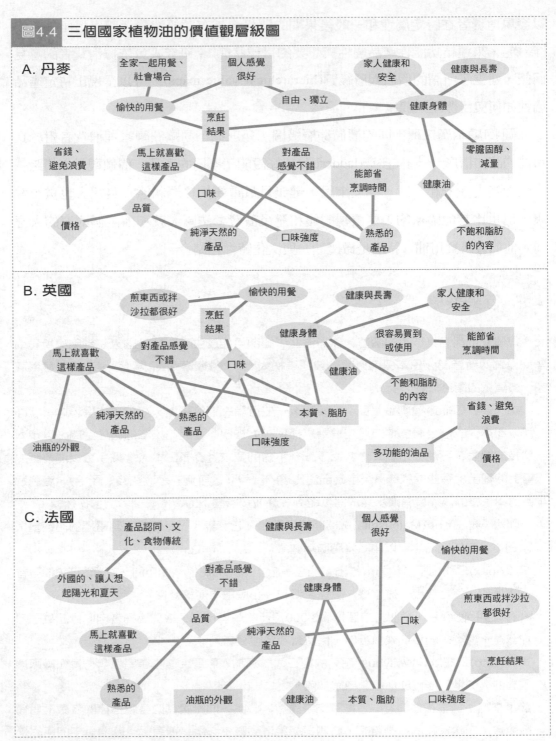

資料來源：N. A. Nielsen, T. Bech-Larsen, and K. G. Grunert, "Consumer Purchase Motives and Product Perceptions: A Laddering Study on Vegetable Oil in Three Countries," *Food Quality and Preference* 9(6) (1998): 455-66.

有一種見解認為，我們會購買產品是因為產品有助於我們形成更抽象的價值觀，這種概念對於這種階梯技巧的應用十分重要，稱為廣告策略要素的方法－目的概念化(Means-End Conceptualization of the Components of Advertising Strategy, MEC-CAS)。使用這種方法時，研究人員首先要製作出一份圖表，描述功能性產品或服務屬性與終端價值觀之間的關係，然後再利用所得到的資訊去發展廣告策略[61]：

- 訊息要素：描述特定屬性或產品特色
- 消費者利益：使用這種產品或服務的正面後果
- 執行架構：廣告的整體風格和基調
- 槓桿點：訊息與特定的產品特色產生關連以形成終端價值觀
- 驅動力：廣告重視的最終價值觀

丹麥魚貨貿易組織(Danish fish trade organization)運用了這項技巧來制訂行銷策略[62]。儘管這個國家有龐大的魚貨產業和充足的新鮮魚貨供應，但是丹麥人購買魚貨的數量卻比其他幾個歐洲國家的人來得少。研究人員利用了方法－目的模式去調查丹麥的消費者有關食用魚類的態度。結果他們發現了一個大問題，就是丹麥的家庭主婦並不認為她們可以準備一桌豐盛的魚類大餐來取悅家人。

有一個廣告宣傳活動就是基於這些研究結果而發展的。除了平時強調的「魚類是健康食品」，這一次的訊息要素更強調了方便性和美味口感。這對消費者的好處就是只要快速和簡便的準備，就可以讓準備午晚餐成為輕鬆的工作。這個廣告的執行架構十分具有幽默感，描述不同情境下有兩位看似傳統的中年夫妻，先生對於在午晚餐吃魚的想法非常存疑。在這系列的一則電視廣告中，太太在和某人通電話，但內容卻會讓電視機前的觀眾以及廣告中的先生認為她們正在談論某個家庭的性生活：「妳一星期作兩次啊！」「一次大概只要15分鐘！」「所以妳先生很喜歡？」事實上，這只是一位朋友正在告訴這位太太她是如何用魚作晚餐。槓桿點就在於這些烹飪方法可以讓老婆在短時間內就可以煮出美味的食物，進而提供快樂的家庭生活（最終價值觀）。幾乎在廣告活動一結束後，貿易組織就表示新鮮魚貨的消費量已經有顯著提升。

企業聯合調查

許多公司都以大規模的調查來觀察價值觀的變化，然後將這些研究結果賣給行銷人員，行銷人員也會付費以定期得到最新的變化與趨勢。這種方法開始於1960年代中，當時Playtex公司正煩惱旗下束腹內衣銷售額不斷下跌，於是委託了揚克洛維奇(Yankelovich)、史凱利和懷特(Skelly & White)市場研究公司調查原因。研究的結論是，銷售額是受到有關外觀及自然價值觀的變化所影響。Playtex公司接著就設計了比較輕鬆而不拘束的內衣，而揚克洛維奇公司也持續觀察這種變化在一系列產業的影響。逐漸地，這家公司發展出一項追蹤美國人態度大型研究的想法。1970年，揚克洛維奇公司針對4,000名受訪者各進行了2小時的訪談，並以此訪談結果為根據推出了揚克洛維奇監控程序(Yankelovich Monitor™)[63]。

揚克洛維奇監控程序的目的是試圖瞭解價值觀中的變化。例如，它指出美國消費者有簡單化和遠離誇大的傾向，因為人們試圖簡化忙亂的生活，也不太會再藉由購買來獲得他人的認可。自願性簡單主義者(voluntary simplifiers)相信只要滿足基本的物質需求，額外收入並不會增加快樂。簡單主義者寧可將注意力放在社區重建、公共服務和心靈探索上，而不會再多買一台休旅車收藏在車庫裡[64]。從設計小坪數住家的老年人，到不想被工作束縛的年輕上班族，都可能是自願性簡單主義者。這種觀點在2001年的九一一慘劇之後如雪球般越滾越大，有許多人開始更加深自反省並減少物質享受。在此事件的幾個月之後，有許多成功的專業人士紛紛放棄事業，以便將時間留給家人。

時至今日，有很多其他的企業聯合調查也開始追蹤價值觀的變化，其中有些調查是由廣告公司運作的，為了能掌握住重要的文化潮流，並幫助公司能設計出足以代表客戶的廣告訊息。這些調查包括VALS 2（第6章有詳細說明）、全球掃描（由貝克・史皮爾福格・貝茨廣告公司執行）、新浪潮（奧美廣告公司），以及由DDB 世界傳播集團所做的生活型態研究。加拿大的安格斯・瑞德集團(Angus Reid Group)則對特定群體或產業區隔群中價值觀變化進行調查。

正如我們會在之後章節中看到的，要超越單純的人口統計資料（如年齡）才有助於瞭解一群人共同擁有的價值觀和偏好。這原理也適用於理解年輕人市場——

第15章會說明有同樣多的成年人想把所有小孩都聚集到一起。事實上,在年輕人的價值觀之間存在著很重要的差異,而這些優先價值也許意味著他們與世界另一邊的年輕人有著更多的共通點,反而與坐在隔壁的人比較沒有共通點。

　　新世界青少年研究(New World Teen Study)在44個國家中調查了超過27,000名的青少年,確定了六種價值觀區隔群,這些區隔群將埃及開羅(Cairo)到委內瑞拉卡拉卡斯(Caracas)的年輕人特徵都表現出來了。像是可口可樂和皇家飛利浦電子公司(Royal Philips Electronics)都已經利用這份研究結論來發展可以訴求全世界年輕人的廣告。表4.4總結了一些這項研究的發現。

▶ 物質主義:過世時擁有最多玩具的人是贏家

　　在第二次世界大戰期間,在南太平洋的「貨物神」(cargo cults)成員會認真地信奉從失事飛機上打撈或是從船上沖到岸上的貨物。這些人相信,經過他們島嶼的輪船和飛機是由祖先領航而來的。所以他們還試圖吸引這些輪船和飛機前來他們的村莊,甚至會用稻草造出假飛機,希望能引誘真飛機來到島上[65]。

　　儘管大多數人不會以這種方式去認真崇拜物質產品,但物質在許多人的生活中還是扮演著十分重要的角色,並且影響著他們的價值體系。**物質主義**(materialism)是指人們附加在世俗財富上的重要性。我們有時候會把產品和服務的多樣化視為理所當然,但這種多樣化是最近才有的事。例如,在1950年時,有五分之二的美國家中沒有電話;而在1940年時,有一半家庭仍然沒有完整的室內管線。

　　時至今日,許多美國人卻積極地追求充滿物質安逸的「好生活」。大多數年輕人大概很難想像沒有行動電話、沒有MP3隨身聽、也沒有其他便利設備的日子。事實上,我們可以把行銷視為可以提供消費者生活標準的一種系統。從某種程度上來看,我們所期待和想要的生活標準會影響我們的生活。物質主義中的首要觀念傾向於強調個人安逸與群體福利,這可能會導致與家庭價值觀或宗教價值觀之間的衝突。這種衝突也可以幫助我們解釋為何擁有高度物質價值觀的人會比較不快樂[66]。

　　美國人處於一個高度物質主義的社會,人們會依據擁有財物來評估自己和他人(見第13章)。一則流行的保險桿貼紙標語「死時玩具最多的人是贏家」,就是此種哲學的最佳註腳。美國人當然並不孤獨,這世界上還有很多人都渴望獲得「好生

表4.4　新世界青少年研究				
區隔群	代表國家	主要動力	概述	行銷方法
刺激酷帥型	德國、英國、立陶宛、希臘、荷蘭、南非、美國、比利時、加拿大、土耳其、法國、波蘭、日本、丹麥、義大利、挪威、阿根廷	趣味、朋友、不按牌理出牌、激動	凡事無所謂、試著想獨立的典型享樂一族。大多數出身富有或中產家庭，居住在已開發國家，有零用錢可花用。	喜歡聲光刺激。容易對事物感到厭倦，所以老掉牙的廣告訊息很難引起他們的注意。他們想看的是熱鬧、新奇好笑、有聲有色的廣告。比同儕團體更勇於嘗試。持續尋找新事物。永遠是第一個得知最炫網站或是最新科技資訊的人。實驗是他們的第二天性。穿戴各式耳環體環，嘗試各種髮型變化。
消極頹廢型	丹麥、瑞典、韓國、日本、挪威、德國、荷蘭、英國、阿根廷、加拿大、土耳其、西班牙、比利時、法國、台灣	朋友、趣味、家庭、低期待	和刺激酷帥型青少年一樣，他們往往會穿戴體環與染髮。然而他們與社會相當疏離，對未來能否功成名就抱持著悲觀心理。他們像是青少年中的龐克搖滾樂手，有時過度依賴藥物與酒精。對於刻劃社會負面與憤怒情緒的重金屬與骯髒(grunge)音樂特別感興趣。	沒有得以恣意揮霍的零用錢。除了速食、平價衣飾與菸酒外，沒有頻繁消費行為。認同反諷訊息，尤其是嘲諷社會浮誇現象的廣告。
默默耕耘型	泰國、中國、香港、烏克蘭、韓國、立陶宛、俄羅斯、秘魯	成功、不凸顯自己、反個人主義、接受團體	崇尚當無名英雄，喜歡站在檯面下。在所有青少年類型中是最不叛逆的一群。不愛曝光，不喜出頭。他們是會長時間用功的單純乖寶寶，有強烈進取心，高度目標導向。他們的首要目標是考100分，藉著更高的學歷往上爬。此類型青少年在亞洲地區最為常見，特別是泰國與中國。然而美國也看得到這種用功進取的青少年，他們有時被人喚作小學究或書呆子。	喜歡購物。會把勤奮工作後的部分報酬拿來買東西。當功課上有需要電腦或其他科技產品時，父母會十分順從孩子的需求。這個群體非常喜愛音樂；他們比較內向，並可以輕鬆的打造屬於自己的美好時光。喜歡論及產品好處的廣告。他們對於帶有狂放性慾的廣告感到不好意思。不理會諷刺辛辣和不相關的東西。

區隔群	代表國家	主要動力	概述	行銷方法
責無旁貸型	法國、巴西、菲律賓、委內瑞拉、西班牙、哥倫比亞、比利時、匈牙利、阿根廷、俄羅斯、新加坡、波蘭、烏克蘭、義大利、南非、墨西哥、英國	環境、人道主義、樂趣、朋友	對許多全球或地方性的公益事務深具使命感。大多數都有出色的課業表現，是班級或社團的風雲人物，參與許多團體活動。在刺激酷帥型青少年出沒的場合，也可以看到他們的身影。不過，他們更願意投入愛情、關係與堅定的友誼。 熱衷於觀賞音樂、歌劇與戲劇的演出。懂得經營生活的樂趣，喜歡跳舞，和朋友在酒吧與餐館喝一杯。他們也喜愛戶外活動，包括露營、健行與各種運動。	會被真誠且告知實情的訊息所吸引。 厭惡貶低他人及嘲笑其他群體的廣告。 會注意到負有值得理由的促銷活動。
拔靴帶型	奈及利亞、墨西哥、美國、印度、智利、波多黎各、秘魯、委內瑞拉、哥倫比亞、南非	成就、個人主義、樂觀、決心、權力	六種青少年類型中最愛作夢、也最孩子氣的一群。他們過著不愁吃穿、井井有條的生活，看起來似乎少了一般青少年應有的活力，以及模仿成人行為的不羈。 大多數時間都待在家裡作功課並幫忙家務。渴望權力，他們是高中校園裡的小政治家，希望在班上取得影響力。他們將權力視為安全感的來源，持續尋找別人的肯定與注視。 此類型青少年在新興開發國家中較為普遍，如奈及利亞與印度。 在美國，每四位青少年當中就有一位拔靴帶族，在非裔美國青少年中，拔靴帶型族群更高達四成。美國行銷人員所犯的一個最大錯誤，就是誤判這群雄心勃勃的非裔青少年的人數多寡與購買力。	接受專業訓練的年輕雅痞。他們喜歡高檔品牌與氣派商品。 拔靴帶族也尋求能讓他們領先群倫的商品或服務。他們希望以衣著展現成功，擁有科技與軟體優勢，與媒體、文化圈保持接觸以凝聚個人競爭力。 為產品與使用者勾勒出企圖心與可能性的訊息非常吸引他們。

區隔群	代表國家	主要動力	概述	行銷方法
支持者型	越南、印尼、台灣、中國、義大利、秘魯、委內瑞拉、波多黎各、印度、菲律賓、新加坡	家庭、習俗、傳統、尊重	傳統禮教已經深植於這群青少年的行為準則之中。一旦反叛或對抗權威，他們就會被施予極高壓力。 他們安逸於自己對主流價值的遷就，不會想太多。 女孩子的觀念就是女大當嫁，相夫教子。在男孩子心目中，和父親一樣賺錢養家是天經地義的事。 亞洲國家的青少年有絕大比例屬此類型，如印尼與越南，都是崇尚古老傳統與大家族觀念的國家。這些國家的青少年是家裡的好幫手，也是兄弟姊妹的守護者。此外，在擁有教區與傳統禮教、態度與價值的天主教國家，也可以看到此一類型的孩子。	廣告與行銷人員只要運用年輕化、甚至接近幼稚的溝通，加上有趣的訊息，就能成功打動此一族群。這群還在看卡通的青少年，是媒體的死忠消費者。他們高度熱中觀賞與參加運動比賽，尤以籃球與足球為最。是六種類型最願意終生住在自己國家的一群。 基本上他們都是富有家庭觀念的人。他們與家族、社區關係深厚，喜歡順著父母的意思決定要買什麼東西。所以有氣勢的領導品牌，往往能以四平八穩、安全可靠的特質打動他們。

資料來源：Adapted from "The Six Value Segments of Global Youth," *Brandweek* 11, no. 21 (May 22, 2000), 38, based on data initially presented in *The $100 Billion Allowance: How to Get Your Share of the Global Teen Market* by Elissa Moses (New York: John Wiley & Sons, 2000).

活」。在非洲的贏家教派(Winners Church)只有不到15年的歷史，但已經遍及32個國家。這個教派是幾個大受歡迎聖靈降臨教派的其中之一，這些教派的領導者會講所謂的成功神學(Prosperity Theology)來吸引追隨者，內容是：成功會降臨到有祈禱的人身上，頌揚財富[68]。

　　物質主義者比較重視能彰顯地位和外表相關意義的物品，那些不強調此種價值的人則傾向於重視能連結人與人之間，或能在使用時感到愉快的產品[69]。因此，高度物質主義者所重視的產品比較會被公開消費，而且也比較昂貴。有一項研究比較了兩種類型的人對於特定物品的評價，結果發現與高物質主義者相關的產品有珠寶、瓷器和別墅，反之，與低物質主義者相關的產品有母親的結婚禮服、相簿、童年的搖椅，或者是花園[70]。

　　儘管仍然不乏這種抱持物質主義的消費者會在死前盡可能地獲取、品嘗這場競賽的愉悅滋味，但也有跡象顯示，有為數不少的美國人正在醞釀一種不同的價值體

系。在腦波／市場事實調查公司(The Brain Waves/Market Facts)的調查報告中指出，大約有四分之一的人口抗拒傳統和服從的價值體系；值得注意的是，這個群體中有一半以上的人都在35歲以下。他們仍舊對成就很有興趣，但試圖在平步青雲中保持生活平衡，並十分重視發展親密的個人關係和生活趣味。消費者透過觀察和一些直接經驗開始相信（『美好往日時光』一去不返），有文憑不代表可以找到工作，有了工作不代表能作得久，也許一輩子都無法退休，而婚姻卻常常失敗。缺乏穩定性會逐漸形成一種自立價值觀和建立個人網路的慾望，而不奢望依靠政府或企業的照顧。為了吸引這樣的消費者，於是有了以下這些行銷訊息，像是紳寶公司(Saab)的「找到你自己的路」，以及保德信保險公司(Prudential)的「成為你自己的靠山」。

行銷陷阱

　　某些根深蒂固的觀念讓推廣個人護理用品的行銷人士傷透腦筋，衛生棉條就是其中一個例子。雖然美國有七成女性使用衛生棉條，然而放眼全球高達17億的女性潛在消費者，卻只有1億人採用這種產品。女性對衛生棉條的排斥是棉條業者Tambrands公司眼前的一大問題。衛生棉條是該公司銷售的唯一產品，如果不能想辦法把產品推廣到更多國家，公司就沒有成長的空間。但是Tambrands在部分國家推廣女性衛生用品時卻吃了閉門羹。以巴西為例，許多少女擔心棉條一塞進去，可能就會失去童貞。有個棉條廣告因此特地請來一位女明星代言，用非常肯定的口吻說：「當然，妳絕不會失去童貞。」

　　Tambrands於26個國家推出全球性廣告活動之前，負責規劃的廣告公司曾經就此進行研究，根據人們對衛生棉條的接受程度將世界各國分成了三組。回教國家對棉條的排斥之深，甚至讓廣告公司完全打消嘗試的念頭！

　　在第一組國家中（包括英美與澳洲），女性消費者對棉條產品感到自在，排斥程度很小。因此一則廣告就以鼓勵經常使用為主題：「我要不要帶著它一起睡覺呢？」

　　在第二組國家裡（包括法國、以色列與南非），有將近50%的女性使用這類產品，不過仍有部份女性害怕因此失去貞操。為了消除這些疑慮，行銷人員採取的策略是在每個國家邀請婦科醫師為產品背書。

　　到了第三組國家（包括巴西、中國與俄羅斯），Tambrands遭到最大的抗拒。為了打入這些國家的市場，研究人員發現當務之急就是為大家解釋棉條的用法，同時不要讓她們覺得不好意思。這是該公司還在努力摸索的一大挑戰。如果他們過得了這一關（再次強調是『如果』），Tambrands將改變數以百萬計的女性消費習慣，並大大開拓新市場[67]。

　　這些改變並不侷限於年輕人。過去，年輕人和老年人之間往往是壁壘分明的，但這些舊分類似乎已沒有意義了。正如一位分析師近來注意到的，即使是保守的小城鎮，現在也有各種年齡層顧客都會光顧的「新時代」商店和服務了。過去被認爲是「放蕩不羈」的零售商，現在卻成了主流；像Fresh Fields這樣的商家也開始出售Mayan Fungus肥皂和素食狗餅乾給各種消費者。蘋果電腦和The Gap等大企業也在廣告中使用甘地(Gandhi)和傑克‧凱魯亞克(Jack Kerouac)等反正統文化的人物，班與傑瑞公司(Ben & Jerry's)則以其非傳統的企業哲學而自豪。隨著60年代嬉皮族的放蕩不羈與80年代雅痞族的中產階級逐漸融合，形成了一種結合二者的新文化，使分離正統與反正統變得十分困難。現在這些主導我們文化的人（這位分析師把他們稱爲布波族「Bourgeois Bohemians」）比嬉皮族更富有和世故，比雅痞族更注重精神層面[72]。我們前面提到，即使是中心價值觀也會隨著時間變化；看看我們持續發展的文化將如何持續影響物質主義和其他的價值觀。

　　長久以來伴隨資本主義文化的人們已經覺醒，這可以從一些提倡獨特性和反企業聲明的活動中發現。最著名的運動莫過於一年一度的「火燒人」計畫(Burning Man project)。這是一個爲期一週的年度反市場運動，有數以千計的人會聚集到位

物質主義者崇尚可見的成功象徵符號，如昂貴名錶。(Courtesy of TAG Heuer USA)

於內華達(Nevada)的黑岩沙漠(Black Rock Desert)來表達他們的想法,並且宣稱他們已經脫離了這個資本美國。這項活動裡的最高潮就是焚燒一尊大型的木製人像,象徵了市場統治下的自由。但諷刺的是,有評論家指出隨著這個活動一年比一年受歡迎的情況看來,這個獨特的反市場運動早已被商業化了[73]。

九一一事件後的消費行為

在九一一事件發生後,許多人認為追求和平愈來愈重要。的確,在美國近代史上沒有任何一件事能像九一一事件一樣,迫使大眾重新思考原本的消費價值觀。危及美國安全的各種威脅已經直接衝擊到整個商業體系,從旅遊業、服務業、居家美化、到外帶食品都不例外。人們開始在家裡尋求安全的庇蔭,不再像過去一樣喜歡到處遊山玩水。世界排名第二的聯合航空公司(United Airlines)甚至已在2002年底被迫宣布破產,九一一事件的影響由此可見一斑。

甚至連電視節目也受到了影響;傳統的情境喜劇與家庭節目,在沈寂多年後也重新締造了高收視率。如前所述,有些人開始將重心從奢侈商品轉移到社區活動

行銷陷阱

經歷過恐怖攻擊之後,美國人被浮濫的愛國風潮淹沒,業者以國旗包裝自己,重申傳統價值的力量。這種手法的效果是不錯,然而,要是讓消費者感覺到愛國只是業者的行銷手段,或是業者不當地喚起人們對恐怖主義的恐懼以逐目的,那麼就只會導致反效果。在九一一事件後的幾個月,有項調查發現,近半數受訪者相信業者正在濫用愛國主義牟利。同樣有近半數的人表示,若藉由愛國主義來鼓勵消費,以為這樣就能收振衰起敝之效的話,那就大錯特錯了[77]。

即使九一一事件已經過了好一段時間,但最近一則廣告掀起的波瀾仍充分說明了此一議題的敏感程度。2002年11月,美國最大的宣揚動物權團體「人道對待動物協會」(People for the Ethical Treatment of Animals)在感恩節期間播出一部「火雞驚魂」(Turkey Terror)廣告,希望以美國人對恐怖主義的恐懼作類比,鼓勵人們不要食用家禽(以及其他動物)。這部廣告敘述一名恐怖份子佔領了一家超市,經理的嘴巴塞著布被綑綁著,顧客們都蜷縮成一團。一名螢幕上看不見的恐怖份子警告,如果有人抵抗,「無辜的動物」就會挨打、被燙並被肢解。隨著外界抗議聲浪,大多數電視台都拒絕播映這部廣告[78]。

和優質的家庭時間。有一項2002年的調查結果發現，在九一一事件過後，有73%的美國人暫時把享樂與物慾拋諸腦後，不過，並非所有人都是同樣的反應。九一一事件後，許多高價位商品的行銷人員，如高級汽車經銷商等，都提出了買氣旺盛的報告。因為有些人似乎是抱持著一種及時行樂的心理而放手消費[75]。

最大的價值觀轉變是消費者開始願意犧牲個人隱私來換取安全。九一一後的民意調查紛紛指出，大多數美國人支持擴大使用面部辨識系統，也希望能更密切掌握銀行業務與信用卡交易。大多數人甚至支持發行國民身份證，在2001年之前，此一構想對美國人來說簡直難以想像。在過去，許多高科技監測工具被視為高度侵擾，包括美國聯邦調查局的「肉食動物」(Carnivore)網路監聽系統，但現在則全部出籠了。配有面部辨識軟體的相機，能從機場、運動場與其他公共場所的群眾裡，找出登記有案的罪犯。配備定位系統的車子與手機可以追蹤特定的人，精密度可達10英呎範圍內。同時，可穿透衣物的專業X光機，更普遍地部署在機場、政府單位大樓，甚至企業的公司大廳裡[76]。

摘要

行銷人員試圖滿足消費者的需求，但購買任何一件產品的原因是廣泛多樣的，確認消費者的動機十分重要，特別是在確定產品能滿足消費者適當需求時。

消費者行為學的傳統研究是把焦點放在產品滿足理性需求（功利動機）的能力，但享樂動機（如探險和好玩的需求）在許多購買決策中也扮演了關鍵角色。

正如馬斯洛的需求層級理論所述，相同的產品也可以滿足不同需求，這取決於消費者當時的狀態。除了客觀情境，如基本生理需要是否已經得到滿足外，還必須考慮到消費者對產品的涉入程度。

產品涉入的範圍從低涉入（因為惰性而做出的購買決策）到高涉入（消費者和購買產品形成強烈關聯）。除了要考慮消費者涉入某項產品的程度，行銷人員還需要評估他們對行銷訊息和購買情境的涉入程度。

消費者的動機往往受到潛在價值觀所驅使。在這種背景下，因為產品被認為有助於消費者達到與某價值觀相連接的某個目標，如個性或自由等，所以產品就具有意義。每一種文化都有一套多數成員都遵循的核心價值觀。

物質主義是指人們附加在世俗財富上的重要性。儘管許多美國人都被視為物質主義者，但仍有跡象顯示，有相當多人的價值觀正在改變——特別是在九一一事件之後。

思考題

1. 描述三種動機衝突，並在目前的行銷活動中舉出每種衝突的例子。

2. 為一種服裝商品分別設計幾種不同的促銷策略，每一種策略都要針對馬斯洛每一個需求層級。

3. 收集一些訴求消費者價值觀的廣告。每則廣告傳遞的價值觀是什麼？是如何傳遞的？這是設計行銷溝通的有效方法嗎？

4. 你對天堂的定義是什麼？用你個人認為與天堂有關的形象組成一幅拼貼圖片，並與同學相比較。你發覺了什麼共同的主題嗎？

5. 為購買一束玫瑰花建構一個方法—目的系列模式。花商要如何使用這種方法來制訂促銷策略呢？

6. 一位男性對自己汽車的涉入程度會使他受到不同行銷刺激的影響。請針對低涉入消費者的區隔群為一種汽車蓄電池系列設計一個策略，而這個策略應用在對汽車具有高涉入程度的男性區隔群時又有何不同？

7. 對追星俱樂部的成員進行訪談，描述他們對「產品」的涉入程度，並設計一些行銷機會來影響這個群體。

8. 「高涉入只是將昂貴一詞美化後的術語。」你同意嗎？

9. 「大學生對環境和素食主義的關心只不過是一時流行；只是讓自己看起來『酷』的方式。」你同意嗎？

10. 市場分析師發現在年輕人之間有價值觀改變的趨勢。他們認為這個世代在生活中缺乏穩定性。他們對於膚淺的關係感到厭煩，並盼望能回歸傳統。這樣的改變反映在對婚姻和家庭的態度上。有一項針對22到24歲的女性調查發現，有82%的受訪者認為作一個母親是世界上最重要的工作。《新娘》(*Brides*)雜誌也指出這種回歸傳統婚禮的趨勢——今天有80%的新娘會在婚禮上扔花束，有

78%的新娘是在父親陪伴下步入禮堂的[79]。你對此有何看法？年輕人的確回歸到父母（甚至是祖父母）的價值觀了嗎？這些改變對你本身有關婚姻和家庭的觀點有何影響？

自我

　　莉莎試圖努力把注意力集中在5點鐘以前就要交給客戶的報告上。她一直為留住這位重要客戶而努力工作，但今天卻分神了，因為她想起了昨晚和艾力克的約會。雖然進行得還不錯，但她為什麼就是不能擺脫艾力克把她當做朋友而非浪漫伴侶那種感覺呢？

　　吃午飯的時候，莉莎翻閱了一下《魅力》(Glamour)和《柯夢波丹》雜誌，所有關於透過減肥、健身和性感服裝來使人變得更有吸引力的文章都讓她留下了深刻的印象。當莉莎看到許多香水、時裝和化妝品廣告中那些體態嬌美的模特兒時，她開始感到沮喪了。這些女人一個比一個更迷人、更美麗。她敢發誓其中一些人肯定進行過各類「整型」──現實生活中的女性看上去並不是那樣的，而且艾力克在街上被誤認為身材健美模特兒的可能性也不大。

　　然而，當心情低落時，莉莎覺得也許她應該去瞭解一下整容手術。儘管她從不認為自己缺少魅力，但誰知道呢──也許換個新鼻子或者去掉臉頰上的黑痣能使她對自己的感覺更好。然而轉念一想，艾力克值得她這樣做嗎？

關於自我的觀點　　

　　並非只有莉莎才會感到外貌和財產會影響她作為一個人的「價值」。消費者對於外貌的不安全感是相當嚴重的，從汽車到香水，許多產品都是因為人們試圖張揚或隱藏自我的某些方面。本章將集中討論消費者對自我的感覺如何影響他們的消費活動，特別是當他們努力去實現社會對於男性或女性外表和行為的期望時。

▶ 自我存在嗎？

80年代被稱為「我的十年」，因為從許多方面來看，這一時期的特點都在於對自我的關注。最近，《自我》(Self)雜誌定3月7日為「自我日」，並鼓勵女性在這一天中至少花1個小時為自己做一些事[1]。

雖然認定每位消費者具有「自我」似乎是一件很自然的事，但實際上這個概念是對個體及其與社會間關係的一個較新的認識方式。「每個單獨個體的生活都是獨一無二的，而不是群體的一部分」這一觀念，直到中世紀晚期（在11世紀和15世紀之間）才逐漸形成。而「自我就是要驕縱」這一觀點的出現就更是晚近的事了。此外，對自我獨特性的強調在西方社會較為盛行[2]，而許多東方文化則強調集體自我的重要性。在集體自我中，個人的身份主要是來自於社會群體。

東方和西方文化都把自我分成內部的私人自我和外部的公共自我兩部分。哪一部分才是「真正的你」，是這兩種文化區別之所在──西方傾向於贊成獨立解釋「自我」的概念，強調個體之間的內在分離性。非西方文化則傾向於關注一個相互依賴的自我，其中個人身份大部分是由他與其他人的關係來界定[3]。

例如，儒家的觀點之一是強調「顏面」的重要性──即他人對自己的認識以及在他人眼中維持自己所渴望的地位。顏面的一個面向是「面子」──透過成功和誇耀所得到的名譽。某些亞洲文化發展了關於不同社會階級和職務所允許展示的特定服裝甚至顏色的明確規定。今天，在日本的一些手冊中仍看得到這些傳統，這些手冊為穿著打扮和稱呼某個特定個體提供了非常詳盡的指導[4]。

這種傾向與某些西方傳統不太一樣，如「輕鬆星期五」──這一傳統鼓勵雇員們表達自我。為了進一步說明這些跨文化的差異性，羅珀斯塔奇公司的一項調查比較了13個國家的消費者，看看哪個國家消費者的虛榮程度最高。委內瑞拉的婦女處在圖表的頂部：65%的受訪者表示自己無時無刻都在想著外表[5]，其他的高分國家包括俄羅斯和墨西哥。最低分是菲律賓和沙烏地阿拉伯，調查中只有28%的消費者同意這一項陳述。

▶ 自我概念

自我概念(self-concept)是指一個人對自己特性的認識，以及評價這些特性的方式。雖然一個人整體的自我概念可能是積極的，但總會存在積極評價自我某些方面的情況。例如，莉莎對職業身份就比她的女性身份感覺更好。

自我概念是一個非常複雜的結構，由許多屬性組成，其中某些屬性會在評價自我時得到更多的重視。自我概念的屬性可以根據以下面向來描述，如內容（如外表吸引力與智力才能）、積極消極（如自尊）、強度、持續的穩定性及準確性（即個人自我評價與現實的一致程度）[6]。在本章中，我們還將看到消費者的自我評價會產生很嚴重的扭曲，特別是涉及外貌時。

自尊

自尊(self-esteem)指一個人自我概念的積極性。自尊較弱的人往往會預期自己無法表現良好，並且會試圖避免困窘、失敗或拒絕。例如，在開發一個新蛋糕類型時，莎拉・李發現自尊較弱的消費者喜歡配料固定的蛋糕種類，因為他們覺得自己缺乏自我控制[7]。相反地，自尊較強的人期望成功、願意冒更多的風險、期待成為注意的中心[8]。自尊經常與被他人接受的程度有關。你在日常生活中可能會見到那些成績優秀的高中生，看上去比同學更有自信（即使這也許不是應得的）[9]。

行銷傳播能夠影響消費者的自尊層次。莉莎看的那類廣告會激發社會比較(social comparison)過程，人們試圖透過與那些人為塑造形象進行比較來評價自己。這類比較似乎是一種基本的人類動機，許多行銷人員透過提供使用產品快樂而有魅力的理想形象來利用消費者的這種需求。

研究這種社會比較過程的一項研究顯示，女大學生傾向於把外貌與廣告中的模特兒作比較。那些看了廣告中美麗女性的研究參與者與沒有看美女廣告的參與者相比，前者對自己外貌滿意度較低[10]。另一項研究也顯示，年輕女性對自己身材和尺寸的感覺會在看了僅僅30分鐘的電視節目後發生改變[11]；相關研究也證實男性也有類似傾向[12]。

自尊廣告(self-esteem advertising)試圖透過激發積極的自我感受來改變對產品的

態度。一種策略是挑戰消費者的自尊，然後顯示自尊與能提供自尊補償產品間的聯繫。例如，海軍陸戰隊(Marine Corps)使用這種策略時的主題是「如果你有它所帶來的……」。另一種策略則是直接奉承，如維吉尼亞淡煙(Virginia Slim)的廣告：「女人，走過千山萬水，妳總算有了成就。」

真實自我與理想自我

在南韓的購物商場中可以看到青少女群聚在大頭貼機器前排隊。這些機器提供了高科技造型技術，其中的選項包括優雅燈光照明、輕拂頭髮的微風，以及虛擬整型手術。例如有一個名為「美麗加分」(Beauty Plus)照相亭，能讓做明星夢的女孩們透過數位技術，把自己修整為瓜子臉，或讓雙唇看起來更翹潤嬌嗔。不喜歡的瑕疵都可以消除，也可以幫自己加上西方人特有的彎翹睫毛（這是設置在漢城的『美麗加分』亭最受歡迎的選項）[13]。

消費者某些特性的實際狀態與理想狀態的對比過程會影響到個人的自尊。消費者可能會問：「我像我希望的那樣迷人嗎？」或「我賺到了應得的錢嗎？」等等。理想自我(ideal self)是關於希望成為什麼樣的人之個人概念，反之，真實自我(actual self)則指人們對自己擁有或未擁有品質的更實際評價。

理想自我在一定程度上受到消費者文化的影響，如英雄或廣告中成功和美麗典範的角色[14]，我們可能會因為認為某些產品有助於達到這些目標而購買它們。消費者購買某些產品是因為認為它們與實際自我風格一致，而另一些產品則被用來幫助人們達到理想自我設定的標準。

幻想：跨越兩個自我之間的差距

大多數人都會體驗到真實自我與理想自我之間的矛盾，對某些消費者而言這個差距尤其巨大，而這些人正是進行幻想訴求(fantasy appeals)行銷策略的最佳目標顧客[15]。幻想(fantasy)或白日夢是一種自我誘導產生的意識轉變，在某些時候是一種對缺乏外界刺激的補償或對現實世界問題的逃避[16]。許多產品或服務的成功正是迎合消費者的幻想。這些行銷策略透過把我們放在陌生而令人興奮的環境中，或允許我們嘗試有趣、刺激的角色來讓我們擴展對自己的想像。而且，有了今天的高科

技，如《柯夢波丹》雜誌的線上造型(virtualmakeover.com)，消費者甚至可以在眞正投身現實世界之前先嘗試各種不同的外形。

▶ 多重自我

從某一角度來說，每個人實際上都是若干個不同的人——你媽媽可能會認不出那個凌晨2點和一群朋友狂歡喧鬧的你！有多少個社會角色就有多少個自我。在不同情境下，我們有不同的舉動、使用不同的產品和服務，甚至對不同時期表現出來的「我」的喜愛程度也有所不同。爲了扮演某個期望中的角色，消費者可能需要一系列不同的產品：成爲職業自我時，她可能會選擇寧靜、淡雅的香水；但當週末夜晚來臨時，她會灑上更具挑逗性的香水，搖身一變爲致命女人自我(femme fatal self)。

如第1章提到的，消費者行爲學的戲劇行爲觀點(dramaturgical perspective)把人們看作是扮演不同角色的演員。我們每個人都在扮演許多角色，每一個角色都有劇本、道具和服裝[17]。自我可以被視爲具有不同組成要素或角色認同(role identities)，但在一個特定時間裏只有其中某些角色是活躍的。對於自我而言，某些身份（如丈

這家Paris Miki公司以發展一套收集顧客喜好資訊的精密系統。顧客上傳照片之後，該公司的軟體便會選出一副鏡框加上顧客照片，讓顧客看看效果。

(Courtesy of Paris-Miki.co.jp)

夫、老闆、學生）比其他身份更重要；但另一些身份（如集郵者、舞者或為流浪漢辯護的人）則可能會在某個特定情境下占主導地位。這也顯示了行銷人員策略性的希望在產品出現特定角色之前，他們可以一步步地逐漸活化適合的角色認同。一個明顯的作法就是在一個人們很可能會注意的角色認同情境下擺設廣告訊息，比方說在馬拉松比賽的周邊促銷健身產品。

象徵互動論

假如每個人都有許多潛在的社會自我，那麼每個自我是如何形成的，又是如何在某個時間點上及時決定由哪個自我「採取行動」？社會學傳統的象徵互動論 (symbolic interactionism)強調，與他人的關係對「自我」的形成有巨大的影響[18]。這個觀點認為，人生活在一個象徵物的環境中，任何一個情境或客體上所附加的意義取決於對這些象徵物的解釋。身為社會的一員，我們對於這些象徵有共同的認知，因此，我們「知道」紅燈意謂著停止、「金色的拱門」表示速食、而「金髮碧眼的女子有更多的歡樂」。瞭解消費者行為是很重要的，因為這暗示我們用所擁有的來評估自己，並決定「我們是誰」[19]。

和其他社會客體一樣，消費者的意義也取決於社會共識。消費者對自己的身份作出解釋，而這種評估隨著情境和人物的變換也不斷的發展。用象徵互動論的術語來說，我們不斷地「協商」來達成這些意義。從根本上來說，消費者提出「在這個情境下我是誰？」這個問題的答案受到身邊人的巨大影響：「別人認為我是誰？」我們總是透過一種自我實現預言(self-fulfilling prophecy)的方式，用知覺到的他人期望來塑造自我行為。

鏡中自我

想像他人對自己的反應的過程就是所謂的「扮演他人的角色」，或鏡中自我 (looking-glass self)[20]。根據這種觀點，自我定義的欲望就像是運作一個心理聲波定位儀：我們通過「反射」他人的信號來瞭解自己的身份，並試圖投射出別人對自己的印象。鏡中自我形象的變化取決於我們關注的是誰的觀點。

就像遊戲廳裏的哈哈鏡，我們對於自己的評價取決於我們接受誰的看法，以

及準確預估他們對自己評價的能力。一個像莉莎這樣自信的職業女性可能就會憂鬱地坐在一家夜總會裏，想像著別人認為她是一個不太性感、沒有魅力的女人，不管實際情況是否如此。這時自我實現預言會發生作用，因為這些「信號」會影響莉莎的實際行為。假如她不認為自己有吸引力，那麼她可能會選擇老式過時的衣服，那真會使她的魅力減少。相反地，她在職業背景中的自信可能會使她高估別人對她「經理人自我」的評價。我們都認識這種人！

▶ 自我意識

有時意識到自我的存在也會讓人不怎麼愉快。如果你曾經在一次演講中途走進教室，並注意到所有眼睛都注視著你，你就知道這種自我意識(self-conscious)感了。相反地，消費者的行為有時缺乏自我意識到了令人吃驚的地步。例如，人們在運動場、騷亂中或聯誼聚會裏的某些行為是在高度自我意識下絕不可能作出的[21]。

有些人看來對自己與別人交往中的表現十分敏感；有些人則似乎對自己製造的印象非常健忘。強調個人公眾「形象」也會引起對產品和消費行為社會合宜性的更多關注。人們已經設計了多種測量這一傾向的方法。例如，在公眾自我意識(public self-conciousness)量表中得分高的消費者比較注重衣著，而且是化妝品的重度使用者[22]。另一個類似的測量是自我監控(self-monitoring)。高自我監控者將努力使個人表現與社會環境協調一致，對產品的選擇也受到他們設想中別人對這些產品印象的影響。人們透過消費者對一些陳述的贊同程度來評估自我監控性，例如「我認為我假裝做秀是為了使人印象深刻或吸引別人」，或「也許我會成為一名出色的演員」[24]。高自我監控者比低自我監控者更可能根據給別人留下印象這一標準來評價消費的產品[25]。同樣地，近來一些研究正關注於虛榮這一心理面向，如對外貌或個人成就的固執。或許結果並不令人驚奇，大學足球隊員和時尚模特兒等團體易於在這個測量中得到高分[26]。

消費與自我概念　　　　　▶ ▶ ▶ ▶ ▶ ▶

　　有家英國行銷公司付費請五個人爲電玩超級英雄擔任代言人，親自擔任遊戲主角的化身。這種被稱爲「身份行銷」(identity marketing)的技巧，要求五位參與者在一年時間裡把名字改爲「杜洛克」(Turok)。杜洛克是「恐龍獵人」遊戲中的主人翁，身爲印地安人的他可以在穿梭時空，獵殺進化品種的恐龍。該公司一位發言人表示：「這並非噱頭……這些人徹頭徹尾改換了自己身份，行銷活動效果才會出來。他們不論走路、談吐都是杜洛克的化身，是不折不扣的活宣傳。」這種策略將人與商品間的距離拉得更近，不過這種手法已有前例可循：幾年前，美國堪薩斯州有對夫婦收了「網路地下音樂檔案」(Internet Underground Music Archive, IMUA)網站5,000美元，爲他們的新生兒命名爲伊姆亞(Imua)[27]。

　　將戲劇性角色扮演的觀點再往前延伸，不難看出人在消費各種產品與服務的同時，也在探索自己是誰。一個演員要演活一個角色，亟需對的道具與舞台佈景等配合。消費者知道，不同的角色扮演必須有各式商品與活動來搭配，幫助他們詮釋不同的角色[28]。有些「道具」對我們扮演的某些角色實在太重要了，就像自我延伸的一部份。稍後再就這個觀念進行探討。

▶ 塑造自我的產品：你就是你所消費的

　　我們曾經提到過，他人所反映的自我有助於自我概念的塑造，也就是說，人們往往通過臆測他人眼中的自己來評價自己。由於他人看到的包括一個人的衣服、珠寶、傢俱、汽車等等，所以個人就有理由認爲這些產品也有助於形成知覺自我。消費者的所有物把他放到一個特定的社會角色中，而這個角色有助於回答這個問題：「我現在是誰？」

　　人們透過個人的消費行爲來判斷一個人的社會身份。除了考慮個人的服裝、裝飾習慣外，我們還根據個人對休閒活動的選擇（如壁球還是保齡球）、食物喜好（如豆腐和豆子，還是牛排和馬鈴薯）、汽車、房間裝飾等來進行推斷。例如，有些人僅僅觀察他人起居室的圖片後，就能推測主人的性格，準確程度令人驚奇[29]。就像消費者使用產品會影響他人的知覺一樣，同一產品也有助於個人形成自我概念和社會認同[30]。

消費者表現出來對某一物品的依附有時會達到這種程度——用這個物品來維持自我概念[31]。物品能夠透過強化我們的身份而產生安全罩的作用，特別是在一個不太熟悉的環境中，如那些用私人物品來裝飾寢室的學生較不輕易輟學。這種處理方法還能防止自我在一個陌生環境中被弱化[32]。

當一個身份還未完全成型，如消費者扮演一個全新或不熟悉的角色時，使用消費資訊來界定自我就顯得特別重要。**象徵性自我完成理論**(symbolic self-completion theory)認為，自我定位尚未完成的人傾向於透過獲得和展示與身份有關的象徵物來完成這種身份定位[34]。例如，青春期的男孩可能會使用汽車和雪茄等「男人味」的產品來顯示他們正在形成的男子漢氣質。這些東西在身份不明確時期起了「社會拐杖」的作用。

自我認同(self-identity)的作用在珍愛的東西遺失或被盜時會表現得特別明顯。那些想壓制個性、強化集體意識的機構，如監獄或軍隊，採取的第一步措施就是沒收個人財產[35]。竊盜及自然災害的受害者通常也會有疏離、沮喪或被「侮辱」等感

車子可以用來傳達個人自我。這兩則英國廣告將此概念又往前推了一步。 (Courtesy of Mini-Equinox Automobile)

覺。一位遭劫的消費者說法很有代表性：「除了失去親人，沒有比這更糟糕的事了：感覺就像被人強姦了。」[36]竊盜案的受害者常表現出逐漸消失的群體感、隱私感降低，並且跟鄰居相比，他們對房屋外觀的自豪感也減弱了[37]。

　　災後狀況研究能使我們清楚地看到財產損失所帶來的巨大影響。在火災、颶風、洪水或地震中，除了身上的衣服，消費者可能失去所有的東西。有些人不願意藉著新財產而再次經歷重建身份的過程。和災難受害者的談話顯示，很多人不太願意把自我放到新的財產裏去，而且在感情上對新購的物品比較疏遠。一位五十幾歲婦人就抱持這種態度：「有這麼多的愛聯繫著我和我的東西，我再也不能經歷那樣的損失了。現在買的東西對我而言不再像以前那些那樣重要了。」[38]

▶ 自我／產品的一致性

　　由於許多消費行為都與自我定義(self-definition)密切相關，所以看到消費者在價值觀（見第4章）和所購物品間顯示一致性就不足為奇了[39]。自我形象一致模式(self-image congruence models)認為，當產品屬性與消費者自我的某些方面相匹配時，消費者就會購買這些產品[40]。這個模式假設了一個產品屬性與消費者自我形象之間的認知配對過程[41]。

　　儘管結論還不是非常明確，但作為像香水這樣高度社會表達性產品的比較標準，理想自我看來還是比真實自我與這個標準的關係更加密切。相反地，真實自我

行銷陷阱

　　個人唯一的身份在網路世界中也許不再那麼獨一無二。當罪犯使用他人的社會安全號碼和其他有關信用卡的個人資訊時，身份大盜(identity theft)就逐漸成為一個問題。2002年竊盜成長率是去年的一倍，甚至連參謀長聯席會議(Joint Chiefs of Staff)前主席的身份也遭竊了。旅行者財產意外保險公司(Travelers Property Casualty Corporation)甚至為那些身份被盜的人提供保險。只要刷卡購物、簽付支票或讓人知道你的社會安全號碼，就有可能成為這些竊賊下手的目標。一個常見的手法是，歹徒會打電話給你的發卡銀行，假冒你的身份更改帳單郵寄地址，然後他們就可以冒用你的信用卡大刷特刷。由於帳單都寄到別的地方，你一下子不會意識到卡被盜刷。美國聯邦交易委員會(FTC)針對冒用身份犯罪成立了一座網站www.consumer.gov/idtheft，讓人們可以申訴，並查閱可能的詐騙行為[33]。

與日常功能性產品的關係則更為密切。然而，這種標準會因為使用場合不同而發生變化[42]。例如，為了每日上下班，消費者可能會想要一輛實用而可靠的汽車；但當夜晚出去約會時，他又希望自己駕駛的是一輛更華麗、更炫的帥車。

眾多研究結果傾向於支持產品使用和自我形象一致性的觀點。一項早期研究發現，車主對自己的評價傾向於和自己駕駛汽車的認識相一致：龐帝克汽車(Pontiac)的駕駛者認為自己比福斯汽車的駕駛者更有活力、更炫[43]。與他們最不喜愛的品牌相比，這種一致性甚至還存在於消費者和最喜愛的啤酒、香皂、牙膏和香煙品牌之間，並且還延伸到消費者的自我形象和喜愛的商店之間[44]。一些特定屬性有助於描述消費者與產品之間的一些配對，如粗糙的／精緻的、興奮的／平靜的、理性的／感性的、正式的／非正式的[45]。

雖然這些發現與我們的直覺一致，但我們不能就此樂觀地假定消費者會永遠購買那些特性與自己相配的產品。我們還不清楚消費者是否真的對自己各個面向都瞭若指掌，而且功能性產品也不具有非常複雜或人性化的形象。為香水這樣富於表現力、形象導向的產品設計一個品牌個性是一回事，把人類特性放到一個烤箱上又完全是另一回事了。

另一個問題則是古老的「雞和雞蛋」的問題：人們購買產品是因為產品看上去和自我相似呢？還是因為他們已經購買了這些產品，所以認為它們必定和自己相似？自我形象和產品形象之間的相似性會隨著擁有這個產品的時間而增加，所以這種可能性是無法排除的。

▶ 延伸自我

最近，有個叫約翰‧弗列爾(John Freyer)的小伙子在eBay網站上拍賣所有家當，並展開一項實驗計畫，看看一個人所擁有的東西能否界定「他是誰」。他所標售的寶物包括一盒已拆封的墨西哥玉米餅皮、半瓶漱口水、還有裝在塑膠袋中的鬢角等等（沒錯，看來人們可能從你手中買下任何東西！）。標下弗列爾待售物品的人，會在「我這一生待價而沽」(allmylifeforsale.com)網站留下紀錄。弗列爾隨後展開長途跋涉，出發到世界各地去「拜訪」他賣出去的每一樣東西──包括一袋最後在日本東京落腳的烤肉用豬皮[46]。

我們的寵物經常是一部份的延伸自我。這則巴西寵物食品廣告就運用了一個大家公認的事實：寵物和主人會愈來愈像。(Courtesy of Cesar c/o Almap/BBDO Communicacaoes ltda)

　　如前面提到的，許多消費者用來界定其社會角色的道具和背景已經成為自我的一部分。這些被看做自我一部分的外物組成了**延伸自我**(extended self)。在某些文化中，人們甚至直接結合實物和自我——他們佔有新的財產、剝奪入侵敵人的名號（甚至有時候乾脆把敵人吃掉），或把死者的財產和死者埋葬在一起[47]。

　　我們通常不會做得那樣極端，但有些人確實非常珍愛他們的所有物，就像是自己一部分似的。許多物質的東西，從個人財產和寵物到國家的紀念碑或路標，都有助於消費者身份的形成。大概每個人都可以舉出一個把許多自我「包裹」在裏面的珍愛物品，無論是一張心愛的照片、一件獎品、一件舊襯衫、一輛汽車或一隻貓。實際上，只要把一個人臥室或辦公室裏的物品分門別類地收集起來，就有可能構成一篇關於他相當準確的「傳記」。

　　瞭解延伸自我的重要性，有助於解釋在日本為什麼有些微不足道的小事，可能會讓整筆生意告吹。日本的商務人士把名片視為自己身份的延伸，希望對方能夠給予同等敬重。名片不可彎摺，甚或一物多用地拿起來剔牙。到日本出差沒備妥一大

盒名片，和光著腳去意思差不多。日本人不管是遞送或收受名片，都有一套繁複禮節。過程應該嚴肅，接過來要仔細端詳內容，而不是隨意放進口袋準備稍後歸檔[50]。在日本，沒有認真收受名片會被視為侮辱了對方。

在一項關於延伸自我的研究中，受試者拿到一份列有從電器、餐巾紙、電視節目到父母、身體部位和喜愛衣服等項目的目錄。他們被要求按各項目與自我的親密程度劃分等級。那些消費者努力在獲取過程投入了「精神能量」，或已經私人化並持有很長時間的物品，更容易被看作延伸自我的一部分[51]。

延伸自我被劃分成4個層級。從非常私人化的物品到可以使人們感覺紮根於廣大社會環境中的產品都包含在其中[52]：

1. 個體層級：消費者會將許多私人財產納入自我定義中，包括珠寶、汽車、衣服等。俗話說「人看衣裝」，就是指個人擁有的東西是身份的一部分。

2. 家庭層級：這一部分延伸自我包括消費者的住宅和內部裝修。住宅可以被看做家庭的象徵物，同時也經常是個人身份的關鍵組成要素。

 行銷陷阱

有句話說「車如其人」，如果你開的是休旅車，也許你會希望此話不成立。廣受消費者喜愛的休旅車如今飽受抨擊，休旅車極耗油，大口大口地喝掉本已稀少的石油資源，也威脅到其他駕駛人的權益。有人貼上印有「我害氣候改變了，問我怎麼辦到的？」語句的貼紙，甚至宗教團體也發動抗議，指出休旅車違反保護人類與地球的道德信念。有一則廣告甚至出現這樣的標題：「耶穌會想開哪種車？」[48]

《紐約時報》記者出版了《至高無上》(*High and Mighty*)一書，對休旅車有更不留情的批判。作者回顧汽車發展史，認為休旅車是最唯我獨尊的美國人才會考慮的選擇。作者指出，汽車業者曾對休旅車潛在顧客進行過研究，發現獨鍾休旅車的人大多懷有「不安全感與虛榮心，對婚姻關係常感焦慮，親子關係也有問題。他們對自己的駕駛技術往往缺乏自信。他們卻很懂得獨善其身，不怎麼關心鄰居與社區的利益……他們可能喜歡進高級餐廳更甚於到野外馳騁，很少上教堂，對擔任義工助人興趣缺缺。」說歸說，汽車業者還是把車子賣給這群想在馬路上逞勇的人。例如，設計師還刻意為**Dodge Durango**車款賦予某種叢林野虎意象，如護柵上的垂直條象徵鋒銳的牙齒，以及巨大的葉子板象徵雙顎[49]。

3. 社區層級：消費者根據鄰里或家鄉來描述自己是很常見的事。對於農民家庭或與社區關係密切的居民來說，這種歸屬感尤為重要。

4. 群體層級：我們對特定社會群體的依附也可以看作是自我的一部分，我們將在後面討論這種消費者次文化。消費者也可能會覺得路標、紀念碑或球隊是延伸自我的一部分。

性別角色　▶ ▶ ▶ ▶ ▶ ▶

性別認同是消費者自我概念一個非常重要的部分。人們通常會遵從文化對於某一性別該怎樣做、怎樣穿、怎樣說話等的期望。當然，這些準則會隨著時間而變化，而且在不同社會裏就有不同準則。我們還不清楚性別差異有多少是天生的、有多少是文化塑造的──但這種差異在許多消費決策中都表現得相當明顯。

設想一下市場研究人員在比較男女性的食物喜好時觀察到的明顯性別差異。女性比較愛吃水果；男性則比較喜歡吃肉。如一位飲食作家所說：「男孩的食物不是種植的。要麼是獵獲的，不然就是宰殺的。」男性更喜歡吃玉米片或爆米花，而女性則較喜愛複合穀類食品。男性是啤酒的主要飲用者；而女性則是瓶裝水市場的主要客戶[53]。

不同性別在食物的消耗量上也有巨大差異：當賀喜公司(Hershey)的研究人員發現女性食用糖果的數量相對較少時，就推出了一種「擁抱」(Hugs)的白巧克力糖，這是有史以來最成功的新上市食品之一。相反地，男性更傾向於大量地消耗食品和飲料。當立頓(Lipton)在超級盃(super bowl)足球賽期間推出冰茶廣告時，告訴電視觀眾（主要是男性）：「這不是用小口喝的冰茶」，鼓勵他們一飲而盡。

▶ 社會化的性別差異

社會對男女性適宜角色的設定是透過分別強調每一性別的理想行為來傳播的。例如，很多女性吃得比較少是因為她們被「訓練」得要更精緻和優雅，這也解釋了女性朋友在約會前會先吃點東西再出門，這樣他們在外面才不會吃太多。

廣告強化了這些社會期待，誠如前一章探討的，這些期待往往反映了文化價值觀。然而，地理位置相近的國家也可能出現截然不同的訊息。例如比較一下馬來西亞與新加坡的廣告。研究人員發現在馬來西亞，技術性商品多以男性為代言人，新加坡卻是女性代言人為多。這表示新加坡比較能普遍接受女性在商業世界中扮演事業夥伴的角色。為了支持這個推論，研究人員還發現，在馬來西亞，高階商務／商業角色以男性形象居多，在新加坡兩性出現的機率則差不多。此外，女性在馬來西亞廣告中較少以專業或決策形象的角色登場[54]。

許多社會中，男性被期望追求自我目標(agentic goal)，這種目標強調個人的獨立自主和控制。與之相反，女性則被教導要重視共有目標(communal goal)，如合群和促進和諧的關係[55]。一項研究發現，甚至連電腦發出來的語音，男性的聲音也被認為比女性聲音更可信與權威，即使內容完全一樣。而且，電腦生成語音所說的讚美之詞，如果是男性的聲音，會被認為更受用[56]！每個社會都創造了一組價值期待，界定哪些行為適合男性，哪些行為適合女性，而且會設法傳達這些要優先遵守的準

行銷契機

不論是賣產品還是推銷遊戲電玩，只要能鞏固消費者與商品之間的關係，就能看到商機。現階段有幾個例子，顯示消費者展現在消費行為中的自我延伸：

- 美國國家足球聯盟(NFL)的球迷們，現在買得到「聯盟瘋迷鏡片」(NFL Crazy Lenses)。這種隱形眼鏡印有不同球隊的標誌，球迷可以把支持的球隊配戴在眼球上。例如綠灣包裝工隊(Green Bay Packers)鏡片以黃色為底，鏡片顯示綠色「包裝工隊」字樣，黃色鏡片上為兩個綠白雙色G字母，圍住能讓瞳孔透光的透明鏡面[57]。
- 喜愛百威淡啤酒(Bud Light)的消費者，可以用自己的臉演出啤酒廣告，再透過電子郵件傳給親朋好友。步驟很簡單，先把自己的數位相片上傳到百威的官方網站，再寫個劇本。然後，套上閣下尊容的動畫角色將會眨動眼睛，嘴型還會配合對白。你還有多種配音可供選擇，包括某運動比賽播報員與某加州女孩[58]。
- 有位外科醫師一時手賤，在為女患者摘除子宮時，將自己母校肯塔基大學的縮寫燒印在人家子宮壁上，結果挨告[59]。
- 進入「Q複製小站」(Q Cloning Booth)付個25美元，就有3部數位相機為你拍攝不同角度相片，再將你的臉轉為3D影像燒進光碟。隨後你可以把自己的臉上傳到遊戲電玩裡，讓你在遊戲情境中成為真正的主角[60]。

則。近期一項針對美國和澳洲兒童電視廣告的分析發現，與以往一樣，男孩仍被描繪成比較有知識、有活力、更富進攻性以及更有用的形象[61]。

　　這種差異訓練很早就開始了；甚至孩子的生日故事都在強調性別角色。當美泰兒(Matell)決定開發以小女孩為對象的積木組合玩具品牌「愛羅」(Ello)，設計師們在著手規劃之前就先觀察了5到10歲女孩使用玩具的模式。這種新玩具包含可相互接組的塑膠方塊、球體、三角形、不規則形、花與棒子等粉彩色系零件，邊緣線條圓滑，讓小朋友能組合房子、人物、珠寶與相框等造型。一位產品開發師觀察：「男孩子喜歡堆築積木，一塊一塊往上搭，像是搭出一棟很高的房子。他們的玩法積極主動，而且喜歡設定角色的衝突關係。女孩子們不喜歡重複堆築的玩法，比較喜歡為角色創造關係、建立社群、裝飾空間等」[62]。依循相同的研究主題，另一項研究發現童書中的女性角色絕大多數會以照顧他人的形象出現，如烘焙食物或給予他人禮物；這類故事中的男性則常以奇幻角色登場來賜予他人禮物。

▶ 性別與性別認同

　　性別角色界定既是心理狀態，也是生理狀態。一個人的生理性別（男或女），並無法完全決定這個人會如何展現性別類型特徵(sex-typed trait)。這些特徵是指人們對兩性懷有的一般行為聯想。一個消費者對自身性別的主體觀感，也扮演相當關鍵性的角色[64]。

 網路收益

　　遊戲開發業者認為，女性對遊戲的興趣有別於男性的好鬥，她們偏愛角色扮演，崇尚玩家之間彼此的分享與溝通，而不是血淋淋地捉對廝殺。過去男性是線上遊戲市場的大金主，不過新推出的多玩家線上遊戲則吸引了眾多女性，消費版圖也隨之改寫。雖然許多發燒級遊戲，如Ultimate Online、Asheron's Call與EverQuest的設計者在規劃產品時，並沒有特別把女性玩家納入考量，不過後續卻出現令他們驚喜的發展。這些遊戲正中女性消費者下懷：線上聊天、食物武器買賣、做生意、交朋友等社交互動，這裡全有了。業界人士估計，目前約有兩到三成玩家為女性。此一性別消長可由一段小插曲中窺出Asheron's Call的廠商應女性玩家要求，賦予了角色兩種新能力——行禮以及淑女打扮。

與出生即決定的生理性別不同的是，陽剛(masculinity)與陰柔(femininity)特質並非生物特徵。在某個文化中被視爲陽剛的行爲，很可能在另一個文化裡並非如此。例如在美國，男性朋友會避免碰觸對方身體，除非在美式足球場這類「安全」場合。在部分南美與歐洲文化中，男人彼此擁抱親吻是很正常的事。每個社會都有自己的一套看法，以界定眞正的男人與女人應該或不應該有哪些行爲舉止。

性別類型產品

有一本暢銷書《眞正的男人不吃乳蛋餅》。許多產品（不僅是乳蛋餅）都是具有性別類型特徵的；它們帶有男子氣或女人味的特性，消費者也會將其和某一性別聯繫在一起[65]。產品的性別類型往往是由行銷人員創造或維繫的，如公主牌電話、男孩和女孩的自行車、Luvs有色彩標記的尿布。2000年新推出的「托爾的榔頭」(Thor's Hammer)伏特加就是表現這種刻板形象的好例子。這種酒裝在一種短矮的瓶子裏，公司的行銷副總對它的描述是「大膽、寬廣而結實。這是男人的伏特加……它不是你放過糖的……娘娘腔的伏特加。」托爾是挪威的雷神，公司聲稱這個名字和俚語「挨了一榔頭」無關，這個俚語指的可是你喝太多時的感覺[66]。

這則法國鞋子廣告開了貶抑女性廣告一個玩笑：「本廣告製作過程中，沒有任何女性身體受到剝削。」(Courtesy of Eram and Devarrieuxvillaret Ad Agency)

中性化

中性化(androgyny)指同

時擁有男子氣和女人味的特性。研究者明確區分了典型性別者(sex-typed people)和中性者(androgynous people)。前者具有刻板意義上的男子氣或女人味，而後者的混合特質則使他們能適應不同的社會情境。

性別角色導向上的差異強烈影響人們對行銷刺激的反應，至少在某些環境下是如此[68]。例如，研究顯示，女性更樂意接受資訊的詳細闡述，因此她們在進行判斷時對訊息細節部分較敏感；而男性則較受到資訊整體主題的影響[69]。另外，性別角色身份中男子氣較強的女性更喜愛描寫非傳統女性的廣告[70]。還有研究顯示，儘管女性似乎普遍比男性對性別角色的聯繫更敏感，但典型性別者其實對廣告人物的性別角色描述也會較為敏感。

在一項研究中，受試者讀了一個啤酒廣告的兩個版本，分別使用了具有男子氣或女人味的措辭。男子氣版本使用的句子有「X啤酒使用優質原料和優良企業來保證濃烈而舒暢的口味。」而女人味的版本則是這樣：「精心釀造，X啤酒潤滑而溫柔地滲入您的全身。」那些認為自己具有強烈男子氣或女人味的人（分別）選擇了不同的版本[71]。典型性別者一般都比較注重保持個人行為與文化對性別適當行為界定的一致性。

▶ 女性的性別角色

在1949年電影《亞當的肋骨》中，凱薩琳・赫本扮演了一位新潮而有才能的律師。這是最早表現女性在事業成功的同時，仍能擁有美滿婚姻的電影之一。女性出現在權威職位上是近來才發生的現象。新女性管理階層的形成已經迫使行銷人員在開發這個發展市場時，不得不改變他們對女性的傳統看法。

而且，年輕一代女性怎麼看自己，和母親那一輩的觀點截然不同。當母親的這一代，在二三十年前可為女權奮戰了許久。某種程度上，這些年輕女性對於享受母親輩當年爭取來的權益，覺得理所當然。畢竟在她們成長過程中，女性的角色典範是堅強領導者；她們會更常參與運動賽事的籌劃，在比較不受性別、種族與社會階層等因素限制的網路上相當活躍。有研究顯示，只有34%的13到20歲女性會表示自己是女權主義者，即使她們強烈支持女權運動宗旨。同樣的受訪樣本中，有97%相信女性應該與男性同工同酬，92%同意女性的生活形態選擇不應受性別限制；同

時有89%受訪者表示，在沒有男人或孩子的情況下，女性有可能成為成功人士。不過卻也有56%相信，「男人應該永遠給女人機會」[72]。

這些轉變已迫使行銷人員重新審視既有策略。例如在10年前，大多數運動用品廠商雖然都有女性運動裝備上市，不過往往只是類似男性裝備的次級品再貼個粉紅色標籤了事。隨後業者發現許多女性開始購買男性專用款式，因為她們想用品質較好的產品，因此部分廠商開始意識到要認真看待女性市場區隔。

雪板運動用品業者柏頓(Burton Snowboard Company)，是較早看出女性市場潛力的公司之一。柏頓陸續推出專為女性設計的高品質服飾與裝備，讓女性雪板玩家趨之若鶩。柏頓也改變了商品的行銷方式，綜合女性玩家的意見，為官方網站規劃了新的設計。在網站的女性產品專區，均以仰角拍攝女模特兒，以傳達女性的自主

 行銷契機

從我們在育嬰室裡根據性別被分別包上粉紅或天藍色的尿布開始，我們的文化就不斷以強化性別刻板印象的產品轟炸我們。人氣歷久不衰的芭比娃娃，是多少人欲除之而後快的商品，因為這麼多年來，不同版本的芭比始終反映出某種文化預設，也就是女生該是什麼樣子。除了教導小女孩們何謂「理想」的女性身體（本書後續將有更多討論），芭比之類娃娃也告訴小女生怎麼穿才好看，哪些工作才淑女。芭比的男伴包括醫師、太空人、甚至一國之尊，然而她還是矜持於自身幾近潔癖的形象。這對生產芭比的美泰兒公司構成一大問題。隨著芭比的核心使用者年齡層愈漸下降（主要以3到7歲孩童為主），為了追求公司的持續成長，他們必須想辦法讓芭比繼續博取初長成少女的青睞。

為了留住大女孩們的心，美泰兒推出「我的情境芭比」(My Scene Barbie)新產品。情境芭比有晚禮服與空服員制服的端莊正式造型，也有緊身衣、低腰褲，恨天高、毛領皮衣的時尚自我展現，甚至可穿上露出肚臍眼的短衫[73]。如果這些還不夠靚，妳還可以購買「限量發行」內衣芭比，讓她們穿上調整型內衣、性感高跟鞋與吊帶襪[74]。美泰兒甚至努力與時俱進，因為新誕生的貝茲(Bratz)娃娃來勢洶洶，恨天高、緊身熱褲、小可愛上衣與毛背心等時尚裝束一應俱全。這些娃娃有多族裔混血臉孔，擁有雅斯敏(Yasmin)、潔姐(Jade)與莎夏(Sasha)之類酷名字。更甭提她們的超酷活動設施組合，包括可洗泡泡浴的按摩浴缸。就像在傷口撒鹽那般，貝茲娃娃的身高刻意矮了芭比一吋，這麼一來她們的死對頭就無法一起共用衣櫥。一位公司主管解釋：「起初我們沒料到有人會買一個叫貝茲的娃娃。不過在使用者測試中，小女生真的很愛這種娃娃。這代表著芭比無法擁有的一切。」美泰兒希望，新一代芭比能證明這位老兄錯了[75]。

形象。相反地,男性專區的圖片則著重產品細節,因為柏頓透過研究發現,男性對產品技術細節比較感興趣[76]。

在亞洲,女性性別角色演進更為明顯。一直到現在,亞洲女性依然脫離不了相夫教子的服從角色,不過有很多亞洲國家觀念正在迅速轉變之中。與傳統觀念大相逕庭的一個例子是,現在有四分之一的未婚都會女性表示,他們想結婚但不想有孩子。在一項研究中,有位年輕中國女性的看法說明了這種心態的變化。她寫道:「我是世界的中心,我是眾人的焦點。畫個圓,你就可以找到我。我很實際,不過我也做白日夢。我有點自私,可是我會為朋友兩肋插刀。」

部分行銷人員注意到這樣的改變,也發展出因應策略。研究調查顯示,女性逐漸以職場生涯為重心,於是寶鹼公司將原來以女空服員為主題的洗髮精廣告撤掉,改推航空公司女維修技師形象的新廣告[77]。

反映出觀念正在改變的現象之一,就是亞洲單身職業女性對HBO熱門影集《慾望城市》(Sex and the City)的熱愛。曼谷與馬尼拉所舉辦的時裝秀,就以「鞋與城市」(Shoes and the City)為名,吸引了成群渴望效法劇中女主角莎拉‧潔西卡‧派克(Sarah Jessica Parkers)的女性。對於這種性主題明顯的時裝秀節目,人們展現的熱情在東南亞大多數國家實屬罕見。在馬來西亞這個回教國家,此節目受限於檢查尺無法播出。新加坡則禁演了這場秀,不過卻不能阻止它在暗地裡流傳,很多人上網訂購DVD,或者趁出國時找機會觀賞。新加坡一份生活風格雜誌的編輯觀察:「這場秀為女性創造了定位自我的代言人,很多地方反映了我們的生活,甚至新加坡也不例外。這場秀有很多的性、很多男人,不過卻是我們渴望的。」[78]

直到現在,還很難說傳統的性別角色印象已經消除了。尤其在沙烏地阿拉伯這樣的傳統回教國家,男女之別更是鮮明。到現在,沙烏地阿拉伯的女性在公共場合必須完全遮掩身體與面部,也不被容許在與公眾接觸的商店裡擔任銷售員,即使是販售女性貼身衣物的店亦然[79]。讓我們來看看「新加坡女孩」在亞洲的流行現象。穿著合身沙龍的「新加坡女孩」從1972年開始就成為新加坡航空公司的熟悉標誌——同時也是女權主義猛烈抨擊的對象。她的沙龍是如此緊身,聽說還曾在飛行途中裂開過。這個職務的候選人必須小於26歲,至少5英呎2英吋高,苗條、有姣好而富有魅力的外貌。這個嚴格的選擇過程還包括檢查這些女孩是否有傷疤的一次泳

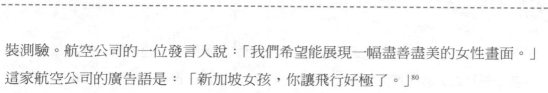

裝測驗。航空公司的一位發言人說：「我們希望能展現一幅盡善盡美的女性畫面。」這家航空公司的廣告語是：「新加坡女孩，你讓飛行好極了。」[80]

▶ 男性的性別角色

理想的男性是堅強、積極、肌肉強壯，喜歡「男人的」體育運動和活動；至於女人實際情形就複雜許多。的確，陽剛特質(masculinism)研究領域的主題，就在男性形象與陽剛性格的文化意義[81]。和女人一樣，男人也接收到各種告訴他們該有什麼行為和感覺的不同訊息。現在，廣告出現男人抱小孩、或與女人(或男性友人)發展深遠關係的畫面，已經日漸普遍了。

另一方面，我們很容易看到回歸老式男性角色的例子，歌頌睥睨一切的男孩子氣。參考Comedy Central頻道裡大受歡迎的「Man Show」節目吧。一則啤酒廣告會告訴你：「敬稀有的真正男兒」。溫娣漢堡(Wendy)的廣告則說：「這是座漢堡城哪，帥哥。」

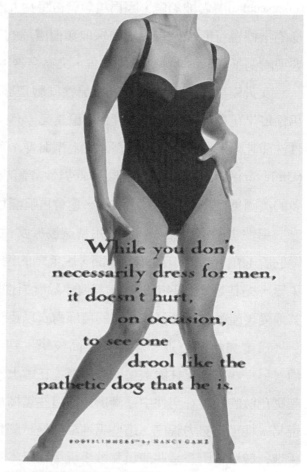

德國香水布魯特(Brut)鎖定18到34歲男性的一次廣告活動，說明了強調「政治不正確」的這波新主張。廣告的標題是：「說實在的，這衣服讓你看起來胖胖的。」一位參與執行此廣告的主管解釋：「這些廣告反映了當今這些年輕人怎麼感覺事情。這則廣告顯示退化為古早人的概念能被年輕人接受，用他們的語言表達出來也沒問題。」在這個廣告之前，由不同年齡男女組成的焦

強化性別刻板印象的一個例子。(Courtesy of Goldsmith/Jeffrey and Bodyslimmer)

點團體告訴研究者，現在大家已經可以接受粗魯的幽默了，這個廣告於焉誕生。這些參加測試的人看了初剪版本，譬如說，有位老兄被一群健美的女人簇繞著，標題是：「布魯特已經想出專治不舉的妙方。」一位「棄權者」說：「布魯特止汗劑應該只解決得了發生在腋窩的問題。」根據這位主管的看法：「我們對年輕女性提出這個廣告的概念形式，她們都認為挺有趣的。某些人可能會覺得受到冒犯，不過整體來說，我們很驚訝當今各年齡層的男女似乎都能用輕鬆的態度來看這則廣告。」研究結果找出了能讓廣告活起來的核心觀察點：「每個男人身體裡都住著一個哥兒們。」[82]

或許此一態度上的轉變是源於現在的平權觀念。如果不看性別，你的外表（或許還有性魅力）很重要。的確，就像廣告商常會為了俗稱的「起司蛋糕」(cheesecake)廣告被詬病，因為這類廣告將女人矮化為一種性慾對象(sex object)。同樣的指控也可能加諸在對男性採取類似處理的「牛肉餅」(beefcake)廣告上。有個典型的例子是Sansabelt褲子的廣告，文案寫著：「女人在男人的褲子上找什麼？」

女人愛美，男人也不例外。男性同胞正展現出前所未有對外表的重視。全球男性每年花在男性用品的金額為77億美元。有一波男性用品浪潮打入美國，包括男性洗面乳、保濕乳液、防曬霜、脫毛劑與香水等，大部分都是歐洲廠牌。聯合利華(Unilever)投入9,000萬美元推出Axe男性身體噴霧。因為該公司研究顯示，為數眾多的美國男性在使用芳香劑之後，還會再噴灑1到2種香水。

男性也顯示出相當意願使用傳統屬於女性專用的產品，如讓他們身體光滑柔澤的脫毛劑。在2001到2002年間，脫毛劑的銷售成長了16%[83]。這些男生有不少人染髮，尤其是18到24歲男性比其他年齡層男性的染髮意願高出64%[84]。近年上市的其他愛美產品包括能緊縮腰腹的苗條內衣以及塑身丁字褲。

日本男性就更進一步了：從高校學生到專業棒球運動員每個人都在流行拔眉、另一些人則正往臉上塗泥漿面膜、在頭上佩帶髮夾。市場研究人員開始看到對基礎化妝的興趣在男性中逐漸形成。這些選擇很清楚地說明了某一性別願意費力取悅另一性別的努力程度。這些男性顯然是試圖和那些男孩氣、眉清目秀的演員和歌手進行競爭，因為這些演員和歌手現今在日本女性中極為受歡迎[85]。

▶ 男同性戀、女同志、雙性戀、變性人消費者

人群中的男女同性戀比例很難確定，而測量這個群體的嘗試也引起了爭議[86]。學者與行銷專家的估計各不相同，約為全美人口的4%到8%，也就是1,700萬到2,300萬人。公元2000年的普查報告指出，美國有120萬同性「未婚」伴侶，這個數據還沒有把單身男女同性戀者列入統計[87]。權威的市場調查公司揚克洛維奇公司從1971年開始就在年鑑中追蹤調查消費者的價值觀和態度，近年調查更涉及了性別認同的問題。事實上，這項研究是首次使用能反映人口整體情況的樣本，而不是較小或有偏差的群體——如同性戀出版物的讀者——這一部分群體的回饋結果並不能成為所有消費者的代表。

難以得出正確數據的一個障礙，在於部分受訪者不願回答有關個人性取向的問題，但網路的匿名性有助於提高回答意願。Harris Interactive調查機構發現，透過電話訪問時，只有2%成年受訪者會認為自己為同性戀者，網路樣本回收則有4%的比例。Harris也發現，換個問法就可以提高回應率。如果問題的選項是讓受訪者界定自己為「男同性戀」、「女同性戀」、「雙性戀」或「跨性別」（也就是經歷過變性手術者），而非只提供前兩種選項，就會出現6%的肯定回答[88]。

這些調查結果有助於行銷人員為同志市場區隔勾勒出更精準的潛在規模與商機。就此展望來看，非異性戀(GLBT)市場最起碼不會小於亞裔美國人口總數（目前美國有1,200萬亞裔公民）。這個消費市場區隔每年消費總額在2,500億到3,500億美元之間。Simmons一項對男同性戀出版物讀者進行的調查發現，與一般異性戀消費者比較，這個讀者群擁有專業工作的比例為12倍，擁有度假小屋的比例為2倍，擁有筆記型電腦的比例為8倍。

在90年代中期，宜家家居(IKEA)是一家瑞典的傢俱零售商，零售店遍佈美國主要市場。它透過在電視廣告中描寫一對在宜家家居購買餐桌的同性戀夫婦為自己在市場上打開了一片新天地[89]。其他努力開發同性戀市場的公司還有美國運通、美國航空、寶齡家品[90]。美泰公司甚至出售一個名叫「耳環魔力肯」 (Earring Magic Ken)的娃娃，他穿著人造皮衣和淡紫色的襯衫，頭髮染成兩種顏色。該公司後來撤銷了這個產品，因為有報導說這個娃娃已經成為了同性戀男性的寵物[91]。目前以同志為對象的行銷活動例子包括：

● 由於意識到同性戀消費者在線上也相當活躍，旅遊入口網站「Orbitz」推出了男女同志專用的網站版本，以著名同志渡假勝地如棕櫚泉、加州地區，與麻州的普羅文斯鎮(Provincetown)為號召，同時提供同志攜帶小孩一同旅行的各種建議。Orbitz一位主管表示，網站男同志區單月瀏覽率就接近10萬人次，這些訪客會訂購行程的比例比該網站其他部分的訪客高出50%[92]。

● 維康(Viacom)集團的有線頻道部門「音樂電視網」(MTV Networks)與Showtime正在發展一套計畫，開辦完全以同志觀眾為對象的有線頻道。根據維康集團的研究指出，同志觀眾佔了擁有電視家庭數的6.5%[93]。

● 首位在漫畫中出現的同志主人翁，在2002年末正式和讀者見面了。漫畫《綠燈籠》(Green Lantern)中的傑瑞(Jerry)，正是打擊同性戀觀念的犧牲者。創造該漫畫其中一位作者表示：「我們賦予傑瑞的命運非常近似布蘭登‧提納(Brandon Teena)與馬修‧薛柏(Matthew Shepard)受的苦難。」提納是內布拉斯加州一位女扮男裝的女性，1993年遭到殺害；薛柏則是就讀懷俄明大學的男同志學生，1998年某天他受到毆打，被綁在一根柱子上，施暴者隨後棄他不顧，任由他傷重死亡[94]。

不僅是男同性戀者，女同性戀消費者近來也逐漸成為文化關注的中心。也許「女同性戀時尚」這股潮流的出現在一定程度上應歸因於那些眾人矚目的偶像，如網球明星娜拉提洛娃、歌手凱蒂蓮和瑪麗莎‧伊瑟里奇、演員艾倫‧狄珍妮和安海契。一項由女同性戀導向雜誌《女友》發起

Valerie instructed her assistant, "If Natasha calls, give her the cell phone number, but if it's some girl named Cheryl …voicemail."

Alizé ~ An alluring blend of fine French cognac and passion fruit juice. Served chilled, mixed or on the rocks.

這則白蘭地廣告以女同志為訴求對象。(Courtesy of Cognac L&L)

的讀者調查發現，女同性戀中54%有專業性／管理性工作，57%有伴侶，22%有孩子。但是，女同性戀者很難做到完全和男同性戀一樣，因爲她們不願意聚集在市鄰或酒吧裏，看的同性戀出版物也沒男同性戀者多。因此有些商家轉而選擇關注女性棒球比賽和女性音樂節等活動[95]。美國運通、蘇聯紅牌伏特加(Stolichnaya vodka)、大西洋唱片公司(Atlantic Records)和Naya瓶裝水都在女同性戀出版物上刊登了廣告（一則關於美國運通旅行者雙人支票的廣告展示了一張支票上的兩個女性簽名）。研究發現，女同性戀者擁有一輛轎車的可能性比普通消費者大4倍，美國的速霸陸汽車已決定大力開發這個市場。

身體形象

外表是個人自我概念的重要部分。**身體形象**(body image)指消費者對生理自我的主觀評價。和整體自我概念一樣，這種形象也並不一定很準確：男性會認爲自己比實際上更強壯，而女性也經常會抱怨自己過胖，儘管事實並非如此。行銷策略常常利用消費者對外貌的不安全感來強化他們扭曲身體形象的傾向，造成現實和理想身體自我之間的差距，從而激發消費者產生購買那些能縮小這個差距的產品和服務的需求。實際上，Glamour Shots照相連鎖公司的成功可以追溯到普通人對於成爲超級模特的幻想——至少可以體驗1到2個小時。

個人對身體的感受指的就是**身體投注**(body cathexis)。投注指某些物體或觀念對於個人在情緒上的重要性，以及更接近自我概念核心的身體某些部分。一項有關年輕人對於身體感受的研究發現，他們大都對自己的頭髮和眼睛比較滿意，而腰部則是最不滿的部位。這些感受往往還與修飾物的使用相關。對自己身體滿意度越高的消費者就越頻繁地使用那些「修飾性」產品，如髮膠、吹風機、古龍水、面部古銅色化妝品、牙齒漂白劑和浮石皂等[96]。

▶ 美的典範

一個人對自己在他人面前展現形象的滿意程度，受到實際形象和文化欣賞的形象間一致性程度的影響[97]。美的典範(ideal of beauty)是指外形方面的某個特定模範或是「典型」(exemplar)。無論是男性還是女性，美的典範既包括生理特性（如胸部大小、有沒有鼓鼓的肌肉塊），也包括服裝式樣、化妝、髮型、膚質（蒼白還是褐色）以及體型（苗條的、運動的、性感的）等等。

美是放諸四海皆準的嗎？

近來研究顯示，人們對某些生理特性的偏愛是遺傳上預先就「埋」好的，而且可能舉世皆同。特別是人們似乎喜歡那些和健康、年輕有關的特性，或與生殖能力和力量相聯的屬性，包括大眼睛、高顴骨和尖下巴。另一個被不同種族和人種共同用來判斷性吸引力的線索，是一個人臉部特徵的和諧對稱性。一項研究發現了這樣一個事實，有良好臉部對稱性的男女性，比有不對稱特徵的男女性早3～4年開始性生活。

男性更可能把女性身材視為一種性刺激物，從理論上來解釋就是，女性的曲線提供了生殖潛力的證明。在青春期，一個典型的女性會在臀部和大腿等處增長35磅的「生殖性脂肪」，這些脂肪提供了8萬額外的卡路里以滿足懷孕期間的需求。大多數有生殖能力女性的腰臀比是0.6～0.8，這一形狀類似沙漏，且碰巧也是男性眼中最優的比例。即使人們對整體體重的偏好隨著時間而變化，但腰臀比仍穩定維持在這一比例上。圖5.1即顯示腰臀比增加或減少時身體形象的變化。即便是超級瘦的模特兒Twiggy，比例也是0.7398。其他受到積極評價的女性特徵還包括高於平均水平的前額、較厚的嘴唇、較短的下巴以及較小的臉頰和鼻子。

相反地，女性喜歡男性有寬而短的臉龐，這是男性荷爾蒙高度集中、展現力量的標誌，以及突出的前額、稍重於平均水平的體重。一項研究發現，實際上這些偏好在女性生理週期的不同階段會發生變化。在一次研究中，日本和蘇格蘭的女性瀏覽了一系列電腦合成的男性臉孔照片，這些照片依照下巴大小和眉骨突出程度等面向進行系統變化[99]。當研究中的女性處在月經期時，她們偏愛厚重而有男子氣的容貌，但這些選擇在一個月的其他時間中則會發生變化。

當然，對臉部進行「包裝」的方式仍然不斷推陳出新，而這正是行銷人員的切入點：在決定某一時點上何種類型的美最受歡迎時，廣告和其他形式的大眾媒體

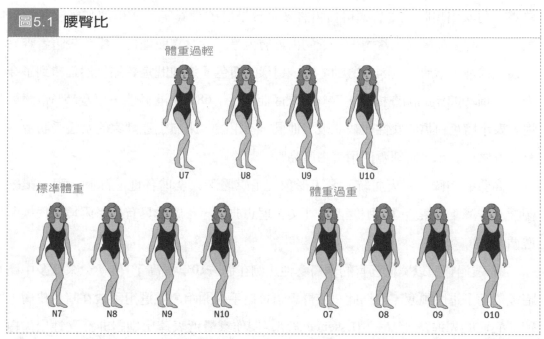

> 圖5.1 腰臀比

體重過輕

U7　　U8　　U9　　U10

標準體重　　　　　　　　體重過重

N7　　N8　　N9　　N10　　　O7　　O8　　O9　　O10

資料來源：*Newsweek* (June 3, 1996): 65 ©1996 Newsweek, Inc. All rights reserved. Reprinted by permission.

扮演著非常重要的角色。美的典範起了一種文化準繩的作用。消費者把自己與某些標準（通常是時尚媒體所提倡的）相比較，一旦不符，就會對他們的外貌感到不滿，而不滿的程度取決於與那個標準不相符的程度[100]。

這些文化形象經常以一種文化速記的形式加以概括。我們可能會說「蕩女」、「鄰家女孩」或「冰雪女皇」，或者會提到一些代表了某種理想的特定女性，如珍妮佛・洛佩茲、葛妮絲・派特洛，或已故的戴安娜王妃[101]。對男性的類似描述有「運動員」、「漂亮男孩」、「書蟲」或「布萊德・彼特型」或「衛斯理・史耐普型」等等。

西方美的典範

所謂的美麗不光是美學問題——人們會透過膚色深淺與眼睛形狀，去研判一個人的社會地位、專業能力與人緣。這是我們社會化過程中的一環，往往牽扯到政治與社會議題：弱勢文化的成員往往會接受強勢文化的普遍美觀標準，希望達到這些標準來認同強勢文化。

在馬來西亞一則電視廣告中，迷人的女大學生得不到鄰座男孩的青睞。「她很漂亮，」這個男孩心想：「只可惜……」後來，女孩使用聯合利華出品的旁氏美白霜，再次出現時，皮膚顯得白皙許多。於是男孩訝異了：「以前怎麼沒注意到她？」在許多亞洲文化當中，先天的白皙膚色等同於財富與地位。膚色較暗者容易被人視為勞工階層，是因為勞動才曬成這樣的膚色。這種既定認知依然延續到了今天，一項2002年的調查指出，74%馬來西亞男性、68%香港男性，以及55%台灣男性，表示膚色白皙的女性比較能吸引他們。不用說，來自上述國家的女性受訪者，有三分之一表示平時都會使用美白產品[102]。

高雅的美國（白人血統）名人形象經由媒體深入全球各地。渾圓大眼、纖細柳腰、雄渾雙峰與金髮碧眼等西方「美」理想典型，正廣為具有以下困境的民族所遵循：

● 透過整型以美化五官的非裔女性比例在過去10年提高了1倍。愈來愈多中產階級帶動了這股風潮，因為此一族群可以負擔手術開銷，並選用不會在暗色皮膚上留下疤痕的先進技術。一位Essence雜誌專欄作家最近表達出她對非裔女性崇尚白人特徵的關切，她認為這些女性「認同一個宰制女性理想典型的文化」[103]。

● 幾年前，一位名為辛蒂‧柏布里姬(Cindy Burbridge)的模特兒，為麗仕與歐米茄(Omega)產品擔任泰國代言人，成為泰國有史以來第一位藍眼睛的泰國小姐。柏布里姬是泰國新混血世代的一員，這群混血兒已成為泰國時尚與娛樂事業的寵兒。人們逐漸捨棄圓臉、彎眉與小嘴等傳統泰國特徵，轉而擁抱西方理想典型。許多人購買藍色隱形眼鏡，好讓自己更亮麗。泰國一項民意調查請受訪者選出泰國最性感的男性與女性，前九名中有七位是多族裔混血[104]。

● 年復一年，在本國佳麗選拔中脫穎而出的奈及利亞小姐，總是在世界小姐選拔中敬陪末座。當地選美主辦者眼看就要放棄，不認為非洲裔小姐有機會贏得西方佳麗雲集的選拔。後來，2001年的奈及利亞小姐雅芭尼‧達芮哥(Agbani Darego)卻奪得了世界小姐后冠。她是世界小姐選拔51年來首位摘得后冠的非裔女性。不過此一榮耀包含著些許不解：這位甫出爐的世界小姐並不擁有非洲文化所稱頌的標準身材。在西非與中非地區，崇尚女性身材碩大，許多選美參賽者的體重超過200磅。在尼日，女人通常食用飼料或特殊維他命來增大體型。在奈及利亞東南卡拉巴利(Calabari)地區，準新娘會被送進增胖農莊，在那裡大量進食，以按摩將身材按成渾圓。幾週之後，身材飽滿豐腴的新娘會光榮地在村子裡的廣場遊行[105]。正如一

位非洲居民的解釋：「胖表示富貴。瘦表示妳什麼都沒有，只有貧窮、愛滋病以及其他疾病、悲苦與飢餓。」對比之下，達芮哥小姐身高6呎，骨感瘦削。老一輩的奈及利亞人一點也不覺得這位優勝者有何魅力，有些人挖苦她是黑皮膚的白人。不過，年輕人的想法可不同了。對她們來說，瘦才正點。在奈及利亞拉哥斯(Lagos)，瘦女孩被稱為「雷帕」(lepa)，甚至有以此為名的流行歌曲。一部名為《雷帕尚諦》(Lepa Shandi)的電影歌頌了新的身體美學，片名的意思是指一位女孩苗條得像紙鈔一樣薄[106]。

　　• 在漢城當整型大夫很好賺。許多韓國女性去隆鼻、削顎骨、拉寬雙眼距離，以追求西方美典範。最新的風潮是腿部整型，將韓國女性普遍較粗的小腿變細，以追求西方名模的修長雙腿[107]。

不同時期的美的典範

　　雖然外形美可能很膚淺，但綜觀歷史，女性卻一直為了得到它而費盡心思。她們忍饑挨餓，痛苦地裹腳，在嘴唇裏嵌入矽膠，把數不清的時間花在吹頭髮、照鏡子、日光浴上，並且進行胸部增大或縮小手術來改變外形，以迎合社會對美女的期望。

　　回顧以往，不同歷史時期都以某一特有的「外貌」或美的典範為特色。美國歷史甚至可以以一系列在不同時期占主導地位的理想形象來描述。例如，與今天強調健康和活力截然不同的是，在19世紀早期，看上去纖弱甚至帶有病態是當時的時尚。詩人濟慈把那個時期的理想女性描述為「一隻像牛奶般潔白、低聲尋求男性保護的小羔羊。」其他的代表還有莉莉安·羅素(Lillian Russell)所代表的豔麗且充滿活力的女性，1890年的運動型「吉布森女孩」(Gibson Girl)，以及20年代以克萊拉·寶兒(Clara Bow)為代表無拘無束男子氣十足的女孩[108]。一項研究用社會經濟指標比較了1932～1995年之間大眾最喜愛的女演員。當經濟情況比較差的時候，人們偏愛有小眼睛、瘦臉頰和大下巴等成熟女性特徵的女演員；而當經濟形勢良好時，大眾歡迎有大眼睛和圓臉頰等孩子特徵的女演員[109]。

　　在19世紀大部分時間裏，美國女性最佳的腰圍是18吋，為了達到這個尺寸所用的胸衣非常緊，以至於那個時期的女性經常感到頭疼、呼吸困難，甚至發生子宮和脊椎的功能紊亂。雖然現代女性沒有受到這樣的「束縛」，但許多人仍然忍受著高跟鞋、脫毛、整形和抽脂這些有傷尊嚴的行為。再加上在化妝品、服裝、健康俱樂部和時尚雜誌上數不清的花費，所有這些都提醒我們──不管是對還是錯──與當前美麗標準保持一致的渴望仍然充滿生機和活力。

西方女性對理想身材的觀念隨著時間發生了根本性變化，這些改變導致了兩性性別標誌(sexual dimorphic markers)──那些使兩性間有明顯區別的身體部分──重新組合。例如，根據歷屆美國小姐的身高和體重資料，營養專家得出許多美女皇后都排在營養不良一欄裏的結論。20年代，美國小姐競爭者的身體質量指數(body mass index)在20～25之間，是現在的正常標準。從那以後，越來越多優勝者的指數都低於18.5，而這個數字是世界健康組織規定營養不良的標準[110]。類似的結果出現在一項針對近50年來《花花公子》雜誌寫真女郎演變的研究中。研究發現，自從瑪麗蓮‧夢露以其37-23-26的玲瓏身材為創刊號寫下難忘風采，至今花花公子女郎逐漸不走窈窕體態路線，而增添了中性氣質。然而該雜誌一位發言人評論：「隨著時代演變，女人開始擁有運動員般的身體，與商場職涯的關係更密切，也開始懂得健美與養生。她們的身體改變了，我們隨之反映這個趨勢。不過只要是明眼人，我想還不至於有人會認為她們雌雄同體。」[111]這話很貼切。

我們還可以根據面部特徵、肌肉和髮型來區分那些男性偶像──誰會把湯姆‧克魯斯和喬治‧克魯尼搞混呢？實際上，近來一項要求全體男性和女性對男性外貌

這則1951年的可樂廣告，說明了當年人們內心的女性理想典範。(Courtesy of The Coca-Cola Company)

各方面進行評價的全國性調查發現，男性美的主要標準是強壯、男子氣而有肌肉的身體——雖然女性普遍希望男性肌肉不要被鍛練地那麼巨大[112]。看來廣告商似乎也有自己的男性理想形象——近來一項關於廣告中男性的研究發現，大多數廣告還是在炫耀刻板印象中強壯而男性的體形[113]。

▶ 塑身

由於許多消費者被鼓勵去模仿某些偶像的外形，因此他們經常會為了改變生理自我的各個方面而竭盡全力。從化妝到整形手術，從日光浴沙龍到減肥飲料，各式產品和服務都直接針對消費者改變或保持體形的需求，以獲得令人滿意的外表。對於許多行銷活動而言，無論怎樣誇大生理自我概念（和消費者改進外表的渴望）的重要性似乎都不足為過。

肥胖主義

「你永遠都不可能太瘦或太有錢」這句話反映出我們的社會對體重有一種執迷，甚至小學生都說寧願殘疾也不願變得肥胖。變得苗條的壓力不斷受到廣告和同儕的強化，美國人尤其關注他們的體重。我們不斷地受到苗條又快樂形象的轟炸。在一項針對12～19歲女孩的調查裏，55%的人說她們「一直」看到那些使她們產生減肥欲望的廣告[114]。

雖然美國人對瘦的迷戀舉世聞名，不過這種迷戀正在蔓延，媒體呈現的身材標準顯然扮演了推波助瀾的角色。舉其他地方為例，在斐濟傳統文化中，女性的身材標準，嚴格一點該講是粗壯。斐濟女人如果開始瘦下來，就會引起眾人關切，以為是某種病徵。幾年前，斐濟人開始收看衛星頻道放映的外國節目，如《飛越情海》(Melrose Place)與《飛越比佛利》(Beverly Hills 90210)等影集。如今颳起瘦風，斐濟的女孩們飲食開始不正常。一項研究發現，每週收看電視超過三晚的青少年，認為自己比一般女孩胖的機率高出其他同齡少女50%。受訪者舉出海瑟‧拉克里爾(Heather Locklear)等角色，表示這些人讓她們開始立志改變身材[115]。

還可以參考的另一個案例是中東。和斐濟一樣，埃及人傳統上覺得女人長得圓一點好，該國的肚皮舞傳統助長了這種美學。誰知道現在瘦身飲食當道。埃及電視單位的主管宣佈體重過重的新聞女主播必須在3個月裡甩掉多餘的肉（一般是減掉10到12英磅體重），否則就準備捲鋪蓋走路。埃及第一夫人蘇珊妮‧穆巴拉克(Suzanne Mubarak)則走訪各校園宣導瘦的好處。埃及的廣告也頻繁啟用骨感、金髮、膚色較白的模特兒，把商品賣給全然不是長這樣的消費大眾。一位薩米雅‧阿魯芭(Samia Allouba)的女企業家可以說是埃及版的珍芳達(Jane Fonda)。阿魯芭所銷售的是居家運動與節食教學錄影帶，主持了一個每週播出兩回的節目，透過衛星頻道讓中東地區數百萬的潛在觀眾收看。當然，珍芳達當年從不需面對現在阿魯芭所遇到的障礙。冒著觸動回教敏感神經的風險，阿魯芭與女性來賓在節目中穿著韻律服做運動，即使示範的是有氧運動，但中東女性可沒人敢隨著大口喘氣[116]。

　　這些外貌標準有多少真實性呢？時尚的洋娃娃，如無處不在的芭比娃娃，強化了一種對於消瘦的不自然理想。如果把這些娃娃的三圍推斷成真實女性的平均尺寸，就會瘦長得不自然[117]。如果傳統的芭比娃娃是真實的女性，那麼她的尺寸應該是38-18-34！1998年，美泰公司對芭比娃娃做了「整形」手術，使她的胸部不那麼高聳，臀部更加纖細，但她仍然不是一個矮胖的娃娃[118]。後來出現的芭比娃娃身材比較健康和自然，有較寬的臀部和較小的胸，而且第一次有了肚臍[119]！

　　美泰兒從事此一改變的理由之一是為了因應其他的競爭品牌，這些品牌推出身材比例較貼近現實世界的娃娃，以滿足大眾的普遍期望。愛美(Emme)是根據擁有豐滿身材的超級名模所設計的時尚娃娃，甫上市即銷售一空。我們如果去瀏覽愛美的官方網站，可以讀到她對自己體重狀態的滿足：「經過這麼多年不斷地抱怨我的膚質，經歷你所能想像的嚴酷節食，沒有什麼比脫離這一切更輕鬆了。我知道自己沒有瘋……數百萬計其他男女也是這樣……我已經學到這些年努力去符合他人心中對美的理想標準，我應該學到的是自己的樣子就是最美的樣子，只要我懂得照顧自己。」[120]

　　Lane Bryant是專門提供大尺碼身材女性產品的零售商。他們也在一次廣告活動中傳達了類似的訊息。該公司邀請了HBO影集《慾望城市》中的角色「大人物」(Mr. Big)代言，由演員克里斯‧諾斯(Chris Noth)飾演的這位斯文「大人物」，在廣告中與好幾位「大一號」的模特兒一起歡躍[121]。Lane Bryant細心經營出一種時髦形象，讓影集《律師本色》女星坎琳‧曼海姆(Camryn Manheim)等名人展現全身風采，擔任產品的模特兒。該連鎖事業推出性感內衣，宣傳詞寫著「大尺碼女孩把良宵要回來」(Big girls take back the night)。該公司一位主管表示：「如果今天秋季流行的是短袖橫紋毛衣，要把這個賣給我們顧客可也是項挑戰。不過還是不要比較好，不然穿起來會像灌香腸。」[122]

如今，許多消費者還是一心想達到極不實際的理想體重，有時她們所倚賴的依據是保險業者編繪的身高體重對照表。這些圖表往往已經過時了，因為這些數字並沒有納入目前的一些現實條件，如人們骨架變大了、肌肉更發達了，還有年齡和身體活動

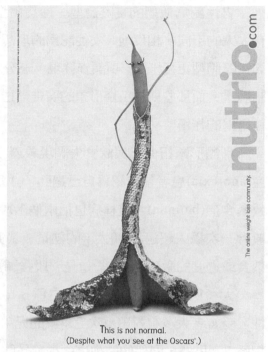

This is not normal.
(Despite what you see at the Oscars'.)

這則瘦身網站的廣告點出媒體往往給人們一種對標準身材不切實際的期待。 (Courtesy of Nutrio.com Inc.)

的程度。不過，儘管這些刀片般薄的名模讓人打心底肅然起敬，大家對於身材保養也不見得用心：2002年，美國疾病管制局(CDC)的報告指出，60%美國人體重過重，每4人裡就有超過1位是胖子[123]。

身體形象的扭曲

不幸的是，有些消費者將自尊與外表的相關性嚴重誇大了，並付出巨大代價來獲得他們認為理想的體型。女性比男性更容易注意到媒體中宣揚的「身體品質反映自我價值」的資訊，所以毫不奇怪，大多數身體形象扭曲現象都發生在女性中。這些文化資訊無處不在——如果一家日用品連鎖店進行的一項研究可靠的話，那麼這甚至存在於超市中。英國最大的超市特易購(Tesco)的經理很困惑地發現，大個的、2磅2盎司的瓜賣得不太好，但如果用小一點的、1磅3盎司的瓜來替換這個產品時，銷量就增加了。在揭示這個奇怪現象的研究中，七成以上的女性提到不選擇較大水果的原因是避免產生和她們胸圍的不快比較[124]。

男性認為他們的實際體型、理想體型和對女性最有吸引力的體型三者之間沒有太大的不同。相反地，女性認為的理想體型和對男性最有吸引力的體型都比她們的實際體型更瘦[125]。一項調查發現，三分之二的女大學生都借助不健康的行為來控制體重。而那些傳播苗條形象的廣告則透過喚起她們對體重的不安全感而強化了這種行為的作用[126]。

身體形象扭曲已與飲食失調現象產生聯繫，在年輕女性中更特別普遍。厭食症(anorexia)患者往往認為自己過胖，並為了變瘦而使自己挨餓。這種情況經常導致暴食症(bulimia)，這種病包括兩個階段。首先是暴飲暴食（通常是私下的），一般會一次攝入超過5,000大卡的熱量。暴飲暴食之後是誘發性嘔吐、濫用腹瀉劑、禁食或過度的激烈行動——這是一段強調女性控制意識的「清除」過程。

大多數飲食失調患者都是白種、中產階級以上的年輕人，或學齡的年輕女性。受害者大多有對體重吹毛求疵的兄弟或父親，而且這種紊亂還和性虐待的歷史相關[127]。另外，同伴的鼓勵也會誘發暴飲暴食。運動隊、啦啦隊和女生聯誼會等團體可能會對暴飲暴食持正面評價。一項關於大學女生聯誼會的研究發現，暴飲暴食在群體成員中的流行更導致了這種行為的增加[128]。

雖然90%的年輕飲食失調患者都是女性，但身體形象混亂在男性中的廣泛分布可能要比人們想像的大得多。精神病學家提出了身體畸形性疾病（body dysmorphic disorder，一種不能自拔地認為外表有缺陷的困擾）在年輕男性（平均發作年齡是15歲）的增加，這種障礙症狀包括過度照鏡子，以及試圖掩蓋想像中的缺陷。男性飲食失調在馬術師、拳擊手和運動員等必須遵守體重標準的人群中也很常見[129]。

和女性一樣，男性也會受到那些鼓吹不合乎現實體格的媒體形象和廣告的影響。例如，考慮一下，如果把早期的特種兵玩具(GI Joe)的身材放到一個5呎10吋高的真人身上，他將有32吋的腰，44吋的胸和12吋厚的二頭肌。或者再來想想蝙蝠俠的身材：假如這個超級英雄來到現實中，他會為他30吋的腰、57吋的胸寬和27吋的二頭肌而自豪[130]。神聖的類固醇，羅賓！

整形手術

越來越多的消費者選擇進行整形手術來改變糟糕的身體形象或僅僅是改善外

表[131]。實際上，人們有興趣對身體的任何部分進行整容手術。例如，肚臍重造在日本是一種流行的整形手術。肚臍在日本文化中是一個很重要的部分，媽媽經常會把孩子的臍帶保存在木盒裏。在日本，「彎肚臍」(bent navel)代表愛發牢騷的人，而表示「讓我休息一會兒」的一句話可以翻譯成「是，我在我的肚臍裏泡茶。」孩子中間流行互罵的一句話是「你媽媽的肚臍長在身體外面」[132]。

美國人的興趣通常集中在別的部位。美國成人中有6%以上進行過整形手術，而這個數字在1990～1999年之間增長了8倍[133]。而且接受手術的不再僅是女性了。男性現在在整形手術中占了20%，而做過整形手術的男性人數在1996～1998年之間增長了大約34%，最普遍的是抽脂術。其他受男性歡迎的手術還有植入矽胸肌（為擴大胸部），甚至是腿部填充以撐大「雞腳」[134]。

隆胸

特易購超市中的女性用品商店證明，我們的文化傾向於把胸圍等同於性吸引力。一家內衣公司的消費者調查能夠清楚說明胸圍對自我概念的影響。當調查中的研究群體被要求考慮與胸罩有關的內容時，一位分析員注意到，胸部較小的女性在討論這個主題時一般都會作出帶有敵意的反應。而當參與者談到並抱怨她們被那些時尚產業所忽視時，她們會下意識地用手臂掩蓋住胸部。為了迎合這種被忽略的需求，這家公司推出了一種名叫「A-OK」的A罩杯。一個新的市場區隔誕生了。

部分女性選擇去隆乳是因為覺得胸部大比較有吸引力[135]。雖然這類手術因為副作用頻繁而常受爭議，但我們還看不出來這些潛在醫療問題是否打消了為數眾多的女性想藉著隆乳讓自己（感覺上）更女人的主意。同時，許多業者正在推廣免手術的豐胸方法，也就是能讓乳溝更明顯的魔術胸罩。這些產品提供「加強乳溝效果」功能，也就是運用金屬線與內襯墊來創造女人希冀的動人胸型。

▶ 身體修飾和身體傷殘

在每一種文化裏，身體都會以某種方式被修飾或改變。對自我的修飾經常出於以下目的[136]：

- 區別群體成員與非成員：北美的切努克印第安人把新生兒的頭夾在兩塊木

板間整整一年，以期永久改變它的形狀。在我們的社會裏，青少年都不遺餘力地採用獨特的髮型和服裝，以示自己與成人的區別。

● 將個體置放於社會組織中：許多文化都有成人儀式，男孩透過這種儀式象徵性地成爲男人。迦納的年輕男子在身上塗上白色斑紋來模仿骨架，以象徵兒童身份的死亡。在西方文化中，這種儀式可能會包括某些形式的輕度自殘，或從事一些危險的活動。

● 將個人置於某個性別範疇中：南美的Tchikrin印第安人把一串珠子嵌入男孩的嘴唇裏以使嘴唇增大。西方女子塗唇膏來增加女人味。世紀之交，小嘴很流行，因爲代表著女性的順從角色[138]。到了今天，大而紅的嘴唇則富於挑逗性，並暗示著強烈的性特徵。一些女性，包括許多著名的女演員和模特兒，接受了膠原注射或嘴唇填充術，來製造一個大而噘的嘴唇（模特兒界稱爲『活力嘴唇』）[139]。

● 增加性別角色的認同感：現代社會對高跟鞋的使用，可以和傳統的東方人裹腳以增加女人味的行爲相提並論。高跟鞋被足科醫生一致認爲是導致膝蓋和臀部問題、背疼和疲勞的主要原因。如一位醫生的評論：「當女性回到家的時候，都恨不得立刻脫下高跟鞋。但即使世上每一位醫生從現在到世界末日一直呼籲女性脫下高跟鞋，她們仍然不會聽話。」[140]

● 象徵期望的社會行爲：南美的Suya人佩帶耳飾，以強調恭敬和服從在文化中的重要性。在西方社會裏，某些男同性戀者可能會在左耳或右耳佩帶耳環，來表明他們在這個關係裏偏好服從還是支配的角色。

行銷陷阱

「請問薯條要加大嗎？」美國人普遍肥胖的一個理由，很明顯就在我們眼前：大家的餐飲愈吃愈大份。雖然許多人會把加大份量的觀念怪到速食店頭上，但新出爐的研究結果卻顯示，大家在家裡也吃得一樣多。營養學家認為，我們在外用餐時已經習慣點大份的餐點，於是逐漸忘記自己吃多少剛好。以美國民衆在家自製的起司漢堡為例，平均一個漢堡的重量，已由1977年的161.6公克增加為1996年的238.1公克。大家外食時點用的一般飲料，每杯的份量已經從387.7毫升增加到591.7毫升。每餐所食用的鹹口味點心，平均份量則由28.35公克增加為45.36公克[137]。

● 象徵高地位和等級：北美的Hidate印第安人身著羽毛飾物來顯示他們已經殺死多少人。在我們的社會裏，有些人即使眼睛沒有問題，也帶著鏡片明亮的眼鏡來提高知覺地位。

● 提供一種安全感：消費者經常帶幸運符、護身符和兔子後腿（作爲幸運的象徵）等來保護不受「凶眼」（evil eye)的侵擾。某些現代女性在脖子上帶一個「鱷魚哨」(mugger whistle)，也是同樣的功能。

紋身

紋身——無論是暫時性的還是永久性的——都是一種流行的身體修飾形式。身體藝術能夠向旁人傳達關於自我的某些方面資訊，並可能引起某些其他類型身體彩繪在原始文化中扮演的類似作用。紋身（Tattoo，來自大溪地島語言中的ta-tu）深深地紮根於民間藝術中。直到現在，紋身的形象還都是很粗糙的，大都是死亡標誌（如骷髏頭）、動物（特別是豹、鷹和蛇）、性感美女或者武器圖案。最近的流行趨勢則包括科幻小說主題、日本的象徵符號以及部落的圖案。紋身被認爲是表達自我敢於冒險一面的比較沒有風險的一種方式。紋身和那些社會遺棄者有很長的歷史淵源。例如，在6世紀的日本，罪犯的面部和手臂會紋上圖案作爲辨認。與此類似的還有19世紀的麻州犯人以及20世紀集中營的戰俘。飛車黨和日本幫會成員等邊緣群體經常使用這些符號來表達群體身份和團結。

現在，刺青已成爲展現自我冒險性格一種相當安全的方式。最近的一種趨勢是，中年女性也開始嘗試刺青，把重要生日、離婚、或終於自由之類值得紀念的人生里程碑刺在身上做紀念。如今刺青設計已經成爲時尚，不僅只是反叛

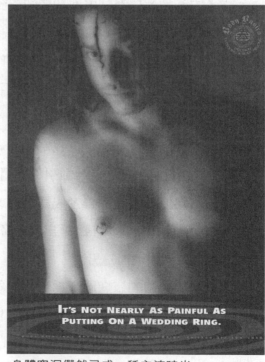

IT'S NOT NEARLY AS PAINFUL AS PUTTING ON A WEDDING RING.

身體穿洞儼然已成一種主流時尚。(Courtesy of Body Basics)

的象徵，尤其每十個美國人就有一人身上有刺青[141]。你還在等什麼呢？

身體穿孔

用各式金屬插入物來修飾身體的行為同樣也來自某些邊緣群體的做法，而後成了一種流行的時尚聲明。身體穿孔曾經是西海岸的地下時尚，推動它成為主流的最初動力要歸功於史密斯飛船(Aerosmith's)在1993年的音樂錄影帶「哭泣」，艾莉西亞·席維史東在裏面就帶著臍環並有紋身[142]。穿孔可以是在肚臍上穿一個鐵環，也可以是頭皮植入，就是把金屬環嵌入到頭骨中（千萬不要在家裏嘗試這個！）。《穿孔愛好者國際季刊》等出版物的發行量正在劇增，而此類網站更吸引了無數的追隨者。

摘要

消費者的自我概念是對自己態度的反映。無論這些態度是積極還是消極，都有助於引導購買決策：產品可以用來支援自尊或「獎賞」自我。

許多的產品選擇都是由消費者知覺到他的人格與產品屬性間的相似性而決定的。象徵互動論對自我的觀點說明了每一個人實際上都有許多個自我，因此需要一系列不同的道具來扮演不同角色。除了身體以外，還有很多東西可以被看做自我的一部分。珍愛的東西、汽車、住所，甚至是對運動隊和國家紀念碑的寄託。當這些融入延伸自我時，都可以用來界定自我。

個人的性別角色認同是自我定義的一個主要部分。關於男子氣和女人味的概念大部分是由社會所塑造的，並引導人們去獲取「性別類型」的產品和服務。

廣告和其他媒體在消費者成為男性或女性的社會化過程中扮演著重要角色。雖然傳統女性的角色長期不斷地出現在廣告中，但這種情況正在發生變化。媒體也不再總能準確無誤地描繪男性了。

個人關於身體的概念同樣為自我形象提供回饋。一種文化傳播一種特定的美的典範，而消費者為了達到這些標準竭盡全力。許多消費者活動都涉及改造身體的行為，無論是透過節食、整形手術、穿孔還是紋身。

當人們過於賣力想達到文化典範的標準時，這些活動就走向了極端。其中一

個普遍表現就是飲食失調，一種執迷於變瘦的疾病（被變瘦的想法所困擾的疾病），尤以女性為甚。

身體修飾或身體傷殘也許能夠區別成員與非成員、在一個社會組織或性別範疇中標誌個人的地位或等級（如同性戀），或甚至提供一種安全感或幸運感的作用。

思考題

1. 某種自我意識狀態和正在試衣間裏試穿服裝的消費者會有什麼聯繫？在鏡子前打扮炫耀的行為會改變人們評估產品選擇時依據的動態系統嗎？為什麼？

2. 行銷人員鼓勵消費者沉迷於自我是道德的嗎？

3. 列出描述自我概念的三個面向。

4. 比較和對比真實自我和理想自我。列出在考慮購買產品時會將每類自我列入參考點的三種產品。

5. 觀看一系列特寫男性或女性的電視廣告。試著想像一下用異性來扮演這些角色，如男性部分由女性來扮演；反之亦然。你能夠在關於性別類型行為的假設中看到什麼不同嗎？

6. 迄今為止，大量針對同性戀的廣告都刊登在同性戀專有媒體上。如果由你來做決策，面對同性戀這個人口的重要組成部分，你會考慮使用主流媒體來影響他們嗎？或者，考慮到目標市場的某些成員對這一問題的強烈反對態度，特別是當產品（如煙酒）從某些方面來看被認為是有害時，行銷人員需要把同性戀獨立區隔出來嗎？

7. 你同意行銷策略存在男性導向偏見的傾向嗎？如果是這樣，會為特定的行銷活動帶來什麼可能的後果呢？

8. 構思一篇關於某個朋友或家庭成員的「消費傳記」。為他最愛的所有物品列一張清單或拍一組照片，看看你或其他人是否能夠僅根據這份清單提供的資訊描述出他的個性來。

9. 某些消費者保護者反對在廣告中使用過瘦的模特兒，認為這些女性鼓勵其他人為了獲得「流浪兒」的形象而忍饑挨餓。其他評論者則反對，認為媒體塑造行為的能力被高估了，而認為人們沒有能力區分幻想和現實是對他們的侮辱。你認為呢？

10. 訪問一些竊盜案的受害者，或在洪水、龍捲風或自然災害中失去了個人財產的人。他們是如何重建財產的？失去財產對他們有什麼影響？

11. 找一些其他的自尊廣告案例。評估這些訴求的作用——「讚美使你無往不利」這句話是真的嗎？

12. 性可以成為賣點嗎？顯然例子俯拾皆是，不論平面、電視或網路廣告都可以看得到性的主題。內衣業者維多利亞的秘密(Victoria's Secret)在網路上播出極受爭議的超性感內衣秀（在超級盃足球賽播出過這場秀之後），在網站不荷負載當機之前，共有150萬名訪客上站觀看。當然，業者自己也承受了一些風險，畢竟該公司的銷售有90%來自女性。有些顧客不喜歡這種暴露女性身體的做法。一位顧客表示，她和男友在超級盃期間一同看到這支內衣秀廣告時，心裡覺得不大舒服：「不是說我被冒犯了；這只是讓我覺得自己低人一等。」或許不應該問「性是不是一種賣點」，而是要問「性應不應該用來作為賣點」才對。業者堂而皇之以性為銷售主題，你有什麼看法？你覺得這種策略是不是比較容易打動男性顧客？吸引力無與倫比的男女名模暴露身體，會不會讓我們這些「正常人」感覺不快或缺乏安全感？在什麼條件下（如果有），性可以用來作為行銷策略？

人格與生活型態

潔姬和漢克是洛杉磯某家頗具影響力廣告公司的兩位業務主管，他們正在討論要如何花那一大筆因為公司爭取到Gauntlet飾品公司這個大客戶而承諾發給每個人的獎金。他們不禁偷偷嘲笑在會計部的朋友黛比，她專心的在網上搜尋家庭劇院系統的最新動態，還計畫買一套放在家裏。真是一個懶惰蟲！漢克認為自己算是一個喜歡追求刺激的人，他打算拿獎金到科羅拉多去旅行，為時一周的高空彈跳正在那兒等著他。這是假設他還能活著回來的話，但不確定性只有快樂的一半。潔姬的想法是「在某個地方，做某件事……信不信由你，雖然我在這個地方，但我的心早已經飛到聖塔摩尼卡去衝浪了。」看來自從她看過《女衝浪者》(Wahine)——一本希望能使女性運動人數增加的運動雜誌後，她儼然已成為一個衝浪迷了。

潔姬和漢克有時會因為他們和黛比的不同而感到吃驚，黛比喜歡把休息時間花在閱讀或是一些多愁善感的老電影上。他們三人領一樣的薪水，而潔姬和黛比甚至讀同一所大學。她們的嗜好怎麼會有如此大的差別？他們認為，這就是有巧克力和香草兩種口味的原因。

人格

潔姬和漢克是會尋求新的（甚至是危險的）方法來消磨閒暇時間的典型代表。對於以提供緊張刺激(white-knuckle)體驗為特色的「冒險旅遊」業而言，這種慾望意味著巨大的商機。高空彈跳、湍流泛舟、高空跳水、登山腳踏車以及其他刺激性的體育活動目前大約占了美國休閒旅遊市場的五分之一[1]。在過去,加州海灘文化曾一度把女性降級為岸上的「Gidgets」——女孩們都坐在岸邊,而男友卻在海上乘風破浪。被那些電影《碧海情挑》(Blue Crush)裡的女衝浪手所刺激,現在因為女性而使這項運動再度流行。衝浪服裝的最大製造商Quiksilver公司,以女性衝浪設備產品獲得了龐大利益,包括一系列名為Roxy的衝浪服飾系列。Quiksilver公司也與Nextel電信公司合作推出一款手機,打開話蓋就可以看到有Roxy標誌的粉紅色螢幕,目標顧客群鎖定在年輕女孩[2]。

到底是什麼原因使潔姬和漢克與他們那個比較安靜的朋友黛比如此不同?一個答案也許就在人格(personality)這個概念中。人格是指一個人特有的心理結構以及這種結構如何能始終如一地影響個人對環境作出反應的方式。

人有人格嗎?當然我們會懷疑一些曾經遇到的人!事實上,有一些心理學家認為人格的概念並不見得成立。許多研究發現,人們看起來並不會顯現出穩定的人格。他們認為,既然人們在不同情境下的行為並不一致,那人格這個概念只不過是一個方便將人們歸類的手段而已。

以直覺來看,這種觀點實在有點令人難以接受,因為我們傾向於在一個有限的情境範圍下去看待他人,因此人們的確有穩定的行為方式。另一方面,我們都知道自己並非一直是處於穩定狀態;我們有時也許狂野、有時嚴肅、卻又熱衷於某些事物。雖然不是所有的心理學家都全然捨棄了人格這個觀點,但現今有許多心理學家都意識到,一個人的潛在特性只不過是這個謎團的一部分,而情境因素在決定行為的過程中扮演了一個非常重要的角色[3]。儘管如此,人格的某些部分還是持續地被行銷策略所運用。這些因素通常與個人休閒活動的選擇、政治觀點、審美品味及其他個人因素結合在一起,根據生活型態(lifestyle)對消費者進行區隔,在本章後段會對這種區隔過程有詳細闡述。

▶ 沙發上的消費者行為:佛洛伊德理論

佛洛伊德建立了一種觀念,說明成人人格的絕大部分源自一種基本衝突,即一種個人想滿足生理需求的願望和履行一個受尊重社會成員之職責間的衝突。這種掙扎發生在三種體系的心智運作中。(註:這三個體系並非大腦內的生理器官。)

佛洛伊德系統

本我(id)完全以直接滿足為導向——它是精神的「派對動物」(party animal)。它根據愉悅原則(pleasure principle)來行動；由基本慾望所引導的行為會使快樂最大化並避免痛苦。自我是自私且不合邏輯的，將一個人的精神能量直指快樂的活動而不考慮任何後果。

超我(superego)是本我的平衡力量。這個系統本質上是人的良心，內化了社會規範（特別是父母所傳遞的）並阻止本我尋求自私的滿足。

自我(ego)則是本我和超我間的中介系統，在某種程度上是誘惑和道德的仲裁者。自我試圖根據現實原則(reality principle)來平衡這兩股對立的力量，以一種能被外界接受的方式來滿足本我。這些衝突發生在無意識層次上，因此人們並不一定瞭解行為的潛在原因。

佛洛伊德的某些觀念已經被消費者研究人員採用。尤其是佛洛伊德的理論突顯了隱藏在購買行為之下無意識動機的重要性。這就意味著即使我們能設計一個敏銳的方法來直接詢問消費者，他們也未必能告訴我們選擇某項產品的真正動機。佛洛伊德的觀點同時也提示了這樣一種可能性：自我會依賴產品中的象徵意義，來調解本我需求和超我禁止之間的矛盾。人會透過使用象徵潛在慾望的產品來引導不被接受的慾望到一種被接受的發洩途徑中。這就是產品的象徵意義與動機之間的關連：產品代表了消費者的真實目的，而這種目的在社會中是無法被接受或達到的。藉由取得產品，人就能夠替代性地感受到品嘗禁果的味道。

有時雪茄就只是支雪茄

在行銷領域中，大多數有關佛洛伊德理論的應用都和產品的性特徵有關。例如，有一些分析師推測，跑車對許多男性而言是一種性滿足的替代品。事實上，有一些男性看起來的確對車過度依戀，會花很多時間為寶貝車清洗、打蠟。有一則Infiniti的汽車廣告強化了一種信念，就是汽車在功能需求之外，還象徵性地滿足了消費者的性需求。這則廣告是這樣描述一款車型的，「當你穿越金屬薄片和慾望時，會發生什麼事情？」

其他的研究者則是把焦點放在男性導向象徵──即所謂的「陰莖象徵」──訴求對象是女性。雖然佛洛伊德自己開玩笑說「有時候雪茄就只是支雪茄」，但佛洛伊德理論中許多普遍應用都與類似性器官的物體有關，如象徵男性性器官的雪茄、樹或是劍；象徵女性性器官的隧道。這種象徵源自於佛洛伊德對夢的解析，他把夢解釋為一種透過象徵物品來表達被壓抑慾望的途徑。

▶ 動機研究

在1950年代，**動機研究**(motivational research)觀點試圖利用佛洛伊德理論來更瞭解產品與廣告的深層意義。這種方法大部分都建立在精神分析（佛洛伊德）的詮釋上，並特別強調無意識動機。一個基本的假設是，不被接受的需求會被引導到一種可接受的發洩途徑中。

這種研究形式取決於對消費者個人進行的深度訪談(depth interviews)。以前的調查方式通常是向許多消費者詢問一些關於產品使用的一般性問題，然後將統計樣本中具有代表性的消費者回應綜合起來。與這種方式不同的是，深度訪談技巧所需要的消費者相對較少，但卻會對每個人的購買動機作非常深入的調查。一次個人深度訪談可能需要花上幾個小時，並且假設受訪者無法立刻清楚地說出自我潛在或隱含的動機，只有透過延伸提問和有經驗採訪者的詮釋才能得知這些動機。

最早開始這項工作的歐尼斯特‧迪希特(Ernest Dichter)，是一位20世紀初在維也納接受訓練的精神分析學家。迪希特為超過230種不同產品進行了深度訪談，而許多發現已被運用到實際的行銷活動中[4]。例如，埃索石油公司（Esso，現在是Exxon）長期以來一直提醒消費者要「在你的油箱裏放一隻老虎」。之後，迪希特發現老虎這種凶猛且具有性感模糊低音的動物，具有讓人們產生良好反應的象徵意義。表6.1是運用這種方法辨識出的主要消費動機結果。

動機研究受到了正反兩派的夾擊。有些人覺得動機研究根本沒用，其他人則覺得這種研究有用過了頭。一方面，當時社會評論家們的反應，正如他們針對無意識認知研究（第2章）一樣，他們大力抨擊這個學派所主張的賦予廣告人員操縱消費者的力量[5]。另一方面，許多消費者研究人員感到由於研究中的解釋是主觀而間接的，而認為這些研究缺乏足夠的準確性和有效性[6]。因為研究結論是建立在分析

表6.1	歐尼斯特・迪希特提出的主要消費動機
動機	**相關產品**
力量—男子氣概—男性特徵	力量:含糖產品和豐盛的早餐(給自己充電)、保齡球、電動火車、改裝車、電動工具 男子氣概—有男性特徵:咖啡、紅肉、笨重的靴子、玩具槍、為女性購買皮草外套、用剃刀刮鬍子
安全感	冰淇淋(為了再次感到被寵愛的感覺)、一抽屜熨燙平整的襯衫、真正的石膏牆(為了感受庇護)、家庭烘焙、醫院看護
性愛主題	糖果(可以舔食)、手套(被女性以一種脫衣服的方式脫下來)、一個男人點燃一個女人的雪茄(製造一個充滿緊張的時刻,壓力不斷增加達到頂點,然後得到釋放)
道德純潔—清潔	白麵包、棉織品(意味著純潔)、強力的家庭清潔劑(讓家庭主婦在使用之後更道德)、沐浴(使自己感覺像把血從手上洗掉的彼拉多【Pontius Pilate】)、燕麥片(犧牲和美德)
社會接受度	友誼:冰淇淋(分享快樂)、咖啡 愛和愛情:玩具(向孩子表達愛意)、糖和蜜(表達愛情用語) 接受:肥皂、美容產品
個人特性	美食、外國車、煙盒、伏特加、香水、自來水筆
地位	蘇格蘭威士忌酒、心臟病、消化不良(顯示一個人有很大的壓力、重要的工作!)、地毯(顯示一個人不像農民一樣住在光禿禿的土地上)
女人味	蛋糕和餅乾、玩具、絲綢、茶、家庭藝術品
獎勵	香煙、糖果、酒、冰淇淋、餅乾
環境的主人	廚房用具、船、運動器材、打火機
親近(保持與事物聯繫的願望)	家庭裝潢、滑雪、早晨的廣播節目(為了感到和世界『保持聯繫』)
魔術—神秘	湯(有治病的力量)、畫(改變房間的基調)、汽水(神奇的泡泡)、伏特加(羅曼史)、未拆的禮物

資料來源:Adapted from Jeffrey F. Durgee, "Interpreting Dichter's Interpretations: An Analysis of Consumption Symbolism," in *The Handbook of Consumer Motivation, Marketing and Semiotics: Selected Papers from the Copenhagen Symposium*, ed. Hanne Hartvig-Larsen, David Glen Mick, and Christian Alstead (Copenhagen, 1991).

者自己所判斷的基礎上,而且只是來自於一小群人所討論的結果,因此有些研究人員十分質疑在何種程度上能將此種結果推廣到一個較大的市場中。另外,由於早期的動機研究人員都受到傳統佛洛伊德理論的巨大影響,他們的詮釋通常都會牽涉到有關性的主題。這會容易忽略了其他可能影響行為的因素。

儘管如此,動機研究至少對部分行銷人員仍有很大吸引力,原因包括:

- 由於訪談和資料處理的花費相對較少,所以比大規模量化研究更便宜。

- 源於動機研究的知識可能會有助於發展那些針對深度需求的行銷溝通,進而提供一種更吸引消費者的手段。即使並不一定對所有目標市場的消費者都有效,但若以一種探索性的方式來利用這些研究結果,還是極富參考價值的。例如,在撰寫廣告文案時可以創造一些和某種產品相關的豐富想像。

- 一些研究結果在事後直覺看來似乎是合理的。例如,動機研究所得出的結論顯示,咖啡和友誼是相關的;人們逃避梅乾是因為它使人們想起老年;而男性盲目地把擁有的第一輛汽車視為青春期性自主的開始。

一些其他的詮釋就讓部分研究人士很難接受了。例如對女性而言,烤蛋糕象徵著新生命的誕生,或男性不願意捐血是因為覺得他們賴以維持生命的液體被抽乾了。另一方面,一位懷孕婦女有時會被形容為「在烤箱裡放了一個小麵包」,而且皮爾斯伯利公司(Pillsbury)聲稱「只有從烤箱裡出來的東西最能表現愛」。為美國紅十字會所作的動機研究也確實發現,男性(但不包括女性)十分容易高估他們捐血的血量。紅十字會把捐血行為的象徵意義比擬為受精,藉此消除男性對於失去力量的恐懼,廣告語是「給予生命的禮物。」儘管有上述缺點,動機研究仍被視為一種有用的診斷工具。將動機研究和其他消費者研究技巧結合時,它的效果能得到進一步的提昇。

▶ 新佛洛伊德理論

佛洛伊德對後來的人格研究有著重大的影響。雖然這扇由佛洛伊德打開的大門使人們瞭解到,行為的解釋可能潛藏在表象之下,但有許多他的同僚和學生們覺得,對個人人格來說,處理人際關係的方式可能會比未解決的性衝突造成更大的影響。提出此種理論的人們通常被稱為新佛洛伊德主義者(表示來自佛洛伊德或受到佛洛伊德的影響。)

凱倫‧霍妮

　　最著名的新佛洛伊德主義者是精神分析學家凱倫‧霍妮(Karen Horney)。她提出了人們有親近他人（compliant，服從的）、遠離他人（detached，疏離的）或反抗他人（aggressive，積極的）三種人格類型[7]。的確，一項早期研究發現，服從的人容易受到名牌產品的吸引，疏離的人喜歡茶飲料，而積極的人偏愛以強烈男子氣概定位的品牌（如Old Spice牌爽身噴霧）[8]。

　　其他著名的新佛洛伊德主義者還有阿德勒(Alfred Adler)。他提出由人們慾望驅使所產生的行為會克服與別人相比時的自卑感。哈利‧史塔克‧蘇利文(Harry Stack Sullivan)則是把焦點放在人格是如何發展以減少社會關係中的焦慮[9]。

榮格

　　榮格(Carl Jung)也是佛洛伊德的門徒之一（佛洛伊德曾準備讓他成為繼承人）。然而，榮格卻無法接受佛洛伊德對於人格在性方面的主張，而這成為他們最終關係破裂的決定因素。榮格後來發展出自己的精神療法，就是所謂的分析心理學(analytical psychology)。

　　榮格認為，人們會因為前人累積的經驗而被形塑。其中心觀點強調了所謂的集體無意識(collective unconscious)，一個儲存著從祖先繼承而來的記憶倉庫。例如，榮格認為，許多人怕黑是因為先祖有很好的理由來表現這種恐懼。此種共用的記憶創造了原型(archetypes)，或是普遍的共識和行為模式。原型時常會涉及一些經常出現在神話、故事和夢中的主題，如生、死或是魔鬼。

　　榮格的觀點可能看起來有點牽強，但至少在直覺上，廣告訊息經常藉助原型來連結產品和隱含的意義。例如，榮格和追隨者所確認的部分原型包括「睿智的老人」和「大地之母」[10]。這些形象頻繁地出現在行銷訊息當中，像是使用一些角色如巫師、有威嚴的老師，甚至是大自然之母使人們信任產品的優點。我們目前對於像《哈利波特》和《魔戒》等故事的沈迷現象，正好說明了這些形象的威力。

▶ 特質理論

還有一種關於人格研究的量化測量方法，著重在人格的特性，或是能定義個人的明顯特質。例如，我們可以根據人們的社交性（extroversion，外向性）程度來區分——黛比也許會被描述成一個內向的人（introvert，安靜而保守），而她的同事潔姬就是外向的人(extrovert)。

和消費者行為有關的特性包括：創新性(innovativeness)——個人喜歡嘗試新事物的程度；物質主義(materialism)——對獲得和擁有產品重視的程度；自我意識(self-conscious)——個人有意識地監視和控制傳達給他人的自我形象的程度；認知需要(need for cognition)——個人喜愛考慮事物以及為了獲得品牌資訊而付出努力的程度[11]。另一種與相費者行為相關的特質是儉樸(frugality)。儉樸的人們會否定那種短期的購買慾望，反而會小心地使用現有的東西。例如，被歸類為儉樸的人會去計算洗澡的時間，並且會把家裡的剩飯帶到公司當作午餐[12]。

個人自我型與群體中心型

或許與消費者行為最有關的一項特徵，就是觀察一個人的消費動機是為了取悅他人或融入群體，還是只為展現自我而無視他人眼光。內在導向(inner-directed)與外在導向(outer-directed)的觀念，最早由社會學家大衛・萊斯曼(David Reisman)所提出[13]。這種普遍的觀念已經被多種不同方法重新賦予新的表象。正如我們會在第16章談到的，某些文化壓抑個人主義，但也有一些文化會獎勵合群的成員。我們

 網路收益

俗話說得好：「物以類聚。」你若喜歡我，往往我也會喜歡你。新的研究報告顯示，這句話也適用在電腦上。如果電腦發出的語音聽起來有真人講話的感覺，人們會把電腦當成有血有肉的真人那般予以回應。有項研究把參與測試者依個性分成「內向」與「外向」兩組，然後讓他們聆聽由電腦朗讀的一篇書評。電腦分別以外向者的活潑語氣、以及內向者的低緩語氣來讀這篇文章，受試者聽到和自己個性比較貼近的讀法，可能就會興起買這本書的念頭[15]。

將在第11章對於有關同化(conformity)的力量作更深入的探討。事實上，每個人或多或少都會表現出對團體的配合，因為身為社會的一份子，我們還是要遵守特定的規範。有個簡單的例子是，大家（除了一些在紐約的駕駛）都「同意」遇到紅燈應該要停下來。儘管如此，有些人會比一般人更在乎他人的觀感，還有另一些人則喜歡依照自己想法行動。「獨特需要」(need for uniqueness)是可以被測量的一種人格特性，顯示一個人的行為動機主要是為配合他人的觀感，還是具有自我意志[14]。

近來有部分研究分別就兩種不同人格類型來觀察消費行為差異。這兩種類型分別為自我中心型(idiocentric)與群體中心型(allocentric)。自我中心型在行為上傾向個人，群體中心型則偏向群體。以下是兩種類型間的一些差異：

● 滿足心理：自我中心型的消費者對於「我對近來生活裡的一切感到非常滿意」這則敘述的反應，會比群體中心型消費者的反應來得高。他們對個人經濟狀況的滿意度也較高。

● 注重健康：群體中心型消費者會避免攝取高卡路里、高鹽、含添加物與高脂肪的食物。

● 下廚：以居家空間而言，廚房是群體中心型的最愛。他們下廚的時間比自我中心型為長。

● 工作狂熱：自我中心型較可能表示自己工作勤奮，也比群體中心型常加班。

● 旅遊娛樂：與群體中心型比較，自我中心型對於不同文化與出外旅行較感興趣，也更有可能在電影院、藝廊與博物館等地出現。群體中心型則會去圖書館，以較快的速度讀完一本書。群體中心型也展現對手工藝的偏好，如針線活兒與模型製作等。自我中心型平時較可能從事郵票、石頭的蒐集、作一些DIY的東西，以及攝影等；他們也較可能是會去買樂透彩的一群[16]。

特質理論在消費者研究領域的問題

因為我們可以根據不同特質來對大多數消費者進行分類，因此在理論上，這些方法能夠用來進行市場區隔。例如，如果一個汽車製造商能夠判斷出某種特質的駕駛者可能會更偏愛某類特色的汽車的話，這就能成為非常大的優勢。有一種想法認為，消費者會購買那些被視為是他們人格延伸的產品，這的確有直覺上的意義。

很多行銷經理都贊同這個觀點，並試圖創造出能吸引不同類型消費者的品牌人格(brand personality)。

但不幸地，使用標準人格特質測量方法來預測產品的選擇並未獲得完全成功。一般說來，行銷研究人員無法根據測量出來的人格特質來預測消費者的行動。以下可以解釋這些模稜兩可的結果[17]。

● 許多量表並不夠有效或可靠，沒有正確測量出我們預期的內容，而且結果會隨著時間而失去穩定性。

● 人格測試經常是為某個特定族群所制定的，如精神異常者；然後這些測試就被直接拿來運用到一般族群上，使得適用性受到質疑。

● 沒有選擇適當的環境進行測試；沒有受過適當訓練的人可能會找間教室或是一張餐桌就開始進行測試。

● 研究人員經常會修改測量方式以適用於他們的研究情境，會刪除或增加選

全球瞭望鏡

專欄作家湯瑪斯・傅萊曼(Thomas Friedman)將「健全的全球化」定義為「一個文化遇到強勢的外來文化時，對那些自然融合、又能豐富既有文化的部分會予以吸收，真正不合之處則予以抵禦，同時還能區隔彼此之間的不同，欣然接受、欣賞這些差異」的能力。「在地全球化」(glocalization)似乎是門兼容並蓄的藝術，懂得拿捏外來文化所帶動的社會多元發展，同時又保有自身的文化特色。

泰國曼谷羅賓森百貨公司(Robinson Department Stores)的時裝部門所推出的「生命密碼」(Life Code)服務，正是「在地全球化」的一個好例子。生命密碼是一套電腦分析系統，目的在協助消費者決定最適合自己的服裝風格。羅賓森百貨運用這套系統，希望為25到45歲的目標顧客群建立品牌忠誠度。生命密碼以類似訪談的問題，找出消費者個人特質與服裝偏好之間的關聯。這套分析系統正好滿足泰國都會區消費者所崇尚的現代感。生命密碼系統還融入了佛教觀念，從地、土、火、風四大元素的觀點，詮釋每個人對時尚的不同喜好。體質屬土的人，理論上偏愛款式簡單、不退流行的設計；體質屬水的人，則偏愛明亮活潑的色調，與年輕甜美的風格。

資料來源：Quoted in Thomas L. Friedman, *The Lexus and the Olive Tree* (New York: Farrar, Straus and Giroux, 1999) p. 236; Jarunee Taemsamran and Charoen Kittikanya, "Unlocking the 'Life Code'" *Bangkok Post*, December 31, 2002, p. 6; Annama Joy and Melanie Wallendorf, "The Development of Consumer Culture in the Third World," *Consumption and Macromarketing*, eds. R. W. Belk, N. Dholakia and A. Venkatesh (Cincinnati: Southwestern College Publishing; 1996), 104-142.

項並將變數重新命名。這些改變會減少測量的效度，同時也會使研究人員不易把結果和消費者樣本進行比對。

● 許多特質量表試圖測量的是整體全面的趨勢，如情緒穩定性或內向性；但後來這些測量結果卻被拿來預測特定品牌的購買情況。

● 在許多情況中，有些量表並沒有預想到這些測量該如何和消費者行為產生關連。然後，研究人員會使用一種勉強將兩者連結的方法，使得結果看起來是有趣的、且可以進一步研究的。

在許多研究無法得出有意義的結果之下，行銷研究人員大都不再利用人格測量的方法，但還是有部分研究人員尚未放棄這項工作的最初承諾。近來，有越來越多的研究（主要在歐洲）嘗試著從過去的錯誤中得到經驗。研究人員們運用了更精細的方法，來測量那些被合理認為與經濟行為相關的人格特質。他們主要是藉由對行為的複合式測量來提高效度，而不是從人格測量的單一項目結果來預測購買行為。

此外，這些研究人員也已不敢奢望人格測試可以呈現有關消費者的資訊。現在他們認為特質並非唯一的解答，而人格資料也必須與個人的社會、經濟情況資訊相結合，才能發揮效果[18]。因此，近來有更多的研究將人格特質和消費者行為作了更好的連結，這些行為包括了年輕男性間對於酒類的消費，或是購買者對於嘗試新型健康產品的意願[19]。

▶ 品牌人格

在1886年，行銷史上發生了一個重大事件——桂格燕麥人(the Quaker Oats man)第一次出現在熱麥片的包裝盒上。桂格的精明與公正使它在19世紀的美國備受好評，使得小販有時候也會裝扮成桂格燕麥人的樣子。當麥片公司決定「借用」這個形象包裝產品時，就已經認知到購買者會對產品產生相同的聯想[20]。品牌人格(brand personality)就是產品被認定的特性。

上述推論都是有關品牌權益(brand equity)的一個重要部分。品牌權益是指在消費者的記憶中，對某種品牌擁有強烈的、喜愛的，和獨特的相關程度[21]。建立強大的品牌是一件好事，不相信的話請看下面實例。一項有關《財星》雜誌針對一千大企業中的760家公司所作的研究顯示，在1997年10月的股市狂跌之後，品牌最強大的前20家公司（如微軟和奇異公司）在市場上依然獲利；品牌最弱的20家公司每家則平均損失了100萬美金[22]。品牌認知已變得價值連城，以至於有些公司將產品完全外包以便全力地培養品牌。耐吉並沒有擁有任何一家運動鞋工廠；莎拉‧李公司(Sara Lee)已經賣掉了很多的麵包店、肉類加工廠和紡織廠，以便成為一個「虛擬」企業。莎拉‧李的執行長表示：「屠宰肥豬和操作縫紉機已經是昨天的事了。」[23]

那麼，人們是如何看待品牌的呢？廣告人對這個問題有濃厚的興趣，部分廣告人還進行了廣泛的消費者研究，試圖瞭解在推出行銷活動之前，消費者是如何和某個品牌產生關連的？為了此項目的，恒美環球廣告公司(DDB Worldwide)進行了一項有14,000位消費者參與，名為「品牌資本」(Brand Capital)的全球性研究；李奧貝納廣告公司(Leo Burnett)的品牌股份(Brand Stock)計畫則包含了28,000次的訪談。WPP廣告集團進行了「品牌Z」的研究；揚雅廣告(Young & Rubicam)則是進行了「品牌權益評估」的研究。DDB全球品牌計畫的負責人談到，「我們並不是針對孤立的個體進行行銷，我們行銷的對象是整個社會。我對一個品牌的感覺與他人對這個品牌的感覺是相關的，也會受到其影響的。」這種聯結方式背後的邏輯是，如果消費者感到和某個品牌間有強烈的連結，那麼就不太可能屈服在同儕壓力下，也不容易更換品牌[24]。

有一些人格面向可以用來對照和比較不同產品種類中認知到的品牌特性[25]：

- 老式的、有益健康的、傳統的。
- 令人驚奇的、可愛的、有活力的。
- 嚴肅的、聰明的、能幹的。
- 迷人的、浪漫的、性感的。
- 粗糙的、戶外的、堅韌的、運動的。

以下的備忘錄是用來幫助某家廣告公司瞭解要如何在廣告中描述客戶。根據對這個「客戶」的描述，你能猜出他是誰嗎？「他富有創造性……不可預知……一個小淘氣……他不但會走路和說話，而且還能唱歌、臉紅、眨眼並能和指針一起工作……他還能玩樂器……他走路的動作是『大搖大擺』……他是由生麵團做的，而且有質量。」[26]當然，我們現在都知道，包裝和其他的物質線索為產品創造出一種「人格」(在這個例子是麵糰寶寶)。那些站在產品立場上所進行的行銷活動也同樣

會影響對產品「人格」的推斷，表6.2列舉了一些這類的行銷活動。

的確，消費者似乎在指定各種無生命產品人格特性時沒有什麼困難，這些產品包括從個人護理用品到日常功能性的產品，甚至是廚房用具。在惠而普(Whirlpool)公司的研究中發現，顧客認為該公司產品比競爭品牌更適合女性。許多產品被想像為一位住在郊區、注重家庭的現代女性——迷人但不輕浮。相反地，這家公司的廚房幫手(Kitchen Aid)品牌則被想像為一位現代的職業女性，她迷人而富有，並喜愛古典音樂和戲劇[27]。

創造及傳遞一個與眾不同的品牌人格，是行銷人員使產品脫穎而出，並使消費者對品牌長年忠誠的主要方法之一。這個過程可以用**泛靈論**(animism)來理解，在許多文化中都可以發現實際例子。在此過程中，無靈魂的物體被賦予了特性，而使它們多少有一些生氣。泛靈論在某種程度上是宗教的一部分：神聖的物體、動物或被認為擁有魔力或承載著祖先靈魂的地方。在我們的社會裡，如果某些物體被認為能賦予主人所渴望的特性，或者在某種意義上對個人而言非常重要，以至於被視為一位「朋友」，這些物體都可能會受到「崇拜」。

我們可以根據人類特性被附加到產品上的程度來確認泛靈論的兩種類型[28]：

• 程度一：物體被認為被某個生命體的靈魂所佔據——有時就如廣告代言人的情況。這種策略使消費者感受到，似乎能藉由那種品牌的產品來得到廣告中那位

表6.2 **品牌行為和可能的人格特質推論**	
品牌行為	**特質推論**
品牌被重新設計了好幾次或再三更改廣告語	浮躁的、精神分裂的
品牌在廣告中使用一貫的角色	熟悉的、舒適的
品牌定價高或獨家經銷	勢利的、世故的
品牌很容易買到	便宜的、沒教養的
品牌提供許多延伸產品	萬能的、適應性強的
品牌贊助者出現在美國公共電視上或使用可回收材料	有益的、支援性的
品牌以易於使用為特色或在廣告中站在消費者的立場說話	熱情的、可接近的
品牌提供季節性的清倉大拍賣	有計劃的、實際的
品牌提供5年的品質保證或免費的消費者熱線	可信賴的、可靠的

資料來源：Adapted from Susan Fournier, "A Consumer-Brand Relationship Framework for Strategic Brand Management," unpublished doctoral dissertation. University of Florida, 1994, Table 2.2, p. 24.

名人的精神。或者，品牌可能會與一個可愛人物有強烈關聯，在世的或去世的都有可能，如「奶奶總是給我們吃Knott的果醬。」

● 程度二：物體被擬人化，或賦予了人類特徵。卡通角色或神話人物都可能會被當做人類，甚至被設想為有人類的感情。回想一下我們熟悉的品牌代言人物如鮪魚查理(Charlie the Tuna)、克德勒小精靈(the Keedler Elves)或米其林人(the Michelin Man)，有些人甚至會挫折地認為電腦比他們聰明，甚或「密謀」使他們變得瘋狂。在Grey廣告公司為Sprint商業服務公司(Sprint Business Service)所做的一項研究中，Grey公司發現當消費者被要求把長途電訊公司想像成動物時，會把AT&T想像成獅子、MCI想像成蛇，而把Sprint想像成美洲豹。根據這些結果，該廣告公司把Sprint定位成一個能夠「幫助你做更多生意」的公司，而不是一個比競爭對手採取更激進手段的公司[29]。

正如第2章提到的，品牌定位策略是說明行銷人員希望品牌如何呈現在顧客眼前，特別是相對於其他競爭品牌。行銷人員習慣如此思考，即使他們未曾讀過本書，且經常把自家品牌與競爭品牌掛在嘴上，彷彿它們都是活生生的人。例如飛利浦公司為了讓中國大陸消費者感覺到這是一個既炫又年輕的品牌，於是著手更新品牌形象，聽聽該公司行銷總監怎麼歸納他遇到的問題：「坦白講，我們頗受中年男士的歡迎……不過像新力的品牌感覺就比較年輕氣盛，彷彿未來的新新人類。」[30]

從某個角度來說，「品牌人格」也等於告訴我們品牌是如何被定位的。思考行銷策略時絕對不能不瞭解這一點。特別是若消費者並沒有依預期方式去看你的品牌，還有作產品重新定位(reposition)的嘗試時，如用「人格」來包裝產品。這也是富豪汽車(Volvo)現階段遇到的問題。富豪汽車向來以高安全性聞名，卻沒有人將它與活力與性感劃上等號。富豪汽車的品牌人格所展現的安全、堅固，讓它很難去銷售像C70這種活力十足的敞篷車款。所以富豪汽車在英國的廣告打出「慾望、豔羨、嫉妒。富豪的危險之處」這樣的標語，試著改變人們對該品牌的認知。

然而，就和人與人之間相處一樣，想說服別人自己改變了，並不是件容易的事。富豪汽車多年來不斷嘗試要改變形象，但大多數消費者卻無動於衷。早期富豪汽車在英國曾經嘗試結合動感十足的影像，譬如富豪車將一部直昇機拉離峭壁，再搭配「安全的性」(Safe Sex)這類標語。市場調查結果卻顯示，消費大眾並不認同

此一新形象。誠如一位品牌顧問所觀察的：「你會有一種感覺，好像看到祖父母試著跳最新的舞步。有點好玩，但也有點尷尬。」[31]

生活型態與心理統計

以人口統計的角度來看，潔姬、漢克和黛比彼此非常相像。他們都成長在中產階級家庭、有相似的教育背景、年齡相近，並在同一家公司裡工作；然而，這並不代表他們的消費選擇也會類似。每個人都會選擇那些有助於定義本身獨特生活型態的產品、服務和活動。在這個部分，我們首先討論行銷人員是如何看待生活方式這個議題，然後再看他們是如何使用有關消費選擇的資訊來量身訂製產品和溝通，以針對不同生活方式的區隔群。

▶ 生活型態

在傳統社會裡，個人的消費選擇絕大部分是被階級、社會階級、村落或家庭所決定的。然而，在一個現代的消費者社會中，人們有更大的自由來選擇產品、服務和活動以顯示個人特性，並創造了一個向他人溝通的社會身份。一個人對產品和服務的選擇的確說明了自我的類型，以及願意認同者的類型——甚至是那些我們想遠離的人的類型。

生活型態(lifestyle)提到一種個人的消費模式，這種模式反映了他對於如何使用時間和金錢的選擇。從經濟學的角度來說，個人的生活型態代表了個人分配收入的方式，無論是在不同產品和服務中的相對分配，還是在這些種類內部進行的特定選擇[32]。人們還找出了其他類似的區分，以便根據消費者的消費模式來描述他們，例如以消費者總支出中的大部分是花在食品、先進的技術還是如娛樂和教育這種資訊密集型商品來區分消費者[33]。

生活型態行銷觀點(lifestyle marketing perspective)認為，人們會根據喜愛從事的活動、喜歡的休閒方式和自由支配收入的方式，將自己分入不同的群體中[34]。例如，這些選擇反映了那些專為特殊興趣出版的專業雜誌銷量不斷增長的情況。根據近幾年的某年度資料顯示，《世界摔跤聯盟雜誌》(*WWF Magazine*)增加了913,000位讀者，《*4 Wheel & Off Road*》雜誌增加了749,000位讀者。在此同時，主流雜誌如《讀者文摘》減少了300萬以上的讀者，《時人》(*People*)雜誌則減少了超過200萬讀者[35]。

這些精打細算的選擇反而替市場區隔策略創造了機會，這些策略確認了消費者所選擇的生活方式具有相當的決策權力，不但能夠決定消費者購買何種類型的產品，還可以決定哪種品牌對特定生活方式的消費者最有吸引力。

這則廣告說明某些產品，如汽車，是與消費者的生活形態及休閒活動、旅行、音樂等緊密結合的。(Courtesy of Rick Chou Photography, Saatchi & Saatchhi LA)

混亂的網路

網路所具有的力量能夠聯合數以千計、甚至以百萬計共同態度或消費喜好的人，這真是令人悲喜參半。許多傳播仇恨信念的團體透過網路來影響信徒或招募新成員，包括新納粹組織、skin heads、黑人隔離主義者組織。如這個創立白種亞利安人抵抗組織的男子所自誇的：「我們的影響會越來越深遠。」而且，因為許多經常上網的人都經濟寬裕且受過高等教育，所以這些仇恨團體現在能夠影響到的還包括這些以往影響不到的人，這也使得這些訊息的目標物正在改變。南方法律援助中心(Southern Poverty Law Center)是一個追蹤仇恨團體的人權組織，它的一位發言人認為：「這個運動的主要目的不是要助長那些在酒吧裡打人的暴徒，而是那些生活在中產階級或更上層家庭裡的青少年在校學生。」種族歧視出現在這個混亂的網路上恐怕也將是指日可待的事了[37]。

群體認同的生活型態

經濟學的方法用於追蹤明顯的社會偏好十分有用，但是並不接受那些能夠分離不同生活型態群體的象徵意義。生活型態不只是一種對可支配收入的分配，還是一項關於個人在社會中的身份聲明。無論是有某種嗜好的人、運動員還是吸毒者，群體認同都聚集在具表現力的象徵物周圍。群體成員的自我定義來自於這個群體所歸屬的共同象徵體系。這種自我定義可以用一些術語來描述，包括生活型態、品味大眾、消費者群體、象徵性社群和地位文化[36]。

許多身處在相似社會與經濟環境的人們會沿用一般的消費模式。然而，每個人也同時向這個模式提供各自獨特的「癖好」，使他能在所選的生活型態中注入一些個人特性。例如，一個「典型的」大學生（假如的確有這麼回事的話）可能會和朋友穿著相似的衣服、出沒於相同的場所、喜歡相同的食物，但仍然會投身於像馬拉松、集郵或社團活動等嗜好中，因為這可以使他仍保有獨特之處。

而且，生活型態並非一成不變──不像我們在第4章討論的價值觀──人們的口味和偏好會隨著時間而產生變化，因此，在某個時期被認為很流行的生活方式，在幾年以後可能就會受到嘲笑或輕視。如果你不相信，只要想想你和朋友5或10年以前穿什麼──當時你是在哪裡找到這些衣服的？因為人們對於身體健康、社會行動主義、男女性別角色、家庭生活的重要性等態度一直在改變，對於行銷人員來說，持續地觀察社會環境以預測這些變化的發展方向是十分重要的。DDB廣告公司的生活形態研究，如圖6.1所示，說明了消費者行為與態度如何隨時間改變。

產品是生活型態的基石

通常我們選擇一樣產品的原因是因為它與某種特定的生活型態相關。基於這個原因，生活型態行銷策略試圖讓產品適用於某種現有的消費方式，來為產品定位。這就解釋了為何有些嬉皮餐廳、酒吧和飯店都以發售網路音樂為主的CD來開設分店。像是洛杉磯的《標準飯店》(Standard Hotel)，紐約漢普頓區的《日落海灘》(Sunset Beach)飯店／餐廳，還有位在巴黎的《佛陀酒吧》(Buddha Bar)和《男人灣》(Man Ray)都是如此。胸懷大志的閒人不須離開家，就可以再造「內行人」的經驗[38]。

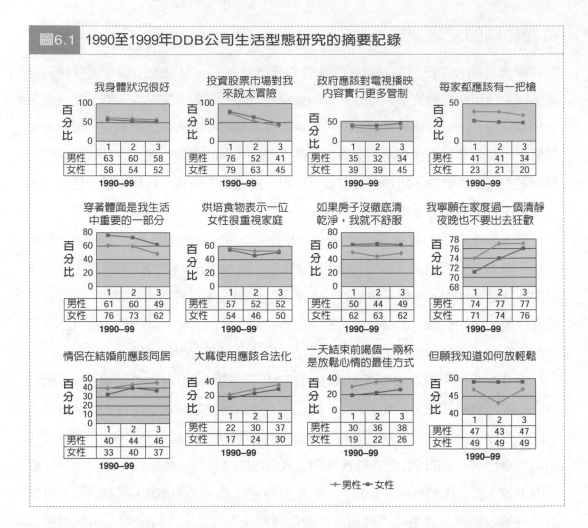

圖6.1 1990至1999年DDB公司生活型態研究的摘要記錄

我身體狀況很好

	1	2	3
男性	63	60	58
女性	58	54	52

1990—99

投資股票市場對我來說太冒險

	1	2	3
男性	76	52	41
女性	79	63	45

1990—99

政府應該對電視播映內容實行更多管制

	1	2	3
男性	35	32	34
女性	39	39	45

1990—99

每家都應該有一把槍

	1	2	3
男性	41	41	34
女性	23	21	20

1990—99

穿著體面是我生活中重要的一部分

	1	2	3
男性	61	60	49
女性	76	73	62

1990—99

烘培食物表示一位女性很重視家庭

	1	2	3
男性	57	52	52
女性	54	46	50

1990—99

如果房子沒徹底清乾淨，我就不舒服

	1	2	3
男性	50	44	49
女性	62	63	62

1990—99

我寧願在家度過一個清靜夜晚也不要出去狂歡

	1	2	3
男性	74	77	77
女性	71	74	76

1990—99

情侶在結婚前應該同居

	1	2	3
男性	40	44	46
女性	33	40	37

1990—99

大麻使用應該合法化

	1	2	3
男性	22	30	37
女性	17	24	30

1990—99

一天結束前喝個一兩杯是放鬆心情的最佳方式

	1	2	3
男性	30	36	38
女性	19	22	26

1990—99

但願我知道如何放輕鬆

	1	2	3
男性	47	43	47
女性	49	49	49

1990—99

◆ 男性 ■ 女性

　　因為生活型態行銷的目的是使消費者能夠追求享受生活的方式，並表現出社會身份，因此，這種策略的關鍵著重於在滿意的社會環境中去使用產品。對於廣告人來說，無論這個產品是出現在某回合的高爾夫球賽中、某次家庭烤肉抑或是一個被嘻哈樂(hip-hop)環繞的俱樂部裡，使產品和社會情境結合是一個長期存在的目標[39]。這些結合人、產品和環境，而表達出一種特定的消費方式，如圖6.2所示。

　　若要採用生活型態行銷觀點，就意味著我們必須從行為模式(patterns of behavior)的角度來瞭解消費者。我們若能瞭解消費者在各種不同產品種類中如何進行選擇，就能夠瞭解人們如何使用產品來表現生活型態。正如一項研究所評論的，「所有產品都蘊含著意義，但沒有一樣產品的意義是發自本身……意義存在於所有產品的關係之中，就像音樂存在於各種聲音的關係之中，而非任一個單獨音符。」[40]

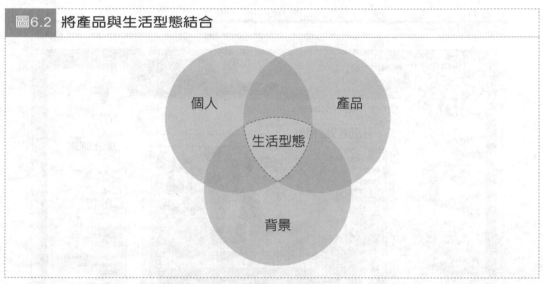

圖6.2　**將產品與生活型態結合**

　　的確，許多產品和服務會讓人覺得是「走在一起的」，通常是因為它們容易被同一類型的人所選擇。許多時候，如果某種產品沒有搭配同伴產品的話，（如速食和紙盤、或是西裝和領帶），或者因為其他產品而顯得很不協調時（如Chippendale的椅子放在一個高科技辦公室，或者是Lucky Strike香煙配上純金打火機），這產品看起來就顯得沒有意義。因此，生活型態行銷的一項重要內容，就是要確認那些能將消費者的觀念和某種特定生活型態產生連結的產品和服務。而且，研究結果顯示，即使是一種看來較沒有吸引力的產品，當與其他相似產品作比較時，也會變得更有吸引力[41]。那些採用共同品牌策略(co-branding strategies)的行銷人員已經瞭解到這一點，近來採用此種策略有以下實例：

　　● 德國汽車大廠保持捷與加拿大菲爾蒙特飯店事業集團(Fairmont Hotels & Resorts)攜手，以招攬對方原有的顧客群。菲爾蒙特集團旗下最有名的事業就是舊金山諾伯山(Nob Hill)的豪華飯店，與紐約的廣場飯店(Plaza Hotel)。然而，該集團正計畫利用自己的知名度，去拉抬其他知名度較低的事業。保持捷發現菲爾蒙特的高階顧客群正好是他們推售新型Boxster敞篷車與全新Cayenne休旅車的最佳對象[42]。

　　● 聯合利華公司在貝利(Bally)綜合健身房入口，發送即將上市的多芬(Dove)身體保養護膚系列試用品給前來運動的女性消費者[43]。

　　● 耐吉與寶麗來(Polaroid)組成策略夥伴，並鎖定青少年來促銷拍立得I-Zone相機。選購這款相機的顧客，同時可購買縫上透明相片夾的球鞋，讓他們能把拍好的

利用「模擬市民」線上遊戲創造你自己的消費群。(Courtesy of Maxis Development)

相片放進球鞋的相片夾裡，走路時就可以同時秀出他們的相片[44]。

　　● 還記得在本章開頭提到的Roxy衝浪服飾嗎？它也和豐田汽車(Toyota)合作，為年輕的女性衝浪愛好者量身打造了新款的Echo房車。這款新車採防水設計，裝設泡棉橡膠皮椅與Yakima車頂固定架，以及收納潮濕衣物的置物箱。如果這款衝浪風格的房車能銷售成功的話，豐田希望能與Quiksilver合作，再推出男性風格的類似車款（很可能是運動旅行車或小卡車）[45]。

　　產品互補(product complementarity)是發生在不同產品的象徵意義相互關連的時候[46]。消費者會使用這些被稱為消費群集(consumption constellations)的產品群組，來定義、溝通並表現其社會角色[47]。例如，我們可以用下列產品來定義美國80年代的「雅痞族」：如勞力士手錶、寶馬汽車、Gucci公事包、軟式網球球拍、新鮮香蒜

醬、白酒和法國布里(Brie)白起司。類似的群集可以在英國的「女子巡邏隊」(Sloane Rangers)和法國的「好款好派」(Bon Chic Bon Genres)中找到。雖然現在的人都盡力避免被歸類爲雅痞族，但這個社會角色卻在定義80年代的文化價值和消費偏好時有舉足輕重的作用[49]。時至今日，何種消費群集可以表現出你和朋友的特徵呢？

▶ 心理圖析

在1998年，凱迪拉克推出了一款名爲Escalade的運動休旅車。評論家都不看好這款車型，因爲它看起來就像是將凱迪拉克這個老式奢侈品牌與一台卡車作奇怪的結合。但是，這款車很快地與嘻哈樂的生活形態扯上關係。像是珍妮佛‧洛佩茲、流浪者合唱團(Outkast)和傑伊(Jay-Z)等歌手都在歌曲裡面提到這款車子。另外，音樂製作人Jermaine Dupri也公開宣稱「我一定要一台Escalade」。三年後，當凱迪拉克推出50,000美元的18呎Escalade EXT小貨車後，即使價錢居高不下，業績依然是十分亮眼。

凱迪拉克的品牌經理形容，這款豪華小貨車的目標顧客有點像是運動休旅車購買者的世俗版。她說，試想有兩位坐擁200萬美元豪宅且比鄰而居的駕駛者，典型的運動休旅車駕駛者大約50歲，有哈佛大學的企管碩士學位，參加高爾夫俱樂部，還有與大學同窗朋友保持聯絡，會努力工作以保有與自己社會地位相同的朋

網路收益

想選擇自己的生活形態真不是件簡單的事。不過托網路的福，現在你可以扮演上帝，在線上為自己造一個家。在「模擬市民」遊戲裡，你可以為自己設計房子、擺設傢俱；房子裡住的人要長什麼樣子、做什麼事，都由你決定。只要登入該遊戲的官方網站thesims.com，就能創造無限多種角色。只要你高興，可以對鄰居耍機車，也可以找人談戀愛。你可以根據五花八門的虛擬生涯來設定遊戲外觀，有駐唱歌星、高爾夫球桿弟、脫口秀主持人任你選，也許當個行銷學教授也不錯。你還能為這個家大肆採購，像是澡盆或大型投影電視，也許程式裡還包含了蟑螂肆虐之類的設計，讓你的遊戲更有意思。運用電傳(teleportation)功能，就能和其他玩家交換你的人生。「模擬市民」線上遊戲於2002年末正式推出，數不清的線上玩家同時參與其中，玩家可以控制裡頭每一個模擬人。還等什麼呢？過一個屬於自己的人生吧[48]！

友。相反地，豪華小貨車的駕駛者大概年輕個5歲，也許繼承了父親的建築事業，並且從18歲就開始工作了。他不一定讀過大學，而且他不像運動休旅車的駕駛者，他絕對和高中朋友仍保持密切聯絡[50]。

如這個例子所顯示，通常行銷人員會發現，依據不同生活型態群組來發展產品是十分有用的——只是瞭解一個人的收入並不能預測他開的是凱迪拉克Escalade運動休旅車、小貨車或是凱迪拉克的El Dorado 房車。正如本章一開始的例子中潔姬、漢克和黛比的選擇所展現的，即使消費者有相同的人口統計特性，但他們仍然是完全不同的人。因此，行銷人員需要使用一種方法能夠在人口統計資料中「注入生命」，來真正確認、瞭解並鎖定那些擁有共同產品和服務偏好的消費者區隔市場。本章前半部討論了一些消費者人格中的不同之處，這些不同對於產品選擇決策有一定的作用。當人格變數和對生活型態嗜好的認識相結合後，行銷人員等於擁有一個能將焦點聚集在消費者區隔市場的有力透鏡。

這種工具就是所謂的心理圖析(psychographic)，它涉及「對心理學、社會學和人類學等因素的使用……來決定如何根據市場內各群體的傾向進行市場區隔，並瞭解他們作出特定決策的理由。這個決策是有關產品、人、意識形態，或是持有態度、某種媒介的利用。」[51]心理圖析能夠幫助行銷人員精準定位產品和服務，以迎合不同區隔群的需求。例如，「發現頻道」(Discovery Channel)針對一週觀賞其頻道超過一個半小時的觀眾作了一項調查，發現實際有8種動機和嗜好完全不同的觀眾群——並分別對這些心理描述區隔群取名為娛樂者、實踐者、學者和逃避現實者。基於這些結果，發現頻道才能針對不同區隔群製作不同節目，並且在競爭激烈的有線電視業中提高了市場佔有率[52]。

心理圖析的來源

心理圖析研究最早是從1960至1970年代開始發展的，是為了修正另外兩種消費者研究方法（動機研究和量化研究）的缺點。動機研究牽涉到深度的一對一訪談和反應測試，會得到很多有關少數人的資訊。然而，這些資訊通常十分特殊，而且可能不太可靠。另一方面，量化研究或大規模人口統計調查卻只得到有關很多人的少量資訊。如同一些研究者的觀察：「行銷經理想知道人們為什麼會去吃競爭者生產的玉米片,但他卻被告知『有32%的受訪者說是因為味道、有21%說是口味、15%認為是本質、10%認為是價格,還有22%的人說不知道或拒答。』」[54]這種調查的回饋意見實在起不了多大作用。

　　我們可以利用許多心理圖析變數來區隔消費者,這些變數的共同特點就是會以表面特性之外的潛在原則去瞭解消費者購買和使用產品的動機。人口統計能夠使我們描述「誰」在購買,而心理圖析則能使我們知道他「為什麼」購買。最經典的

行銷契機

　　球鞋大廠愛迪達奮力攻打耐吉在美國市場盤據已久的山頭。愛迪達的策略說明了消費者心理統計如何協助業者創造出能打動特定族群的品牌人格。愛迪達的行銷總監嘆道:「我們的設計師曾設計出價位在75美元的慢跑鞋,也設計過100美元的籃球鞋,卻不知道這些鞋會穿在誰的腳上。」經過反覆努力而引起美國人的興趣後,該公司的研究顯示他們還有待努力。這位行銷總監表示之前他們曾經詢問參與焦點團體的青少年:「如果愛迪達出現在派對中,會在哪裡?」孩子們表示愛迪達會穿在哥兒們的腳上,大家一塊兒聊著女孩子。耐吉則是會穿在女孩子的腳上。

　　於是愛迪達定義出目標族群的心理圖析目標,著手改變品牌形象:

- 行家(Gearhead):年紀較大、喜愛跑步的族群,注重鞋子高性能表現。
- 核心健將(Core Letterman):就讀於市郊高中的白種運動員,因體育傑出表現獲頒學校獎章。
- 當代健將(Contemporary Letterman):除了體育方面的表現出色外,更希望增加個人吸引異性的魅力。
- 鞋迷(Aficionado):都會小孩,喜歡售價超過100美元的新款籃球鞋。
- 流行美眉(Popgirl):流連購物商場、穿著Skechers鞋子的青少女。
- 價值癮君子(Value Addict):出沒於Kohl's與Target商場的富有中年族群。
- 時尚熟女(A-Diva):套句該位總監的話,會上健身房的《慾望城市》(Sex and the City)女主角。
- 堅持個人品味者(Fastidious Eclectus):有波西米亞風格、走在時代尖端的族群,喜愛酷炫又獨特的產品。

　　那麼,愛迪達進展得如何?「行家」與「核心健將」傾向於選購高性能的鞋款,「流行美眉」則偏愛因饒舌團體Run-DMC而聲名大噪的短統球鞋。「堅持個人品味者」把目標放在即將重新上市的1970年代經典款式。如今愛迪達設計師們正努力改良品牌人格,接下來,他們鎖定的是那些注重鞋子性感魅力甚於性能表現的消費族群[53]。

例子就是由加拿大Molson Export啤酒公司所策劃的一個廣告活動，這個活動的廣告設計就是以心理統計結果為基礎的。研究顯示，Molson的目標顧客傾向於使自己看上去像是永遠也長不大的男孩，他們對未來沒有把握，對女性新發現的自由感到害怕。根據以上結果，這些廣告刻畫了一群男性，「佛瑞德和男孩們，」他們的聚會強調了男性之間的友誼、不想改變的心態，當然還有Molson啤酒「口感永遠那麼好」的訊息[55]。

心理圖析分析

早期一些有關生活型態區隔的研究「借用」了心理學的量表──通常是用來測量病理和人格障礙的──並試圖使這些測量分數和產品使用產生關連。如我們在前面看到的，這些努力大多令人失望。這些測試未曾試圖連結日常消費活動，所以對於解釋人們的購買行為並沒有什麼效果。如果能使討論到的變數和消費者實際行為產生更緊密關係的話，此技巧將會更有效。假如你想了解家庭清潔用品的購買行為，你最好詢問人們對於家庭清潔用品的態度，而不是測試人格障礙！

心理圖析研究可以採用多種不同形式：

- 生活型態側寫：找出那些能區分產品使用者和非使用者項目。
- 產品特性側寫：要確認一個目標群體，然後從產品相關部分來勾勒出這些消費者大致的狀況。
- 一般生活型態區隔：根據消費者整體嗜好的相似性，把一個大樣本中的受訪者放到一個同質群體中。
- 產品特性區隔：此種方式修改了產品類目的問題。例如，在一個以胃藥為主題的研究裡，選項「我十分擔心」可以改成「如果我太擔心，胃就會出問題。」這使研究者能更容易區分出競爭品牌的使用者[56]。

AIOs

最新的心理圖析研究試圖根據三種變數的不同結合形式來對消費者進行分類，這三種變數是活動(activities)、興趣(interests)和意見(opinions)，簡稱為AIOs。利用從大樣本中所取得的資料，行銷人員就能以消費者的活動和產品使用類型來描

繪出那些相似的消費者情況[57]。表6.3中列出了普遍使用的AIO範圍。

表6.3	生活型態範圍		
活動 (A)	興趣(I)	意見(O)	人口統計資料
工作	家庭	他們自己	年齡
嗜好	住所	社會議題	教育
社會事件	工作	政治	收入
假期	社交	商業	職業
娛樂	消遣	經濟	家庭規模
俱樂部會員	時尚流行	教育	住所
社交	食物	產品	地理條件
購物	媒體	未來	城市規模
運動	成就	文化	生命週期階段

資料來源：William D. Wells and Douglas J. Tigert, "Activities, Interests, and Opinions." *Journal of Advertising Research* 11 (August 1971): 27-35. © 1971 by The Advertising Research Foundation.

　　為了將消費者歸入AIO分類，我們會給受訪者一份陳述列表，並要求他們說明是否同意這些說法。如此，生活型態就被「濃縮」為人們是如何支配時間、什麼是他們認為有趣且重要的，以及他們如何看待自己和周邊世界。順便告訴你，美國人最普遍打發休閒時間的方式是——你猜對了——看電視[58]！

　　一般來說，進行心理圖析分析的第一步是要先確定哪一種生活型態的區隔群會產生大量的特定產品消費者。根據行銷研究中經常使用的一項普遍的80／20原則(80/20rule)，也就是某種產品中20%的使用者購買數量就佔了售出產品的80%。研究人員試圖確定是誰在使用這個品牌，並試著區分重度使用者、中等使用者和少量使用者。他們同時也在找尋產品的使用模式和消費者對產品的態度。很多時候，只要從少數的生活型態區隔群，就可以說明品牌使用者中絕大部分的情況[59]。行銷人員會把主要目標鎖定在這些重度使用者身上，即使他們的數量也許只佔了整體使用者中少量的比例。

　　在確認並瞭解重度使用者之後，我們就要開始考慮品牌和他們之間的關係了。重度使用者可能抱持著十分不一樣的原因來使用某種產品；可以根據他們從產品和服務中所得到的「益處」，來更進一步地細分重度使用者。例如，步行鞋的行銷人員起初都堅定地認為購買者基本上都是一些放棄慢跑的人。但後來的心理統計研究卻顯示，事實上有好幾個不同的「步行者」群體，有走路上班的人，也有只是因為好玩而走路的人。這個結果導致各種針對不同區隔群的鞋款出現，從Footjoy公司的快樂步行者(Joy-Walker)系列，到耐吉的健康步行者(Healthwalkers)系列等。

心理圖析區隔的運用

心理圖析區隔有各種不同用途：

● 定義目標市場：這類資訊能使行銷人員不受單純的人口統計資料和產品使用描述（如中年男性和重度使用者）的限制。

● 創造一個市場的新觀點：有時候行銷人員會在制訂策略時，也在心裡創造了一個「典型的」消費者形象。這種刻板印象可能並不正確，因為消費者實際上可能並不符合這種假設。例如，面霜的行銷人員很驚奇地發現，他們的主要市場竟然是由年紀較大且寡居的婦女所組成，而不是他們訴求的年輕、好交際的女性。

● 定位產品：心理圖析資料能使行銷人員強調適合某種生活型態的產品特點。如果某產品目標顧客生活型態的側寫表現出其高度追隨他人需求的特性，那麼產品本身就應該著重於有助於迎合此種社會需求的特性。

● 更有效地傳播產品特性：心理圖析的資訊能夠提供廣告創意人十分有用的資料以傳播某些產品資訊。畫家或作家能夠從這些資訊中獲取目標消費者更豐富的心理形象，這遠比從單純統計數字中得到的要多出許多，而且這種眼光會增強他與消費者間的「交談」能力。例如，專為Schlitz啤酒所做的研究發現，那些嗜喝啤酒的人容易感到人生沒什麼樂趣。Schlitz啤酒的廣告就利用了這個主題，告訴這些人：「人生只有一次，所以要盡情追求所有的美好。」[60]

● 發展整體策略：若能瞭解某項產品是否適合消費者的生活型態，就能使行銷人員發現新的產品機會、詳細計畫媒體策略，並創造出和這些消費模式最一致、最和諧的環境。

● 行銷社會和政治議題：心理圖析區隔能夠成為政治活動的重要工具，而且還能發現介於消費者類型之間的共通性，特別是具有包括吸毒和賭博等危害行為的消費者類型。有一項關於18歲～24歲酒駕男性的心理圖析研究，進一步地顯示了這種觀點有根除危害行為的潛力。研究人員把這個區隔群分為四種類型：「優秀計時

者」、「適應良好者」、「書呆子」和「問題兒童」。他們發現其中一個類型比較特殊──「優秀計時者」反而最相信：飲酒很有樂趣、飲酒時出意外的機率是很低的，並且認為飲酒能夠增加一個人對異性的吸引力。因為這項研究也顯示出，此類型也是最喜歡在搖滾音樂會和聚會上喝酒、最喜歡看MTV，並喜歡聽專輯導向搖滾電臺的一群人。因此，要用一場預防性活動來影響「優秀計時者」就變得很簡單了，因為我們可以把針對這個群體的訊息放在這些人最可能看到和聽到的地方[61]。

▶ 心理圖析區隔類型

　　行銷人員們持續地四處尋找新的著眼點，以便能發現並影響那些擁有共同生活型態的消費者群體。為了滿足這種需求，許多研究公司和廣告公司紛紛發展自己的區隔類型(segmentation typologies)。受訪者需要回答一組問題，以便研究人員將他們劃入不同的生活型態群體中。這些問題通常包括了AIOs的組合，以及有關特定品牌的觀點、最喜愛的名人和媒體偏好等。這些區隔類型的系統經常是賣給那些想對顧客和潛在顧客有更多瞭解的公司。

　　至少從表面上看來，許多區隔類型彼此之間都非常相似，一個典型的區隔類型會把人群概略地分成5～8個區隔群。研究人員會給每個群組一個描述性的稱呼，並把其中「典型」成員的側寫提供給客戶。不幸的是，要去比較或評估不同的區隔類型通常很困難，因為用來設計這些制度的方法和資料幾乎都是私有的；這些資料是公司開發並擁有的，他們認為並沒有必要讓外界接觸到這些資訊。

Vals 2

　　著名的區隔系統是價值和生活型態系統(The Values and Lifestyles System，VALS™)，是由加州史丹佛國際研究中心(SRI International)所研發。最初的VALS™系統是建立在消費者對於各式社會問題（如墮胎）是否贊同的基礎之上。SRI在大約10年之後發現，由於有越來越多人對這些觀念持贊成態度，所以那些用來區分消費者的社會議題會比較不具預測性。於是SRI開始找尋一種更好的方法來區隔消費者，並且發現若與個人對社會價值的認同程度相比的話，某些生活型態指標如「我喜歡生活中充滿刺激」，在預測購買行為時有更佳效果。

現在，第二代的VALS 2™系統利用了一組包含39個項目（35個心理學項目和4個人口統計學項目），將美國成年人分類成具有不同特性的群組。如圖6.3所示，各群組會依照資源程度，包括收入、教育、活力程度和購物渴望，在垂直方向進行排列，也會依照自我導向(self-orientation)的程度而在水平方向進行排列。

VALS 2™系統的關鍵在於構成水平部分的三種自我導向。原則(principle)導向的消費者會根據信念系統的引導來作出購買決策，不會在意別人的眼光。地位(status)導向的消費者根據同儕認知的看法來做決定。行動(action)或自我導向的個體則會透過購買產品的方式來影響周圍的世界。

VALS 2™群組的頂端被稱為實現者(actualizers)，是擁有豐富資源的成功消費者。這個群組所關心的是社會問題，並對轉變持開放態度。雖然在10個美國成人當中只有一個是實現者，但有一半的網路用戶都屬於此種類型，這展現了對先進科技的興趣[63]。

接下來的三個群組也有充足的資源，但他們對於生活的看法卻各不相同[64]：

● 自我實現者(fulfilled)對生活感到滿意、愛思考並且安逸。他們傾向於實際並看重功能性。

● 成就者(achiever)是職業導向，並且更喜歡對冒險或自我發現做出預測。

● 體驗者(experiencer)是年輕而衝動的，並且喜愛反傳統和冒險經驗。

行銷陷阱

當雷諾煙草公司計畫在幾個測試市場裡推出新香煙Dakota時，他們發現心理統計的使用可能會引起爭議，這使得他們的計畫舉步維艱。根據一家行銷公司為雷諾公司所提出的市場計畫，雷諾公司將市場目標明確定位為18～24歲、中學或中學以下教育程度、在工廠工作或從事服務業的女性。這一範圍內的消費者是美國少數幾個吸煙率上升的消費區隔群之一，因而從純商業的角度來看，它絕對具有一定的市場潛力。

發展此一品牌是為了吸引被雷諾煙草公司稱為「精力充沛女性」的生活方式區隔群。這些女性具有以下的心理特質：最喜歡的休閒方式是出遊、聚會、和男朋友一起去看改裝車展；最喜歡的電視節目是《我愛羅珊》(Roseanne)和夜間的肥皂劇；最大的渴望就是在20出頭結婚並和男朋友在一起，做他想做的事。此種策略導致許多對雷諾公司不利的公眾效應，例如一些批評家批評該公司試圖使更多年輕女性加入吸煙者的行列[62]。

圖6.3 VALS 2 區隔系統

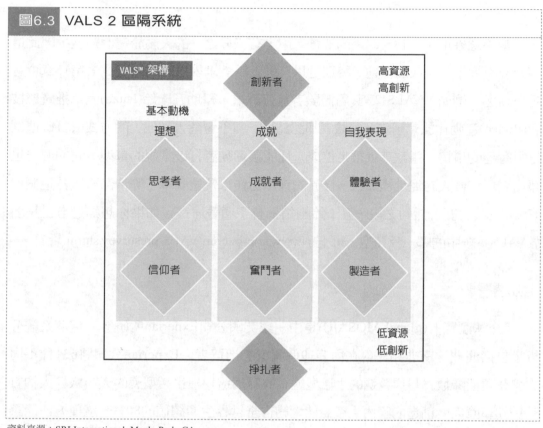

資料來源：SRI International, Menlo Park, CA.

另外四個群組所擁有的資源就比較少：

- 信仰者(believer)有強烈的原則並喜愛那些有信用的品牌。

- 奮鬥者(striver)與成就者相似，但擁有的資源較少。他們非常關心來自他人的肯定。

- 製造者(maker)是行動導向，並傾向於把精力花在自我滿足上。人們經常會發現他們在維修自己的汽車、將自己種的蔬菜裝罐，或建造自己的房子。

- 掙扎者(struggler)處於經濟階梯的底層。他們最關心的是滿足眼前的需要，沒有什麼能力可以去獲得任何基本生存物品以外的東西。

VALS 2™系統已經成為有效瞭解如潔姬和漢克那種人的方法。SRI估計，美國成年人當中有12%屬於刺激追求者，這些人可以被歸入VALS 2™的「體驗者」類型，並且可能會更認同一些如「我喜歡生活中充滿刺激」和「我喜歡嘗試新的東西」的陳述。體驗者喜歡打破慣例，而且受到極限運動的強烈吸引，如空中衝浪或高空彈跳。

　　毫不意外地，在18～34歲的消費者中，有三分之一的人屬於這個類型，因此這個族群引起了很多人的興趣，特別是以年輕人為訴求對象的行銷人員，第15章會有更多論述。例如，VALS 2™針對體驗者進行訴求，幫助五十鈴(Isuzu)汽車推廣競技者(Rodeo)運動休旅車，許多體驗者都認為以一種不會危害到他人的方式去打破慣例是很有趣的事情。這款車就被定位成一種能讓駕駛者打破常規的車型。它的廣告也藉由表現年輕人在泥地裡蹦跳、怪異的奔跑動作以及塗鴉車子等情節來支持這個創意[65]。在這次廣告活動之後，五十鈴的銷量有了顯著增長。如果你想知道自己是屬於VALS系統中的哪一種類型，可上：www.sric-bi.com/VALS/presurvey.shtml.看看。

全球瀏覽

　　「全球瀏覽」(global MOSAIC)是由一家英國公司Experian所研發。這個系統分析了包括澳洲、南非和秘魯在內等19個國家的消費者。Experian公司將631種不同的瀏覽類型歸類為14種普遍的生活型態。被歸為這14種生活型態的人口數目大約有8億，這8億人所創造的國內生產總值大約占全世界生產總值的80%。這種方法能讓行銷人員發現那些位於世界各地卻具有相似品味的消費者。Experian公司的一位執行主管作了如下解釋：「和紐約布魯克林區的底層人士相比的話，居住在瑞典斯德哥爾摩的雅痞族與紐約上城東區的雅痞族有更多的共同點。」

　　這些雅痞族（在此方法中被稱為教育世界主義者）是最先接受新產品和新思想的消費者，他們對於生活型態的全球化產生了一些影響。儘管每個國家都有這種人，但在各國所占的人口比例並不相同。MOSAIC表示這些雅痞族在美國占了家庭總數的10%，在日本占7.1%，在紐西蘭占5.8%，在英國占4.2%，而在澳洲僅占3.7%。圖6.4描述了一支愛爾蘭樂團如何運用這一資訊來確定美國人最有可能喜歡聽他們的音樂[66]。

RISC

　　從1978年起，位於巴黎的社會變遷研究中心(Research Institute on Social Change, RISC)就開始針對40個以上國家進行國際性的生活型態以及社會文化變遷

> **圖6.4** **一個愛爾蘭樂團的全球歌迷**
>
> 在德國發跡的愛爾蘭樂團Kelly Family想要在美國進行巡迴表演,組織者先以「全球瀏覽」群組將此樂團會員進行分類,結果發現這些會員大部分居住於地區型的重要中型城市。接著,行銷人員以同樣群組的人口密度將美國市場進行排序,再擬定當地的促銷活動。

> 高
> 高於平均數
> 低於平均數
> 低
>
> | 重要的全球瀏覽群組 | 重要美國媒體市場 | 重要德國郡級市場 |
> |---|---|---|
> | 農業的心臟地帶 | 明尼亞波里 | 烏特亞里加 |
> | 重視職業的物質主義者 | 西雅圖 | 伯卡斯特-維特里希 |
> | 農場城鎮社區 | 達拉斯 | 希德堡豪森 |
> | 工業城、海邊及山區 | 納許維爾 | 克洛彭堡 |
> | 祖傳家產 | 波士頓 | 多瑞里德 |

資料來源:Michael Weiss. "Parallel Universe." *American Demographics* (October 1999): 51-63.

的測量[67]。它對於全世界社會氣候的長期測量使我們能夠去預期未來的變化,並可以在變化蔓延到其他國家之前就發現徵兆。例如,重視環境最早出現在1970年代初期的瑞典,然後是70年代末期的德國,法國是從1980年開始,而西班牙則是從90年代初期才開始重視此一議題[68]。

　　RISC的方法是詢問一組問題,藉以確定人們對於廣泛問題抱持的價值觀及態度。這些答案會放在一起來測量40種「傾向」,像是「靈性」或「性別模糊」等。基於受訪者對每一項傾向的評分數據的統計分析,每一個人會被置於由三條軸線描繪出的虛擬空間。然後,RISC會將所有受訪者分門別類至10個區隔群中,這些區隔群與受訪者在這虛擬空間的位置是相關的。圖6.5說明了這10種區隔群(G表示全球的;L表示當地的)和主要的生活抱負。這三條軸線分別是:

　　1. 探險/穩定性(Exploration/Stability):這條縱軸區分了傾向於改變、創造力、活力和開放性的人們以及傾向於穩定性、熟悉度、傳統和結構的人們。

圖6.5 RISC10個區隔群

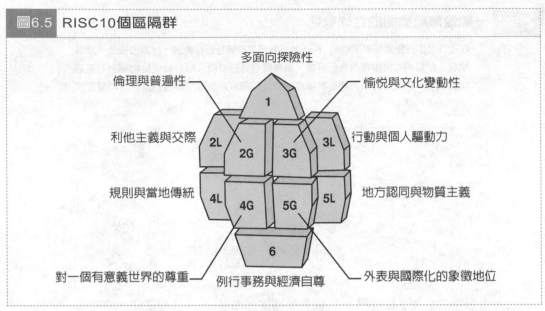

資料來源："RISC Methodology" (Paris: RISC International, 1997): 14.

2. 社會／個人(Social/Individual)：這條橫軸區分了有共同需求導向的受訪者，以及具有個人需求滿意導向的受訪者。

3. 全球／當地(Global/Local)：第三條軸線代表了一種差異。此種差異存在於能適應陌生環境、多種鬆散關係和大規模關係網路的人，以及偏好密切關係、較具可預測性生活要素的人。

我們可以根據給予特定傾向最高評分者所表現出的程度，將這40種傾向置於圖6.5之中。與探險相關的傾向會被置於接近圖6.5的頂端，個人化的傾向就向右傾斜；當地化傾向因為是在後面部分，所以比較小，依此類推。當某種傾向的位置並無重大變化時，支持不同傾向的各種人口數(國家、年齡群、某品牌的重度使用者)百分比也將會有些許不同。

如圖6.6所示，顯示了要如何將英國消費者以及其他歐洲國家消費者進行比較。色塊部分表示這些傾向在英國來講是比較重要的：如文化變動、擴展的活力、狹窄的界限、法律與秩序、社會認同、安樂和美食主義（對於生命中美好事物的一種生活品質導向）。

一般說來，RISC是要確認某種品牌的使用者，並更加瞭解他們，也可能要隨著時間來觀察使用者的變化。此外，RISC的資料可以找出潛在目標群組、可以告

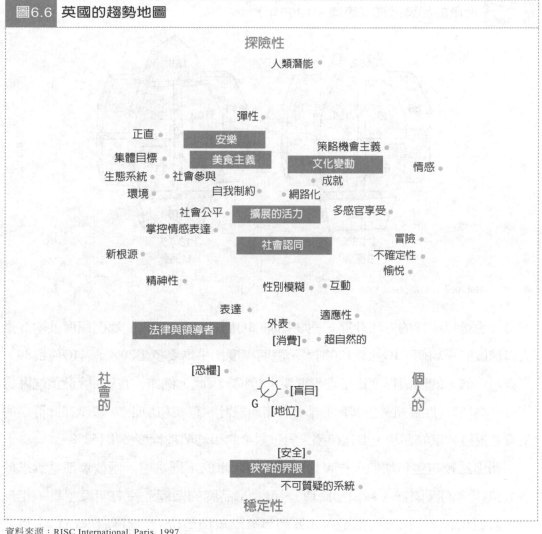

圖6.6 英國的趨勢地圖

資料來源：RISC International, Paris, 1997.

訴行銷人員有關產品好處的類型，以及可能會吸引這些群組的溝通類型。圖6.7顯示的是德國如何使用RISC系統來區分兩種汽車品牌的可能購買者。消費者被詢問如果要購買一輛新車，哪一種品牌會是他們的第一選擇、第二選擇或是都不要？B品牌具備有力的背景、個人化和實驗性；大約有21%的受訪者表示對此品牌有興趣。另外大約19%的受訪者則喜歡具備更多「香草」個性的M品牌。

　　雖然這兩種汽車在德國人口中的人氣是差不多的，但關鍵就是要能確定在此國家中的哪些區隔群更能接納這些品牌。每個區塊中的數字是一個指標值(index value)，可以很快告訴我們群組中的人與德國人平均結果的差異性。人類智商(IQ)

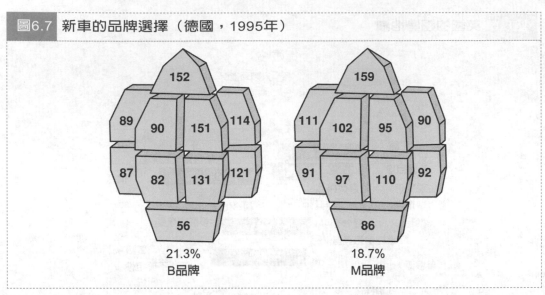

圖6.7 新車的品牌選擇（德國，1995年）

資料來源：RISC International, Paris, 1997.

的得分也是以同樣的方法計算——如果你的IQ值為100，那你的聰明程度就剛好是人口總數的平均值。IQ值為120則表示聰明程度比平均要多出20%；若IQ值為80，則表示一個人的聰明程度比平均程度要少20%。因此，例如，在B品牌最頂端區塊的得分為152（此群組最感興趣的部分在嶄新設計、科技和功能），表示在此群組的消費者對這款車的興趣，要比德國人對這款車的平均興趣程度多出152%。

藉由比較這些指標值，你可以瞭解這兩款車的不同之處：兩款車都是訴求於多方位探險的區隔群（最頂端區塊），但是M品牌的區隔並沒有明顯差異。相反地，喜歡B品牌的德國人卻是對「外觀與國際象徵地位」（指標值是131），以及「愉悅及探索其他文化」（指標值是151）特別感興趣。這種差異顯示B品牌的行銷人員也許會將車子與「富有、講究美食及享受生活的人」（007詹姆士龐德也許是最適合的代言人之一）的形象連結在一起，藉此在廣告中訴求這個市場區隔。

地區性消費差異：從你吃的東西來瞭解你 ▶ ▶ ▶ ▶ ▶

如果你曾到其他地方去旅遊或居住過的話，你可能就體驗過一種和原來環境有些許不一致的奇怪感受。人們可能說著同樣的語言，但你卻不太能理解他們講的

某些東西。品牌和商店名字可能會使你混淆；有些看來熟悉，有些又不是。有些熟悉的東西又可能會有不同的稱呼。一個人口中的「英雄」(hero)會是另一個人口中的「搗碎機」；另一人所說的「潛水艇三明治」(submarine sandwich)也可能會是另外一個人所謂的「特大號三明治」(hoagie)。這些地區性的差異經常會對消費者的生活型態產生很大的影響，因為地方的風土民情會影響我們在食物、娛樂等方面的偏好程度：如果中西部居民想培養一種「佛羅里達海灘遊俠」的生活型態，將會是一件很辛苦的事；而一個新英格蘭人也很難被週末的馬術表演所吸引。

　　地區性的差異對於許多產品種類來說是非常重要的，不論是娛樂方面還是喜愛的車款、裝飾風格，或者是休閒活動。例如BMW汽車發現法國駕駛人十分重視車子的路況處理能力，和車子給予駕駛者的自信心；然而奧地利的駕駛人會比較感興趣車子賦予地位象徵的價值感[69]。因居住地區而影響生活形態的最顯著領域之一就是食物產品的區域。許多進行全國性行銷的行銷人員會將產品地區化，以迎合不同的口味。如金寶濃湯在提供給美國西南地區的起司濃湯中就加了比較多的墨西哥胡椒粉。

　　美國人不同的「零食」喜好也說明了吃零食這樣一件簡單的事，也和居住地區大有關連。平均來說，一個美國人每年要吃掉21磅的零食（但願不是同一種食品），但是西部中央地區的人們吃得最多（每人24磅），而在太平洋和東南部地區的居民每個人「只」吃了19磅。脆餅是大西洋岸中部地區最流行的零食，燻豬皮是南部居民最喜愛的小吃，雜糧薯片則在西部最受歡迎。不令人意外地，西班牙對西南部的影響也反映在零食偏好上——那個地區消費者吃的玉米脆片是其他地區的1.5倍[70]。

▶ 飲食文化

　　有許多事實可以表現出飲食文化，「從你吃的東西來瞭解你」。我們對食物的偏好可以表現出我們是什麼樣的人，而且，許多和我們有關係的人會學習我們對於食物的好惡。在沙烏地阿拉伯，羊眼睛被認為是十分美味的食物，而蛇在中國大陸也是美味。西班牙和葡萄牙人購買新鮮魚貨的數量是奧地利和英國人的10倍，丹麥販售豬肉的數量也大約是法國的10倍。愛爾蘭人的飲食習慣會使用大量的馬鈴薯，這並不令人意外，但數量還沒有比希臘人多。相反地，義大利人不吃松露；每個人購買通心粉的數量比瑞士消費者多出4倍，而瑞士已是全世界吃義大利麵最多國家的第二名[71]。

飲食文化(food culture)是反映社會群體價值的一種飲食消費模式。美國人民雖然擁有相同國籍，但不同地區的獨特氣候、文化的影響和資源造就了不同的飲食文化。這些差異使我們可以很正當地來討論「地區性格」和「國家性格」，這可以幫助我們解釋一些現象。例如，在美國南部的遊客也許會很驚訝地發現，一些當地人會在早餐時喝Dr. Pepper（一種氣泡飲料）來搭配酥脆奶油甜甜圈；或是在加州一些流行餐廳的菜單上都會有一些像是芽菜和豆腐這種「自然」食物[72]。

在歐洲也存在著類似的飲食文化差異。在一項關於15個國家、138種食物相關變數的分析中，顯示出12種明顯的飲食文化。如圖6.8所示，多數都有著類似的國家和語言界線。例如，我們可以從對於感官滿足的重要性與高度的紅酒消費數量，看出法國人／法裔瑞士人、比利時南部的華隆人和義大利人的文化特徵。由日耳曼民族所組成的幾個國家都顯示出一種高度的健康意識；葡萄牙和希臘的飲食文化則表現出一種相當傳統的飲食模式，但同時又帶著一股全新「全球化」的特色。挪威與丹麥飲食文化的獨特之處在於他們對於冷凍便利食品的開放心態，以及丹麥人對啤酒的喜好。英國人和愛爾蘭人則是對甜點和茶有特別明顯的喜好。

甚至是飲食場合的意義，也因為不同地區和國家而有所不同。這就可以解釋為何在歐洲的美國遊客會習慣性的在晚上六點進入餐廳準備用餐，卻發現餐廳空無一人而尷尬不已，因為當地人都是晚上九點才開始用餐。在一天的不同時間裡，我們所消費的食物也十分不一樣，即使我們以同樣名稱來稱呼那個時間。因此，以早餐來說，北美的消費者會想到雞蛋和培根，西班牙人會想到當地小吃店裡的濃郁咖啡，而丹麥人則會因為想到傳統起司和果醬而流口水[73]。

▶ 地理統計

地理統計(geodemography)是一種分析技巧，可以將消費支出和其他含地理資訊的社會經濟因素等資料結合起來，藉以辨識出具有相同消費模式的消費者。這個方法建立在「物以類聚」的假設上；有相似需求和品味的人們也會傾向於居住在一起，因此想要掏空這些心態類似人們的「口袋」是可行的，行銷人員可以更有效率

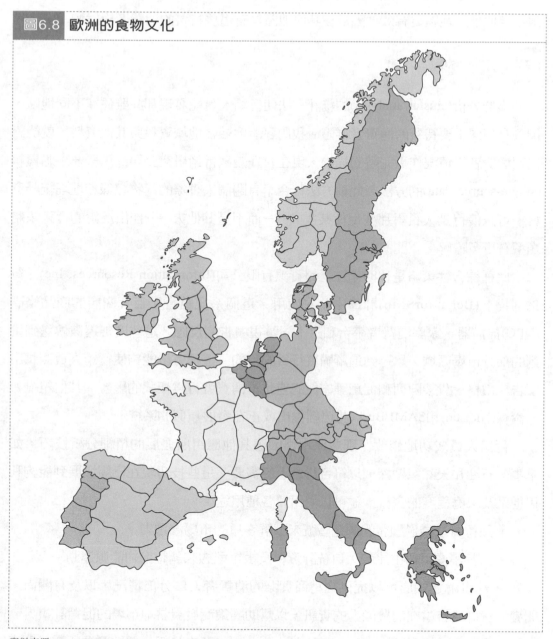

圖6.8 歐洲的食物文化

資料來源：Søren Askegaard and Tage Koed Madsen, "The Local and the Global: Exploring Traits of Homogeneity and Heterogeneity in European Food Cultures," *International Business Review* 7(6) (1998).

地透過直接郵件和其他方法將資訊傳遞給這些人。例如，行銷人員想把產品的資訊傳達給單身的白種人消費者，這些消費者普遍受過大學教育並有比較保守的消費習慣。行銷人員會發現把產品目錄直接寄到郵遞區號20770（馬里蘭州綠帶市[Greenbelt]）和90277（加州麗浪多海灘[Redondo Beach]）等地區，會比郵寄到這兩州其他鄰近地區更有效,因為在其他地區具有這些特質的消費者相對較少。

單一來源資料

集群分析(cluster analysis)的統計方法使行銷人員能發現那些雖住在不同地區,卻具有相同重要特質的消費者群體。我們逐漸地結合地域資料與其他資料,就能對美國消費者的情況作更完整的描繪。現在有好幾家行銷研究公司採用單一來源資料(single-source data)的方法,此種方法結合了有關個人實際的購物紀錄和地理統計資料,可以使行銷人員對那些促使某些人——而不是其他人——作出反應的行銷策略類型有更多瞭解。

此種綜合性策略是1980年在情報資源有限公司(Information Resources, Inc)「行為掃描」(BehaviorScan)計畫中首次使用。這個系統結合了百貨商店的商品條碼(UPC)掃描器、家庭消費者平台和對不同電視廣告的反應,這些廣告還被傳送到挑選的部分市場區域,以達到追蹤購買行為的目的。這種方法能夠使行銷人員測試出廣告、價格、貨架陳列和促銷等方面的變化對消費者行為模式的影響。其他組織如尼爾森(Nielsen)和SAMI/Burke也已經推出或正在發展類似的系統[74]。

行銷人員成功地修改了那些原本為因應其他應用所發展的精細分析技巧,如軍事、石油和天然氣勘探,以符合行銷上的需要。這些技巧現在已經發展到能夠利用地區及家庭程度的資料,並可以使用於各種用途:

- 銀行可以透過顧客的郵遞區號來瞭解客戶的市場滲透力。
- 公營事業可藉由比較人口統計資料及帳單型態來調整節約能源運動。
- 冰淇淋連鎖店可以提供經銷商實際的消費者人口分佈情況,以及有關尚未開發消費群具有潛在消費能力的資訊,以幫助經銷商發展當地市場的促銷計畫。
- 西方聯合公司(The Western Union Company)藉由分析一個地區裡所需代理商的數量,來決定最有利的新代理商地點,這使得各事業網路之間的成本效益(cost-effectiveness)得到大幅提升[75]。

PRIZM

另一種普遍觀察群體的技巧是由Claritas有限公司開發的PRIZM系統(Potential Rating Index by Zip Market)，係根據郵遞區號所制定的潛在等級指數。這個系統把美國所有郵遞區號分成62個群組，從最有影響力的「貴族階層」到經濟最拮据的「公眾救濟」群體[76]。一位加州南部的居民如果住在Encino地區（郵遞區號91316）可能會被歸類到「金錢和頭腦」群組，而住在Sherman Oaks地區（郵遞區號91423）的人可能會成為「年輕的影響者」[77]。最近，這個系統為了反映美國種族和經濟的多元化趨勢，所以對最初的40個群組進行了更新，一些新群組包括了「美國夢」、「孩子與死巷」以及「年輕文人」[78]。

不同群組的居民在產品消費（從養老金到密封袋）方面表現出顯著的差異。這些群體同時也可以根據郵遞區號特質(Zip Quality, ZQ)量表上的收入、房屋價值和職業等因素進行排列（一個表示社會階層的粗略指標）。表6.4顯示了兩個不同群組在消費模式上有相當大的差異。這張表將排行第三的「皮草和旅行車」群組與倒數第三的「煙草之路」群組的消費資料進行了比較。

像PRIZM這樣的系統通常能使行銷溝通產生最大的效力，特別是直接郵件修補了場地的限制，而家庭所接收到的訊息會使得直接郵件更具有成本效率和影響力。當考克斯傳播公司(Cox Communication)想要增加購買其「按次計費」(pay-per-view, PPV)服務的有線電視用戶數量時，就在12個市場推出了一項直接郵件活動。這活動是以「從未購買者」(nevers)為目標，這些人從不花錢收看按次計費的電影，但有點想要試試看這項服務。考克斯公司在亞利桑納(Arizona)的有線電視系統（該公司的最大市場）決定要使用PRIZM系統來加強對目標市場的努力。分析指出，在亞利桑納的三種群組「嶄新的開始」、「城鎮與禮服」和「小鎮與都會區」，有比平均為高的可能性會購買按次計費服務。考克斯公司寄發了一份促銷信件給這幾個群組中的41,000名顧客，並且在信件裡附上了活動期間的按次計費當月電影節目單，以及僅能在活動當月使用的免費電影券。電影券都有經過編碼，所以可以藉此追蹤顧客對促銷信件的反應。雖然以PRIZM系統所寄發出的郵件要比寄給亞利桑納以外地區的數量來得少，但回收率卻高出許多，而且這波促銷活動的購買者中

表6.4	PRIZM兩群組的比較		
皮草和旅行車(ZQ3)		煙草之路(ZQ38)	
新興的有錢一族，雙親在40～50歲之間新建了小型的網球場、游泳池和花園		南部多種族混住的農場小鎮，有小商店、餐館和自助洗衣店的小市區，沒有室內抽水馬桶的木屋型住宅	
樣本地區		樣本地區	
德州Piano(75075)		密西根州Belzoni(39038)	
喬治亞州Dunwoody(30338)		北卡羅來納州Warrenton(27589)	
麻州Needham(02192)		維吉尼亞州Gates(27937)	
高度使用	低度使用	高度使用	低度使用
鄉村俱樂部	摩托車	坐巴士旅行	編織品
盒裝葡萄酒	輕瀉劑	氣喘緩和藥	現場戲劇表演
草坪維護設備	無濾嘴香煙	麥芽酒	煙霧檢測器
《美食家》雜誌	嚼煙草	《砂礫》雜誌	《女士》雜誌
BMW 5系列	《獵捕》雜誌	懷孕測試	法拉利
麥片麵包	雪佛蘭Chevettes系列	龐帝克Bonneville系列	全麥麵包
天然凍麥片	罐裝燉肉	油酥	墨西哥食物

註：以上列出的使用率是考量過全部40個群組的平均消費量。

資料來源："A Comparison of Two Prizm Clusters" from *The Clustering of America* by Michael J. Weiss. Copyright © 1988 by Michael J. Weiss. Reprinted by permission of HarperCollins, Publishers, Inc.

有20%會在下一個月再次消費。等到4個月以後，原先鎖定的目標顧客中已經有接近11%的消費者會繼續使用按次計費服務[79]。

此外，雖然消費者處於兩個不同的群組，但在購買某些產品上也有著相同的比例。但若把另一些產品的購買也考慮進來時，這種相似性就不存在了。這些差異點出了一個重點，就是應該要超越單純的產品種類購買資料和人口統計資料的限制，而真正的瞭解市場（還記得前面討論過的產品互補嗎？）。例如，「城市黃金海岸」、「金錢與頭腦」以及「貴族階層」群組裡的很多人都會購買高品質雙眼望遠鏡，但在「穀物帶」、「新農場主人」和「農業商務」群組裏的消費者也同樣會購買。兩者的區別在於，前者使用雙眼望遠鏡來觀察鳥類和其他野生動物，而後者則使用望遠鏡來瞄準射擊範圍中的獵物。此外，其實鳥類觀察者經常出國旅行、聽古典音樂、舉辦雞尾酒派對；而鳥類狩獵者則是搭乘巴士旅遊、喜歡鄉村音樂、還是退伍軍人俱樂部的成員。

摘要

　　人格的概念是指一個人獨特的心理特質，以及這種特質是如何始終如一地影響此人對所處環境的反應方式。建立在人格差異基礎上的行銷策略目前只處於半成功狀態，部分原因在於對人格特質差異的測量，以及應用在消費背景的方式仍有問題。有些方法試圖利用佛洛伊德心理學及以其演變後的觀點為基礎的技巧，來瞭解小樣本中的消費者潛在差異。反之，另一些人則試圖在大樣本中使用精密的量化技巧，以更客觀地評估這些因素。

　　消費者的生活型態是指他選擇花費時間和金錢的方式，以及這種消費選擇反映出來的價值觀和品味。生活型態研究對於追蹤社會消費的偏好程度，以及將特定產品和服務定位到不同的區隔群時十分有用。行銷人員會藉由生活型態的差異來進行市場區隔，通常是根據消費者的AIOs（活動、興趣和意見）將消費者分組。

　　心理統計技巧試圖藉由心理的主觀變數，再結合可觀察特性（人口統計特性）來對消費者進行分類。人們已經發展了多種系統，如VALS等，藉以確定消費者的「類型」，並根據品牌或產品偏好、媒體的利用、休閒活動以及對政治和宗教等各類主題的態度來予以區分。

　　相互關連的產品和活動會與社會角色結合而構成消費群集。人們經常因為產品或服務與某種群集相關而購買它們，也因此與喜好的生活型態連結在一起。

　　居住地經常是決定生活型態的一種重要因素。許多行銷人員認清了存在於產品偏好中的地區性差異，並針對具有同樣飲食文化的不同市場發展了不同的產品版本。地理統計的技巧同時使用了地域和人口統計的資料來分析消費模式，並可以發現那些表現出相似心理特質的消費者群組。

思考題

1. 為同一產品類別中的三種不同品牌建立一份品牌人格清單。請一些消費者從大約10種不同的人格部分來評價各品牌。你能夠找到哪些不同之處？這些「人格」與區別產品的廣告包裝策略有關嗎？

2. 在何種情況下，人口統計資料會比心理統計資料更有用？何時又會發生相反的狀況？

3. 飲酒者在買酒的數量有很大不同，從那種只在雞尾酒會上偶爾喝一杯的人，到常年的嗜酒者都有。解釋如何將80/20原則運用在這種產品類型上。

4. 收集一系列新近出現的廣告，將產品消費和某種生活型態作連結。通常這些廣告是如何達到此種目的？

5. 心理統計的分析能被應用到行銷政治人物的手法。調查一個近來比較重要競選使用的行銷策略。要如何藉由價值觀對選民進行分類？你能夠證明溝通策略是從這些資訊而來的嗎？

6. 分別針對歸屬者、成就者、體驗者和製造者的不同化妝品去設計一則廣告。在這些廣告裡，針對不同群體的基本訴求會有不同嗎？

7. 使用以群體為目標的媒體，為大學生的社會角色建構一個消費群集。哪些產品、活動和興趣比較容易出現在描寫「典型」大學生的廣告中？這個消費群集在現實中的情況為何？

8. 地理統計技巧假定住在同一地區的人在其他方面也有共同特性。如何得出這個假設？準確度又如何？

9. 單一來源資料系統使行銷人員只需要知道消費者的地址，就可以得到有關消費者的廣泛資料。如果考慮到消費者的隱私權，這種「知識的力量」是否存在一些道德層面的問題？對這類資訊的獲得管道是否應由政府和其他團體加以管理？消費者應該有權對獲取這些資料加以限制嗎？

10. 我們可以允許組織和個人去建立那些擁護潛在危害行為的網站嗎？如「白種亞利安人反抗者」等仇恨組織可以在網路上招募新成員嗎？為什麼？

11. 極限運動、當日沖銷、聊天室和素食主義。你能夠預測在不久的將來，哪種事物會是最流行的呢？找出一種在你的世界中到處可見的生活型態趨勢，對這種趨勢做一些細節上的描述，並證明你的預測。哪些特定的風格或產品是這種趨勢的組成部分？

態度

在一個慵懶的週二夜晚，珍、泰芮和南茜聚在南茜的住處，隨意地轉著電視頻道。珍轉到了ESPN體育台，三個人看到一場正在轉播的女子足球賽。珍早在米亞‧哈姆(Mia Hamm)和布蘭蒂‧查斯頓(Brandi Chastain)成為鎂光燈焦點前，就已經是足球迷了。她喜歡這項運動中精湛細緻的部分，像是越位、球員跑位，以及美妙的腳法，球員在一個大球場上踢球就好像在一塊小草坪上一樣遊刃有餘。南茜則是個性情中人。在世界盃中美冠軍戰中，兩隊在正規的120分鐘內毫無建樹，美國隊最後靠著第五次的罰踢十二碼球才贏得冠軍。在經歷了這一場扣人心弦的比賽後，南茜轉而喜歡上了足球。而另一方面，泰芮卻根本不明白為何叫香蕉球而非彩虹球。儘管如此，除非離群索居，否則你一定會看到電視上一再播放女足球員布蘭蒂‧查斯頓在贏得冠軍後脫掉上衣、露出運動內衣的畫面。珍甚至在幾周之後也買了一件同款內衣。儘管如此，足球還是無法真正引起泰芮的共鳴，但是，只要和朋友們聚在一起，她並不會太在乎看的是她不熟悉的足球，還是她常看的例如有肢體衝突的「傑瑞開砲」(The Jerry Springer Show) 節目。

態度的影響力　　　　　▶ ▶ ▶ ▶ ▶ ▶ ▶

珍就是這種希望藉由贊助麥當勞和可口可樂品牌，而把女子足球變成一種流行運動熱潮的球迷。自從1996年美國女子足球隊在不到3,000個球迷面前輸掉了在瑞典的半準決賽之後，美國人對足球的態度發生了戲劇性的變化。在1999年，美國隊在超過9萬名球迷的吶喊助威聲中贏得了世界盃，這些球迷中有許多已經身為人母，而且把女子足球員視為自己年輕女兒的重要榜樣。隨著2001年美國女子足球聯盟(WUSA league)的成立，職業女子足球運動雖然有艱苦的草創階段，但是包括像Comcast有線電視公司和AOL時代華納等投資者都至少有義務提供資金到2006年。此聯盟也吸引了包括效力於華盛頓自由隊的頂尖球員米亞‧哈姆。

　　另一方面，隨著女球員布蘭蒂‧查斯頓華麗的脫衣事件之後，人們開始注意一種所謂的「美眉因素」(Babe factor)，正如一些評論家所質疑的：男性球迷是否會正經地看待女性運動員。不論是女子足球聯盟在2002年球季後冒著失去重點球迷（有年輕女孩成員的家庭）的風險而把一些篩選過的漂亮球員放到「花花公子」網站(Playboy.com)上，又或是雜誌舉辦網路投票選出費城隊(Philadelphia Charge)的後場球員海瑟‧蜜茲(Heather Mitts)為最性感球員，種種作法可能都不會對這項職業運動發展有所幫助。時間將會告訴我們這個野心勃勃的計畫到底能夠進球得分還是會被判紅牌驅逐出場[1]。想要在專業體育運動中取得成功，首要問題就是態度。

　　態度(attitude)這字眼在大眾文化中被廣泛地應用。你也許會被問「你對墮胎的態度如何？」父母親可能會這樣責備孩子：「年輕人，我不喜歡你的態度。」一些酒吧甚至把提供減價飲料的時段婉轉地稱為「態度調節期」。但對我們來說，態度(attitude)是對人（包括自己）、物品、廣告宣傳或議題的一種具有持久性和普遍性的評價[2]。任何態度所指向的事物稱為態度標的物(attitude object, A_0)。

　　態度具有持久性，因為它趨向於持續一段時間。態度也具有普遍性，因為它並非如瞬間聽到一聲噪音一樣的單一事件所形成，隨著時間及經驗的增加，你可能會對所有噪音都產生負面態度。消費者對於各種態度標的物有不同的態度，從根據產品特性行為（如使用Crest牙膏而不用高露潔牙膏），到日常消費相關的行為（如一個人刷牙的頻率）。態度會幫助人們作出決定：像是約會對象、要聽什麼音樂、鋁罐該回收還是丟棄，或是否要以研究消費者來謀生等等。本章將著重在態度的內涵、態度是如何被塑造的，以及如何測量態度。本章也會回顧一些在態度和行為之間的驚人複雜關係。我們將在下一章更進一步來探討如何改變態度，這對行銷人員來說當然是首要課題。

態度的功能

心理學家凱茲(Daniel Katz)提出了態度的功能論(functional theory of attitudes)，來解釋態度如何促進社會行為[3]。根據此種實證理論來看，態度之所以存在是因它為人們提供了某些功能。也就是說，態度視人的動機而定。若消費者預期會在將來遇到類似情況，則更容易會因為預料中的後果而開始產生對此種事件的態度[4]。兩個人也會因為不同理由而對某些相同物品持有不同的態度。因此，在試圖改變人們的態度之前，最好先瞭解人們為何會抱持這種態度，這對行銷人員會很有幫助。凱茲提出的態度功能有下列幾項：

- 功利性功能(utilitarian function)：功利性功能與基本的獎懲原則有關。我們會僅根據產品提供的是愉悅還是痛苦，而形成對於產品的態度。如果某人喜歡吃起司漢堡，那他對起司漢堡就抱持正面肯定的態度。開門見山強調商品好處的廣告（如『為了品嘗美味，你應該喝健怡可樂』）就展現了效用功能。

- 價值表達功能(value-expressive function)：具有價值表達功能的態度會顯示出消費者的核心價值觀或自我概念。這時，人們對產品的態度並不取決於產品的客觀好處，而是產品代表的是哪一類的消費者（如何種男性會閱讀《花花公子》）。這種具有價值表達態度與生活型態分析有密切關係，生活型態分析是著眼在消費者如何形成一個具有相同活動、興趣和觀點的區隔群，藉以彰顯自己特定的社會身份。

- 自我防衛功能(ego-defensive function)：不論是因為外在威脅或內在感覺，為了保護個人而形成的態度會表現出自我防衛功能。一份早期的行銷研究顯示，1950年代的美國家庭主婦十分抗拒即溶咖啡，因為這威脅了她們對自己身為優秀持家者的認知[5]。另外像是保證能幫助消費者建立起「男子氣概」形象的產品（如萬寶路香煙），可能就會吸引那些認為自己欠缺男人味的男性購買。其他的例子像是，體香噴劑的宣傳往往會大肆強調在公開場合被人發現有狐臭的尷尬後果。

- 知識功能(knowledge function)：有些態度是因為人們對秩序、結構或意義的需要而形成。當人們處於一個不清楚的情況下，或面對一種新產品時，常常會產生這種需要（如『拜爾(Bayer)要讓你瞭解止痛劑』）。

態度所提供的功能不止一項，但在許多情況下只有一項特定功能被突顯出來。只要能夠確認產品提供給消費者的主要功能，也就是提供了哪些好處，行銷人員就可以在宣傳和包裝上強調這些好處。與功能有關的廣告能夠使人們更喜愛這樣產品，並且可以提高對廣告和產品兩者的偏好程度。

有研究顯示，對大多數人而言，咖啡的效用功能遠超於價值表達功能。試想有一種咖啡的訴求是：「Sterling Blend咖啡的美味、親切的口感和芳香來自於最新鮮的研磨咖啡豆」（效用功能）。另一種訴求為：「你喝的咖啡透露出你的風格，能彰顯你獨特高貴的品味」（價值表達功能）[6]。

正如一開始看到的三位女性觀看一場足球賽的例子，對於不同的人來說，態度標的物的重要性也可能完全不同。行銷人員若想要制訂出吸引不同消費群的策略，最好能夠瞭解對於個人，以及其他擁有類似特質者的態度核心。有一份針對足球賽觀眾的研究表示，對球賽不同程度的投入導致了不同的球迷「態度」[7]。這個研究確定了三種不同的球迷區隔群[8]：

● 第一種區隔群是像珍這樣的死忠球迷所組成，他們對支持的球隊高度投入，

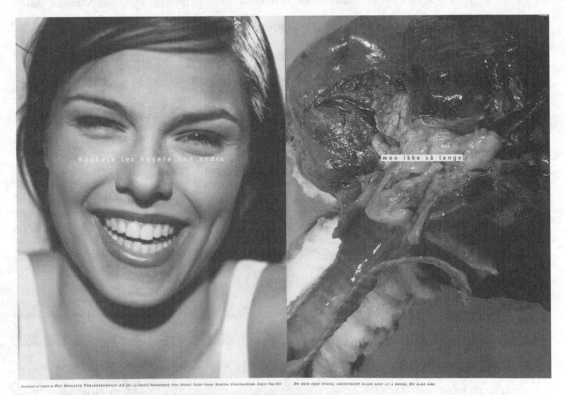

這則挪威廣告藉著引發強烈負面感受來討論年輕女性的抽煙態度。廣告上的文字「抽煙的人比較會交際」（左圖）「只要一直抽煙的話」（右圖）。(Courtesy of Johns Hopkins Center for Communications Programs)

而且表現出對比賽一貫的熱愛。爲了爭取這些球迷，研究者會建議體育行銷人員將重點放在讓球迷對更認識這項運動，並使得球迷參與和個人目標價值產生關聯。

- 第二種區隔群就像南茜這樣的人──他們的態度是基於比賽提供的獨特親身經驗。他們喜歡爲一支球隊歡呼吶喊的刺激和競爭中所產生的戲劇性。他們更像是「品牌轉換者」，而非死忠球迷。當主場球隊不能再讓他們感到興奮時，他們就會轉移對球隊的忠誠。我們可以透過宣傳客場球隊來吸引這部分的市場，例如以那些讓球迷印象深刻的明星球員來做廣告。

- 第三種區隔群就像泰芮一樣──以友情爲優先考量。這些消費者之所以出席比賽，主要是爲了能參與比賽後與朋友的「續攤」活動。行銷人員可以提供更多的附加利益來吸引這個區隔群的人們，例如讓死黨們在體育館內聚會更便利、增設停車位以及提供不同價位的入場券。

▶ 態度的ABC模式

態度包含三種要素：情感、行爲和認知。情感(affect)是指消費者對態度標的物的感覺。行爲(behavior)牽涉到人們想要對某一態度標的物採取行動的意圖，下文將會討論意圖不一定會導致實際的行爲。認知(cognition)是指消費者對某個態度標的物抱持的信念和看法。這三種態度要素可稱爲態度的ABC模式(ABC model attitude)。

該模式強調認知、情感和行爲間的相互關係。消費者對某樣產品的態度不能單純由對產品的信念而決定。例如，研究者發現購買者「認識」一種特殊的攝影機具有8：1的可變焦鏡頭、自動對焦和旋轉清洗頭，但這並不意味著購買者覺得這些屬性是好是壞、還是無所謂，也不能說明他們是否眞的會買下這部攝影機。

儘管態度的三要素都很重要，但因爲消費者對態度標的物的動機程度不同，所以各要素的相對重要性也會不一樣。在南茜公寓的那三位女性對於運動的不同興趣，就說明了這三個要素如何結合、形成了不同態度。態度研究者提出了影響層級(hierarchy of effects)的概念，以解釋這三個要素的相對影響。每一層級都規定了形

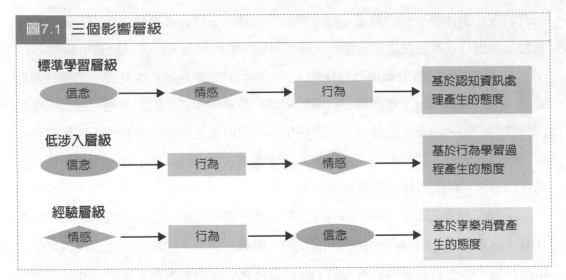

圖7.1 三個影響層級

標準學習層級

信念 ➜ 情感 ➜ 行為 ➜ 基於認知資訊處理產生的態度

低涉入層級

信念 ➜ 行為 ➜ 情感 ➜ 基於行為學習過程產生的態度

經驗層級

情感 ➜ 行為 ➜ 信念 ➜ 基於享樂消費產生的態度

成態度的固定步驟。圖7.1總結了三個不同的層級。

標準學習層級

以珍為例，她對女子足球賽的正面態度很像大多數態度的形成過程。消費者購買產品的決策就像解決問題的過程。首先，他透過關於相關屬性的認識（信念）累積形成對產品的信念；然後，消費者會評估這種信念並形成了對產品的感覺（情感）[9]。日積月累下來，珍搜集了關於這項運動的資訊，開始認識這些球員，並知道哪一隊是最優秀的。最後，基於這種評估，消費者開始表現相關的行為，比如購買這樣產品或者是透過穿著某一球隊的球衣來支持這個球隊。這種仔細的選擇過程中往往會產生像珍表現出的那種忠誠；長期下來，消費者會與這種產品緊密的結合，你會很難說服他們嘗試別的品牌。標準學習層級(the standard learning hierarchy)假設消費者是高度介入購買決策的[10]。他們被激發去收集大量資訊、權衡利弊，最後作出慎重決定。

低涉入層級

南茜對態度標的物（女子足球）的極度冷淡就與珍明顯不同。她對這項運動並沒有什麼特別認識，也許會因為某場比賽而有些情緒反應，但並非是因為特定球隊的關係。南茜是典型藉由低涉入影響層級(low involvement hierarchy of effect)而

產生態度的消費者。在整個過程中,消費者最初並不對任何品牌抱持強烈的偏好,而是在資訊有限的情況下採取行動,在購買或使用後才去評價這個產品[11]。態度可能會透過行為學習而產生,在這個過程中,消費者購買產品之後的經驗好壞將會強化消費者的選擇。如果比賽都能像世界盃一樣精彩的話,那麼南茜也許會更有意願去收看以後的比賽。

消費者不會太仔細結合、評估產品信念並加以評價後,才進行購買決策,這種可能性是不能忽略的,因為這意味著所有對於影響人們信念,和仔細傳遞產品屬性資訊的考量都將是白費。消費者往往會漫不經心,購買決策很可能只是出於某種條件反射。例如,消費者在選擇紙巾時,可能只會想到「Bounty牌紙巾吸水性更強!」這句廣告詞,而不會有系統地去比較陳列架上的各種紙巾品牌。

部分消費者的這種低涉入觀念對於一些行銷人員來說真是啞巴吃黃連,有苦說不出。誰願意承認自己行銷的產品是不重要的,或是無法讓人感興趣的呢?一位泡泡糖或貓食的品牌經理可能很難相信,消費者在購買產品時根本不多考慮,而她自己則花了很多工作(也許還有睡眠)時間來思考這些產品。

對行銷人員而言,具有諷刺意味的一線希望是:在低涉入的情況下,消費者並不會積極去看待許多與品牌相關的複雜資訊。相反地,他們會被行為學習的基本原則所左右,如品牌名稱、銷售點展示狀況等簡單的反射行為。這就導致了所謂的涉入矛盾:對消費者越不重要的產品,越需要去設計更多的行銷手法(如包裝和廣告歌曲)來銷售。

經驗層級

近年來,研究者開始強調情感反射的重要性,並視其為態度的中心觀點。根據經驗的影響層級(experiential hierarchy of effects),消費者行為舉止會根據情緒的反應。就如同前述的泰芮只是喜歡和朋友們一起看電視,並不在乎電視上播的是什麼。因此,可口可樂開始以更感性的方式來促銷產品。研究者發現,消費者會重視確實性和樂觀主義等屬性,所以他們轉而飲用像水、果汁和調味茶等飲料。為了反制此種會削減可樂市場的情況,可口可樂的廣告現在使用這樣的句子:「獨特的滋味感覺」和「在你的舌尖跳動」。現在,可口可樂的中心主張為「只有來自冰涼可口可樂的獨特感官體驗,能在生活中的真實時刻帶給我神奇的喜悅」。[12]

　　這種經驗觀點所凸顯的概念是,消費者的態度會被無形的產品屬性(如包裝設計)、消費者伴隨刺激產生的反應(如廣告、品牌名稱),和產生經驗的背景本質等強烈影響。正如第4章所討論的,態度還會受到消費者享樂動機的影響,如產品能帶給他們的感覺,或使用時的樂趣。甚者,連傳播者表現出來的情緒都有影響。一個笑容是具有感染力的;在一個情緒傳染(emotional contagion)的過程中,快樂的人所傳遞的訊息會提升我們對於產品的態度[13]。有無數的研究顯示,當人們在接觸到一則行銷訊息時,人的心情會影響他們如何看待這則廣告、能否記得呈現的資訊,以及未來對廣告和相關產品的感覺[14]。

　　有一個關於經驗層級的重要討論,考慮的是認知與情感的獨立性。一方面,認知─情感模式(cognitive-affective model)指出在一系列的認知過程中,情感判斷是最後的步驟。剛開始的步驟包括刺激的感覺記錄和從記憶中提取有意義資訊,對刺激進行歸類[15]。

　　而另一方面,獨立性假設(independence hypothesis)則認為情感和認知涉及兩個彼此分離、部分獨立的系統;情感反射並不一定需要先前的認知過程[16]。在美國告

行銷契機

　　情感反射對產品的態度扮演了關鍵的角色,這使得人們又開始有興趣去研發測量和操縱情感反射的高科技方法。傳統方法是以生理反應來測量這些反射,但由於生理反應可能有正有負,所以很難解釋由這種方法得出的結果。有一些公司正推出能夠更精確追蹤特定反射的替代產品。IBM正在研發一種稱為情緒滑鼠的新配件。利用皮膚隨著濕度變化的電容性,它可以追蹤使用者的皮膚溫度、心跳速度甚至還有非常細微的手部移動。IBM在這種情感計算界可稱得上是領導者,這個領域最終是希望電腦能夠判斷用戶當前的情緒狀態,調整其介面以降低使用者的挫折感;能夠感覺到員工即將對工作失去興趣,自動啟動電腦遊戲;或按照使用者個人興趣來自動搜尋電視節目。現在,情緒滑鼠在判斷使用者的情緒狀態時,準確度已經可以達到75%。最終,這些裝置更有可能應用到其他物品上,比如汽車方向盤可以察覺到駕駛者昏昏欲睡,警察也可以從鑰匙鏈察覺到被臨檢的人有不尋常的驚慌反應。另外,透過網路教學的教師可以得知學生現場的反應,甚至當學生分心時,也可以重撥部分講課的內容[17]。

示牌排行榜上位居榜首的歌曲也許與其他歌曲有相同之處（如主低音吉他、刺耳的主唱和節拍），但對於這些屬性的瞭解並不能解釋爲什麼只有一首歌曲能夠成爲經典，而其他有相同特性的歌曲卻都只是曇花一現。獨立性假設並沒有消除認知在經驗中的角色，僅是對於購買決策中注重美學、主觀體驗的傳統、強調理性，提供了平衡的觀點。如果產品被認爲主要是表達性，或是能帶來感官愉悅而非實用性時，則這種全觀性過程就更有可能發生[18]。

▶ 產品態度無法說明一切

對於想要瞭解消費者態度的行銷人員來說，他們還需要面對一個更複雜的問題：在決策過程中，人們對產品之外其他物品的態度，也會影響到他們最終的選擇。還有一個要考慮的因素是人們在購買時所表現的態度，有時人們會僅因爲不情願、尷尬或是懶惰，就沒有購買一樣原本很想要的產品或是服務。

對廣告的態度

除了對產品本身的感覺之外，消費者對產品廣告的評價也會影響他們對產品的反應。人們經由廣告中描述產品方式來決定對產品的評價，也就是說，我們會毫不猶豫地對根本沒有見過、也沒用過的產品形成一定的態度。

有一種特別的態度標的物——行銷訊息。廣告態度（attitude toward the advertisement，A_{ad}）是指對於特定陳列場合中的特定廣告刺激，以喜愛或厭惡所反映的心理傾

這則紐約著名餐廳的廣告強調跟產品或服務有關的行銷人員或其他人通常都比消費者更投入。(Courtesy of Smith & Wollensky Steakhouse)

向。此種態度的決定因素有：對廣告主的態度、對廣告本身的評價、廣告所喚起的心境，以及廣告影響觀眾的程度[19]。觀眾對於廣告背景的感覺也會影響到品牌態度。例如，如果消費者在觀賞喜歡的電視節目時看到一則廣告，就會影響到他對這則廣告以及所描述品牌的態度[20]。廣告態度所展現的效應強調在購買過程中廣告娛樂價值的潛在重要性[21]。如果消費者無法再次看到某則廣告，那麼由這則廣告帶來的信念和態度信心都會很快地消失。這個研究驗證了行銷人員努力地在媒體進行頻繁且重複的廣告是正確的[22]。

廣告也有感覺

　　廣告引起的感覺足以直接影響品牌態度。電視廣告能夠喚起廣泛的情緒反應，既能讓人高興又能使人厭惡。這些感覺可能會受到廣告製作方式（也就是特定的廣告執行）和消費者對廣告商動機反應的影響。例如，很多試圖吸引青少年和年輕人而絞盡腦汁的廣告商都遭遇到困難，因為這個年齡層是在「行銷社會」中成長的，他們對於任何讓他們購買東西的企圖都抱持著懷疑態度[23]。相反地，這些反應也會影響到他們對於廣告內容的記憶[24]。

　　在電視廣告中至少可以找到三種情緒範圍：愉悅、覺醒和脅迫[25]。廣告所引發的特殊感覺可概括為以下三類[26]：

- 樂觀的感覺：愉快的、欣喜的、開玩笑的。
- 溫暖的感覺：親切的、沈思的、希望的。
- 負面的感覺：批評的、反抗的、憤怒的。

態度的形成　　　　▶ ▶ ▶ ▶ ▶ ▶ ▶

　　我們有很多種態度，而且往往不會自問這些態度是怎麼產生的。當然，人不會生來就有某種定見，如百事可樂就是比可口可樂好喝，或是音樂可以釋放人的靈魂。那麼這些態度到底是從何而來呢？

　　態度可以透過幾種不同的方式形成，這取決於運作的影響層級以及態度的學習方式（見第3章）。態度可以因為古典制約而產生，在此過程中，一個態度標的物（如『百事可樂』這個名稱）和容易記住的廣告歌（『你們是百事可樂的世代』）被重複地配對。或者，也可以透過工具性制約，這時人們對態度標的物的消費被強化了（如百事可樂可以解渴）。再者，態度的學習也可以是複雜認知過程的結果。比如說，一個十幾歲的少女會模仿喝百事可樂的朋友或媒體人物的行為，因為她認為這樣會符合自己想要的「百事可樂世代」的形象。

▶ 態度並非生來平等

既然態度的形成方式各異，那麼區分不同類型的態度就很重要[27]。舉個例子，像前述的足球迷珍這樣具有高度品牌忠誠的消費者，就對態度標的物有強烈而持久的正面態度，而且這種涉入很難削弱。另一方面，其他像南茜這樣的消費者可能就更加變幻無常：她可能對某產品有些許的正面態度，但一旦有更好的東西出現，就會立即喜新厭舊。接下來將要考量強烈的態度和較弱態度間的差異，並簡要回顧一些解釋態度在消費者心中形成及相互聯繫的主要理論觀點。

把凱迪拉克稱作「我的夥伴」，可以看出廣告中的這位女性對於員工展現的一種高度承諾。(Courtesy of Cadillac)

對於態度的投入程度

消費者對於一個態度的投入因人而異：投入程度關係到對態度標的物的涉入程度[28]。

● 順從：此時涉入程度最低，這種態度的形成是為了趨利避害。這種態度是十分表面化的；一旦個人行為不再受他人監控或有其他選擇時，態度就很可能改變。如果一間餐館裏只有百事可樂的話，客人也只好喝百事可樂，因為去其他地方買可口可樂太麻煩了。

● 認同：當態度形成是為了與他人或群體保持一致的話，認同的過程就產生了。一些廣告只強調在所有產品中選擇其中幾樣的社交後果，正是靠著消費者模仿偶像行為的趨勢。

● 內化：在高度的涉入程度下，根深蒂固的態度就得以內化，並成為人們價值體系的一部分。因為這些態度對個人非常重要，所以難以被改變。例如，許多消費者對可口可樂有著堅定的態度，所以當該公司想要將可樂加入新配方時，他們會表現得十分反感。對於這些人來說，這種對可口可樂的忠誠度顯然已經超越了單純的喜好問題；這個品牌已經和這些人的社會身份連在一起，並且帶有愛國的、懷舊的色彩。

行銷陷阱

在一項對「令人生厭的廣告」研究中，研究者調查了超過500個在黃金時段播出、但是令消費者反感的電視廣告。最讓人討厭的廣告有女性保健產品、痔瘡藥、瀉藥以及女性內衣的廣告。研究人員找出了下列會冒犯消費者的主要因素：

● 展示敏感產品（如痔瘡藥），而且強調使用方法及包裝。

● 做作或過分誇張的情況。

● 廣告中的角色不修邊幅、頭腦簡單、幼稚可笑。

● 危及到像婚姻這樣的重要關係。

● 有使身體不適的圖解說明。

● 利用爭吵或充滿敵意的角色來製造令人不舒服的緊張情況。

● 描寫了一個既無吸引力又難以讓人同情的角色。

● 包含性暗示的場景。

● 廣告本身粗製濫造[29]。

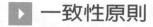 一致性原則

你是否聽過有人說：「百事可樂是我最喜歡的飲料，它真是難喝的要命！」或者「我愛我的男友，他是我遇過最蠢的人。」你可能沒聽過類似的話，因為這些信念或評價是自相矛盾的。根據**認知一致性原則**(principle of cognitive consistency)，消費者注重自己思想、感覺和行為的和諧，而且想辦法使這些要素維持一致。這種慾望意味著消費者會在必要時改變其思想、感覺和行為來符合他們其他的經驗。男友也許偶爾會犯錯、像個笨蛋一樣，但女友通常都會在最後找到原諒他的方法。一致性原則給我們一個重要的提示：態度不是憑空造成的。一種對態度標的物加以評價的重要方法，就是看它是否符合消費者已有的其他相關態度。

態度的認知失調與協調

認知失調理論(theory of cognitive dissonance)說明了當一個人面對態度或行為間的不一致時，就會採取一些行動來消除這種「失調」，或許是改變態度或修正行

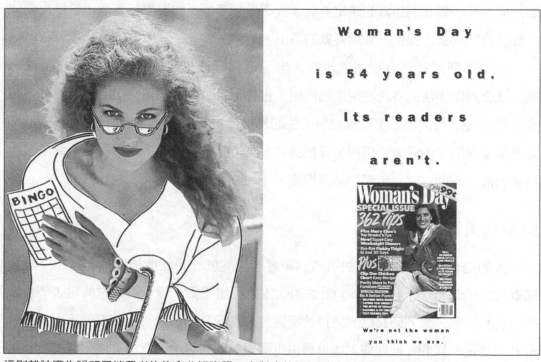

這則雜誌廣告說明了消費者往往會曲解資訊，來對應他們相信、或認為自己知道的事。
(Courtesy of Woman's Day, Hachette Magazines Inc.)

爲。認知失調理論對態度有了重要的補充，因爲人們常會遇到自我態度與行爲互相矛盾的情況[30]。

根據認知失調理論，人們會想辦法協調每件事以減少失調導致的負面感覺。該理論著重的是兩個認知要素彼此不一致的情況。認知要素可以是一個人對自己的信念，對本身行爲、或是對周圍環境的觀察。例如以下這兩個認知要素，「我知道吸煙會引起癌症」和「我吸煙」就彼此失調。這種心理上的不一致會使這位癮君子感覺不適，而想去消除這種矛盾。失調強度取決於失調要素的重要性和數量[31]。換言之，在這些要素對個人更加重要時，爲了消除失調造成的壓力就更容易在高涉入情況下被注意到。

認知要素的增減或改變都可能減少失調。比如說，這個人可以戒煙（減少要素）或想起了有名的蘇菲阿姨的故事：她在90歲高齡時逝世，死時還煙不離手（增加要素）。再或者，他還會質疑那種針對吸煙與癌症相關的研究（改變要素），這或許是因爲他相信製煙廠商所贊助的反面研究。

失調理論有助於解釋爲什麼人們在購買之後會增加對產品的正面評價。因爲認知要素「我做了個愚蠢的決定」與「我不是個笨蛋」的要素相矛盾，於是人們傾向於爲買回的東西找出一大堆喜歡的理由。

一項早期以賽馬爲樣本的研究表現了這種購後失調的情況。賭客在下注之後，就會對所押注的賽馬有更高的評價，也會對自己的成功更有信心。因爲賭客將金錢投入在這個選擇，所以會把所下注的馬吹捧得十全十美，以此來減少失調[32]。這種現象說明了消費者會積極地尋找論述來支持其購買決策，所以行銷人員應該提供他們額外幫助以建立正面的品牌態度。

自我知覺理論

人們是否會因爲對購買決策感到滿意，態度就一定能改變隨後的行爲？自我知覺理論(self-perception theory)對失調的效應提出了另一種解釋。它假定人們會觀察自己的行爲，來判斷自己到底持什麼態度，就像我們假設可以觀察他人行爲來瞭解其態度是一樣的。此理論說明可藉由對購買或消費物品的正面態度來維持自我態度的一致性（假定是我們自由選擇的）。因此，足球迷珍可能會對自己說：「我猜

自己一定是被這項運動深深迷住了。我一定會繼續看下去。」

自我知覺理論與低涉入層級有關，因為它牽涉到的是在最初行為產生時，人們並無堅定的內在態度；態度的認知和情感成分事後才趨於一致。因此，非習慣性的購買行為可能會在事後導致正面的態度；如果我不喜歡，我為何買它？

自我知覺理論有助於解釋一種得寸進尺技巧(foot-in-the-door technique)的銷售策略。該技巧是基於觀察消費者如果先答應了一個小請求，就更有可能答應較大的請求[34]。這種技巧的名稱來自於挨家挨戶的推銷，推銷員先把腳伸進門裏去，以免潛在主顧給他來個閉門羹。一個好的推銷員瞭解，只要他能說服顧客開門並談上兩句，就有可能拿到訂單。如果消費者同意讓推銷員進門的話，那麼顧客肯定已經願意聽聽推銷員介紹的是什麼。這樣的訂購就與自我知覺一致。

這種技巧在勸導人們回答調查問卷或是作慈善捐款時特別有效。影響其效力的因素還有第二次請求與第一次請求之間的時間間隔、兩次請求間的相似性，還有兩次請求是否由同一個人提出等等[35]。此種策略的其他變化還包括「低飛球技巧」(low-ball)：先告訴顧客希望他幫個小忙，等他同意後才告知這物品蠻昂貴的；或是「漫天要價法」(door-in-the-face)，先要求顧客幫個大忙（通常都是會被拒絕的請求），然後退而求其次。在上述這兩種例子中，人們會因為拒絕大的請求而產生罪惡感，進而答應較小的請求[36]。

社會判斷理論

社會判斷理論(social judgment theory)也假定人們會根據他們的知識或感覺來比較有關態度標的物的新資訊[37]。以原先形成的態度作為參考框架，新的資訊就會在現有的標準下被歸類。就像我們總是用以前搬箱子的經驗來判斷一個箱子的輕重一樣，我們在判斷態度標的物時就會形成一套主觀的標準。

該理論的一項重要觀點是：消費者會因為資訊可接受與否而有不同態度。他們在態度標準的周圍塑造了接受態度與拒絕態度；在接受態度範圍之內的想法就會被欣然接受，反之則否。就像珍因為對於女子參加職業足球賽的觀念已經有了歡迎的態度，所以很有可能接受像是推廣女性運動員的耐吉廣告。反之，如果她不喜歡這些活動，可能根本就不會考慮這種訊息。

　　落在可接受範圍內的資訊易被認為與個人立場一致，但實際上並非如此；這個過程就稱為同化效應(assimilation effect)。另一方面，落在拒絕範圍內的資訊會被認為和實際立場相距甚遠，而產生了對比效應(contrast effect)[38]。

　　當人們對某個態度標的物的涉入程度越來越高時，他們的可接受範圍就會越來越小。換句話說，消費者對於背離其立場的觀念就越來越不能接受，甚至於對與其立場僅有輕微差別的觀念也一樣反對。這種傾向在那些吸引有偏見購買者的廣告中十分明顯，這些廣告宣稱知識份子只選擇最好的產品（如『講究的媽媽都選擇Jif花生奶油』）。另一方面，比較沒有涉入的消費者會考慮更多的選擇。他們比較沒有品牌忠誠度，容易在不同品牌間換來換去[39]。

平衡理論

　　平衡理論(balance theory)考量的是人所認知的因素間的關係[40]。由於這個觀點涉及三個要素之間的關係（通常是從認知者的主觀角度），所以把形成態度的結構稱為三角關係(triads)，包括(1)一個人和他對於一個態度標的物的認知；(2)這個態度標的物；(3)其他人或標的物。

　　這些認知既可能是正面的也可能是負面的。更重要的是，人們會為了保持因素之間的協調關係而修正看法。該理論明確說明了，人們渴望三角關係中的因素關係是和諧或平衡的。如果因素關係不平衡或是不和諧的話，就會產生緊張狀態，直到人們的看法改變並重新恢復平衡為止。

　　這些要素會以下列兩種方式連結：可以是從屬關係(unit relation)，即其中一個因素被看作隸屬於另一個因素或者是一部分（像是一種信念）；也可以是情感關係(sentiment relation)，即兩個因素的連結是因為一個因素表現出了對另一個因素的偏好（或厭惡）。約會的男女雙方可以被視為有正向的情感關係。結婚後兩人是正向的從屬關係，而離婚的過程則是試圖中斷彼此之間的從屬關係。

　　為解釋平衡理論的作用，試想下列情節：

●　艾莉克絲想和一起上消費者行為學課的同學賴瑞約會。根據平衡理論的術語，艾莉克絲對賴瑞有著正向的情感關係。

●　一天，賴瑞戴著一副耳環來教室。賴瑞與耳環之間有正向的從屬關係。耳

環不但屬於他,並且嚴格說來可視爲是他身上的一部分。

● 艾莉克絲不喜歡戴耳環的男人。她與男人的耳環之間有負向的情感關係。

根據平衡理論,艾莉克絲面對著一個不平衡的三角關係,而且爲了要恢復平衡,她要改變如圖7.2中三角關係圖中的某個部分,因此要承受一定的壓力。比如,她可能決定再也不喜歡賴瑞這個人,也可能因爲對賴瑞的好感而改變對男人戴耳環的態度。她甚至可能會試圖打破賴瑞和耳環之間的從屬關係,而認定賴瑞只是把耳環視爲兄弟會入會儀式的一部份(以減少自由選擇的因素)。最後,她可能選擇不再想賴瑞和他那有爭議的耳環,離開這個「是非之地」。

要注意的是,儘管理論並沒有特別註明採用何種途徑,但理論可以預測的是,爲了達到平衡,艾莉克絲的認知會發生變化。雖然這個例子過度簡化了大多數態度的發展過程,但卻有助於解釋許多消費者行爲的現象。

行銷契機

消費者通常喜歡大肆宣揚他們與成功人士或組織的關係(不管這種關係有多牽強),藉以提高自己的身份地位。從平衡理論來看,他們試圖讓本身和一個具有正面評價的態度標的物扯上關係,可稱爲「與有榮焉」策略(basking in reflected glory)。

舉個例子,由亞利桑那州立大學所做的一系列研究顯示,學生們十分渴望把自己與勝利的形象(就像他們的足球校隊)結爲一體,並且會影響到他們的消費行爲。觀察人員會在每個週末的球賽結束後,在校園裏隨意走動並記錄學生們展示與學校有關事物(如學校的T恤和帽子等)的頻率。這些行爲的發生頻率與球隊的成績有關。如果球隊贏了,學生們就更有可能炫耀他們是學校的一份子;但如果球隊輸了,則不會有這樣的行爲。這種關係會受到勝分多少的影響——若是一面倒大贏,觀察人員在下週一就更有可能在校園中看到更多學生穿著與學校有關的衣物。

購買有價值、和態度標的物有關的產品,以滿足「以來自他人的榮耀取暖」的慾望,創造了不計其數的行銷機會。一所大學只要靠校名及校徽的授權就可以有不錯的收益。以體育運動著稱的大學如密西根大學、賓州州立大學和奧本(Auburn)大學光靠販賣一些商品(從T恤到馬桶座墊都有)就可以進帳百萬美元。耶魯大學比較晚才加入這個市場,但是負責授權事項的主管解釋了目前為增加收益而作的決策:包括校名的使用權和學校吉祥物「牛頭犬帥丹」的肖像使用權。他談到:「我們認為本校的校名意義非凡,甚至對於不曾到過這的人們也是一樣。」[41]

圖7.2 恢復三角平衡的替代途徑

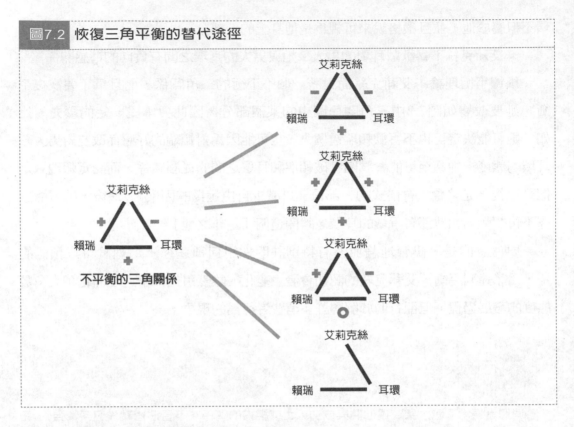

平衡理論在行銷上的應用

　　平衡理論提醒了我們，當各種認知達到平衡時，態度是最穩定的。另一方面，當我們觀察到不一致的部分時，也會更容易觀察到態度的變化。平衡理論也解釋了為什麼消費者喜歡和擁有正面評價的物品相結合。與某種流行商品形成從屬關係（如買一件時髦衣服、開一輛帥氣房車）可以增加被他人的三角關係納入正向情感關係的可能性。

　　最後，平衡理論也可用來解釋請名人代言產品的普遍現象。當一個三角關係尚未完全建立時（如對新產品的看法或者還沒有明確態度的消費者），行銷人員可以藉由描述產品與某位名人之間的正向從屬關係，來建立消費者與產品之間的正向情感關係。在其他情形下，當你欽羨的人抨擊某種行為的話，你就會防止這種行為的發生，如運動明星出現在反毒品公益廣告。

　　這種「平衡行為」是名人為產品背書的重點，行銷人員希望明星的名氣能夠轉移到產品上。這種策略將會在下一章中詳細討論。現在要記住的是，如果公眾對

某位名人的觀感由好變壞,那麼名人與產品間的從屬關係就會有反效果。例如百事可樂請來瑪丹娜代言產品,卻因為她之後拍攝了有關性與宗教的爭議音樂錄影帶而使得業績下滑。如果明星與產品之間的從屬關係受到質疑,這種策略也會帶來麻煩。比如歌手麥可傑克森的事件,他在為百事可樂拍了廣告後,卻坦承自己從來不喝汽水。

態度模式

消費者對產品的整體評價有時可以說明本人的主要態度。當市場研究者想要作態度評估時,他們只需要問一群人以下這個問題就夠了:「您對百威啤酒的感覺如何?」但是,正如前文所述,態度絕不只是那麼單純。問題就在於:產品和服務具有多重屬性或特質,其中某些屬性或特質對特定的人而言是最重要的。另一個問題在於,態度導致的消費決策往往會受到其他因素的影響,比如購買某樣東西是否會得到朋友或家人的贊成。因此,態度模式(attitude model)試圖界定那些會共同影響人們對態度標的物評價的不同因素。

▶ 多屬性態度模式

一個單純的反應並不能回答消費者對產品抱持的特定感覺,或行銷人員如何改變消費者態度的問題。對於特定品牌屬性的信念,是一個產品的關鍵所在。華納一蘭伯特(Warner-Lambert)在有關李施德霖(Fresh Burst Listerine)漱口水的研究中發現了這一點。有一間研究公司付費給37個家庭,希望能在他們的浴室裏放置攝影機,藉以觀察他們在浴室使用漱口水的這項例行公事。李施德霖和對手Scope漱口水的使用者都認為,使用漱口水是為了使口氣更清新。但是,Scope漱口水的使用者漱完口後很快地就將水吐出,但李施德霖的使用者會把該產品含在口中持續一段長時間(有一個使用者甚至直到進入轎車後才把漱口水吐到離家一條街以外的下水道裏!)。這些發現意味著李施德霖漱口水並未擺脫藥品般的形象[42]。

因為態度可以是很複雜的,所以**多屬性態度模式**(multiattribute attitude models)

在行銷研究者中是十分盛行的。該模式假定消費者對態度標的物的態度或評價(A_0)會取決於他對該物品的數種或多種屬性的看法。利用多屬性模式意味著,可以藉由確認並結合這些特定看法來測量消費者的整體態度,並以此預測消費者對單一產品或品牌的態度。我們利用一個大家很熟悉的例子——大學——來說明消費者如何評價一個複雜的態度標的物。

基本的多屬性模式界定了下列三個要素[43]:

● 屬性是指A_0的特性。多數模式都假定相關特性是可以被確定的,也就是研究者會將消費者評價A_0時所考慮的屬性都納入其中。例如,學術聲譽就是大學的一個屬性。

● 信念是對於特定A_0的認知(通常與其他類似A_0的物品相關)。信念測量是考量消費者對某一品牌所擁有某特定屬性的程度。例如,學生可能會有一種北卡羅萊納大學擁有卓越學術地位的信念。

● 重要性比重反映了某一個屬性對消費者而言的相對優先權。雖然A_0擁有若干屬性,但某些屬性會比其他的更具重要性,意即所佔的比重更大。同時,比重的大小也因人而異。以大學來說,某學生可能著重在研究機會,另一位則可能著重在體育活動。

Fishbein模式

最有影響力的多屬性模式是Fishbein模式,由Fishbein提出[44]。該模式測量了態度的三種要素:

1. 人們對於某態度標的物的顯著信念,即評價過程中考量物品的相關信念。

2. 物品與屬性的結合,或是特定物品具有某重要屬性的可能性。

3. 對每一項重要屬性的評價。

然而應該注意的是,我們無法保證該模式需要的假設條件會一直存在。它假定我們已經能夠充分且明確地說明所有相關的屬性,如一個學生在選擇就讀的學校時會參考那些評量各校的屬性。該模式還假定其分析過程(正式或非正式)是先確定出一套相關的屬性,加權後再加總。雖然這個特定的決策可能是高度涉入,但個人仍有可能根據整體的情感反射來形成其態度,稱爲情感參考(affect referral)過程。

　　結合這三個要素，就可以推算出消費者對某一物品的整體態度，稍後我們將看到如何修正這個基本方程式以提高精確度。基本公式是：

$$A_{ijk} = \sum \beta_{ijk} I_{ik}$$

i＝屬性

j＝品牌

k＝消費者

I＝消費者k對屬性i施以的重要性比重（重要度）

β＝消費者k對於品牌j具有屬性i的信念

A＝特定消費者(k)對品牌j的態度分數

　　將消費者對考慮到的所有品牌每一項屬性的評價乘上該屬性重要性指數，就可以得到整體的態度分數(A)。

　　為了瞭解這個基本多屬性模式是如何運作的，我們假設要預測一位高中畢業生最有可能就讀哪一所大學。一位高中畢業生珊卓在等待幾個月之後，被四所大學錄取了。因為她必須作出選擇，所以我們要先瞭解哪些屬性是珊卓在產生對各校的態度時會考慮的。接下來我們可以要她針對各校在各項屬性的表現給予評分，並且要決定各屬性對她的相對重要性。

　　將各項屬性的分數加總後（在根據屬性的重要性權衡後），我們可以推算出每一所大學的整體態度分數。這些假設性的評分如表7.1所示。基於這樣的分析，看起來珊卓對史密斯大學的態度是最好的。顯然珊卓比較願意選擇一個有良好學術聲望的女子大學，而不是一個著重運動課程或是專搞派對的大學。

多屬性模式的策略性應用

　　假設你是北方大學（珊卓正在考慮的另外一所大學）的行銷主管，你會怎樣利用這個分析資料來改善學校形象呢？

　　充分利用相對優勢。如果某品牌在某一特定屬性上具有領先優勢，那麼就需要說服像珊卓這樣的消費者這個屬性是非常重要的。舉個例子，雖然珊卓對北方大學的社交氣氛評價很高，但是她並不認為這個屬性是選擇大學的一個重點。面對這種情況，作為北方大學的行銷主管，你可以強調社交氣氛活躍的重要性，它可以使

表7.1	基本的多屬性模式：珊卓的學校選擇			
	信念(β)			
屬性(i)	重要程度(I)	史密斯大學	普林斯頓大學	羅格斯大學	北方大學
學術聲望	6	8	9	6	3
女校	7	9	3	3	3
花費	4	2	2	6	9
離家近	3	2	2	6	9
運動	1	1	2	5	1
派對氣氛	2	1	3	7	9
圖書館設施	5	7	9	7	2
態度分數		163	142	153	131

資料來源：這些假設的等級評分從1～10，分數越高說明該校在這個屬性上表現越好。對於負向屬性（如花費），分數越高說明該校擁有這個屬性越少（即越便宜）。

你有不同的體驗，甚至可以以同學間誠摯的友誼作為日後拓展事業的人脈。

　　強化知覺到的產品／屬性關聯性。行銷人員可能會發現消費者並沒有將其經營的品牌與某項屬性劃上等號。這個問題一般需要藉由向消費者強調產品品質的宣傳活動來解決（如強調『嶄新和進步』）。珊卓顯然認為北方大學的學術品質、體育活動和圖書館設備並不夠好。針對這種情況，你可以策劃一次宣傳活動來改善那些對北方大學的認知（例如『幾乎沒有人真正瞭解北方大學』）。

　　增加新屬性。產品行銷者不斷地透過增加產品的特色來建立和競爭對手截然不同的地位。北方大學可以試著強調一些獨一無二的特色，如為主修商業的學生所設計的結合當地社區的實習專案。

　　影響競爭對手的評價。最後，你可以設法降低競爭對手的正面形象，這種做法是比較性廣告策略的基本原理。例如，北方大學可以刊登一個廣告，在廣告中列舉出一些地區學校的學費標準，以及這些學校不如北方大學的某些屬性，以強調把錢花在北方大學上是物超所值的。

利用態度來預測行為 ▶ ▶ ▶ ▶ ▶ ▶ ▶

　　儘管多屬性模式已經被消費者研究人員使用多年，但他們都被一個主要問題所困擾：在很多情況下，對某人態度的瞭解並無法有效地預測他的行為。正如俗語說的「言行不一」。很多研究發現，一個人所描述對事物的態度和對這些事物採取的實際行動之間呈低相關性。有些研究人員十分受挫，甚至懷疑態度是否真的能預測行為[45]。

　　態度和行為之間這種不可靠關係讓廣告商十分頭疼：消費者可能很喜歡一個電視廣告，但卻不會購買這樣產品。最明顯的例子是近年來以籃球明星俠客歐尼爾代言的百事可樂電視廣告。儘管公司在一年當中就花費了6,700萬美元在這個廣告和其他附屬廣告上，但百事可樂的銷售額卻掉了將近2個百分點，競爭對手可口可樂在同期的銷售額卻成長了8個百分點[46]。

▶ Fishbein模式的延伸

　　起初Fishbein模式的焦點是放在測量消費者對一項產品的態度，為了增強預測能力，研究人員將該模式作了延伸，稱為**合理行為理論**(theory of reasoned action)。這個模式增加了一些原先基本模式沒有的內容，雖然仍不夠完美，但對於預測相關行為的能力卻提升了不少[48]。以下將介紹這個模式的一些修正。

意圖與行為

　　如第4章討論的動機一樣，態度也擁有方向和強度的。人會因為信念程度的不同，而對態度標的物產生喜好或厭惡，所以有必要區分出堅定的態度和比較表面的態度，尤其是越有說服力的態度越容易影響行為[49]。例如，一項關於環境問題和行銷活動的研究顯示，那些明確表示非常重視環境負責行為（如垃圾回收）的人，會在態度和行為意圖間表現出更強的一致性[50]。

　　但正如俗語「修築地獄之路也是出於好意」，即使消費者的意圖明確，但很多因素都會干擾到實際的行為表現。一個人可能會為了購買一套音響而存錢，但在這段期間各種事情都可能發生：失業、在去商店的路上遭人打劫，或是到了商店才發現想要的款式已經賣完。並不令人意外的是，在某些情況下，過去的消費行為會比消費者的行為意圖更適合預測其未來的消費行為[51]。合理行為理論的目的在於測量行為意圖，並確認那些一定會抑制實際行為預測性的不可控因素。

社會壓力

合理行為理論承認了他人影響自我行為的能力。我們大多數的行為都不是憑空發生。也許我們不願意承認，但是我們會認為「別人希望我怎麼做」比「我們的個人喜好」更重要。有一些研究試圖去找出人們「公開的」態度與購買決策，到底和私下的態度決策有多大差異。例如，有家公司使用了一個名為「設計劇場」的技術。研究人員來到一個實際販售產品的場所，如一個酒吧。他們在服務上故意安排一些有問題的產品，然後來觀察消費者對這個品牌的真實反應，以及在有社會壓力的情況下對該品牌產品的反應[52]。

在珊卓選擇大學的例子中，我們可以看到她對於就讀一所好的女子大學有很正面的態度。然而，如果她覺得這個選擇太落伍（也許朋友們都會認為她瘋了），那麼在做決定時，她就可能會忽略或是淡化原來的偏好。因此我們加入了一個主觀標準(subjective norm, SN)的新因素，以觀察「我們認為什麼是別人希望我們應該做的」的這個效應。主觀標準的重要性是由另外兩個因素決定：(1)標準信念(normative belief, NB)的強烈程度，即他人認為是否應採取行動；(2)對該信念遵從的激勵程度(motivation to comply, MC)，意即消費者在評估行動方針或購買時會採用他人預期反應的程度。

購買的態度

該理論不僅測量對產品本身的態度，也測量對購買行為的態度(attitude towards the act of buying, A_{act})。換句話說，它的焦點擺在一項購買行為的認知後果。瞭解一個人購買或使用一件產品的感受，要比瞭解這個人對產品本身的評價更有效。

為了便於理解這中間的差異，我們來思考一下在測量對保險套的態度時可能出現的問題。儘管很多大學生可能對保險套持肯定態度，但這是否真能預測他們會

購買並使用該產品？若要作出比較準確的預測，我們應該詢問學生們是否願意購買保險套。一個人可能會視保險套爲正面的態度標的物(A$_o$)，但是由於尷尬或容易引發爭議，可能會使他產生負面的購買行爲態度(A$_{act}$)。

合理行爲理論在預測行爲時的障礙

儘管合理行爲理論將Fishbein模式作了改進，但如果使用錯誤也會導致一些問題。在很多情況下，人們並不按照模式的本意，或是在某些對人類行爲的假設尚未成立時，就運用該模式[54]。以下是該理論在預測行爲時可能遇到的障礙：

• 此模式是針對實際行爲（如服用減肥藥），而不是針對行爲的後果（如體重減輕），但在一些研究中後者取代了前者。

• 有些後果超出了消費者能控制的範圍，如需要別人合作的購買行爲。例如，一位婦女想要申請貸款，但是如果沒有銀行願意的話，她這個意圖也毫無價值。

• 在某些情況下，「行爲具有意圖性」的這個基本假設可能是無效的。這些情況包括任性的行爲、某人境遇忽然改變、追求新鮮感、甚至還包括單純的重複購買。有一項研究發現，像是有訪客、天氣變化或是閱讀有關某種健康食品的文章等不可預期的事件，都會對實際行爲產生顯著影響[55]。

• 態度的衡量和應該被預測行爲間常常不一致，問題可能出現在態度標的物本身，也可能出現在行爲發生時。一個常見的問題是使用的抽象(abstraction)程度不同。例如，我們瞭解一個人對休旅車的態度並不代表能夠預測他是否會買BMW的Z4房車。因此使態度明確符合行爲意圖是非常重要的。

• 一個類似問題則是涉及態度測量的時間架構(time frame)。一般說來，若測量態度和行爲評估間的時間間隔越長，則兩者間的關係就會越弱。如果我們詢問消費者在一星期內買房子的可能性，其預測能力會比詢問五年內買房子的可能性要來得準確許多。

• 對於某態度標的物的直接親身經歷所形成的態度，會比間接形成（如透過廣告）的態度更堅定，也更具有行爲的預測性[56]。根據態度可達觀點(attitude accessibility perspective)，行爲是某人在遭遇某種情況時對態度標的物一種即時認知功能。只有在觀察態度標的物、啓動了記憶中的態度，才會引導出對物品的評價。這些發現強調了很多策略的重要性，像是推廣試用（如大量發放試用品讓人們在家中試用、免費品嘗、汽車試駕等），和儘量在行銷廣告中曝光等。

此外，合理行為理論起初是應用於西方背景，該模型的某些內在假設不一定適用於其他文化的消費者。有一些文化障礙降低了合理行為理論的普遍性。

- 此模式是用以預測任何自願行為的表現。然而，在不同文化下的許多消費者活動，如參加考試、接種疫苗，到服兵役、甚至選擇結婚對象等，卻都不一定是自願的。

- 主觀標準的影響程度也因文化而異。例如，亞洲文化較重視順從和好面子，所以一旦有牽涉到他人對於選擇預期反應之主觀標準時，可能會對於許多亞洲消費者的行為產生更大影響。事實上，最近有一項新加坡的選民研究發現，可以從他們的投票意向來預測候選人的投票結果。投票意向會依序受到下列因素影響：選民對候選人的態度、對政黨的態度和主觀標準（在新加坡，主觀標準強調對於社會成員間和諧、緊密的關係）。

- 在測量行為意圖後，該模式預設消費者會先積極思考和計畫未來的行為。意圖概念是假設消費者的時間觀念呈線性，根據過去、現在和將來的時序進行思考。我們將在第10章討論並非所有文化都支持此種時間觀點。

- 形成某項意圖的消費者必定能掌控自己的行動。但某些文化（如回教徒）傾向於相信宿命，並不一定相信自由意志的概念。有一項比較美國、約旦和泰國學生的研究證實，在宿命論和控制未來的假設上的確存在著文化差異[57]。

▶ 嘗試消費

另一種觀點是把焦點放在消費者的目標，以及他們認為實現目標的必備要件。嘗試理論(theory of trying)認為，在合理行為模式中的行為標準應該被想要達到目標的企圖所取代[58]。這個觀點認為，在意圖和成果之間會介入一些額外的因素，這些個人或是環境因素將會阻礙消費者達成目標。例如，一個想要減肥的人可能會遇到無數問題：他可能不相信自己會變得苗條、可能有一個喜歡下廚並在家裏放了一堆糖果的室友、朋友也許會嫉妒他的減肥計畫而勸他放棄，或者他根本具有肥胖基因，減少卡路里攝取並不能達到預期結果。

在圖7.3中，我們列舉出了嘗試理論包含的一些新論點，可能會有助於理解一些複雜的情況。在這些情況中，有很多利害因素會影響到我們從意圖到行為的變化，包括人對於情況的控制程度、對於達到目的成敗預期、與實現目標有關的社會準則，還有人們對於嘗試過程的態度（意即不論結果，個人如何看待為實現目標所需的行為）。其他的新變數還有過往嘗試行為的頻率，以及最近的一次嘗試行動是何時。例如，儘管一個人在未來一個月並沒有詳細而明確的減重計畫，但是他在近期嘗試控制飲食的頻率以及成敗經驗，將是預測他今後在嘗試減肥時能否成功的最佳指標。為了預測某人會試圖減肥的可能性，可以提出以下幾項問題：

• 過去頻率：此人在過去一年中有試圖減肥過幾次？

• 最近情形：他在上周是否有嘗試減肥？

• 信念：他是否相信減肥後會更健康？

• 對結果的評估：他是否相信減肥成功會使女朋友更快樂？他是否相信如果減肥計畫失敗會招致朋友嘲笑？

• 過程：節食是否會讓他不舒服或感到精神沮喪？

• 對成功和失敗的預期：他是否相信只要嘗試就有可能減輕體重？

• 對於嘗試的主觀標準：對他而言是很重要的人是否會贊成他努力減肥？

圖7.3 嘗試理論

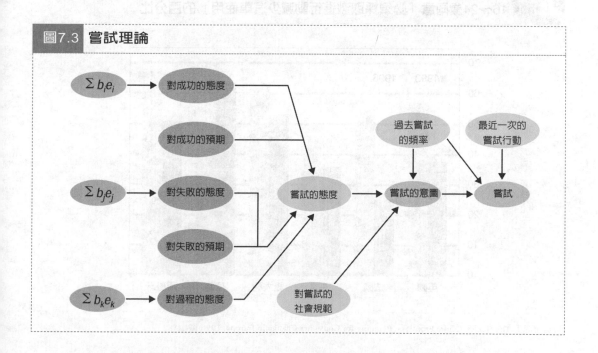

▶ 態度追蹤

　　一次態度調查就像在某個時間點上拍了一張照片。它可能會讓我們瞭解一個品牌當時的地位，但卻無法推論該品牌的可能進度，也不能預測消費者未來態度的變化。為了達成以上目的，有必要發展出態度追蹤(attitude-tracking)模式。這項行動能幫助研究人員分析一段較長時間內的態度變化趨勢，進而提升行為的可預測性。這就像是一部電影，而非僅有片段的畫面。例如，由食品行銷研究中心針對消費者近10年有關食品態度的調查，說明了消費者對物品關心的優先程度是如何在短時間內轉變的[59]。消費者對脂肪和膽固醇的關心程度在此期間急速上升，但對營養方面議題（如對糖的興趣）的關心程度卻降低了。

進行追蹤研究

　　態度的追蹤需要定期進行態度調查。最好每次都使用相同方法，這樣比較的結果才可以令人信服。蓋洛普或揚克洛維奇等市場調查公司，長期以來一直對消費者的態度進行追蹤調查（見第6章）。針對一些歐洲國家年輕人對於生態態度的追蹤研究，結果如圖7.4所示。

圖7.4　16～24歲同意「必須採取激進行動減少汽車使用」的百分比

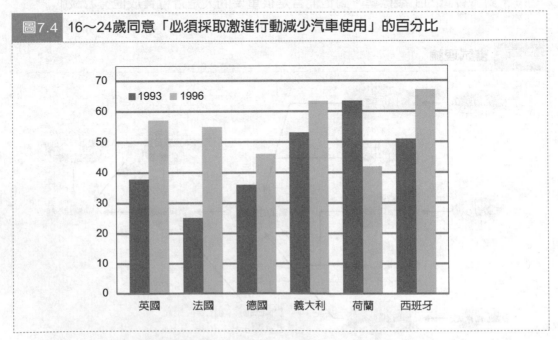

資料來源：The Henley Centre Frontiers: Planning for Consumer Change in Europe, 1996/97.

態度追蹤對於很多策略決策都極有價值。例如，一家公司密切注意著消費者對於一個一次購足(one-stop)金融中心的態度變化。雖然在剛開始推廣時有許多消費者對這樣的概念感到很貼心，但儘管已經投入了數百萬美元作宣傳，喜歡這個概念的人數卻沒有隨著時間而增加。這個結果顯示，公司將這個概念呈現給消費者的方式出現了問題，所以公司決定回到起點，最後設計了能傳達這項服務優點的新方法。

長期尋找變化

以下是態度追蹤包含的幾個面向：

• 在不同年齡層的變化：態度有隨著年齡變化的趨勢（生命週期效應）。此外，當一個特定世代都傾向同樣觀點時，如雅痞族，就會出現同儕效應。同時，當民眾都深刻地受到文化變遷，如經濟大蕭條、2001年的九一一恐怖攻擊事件，或是2003年哥倫比亞號太空梭爆炸墜毀的影響時，我們也可以觀察到歷史效應。

• 未來的發展：我們可藉由消費者的未來計畫和經濟信心等因素來持續地作態度追蹤。這些測量可以提供有關未來行為的寶貴資料，以及對公共政策的深入見解。例如，美國人傾向高估退休後的收入，但這卻是一種蘊含潛在危機的誤判。

• 確認促成變化的因素：就如同消費者對於購買皮草製品的意願有所改變，社會現象會逐漸改變人們對基本消費活動的態度。或者，消費者期望離婚的可能性會受到促進因素（如法律制度的改變）的影響而變得更容易，也可能受到愛滋病流行以及現代經濟中雙薪家庭的價值觀等阻礙因素的影響[60]。

摘要

態度是正面或負面評價某一物品或產品的傾向。

社會行銷是指以有利於整個社會的方式來改變消費者的態度和行為。

態度有三個組成成分：信念、情感和行為意圖。

態度研究人員基本上假設態度是經由固定步驟而形成的：首先是形成對態度標的物的信念（認知），接下來會對該物品作出評價（情感），最後會採取行動（行為）。其他的影響層級也會視消費者的涉入程度和環境而產生態度。

態度形成的關鍵視其提供給消費者的功能（效用功能還是自我防衛功能）。

形成態度的一個原則就是要保持態度組成要素間的一致。也就是說，態度的某些部分可能會為了與其他部分保持一致而被修正。關於態度的一些理論研究，如認知失調理論、自我知覺理論和平衡理論都強調了一致性的重要。

多屬性態度模式強調了態度的複雜性，確定了一組信念和評價，並加以結合以預測整體態度。態度測量還整合了主觀標準和特定態度量表等因素，以提高預測的準確性。

思考題

1. 比較本章列出各個影響層級的不同。如何依據在目標消費群中有效的影響層級來制定行銷組合的策略決策？

2. 列舉態度的三種功能，並舉例說明行銷狀況中如何應用各項功能。

3. 試想一位行為與態度不一致的人，如對膽固醇的態度、對毒品的態度，甚至是為突顯自我和彰顯地位的購買態度。請他詳細描述為什麼會這樣做，並且瞭解此人解決失調因素的方式。

4. 為一組相互競爭的汽車車型設計一張態度調查問卷，並確定你使用了每種態度評價模式來找出每種車型的競爭優勢或劣勢。

5. 為一組本地餐廳建立一個多屬性態度模式。以你的結果為基準，試問若根據本章所描述的策略，餐廳經理應該如何改善公司形象。

6. 超過500間大學已與商業公司簽約設立校園網站以及電子郵件服務。這些條約都以極低廉的價格甚至免費為學校設立網站。然而，這些行為已引起爭議，因為大部分公司只要付費就能在這些網站上刊登廣告。這給了行銷人員一個入口，得以對數千位非自願曝露於產品訊息的學生，產生態度上的影響。一位教授抱怨：「我們等於是把學校的新鮮人丟進狼群中。大學已經成了公司的誘餌了。」但是大學當局強調，他們無法自行提供這些服務——學生們希望能在線上填妥財務協助表格以及線上註冊。無法提供這種服務的大學可能就會失去吸引學生的能力[61]。你對這種情況有什麼看法？你同意自己已被「被丟入狼群中」嗎？這些公司可以向你付費就讀的學校購買獲取你注意力的進入途徑嗎？

態度改變和互動溝通

　　凱莉正在把今天收到的信件分類。帳單、廣告、帳單、候選人的募款信、申辦信用卡的廣告……啊哈！新版的《Launch》光碟！凱莉扔下其他的垃圾信件，光碟放入電腦光碟機中。該看看最新音樂和電影了……也許還可以看一些很酷的電視廣告。自從她在健身俱樂部無意間聽到娜塔莉談到這一期線上雜誌中有艾薇兒（Avril Lavigne，現今美國知名歌手）的影音訪問時，就開始期待這份線上刊物。

　　光碟開始運轉，螢幕上很快出現了一個充滿建築物和廣告招牌城市的操作介面。她點選了「The Hang」，開始觀看一段訪問。然後，她點選了「豐田」(Toyota)，看到一款MR2 Spider的新廣告，看到都流口水了。之後，她瀏覽了煙草公司的大眾服務資訊：一個青少年把錢全花在香煙上（如果你是青少年的話，香煙真是妙極了！）然後，她預覽了一些新的電腦遊戲，因為可能要買一些給她那精神恍惚的弟弟。凱莉又聽了幾首捲毛恰吉(Afroman)的新歌，也看了珍妮佛‧洛佩茲的新電影預告（包括訪談），然後點選了即時的Launch.com網站，隨意瀏覽後又下載了一些音樂資訊。當然，觀看廣告和參加行銷研究的問卷調查，讓她在選擇觀看廣告內容及時間點上更有判斷力。

經由溝通改變態度　　▶ ▶ ▶ ▶ ▶ ▶

　　消費者會不斷地遇到許多促使我們改變態度的資訊。這些具有說服性的資訊既有符合邏輯的論理，也有影像圖片；既有來自同儕間的負面評價，也有產品代言名人對你的忠告。而且，資訊溝通是雙向的，消費者也會主動尋求有助於作出選擇的資訊。正如凱莉的行動所展現的，我們用自己的方式來選擇要接受什麼資訊，而這個選擇會改變我們對於那些試圖說服我們的資訊的看法。

本章將回顧對於行銷溝通有效與否的決定因素，重點將放在一些溝通的基本觀點，特別是能否建立或改變態度的方式。這個目的與說服(persuasion)有關，所謂說服就是使態度改變的積極嘗試。當然，說服也是很多行銷溝通的中心目標。在本章中，我們將會更瞭解行銷人員要如何試圖達成這個目標。我們先列出一些會影響人們改變態度或是遵從請求的基本心理學原理，作為理解本章內容的準備[1]：

- 互惠：人們如果能有收穫，也會比較願意付出。這也就是為什麼信封內有附錢的問卷回收率，要比只有問卷的回收率高出65%。

- 稀有性：東西愈稀有就愈吸引人。有項研究請受訪者評鑑巧克力餅乾的品質，只拿到兩片餅乾的受訪者，會比領到十片同樣餅乾的受訪者更喜歡該種口味。這有助解釋為什麼我們喜歡購買「限量發行」的產品。

- 權威性：我們還會多談一些有關訊息傳送者的重要性。我們總是容易相信較權威的消息來源。所以要是有一篇新聞報導刊登在《紐約時報》的話，會造成美國大眾輿論有2個百分點的變化。

- 一致性：前一章曾經提過，人們會試著不違背自己針對某項議題曾經說過的話或做過的事。有項研究顯示，以色列某大學的學生在為殘障人士募款時，在兩週前就先邀請鄰近地區居民連署支持殘障同胞的請願。果然，後來募到的款項比平時高出了一倍。

- 好感：我們會更容易對自己喜歡或尊崇的人產生認同。有項研究顯示，長得好看的募款人員募到的款項幾乎是相貌普通義工的兩倍。

- 輿論：在決定作某件事之前，我們往往會先觀察別人怎麼做，第11章將會更深入探討這種所謂的同化力量。這種想要以符合他人的方式來做事的慾望會影響我們的行為。例如，看到鄰居紛紛響應慈善募款時，人們也比較有意願慷慨解囊。

▶ 決策：策略性溝通選項

假設一家汽車公司想要發起一波廣告宣傳來推廣一款針對年輕駕駛者的新型

敞篷車，那麼在宣傳計畫中就必須要考慮用何種方式來激發潛在消費者的購買慾望。為了能夠精心製作出足以說服消費者購買此款車的行銷訊息，我們必須先回答以下問題：

● 要找誰來代言駕駛這輛汽車？一位美國國家賽車協會(NASCAR)的車手？一位職業女性？還是一位搖滾歌星？一個訊息的形象設計有助於決定消費者的接受程度及試用產品的願望。

● 應該如何建立訊息？是否應該去強調當別人已經駕駛這種時髦新車時，你仍然開著破車是一件多沒面子的事？是否應該直接與那些市場上既有的車型相比較？還是虛構一則幻境，一位在高速公路上駕駛這種汽車的女強人遇到了讓她芳心大悅的陌生人？

● 應該利用何種媒體傳送這則訊息呢？平面廣告？電視？挨家挨戶地推銷？或是網站？如果採用平面廣告，應該把它刊登在《珍》(*Jane*)、《妙管家》(*Good Housekeeping*)、或《汽車與駕駛》(*Car and Driver*)雜誌？有時候，在何處刊登和刊登內容一樣重要。理想的情況是產品屬性可與傳播媒介相吻合。例如，比較具聲望的雜誌在傳播整個產品形象和品質的訊息時較有效，專業性雜誌則在表達實際資訊方面較出色[2]。

● 目標市場要具備哪些特點才可能影響到廣告的可接受度？如果目標用戶在日常生活中感到灰心的話，就更可能易於接受幻想訴求。如果他們是身份地位導向的人，也許廣告就應該表現出當他們開著新車經過時，旁觀者豔羨的眼神。

▶ 溝通要素

傳統上，行銷人員和廣告人都試圖用溝通模式(communication model)這個概念來思考行銷訊息如何影響消費者的態度。為了達成溝通目標，溝通模式包含了許多必要要素。一種要素是溝通起點訊息來源；另一個則是訊息本身。表述一件事情有很多方法，而溝通訊息的結構對於訊息認知有很大影響。訊息必須經由某種媒介才能傳播，而這種媒介可以是電視、收音機、雜誌、廣告看板、人際接觸，甚至是火柴盒外盒。豐田公司把宣傳新車型MR2 Spider的內容做成複雜的光碟格式，他們知道會有年輕和時髦的消費者接觸到這些內容，而這些人剛好是訊息希望能傳遞到的人。然後，資訊被一個或者多個「接收者」（就像前述的凱莉一樣）透過各自的經驗理解和接收。最後，訊息來源會得到意見回饋(feedback)，他們再利用這些資訊接收者的反應將訊息加以調整。前述的Launch公司就是利用網站來收集訂閱者所回饋的資料。傳統的溝通過程如圖8.1。

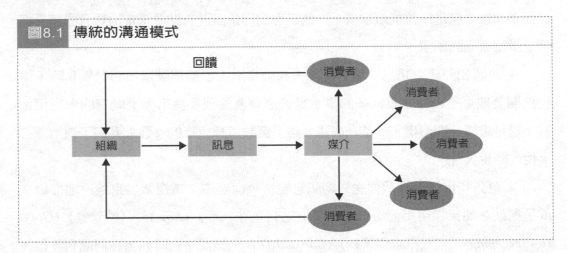

圖8.1　傳統的溝通模式

▶ 互動溝通

　　儘管凱莉儘量不去理會家門口的那些垃圾郵件，但還是會選擇一些感興趣的行銷訊息來看看。雖然傳統的溝通模式並非完全是錯的，但卻無法提供完整解釋。尤其在現今這樣具有互動的動態世界，消費者面對更多選擇，也更有權利選擇什麼是想要的資訊[3]。事實上，一種十分流行、被稱為許可行銷(permission marketing)的策略就認為行銷人員能更成功地說服那些同意讓他們嘗試的顧客——我們無法對一開始就沒有將訊息聽進去的消費者有任何指望[4]。另一方面，對於那些已經表示有興趣瞭解更多有關產品的顧客來說，他們更樂於接受那些自己選擇要看或聽的行銷溝通。許可行銷的概念提醒我們，不必只坐在那裡等著收取訊息，我們當然能發聲決定選擇接受何種訊息、何時接受——而且可以一次又一次作同樣的選擇。

　　傳統模式是被用來理解大眾傳播的，它談到資訊是在同一時間透過平面、電視或收音機從製造者（訊息來源）傳遞給許多消費者（接收者）。這種觀點在本質上認為廣告就是在購買前把資訊傳遞給消費者的過程。訊息本身被視為是容易消逝的——會在一段短時間內（也許不斷的）重複，然後，終究會被新一版的廣告宣傳取代而消失。

這個模式受到了法蘭克福學派學者的巨大影響，這個學派可以說主導了前一個世紀中絕大部分的大眾傳播研究。他們認為，媒體對個人發揮了直接且有效的影響，有影響力的媒體甚至能夠利用社會大眾並進行洗腦。接收者基本上被視為被動的（就像終日懶散、躺在家裡沙發上的人一樣，只是一直接收訊息），而且會時常受騙或是被說服去作一些事情，因為他們只是不斷地接受媒體塞過來的資訊。

使用與滿足

以上所述真的是行銷溝通的真面目嗎？使用與滿足理論(use and gratifications theory)的擁護者們認為消費者是積極的、有目標地將大眾媒體視為資源加以利用以滿足自身需要。這個理論並不關心媒體對大眾的影響，而是關心人們如何影響媒體[5]。

使用與滿足理論強調媒體是滿足需要的手段之一，這些需要包括消遣、娛樂以及資訊。這種看法也同時意味著行銷資訊與娛樂之間的分界線越來越模糊，尤其是當公司不得不設計更吸引人的零售門市、宣傳目錄或是網頁來吸引消費者。就如同Launch公司必須確認放在光碟裡的商業訊息能夠對用戶產生足夠的娛樂效果並吸引他們去看。

英國一項有關年輕人的研究發現，他們靠廣告獲得很多滿足，包括娛樂（有些人認為廣告本身比產品還好）、逃避、遊戲（有些人會隨著廣告歌哼唱，有些人會把雜誌中的廣告做成海報）和自我主張（廣告會加強他們的自我價值感或是提供了仿效的榜樣）。要注意的是，這種觀點並不表示媒體對於我們的日常生活只扮演正面角色，這只能說明接受者有多種方式來利用這些資訊。例如，當消費者採用了媒體所創造的非現實標準來要求自己的行為、態度，甚至是外表長相時，就有可能損害到消費者的自尊。有一位參與某項研究的人士提出了這種負面影響。她觀察到當她和男朋友一起看電視時，「真的會讓你覺得『哦，不，我必須像她那樣嗎？』我的意思是，你和男朋友坐在一起，而他卻說『哦，看看她，身材多好！』」[6]

誰掌握遙控器？

不論是好是壞，驚人的科技發展以及社會的進步使我們不得不重新考慮「消費者是被動」的觀念，因為人們在溝通中表現出越來越多的主動性。換句話說，人們在溝通過程中更像是個參與的夥伴，而非懶骨頭般的被動角色。消費者的加入有助於產生讓他們喜歡接受的資訊。此外，他們可能會主動去尋求一些資訊，而不是坐在家裏等著從電視或報紙得到資訊。這個新的互動溝通模式如圖8.2。

圖8.2 **互動溝通模式**

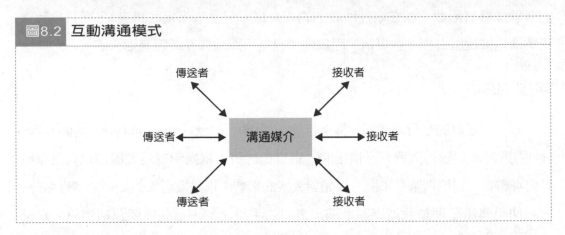

溝通革命的一個早期跡象就是簡陋的遙控器。隨著錄放影機逐漸成為家庭中的尋常物品後，忽然消費者更可以自由決定觀賞的時間及內容。電視網再也不能替人們決定何時可以觀賞自己最喜歡的節目，當兩個節目的播放時間衝突時，人們也不需要像以前一樣只取其一了。

當然，從那時起，我們控制媒體環境的能力便與日俱增。現在使用像TiVO這樣的數位錄放影機人口已經超過百萬，他們可以在任何時間觀賞想看的電視節目，還可以跳過那些電視廣告[7]。很多人則是使用隨選視訊(video-on-demand)或是按次付費(pay-per-view)電視。家庭購物網會歡迎我們打電話到現場，並熱烈討論自己有多喜愛珠寶。像來電顯示裝置和電話答錄機可以讓我們決定是否要在吃晚餐時接聽電話，還能讓我們在接電話前就知道是否有個電話行銷人員潛伏在電話另一端。只要一點簡單的網頁瀏覽就能讓我們感受到天涯若比鄰，也可以索取有關產品的資訊，甚至可以提供建議給產品設計師以及市場研究人員。

互動回應的層次

理解互動行銷溝通動力機制的關鍵，是能確切瞭解回應的真實涵義[8]。以前對於溝通的觀點主要是把意見回饋看做行為──訊息接收者在看過廣告後到底有沒有出門購買這種衣物清潔劑？

　　然而，還可能有其他的回應，包括品牌知曉度的建立、產品特點的介紹、提醒我們用完後買一包新的，還有（可能是最重要的）建立長期關係。因此，一次交易就是一種類型的回應，但是眼光長遠的行銷人員瞭解到可以透過其他有效的方式來與消費者互動。基於此種理由，我們有必要區分這兩種基本的意見回饋類型。

　　● 當下購買反應(first-order response)：一些直效行銷的手段如產品宣傳目錄或是電視資訊廣告（如果是成功的）可以帶來產品的訂單，這無疑是最肯定的一種反應。所以，我們當然希望交易是以當下購買反應的形式出現。除了提供收益之外，銷售資料也是行銷人員用來測量溝通是否有效的意見回饋來源。

　　● 日後購買反應(second-order response)：除了當下購買反應外，互動行銷的一個重要要素是行銷溝通並不一定要導致消費者立刻有購買行為。傳播訊息可以有效地引起消費者的反應，儘管這些反應並不能使訊息接收者立即下單訂購。前述的凱莉可能會因為接收有關MR2 Spider的說服性訊息，最終還是會去買一輛。消費者針對一個行銷訊息的反應回饋並非是立刻交易時，就屬於一個日後購買反應。

訊息來源　　

　　不管一個訊息是透過日常郵件還是電子郵件，常識告訴我們：同樣的話從不同人口中說出來或寫出來就會產生不同效果。有關訊息來源效應(source effects)的研究已經進行了50多年。研究人員藉由把同樣訊息歸因為不同的訊息來源，以及測量聽眾在聽後態度改變的程度，發現有可能找出某些溝通者將會造成態度轉變的一些特點[9]。

　　在大多數情況下，訊息來源會對這個資訊是否被接受有很大的影響。選擇某訊息來源可能是因為他是專家、具有吸引力、有名氣，甚至因為他是一個可愛且值得信任的「典型」消費者。訊息來源應具備兩個主要特點：可信度(credibility)和吸引力(attractiveness)[10]。

　　在選擇訊息來源時，行銷人員該注重可信度還是吸引力呢？在接收者的需求與訊息來源提供的潛在效益之間應該要存在一種競賽關係。一旦此種競賽出現，接收者會更被激發去處理這些資訊。例如，對於社會接納與他人意見較敏感的人，就會更容易被具有吸引力的訊息來源說服；而那些自主性強的人則需要可信度高、專業的訊息來源[11]。

這種選擇也視產品類型而定。整體來看，一個正面的訊息來源可以降低風險並提高訊息的可接受性，但是為了有效降低不同種類的風險，則需要特定形式的訊息來源。在需要操作高風險的家用電器產品時，如吸塵器，專家的說服效果會比較好。如果將焦點集中在一些如珠寶和傢俱的高社會風險產品時，名人的效果可能會更好；這些產品的使用者會更在意別人怎麼看待自己使用這個產品。最後，典型的消費者會喜歡和自己相似的訊息來源，所以貼近現實生活的廣告對於一些低風險的日常生活產品（如餅乾）是最有效的[12]。

▶ 訊息來源的可信度

訊息來源的可信度(Source credibility)指的是一個訊息來源在人們心目中的專業性、客觀性或可靠性。這種特性與消費者的信念有關，他們認為傳播者有能力且願意提供必要資訊以充分評估有競爭力的產品。當消費者還沒有十分瞭解某種產品或尚未對某產品形成特定看法時，一個可信的訊息來源是非常有說服力的[13]。決定請一位專家或是一位名人來吹捧一個產品是花費很大的，但是平均看來，研究人員認為這個投入是值得的。因為市場分析人員常常利用有名人為產品背書的聲明合約來評估公司的潛在收益，這就影響到預期的利潤。一般來說，有名人為產品背書對公司股價收益的影響是有正面幫助的，也就抵消了請名人做代言人的支出了[14]。

睡眠效應

雖然一般說來，多數的正面訊息來源有利於增進態度的轉變，然而也有例外。有時候，某個訊息來源十分令人不快或是不喜歡，卻能有效地傳遞有關產品的訊息。這方面最好的例證是惠波(Mr. Whipple)，他是位令人生氣卻又家喻戶曉的電視人物，因為多年來，他一直在衛生紙的廣告中斥責消費者：「請不要再壓榨Charmin啦！」從一些例子來看，正面的訊息來源與反面的訊息來源在改變態度所存在的差異，彷彿都隨著時間流逝而不存在了。一段時間之後，人們好像都會「忘卻」負面

的訊息來源，並不知不覺改變了態度，這就是所謂的**睡眠效應**(sleeper effect)[15]。

有關睡眠效應的解釋是有爭議的，特別是涉及睡眠效應是否存在以及何時存在等基本問題。最初，分裂線索假說(dissociative cue hypothesis)提出隨著時間的推進，消費者心中的訊息與訊息來源間將會失去關連性。訊息獨立地留在消費者的記憶中，並導致延遲的態度改變[16]。

另一個對睡眠效應的解釋是可用性數價假說(availability-valence hypothesis)，強調由於記憶容量的限制而使記憶產生選擇性。如果與負面訊息來源相連結的記憶較難形成，與廣告資訊相連結的記憶卻較容易的話，那麼訊息的剩餘影響力將發揮說服功效。根據這種觀點，只有巧妙地將訊息編碼，也就是使它與記憶的關連強過與訊息來源的連結時，睡眠效應才會發生[17]。

建立可信度

如果消費者認為訊息來源夠格代言這項產品的話，其可信度就會增加。這種連結能夠克服人們可能對代言人或產品的反感。羅納德‧畢格斯(Ronald Biggs)因為演出1963年的英國電影《火車大劫案》而一舉成名，也因此成功地為一家巴西門鎖公司代言——也許剛好是他最瞭解的主題吧[19]！

以上正是讓青少年賈許‧桑奎斯特(Josh Sundquist)成為「瓊斯汽水」(Jones Soda)最佳訊息來源的原因，即便他並不被認定是真正的名人。桑奎斯特因為癌症失去了一條腿，但是他會炫耀那條代替腿的怪異綠色義肢。這間流行的飲料公司贊助桑奎斯特來舉辦巡迴演講，而這位戰勝癌症的青少年為了答謝贊助者，就會在他演講時喝瓊斯汽水，並穿著瓊斯汽水的運動衫[20]。

要注意的是，會使某一個消費者產生信任感的情況未必可以應用在另一個消費者身上。因為對西方國家的許多不信任和恐怖暴行，有報導指出奧薩瑪‧賓拉登53個兄弟姊妹之一的葉斯藍‧賓拉登(Yeslam bin Laden)，即將在阿拉伯市場推出「賓拉登」牌的服飾系列[21]。的確，正是這個原因，使得叛逆甚至怪異的明星也會對某些人產生吸引力。Tommy Hilfiger利用饒舌歌手史努皮狗（Snoop Doggy Dogg，曾被控謀殺，但宣判無罪）塑造了反叛的街頭混混形象，以助其系列服裝打入市場。還有曾經是癮君子和小偷的酷力歐(Coolio)，也被Tommy Hilfiger請來做伸展台的模特兒[22]。家長們也許並不會擔心這些訊息來源，但這真的不重要嗎？

訊息來源偏差

如果消費者認為訊息來源在呈現資訊時受了偏見的影響，那麼他們對於產品屬性的信念將會減弱[23]。知識偏差(knowledge bias)表示訊息來源對主題的知識並不正確。報告偏差(reporting bias)是指訊息來源具備了所需的知識，但準確傳達知識的意願是值得懷疑的，就像是網球拍製造商會付錢請一位網球明星使用特定的球拍。訊息來源的憑據可能是適當的，但是如果專家被視為「職業槍手」，那麼可信度就會大打折扣。

公司當然很感激專家對產品的背書，但有時候這些日積月累的讚美也會替公司帶來一些麻煩。例如，微軟曾被批評對那些在論文研討會中提到微軟程式對其研究產生幫助的教授們發放所謂的「車馬費」[24]。

廣告界越來越關心的是社會大眾會懷疑明星代言某項產品只是為了錢而已，所以有些明星代言反而毫無效果。例如小甜甜布蘭妮替百事可樂代言並在廣告中大量曝光，但卻被人拍到在喝可口可樂。還有籃球明星俠客歐尼爾已經不止一次保證他是某種速食的忠實顧客，但是他對漢堡王、麥當勞、還有Taco Bell都是這樣說。高爾夫球明星老虎‧伍茲已經為勞力士旗下的帝舵表(Tutor)代言了5年，卻突然轉而代言帝舵表的對手——瑞士豪雅表(TAG Heuer)。雖然伍茲解釋這只是因為他的「口味」變了，但更有可能是估計有200萬美元的代言酬勞[25]。

行銷人員該怎麼做呢？讓名人實際參與代言產品的設計是一種越來越流行的方式。像麥可‧喬丹就監督耐吉生產的喬丹系列服飾和球鞋的設計工作；電視劇「The View」裡面的史塔‧瓊斯(Star Jones)也擔任Payless鞋子的造型總監。另外像女演員梅莉迪絲‧巴克絲特(Meredith Baxter)和維多莉亞‧普琳西波(Victoria Principal)也為家庭購物網設計了皮膚保養品；珍妮佛‧洛佩茲甚至對自創品牌「Glow by J-Lo」香水的瓶裝設計，都有完全的決定權[26]。

宣傳炒作與話題流傳：企業兩難

顯然，有很多行銷人員投下鉅資以期創造出能說服消費者自己是第一品牌的行銷訊息。不過問題來了，在許多情況下他們也許太過努力而導致反效果！我們可以將此視為一種企業兩難(corporate paradox)——廠商在產品宣傳中著墨越多，可信度反而越打折扣[27]。我們會在第11章看到，消費者的口耳相傳是最有說服力的一種行銷訊息。如表8.1所示，話題流傳(buzz)被視為是一種消費者的口耳相傳、自發性的真實聲音。相對地，宣傳炒作(hype)則被視為業者刻意操作的商業宣傳。所以，行銷人員眼前的挑戰，就是要如何帶動消費者的話題流傳，同時又能消除刻意炒作的痕跡。那就是為什麼可口可樂會決定把剛重新設計、外觀類似時髦的紅牛(Red Bull)飲料的新飲料，放到特別選定的曼哈頓高級夜總會與精品店裡販售。行銷策略人員的理由是，如果時髦的年輕族群是在高雅的酒吧裡「發現」這款產品，而不是由天花亂墜的廣告得知的話，他們會更容易認同此項產品[28]。

表8.1 宣傳炒作與話題流傳		
宣傳炒作	⟷	話題流傳
廣告		口耳相傳
公開進行		隱密進行
企業		草根
虛假		真實
懷疑		信賴

家喻戶曉的《厄夜叢林》(Blair Witch Project)是一部虛構電影，但有很多觀眾相信這是真人真事的紀錄片。此一例子說明不著痕跡的品牌所具有的威力。有些行銷人員正嘗試借用引起話題的表象，進行某種「秘密」宣傳，但表面上看來卻完全沒有業者介入操作的痕跡。如何形成話題流傳已成為許多企業的新行銷圭臬，因為他們意識到消費者私下討論的影響力[29]。的確，有小部分的家庭工業為了企業的商機誘餌而開始專門在一些網站上留言，藉此形成大家討論的話題，但表面看來卻完全像發自消費者的真實聲音。我們可以看看這些例子：

● 牛仔服飾業者Lee Apparel的Buddy Lee玩偶重出江湖後，消費者反應十分熱烈。根據公司內部一名負責架設這些網站的員工表示，該公司出資為這個「看起來很爛，就像是玩偶迷自己動手做的一樣」的小玩偶成立了15個網站。目的就是要利用這些網站製造一種現象，使人們看起來像是自發性的開始熱衷這個玩偶[32]。

● 道奇公司的「公羊」(Ram)卡車在某個網站上很出鋒頭，而這個網站理應是出自一群在幾個城市裡籌辦短跑道直線加速賽的車迷。在電子郵件裡附加了以業餘手法拍攝的加速賽過程紀錄片，除了拍攝到一個「公羊」卡車護欄的鏡頭以外，完全看不出與道奇公司有任何關係。想當然耳，這場事先安排好的賽車一定是「公羊」跑第一。這段影片隨後就被放到網站上供人觀看。一些假造的抗議信件紛紛寄給當地報紙編輯，抗議街頭賽車又死灰復燃，並提到道奇公羊也牽涉其中。可想而知，

行銷陷阱

在醫療領域裡，病患缺乏完整的專業知識去評估適用的醫藥廠牌，但他們的決定往往牽涉到高昂費用，有時甚至攸關生死。因此，人們非常仰賴權威人士的見證。醫師就是我們信賴的客觀意見徵詢者，然而這種信任也會有遭受破壞的時候。美國最近一些牽涉到藥廠的訴訟案，顯示這種情形的確存在。有的醫師收了廠商的錢，容許藥廠業務代表進入診療室與病患接觸、瀏覽病歷、甚至推薦處方用藥，全程均未表明自己代表藥廠的身份。藥廠對大量開具其產品為處方的醫師，會大手筆招待他們吃飯或旅遊，或聘請他們擔任代言人與顧問。某大藥廠曾付錢請醫師在醫學期刊發表支持該廠新藥的文章，甚至連初稿都請行銷公司事先擬好了[30]。近來以醫師為對象的一次調查發現，有37%的執業醫師表示自己曾經收受藥商某種形式的好處。

藥商也會請名人為產品背書，好讓我們安心選用該廠牌。大部分的情況是，廠商直接付錢請使用該產品的名人背書，如美國自由車選手阿姆斯壯(Lance Armstrong)為必治妥施貴寶公司(Bristol-Myers Squibb)代言、前參議員杜爾代言威而鋼。近來藥商的手法甚至更為巧妙，直接請明星上談話節目推廣產品。影星羅伯洛(Rob Lowe)上電視呼籲大眾留意化學治療可能引發的「發熱性嗜中性球過低症」(febrile neutropenia)，表示他父親曾為此副作用所苦。羅伯洛收取了美國應用分子基因公司(Amgen)支付的錢，該公司「Neulasta」產品就是為了對抗這種副作用。

在這種情況下，羅伯洛並沒有違反美國食品藥物管理法，因為他未曾提到產品名稱。如果他公開提出名稱，就有義務連帶說明該藥品的主要副作用，同時告知消費者能查詢詳細資訊的免付費電話或網址。其他影星包括洛琳‧白考兒(Lauren Bacall)與凱薩琳‧透納(Kathleen Turner)，也接受廠商邀聘，在《今日》與《早安美國》等晨間節目推銷藥品或其他醫療產品。「紅心合唱團」(Heart)主唱安‧威爾森(Ann Wilson)，則推銷固定於胃部以控制肥胖的外科用矽質繃帶。美國有線電視新聞網(CNN)在瞭解到有名人收錢上節目談健康問題之後，最近發佈了一項新聞政策，明令現場來賓與藥商間若有酬庸關係，節目必須主動告知觀眾[31]。

此種遊擊式的廣告活動被列為高度機密，連汽車公司高層都被蒙在鼓裡[33]。

● 當RCA唱片公司想為偶像歌手克莉絲汀創造一些話題時，就會雇用一群年輕人專門上網，在alloy.com、bolt.com與gurl.com等高人氣青少年網站上帶動有關克莉絲汀的話題。這些年輕人假裝自己是樂迷，在網站上留言大肆吹捧新歌有多動聽。在克莉絲汀的某張專輯正式發行之前，RCA還委託一家直效行銷公司以電子郵件發送包含歌曲片段與克莉絲汀介紹的電子明信片，發送對象多達50,000個電子郵件帳戶[34]。這張專輯甫推出便迅速拿下排行榜冠軍。

雖然這種行銷策略十分有利，但也可能帶來嚴重的反效果。網友們已經開始懷疑自己看到與聽到的，有時甚至會懷疑這類網站都是商業宣傳的障眼法。不過目前，網路相傳的風氣仍有方興未艾之勢。同樣地，對於真正發自消費者的行銷訊息來說，衝擊性依然不可小覷。例如由路易士(Louis)與伊緒(Ish)這兩名自認是「討厭鬼」網友自行架設的網站，記錄著他們追尋「冷靜」的過程。出於某些古怪的理由，他們認定自己所追求的冷靜在某家溫娣漢堡店裡。他們的追尋帶著點神秘主義色彩：「好像聽到上帝的聲音般，我們意識到自己的目標：除了時薪5塊半到6塊美金的工作之外，我們要去造訪每一間知道的溫娣漢堡店。」[35]也許他們還得多透露點訊息吧？

▶ 訊息來源的吸引力

訊息來源吸引力(source attractiveness)是指其在公眾心目中的社會價值。這種特質源自於人的外表、個性、社會地位，或他與接收者間的相似之處（我們喜歡聽和我們相似的人所說的話）。引人注目的訊息來源有很大的價值，而且對產品代言會有持續的作用。甚至一些已經亡故的訊息來源也是有吸引力的：畫家雷諾瓦的曾孫將著名的祖先之名用在瓶裝水上，畢卡索家族授權法國雪鐵龍汽車使用畢卡索之名[36]。前任世界拳王喬治‧福爾曼(George Foreman)在代言產品的歷史上被記上一筆，因為他成為第一位將名字永久使用權賣給某間公司的名人，這家公司販賣的「喬治‧福爾曼」牌的享瘦去脂烤肉爐(Lean Mean Fat Reducing Grilling Machines)，已有超過1,000萬美元的營業額。而且該公司以1億3,750萬美元作為交換條件，讓福爾曼同意不再代言其他廚具，但可以為其他種類的產品促銷[37]。那的確可以買很多的低脂漢堡！

美即是好

幾乎在任何地方，外表漂亮的人都在試圖說服我們去購買某樣產品或是做某件事。社會十分注重外在的吸引力，而我們也易於假設漂亮的人更聰明、更酷、更快樂。這種假設就是所謂的月暈效果(halo effect)，當人們認為某人在某方面具有高水準時，便會假設他在其他部分也同樣出色。我們可以用第7章的一致性原則來解釋這種效應，此原則指出當大眾對於某人的所有批評都與某人相符的話，會覺得比較舒服。這種論述被稱為「美即是好」[38]。外表具吸引力的

牛奶業者組織為了刺激消費者對牛奶的需求，選了一些名人來展示「牛奶鬍鬚」。(Courtesy of Bozell Worldwide, Inc.)

訊息來源更有助於態度的改變。訊息來源具有吸引力的程度至少會對消費者的購買傾向及產品評價產生一定效用[39]。這是如何產生的呢？

有一種解釋認為，外表的吸引力可作為引導消費者注意相關行銷刺激的線索，以便於消費者處理（或調整）資訊。一些證據顯示：消費者會更注意那些有魅力模特兒所參與的廣告，儘管他們不一定會注意到廣告本身[40]。換句話說，有漂亮人物參與的廣告更容易吸引人們的注意，但卻不一定能令人認真去瞭解廣告本身。我們可能會喜歡去欣賞一位美麗或者英俊的人，但是這些正面的感覺卻不一定能影響對產品的態度或是購買意圖[41]。

美人也可以作為資訊來源。如果產品明顯和吸引力或性慾有關，有高度魅力

的代言人在廣告中就會呈現出影響力[42]。社會適應觀點(social adaptation perspective)假設，認知者會權衡那些看起來有助於使人們形成態度的資訊。如第2章提到的，我們會過濾掉那些無關的資訊，以盡可能減少在認知方面付出的心力。

在正確的環境下，代言人本身具有的吸引力程度構成了態度改變過程中的資訊來源，並形成一種重要、與任務有關的線索[43]。基於此種理由，當產品與吸引力相關時，一位具有吸引力的代言人很可能是一個有效的資訊來源。例如，吸引力會影響到人們對香水或古龍水廣告的態度（與吸引力相關），卻不會影響到人們對咖啡廣告的態度（與吸引力不相關）。

明星的力量

請名人作代言人所費不貲，但許多廣告人員都一直相信這些名人的影響力。如今，高爾夫球明星老虎伍茲是運動界有史以來最富有的代言人，估計每年收入高達6,200萬美元（還不包括他實際贏得的高球巡迴賽獎金）[44]。為何明星就可以賺到這種錢呢？實際上，一項新近的研究發現，一張出名的臉蛋比普通人的臉更能引人

行銷契機

名人往往會為知名品牌代言，不過有時也因為本身的高人氣，連帶捧紅商品成為市場寵兒。這種由名人帶動商品大賣的威力，在嘻哈樂壇是再顯著不過了。例如，Busta Rhymes與吹牛老爹，幾乎毫不費力地讓Courvoisier白蘭地酒成為嘻哈國度的「指定飲料」。在他們歌曲的音樂錄影帶裡，兩位音樂偶像把壞蛋打得落花流水，贏得美人歸，互相以Courvoisier舉杯慶祝。Courvoisier在美國的銷量從此一飛沖天，據該產品的品牌經理表示，這大部分要歸功於Busta Rhymes讓這款酒成為「歌曲中的英雄」。因為沾嘻哈偶像之光而大賣的高級商品，還包括凱迪拉克Escalade休旅車、Cristal香檳，以及設計師品牌Burberry、Prada與Louis Vuitton。

現在，有些嘻哈歌手已經意識到自己對品牌人氣的高影響力，所以為廠商免費宣傳的好日子可能快沒了。Interscope唱片公司的一位主管正為新品牌的Vino Platinum高級雪茄品牌代言。歌手Jay-Z與夥伴曾在好幾首暢銷曲中提到Belvedere伏特加，造成該品牌大賣，後來他們乾脆買下一間Armadale歐洲伏特加公司當起了老闆。唱片公司也嗅到錢味，消息指出，他們將開始向廠商收費，作為品牌或產品在歌曲或錄影帶中露臉的代價[49]。

注意，也能引起比較深刻的記憶[45]。名人可以提高企業廣告的知名度，並且提升企業形象和品牌態度[46]。名人代言策略能夠有效地區分自己的產品和其他類似產品；若消費者無法真正感受到這樣產品與競爭對手的不同時，名人代言就更重要了。這種情況多發生在產品生命週期中的品牌成熟階段。

明星的力量能夠生效是因為名人將文化意義(cultural meanings)具體化了——他們象徵了一些重要的社會分類，包括社會階層和地位（例如勞工階級的英雄Drew Carey）、性別（如大眾情人李奧納多·迪卡皮歐）、年齡（如孩子氣的米高福克斯），以及性格類型（如《歡樂單身派對》裏古怪的Kramer）。理想情況下，廣告商決定了產品要傳遞什麼涵義（也就是產品在市場中的定位），所以被選擇的代言明星也應該能呈現相似的意義。因此，產品意義就可以從製造者透過名人傳遞到消費者那裏[47]。

要找影歌雙棲的珍妮佛·洛佩茲還是「天命真女」的碧昂絲(Beyonce Knowles)呢？美式足球四分衛球星中，我們該找布雷特·費佛(Brett Favre)還是麥可·維克(Michael Vick)呢？有那麼多的名人，一間公司該決定由誰來作為行銷訊息的來源呢？為使名人廣告活動能夠有效，代言人必須要有清新和受歡迎的形象。除此之外，名人形象也要和代言產品形象有相似之處，這就是所謂的匹配假設(match-up hypothesis)[48]。許多使用名人的促銷策略失敗就是因為在挑選時不夠仔細——一些行銷人員以為只要是名人就能勝任產品代言人的任務。先對名人形象作些調查可以提高消費者接受產品的可能性。由一家市場研究公司提出的所謂的Q評估法（Q rating，Q代表質量Quality）是一種普遍採用的方法。這種方法在調查中主要考慮兩個因素：消費者對某個名字的熟悉度，以及指出最喜愛某人、某節目，或某角色的回應者數目。例如，美國應用分子基因公司請來演員羅伯洛帶頭作Neulasta的藥品宣傳活動，是因為經過Q評估法測量後，發現他的Q值在50歲以上婦女層是最高的，而此婦女年齡層剛好是藥品的主要目標[50]。

非真人代言人

請名人代言可收到極大效果，但是也有缺點。正如前面所提到的，當產品與名人個人形象不合，或他們看來根本不會使用該產品（除非看在錢的份上），那麼這些名人的動機就會受到質疑。名人也可能醜聞纏身或使觀眾不悅，像瑪丹娜對天主教發出的那些爭議言論，就為可口可樂帶來許多麻煩。或者，名人還可能會耍大牌，例如錄影遲到或過度要求等等。

因為這些理由，使得部分行銷人員找尋替代方案，包括使用卡通人物或是吉祥物。某間專為球隊與企業製作吉祥物服裝的公司行銷總監表示：「畢竟，你不用擔心你的吉祥物要去毒品勒戒中心報到。」

部分大型企業開始嘗試這項做法。正如第1章提到的，新力公司採用名為「柏拉圖」的藍色外星寶寶為旗下隨身聽產品代言。多倫多一間服飾公司Roots，是2002年美國奧運代表隊人氣制服的幕後功臣，就採用吉祥物「小水獺巴迪」(Buddy the Beaver)來推銷自己的門市。根據Roots公司的傳播總監觀察，「我們有很多門市位於購物商場裡。商場裡擠滿了人，大家注意力不容易集中。可是你很難不看到一個身高200公分的大水獺。」[51]

除了這些填充布偶之外，現在大家也開始推出虛擬偶像。以前，「阿梵達」

全球瞭望鏡

一如羅馬帝國面對高盧人不得不低頭，麥當勞王國在面對不屈不撓的法國漫畫英雄人物亞司特利斯(Asterix)時，也終於不得不讓步了。麥當勞叔叔如今悄然退場，改由漫畫英雄亞司特利斯擔任麥當勞在法國市場的代言人。諷刺的是，亞司特利斯一直是反對麥當勞的象徵。如反麥當勞運動人士荷西‧波夫(Jose Bove)就以亞司特利斯為象徵，抵制外國企業對法國的蠶食。法國人對自身文化被日漸「麥當勞化」(McDonaldization)的厭惡逐漸高漲，法國的大報如《世界報》(La Monde)甚至提出了警告，提到麥當勞的商業主導權已經威脅到法國農業與文化主導權，並嚴重地破壞了大眾對營養的注重——對吃的注重正是法國人主體性的一種神聖象徵。

法國與全球各地的抗議者把麥當勞視為反映美國完整價值的一個象徵。麥當勞內部行銷人員努力地作品牌調整，來符合目標市場消費者的口味與文化。在法國，他們的做法是在廣告中消遣美國人，用亞司特利斯取代麥當勞叔叔。這麼做是希望能讓以不滿現狀聞名的法國青年（穿著Levis牛仔褲與耐吉球鞋），能在結束反美示威的路上，覺得到麥當勞點份麥香堡吃吃也無妨。

資料來源：改寫自Tony Karon所撰「Adieu, Ronald McDonald: McDonald's Doesn't Want to Change the World, It Simply Wants to Fit in」，時代雜誌網站(Time.com)，2002年1月24日。

(avatar)指的是印度神靈化身為超人或動物下凡。現今在電腦世界中，「阿梵達」是網路空間的虛擬角色，可以在虛擬世界中隨著你的意志自由來去。許多消費者在看過影帝艾爾帕西諾(Al Pacino)主演的電影《虛擬偶像》(Simone)之後，對網路虛擬偶像開始有了一些認識。帕西諾飾演的過氣導演創造了一位虛擬女星，大家都相信她是有血有肉的真人。雖然片中的虛擬女星「席夢」是由女演員芮秋‧羅伯茲(Rachel Roberts)飾演，然而新線電影公司(New Line Cinema)卻對羅伯茲的身份保密將近2年，就是為了引起討論話題，讓大家去猜測席夢是否真的是由電腦創造的虛擬角色[52]。

類似席夢這樣的虛擬角色，起源於「模擬市民」這類電玩遊戲。不過現在，這類角色開始在線上廣告與電子商務網站登場，形成一種提升網路經驗的機制。例如布朗與威廉森(Brown & Williamson)香菸公司開發了一種高科技自動販賣機，消費者投幣選購不同的香菸品牌時，會有一組虛擬角色在螢幕上出現，並開口對顧客說話。譬如你想從販賣機購買一包萬寶路香菸，由於這是布朗與威廉森公司死對頭菲力浦莫里斯公司出品的，這時就會有一位擁有性感聲音與豔紅雙唇的虛擬美女出現，遊說你改買Lucky Strike香菸：「這種香菸才好抽，每一包我還可以便宜你七毛五喔。」[53]

如今連搖滾樂團、飲料商與其他大企業，都開始運用虛擬的「阿梵達」。可口可樂最近針對香港市場，推出一個虛擬角色的網站，這些角色聚集在一個由可樂商贊助成立的世界裡聊天。英國電信公司也嘗試著運用虛擬角色，推出虛擬角色電子郵件(avatar e-mail)產品，讓寄件者臉孔出現在郵件中，並大聲讀出訊息內容[54]。

由於大家爭相需要有力的代言人，因此根據商業需求進行的虛擬角色創造，儼然成為一種全新的家庭工業。例如德國的No DNA GmbH公司(www.nodna.com)提供各種「虛擬明星」，都是由電腦製造出的虛擬角色，看起來帶點滑稽諷刺卡通風格，包括「vuppet」（卡通風格的吉祥物與動物）與「replicant」（對照真人製作的卡通人物分身）。該公司的虛擬角色收過數百封的情書，甚至還有人求婚呢[55]。

與真實的模特兒比較起來，使用虛擬角色代言的好處是，你可以為了因應目標視聽眾或消費者個人需要，立即更換代言的虛擬角色。以廣告的觀點來看，使用虛擬角色比請真人代言更有成本效益。若從人員銷售與顧客服務的觀點來看，他們

可以在任何時間應付大量的顧客，不受地理環境限制還全年無休。這可以使公司員工和銷售人員挪出時間去處理其他的活動。

訊息

在一項針對超過1,000支商業廣告進行的主要研究確認了可決定一支廣告訊息是否具有說服力的要素。其中，最重要的一個特徵是在溝通過程中是否有包含某種能和其他品牌有所區別的訊息。換句話說，溝通時是否強調產品的某種獨特屬性或好處？表8.2列出了一些有利和不利的因素。

訊息本身的特質有助於決定其對消費者態度的影響程度。這些變數包括：訊息是如何表達的，以及究竟表達了什麼。行銷人員面臨的一些問題包括以下幾點：

- 訊息應該以文字還是圖象傳達？
- 訊息應該多久重複一次？
- 應該得出一個明確的結論，還是應該把結論留給聽眾去想像？
- 是否應提出正反兩方面的論點？
- 將自己的產品與競爭對手進行明確的比較是否有效？

表8.2 電視廣告中引起正負面影響的要素

正面影響	負面影響
● 表現使用的方便性	● 大量關於組成元件、成分或營養
● 展示新產品或改進的特性	● 戶外背景（訊息容易遺失）
● 賦予背景環境（人物資訊較不重要時）	● 在螢幕上展示過多的人物形象
● 與其他產品的間接比較	● 單純的畫面展示
● 展示產品的使用方法	
● 展示實際效果（如頭髮光澤有彈性）	
● 聘用職業演員扮演普通人角色	
● 沒有主要人物（把更多時間放在產品介紹）	

資料來源：Adapted from David W. Stewart and David H. Furse. "The Effects of Television Advertising Execution on Recall, Comprehension, and Persuasion." *Psychology of Marketing* 2 (Fall 1985): 135-60. Copyright ©1985 by John Wiley & Sons, Inc. Reprinted by permission.

- 是否應該使用性訴求？

- 是否應引入恐懼之類的負面情緒？

- 討論和意像應該具體化、形象化到什麼程度？

- 廣告是否要做得奇特、有趣？

▶ 傳遞資訊

西洋諺語「一幅畫勝過千言萬語」描述了一種觀念，即視覺刺激可以有效地產生巨大的影響力，尤其是當傳播者想要引起接收者的情緒回應時。正因為如此，廣告人經常強調運用生動的、富創造力的文案或照片[57]。

另一方面，在傳播具體的實際資訊時，畫面效果卻不一定十分理想。如果是包含相同資訊的廣告，因為表現形式不同（採用視覺形式或文字形式），就會引起不同反應。文字形式會影響到產品在效用及功能方面的評價，視覺形式則是在審美評估方面具有影響力。當文字因素因為附帶的一幅畫面而被強化時，特別是當說明被框住時（即畫面中的訊息與文案有強烈關聯時），文字表達要素將更有效[58]。

由於處理文字訊息必須付出更多心力，所以最適合高度涉入的情況，如印刷品內容可以真正激發讀者興趣，使他們注意到某則廣告。由於文字素材更容易被快速遺忘，所以就需要重複曝光以達到理想的效果。相反地，視覺印象則可以使接收者在編碼時將資訊群組化（見第3章）。群組化能讓人們留下深刻的記憶痕跡，將有助於未來的資訊提取[59]。

視覺因素可能會透過兩種方式影響人們的品牌態度。首先，消費者可能對某種品牌形成某種推論，並因影像中的描述而改變信念。例如，在一項研究中，人們看到某則附有一張日落照片的面紙廣告，就更可能相信這種品牌具有迷人的色彩。其次，品牌態度可能會受到更直接的影響。例如，由視覺因素引起的某種強烈正面（或負面）反應將會影響消費者對廣告的態度(A_{ad})，進而影響其對品牌的態度(A_b)。這種對於品牌態度的雙重成分模式(dual component model)如圖8.3所示[60]。

生動性

畫面與文字的生動性表現是不同的。有力的描述或是圖像可以吸引人們注

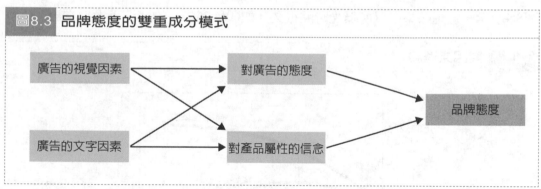

圖8.3 品牌態度的雙重成分模式

意，並在人們記憶中留下更深刻的印象。也許是因爲圖片和文字容易觸發人們的心理想像，抽象刺激反而有礙於此過程[61]。當然，這種影響也會造成負面效應：以生動形式表現的負面資訊也可能會導致更多日後的負面評價[62]。

在廣告文案中對產品屬性進行的具體討論，由於會惹來更多的注意，也會影響該屬性的重要性。例如，一則手錶的文案寫著「根據產業來源顯示，每4支發生故障的手錶中，有3支是因爲進水而導致的」比寫著「根據產業來源顯示，許多手錶都是因爲進水而故障的」的文案更有效[63]。

重複性

對於行銷人員來說，重複是一把兩面刃。如第3章提到的，爲了要形成學習（特別是制約），通常會讓某種刺激多次曝光。與「熟稔生輕侮」俗諺相反，人們更傾向於喜歡更熟悉的事物，即使他們剛開始對這些事物並無渴望[64]。這就是所謂的曝光效應(mere exposure)。在成人產品種類中甚至發現了廣告重複的正面效應：即使產品內容沒有新意，還是可以重複產品資訊以增強消費者的品牌知曉度[65]。另一方面，正如我們在第2章中看到的，過分的重複將會產生習慣性，會使消費者由於厭倦而不再注意那些刺激。過度曝光將造成廣告疲乏，會導致因收看某廣告次數過多的負面反應[66]。

雙因素理論(two-factor theory)解釋了熟悉與厭倦的恰當界限，它提出當一個人反覆面對一個廣告時，兩個獨立的心理過程將同時進行。重複資訊的優點是可以對產品更熟悉並降低對產品的不確定性；缺點則是每一次的曝光都會增加厭倦感。在某種意義上，當厭倦程度開始超過不確定性的減少程度時，就會導致廣告疲乏，如

圖8.4所示。這種效果在單次曝光時間很久（如60秒廣告）的情況下尤為突出[67]。

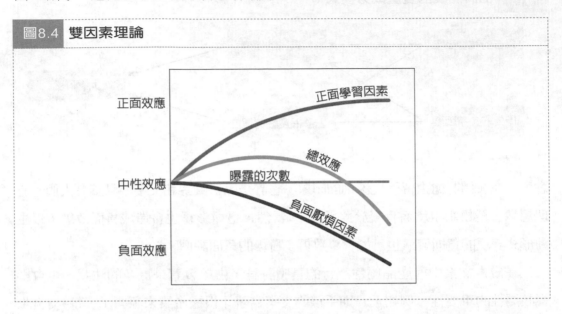

圖8.4　雙因素理論

　　此理論顯示，廣告人可以用限制廣告重複播放的次數來解決這個問題（如用15秒插播廣告）。我們可以設計一系列針對同一主題、只在內容作些許修改的廣告宣傳（儘管每次強調重點可能不同），就能維持對產品的熟悉度並減少厭煩感。相對於重複的廣告，有變化的廣告可以讓訊息接收者瞭解更多產品特性資訊，並對這個品牌產生更多好感。這種附加資訊可以讓消費者在競爭品牌反擊時仍能拒絕改變原來的態度[68]。

▶ 建構論點

　　許多行銷訊息很類似辯論或審判，某人提出某些論點，並試圖說服接收者改變他的看法。因此，論點的表達方式其實和內容一樣重要。

片面性與兩面性論述

　　大多數訊息都僅僅表現產品一個或多個正面屬性，或者是購買產品的原因。這些訊息就是所謂支援性論述(supportive argument)。還有另一種選擇是採用兩面性訊息，也就是提供正反兩方面的資訊。有研究顯示，儘管兩面性廣告相當有效，但這種廣告並沒有被廣泛採用[69]。

　　為什麼行銷人員要花費廣告空間來宣傳產品的負面屬性呢？在適當的情況下，先提出某個負面問題，然後再加以解除的駁斥性論述(refutational arguments)，會是相當有效的方法。這種方法可以減少報告偏見而提高訊息來源的可信度。而且，即使是不太信任產品的人，也比較願意接受這種平衡論述，而不是那種「漂白」過的論述[70]。

　　但這並不代表行銷人員應該過度地表現產品的主要問題。當與競爭對手作比較時，典型駁斥策略討論到的一些小缺點也許會顯示產品有某種問題或是缺陷，但隨之的正面產品屬性將會做出反駁。例如，艾維士(AVIS)在擺脫先前自稱的汽車租賃業「第二名」頭銜後，才開始大發利市；很遺憾地，一則福斯汽車的廣告竟然把自己的一款車描述為中看不中用的「檸檬」，只因為這部車儀表板中間有一絲刮痕[71]。當視聽眾受過良好教育（並假定其對平衡論述印象更深刻）時，兩面性策略是最能發揮效果的[73]。另外，在接收者還沒有形成對某種產品的忠誠時，這種方式也同樣有效。

得出結論

　　論點是否應該提出結論？或者只需提出重點，由消費者自己得出結論？一方面，自己提出結論而非等待別人灌輸思想的消費者，態度會更堅定、更易觸及。另一方面，若留下一個模棱兩可的結論，會導致消費者無法形成所需態度的可能性增加。

行銷陷阱

　　2002年末，美國聯邦貿易委員會發佈了一項針對瘦身產品與服務的廣告調查，得到許多讓大家食不下嚥的發現。研究報告指出，這類廣告訊息當中，至少有一半以上出現了真實性堪疑、或缺乏充分佐證的說法。美國聯邦貿易委員會所審視的300則廣告樣本，來源包括無線與有線電視台、資訊式廣告(infomercial)、電台、雜誌、報紙、超市目錄、直效行銷型錄、商業電子郵件以及網站。調查發現，這些廣告中有40%出現明顯的不實敘述，55%有誇大宣傳。部分廣告承諾消費者能有效快速減肥，卻不需要藉助手術、節食或運動；還有其他廣告則宣稱使用該產品可以讓你盡情吃喝，照樣可以讓身材苗條[72]。別相信你看到的這一切。

對這個問題的反應取決於消費者處理這則廣告的動機以及論點的複雜程度。如果訊息與個人有關，人們就會注意它，並且自然而然地產生推論。然而，如果論點內容讓消費者不易遵從或根本不想遵從，在廣告中提出結論則會比較安全[74]。

比較性廣告

美國聯邦貿易委員會在1971年發行的指南中，鼓勵廣告人在廣告中提及其他競爭品牌的名稱。這是爲了使消費者能在廣告中獲得更多資訊，而且近來也有證據顯示，此種方式至少在有些情況下會造成更

這則荷蘭廣告說明了一句話怎麼說和說了什麼一樣重要。(Courtesy of Hans Brinker Budget Hotel)

多有根據的決策制定[75]。**比較性廣告**(comparative advertising)提出一種策略，在這種策略下，一則廣告訊息會先將指定或易於辨別的兩種以上產品品牌加以對照，並根據它們的特定屬性進行比較[76]。例如，Schering-Plough公司宣稱：「新型的OcuClear的藥效舒緩時間是Visine的3倍。」必治妥公司則說：「要清潔頑固的細菌及污漬，最新的Liquid Vanish眞的比Lysol更有效。」

這種策略可能會導致兩面效果，特別當贊助者如果以一種污穢或負面方式來描述競爭者時。雖然有些比較性廣告會導致態度轉變或是正面的廣告態度，但我們也發現接收者會逐漸認爲廣告缺乏可信度，而且可能進一步地造成訊息來源的毀損（即消費者也許會質疑此種偏差陳述的可信度）[77]。實際上，在一些文化（像亞洲）中，幾乎沒有比較性廣告，因爲這被認爲非常討厭和無禮。

比較性廣告對於建立清晰品牌印象，而使新產品能逐漸佔領市場而言，是非

常有效的。例如，寶鹼公司最近推出了一種新的Torengos洋芋片，並與不具名的競爭產品拿來相比，這可能會大大地影響對手Frito Lay's Tostitos[78]。這些廣告能夠在形成注意、認知、歡迎態度和購買意圖上發揮作用。但諷刺的是，如果廣告太具攻擊和挑釁意味的話，消費者可能就不會喜歡這則廣告[79]。例如，近來當進口啤酒商Michelob 猛烈地抨擊對手Stella Artois的劣質與高價時，其他較小競爭者的業績卻成長了一倍[80]。

但是，如果要將新產品與市場領導品牌的幾項特性進行比較的話，單單聲稱該產品和領導品牌一樣好或是更好，都是不夠的。例如，一項研究顯示，聲稱「Spring牙膏與Crest牙膏採用相同護齒氟化物」的這句廣告語改變了人們對這種仿造品牌的態度。但是一句更全球化的表述「比起Crest，歐洲人更喜歡Spring」卻沒有什麼作用[81]。而且，如果把一個品牌拿來和一個明顯優越很多的競爭對手相比，這樣的比較性廣告是沒有可信度的。例如，一份針對新車購買者的調查顯示，把國產車Nissan Altima和德國賓士拿來比較的電視廣告是沒有用的，這一點也不令人意外[82]！

▶ 廣告訴求的類型

表達方式和內容同等重要。一則具說服力的訊息能夠觸動你的內心、嚇唬你、逗你笑、惹你哭、或是讓你知道更多。以下將針對那些希望能對訊息接收者進行訴求的溝通者，檢視一些主要的替代方案。

情感訴求與理性訴求

法國萊雅公司(L'Oreal)說服了全世界數以百萬計的女性來購買它的個人保養品，它的方法就是：向女性保證能帶給她們巴黎的風格；將消費者與性感的產品代言人作連結；還有那句肯定自我的廣告詞「因為我值得！」。現在，雖然競爭對手未必會成功，但這間公司已經面臨來自對手的壓力。寶鹼公司正在運用沒有廢話的比較性廣告，這廣告已經長期使用在肥皂、衛生棉到化妝品的銷售上。在寶鹼公司於2001年取得可麗柔公司(Clairol)的經營權之後，這間原本以清潔劑及許多其他家庭用品聞名的公司，搖身一變成為超市及藥粧店的最大化妝品供應商。寶鹼公司目前在對潘婷潤髮乳的一波促銷中，提供了一種「10日挑戰」，保證在10天之內就能讓頭髮的健康程度增加60%，光亮程度增加85%，頭髮易斷裂的程度減少80%，還有捲曲程度也可以減少70%。另外，寶鹼公司的研究人員在用過60種方法測量毛孔大小、皺紋長短、細斑的大小和顏色後，依據其中一項測驗結果發布了全國性廣告，廣告中聲明歐蕾全效晚霜的效果比那些百貨公司裡的領導品牌（包括萊雅製造的）都還要好。現在寶鹼公司正嘗試滲透由萊雅公司獨領風騷的高階市場，萊雅負責人對此表現了譏諷意味，他認為要銷售化妝品，「你必須要告知並說服消費者，但也要引誘她們……而不只是把事實塞到她們的喉嚨裡。」[83]

所以，到底是對頭腦還是對心靈進行訴求重要呢？答案通常取決於產品的本質，以及消費者和產品的關係類型。這個議題曾經是在以科技創新而非「溫暖而模糊」聞名的寶麗來公司(Polaroid)裡引起激烈討論。影像商品公司的行銷人員強烈地主張公司應該發展新且「有趣」的產品來擄獲年輕消費者的心，但是工程設計人員卻不同意這個想法，他們認為生產這種「玩具」相機會降低寶麗來的聲譽。在這個案例中，行銷人員占了上風，並說服了工程設計人員推出了一款配備便宜鏡頭的小型拍立得照相機，可以照出模糊、如拇指大小的相片。I-Zone迷你拍立得相機就這樣問世了。在公司徹底轉型後，廣告宣傳的主旨變成「差一點也是好事」。在一則已播出的廣告中，有一位年輕男子把拍立得照片貼在自己的乳頭上並擺動胸部。I-Zone的購買者中有一半是13～17歲的女孩，寶麗來公司單靠這樣產品的年收益就有2億7千萬美元[84]。

很多公司意識到消費者無法從眾多成熟完善的品牌中發現差異後，就轉而使用情感策略。這些從汽車（林肯水星）到卡片(Hallmark)的產品廣告都轉而強調情感部分。林肯水星汽車的廣告以一首搖滾老歌喚起消費者的依戀，成功地使購買產品的消費者平均年齡下降了10歲[85]。

我們很難對理性訴求與情感訴求的效果進行精確的評估。儘管在對於廣告內容的記憶上，「思考型」廣告明顯優於「感受型」廣告，以往對廣告影響力（即日後的回憶）的測量方式可能並不適用於情感廣告的累積效果。這種開放式的測量會被導向至認知反應，而感性廣告則可能會因為不易清晰地表達反應，而陷入窘境[86]。

性訴求

　　為了響應廣受支持的「性感能幫助銷售」觀念，任何事物（從香水到汽車）的行銷溝通（從隱約暗示到露骨地展示肌膚），都大量採用會引發人們性慾的聯想。當然，性訴求在不同國家的流行程度是不同的。就連美國公司在其他國家播放的廣告都不會比在自己國家受歡迎。例如，為了強調美國Lee牛仔褲的訴求，最近在歐洲有一則「厚顏無恥」的廣告活動，可以看到很多光溜溜的臀部。這則訊息的根本概念就是，如果臀部可以選擇牛仔褲的話，它們會選Lee牛仔褲：「穿Lee牛仔褲的臀部，感覺更好。」[87]

　　裸體在法國廣告中十分常見，若只有少部分的背部裸露，還會釀成興論批評廣告業者讓性變得無趣了[88]！這或許並不稀奇，平面廣告中的裸體女郎會引起女性消費者的負面感覺和緊張情緒，但對男性消費者則會有更正面的反應[89]。一項類似的調查發現，男性也不喜歡廣告中的裸體男性，女性對裸體男性的反應要好一些，但不是一絲不掛的那種[90]。

　　性真的有用嗎？雖然利用性似乎的確能吸引人們對廣告的注意力，但是對於行銷人員來說，這實際上會起反作用的。一項最近的研究顯示，有高達61%的受訪者認為，若產品廣告中出現有關性的意象，會使得她們更不想購買這樣產品[91]。諷刺的是，令人興奮的畫面可能「太」有影響了，吸引了人們太多的注意力，以至於人們反而不注重廣告內容的處理和記憶。當性訴求只被用來作為一種吸引觀眾注意力的「手段」時，就會沒有影響力。然而，當產品本身與性有關時，它確實是很有效的。整體來說，人們無法接收強烈的性訴求[92]。

以性為廣告訴求的例子。 (Courtesy of Candies, Inc.)

幽默訴求

最近有一則Metamucil（纖維健康補給品）的電視廣告在美國引起了一點騷動。美國黃石公園某位國家公園服務隊巡警將一杯Metamucil倒入老忠實噴泉區，並聲稱這項產品可以使這出名的噴泉維持合格的標準。黃石公園立刻接到一些抗議者的來信，其中一封信是這樣寫的：「我想大家以後會身處在這樣一個年代——人們會販賣命名權給運動場，我們也會聽到有人甚至打算將命名權賣給金門大橋；因為現在國家公園服務隊的人認為販賣國家公園巡警的形象來促銷使腸子正常蠕動的產品並無不妥。」公園管理人員也有自己的考量；他們並不要人們認為噴泉需要「幫助」，或是丟東西到噴泉裡是沒有關係的[94]！

幽默的運用可能會很棘手，特別是因為同一件事情對於一個人來說很有趣，可是對於另一個人來說卻是討厭或是難以理解的。不同文化可能會有不同的幽默感，製造笑料的方法也不同。例如，英國的廣告比美國廣告更偏重採用雙關語和諷刺手法[95]。

幽默真的有用嗎？整體來看，幽默廣告確實能引起觀眾的注意。有一項研究顯示，幽默酒類廣告的識別分數會優於一般酒類。然而，這個定論還夾雜著另一個問

行銷陷阱

一般大眾只知道耐吉公司賣的是鞋子，其實它也是製造有關運動情感訊息的高手，而這些訴求在美國都運用得很好。但是當公司試圖將此種態度推廣到海外時，卻遇到了一些困難。當公司尋找新市場時，就試圖以行銷籃球的方式來行銷足球。它在《美洲足球》雜誌上的一則廣告宣佈了他們即將進逼：「歐洲、亞洲還有拉丁美洲：封鎖你的體育館；隱藏你的戰利品；多買一些清新噴劑。」但在一些踢足球的地方，這一則廣告並沒有很好的效果。同樣地，一則成功的美國電視廣告表現了撒旦和他的魔鬼們與耐吉代言人們的足球比賽，但是一些歐洲電視台卻禁播這則廣告。因為它容易引起兒童的驚慌，並且太具攻擊性。一則英國電視廣告是關於一個向球迷吐口水和侮辱教練的法國足球員如何贏得了耐吉的合約，結果出現了一篇反對耐吉的嚴厲社論。在耐吉公司的眼前有一個艱鉅的任務：從競爭對手愛迪達的手中贏得歐洲球迷的心——足球並沒有籃球的浮華和包裝。也因為這樣，現在耐吉公司調整了「問題權威」的方式來試圖贏得那些不欣賞其暴力廣告和反正統主題的國家體育組織的青睞[93]。

題，就是幽默是否能夠顯著地影響人們對產品的記憶和態度[96]。幽默廣告的一項功能是提供了一個分心(distraction)的來源。有趣的廣告可以抑止消費者的反面駁斥（思考他不同意這個訊息的原因），因此增加了消費者接受廣告的可能性[97]。

當品牌已經被清楚地確認，而且笑料尚未將訊息「淹沒」時，幽默就會更為有效。這種情況與我們已討論過的有關漂亮模特兒在平面媒體中引起注意的情況很類似。高明的幽默比較不會開潛在消費者的玩笑，因此效果

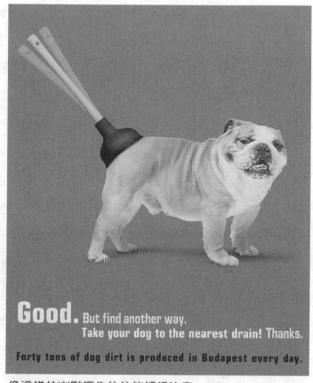

Good. But find another way.
Take your dog to the nearest drain! Thanks.

Forty tons of dog dirt is produced in Budapest every day.

像這樣的幽默廣告往往能博得注意。 (Courtesy of McCann-Erickson, New York)

更好。最後，幽默應能與產品形象符合。葬儀社或銀行要避免幽默，但其他產品就十分適用。Sunsweet公司的去核梅子銷售量急遽增長，因為廣告宣稱：「今日的果核，明日的皺紋。」(Today the pits, tomorrow the wrinkles.)[98]。

恐懼訴求

恐懼訴求(fear appeals)強調了負面的結果，認為除非消費者改變某種行為或態度，否則這種結果就會產生。Schering-Plough製藥公司的廣告聲稱：「官方專案小組已經證明一些輕瀉藥可能導致癌症」。這則廣告實際上是在暗示競爭品牌Ex-Lax可能有潛在危險，儘管當時美國食品和藥品管理局(FDA)並沒有作出關於這個問題的最後決定。最後美國食品和藥品管理局禁止使用這種活性成分，Ex-Lax也回收了產品[99]。恐懼訴求策略在行銷溝通中被廣泛應用，但更常被運用在社會行銷，如某些組織會鼓勵人們擁有比較健康的生活型態：戒煙、避孕、安全駕駛等等。

恐懼有用嗎？大部分研究顯示，只有當恐懼訴求引起的恐懼程度適中時，而且

有提出解決方案時，才是最有效的。否則，消費者將由於無法解決所提出的問題而不再注意廣告了[100]。當訊息來源的可信度高時，此種方法也可以產生不錯效果[101]。

當一則輕微威脅無法得到效果時，可能是因為沒有充分描述有關害處的細節。當強烈威脅卻沒有效果時，可能是因為細節「太多」了，以致於干擾到人們行為的改變，使得接收者無法清楚知道該如何解決問題[102]。

例如，一項有關愛滋病焦慮程度的研究發現，當引發的恐懼程度適當時，保險套廣告會得到最正面的評價。在此背景下，在推廣使用保險套的文案中寫著「性是件冒險的事」（適度的恐懼），會使更多人改變態度。這比用輕微恐懼而強調產品的合理性，或是討論愛滋病死亡可能性的強烈恐懼來說，效果都要好[103]。同樣地，使用恐懼策略來阻止青少年酗酒和吸毒，並不能達到預期效果。年輕人根本不會去思考廣告所說的，或是會直接否定和毒品有關係[104]。另一方面，有一項研究顯示，在勸導青少年遠離毒品的宣傳中，強調危害社會比危害健康的訴求更有效[105]。

一些有關恐懼訴求的研究似乎把威脅（如『選擇安全性行為還是選擇死亡』）和恐懼（對訊息的情緒反應）給混淆了。根據這種論點來看，強烈的恐懼不一定具

Did you know that the acids which eat away at your teeth and cause decay are most destructive in the twenty minutes immediately after eating?

That's why we brush our teeth in the morning, after breakfast and at night, right after dinner.

Brushing helps remove plaque, a sticky film that sets like glue, trapping acids and bacteria against your teeth.

But, how many of us brush after lunch?

The next thing that gets eaten is your teeth.

According to dental research, less than 10%.

The rest of us are either out of the house or just far too busy, right?

Wrong. We should all have a second toothbrush at work or school.

You'll find brushing after lunch is not only good for your teeth, it's good for your breath as well.

It takes just 3 minutes to brush your teeth properly. That's less time than it takes to make a cup of coffee.

So it's not as inconvenient as you think to make it part of your daily routine.

Remember, if you eat lunch, so does the acid on your teeth.

這則來自澳洲的牙膏廣告，運用一點恐懼訴求來宣導刷牙的重要性。(Courtesy of Young & Rubicam, Sydney, The Procter & Gamble Company)

有較高的說服力——並非所有威脅都一樣有效，因為在面對同樣威脅時，不同的人會有不同反應。所以，最強的威脅並不一定最具有說服力，因為這可能並沒有觸及接收者的內在需要。例如，愛滋病可能是勸戒年輕人安全性行為的最強烈威脅，但是如果他們不認為自己可能罹患這種病的話，此威脅就毫無作用。因為很多年輕人（尤其是住在郊區或鄉下）不相信他們可能會接觸到愛滋病病毒，所以這個強烈威脅並沒有帶來高程度的恐懼[106]。最後，在提出有關恐懼訴求會影響消費決策的結論之前，我們需要更多有關實際恐懼反應的測量，才能瞭解恐懼訴求的底線。

壽險業者往往運用恐懼訴求來招徠生意。
(Courtesy of Conseco, Inc.)

藝術形式呈現的廣告：隱喻與你同在

行銷人員可能被視為是說故事的人，他們所描述的真實景象，與作家、詩人和藝術家所提供的景象十分類似。之所以採用故事形式的溝通，是因為所描述的產品優點是無形的，必須透過某種具體形式表達出來，並被賦予有形的意義。廣告的創意（有意或無意的）依賴各種文學形式以傳達這些涵義。例如，一項產品或服務可能會由Goodwrench先生、快活的綠巨人或鮪魚查理等角色形象來表現。許多廣告採取寓言(allegory)的形式，故事中講述的某種抽象特徵或概念，由人、動物或蔬菜等具體呈現。

隱喻(metaphor)牽涉到將兩個截然不同的物件形成一個緊密的關係，如「A是B」；還有一個兩者類似(similie)的比較，如「A像B」。儘管物件A和B表面上是不同的，但是兩者具有部分相同的特徵，而隱喻恰好可以使這種關係顯現出來。不僅如此，隱喻也使行銷人員能夠建立一些有意義的形象，並將這些形象應用於日常事件上。在股票市場中，「白衣騎士」可以使用「毒藥丸」與「敵國入侵者」作戰；而「老虎湯尼」在家樂氏的廣告中使我們感到玉米片就是力量；美林證券公司將公司形容成是一間「育嬰公寓」[107]。這些都是運用隱喻的創意。

共鳴(Resonance)是另一種在廣告中經常採用的文字技術，是一種結合文字與相關畫面的表現形式。表8.3提供了一些依賴共鳴原則的廣告實例。隱喻是透過將兩個某些方面相似的事物連在一起，以一種意義代替另一種意義；共鳴則是採用具有兩種意義的要素，如雙關語，讓某些聽起來一樣的字，在特定情境中卻有不同意義。例如，一則減肥草莓餅乾的廣告，可能會採用「埋藏的寶藏」作為廣告文案，這樣就可以傳達該品牌與「埋藏的寶藏」相關的特質（如富有、隱蔽及冒險的海盜）。由於文字與人們所期望的不盡相同，觀眾將會產生一種緊張或者不確定的狀態，這種狀態將一直持續到他搞清楚這些文字把戲為止。一旦消費者領悟了它的意義，與那些平舖直述的廣告相較，他們就會更喜歡這種共鳴廣告[108]。

表8.3	**廣告共鳴的例證**
產品／標題	**視覺影像**
豐田汽車：「我們的終生保固會使您震驚。」	一位手持避震器的男士
雄鹿濾嘴香煙：「這樣的一群雄鹿？」	一包畫有一隻雄鹿的香煙
Bounce衣物柔軟精：「是否有什麼東西在你的背脊慢慢向上爬？」	一件女裝因為靜電而在背後撐在一起
百事可樂：「今年，要直達上空海灘。」	百事可樂瓶蓋平放在沙灘上
ASICS運動鞋：「我們確信女士們應該在鄉間跑步。」	一位女士在鄉間慢跑

故事呈現的形式

故事可以用說的也可以用畫的，向觀眾演說的方式不同也會產生不同的效果。商業廣告在傳播訊息時，借用了文學、藝術的慣例，將廣告製作得像其他藝術形式一樣[109]。在戲劇(drama)和演講(lecture)之間有一個重要的差別[110]。演講就像是訊息來源發表的一篇演說，他直接面向聽眾，試圖將某種產品介紹給他們，或是說服他們購買這種產品。由於演講意味著某種說服企圖，因此聽眾也能看穿演講的企

圖。假定聽眾們果真受到鼓動而這樣做了，他們將在衡量訊息來源可信度的同時，去衡量廣告訊息的價值。這樣會出現諸如反面駁斥的認知反應。只有在這種訴求克服了各種反對意見，並與人們的信念一致的時候，人們才會接受它。

　　相反地，戲劇與表演或電影十分相似。一個論點可能令觀眾難以接近，但是戲劇卻可以讓觀眾們付諸行動。其中的人物只是間接地向聽眾們演講，他們在虛構的場景中，可以盡情的表演與某種產品或服務相關的故事情節。戲劇試圖表現得富有經驗，目的是想讓聽眾投入自己的情緒。在轉換性的廣告中，消費者會將使用產品的經驗與某些主觀感覺相連結。因此，像Infiniti汽車公司的廣告就試圖將「駕駛經驗」轉換為神秘、神聖的事件。

訊息來源與訊息：賣牛排還是賣油炸聲？ ▶ ▶ ▶ ▶ ▶

　　我們已經回顧了溝通模式的兩大要素：訊息來源和訊息本身，那麼哪一個因素在勸導消費者改變心理時具有較大影響力呢？行銷人員應該注意訊息的內容呢？還是訊息的傳遞方式以及訊息來源呢？

　　答案是：視情況而定。正如第4章中的討論，消費者涉入程度的不同，會導致他在接收訊息後有不同的認知過程。有研究顯示：此種涉入程度將會決定進行溝通模式中的哪一部分。這種情況有點像是一位旅客行經岔路，他只能選擇其中一條，這個選擇就可能會對那些改變說服的因素產生巨大影響。

▶ 推敲可能性模式

　　推敲可能性模式(elaboration likelihood model, ELM)假設消費者一旦接收到訊息就會開始訊息處理過程[11]。取決於個人與資訊的關係，接收者將會選擇兩條說服路徑之一：在高涉入的情況下，消費者將會選擇中央路徑。在低涉入的狀況下，消費者就會選擇周邊路徑。如圖8.5所示。

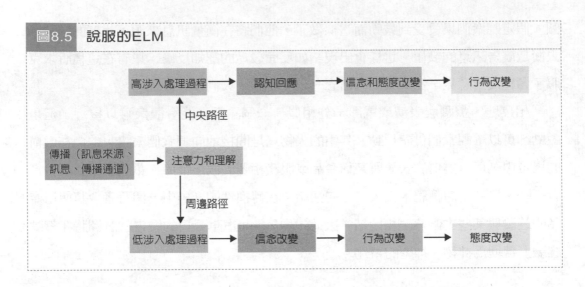

圖8.5　說服的ELM

說服的中央路徑

當消費者發現說服訊息中的某一資訊與其相關或引起其興趣時，他就會注意這則廣告內容。在這種情況下，他將很有可能積極地思考這則廣告的論述，並產生對這些論點的認知反應。在廣播中聽到一則警告妊娠期婦女不宜酗酒的訊息後，一位準母親就可能會對自己說：「她說得沒錯，既然我已經懷孕了，就不應該再喝酒。」或者，她也可能持完全相反的論點：「簡直是一派胡言，我媽媽懷我時每晚都喝雞尾酒，我現在不也很好！」如果一個人對廣告的論述持反對意見，就很難被廣告訊息說服；而當人們對廣告論點持肯定看法時，被廣告主旨說服而順從的可能性就大大增加了[112]。

這條說服的中央路徑大多牽涉到傳統的影響層級，如第7章所示。消費者的信念是仔細地評估和形成的，在此基礎上建立的強烈態度很有可能會引導他們的行為。這就意味著訊息因素（如論點呈現的品質）對於決定消費者態度是十分重要的。人們對某一主題具備的相關知識會使他們對訊息進行更深入的思考，但同時，反對意見的數量也會隨之增加[113]。

說服的周邊路徑

與說服的中央路徑相反，當人們並沒有認真思考這一廣告的論點時，就會採取一條周邊路徑。消費者可能會透過一些廣告中的線索來決定這則訊息適當與否，

包括產品包裝、訊息來源的吸引力,或者訊息背景。這些與實際訊息內容無直接關連的資訊來源就在實際訊息的周邊,因而被稱做周邊線索(peripheral cues)。

說服的周邊路徑點出了我們在第4章討論過的低涉入矛盾:當消費者對產品本身並不關心時,與產品有關的刺激在重要性方面就大為增加。也就是說,人們可能會購買那些低涉入的產品,因為行銷人員在幾個部分下了很大的功夫:設計了「性感」的包裝、選擇非常受歡迎的代言人,或只是創造了一個非常舒適的購物環境。

對ELM的支持論點

ELM受到了眾多的研究支持[114]。在一項典型研究中,研究人員將一些以Break為商標的新品牌淡啤酒的模擬廣告給一些大學生觀看,請他們談談對於這些廣告的想法。研究人員採用了思考列舉技巧(thought listing),並隨後對大學生的看法進行了分析[115]。他們操作了三個對於ELM有決定性的獨立變數:

1. 訊息處理的涉入程度:為了促使一部分與試者能對這些廣告形成高涉入,研究人員承諾他們在參與這次研究活動後,將獲得一瓶淡啤酒禮物,並告知他們這種品牌不久後便會在他們的地區販售。而低涉入的與試者就沒有得到禮物,研究人員還告知他們這種品牌將會介紹到一個較遠的區域。

2. 論點強度:有一個廣告版本對於喝Break啤酒的論點採用了強烈且引人注目的口氣,如「Break牌啤酒的酒精含量是普通啤酒的一半,因此,熱量也少於普通啤酒」。而另一個廣告版本只列舉了一些薄弱的論點,如「Break啤酒恰好和其他普通啤酒一樣好」。

3. 訊息來源特質:儘管兩則廣告都各有一對情侶共飲啤酒的照片,然而由於他們的穿著、姿態、肢體動作,以及從背景資料得知的教育程度和職業都不同,所以他們具有的社會吸引力也不相同。

與ELM一樣,高涉入的與試者比低涉入的與試者有更多與廣告訊息相關的想法,會對廣告中使用的訊息來源投入更多的認知活動。高涉入的與試者態度更容易被有力的論點所左右,而低涉入的與試者態度則更容易受到具吸引力的訊息來源之廣告所影響。我們將這項研究的結果與其他研究結果相結合,證明強烈訊息與偏好訊息來源的相對影響力,取決於消費者對廣告產品的涉入程度。

這些結果強調的基本想法是，高涉入的消費者尋找的是「牛排」（如強烈、理性的論點）；涉入較低的消費者則比較容易被「油炸聲」所影響（如包裝顏色和形象，或是由名人推薦）。然而，非常重要的一點是：同一個溝通變數可以既是中央線索又是周邊線索，取決於它與態度標的物的關係。某個模特兒的外在魅力在汽車廣告中可能被當作周邊線索，而在如洗髮精類的產品廣告中，她的美麗則可能成為一種中央線索，因為這類產品的優點與增加吸引力有直接關係[116]。

摘要

說服是指改變消費者態度的某種企圖。

溝通模式指出了傳遞意義時所需的要素，包括訊息來源、訊息本身、媒介、接收者和意見回饋。

傳統的溝通觀點認為認知者在過程中是被動要素，而使用與滿足理論則認為消費者是積極參與者，並能因為不同原因而主動運用各種媒體。

互動溝通的新發展點出了一項重點，就是我們有需要去考慮消費者在得到產品資訊，以及與公司建立關係過程中扮演的積極角色。許可行銷的擁護者認為，發送訊息給那些已經對產品表現出興趣的顧客是更有效的，而非一昧地懇求那些對產品不感興趣的人們。

與產品有關的溝通直接產生的交易被稱為當下購買反應，而那些沒有當場交易的消費者對於行銷訊息的意見回饋則被稱為日後購買反應。日後購買反應的形式是對一件商品、一項服務或是一個組織有進一步瞭解的要求，還可能是一份來自消費者的「願望清單」，詳細說明了他在未來想要得到的產品資訊種類。

決定訊息來源影響力的兩個重要特性是吸引力和可信度。雖然請名人代言通常都是出於這種目的，但他們的可信度並不一定如行銷人員希望的那般高。消費者認知的行銷訊息，如話題流傳（真實且由消費者自發的）就要比宣傳炒作（虛假、偏差且非消費者自發的）來的有效得多。

有助於決定廣告效力的因素有：以文字還是圖形方式傳遞、使用情感訴求還是理性訴求、反覆播放的頻率、是否需要提出結論、是否要提供兩面性論點，以及廣告中是否包括恐懼、幽默或是性訴求。

廣告訊息經常與藝術或文學的因素相結合，如戲劇、演講、隱喻、寓言和共鳴。訊息來源與訊息本身的相對影響取決於接收者對溝通的涉入程度。推敲可能性模式(ELM)指出，低涉入的消費者容易因訊息來源的影響而動搖，而高涉入的消費者則較容易注意並處理實際訊息的要素。

思考題

1. 某政府部門要鼓勵喝過酒的人使用專門司機。為了建構說服性傳播，你將向這個單位提出什麼建議？就某些可能較重要的因素進行討論，包括傳播結構、傳播地點，以及由誰來傳播。是否應採用恐懼訴求，如果要使用，如何使用？

2. 列舉一些適用比較性廣告策略的情況。

3. 行銷人員為何會考慮要提到產品的負面屬性？這種策略何時可行？你能舉出例子嗎？

4. 行銷人員必須決定在溝通策略中是否要採用理性訴求或是情感訴求。描述為何選擇兩種訴求之一的情況，並說明原因？

5. 搜集那些依靠性訴求來銷售產品的廣告。傳播實際產品的好處給消費者的頻率是多少？

6. 觀察反面駁斥的辯論過程。請一位朋友在觀看廣告時大聲說出來。請他就廣告中每一點都作出回應，或記錄下他就廣告宣稱內容的反應。你對這些宣稱內容的懷疑有多大？

7. 將單一電視頻道在2小時內出現的所有商業廣告作一個記錄。根據產品種類，以及廣告是以戲劇形式還是演講形式表現產品，將每個廣告歸類。指出使用的訊息類型（如兩面論述），並追蹤代言人的類型（如電視演員、名人或是卡通人物）。對於當前行銷人員所採用說服策略中的主要形式，你能得出什麼結論？

8. 搜集一些使用隱喻或者共鳴的廣告案例。你覺得這些廣告有效嗎？如果你還在行銷這種產品，那使用更直接的廣告，也就是那種「硬式銷售」是否會讓你覺得比較舒服？請說明理由。

9. 列舉一些當前你覺得能代表典型文化類型的名人（如小丑、母親形象等），你覺得他們適合為哪些品牌的產品做廣告？

10. 美國醫藥學會因為同意贊助Sunbean公司生產的一系列健康保養產品而引發了激烈爭論（最終還是取消了決定）。同行或專業組織、記者、教授和其他人可以因為某公司提供金錢就代言特定產品嗎？

11. 藉由瀏覽電子商務網站、線上電腦遊戲網站，和像是「模擬市民」或「虛擬城市」這種可以讓人們自由選擇虛擬世界身分的線上社群，來進行一項「搜尋阿梵達」的活動。人們會選擇何種主要外型？他們是真實的，還是虛幻的人物？性別為何？你認為哪一種阿梵達對這些不同網站是最有效的？為什麼？

12. 有非常多公司都依賴名人代言來作為溝通說服的訊息來源。特別是當你鎖定年輕人為目標時，代言人通常都是很「酷」的樂手、運動員，或是電影明星。在你看來，哪位名人是現今最有力的代言人？為什麼？哪一位名人是最沒有說服力的？為什麼？

作爲決策者的
消費者

本篇探討如何作出消費決策，以及他人對此決策過程的影響。第9章介紹消費者在決策過程中採取的基本步驟。第10章討論個人情境對消費決策的影響，以及如何對選擇結果進行評價。第11章提供對團體決策的概述，並探討我們在選擇和展現購買的商品時，被驅使迎合他人期望的原因。第12章則深入探討與他人共同進行消費決策的情況，尤其是有同事或家庭成員參與時。

個體決策

　　理查受夠了。他再也無法忍受用那台又小又舊的黑白電視機來看電視。撐開耳朵聽MTV中的刺耳音樂、瞇眼看《六人行》，這種情況真是糟透了。最後促使他作出決定的是，他已無法分辨美式足球聯賽中的美洲虎隊和牛仔隊了。當他到隔壁馬克家的家庭劇院看完下半場比賽時，他終於意識到自己失去了什麼。不管是否超出預算，現在是行動的時候了——男人應該有屬於自己的財產。

　　該從哪兒開始找起呢？當然是網路了。理查找到botshop.com和pricecentral.com等比價購物網站，縮小選擇範圍後，他決定親自看看某些產品試試運氣。理查認為在某一家新開的大賣場裏，可能會有不錯的選擇（以及付得起的價格）。到了Zany Zack電器商店後，理查逕自走向商店最後面的電視區，對成排的烤麵包機、微波爐和家庭音響幾乎看都不看一眼。幾分鐘之後，一位穿著廉價制服的銷售員面帶微笑地向他詢問需要什麼服務。雖然他可以尋求一些幫助，但理查告訴這位銷售員他只是隨便看看，他認為這些傢伙只不過是想盡辦法來賣東西而已。

　　理查開始研究一台60吋彩色電視的功能。他知道卡蘿有一台非常愛的Prime Wave牌電視，而他姐姐戴安娜曾經警告他不要買Kamashita牌的產品。雖然理查發現了Prime Wave牌某一款電視具有睡眠計時器、螢幕節目單、有線頻道選台器和子母畫面等強大功能，但他還是選擇了更便宜的Precision牌，因為這台電視有一點特別符合他的理想：具有立體聲廣播接收器。

　　當天稍晚，當理查坐在舒適沙發裏看靈魂女歌手印蒂雅阿蕾(India Arie)的MTV時，他非常開心。若他想終日懶散在家看電視的話，已經離目標不遠了。

問題解決者

　　消費者為回應某種問題而進行購買行為，就像理查察覺到需要買一台新電視機，這與消費者在日常生活中遇到的情況類似。理查瞭解自己想要買東西，就做了幾個動作來達成這個目標。這些動作可分為：(1)問題確認(2)資訊搜尋(3)評估選擇方案，以及(4)選擇產品。當然，做出決策後，決策品質會影響到這個過程的最後一個步驟；選擇結果的好壞則會影響下一次的決策，而形成學習的過程。當然，當下回類似需求決定再次發生時，這個學習過程就會使相同選擇的可能性大增。

　　圖9.1是決策過程的概況。本章首先討論面對購買決策時，消費者可能使用的各種方法。接下來是決策過程中的三個步驟：消費者如何確認問題或對產品的需求；對產品資訊的搜尋；以及如何評估各種選擇性。第10章則考量這個購買決策過程在實際購買情境產生的影響，以及個人對決策的滿意度。

　　由於某些購買決策相對來說較為重要，因此我們對每個決策投注的心力是不同的。有時候購買決策過程是幾乎自發的：我們可能依據極少資訊就做出一個臨時決定。但某些時候，進行一個購買決策幾乎跟從事全職工作花費的心力差不多。人們很可能會花上幾天或幾星期來反覆思考一個重要的購買決策，如買新家，甚至可能會深陷其中不能自拔。

▶ 決策制訂的觀點

　　傳統上，消費者研究人員是用理性觀點(rational perspective)來瞭解決策者的。依此觀點，人們冷靜而仔細地把所有能得到的產品資訊和他們對這個產品已有的認識整合起來，不辭辛勞地評價所有可能選擇的優缺點，接著做出一個滿意的決定。這個過程意味著行銷經理人要對決策過程的各個步驟進行認真研究，以瞭解訊息如何獲得、信念如何形成，以及消費者會根據什麼條件進行選擇。接著，開發那些強調適當屬性的產品，也可以量身定制行銷策略，以便透過最有效的方式傳達最有吸引力的訊息[1]。

　　這觀點的效果如何？在一些購買過程中，消費者的確是依照決策步驟，但這

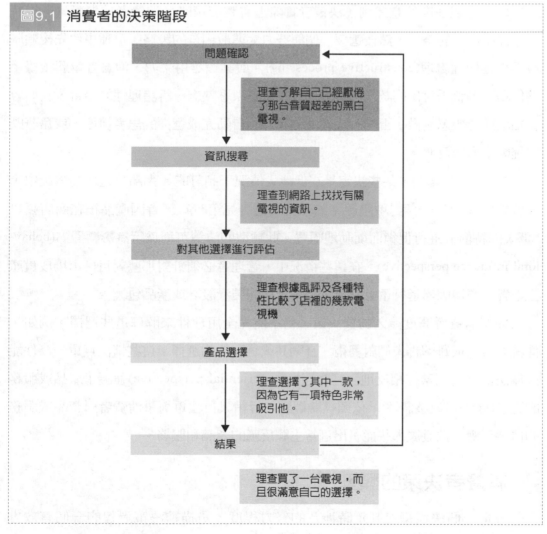

圖9.1 **消費者的決策階段**

```
問題確認
    │
    │    理查了解自己已經厭倦
    │    了那台音質超差的黑白
    │    電視。
    ▼
資訊搜尋
    │
    │    理查到網路上找有關
    │    電視的資訊。
    ▼
對其他選擇進行評估
    │
    │    理查根據風評及各種特
    │    性比較了店裡的幾款電
    │    視機
    ▼
產品選擇
    │
    │    理查選擇了其中一款,
    │    因為它有一項特色非常
    │    吸引他。
    ▼
結果
         理查買了一台電視,而
         且很滿意自己的選擇。
```

些步驟並非所有購買決策的固定模式[2]。消費者並不是每次決策都從頭到尾執行這個複雜精細的過程。如果他們每次都這麼做的話,那決策會花掉他們全部的時間,而沒有什麼空閒去享受他們最終決定購買的產品了。我們有些購買行為似乎一點也談不上「理性」,因為它們也許相當無厘頭(例如蘇格蘭人甘心觸法去採集一種稀有鳥類的蛋,即使這些蛋壓根不值錢)[3],或者是興之所至忽然出手(例如排隊結帳時忍不住又抓了些架上的糖果)。還有些行為與理性模式的預測大相逕庭。譬如**購買動量(purchase momentum)**就是各種衝動讓我們更有可能繼續買下去(而不是在需求得到滿足後逐漸停手),就好像啟動引擎般整個人一頭栽入購物狂熱中(我們都曾陷入這種體驗!)[4]。

　　研究者現在開始意識到，決策者實際上有整套策略。消費者首先衡量形成特定選擇所需要的努力，然後選擇一個與努力水準最相符的策略。這種事件先後順序被稱為建構性處理(constructive processing)。與其殺雞用牛刀，消費者寧願根據手邊任務，調整需付出的認知「努力」[5]。在需要深思熟慮、訴諸理性的場合，我們會花點腦筋想想怎麼做。否則，我們就會尋找能自動完成選擇的思考捷徑，或藉著既有經驗來形成反應。

　　如第4章討論的，某些決定是在低涉入情況下制訂的。大部分這樣的情況中，消費者的決策是一個對環境線索的學習反應（見第3章），會因產品正在商店裏以「驚人的特價」進行促銷而衝動地購買。此類型的決策可稱為行為影響觀點(behavioral influence perspective)。在這些情況中，管理者必須針對那些對目標市場成員產生影響的情境因素進行重點評估，如零售店的裝潢設計或產品包裝[6]。

　　即使消費者高度涉入購買決策，仍不能完全用理性來解釋這些選擇。例如，傳統的方法很難解釋人們對藝術、音樂甚或是配偶的選擇。這些情況無單一條件能成為決定性的因素。相反地，經驗觀點(experiential perspective)強調了產品或服務的完形(gestalt)或整體性[7]。依照經驗觀點，行銷人員注重衡量消費者對產品或服務的情感反應，並發展那些能引出適當主觀反應的產品和服務。

▶ 消費者決策的類型

　　考量一個決策每次制定時涉及的努力程度，是描繪決策過程的一個有效方法。消費者研究人員發現，從一個連續體的角度來思考這個問題比較容易：這個連續體的一端是習慣性決策，另一端則是周延型的問題解決(extended problem solving)。許多落在此連續概念中間區域的決策則被稱為侷限型的問題解決(limited problem solving)。可參見圖9.2。

周延型的問題解決

　　使用周延型問題解決的決策與傳統決策觀點最接近。如表9.1所示，周延型的問題解決過程常由對自我概念相當重要的動機來啓動（見第5章），而最終決策被認為具有一定程度的風險。消費者試圖收集所有能得到的資訊，無論是來自記憶（內

圖9.2	購買決策行為的連續體

例行反應行為　→　侷限型的問題解決　→　周延型的問題解決

低價產品 ————————————→ 較昂貴的產品

經常性購買 ————————————→ 不常購買

低消費者涉入 ————————————→ 高消費者涉入

熟悉的產品種類與品牌 ————————————→ 不熟悉的產品種類與品牌

購買時會思考一下 ————————————→ 購買時會仔細思考、詳細搜尋並
稍微搜尋、只花上一點時間　　　　　　　　　花上不少時間

表9.1	兩種問題解決方式的不同特點

	侷限型的問題解決	周延型的問題解決
動機	低風險、低涉入	高風險、高涉入
資訊搜尋	不常搜尋、被動地處理資訊可能在商店裡進行決策	廣泛搜尋、主動地處理資訊在到商店之前會進行多種來源的諮詢
其他選擇的評價	信念薄弱、只使用最主要的評量標準、認為這些選擇看起來都很類似、使用非補償性策略	信念強烈、使用多項評量標準、注意到這些選擇的顯著差異、使用補償性策略
購買	購物時間有限、喜歡自己挑選、購物選擇會受到商店陳列的影響	如果需要會逛遍很多商場、經常希望和商店服務人員溝通

部搜索）還是來自外部資源（外部搜索）。基於決策的重要性，每一種產品都被仔細的評估。藉由考量個別品牌的屬性，以及每個品牌各種屬性形成的某種特定特徵，即構成對該產品的評價。

侷限型的問題解決

　　侷限型的問題解決比周延型的問題解決更直接和簡單。購買者沒有足夠動機積極進行資訊收集，來嚴格評價任一可選擇方案。人們使用簡單的決策規則(decision rule)來進行選擇。這種認知上的捷徑（後面會更詳細闡述）使人們能夠依靠一般原則，避免每次進行決策都得從頭開始的麻煩。

習慣性決策

無論是周延型還是侷限型的問題解決模式都涉及一定程度的資訊搜索和思考，儘管程度上有所不同。然而，選擇連續體的另一端是習慣型決策(habitual decision making)，這種決策制訂模式只需要極少甚至不需要意識努力的決策。許多購買決策非常慣性，除非我們去看一眼購物推車，否則可能會無法意識到自己已經作出了購買行為。此類自動(automaticity)特質的選擇，只需要少少努力，且無需意識控制[11]。

 網路收益

行銷人員不斷尋找策略來提高消費者對其訊息與產品的涉入程度、吸引注意，並提高他們接受這些訊息的機會。互動電視(interactive TV)是達到這個目標的一道新途徑。有線與衛星電視台，以及包括微軟在內的軟體巨擘，已將互動電視納入策略核心，投注了數十億美元資金。美國人目前對互動媒體依然興趣缺缺，不過業者的想法是先在歐洲市場打下基本市場規模，尤其是英國市場。英國消費者已經習慣透過電視下注賭金，或以互動方式觀賞球賽，如透過一路跟拍特定球員的「選手攝影機」(player-cam)，選擇以不同的攝影角度看球。有個名為「萬歲」(Banzai)的經典節目，觀眾可以透過遙控器投票，預測誰是「運動賽事」的贏家。這些比賽包括「神奇小矮人登高賽」(Magical Midget Climbs)，參賽者競相在一名籃球選手身上攀爬；或是「老奶奶輪椅擂臺」(Old Lady Wheelchair Chicken Challenge)，讓兩位老太太互撞到一方畏懼退出為止[8]。

歐洲民眾也普遍使用「電視傳訊」(teletext)服務，這是一種單向資訊服務，讓消費者透過電視瀏覽新聞頭條、天氣預報、電影時刻、飛機班次與其他消息。同樣地，這類服務在美國並不常見，也許源於美國的網路服務較發達之故。因此，這類服務較無法仰賴傳播業者的協同合作來達成，而要藉助付費電視服務供應商之手。此外，美國業者的焦點側重在技術，而非內容，歐洲業者的做法正好相反。誠如一位美國企業主管的觀察：「我們的焦點放在怎麼設計更好的捕鼠器，歐洲則一直研究老鼠想吃什麼東西。」[9]

然而，部分美國新興網路業者已經開始動作，鼓勵上網者提供自己製作的內容。如pseudo.com、Bolt.com、Atomfilms與Swatch Groupstream等團隊，就推出由觀眾自己編製的視訊影片。美國2000年總統大選期間，pseudo.com還讓人們自由更改各黨候選人的臉部五官。Bolt.com提供攝影機給青少年，鼓勵他們自己動手拍攝廣告。新線影業公司與車庫樂隊達康(garageband.com)聯手，讓默默無聞的樂隊有機會在亞當山德勒(Adam Sandler)主演的新片《魔鬼接班人》(Little Nicky)中登場演出[10]。隨著觀眾也能擔任製作人，大家都能從最後的高涉入互動中受益。

　　雖然這種不加思考的活動可能看上去很危險或非常愚蠢，但它在許多實際情況卻非常有效率。這種習慣性、重複性的行為使消費者能夠把花在日常購買決策中的時間和精力減到最少。另一方面，當行銷人員試著為既有消費習慣引介新方式，習慣性決策制定就形成問題了。遇到這種情形，必須能夠說服消費者打破以往習慣，接納新的做法。也許他們以前習慣找銀行行員經手處理事情，現在則要開始習慣操作自動櫃員機。以前把車開進加油站總有人來招呼，現在則要習慣自助式加油的模式。這也是惠而浦「小幫手」(Personal Valet)現階段遭遇的阻礙。這

這則美國郵政的廣告先呈現問題，再顯示問題決策過程，最後提供解決方案。(Trademarks and copyrights used here are properties of the United States Postal Service and are used under license to Prentice Hall Business Publishing. All rights reserved)

款約櫥櫃大小的衣物清潔機，可以運用寶鹼研發的化學配方，來消除衣物的異味與縐摺。為了成功推廣這項產品，兩家企業必須尋找能打破消費者固定把衣服送進洗衣店的習慣[12]。

問題確認　　　▶ ▶ ▶ ▶ ▶ ▶ ▶

　　一旦消費者發覺現有狀態和某種期望或理想狀態間存在顯著差距時，問題確認(problem recognition)就產生了。消費者察覺到有待解決的問題，這個問題可大可

小，可能簡單也可能複雜。一個人的車子在高速公路上意外沒油了，那他正面臨著問題；這個人也可能對他的車感到不滿，即使這輛車在機械結構上沒有任何毛病。例如，理查的電視機雖然品質沒有改變，但他的比較標準(standard of comparison)發生了變化，因此他現在有一種在沒有看過朋友電視前並不存在的慾望。

圖9.3說明一個問題可能由兩種方式引發。一個人的車子沒油的情況下，消費者實際狀態發生了向下移動（需求確認）。另一方面，若另一個人渴望擁有一輛更新、更華麗的汽車，消費者的理想狀態發生了向上移動（機會確認）。無論是哪種方式，在實際狀態和理想狀態之間都出現了鴻溝[13]。在理查的情況中，問題可被視為是一種機會確認的結果：他對電視機收訊品質的理想狀態發生了改變。

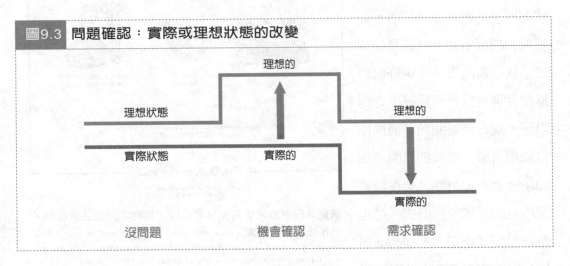

圖9.3　問題確認：實際或理想狀態的改變

需求確認可以多種方式發生。人們實際狀態品質的降低可能僅是用光了一種產品、購買另一種產品卻發現不能滿足需求，或創造了新需求（如買房子可能會使其他選擇紛至沓來，因為需要許多新東西來填充這個房子）。機會確認經常發生在消費者接觸到不同或品質更好產品的情況中。此狀況經常是因為人們的環境在一定程度上發生了變化，如一個人開始上大學或有了一份新工作。由於人們的偏好結構發生了改變，因此就對購買做出相對的調整以適應新環境。

雖然問題確認可能是自然發生的，但這個過程經常會受到各種行銷行為的刺激。某些時候，行銷人員試圖創造一種基本需求，鼓勵消費者使用一種產品或服務，而不要考慮品牌。行銷人員經常在一產品生命週期的早期階段鼓勵這種需要，例如微波爐剛上市的時候。次級需求是指消費者被鼓勵偏愛一種特定品牌，這種需

求只有在基本需求已經存在的情況下才能發生。這個時候，行銷人員必須使消費者確信，選擇他們的品牌而不是其他的同類品牌必能更完美的解決問題。

資訊搜尋

一旦確認某個問題，消費者就需要充足資訊來解決這個問題。資訊搜索是指消費者由環境中獲取合適的資料，以制定合理決策的過程。以下將討論這個搜索過程涉及的一些因素。

▶ 資訊搜尋的類型

在確認需求之後，消費者可能會直接到市場裏尋找特定的資訊，這個過程被稱為購買前搜尋(prepurchase search)。另一方面，許多消費者，特別是富有經驗的購物者，有時只是為了逛街本身的樂趣，或是因為想對市場最新動態保持敏感而逛街。他們正從事著進行中搜尋(ongoing search)[14]。表9.2描述的是這兩種搜尋模式的一些區別。

表9.2 消費者資訊搜尋架構	
購買前搜尋	進行中搜尋
決定因素 購買涉入程度、市場環境、情境因素	產品涉入程度、市場環境、情境因素
動機 制定更好的購買決策	為未來使用建立一個資訊庫、體驗樂趣與愉悅
結果 增加產品與市場知識 更好的購買決策 增加購買結果的滿意度	產品與市場知識的增加導致 • 未來購買的效率 • 個人影響力 增加衝動性購物、從搜尋與其他結果增加滿意度

資料來源：Peter H. Bloch, Daniel L. Sherrell, and Nancy M. Ridgway, "Consumer Search: An Extended Framework," *Journal of Consumer Research* 13 (June 1986): 120. Reprinted with permission of the University of Chicago Press.

內部搜尋與外部搜尋

資訊來源可以粗略地分為兩種類型：內部與外部。因為有先前經驗以及在消費者文化裡生活的體驗，每個人的記憶裏都有許多關於產品一定程度的知識。當面臨購買決策時，我們可能會進行內部搜尋，即對記憶庫進行掃描，來結合各種不同產品的相關資訊（見第3章）。然而，即使是對市場最瞭解的人，也需要透過外部搜尋來補充既有知識，外部資訊可以是來自廣告、朋友或僅僅是對人的觀察。

刻意搜尋與偶然搜尋

我們現有的產品知識可能來自於直接學習：在先前的場合中，我們已經搜尋過相關資訊或體驗了其他選擇。例如，一位上個月替孩子買生日蛋糕的家長，當這

行銷契機

令人目不暇給的科技演進，讓我們朝日常事務自動化邁出了更大一步。這些新發明是**無聲商務(silent commerce)**新趨勢的一部份，讓一般的金錢往來與資訊彙整能夠自動展開，不需讓消費者或服務人員直接出面。在新加坡，汽車會和行駛的道路「交談」。美國的零售商此刻正測試一種系統，可以讓產品在被買走的時候通知店家，貨源就能迅速地予以補充。在2010年之前，冷凍食品將自動告訴微波爐如何進行烹調[15]。

許多這一類新型智慧產品將成為事實，因為它們隨附的小塑膠片裡，嵌進了成本相當低廉、能儲存小量資訊的微處理器。此外還有一組微型天線，能讓處理器連接網路與系統溝通。研究人員預測，到時候幾乎每項產品都會附上這類裝置，從能夠自動通知雞蛋已經過期的蛋盒，到脫落時會自行發送電子郵件通知維修公司的屋瓦。品酒人士可以一邊瀏覽新的紅酒目錄，一邊查閱自家酒窖的收藏狀況。你也永遠不愁找不到太陽眼鏡，還有那些老是在烘乾機裡神秘消失的襪子[16]！

或者，你聽過會自己選購衣服的洋娃娃嗎？由Accenture公司開發的新款概念娃娃，被定名為「自動購買物件」(autonomous purchasing object)，而它真的會自己買東西！該公司在一般的芭比娃娃身上裝設無線網路裝置，讓她能與訊號範圍內位於連線狀態的娃娃與配件溝通，以決定她想不想擁有這些配件。例如，芭比娃娃偵測到附近出現了某款低腰牛仔褲，她會先檢視衣櫃裡已有的收藏，確定自己是否擁有這款褲子。如果沒有，娃娃可以透過無線連結，從家用電腦直接下訂單，通知廠商送一套來。娃娃的主人可以限制芭比購衣的額度，要不然，她會隨著自己意思買個高興[17]。

個月要為另一個孩子買蛋糕時，可能就會對什麼是最佳選擇有了一些想法。

或者，我們也可以透過一種比較被動的方式來獲得資訊。儘管一種產品現在無法直接引起我們的興趣，但大量的廣告、包裝以及銷售促銷活動可能就會引發偶然學習(incidental learning)。單純地長時間接觸制約刺激，以及對其他人進行觀察，都會引起對許多或許某段時間內並不需要的商品學習。對於行銷人員而言，這種結果來自穩定不變的「低劑量」廣告，因為產品聯繫已經建立，並且可能會一直保持到產品被需要的時候[18]。

在一些情況下，我們對於某一類產品是非常有經驗（或至少自己這樣認為），不需要另外搜尋。然而，通常已有的知識不足以作成一個令人滿意的決策時，就必須到別處尋求更多的資訊。我們可以得到的建議有許多來源：可能是非個人的、銷售導向的來源，如零售商和商品目錄；也可能是朋友和家庭成員；或者還可以是無偏見的第三者，如《消費者報告》這樣的刊物[19]。

 ## 混亂的網路

達康(dot-com)事業數年前踢到鐵板，讓網路原有的光芒黯淡了些許。不過大多數業界分析師對電子商務的璀璨未來仍表樂觀。以2002年耶誕假期銷售季為例，即使零售業整體業績一路下滑，網路購物卻從前一年開始一路長紅[22]。網路是變了，不一樣的是網站的設計，還有大家上網做的事情。許多網站規劃師開始捨棄過去令人眼花撩亂的花稍設計，譬如砍掉得下載老半天的繁複動畫之類。比起網路剛普及的那段歲月（說來也不過短短幾年前），網路使用者已變得比較目標導向了。

如今許多人上網的目的，是為了搜尋資訊而非娛樂消遣（線上遊戲就另當別論了）。位於華盛頓的Pew Internet and American Life Project機構於2000年3月發表的調查指出，網路使用者每回平均上網時間為90分鐘。隔年該機構再以相同樣本進行調查，這群人平均上線時間已降為83分鐘。受訪者表示，他們平常上網是出於商務需要，瀏覽新網址的情形少了，事情辦好他們就會儘快離線[23]。對於自己想看到什麼、取得何種資訊，人們都開始尋求更大的自主權。以此過程為主題的研究顯示，那些會在網站上提出意見的使用者，往往記得更多網站裡的內容，對該領域的知識較為專精，對自己的判斷也更有自信[24]。有項2002年的調查發現，近80%上網者希望透過網站找到所需的產品資訊[25]。的確，上網不像以前那麼好玩了，不過卻能幫你更多的忙。

資訊經濟學

　　傳統的決策觀點在搜尋過程中結合了資訊經濟學(economics-of-information)，假設消費者會收集所有可能資料，以制定一個精明決策。因此消費者會對額外資訊產生期望，並持續進行搜尋工作，直到這樣的回報（經濟學家稱為效用）超過付出的成本。這種功能性假設也暗示，最有價值的訊息會被最先收集；而額外資訊只有看起來能對已知部分有所補充時，才會被吸收[20]。換句話說，人們會盡可能蒐集資訊，只要收集過程不是太繁重或花費太多時間，他們就會一直進行這個過程[21]。

　　由熟悉產品之外做出新選擇的慾望稱為多樣化搜尋(variety seeking)，會使消費者的偏好從最喜愛的產品轉換到喜好程度較低的產品上。這種情況甚至在個人對最喜愛的產品感到滿足或厭倦之前就會發生。研究也支持這種論點，認為消費者願意透過變化來換取愉悅，因為這股不可預測性本身就讓人覺得十分值得[26]。

▶ 消費者總是理性地搜尋嗎？

　　對大多數產品而言，即使額外資訊可能使消費者受益，外部搜尋數量依舊少得讓人驚訝。例如，低收入購物者做錯購買決策，相對而言會有更大損失，但他們在購物之前卻比相對富裕者進行更少的訊息搜索[27]。

　　像理查一樣，某些消費者通常在制定一個購買決策之前，只去一兩家商店看過，而且很少尋求公正的資訊來源，特別是時間有限的時候[28]。在制訂關於耐用消費品如電器或汽車的購買決策時，雖然這些產品意味著重要的投資，但以上這種行為模式仍屬普遍。一個關於澳洲汽車購買者的研究發現，三分之一以上的人在購買汽車之前，前往門市看車的次數少於2次[29]。

　　當消費者考慮購買像服裝這樣具有象徵性的產品時，避免外部搜尋的傾向就漸漸消失了。這一點並不令人奇怪，人們在這種情況中傾向進行大量的外部搜尋，雖然大部分搜尋包括向同伴徵求意見[30]。儘管從財務上看，這種賭注並不大，但一旦決策錯誤，這些自我表達性的決策可能就被認為將產生可怕的社會後果。或者說，知覺到的風險水準——這個概念在後面會有簡述——是比較高的。

　　另外，即使現有品牌能滿足消費者的需要，他們仍經常進行品牌轉換。例如，為英國啤酒商Bass Export公司研究美國啤酒市場的研究人員發現，消費者傾向擁有2至6個備選的偏愛品牌，而不只對一個品牌忠心耿耿。這種品牌轉換偏好使這家公司決定開始向美國大量出口Tennent's 1885，並將其定位為年輕飲酒者偏愛品牌之外的一種替換選擇[31]。

有時候，人們看起來只是喜歡嘗試新品牌──他們喜歡進行多樣化的搜尋，其中最主要就是改變一個人的產品體驗，可能是作為一種刺激或是為了減少厭倦感。當人們擁有好心情時，或環境中較缺少刺激時，多樣化搜尋就特別容易發生[32]。就食品和飲料而言，一種被稱為特定感覺的饜足(sensory-specific satiety)現象可能會引發多樣化搜尋。

May cause drowsiness, dizzy spells, and vomiting. If affected, carry on. It's normal.

La Guillotine Beer 9·1% Proof. Have a nice coma.

這則新加坡啤酒廣告提醒我們，並非所有購買產品的決策都是理性的。(Courtesy of La Guillotine Beer)

簡單地說，一種食物能帶來的樂趣在它被吃掉的一瞬間就下降了，而那些沒有被吃掉食物能帶來的快樂卻沒有發生變化[33]。因此即使已經擁有了喜愛的東西，但我們仍會想去嘗試其他的可能性。另一方面，當決策情境不確定或競爭品牌資訊不足時，消費者傾向為了安全目的而選擇熟悉品牌，並且一直保持這種狀態。圖9.4顯示《廣告年代》(Advertising Age)調查得到的一些品牌屬性，這些品牌屬性是消費者在眾多可行方案中進行選擇時認為最重要的因素。

決策過程的偏誤

考慮一下下面這個情節：有人給了你一張重要足球賽的免費門票。然而在快

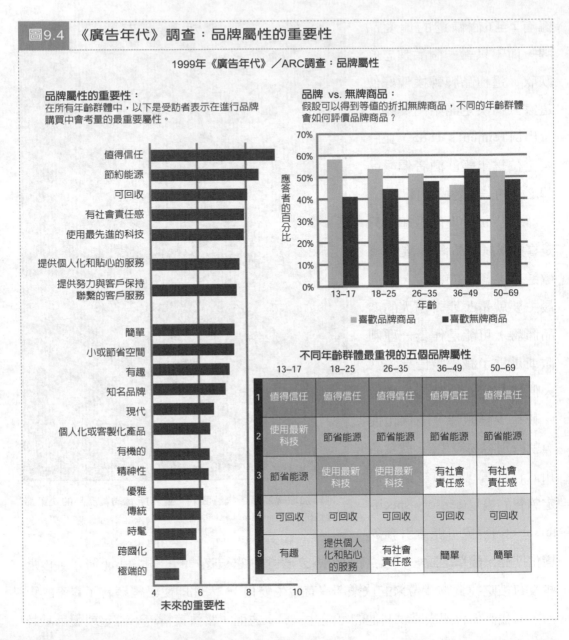

圖9.4 《廣告年代》調查：品牌屬性的重要性

1999年《廣告年代》／ARC調查：品牌屬性

品牌屬性的重要性：
在所有年齡群體中，以下是受訪者表示在進行品牌購買中會考量的最重要屬性。

值得信任
節約能源
可回收
有社會責任感
使用最先進的科技
提供個人化和貼心的服務
提供努力與客戶保持聯繫的客戶服務

簡單
小或節省空間
有趣
知名品牌
現代
個人化或客製化產品
有機的
精神性
優雅
傳統
時髦
跨國化
極端的

4   6   8   10
未來的重要性

品牌 vs. 無牌商品：
假設可以得到等值的折扣無牌商品，不同的年齡群體會如何評價品牌商品？

（縱軸）應答者的百分比 70% 60% 50% 40% 30% 20% 10% 0%
（橫軸）13–17 18–25 26–35 36–49 50–69 年齡

■ 喜歡品牌商品　■ 喜歡無牌商品

不同年齡群體最重視的五個品牌屬性

	13–17	18–25	26–35	36–49	50–69
1	值得信任	值得信任	值得信任	值得信任	值得信任
2	使用最新科技	節省能源	節省能源	節省能源	節省能源
3	節省能源	使用最新科技	使用最新科技	有社會責任感	有社會責任感
4	可回收	可回收	可回收	可回收	可回收
5	有趣	提供個人化和貼心的服務	有社會責任感	簡單	簡單

要出門時，突然起了一場暴風雪，出門去看球賽多少有些危險。這時你還會去嗎？現在，設想同樣的情節和暴風雪，但這次門票是你自己花了大錢買來的。那麼在這個情況中你會冒著暴風雪出門嗎？

人們對這類情境及其他類似難題的反應分析，闡明了**劃分心理帳目**(mental accounting)的原則，指決策受到問題呈現方式（稱為問題建構），和是否涉及收益或損失等因素[34]。在上述情境中，研究人員發現，如果人們是自己花錢買票的話，就更可能冒著人身安全在暴風雪裏出門。只有那些死忠球迷才會承認這是個不理性的選擇，因為不管是否花很多錢在門票上，對於個人而言，出門的風險都是一樣的，此稱為沈沒成本偏差(sunk-cost fallacy)——如果我們已經為某些東西付出了努力，我們就不願意浪費它們。

另外一種偏差被稱為損失趨避(loss aversion)，就是人們在獲得時會更強調損失。例如，對大多數人來說，損失錢帶來的不愉快會大於獲得錢的愉快。期望理論(prospect theory)是一種關於選擇的描述性模型，該理論發現效用是損失和收益的函數，而且當消費者面對涉及收益的選擇和損失的選擇時，其中的風險是不同的[36]。

為了說明這種偏差，我們來考慮一下以下選擇。在各個情況中，你會採取安全策略還是選擇賭一把？

● 選擇1：給你30美元，然後提供一個拋硬幣的機會：正面你贏9美元；反面你輸9美元。

● 選擇2：你可選擇直接拿到30美元，或拋硬幣決定拿走39美元或21美元。

在一次研究中，第一種選擇的人有70%選擇賭一把，相較第二種選擇的人中，只有43%的人這樣做。然而，這兩種選擇的機率是完全一樣的！其中不同就在於人們對「用家裏或手裏的錢來玩」的偏好：當人們意識到在使用別人資源的時候，就

行銷陷阱

商品標示能提供有關適當用法的可貴資訊，不過有時候也可能語焉不詳。以下是一些「趣味」標示實例[35]：

● Conair Pro Style 1600吹風機上頭寫著：「警告：請勿在淋浴時使用。絕不要在睡夢中使用。」
● 某款收疊式嬰兒車的折疊說明：「步驟一：將寶寶先抱出來。」
● 威斯康辛州高速公路休息站的一面標示：「請勿食用尿餅。」
● Fritos點心包裝上寫著：「你可以贏得大獎！什麼都不用買！詳情請看包裝內說明。」
● 一部份Swanson冷凍食品上面的說明：「建議烹調作法：除霜」。
● 特易購的提拉米蘇點心盒底部寫著：「請勿將此面朝上。」
● Marks & Spencer麵包布丁的說明：「產品加熱後會很燙。」
● Nytol安眠劑：「警告：本藥品會讓您感覺昏昏欲睡。」

更願意冒險。因此，與理性決策觀點相反，我們因來源不同而對金錢有不同看法。這就解釋了為什麼人們會把一大筆紅利花在無關緊要的購買上，而從來不會想到從積蓄中拿出同樣數目來進行同樣的購買。

最後，對劃分心理帳目的研究證明了，選擇情境的外部特性會對我們的選擇產生影響。如下例，某次調查的參與者分別觀看以下情節的兩個不同版本：

某個炎熱的天氣裏，你躺在沙灘上。你現在能喝到的只有冰水。前一個小時裏你一直在想，如果能喝到一瓶最喜歡品牌的冰啤酒該有多舒服。一個同伴站起來去打電話，並且說能為你從最近的地方帶回一瓶你最愛的冰啤酒（這個地方可以是夢幻度假村，也可以是一家小而破舊的雜貨店，根據你得到的版本不同）。他說這種啤酒可能會比較貴，問你願意付多少錢來買⋯⋯你會告訴他什麼價格？

在這次調查裏，觀看夢幻度假村版本的參與者提供的平均價格是2.65美元，而觀看雜貨店版本的參與者則只願意付1.50美元！在兩個版本裏，消費行為是相同的、啤酒是相同的、並且沒有「氛圍」被消費掉，因為啤酒是被帶回海灘享用的[37]。你看，理性決策不過如此！

搜尋發生的頻率

一般來說，當購買活動比較重要、想對購買進行更多瞭解，以及很容易得到或使用相關資訊時，資訊搜尋活動就會增加。即使不考慮產品種類，消費者願意進行

美樂達公司推出零風險保證，降低購買影印機顧客心中的顧慮。(Courtesy of Minolta Corporation)

的搜尋數量也不同。如果其他情況都相同，那些年輕、受過良好教育、喜歡逛街／發現事實過程的人，傾向於進行更多的資訊搜尋活動。女性比男性更傾向於搜尋資訊，而對時尚和形象較重視的人也有類似傾向[39]。

消費者先前的產品知識

　　消費者已經擁有的產品知識會促使他們進行更多的資訊搜尋？還是與之相反？產品的行家和新手在達成決策的過程完全不同。新手對產品瞭解甚少，應該最容易受到激發去進一步瞭解產品的。而行家對產品種類比較熟悉，因此應該能對得到的新產品資訊進行更深入理解。

　　那麼，誰會搜索更多的資訊？答案，兩者皆非。資訊搜索活動在那些對產品僅有中等程度瞭解的消費者最常發生。如圖9.5所示，在產品知識和外部搜尋努力之間存在著一個倒U的關係。那些專業知識非常有限的人，可能會覺得沒能力進行那麼廣泛的搜尋活動；事實上，甚至可能不知道從哪裡著手。理查就是這種情況的代表，他只花了很少時間來研究購買行動，並且只看那些熟悉的品牌。此外，他也只關注一小部分的產品特性[40]。

圖9.5　資訊搜尋數量與產品知識間的關係

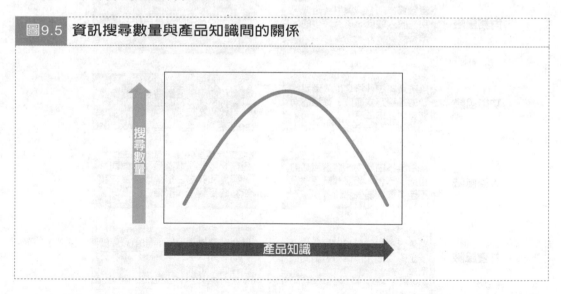

　　產品知識水準不同的人採取的搜尋類型也不同。因為行家對那些與決策有關的資訊有比較敏銳的感覺，所以傾向於採用選擇性搜索，也就是他們的努力更加專注也更有效率。相反地，新手常常依賴他人的意見和「非功能性」特質，如品牌名稱和價格來區分那些候選品牌。他們同樣也以一種「自上而下」而非「自下而上」的方式來處理資訊，注重的是宏觀印象而不是細節。舉例來說，廣告中呈現技術資訊的數量，可能會比那些技術實際的重要性給他們更深刻的印象[41]。

知覺風險

原則上，涉及廣泛搜尋的購買決策也必須承擔某種類型的知覺風險(perceived risk)，相信產品存在著潛在的負面影響。如果產品較昂貴或複雜得難以瞭解，這時候就可能會出現知覺風險。或者，當產品選擇結果可以被他人清楚看到時，如果決策錯誤，我們就會有陷入困窘的危險，這時知覺風險也會成為一個影響因素[42]。

圖9.6列舉了五種類型的風險——包括客觀因素（如人身危險）和主觀因素（如社會困窘）——同時還包括可能受其他類型影響的產品。那些有較大「風險資本」的消費者受到與產品相關的知覺風險影響較小。舉例來說，一個高度自信的人較不

圖9.6	五種知覺風險	
	對風險最敏感的消費者	受風險影響最大的購買行為
財務風險	風險資本由金錢與財產組成。那些收入較低、財產較少的人最容易受影響。	需要大額支出的貴重產品受這種形式的風險影響最大。
功能風險	風險資本由執行功能或滿足需要的各種方式組成。實際的消費者對此最敏感。	購買和使用需要購買者高度參與的產品和服務影響最大。
人身風險	風險資本由體力、健康和活力組成。年老、體弱和健康狀況不佳者最容易受影響。	機械類或電子類產品（如車輛）、藥品和藥物治療，以及食物和飲料會受到最大影響。
社會風險	風險資本由自尊和自信組成。安全感薄弱和沒信心者對此最敏感。	具有社會能見度或有象徵意義的物品，如衣服、珠寶、汽車、房子等受到最大影響。
心理風險	風險資本由從屬關係和社會地位組成。缺乏自信或同儕吸引力者會最易受影響。	可能會引起犯罪的貴重個人奢侈品、耐用消費品，以及那些要求自律和付出代價的服務會受到最大影響。

會擔憂產品帶有的社會風險；一個比較脆弱、缺乏安全感的消費者則可能不太願意嘗試可能不會被同儕接受的產品。

其他方案的評估

購買決策中大部分努力都集中在一個階段，即人們必須從那些可能方案中做出選擇的當下。畢竟現代消費社會充滿了選擇。有時候，一種商品可能會有上百種不同品牌（如香煙），或者同一品牌的不同類型（如唇膏顏色），每一種都強烈地想引起我們的注意。有一次只是為了好玩，讓一個朋友說出所有她能想得起來的香水品牌。一開始她很快地舉出了三到五個品牌，接著停下來思考了一會兒，然後又列舉出了幾個。很可能她最先列出的那些品牌是她非常熟悉的，並且她很可能就在身上用了其中一種。其中可能也包括一到兩種她不喜歡甚至希望忘掉的品牌。值得注意的是，市場上還有許多品牌她根本就沒有提到。

假如你的朋友要去商店買香水，很可能會考慮購買最早列出來的那些品牌。如果在商店裏有某些品牌引起她注意的話，她同樣可能考慮購買這些品牌──譬如她中了那些向購物者噴香水的促銷員「埋伏」──在某些百貨商店裏這種事經常發生。

▶ 確認可能方案

如何決定哪些評價準則是重要的？又如何把可選擇產品數量減少到一個可接受的範圍，最終並在其中選出一種呢？答案根據我們的決策過程而有所不同。採用周延型問題解決方案的消費者可能會很仔細地評價幾個品牌，而進行習慣型決策的人可能不會在慣常購買品牌之外再考慮任何品牌。此外，某些跡象顯示，在可選品牌間的衝突引發了消極情緒時，會出現更多的延伸處理過程。這種情況最有可能發生在那些困難的權衡當中，當一個人必須在外科導管手術的風險與手術成功能帶來生命延續兩者間進行權衡時，他就處於這種情況當中了[43]。

在消費者的選擇過程中，進行了積極思考的可能方案被稱為消費者的誘發集合。誘發集合(evoked set)包括那些已經存在於記憶中的產品（檢索集合），加上那些在零售環境中非常醒目突出的產品。例如，我們記得理查對電視機的技術性能方面瞭解不多，而且他的記憶中只有少數幾個主要品牌。在這幾個品牌中，兩個是可接受的候選品牌，另一個則不是。

消費者誘發集合中的候選品牌經常少得讓人吃驚。一項綜合了幾次大範圍消費者誘發集合調查結果的研究發現，雖然不同產品類別在不同國家有明顯差異，但總體來說，這些集合包含的品牌數量還是非常有限的。例如，美國啤酒消費者誘發集合平均小於3個品牌，而加拿大消費者則一般考慮7個品牌。相反地，挪威的汽車購買者只考慮2種車款，但美國消費者在購買前則平均要看8種以上的車型[44]。

顯而易見，一位行銷人員如果沒有在目標市場的誘發集合中發現他的品牌，他就該著急了。如果一個產品過去已被考慮過並被拒絕，就不可能再進入誘發集合。事實上，新品牌比那些已經被考慮過並忽略的現有品牌更容易進入誘發集合[45]。對行銷人員而言，消費者有不願給被拒品牌第二次機會的傾向，這強調了品牌一進入市場就要表現良好的重要性。

▶ 產品分類

消費者不是在真空狀態中對產品資訊進行處理。相反地，人們會根據對產品已有的瞭解或其他類似產品，來評價某一產品。在評價某一架35厘米照相機時，人們最有可能把它與其他35厘米照相機進行比較，而不是與拍立得相機相比，更不可能和投影機、DVD進行比較。因為產品種類決定了能與它進行比較的其他產品，分類是一個決定產品將如何被評價的重要因素。

消費者誘發集合中的產品可能會有一些類似屬性。這個過程對商品有可能形成加分，也可能產生負分，端視人們用什麼與該產品比較。譬如一項調查指出，消費者在知道某產品原料來自製造大麻煙的植物之後，即使產品本身沒有大麻會引起的任何副作用，仍有25%表示知情後不大想購買這項產品。遇到一種新產品時，消費者會藉助對較熟悉產品的知識，來形成對新產品的知識[46]。

瞭解這種知識如何在消費者認知結構中表現出來是非常重要的，認知結構是指關於產品的一些實質知識（如信念），以及這些信念在人們腦中組織起來的方式[47]。第4章曾探討過這些知識結構。這種知識之所以重要的原因之一，是廠商希望確保

產品以一種正確的方式被分類。例如,通用食品公司(General Foods)推出一系列新口味的吉露果凍(Jell-O),如蔓越橘口味,這種新產品被稱為「為沙拉準備的吉露果凍」。然而不幸的是,公司發現人們只在沙拉中使用這款產品,因為產品名稱促使人們把它放到他們的「沙拉」知識結構中去,而不是「甜點」的知識結構中。最後這個產品線被撤銷了[48]。

分類層次

人們對產品的分類過程發生在不同的特徵層次上。通常,一種產品會表現在認知結構的3個層次之一。為了理解這個觀點,我們來考慮一下某人將會對關於蛋捲冰淇淋的問題作出什麼回答:其他何種產品與蛋捲冰淇淋有類似特性?什麼東西能成為它的替代品?

這些問題可能會比剛提出時更複雜。從一個層面來看,蛋捲冰淇淋與蘋果有相似之處,因為它們都可以作為甜點。從另一層面來看,蛋捲冰淇淋與派有相似之處,因為都可以作為甜點並且都容易使人變胖。再從另一個層面來看,蛋捲冰淇淋又與冰淇淋聖代有相似之處──可作為甜點、都是冰淇淋做的、都容易使人變胖。

這裡很容易找出人們進行聯繫的項目,這個「容易使人變胖的甜點」類別,是會影響個人餐後點心的一個選擇。中間那一層被稱為基本類目(basic level category),一般來說在產品分類當中最有用,因為同在這個層次的產品通常有很多共同之處,但又存在一定程度的差異以供人們選擇。範圍更廣的高級類目(superordinate category)較為抽象,而較為特定的次級類目(subordinate category)則常包括一些個別品牌[49]。這3種層次如圖9.7所示。

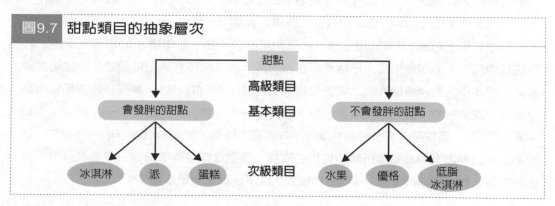

圖9.7 甜點類目的抽象層次

當然，並不是所有產品都能符合某一種分類。雖然蘋果派和大黃派(rhubarb pie)都是派的一種，但前者比後者更適合作次級類別「派」的例子。蘋果派更具有原型性(prototypical)，總是被第一個想到，尤其對分類新手來說。相反地，派的專家則傾向擁有關於典型和非典型實例的知識[50]。

產品分類的策略意涵

產品分類有許多策略上的意義。一種產品與其他產品歸類在一起的方式，無論是對選擇競爭對手或是確定評估標準，都有重要的影響。

產品定位。一個定位策略的成功經常暗示著行銷人員有能力說服消費者，在某類產品中應考慮自己的產品。例如，柳橙汁業者試圖把橙汁重新定位為一天當中無論何時都適合飲用的飲料（不僅適合早餐時飲用）。另一方面，軟性飲料公司的行動恰好相反，它們把氣泡飲料塑造成一種適合早餐飲用的飲料。氣泡飲料希望能與柳橙汁、葡萄柚汁和咖啡一樣，晉升消費者的「早餐飲料」之列。當然，這種策略有時也會帶來意外的反效果，如百事可樂推出「百事上午」(Pepsi A.M.)，將其

行銷陷阱

以可麗舒與舒潔面紙聞名的金百利公司(Kimberly-Clark Corp.)，付出相當代價才瞭解開發新品類所承負的風險，以及消費者對新產品的排斥。金百利先前推出「自1890年捲筒衛生紙問世以來最重大的一項創新」，甚至還成為《傑哥脫口秀》主持人傑・雷諾(Jay Leno)口中的一項話題。Cottonelle Fresh Rollwipes是一種捲筒式濕巾，紙匣以塑膠材質製成，可以嵌裝在一般捲筒廁紙架上。很多人對金百利此一創舉抱持著懷疑觀望態度，他們不認為美國人有辦法一下子改變多年習慣來接受這種新產品。面對此一疑慮，金百利特地公佈一項調查，指出63%的成人已有使用濕廁紙或濕巾的習慣。

金百利投入超過1億美元資金進行捲筒與紙匣的開發，並申請了30項專利保護。然而伴隨該產品而來的殷殷期待，已隨馬桶水流一沖而逝。金百利遇到的問題，有部份在於大多數人根本不想討論這款產品，廣告又沒有明白點出產品的用途。廣告公司的用意是為產品塑造有趣的形象，因此電視廣告只見人們快樂嬉水的畫面，前面打上一句標語：「有時候濕一點好」。至於平面廣告裡的相撲選手臀部超大特寫，著實也沒有高明到哪裡去。更糟的是，金百利沒有為產品推出較小規格的款式，至少當作免費樣品提供消費者試用。加上產品本身大刺刺的顯眼包裝，不好意思買的人這下子更是裹足不前了[51]。

這則香吉士檸檬汁廣告將產品重新定位成鹽的替代品，試著建立一種新品類。(Courtesy of Sunkist Growers, Inc.)

定位為一種咖啡替代品時，這個早餐飲料的定位工作做得太成功了，以至於消費者其他時間都不喝這種飲料了，於是該產品也難逃失敗命運[52]。

　　界定競爭對手。 在抽象的高級層次裏，許多不同的產品形式會相互競爭。「娛樂」類目可能既包括保齡球也包括芭蕾舞，但不會有很多人互相替換這兩種活動。然而，表面上看起來完全不同的產品和服務，實際上卻在另一個更廣泛層級互相競爭著消費者的可支配所得。雖然對許多人來說，芭蕾舞或保齡球並不能相互取代，但交響樂可以透過定位成「文化活動」，吸引那些長期支持芭蕾舞的觀眾[53]。

　　消費者經常面對無法比較類別之間的選擇，在這種選擇中，一種產品的某些屬性無法直接和另一種產品進行比較（就像蘋果與橘子的老問題）。當消費者能夠衍生出包含所有物品的屬性（如娛樂性、價值、實用性），並根據這些高級類目對可選擇方案進行評價時，這個過程相對而言就會較為簡單[54]。

　　典型產品。 如同蘋果派與大黃派的例子，若一樣產品確實是某種類別的最佳典型，那麼消費者就會對它比較熟悉，並且更容易識別和回憶[55]。對於類目屬性的判斷傾向不對稱地受到該類目典型產品的影響[56]。在某種意義上，具有某類產品典型的品牌，會形成評價這一類別所有產品的標準，進而「掌管」這個類目。

　　然而，不完全典型並不是一件壞事，在類目中具有適度獨特性的產品可能會激發更多資訊處理過程與正面評價，因為它們不會熟悉到被人們視為理所當然，也不會異常到不被列入考慮[57]。與本身類別有很大差異的品牌（如一種清麥芽飲料Zima）可能會獨佔一塊利基市場，而具有適度獨特性的品牌（如當地啤酒）則會在一般類目中保持一個特別的位置[58]。

產品歸類。產品類目會依消費者歸類某些喜愛產品的期望來影響消費者。如果產品沒有清楚地被歸類進某個類目（如小地毯是傢俱嗎），消費者發現和瞭解該產品的能力就會減弱。舉例來說，需要解凍和加熱的冷凍狗食在市場上失敗了，部分原因是因為人們難以接受在商店「人類冷凍食品區」中買狗食的做法。

產品選擇：在可能方案中作出選擇　▶ ▶ ▶ ▶ ▶ ▶

一旦完成了某類產品相關選項的收集和評價後，下一步就必須作出選擇[59]。影響選擇結果的決策準則可以是簡單而快速的策略，也可能是需要集中注意力以及認知過程的複雜策略。選擇會受到其他來源資訊的影響，可能是購買產品的先前經驗、購物環境中出現的資訊，或是廣告創造出的品牌信念[60]。

▶ 評估標準

當理查察看各種電視機時，他只注意一到兩個屬性，而不考慮其他屬性。他縮減選擇範圍，只考慮兩個品牌：Prime Wave和Precision，最後選擇了具立體聲功能的機型。

評估標準(evaluative criteria)是用來判斷選項優劣的面向。在比較產品時，理查可用任一種標準來進行選擇，可以是功能屬性（這種電視機有遙控器嗎），也可以是經驗屬性（這台電視機的音效能使我感到身處現場演奏會嗎）。

重要的一點是，若某項標準能在決策過程中區分出產品間的差異，那麼這項標準就比無法區分產品屬性的標準具有更高權重。如果所有產品在某一個屬性上的評估結果非常接近（如所有電視機都有遙控器），消費者將尋找其他理由以作出選擇。實際上能區分選擇的屬性稱為**決定性屬性**(determinant attributes)。

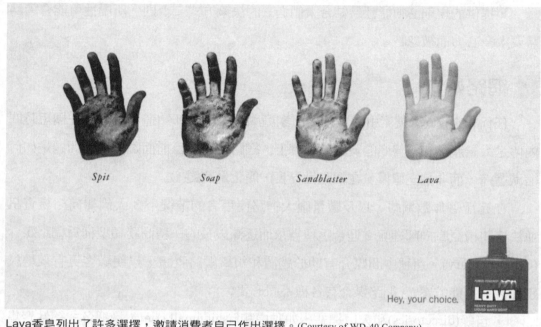

Lava香皂列出了許多選擇，邀請消費者自己作出選擇。(Courtesy of WD-40 Company)

　　行銷人員可教育消費者應該採用哪些標準作為決定性屬性。如Church & Dwight公司的消費者調查顯示，許多消費者把天然成分視為一個決定性屬性。這結果使得該公司Arm & Hammer品牌系列（用小蘇打製成的牙膏）銷量得到了很大提升[61]。有些時候公司甚至可以創造決定性屬性：百事可樂透過在汽水罐印上保存期限達到了這個目的。該公司花了2,500萬美元的廣告和促銷費用，來說服消費者再也沒什麼比一罐過期的汽水更可怕了——雖然據估計，在此問題提出之前，98%的罐裝汽水都可以順利出售。不過此宣傳推出6個月以後，一項獨立調查發現，61%的受訪者認為保存期限對汽水來說是一個非常重要的屬性[62]。

　　選擇屬性的決策是程序學習(procedural learning)的結果。人們作出選擇之前要經過一系列的認知步驟，包括辨別重要屬性、回憶競爭品牌是否在這些屬性上有不同表現等。行銷人員為了有效地推薦新的決策標準，與消費者溝通的方式就必須傳遞以下訊息[63]：

　　● 必須指出在不同品牌間，該屬性有顯著的差別。

　　● 必須提供消費者制定決策的規則，像是如果在競爭品牌之間進行決策，應該要以此屬性為選擇標準。

● 提供的規則必須能輕易結合人們過去的決策方式。否則，新屬性可能會因為需要太多心力而被忽略。

▶ 網路媒介

任何曾在google搜索引擎中輸入「家庭劇院」的人都知道，網路能在極短時間內傳送大量產品和零售商的資訊。事實上，網路使用者目前面臨的最大問題是如何縮減選擇，而非補充選擇。在網路世界裏，簡化是關鍵。

在充斥著無數網站，以及數量龐大網路使用者的情況下，人們如何組織資訊並決定將滑鼠點向哪裡呢？迎合這種需求而逐漸成長的一種商務類型稱為網路媒介(cybermediary)。這種中間媒介有助於過濾和組織網路資訊，以使顧客更有效地識別和評估可能方案[64]。網路媒介有各種不同形式[65]：

● 目錄(directories)和入口網站，如雅虎和fashionmall.com，是把各式網站聚集在一起的綜合性服務網站。

● 網站評價者(web site evaluators)透過察看網站並推薦最好網站來降低消費者的風險。例如，點對點通訊(Point Communications)只選擇那些排名前5%的網站。

● 論壇(forum)、影歌迷俱樂部(fan clubs)以及使用者群體(user groups)則提供與產品相關的討論來幫助消費者篩選選項（第11章有進一步討論）。其他如about.com透過連結能提供建議的人士，達到縮小選擇範圍的目的。這種方式在旅遊業中尤其流行，現在有好幾個旅遊網站能連結網友和旅行專家（這些專家通常是自願的，只想和他人分享旅遊經驗）。提供這種服務的網站包括Allexperts.com、BootsnAll.com和Exp.com。

● 金融仲介(financial intermediaries)為購買者到銷售者之間的支付過程提供證明。支付系統包括使用信用卡消費(Paypal)、電子支票支付(Checkfree)系統、現金支付(Digicash)系統，以及發送安全電子信件來證明支付(First Virtual)的系統。

● 智慧代理人(intelligent agent)是一種複雜而精細的軟體程式，使用合作過濾技術(collaborative filtering technique)從消費者過去的行為分析，進而推薦新商品。例如，當Amazon.com推薦一本新書的時候，就是使用一種智慧代理技術，根據你或與你類似的人過去所買的書進行推薦。這種方法是Firefly在1995年（網路石器時代）推出的，內容是對那些基於品味的產品如音樂、書和電影進行推薦[66]。現在，網路上有各種線上購物代理作用的「購物機器人」，包括mysimon.com和Ask Jeeves。合作過濾系統仍處於初級階段。希望在不久的將來，能看到更多利用網路簡化消費者購買決策過程的方式。現在除非有人能提供一個更簡便方法，才能補償購物機器人為你帶來的所有這些東西！

▶ 啟發式法則：心理捷徑

　　每制訂一次購買決策時都得進行一系列複雜的心理計算嗎？別浪費生命吧！為了簡化決策，消費者經常使用讓某些面向互相替代的決策規則。例如理查依據某些假設來替代長時間的資訊搜索。特別是他假設在Zany Zack店裏進行選擇會更有效率，因此就不再費時費力地到Zany Zack以外的商店去挑選。這個假設成為通往廣泛資訊處理過程的捷徑[67]。

　　特別是在選擇之前採用了侷限型問題解決策略時，消費者經常會求助於啟發式法則(heuristics)，或是能進行迅速決策的經驗法則。這些法則可以是非常一般的

類似「問基維斯吧」(Ask Jeeves)這樣的搜尋引擎，簡化了線上資訊搜尋的流程。(Courtesy of Ask Jeeves Inc.)

消費者往往運用經驗直覺來簡化選擇的過程，例如自動選擇最喜歡的顏色與品牌。(Courtesy of iParty.com)

（如高價格產品是高品質產品或購買上次買的那個品牌），也可以是非常獨特的（如買Domino牌，它是我媽一直買的那種糖）[68]。

有時這種捷徑不一定會對消費者的胃口。例如，某人若碰巧認識一兩個人購買的同一品牌汽車都出了一點問題，那麼他可能就會假設自己購買這種汽車後也會出現類似問題，並忽略這款汽車整體而言的優秀維修記錄[69]。當產品有一個不太尋常的品牌名稱時，這種假設的影響可能會進一步增加，因為這種罕見名稱會使產品本身和相關經驗更加突出[70]。

依賴產品訊號

消費者經常使用的便捷方法是透過產品的可見屬性來推測其內部屬性。產品可見屬性成了某些潛在品質的產品訊號(product signal)。這種推論解釋了為什麼想賣舊車的人總是千方百計地確保車子外觀清潔有光澤：潛在購買者經常會透過車子外表來判斷車子的性能，即使這意味著他們可能會開走一輛光亮的舊機器[71]。

當產品資訊不完全的時候，判斷就經常來自於對事物之間共變關係(covariation)的信念，或是知覺到事件之間的聯繫，這些事件實際上可能會也可能不會相互影響[72]。例如，消費者可能會在產品品質和其製造商進入該產業的時間長短間建立起一種聯繫。其他被認為與優劣產品有共變關係的訊號或特性包括：品牌知名度、原產國、價格以及出售產品的零售店。

遺憾的是，消費者並不是很出色的共變關係評價者。即使出現與他們信念相反的證據，他們都仍會堅持自己是對的。與第7章討論過的一致性原則類似，人們傾向去看期望看到的。他們會期望看到能夠證實他們假設的產品資訊。在一個實驗中，消費者對四組產品價格和品質是否相關進行評價。那些在研究前就信任這種關係的人選擇高價產品，也創造了自我實現的預言[73]。

市場信念：如果我付更多就更好嗎？

消費者經常會建立一種對公司、產品和商店的假設。接著這些市場信念(market beliefs)就成為他們制訂決策的捷徑——不管這些信念是否正確[74]。例如理查選擇到一家大的「電子超市」購物，因為他假設那裏的選擇會比一家專賣商店更好。許多市

場信念已被確定，表9.3是已識別出來的市場信念。其中有多少信念是你也有的？

表9.3	普遍的市場信念
品牌	• 所有品牌基本上都是相同的。 • 無品牌產品就是一些在不同品牌名義下以較低價格出售的知名品牌產品。 • 銷售量最大的產品是最好的產品。 • 當拿不定主意的時候，國際性品牌總是一個安全的選擇。
商店	• 專賣店是使你熟悉那些最好品牌的地方，但一旦你選出想要的，到折扣商店去購買產品比較便宜。 • 商店的特點反映在櫥窗陳列上。 • 專賣店的銷售人員比其他店的銷售人員更有專業知識。 • 較大商店會比小商店提供更好的價格。 • 地方性商店會提供最好的服務。 • 當商店提供的一種產品很好，那麼所有產品可能都很好。 • 大百貨公司提供的賒帳和退款是最優厚的。 • 剛剛開張的商店通常會提供最有吸引力的價格。
價格／折扣／降價銷售	• 降價銷售通常是為了處理掉流通得很慢的貨物。 • 經常進行促銷的商店並不能真正地節省你的錢。 • 在特定商店裏，高價格一般意味著高品質。
廣告和促銷	• 「硬性推銷」的廣告與低品質產品相關。 • 贈送的東西不值錢（即使是免費的）。 • 優惠券對消費者代表真正的省錢，因為它們不是商店提供的。 • 當你購買那些大量廣告的產品時，你在為品牌付錢，而不是為更高的品質付錢。
產品／包裝	• 尺寸大的包裝每一個單位的價格總是比小尺寸包裝要便宜。 • 新產品剛推出時比較貴；隨著時間的推移，價格會下降。 • 當你不確定在某個產品中你需要什麼時，投資它的一些額外屬性是一個好主意，因為以後你可能會希望當初買了這個產品。 • 一般來說，人工合成產品的品質比用自然原料製造的產品差。 • 最好遠離那些剛出現在市面上的產品，因為此時那些製造商還沒時間把這些新產品的缺陷改正過來。

資料來源： Adapted from Calvin P. Duncan, "Consumer Market Beliefs: A Review of the Literature and an Agenda for Future Research," in Marvin E. Goldberg, Gerald Gorn, and Richard W. Pollay, eds., *Advances in Consumer Research* 17 (Provo, UT: Association for Consumer Research, 1990): 729-35.

高價格意味著高品質嗎？價格—品質關係是最普遍的市場信念之一[75]。新手消費者會把價格視為與品質唯一相關的產品特性。行家同樣也會考慮這個資訊，雖然他們更傾向於使用價格的資訊價值，特別是在市場上品質有極大變化的產品（如未加工的羊毛）。當產品的品質水準比較穩定或有嚴格控制時（如Harris Tweed的運動外套），行家就不在決策中考慮價格因素了。在大多數情況下，這種信念被證明是有道理的：一般來說，你確實能夠付出多少得到多少。然而，購買者應該意識到：價格—品質關係並非永遠成立的[76]。

以原產國作為產品訊號

現代消費者可在產自不同國家的產品中進行選擇。美國人可能買巴西的鞋子、日本的汽車、臺灣進口的服裝或南韓製造的微波爐。消費者對這些進口產品的反應是複雜的。在某些情況中，人們假定海外製造的產品有較好品質（如照相機、汽車），而在其他情況中，進口產品會被人們認為是品質低劣的產品（如服裝）[77]。整體來說，國人會比外國人給予本國產品更高評價，來自已開發國家的產品會比來自開發中國家的產品得到更高評價。

羅珀斯塔奇公司訪問了30個國家的30,000名消費者，調查他們對世界各種不同文化的感受[78]。根據人們對自己國家的依戀程度以及對他國文化的共鳴程度進行分類，共有以下數種類別：

● 國家主義者（占樣本26%）：他們對自己的文化感到很親近，核心的個人價值包括責任、尊重祖先、身份地位和社會安定。這些受測者年齡較長，多為家庭主婦或藍領階級。

● 國際主義者（占樣本15%）：他們對3個或3個以上的外國文化感到親近。核心個人價值觀包括思想開明、學習、創造和自由。他們主要是男性、受過良好教育以及上流階層。

● 脫離者（占樣本7%）：這些人對任何文化都沒有很強的聯繫，包括自己的文化。他們感到厭煩和不抱幻想，主要是年輕人和受教育程度較低的人。

產品的**原產國**(country-of-origin)在某些情況下是決策過程中的重要訊息[79]。某些商品是和特定國家相聯繫的，來自這些國家的產品經常從這種聯繫中受益。原產國經常被視爲一種刻板印象(stereotype)——一種建立在推論基礎上的產品知識結構。刻板印象常是偏誤且不正確，但在簡化複雜的選擇情況中確實有建設性的作用[80]。

有項研究訪問了愛爾蘭、美國與澳洲三地大學生，請他們觀看分別在上述三個國家營業的「愛爾蘭酒吧」相片，然後猜出哪一家才是在本土營業的道地愛爾蘭酒吧。大多數受訪者挑選出來的都不是眞的在愛爾蘭開設的酒吧；在美國與澳洲營業的愛爾蘭酒吧，往往包括更多典型的愛爾蘭風裝飾，例如四葉丁香標誌，這反而在愛爾蘭本土營業的酒吧中不常見[81]。

最近有證據顯示，瞭解產品的原產國並不是一件絕對好或壞的事情。事實上，這種瞭解能更進一步刺激消費者對產品的興趣；購買者會對產品考慮得更周全並且進行更仔細的評估[82]。如此，產品原產國就成爲一種屬性，並結合其他屬性對產品評價產生影響[83]。此外，消費者關於產品的體驗會緩和這種屬性的作用。當可獲得其他資訊時，專家傾向忽略原產國屬性，而新手則仍舊會依賴此項資訊。然而，當其他資訊難以獲得或模擬兩可時，專家和新手都會依此屬性作出決策[84]。

偏愛自己文化而非他國產品或人的傾向被稱爲種族中心主義(ethnocentrism)。種族中心主義的消費者會認爲購買來自他國的產品是錯誤的，特別是可能會對本國經濟有負面影響時。那些強調「買美國貨」的行銷活動可能更能吸引這部分的消費者。這種特質已可經由消費者種族中心主義問卷(Consumer Ethnocentrism Scale, CETSCALE)測量出來，這種問卷是專門爲「透過對類似下面項目

商品的原產國在某些情況下也會形成購買決策的重要依據。有些商品與特定國家之間具有強烈的連結，因此產自這些國家的產品往往會試著善用這種聯繫。
(Courtesy of www.frenchwinesfood.com)

的同意程度來識別種族主義的消費者」而設計的：

- 購買國外製造的產品就不是美國人。
- 應該限制所有進口產品。
- 購買其他國家製造產品的美國消費者應該爲美國同胞的失業承擔責任[85]。

當然，美國人不是唯一展現種族中心主義的民族，許多國家的人民都認爲本國生產的產品品質較優，只要問問一個法國人要挑法國或加州出產的葡萄酒就知道了。許多加拿大人擔心，受到美國強大的影響，他們的文化正在被削弱。在一次民意調查中，有25%的加拿大人認爲「生命、自由和對幸福的追求」是加拿大憲法中的口號而不是美國的[86]。摩爾遜啤酒公司的一則名爲「咆哮」的商業廣告激發了加拿大人的民族熱情，這個廣告幾乎一夜之間就成了加拿大的非官方聖歌。一個身穿法蘭絨襯衫的加拿大青年走上舞臺，開始平靜地解釋一個加拿大式的刻板印象：「我不是伐木工人，也不是皮毛商。我不住在圓頂的房子裏，不吃鯨油，也沒有狗拉雪橇……我的名字叫喬……我……是……加拿大人！……」這個廣告播出6個星期以後，摩爾遜品牌的市場佔有率提高了2個百分點[87]。

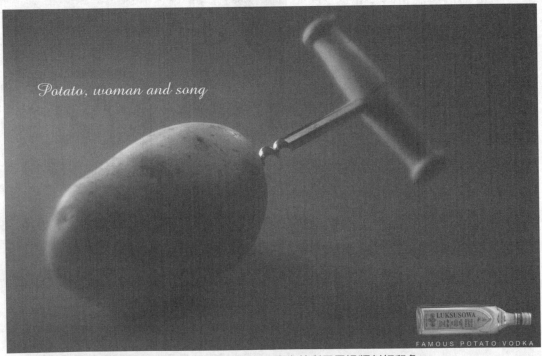

有些國家會讓人聯想起特定的酒精產品，這則波蘭廣告就利用了這類刻板印象。

(Courtesy of Grey Advertising, Warsaw)

選擇熟悉的品牌名稱：是忠誠或習慣？

品牌是一種擁有啓發式作用的行銷策略。人們對喜愛品牌建立偏好，然後可能在有生之年再也不變換品牌。波士頓顧問集團(Boston Consulting Group)研究30類產品的市場領導者，發現有27個品牌在西元1930年就已經是第一名，50年後仍然保持著領先地位，包括長期受到喜愛的象牙香皂(Ivory)和金寶濃湯[88]。

博得消費者強烈忠誠的品牌被行銷人員視若珍寶。那些領導市場的品牌比最接近的競爭品牌獲利能力強上50%左右[89]。所以不需驚訝，許多公司仍非常努力地培養品牌忠誠度。當迪士尼頻道沒有出現在Teenage Research Unlimited公司調查的50個最酷少年品牌名單上時，公司就展開了使形象更酷更鮮明的行動，來吸引忠誠的青少年擁護者。迪士尼頻道開始播放音樂電視——即使這意味著要對一些歌詞進行修改以維護健康形象。例如，克莉斯汀在「瓶中精靈」(Genie in a bottle)中的歌詞從「我的身體(my body)說開始吧」改成了「我的朋友們(my friends)說走吧」；「我是瓶中的精靈，寶貝，你要好好撫摸我(rub me)」變成了「你要好好待我(treat me)」[90]。

這則廣告將Macanudo雪茄定位為美國文物的一部份，但這個牌子的雪茄其實是從多明尼加進口的。
(Courtesy of Macanudo cigars.)

甚至連音樂團體都瞭解伺候好忠誠樂迷所能得到的價值。例如固定在各地巡迴演出的紐奧良Cajun風格搖滾樂團「暖氣」(The Radiators)，就與旅行社合作，提供死忠隨團樂迷機票與食宿等套裝行程。String Cheese Incident與「費許」(Phish)等樂團的狂熱歌迷則擠滿團員下榻的飯店，追循著傳奇團體「死之華」(The Grateful Dead)延續的傳統，歌迷可以盡情收錄樂團的演出實況，而樂團則利用音樂會周邊產品大賺樂迷的錢[91]。

慣性：懶惰的顧客

許多人每次去商店時都買同樣品牌的商品。這種一致的行為模式常由慣性(inertia)引發——購買某種品牌僅是因為這樣不需努力。如果出現了另一個基於某種原因更容易購買的品牌（如比較便宜或原來購買的產品缺貨），消費者就會毫不猶豫地變更品牌。那些試圖改變以慣性為基礎而形成購買模式的市場競爭者，經常能相當容易地達成目的。因為只要提供合適的刺激，抵制變更品牌的阻力會是很小的。由於只有很少甚至沒有對某特定品牌的感情聯繫，所以像單點展示、大量折價

全球瞭望鏡

為打破美國品牌壟斷的局面，一種以回教消費族群為對象的新飲料，已經在英國上市了。這家總部設在英國德比市(Derby)的飲料商，以回教徒禱告時面向聖城的「朝向」(qibla)典故為名，為回教消費者推出「吉布拉可樂」(Qibla Cola)。信奉回教的人如果想喝飲料，卻又不甘心拿錢助長美國可樂公司勢力，現在多了一種選擇。2公升裝吉布拉可樂每售出一瓶，所得利潤的十分之一將悉數捐給回教慈善團體「伊斯蘭慈善會」(Islamic Aid)。吉布拉可樂公司創辦人札希妲‧帕菲恩(Zahida Parveen)，是生於英國布列佛市(Bradford)的巴基斯坦女事業家。帕菲恩希望透過產品的營收，為回教慈善事業盡份心力。吉布拉的產品宣傳標語是：「解放你的口味」(Liberate your taste)。

如今訂單由世界各地潮湧而至——英國、比利時、德國等市場，紛紛訂購冠上醒目白字紅底標籤的吉布拉1.5公升裝可樂。還有許多公司正競相爭取加入地方經銷商的行列。

可口可樂公司一位發言人回應：「我們已經在巴勒斯坦自治區內興建了廠房，僱用超過200名巴勒斯坦員工。我們是當地規模最大的投資者，創造了就業機會與支持居民的生計。我們深信透過這種地方事業經營模式來支持經濟發展，會是比較可靠的做法。」

資料來源：Adapted from *www.rediff.com*, February 25, 2003.

券或大幅降價等促銷手段可能都足以使消費者的習慣模式「解凍」。

品牌忠誠：一個可靠而忠誠的「朋友」

　　如果真正的品牌忠誠度存在的話，就不會出現購買選擇的變化無常。與慣性相反，品牌忠誠雖然也是一種重複的購買行為，卻是一種意識決定下的繼續購買[92]。若品牌忠誠度存在，重複購買必定伴隨著對品牌的正面態度。品牌忠誠度一開始可能基於客觀原因的顧客偏好，但在品牌出現長時間後，同時進行大量廣告宣傳，同樣能產生一種情感上的依戀，這可能透過與消費者的自我形象相結合，或與先前的經驗聯繫[93]。隨著時間的推移，建立在品牌忠誠度上的購買決策也會變成習慣性購買，但此情況中對品牌的承諾是較為穩定的。

　　與消費者被動接受一個品牌的慣性情況相比，具品牌忠誠度的消費者是積極地（有時候甚至是充滿熱情地）涉入喜愛的品牌中。因為消費者與產品之間發生感情上的聯繫，所以當產品被改變、重新設計或在市場上消失時，那些「忠心耿耿」的消費者會作出激烈的反應[94]。例如，80年代可口可樂用新可樂替換了那經過多年考驗而獲得喜愛的配方時，立刻爆發了全國性的電話投訴、聯合抵制以及其他的反對運動來抗議替換配方。

　　近幾年，行銷人員一直在為品牌等值(brand parity)問題傷腦筋，品牌等值是指消費者認為品牌間並無明顯的不同。例如，一項研究發現，世界上70%以上的消費者認為，所有的紙巾、香皂和小薯條都是類似的[95]。某些分析甚至預言品牌名稱就要死亡了，並即將被以更少錢提供相同價值的私人品牌或無品牌產品所替代。

　　然而，這個關於品牌死亡的報告似乎錯得離譜──領導品牌正在逐漸恢復地位。二十一世紀初，品牌至上！這種復甦是資訊過剩的結果──因為面對太多的候選品牌（其中許多是不知名的），人們希望能有一些清晰的品質訊號。現在品牌商品當道，不過老練的消費者並不那麼介意在何處購得這些商品。以前在折扣店購物很丟臉，現在不會了，因為消費者發現可以在Target或Kohl's買到的名牌商品，在梅西百貨(Macy's)一樣找得到。誠如一位零售店主管所言：「你可能會在第五街的晚餐派對中，聽到百萬富翁們談起他們在沃爾瑪超市(Wal-Mart)買到什麼好東西。」[96]

事實上，有些品牌是那麼令人望眼欲穿，所以有人真的願意為想要的單品等待數年。以下是一些被列入等待名單的例子[97]：

- 紐約巨人足球隊季賽套票：18年
- 雅士頓馬田(Aston Martin)V12 Vanquish車款：2年
- 哈雷Softtail Deuce機車：6到18個月
- Remede Sweet（大理石製磨砂膏）：3個月
- Padron Millennium雪茄：3至12週
- Silver Oak Napa Valley Cabernet紅酒：無限期等待

▶ 決策規則

消費者根據決策的複雜性和重要程度，使用不同的規則來考量各種產品的屬性。在一些情況中這種規則是相當簡單的：人們簡單地依靠一條「捷徑」來作出選擇。而在另一些情況中，人們往往會在最終結論之前投入大量精力來仔細權衡可能方案。

區分決策規則的方法之一是把它們分成補償性(compensatory)和非補償性(non-compensatory)兩類。為了進一步討論這些規則，表9.4列出理查所考慮的電視機屬性。現在，讓我們來看看這些規則如何導致不同的品牌選擇。

表9.4	電視機的假設選擇方案			
		品牌等級		
屬性	**重要性等級**	Prime Wave	Precision	Kamashita
螢幕尺寸	1	優	優	優
立體聲廣播功能	2	劣	優	良
品牌信譽	3	優	優	劣
螢幕功能設定	4	優	劣	劣
裝設有線設備的功能	5	良	良	良
定時器	6	優	劣	良

非補償性決策規則

非補償性決策規則(noncompensatory decision rules)是一選擇的捷徑，意指如果

一產品的某一屬性較差，那麼就不可能再藉著其他較好的屬性來彌補這種劣勢；換句話說，人們就直接刪除那些不符合基本標準的選項。像理查這樣使用「只買知名品牌」決策規則的消費者不會考慮新品牌，即使新品牌的品質等同或超越現有品牌。如果人們對一種產品不太熟悉或沒有太大動力去消化那些複雜的資訊時，他們就會傾向於使用簡單、非補償性的規則。以下列舉了一些非補償性規則[99]：

字彙法則。採用字彙法則(the lexicographic rule)時，人們會選擇在最重要屬性上表現最優秀的品牌。如果有兩個或兩個以上的品牌在該屬性不相上下時，消費者會根據第二重要的屬性進行比較。該選擇過程會持續進行直到打破僵局為止。在理查的情況中，Prime Wave和Precision在他認為最重要的屬性上難分軒輊（60吋螢幕），所以最後理查就根據第二重要的屬性——立體聲性能選擇了Precision。

排除法則。當使用排除法則(the elimination-by-aspects rule)時，也是根據最重

網路收益

在網路上，品牌忠誠一樣存在。許多品牌愛用者成立了個人網站，大聲宣揚他們對某些產品的忠心耿耿。這些網頁可能是些熱情洋溢的文字，也可能放上圖片，生動地呈現版主使用產品的情景。這些網站當中，很多還包括通往其他網站的連結，讓訪客可以得到更詳細的產品介紹資訊。一項針對這類網站的調查發現，這些被推薦的品牌，從一般電腦軟體與網路應用程式，到娛樂／藝人（由喜愛該藝人的『粉絲』們所成立）、服飾、金融／政府／政治團體、餐廳、甚至家庭用品等。以下是這項研究的幾位版主樣本：

- 凱文，28歲，室內設計公司合夥人。設立了一座打出KitchenAid品牌商標的個人網站，其中包含連結到該品牌網站的路徑。之所以和這個品牌結緣，是因為他很自豪使用了KitchenAid改裝自己的廚房，也為客戶的設計案成功導入該品牌的產品。他宣稱網站上的商標與連結「傳達了品質……就像豐田汽車做車子一樣」。KitchenAid同樣「實用、不流於藝術性或流行」。
- 提娜，28歲，內衣公司「維多利亞的秘密」業務員。她積極宣揚該品牌產品傳達的意義，也就是女性氣質、俏皮、卻依然受人敬重的性感。提娜的網站包含以專業手法拍攝、由她自己示範的內衣產品。在她的相片旁，就有可以連往該品牌官方網站的連結。

這些網友為衷心喜愛的產品建立的線上「聖堂」，除了能完整一窺人們有多願意效忠自己喜愛的品牌，也是尚待開發的好機會。業者可以找出這些忠誠的品牌愛用者，透過他們將口碑在網路上流傳出去[98]。

要屬性來評價各種品牌。然而與前一種規則不同的是，這個規則中加入了特定的選擇捷徑。假如理查對有睡眠定時功能這一點比較感興趣的話（如這種功能有更高的重要性等級），他可能就會選擇「必須有睡眠定時的功能」。由於Prime Wave的產品有這個功能而Precision沒有，所以Prime Wave可能就雀屏中選。

連接法則。前面兩種法則涉及的都是對產品特性的資訊處理，而連接法則(the conjunctive rule)則要求對品牌進行資訊處理。與排除法則一樣，連接法則也為每個特性建立了捷徑。如果一個品牌能夠符合所有捷徑就會被選上，如果一條捷徑不符合的話，就意味著會被拒絕。假如沒有一個品牌能符合所有捷徑，選擇可能就會被擱置，人們可能會改變決策規則，或者修改捷徑。

如果理查一開始設定所有屬性的等級都必須在「良」或者更好，那他就不會選上任何一個品牌。接著他可能會修改決策規則，承認在他接受的價格範圍內達到這些高標準是不可能的事。在這種情況下，理查可能會決定，即使他的電視機沒有子母畫面功能他也能過下去，那麼他就會再次考慮Precision的產品。

補償性規則

與非補償性規則不同，補償性決策規則(compensatory decision rules)給予產品一個彌補缺點的機會。採用此規則的消費者傾向涉入購買過程，更願意付出努力，以一個更準確方式來考慮產品的整體狀況。例如，假如理查不考慮立體聲接收功能的話，他可能就會選擇Prime Wave的產品。但因為這個品牌不是以這個被高度重視的屬性為特色，若理查使用非補償性規則時，這項產品就不再有被選上的機會了。

現在已得到確認的補償性規則有兩種基本類型。當使用簡單附加規則(simple additive rule)時，消費者只選擇有大量正面屬性的產品。這種選擇只發生在消費者處理資訊的能力或動機有一定限制時。對消費者來說，這種方法的缺點在於，有一部分屬性可能沒有什麼意義或者並不重要。一個吹捧產品優點的廣告可能會很有說服力，但事實上在該產品類別中有許多優點是非常普遍的，根本不具決定性。

另一個更複雜的補償性規則被稱為加權附加規則(weighted additive rule)[100]。當消費者採用這種規則的時候，他們考慮的是正面屬性的相對重要性，其實就是品牌評價等級乘上權重。如果你覺得這種處理方法聽上去很熟悉，那是應該的。這個計

算過程與第7章的多屬性態度模型非常相似。

摘要

消費者隨時都會面對產品的選擇。有些決策非常重要且需要付出大量的努力，而另一些決策實際上是在一種自動化基礎上進行的。

決策有許多觀點，從注意消費者隨著時間發展的習慣，到強調包含大量風險的陌生情境都有。在這些情境中，消費者在作出選擇之前必須對資訊進行仔細的選擇和分析。我們的許多決策是反射性的，大多數更取決於過去的習慣。隨著行銷人員開始推出各種智慧型產品，將會加速助長這個傾向。智慧型商品讓「無聲商務」(silent commerce)成為現實，今後，許多購物決策會透過產品本身完成（如設備發生故障時會自動與修護人員直接聯繫）。

一個典型的決策過程包含幾個步驟。第一個是問題識別，消費者首先要確認必須採取某些行動。激發這種確認方式有許多種，可以是現有產品的功能故障，也可以是出於對新產品的渴望，這種渴望來自於接觸到不同的環境或廣告，它們提供了關於「優質生活」的粗略印象。

一旦一個問題得到了確認並被認為有足夠重要性要採取一些行動時，資訊搜尋就開始了。這種搜尋既可以是對記憶的簡單掃描，看看過去曾經如何解決類似問題；也可以是廣泛的實地調查，消費者會參考各種資源，來盡可能收集資料。在許多情況下，人們進行的資訊搜尋少得令人驚訝。他們寧可依靠各種捷徑，如品牌或價格，或者乾脆模仿他人的購買行為。

在可能方案的評估階段，消費者把所有產品與自己的誘發集合結合進行考慮。誘發集合的產品通常具有某些共通性：具有相似分類。產品在心理分類的方式會影響到是否被消費者列入考慮，而某些品牌則與這些類別有更強的聯繫，如更具原型的產品。

網路改變了許多消費者搜尋資訊的方式。今天的問題是如何刪除過量的細節而不是搜索更多的資訊。相關搜索網站和智慧代理人有助於過濾和指導搜尋過程。人們也許能夠依靠類似網路入口的網路媒介，在無數資訊中進行篩選來達到簡化決策過程的目的。

行為經濟學領域的研究說明了決策並非總是一個嚴格的理性過程。劃分心理帳目原則證明了決策可以受到問題呈現方式（稱為建構），以及其中是否涉及收益或損失等因素的影響。

當消費者最後必須在產品中作出選擇的時候，他們可能會使用多種決策規則。非補償性規則刪除在消費者選擇標準上不夠完善的產品。更可能被用在高涉入情況中的補償性規則，則允許決策者更仔細地考慮每個產品的優缺點，以作出一個最佳選擇。

啟發式法則或經驗法則經常被用來簡化決策過程。人們長期依賴二者而形成了許多關於市場的信念。其中最常見的信念之一是：價格總是與品質正相關。其他則依靠知名品牌或產品原產國作為產品品質的信號。如果人們長期購買同一種品牌的產品，這種行為模式可能是出於品牌忠誠度，也可能僅是慣性，因為這是最容易做的事了。

思考題

1. 如果人們不是永遠的理性決策者，那麼購買決策的制定過程還值得努力研究嗎？我們可以用什麼方法來瞭解經驗型消費，並把這種知識轉化為市場策略？

2. 舉出三種可以作為品質信號的產品特性，並分別舉例。

3. 為什麼在一種產品被消費者拒絕以後，就很難再把它放到消費者的誘發集合中？為了達到這個目的，行銷人員可以使用什麼策略？

4. 詳細說明本章描述的三層次產品類目。為一個健康俱樂部作一個這樣的類目圖。

5. 討論兩種不同的非補償性決策規則，指出兩者間的不同。說明在不同的產品選擇中，兩者的使用有何不同。

6. 選擇一個日常購物比較規律化的朋友或家人，並且紀錄一段時間內他們日常消費品的購買情況。你能夠根據購買的持續性發現任何說明品牌忠誠的證據嗎？如果有的話，跟這位消費者談談這些購買行為。試著瞭解他的購買是出於真正的品牌忠誠還是出於慣性。你會使用什麼方法來區別這兩者？

7. 組成一個三人小組、選擇一個產品，並根據消費者決策的三種方法：理性的、經驗的和行為的影響，來為這個產品制定一個行銷計畫。三種觀點強調的部分有何主要差異？對於你選擇的產品來說，哪一種問題解決類型是最可行的。這是由產品的哪一種特性決定的？

8. 找一個打算進行一項重要購買的消費者。請那個人列一張在他作出決策前參考所有訊息來源的序列表。你如何歸納這些訊息的類型（如國內外的、媒介與個人的）？哪一種類型的訊息看起來對個人決策產生了最大影響？

9. 進行一項關於原產國刻板印象的調查。列出5個國家，並詢問別人會把這些國家分別與什麼產品進行連結。他們對這些產品以及這些產品可能具有的特性評價如何？國家刻板印象的威力也可以透過另一種方式來證明。準備一份關於某個產品特徵的描述，並請人們根據品質、購買的可能性等對這個產品進行等級評定。製作幾個只在原產國這一項不同的版本，評定等級會有改變嗎？

10. 請一位朋友詳細談一談他在近期的一次購買活動中，選擇某個品牌而不選其他品牌的心理過程。根據他的描述，你能夠分辨出其中最有可能運用的是哪種決策規則嗎？

11. 高科技有一定的潛力，可以透過減少需要處理的雜亂訊息的數量，達到讓我們在網路上獲得真正感興趣訊息的目的。另一方面，智慧代理人根據我們或與我們類似的其他人過去的購買經歷，為我們的購買提供意見——它們減少了我們遇見不熟悉東西的可能性，如一本從來沒聽過主題的書、或者與平時聽的音樂風格不同的樂團。你認為那些購物機器人的不斷成長，會因為它們只向我們提供更多的類似選擇，而使我們的生活變得太容易預測嗎？如果真是這樣，會是一個問題嗎？

12. 向10至20人提供本章決策偏見部分所描述的情境。你得到的結果與本章提供的結果相比有什麼異同？

13. 回想一下你最近在網路上購買的商品。描述你當時的思考過程。你如何察覺自己想要／需要它？你如何評價同樣適用的其他商品？你後來決定透過網路購買嗎？原因為何？哪些因素會影響你對線上購物（或傳統購物）的偏好？

購買與汰舊

　　羅勃真的很興奮，重要的日子終於來到：他即將買下一輛車！他已經留意那輛停放在羅斯汽車展示廳的銀色卡麥羅(Camaro)好幾個星期了。雖然標價是2,999美元，但羅勃認為能以2,000美元這個酷價格買下這個寶貝，羅斯汽車公司看起來急欲出售一些車輛。此外，他還在網路上做了功課。首先他從凱利藍皮書網站(kbb.com)上找到了二手卡麥羅的價格，接著又在autobytel.com網站上搜尋到附近區域販售的卡麥羅。他要讓那些銷售員知道，他們面對的可不是土包子。

　　和其他嶄新、華麗的汽車展示廳不同的是，這個地方是真正的修車場，非常陰暗和蕭條，讓他迫不及待想離開去沖個澡。羅勃開始擔心討價還價的可能性了，但他還是希望說服銷售員接受他的報價，因為他了解那輛車的真正價格。在羅斯汽車展示廳的門前有很多大標語宣稱，今天是羅斯展廳的優惠酬賓日！事情似乎比預期的好——或許他能以低於計畫的價格買到那輛卡麥羅呢。當看到自稱朗達的女銷售員向他走來時，有一些吃驚。他原以為他要對付的是穿著俗氣運動服的中年男子（他對二手汽車銷售員的刻板印象），但和年齡相仿的女子打交道要好，他就不必表現得那麼強硬了。

　　當羅勃向朗達提出1,800美元的報價時，朗達笑了起來，表明她無法接受這麼低的價格，而且若把這價格報給老闆，她會被炒魷魚的。朗達對於那輛車的熱情使羅勃確信，無論如何必須擁有這輛車。當他最終簽下2,700美元的支票時，他已經被討價還價弄得精疲力竭了。這是一場多麼痛苦的考驗啊！但不管怎麼說，至少他說服了朗達以低於標價把車賣給他。也許一、兩年後整修一下可以賣個更高的價錢呢。看來在網路搜集資料果真起了作用——在談判時，他覺得自己比想像中要更強悍呢。

對消費者行為的情境影響

　　許多消費者都害怕買汽車。事實上，揚克洛維奇公司的一項調查發現，購買汽車是所有零售購買體驗中最容易引發焦慮且最缺乏滿足感的購買行為[1]。但由於汽車展示廳不斷改變，事情將有所不同了。像羅勃這樣的汽車購買者會登入網路尋求服務，聘請能代替他們進行談判的汽車經紀人、到倉庫俱樂部購買汽車，並到規模龐大的汽車購物中心進行各種汽車廠牌的比較。

　　羅勃購買汽車的經歷點出本章要討論的某些概念。進行購買行動通常不僅是到一間商店裡，然後快速地挑出一樣東西這麼簡單而常規性的事情。如圖10.1所示，消費者的選擇受到許多個人因素的影響，如他的心情、購買時是否有時間壓力，以及使用產品的特定情境和背景。在購買一輛汽車或一棟房子的情況下，銷售人員或房地產經紀人會在最終選擇中扮演極重要的角色。在這個時代，人們通常會在走進某家經銷店和商場之前，先用網路上的產品和價格資訊武裝自己，這些資訊帶給零售商額外的壓力，從而使消費者以期望價格買到產品。

　　但是銷售並不是在購買發生以後就結束了，很多重要的消費者行動發生在產品買回家以後。在使用產品以後，消費者必須決定是否對這個產品感到滿意。這個滿足過程對那些精明的行銷人員來說尤其重要，因為他們體認到行銷成功的關鍵並不是把產品賣出去一次，而是與消費者間建立一個穩固關係，以使他在將來不斷地持續購買這種產品。最後，正如羅勃對汽車轉售價格的考慮，我們同樣也必須考慮

圖10.1　**購買及購後活動的相關議題**

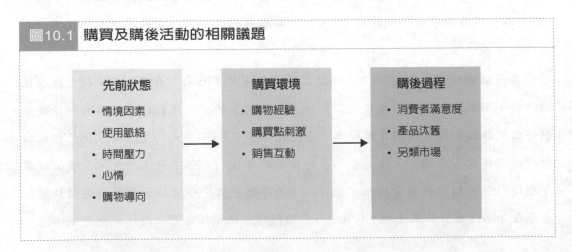

消費者會如何處理產品，以及二手市場（如二手車交易商）如何在產品購買中扮演關鍵性角色。本章將討論一些購買和購後處理有關的議題。

消費情境(consumption situation)是由個人和產品屬性以外的因素來決定，這些因素會影響產品和服務的購買和使用。情境的影響可以是行為上的（如招待朋友），也可以是感覺上的（如感到沮喪或時間上的壓力）[2]。依照常理，人們會為特定場合制訂購買決策，而且某個特定時間點上的感受會影響購買的東西和行為。精明的行銷人員能洞悉顧客心態，並且會努力投入於營造顧客易於購物的情境。例如，讀書俱樂部一般會在六月花大量資金進行促銷活動，因為這時候許多消費者會開始準備一些「海灘書籍」以備夏天的閱讀之用[3]。

然而除了產品和使用情境間的關聯外，我們重視周圍環境的另一個原因是，在任何一個時間點上，個人扮演的角色部分取決於他的情境自我意象(situational self-image)——他會捫心自問：「此時此刻我是誰？」[4]。那些試圖扮演「公子哥兒」角色，希望給約會對象留下深刻印象的人，可能會開昂貴的香檳而不是大口喝啤酒，還會買鮮花送美人——這些都是平時他和麻吉一塊喝酒根本不會考慮消費的。讓我們來看看，這個動態系統如何影響人們對所購物品的考量。

透過系統性確認重要的使用情境，行銷人員能夠使用市場區隔策略對產品進行定位，使產品能符合這些情境所引發的特定需要。許多產品類別都順應了這種市場

網路收益

科技讓行銷人員得以利用很棒的新方法，隨著消費情境的變化，精密調整出最適合的行銷訊息。麥當勞現正測試一種數位標示系統，可以隨著不同環境狀況，自動更新菜單看板的內容。顧客早上踏進麥當勞，將看到熱騰騰的蛋堡和薯餅在動態畫面中對他們招手；待十點鐘早餐供應時間一過，看板會忽然換上麥香堡、薯條和冷飲登場。在大雪紛飛的日子踏進麥當勞，看板上的冷飲已經變成熱咖啡啦[5]。

這項技術出自一位舊金山企業家之手。如果整套系統測試成功，今後連高速公路旁都會出現動態廣告看板。看板上的感應器會隨時偵測此刻經過的車輛大多數正在收聽哪個電台節目。感應器所得的結果將與平時調查的資料進行比對，針對平常最常收聽這個節目的族群自動顯示特定的廣告訊息。假設此時路過的車輛大多正在收聽某一節目，而平時收聽該節目的多為高所得人士，那麼看板就會顯示高價位產品或服務的廣告訊息[6]。

區隔。例如，針對都市公寓、海灘度假別墅、昂貴套房，我們會選擇不同的傢俱類型。同樣地，摩托車也可根據駕駛者使用目的進行區分，包括作為上下班的交通工具、作為越野摩托車、在農場裏使用或作公路旅行之用等等[7]。

表10.1舉出利用消費情境如何精確調整市場區隔策略的例子。透過列舉一種產品的主要使用情境（如在滑雪和日光浴情境中使用防曬乳液）以及該產品的不同使用者，我們就能建立起一個矩陣，以識別出每個特定情境需強調的特定產品屬性。例如在夏季，防曬乳的製造商可能將宣傳重點放在防曬乳液瓶身能夠漂浮在水面上，因此不會掉進海裡就不見；而到了冬季就會強力宣揚產品的不結凍配方。

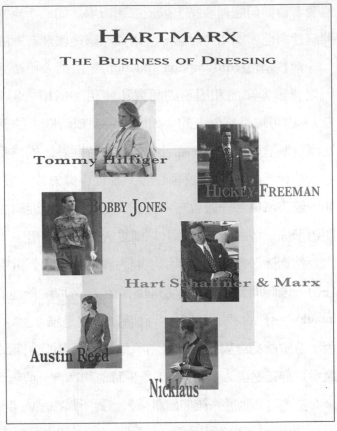

衣著的選擇通常受到所處情境極大的影響。(courtesy od Hartmarx Clothing)

社會環境和實體環境　▶ ▶ ▶ ▶ ▶ ▶

消費者的實體環境和社會環境皆影響其使用產品的動機和對產品的評價。其中比較重要的包含個人實體環境以及其他消費者購買產品的數量和類型。實體環境的各種要素，如裝潢、氣味甚至是溫度都會明顯地影響消費。一項研究甚至發現，在拉斯維加斯的賭場裏注入某些氣味確實能夠使客人在玩吃角子老虎時投更多錢下

表10.1	防曬乳液的個人—情境—市場區隔矩陣							
	兒童		青少年		成年女性		成年男性	
情境	白皮膚	黑皮膚	白皮膚	黑皮膚	白皮膚	黑皮膚	白皮膚 黑皮膚	利益 ／特色
海灘／遊艇日光浴	複合驅蟲成分				夏季香味			a.產品具有防風護膚作用 b.配方及包裝瓶能耐高溫 c.包裝瓶能浮在水面上而且顯眼（不容易遺失）
家庭游泳池日光浴	複合驅蟲成分				複合保濕成分			a.產品有大容量的擠壓式分裝瓶 b.產品不會弄髒木頭、水泥、傢俱
太陽燈照射					複合保濕及按摩油成分			a.產品是特別根據不同形式的太陽燈而設計 b.產品具有人工曬黑成分
滑雪					冬季香味			a.產品為特定光線輻射及天氣提供了特別防護 b.產品有防凍配方
個人利益／特點	特殊防護 a.防護是最重要的 b.配方無任何有毒副作用		特殊防護 a.產品適合放在牛仔褲口袋裡 b.產品被意見領袖所使用		特殊防護 女性香味		特殊防護 男性香味	

資料來源：Adapted from Peter R. Dickson, "Person-Situation: Segmentationn's Missing Link," *Journal of Marketing* 46 (Fall 1982): 62. By permission of American Marketing Association.

去[8]。本章後半會討論到店鋪設計的策略，將針對這些因素作進一步的討論。

然而，除了實體情境外，群體或社會環境也會對許多消費者的購買決策產生顯著影響。在某些情況下，僅是其他顧客——共同消費者(co-consumer)的在場與否，都可視爲一種產品屬性，因此某些專賣店或流行服飾店就會爲頂級顧客提供私人消費空間。而在其他時候，他人在場又會有正面的價值。一場觀眾稀少的棒球賽或一家空蕩蕩酒吧就會給人一種很沮喪的感覺。

在一個消費環境中，許多人的存在會提高激發程度(arousal levels)，意味著消費者對這個環境的主觀經驗會變得更強烈。然而，這種情況可能造成正面或負面影響——取決於消費者對這種喚醒的詮釋。基於這個原因，區分密度(density)和擁擠(crowding)就很重要了。前者是指佔據一個空間的實際人口數，只有當這種密度產生了負面效果，擁擠的心理狀態才會出現[9]。例如，當100個學生擠到一個容量爲75人的房間時，就可能會使在場的人變得不愉快；但如果在一個派對上，同樣數目的人擠在同樣大小的房間裏，反而會使氣氛更熱烈。

此外，光顧某一家商店或服務場所的顧客類型，或某種產品的使用者也會影響產品評價。我們經常透過觀察某一家商店的顧客來對這家商店進行推測。因此某些飯店要求男士赴宴時穿上外套（如果沒有飯店會提供），而某些時尚的酒吧，保鏢會對門口排隊等待的顧客穿著進行評判，看其形象是否符合這家夜店的要求，再決定是否讓其入場。套句喜劇演員格勞喬‧馬克斯(Groucho Marx)的話：「我永遠不會加入一家讓我成爲會員的俱樂部。」

▶ 暫時性因素

時間是消費者最寶貴的資源之一。我們時常會說「湊時間」或「花時間」，而且總是聽到「時間就是金錢」。一般說來，只有能奢侈地使用時間時，我們才會仔細地搜索資訊並處理資訊。在平安夜9點鐘聲響起時，我們會發現一個平時貨比三家的謹慎消費者在商場裡飛奔，瘋狂地尋找任何還留在貨架上能充當禮物的商品。

經濟時間

時間是一個經濟變數：是一種必須在各種活動之間進行分配的資源[10]。消費者試圖利用將時間分配給最合適的任務組合，從而使滿足極大化。當然，人們對於時間的分配決策是各不相同的：有的人看起來似乎所有時間都在玩樂，卻有另外一些人是工作狂。一個人對時間決策的偏好決定了他的時間風格(timestyle)[11]。在不同國家，人們會以不同步調來「花費」時間資源。一位社會科學家為了研究不同文化的時間風格，走訪了世界31座城市[12]，與助理實際測量當地人們的生活步調，如行人走60呎距離、或郵局職員將一枚郵票賣給顧客的時間等。根據測量結果，他舉出步調最快與最慢的前幾名國家：

最快的國家：(1) 瑞士(2)愛爾蘭(3)德國(4)日本(5)義大利。

最慢的國家：(31)墨西哥(30)印尼(29)巴西(28)薩爾瓦多(27)敘利亞

許多消費者都感覺到目前有一股前所未有的時間壓力，這種感覺稱為**時間貧乏**(time poverty)，主要來自於認知而不是事實。人們可能只是因為有太多安排時間的選擇，取捨這些選擇時才使人感到了壓

時間貧乏的現象為許多新產品開創了商機，如行動杯湯，方便人們能同時進行好幾件事。(Courtesy Campbell Soup Company)

網路收益

「時間貧乏」的煩惱日益普遍，研究人員也注意到，愈來愈多人開始有同時進行好幾件事的習慣，也就是所謂的「多時活動」(polychronic activity)或一心多用[16]。一心多用的情形在吃東西時最為常見。消費者往往沒有固定用餐時間，老是邊吃邊忙。最近有項調查顯示，64%受訪者表示他們經常邊吃東西邊做其他事情。一位食品公司主管評論道：「以前還會嚼，現在是用吞的。」[17]眼見消費者一路吃一路趕，食品業者也加快腳步想滿足他們的需求。以下是即將上市的一些「趕路」食品：

- 通用食品公司將旗下的優沛蕾(Yoplait)優酪乳，改良為富有20種維他命與礦物質的去脂優酪凍飲「努力吃」（Nouriche，暫譯）。電視廣告說的是：「沒時間好好吃飯？『努力吃』吧！」

- 卡夫食品公司(Kraft Foods)推出「納貝斯克隨身包」，是納貝斯克餅乾的迷你版，大小放入置杯架中剛好，有點類似市面所發售的菲多利隨身點心(Frito-Lay Go Snacks)。

- 接下來會紅的將是可以邊走邊吃的擠管式食品：賀喜推出管狀「行動布丁」(Portable Pudding)，還有膠狀水果口味點心Jolly Rancher Gel Snacks[18]。

力。在20世紀初，每日平均工時是10小時（每週6天），婦女每週從事27小時的家務，而目前每週則不超過5個小時。當然這可能是由於先生比以前分擔了更多的家務，也有可能是因為在某些家庭裏，保持一塵不染的環境已經不再像以前那樣重要了[13]。但是，仍然有三分之一的美國人總是感到很匆忙──高於1964年的25%[14]。

這種時間貧乏意識使得消費者對那些能夠節省時間的市場新產品反應非常敏銳。例如香港的通勤者不需要在地鐵站外排隊買票，只要在入口時讓機器感應儲值卡片，直接扣除地鐵車資即可。讀取這種卡片時甚至不需與機器接觸，因此婦女可將整個包包貼近機器即可感應，並且把握搭車的時間[15]。在美國一種稱為InstyMeds的機器正等待測試，此機器運用在明尼亞波里醫院，患者在輸入安全密碼後可直接領取處方藥物並同時以信用卡付費[19]。

心理時間

「快樂的時間總是過得特別快」，但其他情境（如上課）就好像一輩子那麼長。我們的時間經驗是非常主觀的，而且會受到當下的優先順序與需求所影響。瞭解時間的流動性對行銷人員來說是很重要的，因為我們可能經常會處在一種消費的

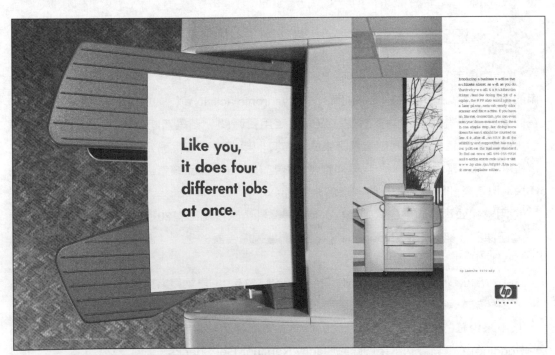

「多工」已經成了許多人的生活方式了。(Courtesy of Hewlett Packard)

心態中。我們要能分辨出時間類目，以找出人們最有可能接收行銷訊息的時刻[20]：

● 順流時間：第四章曾提到，人處於順流心境時，會對眼前活動全神貫注。這不是用廣告博取他們注意的好時機。

● 場合時間：發生難忘事件的特殊時刻，如迎接新生命到來，或應徵某項重要職務的場合。與該場合的情況高度相關的廣告，將得到人們完整的注意力。

● 截止時間：期限當前，人們正忙得不可開交，最不適合爭取他們的注意力。

● 閒暇時間：有空檔的時候，人們較有可能注意到廣告的存在，或許他們會想趁機嘗試一下新事物。

● 消磨用的時間：如候機或坐在休息室裡的等待時刻。人們會覺得大可利用這段餘暇把注意力放在一些平常不會注意的事情上。因此人們比較能接受一些商業訊息，甚至一些平常不大會使用的商品。

我們的時間感很大一部份取決於個人置身的文化環境。不同的社會對時間有不同的認知觀點。對大多數西方國家消費者而言，時間是可以切割的：晨起、上班上學、返家、用餐、外出、就寢……然後再度起床，週而復始。這種時間感稱為「線性可分割時間」(linear separable time)，凡事循序漸進，各時段都有明確界定，按部就班，各就各位。過去、現在、未來，無不清清楚楚。有很多事是為以後預做準備，也就是人們常說的「未雨綢繆」。

這種觀點似乎再自然不過了。不過，並非全世界都是以這種觀點看待時間。有些文化會視「時序」(procedural time)行事，完全忽略鐘錶所定義的時間。只要「時機對了」，他們就會開始動作。世界上還有很多文化是根據「事件時間」(event time) 運作。例如在非洲國家布隆迪(Burundi)，人們約定碰面的時間是「牛群喝完水回來」。到了馬達加斯加，如果你問某人到市場的路要走多久，他可能會回答「煮一頓飯的時間」。

另一種體驗時間的形式是「週期時間」(circular/cyclic time)。人們根據自然界運行的週期行事，如季節更替（在許多西班牙文化裡相當普遍）。在這些消費者心中，無所謂「未來」之類的概念，因為時間週而復始，未來和現刻並無兩樣。由於他們不具對未來價值的認知，這些消費者較喜愛購買能立刻使用的次級品，不會期待未來更新更好的產品上市。同時，你也很難說服他們去購買保險之類為將來做點打算的產品，因為他們的腦海不存在富未來概念的線性時間觀。

　　曾有群大學生參與心理測驗，被要求畫出他們對時間的感覺，圖10.2是他們所繪的部分結果，顯示人們心中大異其趣的不同時間觀。左上方的圖代表某種程序時間觀，由左至右並無特定指向，也不大能看出過去、現在與未來的分別。圖10.2中央三幅圖則代表週期時間，繪圖者畫出規律的週期圖示。最底下的繪圖則表現某種線性時間觀，由左至右延伸的時間線可看出明確區隔與清晰順序[21]。

圖10.2 時間的圖畫

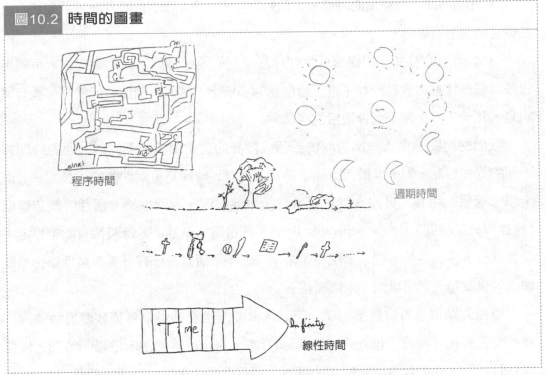

程序時間

週期時間

線性時間

資料來源：Esther S. Page-Wood, Carol J. Kaufman, and Paul M. Lane, "The Art of Time." *Proceedings of the Academy of Marketing Science* (1990).

　　時間心理面向（也就是實際體驗時間的感受）是排隊理論(queuing theory)的一項重要因素。排隊理論以數學來研究排隊等候的過程。消費者等待的心理體驗，將根本性地影響他對服務品質的認知。雖然我們會假定好東西會讓人覺得值得一等，然而等候過久可能引發的負面情緒會立即讓消費者產生反感[22]。

　　於是業者開始運用各種小技巧，盡可能縮短顧客等待過程中感受到的時間長短。這些技巧種類繁多，包括設法讓客人感覺隊伍拉得並不長，或用其他事物讓他們暫時忘記自己正在排隊[23]。

● 一家連鎖旅館在接到關於等待電梯的許多抱怨後，在電梯附近放置了幾面鏡子。人們天生愛檢視外表的傾向使抱怨減少了，雖然實際的等待時間並沒改變。

● 航空公司的旅客經常抱怨認領行李需要花時間等待。過去他們花1分鐘從機艙走到行李傳送帶，然後再花7分鐘來等待行李。之後改變了旅客動線，使他們步行到傳送帶的時間為6分鐘、等待行李的時間則為2分鐘，抱怨幾乎完全消失了。

● 連鎖餐廳都爭先恐後地引進速食以加快供餐速度，特別是汽車點餐服務，這項服務帶來的好處目前占了總利潤的65%。在一項針對25家速食店的速度進行排名的研究中，駕車者從點餐到離開平均只花203.6秒。溫娣漢堡的最快記錄是150.3秒。為了加快速度並減少破壞食物的可能，麥當勞設計了一種適合放在汽車飲料架上的沙拉容器。Arby公司正致力於「高黏性」的特製調味料，以減少濺出的可能性。漢堡王正在試製透明的包裝袋，以便顧客能夠在離開前快速檢查購買的食物[25]。

▶ 先前狀態：如果感覺不錯，就買了

一個人在購物時的心理或生理狀態會對所購產品產生巨大影響，甚至影響對產品的評價[26]，因為人類行為總是為達到某特定目標。如果你不相信，試著空腹去逛逛超市吧！

消費者的心情能夠對購買決策產生很大的影響。例如，壓力會降低資訊處理過程和問題解決的能力[27]。一位消費者會對消費環境作出積極還是消極的反應取決於兩個因素：愉悅程度(pleasure)和激發水準(arousal)。人們會喜歡或不喜歡某一情境，也可能感受到或感受不到刺激。如圖10.3所示，愉快程度和喚醒水準的各種組合能夠導致不同情緒狀態。例如，某種喚醒狀況可能是悲傷的，也可能是興奮的，這取決於當時是積極或是消極的背景（如民眾暴動的街道或進行節慶活動的街道）。在一個歡愉的環境中保持「熱烈」的氣氛是主題樂園——迪士尼樂園——成功背後的一個重要要素。這些樂園一直努力把精心策劃的刺激因素提供給遊客[28]。

某一種特定心境是愉悅程度和喚醒水準的結晶。例如，「高興」狀態是高度愉快和中等喚醒水準的結合，而「得意」在兩個面向上都是高水準[29]。一種心理狀態（無論是積極或消極）會左右對產品和服務的評估[30]。簡單地說，當消費者的心情比較好時，就會作出更多的積極評價（這就解釋了商業午餐流行的原因）。

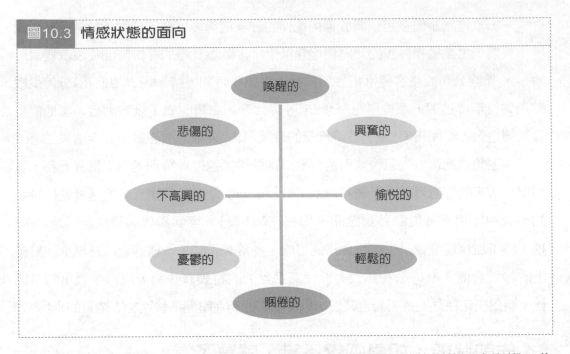

圖10.3　情感狀態的面向

喚醒的

悲傷的　　　　　　　　興奮的

不高興的　　　　　　　　愉悦的

憂鬱的　　　　　　　　輕鬆的

睏倦的

　　　心情會受到店面設計、天氣或者其他對消費者而言比較特別的因素影響。此外，音樂和電視節目也會影響心情，而這又對廣告產生重要影響[31]。當消費者聽到快樂的音樂或看到愉快的節目，就會對廣告和產品有更正面的反應，特別是當行銷訴求希望喚醒情感反應的時候[32]。當處於正面的心理狀態時，消費者對廣告訊息的處理不會非常仔細，而更依賴啓發式法則的處理過程（見第9章）[33]。

購物：是工作還是冒險？　

　　　有些人即使沒有任何購物的打算也會常去逛街，而另一些人卻要被拖著才會去商場。購物是一種獲得所需產品和服務的方式，但是購物的社會動機也相當重要。因此，購物是一種可以出於功利性目的（功能性或有形的），也可以出於享樂性目的（愉快或無形的）的活動[34]。的確有部分研究提到，大多數女性會為「愛」而買，而男性大多則為「求勝」而買。根據這個觀點，女性藉由購買以求得自身情感的滿足，男性則透過代表身份位階的商品來展現個人專業與能力[35]。顯然這種區分並不是絕對的，不過無庸置疑的是，人們購物的動機遠比我們所見的更為複雜。

購物的理由

人們喜愛還是厭惡購物？答案是不一定。我們可以根據不同的購物導向(shopping orientation)，也就是人們對購物抱持的大致態度，來區隔不同的消費者類型。不同的產品類別與商店類型，也會讓同一位消費者出現不同的購物導向。某人也許對買車子沒興趣，卻喜歡往唱片行裡鑽。我們對購物的感覺也會受自身文化環境影響。一項以全球女性為對象的調查顯示，世界各國女性喜愛購買衣服的比例均超過60%，僅香港除外，當地僅有39%女性表示喜歡購買衣服。最高比例出現在拉丁美洲國家，如巴西、哥倫比亞等國，均有超過80%女性表示購衣是她們最喜歡的活動。其他的高比例國家還包括法國、義大利與日本[36]。

研究人員利用瞭解人們購物潛在原因的心理量表，對購物動機的多樣性作出了很好的說明。一個測量享樂價值觀的項目是「在購物過程中，我感到了狩獵的興奮。」將其與描述為「我完成了這趟購物要完成的任務」的功能型價值觀比較，兩者差異非常明顯[37]。快樂的購物動機包括以下幾類[38]：

全球瞭望鏡

「國際罷買日」(International Buy Nothing Day)的立意，是藉著呼籲人們忍個一天不買任何東西，來提醒大家消費文化如何讓我們與環境付出沈重代價。該活動推出一支30秒宣傳廣告，旨在反對西方國家（尤其是美國）帶動的消費主義。廣告裡出現一隻疊映在北美洲地圖上的豬，咂著嘴說：「平均一位北美地區居民的消費額為墨西哥人的5倍，中國人的10倍，印度人的30倍……歇歇手吧。」

事實上，西屋電器公司(Westinghouse Electric Corporation)所屬的哥倫比亞廣播公司(CBS)，在一封拒播該廣告的信中表示，國際罷買日是「與美國現階段經濟政策背道而馳」的做法。或許我們應該注意到一件事實：光是用來說服美國人投入消費所投下的廣告預算，就高出非洲撒哈拉沙漠地區所有國家的國內生產毛額。在巴西，一位廣告系學生凱歐‧拉祖瑞(Caio Lazzuri)十分積極地響應罷買日活動，因為他相信「……有些事正在毀掉這個世界，就像癌細胞在經濟體系中增長那般。」他寫道，以一整天時間罷買東西，有助於讓所有人看到，我們如何在廣告與消費主義中迷失了自己。尤其像巴西這樣的第三世界國家，套句拉祖瑞的話，「這裡已經被當成美國的廚房了」。

資料來源：改寫自羅曼納‧金恩(Romana King)撰「全世界罷買」(Buying Nothing Around the World)，刊於Centennial College發行之《信差報》(The Courier)，www.ddh.nl/nwd/1999/romana2911。

● 社會經驗：購物中心或百貨公司已取代傳統商場或市集，成為地方民眾的聚會場所。許多人（尤其郊區或農村居民）可能缺乏其他的休閒去處。

● 同好分享：擁有共同興趣的同好者，經常能透過商店販售的特殊商品，建立彼此溝通的機會。

● 人際吸引：購物中心是人潮聚集之處，因此變成青少年主要的聯誼場所。對中老年人而言，購物中心也是一座有良好管理的安全環境，如今許多購物中心特地為晨間運動者成立「商場漫步俱樂部」(mall walkers' club)。

● 立即性的地位提升：業務工作者都知道，有人特別喜歡被服務的感覺，即使他們不必掏錢買任何東西。一位任職於男性服飾公司的業務人員提出這樣的建言：「記住顧客的衣服尺碼，還有上次他們買了哪些衣服。讓顧客覺得他們很重要！如果你能讓人們覺得自己受到重視，他們就會再來光顧。每個人都喜歡被重視！」[39]

● 獵得戰利品的快感：有人會自豪自己是購物行家，懂得很多名堂。他們喜歡討價還價，甚至把殺價當成一種「日常運動」。

▶ 電子商務

越來越多網站在一夜之間冒了出來，出售各種各樣的商品，從冰箱小磁鐵到馬克卡車（Mack truck，美國出產一種工程用大卡車）應有盡有，行銷人員正激烈地討論著這種新興商業模式的影響[40]。有些人甚至徹夜不眠地思索著，電子商務是否註定會取代傳統的零售業，有沒有可能彼此相互合作；或者電子商務享盡一時注目接著逐漸衰退，成為將來孩子嘲笑的老掉牙狂熱。後者看起來好像不太可能：Forrester研究機構預測，到西元2004年，美國會有4千9百萬個家庭在網上購物，並花掉1,840億美元。歐洲上網購物人口在幾年之內就超過了1億人[41]。

對行銷人員來說，電子商務的持續發展是一把雙面刃。一方面，電子商務使他們能夠接觸到世界各地的消費者，即使這些消費者分散在千百萬公里的海外也沒有距離。另一方面，他們的競爭者不再侷限於附近街道上的商店，而是橫跨全球、成千上萬的網站。第二個問題在於當銷售形式改變為將產品直接提供給消費者時，中間商將有可能被取代。中間商就是那些忠誠的以商店為本的零售商，他們將產品從廠商處運來，並加一點利潤調高價格將產品賣出[42]。「點擊對磚頭」(clicks versus

許多購物網站讓顧客省時方便。這一則法國購物／宅配網站廣告寫著：「再也不用趁週六鍛鍊肌肉啦……對呀，就是懶。懶惰不行嗎？」(Courtesy of Jean & Montmarin, Paris)

bricks)的問題已在行銷世界掀起了巨大風暴。

　　那麼，是什麼使電子商務網站成功的呢？根據NPD線上進行的一項調查，其中75%曾在網上購物的受訪者說，良好的顧客服務會使他們再次光顧這個網站[43]。而許多成功的電子零售商店也體認到，運用科技為顧客提供額外的好處能夠吸引並留住顧客。例如，Eddie Bauer(eddiebauer.com)為顧客提供了一個虛擬的試衣間。封面女郎化妝品網站(covergir.com)讓女性網友找到最適合膚色和髮型的顏色，或者針對不同的生活型態找尋相對的整體造型設計。很快地，觀看MTV台的觀眾朋友就可以在家裡用遙控器購買正在觀賞的音樂錄影帶了。

　　然而，在虛擬世界中，並非一切都是完美無缺的。電子商務也有限制，安全性就是其中一個受到關注的重要問題。社會上總是流傳著某些駭人聽聞的事件，像是關於消費者信用卡和其他身份資訊被偷竊等消息。雖然大多數盜竊案中盜刷金額在50美元之內，但對個人信用的損害則會延續好幾年。一些狡詐的公司透過刺探個人資料，接著賣給其他人來賺黑心錢——有一家公司這樣宣傳自己：「一個令人驚異的新工具，能讓你知道到一切想知道的內容，關於你的朋友、家庭、鄰居、員工甚至老闆！」[44]真令人害怕！幾乎每天都會聽說駭客入侵商業甚至是政府網站，並造成重大損失。行銷人員冒著損失商業機密和其他專利資訊的風險。許多公司必須花費大量金錢來維護安全，並定期進行檢查以確保網站完整性。

電子商務的另一項侷限與真實購物體驗有關。或許在網路上購買一台電腦或一本書會讓人感到滿意，但購買一件衣服或其他一些需要觸摸和嘗試的東西時，網路購物就顯得缺乏吸引力了。儘管大多數公司都有非常寬鬆的退貨政策，但消費者對於退還那些不合適或僅是顏色不對的商品仍然感到非常困擾。表10.2舉出一些關

表10.2　**對電子商務的正反意見**	
電子商務的利益	電子商務的限制
對消費者來說 ● 一天24小時都可購物 ● 減少路程 ● 可以迅速接收來自任何地方的相關資訊 ● 更多的產品選擇 ● 較低開發國家可以擁有較多的產品選擇 ● 更多的價格資訊 ● 更低價格可以購買更豐富的產品 ● 參與虛擬拍賣 ● 快速的產品遞送 ● 電子社群	**對消費者來說** ● 缺乏安全性 ● 有詐欺行為 ● 無法觸摸商品 ● 實際顏色無法準確地顯示在電腦螢幕上 ● 訂購然後退貨花費龐大 ● 人際關係斷裂的潛在可能
對行銷人員來說 ● 世界就是市場 ● 減低了商業成本 ● 非常專門的商業領域也能成功 ● 即時報價	**對行銷人員來說** ● 缺乏安全性 ● 必須維持網站運作以獲得收益 ● 激烈的價格競爭 ● 與傳統零售商的衝突 ● 合法性問題尚待解決

資料來源：Adapted from Michael R. Solomon and Elnora W. Stuart, *Welcome to Marketing.Com: The Brave New World of E-Commerce* (Upper Saddle River, NJ: Prentice Hall, 2001).

於電子商務的優缺點。我們可清楚瞭解，傳統購物方式並沒有完全被取代──但「磚頭和水泥」(bricks-and-mortar)的零售商們確實需要進一步努力，向消費者提供那些在虛擬世界中得不到（沒有任何辦法得到）的東西──能讓顧客在其中輕鬆瀏覽、富有刺激性或愉悅的環境。現在讓我們來看看他們是怎樣做的。

▶ 像劇場般的零售業

各種無實體商店經營方式，從網站到郵購、電視購物頻道到家庭購物聚會的不斷增加，使得爭取顧客的競爭變得日益激烈。面對這麼多可供選擇的購物形式，傳統商店應該怎樣才能從競爭中勝出呢？購物中心試圖利用提供令人滿意的商品，同時以刺激消費者的社會動機為訴求，希望以此贏得他們的忠誠。

一直以來，購物中心都是社區的重鎮。社區居民聚集在購物中心進行社交活動，購物中心逐漸變成大型的娛樂中心，幾乎讓傳統零售商店看起來僅是聊備一格。如一位零售經理人所說：「購物中心逐漸成了新的小型主題樂園。」[45]現在在一個郊區購物中心裏看到旋轉木馬、小型高爾夫球場、棒球練習館這些設施早就已經不稀奇。賀喜公司在紐約時報廣場開設一家夢幻工廠，有四座噴泉、380呎的霓紅牆，以及讓顧客為另一半創造驚喜的電子看板。目的就是提供一種能吸引人們前往購物中心的動機，而這就促使那些具有創意的行銷人員，如巧克力製造商利用行銷手法模糊購物和電影院間的界限一樣[47]。

娛樂的需求指的是許多公司盡全力地想要為顧客創造充滿創意的環境，使其進入一個夢想王國或提供其他的刺激，這種策略稱為**零售主題**(retail theming)。創意十足的商人最常使用4種基本主題技巧：

• 風景主題，建立我們與大自然、地球、動物與人體意象的聯繫。像戶外用品店「Bass Pro Shops」模擬戶外環境來興建天然景觀，包括養滿魚的池子。

• 市集主題，與人工興建的場所產生聯繫。拉斯維加斯的威尼斯大飯店(The Venetian)，就大手筆地在當地重建出威尼斯城市景觀。

• 網路空間主題，呼應了資訊與溝通科技的主題。拍賣網站eBay的零售服務介面，就為買家與賣家挹注一種社群般的感受。

• 心靈空間主題，則著重抽象觀念與概念、內省、幻想，且往往會在精神境界

上大作文章。芝加哥市區的Kiva水
療館所提供的健康療法，就是由美
國印第安原住民的治療與宗教儀式
發展而來[48]。

商店形象

面對如此多的商店一同競爭，
消費者該如何選擇呢？由於有商品
存在（見第6章），商店也被認為具
有「人格」。一些商店具有非常鮮明
的形象（無論是好的還是壞的），而
其他則趨向於大眾化，可能沒有任
何特別之處，並因此被忽略。這種
人格，或者說商店形象(store image)
是由多種不同因素共同構成的。商

tuesday, 11:15 p.m.
buying a new dress.

bluefly

www.bluefly.com℠
the outlet store in your home℠

Women's, men's and kid's designer fashions.
Save up to 75%. 90-day hassle-free guarantee.

像bluefly這類電子商務網站，讓消費者端坐家中就
能盡情購物。(Courtesy of Bluefly Inc.)

店特色和消費者的特徵如購物導向等結合起來，有助於預測消費者會偏愛哪一種形
式的商店[49]。在組成商店形象的因素中較為重要的包括：定位、商品的適合程度、
銷售人員的知識和親和力[50]。

這些特色通常結合塑造出一個整體印象。當購物者想到一家商店時，他們可能
不會說：「它的地理位置非常方便，銷售人員挺讓人滿意的，並且服務也不錯。」
他們更可能會這樣說：「那個地方會讓我起雞皮疙瘩」，或「我一直很喜歡到那裏購
物。」消費者經常用籠統的標準來評估一家商店，這種整體感覺可能受那些無形因
素更大的影響，如內部裝潢和出入商店的顧客類型，而不是那些退貨規定或付費方
式。因此，某些商店總是會在消費者的誘發集合中（見第9章），而有些商店卻從來
不被考慮[51]。

聯邦快遞近來為各門市進行改裝，說明了業者在致力傳達品牌形象時，設計
能夠扮演關鍵性角色。圖10.4可以看到，該公司門市在施工前後的不同風貌。Ziba
Design公司為聯邦快遞進行的消費者調查顯示，相較於其他主要競爭業者，聯邦快

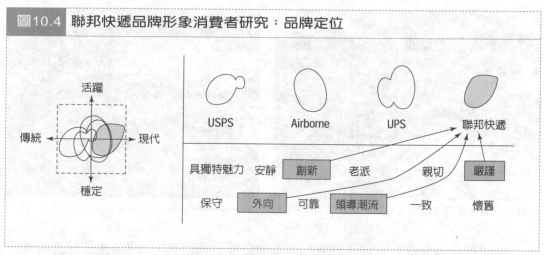

圖10.4 聯邦快遞品牌形象消費者研究：品牌定位

遞的品牌個性感覺起來比較創新、領導潮流、服務也更個人化。然而雜亂無章的門市格局，完全無法向前來送取件的顧客強化此一印象。於是設計師採用能呼應這些特質的色彩與形狀，爲聯邦快遞打造全新門面。

氛圍

　　由於商店形象現已被認爲是零售業綜合因素中一個非常重要的因素，因此裝潢店面的設計師們非常重視氛圍(atmospherics)，或者說是「對空間及各種面向進行獨特設計，以激發購物者的特定反應。」[52]這些因素包括顏色、氣味和聲音等。例如，油漆成紅色的商店容易使人感到緊張，而藍色的裝飾則會帶來冷靜的感覺[53]。如第2章提到的，初步證據顯示，氣味（嗅覺暗示）同樣能夠影響購物者對某家商店環境的評價[54]。一家商店的氣氛會影響購物行爲——最近一項研究報告說，購物者進入一家商場5分鐘的愉悅程度，能夠預測他在這家商場逗留的時間和消費金額[55]。

　　設計師們能夠精確控制商店設計中的許多成分，以達到吸引消費者和在消費者身上產生預期的影響。柔和的顏色會帶來一種寬敞、寧靜的感覺；而明亮的符號則會使人興奮。在一個微妙但有效的應用中，時尚設計者諾瑪·卡馬利在商場試衣間裏用粉紅色的燈光取代了螢光色。粉紅色的光線有映襯臉部膚色和淡化皺紋的效果，使得女性顧客更願意來試穿（和購買）這家公司的泳衣[57]。沃爾瑪百貨發現，使用自然日光照明分店的銷售量比使用人工效果照明的分店更高[58]。一項研究發現，比較明亮的光線會使人們更願意檢查和觸摸商品[59]。

聯邦快遞服務站的改裝前（左圖）及改裝後（右圖）。(Used with permission of Ziba Designs. Courtesy of FedEx)

除了視覺刺激之外，還有許多線索都能影響消費行為[60]。例如在鄉村西部酒吧裏，當自動點唱機的音樂變慢時，顧客就會喝下更多酒。據一位研究者表示：「重度酒精偏好者偏愛聽節奏比較緩慢、滿含情感、寂寞、自傷自憐式的音樂。」[61]同樣地，音樂會影響飲食習慣。另一個研究發現，那些聽大聲、快節奏音樂的消費者會吃得更多。相反地，聽莫札特和布拉姆斯的人吃得較少也較慢。研究者總結說，在進餐時選擇舒緩音樂的人每個月至少能成功減肥五磅[62]。

▶ 店內決策制訂

儘管行銷人員不斷努力試圖利用廣告來向消費者「預售」商品，但他們已經逐漸體認到，許多購買決策都受到了商店環境的影響。一項針對女性進行的研究顯示，女性決定購買哪件衣服的考量因素中，店內陳設是很重要的一環[63]。這在購買

行銷契機

商店、飯店與餐廳空間裡的聲音，充分影響到該企業的個性展現。業者意識到這點之後，反而創造了一個全新的小眾市場。許多業者包括W飯店、GAP、Structure、Au Bon Pain、星巴克、甚至服飾業者連恩布萊恩特(Lane Bryant)，現在都發行專屬的情境音樂專輯，讓消費者把音樂買回家，隨時重溫店裡的氣氛。長久以來，業者深知環境音樂(ambient music)能影響人的心境，偷兒聽到了會打消行竊念頭，顧客聽到了則會掏腰包付錢，不過一直到最近，他們才想到可以彙整發行這些音樂，成為另一種商品。這種「原聲帶」已被視為免費打廣告的新途徑，甚至業者還能小賺一筆[56]。

食品時有更大的影響力，據估計，大約每三例超市購買中有二例以上就是在超市走道上決定的。即使已經先列好購物清單的消費者，仍不免像是沒有清單似的自發性購物[64]。

行銷人員致力打造理想的購買情境，為的就是想在消費者形成決策的瞬間，盡可能提高影響他們念頭的機會。譬如引導顧客點什麼酒，這種策略可能就派得上用場。全球最大酒商帝亞吉歐(Diageo)公司，發現有60%的酒客是當場才決定點什麼酒。帝亞吉歐為了讓顧客多考慮點思美洛(Smirnoff)伏特加或約翰走路(Johnnie Walker)等該廠品牌，於是成立一組「飲料激勵隊」(Drinks Invigoration Team)，來提高所謂的「舌頭佔有率」。這組團隊的總部位於愛爾蘭都柏林，平時從事各類酒吧「環境」實驗、酒瓶陳列技巧，以及拿捏何種飲料最能貼近客人心情。例如該公司研究人員發現，氣泡有助於顧客產生振奮自己的念頭，於是他們開發出氣泡製造機，裝設在吧檯後方專門冒泡泡。帝亞吉歐甚至區分各種類型的酒吧與酒客，整理出不同類型顧客偏愛的酒，而他們點的又是哪些飲料。這些分類包括「風格吧」(style bar)，走在潮流尖端的顧客喜歡品嚐漂亮的新鮮水果馬丁尼，還有「話題吧」(buzz bar)，顧客喜歡以思美洛為底的調酒，與帶來活力的紅牛(Red Bull)啤酒[65]。

自發性購物

當消費者在商店裏產生了購物念頭時，可能產生以下兩個過程。第一種是無計畫購物，發生在一個人對商店陳列不熟悉或有時間壓力的時候；或者，一個人可能會因為看到某個商品陳列在貨架上而想要購買。大約三分之一的無計畫購買都可以歸因於在商店裏發現了新需求的存在[66]。

相反地，衝動購買(impulse buying)則發生在人們體驗到一種無法抗拒的購物慾望時。當消費者認為建立在衝動上的行動是恰當時，自發購物的傾向最有可能形成真正的購買行為，如買一件禮物給生病的朋友或請一次客[67]。為了迎合這種衝動，所謂的刺激物(impulse item)，如糖果和口香糖通常會擺放在靠近收銀臺的地方。

同樣地，許多超市老闆在超市中設計較寬的通道以誘使顧客逗留、察看商品，並且在最寬敞的地方用來擺放那些邊際利潤最高的產品。日常購買的低利產品被塞在窄通道的高處，以使消費者能夠加快速通過而不會發現這些商品[68]。最近一項高科技產品開始被用來促進衝動購物：是一種名叫攜帶型購物者的掃描槍，能使消費者在購物時登記自己所購的商品。這種掃描槍最初是荷蘭最大的日用品連鎖店Albert Hejin所發明，原來是用以加快消費者的購物速度，現在已被全世界150多家日用品商店採用[69]。

可根據事先計畫的程度來對消費者進行分類。計畫者(planner)傾向於預先打算好要購買的產品和品牌。部分計畫者(partial planner)在沒有去商店之前就知道需要的特定產品，但沒有決定購買哪個品牌。至於衝動購買者(impulse purchaser)則不做任何事前計畫[70]。一個參加消費者購物經驗研究的消費者，被要求畫出一位典型的衝動購物者，如圖10.5。

圖10.5　一位消費者對衝動購物者的想像

畫一幅圖

1. 你想像中的衝動購物者形象是什麼？在旁邊的空白處畫出一位準備進行衝動購物的典型衝動購物者。要有創意，不用擔心繪畫技巧。如果你怕畫不清楚某些特徵，可以用文字標明。
2. 畫完之後，想像一下，這位衝動購物者的心中會有什麼想法？把你的想法寫在對話框裡，就畫在這位購物者的頭部附近（像漫畫那樣）。

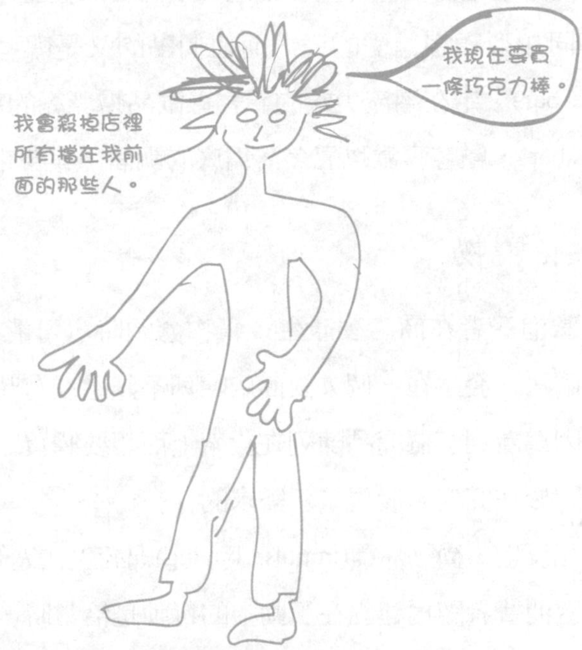

資料來源：Dennis Rook. "Is Impulse Buying (Yet) a Useful Marketing Concept?" (unpublished manuscript. University of Southern California. Los Angeles. 1990): Fig. 7-A.

店頭陳列刺激

適當的商品陳列能夠使衝動購物增加10%，這就是美國公司每年在店頭陳列刺激(point-of-purchase stimuli, POP)上的花費大於130億美元的原因。店頭陳列刺激既

可以是精心設計的商品陳列或擺設，也可以是發放折價券的機器，甚至是工讀生在商店走道上免費提供新上市餅乾的試吃。下面是一些更生動的店頭陳列：

- Timex：一隻滴答響的手錶放在一個裝滿水的金魚缸底部。

- 家樂氏的玉米脆片：一個畫有科尼利斯公雞(Cornelius the Rooster)的按鈕置於玉米脆片旁邊，使孩子們觸手可及。當孩子按一下這個按鈕時，就會聽到這隻公雞咯咯地叫。

- 伊莉莎白‧雅頓(Elizabeth Arden)：公司推出了一台「伊莉莎白」的電腦和放映化妝系統，能使顧客嘗試各種不同的化妝方式，而無需實際使用這些產品。

- 淘兒唱片行：使用音樂試聽方式讓消費者在購買唱片之前先進行試聽，還能讓顧客透過選擇與組合各類演唱者的歌曲來錄製自己想要的唱片。

- Trifari珠寶公司：這家公司為珠寶提供了紙製樣本，這樣顧客就能在家裏「試戴」這些珠寶了。

- Charmin衛生品製造公司：這家公司根據熟悉的主題歌曲「請不要擠壓Charmin」建立了Charmin反擠壓隊。員工們躲在成堆衛生紙的後面，當發現任何「擠壓者」時就從後面跳出來，並向他吹喇叭。

- Farnam公司：隨著憂鬱的背景音樂響起，一隻巨大且裹著黑色裹屍布的塑膠老鼠倒在一塊墓碑旁邊，這是為了促銷該公司的「只要一口」老鼠藥。

 網路收益

業者正開發新方式，以自動櫃員機(ATM)提供產品服務或顯示廣告訊息。ATM正慢慢地（卻勢必會）轉變為一種高科技的店頭展示媒介(point-of-purchase display)。美國銀行(The Bank of America)已經率先推出新式櫃員機，在顧客等候發鈔時播放簡短廣告訊息。不過這已經是昨天的舊聞了。目前正在開發的最先進技術是能連結網路的ATM，這款新機將重新定義什麼叫「提款」。不久之後，使用者可以看著螢幕背景的動態畫面，一邊查閱帳戶最新狀態或列印折價券。新一代ATM還能掃瞄存入的支票，收據上將隨印一份支票拷貝。這些機器能做的將遠遠超過銀行相關事務，在未來，它們會提供購票、股市行情、運動賽事紀錄、地圖、道路指引、支付帳單、還有從你的帳戶調出已作廢支票影像的功能[74]。不久之後，恐怕連錢都還沒從機器裡提出來，你已經開始在花用了！

▶ 銷售人員

銷售人員[72]是非常重要的店內因素。此種影響可以用交換理論(exchange theory)來理解，這個理論強調了每一次交互作用都包含了價值的交換。每個參與者在給予的同時也希望得到對方回報[73]。

在銷售交互作用中，顧客希望得到的是一種什麼樣的「價值」？銷售人員可以提供各種不同的資源。例如，他們能夠提供關於商品的專業知識，讓顧客更容易進行選擇。此外，因為銷售人員和藹可親，品味又和自己比較相似，看上去很值得信任，而對此次購物再次感到安心[75]。例如，羅勃的汽車購買經歷受到了與他互動的銷售員朗達的年齡和性別的強烈影響。事實上，一系列的調查研究都已證明了銷售人員的外貌對銷售有效性的影響。銷售和大部分的生活一樣，有吸引力的人總是佔優勢[76]。此外，服務人員和顧客建立融洽的人際關係也很常見：這稱為商業友誼(commercial friendships)。想一下那些對許多人來說同時是心理治療專家的耐心酒保！研究者已經發現，商業友誼在那些涉及感情、親密、社會支援、忠誠和互惠式贈與禮品方面與其他友誼是很類似的。這種友誼同時還具有支援行銷目標如顧客滿意度、顧客忠誠度和良好口碑等作用[77]。

購買者／銷售者之間的情形和其他兩人相遇（兩人團體）情形是類似的。在這種關係中，雙方參與者必須共同達成某種共識：在其中認同協商(identity negotiation)過程就發生了[78]。例如，如果朗達立刻為自己建立起一個專家身份，而羅勃接受這個身份，那麼她就會在這段關係中對羅勃產生更大影響。一些能有助於決定一個銷售人員角色的因素（較有效）是他們的年齡、外貌、教育水平和銷售動機[79]。

此外，較有效率的銷售人員通常都比較無效率的銷售人員更瞭解顧客的特徵和偏好，因為這些知識能夠使他們調整自己的方式來滿足特定顧客的需求[80]。當顧客和銷售人員之間的互動風格(interaction styles)不同時，這種調整能力就顯得十分重要[81]。例如，消費者帶到這種交互作用中的自信程度是不一樣的。一方面，缺乏自信的人可能會認為抱怨是一種不被社會接受的行為，因此在銷售情境中表現得比較靦腆。而自信的人則更可能用一種堅定但非威脅性的方式來維護自己的利益。攻擊性方式如果表現不當的話會變成粗魯和威脅[82]。

購買後的滿意度　▶ ▶ ▶ ▶ ▶ ▶ ▶

消費者滿意度／不滿意度(Consumer satisfaction/dissatisfaction, CS/D)是由消費者在購物後對商品的整體感覺或態度來決定的。隨著所購產品成為日常消費活動的一部分後，消費者就開始了對這些產品持續不斷的評價過程[83]。除去在某些產業中消費者的滿意度總是持續地下降外，一個優秀的行銷人員總是要不斷找出顧客不滿意的來源，以不斷改進[84]。例如，當聯合航空的廣告代理商開始著手調查空中旅行為乘客帶來的問題時，他們給了那些經常飛行的旅客一些蠟筆和一張顯示長途旅行不同階段的地圖，要求他們用鮮豔顏色標出那些帶來壓力和憤怒的路線，而用冷色標出感到滿意和寧靜的旅程。雖然機艙部分幾乎快被寧靜的淺綠色填滿了，但是注意看，售票處被標上了橘黃色，終點等待區則是火紅色。這次調查使聯合航空開始關注整體運作，而不僅是飛行中的體驗，「聯合升空」(United Rising)運動也就此誕生[85]。

▶ 對產品品質的知覺

消費者對產品有什麼期待？很簡單：品質和價值。特別是由於國外競爭的介

行銷陷阱

並非所有的銷售互動都是正面的，但有些真的十分引人注目。以下是幾個事件：

- 美國愛荷華州的一位婦女控告一名汽車經銷商，聲稱一個銷售人員說服她爬進一輛克萊斯勒協和車的行李箱中來檢驗它的寬敞性，然後他關上了車箱蓋並把汽車來回晃動了好幾次，明顯是為了和同事一起取樂。這個奇怪的行為顯然是來自於這家公司經理提供的100美元獎勵，這個獎勵是為那些能夠讓顧客爬進汽車行李箱的銷售人員設立的[87]。

- 一對底特律夫婦提了一宗1億美元的訴訟控告麥當勞，聲稱他們在要求退換淡得像水一樣的奶昔時，遭到3個麥當勞員工的毆打。

- 美國阿拉巴馬州一位麥當勞員工，涉嫌以原子筆戳刺顧客前額，被警方以二級襲擊罪名逮捕。受害人的律師觀察道：「在發生戳刺行為之前，這名員工就曾出現諸多不良索行。」[88]

入，品質保證已成為維持競爭優勢的策略關鍵[86]。消費者使用各種線索來推斷產品品質，包括品牌名稱、價格，甚至是自己估計一個新產品的廣告砸了多少錢[89]。這些線索以及其他諸如產品品質保證書和公司的追蹤調查信，都經常會被消費者用以降低認知風險，並使他們確信作了一個精明的購買決策[90]。

雖然每個人都要求品質，但品質到底意味著什麼卻不是非常清楚。當然，許多廠商都聲稱能保證品質。福特汽車公司強調：「品質第一」，其他汽車製造商也不時地作出類似聲明[91]：

- 林肯—水星：「所有美國一流汽車公司中品質最好的汽車。」
- 克萊斯勒：「設計出最好的品質。」
- 通用卡車：「優質而實惠。」
- 奧茲莫比爾(Oldsmobile)：「滿足所有美國駕駛者的品質要求。」
- 奧迪(Audi)：「用我們傑出的新保證來支持品質。」

如我們所願的品質

在《禪與摩托車維護藝術》一書中，一位受上一代大學生崇拜的英雄簡直是竭盡全力試圖找出品質的準確含義[92]，而行銷人員則把品質這個詞當成「好」的代名詞。因為「品質」廣泛而不準確的被使用，這個屬性已經面臨失去意義的窘境。如果每件產品都擁有它，還有什麼值得一提呢？

使事情更加混亂的是，滿意或不滿意不僅是對一種產品或服務實際性能品質的反應，還受到先前對品質水準期望的影響。根據期望不確認模式(expectancy disconfir-

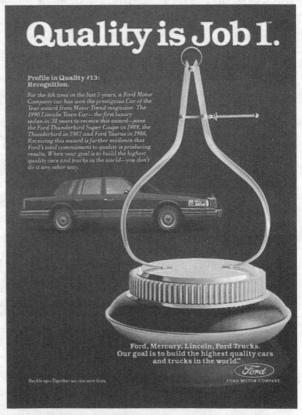

這則福特汽車廣告所訴求的是人們熟知的品質要求。
(Courtesy of Ford Motor Company)

mation model)，消費者根據對產品的先前經驗或暗示著某種品質水準的產品資訊，來建立對於產品性能的認識[93]。當某種事物的表現如我們所預期，我們對它就不會想得太多。反之，當它表現得與預期不一致時，就會帶來負面影響。如果其表現碰巧超過預期，我們將會非常滿意和高興。

為了深入理解此觀點，可以想像在不同類型飯店用餐時的期望。在富麗堂皇的飯店中，人們期望使用潔白閃亮且乾淨的玻璃餐具，因此當發現一個骯髒杯子時，就會感到生氣。相反地，在一家當地油膩的小餐館用餐時，發現酒杯上印有指紋並不會讓人非常驚訝；他們甚至會對這件事一笑了之，因為這有助於形成這個餐館的「魅力」。給行銷人員的重要教訓是：如果你不能保證的話，就不要過度承諾[94]。

這觀點強調了管理期望(managing expectations)的重要性——消費者的不滿意經常來自於對公司能力的過度期望。圖10.6闡明了在這種情形中，公司能採行的可能策略。當面對對公司能力不實際的期望時，公司可透過提高產品等級和品質來符合消費者期望，或者是改變期望；如果滿足消費者要求是不可行的話，就可能選擇放棄這些消費者[95]。期望是可以被改變的，例如，服務生可事先告知顧客他們點的那道菜份量將不會很大，或者新款汽車的購買者被告知在煞車時可能會聞到奇怪的味道，這些都是改變期望的情況。公司還可以作出較低的承諾，如全錄(Xerox)告知客戶其業務代表前往服務需要較長時間時，當業務代表提早到達就會讓客戶留下深刻印象。

當一家公司的產品失敗時，要求品質的力量將會彰顯。這時，消費者的期望破滅，產生了失望。在此情況下，行銷人員必須立刻採取步驟使消費者恢復信心。

圖10.6 消費者期望區

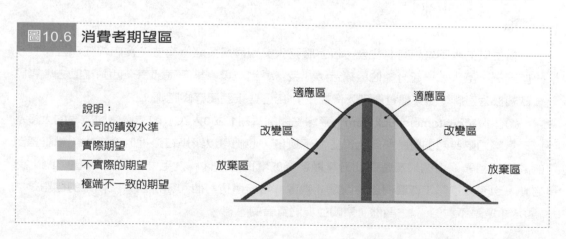

當公司能真誠地面對這個問題時，消費者經常是願意原諒並忘記不愉快的，如強生泰諾公司(Tylenol)（產品有損傷）、克萊斯勒（汽車里程表故障後卻當作新車重新出售）、沛綠雅礦泉水公司（在水中發現苯）等情況。反之，當公司故意拖延或文過飾非時，消費者會益加憤怒，如印度的聯合碳化物公司(Union Carbide)的化學災難，以及埃索公司(Exxon)的埃索‧瓦耳迪茲油輪導致的阿拉斯加大面積石油洩漏事件，或是安隆倒閉的醜聞。

不滿意的反應

如果一個人不滿意產品或服務，他會採取什麼行為？消費者有三個可能的行動方案（可以同時採取兩項或以上）[98]：

1. 口頭反應：消費者可以直接向零售商要求賠償，如退款。

2. 私人反應：向朋友表達對這家商店的不滿並且／或者聯合抵制這家商店。如將在11章討論的負面口頭傳播(WOM)就能對一家商店聲譽造成莫大損害。

3. 向第三方反應：消費者可以透過合法行動來抗議，如向優良企業聯盟(Better business Bureau)投訴，或者可以寫信到報社投訴。

在一項商學院學生向公司投寄抱怨信的研究中，那些後來收到免費樣品的人表示對這家公司的印象大幅提昇，但只收到一封道歉信的人則沒有改變他們對公司的評價。至於那些沒有得到回應的學生則說，他們對這家公司的印象變得比以前更糟了。這顯示任何形式的回應都比沒有回應來得好[99]。

 行銷陷阱

會生氣的人不是只有消費者，很多服務人員也很想發飆。有位速食店前任員工設立了一座網站，讓大家一起分擔他的痛苦：「我曾看到垃圾收集箱底部有東西動來動去。老鼠在飲料機旁邊爬。生菜裡看得到死青蛙。」[96]用這些東西配薯條吃嗎？

這個網站customerssuck.com，平均點閱率每日1,200人次。前來這個討論區的大多是成天得努力陪笑臉的餐廳與商店員工。下班後，他們可以聚集在這裡吐吐苦水，看誰遇到的顧客最豬頭。有的網友會在此分享顧客問的蠢問題，像「九毛九的乳酪漢堡多少錢？」之類；也有人抱怨工作環境差，或是「奧客」當前還得對他和顏悅色。該網站的標語是：「顧客永遠是不對的。」[97]顯然，鬱悶並非消費者的專利。

很多因素會影響消費者最終選擇哪一種處理方式。消費者可能是比較武斷的人，也可能是很謙和的人。涉及到貴重商品如家庭耐用品、汽車和服裝時，會比那些非貴重品更促使消費者採取行動[100]。此外，對某家商店比較滿意的消費者也較容易抱怨；他們不惜花費時間是因為他們覺得這家商店與自己有關連。老年人也比較

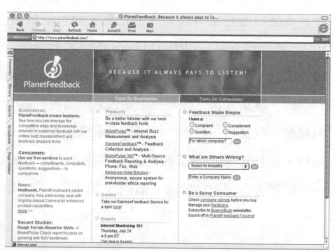

有些創業家腦筋動得快，專門彙集消費者抱怨給業者作為改進依據，以提高顧客滿意度。以PlanetFeedback.com為例，他們轉給業者的顧客意見信已超過75萬封，業者透過來自顧客的讚譽、投訴、建議或問題，可以琢磨出消費趨勢、問題範圍、行銷契機與產品新點子等。

愛抱怨，同時更容易相信行銷人員會確實地解決這個問題。如果消費者提出的問題能夠得到解決，他們對那家商店的感覺會比沒發生任何問題更好[101]。但如果消費者認為行銷人員對待抱怨缺乏處理誠意，就更可能選擇變換品牌而不是與行銷人員作戰[102]。諷刺的是，行銷人員確實應該鼓勵消費者向他們抱怨：人們往往容易與朋友討論那些沒有得到解決的負面經驗，而不是宣揚正面事件[103]。

全面品質管理：由「現場」著手

許多從事消費者滿意度研究，或是嘗試設計能提高顧客滿意度新產品或服務的分析師，都知道若想找出潛在的問題，必須從瞭解人們與環境的實際互動著手。這類調查通常會透過焦點團體進行，請一小群消費者聚集在某個地方，試用新推出的產品，有關人員則從旁進行觀察。然而有部分研究人員提倡一種更近距離觀察的研究法，讓他們得以紀錄人們在真實消費場合裡的行為反應。由日本人提出的「全面品質管理」(Total Quality Management, TQM)，是一組複雜的管理與規劃程序，目的在減少錯誤、提高品質。對於進行實地觀察的研究觀點，全面品質管理影響甚鉅。

為了有效達到這個目標，研究人員可以親至現場(gemba)體會。「現場」代表著所有資訊的真實來源，依照這樣的哲學，行銷與設計人員極有必要親赴現場，也

就是產品或服務被實際使用的地點，而不是請消費者與模擬出來的環境互動。圖 10.7為霍斯特食品公司(Host Foods)的現場動線檢討圖，可以說明如何確切運用「現場」觀念。霍斯特食品於各大機場設有分店，於是派遣了一組人員至現場觀察問題的癥結。專案人員從顧客決定是否入內用餐的那一刻開始觀察，一路隨著看他們如何點餐、取餐具、付款、找桌子坐下來。霍斯特公司未來重新規劃更容易使用的設施時，這些觀察結果都將是必要的參考依據。例如專案人員沒有察覺到的問題之一，是顧客在排隊點餐時必須把行李留置一旁，難以分神留意自己的貴重物品[107]。

產品汰舊

人們經常對物品產生強烈的依戀，因此決定扔掉一些東西可能是一件痛苦的事。我們的所有物象徵著我們是什麼樣的人、具有何種身份地位：我們的東西顯示了過去的生活[108]。這種戀物情感在日本人身上表現得尤為淋漓盡致，他們為那些用

 ## 混亂的網路

許多不滿的顧客或心有怨懟的離職員工，已經知道可以成立個人網站和其他人互訴委屈。例如，有個專門讓人抱怨唐金甜甜圈(Dunkin' Donuts)的網站，由於人氣實在太旺，唐金甜甜圈公司只好收購該網站，以免繼續被罵到臭頭。創辦這座網站的人最初是為了表達自己的憤怒，因為他在唐金甜甜圈買咖啡時店員不肯給他奶精[104]。一位媒體律師觀察：「20年前只能扛著標語牌在大通銀行(Chase Bank)門外抗議的人，現在動動手指，就能讓幾百萬人聽到他的聲音。」[105]的確，在網路空間裡，一個人的破壞力就夠瞧的了。化名為Pimpshiz的著名駭客，在被捕之前一共侵入200多個網站，插播支持Napster的訊息[106]。

網路對從事群眾示威者而言，是效果極大的一座舞台。抗議財團政策的政治運動者，可以透過網路宣揚理念，動員消費者群起響應。這樣的網站包括fightback.com，是由消費者運動人士大衛‧霍洛維茲(David Horowitz)主持，訴求集中在各項消費議題上。mcspotlight.org網站則細數部分企業多年來的不義，麥當勞也是箭靶之一。的確，這類網站的生命週期通常極為短暫，不過，隨時都會有多到令人咋舌的網站出現，鎖定某些企業砰砰開火，如衝著沃爾瑪百貨而來的walmartsucks.com，拿星巴克開刀的starbucked.com網站，以及NorthWorstAir.org、chasebanksucks.com等。

圖10.7 現場觀察

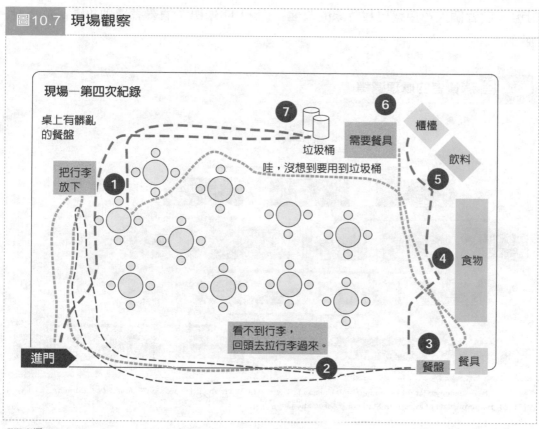

資料來源：Used with permission of the Quality Function Deployment Institute.

壞的縫衣針、筷子甚至是電腦晶片舉行正式的「退休」儀式——用火焚燒掉，以表達對這些物品良好服務的感謝之情[109]。

　　雖然有些人比另一些人更難丟棄東西，但即使是「收集鼠」（意指很愛保存東西的人）也不會把任何東西都保存下來。消費者經常得處理掉一些東西，無論是因為這些東西已經完成使命，還是因為它們不再符合消費者的口味。出於環境和便利的雙重考量，無論是丟棄刮鬍刀還是尿布，使汰舊換新過程簡單易行已成為產品的關鍵屬性。

▶ 汰舊的選擇

　　當消費者決定不再使用某個產品時，有幾個可行選擇。他可以(1)保留這件東西(2)暫時擱置(3)丟掉。很多時候，人們會在舊產品仍可使用時就購買新產品。這種替換的理由包括對新屬性的需求、個人環境的改變，如冰箱顏色不適合新裝修的廚房、或者個人角色或自我意象的改變[110]。圖10.8列舉了消費者處理舊產品的各種選擇。

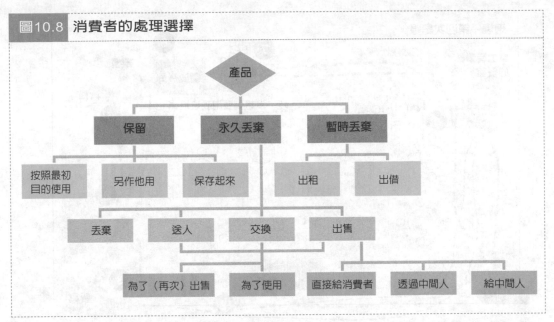

圖10.8　消費者的處理選擇

資料來源：Jacob Jacoby, Carol K. Berning, and Thomas F. Dietvorst, "What about Disposition?" *Journal of Marketing* 41 (April 1977): 23. By permission of American Marketing Association.

　　由於公共政策的實施，產品處理的問題具有雙重重要性。我們生活在一個用後即棄的社會裏，這帶來了環境問題，並造成大量不合理的浪費。在近來一項調查中，15％的成年人承認他們愛保留東西，而其他64％則說他們是有選擇的保留物品，但有20％表示他們會盡可能把垃圾扔光。最愛保留東西的消費者是老年人和單親家庭[111]。

　　在許多國家中，讓消費者學會資源回收已成為第一要務。日本回收利用大約40％的垃圾，這一相對較高的回收比例，部分應歸功日本人對回收利用賦予的社會價值：播放著古典音樂或兒歌的垃圾車定時在門前駛過，讓市民們深受鼓勵[112]。公司不斷地尋找各種方法使資源利用更有效率，並且也經常受到積極消費者組織的鼓舞。例如，麥當勞迫於壓力取消了泡沫塑料包裝盒的使用，而它在歐洲的分店也正在試製玉米製的可食用速食托盤[113]。

　　一項研究調查了消費者從事資源回收的目的。這項研究使用了第4章描述的方法—目的鏈進行分析，確定某種特定工具性的目標如何與較抽象的最終價值進行聯

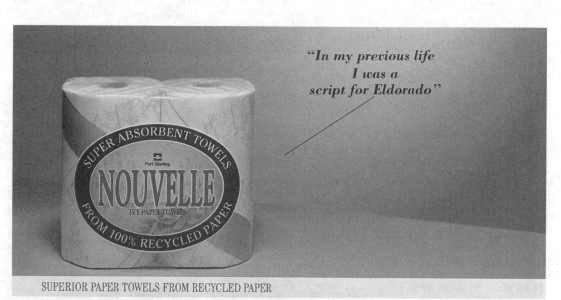

SUPERIOR PAPER TOWELS FROM RECYCLED PAPER

"In my previous life
I was a
script for Eldorado"

這則英國廣告推廣再生紙的使用。(Courtesy of BHD, Manchester, UK)

繫。其中確認出最重要的初級目標是「避免垃圾桶滿溢」、「減少浪費」、「重新使用材料」和「拯救環境」。這些都聯繫著最終價值，如「促進健康／避免疾病」、「達到維持生命的目的」、「爲後代做準備」。另一項研究表示，資源回收的參與程度是預測人們是否願意承擔困難最好的指標——這種實用性面向在預測回收利用的傾向優於一般對待回收和環境態度這個面向[114]。在研究資源回收和其他產品處理行爲時應用這些技巧，對社會行銷人員來說，設計出觸及潛在價值的廣告文案及其他訊息以激發出社會大眾增加環保責任感，就會變得更容易[115]。

▶ 橫向回收：垃圾 vs.可用垃圾

橫向回收(lateral cycling)是消費過程中相當有趣的一環，其中已被使用的物品被賣給其他人或用來交換其他產品。許多商品在二手市場交流。重新使用別人用過的東西在這個大量丟棄東西的社會裏顯得特別重要，正如一位研究者所說：「已經沒有什麼地方能夠讓我們再扔東西了。」[116]

跳蚤市場、車庫拍賣、分類廣告、交換服務、舊貨流通，以及黑市交易等，都是重要的另類行銷系統，與正規市場機制並行運作。透過這些管道，消費者有機會出售或購買對個人深具意義之物。例如有關搖滾偶像披頭四樂團或巴迪・賀利(Buddy Holly)的紀念品，至今依然炙手可熱。最近有位買家就以85萬美元買下了已

故的死之華樂團(Grateful Dead)吉他
手傑瑞‧賈西亞(Jerry Garcia)用過的
吉他[118]。

　　網路為水平流通的運作帶來革
命性的改變。上百萬人湧入eBay網
站，求售或標購心目中的「寶物」。
這個出奇成功的線上拍賣網站，一
開始只是人們流通豆寶寶(Beanie
Babies)與其他小玩意蒐藏的一處交
易據點。如今該網站已有三分之二
交易為實質商品。eBay預計每年能
創下20億美元的二手車與10億美元
的電腦交易量。下一步的規劃還包
括售票、食品、工業設備，以及不
動產等[119]。

　　諷刺的是，經濟不景氣對eBay

這則荷蘭廣告上寫著：「要是你受夠了，我們會幫
你清得乾乾淨淨。」(Courtesy of Volkswagen and DDB
Needham Worldwide BV Amsterdam)

這種拍賣網站反而是項利多。其他行業的低迷會帶動此種生意的勃興。一位分析師
解釋：「eBay有意思的地方是，像電腦或消費性電子產品這種東西，人們不見得

行銷陷阱

　　好像處理廢棄物還不夠麻煩似的，迷戀新科技的一個後果就是得想法子處理那些一下
子就過時的東西。手機也一樣，人們經常更換系統服務商或升級使用最新款的手機，現在
舊手機也成了一大問題。常見的一個解決方法似乎是把這些過時不要的電子商品，如舊電
腦螢幕和電路板等，送往第三世界國家。現在美國境內所回收的廢棄電子商品，有50%到
80%被送上貨船載往中國、印度、巴基斯坦等開發中國家。到了目的地後，它們會在幾乎
無法可管的情況下再使用或回收。這些國家的回收工業，往往會讓孩童去處理充滿鉛與其
他毒性物質的陰極射線管。歐盟十分關切這項問題，因此正逐步要求廠商為產品的生產到
報廢全程負責[117]。

想買全新的，於是它就有得賺了。」目前個人收藏與手工藝品的交易相當暢旺，或許緣於大家現在比較少出門旅行了。

雖然eBay經營得頗為成功，不過它的樂趣中有時也摻雜了些許苦澀。有些賣家上網求售電腦、名車、珠寶、還有其他高檔物品，原因是他們急需現金。一位買家想拋售自己的古典敞篷車時，在產品敘述中如此解釋：「我沒錢了，房租付不出來，這玩意兒是留不住了。」九一一攻擊事件過後，這樣的訊息在eBay上屢見不鮮，因為有許多人被迫在這波經濟衰退中捲鋪蓋走路。一位失業的會計師表示：「之前日子難過，九一一後更慘。完全陷入絕境。」以前他把上eBay賣東西當成一種消遣，現在他被迫出售自己財產，包括他的BMW還有太太的珠寶。他說著自己的感想：「如果沒有eBay，我真不曉得要怎辦才好。我們根本無力支付帳單。」[120]

雖然傳統市場業者沒有非常在意二手市場的動態，不過有些因素共同提高了這類市場的重要性，像是對環境的關切、對品質的要求，以及對價錢與流行的在意等[121]。事實上，這種地下經濟(underground economy)的規模，據估計約佔美國國民生產毛額(GNP)3%到30%；其他國家可能更高，約佔國內生產毛額(GDP)的70%。部分貿易期刊與出版品，如*Yesteryea*、*Swap Meet Merchandising*、*Collectors Journal*、*The Vendor Newsletter*與*The Antique Trader*等，都提供大量的實質建議，給想要

二手唱片市場交易非常活絡。(Courtesy of Record Exchange/Elberson Senger Shuler, Charlotte, NC.)

繞過正規市場機制從事交易的消費者。

美國就有超過3,500個跳蚤市場。其中至少有12處爲大規模賣場，如位於加州、面積達60畝的橘郡市場(Orange County Marketplace)，其事業版圖遍及全美國，締造超過100億美元的總銷售業績[122]。其他正在興起的市場還包括以學生爲對象的二手電腦與教科書交易，以及二手滑雪裝備交流服務，交易的裝備總值達數百萬美元。新一代二手商店業者正不斷開發可能的新市場，從二手辦公室設備到汰舊的洗碗槽，什麼都可以拿出來賣。還有很多二手交換處是由政府資助成立的非營利組織。有個「回收利用發展協會」（Reuse Development Organization：網址redo.org）的團體，就鼓勵舊物交流的風氣。這些人的努力提醒我們：環境保護運動中耳熟能詳的「節約、再利用、回收」宗旨，最後一步就是回收[123]。

摘要

購買行爲會受到多種因素的影響，包括消費者的先前狀態（如心情、時間壓力或購物傾向）。時間是一種重要資源，經常決定決策中該付出多少努力和進行多少資訊搜尋。心情會受到商店環境的愉悅程度和喚醒水準影響。

產品的使用脈絡(the usage context)可以成爲市場區隔的一個依據，消費者根據所購物品的用途來尋找不同的產品屬性。其他人（同時在場的消費者）的在場或者缺席——他們是何種類型的人——都會影響消費者的購買決定。

購物體驗是決定購物的關鍵。許多時候零售商店就像劇院——消費者對商店和產品的評價取決於他看到的「表演」類型。演員（如銷售人員）、佈景（商店環境）和道具（商店陳列）都會影響這種評價。商店形象就像品牌人格一樣取決於許多因素，如感受到的便利性、精緻程度、銷售人員的專業知識等。隨著來自無店鋪購物方式競爭的逐漸激烈，創造一個優質購物經驗已變得前所未有的重要。線上購物正在不斷成長，且具有重大意義，這種新購物方式既有優點（如便利）也有缺點（如安全問題）。

因爲許多購物決策都是消費者到了商店以後才作出的，因此店頭陳列刺激就成爲非常重要的銷售手段，包括商品樣品、精緻的包裝陳列、現場媒介和店內促銷材料如「貨架說明卡」。店頭陳列刺激在促進衝動購物方面特別有用，消費者會突

然產生一個對產品的強烈慾望。

　　消費者與銷售人員的互動是一個複雜又重要的過程。這個過程的結果會受到銷售人員與顧客的相似性，以及銷售人員的可信賴程度等因素的影響。

　　消費者滿意度是由人們在購物後對產品的整體感覺所決定的。許多因素都會影響消費者對產品品質的感覺，包括價格、品牌名稱和產品性能。滿意度經常取決於產品性能和消費者對產品性能期望間一致性的程度。

　　產品汰舊是一個越來越重要的問題。隨著消費者環保意識抬頭，資源回收利用將會不斷被強調並且鼓勵執行。在地下經濟中，物品在使用之後進行二次出售、黑市交易和換貨交易時發生橫向回收過程。

思考題

1. 就本章描述的一些購物動機進行討論。為了順應這些動機，零售商會怎樣調整行銷策略？

2. 近年來許多法庭判決試圖阻止特別利益組織在購物中心分發印刷品的行為。購物中心的經理表示，這些購物中心都是私有財產。另一方面，這些組織提出辯解，購物中心是現代版的城市廣場，因此是一個公共場所。找出一些近來關於這個言論自由問題的法庭判決，並從正反兩方面來分析這個爭論。作為一個公共集會場所，購物中心目前到底處於何種位置？你同意這種觀念嗎？

3. 要求和消費者打交道的銷售人員穿著制服或遵守辦公室著裝規定，有哪些正面和負面影響？

4. 回想一下你以前遇過特別好或特別糟糕的銷售人員。是哪些不同素質造成了他們之間的差異？

5. 討論一下「時間風格」這個概念。根據自己的經驗，如何根據時間風格來對消費者進行分類？

6. 比較和對比不同文化對時間的概念。在每個概念框架內，這對於市場行銷策略的意義是什麼？

7. 從一個「用後即棄的消費社會」轉變為強調創造性地回收利用的社會，這種轉變為行銷人員創造了許多機會。你能找出一些嗎？

8. 在當地的購物中心進行一次實地觀察。在中心位置找個地方坐下來，觀察購物中心的工作人員和顧客之間的活動。把你觀察到的非銷售活動記錄下來，如特別表演、展覽、社交等。這些活動是促進還是打擾了購物中心的商業活動？現在的購物中心越來越像高科技的電動遊戲店，有人說這只是在增加更多閒逛的孩子，而這些孩子並不會在商店裏進行很多的花費，卻趕跑了其他顧客。你對這種說法有何想法？

9. 請選擇3家相互競爭的服裝店，並進行一個商店形象的研究。要求一組消費者在某些屬性上對這3家商店分別作出等級評斷，並在同一張圖上畫出這些評斷。根據你的發現，你能夠向商店經理指出該商店的一些競爭優劣勢嗎？

10. 把表10.1作為一個模型，為某個品牌的香水建立一個個人／情境區隔矩陣。

11. 在當地的服務業中，你能找到任何排隊理論的應用實例嗎？訪問一些正在排隊的消費者，瞭解排隊經驗對服務滿意度有何影響？

12. 隨著越來越多公司把宣傳費用投入店頭陳列，商店環境變得越來越熱鬧。購物者在收銀機櫃臺旁會見到錄影機、在購物車上會發現電腦控制器。在非購物環境中，我們也接觸到越來越多的廣告。最近，紐約的一家健康俱樂部被迫撤走了多台在「健康俱樂部媒介網」上播放廣告的電視控制器，據稱是因為它們干擾了正常的訓練。你覺得這些創意過度打擾人了嗎？到什麼程度購物者會起而「反抗」，要求在購物時享有和平和寧靜？你認為那些承諾「不干涉」(hand-off)的購物環境來「反市場而行」的商店是否具有市場潛力？

13. 業者推出新的互動工具，讓顧客可以在參觀landsend.com之類購物網站時，以360度任意旋轉虛擬模特兒，仔細端詳各類服飾商品。在某些網站，顧客可以修改模特兒的體型、面貌、膚色與髮型；甚至還有網站容許消費者將自己相片掃描到「整容」程式中，然後為模特兒套上自己的臉。Boo.com網站計畫推出產品3D相片，可以旋轉並深入瀏覽細部，精細到可以審視毛衣的車工。此外還有線上模特兒能合成顧客的臉孔相片以及說話口音。進入landsend.com等網站就能使用結合個人設定的模特兒。大家不妨親自去瞧瞧、試穿各種衣服。感覺

如何呢？這些模特兒對你幫助大不大？在線上購衣時，你喜歡看這些衣服套在類似自己體型的模特兒上，還是想看看不同體型穿著的感覺？如果網站設計者努力設計栩栩如生的模特兒為你擔任網站導覽服務，藉此提供你個人化購物環境，你將給他們哪些建議？

團體影響與意見領袖

　　塞卡利過著秘密的生活。平常他是一家大型投資公司的股票分析師,但週末時卻是另一副模樣。每當週五的夜晚來臨,他就會脫掉布魯克兄弟(Brooks Brother)西裝,披上黑色拉風皮衣,跨上那輛用寶馬汽車換來的心愛哈雷機車。身為HOG(哈雷車手團體)的忠實支持者,塞卡利參與了名為RUB(富裕城市車手)的一個哈雷騎士團體。他們每人都身穿昂貴皮衣、戴哈雷袖標,並擁有一輛指標性的「低騎手」(Low Riders)機車。這個星期,塞卡利還登錄到Harley-Davidson.com網站買了一個新帶扣。當瀏覽網站時,他了解那些使自己看起來真的像是哈雷車手團體的成員得花上多少心血。正如哈雷某個網頁上所說的:「讓人們購買你的產品是一回事,把你的名字刺在身上又是另一回事。」塞卡利必須限制自己購買更多的哈雷產品。哈雷機車網站還出售夾克、背心、眼鏡、皮帶、鈕扣、圍巾、手錶、珠寶,甚至還有家用器具。他擁有一套放鹽和胡椒的瓶子就已經很滿足了,這套瓶罐很適合給他的寵物裝飼料。為了讓自己看起來和其他哈雷成員一樣,塞卡利在這上面花了很多錢,但這筆錢花得很值得。塞卡利感受到自己與隊友之間實實在在的感情。當車隊分為兩排縱隊,拉風地在街上馳騁時,有時甚至能吸引30萬的同好。當他們一起遊行時,他感覺到多麼強大的一股力量啊——他們正在與這個世界對抗!

　　當然,另一種額外的收穫就是他能夠在週末旅行活動中和各行各業的專業人士交流[1]。有時共同分享一個秘密將可大幅拉近雙方距離,而獲得更多資訊。

參考團體

人類是社會動物。我們都屬於群體，試圖取悅他人，並且透過觀察周圍人們的行動來得到行動的提示。實際上，我們要求自己「配合」或認同心目中個體或群體的期望，此為許多購買行為和其他活動的首要動機。我們經常竭盡全力去取悅能接受自己的那些群體成員[2]。

塞卡利的摩托車隊是他身份的象徵，身為車隊中一份子影響他許多的購買決策。自從成為其中一員，他已經花費了數千美元購買配件。不僅他如此，其他隊員也擁有相同的購物偏好，以至於他們碰面時，即使原本不認識的陌生人也會覺得特別親切。發行製造業雜誌《美國鋼鐵》(*American Iron*)的出版商說：「你並不是因為哈雷機車很高級而買它，而是為了成為大家庭中的一部分。」[3]

塞卡利並不是按照任一位車手形象來塑造自己的——只有他真正認同的人才能對他產生影響。例如，塞卡利參與的車隊與那些亡命之徒組成的哈雷俱樂部沒什麼關係，那些組織主要是由炫耀哈雷紋身的藍領騎士組成。他所屬群體的成員與「爸媽」(Ma and Pa)車隊只有禮貌性接觸，這些人駕馭著舒適安全的車輛，加裝電臺、加熱手柄、車底座之類零件是特色之一。只有富裕城市車手才稱得上是塞卡利的**參考團體**(reference group)。

參考團體就是「對個人評價、期望或行為具有重大影響的真實或想像個體或群體。」[4]參考團體透過三種途徑影響消費者，如表11.1列舉的訊息性(informational)、功利性(utilitarian)和價值表達性(value-expressive)這三種影響。本章將著重於消費者周圍的人們，像是車隊隊友、同事、朋友、家人或只是點頭之交等是如何影響消費者的購買決策。接著將討論我們在群體中扮演的角色、我們取悅他人進而期望被接受的心情，以及那些素未謀面名人是如何塑造我們的偏好。最後，討論某些人在影響消費者的產品選擇、偏好傾向比他人更有影響力的原因，以及在說服過程中行銷人員如何找出這些人，並積極謀求他們的支持。

▶ 參考團體的影響力

參考團體並非對所有類型的產品和消費者行為都有同等重要的影響。例如，

表11.1	參考團體的三種影響形式
訊息性影響	• 個人向專業人員群體或一群獨立的專家尋求關於各種品牌的資訊。 • 個人向從事這種產品生產工作的人尋求資訊。 • 個人向朋友、鄰居、親戚或同事中對品牌有可靠知識的人徵詢與品牌相關的知識和經驗（如品牌A與品牌B哪個好）。 • 個人對品牌的選擇受到獨立檢驗機構認可的影響。 • 個人對專家選擇的觀察（如觀察警察駕駛車輛的品牌、技工購買的電視機品牌）影響其品牌選擇。
功利性影響	• 個人的購買決策受到同事偏好的影響，以滿足他人的期望。 • 個人對某一品牌的購買受到與他有社會交流者的影響。 • 個人購買某一特定品牌的決定受到家庭成員的偏好影響。 • 為了滿足對個人有所期望者的期望，會影響個人的品牌選擇。
價值表達性影響	• 個人感到對某一品牌的購買或使用能提高自己在他人心目中的形象。 • 個人感到購買或使用某一品牌的人具有他喜歡的特質。 • 個人有時感到自己彷彿廣告中使用某品牌的人是一件好事。 • 個人感到購買或使用某品牌的人是被他人羨慕或尊敬的。 • 個人感到購買某品牌有助於向他人顯示他希望成為什麼樣的人（如運動員、成功商人、好父母等）。

資料來源：Adapted from G. Whan Park and V. Parker Lessig, "Students and Housewives: Differences in Susceptibility to Reference Group Influence," *Journal of Consumer Research* 4 (September 1977): 102. Reprinted with permission of The University of Chicago Press.

簡單的、風險較小以及購買前可試用的產品對個人影響就不會太大[5]。此外，參考團體的特定影響也會發生變化。有時這種影響能使人決定使用某種商品（如是否要擁有一部電腦、吃健康食品或垃圾食品），有時則能在某類產中做出品牌選擇（如穿Levi's牛仔褲或穿Diesel牛仔褲，抽萬寶路香菸或維吉尼亞淡煙）。

　　影響參考團體重要程度的兩個面向是：商品是公開還是私下使用、是奢侈品還是必需品。一般而言，(1)參考團體對奢侈品（如遊艇）的購買有更強的影響力。因為在收入不同的情況下，商品購買受個體的品味和偏好影響，而必需品則無法提供這種範圍的選擇。(2)參考團體對於在社會中具有高度可見性的商品購買有更強的影響力，如果消費者的購買不會被旁人注意，那麼他就不太容易受人左右[6]。參考團體影響某些特定商品類型的相對影響見圖11.1。

圖11.1　參考團體對購買意圖之相對影響

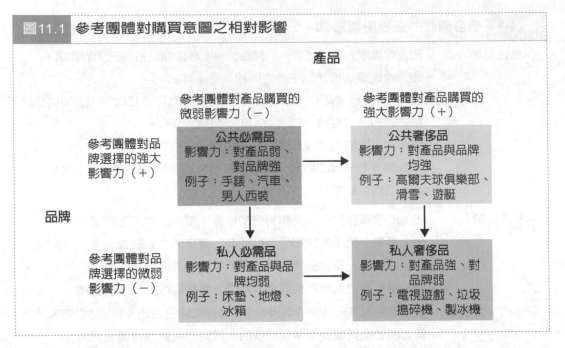

參考團體具有巨大說服力，原因何在？答案就在它加諸於人身上的潛在威力。社會權力(social power)是指「能改變他人行動的能力」[7]。你有能耐讓其他人去做某些事，不管對方是否心甘情願，這就是一種權力的行使。以下的權力基礎分類，有助於我們區分個人對他人行使權力的理由、對方願意被你影響的程度，以及權力停止行使後該影響力的持久度[8]。

● 參考權(referent power)：如果一個人羨慕某人或某個團體，就會仿效參考對象的行為（如對服裝、汽車和休閒活動的選擇），使自己和參考團體相似，並藉此調整購物偏好，如塞卡利的消費偏好受其機車車友的影響。各行各業的名人透過代言某種產品（如麥可·喬丹代言耐吉）、特殊的時尚表達（如瑪丹娜的內衣外穿）或對某種事業的支持（如傑瑞·路易斯為肌肉萎縮症做的工作），就可影響人們的消費行為。由於消費者自發改變行為以得到參考團體的認同，因此參考權對許多行銷策略來說非常重要。

● 資訊權(information power)：一個人可能只是因為知道一些他人想知道的事就能擁有資訊權。諸如《婦女時裝日報》(*Women's Wear Daily*)等商業出版社的編輯經常擁有此類影響力，他們對於設計師或某間公司資訊的彙編和傳播可能成就或毀了他們。擁有資訊權的人憑藉對（被假定為）「事實」的熟悉，而具有影響消費者

意見的能力。

* 法定權(legitimate power)：有時社會認同的身份地位可以賦予人們力量，如警察、軍人甚至教授的影響力。通常制服所擁有的法定權被普遍承認。例如在教學醫院，學生穿上白袍以顯示他們對病人的權威；而在銀行，櫃員的制服則使他們更具可信度[9]。行銷人員可以「借」這種力量以影響消費者。例如，一則讓演員穿著醫生白袍演出的廣告可以增加產品的合法性和權威性（『我不是醫生，但我在電視上扮演醫生』）。

* 專家權(expert power)：為了吸引偶爾上網的用戶，美國機器人公司(Robotics)與英國物理學家史蒂芬·霍金簽約，請他代言該公司的數據機。公司的一位執行經理評論道：「我們希望產生信任。我們找了一些使用本公司技術的用戶，讓他們告訴消費者這些技術如何讓他們的生活變得豐富多彩。」霍金身患路·蓋里格氏症(Lou Gehrig's disease)，他透過一個語音合成器在電視上說：「我的身體只能待在這個輪椅裏，但有了網路，我的思想卻能到達宇宙的盡頭。」[10]霍金所擁有的專家權來自某一領域擁有的獨特知識，這就是為什麼我們對那些專門評估關於餐館、書籍、電影、汽車等產品的評論如此重視的原因[11]。

* 獎酬權(reward power)：當一個人或團體擁有能為消費者提供正面強化的手段時（見第3章），依據此正面強化所受到評價或期待的程度，該參考團體將對消費者產生獎酬權的影響。這種獎賞可能是有形的，如員工得到升遷時；也可能是無形的：社會認同、對消費者根據他人預期來改變行為或購買某種商品的獎賞。

* 強制權(coercive power)：雖然強制權在短時間內經常有效，但一般無法使態度或行為產生永久性改變。強制權會藉著社會威脅或實體威脅對人產生影響。所幸，在行銷中強制權很少被使用，除非要算從商家打來的騷擾電話。然而，在恐懼訴求、個人銷售的恐嚇以及強調如果人們不使用某種商品就會引發負面效果的行銷活動中，這種權力的效果十分明顯。

▶ 參考團體的類型

雖然一般要兩人或兩人以上才能稱為團體，但在描述任何影響消費決策的外部因素時，參考團體這個專有名詞的使用往往是相當寬鬆的[12]。參考對象可以是一個深入人心的文化形象（如賓拉登），也可以是影響力僅限於某消費者身邊環境的個體或群體（如塞卡利車隊的其他成員）。影響消費的參考團體可以包括父母、機車車友、民主黨甚至芝加哥灰熊隊、大衛‧馬修樂團(Dave Matthews Band)，或是導演史派克‧李(Spike Lee)。

參考團體可能是大規模的正式組織，擁有規章制度、固定集會時間以及幹部；也可能是非正式的小團體，如朋友或宿舍同學。行銷人員比較容易去影響正式組織，因為它們容易辨識、也不難接觸。不過非正式的小團體，向來對個人消費者有一定的影響力。非正式小團體往往會是生活的一環，因為具備較強的規範性影響力，對我們來說也更重要。大型正式團體往往起源於對特定商品或活動的共同喜好，因此比較性影響力較強[13]。

顯然，某些個人或群體對消費決策能施以比他人更大的影響，能更廣泛地左右消費決策。例如，我們對某些重要價值觀的形成過程中，如婚姻態度和選擇大學，父母可能具有關鍵作用。這種影響稱為規範性影響(normative influence)，即這個參考團體有助於設定和強制基本的行為標準。相對而言，哈雷機車俱樂部也許會產生比較性影響(comparative influence)，影響關於特定品牌或行為的決策[14]。

品牌社群與族群

人們愛用某一商品或投入特定活動後，會因為出於共同喜好而形成團體。部分行銷人員發現此現象後，開始以新角度來理解參考團體。品牌社群(brand community)是指消費者因為喜愛或使用某一商品而形成的社會關係。與其他社群不同的是，品牌社群成員基本上分佈大江南北，除非遇到吉普(Jeep)、釷星或哈雷等廠商舉辦「品牌祭」(brandfest)之類的短期活動，他們才有可能齊聚一堂。這些活動讓品牌愛用者與其他同好建立聯繫，除了強化對產品的認同，也能與其他同好一同分享對產品的熱情。

研究人員發現，參與這類活動的人將對產品產生更正面的感覺，這相對提高了他們的品牌忠誠。對於產品不良或服務疏失之處，他們會採取較包容的態度，即使知道其他競爭品牌的品質有過之而無不及，他們也比較不會產生改用其他品牌的念頭。此外，這些社群成員也會在意廠商的生意，他們往往會擔任品牌大使，對外

傳布有關該品牌的行銷訊息[15]。

消費者族群(consumer tribe)在概念上與品牌社群頗為類似，這個族群指的是有相同生活型態的人，他們可以根據對某活動或商品的忠誠，建立彼此的認同關係。雖然這類族群並非相當穩定與持久，不過至少在某段時間裡，成員們可以透過共通的情感、道德信仰與生活風格來建立彼此認同，當然此一認同也來自所消費的商品，這也是維繫族群的因素之一。族群行銷(tribal marketing)遇到的挑戰是，如何將個人所選用的商品與整個族群需求建立聯繫。許多因為對活動的投入而形成的族群（如滑板與棒球等）是以年輕人為主，我們將在第15章探討這一部份。不過，也有很多族群是由年齡較大的成員組成，如喜愛傳奇經典車款的車迷（參閱第4章），如歐洲雪鐵龍與Mini Cooper以及美國福特Mustage的擁護者。或者，美食同好社群會想把自己對料理懷有的熱情，與世界各地的同好者分享[16]。

成員與令人渴望的參考團體

某些參考團體是由消費者認識的人組成，某些則由消費者認同或崇拜的人組成。不足為奇，明確採用參考團體訴求的許多行銷活動都強調塑造高度矚目、萬眾傾心的形象（如著名運動員和演員等）。這類令人渴望的參考團體(aspirational reference groups)包括了消費者心中的理想形象，像是成功企業家、運動員或演藝人員。例如一項針對希望成為「執行長」的商學院學生所做的研究顯示，他們在商品選擇和「理想我」(ideal selves)的形象間具有強烈關連，這些產品也是他們預期執行長等高階管理者會使用的[17]。

因為人們往往把自己與相似的人比較，所以這些人的行為與購買活動也會對他們的偏好造成影響。因此，許多促銷策略也包括了對「普通人」消費活動造成的資訊性社會影響。人們可能加入某個會員參考團體(membership reference group)會受到以下幾個因素影響：

• 鄰近性：隨著人們距離的縮短和互相交流機會的增加，關係更容易形成。物理上的接近稱為鄰近性。早期對住宅中友誼模式的一項研究證實了這個因素的強烈效果：住戶與隔壁鄰居成為朋友遠比與隔壁隔壁的鄰居容易得多。鄰近樓梯的住戶比距樓梯較遠的住戶朋友更多（他們更容易『碰到』上下樓梯的人）[18]。我們會認識誰、自己多受歡迎，實質距離與這些頗有關聯。

● 單純暴露：我們會因為看到一些人或物的次數較多而對其產生好感，這稱為單純暴露現象(mere exposure phenomenon)[19]。即使是無意的接觸，較高曝光率也有助於消費者當下確定該參考什麼來形成決策。對藝術作品或政治候選人的評價也具同樣的效應[20]。一項研究顯示：單憑候選人的媒體曝光量就能預測政治選舉中83%的勝利者[21]。

● 團體凝聚力：一個團體成員間的相互吸引力以及對其身份的重視程度稱為團體凝聚力。團體對成員的意義越重大，就越容易引導成員的消費。小團體的凝聚力一般較強，因為在大團體中，每個成員的貢獻往往不那麼重要和明顯。同理，團體往往對成員身份進行限制、篩選，因而提高了成員身份對成員的價值。成員身份的排他性常被信用卡公司、讀書俱樂部等組織大肆宣揚以招徠顧客，即使實際成員可能非常多。

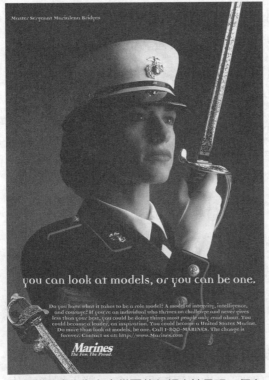

這則募兵廣告為有志從軍的年輕女性呈現一個有力的角色典範。(Courtesy of United States Marine Corps)

入場條件限制多多的夜總會擁有「參考權」，因為它有權決定什麼人夠格進場消費。(Courtesy of Time Out Magazine)

正面與負面參考團體

參考團體對消費行為可能施以正面影響，也可施以負面影響。在許多情況下，消費者按照心中認定團體對他們的期望來塑造行為。但另外一些情況是，消費者會努力疏遠心目中的迴避團體(avoidance groups)。他們會仔細地研究他們不喜歡的團體（如書呆子、癮君子或毛頭小子）的衣著和舉止，然後盡量避免購買那些讓他們看起來跟這群人一樣的商品。例如，叛逆少年通常憎惡父母的干涉，並會處心積慮地反抗父母的期望，以表達他們的獨立成熟。

對於內心排斥的負面參考團體，人們會試著與它們保持距離。這種動機相較於對認同參考團體的渴望，強度可說有過之而無不及[24]。因此有的廣告會出現一些沒人緣的演員使用競爭品牌產品，巧妙地讓你感覺到，只消別買那個人手上的產品，就可以避免變成「那種人」。曾有一本廣受歡迎的書當中寫著：「男子漢不吃鹹酥餅！」(Real men don't eat quiche！)[25]現今，藉著避免消費某些商品或服務，很多人已經採納這種迴避團體的訴求來自我定位。例如有個以電腦為主題的網站所兜售的T恤，上頭驕傲地寫著：「男子漢不點擊小幫手。」(Real men don't Click Help.)

 行銷契機

參考團體成員對我們的品味與慾望有很大的影響力。不過在擾攘的世界裡，一下子要找到知心人談何容易。許多網路媒人服務於焉興起，協助你尋覓完美的約會對象（至少不會讓你遇到『恐龍』）。這類網站包括美國的「Lava Life」與英國的「uDate」。有個名為「Match.com」的網站宣稱擁有300萬名來自世界各地的會員。一旦你眼前出現白馬王子或白雪公主，你還可以透過「repcheck.com」之類網站去探探對方的底，這類網站可以提供有關個人風評的紀錄[22]。

當然，要是你實在羞澀到無法透過這些方式交友，不妨試試日本的「Lovegety」愛情追蹤器。這玩意兒分男生與女生兩種機型，只要5公尺內有異性也帶著這款追蹤器，你發送的紅外線訊號會讓對方機子嗶嗶作響。女生的機子可以回傳三種不同訊息：要你過去聊聊、去唱卡拉OK、或者當個朋友。哇，有什麼比一起唱浪漫的卡拉OK更有情調的[23]？

團體中的消費者

　　隨著團體人數的增加，個別成員受到注意的可能性就越小。人們處於較大團體或是難以被辨認的情境中時，就比較不注意自己，因而也減少了對行為的正常約束。你會發現，在化妝晚會或萬聖節時，人們的行為表現得比平常更狂野，這種現象稱為去個人化(deindividuation)，是指個體身份淹沒於團體中的過程。

　　社會性懈怠(social loafing)指的是當人們置身團體中時，對一項團隊任務中自己應負的責任產生逃避的行為[27]。女服務員就會傷心地意識到社會性懈怠：當許多人一起吃飯時，每個人的小費往往少於單獨用餐的時候[28]。因此，許多餐館對6人以上的團體用餐都會自動附加固定的小費。

　　有一些證據顯示，團體決策會與個體決策不同。在許多情況下，團體成員比獨自決策時更願意考慮有風險的方案。這種變化稱為風險轉移(risky shift)[29]。

　　有許多關於此類風險行為增加的解釋原因，一種可能是發生了類似社會性懈怠的狀況。當較多人參與討論與決策時，每個人對結果所承擔的責任減輕了，就產生了責任分散(diffusion of responsibility)[30]。在行刑隊使用的的槍枝中，會有至少一枝槍放上空包彈，目的是為了分散每個行刑隊員對犯人死亡的責任。另一種解釋則被稱為價值假設(value hypothesis)，在這種情況下，冒險是一種在文化上被重視的特質，而社會壓力會使個體去服從社會重視的屬性[31]。

　　風險轉移的證據是很複雜的。一個較普遍的效應就是團體討論傾向於產生決策兩極化(decision polarization)。不管團體成員討論前傾向有風險的選擇還是保守

行銷陷阱

　　大學生在派對中受到同儕慫恿，容易當大夥的面猛灌超過身體負荷的酒，這正顯示出去個人化現象黑暗的一面。據估計，美國約有450萬名青少年出現仰賴酒精或酗酒現象，大學生狂飲作樂的情形蔓延得相當嚴重。**42%**的大學生曾經過量飲酒（一次超過5杯），同齡的非大學生比例只有**33%**。每三位大學生當中，就有一位希望能喝到不醉不歸，其中**35%**為女生。這背後最大的禍首，是那些促使個人自制力被拋諸腦後的社會壓力[26]。

選擇，討論後都會在那個方向上變得更極端。群體討論對購買低風險商品會造成風險轉移的現象，但對於購買高風險商品則會產生更保守的團體決策[32]。

當人們處於團體中，甚至連購物行為也會發生變化。例如，與單獨購物相比，和他人一起購物時，人們往往購買許多計畫外的商品、買得更多、也逛了更多的商品區[33]。這種效應既是規範性影響，也屬於資訊性影響。贏得團體中他人認可的心願會驅使團體成員購買更多的商品。或者，他們可能僅透過隨群體一起收集資訊，就接觸到了更多的商品和商店。因此，零售商就得要鼓勵團體的購物活動。

以特百惠(Tupperware)聚會為代表的家庭購物聚會(home shopping parties)就利用團體壓力來進行促銷[34]。一位公司代表會對聚集在朋友或熟人家裏的一群人進行推銷。由於資訊性社會影響的作用，這種方式非常有效：提供如何使用某種產品的資訊者會成為這場聚會參與者的模仿目標，尤其是因為參加聚會往往是同質群體（如附近的主婦），這更是一個極有價值的基準。因為可公開觀察到某些行動，規範性社會影響也可應用在這種場合中。當越來越多團體成員開始「陷入」其中時，要求服從的壓力不但強烈，而且可能上升，這個過程有時被稱為「潮流效應」。

此外，這樣的場合可能也會啟動「去個人化」和「風險轉移」：當消費者陷入團體中時，他們可能會發現自己願意嘗試平常不會考慮的新產品。「肉毒桿菌聚會」(Botox party)是特百惠目前所運用的最新銷售技巧，其中就運用了這樣的原理。注射肉毒桿菌能麻痺面部神經，減少皺紋出現的機會（至少能維持三到六個月），聚會將能帶動大家加入此一風潮。聚會場合往往會有皮膚科或整型醫師在場，讓這類聚會與以往的家庭派對截然不同。對接受注射的人來說，邊喝雞尾酒邊接受注射，可以沖淡過程的不安。受到聚會其他來賓的鼓動，可能短短一小時內，就能有多達10位患者完成注射。一位負責規劃肉毒桿菌行銷策略的廣告公司主管解釋，會員參考團體具有的力量比找名人代言的傳統手法更見效果。他表示：「我們覺得，如果是隔壁鄰居接受過注射，你比較容易被打動。」[35]唯一要注意的是，注射完肉毒桿菌後，你的臉將因此僵硬無法牽動肌肉，朋友根本看不出來你是否在笑！

▶ 服從

1830年前後居住在巴黎的波希米亞人總是和別人舉止不同。當時，一個衣著華麗的傢伙由於用皮帶牽著一隻龍蝦走過皇家花園而出名。而他朋友則用人的頭蓋骨裝酒喝，把鬍子剪成奇怪的形狀，睡在頂樓地板上搭起的帳篷裏[36]。

　　儘管在每個時期都一定會有人自行其是，但大多數人還是會遵照社會對行為和外表的要求（當然稍加改變也是有的）。服從(conformity)是指對真實或想像團體帶來壓力的反應，而造成信仰或行為上的變化。為了保證社會能正常運作，居民創造出規範(norms)或非正式的法則來管理人們的行為。如果這樣的認同體系不再發展，社會的混亂則不可避免。想像一下如果「紅燈停止」的簡單規範不存在，會有多混亂。

　　我們每天都服從許多小規範——即使我們並沒有意識到這一點。一些無言的規律支配著關於消費的行為。除了穿著得體和選擇個人用品必須與身份配合這些規範外，我們還服從其他的規範，包括禮物贈與（我們期望從所愛的人那裏得到生日禮物，如果他們沒這樣做的話我們會感到沮喪）、性別角色（第一次約會應由男士付賬）以及個人衛生（我們應該定期洗澡以免令他人不悅）。

服從的影響因素

　　服從不是自發的過程，有許多因素會帶動消費者比照他人做出類似行為[38]。這些因素包括：

　　● 文化壓力：不同的文化可能會鼓勵成員從眾合群，也可能鼓勵他們做自己的主人。60年代美國有句口號「做自己的事」(Do your own thing)，反映了一股走出群體一致、崇尚個人主義的運動風潮。相反地，日本社會的特徵則以群體福祉為先，對團體忠誠的要求凌駕個人需求。

　　● 懼怕偏差：每個人都有理由相信，當個體行為出現偏差，團體可能會行使制裁力量予以處罰。因此我們可以觀察到年輕人對「不一樣」的同儕敬而遠之，或者機關大學裡有人無法升遷就是因為他不擅長團隊行動。

　　● 承諾：人們愈投入某一團體，重視身為其中一員的價值，遵循團體規範的動機也愈高。追星族願意為偶像赴湯蹈火，「恐怖份子」也願意為信念獻出生命。根據最小利益原則(principle of least interest)，對關係承諾度最低的個人或群體，相對擁有最大的力量，因為他們感受不到來自團體、富威脅意味的拒絕行為[39]。

● 團體的一致性、規模與專業性：團體的權力提升，成員的順從度也會提高。一大群人加諸於己的要求，比僅面對少部分人往往更難抗拒。當團體成員對這種規範知之甚詳時，更能感受拒絕遵從的困難度。

● 對人際影響力的感受度：每個人面對自己在意的人，都會想依照對方的意見，來界定或提昇自己的形象。這種提昇過程往往意味著某些商品的取得，因爲他們相信這些東西可以讓對方留下印象，同時還能觀察他人的使用方式以瞭解此商品的一切[40]。對人際影響力感受度較低的消費者，稱爲「無角色負擔」(role-relaxed)，他們往往是年紀較大、見的世面較多，以及有高度自信者。速霸陸汽車根據對無角色負擔消費者的研究，創造了一套溝通策略來接觸這個族群。其中一則廣告裡有個男人說著：「我想要一部車……別跟我說什麼木質面板或贏得鄰居敬重。他們是我的鄰居，又不是我的偶像。」

社會比較：「我表現得如何？」

有時我們會根據他人的行爲，當作現實生活的準繩。社會比較理論(social comparison theory)認爲，這個過程可以讓人得到較可信的個人自我評價，尤其在缺

行銷陷阱

規範會隨著時間慢慢改變。不過哪些規範應當遵守，社會依然存在著一份共識。我們都會調整自己想法以合乎這些規範。一個有力的例子是美國社會由1960年代以降對吸菸行爲的態度轉變。反菸害的呼籲一開始是發自健康考量，像是吸菸易罹患癌症與肺氣腫等。至90年代中期，部分地方社區已明令禁止在公共場合吸菸，甚至紐約市也於2002年跟進。

有人很小就開始吸菸，動機大多是同儕壓力。廣告中吸菸者的誘人形象，既酷又性感，展現出無比成熟，讓許多年輕人相信嘴上叼根菸，是獲得團體接納的一道途徑。也由於大家都知道廣告有這樣的影響力，有些團體試著還以顏色，在拒菸廣告中把吸菸行爲描述成讓別人退避三舍的惡習。

這些廣告有效嗎？有項調查以不吸菸的13歲孩童爲對象，讓孩子們先後觀看香菸促銷與拒菸宣導兩種廣告，然後評量他們對吸菸者的看法。調查所得到的結果是樂觀的：研究人員發現，看過拒菸廣告的孩子在進行評量時，不論在個人魅力和常識評項，都傾向給予吸菸者比較低的評價。這些發現表示，我們可以運用廣告來顛覆吸菸者的優雅形象，尤其再輔以有關的健康宣導[37]。

乏具體根據的時候[41]。而在沒有客觀正確答案的情況下，社會比較也會被視作進行選擇的依據。像音樂或藝術品味這些富有風格意味的決策，被假定是一種個人選擇的結果，因此人們往往會假定有些選擇「比較好」或「比較對」[42]。如果你曾經負責在派對裡播放音樂，你可能得考慮社會壓力，播放一些大家覺得「對」的曲風。

雖然人們經常喜歡把自己的判斷和行動與他人比較，他們還是會對比較對象十分挑剔。將人與人間的相似性用於社會比較，能夠增強對資訊準確性和重要性的自信，雖然我們可能會發現像自己的人表現得更傑出將更具威脅性[43]。只有當我們合理地自我定位時，我們才有尊重與我們明顯相異者觀點的傾向[44]。

總而言之，當進行社會比較時，人們傾向選擇與自己擁有相似目標的人或具有身份地位的人。一項對成人化妝品使用者的研究表示，女性消費者更願意向朋友徵詢並信任他們對於商品的選擇資訊，以降低不確定性[45]。在對男士西裝和咖啡這種商品作評價時，也發現了同樣的效應[46]。

反抗順從

許多人因自己的獨立、特殊風格或抗拒推銷員及廣告誘惑的能力而得意[47]。確實，行銷系統應該鼓勵個人化：創新才能創造對新產品、新款式的改變與需求。

區分獨立性和反服從是很重要的：反服從就是要違抗群體。有的人不購買正在流行的商品[48]。的確，為了確保自己不追流行，他們往往必須花費大量的時間和精力。這種行為有點弔詭，因為要提防不作別人都設想到的事，就得時刻注意他人的預期。相比之下，真正獨立的人根本對他人的預期漠不關心，他們只「追尋自己的鼓手」。

人們非常需要保有自由選擇的能力，當面臨喪失自由的威脅時，他們就會努力抵抗。正如茱麗葉與羅蜜歐發現沒有任何對象比雙方為世仇的對象更吸引人。這種當選擇權被剝奪時產生的消極情感狀態稱為**對抗**(reactance)[49]。這種感受讓我們更珍惜被禁絕的東西，甚至這些選擇本來並沒有這麼吸引人。從某些調查文獻、電視節目甚至歌詞中可以發現，人類非常諷刺地增加了對這類產品的慾求[50]。同理，過度極端地促銷某一商品，長期下來就可能導致失去顧客，即使那些已經對這個品牌十分忠誠的人也保不住！

口碑傳播 ▶ ▶ ▶ ▶ ▶ ▶ ▶

在過去兩百年始終默默無聞、甚至連製造商也很少做廣告推銷的一種薄荷糖Altoids，最近卻風靡一時。這是怎麼回事？它的起死回生開始於80年代，它吸引了當時經常去西雅圖俱樂部那些愛抽煙和愛喝咖啡的人。直到1993年，當製造商Callard & Bowers被卡夫公司收購時，只有一些熟悉這款產品的人才會去買。就在此時，負責這個品牌的行銷經理說服了公司請廣告代理商Leo Burnett公司來設計一種比較溫和的促銷手段。這家廣告代理商決定在地鐵站張貼復古的廣告海報及使用其他「非高科技」的媒體來進行廣告，而避免使用看來是推銷主流產品的宣傳手法——這將會失去原來的顧客[51]。當這種產品被年輕人接受時，它的機會就來了。

藉由Altoids的成功我們可以得知，許多產品資訊是由個人透過非正式管道傳遞給他人的。口碑傳播(word-of-mouth, WOM)是由個人傳遞給個人的產品資訊。由於我們是從認識的人那裏獲得這些消息的，口碑傳播就比從一般市場管道獲得的建議更值得信賴。而且與廣告不同，口碑經由社會壓力加強本身對消費者的影響力[52]。很諷刺地，儘管製造商砸大錢製作大量廣告，口碑卻遠比廣告更具有威力：據估計，約有三分之二消費性產品的購買是經由口碑影響[53]。

如果你仔細回想一下平常與他人的談話內容，你可能會發現你和朋友、家人及同事所討論的事情中有絕大部分與產品相關：像是稱讚某人的衣服好看並問她從哪裡買的，或者向一個朋友推薦一家新餐廳，要不然就是向鄰居抱怨你在銀行遭遇的冷淡對待。以上種種情況，你都在進行口碑傳播。例如，回想一下塞卡利購買的許多商品都直接來自車隊隊友的意見和建議。多年來，行銷人員一直很清楚口碑的力量，現在他們更是積極地促進和控制口碑，而不是坐享其成地希望人們喜歡他們的產品並津津樂道。除了Altoids薄荷糖外，近來口碑傳播的成功案例包括汽車（通用汽車的新金龜車）、玩偶（豆寶寶）和風靡一時的電影（《厄夜叢林》）等多種產品。

早在石器時代（嗯，或是50年代），傳播學家就開始對廣告是決定購買的首要決定因素提出質疑。現在普遍看法認為，廣告有效地強化現有偏好，而不是創造新的偏好[54]。在工業購買和消費品購買背景下所做的研究都強調，雖然來自非個人資訊來源的資訊對創造品牌意識非常重要，但在評價和選購商品階段則依賴口碑[55]。消費者從同伴那裏得來的正面資訊越多，就越可能會購買這樣商品[56]。

　　他人觀點的影響力有時甚至比個人親身感受更強。在一項傢俱選擇的研究中，消費者心中對於親友看法的評估比自己的評價更有用[57]。此外，消費者甚至會以令人驚訝的理由接受某個品牌，這樣的事就發生在Mountain Dew這個品牌上，它在年輕消費者中之所以流行，是源於這種汽水咖啡因含量較高的傳聞。正如一位廣告經理所說：「咖啡因含量並沒有出現在任何一則電視廣告裏。這種飲料之所以熱銷是因為口碑。」[58]

　　當消費者對該產品類不熟悉時，口碑作用尤其顯著。當新產品上市（如預防落髮的醫療用品）或產品的技術複雜時（如CD音響），這種情況尤為明顯。降低購

 ## 混亂的網路

　　編故事唬人是個源遠流長、為人傳頌的傳統。例如在1824年，有個傢伙就說動300個紐約人為一椿工程案簽約。這人宣稱，下曼哈頓地區（今日的華爾街一帶）所建的新大樓，會讓曼哈頓島尾端過重，所以他建議把這一區從曼哈頓切開，拖出海岸，不然整個紐約市會側傾！

　　網路正是散播謠言與惡作劇的完美媒介。可以想像，假如上述這項「工程」在今天透過電子郵件號召施工人員，後果會有多麼不堪設想！當今惡作劇俯拾皆是，很多是以連鎖電子郵件形式傳開：如將此信轉寄給10位朋友，就能立即發財。這類惡作劇當中，還有一種會讓你的教授躍躍欲試：以「迅速贏得終身教職」(Win Tenure Fast)為名的這個網路詐欺，鼓吹學者們把名字加進一份文件，然後在自己研究論文中引述這篇文章。只要有人繼續收到你轉寄的信，都會間接引述你的名字，引述率一高，保證你能贏得終身教職！問題是，有這麼好康就好啦。

　　其他惡作劇則與大企業有關聯。有個眾所皆知的惡作劇，承諾你只要試用微軟產品，就可以免費暢遊迪士尼樂園。耐吉也曾有一天內收到數以百雙舊球鞋，因為有個謠言說，你可以用自己臭兮兮的老球鞋向耐吉兌換全新球鞋（可憐了得運送這批臭球鞋的人！）。寶鹼有一回湧入超過1萬通氣沖沖的電話，因為網路新聞群組流傳著一則謠言，指出該公司出品的紡必適(Febreze)衣物柔軟精會讓狗兒送命。寶鹼先發制人，事先把「紡必適殺寵物」(febrezekillspet.com)、「紡必適夠爛」(febrezesucks.com)與「我恨寶鹼」(ihateprocterandgamble.com)等網址註冊下來，以確保憤怒的消費者拿不到這些網址。我們學到的一課是：別相信網路上所講的一切。

買不確定性的方法之一就是談論它。討論使消費者有機會得到關於購買決策的更多認同，以及他人的支持。比如說，當預測個人購買家用太陽能加熱系統的意願時，最好的預測依據就是他認識的人中使用這種產品的人數[59]。

許多因素會引發與商品相關的討論[60]：

● 一個人可能與某一類產品或活動關聯密切，並且對談論它很感興趣。電腦駭客、熱情的賞鳥學家和時尚狂熱者都有把話題轉向他們特殊興趣的能力。

● 一個人可能對某種商品很

美國郵政就是希望藉由口碑來帶動討論話題。

有知識，並把談話作為向他人傳達知識的方式。因此口碑傳播有時會提高那些試圖以專長說服他人者的自我意識。

● 一個人可能會出自對他人的關心而開啓這樣的討論。我們常常會想要確認我們關心的人買到對他們有益的東西、不會浪費錢等。

▶ 負面的口碑傳播與謠言的力量

口碑對行銷人員而言是一把雙面刃。消費者之間非正式的言論可能使一種商品或一家商店一舉成功，也可能使其一敗塗地。而且，與正面評論相比，消費者更重視**負面口碑**(negative word-of-mouth)。美國白宮消費者事務辦公室的一項研究顯示，對一家公司不滿的消費者有90%不會再和這家公司打交道。這些人通常會把自己的委屈告訴至少另外9個人，而這些不滿的消費者中有13%會把不愉快的經歷繼續告訴30多個人[61]。

尤其當消費者考慮購買新產品或服務時，與正面資訊相比，她更傾向於關注

Hoaxkill.com是致力追蹤惡作劇，以及揭穿商品謠言的網站。(Courtesy of cartoondepot.net)

負面資訊，並有可能將這個資訊告訴他人[62]。負面口碑會降低公司廣告的可信度，並且會影響消費者對某一商品的態度和購買意願[63]。而且，負面口碑更容易在網上傳播。許多心懷不滿的消費者和前僱員還因此專門建立了網站，來和他人分享他們的不幸經歷。例如，一個專門供人抱怨唐金甜甜圈連鎖店的網站變得十分流行，這家公司只好把網站買下來，以控制對其的不利影響。這個網站是起於原來的老闆對公司不滿，因為他在購買咖啡時不能加脫脂牛奶[64]。

　　不論來源是否真實，謠言都具有高度危險性。在1930年代，有人雇用「職業謠言販子」去策動口碑運動，以宣傳委託人的產品、批評競爭者的產品[65]。

　　Bio Business International是加拿大的一家小公司，專門銷售Terra Femme純棉無氯漂白的衛生棉條。最近這家公司慫恿婦女散佈一條消息：美國競爭對手生產的衛生棉條含有戴奧辛。沒有什麼證據可以證明寶鹼的產品對人有危害，但謠言卻讓該公司收到了成千上萬對其婦女衛生產品的投訴[66]。

　　資訊在傳播過程中會發生變化，最終資訊並不都會與原來的一致。研究謠言的社會學家曾檢驗促使資訊扭曲的過程。英國心理學家弗德里克‧巴特雷使用序列複製(serial reproduction)的方法來研究這種現象。如同我們在遊戲「打電話」中看

到的，一個人被要求重複一個行爲，如畫一幅畫或講一個故事，下一個人得到複製的資訊並再次複製，依此類推，如圖11.2所示。巴雷特發現，扭曲不可避免地以一種模式進行：當實驗主體試圖使複製品與已存在樣式一致時，複製品就趨向於由較模糊的形式變爲較常規的形式。這種過程稱爲同化(assimilation)，以平等化(leveling)和銳化(sharping)爲特點，前者忽略細節以簡化結構，後者則強調顯著特點。

圖11.2　錯誤訊息的傳播

這些圖畫提供了一個精典範例，說明當資訊在人與人之間傳遞時，會產生扭曲現象。當每位受試者複製該圖樣後，原來的貓頭鷹最後竟變成了一隻貓。

▶ 重要的口碑策略

當行銷人員越來越承認口碑的力量將會幫助或毀滅一個新品牌時，他們開始用許多新方法讓消費者幫助產品的銷售，讓我們來看看三個成功的例子：

虛擬社群

很久以前（在網路普及以前），大多數參考團體的成員會互相碰面。現在，你可能和那些從未見過,甚至永遠也不會見到的人們分享興趣愛好。一個名叫Widespread Panic的樂團從未在MTV台播放音樂錄影帶,也不曾進入美國告示牌排行榜的前200名,但卻是美國40個最佳旅行樂團其中之一。它怎麼會如此成功?其實很簡單——這個樂團建立了一個歌迷虛擬社群,並將自己的訊息公開給歌迷。透過免費贈送演唱會入場券、參觀演唱會後臺等方式來吸引歌迷。接著樂團讓歌迷在網路上留言,死忠歌迷能定期登入網站,並獲得一些諸如樂團成員午餐菜單等資訊[67]。

　　虛擬消費社群(virtual community of consumption)是一群基於對某一特定消費行為的共同認識和愛好而進行交流的人們。像之前討論的樂團社群,社群成員本著對某件產品的愛好,像是芭比娃娃或黑莓PDA,而在網路上進行交流。但是成員始終保持匿名,因為所有的互動限於虛擬的網路世界。

　　虛擬社群是一種大規模的全球現象。佛瑞斯特研究中心(Forrester Research)估計,目前網路世界存在著40萬個網路社群,有27%上網者是特定的社群成員[68]。Pew Internet and the American Life基金會也在研究中發現,84%網路使用者曾經與

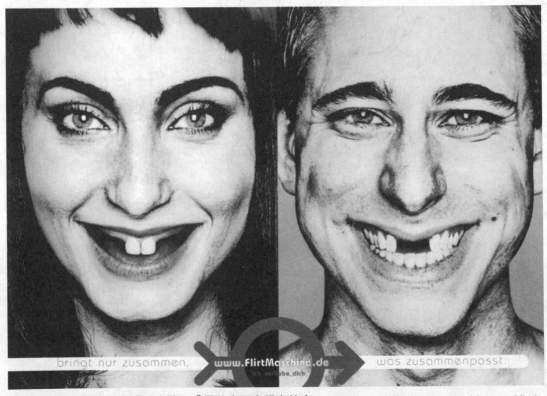

這則德國網路約會服務廣告寫著:「尋找真正合得來的人。」(Courtesy of Flirtmaschine.de and Jung von Maat)

線上團體有所接觸，79%使用者和某些特定社群保持聯繫，有2,300萬名網路使用者每週數次固定與社群其他成員以電子郵件聯繫[69]。

虛擬社群有以下幾種不同形式[70]：

 網路收益

化為一種上線共享的遊戲體驗為行銷人員開啓了嶄新的視野。試看以下案例：豐田汽車以旗下Tundra車為主角的數位線上賽車遊戲「Tundra Madness」，每天吸引了8,000名消費者上站，平均每人在站上待了8分鐘。該公司研究顯示，這一波宣傳活動將該車款的品牌認知度提高了28%，購買意願提高了5%。受到此一成功實驗的鼓舞，豐田汽車也計畫為其他車款推出遊戲。以首次購車者為對象推出的「Matrix Video Mixer」遊戲，在滾石雜誌網站(RollingStone.com)、環球音樂網站(GetMusic.com)與雅虎音樂網站(Launch.com)分別進行宣傳，並結合遊戲廠商Gravity Games的贊助與戲院播映的強打廣告。結果10名註冊使用者當中，就有3位會把自己透過該遊戲創作的視訊畫面轉寄給朋友，寄出的電子郵件中有65%會被開啓閱讀[72]。

此做法廣受歡迎的秘訣，在於人們會投入許多時間參與遊戲。平均每位玩家的上線時間為每週17小時，因此新力索尼、微軟與Sega等業者無不加快腳步架構自己的虛擬世界以進軍市場。誠如一位遊戲公司主管所言：「這不是單純的遊戲類型，而是突破性的新媒體，將會帶來全新的社會與合作性分享體驗。基本上，我們面對的是一個網路社群市場。」[73]

新力索尼線上(Sony Online)推出的「無盡的任務」(EverQuest)遊戲，是新品種「萬人線上角色扮演遊戲」(Massively Multiplayer Online Role-Player Games, MMORPG)中最成功的產品之一。全球超過43萬名註冊玩家分屬不同「公會」(guild)，在無盡的旅程中一路砍殺怪物累積分數。「無盡的任務」以先進繪圖技術呈現驚人視覺，並結合聊天室的社交互動場景。與「模擬市民」遊戲一樣，玩家可以自行創造角色，塑造另個虛擬自我，你可以化身睿智的精靈，或扮演陰險的惡棍。有的玩家甚至把很強的角色放到eBay網站待價而沽，一般競標行情從1,000美元起跳。

遊戲也是積極從事社交的中心。六個玩家形成一國，可以在虛擬世界中四處遊歷。很多情況下，這些玩家會形成一個固定班底，每晚花兩三個小時共同切磋[74]。下線後，他們也可能一起從事其他活動。玩家網聚(fan faire)往往能吸引數千名玩家共襄盛舉，他們往往會穿著自己遊戲角色的服裝前來[75]。「無盡的任務」遊戲會員一般每週花20小時「掛」在線上。有人將此視為一種上癮症狀，所以這個遊戲在國外還有個渾名叫「EverCrack」（Crack為一種藥物）。耽溺於遊戲難以自拔的因素之一，可能是來自同儕的壓力，因為只要有個玩家想下線，就會影響大家的整體戰力[76]。

● 多用戶網路遊戲：一開始這是一些幻想式遊戲參與者互相認識的環境。現在是指在電腦創造的環境中，人們透過玩遊戲及遊戲角色來進行社交活動。線上遊戲則急起直追，新力線上娛樂遊戲網站The Station(www.station.com)有超過1,200萬網友註冊加入，而微軟的遊戲區域(www.zone.com)則有超過2,900萬的用戶[71]！

● 聊天室、環形網路和列表：包括網路線上聊天系統，也就是所謂的聊天室。環形網路(rings)是指相關網頁的組合，而列表(lists)指在同一個郵件通訊錄上共用資訊的網友們。

● 佈告欄：意指圍繞特定主題建立的電子佈告欄而形成的網路社群。成員們閱讀並張貼按日期和主題分類的資訊。有許多關於音樂、電影、雪茄、汽車、喜劇表演或速食店的佈告欄。

● 部落格：線上社群中形式最新、成長最快的當屬網路日誌(weblog)，或暱稱「部落格」(blog)。這些個人線上日誌在網友間掀起一陣熱潮，網友們可以將個人隨想公開在網路上，同時也分享其他人的心情小語。雖然部落格與Geocities等網站提供的免費個人網頁類似，然而兩者所應用的技術不同，部落格讓人們不必為了僅僅幾句話要上傳，就得透過傳統網頁製作軟體大費周章地把整個網頁更新一次。例如，www.livejournal.com網站在4年內累積了69萬名註冊會員，目前以每日1,100名新會員的速率遞增。使用部落格的網友們只要心血來潮，按個鈕就能把心情小語上傳到網站上。部落格看起來像線上心情日記，以簡單短語記錄當日發生的種種，或許加上一兩道自己喜歡的網站連結。平均每40秒就有一名新部落格會員加入，因此這個日益茁壯的「部落圈」(blogosphere)愈發顯現不可小覷的力量。目前已有媒體巨人嗅到部落格的活力氣息。眼見成千上萬的巴西民眾加入部落格的行列，Globo.com網站正授權發行部落格軟體，並為巴西的著名電視劇角色，如身著甲冑角盛的800歲吸血鬼卜瑞斯(Boris)發行部落格[77]。

人們是如何被吸引到消費性社群的呢？網路用戶希望從不善社交的收集資訊（『潛伏者』指喜歡看但並不參與發表的網友），發展成日益積極參加網上社交活動的使用者。剛開始他們只是瀏覽網站，之後漸漸被吸引而積極參加網路討論。

虛擬社群中的認同強度取決於兩個因素：第一，網上的活動越是符合個人自我概念，就越有可能吸引使用者在社群中取得一個活躍的社員身份。第二，與虛擬社群中其他成員所建立相互關係的密切程度，有助於決定其涉入的範圍和程度。如圖11.3所示，這兩個因素的組合組成了四種不同的成員類型：

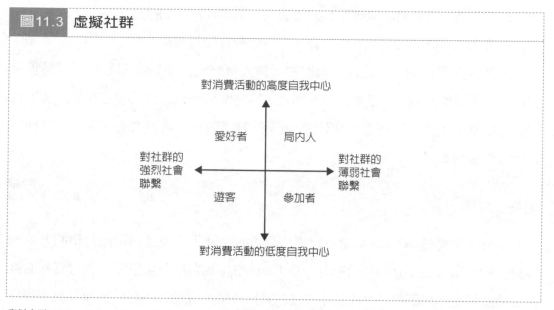

圖11.3 虛擬社群

資料來源：Adapted from Robert V. Kozinets, "E-Tribalized Marketing: The Strategic Implications of Virtual Communities of Consumption," *European Management Journal* 17, 3 (June 1999): 252-264.

 混亂的網路

　　虛擬消費社群前景一片看好，然而社群成員間若出現存心違規情事，社群可能就會烏煙瘴氣。許多忠實擁護社群的網友，對行銷人員混進來攪局的行為非常感冒，倘若他們懷疑某些網友根本是行銷人員混充，企圖來影響大家對產品的評價，老網友們就會群起攻之。eBay網站得以成功的理由之一，就在於買家能就賣家的品質與信用予以評鑑，有心競標者可以參酌這些意見安心下標。在某些案例中，也有不肖人士甘心破壞這種信任關係，使得這類評鑑制度可能崩壞殆盡。

　　一般說來，商務網站知道消費者更重視真人的意見，所以業者設法讓自己網站上能出現這類迴響。亞馬遜書店首開風氣，從1995年起開始讓顧客在站上發表評論。這個主意很棒，不過在一樁備受矚目的訴訟案中，亞馬遜被控向書商收費，以換取在站上發表正面評論的機會。亞馬遜被判必須退還這些費用，而且，今後若有向書商收費以提供顯著促銷版面的情形，亞馬遜必須告知消費者此一情況。部分線上投資理財網站也開始自費聘請巡察員，留意有無拉抬行情者受企業委託在站上放風聲為個股製造聲勢。Motley Fool網站(fool.com)就僱用了20名全職「社群巡邏員」，負責留意該公司在美國線上(America Online)與其他線上留言板的動靜[79]。

1. 遊客：與社群之間缺乏密切關係，在活動中也表現得非常被動。

2. 參加者：維持強烈的社會聯繫，但對主要的消費活動並不是很感興趣。

3. 愛好者：在活動中表現出強烈的興趣，但與社群間的社會關係並不密切。

4. 局內人：既有密切的社會關係，也對活動有強烈興趣。

對那些針對促銷目的而建立社群的行銷人員來說，愛好者和局內人是最重要的目標，也是虛擬社群的重要用戶。而且，經常使用網路社群的遊客和參加者，也可能升級為局內人和愛好者[78]。但是行銷人員對這個充滿誘惑力的新虛擬世界卻只有膚淺的接觸而已。

遊擊行銷

李爾・柯恩是Def Jam嘻哈音樂唱片公司的合夥人，他透過街頭行銷的方式開展自己的事業。為了宣傳嘻哈唱片，Def Jam和其他唱片公司在正式發行唱片的數月之前就製造宣傳聲勢，並故意「洩漏」少量音樂內容給那些專門製作「混音版專輯」出售的DJ。如果年輕人喜歡某一首歌，他們就會推薦給pub裡的DJ播放。當正式發片的日期到來，成群的樂迷就開始在全城的電線桿、建築物和汽車擋風玻璃貼上Public Enemy、DMX或者L. L. Cool J.等饒舌歌手的新專輯海報[80]。

這些街頭行銷策略開始於70年代中期，那時，像Kool DJ Herc和Afrika Bambaataa這些老一輩的知名DJ就透過粗糙的廣告傳單來宣傳，這就是游擊行銷(guerrilla marketing)的典型例子。遊擊行銷就是在非正規地點利用口碑來促銷的策略。正如Ice Cube所言：「儘管我已經是一個知名歌手，但我還是喜歡在電臺播放之前，把我的音樂『洩漏』給街上的年輕人，並讓他們跟麻吉分享。」[81]隨著唱片銷售銳減（部分因為網路盜版音樂猖獗），街頭宣傳比以往更重要。例如，著名的嘻哈團體B2K成軍伊始，是以校園與購物中心為首站，搭配一組街舞表演者把氣氛炒熱。饒舌歌手Jay-Z在獲得商業成功之前，也是一步一腳印地從街頭起家[82]。

現在，大公司投入大量時間來進行遊擊行銷。可口可樂公司用這種策略來促銷雪碧，耐吉公司用它來主打一款新型球鞋[83]。以下是一些在消費者間產生效果的游擊行銷活動：

● Amaretto di Saronno公司為了炒熱旗下「藍色混沌」(Blucaos)酒，讓它成為年輕人的最愛，於是成立了「突擊隊」到新新人類最愛駐足的酒吧裡，大聲吹口哨並扯開喉嚨大喊「混沌！」(chaos)。這一喊先行打響產品名號，接下來該公司趁熱推出玩具球（當然是藍的囉）、T恤、杯子和刺青圖案貼紙。該公司希望這群身穿藍色連身服的突擊隊員將氣氛炒熱，可以很快地吸引消費者跟進，隨著那聲叫喊點瓶藍色混沌酒試試味道。另外，還有穿著輪鞋的突擊隊員會上街發送刺青貼紙。等到這些活動累積了一定口碑，在目標消費族群心目中佔得一席之地後，隔年該公司將會順勢推出平面廣告[84]。

* 「街頭霸王」(Gorillaz)是由真人音樂高手隱藏幕後的一個卡通人物樂團。EMI集團在新加坡為「街頭霸王」樂迷提供一項服務，讓他們能夠選擇自己喜愛的團員，隨簡訊發送到對方手機裡。「街頭霸王」四位成員分別具有獨特造型與個性，對方收訊時，手機會顯示這些卡通人物的臉孔。這些手機號碼於是成為EMI充滿商機的金礦，他們可以隨意接觸這些目標族群。EMI之所以相中「街頭霸王」，原因就在其樂迷具有年輕、酷炫與死忠的特性。根據該公司行銷總監觀察：「像『街頭霸王』這種酷團，你最不希望的就是看到他們變成主流。」這也解釋了為什麼出現在此活動裡的訊息採取了某種反商業姿態。一則典型的訊息是：「貪婪的唱片公司要我叫你去買『街頭霸王』的專輯。他們有夠遜ㄟ。買不買，你自己會決定好不好。」[85]

* 愈來愈多業者正進行實驗，聘請真人來擔任「品牌大使」。每逢業者推出新品牌或服務，這些大使就會一身勁裝跳出來做宣傳。美國電話電報公司(AT&T)在加州與紐澤西地區人潮聚集之處，派出品牌大使做些舉手之勞善行，如發送免費狗餅乾給遛狗者，或把小望遠鏡發給音樂會的聽眾以配合宣傳新的電信服務。凱悅飯店曾派出100名服務生到曼哈頓市區各處，以一整天時

漆在人行道上的廣告是游擊式行銷的一種方式。
(Courtesy of Atlanta Dance Works)

431

間為成千上萬名消費者開門、提行李或發送薄荷糖。酒商迪瓦士(Dewar's)則訓練一組人員穿上象徵該品牌傳統的蘇格蘭服飾，扮演「迪瓦士時空英豪」(Dewar Highlander)前往各酒吧與餐廳，指導顧客與吧檯人員如何以迪瓦士調配口感上乘的威士忌純飲或調酒[86]。

病毒式行銷

　　許多學生非常喜歡使用Hotmail的免費郵件服務。但是天下沒有免費的午餐：Hot Mail在發送的每封郵件裡裏插入了一小段廣告，使每個用戶都成了推銷員。這家公司在第一年就擁有500萬用戶，並以指數速度增加[87]。**病毒式行銷**(viral marketing)是指讓顧客為公司推銷商品的行銷策略。因為電子郵件傳播非常容易，因此這種方法特別適用於網路。邱比特傳播公司的一項研究顯示，只有24%的消費者表示自己是從雜誌和報紙廣告上獲知新網站資訊，大部分的消費者都是從朋友和家人那裏得到網站資訊，因此病毒式行銷是消費者網站資訊的主要來源。一家採用病毒式行銷策略的公司Gazooba.com的首席執行長就表示：「朋友的回信地址就是你信任的品牌。」[88]

　　● 用病毒式行銷來賣油？這想法挺溜的。WD-40除鏽劑以1,000部油壺造型收音機為獎品，鼓勵能夠引介10名朋友到該產品愛用者網站註冊的顧客，讓該網站的訪客人數一舉提高四倍[89]。

　　● 電影《A.I.人工智慧》(Artificial Intelligence)推出精心設計的病毒行銷活動。在電影結束的工作人員名單裡，可以看到一位擔任「感知機器治療師」(sentient machine therapist)的珍妮恩‧莎勒(Jeanine Salla)。觀眾如果出於好奇而透過Google搜尋引擎查詢此人，將會得到一連串網址，導引他們進入一椿未來世界的懸疑命案，其中會有電影裡的角色（包括機器人）透過電子郵件或語音郵件傳送破案的蛛絲馬跡。這個活動一共有300萬次的網友參與，28%訪客的瀏覽時間超過半小時[90]。

　　● 李施德霖為了促銷隨身包(Pocket Paks)口腔護理條新產品，在官方網站上推出「細菌終結者」(Germinator)遊戲。該公司鼓勵玩家將遊戲得分寄給朋友，鼓勵他們也來參與遊戲[91]。

意見領袖　　　　　　　▶ ▶ ▶ ▶ ▶ ▶

雖然消費者會從個人來源獲取資訊，但他們並不是隨便向任何人請教關於購買的建議。如果你想買一套新音響，你很可能會向一位瞭解音響系統的朋友徵詢意見。這位朋友可能自己擁有一套高級音響，或者訂閱身歷聲評論這樣的專業性期刊，還喜歡在閒暇時逛電子產品商店。另一方面，你可能有一位時髦的朋友，他在閒暇時閱讀《GQ》、到流行商店購物。你可能不會為買音響的事找他，但你會和他一起去選購一套新的秋裝。

▶ 意見領袖的本質

每個人都認識對產品有深入瞭解，並且意見常會被他人認真考慮的一些人。這些人就是意見領袖(opinion leader)，就是常能影響他人態度或行為的人[92]。很明顯地，有些人的意見就是比其他人的重要。

意見領袖可以成為寶貴的資訊來源是出於幾個原因：

● 由於具有專家權力，因此他們具有專業技術，並具有說服力[93]。

● 他們已經以無偏見的方式預先審視、評價及綜合過產品資訊，所以擁有了知識力量[95]。跟廣告代言人不同的是，意見領袖並非代表某一公司的利益。他們「心中別無企圖」，所以更可以信賴。

● 他們在社會上很活躍，在社群中交友廣泛[96]。他們可能掌管社群團體或俱樂部，整天待在外面參加活動。由於他們的社會地位，意見領袖往往具有法定權。

● 由於他們在價值觀和信仰上與消費者相似，所以具有參考權。當在一種商品類別內將意見領袖以興趣或專長進行區分時，他們傾向於對同類者(homophilous)比異類者(heterophilous)具有更強的說服力。同類指的是兩人在教育、社會地位和信仰上的相似程度[97]。在社會地位和教育水平上，有效的意見領袖通常略高於受其影響的人，但這種差異並未達到社會階級間的差距程度。

● 意見領袖往往是那些最早購買新產品的人之一，所以承擔了大量風險。這種經歷可以大大降低那些不那麼勇敢的人購物時的不確定性。並且，當由企業贊助的傳播活動完全關注商品優點時，這種使用經驗使意見領袖更可能同時傳播商品的正面和負面資訊。

▶ 意見領袖的影響程度

當行銷人員和社會學家最早提出意見領袖這一概念時，認為某種具影響力的人可在社會中對群體成員的態度施加全面的影響。但後來的著作開始對全能意見領袖(generalized opinion leader)的存在提出了質疑，全能意見領袖是指所有購買決策建議都被重視的人。很少有人可以精於多種領域，所以全能意見領袖的存在讓人懷疑。社會學家將有限領域內的專家，即專才(monomorphic)和多才(polymorphic)，即多種領域的專家，區分開來[98]。即使那些多才型的意見領袖通常也只能專注於某一廣泛的領域，諸如電子或時尚。

對意見領袖的研究普遍指出，雖然意見領袖存在於多種商品類別，專長常能涉及其他類似的類別，但全能意見領袖是極少見的。家庭設備的意見領袖可能也是家用吸塵器的專家，但並無法提供關於化妝品的有效意見。相比之下，一個時尚意見領袖可能提供關於化妝品的權威意見，但對微波爐則未必[99]。

網路收益

網路提供消費者交流意見的新管道，也讓消費者得以形成某種影響。的確，根據市調機構羅珀斯塔奇與Burston-Marsteller的研究，有一種人扮演著線上意見領袖(e-fluentials)的角色。這群講話頗具份量的網路使用者，人數約在1,100萬人之譜，卻影響著線上與現實生活裡其他1億5,500萬名消費者的購買決策。一年當中，這些意見領袖分享了近8,800萬則有關業者的訊息，以及7,300萬則對產品的看法。他們被其他人徵詢意見的次數，為一般網友的三倍。這些意見領袖會主動發表看法，平均對17位個別對象提及負面消費體驗，對11位對象敘述正面的體驗。他們有93%會當面或在電話裡告訴對方這些看法，有87%會透過電子郵件寄送消息。一般來說，男性消費者傾向提出或尋求有關科技產品的建議，女性消費者則以健康、美顏與食品類為主。線上意見領袖發表意見前通常會做足功課，研究顯示這些人有85%會瀏覽企業官方網站，62%會閱讀線上雜誌，55%會瀏覽線上討論區，而且絕大多數會就自己提供的資訊進行查證[94]。

意見領袖的類型

意見領袖角色的概念早期被假設為一種穩定的過程：意見領袖從大眾傳媒吸取資訊，然後將這些資料傳給意見接收者。這種觀點看來是過於簡化，混淆了幾種不同類型消費者的功能。

意見領袖可能購買也可能不買他們向他人推薦的商品。我們將在第17章看到，早期的購買者被稱為創新者(innovators)，同時是早期購買者的意見領袖則被稱為創新的傳播者(innovative communicators)。一項研究辨識出為時尚創新傳播者的大學男生特徵，這些人會最早購買流行服飾，意見也被其他人納入時裝購買決策。其他特徵還包括[100]：

- 他們在社交上是積極的。

- 他們注重外表並且自戀，也就是說，他們相當喜歡自己，並且以自我為中心。

- 他們喜歡參與搖滾文化。

- 他們是時尚雜誌的讀者，包括《花花公子》和《體育畫報》。

- 他們可能比其他學生擁有更多數量和款式的服裝。

意見領袖同時也可能是意見徵詢者(opinion seeker)，通常特別熟悉某種商品類別，並積極地尋求資訊。因此，他們更可能與他人談論商品並徵求旁人意見[101]。與意見領袖的靜態觀點相反，大多數與商品有關的談話並非以一種「講座」的形式發生，不是只有一個人講話。許多這類談話只是情勢自然發展的結果，發生於一個意見交流的環境中而不是正式的指教[102]。一項研究發現，意見徵詢者在食品購買中尤為普遍，而且三分之二的意見徵詢者也把自己看做意見領袖[103]。圖11.4把這種新的人際產品溝通觀點與傳統觀點做了比較。

市場行家

精通某一類商品知識的消費者也許並不積極與他人交流，而其他消費者卻可能對參與產品相關的談論更有興趣。有一類消費者被稱做市場行家(market maven)，他們會積極地參與傳播各種市場訊息。市場行家並不必對某種特定的商品感興趣，也不必是某種商品的早期購買者；他們只是對購物與市場變化瞭若指掌。

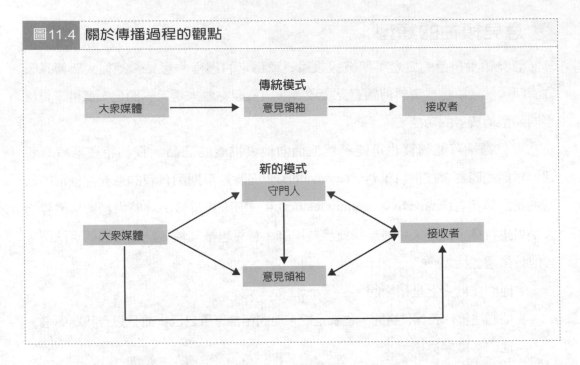

圖11.4 關於傳播過程的觀點

傳統模式

大眾媒體 → 意見領袖 → 接收者

新的模式

守門人

大眾媒體

意見領袖

接收者

由於他們對在哪裡買到何種商品有全面性的瞭解，因此與全能意見領袖所扮演的角色十分類似。以下是用來確認市場行家的量表項目，應答者可指出同意或不同意的程度[104]：

1. 我喜歡向朋友介紹新品牌和新產品。
2. 我喜歡以向朋友提供各類產品資訊的方式來幫助朋友。
3. 人們會向我徵詢有關產品、購物地點或降價銷售的資訊。
4. 如果別人問我某些商品到哪裏去買最划算，我能回答他。
5. 當談到新產品或降價銷售時，人們會把我看成一個好的資訊來源。

設想一下，某人擁有關於各類產品的資訊，並樂於與別人分享。除此之外他還瞭解有關新產品降價促銷、商場等各類知識，但並不覺得自己是某一特定產品的專家。你認為這樣的描述適合你嗎？

代理消費者

除了對他人購買決策有影響力的消費者外，有一種人被行銷中間商稱為代理消費者(surrogate consumer)，他們對許多類商品都有積極的影響。代理消費者是被

雇來爲他人購買決策提供支援的人。與意見領袖或市場行家不同，代理者通常是可以得到報酬的。

室內設計師、股票經紀人、職業採購者或大學諮詢顧問都可看做是代理消費者。無論他們實際上是否代表消費者作出購買決策，代理人的推薦都是極具影響力的。消費者事實上放棄了對自己購買決策功能的控制，如資訊搜尋、對可供選擇的商品進行評價，或者實際的購買。例如，一位顧客可能委託室內設計師重新佈置自己的家，而一位經紀人則會受委託去代表客戶作出關鍵的買賣決策。行銷人員往往忽視了代理消費者對大量商品購買決策的介入，他們錯誤地把目標定在最終消費者身上，而忘記了實際過濾市場訊息的代理消費者[105]。

▶ 辨認意見領袖

由於意見領袖在消費者作出決策的過程中具有重要作用，行銷人員對找出某一商品類別內極有影響力的人十分感興趣。事實上，許多廣告的目標是打動這些有影響力的人，而不是向普通消費者傳遞資訊，尤其是這種廣告包含大量技術性資訊時。例如，哥倫比亞廣播公司將一張光碟發送給10,000個評論家、關係企業、廣告代理商和他們認爲是「影響者」的人，目的是宣傳其黃金時段的節目[106]。

遺憾的是，多數意見領袖屬於日常的消費者，並不在行銷考慮的範圍內，所以很難被發現。社會名流或產業執行長是很容易找到的，他會有全國性或者至少區域性的能見度，或者可能被列入公開發行的名人錄中。相比之下，大多數意見領袖只在當地發揮作用，也許只能影響5至10個消費者而非整個市場部門。

在一些情況下，公司會試著找出有影響力的人，把他們直接納入行銷活動中，希望當這些消費者向朋友讚美公司時，能產生連漪效應。當宣傳電影《臥虎藏龍》時，電影製片商列出了參加試片的名人名單，包括饒舌歌手Ghostface Killah和女權運動作家娜歐蜜‧吳爾芙(Naomi Wolf)，希望他們能對影片產生好的評論及連帶影響[107]。同樣地，迪士尼公司特地爲樂團首席、音樂教師與樂器商舉辦電影《春風化雨1996》(Mr.Holland's Opus)試映會，希望讓這些專家爲電影傳播口碑。影星李察‧德瑞福斯(Richard Dreyfuss)在片中飾演一名音樂教師。

由於在龐大市場中找出意見領袖十分困難，多半致力於找出意見領袖的公司轉而把焦點放在找出代表性意見領袖的特點,並將其概括到整個市場的探索性研究上。這種方式幫助行銷人員從特定環境與媒體中找出與產品相關的資訊。例如,一項識別金融業意見領袖的調查發現,這種消費者多半自己進行理財規劃並使用電腦從事投資,他們每天都注意自己的資產配置,且看與金融有關的書籍和電視節目[108]。

自我認定法

用來辨識意見領袖最常用的方法就是詢問個體消費者是否認為自己是意見領袖。雖然聲稱對某一類產品抱有較大興趣的消費者較可能是意見領袖,但對於自我認定意見領袖(self-designated opinion leaders)的調查結果顯示仍必須對這些人抱持懷疑的態度。有人喜歡誇大自己的重要性或影響,而真正有影響力的人則不願意承認或根本未察覺[109]。

當我們傳遞產品資訊時,並不意味他人都能接受,但對於那些貨真價實的意見領袖來說,他們的意見必定會被意見探詢者高度重視。辨別意見領袖的另一種可行方法就是選擇特定的群體成員(關鍵的資訊提供人),要求他們找出意見領袖。這種方法成功的關鍵在於找到對群體有精確認識的人,以及將調查反饋的偏誤最小化(如誇大自己對他人選擇影響的傾向)。

雖然自我指定法不像系統性分析(某個人聲稱自己的強大影響力可以透過其他人對該人影響力的判定來證實)那麼可靠,但卻有一個好處,就是容易應用在一大群潛在意見領袖上。有時候,並非整個社群的人都會被調查到。圖11.5所示為意見領袖自我指定法使用的某一衡量指標。

社會測量法

一部很受歡迎的劇作《六度分離》(Six Degrees of Separation)的基本前提是,在這個星球上每個人都間接地認識其他所有人——或者至少認識那些認識自己的人。實際上,據估計平均每個人有1,500個認識的人,在美國只要靠五、六個中間人,就可以把本來不認識的兩個人牽起來[110]。有一個流行的小遊戲,讓參與者以其他明星連結與凱文貝肯的關係,其實就是這種狀況。

社會測量法(sociometric methods)是用來描繪群體成員中的溝通模式,使研究

圖11.5 意見領袖評量表的修訂新版

請根據你與朋友或鄰居間相互影響的情況在下列尺度上進行自我評估。

1. 一般說來，你是否經常與鄰居與朋友談論？

很頻繁				從不
5	4	3	2	1

2. 當你與朋友、鄰居聊到_____時，你是否提供了許多資訊？

提供許多資訊				提供很少資訊
5	4	3	2	1

3. 在過去6個月中，你向多少人介紹過一種新_____（產品）？

許多人				沒有
5	4	3	2	1

4. 在你的朋友圈裏，你被要求談到某種新_____（產品）有多大可能性？

很有可能				不可能
5	4	3	2	1

5. 在討論新_____（產品）時，下列哪項情況最可能發生？

你向朋友介紹				朋友替你介紹
5	4	3	2	1

6. 在你所有與朋友、鄰居的談話中，

你經常被視為建議的來源				不被視為建議的來源
5	4	3	2	1

資料來源：Adapted from Terry L. Childers, "Assessment of the Psychometric Properties of an Opinion Leadership Scale," *Journal of Marketing Reasearch* 23 (May 1986): 184-88; and Leisa Reinecke Flynn, Ronald E. Goldsimith, and Jacqueline K. Eastman, "The King and Summers Opinion Leadership Scale: Revision and Refinement", *Journal of Business Research* 31 (1994): 55-64.

者能系統地描繪發生在群體成員之間的相互影響。透過詢問受試者誰是他們徵詢產品資訊的對象，就可以確認產品資訊的來源。雖然這種方法最精確，但實施難度大且成本高，因爲它包含了對小群體中相互影響模式的近距離觀察研究。因此，社會測量技術適合在接近、獨立的社會背景下進行，如醫院、監獄、軍事基地等，因爲這裏的成員幾乎與其他社會網路隔絕。

許多專業技術人員和服務業行銷人員主要依靠口碑來創造商機。在許多情況下，消費者向朋友或同事推薦某個服務業公司；也有一些情況是商人向顧客推薦。例如，在一項調查中發現，只有0.2%的受訪者依據廣告選擇內科醫生。來自家庭或朋友的建議是使用得最廣泛的評判標準[111]。

　　社會測量法的分析可以用來進一步瞭解參考行為(referral behavior)，用來確定一個人的聲譽在社群傳播途徑的優勢和弱點[112]。網路分析(network analysis)注重社會系統的溝通，考量的是一個參考網絡(referral network)內的人際關係，以測量其中的緊密力量(tie strength)。這種力量指的是人與人之間關係的本質，範圍可以由強（如配偶）到弱（如很少見面的點頭之交）。一個強有力的連帶關係可被視為首要的參考團體，其間交互影響發生頻繁，對個體十分重要。

　　雖然強大的連帶關係很重要，薄弱的連帶關係也具有橋樑作用，使得消費者會在次群體間進行接觸。比如說，你有一個固定的朋友圈，他們可以作為首要參考團體（強有力的連帶關係），如果你喜歡打網球，某個朋友把你介紹給宿舍裏一群參加網球隊的同學。這樣你就透過橋樑作用獲得專業技能，這種參考過程顯示了薄弱連帶關係的力量。使用這種方法的一項研究檢視了大學女生聯誼會成員品牌選擇的相似性。研究者發現，聯誼會中的次群體或者小圈子更可能分享對各種不同產品的偏好。有些情況下，他們甚至會分享一些「私人」（社會上不顯眼）的商品選擇，這也許是因為某些情境變數，例如在女生聯誼會共用浴室的緣故[113]。

摘要

　　消費者屬於或嚮往許多不同的團體，其購買決策常受到希望得到他人接受的心情影響。

　　個人在團體中存在的影響力端視其擁有社會權力的程度；社會權力的類型包括資訊權、參考權、法定權、專家權、獎酬權和強制權。

　　「品牌社群」把一些對某商品懷有共同熱情的消費者結合在一起。「品牌祭」是業者所籌辦的活動，目的在鼓勵這類社群建立品牌忠誠度與強化團體歸屬感。

　　我們服從他人的願望基於兩個基本原因：(1)由於資訊性社會的影響，人們視他人行為為正確的行為方式，從而塑造自己的行為。(2)那些為取悅他人或希望被群體接受者的服從則是受到了規範性社會影響的作用。

團體成員經常會作單獨一人時不會做的事，因為他們的身份與團體相融合，他們被「去個人化」了。

觀點或行為對消費者十分重要的個體或團體就是參考團體。正式群體與非正式群體都能影響個體的購買決策，儘管諸如產品的特殊性、參考團體對購買的相關性等因素都會對參考團體的效果帶來影響。

網路大幅增強消費者接觸參考團體的機會。虛擬消費社群是由一群具有共同連結性——像是擁有對某一特定商品或服務的熱情或瞭解的人們組成。

對某種產品所知很多、意見被高度重視的意見領袖往往能影響他人的決策。特定的意見領袖往往很難找到，但瞭解他們普遍特質的行銷人員可以在媒體或促銷策略中以這些人為目標。

市場行家和代理消費者是另外兩種影響者。前者對市場發生的活動有廣泛的興趣，後者則對一般消費者提出購買的建議，並因此得到報償。

我們對產品的瞭解很多是來自口碑，而非正式廣告。與產品相關的資訊往往在聊天中得以交流。遊擊行銷策略試圖透過消費者的傳話來加速口碑的傳播過程。

雖然口碑傳播能幫助消費者意識到產品，但當破壞性的謠言或者負面消息發生時，公司可能也會受到傷害。

一些新出現的銷售策略試圖充分發揮網路的潛力，使資訊在消費者之間快速傳播。病毒式行銷讓個人為公司向他人宣傳商品、服務、網站位址等。

社會測量法被用來描繪參考模式。這類資訊可以被用來辨認意見領袖和其他有影響力的消費者。

思考題

1. 比較書中描述的五種權力基礎。哪些與行銷活動最可能發生關係？

2. 為什麼參考權對於行銷訴求的力量尤其強大？有助於預測參考團體是否會對個體購買決策施加有力影響的因素有哪些？

3. 評價游擊行銷概念的策略合理性。對於哪一類產品，這種策略最可能成功？

4. 討論消費者行為中能決定服從程度的因素有哪些？

5. 在什麼條件下更可能進行相異他人與相似他人之間的社會比較？這種面向應用

在行銷活動中的可能性為何？

6. 討論家庭購物聚會作為一種有效銷售管道的原因。還有什麼商品也能以這種方式銷售？

7. 討論會員團體對個體行為的作用會受到哪些因素的影響。

8. 為什麼口碑傳播有時比廣告更為有效？

9. 是否存在全能意見領袖？針對某種產品，什麼決定了意見領袖擁有的影響力？

10. 運動員對鞋或服裝品牌的選用可能對學生或其他運動愛好者有強大的影響。高中和大學體育教練靠著決定校隊裝備而得到報酬應該嗎？

11. 隱含的社會規範力量僅在受到侵犯時才會變得明顯。為了直接看到這種結果，請試試下面幾件事：背對電梯門站著；在主菜前上甜食；為在朋友家享用的餐點付款；穿睡衣去上課；或者對他人說祝你今天事事不順。

12. 找出你的伙伴會迴避的團體。你能找出哪些購買決策是受到這些團體影響而形成的？

13. 在校園裏找出時尚意見領袖。他們與本章中描述的形象相符嗎？

14. 在宿舍裏或鄰里做一次社會測量法。對於諸如音樂、汽車之類的產品類別，讓每個人去辨別與他分享資訊的人。系統地追溯溝通的管道，透過找出多次被提到的資訊來源來辨別意見領袖。

15. 病毒式行銷策略是讓顧客為業者代言，向其他人推銷產品。這往往表示你要引介朋友成為顧客，有時你也能從中得到若干好處。有人可能可能會說，這麼做無疑是為一己私利出賣朋友（至少你賣東西給朋友）。有的人可能會說，你只是和自己在乎的人分享財富。你曾接觸過病毒式行銷嗎？例如轉寄朋友的名字，或直接把名字給了hotmail這類網站？如果有，接下來發生了什麼事？你對這麼做有什麼看法？

組織與家庭決策制訂

　　阿曼達非常緊張，因爲今晚她和男友第一次要在新公寓裏辦派對。現在可是緊要關頭。阿曼達的一些朋友和家人對於她打算搬出老家去跟一個男人同居表示懷疑，如果她毀了這次派對，他們就有機會可以説「我早就告訴過你」這種話了。

　　她和奧蘭多住在一起後，生活並不怎麼順遂，甚至有點悲慘。儘管那張兩人共同工作的辦公桌整潔有序，但他的個人習慣卻是另一回事。爲了達到環境整潔，奧蘭多的確已經很努力了，但阿曼達仍擔負超過個人範圍的清潔責任：部分是出於自我防禦，因爲他們不得不共用一間浴室！而且在付出慘重的代價後，她不敢放心讓奧蘭多去超市採買食物。他帶著一疊購物清單前往超市，帶回來的卻是啤酒和垃圾食品。你想想，一個負責公司幾百萬美元電腦網路系統採購的男人，在讓他按照預算購買家庭用品時，應該非常得心應手才是。更令人失望的是，奧蘭多可以花一星期去搜集大螢幕電視的資訊（用的是她的獎金！），而她卻必須拽著他的耳朵去看廚房用具。更讓她火大的是，他總是批評她的選擇，尤其在價格太高的時候。

　　所以，在她工作時，奧蘭多能像他保證過的那樣在家打掃房間、做小菜的可能性又有多大呢？阿曼達從epicurious.com網站的娛樂版下載了蟹肉沙拉和芥末魚子醬的食譜，完成了她的任務。她還記下了marthasterwart.com網站上佈置餐桌的點子，比如用自家竹子做成的餐巾架。其餘的就要看他了。這時候如果奧蘭多能夠記得把內衣從客廳沙發上拿走，她就很高興了。這次派對將成爲他們關係好壞的證據。走進編輯部會議室時，阿曼達歎了口氣。從建立新家以來她確實學到了很多處理關係的方法，但是共同生活比愛情小説中描述的要坎坷得多。

組織決策制訂

　　阿曼達與奧蘭多所受的考驗與折磨,說明了許多消費決策都是共同制訂的。在許多情況中,第9章中詳細描述的個體決策過程都過於簡化,因為從最初的問題確認和資訊搜尋到可能方案的評價及產品選擇,問題解決的任何階段都可能有不只一人的參與。對那些更複雜的情況,購買決策往往涉及兩人或更多人,他們也許一起出錢、具有相同的品味和偏好,或者擁有相同購買優先順序。

　　本章要檢視有關集體決策(collective decision making)的問題,購買過程不止一人參與,產品和服務也可能由多個消費者共同享受。本章第一部分先討論有關組織決策,即一個較大團體進行購買時制訂的決策。接著,將把焦點放在大多數人都具有成員資格的重要組織之一——家庭。我們將思考家庭成員之間如何協商,現代家庭結構的重大變化如何對這一過程產生影響。最後,將闡述「新員工」——也就是子女們——如何學會成為消費者。首先,讓我們來看看人們離開家庭出去工作時做出的決策。

　　公司員工和其他組織每天都要作出購買決策。組織採購者(organizational buy-ers)是指像奧蘭多那樣代表公司,為製造、配送和銷售過程中購買貨物和服務的人。這些人從企業對企業的行銷人員(business-to-business marketers)手中購買貨物和服務,企業對企業的行銷人員專門滿足公司、政府、醫院和零售商這類組織的需要。按照淨銷售額所顯示,企業對企業銷售決定了絕大部分的交易量:大約價值2兆的產品和服務是在組織之間交易的,實際上比末端消費者(end consumers)的購買量還多。

　　組織採購者必須負起許多責任。他們必須決定與哪個賣主進行交易,以及要向這些供應商購買哪些商品。從迴紋針到像奧蘭多負責購買的價值幾百萬美元電腦系統,組織採購者必須考慮購買物品的價格和重要性。顯然地,理解這些重要抉擇的制訂過程就變得非常重要。

　　組織採購者知覺到的購買情境受到很多因素的影響,包括他對供應商的期望,如產品品質、對方公司員工的能力與行為,以及與該供應商打交道的先前經驗

在資訊時代，企業決策者必須隨時掌握消費者的複雜需求。(Courtesy of Unisys Corporation)

等；所屬公司的組織氣氛，也就是公司評判績效的方式和公司重視的價值；以及採購者對自己績效的評估，如他是否願意承擔風險[1]。

與其他消費者一樣，組織採購者也有一個學習過程，公司成員在過程中相互分享資訊，並形成一種由正確行動共同信念和假設而組成的「組織記憶」[2]。正如一位消費者在週末與家人前往購物時會受到「市場信念」的影響（見第9章），同樣地，在辦公室裏他也是一位資訊處理者。他（很可能和同事一起）試圖透過搜尋資訊、評價可能方案，以及作出決策來解決問題[3]。當然，這兩種情境之間有一些重要的相異點。

▶ 組織決策與消費者決策

區分組織、工業購買決策與個體消費者決策有許多因素，一些差異如下[4]：

• 公司所做的購買決策常涉及許多人，包括負責購買的人、直接和間接影響決策的人，以及實際使用產品或服務的人。

• 組織與工業產品往往是根據精確技術規格進行購買的，需要很多關於產品種類的知識。

- 很少發生衝動性購買，工業購買者不會突然產生對鉛管和晶片的「強烈購買慾」。因為購買者是專業人員，決策是基於過去經驗和對可能方案的仔細衡量。

- 決策常常是有風險的，尤其是當購買者的事業可能有賴於他表現出的良好判斷力時。

- 組織的購買量往往是相當驚人的，與此相比，大多數個體消費者的日常開銷和貸款金額都相形見絀。100～250家組織就占了供應商銷售量的一半以上，這使得採購者對供應商產生很大影響；

- 相對於廣告和其他促銷形式，企業對企業銷售往往強調個人銷售。與組織採購者打交道通常比與最終消費者打交道需要更多面對面的接觸。

在理解組織的購買決策時，必須考慮到以上這些重要特點。雖然有許多不同，但組織採購者和普通消費者之間的相似之處確實比許多人認為的還要多。確實，與個體消費者相比，組織購買決策著重經濟與功能的考量，但仍夾雜情感成分。例如，儘管組織採購者看來是理性的榜樣，但他們的決策往往受到品牌忠誠、與某供應商或銷售人員的長期關係、甚或美感上的考量影響。

英特爾公司大獲成功的Intel Inside宣傳活動說明了品牌和產品形象等問題在工業背景下的重要性。自從該公司推出286機型，競爭者就一直使用英特爾的數位序列來標注電腦晶片。然而，這些標籤並不能保證競爭產品具有與英特爾版本相同的結構，於是在市場上產生了混亂。在為「286」的名稱註冊失敗之後，該公司提出了Intel Inside的標誌，並說服240家製造商在包裝中加上這個新標誌。在3年的時間裏，英特爾在促銷和廣告上投資了5億美元，以建立英特爾品牌名稱的識別[5]。這個「商品品牌」策略為這家晶片製造商帶來了大量的利潤。

▶ 組織採購者的運作方式

與最終消費者一樣，組織採購者同時受到內部與外部刺激的影響。內部刺激包括消費者獨特的心理特徵，如願意作出風險決策以及工作經驗和培訓。外部刺激包括購買者所在組織的性質，以及產業運作的經濟和技術環境。另一因素是關於文化的：在不同的國家做生意，規矩就會差很多。例如，美國人與歐洲和亞洲的競爭對

手相比,前者更傾向於非正式交流。

購買的類型

要購買物品的類型影響著購買者的決策過程。如同消費者的購買行為,決策越複雜、越新鮮、風險越大,評價可能方案的資訊搜尋量和工作量就越大。另一方面,向一些固定廠商進行日常購買將大大減少資訊搜索和可能方案評價工作[6]。

通常較為複雜的組織決策會由在決策中扮演不同角色的一組人(採購中心[buying center]的成員)共同制定。本章之後會討論這種共同參與和家庭決策有幾分相似;購買活動越重要,參與決策的家庭成員越多。

購買類型架構

組織購買決策依複雜程度可分為三種類型。這種分類方式稱做購買類型理論,用三個決策面向描述了組織採購者的購買策略[7]:

1. 決策前必須收集的資訊水準
2. 考慮所有可能方案的認真度
3. 購買者對購買的熟悉程度

實際上,這三個面向與制定購買決策時所要付出的認知努力有關。三種「購買類型」,或者基於這些面向的策略,包含大多數組織決策情境[8]。每種購買類型都對應著第9章討論的三種決策類型之一:習慣型決策、侷限型問題解決和周延型問題解決。表12.1對這些策略作出了總結。

直接再購買(straight rebuy)類似習慣型決策,是一種自動選擇。當存貨水準下降到原先設定需要再購買的數量時,就會再次購買產品。多數組

企業主管非常努力地吸收來自各方的資訊。
(Courtesy of American Business Media)

表12.1	組織購買決策的類型		
購買情境	**努力程度**	**風險**	**參與的購買者**
直接再購買	習慣型決策	低	自動再訂購
修正再購買	侷限型問題解決	低偏中	一或幾人
新任務	周延型問題解決	高	許多人

資料來源：Adapted from Patrick J. Robinson, Charles W. Faris, and Yoram Wind, *Industrial Buying and Creative Marketing* [Boston: Allyn & Bacon, 1967].

織都有一個認可的賣方名單，只要與這些賣方的合作經驗令人滿意，就較少進行或不再進行資訊搜尋或評價。

修正再購買(modified rebuy)情境涉及侷限型決策。當一個組織想再次購買一項產品或服務，但需作出部分修改時，就會產生修正再購買的情況。這種決策會涉及有限的資訊搜索，可能透過與一些賣方進行的談話來獲取資訊。這種決策很可能由一個或幾個人來制訂。

新任務(new task)涉及到周延型問題解決。因為以前沒做過類似決策，因此產品可能存在無法如預期表現的嚴重風險或過於昂貴。組織會指派一個由各種專家組成的採購中心以評價這項購買行動，他們會在決策前收集很多資訊。

決策角色

在制定集體決策時，無論是家庭成員還是組織採購中心的個人，都要扮演許多特定的角色[9]。依照決策不同，群體成員中的一些人或所有人會參與決策情境，一個人可能扮演各種（甚至所有）角色，包括：

- 發起者：提出想法或需求的人。
- 守門員：進行資訊搜尋和控制訊息數量的人。在組織背景下，守門員確認可能的賣主和產品，以供團體的其他成員考慮。
- 影響者：試圖左右決策結果的人。有些人可能比其他人有更強的動機去參與決策，在說服別人相信其選擇的能力上，參與者之間也有所不同。在組織中，工程師常常是產品資訊的影響者；而在團體評價賣主時，購買者也扮演著相似的角色。
- 採購者：實際進行購買的人。採購者可能使用產品，也可能不使用。這個

人可能要支付採購項目的費用、直接獲得購買項目，或二者兼有。

- 使用者：最後使用產品或服務的人。

▶ 企業對企業的電子商務

　　網路急遽地改變組織採購者為公司瞭解和選擇產品的方式。企業對企業的電子商務(business-to-business e-commerce)指的是兩個或多個企業或組織之間的網上交易，包括資訊、產品、服務或報酬的交換。許多未應用網路商機的美國公司計畫開始在網路上販賣與購買商品。

　　企業對企業電子商務最簡單的形式，是網站提供企業所需產品和服務的線上目錄。像戴爾電腦(Dell Computer)已經發現，他們的網站對於技術支援、產品訊息、訂貨資訊和針對客戶的服務是非常重要的。早期，戴爾發現，可以透過為不同客戶群量身定做不同的網上資源，來更有效地滿足客戶需要。戴爾的網站根據不同客戶群（家用、辦公、政府、小企業和教育）為購物者提供建議。因為以電子下載取代了耗時的手冊，該公司每年可以節省上百萬美元。戴爾公司還為較大客戶提供了利用密碼進行安全認證的網頁，允許企業客戶獲得技術支援或下訂單。

家庭　　　　　　　

　　在報紙和雜誌上讀到關於家庭已死的報導已經沒什麼特別的了。由一對已婚夫婦及子女組成的傳統家庭比例確實不斷降低，許多其他類型的家庭數量卻在急遽上升。事實上，一些專家指出，隨著傳統家庭生活模式的衰退，人們將更重視能夠提供友誼和社會支持的同胞、好友和親戚[10]。有些人甚至參加了「意願家庭」(intentional families)：即一組不相關的人定期聚餐和共同享受假期[11]。

▶ 現代家庭

　　大家庭(extended family)曾是最常見的家庭型態，由生活在一起的三代人組成，通常包括祖父母、姑姨、伯舅和表親，就像50年代的《天才小麻煩》(Leave It

To Beaver)中的克利佛一家及其他電視劇中的家庭型態。核心家庭(nuclear family)——也就是父母和一個或多個子女（或許還要加上一條牧羊犬）——一度成為家庭型態的典型。儘管人們還會根據以前的電視節目來想像典型美國家庭的形象，但統計資料顯示，這種理想的家庭形象已不再是一幅真實的畫面。

究竟什麼是家庭？

在每10年進行一次的全國人口普查中，美國人口調查局不管住在家裡的人是什麼關係，只要是有人居住的房屋都視為一戶。人口調查局所定義的家庭(family household)則至少包括兩個有血緣或婚姻關係的人。儘管人口調查局和其他市調公司彙編了大量關於家庭的資料，但行銷人員卻只對某些特定家庭類型有特別興趣。

毫無疑問地，我們對家庭的想法正在不斷改變。消費者家庭結構的變化，例如離婚，對行銷人員來說卻代表著機會。因為這使僵化的一般購買模式改變了，人們會對產品和品牌進行新的選擇[16]。每年約有100萬對以上的夫婦離婚。美國有將近2,000萬18歲以下的孩子生活在單親家庭，其中84%是和母親居住[17]。離婚和分居是美國文化中可被接受的一部分，而且婚姻破裂是書籍、音樂和電影中經常看到的一個主題[18]。幾年前，一位加拿大企業家創造了離婚X技術(DivorceX)，一種可以把前夫或前妻從家庭照片中去掉的數位影像技術！這就反映了這種情況的流行[19]。

網路收益

網路對於企業溝通，甚至是企業與員工間分享資訊的方式，都起了革命性變化。大約有半數企業對企業的電子商務交易是由許多供應者與購買者互動的拍賣、喊價以及交換形式為主[12]。許多專家預測，到2005年，由這些供應鏈服務所構成的全球市場總值將可達到約4,830億美元[13]。例如，屬於全球零售交易聯盟(Worldwide Retail Exchange)的62家主要零售商，在發展新產品及尋找供應商時，均使用這種線上資源以刪減成本[14]。這種網路工作模式也提供了極富創意的過程：時裝製造的產品設計師，如VF集團（全球最大牛仔褲製造集團），在想到一些新的時裝概念時，就可以登入公司的內部網路，利用資料庫試試看各種產品樣本和顏色的搭配。不喜歡這個顏色或是鈕扣的樣子？用滑鼠點一下鈕扣就可以試另一種樣式。過去，一件新的服裝樣品必須實地裁剪出來並進行評估，但是現在，設計師可以在電腦桌面上選擇新樣品的各種設計概念和所需的材料[15]。這可是個光速前進的產業。

家庭結構持續演變，但一些基本衝突依舊存在。這則販賣制酸產品的義大利廣告就這麼說：「有些東西就是很難下嚥。」(Courtesy of Citrosdina and Bates Milan)

諷刺的是，即使有許多人聲明傳統家庭已經不復存在，但在年輕夫婦中似乎又有捲土從來的趨勢。一項最近研究驚奇的發現，商學院畢業的婦女在過去20年從事全職工作的機率很低。而且美國人口調查局發現，擁有1歲以下小孩的職業婦女數量在經過25年穩定成長之後，已由1998年的59%降到2000年的55%。

這股全心全意照顧小孩的趨勢集中在受高等教育以及擁有卓越成就的婦女身上——那些約莫30至40歲時獲得優秀學歷的婦女。聯邦調查機構資料顯示，在年收入250,000到499,999美元的家庭中，有將近一半只有1位負責家計；在1990年，這個比例只有38%。這股留在家中的意識吸引了某些行銷人員。這個年紀的人們視平衡家庭與工作為最大的挑戰，並將之視為比賺大錢或擁有高階主管頭銜更重要的事[20]。

家庭規模

家庭規模取決於教育水準、節育有效性和信仰等因素[21]。**生育率**(fertility rate)是指每1,000名育齡婦女每年的生育數目。行銷人員密切關注著人口出生率，以估計出生率將如何影響未來的產品需求。美國的生育率在50年代晚期和60年代早期急遽上升，因為所謂的「嬰兒潮」逐漸達到了養育下一代的年齡。接著生育率在70年代下降後，又在80年代開始回升，因為嬰兒潮期出生者開始在新的「次嬰兒潮」中養育自己的孩子。

調查顯示，當今全球女性不分國別，幾乎都希望過小家庭的生活。這個趨勢相當困擾歐洲國家，因為這些國家的生育率在過去數十年一路陡降。諷刺的是，許多未開發地區的人口卻不斷增長。工業國家正面對未來可能到來的危機，因為支持老年人的年輕勞動人口相對日漸稀少。為了讓各年齡層人口均衡分佈，生育率必須維持在2.0，讓兩個孩子來替補父母親原來的位置。在西班牙、瑞典、德國與希臘等國家，這個目標根本無法達成，因為他們的生育率約為1.4或更低。對照美國2.0的生育率，人口學家認為原因是美國擁有大量的移民人口。

有些國家正考慮以各種措施鼓勵人民多生小孩。以西班牙為例，該國讓人口較多的家庭享有水電燃料費率優惠、資助年輕夫妻成家立業，並成立上萬所學前教育與安親機構。義大利政府則為生育婦女在半年育嬰假期間提供接近全職月薪的生育補助。然而女性同胞們硬是不領情，一個孩子也不願多生。

在過去，這些信奉天主教的國家均崇尚大家庭生活，當今觀念轉變背後存在許多原因：避孕與人工流產的普遍、離婚見怪不怪，以及以往老年人會在家含飴弄孫，但現在可能會從事旅行等其他活動。有些專家還指出一個事實：許多義大利男性直到三十多歲仍與母親一起生活，所以直到他們結了婚，都還沒有做好持家的準備。一位分析師

這則廣告談到了單身男女的重要需求：想喝咖啡，不見得每次都得沖上一大壺。(Courtesy of The Procter & Gamble Company)

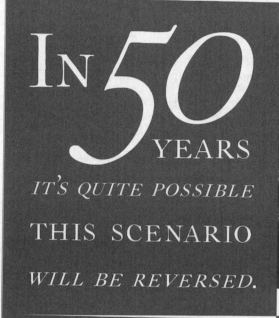

這則保險廣告提醒我們，「三明治世代」夾在兩代中間，得同時照料父母與兒女。(Courtesy of UNUM)

評論道：「這些媽媽老跟在兒子後頭，什麼事都處理得好好的。我恨這些男人的母親。她們真是禍害。」[22]

非傳統家庭結構

　　美國人口調查局把任何有人居住的房屋都看做一戶，不管住在那裏的人之間是什麼關係。因此，一人獨居、同住的三個房客或者兩個戀人（無論異性戀還是同性戀）都可算是一家人。事實上，由同性組成的家庭已經越來越普遍，因此許多行銷人員將其視為一家庭單位。Gayweddings.com與twobrides.com提供同性戀者結婚典禮布置與禮物的服務。製造嬰兒食品與孩童服飾的傳統公司也開始在*And Baby*雜誌中做廣告，這是一本同性父母雜誌[23]。

　　政府將許多人共用一個居住空間的情況稱做POSSLQ，意思是共用住所不同性別的人(Persons of Opposite Sex Sharing Living Quarters)。就像阿曼達和奧蘭多，這種情況變得越來越普遍。25～40歲的美國人中，將近一半的人在某個時期與異性住在一起[24]。這種改變有部分是由於無家庭關係或頂客族（無孩子的夫婦）的潮流所引起。預計到2010年，頂客族將增加740萬、單身家庭將增加640萬、混合家庭將增加240萬、單親家庭將增加120萬、室友家庭將增加110萬，而有18歲以下子女的已婚夫婦家庭則將減少150萬[25]。

美國「國家健康統計中心」(National Center of Health Statistics)認為，視自己為「志願無子女」(voluntarily childless)的生育年齡婦女比例正逐漸上揚：從1982年的2.4%，到1990年的4.3%，再提升為1995年的6.6%（截至目前最新統計數據）。無子女的夫妻在部分業者眼中，是大有可為的誘人市場。雙薪無子女的夫妻平均教育程度高出一般雙薪有子女的夫妻。根據美國人口調查局的資料顯示，無子女的夫妻兩人均有大專學歷的比例為30%，有子女者的夫妻則只有17%。無子女的夫妻大多從事高專業或高階職務；夫妻兩人均從事此類職務的比例，無子女者為24%，有子女者為16%。達拉斯的戴勃連鎖餐廳(Dave and Buster's)就鎖定無子女夫妻為服務對象，制訂嚴格的用餐規定，讓有子女的夫妻打消闔家用餐的念頭。不過有很多重視傳宗接代觀念的社會，也讓許多無子女的夫妻備嘗人情冷暖。近年，這些夫妻已經組成不少線上社群，如「Child-Free by Choice」(www.childfree.net)與「No Kidding!」等網站，來支持自己選擇的這條路[26]。

誰住在家裡？

儘管傳統家庭的數量正在減少，但諷刺的是，傳統大家庭卻實實在在地存在著，許多成年人都必須同時照顧父母和子女。事實上，美國人平均花17年的時間照顧子女，花18年的時間去幫助年老的父母[27]。中年人被稱做「三明治世代」，因為他們必須照料老的和小的。他們除了要養育年邁的父母，甚至意外地發現，子女與他們住在一起的時間越來越長，或者在「租約」到期以後就搬回家裡來[28]。正如阿根廷一則牛仔褲廣告中提到的：「如果你20多歲了還跟父母住在一起，那就不對了。難道現在不是該為他們找個公寓的時候了嗎？」

這些回到父母身邊的孩子們被人口統計學家稱為倦鳥歸巢的孩子(boomerang kids)。18～34歲之間仍居住在家的子女數量急遽增加，目前，25歲的美國人中有五分之一以上仍與父母共同生活。離開家自己住的年輕人不太容易回來，但是與室友同住的年輕人則很有可能搬回家。還有，搬去與戀人同住的年輕人如果失戀，就更可能搬回家[29]。如果這種趨勢持續發展，各種市場都將受到影響，因為倦鳥歸巢的孩子在房屋和日常必需品上花費較小，而在娛樂等任意支配項上開銷較大。

動物也像人！非人類的家庭成員

我們通常把陪伴我們的動物當做家庭成員。許多人認為寵物可以分享情感：也許這就是為什麼超過四分之三的小貓小狗會在假期和生日時會收到禮物[30]。超過一半（約62%）的美國家庭至少擁有一隻寵物——92%的寵物主人認為寵物是家人，83%的主人在跟寵物對話時會自稱媽咪或爹地[31]。

事實上，美國科羅拉多州正在推動一項立法，將貓狗的地位從「財產」(property)提高為「伴侶」(companion)。如果這項立法通過，寵物主人以後就能以「失去伴侶」的罪名控告獸醫或虐待動物者，賠償金額最高可達10萬美元。全美有14州的法律認定貓狗為符合資格的受益人，人們可以把遺產留給心愛的寵物，而科羅拉多正是其中一州[32]。

美國人每年平均花費290億美元，來伺候這些毛茸茸的家「人」。且看美國人如何把小動物們寵上天：

● 有些廠商發覺寵物主人會自稱爸爸媽媽，所以把腦筋轉到人類孩童的玩具上頭。玩具大廠「孩之寶」(Hasbro)與寵物超市「聰明寶貝」(PetSmart)合作，推出「爪爪與多多」(Paws 'N More)系列玩具，包括「狗狗的第一把鑰匙」磨牙器(Puppy's First Key Teether)與貓咪專用的

這則西班牙公益廣告以一則虛構的狗用保險套廣告來推廣寵物避孕的概念。(Courtesy of Tiempo BBDO, Barcelona)

「釣魚手機」(Catch-a-Fish Mobile)[33]。

● 洛杉磯育犬協會(The Los Angeles Kennel Club)讓寵物住進悉心佈置的主題小屋享福，內含小床、電視與播放狗狗影片的錄影機。寵物們可以在聽故事與吃爆米花點心的時候，認識其他朋友並一起玩樂。這裡還有運動課程與按摩服務可供選擇。至於該讓寵物們穿什麼衣服去協會亮相呢？梅西百貨經營的Petigree專賣店中，可以買到粉紅緞質禮服與黑色晚宴外套，讓寵物們體面一下。

● 汽車業者也發現，人們喜歡帶著寵物一起旅行。紳寶汽車為寵物們提供齊全的配備，包括寵物專用安全拴釦，還有防止食物潑灑出來的旅行專用飯盆。通用汽車則為GMC Envoy研發一款「寵物通」(Pet Pro)概念車，這款休旅車後方設置了方便收納寵物用品的儲物空間，車上也配備了一組小型吸塵器。後車廂還有可延展出來的斜板，讓年紀大了跳不上車的狗狗可以慢慢走上車。

● 要是有一天，小動物們被上頭那位更大的「主人」寵召了怎麼辦？現在已經不時興土葬或火葬了，「冷凍乾燥法」已經成為寵物殯葬新趨勢。痛失親「人」的主人們異口同聲表示，凍乾製作的寵物標本，讓他們覺得「音容宛在」，比較容易從失去的悲慟中恢復過來。凍乾的遺體不會腐化，所以還能繼續窩在你的沙發上。

▶ 家庭生命週期

家庭的需要和支出會受到成員（兒童和成人）的人數、年齡以及是否有一兩個或更多成年人在外工作等諸多因素的影響。決定一對夫婦如何花費時間和金錢的兩

行銷契機

可口可樂英國分公司的一位主管發現，可口可樂有很多忠實顧客並不是住在典型的傳統家庭裡。該公司研究發現，大多數英國家庭如果不是只有夫妻兩個，就是一個人過活；很多人會找位室友合租房子，因為房租貴得要命。為了滿足這些特殊族群的需求，可口可樂推出1.25升容量「分享裝」，讓室友兩人可以分著喝剛好，就像一大家子合喝一大瓶同樣的道理。該公司廣告以聰明的手法，呈現人們如何分享各款式商品。他們設計的海報當中，有一張是一對年輕男女合穿一件大尺碼內衣，另一張則是兩名中年男子共戴一頂黏不啦嘰的假髮。宣傳詞寫著：「新上市分享裝可口可樂。獻給喜歡分享的人。」[34]

個重要因素是：(1)他們是否有子女；(2)女方是否工作。

　　由於家庭的需要和支出會隨著時間而變化，行銷人員把家庭生命週期(family life cycle, FLC)的概念應用到部分家庭上。家庭生命週期將收入和家庭構成的變化趨勢與因收入變化而導致的需求改變結合起來。隨著年齡增長，我們對產品和活動的偏好及需要也在改變。由20多歲的人組成的家庭在大多數產品和服務上的花費都低於水平，因為家庭較小，收入也較低。一個人的收入水準有逐漸提高的趨勢（至少在退休前是這樣），因此經濟實力也

摩托羅拉公司察覺到許多現代家庭過著新式行動生活，於是因應這些忙碌父母的需求，為傳呼機產品定位。(Courtesy of Motorola Paging Products Group)

越來越強。年紀較大的消費者在美食和高級家具等奢侈品花費較多[35]。此外，許多必須提早購買的消費品並不需要時常重複購買。例如我們都會囤積大件器具之類的耐用品，只有在必要的時候才會替換。

　　關於家庭生命週期法的研究假設，關鍵事件會改變角色關係，並開啓改變事件優先順序的新人生階段，包括如阿曼達和奧蘭多的同居關係、第一個孩子出生、最後一個孩子離開家、配偶去世、主要經濟來源者的退休，甚至離婚[36]。經歷這些人生階段確實會伴隨在休閒、食物、耐用品和服務上支出的重大變化，即使因為收入變化而調整這些支出，情況也是如此[37]。

家庭生命週期模式

　　這種對於事情優先順序縱向變化的關注，對預測某一段時間內對特定產品類別的需求特別有價值。例如，沒有孩子的夫婦在外出用餐和度假花費很可能在有孩子之後轉移到與之迥異的消費上。諷刺的是，儘管娛樂業贏得年輕消費者的心和錢

包，但真正成為美國派對主角的卻是成年人。由65～74歲老人組成的家庭比25歲以下組成的一般家庭在娛樂上花費更多[38]。

　　研究人員提出許多模式來描述家庭生命週期的各個階段，但由於常常沒有考慮到重要的社會發展趨勢，諸如婦女角色的改變、生活方式的多樣化、無子女和晚育，及單親家庭等，而使其有效性受到侷限。

　　為了充分描述這些變化，必須考慮四個變數：(1)年齡；(2)婚姻狀況；(3)家裏有無子女；(4)如果有，子女年齡多大。此外，我們對婚姻狀況的定義必須寬鬆，包括共同生活且擁有長期關係的兩個人。因此，儘管不把同住室友看做是「已婚」，但是正如可以把已建立家庭的一對男女看做「已婚」，同樣也可以把有相似想法的兩個同性戀者看做是「已婚」。

　　考慮這些變化，我們可找出一套包含更多種家庭狀況的類別[39]。如圖12.1所示，透過把消費者按照年齡、是否超過一個成年人和是否有子女分成幾組，就得到了這些類別。例如，處於滿巢(Full Nest)Ⅰ類（最小的孩子在6歲以下）、滿巢Ⅱ類（最小的孩子在6歲以上）、滿巢Ⅲ類（最小的孩子在6歲以上而且父母在中年）和延遲滿巢（Delayed Full Nest，父母在中年但最小孩子在6歲以下），這些人在消費需要上是不同的。

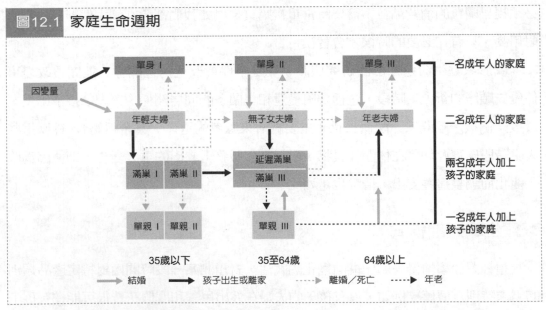

圖12.1　家庭生命週期

資料來源：Robert E. Wilkes, "Household Life-cycle Stages, Transitions, and Product Expenditures," *Journal of Consumer Research* 22 (June 1995): 29. Published by the University of Chicago Press. Used with permission.

生命週期對購買的影響

分屬不同類別的消費者表現出消費模式上的明顯差別。年輕的單身漢和新婚夫婦具有最「現代」的性別角色態度，最有可能練身體、去酒吧、聽音樂會、看電影、去飯店和喝酒。儘管20多歲的人占美國全部家庭開銷不到4%，但他們在衣服、電器和汽油等消費品上的支出遠遠高於平均水準[40]。有小孩的家庭更可能消費健康食品，如蔬菜、果汁和起司等。由單親和年紀較長的孩子構成的家庭則購買較多的垃圾食品。單身和單親在家居、汽車和其他耐用品上花費最少，但當人們從滿巢走向無子女夫婦階段時，這方面的花費會增加。結婚禮物通常是慷慨的，所以新婚夫婦最有可能擁有麵包烤箱和電動咖啡磨豆機這樣的器具。臨時照顧嬰兒和日托服務當然在單親和滿巢家庭中使用最多，而家居維護服務（如割草）最可能被年老夫婦和單身者雇用。現在，我們先來看看不同的家庭是如何作出所有這些決定的。

這則傢俱商推出的廣告特別呈現家庭不同階段的需求。
(Courtesy of Ethan Allen Inc.)

親密團體：家庭決策　▶ ▶ ▶ ▶ ▶ ▶

家庭內部的決策過程像是一個企業會議。某些事情被拿到桌面上進行討論，不同成員會有不同的考量和議題，他們的權利鬥爭與公司任何陰謀故事都不相上下。在每一種生活情境下，不論是傳統家庭、共用一間房屋或公寓的學生，或是其他的非傳統家庭，團體成員都擔任不同角色，就像採購員、工程師、會計和公司裏的其他人員一樣。

▶ 家庭決策

　　對行銷人員而言，理解家庭決策的動力機制是非常重要的。例如，雪佛蘭(Chevrolet)想以新型的Venture小型貨車贏回駕駛人的心，就派遣一組人類學家去觀察自然狀態下的家庭。傳統的觀點認為，小型貨車買家都很實際：關心的是經濟能力、大量的功能零件和足夠空間。但是研究人員們卻發現完全是另一回事：車輛被看作是家庭的一部分。要求消費者指出哪一張圖片是小型貨車最好的比喻，許多人選擇了一張盤旋中滑翔機的圖片，因為它代表自由和忙碌的家庭。於是Venture車的廣告標語就成了「走吧！」(Let's go.)[41]。

　　家庭必須作出兩種基本的決策[42]。在共識型購買決策(consensual purchase decision)中，家庭成員都同意購買某種需要的東西，只是在如何達成上有不同意見。在這種情況下，家庭很可能專注在解決問題、考慮可能方案，直到找出滿足團體目標的方法。例如，一個家庭想買隻小狗，卻不知由誰照料牠，就可能會草擬一個計畫，給每個人委派特定的職責。

　　遺憾的是，生活並不總是一帆風順的。在調和型購買決策(accommodative purchase decision)中，家庭成員有不同的偏好或考量，無法在滿足所有成員期望的購買行為上達成一致。這時就會有討價還價、強制、妥協和權力運作，以達成意見一致。當家庭成員的需求和偏好無法統一時，衝突極易發生。雖然金錢是婚姻關係雙方最容易起衝突的因素，但是選擇要看什麼電視節目卻是第二個易導致爭端的因素[43]！一般說來，當家庭成員覺得自己很重要和有新意，或對可能方案有強烈看法時，決策就會陷入成員間的衝突。這些因素產生衝突的程度決定了家庭制定決策的類型[44]，包括以下幾項[45]：

　　● 人際關係的需要（一個人在團體中的投入程度）：住在家裡的小孩會比暫居宿舍的大學生更關心家裏要購買什麼東西。

　　● 產品的涉入和效用（產品被使用的程度或能滿足需要的程度）：比起支出相似的其他消費品來，一個愛喝咖啡的家庭成員顯然對購買一個新咖啡壺更感興趣。

　　● 責任（購買、維護、支付等）：人們在需要承擔長期後果和義務的決策上更

容易意見不一。例如,關於是否養一條狗的家庭決策就會涉及由誰負責遛狗和餵狗的紛爭。

● 權力(在作決策時一名家庭成員對其他人施加影響的程度):在傳統家庭中,丈夫通常比妻子的權力要大,妻子則比年齡最大子女的權力要大,依次類推。在家庭決策中,當某個人不斷以其在群體中的權力來滿足自己的優先考慮時,衝突就會發生。例如,如果一個孩子認爲要是他收不到XBox作爲生日禮物,極可能願意用極端手段對父母施加影響,如對他們發脾氣或拒絕做家事。

▶ 性別角色與決策制訂責任

在一個家庭裏是誰「當家」呢?有時,並不能明確劃分該由老公或老婆來制訂決策。即使穿著工作褲的是男性,卻是老婆幫他們買的。當Haggar研究顯示超過半數婦女爲先生購買褲子時先生並不在場,該公司就開始在女性雜誌裡刊登男性長褲的廣告[46]。由一名家庭成員負責選擇某種產品,叫做自主決策(autonomic decision)。例如,在傳統家庭中,男人往往獨自負責挑選汽車,而選擇裝飾品的責任則落在女人的身上。融合決策(syncratic decision),如選擇度假地點,則是由家庭成員共同決定。根據羅珀斯塔奇公司所做的一項研究顯示,妻子在購買食品百貨、兒童玩具和藥品上仍然有最大發言權。在選擇汽車、度假地點、住所、器具、傢俱、家用電器、室內設計和長途電話服務時,則較爲普遍使用融合決策。夫婦的教育水平越高,共同作出的決策越多[47]。該公司發現,家庭決策開始有折衷和輪替的轉變。例如,調查發現,妻子多在如何理家的爭辯中獲勝,而丈夫則掌握著遙控器[48]!

在任何情況下,配偶雙方一般都對決策制定施加重大影響,即使在一方去世之後也是如此。愛爾蘭的研究發現,許多喪偶者都說仍能感受到死去丈夫的出現,並與他們對家庭事務進行「交談」[49]!參加《紅皮書》(Redbook)雜誌焦點團體的已婚婦女看法,說明了自主決策與融合決策的動力機制:

● 「我們只是按照自己的步子走,而且這是一個大工程。承包人會與我丈夫,而不是與我討論。我就會說:『對不起,我也在這兒。』」

● 「我們正在找房子,正在就選擇城鎮的哪一邊和房子大小做決策。這是一項共同決策,我母親從未這樣做。」

男人穿的褲子很多是女人買回來的。成衣商Haggar於是轉而將800萬美元的男裝廣告預算，鎖定那些替男人或陪男人購衣的女性。該公司研究發現，女人對男性穿著選擇有極大影響力，因此將廣告刊在十幾份女性雜誌上。調查顯示，將近一半的受訪女性是在男性不在場的情況下為他們選購褲子，41%則陪同他們選購。在顏色與整體造型搭配上，女性的影響力最強。(Courtesy of Haggar)

● 「因為我們只有一個孩子，所以我丈夫不想要休旅車，但我說『我想買輛休旅車。而且不是因為其他人都有休旅車。我想要舒舒服服的。』可是他想買敞篷車。最後我們買了輛休旅車」[50]。

找出決策制訂者

對於行銷人員而言，找出誰來作出購買決策是一個重要問題，這樣他們就知道應該把目標定位在誰身上，以及是否需要影響配偶雙方來左右一項決策。例如，在50年代，有市場研究指出婦女在家庭購買決策中有著更重要的作用，割草機製造商就開始著重宣傳旋轉割草機優於其他動力割草機。這種隱蔽了刀鋒和發動機的旋轉割草機，在廣告中有這樣的特寫：年輕女子和微笑的祖母對受傷的擔心不屑一顧[51]。

研究者人員對於配偶哪一方扮演著所謂的家庭財務長(family financial officer, FFO)的角色，即掌管帳單並決定如何花費剩餘資金的那個人，特別注意。在新婚

夫婦中，這個角色多是共同扮演，但隨著時間的變化，配偶的一方就會接管起這項責任[52]。在傳統家庭（尤其是教育水準較低的家庭）中，婦女主要負責家庭理財：男人賺錢，女人花錢。配偶的每一方都「專門負責」某些活動[53]。

在追求現代性別角色的配偶中，就不再是這種模式了。這些配偶認為應該共同維持家庭生計。在家庭中，除了像家居維護和清理垃圾這樣的傳統「男性」任務外，丈夫還要承擔更多關於洗衣、掃除、購買雜貨等責任[54]。對許多美國的夫妻來說，共同制訂決策已經變成普遍的習慣──由羅珀斯塔奇公司的一項調查顯示，94%的婦女表示她們參與家中傢俱購買決策的制訂（不令人驚訝）。除此之外，81%的婦女表示參與投資理財的決策，74%表示參與購車的決策[55]。

決策制訂責任分配持續改變，尤其是隨著女性出外工作，很少有時間去盡那些傳統屬於她們的職責。這些職業婦女往往過著被某位研究者稱為「設法平衡的生活方式」，也就是在母親和職業女性這兩種衝突的文化間取得平衡[56]。由專門針對女性行銷的李奧貝納廣告公司中某一單位LeoShe所做的一項研究，顯示了圖12.2中四種截然不同的母親類型[57]：

● 瓊‧克利佛型的母親：在《天才小麻煩》續集中的瓊‧克利佛(June Cleaver)飾演的是一位待在家裏的母親，屬於傳統角色的婦女。她們多是白人，受過較高教育並有較高的消費水準。

● 拔河比賽型的母親：被迫但並不樂於工作的婦女。她們因為生活緊湊，因此購買許多知名品牌來使購物變得簡單。

● 具有堅強雙肩的母親：收入水平較低，但對自己和未來持樂觀看法的婦女。這個群體三分之一以上都是單親媽媽。LeoShe認為她們很有可能會嘗試能表現自我的新品牌。

● 富創造力的母親：這些婦女喜歡做母親，同時又在外工作。令她們滿足的一個原因是丈夫對他們的支持。

文化背景是決定先生或太太主導家庭的一大因素。例如，西裔家庭中的先生傾向於掌握家庭決策權。越南裔美國人似乎也保持傳統：先生制訂大型購買決策，太太則掌有持家的預算。一項比較美國與中國婚姻決策制訂的研究顯示，美國婦女表示她們擁有「太太決定」的情況比中國婦女來得多。「誰是老闆」的假設往往反

圖12.2 四種母親類型

資料來源：Cristina Merrill, "Mother's Work is Never Done," *American Demographics* (September 1999): 30. Reprinted with permission from *American Demographics*.

映在廣告與行銷策略中。以下是一些描述不同文化差異的例子[58]。

● 根據一項可口可樂在巴西進行的研究結果，該公司推出了特殊行銷活動來吸引拉丁美洲的婦女。他們發現母袋鼠最能吸引為家庭進行購買的太太們——這些太太就佔了可口可樂在巴西35億銷售額中的80%。因為焦點團體中的婦女表示，即使她們是掌控家庭預算支出的角色，但仍感受到媒體的忽視，因此廣告以「媽媽是萬事通」的訴求呈現。

● 一個名為「蝴蝶」的印度節目，鼓勵醫生們說服婦女服用避孕藥，可是最大的障礙是這些婦女在這方面並不會自己下決定。一位村中居民的反應非常具代表性：「我從來不用避孕藥，我的丈夫是我的主人——他會做決定。」

● 印度傳統性別角色同樣影響了寶鹼公司在當地為Ariel衣物清潔劑製作的廣告，這則廣告中一個男人正在洗衣服，這在該國是相當不尋常的。一個女性聲音問

道，「太太去哪裡了？你真的要洗衣服嗎？……男人不應該洗衣服……他一定會失敗。」

● 在亞洲，男性做家事的廣告一樣充滿危機，即使現在已有許多亞洲婦女在外工作。一則南韓的吸塵器廣告中，太太悠哉地躺在地上，臉上敷著小黃瓜片，先生則在她的四周吸地板。該國的婦女並不欣賞這則廣告。當廣告播出時，她們認為這則廣告是對「女性在家庭中的領導角色」提出了挑戰。

有4個因素決定了決策是配偶雙方共同制訂抑或僅由一方決定[59]。

● 性別角色的刻板印象：信奉傳統性別角色刻板印象的夫婦會對具性別類型的產品，也就是說被認為是「男性的」或「女性的」產品分別做出個人決策。

● 配偶的資源：為家庭提供更多資源的一方配偶具有更強的影響力。

● 經驗：當配偶的一方擁有決策經驗時，更常作出個人決策。

● 社會經濟地位：中產階級家庭比更高或更低階級的家庭作出更多共同決策。

當許多婦女在外奔波工作時，許多男性也開始參與家務活動。在五分之一的美國家庭中，男性負責大部分的購物行為；而五分之一的男性每週至少要洗7次衣服[60]。然而，正如阿曼達懊惱地發現，女性仍然承擔著大部分的家務雜事。諷刺的是，甚至當婦女在外的收入實際上已經超過丈夫時，情況還是這樣[61]！

另一方面，目前證據顯示，女性在購買決策過程中有更多影響力[62]。如表12.2所示，在如英國等西方國家也存在類似情形。總之，夫婦堅持傳統性別角色規範的程度決定他們如何進行責任分配，其中包括消費決策遵循傳統方式的程度。

表12.2　英國的家庭任務分工情形

1994年的家庭任務分工	洗衣和燙衣	決定晚餐吃什麼	照顧生病的家庭成員	購買雜貨	進行小型維修行為
都是女人作	47	27	22	20	2
通常是女人作	32	32	26	21	3
男女雙方分工或一起作	18	35	45	52	18
通常是男人作	1	3	-	4	49
都是男人作	1	1	-	1	25
所有夫婦的數目	100	100	100	100	100

資料來源：Nicholas Timmins, "New man Fails to Survive into the Nineties," *The Independent*, January 25, 1996.

　　儘管決策的責任分配發生了一些變化，但婦女仍主導家族網體系(kin-network system)的延續：她們要履行維持家庭成員（包括近親遠親）之間關係的儀式行為，包括親戚間的拜訪、打電話和寫信給家庭成員、寄賀年卡、從事社交活動等[63]。這種組織角色意味著婦女往往要對家庭的休閒活動作出重要決策，她們更有可能決定家庭社交的對象。

聯合決策制訂中的經驗法則

　　達成共識理想(synoptic ideal)需要夫妻雙方有共同觀點，並擔當聯合決策者。根據這種理想的觀點，他們會深思熟慮地權衡可能方案，給雙方分配明確的角色，並冷靜地作出互利的消費決策。夫婦會理智地、分析地採取行動，並盡可能多利用資訊以使彼此效用達到極大化。然而事實上，減少衝突影響往往是夫婦決策制定中的特色。一對夫婦是「達成」而不是「制定」一項決策。這一過程被描述為「含糊應付過去」[64]。

　　簡化決策過程的一種常用技術是啟發式法則（見第9章）。一對夫婦在購買新房時常見的決策模式說明了啟發式法則的運用：

　　1. 夫婦間的共同偏好是基於明顯的、客觀的面向，而不是比較微妙的、不確定的提示。例如，在新房所需的臥室數目這個問題上，一對夫婦可能很容易就會意見一致，但如何決定房子外觀的問題卻很難達成共識。

女人往往身兼數職，也分身乏術。(Artwork courtesy of America's Beef Producers through the Cattlemen's Beef Board)

2. 夫婦一般同意任務專門化(task specialization)的體系，在這個體系中每人負責各自的職責或決策範圍，不干涉對方的「地盤」。對許多夫婦來說，責任分配會受到認知中性別角色所影響。例如，妻子首先物色滿足夫妻需要的房子，而丈夫則考慮能否獲得貸款。

3. 根據配偶雙方的偏好強度來決定是否讓步。許多情況下，一方屈服於另一方只是因為他對某種屬性的偏好並不強烈，但在其他情況下則願意為獲得有利決策而付出努力[65]。倘若存在對不同屬性的強烈偏好，他們會用一個感覺較強的偏好「換掉」強度較低的偏好，而不是試圖影響對方。例如，如果丈夫認為設計廚房有些無關緊要，就會對妻子讓步，同時期盼以設計自己的車庫作為回報。

視兒童為決策者：培養中的消費者 ▶ ▶ ▶ ▶ ▶ ▶

很難在芬蘭赫爾辛基（手機公司諾基亞的故鄉）找到不使用手機的人──92%的家庭至少有一隻以上的手機。即使對成人以及青少年來說，過去10年使用手機已經成為日常生活的一部份，但最近手機使用量暴增的情況發生在小孩子身上。有許多小朋友在7歲左右就拿到第一支手機，同時也開始參加許多父母不在場的活動，如足球練習。

目前，即使芬蘭對於小孩使用手機也有很嚴格的規定，手機配件的市場逐漸擴大，像是印有唐老鴨或是星際大戰角色的螢幕保護貼紙。許多公司因為被限制直接對小孩進行手機的行銷活動，因此開始說服父母在繁忙的工作之餘，手機是管教小孩最好的工具。他們認為「行動父母」能讓爸媽用手機追蹤小孩的下落，而不必事必躬親。因此芬蘭小孩都開始使用這項成人的產品[66]。

芬蘭人並不是唯一用這些「東西」取悅小孩的父母。任何有拖著小孩在超市購物「愉快」經驗的人都知道，小孩有能力影響父母親的購物決策，有時候是雞貓子鬼叫[67]。小孩的確構成了三個獨特市場[68]。

主要市場：孩子在自己的需求和要求上花很多錢。1991年，一個10歲孩子的零用錢平均一星期4.20美元，到1997年增加到每週6.13美元。而且，零用錢平均只占一個孩子收入的45%，其餘則來自作家務雜事所賺的錢和親戚的贈與。其中大約三分之一用來購買食物和飲料，餘額則花在玩具、衣服、電影和遊戲上。當M&M糖果公司的行銷人員發現到底是誰大量購買他們的產品後，就重新設計了自動販賣機，降低投幣口以適應較短的手臂，結果銷售量急遽上升[69]。

　　影響市場：父母的讓步(parental yielding)是指父母的決策制定受到子女要求影響而「投降」[70]。這對產品選擇具有關鍵作用，因為對父母的要求中大約有90%會牽涉品牌名稱。因為發現這種影響，Mrs. Butterworth's Syrup糖漿公司用600萬美元推出了直接針對兒童的行銷活動，用幽默的廣告讓成年人明白拿到糖漿瓶才能跟孩子們說話。執行活動的一位經理解釋說：「我們需要製造些嘮叨因素」（孩子要父母購買產品的要求）[71]。

　　讓步發生的可能性部分取決於家庭內的動態機制。養育方式從縱容型到嚴厲型都有，而且在子女做決策的責任大小上也有所不同[72]。一項研究提供了兒童要求購買所使用的策略。儘管大多數孩子只是簡單的要東西，但其他策略還包括：說曾在電視上看過，說兄弟姐妹或朋友有這樣東西，或以做家務來要求。至於其他行動就沒那麼無傷大雅了，包括直接把東西放入購物車並不斷懇求——這常常是一種「很有說服力的」行為[73]！此外，孩子的消費影響力也會受到文化的制約。生活在如美國等個人主義文化中的兒童有更直接的影響力，而在如日本等集體主義文化中的兒童則採用較間接的方式[74]。表12.3列出兒童在10種不同產品種類上的影響。

　　未來市場：孩子們不斷成長，最終都會長大成人。聰明的行銷人員試圖在孩子年紀較小時就創造他們的品牌忠誠度，這就是柯達(Kodak)努力地鼓勵孩子成為攝影師的原因。在美國，5～12歲的小朋友只有20%擁有照相機，平均一年只照一卷底片。該公司廣告把攝影形容得很酷，並有叛逆的感覺。為了保護隱私，柯達設計將照相機包在信封裡，直接將底片寄回，所以父母不會看到相片。

　　的確，我們年幼時對某些商品的感情會伴隨著我們直到終老。這種現象在日本更為顯著。日本是一個童心未泯的文化，非常迷戀可愛的造型與商品，有時甚至會讓外國人對其「年輕」報以驚異目光。全日空(All Nippon Airways)航空公司投下約100萬美元取得授權，為旗下三架747客機繪上口袋怪物(Pokemon)卡通角色。日本到處都看得到這類可愛的角色。朝日銀行(Asahi Bank)的提款卡有米飛兔

表12.3	兒童對家庭購物的影響		
前10名產品	產業銷售量（10億）	影響因素(%)	銷量影響（10億）
水果點心	0.30	80	0.24
冷凍小點心	1.40	75	1.05
兒童美容用品	1.20	70	0.84
兒童香水	0.30	70	0.21
玩具	13.40	70	9.38
罐裝義大利麵	0.57	60	0.34
兒童服裝	18.40	60	11.04
電視遊樂器	3.50	60	2.10
熱麥片	0.74	50	0.37
童鞋	2.00	50	1.00

資料來源："Charting the Children's Market," *Adweek* [February 10, 1992]: 42. Reprinted with permission of James U. McNeal, Texas A&M University, College Station, Texas.

(Miffy)，神社可以求到凱蒂貓(Hello Kitty)幸運符，日本的職棒選手擊出全壘打會獲頒一隻動物娃娃。有人把日本人對「可愛」的執迷，歸因到對童年的懷念，因為日本成人背負著很多的期待與要求，承受著必須符合這些期待的壓力[75]。

▶ 消費者社會化

孩子在許多市場行為上都負有責任，但他們怎麼知道自己喜歡什麼、想要什麼？孩子不是一生下來就懂得消費技巧的。消費者社會化(consumer socialization)是「年輕人獲得與市場相關的技能、知識和態度」的過程[76]。這種知識從何而來？朋友和老師當然會參與這個過程。例如，孩子們互相談論消費品，而且這種趨勢會隨著年齡增長而增加[77]。儘管如此，特別是對年幼的孩子來說，兩種主要的社會化來源還是家庭和媒體。

父母的影響

父母對消費者社會化具有直接且間接的影響，他們會嘗試把自己的消費價值觀慢慢地灌輸給子女（『你該懂得1美元的價值』）。父母還決定著子女對其他資訊來源的暴露程度，如電視、行銷人員和同儕等[78]。不同文化對兒童涉入購買決策的期望,會影響父母何時及如何教導孩子成為消費者。某些傳統文化,像是希臘和印度,偏好較晚讓孩子學習消費技巧。但對美國和澳洲的父母來說,則是越早越好[79]。

成年人是觀察學習的重要榜樣(見第3章),子女會透過觀察父母的行為並加以模仿來學習消費。某些行銷人員將成人產品包裝成兒童版,使得這種模仿變得更容易。這種「代代相傳」的產品偏好將締造產品忠誠度,當研究人員研究女兒與母親之間的產品選擇時,會發現不同世代之間的互相影響[80]。

消費者社會化的過程開始於嬰兒期,從小他們就陪伴父母去商店,在那裏第一次受到行銷刺激。在最初2年裏,孩子開始對想要的東西提出要求。隨著孩子學會走路,他們在商店裏開始作出自己的選擇。到了大約5歲的時候,多數孩子都在父母和祖父母的幫助下進行購買。到8歲就開始獨立進行購買,並成為羽翼漸豐的消費者[81]。圖12.3總結孩子成長至真正成為消費者所經歷的一系列階段。

三個面向構成了三種不同的養育方式。採取不同養育方式的父母在引導子女社會化的方式也有所不同[82]。例如,「權威型父母」比較具有敵意、限制和不投入感情。他們與子女之間沒有溫暖的關係,會對子女能見到的媒體類型進行審查,並且對廣告抱持消極觀點。「忽視型父母」也沒有溫暖的關係,與子女更加疏遠,而

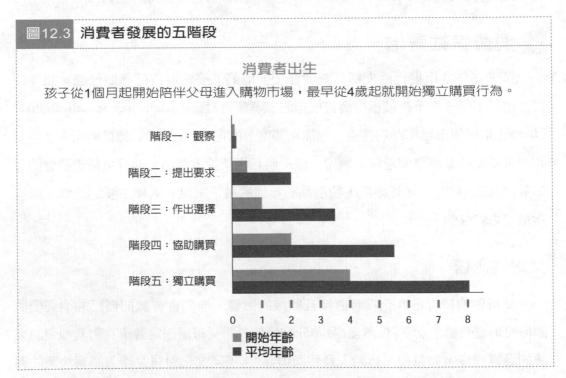

圖12.3 消費者發展的五階段

消費者出生

孩子從1個月起開始陪伴父母進入購物市場,最早從4歲起就開始獨立購買行為。

且也不控制子女行為。相比之下，「縱容型父母」與子女就消費有關的事情有更多交流，也更少限制。他們認為應當不要過於干涉孩子瞭解市場的過程。

電視：「電子保姆」

電視廣告從我們很小的時候就開始造成影響。正如我們所見，許多行銷人員對小孩子進行推銷，以鼓勵他們在年紀小的時候就建立習慣。最近發生在法國一件具爭議性的特殊事件是一則麥當勞在《女性真相》(Femme Actuell)雜誌中刊登的廣告，鼓勵家長限制小孩子前往麥當勞，因為「沒有必要吃過量的垃圾食物，或一個禮拜去麥當勞超過一次。」美國麥當勞發言人表示，公司並不贊同廣告中的說詞[87]。這則反消費訊息的確反應出阻攔其他公司瞄準小孩子進行廣告的企圖，特別是電視廣告。因為媒體教導人們文化價值觀，小朋友看電視的時間越長，就越容易認定電視上的形象是真實的[88]。英國一個主要針對3個月到2歲小孩製作的電視節目《天線寶

混亂的網路

到了2005年，有機會上網的12歲以下孩童將會增加到2,690萬名[83]。愈來愈多的孩子能夠上網沒什麼不對，問題是，這些孩子上網之後會做什麼？2000年末，美國國會通過一項立法，推出孩童專用的網域空間「kids.us」。希望登記在這個網域底下的業者，必須同意只提供適合孩子瀏覽的內容，而且禁止出現任何連往該網域之外的網站連結。即時傳訊(instant messaging)與聊天室等服務，也必須經過安全認證才能開放[84]。

這麼做的確有其正面意義，不過這只點出問題的冰山一角。長久以來，大人們不斷關切那些帶有暴力色彩的兒童遊戲電玩，如今連6歲小孩都開始出沒於網咖，透過高速連線與世界各地玩家在「戰慄時空之絕對武力」(Half-Life:Counter Strike)等遊戲裡捉對廝殺，於是管制爭議又起。網咖讓孩子們找網友結盟，聯手對抗其他陣營，進行搜尋、制訂戰略並摧毀對方。這些場所通常不會詢問玩家的年齡，也不會限制他們登入「戰慄時空」這類限制給17歲以上玩家參與的遊戲。亞洲地區首開網咖之風，美國則遲至幾年前才開始出現，開創之初還挺簡陋，頂多是在大倉庫裡連接幾部電腦，讓青少年可以聚集飆網。

如今美國出現數以百計的網咖，高度集中於科技產品比較普及的洛杉磯與舊金山地區。目前，落實遊戲的年齡限制管制，和限制孩子不去購買「兒童不宜」的遊戲一樣困難。美國聯邦貿易委員會(Federal Trade Commission)曾派遣研究人員偽裝身份私下查訪，發現13到16歲青少年在無成人陪同的情況下，向店家買到M級（成人級）遊戲的成功機率為78%[85]。

寶》(Teletubbies)，不但讓全國著迷，更吸引了超過20個國家的觀眾在周間的早晨收看。《天線寶寶》的錄影帶甚至銷售驚人，成為英國排行榜上的第一名[89]。

除了針對兒童製作的大量節目，孩子們還會接觸成人的理想化形象。因為6歲以上的孩子看電視的時間大約四分之一是在電視節目的黃金時段，會受到一般節目和廣告的影響。例如，觀賞成人口紅廣告的小女孩將學會把口紅跟美麗聯繫起來[90]。

▶ 性別角色的社會化

兒童獲得性別認同概念（見第5章）的年齡比以前認為的要早：也許是1或2歲的時候。到了3歲，多數孩子把開卡車視為男人的事，而把烹飪與清潔視為女人的工作[91]，甚至被描繪為無助的卡通人物都穿著帶荷葉邊或鑲褶邊的裙子[92]。玩具公司用廣告來促銷與性別相關的玩具，透過他們的角色選擇、動人的音調以及文字說明來強化性別角色期待，從而使這些刻板印象長期的固定下來[93]。

兒童遊戲的功能之一就是扮演成人的行為。兒童「演出」未來可能的不同角色，並學習他人對這些角色的期待。玩具製造業提供了兒童用來扮演這些角色的道具[94]。不管站在哪個方面考慮，這些玩具不是反映出社會對男女性有什麼期待，就是教導兒童社會對男女性的期待。學齡前的男孩和女孩在玩具偏好上並沒有表現出很大差異，但5歲以後差異就出現了：女孩離不開洋娃娃，而男孩則被「動作人物」和高科技的娛樂所吸引。

產業評論家指出，出現這種結果是因為玩具產業受男性經營者支配，但玩具公司的執行經理卻反駁，他們只是回應了孩子天性的偏好[95]。確實，在努力避免男孩與女孩的刻板印象達20年後，許多公司似乎認為這種差異是不可避免的。玩具反斗城在對10,000位顧客進行訪談之後，推出一種新的商店設計，連鎖店現在分為兩部分：女孩世界和男孩世界。福斯家庭頻道(Fox Family Channel)的主管說：「男孩和女孩是不同的，展示彼此的獨特之處也很不錯。」[96]男孩對作戰和競爭更感興趣，而女孩則對創造和關係感興趣。這就是專家們所指的「男性和女性遊戲模式」。因為托兒所裏的孩子比過去更早與其他孩子相處，被觀察到有這種模式的孩子也比以前要多[97]。

由於玩具在消費者社會化過程中具有重要影響，玩具製造商正在創造希望能

幫助小女孩認識真實世界的角色──而不是由許多洋娃娃代表的幻想世界。最近加州一些企業家推出一個稱為Smartee的系列玩具，角色包括律師艾許莉、企業家愛蜜麗和醫生德絲特妮。還有一本平裝書講述每個洋娃娃的故事，並包括現實生活中擁有這份工作者的一份簡歷實例。為了保持優勢，最近推出職業女性主題的芭比娃娃，顯示該公司對社會化非常關注。儘管芭比娃娃在1964年推出時的形象是太空人，在1999年是飛行員，但從未有過關於她們生涯的詳細說明：女孩們買了衣服和配件，可是從來不知道那個職業代表什麼。現在身為職業婦女的芭比娃娃在美泰公司和《職業女性》(Working Woman)雜誌的共同努力下上市。她有一台筆記型電腦、一部手機，還有一張有關金融資訊的光碟。身穿灰色西服，襯衫反過來卻是一件紅色洋裝，芭比下班後就穿上紅色平底鞋與肯尼一起去歷險[98]。

▶ 認知發展

兒童作出成熟的「成人」消費決策的能力顯然是隨著年齡增長（雖然成年人並不總是作出成熟決策）。按照所處的認知發展階段(stage of cognitive development)，或按照日益複雜的理解概念能力，可以對孩子進行區分。證據顯示，幼小孩子就有學習消費相關資訊的驚人能力[99]。

行銷陷阱

行銷人員奪去孩子們的童年了嗎？年幼的孩子們已經成了成年設計師的目標了。唐娜‧卡倫(Donna Karan)的發言人觀察到，「這些7歲的孩子看起來就像30歲了。很多孩子都已經有了自己的風格。」也許真是這樣，但也許造成這種結果的原因之一在於，這些孩子被迫過早適應成人的價值觀。一本關於孩子抱怨的書籍作者談到，「我們看到現在的孩子有過早青少年化的趨勢。父母給了這些還很稚齡的孩子們過多關於衣著的選擇。廣告人發現了這個事實，因此開始不斷開發孩子們對於看起來更世故以及成熟的渴望……在美國，關於童年最棒的一件事，就是孩子們會受到市場的保護，並被允許有自己的看法。但現在，孩子們根本沒有時間與空間逃開這些壓力。以前，家裡的孩子像是小公主般的可愛，但現在，如果這些8歲小男孩得不到想要的Abercrombie & Fitch長袖運動衫，他們可是會大發脾氣的。」也許這就能解釋在銷售量高達30億美元的化妝品市場中，13歲以下的孩子就有2,000萬美元消費額的原因。一項針對8至12歲女孩的調查發現，三分之二的女孩通常都會使用化妝品。對這些純真的稚齡女孩來說，實在太多此一舉了[102]。

關於兒童不同認知階段，最重要的支持者是瑞士心理學家皮亞傑(Jean Piaget)，他認為每個階段的兒童都用特定的認知結構來處理訊息[100]。在認知發展的古典範例中，皮亞傑將裝在一個短粗玻璃杯中的檸檬汁倒入一個細高的玻璃杯中。5歲的孩子仍然認為杯子的形狀決定它的容量，覺得這個杯子比第一個杯子裝得多。他們正處於皮亞傑所說的發展前運算階段(preoperational stage of development)。相對地，6歲的孩子就不能確定檸檬汁的量是否有變化，7歲的孩子已經知道檸檬汁的量沒有發生變化。

許多發展學家不再認為兒童一定要在同樣時間裏經歷這些固定的階段。另一項研究認為兒童的資訊處理能力，或者說儲存和從記憶中提取資訊的能力有所不同（見第3章）。這種看法可分為以下三部分[101]：

- 能力有限的：6歲以下的兒童不採用儲存和提取策略。
- 需要提示的：6～12歲之間的兒童使用這些策略，但只在得到提示的時候。
- 策略使用的：12歲以上的兒童自覺地運用儲存和提取策略。

這種發展順序強調兒童並不是以與成人相同的方式進行思考的，不能期待他們以同樣的方式使用資訊。這種看法還提醒我們，對呈現的產品資訊，兒童不一定與成人有相同結論。例如，孩子不知道在電視上看到的東西不是「真的」，因此也更容易受到極富說服性的廣告詞影響。

▶ 行銷研究與兒童

儘管兒童具有購買力，其偏好或對支出模式影響的真實資料卻很少。與成人相比，兒童對市場研究者來說是較為困難的研究對象。他們對自己行為的報告不太可靠、回憶也比較糟糕，而且往往無法理解抽象的問題[103]。這個問題在歐洲更嚴重，因為某些國家限制行銷人員對兒童進行訪談。然而，市場研究及許多專業公司都已成功地對這個市場區隔有些瞭解[104]。

產品測試

對兒童最有助益的一種研究類型就是產品測試，能夠找出哪些產品在其他孩子身上將獲得成功。可以透過觀察孩子玩玩具，或者讓他們參加焦點團體來獲得他們的想法。例如，費雪牌公司有一個叫做遊戲實驗室(Playlab)的托兒所，從4,000名候選人中選出一些小朋友來玩新玩具，研究人員則在單向玻璃後進行觀察[105]。

《家庭娛樂》(*Family Fun*)雜誌每年都主辦「年度玩具大獎」，以幫助玩具產業預測哪種新產品將獲得成功或慘遭失敗。為此，要選出100名兒童填寫關於喜愛玩具的問卷，然後在焦點團體中給他們看新玩具。最後，最受喜愛的玩具都被送到托兒所，由其他孩子進行無記名投票[107]。這項活動很有成效：孩子們過去曾成功地找出熱賣的新玩具，包括非常受歡迎的芝麻街玩具(Tickle Me Elmo)。

訊息理解

因為兒童在處理產品相關資訊的能力上各有不同，當廣告人試圖直接吸引他們時，就產生了許多嚴肅的道德問題[108]。孩童權利團體認為7歲以下的孩童沒有辦

行銷契機

許多零售業者希望營造出兒童與成人都能感到自在的環境，好吸引家長上門。美國家居用品連鎖店Home Depot每一週都為小朋友開授工藝課程；美國約有30家星巴克咖啡店設有兒童遊戲區，鼓勵媽媽們找姊妹淘來這裡一起喝咖啡聊是非。布置一個孩子可以跑跑跳跳的地方，讓家長能夠喘口氣，這樣的努力證明是值得的。漢堡王從事調查之後發現，10位家長當中，有9位表示他們會再光顧漢堡王，因為小朋友們可以在這裡盡情玩耍[86]。

一些新的商業投資證明，懂點心理學也會是生財之道。這個趨勢可以遠溯到公共電視頻道的《芝麻街》節目，不過其他商業頻道如今也加入了戰局。第一波成功打入學前幼兒市場的是1996年的《小藍狗》(Blues's Clues)節目。隨著小朋友開始冷落嘴巴很甜的《小博士邦尼》(Barney & Friends)後，小藍狗搖身一變成為最佳學習伴侶。

如今，數百萬小朋友又轉台收看Nickelodeon兒童台的人氣節目《小冒險家朵拉》(Dora the Explorer)。小朋友們並不知道，電視機裡的朵拉可是根據「多元智能理論」(multiple-intelligence theory)所發展的角色。「多元智能」觀念在1983年首度被提出，影響相當深遠。多元智能主張智能有許多不同類型，像是運動家的勇氣或音樂天賦等，都超越傳統智商評量著重的數學與語言能力。因此朵拉查閱地圖的時候，所展現的是「空間辨位」能力；搭建橋樑時，朵拉會邀請電視機前的小朋友一起數木板，這是一種「人際智能」。迪士尼為趕搭教育市場列車，成立「迪士尼遊戲屋」(Playhouse Disney)頻道，根據該公司的規劃，預計推出兼具情緒、社會與認知發展的「全兒童學程」。小朋友，哪些字有「ㄑ」這個音[106]？錢。答對了。

法理解商業廣告中具有說服性的內容，也沒辦法分辨電視節目和廣告。孩子們的認知防禦還沒有充分發展到能夠過濾商業廣告吸引力的地步，因此，改變他們的品牌偏好簡直是易如反掌[109]。聯邦交易委員會自1970年起開始採取某些保護孩童的行動，如限制廣告商在兒童節目時段打廣告（通常是星期六早上的電視節目），並要求增加「區別」廣告的提示，以幫助孩童分辨電視節目結束及廣告開始（如廣告後馬上回來）。聯邦交易委員會在1980年早期因應雷根總統的施政而將某些要求行動撤銷，但部分限制仍延續至1990年的兒童電視法案(Children's Television Act)。一種新型態的兒童消費者模式過去曾被市場遺忘，但是他們現在要為了自己的利益站出來[110]。圖12.4是測試孩子們是否能察覺廣告正在說服他們的一個方法。

圖12.4　測量兒童廣告意圖知覺能力的素描圖

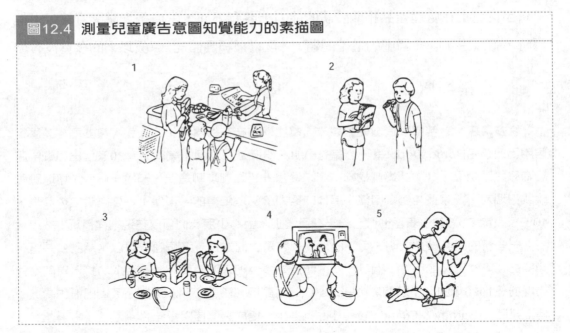

摘要

許多購買決策都由不止一人作出。兩個或更多人參與評價、選擇或使用一項產品或服務時，就是集體決策。

組織採購者是指代表公司或其他團體作出購買決策的人。儘管影響個人制定決策的因素同樣會影響這些購買者，但組織購買決策會更理智、涉及較高的財務風險。隨著決策複雜性的增加，可能有為數眾多的人參與決策。

對組織購買的認知努力會被內部因素影響，如個體的心理特徵；也會被外部

因素影響，如公司是否願意承擔風險。最重要的決定因素之一是考慮的購買類型：需要解決的問題範圍依購買的產品或服務是否是重新訂購（直接再購買），有小調整的訂購（修正再購買），還是以前從未買過或者複雜有風險（新任務）。在企業對企業的電子商務中，線上購物網站正引起組織決策者搜集和評價產品資訊方式的全面性改革。

在組織和家庭中，決策制定過程中必須有人扮演不同角色，包括守門員、影響者、購買者和使用者。

人口統計學是測量人口特徵的統計學，其中一些比較重要的概念與家庭結構有關，如出生率、結婚率和離婚率等。

家庭是一個有人居住的房屋單位。美國家庭的數量和類型在許多方面都發生變化，包括結婚和生育的延遲等；在家庭結構上也發生了變化：單親家庭越來越多。家庭生命週期的新觀點考量到當人們經歷人生不同階段時，他們的需要是怎樣發生變化的，這迫使行銷人員在制訂行銷策略時對同性戀、離婚者和無子女配偶等消費者更認真地加以考慮。

必須以決策動態機制來理解家庭。配偶雙方各有不同的優先考量順序，並因為努力程度和權力的不同，對購買決策施加的影響力也不同。在大範圍的購買決策上，子女也越來越有影響力了。

兒童正在經歷社會化過程，以學習如何做一個消費者。這種知識有一些是由

網路收益

美泰兒公司的「風火輪」(Hot Wheels)模型車，年銷售量約1億輛，且每年更新70%至80%的該系列產品。一般收藏者手邊擁有的風火輪汽車數量約在1,500輛上下，所以美泰兒在決定推出何種新款汽車時，顧客的意見是非常重要的參考依據。如今該公司成立的「行星風火輪」網站(PlanetHotWheels.com)，將市場研究推向新的層次。不同年齡的收藏者都能進入這座網站輸入個人偏好設定，決定自己的車子要用何種輪胎鋼圈或車身塗裝式樣，你也可以在此和其他收藏者來場友誼賽。過程中，網站會要求比賽者留下有關個人喜好的資料，美泰兒藉著這些資料來研判推出何種新產品，有可能是新款法拉利跑車，也有可能是超級悍馬車。

父母和朋友灌輸的，大多來自大眾媒體和廣告。因為說服兒童如此容易，所以針對他們進行的行銷活動，在消費者、學術界和行銷實務工作者中都引起了激烈爭論。

思考題

1. 你認為市場研究是否應該在兒童身上進行？解釋你的回答。

2. 商家和調查公司收集資料（如結婚證書、出生記錄甚至死亡公告）以彙編郵寄目標名單，你對此有何看法？從消費者和行銷人員兩個角度闡明你的觀點。

3. 有人批評行銷人員向教育機構捐贈產品和服務以換取免費的促銷。你認為這是公平的交易嗎？應該禁止商家對在學的孩子施加影響嗎？

4. 如果一對已婚夫婦有子女，那麼對於以下5個產品種類──食品百貨、汽車、度假、傢俱和電器，描述一下你認為他們的決策會受到什麼影響。

5. 在確認並將目標定位於剛離婚的夫婦上，你認為行銷人員是利用這些夫婦的情況自肥嗎？有沒有確實對他們有所幫助的行銷人員實例？舉例支持你的回答。

6. 安排兩對夫婦的訪談，一對年輕，一對年老。準備一張列有以下5個產品種類──食品百貨、汽車、度假、傢俱和電器的回答表格，然後讓配偶的一方不與另一方商量，指出每個種類的購買決策是共同作出的還是單方作出的，並指出單方決策是由丈夫還是由妻子決定。比較每對夫婦的回答，看看丈夫和妻子在決策者上的意見一致性。再比較兩對夫婦對共同決策與單方決策數量的全部回答有何不同。報告你的發現與結論。

7. 收集針對家庭的3種不同產品種類的廣告。找到同樣產品的另一些沒有家庭特色的品牌廣告。準備一個報告，比較這兩種方式的有效性。哪個產品種類最能因強調家庭而獲益？

8. 在本地超市賣場的穀類食品部門觀察父母與子女的相互影響。準備一個報告記錄表現出個人偏好的子女個數以及這些孩子表現偏好的方式，以及父母如何作出反應，還有採用子女選擇的父母個數。

9. 觀看3個小時的兒童節目，並就本章最後部分提出的道德問題判斷商業廣告中運用的行銷手段。報告你的發現和結論。

10. 選擇一個產品類別,用本章提示的家庭生命週期階段,列出影響各階段消費者購買決策的一項變數。

11. 思考現代家庭結構中的3個重要變化。針對每個變化,找出行銷人員意識到這種變化,並將此變化反應在產品、零售創新或行銷組合其他方面的一個例子。如果有可能,也請找出沒有跟上這些發展的行銷人員例子。

12. 工業購買決策全部是理性的,審美或主觀因素不會也不該在這個過程中起作用。你同意嗎?

13. 離家在外唸書的大專院校學生可以被視為擁有替代「家庭」。不論你與家人、配偶、同學同住,你們學生宿舍「家庭」中的決策是如何制訂的呢?有沒有人擔任父親、母親或是小孩的角色?提供一個實際的決策制訂經驗,並說明其中的角色扮演。

消費者與次文化

本篇研究了一些決定我們是誰的社會影響，並強調有助於確定我們獨特身份的次文化。第13章關注於界定社會階層的因素，以及社會階級的成員身份如何強烈影響我們用所賺的錢來購買什麼產品。第14章討論了我們的民族、種族以及宗教認同感如何標記出我們的社會認同。第15章則檢視了我們與同時代人們是如何連結在一起的。

收入與社會階級

重要的日子終於到來了！菲爾將與瑪麗琳一起回家去拜見她的父母。菲爾曾經在瑪麗琳工作的證券公司工作過，他們在那兒一見鍾情。菲爾以前經常在布魯克林的街道上打架，而瑪麗琳則剛從普林斯頓大學畢業。儘管有著巨大的背景差異，但他們認為彼此會有好結局。瑪麗琳一直暗示她出身富有，但菲爾並不害怕，畢竟他認識很多透過投機手段掙得6位數年薪的鄰居。他猜測她的父親會穿著絲質西裝，手拿一個碩大煙斗，亮出一疊鈔票，到處炫耀他那些帶有鏡子和小飾品的現代傢俱。

當他們到達康乃迪克州的私人莊園時，菲爾期望在車道上能看到一輛勞斯萊斯，但他只看到了一輛吉普切諾基休旅車(Jeep Cherokee)，他還想那一定是僕人的。進屋後菲爾被房子的簡單裝修和看起來破舊的物品嚇呆了：走廊上鋪著早已褪色的東方地毯，所有的傢俱都非常老舊。

當菲爾見到瑪麗琳的父親時，他更吃驚了。他原期望瑪麗琳的父親會像電影中的人一樣，身著燕尾服、手拿一杯法國白蘭地。事實上，為了讓老傢伙覺得自己很有錢，菲爾已穿上他最好的閃亮義大利禮服，並帶了個碩大的鑽戒。當瑪麗琳的父親穿著皺巴巴的羊毛衫和網球鞋出現時，菲爾意識到他肯定和那些暴富的老鄰居們不一樣。

消費者的開銷與經濟行為 ▶ ▶ ▶ ▶ ▶ ▶ ▶

從菲爾在瑪麗琳家的瞠目結舌經歷可以看出，花錢的方式有很多，有錢人和沒錢人之間存在著巨大差異，也許在一直很有錢的人和那些「努力才掙得錢」的人之間也存在著巨大差異。本章將從一般經濟條件對消費者錢財支配的影響入手，然後，藉著「富者不一般」(The rich are different)這句諺語，將探究處於不同社會位置的人在消費方式上會產生什麼差異。

不論是菲爾那樣的熟練工人，還是瑪麗琳那樣擁有特權的小孩，社會階級對每個人的消費方式以及階級反映出社會地位的消費選擇，都有深遠影響。如本章所述，這些選擇也具有其他目

像鑽石婚戒這類高價精品，放眼全世界都是一種地位表徵。
(Courtesy of Natan Jewelry and F Nazca Saatchi & Saatchi)

的。我們所購買的特定產品和服務會使得他人確信我們的社會地位——或者我們希望如此。產品的購買與展示常常作爲社會階級的標誌，也就是地位象徵(status symbols)。在行爲和名望不再能代表個人地位的現代社會中，這更是一個事實。

▶ 收入模式

許多美國人經常說沒有賺夠錢，但是現實中，美國人的平均生活水平的確不斷提高。這些收入變化與兩個關鍵因素相關：婦女角色的轉變和教育水準的提高[1]。

婦女的工作

收入增加的一個原因是，到達工作年齡的人參與工作的比例上升了，有學齡

前孩子的母親是工作人群中成長最快的部分。而且，許多工作，如醫藥和建築類的高薪工作，以前多是由男人掌控的。儘管在大多數專業職位中婦女只是少數，但是她們的職位不斷提高。職業婦女數量的穩定增加是中等和高收入家庭迅速增長的首要原因。有1,800多萬已婚夫婦年收入超過5萬美元，其中三分之二左右的家庭是因為妻子的收入而使得家庭收入上升了一個階層[2]。

上學真有價值！

「誰能得到餅的較大部分」的另一個決定因素是教育水平。儘管支付大學帳單常是一個巨大損失，但長遠來看是值得的。一生中，大學畢業生要比高中畢業生多掙50%的薪水。沒有高中學歷的婦女薪水僅是擁有大學學位婦女薪水的40%[3]。因此，堅持下去是有好處的！

▶ 花還是不花，這是一個問題

消費者對商品和服務的需求取決於其購買力和購買意願。儘管生活必需品的需求趨於穩定，但是如果人們覺得消費時機不成熟，就會推遲或削減這項花費[4]。比如，一個人可能會決定繼續開年久失修的老爺車，而不是立即買一輛新車。

可支配開銷

可支配所得(discretionary income)是指一個家庭在保證舒適生活之後可支配的錢。據估計，美國消費者每年在自由支配花費能力上達到4,000億美元，其中年齡在35～55歲之間是收入最高的，並佔了將近一半的花費。典型的美國家庭會隨著人們年齡和收入的增長而改變開銷模式。最值得注意的變化是更大比例的預算用在房屋和交通上，而用在食物和衣服上的花費則減少。這些變化可歸因於諸如擁有房屋所有權（過去30年擁有房子的人數增長了80%），和在職妻子的交通費用增長等因素。令人高興的一點是，在娛樂、讀書、教育方面，現在的家庭比以前花費更多。

個人對金錢的態度

尤其在九一一事件之後，許多消費者對個體和集體的未來抱持懷疑，並擔憂如何保住所擁有的東西。當然，並不是每個人對於金錢和其重要性都抱持相同的態度。表13.1就總結了七類不同的金錢人格。

消費者對金錢的渴望與實際擁有的金錢數目之間並沒有必然關聯。獲得和管理金錢更像是一種意識層面，而不是錢包等實際的東西。例如，有些人會對金錢很吝嗇，而有些人則會在失掉所有金錢之前大肆揮霍。近幾年來，有些人已變得非常節儉，他們認為在任何事情上的節儉是一種榮譽。有一份稱為《吝嗇者》(*The Tightwad Gazette*)的報紙，專門在買牛奶、買二手商品、產品再利用甚至定時淋浴等方面提供讀者省錢的建議[5]。

表13.1 金錢人格

	類型						
	獵取者	積聚者	守衛者	揮霍者	奮鬥者	儲備者	理想主義者
人數百分比	13	19	16	14	13	14	10
平均收入（美元）	$44,000	$35,000	$36,000	$33,000	$29,000	$31,000	$30,000
代表人物	比爾‧蓋茲（微軟總裁）	華倫‧巴菲特（內布拉斯加州的投資家）	保羅‧紐曼（演員、企業家）	伊麗莎白‧泰勒（電影明星）	坦亞‧哈汀（有不光彩形象的滑冰運動員）	羅珊（女喜劇演員）	艾倫‧金斯堡（詩人）
個人簡介	為獲得成功甘願冒險	安全勝於後悔	他人為先	旅行擺在第一位，不然根本不旅行	金錢的奴隸	能照顧好自己就夠了	相信活著不是為了錢
特徵	有衝勁並且認為金錢是衡量幸福與成就的標準；個人生活可能較不穩定	擁有傳統價值觀的保守投資者；傾向節儉並力求債務最小化	金錢是保護愛人的工具；婦女占大多數；最可能已婚	任性；奢侈；自我中心；做事缺乏計畫	相信有錢能使鬼推磨；金錢就是權力；沒受到良好教育；最有可能離婚	對金錢缺乏興趣；對自己需要的最關心	通常相信金錢是罪惡的根源；對物質享受缺乏興趣

資料來源：Adapted from Robert Sultivan, "Americans and Their Money," *Worth* (June 1994): 60, based on a survey of approximately 2,000 American consumers conducted by Roper/Starch Worldwide. Reprinted by permission of *Worth* magazine.

金錢具有多種複雜的心理含義；金錢等於成功或失敗、社會接受度、安全、愛情或自由[6]。甚至有專門治療與金錢相關失調症狀的臨床專家，他們表示一些人甚至因為自己的成功而感到羞愧，並且故意作出錯誤的投資來降低這種感覺。其他臨床病症包括：破產恐懼症（atephobia，害怕自己破產）、盜賊恐懼症（harpaxophiba，害怕成為強盜的犧牲品）、貧窮恐懼症（peniaphobia，害怕貧困）和黃金恐懼症（aurophobia，害怕黃金）[7]。

▶ 消費者信心

行為經濟學(behavioral economics)或是經濟心理學，關注的是經濟決策（包括第9章中已驗證的決策偏誤）中「人」的作用。自心理學家喬治·卡托納(George Katona)的開創性工作以來，這門學科一直關注消費者的動機和對未來的期望如何影響他們現在的開銷，以及個體決策上如何影響社會經濟的現況[8]。

消費者對未來所有物的信念是消費者信心(consumer confidence)的一個指數，消費者信心反映了消費者對於未來經濟樂觀或悲觀，以及如何選取「道路」。當進行自由支配品消費時，這些信念就會影響到他們投入金錢的數量。

許多公司都非常認真地進行消費預測，以及試圖為美國消費者「把脈」的階段性調查。Conference Board電話調查公司和密西根大學調查研究中心均進行了消費者信心的調查。在這些調查中，有以下幾類問題[9]：

- 你認為你和家庭的經濟狀況與一年前相比是更好還是更糟？
- 從現在起一年內你會更好還是更糟？
- 現在對人們來說購買諸如傢俱、冰箱類的大型家庭用品，時機是好還是壞？
- 你計畫明年買車嗎？

當對自己和經濟前景持悲觀態度時，人們傾向於減少支出和借貸；當對未來經濟持樂觀態度時，則傾向減少存款、增加借貸並購買自由支配品。因此，整體存款率受以下因素影響：(1)個體消費者對本身境況的樂觀或者悲觀態度，如購買一支高科技股票後個人財富的劇增；(2)諸如波斯灣衝突等全球事件；(3)在存款態度上的文化差異（如與美國人相比，日本人有更高的存款率）[10]。

社會階級

所有社會都可粗略劃分為「有產」和「無產」（儘管有時財產只是一個程度問題）。美國是一個人人平等的國度，儘管如此，有些人看起來還是比其他人「更平等」。正如菲爾到瑪麗琳家時的狀況，消費者在社會中的地位——社會階級(social class)，是由包括收入、家庭背景以及職業在內的複雜變數集合所決定的。

　　一個人在社會結構中的位置不僅決定了可以消費多少錢，而且還影響到他消費的方式。菲爾顯然對富有的瑪麗琳一家人看起來並不炫耀其富有感到驚訝。簡樸的生活方式是「舊貴族」的一個顯著特點。早已擁有金錢的人不需要表明他們已擁有金錢；但剛跨入富裕行列的消費者則可能會採用非常不同的金錢分配方式。

▶ 普遍的等級秩序

　　在許多動物物種中，最爲自信或者好鬥的動物控制著其他動物，並擁有進食、休息場所甚至選擇配偶的優先權——這就是動物的社會組織。比如，在雞群中存在著界定清晰的支配—服從層級(dominance-submission hierarchy)。在此層級中，每隻母雞都服從地位高於它的雞，同時也支配地位較低的雞群，這便是「等級秩序」[11](pecking order)的由來。

　　人類社會也差不多。人類社會中也存在著等級秩序——人們按照自己在社會中的相對地位排序，這個地位決定了人們享有諸如教育、房屋、消費品等資源的權利。只要可能，人們總是努力奮鬥來提高自己在社會中的階級地位。許多行銷策略的核心就是利用這種提升自己命運，並不時提醒他人自己地位已提升的慾望。

社會階級影響資源佔有

　　正如行銷人員爲了細分市場而試圖將社會分爲不同群體，社會學家則已經發展出了一些按照人們社會和經濟資源的有意義分類方法。其中一些分類方法使用政治權利，而其他方法則只是圍繞著經濟差異。19世紀的經濟學家馬克思認爲，個人的社會地位由其與生產方法的關係決定。一些人（有產階級）控制著資源，利用他人的勞動力來保持自己的優勢地位。無產階級沒有控制權，只能依靠勞動謀生，因此這些人最具有透過改變系統而獲得地位的慾望。有些人能比其他人擁有更多權利的差異，將因爲這些人能從中獲利而永遠存在[12]。德國社會學家韋伯指出，人們發展出來的等級並非是單面向的，有些按照威望或者「社會榮譽」來劃分（韋伯稱之爲地位團體status groups），有些則著眼於權力（或政黨），還有一些則圍繞著財富和財產（階級）[13]。

社會階級影響品味和生活方式

　　社會階級越來越普遍用來描述人們在社會中的整個地位。被分在同一社會階級中人們的社會地位是近似等同的。他們在大體相同的職位上工作，鑒於收入水平和普遍的品味，所以他們傾向擁有類似的生活方式。這些人會相互交往，並分享生活方式的觀念和價值觀[14]。事實上，物以類聚。人們傾向嫁娶與自己社會地位相似的對象，社會學家稱這種情況爲有同性花（homogamy，意指雄蕊雌蕊同時成熟的一種花）或「門當戶對」。2000年一份數據顯示，94%未完成高中學業已婚人士的另一半也是高中輟學或只有高中學歷者。相對地，在美國只有1%的高知識份子擁有未完成高中學歷的配偶[15]。

　　社會階級也是一種個人擁有多少的狀態：正如菲爾看到的，階級也是一個人把錢用在何處，以及如何界定社會角色的問題。儘管人們不喜歡有些社會成員比其他成員優越或「與眾不同」，但大多數消費者確實知道不同階級的存在，也知道階級成員對消費的影響。正如一位富裕女士對社會階級的定義：

這則廣告暗示社會階級的差異也會反映在休閒活動與飲料偏好上。(Courtesy of Libbey Glass Inc.)

　　我認為社會階級意味著你上哪個學校、你的智力水平、你住在哪裡……你送孩子到哪裡上學、你的嗜好。舉例說，滑雪的人就比坐雪車的人地位高……不只是錢的問題，因為沒人知道你到底多有錢[16]。

▶ 社會階層

　　在學校裏，有些孩子看起來總是走好運。他們有權享有許多資源，比如特權、好車、高補助還有與其他優秀同學的交流。在工作中，一些人被安置在「快車道」上，他們被提升到受人尊重的職位，享受高薪水，或許還享受諸如停車位、大辦公室或者休息室鑰匙等方面的額外補貼。

　　幾乎在任何背景下，有些人看起來總是比其他人高上一截。社會排列的模式就是在一些成員憑藉地位、權力或者控制權，而獲得比他人更多資源而發展下去[17]。社會階層(social stratification)現象是指社會中人為分類的一種現象：「在一個社會制度中，稀有且有價值的資源被不平等地分配給處於各種身份地位的人們；根據每個人得到有價值資源的多少，變得階層更高或更低的過程。」[18]

成就地位與歸因地位

　　如果你回想一下你原來所屬的團體，你可能會贊成在許多方面有些成員得到的要比其應當得到的更多，而另外一些人則沒有這麼幸運。這些資源的一部分是歸屬於那些努力工作或者勤奮學習的人所有，這種分配就是成就地位(achieved status)。一些人則因為出生在富裕之家或者天生漂亮而獲得其他的報酬，這種好運就是歸因地位(ascribed status)的形成。

　　無論報酬是到了「最好和最聰明的人」手中，還是到了碰巧跟老闆有關的人手中，在社會團體中公平分配是很少見的。大多數團體呈現出一種結構，或者所謂的地位層級(status hierarchy)。在此層級中，一些成員比另外一些成員要優越，或許擁有更大的權威、權力，或者僅僅更被人喜歡或尊敬。

美國的階級結構

　　據推測，美國還沒有一個嚴格客觀的階級系統。無論如何，美國人傾向於獲得一個按照收入分配排列的穩定階級結構。但不像其他國家，在美國真正改變的是，在不同時間在結構中佔據不同位置的團體（如人種、種族、宗教）[19]。洛伊·華納(W. Lloyd Warner)在1941年提出了最早也最具影響力的美國階級結構，界定了以下六類社會階級[20]：

1. 上上階級
2. 次上階級
3. 上中階級
4. 次中階級
5. 上低階級
6. 次低階級

需要注意的是：這些分類隱含著對如金錢、教育、奢侈品之類的稱許性判斷。過去這個系統已經產生了一些改變，但這六個層級依舊提供了社會學家對階級的看法。圖13.1提供了美國階級結構的一種觀點。

圖13.1 美國階級結構的近代觀點

上層美國人
上上層（0.3%）：社會之冠，來自繼承財富的世界。
次上層（1.2%）：新的社會名流，從當前的專業人士中產生。
上中層（12.5%）：其他有大學學歷的管理者和專業人士；生活節奏以私人俱樂部、利益、藝術品為中心的人。

中層美國人
中層（32%）：拿一般薪水的白領和他們的藍領朋友們；居住在城市的較好環境中並試圖「做合法事情」的人。
勞工階層（38%）：拿一般薪水的藍領工人；無論收入、學校背景和工作，都屬於勞工階級生活的人。

低層美國人
「低層團體，但並非最低層」（9%）：有工作、不靠救濟金；生活僅高於貧困標準；行為被認為是「粗魯的」「無價值的」。
「真正的次低層」（7%）：靠救濟金、貧困不堪、經常失業（或是做最髒的活）；「流浪漢」、「普通罪犯」。

收入

全世界的階級結構

每個社會都有典型的階層階級結構——這決定著人們享用產品和服務的權力。

中國是一個極佳的例子——經濟成長創造了1億3千萬人次的中產階級，十年後甚至可能增加至4億人。每年平均收入低於美國財產低限（約1萬4千美元）的家庭仍可以享受中產階級的舒適生活，如低成本生產的流行服飾、大陸製彩色電視機、DVD播放機以及手機[21]。當然，特定「標誌」的成功與否與其所在文化中的價值觀有關。比如，對於剛開始體驗市場經濟優越性的中國人來說，成功的標誌就是雇用保鏢來保護自己以及剛剛獲得的財產[22]。

日本是一個具有高度地位意識的社會，在日本社會中高級服裝設計品牌非常流行，並且經常可以看到顯示地位的新形式。以前用來娛樂和休息的石頭花園已成為很受日本人歡迎的項目。由於以前的貴族是藝術的贊助者，所以擁有石頭花園便意味著繼承了財產。另外，由於不動產相當昂貴，所以可觀的資產必定意味著你在國內買得起需要的土地。土地不足也有助於我們解釋為什麼日本人是狂熱的高爾夫球愛好者：因為一個高爾夫球場占地廣大，因此一個高爾夫球俱樂部的會員資格是極為昂貴的[23]。

在世界的另一邊，我們經常提到英國。英國也是一個階級意識極強的國度——直到最近還是如此。一個人繼承的地位和家庭背景決定了個人的消費模式。上層社會成員在諸如伊頓中學、牛津大學等學校受教育，講話也像《窈窕淑女》(My Fair Lady)電影中那位語言學教授希金斯那樣。這種嚴格的階級結構仍存在著：富裕的年輕人在溫莎城堡打馬球，世襲貴族仍支配著上議院。

在英國的傳統貴族社會中，支配遺產的方式已逐漸沒落。根據一項調查，英國最富有的200人中，有86人是以古老方式賺錢：自己賺。即使是作為貴族縮影的英國皇室，也因為小報的報導和年輕皇室成員的醜行，神聖性逐漸減弱。正如觀察家所言：「皇室已愈來愈接近大眾……現在在皇室上演的肥皂劇與一般歌劇相較數量已不相上下」[24]。隨著工黨掌權、布萊爾當選首相以及戴安娜王妃死後王室招致的尖銳批評，一切都在變化。無論這些變化是否預示著「新英國」，現在開始一切都會變得更實際。

社會流動

人們傾向於改變自己的社會階級到多大程度呢？在一些社會中，如印度，一

個人的社會階級是很難改變的,而美國則是一個「人人長大都能做總統」的國家。社會流動(social mobility)是指個體從一個社會階級到另一個階級的變化[25]。

這種變化可以是向上、向下也可以是水平的。水平流動(horizontal mobility)是指在大致平等的社會階級中,從一種職位換到另一種職位,比如從小學教師成為一名護士。當然,向下流動(downward mobility)並非是人們所期望的,但不幸的是近幾年這種模式確實存在,如農民和其他的失業工人不得不依靠社會福利度日或者成為流浪漢。據保守估計,美國每天都有200萬人無家可歸[27]。

除了那些令人沮喪的趨勢外,人口統計學表示,社會中必然存在著向上流動(upward mobility)。中層和上層階級比下層階級生育數更少(差別生育率〔differential fertility〕效應),他們傾向於把家庭規模控制在平均水平(僅有一個孩子)以下。正因如此,隨著時間的推移,較高階級的位置必然被較低階級者所填補[28]。整體而言,藍領消費者的後代傾向於藍領消費,而白領消費者的後代也傾向於白領消費[29]。隨著時間的推移,人們傾向於提高自己的社會地位,但是這些增長不足以使他們從一個階級突變為另一階級。特殊情況是當某些人嫁給有錢人,這種「灰姑娘

行銷契機

正如古語所言「富者愈富,窮者恆窮」,美國收入水準的最高值和最低值都繼續向兩端發展。自1980年以來,占總人口五分之一最富有者的財富增長了21%,與此同時,占總人口60%的底層者工資卻停滯不前甚至降低。美國最強力的品牌,從Levi's牛仔褲到象牙香皂,都是建立在大眾市場的前提下,但現在一切都在改變。如沃爾瑪百貨和蒂芬尼(Tiffany)之類的商店正在盈利,而如JCPenney百貨公司在內的中產階級商家銷售額則寥寥無幾。「時髦折扣」(chic discount)的定位策略看來是相當成功。對於那些能付得起的人來說,Target百貨的明亮紅色公牛眼睛圖案已成為一種時尚。正如許多愛好者提到的"tar-jay"(target的法語發音)是雅痞的Kmart(有名的折扣商店)。

這一趨勢引領著一些公司透過發展一個雙重行銷策略,試圖同時開發兩端市場並雙收其利。在這一策略中,公司分別針對高消費階層和低消費階層精心構思了分開的兩個計畫。例如,對於迪士尼的小熊維尼,可以在專門針對高消費階層的特賣店和百貨公司裏買到精美瓷器和錫鉛合金調羹上的原創素描形象,同時也可以在沃爾瑪買到在塑膠鑰匙鏈和聚酯床單上胖胖的卡通小熊維尼。Gap公司正在重新塑造其香蕉共和國(Banana Republic)的形象,使其更適合高消費階層,同時也為低端客戶繼續發展老海軍(Old Navy)品牌[26]。

傳奇」常被搬上大螢幕（如電影《麻雀變鳳凰》或《女傭變鳳凰》）及熱門電視節目（如『百萬大富翁喬伊』[Joe Millionaire]），節目中與有錢公子哥交往的女性，將會發現這位黃金單身漢在現實生活中只是建築工人。

▶ 社會階級的要素

當我們思考個人的社會階級時，要考慮到許多資訊，職業和收入是兩個主要要素。第三個則是與職位收入高相關的教育程度。

職業聲望

不管喜歡與否，消費者大部分都得靠謀生的方式來被社會進行定義，職業聲望(occupational prestige)就是評價人們「價值」的一種方式。職業聲望的層次劃分在時間上是趨於穩定的，在不同社會也是如此。研究發現，在巴西、迦納、關島、日本和土耳其等不同國家，職業聲望的確存在著相似性[30]。

一個典型的分級應包括頂級的專業企業職位（如大公司的執行長、物理學家、大學教授），同時還應包括鞋匠、挖溝工人、清潔工人等在底層徘徊的工作。由於個人職位與其對閒暇時間的利用、家庭資源的分配、政治傾向等方面存在高相關，所以該變量被看作是預測社會階級的最佳單變數。

收入

財富分配決定了哪部分人最具購買力和市場潛力，因此社會科學家以及行銷人

Whether it's a swift horse, a smart hound or an agile car, the English have long known the importance of good breeding.

JAGUAR

這則積架汽車廣告展現大喇喇的身家地位訴求。(Courtesy of Jaguar Cars, Inc.)

員對此表現出極大興趣。階級間的財富分配是不平均的。占總人口15%的富人控制著全社會75%的財富[31]。正如我們所知，人均收入不是一個很好的社會階級預測源，因為花錢方式將更能說明問題。但是，人們需要用金錢來獲得表明其品位的商品和服務，所以顯而易見，收入仍然是很重要的。美國消費者變得越來越富裕、越來越老，這些變化將繼續影響消費傾向。

收入與社會階級之間的關係

儘管消費者傾向於將金錢等同於階級，但是社會階級的其他方面與金錢間的潛在關係其實不太清楚，而且是社會科學家們爭論的一個問題[32]。二者並非同義詞，這正是那些擁有巨額金錢的人為什麼竭力用金錢提升社會階級的原因。

現在的問題是：若一個家庭透過增加賺錢人數來增加家庭收入，那麼每一份額外工作就可能是低階級的。例如，一位獲得一份兼職工作的家庭主婦是不可能與一個獲得基本收入的全職工作者站在相同階級。此外，掙得的額外金錢通常不會用在家庭的一般消費品上，而是用在個人花費上。更多的金錢並不意味著階級的提高或者消費模式的變化，因為這些金錢多是用來購買一般商品，而不是用來購買提高社會階級的產品[33]。

藉由社會階級（如居家所在地段、職業，以及文化興趣等）與所得高低的相對價值，來預測消費者選擇商品時將側重實質功能還是象徵意義，可大致得到以下幾個結論：

* 「社會階級」這項要素較能預測具有象徵面向的購買物，但對於一般價格產品則較不具預測性（如化妝品、酒類）。

* 所得要素對於非關社會地位或象徵意義的主要花費具有較佳預測性（如大型家電用品）。

* 需同時參酌社會階級與所得兩個要素，才能預測消費者是否會購買昂貴、且具象徵意義的商品（如車子與房子）。

▶ 社會階級的測量

社會階級是一個需考量許多因素的複雜概念，因而是相當難測量的。早期的測量方法包括40年代發展的地位特徵指數(Index of Status Characteristics)，以及50年代的社會地位指數(Index of Social Position)[34]。這些指數應用個人特徵（如收入、住房類型）的不同組合來標記出階級身份。在研究者看來，這些組合的準確性仍是一個問題。近期一項研究指出，以市場區隔爲目的，粗略的教育測量和收入測量與複合地位測量有相同作用[35]。圖13.2就提供了一個測量工具。

美國消費者在區分自己是屬於勞工階層（次中階級）還是中等階級時，通常不太困難，反對這種分類的美國消費者人數也非常少[37]。直到1960年，將自己看做勞工階級的消費者比例呈上升趨勢，但此後開始下降。

儘管收入水平可能與許多白領工作者相同，但具有相對較高職業聲望的藍領工人仍傾向將自己視爲勞工階層[37]。這強調了「勞工階層」或「中間階層」的標籤是非常主觀觀點的事實，而且階級意義在自我認同與經濟福祉上均扮演重要角色。

測量社會階級的問題

市場研究者是最先提出不同社會階級的人能在許多重要方面進行區辨的人之一。某些階級差別仍然存在，但其他部分已經發生了變化[38]。遺憾的是，許多測量方法已經過時，而且這些測量在今天已不再適用[39]。

原因之一是：大多數社會階級測量是針對傳統核心家庭——處於事業中期的男性工作者和一位全職的家庭主婦。這類測量在雙薪家庭、年輕單身者或者當今社會常見的女性主導家庭（見第12章）中使用時，就會有問題。

社會階級測量的另外一個問題是社會中匿名性的增加。早期研究依託聲望法(reputational method)，即透過社區中的深入訪談。個人的聲望和背景（見第11章有關社會人際學的討論）加上人際互動模式的描述，就爲理解一個社會地位提供了一個視角。然而，今天這一理論在大多數社會卻不適用。其中一種妥協方案是透過訪談獲得人口統計學變數資料，並將這些資料與訪談者對受訪者的財產和住房條件等主觀印象相結合。

圖13.2提供了該理論的一個實例。需要注意的是，這一量表的準確性相當依賴訪談者的判斷，尤其還要考慮受訪者居住地區的品質。在訪談者做比較的時候，可能會受到自我情況的影響，使得可能對受訪者的主觀印象產生偏差。更重要的是，

圖13.2 社會階級測量的實例說明

首先，訪談者根據自我判斷，在電腦中選擇最適合受訪者及其家庭的代碼。接著，訪談者詢問有關職業的細節並作出評斷。訪談者需要求受訪者用自己的話來描述居住地區。訪談者還要給受訪者觀看包含八階級的卡片，並要求受訪者對每個階級收入作出詳細描述，並記錄答案。如果訪談者認為受訪者誇大或者掩飾了真實情況，訪談者應該根據其解釋提出一個「更合理」的解釋。

教育程度：　　　　　　　　　　　　　受訪者的年齡 _____　　　　受訪者配偶的年齡 _____

小學（8年以下）	-1	-1
末唸完中學（9-11年）	-2	-2
中學畢業（12年）	-3	-3
中學後教育（商業、護理、技術、1年大學）	-4	-4
2、3年的大學教育，可能是藝術準學士學位	-5	-5
4年大學畢業（學士）	-7	-7
碩士學位或5年專業學位	-8	-8
博士或6／7年的專業學位	-9	-9

戶主的職業聲望水平： 訪談者根據受訪者的評價對其職業階層作出評定

（受訪者的描述：如果已經退休則詢問退休前職位，如果受訪者是寡婦則詢問其先夫的職位：_____）

隱性失業——計時工、非技術工、依靠福利度日	-0
半熟練全職工人、看門人、最低工資工廠助手、服務工人（送瓦斯工人等）	-1
中等技術的生產線工人、司機、員警、消防隊員、送貨員、木匠、泥水匠技術	-2
工人（如電工）、小規模承包商、工廠工頭、低收入營業員、辦公室雜工、郵政雇員	-3
小業主（2～4個雇員）、技術工人、零售商、辦公室工人、一般薪水的公務員	-4
中階主管、教師、社會工作者、較低層的專業人員	-5
較低階的公司員工、中等規模的企業主（10～20個雇員）、還算成功的專業人員（牙醫、工程師等）	-7
公司高階執行長、成功專業人士（主治醫生及律師）、富有的企業主	-9

住宅區： 訪談者對受訪者的社區印象

貧民窟：接受救濟的人、一般的勞動者	-1
均屬勞工階層：並非貧民區但是非常貧窮	-2
以藍領為主但包括一些辦公室工人	-3
以白領為主但包括一些高工資的藍領	-4
較好的白領區：經理人不多，但沒有藍領人員	-5
卓越地區：專業人員和高收入經理	-7
富裕型或社會型區域	-9

總分：_____

家庭總年收入：

5,000美元以下	-1	5,000～9,999美元	-2
10,000～14,999美元	-3	15,000～19,999美元	-4
20,000～24,999美元	-5	25,000～34,999美元	-6
35,000～49,999美元	-7	50,000美元以上	-8

評估地位：_____

（訪談者評價：_____及理由：_____）

受訪者的婚姻狀況： 已婚_____離異／分居_____寡居_____單身_____（代碼：_____）

受訪者的特徵描述——「貧窮」和「卓越」是高度主觀相對的，而非客觀描述。由於這些潛在問題，對訪談者的充分訓練以及交叉核實資料——可能雇用不同判斷者對同一地區作出評價——是很需要的。

在對人們進行社會階級分組時的一個問題是，人們在相關面向上的地位可能是不相等的。一個來自於低地位族群的人卻有一份高地位的工作；反之，一個居住在城市高檔住宅區的人卻連中學都沒有畢業。因此，可利用地位成形(status crystallization)概念來評價自我與社會行為不一致的影響[40]。這一概念背後的邏輯是，由於這種「失衡」的人一生中不同階段的酬勞是變化的、不可預測的，因而就會產生壓力。表現出這種矛盾的人比那些身份根深蒂固的人更容易接受社會變革。

當一個人的社會階級與預期不一致時，相關問題就會產生。有些人發現自己正處在非不快樂(not-unhappy)的情境中，他們掙到的錢比一般對這個社會階級期望的數目要高。這是一種超水準(overprivileged)情形，常常比同一階級的中間收入至少要高25%～30%[41]。相反地，收入比同階級中間水平至少低15%的低水準(under-privileged)消費者，就必須經常將一大部分收入用在保持自己一定地位的形象上。

彩票中獎者是一夜之間變為特權階級消費者的典型代表。對許多人來說，中獎跟獲勝一樣極具吸引力，但也有一些問題。具有一定生活水準和預期的消費者，在適應突然富裕、奢侈揮霍財富上會遇到困難。諷刺的是，彩票中獎者在得到金錢後的數月內，經常感受到壓力。他們或許在適應不熟悉的世界時遇到了麻煩，或經常感受到來自於想分享財富的朋友、親戚、商人的壓力。

傳統假設是認為由丈夫決定家庭的社會階級，妻子則必須無條件接受。女性是透過丈夫來獲得社會地位[42]。事實上，證據顯示，社會階級中美麗女人比帥哥更會「高攀」(嫁給比自己階層高的人)。女性用歷史上被允許擁有的為數不多資產之一——性吸引力——跟男人們的經濟資源進行交易[43]。

在當今社會中，這一假設必定遭到質疑。現在許多女性對家庭福祉提供了相同的貢獻，她們從事與配偶薪水階級相等甚至更高的工作。有工作的婦女在估計自己地位時，傾向於將自己與丈夫的地位視為相等[44]。無論如何，在人際市場中對不同方案進行評價時，未來配偶的社會階級是一個很重要的「產品屬性」。

社會階級區隔的問題結論

社會階級仍是對消費者進行區隔的重要方法。許多行銷策略確實是瞄準不同社會階級的。然而，由於下列原因使得社會階級資訊沒有市場行銷人員預期的那樣有效：

- 忽視了地位的不一致性
- 忽視了兩代人之間的變化性
- 忽視了主觀的社會階級（消費者認同的階級而非客觀從屬的階級）
- 忽視了消費者改變自身社會階級地位的期望
- 忽視了有工作的妻子的社會地位

社會階級會影響購買決策　

被消費者認可的各式產品和商店是適合不同的社會階級[45]。勞工階級的消費者在評價產品時傾向於用結實、舒適等更實用的辭彙，而非款式和時尚。他們不太喜歡嘗試如現代傢俱和彩色器具等新產品或款式[46]。相反地，住在市郊更富裕的人則傾向關注外觀和整體印象，因此與住在小城鎮的人們相比，他們在飲食方面要求更為苛刻。這也意味飲料市場或類似產品，可根據社會階級進行市場區隔[47]。

▶ 世界觀的階級差異

社會階級的主要差異包含消費者世界觀(worldview)的差異。勞工階級（也就是中低階級）的世界更為親密和狹窄。例如，勞工階級的男人們喜歡將當地運動員奉為英雄，而不太喜歡去外地旅行度假[48]。一台新冰箱或電視之類的當前需求決定了這些人的購買行為，而更高階級的人則聚焦於諸如為大學學費或退休儲蓄之類的更長遠目標[49]。勞工階級的消費者在情感支持上重度依賴親情關係，並傾向於將自己定位在社區而非更大的世界。他們更喜歡保守思想並以家庭為依歸。維持家庭的外觀和財產是首選，而不會考慮房子的大小。

儘管勞工階級的消費者喜歡擁有更多有形商品，但並不會嫉妒社會地位排名在自己之上的人[50]。有時候他們甚至不認為該努力維持這種高地位的生活方式。正如一位藍領消費者所講的：「這些人的生活是非常狂熱的。他們更容易健康衰竭和酒精中毒。維持他們期望的地位、衣服和聚會一定非常艱苦。我可不想去取代他們的位置。」[51]

這個人或許是對的。儘管美好的事物似乎總是與較高的地位和財富攜手而來，但事實卻不一定是這樣。社會學家涂爾幹(Emile Durkheim)發現富人中的自殺率更高。他在1897年寫道：「擁有最多舒適的人承受也最多」[52]。涂爾幹的名言在今天或許仍是有效的。許多手頭寬裕的消費者甚至會由於財富而感到壓力重重或鬱鬱寡歡，這有時可歸類為富裕症(affluenza)[53]。在一項由《紐約時報》和哥倫比亞廣播公司進行的民意調查中，要求13～17歲的孩子把自己的生活和父母經歷的生活進行比較。43%的人認為自己生活得更辛苦，而且高收入家庭的年輕人最可能認為自己的生活更辛苦、要承受更大壓力。顯而易見，在進入著名學校讀書以及維持家庭地位方面上，他們感受到了不少壓力[54]。

▶ 品味文化、代碼與文化資本

品味文化(taste culture)在審美情趣和知識偏好方面將人們區分開來，這一概念有助於理解重要但又微妙的社會階級中消費選擇之間的差異[55]。例如，利用來自67萬5千個家庭對社會階級差異的全面分析顯示：上上層和中上階級以及中間階級和勞工階級在大眾市場產品上的消費模式差異已大致消失；然而，在支配時間和閒暇時光上仍存在巨大差異。上上階級和中上階級的人更喜歡去博物館以及劇場；而中間階級的人則更喜歡去郊遊或者釣魚。上上階級的人喜歡聽全新聞節目，而中間階級的人則更喜歡鄉村音樂[56]。

儘管對品味文化的差異分析由於包括了隱含價值判斷而遭到批評，但是因為品味文化意識到了在文化、藝術、音樂、休閒以及家庭裝修上具有相同品味群體的存在，所以這一概念還是有意義的。在一個關於品味之社會差異的經典研究中，研究者在詢問屋主收入和職業問題的同時，也記錄其財產。接著，對看起來按照某種常規出現的傢俱和裝飾項目進行分析，結果發現不同階級的消費者存在類別差異（見圖13.3）。例如，宗教物品、假花、靜物畫一般會一起出現在相對低社會地位的住房

圖13.3 客廳裝潢與社會階級

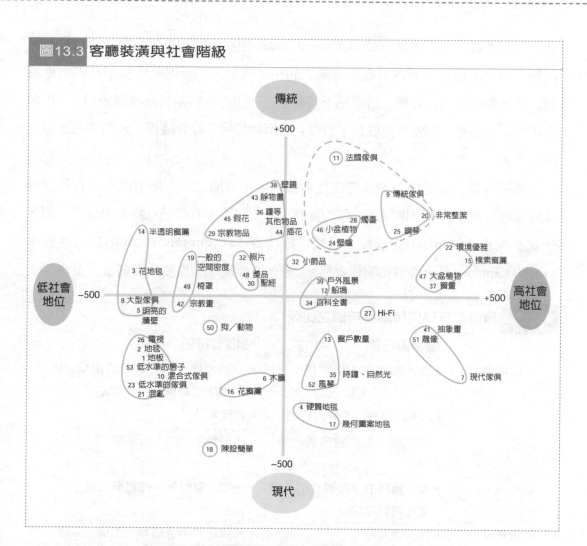

中，而抽象畫、雕塑、現代傢俱則傾向於出現在較高社會地位的住宅中[57]。

社會階級的另一理論則側重於不同社會階層間符碼（codes，消費者表述或解釋意思的方式）類型的差異。這些符碼的發現對行銷人員來說是很有意義的，這樣他們就可以應用特定消費者最喜歡的概念或名稱來傳達關於市場的資訊。依據階級差異進行定位的行銷途徑可以傳遞出非常不同的資訊。例如，定位於較低階級人們的人壽保險廣告會應用簡單直接的項目來描述一個努力工作有家室的男人，在購買該保險之後就能立即感受到益處。迎合較高消費需求的廣告則可能會描述一對被孩子和孫子照片所包圍、生活無虞的老夫婦。此外，還可能包括強調保險計畫的滿意感及終身保險益處的一些更深奧文字。

符碼類型隨著不同社會階級而變化。限制型符碼(restricted codes)在勞工階級中佔有支配地位；而精緻型符碼(elaborated codes)則在中間和上等階級中應用較多。限制型符碼著眼於客體內容而非客體間的相互關係。相反地，精緻型符碼則更複雜、更依賴成熟的世界觀。這兩種不同類型符碼間的一些差異請參照表13.2。正如表中所示，這些符碼差異擴展到了消費者理解如時間、社會關係、客體等基本概念的方式上。

很明顯地，並非所有的品味文化都得取得平等地位。上層階級的人有權獲得能使其在社會中獲得特別待遇地位的資源。法國理論家布赫迪厄詳盡描述了人們競爭資源或資本(capital)的過程，包括了經濟資本(economic capital)和社會資本（social capital，社會聯繫和關係網絡）。擁有社會資本的重要性已經被大批有遠大

表13.2 限制型符碼與精緻型符碼之比較

	限制型符碼	精緻型符碼
一般特徵	• 強調客體的描述和內容 • 具有隱含義（有關內容的）	• 強調客體分析和客體間相互關係，如階級組織與工具性連結 • 涵義清晰
語言	• 限定詞（是形容詞與副詞）較少 • 應用實際的、描述性的、具像的符號描述	• 使用豐富的個人限定詞 • 應用大量辭彙、複雜概念體系
社會關係	• 強調個人屬性	• 強調正式角色結構、工具性關係
時間	• 著眼於眼前，對將來僅有一般想法	• 著眼於當前活動與將來報酬間的工具性關係
實際空間	• 以其他房間和地方來定位房間和空間，如「前屋」、「街角商店」	• 按照用途來區分房間和空間；對空間正式排序，如「餐廳」、「金融區」
對行銷人員的啓示	• 強調內在產品品質與內容（如可信賴的、真材實料的）代言人 • 強調產品適合所有生活風格 • 使用簡單的客體和描述語	• 按照某種自主評價標準，強調產品的與眾不同和優勢 • 強調產品與長遠利益之間的工具性連結 • 使用複雜的客體和描述語

資料來源：Adapted from Jeffrey F. Durgee, "How Consumer Sub-Cultures Code Reality: A Look at Some Code Types," in Richard J. Lutz, ed., *Advance in Consumer Research*, 13 (Provo, UT: Association of Consumer Research, 1986): 332.

理想的職業人士所證實，近年來，這些人開始打高爾夫球，因為許多生意都是在綠茵場上敲定的。

布赫迪厄也提醒了我們文化資本(cultural capital)的重要性。文化資本是指與眾不同的社會稀有品味和實踐的集合，也就是關於那些允許某人進入上等階級的優雅行為的知識[58]。社會中的菁英分子收集了一些技巧，使他們能擁有權力和權威，而且將這些權力傳給下一代（想想禮儀課程和社交舞會）。這些資源之所以具有價值，是因為它們不是隨便可以擁有的。這也是人們為什麼要激烈競爭進入名牌大學的部分原因。正如我們不願承認的，富人之間也有不同。

布赫迪厄靠著顯示經濟和社會背景如何影響人類進行事物的分類，而將生活風格與社會階級緊密連結起來，稱之為慣習(habitus)，指的是在社會化的過程中，人們如何將經驗分類。布赫迪厄證實了法國社會的文化資產如何決定了人們的品味與生活方式[59]。

最近，開始有人試著把布赫迪厄的論點簡化為一套生活型態的分類架構[60]。以布赫迪厄的經濟資本（所得與財富）與文化資本（教育程度、加上能辨識各種文化風格的能力）觀念為基礎，這套模型區分出四種不同的消費者基本類型（參照圖13.4）[61]。目前僅有丹麥沿用了這套模型，不過其他國家也可能適用。

這個研究方法衍生自人類學者瑪莉‧道格拉斯(Mary Douglas)的「格－群理論」(grid-group theory)。格(grid)與群(group)的分別，在於個人與所屬社會群體，以及與整體社會系統（格）的關係。該模型依據「高／低度群體認同」(high/low group identification)，以及「對整體社會的認同程度（高低）」，將人們區分為下列四組：

圖13.4　生活方式模型

高文化資本 高經濟資本 低群體認同 高社會認同	高文化資本 低經濟資本 高群體認同 低社會認同
低文化資本 高經濟資本 低群體認同 低社會認同	低文化資本 低經濟資本 高群體認同 高社會認同

資料來源：Adapted from Henrik Dahl, *Hvis din nabo var en bil* (Copenhagen Akademisk Forlag, 1997).

● 第一象限：專業、生涯導向人士、學歷與所得均高、個人色彩鮮明、認同整體社會（往往也對社會負有頗大責任）。他們對意義的追尋顯示個人在權力與財富方面的抱負。

● 第二象限：高學歷知識份子、生涯機會的工作待遇相對不高（很多大學教授屬於這一群）、專業備受同儕肯定，不過對社會採取採批判姿態。他們對意義的追尋，在於實現自身知性方面的理想。

● 第三象限：生活較富裕的人士、低學歷、或不具特殊文化興趣（白手起家致富典型）。與社會大部分人淵源不深，甚至可能認為其他人（陌生人或事）對他們懷有某種敵意。

● 第四象限：缺乏經濟與文化資本的一群、收入不豐、教育程度不高，然而有很高的團體意識，對社會也秉持較正面的態度。這組消費者有比較濃厚的地方意識，意義追尋就寓寄於日常生活之中。

瞄準窮人

大約14%的美國人生活在貧困線以下，而這些人大都被大多數商人忽視。儘管窮人比富人花費更少，但他們跟所有人一樣都擁有同樣的基本需求。低收入家庭購買諸如牛奶、橘子汁、茶等主要商品的比率與平均收入家庭是相同的。最低收入家庭在以現金支付衛生保健、房租、家庭食品消費方面的花費甚至高於平均水平[62]。但遺憾的是，由於許多商家不願意設立在低收入地區，而使得這些家庭獲取資源更加艱難。從平均水平來看，貧窮區的居民必須走2英哩以上才能見到與非貧窮區居民相同的超級市場、大型藥店和銀行[63]。

在消費社會中，失業者會覺得被孤立，因為他們無法獲得文化中認定成功的許多要素。然而，理想化的廣告描述卻不會對研究者訪談過的那些地位卑微的消費者造成困擾。顯然地，獲得自尊的一種方式就是將自己置於消費文化之外，強調更少物質享受的簡單生活方式。在一些案例中，人們將廣告作為娛樂來欣賞但不購買產品：一位32歲英國婦女的描述最為典型：「他們的目標不是我，絕對不是。看他們很有趣，但是他們的目標不是我，所以我會忽略他們」[64]。

瞄準有錢人

在我們的年代中，一個人可以買到帶有水晶項鏈、穿著24K金線縫製禮服的粉紅色光彩芭比娃娃[65]。為了要打扮成一個活生生的洋娃娃，維多利亞的秘密（美國著名內衣品牌）提供了配有超過100克拉真鑽石的百萬美元奇蹟胸罩[66]。有些人就是要買這種珍品。

許多行銷人員努力瞄準富足的高消費市場。這種做法是有意義的，因為這些消費者明顯地擁有消費昂貴商品（經常具更高利潤率）的資源。但是，如果假設所有高收入者都屬於同一個消費市場，那就錯了。正如前面提到的，社會階級絕不單指收入，它也是一種生活方式，是消費者興趣的體現。而且，消費分配明顯受到獲得金錢的地點、方式和擁有時間的影響[67]。

雖然關於有錢人的刻板印象依舊存在，但有一項研究發現了一個特別的事實。一位57歲的百萬富翁，是一位自己開業的老闆，賺得了一個中產家庭的收入——13萬1千美元，娶了一位陪伴他度過大部分成年生活的妻子，育有自己的孩子，從來沒有買過超過399美元的上衣或者超過140美元的鞋子，開的是一輛福特休旅

行銷契機

企業針對低所得族群所推動的涓滴努力，雖然尚未匯為巨流，但未來成功可期。例如惠普公司最近推出了「世界e起來」(World e-Inclusion)激勵方案，計畫將可接收衛星訊號的電腦產品與服務，以租售或捐贈方式，提供亞、非洲及東歐、南美、中東等資訊建設落後地區的市場。

推動這類計畫對企業而言是有利的。業者深知自己在當地社會播的種子，日後將能含笑收割。因為他們在當地市場紮的根，將隨時間演進成為未來的巨大收益。這種運動被稱為「B2-4B」(Business to Four Billion；商務對四十億大餅之意)，40億美元是指全球低所得族群的粗估市場商機。放眼未來開始紮根，看來是一項聰明的投資。根據世界銀行統計，開發中國家的經濟成長率約為已開發國家的兩倍。

印度也有個成功案例。印度的民生用品業者「印度利華」(Hindustan Lever)公司於1990年代，推出低所得民眾也能買回家的產品。該公司工程人員開發出成本極低的包裝材料以及其他創新技術，可以將高品質產品裝到可以用過即丟的小包袋裡，於是將成本從一般包裝盒所需的四到五美元壓到幾美分左右。好東西總是裝在小包裝裡[68]。

車。有趣的是，許多有錢人並不認為自己富有。許多研究者注意到一種趨勢，這些有錢人雖然在日常消費品上很吝嗇：比如在Neiman Marcus商店買鞋、在沃爾瑪百貨買清潔劑，但卻沉溺於購買奢侈的消費品[69]。

SRI管理顧問機構根據消費者對奢華的態度將之區分為三類：

1. 奢華是功能性的：這種消費者會花錢買可長久存放或保值的東西，在購物前會做足資訊搜尋，並做出符合邏輯的決策，不會感情用事地做出衝動性購買。

2. 奢華是報酬：這種消費者通常比第一類年輕而比第三類年長。他們常用奢華商品表示「我做到了」。想要成功以及展現成功的慾望常促使這些消費者購買炫耀性奢侈品，如頂級房車或高級社區中的房屋。

3. 奢華是放縱：這類消費者是三類中最少的，而且比其他兩類更年輕，男性也較多。對這些消費者來說，擁有奢侈品是一種揮霍與自我放縱，他們會為了展現自我風格或引起他人注意而多付出一點金錢。他們對奢侈花費更具情感傾向，而且比其他兩類消費者更容易進行衝動購物[70]。

祖傳財產

「祖傳財產」家庭（如洛克菲勒家族、杜邦家族和福特家族等）基本是生活在繼承的財產中[71]，一位評論員將這些人稱為「隱匿階級」[72]。30年代大蕭條之後，有錢家庭在炫耀財富上變得更謹慎，從諸如曼哈頓的別墅區移居到維吉尼亞、康乃迪克、新澤西的隱匿處。

在這些圈子中，僅僅擁有金錢是不足以獲得社會認可的。金錢必須伴隨為公眾服務和熱衷慈善事業的家族歷史，這種捐贈經常有明確的標誌可以證實，而這些標誌可以使得捐贈人千古留名（如洛克菲勒大學或者惠特尼博物館）[73]。「祖傳財產」消費者傾向於在祖先和血統上作出區分，而不是只看財富[74]。祖傳財產的消費者在社會地位上是無憂無慮的。從某種意義上說，他們已將自己終生視為富有者。

暴發戶

今天，有許多人，包括比爾·蓋茲、史蒂夫·賈伯、理查·布蘭森在內等高知名度的億萬富翁可被視為「因工作而致富者」[75]。霍雷肖·阿爾傑(Horatio Alger)

筆下認為一個人勤奮工作加上一點點幸運，就可以從乞丐變成富人的神話，在美國社會中仍有很大的影響力。這也是為什麼描述惠普最初兩位創辦人工作車庫的影片，會引起這麼大迴響的原因。

儘管許多人確實是白手起家的，但在變得富有和改變社會地位後，他們也經常碰到一些問題（儘管不是一個人能想像到的最糟問題）。這些剛獲取了巨大財富，才成為上流社會成員的消費者被稱為暴發戶(nouveau riches)，這通常含有貶義，是用來描述初次來到財富世界的稱呼。

許多暴發戶為地位焦慮(status anxiety)所困擾，他們不斷注意文化環境，以確保他們正在做著「恰當」的事情、穿著「恰當」的服裝、出現在「恰當」的地方、「恰當」地舉辦宴會等諸如此類的事情[76]。浮華的消費因此被看作是一種象徵性自我實現的方式。然而這種被認為能夠表明階級的過度顯示，正是用於彌補內在關於什麼是恰當行為方式的自信[77]。在主要的中國城市，如上海，有些人會穿著睡袍誇耀他們的財富，就像一個消費者說的「只有城市裡的人才買得起這樣的衣服，在鄉下大部分人還是穿著工作服去睡覺」。[78]

定位於這類群體的廣告經常透過強調「注意這一部分」來操弄不安全感。聰明的供應商向這些消費者提供可以在化妝舞會上扮演祖傳財產者角色的面具，如 *Colonial Homes* 雜誌的廣告把這些消費者描寫為「非常努力工作讓自己看起來根本沒努力過」。加州聖莫尼卡附近的房屋已經發展成為現成的富人生活模式需求的縮影。那裏強調裝飾好的公寓（具有亞麻布、盤子甚至藝術品）；每戶住宅都有四個車庫、熱水供應、假山石同時兼做戶外揚聲器箱，以及內建的電腦網路。IBM軟體控制著電燈開關、煮咖啡程式，甚至無論你在世界何地，控制程式都會在葡萄酒酒窖溫度過高時自動打電話給你（你不是最討厭這種事發生嗎？）。購買者可從四種不同的夢幻生活方式中選擇一種：英國鄉村莊園、托斯卡尼式別墅、法國皇宮風格或者紐約式小閣樓[79]。數量有限的珍品至少價值1千萬美元，欲購從速，別浪費時間！

地位象徵　　▶ ▶ ▶ ▶ ▶ ▶

上面描述的這些住所，主要是為了顯示屋主有購買這類住所的能力。在內心深處，人們總是有評價自己的傾向，同時也會評價自我事業的成功，以及和他人相比的物質財富。有一句流行的話「要趕上瓊斯那家人」(keeping up with the Joneses)，就是指要把自己的生活標準跟鄰居比個高下。許多消費者喜歡有這樣的感覺：好像他們很特別、很富有、很成功甚至很有名。這也許能夠解釋這家位於美國加州安那漢(Anaheim)的一間晚餐戲院——好萊塢工作室(Tinseltown Studios)——爲什麼能夠成功。他們讓用餐者假裝自己是電影明星，一進入大門，圓形閃燈就亮了起來，自動攝影機包圍了過來。順著紅地毯走進店裡，你會看見自己出現在一個巨大螢幕上[80]。

然而，擁有財富和運氣還不夠，重要的是你能比其他人擁有更多。購買和陳列一些產品的主要動機不是爲了享用，更是讓別人知道我們買得起這些東西。也就是說，這些產品的功能是一種地位象徵(status symbols)。收集這些成功象徵的慾望可以用一句流行口號來總結：「死時玩具最多的人是贏家」。地位的尋求是人們購買合適產品和服務的重要動機來源，使用者希望透過使用這些產品或服務，讓別人知道他是成功的。

具地位象徵的特殊產品會隨著文化與地區有所不同。例如富裕的巴西人因爲擔心交通混亂與兒童綁架，不得不擁有直昇機。聖保羅約有超過四百架直昇機[81]。在中國大陸，小孩是地位的象徵（大概是因爲一胎化政策的實施），父母親強烈希望炫耀這些被寵壞的小孩，並幫他們的「小皇帝」購買非常奢侈的用品。中國的父

行銷陷阱

傳統上，設計師品牌是治療流行焦慮最受歡迎的一帖藥。無法拿捏自己的品味時，把錢一股腦兒押在某時尚名牌上，大方穿上身便是。這種方法現在似乎已經失寵了，消費者紛紛將注意力轉往平民品牌的特賣服飾上頭，改到Target和Kohl's去走動。有些分析師將此潮流歸因為仿冒品氾濫對設計師品牌價值的斲傷；還有其他分析師強調，九一一事件帶動了人們回歸簡單（參閱本書第4章）。一位零售業分析師指出：「消費者不希望自己毫無個性，卻也不想看到自己的東西上面印上別人的名字。」[82]

最近一項以7,500位服飾消費者為對象的調查，詢問人們對特定流行品牌的購買慾是否已經降低。超過一半的受訪者表示，商標與品牌在他們心目中的重要性確實降低了。此外，對設計師品牌的忠誠度也會隨著年齡下降：45歲到59歲的消費者當中，有69%表示有沒有商標「很不重要」或「並不重要」；21到34歲的消費者則有41%表達類似意見。[83]

母親花費三分之一至二分之一的可支配所得在小孩身上[84]。

▶ 炫耀性消費

為了消費好處而消費的動機是由社會分析家范伯倫(Thorstein Veblen)在上世紀之交最先提出的。范伯倫認為商品最主要的一個角色，就是招致嫉妒特性(invidious distinction)：透過顯示財富和權力，這些產品就能激起其他人心中的嫉妒。怎麼做？想像一下最近男性服飾將真金縫製在衣服上的潮流：繡有18克拉金線的領帶賣260美元。一個男人可以花9,000美元買一套黑絲質燕尾服、領結以及繡有金絲線的腰帶[85]。這些衣物可能都只能乾洗。

范伯倫用炫耀性消費(conspicuous consumption)來指稱人們內心希望用顯著證據來證明他們支付昂貴商品能力的慾望。范伯倫的研究是被當時盛行的揮霍浪費所激發出的。范伯倫寫到當時強盜男爵（Robber Barons，譯註：19世紀末靠掠奪天然資源賄賂政府官員，操縱證券市場等手段致富的美國資本家）的時代，同時代還有J.P摩根、亨利‧佛里克和威廉‧范德比爾特，這些人都建立了巨大的金融王國，並且經常舉辦奢華舞會來炫耀財富。這些事情甚至成了傳奇，如下面的陳述：

地位象徵不會一成不變。以前，白淨膚色象徵上層社會，表示人們不需下田勞動。現在，健康的黝黑膚色當道，表示成功人士注重休閒，很多人會費勁把自己「弄黑」。(Courtesy of Johnson & Johnson Health Care/Neutrogena. Copyright 2003)

> 有一些故事不斷刊登在報紙上：在馬背上舉辦晚宴；為寵物狗舉辦宴會；女主人為了吸引注意就為一隻黑猩猩安排座位；在餐桌中放一個玻璃容器，裏面有真的少女在游泳；或少女從一個大蛋糕中出現；還有人用大面值的鈔票點燃雪茄[86]。

聽起來像他們真的活在過去時代，

對不對？嗯，也許事情變化越大，他們就越保持一成不變。許多最近的公司醜聞，像是安隆、WorldCom（美國第二大長途電話公司）、泰科電子(Tyco)等著實惹惱了消費者。因為他們發現當某些員工被上述公司資遣時，一些高階主管卻依舊奢侈度日。泰科的執行長為了老婆的生日派對砸下了100萬美元，聽起來真的很像以前的羅伯‧拜倫斯。這場羅馬戰士的主題派對，有一尊米開朗基羅的大衛像冰雕，伏特加從他的胯下緩緩流出到水晶酒杯裡。這間公司也為主管在紐約的公寓布置了6,000美元的浴簾、價值2,200美元的金色垃圾桶，以及價值17,100美元的「旅行用衛浴組」。[87]

有宣傳功用的妻子

　　范伯倫認為，炫耀性消費的一個明顯現象是，在他提到的休閒階級(leisure class)中，高效工作是一種禁忌。按照馬克思主義者的說法，這樣的態度反映了個人追求所有權或控制生產方法，而不是產品的生產。任何能夠證明一個人確實不得不為生活而勞動的證據都要避免，就像那句話說的「空閒但富有」(idle rich)。

　　一個人對於財富的炫耀甚至會擴展到妻子身上。范伯倫批評了那些作為裝飾角色的婦女經常要被迫展示身上昂貴的衣服、自命不凡的家和奢侈生活，以宣傳丈夫的財富，有點像是「移動廣告牌」。一些如高跟鞋、緊身胸衣、波浪裙擺和精緻髮型等時尚，都是為了顯示那些富有女人如果沒有僕人的幫助就不能行動，而不是用來顯示手工的精緻。同樣地，中國女人的裹小腳也是為了讓女人無法走路，而必須由男人帶她們出門。

　　范伯倫被一些有關瓜奇圖爾族(Kwakiutl)印第安人的人類學研究所啟發，這些印第安人住在太平洋西北岸。在一個稱為炫財多宴(potlatch)的儀式上，主人向客人炫耀他的財富，並且贈送他們奢侈的禮品。一個人送別人的東西越多，看上去就越比別人好。有時，主人甚至會採用一些激進方法來炫耀財富，可能會當眾毀掉一些財產來顯示他的富有。

　　這種儀式也被當作是一種社交武器：因為需要禮尚往來，一個比較窮的對手可能會因為被邀請參加一個豪華炫財多宴而感到羞辱。為了跟主人送的禮物相當，即使他支付不起，也要勉強為之，於是這個倒楣的客人會被逼得幾乎破產。如果覺

510

 行銷契機

「哇，那是你的新手機嗎？」追求流行不分男女老少，雖然不同年齡所追求的流行不同，不過，手機已逐漸被各年齡層消費者視作地位表徵。

手機對年輕人來說是必需品，不是奢侈品。手機是年輕族群與他人保持聯繫的基本方式。不過在通訊之外，手機還有其他用途。它可以是一款個人配件或一則時尚宣言、一種即時通訊裝置、玩具、或社交道具。許多青少年表示，在他們眼中，手機是僅次於汽車的一種獨立象徵，也是人格的延伸。由於美國青少年中僅有38%有手機，因此這個市場依然有待開發。部分業者會就現有款式更新設計，加入調頻收音機或即時傳訊之類新功能。第1章曾經介紹過Wildseed公司如何提供使用者多種個性化面板，讓他們能表達獨特自我。

甚至於成人也無法免疫，而把手機當作某種身份地位表徵。研究指出，男人特別容易受到手機誘惑。英國利物浦大學(University of Liverpool)研究人員曾經讀到一則新聞，報導南美洲地區有部分夜總會，開始會在入口處檢查客人手機，看過之後才准予他們入內；這些夜總會經理們很快地發現，絕大多數的名牌手機都是仿冒品。研究人員對此現象頗感興趣，於是著手探究背後的原因。為了調查人們以手機為社交道具的實際情形，研究人員來到一家上流夜總會觀察客人的行為，這家店常客多為律師、企業家、與一些單身專業人士。研究者發現，比起女客，男客們的手機可是妙用多多。女客們通常會把手機放在包包裡，要用的時候才拿出來。男客則是屁股才坐下來，就急著將手機從衣袋或公事包裡取出，放在吧台或桌上顯眼的地方。

研究人員認為，男性使用手機，一如孔雀展翅或公蛙求偶，目的在對異性展示自身地位。研究指出，男性把玩、展示手機的時間，會隨著女性目標身邊圍繞的男性人數增加而大幅遽增。就像雄孔雀看到雌孔雀追求者眾，會格外賣力展翅那樣。[88]

此外，對某些人而言，甚至連手機門號都可以當作個人的地位象徵。尾端有連續兩個或三個零的門號相當搶手，甚至（或者應該說，因為）要取得這類門號還必須額外付費。有些行動電話業務員反映，顧客經常徵求這類搶手門號。根據其中一位的觀察：「從前，大家喜歡的電話號碼是數字剛好對照到自己名字的字母，直接按對應的號碼鍵很方便，現在最搶手的是尾巴連續兩或三個零的號碼。」[89]電話號碼也講派頭呢。

年輕世代人手一機，行動電話已成為一種主要溝通方式。(Courtesy of LG InfoComm USA, Inc.)

得這種活動聽起來十分「原始」，那麼想想許多現代婚禮。父母通常會投資一大筆錢給女兒一個與眾不同、最好的、盛大的婚禮，即使他們不得不用掉退休儲蓄。

就像炫財冬宴的儀式，向其他人證明自己有充裕資源的慾望產生了展示這種富足的需求。因此，在非結構性的嗜好中，盡可能消耗資源的活動總是優先進行。這種炫耀性浪費(conspicuous waste)能向別人顯示自己有資產可供花費。范伯倫寫道：「我們聽說一些玻利尼西亞的酋長為了表現良好的風度，寧願餓著也不願自己動手把飯送到嘴裏。」[90]

嘲弄行為

隨著積聚地位象徵物的不斷競爭，有時最好策略就是反其道而行。一個方法就是故意迴避這些地位象徵物，也就是說，藉著嘲弄它而尋求地位。這種炫耀性消

全球瞭望鏡

在《第二代星艦奇航記》（Star Trek:The Next Generation，又譯巡弋大奇航）影集中飾演第二代「企業號」(USS Enterprise)艦長，因而全球家喻戶曉的英國影星派崔克·史都華(Patrick Stewart)，曾表示「美國許多全球化行動令人不屑」。他發覺「美國自詡為機會之鄉，真是可笑」，他質疑「貧窮問題嚴重、教育品質低落，何來真正的自由可言？」這席話頗堪玩味，畢竟，都怪美國才讓史都華與兒子（同為電視演員）發了財。目前全球流行數落美國不是，史都華於是跟著嚷嚷。

平均不到一星期時間，某地就會迸出一場新的反美示威。這星期可能在南韓或海地，下星期可能換墨西哥市或北京接手。不過反美反得有品味有格調的，當屬法國為最。在當地的暢銷書中，可以瞥見《誰在扼殺法國？美國策略、美式極權主義》(*Who Is Killing Frence? The American Strategy, American Totalitarianism*)這類書籍，另一本熱門書《我不要，謝了，山姆大叔》(*No Thanks, Uncle Sam*)則出自某法國議員之手，他的結論是：「徹底反美是合宜的。」

這類反美主義大多只是眼見美國文化席捲全球的酸葡萄心理。歐洲人感覺不舒服，不是因為美國的電影難看、書很無聊、食物很遜，而是因為他們愛看這些電影、愛讀這些書、愛吃這些食物。放眼法國的書市暢銷排行，一向是美國出版品法譯本的天下。在歐洲或世界各地，十大賣座影片排名幾乎清一色是美國電影。

資料來源：Excerpted from Jonah Goldberg, "*America Bashing Becomes International Pastime,*" **Yrock.Com** (Young Republicans Online Community Network), April 28, 2003.

費的世故形式被稱爲嘲弄行爲(parody display)[91]。

幾年前曾風靡一時、被稱爲高科技的家居裝飾風格就是一例。這種主題裝修採用工業裝飾材料（如地板使用報廢船隻的甲板），而且各種水管和樑柱都直接暴露在外[92]。這種裝修策略試圖展現屋主的幽默，並且認爲地位的象徵沒有必要。因此，開洞的藍色舊牛仔褲，以及吉普這樣「實用」的汽車在上等階級（如瑪麗琳家）中風靡一時。「眞正的」地位會透過故意選擇一些不流行的產品而顯現出來。

摘要

行爲經濟學領域考慮的是消費者如何決定怎樣花錢。只有當人們能夠並且願意把錢花在一些與基本需求無關的活動上時，任意消費才會發生。消費者信心——消費者對自身狀況的心理反應和對總體經濟狀況的預期——幫助他們確定是否會購買產品和服務、借債或儲蓄。

消費者的社會階級指的是在社會中所處的地位，它由一系列因素決定，包括教育狀況、職業和收入。

事實上，可以按照對稀有資源具有的優先權、權力和獲取途徑的不同來區分人群。這種社會階層產生了一個地位層級，在其中一些商品比其他商品更受歡迎，並且被用來區分社會階級。

雖然收入是社會階級的一個重要指標，但並不夠。社會階級也受其他因素的影響，比如居住地、文化興趣和世界觀。

購買決策有時會被一些特殊需求所影響，例如購買比自己所處社會階級高一些的人們使用的產品，或者進行炫耀性消費，如此本身地位就透過故意地、非建設性地使用一些高價值產品而獲得提升。這種消費方式是一些新貴的特徵，他們新近的一大筆收入使得他們提升了自己的社會階級，而不是祖傳或教育的緣故。

產品經常被用作一種地位象徵物，以與眞正或希求的社會階級進行溝通。當消費者故意迴避時尚產品來尋求地位時，就產生了嘲弄行爲。

思考題

1. 西爾斯(Sears)、JCPenney和檔次低一點的Kmart，這些商店在近幾年都力圖提升形象，並吸引更高階級的消費者。這些努力能多成功？你認為這種戰略是明智的嗎？

2. 今天的社會要衡量社會階級會受到什麼阻礙？討論如何繞過這些障礙。

3. 一個貧困的家庭和一個達到平均收入水平的家庭之間，消費上會有什麼差異？

4. 什麼時候社會階級可能成為一個消費行為更好的預測指標，而不僅僅意味著個人收入？

5. 你怎麼將人們劃入不同的社會階級？你曾經這樣做過嗎？你一般用什麼樣的消費線索（如衣服、言談、汽車等）來決定社會身份的？

6. 范伯倫認為女人經常用汽車來炫耀丈夫的富有。這種觀點今天還成立嗎？

7. 設想一下當前的環境條件和日益減少的資源，什麼將是未來的「炫耀性浪費」？力圖給他人留下富有印象的慾望是否會消失？如果不會，是不是會有一種危險性較低的形式？

8. 一些人認為地位象徵已經不復存在了，你同意嗎？

9. 使用圖13.3列出的地位指標，計算一下你知道的人的社會階級分數，如果可能的話，再算算他們的父母。請幾個朋友（最好來自不同地區）提供他們認識的人一些類似資訊。你們的答案相似嗎？如果有差別的話，你怎麼解釋？

10. 列出一系列的職業，並且詢問一組不同專業的學生（包括商學院和不是商學院的學生），讓他們對這些工作進行評級，你能發現不同專業的學生在評級上的差異嗎？

11. 收集一組描繪不同社會階級的廣告。關於這些廣告本身和出現的媒體，你能得出什麼樣的廣泛結論？

12. 本章有一些行銷人員將「綠色食品」定位於低收入人群。選出不能將有限資源進行隨意消費的消費者是否正確？在什麼情況下應該鼓勵或防止這些市場區隔策略？

13. 地位象徵是一些被評估的商品，因為它們顯示一個人擁有多少錢或聲譽如何，如勞力士手錶或名貴跑車。你相信周遭的人重視地位象徵嗎？如果是的話，你覺得哪些產品對跟你差不多的消費者來說具有地位象徵？

民族、種族和宗教次文化群體

　　瑪麗亞星期六一早醒來，就打起精神準備面對一整天的跑腿和雜事。和往常一樣，她媽媽在上班，希望她能去買點東西，然後幫著準備今晚的大型家庭聚會。當然，她哥哥荷西從不會被要求去買食品雜貨或到廚房幫忙——那是女人的工作。

　　家庭聚會要做許多工作，瑪麗亞希望她媽媽偶爾能用現成的食物，特別是在星期六瑪麗亞自己有一兩件事要辦的時候。但是不行，她媽媽堅持重新準備食物。她很少用那些速成的食品，以保證她備餐的質量一流。

　　瑪麗亞只好順從。她一邊穿衣，一邊看西班牙語Universion頻道上演的一齣肥皂劇，然後出門去小雜貨店買份報紙——這個地區有近40種不同的報紙，她喜歡不時選些新的來看。然後，瑪麗亞買了她媽媽想要的東西：購物清單上全是她一向購買的知名品牌，如卡塞羅和戈雅(Casera and Goya)等，所以她很快就完成任務。運氣好的話，她會有幾分鐘時間可以去購物中心挑選一些萬洛莉亞・崔維（Gloria Trevi，編注：被譽為墨西哥的瑪丹娜）的CD，Quepasa.com網站有文章詳細介紹她。她在廚房就可以一邊切菜、削皮、攪拌，一邊聽音樂了。

　　瑪麗亞臉上露出微笑：洛杉磯是個生活的好地方，還有什麼比和家人共度開心夜晚更美妙呢？

次文化與消費者認同　　　▶ ▶ ▶ ▶ ▶ ▶ ▶

　　是啊，瑪麗亞住在洛杉磯，不是墨西哥城。四分之一的加州人都是西班牙人，整個加州的非白人居民要多於白人居民。事實上，加州最多人看的就是西班牙語的Univision電視網[1]。如果這個趨勢持續，人口統計學家預測到2050年，全美國非白人族群將會佔了多數[2]。

　　瑪麗亞和其他西班牙裔美國人與生活在美國的其他種族和民族的人口有許多共同之處。他們慶祝同樣的法定節日，花費受到國家經濟的影響，還會一同為參加奧運會的美國隊加油。儘管這些美國公民身份可以為一些消費決策提供原始資料，但還有另外一些原因則深深受到美國社會結構巨大差異的影響。美國確實是幾百個各式有趣群體的「大熔爐」，包括義大利裔和愛爾蘭裔美國人，以及摩門教徒和基督再臨論者。想想在美國的一些學校體制中，包括紐約、芝加哥和洛杉磯，共有100多種語言在使用著[3]。

　　消費者的生活方式都受到其在整個社會中所屬群體的影響。這些群體就是次文化(subcultures)，其成員有共同的信念和經驗，而與其他人有所區隔。每個消費者都從屬於許多次文化，成員基於年齡、種族或民族背景、居住地區，或者對一項活動或藝術形式的強烈認同的相似而組成。每個群體都展示著獨特的一套規範、辭彙和產品標記（如表明『感恩而死』次文化群體的頭骨和玫瑰）。最近對美國當代山地男人(Mountain Men)的一項研究就說明了一個次文化群體對其成員的約束性影響。研究者發現，這個群體的成員有很強的認同感，而且是透過諸如美國印第安人的圓錐形帳篷、野牛皮長袍、鹿皮護腿和珠飾的印第安軟皮鞋之類的產品來強化這些關係，它們在山地男人中創造出一種社群感[4]。

　　這些「社群」甚至可以凝固在虛構的人物和事件上。例如，《星艦奇航記》的許多熱愛者就沉迷於一個星際飛船、瓦肯人等之類的東西。《星艦奇航記》的創始人金·羅丹貝利(Gene Roddenberry)很早就意識到認同這個節目的人也會重視確定自己是這個次文化群體一員的產品。的確，《星艦奇航記》商品的銷售額高達10億美元，有大約300萬人參加了3,000多次《星艦奇航記》每年舉行的活動。一些星艦迷甚至在較大社群下又成立了更專業的次文化群體。一個社群的愛好者專門研究克林貢人，這是長期與星際聯邦作對的一個好鬥的尚武種族。這些忠實的追隨者擁有自己的語言（tlhIngan，由一位語言學家為《星艦奇航記》系列電影之一所發明的語言）、科幻雜誌、食品和夏令營[5]。

次文化常擔任定義延伸自我的重要角色（見第5章），特別是能掌握強烈的忠誠度。《星艦奇航記》的影迷因對該劇的狂熱而惡名狼籍。負面典型是在經典的《周六夜晚秀》喜劇中戴著史巴克耳朵的白癡，節目中那位過氣明星威廉‧雪特納模仿在星艦奇航影迷的聚會當中，詢問兩位倒楣觀眾有沒有親吻過女孩。這種事情看來只能點燃星艦影迷的熱情，並讓投入在此次文化的影迷們團結起來。以下是節錄於一封描述此狂熱的影迷郵件：

> 我承認這麼多年來我必須隱瞞自己喜愛這節目的熱情，因為《星艦奇航記》的影迷通常被當作怪人或是瘋子……（在結束完第一次聚會後她說）……從此以後我可以非常驕傲地戴著我拜卓人的耳朵而不再害怕別人的眼神……我同時也認識了……其他的星艦迷，而且跟一些人變成很好的朋友。我們有許多共通點，並且共享熱愛星艦奇航的共同經驗[6]。

民族與種族次文化

民族和宗教認同是消費者自我概念中一個非常重要的成分。**民族次文化群體** (ethnic subcultures)是指能使自身永久存在的一個消費者團體，他們由共同文化和遺傳聯繫結合起來，並藉由這個可辨識的類目得到成員與他人的認同[8]。

在有些國家，如日本，民族幾乎等於主流文化，因為大多數人都具有同源的文化聯繫（雖然日本也有為數不少的次級人口，大部分屬韓國後裔）。在一個異質性社會裏，如美國，許多不同文化都可以展現出來，消費者要花更大努力來保持次文化群體的認同感，以免被佔優勢的社會主流所淹沒。

行銷人員不能忽視重塑主流社會的驚人文化多樣性。少數民族每年在產品和服務上花費高達6,000億美元，因此公司必須根據這些次文化群體的需要制定產品策略和溝通策略。而且這個廣大的市場一直都在成長：移民人口現在占美國人口的10%，到2050年將占13%[9]。

《財星》雜誌一千大公司幾乎有半數都在進行種族行銷計畫。例如，AT&T公司就贊助中國端午節的賽龍舟和古巴的民間節日；還郵寄了針對30個不同文化的廣告，包括菲律賓人使用的塔加路族語，以及一種西非方言契維語的廣告語。AT&T公司多文化行銷總監表示：「今天的行銷在部分意義上就是人類學[10]。」當鎖定某一市場區隔時，利用該市場區隔熟悉的語言，在文字或口語上推銷產品或服務是很有商機的。調查同樣顯示，某一民族團體裡的成員從屬於該民族媒體得到最多的產品資訊；一項研究發現，63%的非美洲裔加州居民只看屬於該民族的電視節目，其中三分之一每週至少閱讀一次該民族的報章雜誌[11]。

民族性與行銷策略

儘管有些人不喜歡在制定行銷策略時要考慮種族和民族差異這個觀點，但現實的情況是，這些次文化社群往往在塑造人們的需求和要求上極為重要。例如，有研究指出，少數民族的成員有可能認為來自同一族群的代言人更有可信度，而且這種強化的可信度會轉化為更積極的品牌態度[12]。

民族次文化社群往往能夠預測消費變數，如媒介曝露的類型和種類、食品和服裝偏好、政治行為、休閒活動，還有願意嘗試新產品的程度。例如，一項乳製品

網路收益

想成為一日國王？確實，網路讓人們可以成立自己的次文化——但能成立自己的國家嗎？網路空間裏存在著無數的「微型國家」，有些甚至有齊全的君主和憲法。以下是這些網路次文化群體的例子[7]。

- www.talossa.com：Talossa的國王與父親和妹妹生活在威斯康辛大學—密爾瓦基校園。14歲的時候（20多年之前），他宣佈自己的臥室為一個獨立自主的國家。國家的名字來自芬蘭語，意思是「房屋內」。Talossa約有60名公民，擁有一套法律和當地節日，甚至還有國旗。他們還有自己的語言，字典裏有28,000個詞條。
- www.freedonia.org：這個微型國家是波士頓自由主義者的社群。君主是巴布森學院的一名學生，號稱約翰一世王子。成員們製造自己的貨幣，但眼下國家的首都就是約翰王子的房子。
- www.new-utopia.com：這個微型國家意圖在國際水域建立島嶼鏈，並在網上以1,500美元的價格出售公民身份。國家的創建者被稱為拉札勒斯・隆恩王子。購買者當心：由於這些銷售活動，王子與美國證券交易委員會並無甚好的外交關係。

研究要求8,000名受訪者記下自己是如何分配時間的，結果發現，非裔美國人把大多數時間都花在宗教活動上，高加索人把大部分時間花在家務上，而亞裔美人則花大部分時間在受教育上[13]。

此外，行銷資訊的組織方式還取決於次文化群體傳遞意義上的差異。社會學家做了高背景文化(high-context cultures)和低背景文化(low-context cultures)的區分。在高背景文化中，群體成員傾向於緊密結合，並更可能利用弦外之音暗示成員。符號和姿勢比言語包含更多的訊息。與英國人相比，許多少數民族

德州墨西哥料理在北歐廣受歡迎。這是刊登於瑞典某雜誌的一則廣告。(Courtesy of Nordfalks AB)

文化是高背景的，並有強烈的口述傳統，因此這些人會對廣告文字訊息外的細微差別比較敏感[14]。

民族是移動的目標嗎？

儘管許多公司都流行民族行銷，但在我們這個「大熔爐」社會中眞正定義、瞄準一個特定民族群體的過程卻卻不太容易。高爾夫球員老虎伍茲的受歡迎程度就說明了美國民族認同的多樣性。儘管伍茲一直被譽爲非裔美國人的典型，但事實上他是多種族融合的典型。他的母親是泰國人，他也有高加索人和印第安人血統。還有一些受歡迎人物也是多種族融合的，包括演員基努‧李維（夏威夷人、中國人和高加索人）、歌手瑪麗亞‧凱莉（委內瑞拉黑人和白人），還有以《超人》而負盛名的迪‧凱恩（日本人和高加索人）。據估計，自稱爲非裔美人中有70%～90%實際上都是混血，許多高加索人也是如此[15]。在美國2000年的人口普查中，有大約700萬人具有兩種以上的混血身份，他們也不會自稱屬於白人、黑人、亞洲人、韓國人或

薩摩亞人[16]。

　　民族和種族的界線變得越來越模糊，這種趨勢只會隨著時間而加速——1980年以來，夫婦來自不同民族或種族的婚姻數量增加了1倍。他們都是屬於高消費階層、受過良好教育的年輕夫婦。例如，至少有三分之二受過一些大學教育的西班牙裔人與外族人結婚。異族通婚率在亞裔人中最高：將近12%的亞裔男子和25%的亞裔女子會與非亞裔人結婚[17]。

　　多元文化家庭是很有吸引力的目標群體：一項關於消費者花費的研究顯示，多元文化家庭在五種產品類別的消費超過白人家庭，包括食品雜貨、娛樂、個人護理用品、服裝和教育。而且，在汽車和住房這種昂貴產品的消費也比白人多[18]。儘管如此，在廣告中刻畫異族通婚仍然是有風險的，因為有些少數民族團體存在著對異族通婚者的怨恨。這就是為什麼飛利浦電器決定在廣告宣傳中聚焦在多元文化的年輕人「族群」，而不是去描述混合種族夫婦的原因[19]。

　　以種族訴求進行行銷的產品並不一定只針對民族次文化群體的消費，儘管一開始的確是這樣。**去民族化**(de-ethnicitization)是指以前與特定民族相聯繫的產品開始脫離這種根源，而向其他次文化群體進行行銷。這個過程可以透過貝果(bagel)的例子來說明。這種麵包製品以前是與猶太文化相連的，現在則是朝向大眾行銷，所以最近有墨西哥貝果、藍莓貝果，甚或有為派屈克節製作的綠貝果[20]。貝果現在占美國早餐的3%～6%，而Bruegger's公司和Eistein/Noah貝果公司正在那些幾年前從未聽說過貝果的城市裏開設上百家店面[21]。試圖將種族產品同化進入主流文化的還有戈雅(Goya)食品公司，它是西班牙食品的主要行銷商。正如一位執行經理表示：「像玉米脆片和玉米捲餅以前都被認為是某個民族團體的領域，但現在已經是主流了。」[23]。想想這件事就明白這種發展的重要性了。現在墨西哥辣醬在美國已是最受歡迎的調味品，比蕃茄醬的銷售額高出4,000萬美元[24]。

美國三大次文化

　　占目前美國人口增長大部分的三個群體是非裔、西班牙裔和亞裔美國人。在2000年的美國人口普查中，西班牙裔人口已是數目最大的民族次文化群體，有12.5%的美國人都有西班牙血統[25]。亞裔美國人的數量儘管較少，僅佔總人口的

3.6%，但卻是增加最快的種族。這大部分是由於移民造成的：實際上每年來到美國的亞洲移民數量超出在美國出生的人數[26]。

新民族群體

美國的主體文化在歷史上曾經對移民施加壓力，使他們脫離自己的淵源，而被吸收進入主流社會。正如羅斯福總統在上世紀初所說的：「我們歡迎那些成為美國人的德國人和愛爾蘭人。我們不喜歡仍是德國人和愛爾蘭人的那些人。」[27]的確，遷移至美國時間較長的民族會有自視更主流的傾向，並且不那麼在意自己的來源國家。2000年一項調查要求受測者寫出兩位足以描述自己背景的祖先，明顯認為自己是愛爾蘭、德國等歐洲人的人數變少了。與其他次文化比較，更多從上述國家來的人選擇稱呼自己為「美國人」。[28]

美國的大批移民歷史上來自歐洲，但移民模式已經發生了巨大轉變。新移民多為亞洲人和西班牙人。隨著這些新移民在美國安家落戶，行銷人員也致力於追蹤他們的消費模式，並相應調整策略。這些新來者——不論是阿拉伯人、亞洲人、俄羅斯人，還是加勒比海人——最好用他們的母語進行行銷。他們一般會有地理上的群聚性，很容易找到。當地社區是人們獲取資訊和建議的主要來源，因此口耳相傳尤為重要（見第11章）。圖14.1表明了新移民浪潮如何改變美國主要城市的民族構成。

行銷陷阱

屬於特殊民族產品的大量生產正在快速成長擴張中。阿芝特克印地安人的設計出現在毛衣上，以肯特(kante)服飾品牌販賣的運動鞋是源自於某非洲種族的設計，還有些卡片上有原始美洲民族喜愛的沙畫。然而很多人擔心借用甚或誤解了某些特殊符號的意義。舉例來說，幾年前伊斯蘭民族的強烈抗爭只是源自一件香奈兒禮服的設計。在一場走秀當中，克勞蒂亞·雪佛穿著一件由卡爾·拉格非設計的無肩帶禮服，這件禮服上印有阿拉伯的文字，設計師相信上面的文字是一首與愛有關的詩。事實上那些文字是可蘭經（回教經典）經文的一部份。更糟糕的是，「神」這個字眼竟然印在模特兒的右胸上。設計師與模特兒都經歷生命安全的威脅，最後以燒毀三件與該款式有關的禮服（約美金23,000元）才得以平息紛爭[22]。某些產業專家覺得即使買者不知道原本的意義，借用其他文化的符號還是可以被接受的，因為即使在該文化所屬的社會中也會有不同的意見，你怎麼想呢？

圖14.1 美國的最新市場

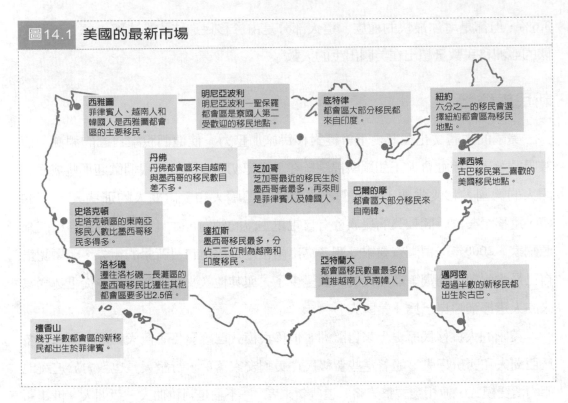

西雅圖
菲律賓人、越南人和
韓國人是西雅圖都會
區的主要移民。

明尼亞波利
明尼亞波利一聖保羅
都會區是寮國人第二
受歡迎的移民地點。

底特律
都會區大部分移民都
來自印度。

紐約
六分之一的移民會選
擇紐約都會區為移民
地點。

丹佛
丹佛都會區來自越南
與墨西哥的移民數目
差不多。

芝加哥
芝加哥最近的移民生於
墨西哥者最多,再來則
是菲律賓人及韓國人。

巴爾的摩
都會區大部分移民來
自南韓。

澤西城
古巴移民第二喜歡的
美國移民地點。

史塔克頓
史塔克頓區的東南亞
移民人數比墨西哥移
民多得多。

達拉斯
墨西哥移民最多,分
佔二三位則為越南和
印度移民。

亞特蘭大
都會區移民數量最多的
首推越南人及南韓人。

邁阿密
超過半數的新移民都
出生於古巴。

洛杉磯
遷往洛杉磯一長灘區的
墨西哥移民比遷往其他
都會區要多出2.5倍。

檀香山
幾乎半數都會區的新移
民都出生於菲律賓。

　　一個引人注目的例子是來自印度移民數量的增長。這個團體相對比較富裕,
而且還在不斷壯大。許多印裔美國人居住在紐約和新澤西城區,但人數最多的還是
在加州。一個移民團體的第一股浪潮往往是富有的人,印度的情況也是這樣。1990
年,30%印裔美國人受雇於專門職業,而印度全部人口中只有13%從事專門職業。
這些消費者還擁有數目龐大的企業,部分是由於家庭網路讓企業得以發展——集中

 行銷契機

　　消費者對外國文化的體驗,往往先從胃開始。異國料理向來備受歡迎,在大多數美國
社區裡,都看得到中國、義大利或其他國家的料理餐館。目前,泰式料理在美國極受歡
迎,與印度、越南、與路易斯安那嘉郡(Cajun)料理一同快速崛起。泰國政府於是順水推
舟,由官方出資向全世界推廣泰國美食。這項不尋常的實驗,計畫以5年時間發展超過3千
家規模的全球泰式連鎖餐飲事業,其中1千家將開設於美國境內。此一美食大作戰計畫將兵
分三路以滿足不同生活形態的需求。以「大象跳躍」(Elephant Jump)為名的餐廳主攻速食
市場,「酷涼羅勒」(Cool Basil)鎖定中價位餐飲客群,「金葉」(Golden Leaf)則為高檔美
食。相信這是目前僅見、由政府推動的美食事業[36]。

資源、形成聯盟，使他們能夠大批購進並以較低價賣出。這個群體非常重視教育和財政保障、擁有很高的儲蓄率，並且購買很多保險。也有越來越多印裔美國人的雜誌，如*Masala*、*Onward*和*Hum*等，這些雜誌橫跨兩種文化，吸引著年輕的人們[29]。

▶ 民族與種族刻板印象

塔科・貝爾公司(Taco Bell)一則有爭議的電視廣告說明了行銷人員如何（有意無意地）利用民族和種族刻板印象來進行促銷。「野味玉米捲餅」(Wild Burrito)的廣告描繪了面抹濃彩、身裹腰布、圍圈跳舞的「土著」。隨著非裔美國人社群的激烈抗議，這則廣告被撤銷了[30]。

許多次文化群體都有與自身強烈關聯的刻板印象。一個次團體的成員會被認為具有某種特質，儘管這些假定往往是錯誤的。同一特質可以被看做積極或消極的，這取決於傳遞者的意圖與偏見。例如，對於蘇格蘭人的刻板印象在美國人看來大部分都是積極的，因此這個民族的節儉也令人欣賞。蘇格蘭人的象徵已經被3M公司用來表示價值（如Scotch tape這個透明膠帶商標），還被一家提供便宜住宿的汽車連鎖旅館使用。然而，英國或愛爾蘭消費者運用蘇格蘭的「人格」，卻可能表示相當不同的含義。一個人眼裏的「節儉」，在另一個人看來卻是「吝嗇」。

過去，行銷人員一直把民族性象徵用作表示某種產品屬性的簡便方法。黑人常被呈現成低聲下氣的、墨西哥人則被描述為強盜[31]。隨著民權運動賦予少數民族團體更多權力，以及他們經濟地位的不斷提高，這些消極的刻板印象已經開始消失。Frito-Lay公司對西班牙團體的抗議作出反應，於1971年停止使用「Frito強盜」這個人物，而桂格食品公司(Quaker Food)則於1989年賦予「傑米瑪姑媽」(Aunt Jemima)全新形象。

電影中微妙（有時也不那麼微妙）民族刻板印象的利用，也說明了媒體是如何使這些對於民族或種族團體的假設永久地延續下來。1953年，迪士尼推出動畫片《小飛俠》，把美洲土著描述成揮動斧頭的野人（卻荒唐地由金髮碧眼的泰戈爾・莉莉所引領）。而在最近的電影《風中奇緣》中，迪士尼公司曾試圖更敏感地處理刻板印象。儘管如此，這個角色的歷史準確性仍然引起異議：迪士尼將一個12歲的女英雄變成一個年齡更大更成熟的角色，因為總覺得一個12歲女孩與27歲男人戀愛不會被現代觀眾看好[32]。迪士尼還從阿拉伯裔美國人團體那裏得到電影《阿拉丁》的靈感，一些引起爭議的歌詞則在影片發行時做了更動。

非裔美國人　▶ ▶ ▶ ▶ ▶ ▶

　　根據2000年人口普查顯示，非裔美國人構成了一個重要的種族次文化群體，占美國人口的12.3%[33]。儘管黑人消費者確實在一些重要方面與白人不同，但非裔美國人市場卻並非如許多行銷人員認為的那樣具有同質性。確實，一些評論者就認為黑人與白人的差異是很虛幻不實的。除了一些例外情況，黑人與白人整體消費模式大概是類似的。黑人和白人都將大約三分之二的收入用於住房、交通和食物[34]。

　　不同的消費行為很有可能是由於收入的差異、非裔美國人在城區相對高度集中，以及社會階級的其他面向。而且這樣的差異會隨著黑人消費者經濟能力的提升而漸漸消減。雖然仍比多數白人少，但黑人中產階級的所得已經創下歷史新高，這樣的進步可由教育程度的提升來解釋。2000年時，非裔美國人中產階級家庭的年收入為30,439美元，1990年時只有18,676元。估計2010年左右，超過51%已婚的非裔美國人會擁有超過50,000美元的年收入[35]。

　　不管怎樣，黑人與白人在消費的優先選擇和市場行為顯然存在某些差異，這

美國有許多全國性的廣告會固定起用黑人擔任模特兒。
(Courtesy of Evian; 438: Getty Images, Inc.—Taxi)

就需要行銷人員注意[38]。有時，這些差異是很細微的，但仍然非常重要。咖啡伴侶公司(Coffee-Mate)發現非裔美國人喝咖啡時一般比高加索人加的糖和牛奶要多得多，於是公司利用黑人媒體發動了一場促銷閃電戰，結果在這個市場區隔的銷售量和市佔率獲得了兩位數的增長[39]。有研究發現汽車相撞事故居非裔美國人兒童的死亡原因之首，他們使用安全帶的比率只有其他兒童的一半，富豪北美分公司隨即開創了第一場以非裔美國人為目標群體的廣告宣傳[40]。

西班牙裔美國人

「西班牙裔」指的是具有許多不同背景的人。根據2000年的一項調查，將近60%的西班牙裔美國人具有墨西哥口音。次大的民族如波多黎各人，約佔西班牙裔美國人的10%。組成這種民族的還包括中美洲人、多明尼克人、南美洲人及古巴人[41]。

西班牙裔次文化是一位沉睡的巨人，這個群體一直被美國許多行銷人員忽視。現在，這個群體的發展壯大和不斷增長的影響力已經到了不容忽視的程度，而且大公司都不斷討好像瑪麗亞和她家人這樣的消費者。行銷人員尤其喜歡西班牙裔人大都具有品牌忠誠的這個事實。在一項研究中，大約45%的人都說他們一直購買平常使用的品牌，只有五分之一的人表示自己經常更換品牌[42]。另一項研究發現，強烈認同民族淵源的西班牙裔人更可能尋求西班牙裔的供應商、對於家人和朋友使用的品牌表現出忠誠度，而且更容易受到西班牙語的媒體影響[43]。這個群體還因為原來居住國家有地理上高度集中的特性，使得他們相對來說比較容易觸及得到。全

行銷契機

雖然在網路使用人口當中，非裔美國人佔了10%強，不過他們似乎不常光顧虛擬商店，線上購物者中僅有4%為非裔美國人。不過電子商務業者認為，這現象將開始改變，因為網路使用者通常會在初次上網之後1年半到3年，才開始接觸電子商務交易。在不同種族當中，非裔美國人使用網路的人數增加速度最快。部分人士預測，隨著非裔美國人上網時間漸增，他們也會開始掏錢在線上買東西[36]。

部西班牙裔美國人有超過50%居住在洛杉磯、紐約、邁阿密、聖安東尼奧、舊金山和芝加哥等大城市地區[44]。

許多對西班牙裔美國人進行行銷的初期努力根本達不到目標。公司在翻譯廣告和創作能抓住微妙之處的文案上做得很糟糕。隨著行銷人員在這個市場的交易中越來越老練,而且在廣告製作中加入西班牙裔工作人員,以確保不被誤解,這些錯誤才減少了些。下面就是過去出差錯的一些翻譯[45]。

● 柏杜雞(Perdue)的廣告詞「吃苦耐勞的男人養出嫩雞」,被翻譯成「情慾旺盛的男人讓小雞變得可愛」。

● 百威啤酒(Budweiser)被宣傳成「啤酒之后」。

● 一種墨西哥玉米捲餅被稱為burrada,意思是「大錯誤」。

● 布拉尼夫航空公司(Braniff)在推薦其舒適皮椅時用了Sentado en cuero做大標題,翻譯過來就是「赤裸地坐著」。

● Coors啤酒的廣告語「與Coors一起放鬆」,西班牙語成了「與Coors一起跑步」。

耐吉公司1993年推出了第一則西班牙語的廣告,在一家主要美國電視網的黃金時段播出。這則廣告穿插在全明星棒球賽中,講述了穿著破爛衣服的男孩們在多明尼加共和國（棒球游擊手之國）打棒球的情形。這個主題反映了一個事實,有超過70位的多明尼加共和國球員現在在大聯盟打球,其中許多人都是從游擊守備開始的。這則突破性廣告還揭示了涉及西班牙裔行銷的幾個問題:許多人覺得該廣告有屈尊之意（尤其是演員們衣衫襤褸的樣子）,而且鼓吹了西班牙裔沒有真正融入主流美國文化的觀點[46]。

儘管如此,由一家大公司所做的這則廣告對許多公司來說都是一記醒鐘。許多公司趕緊與西班牙裔名人簽約,如黛西・富恩特斯(Daisy Fuentes)和里托・莫雷諾(Rito Moreno)等,以邀請他們為產品背書[47]。其他公司努力的想要吸引西班牙裔的消費者。CBS電視台就增加了肥皂劇《禿頭與美女》的西班牙配音[48]。即使是知名的電影明星拉蔻兒・薇芝(Raquel Welch)也重新定位自己是西班牙裔的身份。在幾部電影與電視劇裡扮演西班牙裔角色後,Jo-Raquel Welch（她真正的名字）重新聲稱「拉丁人落地生根啦」[49]。一位專門鎖定拉丁市場的廣告公司老闆形容這種現

象是「西班牙化──或瑞奇‧馬汀效果」。她提出許多公司意識到必須使用西班牙的訴求手法，因爲現在這又酷又辣。這就是M&M推出全新Dulce de Leche焦糖口味的意涵[50]。

還有些公司推出單獨的西班牙語廣告，這種完全不同的用語以訴諸該市場的獨特特徵爲目標。例如，加州乳品加工委員會(California Milk Processor Board)發現它十分成功「有牛奶嗎？」的廣告宣傳，並沒有獲得西班牙裔族群的良好反應，因爲尖銳而諷刺的幽默並不是西班牙裔文化的一部分。此外，乳製品的缺失對於西班牙裔主婦來說並不好笑，因爲家裏牛奶用完了意味著她的不稱職。更糟糕的是，「有牛奶嗎？」被翻譯成：「你有乳汁嗎？」所以西班牙語的版本就變成拉美血統的媽媽說：「你今天給孩子喝了足夠的牛奶嗎？」並伴隨手揉餡餅的場景[51]。

▶ 找出西班牙市場的特徵

西班牙裔美國人市場的一個顯著特點是年輕：西班牙裔美國人的中間年齡是23.6歲，而美國人平均則爲32歲。這些消費者有許多是「年輕的二元文化者」，他

行銷陷阱

利用民族市場區隔的危機常會指向一個著名例子，以說明這種策略道德上的缺陷。R.J雷諾煙草公司曾經引發了一場軒然大波，原因是宣佈了試銷一個叫做「上城」(uptown)薄荷煙的計畫，特別是針對費城地區的黑人消費者。儘管向少數民族推銷香煙並不是什麼新策略，但一家公司明白承認這一策略卻是頭一遭。許多人都攻擊了這項計畫，指責該運動將剝削貧窮的黑人──尤其是黑人患與吸煙有關疾病的機率比其他團體要高。就雷諾公司而言，它宣稱該行動是市場萎縮的自然結果，也是針對越來越小分衆市場的需要。與沒有表現出明顯香煙偏好的其他民族不同，非裔美國人消費者的品味是很容易精確定位的。據雷諾公司的調查，69%的黑人消費者偏好薄荷型香煙，比例是全部吸煙者的兩倍多。由於市場研究顯示，黑人一般從盒底打開香煙包裝，公司就決定在包裝「上城」香煙時，將濾嘴向下倒置。在私人健康組織和政府官員（包括衛生部長）的雙重批評之下，公司宣佈取消試銷計畫。但是故事並沒有結束。1999年，菲力浦‧莫里斯(Philip Morris)宣佈了試銷另一種新薄荷煙的計畫──即「溫和萬寶路」(Marlboro Mild)，目的是打入由Lorillard's Newport公司獨佔的薄荷香煙市場[52]。

們總是在嘻哈樂和西班牙搖滾樂之間跳來跳去，把墨西哥米和義大利麵醬料混在一起，還把花生油和果凍塗在玉米烙餅上[53]。拉美血統的青年正在改變主流文化。美國人口調查局估計，到2020年，西班牙裔青少年人數將增加62%，而全國青少年人數則增加10%。他們追求著精神靈性、更強的家庭聯繫，以及生活更多彩多姿──拉美文化的三個標誌。混合音樂領導著潮流，包括流行音樂偶像夏奇拉和第一位獲得白金唱片的拉丁嘻哈藝人Big Pun。意識到這個正在成長的市場，音樂零售商Wherehouse Entertainment還開設了一個單獨部門Tu Musica（你的音樂）[54]。

這個市場第二顯著的特點是家庭規模一般較大。西班牙裔家庭平均有3.5人，其他美國家庭則為2.7人。這些差異顯然影響全部收入在各種產品上的分配。例如，西班牙裔家庭可支配收入在食品百貨上的花費比全國平均高出15%～20%[55]。這也是為什麼通用磨坊(General Mills)公司專門為這個市場開發出名為Buñuelitos蕎麥早餐的原因。這個品牌名稱是buñuelos的改稱，這是一種在假日供應的傳統墨西哥糕點[56]。

家庭對於像瑪麗亞這樣的西班牙裔人來說是非常重要。喜歡跟家人在一起的

網路收益

公共政策專家憂心，隨著一般大眾開始上網的比例持續飆升，美國社會裡的少數民族會趕不上數位化的風潮。事實上，西班牙裔消費者購買電腦的比例已大幅領先一般大眾，逐步縮減此一「數位隔閡」。一項在2000年進行的調查發現，美國的西班牙裔家庭當中，有42%擁有電腦，比1998年高出了六成八。另一次2001年進行的調查則發現，美國境內西班牙裔消費者在家裡上網的比例，高出白人與非裔美國人。預估到了2005年，少數民族消費者的上網費用，將攀升至31億美元。有一些西班牙語入口網站已開始運作，包括Quepasa.com、StarMedia.com、ElSitio.com（內容以西班牙國家為主）、YupiMSN.com與Terra.com等。以西班牙語發音的電視網Univision已經掌握91%美國的西班牙語電視市場，正嘗試捕捉廣大線上觀眾的注意[58]。

部分大型企業發現，上網已經成為廣受這群消費者歡迎的休閒活動了。寶鹼直接以西班牙裔年輕人為對象推出海倫仙度斯洗髮精廣告，打開了一座全新的市場。這次廣告包括能從入口網站連結的線上遊戲，網友們可以一起參與。有鑑於此一成功經驗，寶鹼正為旗下數個品牌規劃宣傳案，包括「封面女郎」(Cover Girl)化妝品系列產品[59]。

這種偏好影響著許多消費活動的結構。舉個例子來說，看電影對許多西班牙裔人來說有著不同的含義，他們把這種活動看做家庭外出。一項研究發現，去看電影的西班牙裔人中有42%是3人以上結伴同行，而英裔消費者只有28%[57]。

對一個人供養家庭能力的強調，在這個次文化群體中得到強化。孩子穿得好被看做一件尤為令人驕傲的事情。相反地，方便和省時對西班牙裔主婦來說則不是非常重要。如果會使家庭受益，像瑪麗亞的媽媽就會願意購買勞動力集中型產品。因此，節省時間的訴求對桂格食品公司就沒有奏效，因為西班牙裔婦女把桂格即溶麥片當做平常的燕麥粥一樣在爐子上煮過、冷凍起來，以後再作為布丁食用[60]。同樣地，電話公司的促銷強調打電話給家人更便宜，就會得罪許多西班牙裔的消費者，他們認為僅僅為了省錢而不敢打電話給家裏是一種侮辱[61]！這種傾向還解釋了沒有商標的產品為什麼在西班牙裔市場裏銷售不好的原因：這些消費者重視著名品牌所保證的質量。

▶ 理解西班牙裔身份

涵化(acculturation)指的是來自異國的個人，在另一個國家文化環境下移動與適應的過程[62]。當考量到西班牙裔市場時，這個因素尤其重要，因為這些消費者整合進美國生活方式有很大差異。例如，有38%的西班牙裔人都居住在西班牙人聚集的區域，這就有可能讓他們與主流社會產生了一點隔閡[63]。表14.1即描述了根據文化適應程度，有關西班牙裔消費者的市場區隔。

母語和文化是西班牙裔美國人的身份和自尊的重要成分（大約有四分之三的西班牙裔在家還是說西班牙語），而且，這些消費者對那些承認並強調拉美或西班牙文化遺產的行銷活動非常贊同。超過40%的西班牙裔消費者會特意購買顯示出對西班牙裔消費者感興趣的產品，而這個數字到了美籍古巴人就跳到了三分之二[65]。確實，儘管許多西班牙食品、音樂和運動員正跨入主流，但許多西班牙裔人也開始轉向其他方向。今天，許多西班牙裔青年都在尋根，重新發現民族認同的價值[66]。

西班牙裔消費者的行為包括對地位的需要和強烈的自豪感。他們非常重視自我表現和對家庭的熱愛。一些廣告宣傳就是針對西班牙裔美國人對被拒絕的恐懼和對在社交場合失控和困窘的憂慮而製作的。製作行動導向的廣告，以及強調解決問題

表14.1	根據文化適應程度對西班牙裔美國人進行的市場區隔			
市場區隔	大小	地位	描述	特點
安頓下來的適應者	17%	經濟或社會地位向上流動	年齡較大、在美國出生；同化入美國文化	對西班牙文化的認同感相對較低
年輕的奮鬥者	16%	越來越重要	比較年輕、在美國出生；成功動機高；適應美國文化	重建與西班牙文化根源的聯繫
充滿希望的忠誠者	40%	最多，但正在減少	勞工階層；熱愛傳統的價值觀	對美國文化的適應較慢；西班牙語是主要語言
新近的探索者	27%	正在成長	最新；對高抱負非常保守	最認同西班牙裔背景；極少使用非西班牙語媒體

資料來源： Adapted from a report by Yankelovich Clancy Shulman, described in "A Subculture with Very Different Needs," *Adweek* (May 11, 1992): 44. By permission of Yankelovich Partners, Inc.

的氣氛是受傳統經驗歡迎的。在沒有威脅情境下的一個果斷角色模式是很有效的[67]。

　　用人種誌(ethnography)的研究技術對墨西哥移民所做的一項研究探察了他們在適應美國生活時的文化適應[68]。在自然環境下對新來者進行的訪談和觀察顯示，移民們對遷入有矛盾的態度。一方面，他們對由更多就業機會和子女受教機會所帶來的生活質量改善感到高興；但另一方面，他們對離開墨西哥則表示了喜憂參半的感情。他們想念自己的朋友、假日、食品，還有住在熟悉環境中的那份舒適。

　　如圖14.2所示，過渡過程的本質會受到許多因素的影響。個人差異（如是否會說英語）會影響調整的困難程度。這個人與文化適應中介者(acculturation agents)——傳授文化方式的人或機構——的接觸也很重要。有些中介者是與源文化(culture of origin)（如墨西哥）聯合的，包括家人、朋友、教會、地方商務和西班牙語的媒體，讓消費者保持跟原國家的聯繫；另一些是與移民文化相關聯的（如美國），幫助消費者學會如何在新環境中前進，包括公立學校、英語媒體以及政府機構。

　　隨著移民對新環境的適應，幾個過程開始發生作用。運動(movement)是指激發人們物理上離開一個地點到另一個地點去的因素。在這種情況下，人們出於工作難找和渴望為子女提供好的教育的想法而離開墨西哥。一到美國，移民們就面臨翻譯

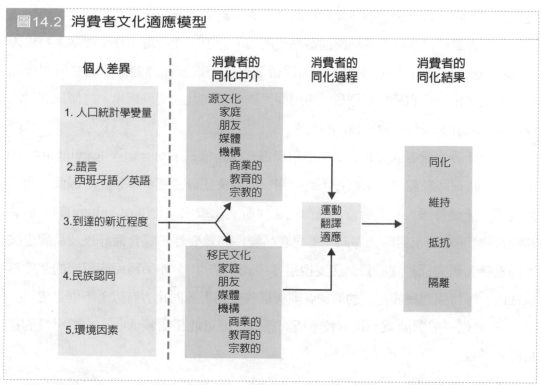

圖14.2 消費者文化適應模型

資料來源：Lisa Peñaloza, "Atravesando Fronteras/Border Crossings: A Critical Ethnographic Exploration of the Consumer Acculturation of Mexican Immigrants," *Journal of Consumer Research* (June 1994): 32-54.

(translation)的需要。這意味著要掌握一套在新環境裏的運轉規則，不論是學會如何辨認一種不同的貨幣，還是弄清不熟悉服裝款式的社交含義。這種文化學習就導致了適應(adaption)的過程，透過這個過程形成了新的消費模式。例如，受訪的一些墨西哥婦女自從到了美國就開始穿短褲和長褲，儘管這麼做在墨西哥是讓人蹙眉的。

在文化適應的過程中，許多移民都要經過文化同化(assimilation)，要接受主流文化所認同的產品、習慣和價值觀；同時，還要努力維持(maintenance)與源文化相關聯的做法。就像瑪麗亞一樣，移民們同原來國家的人保持聯繫，而且許多人繼續食用西班牙食品、看西班牙語的報紙。新移民對墨西哥文化的持續認同會導致抵抗(resistance)，如對遮掩墨西哥人身份而接受新角色的壓力感到怨恨。最後，移民一般都（自願或不自願地）表現出隔離(segregation)；總是在與主流英裔消費者分開的地區居住和購物。

這些過程說明民族性是一個流動的概念，一個次文化群體的界線是不斷被重新塑造的。民族多元論(ethnic pluralism)認為，民族群體與主流的差異程度是不斷變化的，而對較大社會的適應是選擇性發生的。研究證據駁斥了文化同化必然涉及一個人失去對源民族群體認同感的觀點。例如，一項研究發現，許多加拿大籍法國人表現出很高的文化同化水準，卻仍保留著很強的民族溯源關係。這些研究者認為，民族文化同化的最好指標是，與相同民族成員的社會交流相比，這個民族群體成員與其他群體成員社會交流的程度[69]。

　　西班牙裔消費者的文化適應可以用**漸進式學習模式**(progressive learning model)來理解。這種觀點認為，人們在不斷接觸一種新文化時是逐步學習的。因此，我們假設西班牙裔美國人的消費行為是源文化與新文化或主文化(host culture)的一種實踐混合物[70]。在檢視對購物導向、不同產品屬性的重要性、媒介偏好以及品牌忠誠等因素時，研究已經逐步得到了支援這種模式的結果[71]。如果將民族認同的強度考慮在內，保持強烈民族認同的消費者則與那些受到更多同化者有以下不同之處[72]：

- 他們一般對商業都抱有較消極的態度（很可能是由較低收入水準引發的挫折感所導致）。

- 他們較會使用西班牙語媒介。

- 他們的品牌忠誠更高。

- 他們更偏好聲望高的品牌。

- 他們更可能購買針對自身民族群體做廣告的品牌。

亞裔美國人　▶ ▶ ▶ ▶ ▶ ▶

　　在亞裔美國買主高度集中地區的房地產經紀人正在學習適應某些獨特的文化傳統。亞裔對住房的地點和設計非常敏感，尤其是當這些影響到住房的「氣」的時候——一種認為可以帶來好運或厄運的看不見能量。亞裔的買主多關注住房是否有好的風水環境。舊金山一位房地產開發商在宣傳了幾個小設計改變之後，80%的住房都賣給了亞裔顧客。比如減少了房子裏「T」形交會處的數量、增加花園中的圓形石塊——有害的「氣」是走直線的，而溫和的「氣」則是走曲線的[73]。

　　儘管亞裔美國人人數相對較少，卻是在美國成長最快的少數民族團體。行銷

人員剛開始認知到他們作為一個獨特市場區隔的潛力，其中一些開始為了影響這個群體而調整產品和廣告詞。美國行銷人員最初試圖影響西班牙裔市場時遇到的一個問題，在以亞洲人和亞裔美國人為目標時也同樣發生了。

● 可口可樂的標語「可樂增添活力」(Coke adds life)，翻譯成日語卻成了「可樂讓你的祖先死而復生」。

● 肯德基向中國人描述「吮指雞」時就遇到了問題，因為中國人認為吮舔指頭是很不禮貌的。

● 一則鞋類廣告刻畫了裹腳的日本女人，而這只有在舊中國才有。

現在，美國廣告業花上2～3億美元來吸引這些消費者[75]。福特公司建立了一個免費的消費者熱線，接線員流利地操著三種亞洲語言。JCPenney公司每逢中秋等特定節日都在亞裔社區的店面降價一天[76]。神奇胸罩公司(Wonderbra)甚至為亞裔人苗條的身材推出了一個特殊的產品系列[77]。

為什麼有這麼多人感興趣？亞裔不僅構成了人口增長最快的一個群體，大體上還是在民族次文化群體中最富有、受到最好教育和最可能從事技術工作的。華裔美國人的確比一般美國人喜愛購買高科技產品，購買數位攝影機的數量大概是美國人的3倍、而購買MP3隨身聽幾乎是美國人的2倍[78]。約有32%的華裔家庭年收入超過5萬美金，相較之下，一般美國人家庭只有29%擁有這個水準。據估計，此市場每年約有2,530億美金的購買力。這就是為何美國嘉信理財公司(Charles Schwab)會雇用超過300位以上會說中文、韓文與越南語的員工[79]。

儘管這個群體很有潛力，但要對其進行行銷卻很困難，因為它實際上是由許多不同文化，而且操許多不同語言和方言的次團體所構成的。亞裔這個詞指的是20個民族群體，其中中國最大，菲律賓和日本分佔二三位[80]。菲律賓人是亞洲惟一主要說英語的民族，大多數亞裔喜歡使用自己語言的媒體[81]。亞裔美國人中使用最頻繁的語言是中國的普通話、韓語、日語和越南語[82]。

另一方面，正如一位亞裔美國人廣告執行經理所說的：「富裕的亞裔美國人有較強的地位意識，會把錢花在最好的品牌上，比如寶馬、賓士以及最好的法國白蘭地和蘇格蘭威士忌。」[84]用亞裔名人做廣告尤為有效。銳步用網球明星張德培做了一則廣告，該牌運動鞋在亞裔美國人中的銷量就大幅攀昇[85]。

宗教次文化群體

對於性靈的追求已在美國逐漸受到重視，與九一一相關的事件更是推波助瀾。舉例來說，在一項針對商務旅客所作的調查中，超過三分之二的受訪者表示會過著更追求性靈、追求神的生活。該訪問的贊助者指出，「當我們離開熟悉的環境，我們會感覺到更容易受傷……我們反問自己，『如果這是我們生命中的最後一天，我們要往哪裡走？』在旅程中我們會有許多時間來思考這類問題。」[86]

▶ 精神主義的興起

近來，我們已經目睹流行文化中宗教與精神主義的大量增加。例如，電影《鐵達尼號》的大獲成功部分就是由於它精神上的含義（里奧納多也確實很帥）。傑克是羅絲的精神嚮導——他代表著自由、藝術和愛等價值觀——而且他為了救她而放棄了自己的生命。她浸在海裏就是一種精神的洗禮，淨化她的虛假自我。這部電影受歡迎程度跟《聖境預言書》(*Celestine Prophecy*)這類書籍、諾言遵守者(promise keeper)之類的運動、美國人相信天使的高比例，以及宣稱更高信仰的嗜酒者互戒會(Alcoholics Anonymous)等自助團體都受到歡迎[87]。American Greetings推出了「信仰的彩虹」(Rainbows of Faith)系列的宗教卡片，Hallmark賀卡也有類似的一個「晨光」系列[88]。

這種對意義的追求也影響著主流教會。他們隨著時間而逐步發展，許多都採用了積極的行銷導向。美國有將近400個大教堂，每個大教堂每星期都有2,000多位召集人，總年收入達到18.5億美元[89]。基督書店現在的書籍和《聖經》的銷量占不

網路收益

美國境內眾多的亞洲移民帶動了亞洲產品新市場的誕生。例如，亞裔美國人會找一些情啊愛的國語流行歌來聽，於是灌溉了華人音樂工業。歌手劉德華、張學友會到美國開演唱會，華人唱片公司則透過網路凝聚更多海外樂迷。「滾石可樂」網站(RockaCola.com)是港台兩地規模最大的華文音樂品牌之一，YesAsia.com網站單月瀏覽則率高達168萬人次[83]。

到40%，因為消費者購買的宗教導向商品中包括有服裝（如名為『證人的穿戴』為基督再生準備的系列服裝每年銷量都價值100萬美元以上）、裝框的藝術品，以及鼓舞人的禮物[90]。實際上，基督商品現在的年銷售額已經超過30億美元。正如一位教會行銷顧問所說：「嬰兒潮出生者看待教會就像看待市場。他們想要選擇的自由、提供的選擇以及便利。想像一下，Safeway如果一星期只開一個小時、只有一種產品，而且不用英語解釋，會是什麼情況。」[91]顯然，宗教是筆大生意。

　　諷刺的是，儘管人們對宗教信仰非常狂熱，但在美國和其他先進國家裏參加宗教儀式的成年人數量卻在下滑。然而，根據密西根社會研究所進行的世界價值觀的調查，在美國每週做禮拜的次數比在其他大多數發達國家要高得多。大約有44%的美國人每星期參加一次禮拜（不包括葬禮和洗禮）、而英國是27%、法國是21%、瑞士是4%、日本則為3%。[93]

▶ 新舊宗教

　　世界上最主要的宗教是什麼呢？據巴納研究組織(Barna Research Group)估計，世界上有20億人是基督徒，有12億人信奉伊斯蘭教，有9億人信奉印度教，有3.15億人是佛教徒，1,500萬人是猶太教，還有一類原初本土(Primal Indigenous)的則有1.9億人。此外，還有75萬人信奉基督科學論派，以及70萬名拉斯特法里主義

行銷契機

　　很多消費者覺得和感覺接近的人相處起來比較自在，因此有些以人員銷售為主力的公司，正在醞釀如何打進不同宗教文化團體的封閉圈子。以個人經銷方式推售產品的多層次傳銷業者，發現向心力強的圈子最容易迅速建立銷售管道。也因此，總部位在鹽湖城(Salt Lake City)的如新集團(Nu Skin Enterprises)就招徠成千上萬摩門教友來推廣旗下產品。另一家傳銷業者夏克麗(Shaklee)，則是相當懂得從一些被普遍認為不適任業務的族群中招募新血，如艾米許人(Amish)、孟諾教徒(Mennonite)與虔誠派信徒（Hasidim；始於18世紀東歐的極正統猶太教門派）。這些高度排外的社群難免有些特殊習俗，夏克麗都能成功兼顧他們的需要，如艾米許與孟諾銷售人員的業績獎勵會是馬車而不是汽車。虔誠派銷售人員的會議將排在安息日之前召開，如果有會議需要出差，公司還會事先為男性已婚教友找好位在目的地的猶太教會[92]。

(Rastafarians)的信仰者。在美國人裏，大部分（57%）是新教徒，四分之一是天主教徒，回教徒、印度教徒和佛教徒合占人口的5%，還有2%是猶太教徒。大約有12%美國人沒有宗教偏好[94]。圖14.3概列了許多宗教次文化的一些人口統計特點。

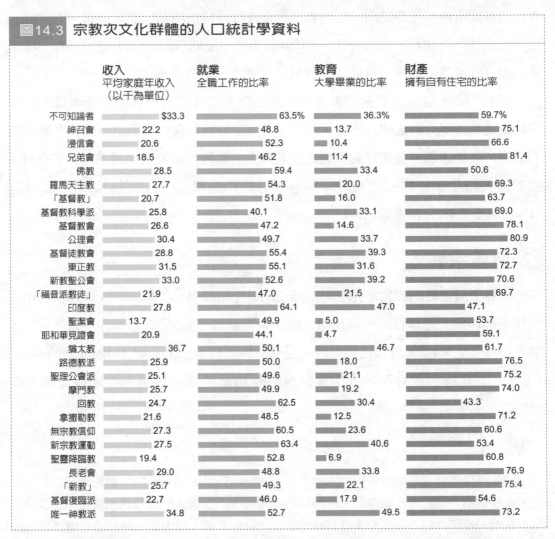

圖14.3　宗教次文化群體的人口統計學資料

	收入 平均家庭年收入 （以千為單位）	就業 全職工作的比率	教育 大學畢業的比率	財產 擁有自有住宅的比率
不可知論者	$33.3	63.5%	36.3%	59.7%
神召會	22.2	48.8	13.7	75.1
浸信會	20.6	52.3	10.4	66.6
兄弟會	18.5	46.2	11.4	81.4
佛教	28.5	59.4	33.4	50.6
羅馬天主教	27.7	54.3	20.0	69.3
「基督教」	20.7	51.8	16.0	63.7
基督教科學派	25.8	40.1	33.1	69.0
基督教會	26.6	47.2	14.6	78.1
公理會	30.4	49.7	33.7	80.9
基督徒教會	28.8	55.4	39.3	72.3
東正教	31.5	55.1	31.6	72.7
新教聖公會	33.0	52.6	39.2	70.6
「福音派教徒」	21.9	47.0	21.5	69.7
印度教	27.8	64.1	47.0	47.1
聖潔會	13.7	49.9	5.0	53.7
耶和華見證會	20.9	44.1	4.7	59.1
猶太教	36.7	50.1	46.7	61.7
路德教派	25.9	50.0	18.0	76.5
聖理公會派	25.1	49.6	21.1	75.2
摩門教	25.7	49.9	19.2	74.0
回教	24.7	62.5	30.4	43.3
拿撒勒教	21.6	48.5	12.5	71.2
無宗教信仰	27.3	60.5	23.6	60.6
新宗教運動	27.5	63.4	40.6	53.4
聖靈降臨教	19.4	52.8	6.9	60.8
長老會	29.0	48.8	33.8	76.9
「新教」	25.7	49.3	22.1	75.4
基督復臨派	22.7	46.0	17.9	54.6
唯一神教派	34.8	52.7	49.5	73.2

在這些發展已久的宗教以外，一項關於11,3000人的宗教態度調查顯示，新的隸屬關係正在發展。舉例來說，山達基教徒比基要主義者更多，巫術追隨者或新世紀信仰者也有很大的數目[95]。每個人都能找到一個信仰[96]。

的確有驚人數量的宗教運動正在多采多姿的發展，大部分在西方世界都沒有獲得證實。其中一件在西元2003年時備受注目，一位自稱雷爾派的異教派聲稱複製了許多人類的小孩。雷爾(Rael)是由一位法國賽車記者克勞德‧佛利宏於西元1973

年組成的團體。他說當他在法國火山口時，曾被飛碟帶走，之後他看到了四腳行走像人類一般的非地球人，有著橄欖色的皮膚、杏仁般的大眼和一頭長髮。雷爾認為人類是從埃羅興(Elohim)這種生物複製而來的，並且宣稱聖經中的「神」是錯誤的解釋，真正的意思應是「從天上來的那些生物」[98]。

即使上述異教獲得了大眾的注意，但仍有其他許多大型組織宣稱有世界各地的信眾，包括[99]：

- 艾哈馬迪派(Ahmadi)：巴基斯坦地方的救世主回教派，約800萬名教徒分佈在全球70個國家。回教世界視此教派為異端，因此禁止這些教徒到麥加朝聖。根據艾哈馬迪宗教史，耶穌逃過被釘上十字架的命運逃到印度，在當地活到120歲。

- 布拉瑪庫馬里斯世界精神大學(Brahma Kumaris World Spiritual University)：這個印度宗教團體成員以女性為主，人數約在50萬之譜。成立宗旨在讓印度女性擁有自主與自尊。團體成員穿著白衣，茹素戒慾，高度投入有關社會福利的活動。

- 高台教(Cao Dai)：此一越南宗教有300萬名信徒分佈於50個國家，融合儒家、道教與佛教思想於一爐。高台教的組織類似天主教會，包括教皇、紅衣主教與牧師等神職。尊奉的三位聖者為孫中山、16世紀越南詩人鄭莊(Trihn Trang)與法國作家雨果(Victor Hugo)。

- 國際創價學會(Soka Gakkai International)：日本的佛教宗派，宣稱在115個國家擁有1800萬名信徒。該宗教信徒相信，真正的佛教徒理應入世而非出世。此教派

網路收益

網路對於宗教信仰有極大衝擊，許多網頁與入口網站開始努力希望符合網路上信教者的需求。真實情況中，16%的青少年表示未來5年網路會取代以教堂為中心的宗教信仰。更多美國成年人為了宗教目的使用網路，而不是為了賭博、金融服務或買賣股票。在10億的美國網友當中，25%每個月基於宗教目的使用網路，主要是利用電子郵件或聊天室討論或交換宗教的意見或經驗。許多大的宗教入口網站像是Beliefnet.com及SpiritChannel.com希望能吸引各種不同信仰的網友。一位參與者說「網路是對懷疑者的邀請。他們可以放鬆心情並且詢問欲知的宗教問題，我曾經在半夜3點收過一封多年沒踏進教堂的網友來信」。讓我們為寬頻祈禱[97]。

早期因主張全世界都應該改信其宗教，加上傳教態度激進而招致批評。他們採取的傳教策略稱爲「釋本」(shakubuku)，意爲「突破與克服」。

- 「多倫多祝福」(Toronto Blessing)：加拿大的福音新教會靈恩宗教運動。在該教派的祈禱儀式中，有所謂「走向聖靈」狀態，信徒們往往會出現不由自主的笑聲、醉茫茫，與學狗吠等行爲。

- 巫般達(Umbanda)：巴西崇拜鬼神、靈魂的一門宗教，成員約2,000萬人，分佈在22個國家。巫般達結合非洲傳統宗教、南美原住民信仰，還加上天主教思想。

▶ 宗教對消費的影響

在行銷中，宗教還沒有獲得廣泛研究，可能是因爲它被視爲一個禁忌主題[100]。的確，當某些大型公司想要吸引特定宗教團體時，的確必須把姿態放低一點。最近雪佛蘭汽車公司因爲贊助聚會與讚美旅行行程而聲名大噪，這是個包括16個城市的傳福音基督教盛會，活動中包括現代基督教音樂與牧師佈道大會[102]。

然而，只有少許的累積證據顯示，宗教情感可以成爲消費者行爲的可能有效預測指標[103]。有些情形對於飲食與服裝的要求創造了某些產品的需求，而後這些產品會變得非常流行。舉例來說，購買猶太食物的600萬消費者中只有不到三分之一是眞正的猶太人。基督復臨派與回教徒有相似的飲食要求，其他許多人只是單純的認爲猶太食物品質比較好。這也是爲什麼許多國家大型食品製造商會願意生產猶太食物的原因。美國食品製造公司 Pepperidge Farm 三分之二的產品都

以特定族裔人士為對象的媒體（如回教女性雜誌）正方興未艾，以因應次文化族群的需求。資料來源：2002年5月27日《新聞週刊》，Lorraine Ali所撰〈自己的雜誌〉一文(*A Magazine of Their Own*) (Courtesy of Wow Publishing/Azizah Magazine, shot from Newsweek, 5/02)

是猶太食物[104]。

特別是宗教次文化群體，對這些消費變數會有重大影響，如人格、對性的態度、出生率與家庭形成、收入以及政治態度等。教堂領袖能夠鼓勵消費，但更重要

 行銷陷阱

世界各地都有宗教敏感禁忌。如果業者不小心碰觸當地文化禁忌，問題就大了。以下為最近發生的一些例子[101]：

- 茶品業者立頓(Lipton)的一則廣告在坎城廣告節榮獲金獅獎，然而面對抗議之聲，該公司只好婉拒領獎。該廣告嘲弄了天主教會，畫面可以看到一名男子排隊領聖餐，手裡卻拿著一碗洋蔥醬。

- 在鹽湖城，有一面戶外大型看板在製作完成之後，看板業者卻拒絕裝設，因而引起世界各地摩門教徒不滿。這面看板的主題是推廣「齊人波特」(Polygamy Porter)啤酒，上面可以看到一名衣不蔽體的男子、幾個胖娃兒，以及男子的六名配偶，要鼓勵男士「帶一些酒回家給太太們」。儘管簽約在先，看板業者以「品味差」為由拒絕了這個案子。在此地，摩門教會曾支持推動一夫多妻制。

- 在中東國家營業的美國餐廳，都必須入境隨俗。從男女共餐到酒類消費，都有相當嚴格的規定。齋戒月間，Chili's餐廳有午夜自助餐供應服務。在沙烏地阿拉伯，麥當勞設有個別的用餐區，讓單身男性顧客與婦女小孩可以分開進食；餐檯必須設有簾幕，因為婦女不能在眾目睽睽下吃肉。

- Levi's牛仔褲的一則廣告內容如下：一位年輕人到藥房選購保險套並藏在牛仔褲口袋裡。當他準備迎接約會對象時，發現女伴的爸爸就是藥房老闆。這個廣告在英國大受歡迎，但在一些天主教國家，像是義大利和西班牙則效果不彰。

- 巴西Pirelli輪胎公司的一則廣告激怒了宗教領袖。廣告中一位足球明星伸展四肢，腳踝上並套著該牌輪胎，站在耶穌十字架的神像上面俯瞰著里約熱內盧。

- 一則於丹麥宣傳的法國雷諾汽車廣告因為天主教團體的抗議而被取消。這則廣告描述一段神父與懊惱男人懺悔的對話。這個男人向聖母瑪麗亞祈禱，祈求她赦免他的罪，最後終於承認他刮壞了神父雷諾汽車的烤漆——神父隨即破口大罵「不受教的傢伙」，並且罰他向教堂賠償罰金。

- 漢堡王必須調整一則美國廣播頻道上播放的廣告。廣告內容是一位咖啡館詩人正在為華堡裡的培根朗讀一段頌詞。在原先的版本中，詩人名叫Rasheed（伊斯蘭教徒的名稱），並且用的是一般伊斯蘭教的問候語。一個稱為美國—伊斯蘭關係團體的回教組織就發表了一篇公開聲明，表示伊斯蘭教是禁止教徒消費豬肉產品的。因此新版本中詩人的名字就改成威利。

的是，他們能抑制消費——有時候影響巨大。迪士尼公司得知南方浸禮會教友聚會決定了說服成員聯合抵制公司運作時，他們才發現這股力量有多麼強大[103]。這股抵制力量針對迪士尼主題樂園、美國廣播公司、迪士尼製片公司、ESPN、Dimension 電影公司、米高梅電影公司以及迪士尼的Go.com網站。這股反對米奇的力量是由於主題樂園舉辦「同性戀日」而起，他們認為迪士尼利用樂園廣播宣傳同性戀議題。很快地，其他團體也加入了抗議行列，包括美國家庭組織、主聯盟總理事會、公理教會神聖大教堂、針對宗教與市民權利組成的天主教聯盟及自由意志浸信會等[104]。這股抵制的力量影響顯著，造成4000名員工被裁員。抵制一年以後，迪士尼主題樂園發現營收比去年同一季少8%，美國廣播公司與迪士尼製片公司也因無法達到財測而縮編[105]。

摘要

消費者會對許多具有共同特點和身份的群體表示認同。在一個社會中存在的這些大群體就是次文化群體，其中成員身份往往會給行銷人員有關個體消費決策的重要線索。由一個人的民族淵源、種族身份和宗教背景，就能決定著他認同的一大部分。

最大的三個民族和種族次文化群體是非裔美國人、西班牙裔美國人和亞裔美國人，行銷人員開始考慮許多不同背景的消費者。確實，有著多元民族背景的人越來越多了，這使得這些次文化群體之間的傳統區分變得模糊起來。

非裔美國人是一個非常重要的市場區隔。這些消費者的市場花費在某些方面與白人沒多大差別，但在諸如個人護理產品等開支就高於平均水平。

西班牙裔美國人和亞裔美國人是行銷人員開始積極迎合的民族次文化群體。

全球瞭望鏡

所謂「美國化」現象，也許更應該說是近年全球化導致的一項結果。當全世界普遍出現美製產品的同時，美國也更常看到亞洲產品的身影。在舊金山、西雅圖或休士頓走個一天，我們可以買到日本的資生堂化妝品，有許多日本料理店可以吃到壽司與生魚片，或進電影院觀賞《臥虎藏龍》，散場後上中國館子帶份春捲回家大快朵頤。

資料來源：Excerpted from Yara Berg, "Asianization: The Influence of Asia on America," http://staff.uscolo.edu/peterssl/topics/globalization/asianization.htm, accessed April 28, 2003

這兩個群體的規模都在迅速增加，在未來幾年裏，其中一個將支配幾個重要市場。亞裔美國人總體上受過極好的教育，而西班牙裔的社會經濟地位也在不斷提高。

影響西班牙裔市場的關鍵問題是消費者對美國主流社會的文化適應程度，以及對西班牙裔內部的亞群體（如波多黎各人、古巴人、墨西哥人等）之間重要文化差異的認識。

亞裔美國人和西班牙裔美國人都非常地家庭導向，易於接受那些理解他們的文化傳統，並強調傳統家庭價值觀的廣告。

對精神性的追求正在影響著產品需求，包括書籍、音樂和電影。儘管宗教認同對消費者行為的影響還不清楚，但是宗教次文化群體之間確實有差異存在。行銷人員在使用宗教象徵來吸引不同教派成員的時候必須仔細考慮到信仰者的敏感性。

思考題

1. R. J雷諾公司向黑人消費者試銷香煙的計畫是有爭議的，這引發了關於區隔次文化群體的眾多道德問題。公司是否有權力用一個次文化群體的特點營利，尤其是在為提高像香煙這樣有害產品的銷量時？有一種觀點認為，實質上遵循行銷概念的每個商家都是為滿足預先選定市場區隔的需要和品味而設計產品的，你對這有什麼看法？

2. 描述一下漸進式學習模式，討論為什麼這個現象在對次文化群體進行行銷時非常重要。

3. 基督徒團體總是幫助組織對一些產品的聯合抵制，因為這些產品播出的廣告令他們反感，尤其是對那些他們認為破壞了家庭價值觀的廣告。宗教群體有權力或有責任指示電視廣播公司的廣告嗎？

4. 你是否能找出目前一個靠民族刻板印象以傳達廣告訊息的行銷刺激實例。

5. 為理解民族刻板印象的影響，請你自己做一次調查。對於一系列民族群體，採用自由聯想和無記名的方式，請人舉出最能表現每個群體特點的屬性（包括人格特質和產品）。

6. 找出一個或多個從其他國家移民來的消費者（可能是家庭成員）。就如何適應主文化的問題對他們進行訪談，特別是他們在消費習慣上作了什麼改變？

7.　越來越多廣告使用了宗教符號，即使許多人反對這種作法。舉例來說，法國福斯汽車在重新推出的Golf 車款廣告裡使用現代版的「最後的晚餐」，「讓我們歡欣、我的朋友，因為新的Golf 重生。」[108]法國的一組牧師團體控告該公司，並希望撤掉全國10,000個看板廣告。參與控告的一位主教表示「廣告專家告訴我們要用神聖性來製造衝擊，因為性已經沒有用了。」你是否同意？宗教應該應用到產品上嗎？你是否發現這種策略有效或具攻擊性？何時及何地適用呢？

年齡次文化群體

　　暑假的最後一個星期，寇特盼望著回到學校。這是一個難熬的夏天，他想找份暑期工作，但非常困難，跟老朋友也似乎失去了聯繫；而且在家裏閒蕩了這麼久，跟媽媽也處得不太好。和往常一樣，寇特沉重地倒在沙發上，漫無目的地轉換著頻道，從MTV電視台的「The Osbournes」（2002年以奧茲朋一家人生活紀錄為題材的真實電視，是該台創台以來收視率最高的節目）到Nickelodeon兒童台的「神仙家庭」(Bewitched)，再到ESPN的新力索尼沙灘排球錦標賽，然後又回到MTV台。突然，寇特的媽媽走了進來，一把奪過遙控器，調到公共電視頻道。這個頻道正在播出關於伍德斯托克音樂節（Woodstock，1969年的最初版本）的紀錄片。寇特提出抗議：「得啦，潘，日子要往前看嘛……」他的媽媽喝斥道：「看看你自己，你真該學學在大學裏該有的樣子，那才真正重要。還有，不要直接叫我的名字。我那時候可從來沒想過能直接叫我爸媽的名字！」

　　寇特真的很受不了。他厭倦了聽那些關於伍德斯托克、柏克萊和其他20多個他根本不關心的地方。還有，他媽媽大多數前嬉皮朋友現在都在曾抗議過的公司工作——他們哪一個可以教他用這一生做些有意義的事呢？寇特憤怒地跑進房間，把約翰・梅爾 (John Mayer)的CD放進隨身聽，用被子蒙起頭。這才是有效的利用時間。反正沒差，說不定到他畢業的時候，他們可能全都因為「溫室效應」死了呢。

年齡與消費者認同　▶ ▶ ▶ ▶ ▶ ▶

一個消費者成長的時代，使他產生了與其他同時期數百萬成年人的文化聯結。隨著我們的成長，需要和喜好也在改變，而且往往和年齡相近的人一致。因此，消費者的年齡對其認同有著重大的影響。在其他條件都相等的情況下，我們更可能與同齡人而不是與年輕或年長的人產生共同點。寇特發現，當一代人的行動與目標與他代人的行動與目標發生衝突——年齡戰——的時候，這種認同感就會變得更強烈。

當與某個年齡群體的成員溝通時，行銷人員需要使用他們的語言。例如，新力索尼公司最後發現要贊助沙灘排球這樣的比賽項目以吸引年輕人的注意。這位電子業巨人當初進入美國汽車立體聲市場的時候，只是在反覆強調卓越技術與品質等一般主題。但這除了16～24歲青年的呵欠聲以外，什麼也沒得到，而這些人可是占了購買他們產品消費者的半數。10年以後，新力索尼也只在市場上排到可憐的第七位。最後，公司得到了這個年齡群體的基本情況，於是徹底改變了方法，讓汽車立體聲的收入增加了一倍[1]。

目前新力公司正在重新設計內部行銷組織，以針對顧客不同生活階段的需求推出商品。與其針對產品指定經理人，還不如讓他們掌管不同世代，像是Y世代（25歲以下）、年輕專業族群／頂客族（25至34歲）、家庭（35至54歲）、增加中族群（55歲以上）[2]。本章將會探討某些關鍵年齡團體的重要特徵，並考量應該如何修改行銷策略以吸引不同年齡的次文化。

同齡人(Age cohorts)由具有相似經歷、年齡相近的人組成。他們對文化英雄（如約翰‧韋恩與布萊德‧彼特，或者法蘭克‧辛納屈與寇特‧柯本）、重要的歷史事件（如1976年美國建國200周年與2000年的千禧慶典）等都有許多共同的記憶。儘管並沒有普遍的方法來界定同齡人的概念，但每個人在談到「我這一代」時似乎都清楚地知道自己指的是什麼。

行銷人員常常將產品和服務目標定位於特定的年齡組，在一個特定年齡層中，個人財產的多寡就扮演了與他人區隔，以及表達每個生命階段遭遇的優先順序與需求[3]。最近一項針對鈕星汽車的廣告宣傳活動，就描繪了代表從孩童、高中、大學到結婚不同生命階段的一連串廣告。當四個朋友開著新鈕星Ion車到處逛逛時，他們遇到了玩鞦韆的小朋友、參加舞會的高中學生、兄弟會聚會的大學生們，還有穿著禮服的年輕新婚夫妻。這個宣傳活動就是要強調一個概念，這輛車是為車主每個人生階段所設計的[4]。

　　如圖15.1所示，儘管中年人賺到了大部分的錢，但其他年齡群體也有很大的市場潛力。提供相同產品很可能無法吸引各個年齡層的人，一樣的語言和形象也不能觸及他們。某些情況下，行銷人員會分別開發不同的廣告宣傳來吸引各個年齡層的消費者。例如，力科科技(Norelco)發現，年輕男性使用電動刮鬍刀的可能性遠低於年齡較大的男性，後者才是他們的核心消費者。這家公司作出了兩方面努力，一方面說服年輕男性放棄手動刮鬍刀而使用電動刮鬍刀；另一方面則在年齡較大的追隨者中維持忠誠度。力科的「快刀」(Speedrazor)電動刮鬍刀的廣告在午夜電視節目播出，並在《GQ》和《Details》雜誌上刊登廣告，目標是年齡18～35歲之間的男性。而該公司三頭刀片的廣告則刊登在吸引較大年齡讀者的出版品上，如《時代週刊》和《新聞週刊》，適合35歲以上的男性。

圖15.1 不同年齡群體的家庭收入

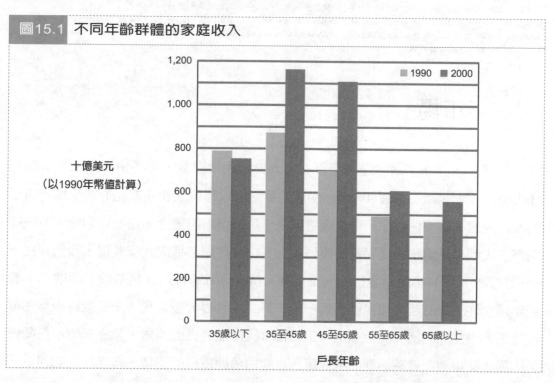

　　同一個年齡群體的消費者大體上同時面對了決定性的人生變化，因此用來吸引他們的價值觀和象徵體系可以喚起很強的懷舊之情（見第3章）。30歲以上的成人尤其容易受到這種現象的感動[5]。然而，年輕人和老年人也會受到有關過去事情的影響。事實上，研究顯示，不管年齡多大，總有一些人比另一些人更容易起懷舊之情。表15.1用於測量懷舊對於個別消費者的影響。

表15.1　懷舊量表
量表項目
他們不再像過去那樣了。
在美好的舊時光裏什麼事都比較好。
產品變得越來越劣質了。
科技變化將確保一個更光明的未來（反向記分）。
歷史的發展包括福利的穩步改善（反向記分）
生活品質正在下降。
國民生產總值的穩步上升增加了人民的幸福感（反向記分）。
現代商業不斷地建設出一個更好的明天（反向記分）。

註：這些項目以9分量表測量，從強烈同意（1）到強烈不同意（9），然後加總應答的總分。
資料來源：Morris B. Holbrook and Robert M. Schindler, "Age, Sex, and Attitude toward the Past as Predicters of Consumers' Aesthetic Tastes for Cultural Products," *Journal of Marketing Research* 31 (August 1994): 416. Reprinted by permission of the American Marketing Association.

青少年市場　▶ ▶ ▶ ▶ ▶ ▶

　　1956年，「十來歲」這個詞首次進入美國大眾辭彙，那時由法蘭基・萊蒙擔任主唱的「十來歲」樂團(Teenagers)成為第一個以這個全新次文化群體來標示自己的流行團體。信不信由你，十來歲這個概念是個很新的觀念。在歷史的絕大多數時間裏，人們只是簡單地從兒童過渡到成人（往往伴隨某種儀式或典禮，我們將在下一章討論）。1944年開始發行的《十七歲》(*Seventeen*)雜誌就是基於這個啓示，看到年輕女性不想看起來和自己媽媽一樣。第二次世界大戰之後，十來歲青少年那種在反叛與服從間的衝突開始顯現，正如留著梳得油亮亮的頭髮，並充滿暗示扭動臀部的貓王艾維斯・普萊斯利，與健康、身穿白色鹿皮褲的派特・布恩之間的競爭一樣（如圖15.2）。 現在，所謂的Y世代(Generation Y)的孩子（出生在1977～1994年之間，X世代的弟妹們）常常表現出來這種反叛，像是嘻哈明星阿姆這樣的青少年偶像，或是每天出現在Ricki Lake和其他日間脫口秀節目中困惑抑鬱的青少年[6]。

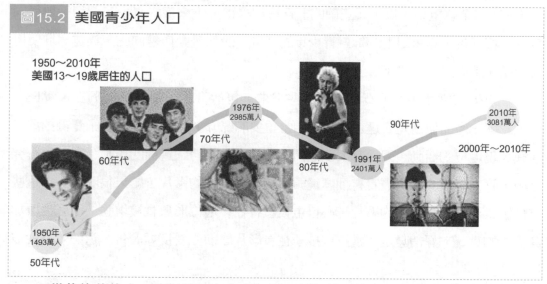

圖15.2　美國青少年人口

1950～2010年
美國13～19歲居住的人口

60年代

1950年
1493萬人
50年代

70年代

1976年
2985萬人

80年代

1991年
2401萬人

90年代

2010年
3081萬人

2000年～2010年

Y世代約莫佔人口的20%，未來十年中，該年齡層的人會以兩倍速度增加。Y世代的人對於未來與期望更樂觀。高中生的酒精消費正在穩定下降當中；年輕人的藥物使用、懷孕以及自殺率也在下降。社會上關於家庭與宗教的價值觀正在逐漸復甦，社會學家預測年輕夫妻婚姻與大家庭會在未來幾年漸漸在這些孩子身上發現[8]。

▶ 青少年的價值觀、衝突和慾望

任何一個經歷過的人都知道，發育期和青春期的過程既是最美好的時期，也

行銷契機

同學會是以同齡人為基礎的一個活動。在高中或大學裏不怎麼喜歡彼此的人會聚在一起，慶祝他們在同一時間和同一地點在學校裏的共同經歷。美國每年都會舉行150,000場同學會，有2,200萬人參加（高中畢業10年聚會的人數最多）。這種懷舊情緒除了給籌辦宴會者和職業聚會組織者帶來了不少利益，也使得一些行銷人員瞭解，參加同學會的人代表了一個寶貴的顧客基礎。他們是自認為相當成功的人，因為「失敗者」一般不會露面。有些公司會用參加同學會的人來測試新產品，旅遊相關產業則會詢問參加者的旅遊計畫，或提供回程的特別促銷方案。所以，去租輛豪華轎車，印些令人印象深刻的名片，然後開心的玩吧[7]。

是最糟糕的時期。隨著告別童年，準備擔當成人角色，會發生許多令人激動的變化。這些變化使個體產生了很多關於自我的不確定性、歸屬的需要以及得到獨特個人認同感的需要。在這個年齡，活動、朋友和服裝的選擇往往對社會接受(social acceptance)至關重要。為了「正確的」打扮和舉止，十來歲的青少年們積極地從同輩身上和廣告中尋求線索。針對青少年的廣告一般都是動作導向的，描述一群使用其產品「時尚的」青少年。

在年齡次文化中的消費者具有某些需求，包括實驗、歸屬感、獨立、責任及他人認同。產品使用是表達這些需求相當重要的媒介。比方說許多孩子覺得抽煙是一種表現地位的活動，因為有太多他們看過的電影都誇耀這樣的舉動。在一項研究當中，讓九年級的學生觀看有抽煙鏡頭與無抽煙鏡頭的影片，結果很明顯，當這些年輕觀眾看到抽煙鏡頭的影片，心目中吸煙者社會地位形象會被增強，而且也增加其吸煙的意圖。好消息是：當這些孩子在看影片之前先看反煙廣告，這個效果就被消除了[9]。

每個文化中十來歲的青少年在從童年到成人過渡時都要盡力克服一些發展的基本問題。古往今來的所有青少年都必須應對不安全感、家長權威和同儕壓力。根據Teenage Research Unlimited的說法，對於青少年來說，如今最重要的五個社會問題是愛滋病、種族關係、虐待兒童、墮胎和環境問題。今天的青少年還必須應付家庭責任，尤其如果生活在非傳統家庭中，還必須擔負起購物、烹飪和做家務的重大責任。在現代社會中做一個青少年是件苦差事。根據上奇廣告公司(Saatchi & Saatchi)所做的研究，青少年一般都要面對四種基本衝突。

- 自主性與歸屬感：青少年需要獲得獨立，於是他們力圖脫離家庭。另一方面，他們又需要與一個支持結構相連結，如同儕，以避免孤單。一個關於青少年的研究顯示，只有11%的青少年認為自己是「受歡迎的」[10]。

- 反叛與服從：青少年需要反叛外表和行為的社會標準，但仍要適應這種標準並被他人接受。以反叛形象出現的Cult產品就是因此而受到重視。總部位於加州波莫納城的零售連鎖店Hot Topic，就迎合了這種需要。該公司每年銷售價值4,400萬美元「在你臉上」(in-your-face)的產品，如乳環、槓鈴型舌環和紫色染髮劑等[11]。

- 理想主義與實用主義：青少年一般都覺得成人偽善，而自己真誠。他們必須

努力才能使自己對這個世界的觀點與周圍的現實進行調和。

● 自戀與親密感：青少年常常為自己的外表和需要而著迷。另一方面，他們又渴望在意義層面上與他人建立關係[12]。

▶ 迎合青少年市場

整體來說，美國青少年在2001年花了1,720億美金──真是一群小富翁[16]！美國青少年的消費能力高是眾所皆知的。歐洲公司也開始注重青少年的強大消費力，歐洲青少年也有很多現金可花。一項由Yomag.com網站（為歐洲青少年設計的線上雜誌）策劃針對德國16到18歲青少年的研究發現，青少年中60%有兼職工作、92%拿固定零用錢，而且很多人同時擁有二者。同樣由Yomag.com針對歐洲青少年進行的另一項調查發現，他們每個月的零用錢約36.74歐元（1歐元約等於1美元）。這跟美國青少年每個禮拜拿22.68美金的零用錢差得遠了，但是跟以前比起來，現在歐洲青少年還是好命的多[17]！的確，全球年輕人的市場很大，大約擁有1,000億美元的消費能力。可能是因為某些國家的人口大部分都很年輕。例如美國，年紀在14歲以下的人口就佔了全部人口的21%。以下是其他國家的比例[18]：

● 中國：25%

● 阿根廷：27%

網路收益

青少年會透過商品表達自我，並探索商品帶來的世界與新的自由空間。青少年選擇不同的商品，來展現對父母或成人世界權威的反叛。因此，一股網路次文化風潮正在青少年間蔓延開來。網路是許多年輕人喜愛的溝通方式，因為匿名的特性讓他們更有機會接觸異性或不同種族的人[13]。對正在摸索何謂「認同」的青少年來說，網路是個頗有趣的實驗空間。研究人員指出，青少年上網時注重隱私，因為他們將此視為個人主體性的一種表達方式。所以青少年普遍會有好幾個電子郵件信箱，這些信箱可能會透過不同的身份來註冊[14]。的確，有很多青少年會以不同身份在網路上出現，就各式各樣的可能性展開實驗。半數以上青少年的顯示名稱或郵件地址不只一個。這群多重身份的人當中，有四分之一至少會保留一個秘密身份，讓他們上網時不會被朋友認出。此外，平時會使用電子郵件、及時傳訊(IM)或聊天室的青少年，有24%會以假身份出現[15]。

- 巴西：29%

- 印度：33%

- 伊朗：33%

- 馬來西亞：35%

- 菲律賓：37%

因為跟父母學，很多年輕人已經發現根本不必帶現金在身上：18到19歲的年輕人有42%擁有信用卡；其他11%有父母給的副卡[19]。像是Splash Plastic或Smartcreds這種轉帳卡更鼓勵年輕人消費[20]。藉由這種方式借到的錢多數拿來購買「感覺美好」的產品：如化妝品、海報、速食——有時也花錢穿鼻環。因為青少年對許多產品都充滿興趣，也能取得金錢來源，因此許多行銷人員積極地討好年輕消費者。

行銷陷阱

質疑權威雖然是青少年的一種「特權」，不過有件重要的事值得我們記住：「反叛」與「違紀」的界線並不清楚。在不同文化裡，反抗體制的慾望也會出現很大的差異。在日本，青少年反叛是近年才出現的現象，因為日本一向以嚴格的群體紀律聞名，大家都承受著服從紀律的高壓力。如今，愈來愈多日本青少年似乎要彌補自己似的，中學輟學率在兩年間上升了20%，50%以上少女在高三之前就有過性經驗[25]。

在亞洲其他地區情形又不同了。許多亞洲青少年並不崇尚反叛中產階級價值，他們自己正要踏上成為中產階級的路。一位MTV行政主管評論：「亞洲的年輕人會精神分裂。幾乎可以說他們過著雙重生活。他們可能會戴耳環、穿肚臍環、綁馬尾，不過另一方面，他們完全循規蹈矩。」在新加坡，可口可樂公司發現一些受到其他地區青少年歡迎的廣告（如演唱會中打赤膊玩波浪舞，或坐在購物車上沿著商場走道滑行等），在新加坡青少年眼中卻顯得過於惡搞。一位18歲少年對演唱會眾人搖頭忘我的場景，說出了頗具代表性的感覺：「這些人看來常嗑藥似的。如果他們常嗑藥，功課怎麼可能會好？」

在某些情況中，廣告主仍然得謹守分際：例如印度最大的機車製造商巴雅公司(Bajaj Auto)曾製作一支廣告，內容是一名印度男孩騎著機車載西方白人女友兜風。在印度，大多數的婚姻關係依然遵循嚴格的種姓規範，這樣的劇情安排勢必會引起爭議。不過廣告演到後來，只見這對情侶來到一座廟宇前，男孩恭敬地以披肩將女孩的頭遮掩起來。看來挑戰極限的同時，尺度依然存在[26]。

某些大型公司的確在研究召集各路人馬研發吸引年輕人商品的價值。比方說，耐吉和寶麗來合作讓年輕消費者量身訂作屬於自己的運動鞋，他們可以用I-Zone相機拍照後，把照片設計在球鞋上[21]。豐田汽車為了能打動年輕消費者而創立了一個新的行銷單位創世紀團體(Genesis Group)。該團體幫豐田汽車對年輕人推出的車款Echo進行第一次的宣傳活動[22]。豐田汽車找來流行衝浪服飾設計公司Roxy，來為年輕女性設計衝浪感的Echo轎車，這輛轎車可防水、尼奧普林（一種橡膠）覆蓋的座椅、Yakima頂棚及可裝衝浪器材的後車廂。如果這種作法成功，豐田汽車計畫設計男性專用的運動休旅車，並且與流行品牌Quiksilver策略聯盟[23]。

Tweens

行銷人員用兩者之間(tweens)來形容2,700萬個年齡在8～14歲之間的孩子，他們每年要花140億美元買衣服、CD、電影和其他「能讓人感覺很好」的產品。Tweens「介於」兒童期和青春期之間，並表現出兩個年齡群體的特點。正如一個tween所說的：「當我們獨處時，我們就變得奇怪和瘋狂，行為仍然像孩子。但在公眾面前，我們就表現得很酷，像青少年一樣。」[24] 最成功迅速竄紅的雙胞胎就是瑪莉凱‧歐森與艾許莉‧歐森，當她們還是小孩子的時候就在電視影集《Full House》中出道。現今，歐森雙胞胎變成一個品牌，是有史以來最賺錢的童星，僅在一年之內就賺進了50億美金。她們曾經擔任電視、錄影帶與電影明星，個人專屬雜誌的編輯、流行設計師、錄音師、執行製作人、作家，甚至是電玩裡面的女英雄[27]。

他們喜歡在電話和聊天室裏交談，會在小甜甜布蘭妮上臺表演時尖叫呼喊——而且他們肯定已經受到了行銷人員的關注。例如，柯達公司預備在5年內花7,500萬美元來說服這個階段的女孩購買柯達用完即丟的Max型相機。據公司內部研究的結果，這個市場區隔擁有照相機的可能性比同齡男孩大50%。要女孩們列舉最珍視的財物時，15%的人說是照片，而只有4%的男孩把照片放在第一位。柯達公司發現，大部分女孩都會保留雜誌、收集格言，以及維護網上留言板。因此該公司確信，這種與朋友共享經驗的慾望將轉變成極為完美的行銷策略[28]。

說年輕人的語言

這一代青少年都是被電視餵大的，比前幾代都要機靈得多，所以行銷人員在試著與他們溝通時，絕對不要過於大意。特別是，你的訊息要顯得真實可靠，不是為了刻意迎合他們。一位研究人員觀察道：「他們可以很快分辨出你是不是在鬼扯……他們一腳走進來，通常可以很快地拿定主意，決定這是不是一件好東西，要或不要，直截了當。他們知道很多廣告根本都是呼攏炒作。」[29]

那麼，遇到年輕消費族群時要拿捏哪些規則[30]？

規則一：別用高姿態囉哩叭唆。年輕人希望感覺到自己可以研判產品的好壞。一位青少年的說法是：「我不喜歡有人告訴我怎麼做比較好。什麼毒品啦、安全性行為之類的宣導廣告只會說教。他們知道個頭。我不喜歡他們一廂情願在那邊自說自話。事情哪有這樣的。」

規則二：忠於你的品牌形象，不要以不符自己的樣子出現。孩子們重視講話開門見山。說話算話，不打高空，他們就會覺得你還不賴。寶鹼公司抓住這一點，為「歐仕派」(Old Spice)古龍水附加了不滿意全額退費保證，以及消費者免付費電話1-800-PROVEIT（該號碼對應的按鍵英文字母『PROVE IT』，意思恰為『證明給我看』。）

規則三：讓他們開心。多點互動，少點商業。Y世代喜歡在意想不到的地方看到你的品牌。有時，他們會因為想看某些喜歡的廣告，而鎖定某一頻道節目。如果他們想知道更多資訊，就會來瀏覽你的網站。

規則四：讓他們覺得你懂他們的心情，不過可以保持輕鬆。賀喜薄荷糖廣告透過一個想在酒吧把妹的男生來傳達產品好處。這個又期待又怕受傷害的男生給自己打氣：「今天我穿了幸運內褲。不要跌倒。口水不要流下來。放鬆。我的口氣還算清新吧？」

年輕族群

第11章曾提到，不同的消費族群正逐漸成形，此現象在年輕人身上最為顯著。族群消費的本質是，即使成員對族群的投入感有高有低，產品／服務依然能強化「歸屬」的概念。不論是高度投入或剛加入者，每位成員都能藉由對族群召喚與儀式的擁抱，獲得一份歸屬感[31]。族群的概念正在各業界迅速蔓延。美泰兒公司推出「我的情境芭比」系列，為大女孩們特別設計不同文化風格的芭比娃娃。一位美泰兒主管解釋：「她們真能接受此一概念，女孩們都希望能歸屬到各種不同的族群裡。」[32]

　　直排輪鞋在法國就是族群現象一個很好的例子。法國目前約有200萬名溜直排輪鞋的消費者，男女各半。全部直排輪鞋族當中又分「內部團體」(in-group)與「外部團體」(out-group)，不過大家都因為溜直排輪而聯繫在一起。這群都會輪鞋族會在巴黎舉辦全國性的直排輪愛好者大會串，吸引了多達15,000人共襄盛舉，與會者分別來自各直排輪社團。一些專門為直排輪族群成立的網站，讓輪友們可以在線上聊天，互通有無。雖然仍有族群次團體存在（如健身直排輪友或特技直排輪友），不過大家都視自己為直排輪一族。

全球瞭望鏡

　　廣告往往反映出某一階段人們的共同感受，行銷人員想清楚這點後，面對歐洲對美國外交政策的批判姿態，他們也開始嘲諷美國的行為態度。有些行銷顧問認為，廣告反映了歐洲人的美國情結與對美國態度的轉變，英國WPP集團所屬「附加價值」(Added Value)策略行銷顧問公司主管瑪麗亞·李格麗(Marie Ridgley)表示：「人們已經從對美國的迷戀醒轉，且由愛轉憎。這不盡然是道地的反美，卻是對過去關係的重新審視。我們已經走過那段在Friday's與麥當勞用餐、買耐吉產品的階段了。」

　　拍攝著名「我不相信這不是奶油」廣告的「母親」(Mother)公司，消遣美國的功力已近爐火純青。母親公司同時也製作了「胡椒博士」(Dr. Pepper)碳酸飲料與上市網路銀行「蛋」公司(Egg PLC)的廣告，大開典型美國文化的玩笑。有一則胡椒博士廣告的劇情是，一個美國啦啦隊女生特地拿了胡椒博士給一位帥哥喝，這個男生在喝的時候不小心溢出了一點，看到女孩上衣露出一小截面紙，於是他傻乎乎地伸手去拉來用，這一拉把女孩墊在胸罩內的面紙全給拉了出來。女孩羞愧之餘跑掉了，一段良緣就此告終，接著出現嘻皮笑臉的標語：「胡椒博士。還有什麼會比這更糟的？」母親公司創始者史戴夫·卡爾奎夫特(Stef Calcraft)表示：「整個概念就是《驚聲尖叫》(Scream)加上《驚聲尖笑》《Scary Movie》再加上《留校察看》(Porky's)。全球的青少年文化都已經非常、非常地美國。」

資料來源：節錄自艾琳·懷特(Erin White)撰「國家諷刺劇場：英國廣告嘲諷美國行為」(National Lampoon: U.K. Ads Satirize American Demeanor)。華爾街日報線上版(Wall Street Journal Online Edition)，2003年4月28日。

族群聚會讓業者得以強化群族的向心力，提供像是鞋子、鑰匙圈、皮帶、帽子、背包、墨鏡、T恤與其他物品等，進一步鞏固成員的關係。雖然許多新品牌紛紛上市，包括K2、Razors、Oxygen、Tecnica、甚至於耐吉，然而元老廠牌Rollerblade依然在此族群中擁有經典品牌地位。法國電信公司(France Telecom)旗下的傳呼機公司塔圖(Tatoo)，就在巴黎舉辦「塔圖輪鞋大賽」，並將類似活動推廣到全國各地，以建立與直排輪愛好者族群的聯繫。其他如*Crazy Roller*、*Urban*、*Roller Saga*等輪鞋運動雜誌，豐富資訊與名人報導都一應俱全。

在美國，一家名為「And 1」的球鞋公司鎖定了某個高度要求技巧的籃球喜好者族群。該公司細心經營出一種嘴巴很賤的街頭風格形象（發售上面印著『歹勢哦，我還以為你會打籃球咧』的T恤等），並找來街頭籃球高手來呼應品牌的不羈形象。這群籃球高手以「賣藝巡迴」(The Entertainers Tour)為名，在球場放音樂表演灌籃，也在該公司的廣告中登場。活動紀錄畫面再配上不羈的饒舌音樂，製作成影像光碟由行銷人員到各球場、公園、與酒吧等場所免費贈送，邊發邊為這家新公司打廣告[33]。

族群現象最明顯的國家，也許當屬日本。日本青少年帶動流行、發燒與退燒的速度可比閃電。日本少女充分展現了科幻作家威廉・吉伯森（William Gibson：發明『cyberspace』一詞）所稱的「科技一文化適應」(techno-cultural suppleness)現象，她們喜愛新玩意兒、自在順手把玩的程度，全球自嘆弗如。根據一項估計，日本青少女約有95%隨身攜帶手機，而且，這些手機經常與網路保持連線，少女們可以隨時通達浩瀚的網路世界。日

業者創造的訊息可以影響吸菸或嗑藥這類行為，往往也隨之影響了公共政策走向。這則廣告宣導一項防止年輕人吸菸的計畫。(Courtesy of Lorillard Tobacco c/o Caroline Group)

本東京一家軟體新公司Index推出名為「愛神」的網路電話服務，每月只要繳1.4美元，小女生們就可以用手機算命，把心儀男孩的生日輸入網路，預測兩個人未來戀情的發展[34]。

▶ 年輕人市場的研究

因為許多青少年對於傳統的調查技術無法好好回答，所以調查研究公司想出了一些創新方式來觸及青少年的慾望。必勝客就邀請青少年到會議室與公司主管一起午餐，分享他們對於完美比薩的想法[35]。有時研究公司會給青少年一台錄影機，讓他們拍下學校「典型的」一天，還要伴以詳細的解說詞來說明正在發生的事情。

像Sputnik的一些公司會雇用流行獵人(coolhunters)：如在紐約、洛杉磯或是倫敦主要市場中，要一些孩子在街上晃晃然後回報目前最新的流行趨勢。還有一些公司會派研究人員「與本地人共同生活」，並觀察他們日常生活中實際是如何使用產品的。有家公司還要求研究人員與受訪者待上一夜，以便近距離親身觀察。他們會在晚上談論皮膚護理之類的東西，到了早上，研究人員就去觀察他們上學前在盥洗室打扮時到底做了什麼[38]。里奧伯內特廣告公司為了塑造亨氏番茄醬(Heinz ketchup)更酷的新形象，客戶研究小組就帶青少年去吃晚飯，看看他們究竟是怎樣使用番茄醬的。這幾頓晚餐讓研究人員大開眼界；新的廣告於是關注了青少年對控制的需要。廣告中將番茄醬厚厚地塗在油炸食物上，「直到這些食物無法呼吸」，以宣稱調味品在比薩、烤起司和薯片上的新用途[39]。

網路收益

講到上網，美國青少年不會讓日本人專美於前，他們每週上網時間約為11小時20分[36]。業者很快就接受了這個事實，想鎖定Y世代族群，不妨從網路入手，因為這一代孩子是與電腦一起長大的。以青少年為目標的入口網站，如Alloy Online、Bolt.com、Snowball.com等，都辦得很成功。雖然研究顯示，青少年上網大部分是出於求知目的，例如為了寫報告而查閱資料等，不過大多數青少年承認，他們至少花四分之一的上網時間瀏覽網路商品，買買唱片、書籍或演唱會票之類。目前，青少年與即將成年者的日常消費支出，已有13%是網路交易，為成人網路購物支出比例的四倍[37]。

寶鹼以網路方式來學習小孩們的思考模式。該公司建立了兩個青少年社群網站以確認潮流。其中一個是tremor.com，徵求年輕會員並且當他們以口碑傳播寶鹼的產品時，公司會用商品獎勵他們。toejam.com（Teens Openly Expressing Just About Me的首字合成字，表示年輕人就是勇於秀出自我）讓年輕會員在商品上架之前可以先看看公司新產品並評論廣告[40]。

時髦的日本青少年會發明各種傳送手機簡訊的新方式。他們常使用表情符號，而各家廠商也會提供專屬的表情符號組合。(Courtesy of Bandai; 511: Courtesy of PepsiCo, Inc.)

有項研究是關於青少年對於什麼是「酷」的定義——這可是青少年行銷裡的聖杯。一個研究要求美國和荷蘭的年輕人就什麼是「酷」以及什麼是「不酷」寫篇短文，並且創造出他們覺得代表酷的拼貼畫[41]。研究者發現，儘管這兩種文化之間有許多相似之處，但當孩子們在用這個詞時，「酷」還是有好幾個含義的。共同的面向包括個人魅力、控制權和一點超然。許多受訪者都認為，酷是一種移動的目標：你越是設法表現得酷，就越不酷！下面列舉了他們一些回答：

- 「酷意味著放鬆，若無其事地掌控一切情境，而且能夠把酷輻射出來。」（荷蘭女性）

- 「酷是別人覺得你有一些男子氣概、流行和新潮的東西。」（荷蘭女性）

- 「酷是既疏遠人，同時又有吸引力的東西。」（荷蘭女性）

- 「與眾不同，但又不會太特立獨行。做自己的事，引人注目，但看起來又不孤注一擲。」（美國男性）

- 「夏天你坐在陽臺上，看到那些男子走過，你知道，他們拿著手機，戴著太陽鏡。我總是在想，『哦，請回到地球上來吧！』這些人只是想要讓別人印象深

刻，這一點都不酷。」（荷蘭女性）

- 「如果一個人自認很酷，那肯定不酷。」（荷蘭女性）

- 「我們要酷就必須確信自己夠酷。我們必須為自己塑造認同感，以反映出在雜誌和電視上所見以及在音響中所聽的東西。」（美國男性）

行銷人員把青少年看做「訓練中的消費者」，因為品牌忠誠往往會在青春期階段發展。委身於某個品牌的青少年在以後很多年還會繼續購買它的產品。這種忠誠對那些在這種關鍵時段未被購買的產品則產生了進入障礙。因此，廣告商有時會試圖「鎖定」消費者，以使他們將來或多或少會自動購買他們品牌的產品。正如一位青少年雜誌廣告主管所說的：「我們……認為開始一種習慣比終止要容易。」[42]

青少年對父母的購買決策也會施加很大的影響力（見第12章）[43]。除了給父母提供「有幫助的」建議外，越來越多青少年更會代表家庭去購買產品。今天，大多數母親都在外工作，為家裏購物的時間也少了。這種家庭結構中的基本變化已經改變了行銷人員思考青少年消費者的方式。儘管對於那些可自由支配的物品來說，青少年仍舊是一個很好的市場，但近年來他們在食品雜貨這類「基礎消費品」上的花費比在那些非必需品上的花費還多。行銷人員開始對這些變化作出反應。下次當你翻翻《十七歲》這樣的雜誌時，注意一下雜誌裡刊登食品廣告的頁數。

 行銷陷阱

卡文‧克萊用青春期性特徵來銷售產品的策略要追溯到1980年，當時布魯克‧雪德斯宣稱「我和卡文‧克萊之間，什麼都沒穿」。後來，歌手馬克‧華伯格穿著內衣的廣告更激起了新的流行狂潮。幾年前，卡文‧克萊又在這方面非常大膽地向前邁進了一步，發起了一場引起爭議的廣告宣傳，描述一位年輕模特兒面對充滿性諷刺的情境。在一則廣告中，一位老人用嚴肅的聲音對一個躺在簡陋地下室、穿得很少的男孩說：「你看上去真的很不錯。你多大了？你很壯嗎？你認為你能把上衣從身上撕開嗎？身材真的是很不錯。你有健身嗎？我看得出來。」當全球最大零售商之一代頓‧哈得遜(Dayton Hudson)的主席要求將商店名稱從廣告中去掉、《十七歲》雜誌拒絕刊登這則廣告時，這場廣告宣傳就宣告結束了。當然，在此之前，當青少年和成人熱烈地討論著是否適宜播出這些形象時，卡文‧克萊就已經得到了大量的免費宣傳[44]。

校園裏的大人：我們在跟你說話呢！

　　廣告人員每年大概花費10億美金來吸引學生，好理由是：整體來說，學生每年花上110億美金在糖果點心跟飲料上、40億美金在個人保健用品上、30億在CD和錄音帶上[45]。許多學生有錢又有閒（當然不是你）：平均每個學生每天花1.7個小時上課、1.6個小時讀書。這種「平均」學生（或是平均值以上的所有學生？）每個月約有287美金可以任意花用。一位行銷經理人發現「這正是喜歡嚐鮮的年紀……也是讓他們進入商店的好時機。」[46]大學市場也深深吸引其他公司，因為有很多新的消費者是第一次離開家，還沒對清潔用品形成無可動搖的品牌忠誠度。

　　不管怎樣，因為藉由例行媒體很難影響到他們，所以大學生給行銷人員帶來了特別的挑戰。當然，線上廣告是非常有效的：99%的學生每個禮拜都會上網好幾次、90%的學生則是每天上網。像是校園電視網(CTN)以及柏立熊(Burley Bear)網也正在蓬勃發展，因為他們可以深入學生的生活及娛樂。柏立熊網路利用有線電視直接向600間大學院校宿舍播放節目，CTN則是在人潮洶湧的校園裡播放節目，像是餐廳與健身房，每週吸引超過700萬學生觀看[47]。這些特別的媒體針對學生播放迎合其幽默感的節目，像是「布麗姬小矮人」就是講述一位3呎高的前情色演員目前是一個積極努力搖滾歌手的故事。另一個反瑪莎‧史都華料理節目叫做「烤一烤」，節目中邀請俠客歐尼爾或麗莎‧洛普分享他們的食譜[48]。

　　影響大學生的其他策略包括：在學生中心和宿舍大量發送裝有各種個人護理

行銷契機

　　過去的大學新鮮人離家住校，「家當」不外乎爆米花機、亞麻床單、牛仔褲幾樣。現在，無聊的東西要靠邊站了，學生宿舍已經逐漸變成時尚總匯：皮氈毯、五彩繽紛的枕頭、禪意設計燈、瑜珈坐毯，現在都是必要的生活配備。出自陶德‧歐罕(Todd Oldham)等設計師品牌的宿舍生活精品，款式活潑大方，如今已蔚為風尚。Delia推出Roomwares家居美化產品系列，所用的質料與式樣都和該品牌服飾相同。Bed Bath & Beyond則把腦筋轉到家長身上，因為當爸媽的都會希望孩子能夠沒有壓力地適應大學生活。該公司為新顧客規劃出一份購物清單，簡單分為吃、睡、沐浴盥洗、讀書等四大項（看來他們可能刪掉了其他需求？）[51]。所以，請撕去牆上的老掉牙搖滾海報，加入流行的行列吧。

用品的樣品盒，以及使用被稱做牆壁媒介(wall media)的海報。此外，越來越多的行銷人員利用春假的例行活動來觸及大學生：據估計現在大概有40%的學生每年都長途跋涉去南方。海灘促銷以往都是由防曬油和啤酒公司所主導，但現在有許多其他公司也開始加入，包括香奈兒、賀喜、雪佛蘭、寶鹼和哥倫比亞電影公司[49]。

嬰兒破壞家：「X世代」

在1966～1976年之間出生的消費群體相當4,600萬美國人。這個群體被稱為X世代(Generation X)，沿襲了一本1991年年度暢銷小說的名字。因為他們被認為是孤僻和懶惰的，所以也被稱做「懶鬼」(slackers)或者「嬰兒破壞家」(baby busters)。這種刻板印象遍及大眾文化，如在《獨領風騷》(Clueless)之類的流行電影裏，或是在瑪麗蓮‧曼森(Marilyn Manson)這樣的樂團中[50]。

過去，廣告商極力提出不會讓精明X世代感到厭煩的廣告語。這種努力包括：提到《吉利根之島》(Gilligan's Island)之類的老電視節目，或是刻畫衣冠不整反戴棒球帽的演員極力顯出厭於享樂樣子的小插圖。這種方法其實倒了很多破壞家的胃口，因為它暗示他們只會無所事事和看老電視重播。最早這種類型的廣告之一是由速霸陸公司所贊助的，在廣告中，一個穿著隨便的年輕男子把Impreza車型描述為「像龐克搖滾」，同時指責其他車型的競爭是「無聊而且制式的」。這則廣告沒有在預期觀眾中得到很好的效果，而速霸陸公司最後也換了廣告代理商。

也許用疏離、憤世嫉俗和絕望的廣告不能成功地吸引X世代的一個原因是，許多「破壞家」最終證明了自己並沒有那麼沮喪！X世代其實是一個相當多樣化的群體：並不都是反戴著棒球帽、工作起來笨手笨腳。美國有線新聞網(CNN)和《時代週刊》雜誌所做的一項研究發現，60%的X世代想自己做老闆；而另一項研究則顯示，美國新企業有70%都由X世代發展起來的。一位產業專家評論說：「今天的X世代既是價值觀導向，又是價值導向。這一代確實正在慢慢就定位。」這個市場區隔中許多人從小就是鑰匙兒童，長大之後似乎都決心擁有一個穩定的家庭。10個人中有7個人會定期存款，比例幾乎與他們的父母差不多。X世代傾向於把家看做是個人化的展現，而不是一個婚姻成功的表徵。一半以上的人都參與過家裡的整修工程[52]。他們聽起來沒那麼懶嘛。

嬰兒潮

嬰兒潮(baby boomer)這個年齡市場區隔（1946～1965年間出生的人）的父母在二次大戰後重建家園，歷經1950年代經濟的成長與穩定（一般來說，如果人們對世界上發生的事比較有信心的話，更可能擁有小孩）。這個年齡群是許多基本文化和經濟變革的來源，因為他們人數眾多[53]。

和60、70年代的青少年一樣，「伍德斯托克世代」(Woodstock Generation)在生活格調、政治和消費者態度方面都引起了一場革命。隨著年齡的增長，他們集體意志已經受到60年代言論自由運動(Free Speech)和嬉皮，以及80年代的雷根經濟政策(Reaganomics)和雅痞等各種文化事件的薰陶。現在他們長大了，繼續以一些重要方式來影響大眾文化。

這一代人比前人更活躍，也有更好的體型；嬰兒潮期出生者參與某種體育活動的程度比國家的平均水平要高6%[54]。而且嬰兒潮期出生者現在都到了賺錢的巔峰時期。VH1是專門為那些對MTV來說年齡有點大的人播放音樂錄影帶的電視網，正如它的一則廣告指出：「服用迷幻藥逃避現實的這代人……也是服用抗迷幻藥劑

 行銷契機

隨著嬰兒潮一代中年齡最大的人到了50來歲，商家也開始賺到了錢。女性更年期平均在51歲開始，對這個人生轉變的全新坦誠態度帶來了自助類書籍、雌激素補充和健身課程的迅速發展。男性對人生轉變也不是沒有反應的，許多人受到了所謂「男性更年期」的折磨。幽默作家戴夫‧巴里談到，處在這個時期的男人穿著「巨大的打摺短褲，帶著香味，把自己肥胖而蒼白的身體包在緊身編織背心裏，還買了艘形狀像個性輔助器的船。然後他拋棄迷人而聰明的妻子，去跟一個19歲的有氧健身教師住在一起，而她曾經花整個夏天來讀一篇雜誌上的文章，題目是〈完美趾甲的十個訣竅〉。」

行銷人員非常熱切地為「更年期」男性提供解決方案。男士美髮俱樂部(The Hair Club for Men)有大約40,000名成員，都在「頭髮再生工程師」的幫助下有了一頭濃密新髮。整形外科醫生也提出決定做美容手術的男子數量倍增的報告，包括鼻子整形和抽脂術（參見第5章）。另一方面，戴夫‧巴里還斷言這些做法是徒勞無功的：「不論你往自己身上塗多少加侖的歐蕾，」他告誡道，「你都會比在熱垃圾罐上放了一天的貝果老得還快。」[57]

來應付現實的一代。」

　　李維‧史特勞斯(Levi Strauss)公司是在嬰兒潮期出生者中建立核心業務的好例子。最近，服裝製造者面臨挑戰，隨著以前穿牛仔服的嬉皮年齡逐漸增大，他們對傳統風格失去了興趣，這些服裝商必須設法將年齡增長的嬰兒潮期出生者留下來。李維‧史特勞斯以開創新的產品類別「新休閒風」(New Casuals)回應了這個挑戰，這個類型的服飾比牛仔褲更正式，但沒有寬鬆褲休閒。目標消費者是年齡在25～49歲之間的男性，他們具有較高的教育水準和收入，在主要都會區從事白領的工作。這就是Dockers系列[55]。

這則1962年推出的百事可樂廣告，顯示當年強調「年輕人的力量」，這股力量隨著嬰兒潮世代於60年代屆臨成年，開始形成整個美國文化。

(Courtesy of PepsiCo, Inc.)

　　35～44歲的消費者把大部分錢都花在房子、車子和娛樂上。嬰兒潮時期出生者都在「裝飾他們的巢穴」：在家用器具和設備上的花費大概占了40%[56]。此外，在所有年齡層當中，45～54歲之間的消費者在食品（高於平均水準30%）、服裝（比平均水準高38%）和退休服務（比平均水準高57%）上的花費最多。為了更理解中年消費者對經濟既有和未來的影響，你可以想一下：在目前的消費水平下，35～54歲之間的操持家務者如果數量增加1%，就會導致消費額增加89億美元。

　　除了這個年齡群體對產品和服務的直接需求之外，這些消費者還製造了一個自己的新嬰兒潮，讓行銷人員將來也會忙個不停。因為出生率的下降，這個新的生育高峰不如他們誕生當時的生育高峰。相比之下，兒童出生數量的急遽上昇可描述為次嬰兒潮(baby boomlet)。由於女性有了新的機會和選擇，許多嬰兒潮期出生者的夫婦都延遲了結婚和生育年齡。他們在30歲左右才開始養育子女，結果是每個家庭的子女數目更少（但可能更嬌縱）。這種對於兒童和家庭的全新強調為一些產品創造了商機，包括汽車：如休旅車概念的成功；服務：如連鎖幼稚教育中心（KinderCare）等日托產業；媒介：如像《職業母親》(*Working Mother*)之類的雜誌。

灰色市場

那位年老的婦女孤獨地坐在昏暗的公寓裏，電視機裏發出刺耳的肥皂劇聲音。幾天一次，她用患有關節炎的手緩慢而吃力地打開三重鎖的大門，冒著風險到街角的商店去買茶、牛奶和麥片的基本生活用品，而且總要挑最便宜的牌子。她大部分時間都坐在搖椅裏，悲傷地懷念著死去的丈夫和從前度過的美好時光。

這是你對一個典型老年消費者的印象嗎？直到現在，許多行銷人員還是這樣認為。因此，他們在狂熱追求嬰兒潮市場下大多忽視了老年人。但是，隨著人口老齡老化以及人們越來越健康長壽，情況正在迅速改變。許多企業都開始換掉那種可憐遁世者的舊刻板印象。更新、更準確的形象是：積極的、對生活懷有興趣的一位老人，而且是願意購買新產品、使用新服務的一位熱情的消費者。本章稍早曾經提過，新力公司在發現約三分之一的銷量額都來自50歲以上的消費者後，就開始瞄準這一族群。甚至在說這句話的當下：「每7秒鐘就有個美國人滿50歲」，這個市場仍持續成長[58]。

▶ 灰色力量：年長者的經濟實力

試想到了2010年，每7個美國人就有1個是65歲或65歲以上的老人。到了2100年，年齡在100歲以上的美國人會從現在的65,000人增加到500萬人以上[59]。我們還沒有人能夠看到那一天，但是當年長者影響市場，我們今天就已經可以看出灰色市場(gray market)的效應了。年長者控制著可自由支配收入的50%以上，單在美國每年就花費6,000萬美元[60]。在美國，這個市場是發展第二快的市場區隔，僅次於嬰兒潮期出生者。這種戲劇性的發展主要可以由生活方式更健康、醫學診斷和治療得到改善，以及平均壽命增加來解釋。

即使年長的消費者擁有雄厚的消費能力，大部分行銷人員還是會忽略他們而

偏好年輕消費者。這在電視廣告是很常見的。多數公司著急的想要吸引18到34歲的族群。不管50歲以上的消費者對消費品的購買佔美國半數以上，比年輕人看更多的電影、買更多的CD，針對50歲以上消費者的電視廣告只佔全部廣告的10%以下[61]！

老年消費者的經濟狀況是良好的，而且越來越好。在灰色市場中湧現出的一些重要領域有運動器械、旅遊、整容手術和皮膚治療，以及提供以提高自身學習機會的自助類書籍和大學課程。年長者在許多產品類別的花費都比其他年齡群要多：55～64歲持家者的花費高於平均水平的15%。他們在女裝上平均多付出56%，而且作為祖父母，他們還要比年齡在25～44歲之間的人買更多的玩具和其他操場上的設備[62]。實際上，一般的祖父母平均每年要花500美元為孫子孫女購買禮物。你今天打電話給祖父母了嗎[63]？

▶ 瞭解年長者

研究者已經發現了一套與老年消費者有關的關鍵價值觀。要使行銷策略成功，就必須考慮到這些因素[64]：

●自主：年長消費者想要過積極的生活並能自給自足。金百利(Kimberly-Clark)為失禁婦女設計的內衣品牌依賴(Depend)，廣告策略就圍繞著女演員瓊‧艾莉森展開。她打高爾夫球、參加聚會，而且不用擔心任何突發狀況。

●聯繫：年長消費者重視與朋友和家庭之間的聯繫。桂格燕麥食品公司就以老牌演員威福‧布姆利的廣告成功地利用了這一點。他在廣告中慈祥地教誨年輕一代正確的飲食方式。

行銷契機

老年人會開始想四處走走看看，例如搭船去南極，或跟團去參觀印加古城。他們助長了旅遊市場的暢旺景氣。老年人開始旅行的原因很簡單：到了中年，我們不會再想把錢用來買東西堆滿一屋子。孩子們翅膀一個一個硬了，飛走了，家裡人一空，我們就會開始想去從末去過的地方看看，感受一些新的體驗。因此不難窺出，為什麼55到64歲的美國人每年投入旅遊相關產品與服務的金額高達170億美元。所以下次去玩高空彈跳時，留意一下隔壁排隊的會不會正好是你們家阿媽[65]。

呼應一句俗話：「你的心境才是你的年齡。」這些廣告呈現的是一個人對自己年齡的認知不一定與實際年齡一致。(Courtesy of Aetna)

● 利他：年長消費者想要對世界做些回報。Thirfty Car Rental汽車租賃公司在一次調查中發現，如果一家計程車公司贊助了一個為年長者聚居中心提供貨運打折的項目，40%以上的老年消費者就會選擇這家公司。基於此項研究，公司推出了一個非常成功的計畫「幫朋友一把」。

知覺年齡

和老年消費者打交道的市場研究者常說，人們總認為自己比實際年齡年輕10～15歲。實際上，研究證實了一句至理名言：年齡是一種心理狀態，而不是一種身體狀態。比起實足年齡(chronological age)，也就是實際生活的年數，一個人的心理面貌和活動與他的壽命和生活品質有更大的關係。

對年長者進行分類的較好標準是知覺年齡(perceived age)，即一個人知覺自己有多大歲數。知覺年齡可以在幾個面向上加以測量，包括「感覺年齡」（即一個人覺得自己有多大）和外表年齡（即一個人看上去有多大）[66]。消費者的年齡越大，越覺得自己比實際年齡年輕。出於這個原因，許多行銷人員在行銷宣傳中都更強調產品好處而不是適合哪個年齡，因為許多消費者都不喜歡將目標定位在實際年齡的那些產品[67]。

年長者的市場區隔

年長者次文化是一個非常巨大的市場：美國65歲以上的人數已經超過了加拿大的人口總數[68]。藉由年齡及家庭生活循環的階段，年長者市場特別適合進行市場區隔。大多數人都享有社會保險，因此不需費很大力氣就能得到他們的地址，而且很多人都屬於美國退休人員協會(American Association of Retired Persons, aarporg)之類的組織，據稱該協會有1,200萬交付會費的成員。美國退休人員協會的主要出版物《現代老年人》(*Modern Maturity*)是所有美國雜誌中發行量最大的刊物。

除了實足年齡之外，行銷人員還用其他面向區隔老年人群體，如一個人成年的特定年代（同齡人）、目前的婚姻狀況（如鰥寡還是有配偶）以及一個人的健康情況和對生活的展望[69]。例如，一家廣告公司編制了一套65歲以上美國婦女的市場區隔方案，使用的兩個面向是自給自足和知覺到的意見領導能力[70]。這項研究發現了群體間的許多重要差異。例如，自給自足的一組更為獨立、更能四海為家、也更外向友好。與其他年長者相比，這些婦女更喜歡讀書、聽音樂會、看體育比

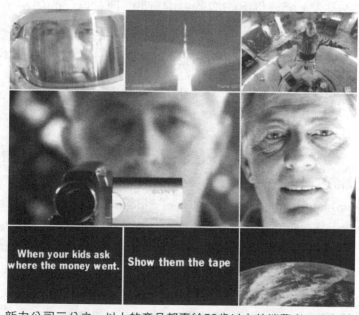

新力公司三分之一以上的產品都賣給50歲以上的消費者，現在該公司正瞄準這批成熟的消費者。這則廣告就表達了銀髮族也能擁有數位產品的概念。(Courtesy of Sony Electronics)

賽和外出用餐。

這幾種區隔方法共同的前提是，老年人市場行為的一個主要決定因素是一個人怎樣處理變老的狀況[71]。社會成熟理論(social aging theories)試圖理解社會如何賦予人們一生中的不同角色。例如，在人們退休時，就會反映出社會對處於這個人生階段者的期望。這是一個重要的過渡，此時人們會從許多人際關係中脫離[72]。有些人在衰老時會變得沮喪、孤僻和冷漠，有些人則憤怒並避免想到衰老，還有一些人接受了這個時期給予的全新挑戰和機遇。表15.2總結了從目前一種區隔方法——老年人描述法(gerontographics)中的研究結果，這種方法把年長者市場分成不同的群體，其根據有二：一是生理健康水平；二是社會狀況，如成為祖父母或喪失配偶。

▶ 向年長者銷售

大多數老年人的生活都比我們想像的要積極和多樣化。將近60%的老年人從事志工活動，65～72歲的老年人中有四分之一仍在工作，有1,400多萬人每天照看孫子孫女[74]。而且，至關重要的一點是，要記住，單用收入是不能表示這個群體的購買力的。老年消費者不用再承擔許多經濟義務，這些義務就得讓年輕消費者撥出許多收入。65歲以上的消費者中有80%擁有自己的住房，而80%的住房中都是無條件擁有的。此外，他們也不需要養育子女的花費。正如汽車保險槓上貼紙所驕傲地宣稱的：「我們在花孩子們將要繼承的錢」，許多年長者現在都更傾向於把錢用在自

網路收益

網路對老年人來說簡直是天賜之物，尤其是對於那些很難離開家外出購物或與社會脫離的年長者。年長的上網者可以從peapod.com網站上訂購外送食品，而且可以從網上藥店Drugstore.com、PlanetRX.com安排自動送藥，而減少不必要的駕車外出。他們還可以在網上找到新朋友，並接收重要的資訊和提醒。其他一些有用的網站還有：

- IPing.com——提醒你該吃藥了。
- PayMyBills.com——網上支付帳單。
- Caregiver.org——家庭護理者聯盟的網上夥伴。
- ElderWeb.com——關於財政和保健的網路鏈結。
- Seniors-Site.com——護理者和年長者的留言板[73]。

表15.2　老年人描述法

市場區隔	佔55歲以上人口的百分比	概述	行銷分支
健康的放縱者	18%	經歷最少與衰老相關的事件，如退休、喪偶等，行為最有可能像年輕的消費者，主要在享受生活。	追求獨立的生活，是家居清潔和電話答錄機等服務的好顧客。
健康的隱居者	36%	對配偶去世這樣的事件作出迴避反應。對自己就要成為老年人感到怨恨。	強調舒適。希望外表是社會接受的，對著名品牌感覺舒適。
生病的消耗者	29%	儘管有不利的生活事件，還保持著積極的自我尊敬。他們接受行動受限的狀態，但仍決心發揮生活的最大功效。	有健康上的問題，需要特殊飲食。特殊的菜單和促銷會被視為迎合了他們的需要，而被吸引進餐館。
虛弱的隱遁者	17%	已經調整了生活方式以接受年老，但選擇了在精神上變得更堅強來應對消極事件。	喜歡呆在以前過活的那間房子裏。他們很有希望進行生活的重新改造，也很可能願意使用緊急回應系統。

資料來源：Adapted from George P. Moschis, "Life Stages of the Mature Market," *American Demographics* (September 1996): 44-50.

己身上，而不是為了子女或孫子孫女而節儉吝嗇。

　　誠然，關於年長消費者的過時形象也還在繼續流傳著。《現代老年人》的編輯拒絕了遞交廣告的大約三分之一，因為它們從消極眼光出發來刻畫老年人。在一項調查中，三分之一的55歲以上消費者表示，會因為產品廣告中對老年人的刻板印象而特意不買這種產品[75]。為了淡化這些消極的描寫，行銷人員可以為年長者提供更令人愉悅的環境。沃爾瑪雇用老年人做迎賓人員，讓年長消費者覺得像到了家一樣自在。加州一家美國家庭儲蓄銀行(Home Savings of America)則更進一步，開設了專門迎合年長者需要的分行。這家銀行供應咖啡和甜甜圈，並鼓勵老年顧客把這些分行看做是用來社交的碰面和聚集地點[76]。

產品適應性

如果產品及包裝考慮到老年人生理方面的限制，許多消費品都會受到年長者更多的青睞。包裝往往很難打開，尤其是對於那些身體虛弱或有關節炎的老人。還有，許多服務的規模也不適合較小家庭、喪偶者和其他獨居者，而優惠券也多是家庭裝產品，而不是單人份。

年長者在打開易開罐和牛奶盒時都比較困難；拉鏈式包裝和透明塑膠包裝也很難打開。包裝應該容易識別而且更輕更小。最後，設計師還要注意顏色對比。隨著一個人年紀變大，眼睛的晶狀體輕微變黃，使得老年人在看包裝的背景色時覺得困難，尤其是辨別藍色、綠色和紫色。標識字體的顏色與包裝或廣告的背景色越相近，就越難被看見，也就越難得到注意。

汽車製造商是最先為適合老年人需要而調整產品的。通用汽車公司成立了一個「典範小組」(Paragon Team)，專門研究年長汽車購買者的需要；福特公司也有一個類似的工程師和設計師小組「老年服」(Third Age Suit)。通用重新設計一些奧斯摩比車型(Oldsmobile)，包括更大的按鈕和更清晰的儀表顯示器，還有凱迪拉克(Cadillac)的後視鏡，在照到汽車前燈時可以自動變暗。因為林肯車司機的平均年齡是67歲，所以林肯轎車(Lincoln Town Car)就配了兩套無線電和空調控制器，一個裝在儀表板上，一個裝在方向盤上，因為老司機不容易把注意力從控制器轉到路上。克萊斯勒的工程師正在就事故監控系統進行實驗，當司機與另一輛車距離過近時就會發出警報聲[77]。

 行銷陷阱

有些針對高齡消費者市場的行銷活動，往往會弄巧成拙。有些是因為碰觸到年齡這個敏感訊息，有些則是因為不諳溝通技巧。漢斯(Heinz)公司就曾犯下這樣一個著名的錯誤。當時該公司一位分析師發現，許多上年紀的人會購買嬰兒食品，因為份量少且咀嚼容易，所以漢斯特地為戴假牙的消費者推出「老人食品」系列。甭說，產品銷售一敗塗地。消費者不願意承認他們需要這種特製食品（更不會拿去櫃檯結帳）。他們寧可購買嬰兒食品，假裝這是家裡的小孫子要吃的。

年長市場的廣告語

老年人對提供豐富資訊的廣告會作出積極反映。不像其他年齡群體，這些消費者通常不會被虛構廣告哄騙或說服。一個較成功的策略是建構出一個將老年人描述為整個社會一部分的廣告，而且是為社會作出貢獻的成員，並著重讓他們開闊眼界，而不是墨守成規。能給老年人留下深刻印象的廣告須有以下幾條指導方針[78]：

- 語言簡練。
- 使用清晰明快的圖片。
- 用動作吸引注意力。
- 發音清晰，字數少。
- 只用一條廣告語，強調品牌的延伸，以利用消費者的熟悉度。
- 避免無關刺激（過多圖片和圖表會降低廣告語的效果）。

摘要

人們只是因為年齡大致相當就與他人有許多共同之處。由於屬於同一年齡層，在同一時代長大的消費者有許多共同記憶，因此他們會對行銷人員所作的懷舊訴求作出積極的反映。

青少年、大學生、嬰兒潮期出生者和年長者是四個重要的年齡層。十來歲的青少年正從兒童過渡到成人，他們的自我概念不穩定，容易接受那些幫助他們得到社會認可和讓他們堅持獨立性的產品。因為許多青少年都有賺錢但經濟負擔較少，所以對許多非必需品和富於表現力的產品（從口香糖到時裝和音樂）來說，他們是一個特別重要的市場區隔。由於家庭結構的變化，許多青少年得要為家裏每天的購物和日常購買決策負起越來越多的責任。大學生是一個重要但難以影響的市場。他們多是第一次獨居，因此要為安排一個住處作出很多重要的決策。處於二者之間的是一個越來越重要的市場區隔；8～14歲的孩子正從童年期過渡到青春期，他們是服裝、CD和其他「能讓人感覺很好」產品的有影響力的購買者。很多年輕人都屬於會影響其生活風格和產品愛好的年輕族群。

嬰兒潮期出生者因規模和經濟能力而成為最具購買力的年齡市場區隔。隨著這個群體年齡的增長，他們的興趣發生了改變，在行銷中的首要考慮也相應改變。嬰兒潮期出生者的需要和慾求會影響到住房供給、育兒、汽車和許多其他產品的市場需求。

　　隨著人口的老齡化，老年消費者的需要將變得越來越有影響力。許多行銷人員以前都忽視了年長者的存在，因為在刻板印象中他們行動太遲緩、花費太小。這種刻板印象已不再準確。許多老人都很健康、精力充沛，並對新產品和體驗很感興趣，而且他們還有錢購買。對這個次文化群體進行的行銷訴求應該集中於消費者的自我概念和一般比實足年齡更年輕的知覺年齡。行銷人員還應該強調產品具體的好處，因為這個群體容易對模糊以及與（老年）形象有關的促銷產生懷疑。

思考題

1. 在聚會時有哪些可能的行銷契機？參加聚會可能對消費者的自尊、身體形象等產生什麼影響？

2. 把目標市場定位為大學生有哪些積極因素和消極因素？列出你覺得對這個市場區隔進行訴求成功或失敗的幾個行銷策略。成功策略有什麼特徵？

3. 嬰兒潮期出生者為什麼對消費文化產生如此重要的影響？

4. 次嬰兒潮期出生者是如何改變養育子女的態度並產生各種產品和服務需求？

5. 「現在的孩子似乎滿足於整天閒蕩、上網和看那些缺乏智慧的電視節目。」這種說法準確嗎？

6. 假設55歲以上的人構成一個很大的消費者市場，這是實際狀況嗎？對這個年齡次文化群體進一步進行區隔的方法有哪些？

7. 針對老年人制定行銷策略時要謹記在心的幾個重要變數是什麼？

8. 在針對老年消費者的廣告中找出好和不好的例子。廣告在多大程度上塑造了老年人的刻板印象？廣告或其他促銷方式能夠有效影響和說服這個群體的決定性因素是什麼？

9. 如果你是一個市場調查人員，被派往研究什麼產品是「酷」的，你會怎樣做？你同意本章年輕人對「酷」的定義嗎？

10. 一些知名品牌像耐吉、百事和Levi's牛仔褲的行銷人員表示，為了吸引Y世代，他們花盡心思。塑造形象的活動（如麥可‧喬丹代言耐吉）曾經不如預期效果。與長輩們比較，年輕消費者更注重個人風格而非跟隨潮流。舉例來說，柯達就成功地銷售「黏軟片」(Sticky Film)，讓年輕人可以任意展現自我。也許這是年輕人花許多時間上網造成的結果。正如耐吉一位主管表示「電視強調同質性，網路則強調異質性」[79]。你會給想要吸引Y世代的行銷人員什麼建議？哪些事情非做不可，哪些又不能做呢？你可否指出一些吸引Y世代的成功或失敗的行銷策略？

消費者與文化

本書最後一篇將消費者看做是一個廣闊文化系統的成員，並提醒我們，即使是日常平凡的消費活動，往往也都有更為深刻的含義。第16章檢視了文化幾個基本組成部分，以及神話和儀式這樣的潛在過程對「現代」消費者所產生的影響。第17章則關注產品在文化內和跨文化成員間散佈的方式，並探討了一些消費品成功，而另一些產品卻落得失敗的過程，也檢視了西方產品如何成功地影響到全世界人們的消費活動。

文化對消費者行為的影響

　　溫蒂已經無計可施了。為禮品店策劃聖誕促銷計畫是有最後期限的，這真是太糟了。現在，她面前又擺著另一個問題：她的兒子肯恩沒通過駕照考試，快要自殺了，因為他覺得如果自己拿不到駕照就無法成為一個「真正的男人」。為了把事情做完，她不得不延後期待已久與小繼子去迪士尼世界度假的計畫，因為她實在找不出脫身的辦法。

　　當溫蒂在附近的星巴克咖啡和朋友蜜雪兒會面，進行每天的「靜思」時，她的心情開始開朗起來。不知怎麼，當她盡情享受大杯卡布奇諾時，咖啡店的寧靜也會轉移到她身上。蜜雪兒用一貫的自信安慰了她，然後提出了一個可以擊敗憂鬱的根本辦法：回家、好好洗個澡，然後吃上一大份星巴克濃縮咖啡霜淇淋。對！就這麼辦。只要一點小事，就能替生活產生這麼大的變化，這真是太令人驚訝了。當溫蒂走出店門時，她暗自下了個決定，今年一定要送給蜜雪兒一份很不錯的聖誕禮物，這是她應得的。

理解文化　　　　　　　　▶ ▶ ▶ ▶ ▶ ▶

　　溫蒂每日必喝咖啡，這在全世界以各種不同的形式重複著，因為人們總要做些能得到片刻休息，並能加強與他人聯繫的事情。當然，消費的產品還包括土耳其黑咖啡到印度茶，貯藏啤酒到大麻麻醉藥。

　　將喝咖啡休息變成一件文化活動，星巴克已經獲致了巨大的成功。對許多人而言，這件文化活動已經到了近乎風靡的地步。星巴克的顧客平均每月光顧18次，10%的顧客每天來兩次[1]。星巴克在2000年公佈的計畫是，將已有的2,200多家咖啡店再增加450家美國分店、原有300家國際店計畫在亞洲再增加100家店、在英國增加50家店[2]。而且，這家連鎖店正在為營造多樣的喝咖啡休息體驗進行了革新。星巴克在舊金山開設了一家叫做Circadia的實驗餐廳，再現了60年代格林威治村咖啡店的感覺。餐廳利用古典傢俱作裝飾，卻同時配備高速網路連結、刷卡機以及供創業者作為聚會地點進行大宗交易的會議室。

　　文化，這個對理解消費者行為至關重要的概念，可以看做是一個社會的人格，不但包括價值觀和道德規範的抽象概念，還包括一個社會所生產和重視的實體與服務，如汽車、服裝、食物、藝術和運動。換句話說，文化(culture)是共有的意義、儀式、規範和傳統的集合。

　　我們不能無視消費者作出選擇時的文化背景，而能簡單地理解他們的選擇：文化是一面「透鏡」，人們正是透過這塊透鏡來看待產品。諷刺的是，文化對消費者行為的作用是如此巨大和深遠，以至於它的意義有時難以把握。就像浸在水中的魚兒（本來感受不到水的存在），直到我們遇見一個全新的環境，才能覺察到這種力量。我們對所穿的衣服、所吃的食物、與他人談話的方式諸如此類理所當然的假設似乎一下子就不成立了。遭遇這種變化的影響非常巨大，用「文化衝擊」這個詞來形容絕不誇張。

　　這些文化預期的重要性常是在遭到妨礙時才被發覺。例如，在紐西蘭巡演時，「辣妹」合唱團（Spice Girls，還記得嗎？）表演了一種通常只有男子才跳的戰鬥舞蹈，在紐西蘭土著毛利人中起了騷動。一位部落頭目表示：「這在我們的文化中是不可接受的，尤其是由來自另一個文化的流行女星們來表演。」[3] 不管是搖滾明星還是品牌經理人，對文化問題的敏感度只有藉著瞭解這些根本面向才可能達到——探究這些潛在面向就是本章主旨。

　　消費者的文化決定了消費者對不同活動和產品整體的優先順序，也決定了特定產品和服務的成敗。產品如果具有某個文化的成員在任何時候都渴望得到的好處，在市場中被接受的機會就大得多。例如，70年代美國文化開始強調將健美、苗條的身材視為理想外表的概念。這個目標是源於靈活性、財富和關注自我等潛在的

價值觀，當時對這個目標的鼓勵也讓美樂淡啤酒(Miller Lite)大獲成功。然而，Gablinger公司在60年代推出的低熱量啤酒卻失敗了。它出現得「過早」了，當時美國消費者在喝酒時對減少熱量攝入還不感興趣。

消費者行為與文化之間的關係是雙向的。一方面，在特定的時期被文化所重視的產品和服務更可能被消費者接受。另一方面，對那些在任一時間由一種文化成功製造出的新產品和產品設計創新的研究，為我們探求那個時期的主導文化理想提供了一個視野。例如，請思考這些反映了推出時期潛在文化過程的美國產品：

● 電視便餐（TV dinner，譯注：是包裝在餐盤中一種冷凍食品，食用前加熱即可）暗示了家庭結構的變化，以及美國家庭生活的一種全新非正式形式的開端。

● 由天然材料、不用動物測試的化妝品，反映了消費者對環境、浪費和動物權利的擔憂。

● 提供給女性購買者、裝在色彩柔和盒子裏出售的避孕套，標誌著對性的責任和開放程度的態度改變。

文化不是靜態的，是不斷發展、融合新舊觀點的。一個文化系統包括三個功能領域[4]：

● 生態學：系統適應生態環境的方式，由獲取和分配資源的技術所決定（如工業社會和第三世界）。例如，日本非常重視為有效利用空間而設計的產品，是出於其身為島國的狹促條件[5]。

● 社會結構：有秩序社會生活得以維持的方式，包括文化中占支配地位的家庭和政治群體（如核心家庭與大家庭；代表制與專政制）。

● 意識形態：人們的心理特徵以及與所處環境和社會群體間產生關係的方式。它圍繞著一個思想，即這個社會的成員有一個共同世界觀(worldview)，對秩序和公平的原則持有共同的一些觀點。他們還共有一種社會精神特質，或者說是一套道德與審美原則。在孟買，為迎合印度的中產階級新建了一個名為「水王國」的主題公園，就說明了一種文化的世界觀是如何的與眾不同。許多消費者對於這種男女共處的公共場合活動感到陌生，於是公園就向從未穿過泳裝的女性提供租賃服務，不過可沒有吊帶：泳裝把她們從手腕到腳踝都包了起來[6]。

儘管每種文化都不同，但這種多樣性似乎大都可以歸納為四個面向[7]：

1. 權力距離：當感到彼此權力不同時的人際關係形成方式。一些文化強調嚴格的等級關係（如日本），而另一些文化則更強調平等和非正式關係，如美國。

2. 避免不確定性：人們感到來自不明確情境的威脅程度，以及用信念和組織機構（如有組織的宗教信仰）來幫助避免這種不確定性的程度。

3. 男性特質／女性特質：性別角色清晰描繪的程度（見第5章）。傳統社會對男人和女人的行為有更明確的規定，比如在一個家庭單位中由誰來負責某種工作。

4. 個體主義：重視個體或集體福祉的程度（見第11章）。各個文化對個體主義與集體主義的強調不同。在集體主義文化(collectivist cultures)中，人們的個人目標在於服從穩定集體的目標。相反地，個體主義文化(individualist cultures)中的消費者則更重視個人目標，而且當群體（如工作單位、教會等）的要求會讓他付出太大的代價時，人們更可能轉換群體。集體主義社會強調如自律和接受自己位置等價值觀（見第4章），而個體主義文化則強調個人享受、刺激、平等與自由。個體主義文化很強的國家有美國、澳洲、英國、加拿大和荷蘭。而委內瑞拉、巴基斯坦、台灣、泰國、土耳其、希臘和葡萄牙則是集體主義文化的代表[8]。

價值觀(values)是對善與惡目標的一般看法。規範(norms)則是指出什麼是對錯、什麼可以接受或不可接受的規則。一些有清楚裁定的規範稱為法定規範(enacted norms)，如綠燈「行」紅燈「停」的規則。然而相比之下，還有許多規範卻難以捉摸得多。這種成長性規範(crescive norms)深植於文化中，只有當與文化中其他成員互動時才會察覺。成長性規範包括以下幾種[9]：

● 習俗(custom)是從過去傳下來的規範，控制著諸如家庭分工和特定儀式常規之類的基本行為。

● 倫理(more, mor-ay)帶有很強道德暗示的習俗。往往包括禁忌，或是被嚴禁的行為，如亂倫或嗜食同類。違背倫理往往就會受到其他社會成員的強烈制裁。

● 慣例(convention)是關於日常生活的行為規範。這些規則涉及消費者行為的細微之處，包括佈置房子、穿衣、設宴等的「正確」方式。

這三種成長性規範的共同運作，就可以對文化上的適宜行為作出完全限定。例如，有的倫理會告訴我們允許吃什麼樣的食品。要注意倫理在不同文化中是不同的，因此在美國忌諱吃狗肉、印度人不吃牛排、回教徒則迴避豬肉製品。習俗可以

指明用餐的適當時間。慣例則告訴我們如何用餐，包括諸如所用器具、餐桌禮儀，甚至宴會上適宜服飾之類的細節。

我們常常把這些慣例視為理所當然，認為它們是該做的「正確」事情，直到我們去外國旅行才發現一切並不盡然如此。記住，我們對這些規範的大部分所知都是在觀看電視廣告、情境劇、平面廣告和其他媒體中的演員行為時間接學習到的（見第3章）。

文化差異在各種日常活動中都會出現。例如，大亨(Big Boy)餐館在泰國剛開業時很難吸引到顧客，公司在訪談幾百人之後找到了原因。有人說餐館的「空間活力」太差，食物也不熟悉。還有人說大亨的雕像和電影《王牌大賤諜》裡邪惡博士(Dr. Evil)駕駛的那個太空船一樣，讓他們感到緊張。餐館的一位執行經理說：「這突然讓我想到自己正試圖讓一個3,500歲的文化接受64歲的食品。」現在，餐館在菜單上加了一些泰國菜以後，生意就有了起色[10]。也沒人再說去掉雕像的事了。

神話與儀式

每種文化都有幫助其成員理解這個世界的故事和習慣。當我們檢視其他文化中的這些行為時，它們常常看上去都很奇怪，甚至不可理喻。然而，我們自己的文化習慣似乎就正常多了——儘管遊客也會覺得這些東西還不是一樣古怪！

為了理解那些有人也許認為古怪、無理或迷信的「原始」信仰系統如何持續影響我們假定的「現代」理性社會，就先來看看美國許多消費者那些不可思議的渴求。健康食品、抗衰老化妝品、健身節目和賭場的行銷人員經常暗示他們提供的東西具有「魔力的」特性，可以避免疾病、衰老、貧窮或倒楣。數百萬人拿他們的「幸運數字」買樂透彩，用兔子後腿（譯注：幸運象徵）或其他護身符避免「凶眼」（譯注：使人遭殃的），還擁有他們相信會帶來好運的「幸運」服裝或其他產品。有時候消費者認為極限運動這樣「特別」的運動是有魔力的。例如，有激流漂渡者說，他們在旅途上舉行的典禮和儀式意義深遠地改變了他們的生活[11]。軟體發展者甚至提供引導初學者掌握整個程式的「巫術」！

當社會成員受到打擊或感覺無力時，對超自然現象的興趣就會變得流行起來，因爲神奇的解決方案可以透過給予我們「輕易得到的」答案來簡化生活。甚至連電腦都被許多消費者心存敬畏地看作是一種能解決問題（或在另一些情況下令資料不可思議地消失）的「電子魔術師」[12]。或者我們還可以想得更神奇一點，相信擁有某件物品同時也得到了神力「加持」，就像許多孩子（大人亦然）相信穿上耐吉球鞋，就可以吸收麥可‧喬丹擁有的某些神奇力量。很誇張吧？《小鬼魔鞋》(Like Mike)這部電影就描述了這樣的情節。這一部分將討論神話與儀式，這是從古至今所有社會文化都普遍存在的兩個觀點。

▶ 神話

神話(myth)是指包含代表文化中共有情感和理想象徵性元素的故事。這種故事往往含有某種對立兩個力量間的衝突，結局也會對人們產生道德引導的作用。透過這種方式，神話因而爲消費者提供了這個世界的指引方針。每個社會都擁有一套定義該文化的神話。

在一個文化中，大多數的成員都聽過這些故事，不過我們通常不會去想故事是怎麼來的。例如，我們都聽過「小紅帽」的故事，這個故事起源於16世紀法國的一則鄉野傳說，提到一個小女孩在前往祖母家的路上遇見狼人（根據歷史記載，當年人們的確常受狼隻攻擊，更有人被認爲會變身狼人而遭受審判）。這隻狼人殺了祖母，把肉貯存起來，血液則裝進瓶子裡。但與我們所知的版本相反，這個女孩到了祖母家之後，吃了祖母的肉，脫光衣服與狼人上了床！這個故事還有

一家免費的樂透網站將一般視爲幸運的「兔子腳」做了個有趣的轉化。(Courtesy of Luckysurf.com)

更不堪的版本,這隻狼其實是祖父,故事暗示了某種亂倫情節。

這個故事於1697年首度印刷發行;原作意在警告法皇路易十四宮廷的放蕩女妃(這個版本的作者讓女孩穿上紅衣,因為紅色代表娼妓)。最後,格林兄弟在1812年推出了他們的版本,將原作中的性暴力情節改寫成可以嚇嚇小孩聽話的故事。為了強化當年對性角色所採取的標準,格林兄弟的版本讓一個男子將小紅帽從狼的魔掌中拯救出來[13]。因此,這個故事傳達了生動的訊息,告訴我們包含吃人、亂倫與雜交等文化禁忌。

理解具有文化意義的神話對行銷人員十分重要,他們在某些情況下(多數是無意識的)會模仿神話結構來制定策略。例如,想想麥當勞宣傳「神話般」品質的方式[14]。

這則西班牙廣告將現代運動選手合成到古典神話主題之中。

「金黃色拱形」是到處都認得的標誌,實質上已與美國文化同義。它們在全世界為美國人提供了避難所,他們只要進去就知道能夠指望得到什麼。基本善與惡的鬥爭在麥當勞廣告中的幻想世界裡上演得淋漓盡致,如羅納・麥當勞(Ronald McDonald)大敗漢堡神偷(Hamburglar)。麥當勞甚至還有「學校」(漢堡包大學,Hamburger University),入學者可以在那兒學習適當的行為。

企業往往有自身歷史的神話和傳奇,一些企業還在確保那些剛進組織的新人會知道這些神話和傳奇上下了一番功夫。耐吉指派資格較老的經理作為「企業故事講述者」,向其他員工說明公司的傳統,甚至包括耐吉店中的計時工作人員。他們講述耐吉創始人的故事,包括俄勒岡州田徑隊教練的故事。他在家裡往鬆餅模型中注入橡膠,給隊員做出更好的鞋子──這就是耐吉鬆餅鞋底的由來。這個故事強調了公司隊員和教練的奉獻精神,以加強團隊工作的重要性。新手甚至要參觀當初教練工作的田徑場，以確保他們領會耐吉傳奇的意義[15]。

神話的功能與結構

在一種文化中，神話有四個相互聯繫的功能[16]：

1. 形而上學的：有助於解釋存在的起源。

2. 宇宙論的：強調宇宙的所有成分都是一幅圖畫的一部分。

3. 社會學的：透過為社會法規提供理由來維持社會秩序，讓社會成員遵從。

4. 心理學的：為個人行為提供模範。

我們可以透過考察神話的潛在結構，來對神話進行分析，這是由法國人類學家李維‧史特勞斯（Claude Levi-Strauss，與那種藍色牛仔褲無關）開創的一項技巧。李維‧史特勞斯指出，許多故事都涉及到二元對立(binary opposition)，也就是描述某個面向對立的兩端（如善與惡、自然與技術）[17]。人物、有時是產品，常常是以否定而非肯定方式加以限定的，如「這不是你父親的奧茲莫比爾車」，「我不相信這不是奶油」。

回憶第6章對佛洛依德理論的討論，自我是作為本我與超我對立間的一個「中介人」。以類似方式，神話對立力量之間的衝突有時是由一個中間人物(mediating feature)來解決的，他透過共有每一方的特徵而聯繫著衝突雙方。例如，許多神話中都由具有人類能力的動物（如一條會說話的蛇）作為人性與自然之間的橋樑，就像汽車（技術）往往以動物名字命名（自然），如美洲獅、眼鏡蛇和野馬等。

現代大眾文化中充斥的神話

我們一般都將神話與古希臘或古羅馬相聯繫，但現代神話也在許多現代大眾文化中展現，包括漫畫、電影、假日甚或商業廣告。研究人員指出，有些人創造了自己的消費者童話，裡頭可以看到各種神奇主角為了追求快樂的結局，尋找商品或服務以征服惡棍或障礙[18]。

漫畫中的超級英雄向我們示範了如何將神話傳達給各個年齡的消費者，以教導他們關於這個文化中的一課。例如，驚奇漫畫公司(Marvel Comic)的《蜘蛛人》就講述了為了平衡身為超級英雄的職責與自我改變的需要，主角彼得‧派克也會作回家作業[19]。確實，一些這樣的虛構人物代表著**單一神話**(monomyth)，即許多文化共同神話的存在[20]。最流行的單一神話往往包括像一個超人這樣的英雄，他來自平常的世界、具有超自然的能力、贏得了對兇惡力量的決定性勝利，然後回來把美好事物給予他的同伴。

許多「造成轟動」的電影和風行一時的電視節目都直接取材於神話主題。儘管戲劇效果和迷人明星當然沒什麼不好，但大多數這種電影都可以將其成功歸因於遵循神話模式的人物和劇情呈現。這種神話性佳片的三個範例是[21]：

- 《飄》：神話常常設置在戰爭這樣的劇變時期。在這個故事中，北方（代表技術與民主政治）與南方（代表自然與貴族統治）直接對立。電影描述了一個浪漫時期（戰前的南方），那時愛與榮耀都是美德，卻開始被物質主義和工業化（即現代消費文化）所取代。電影描寫了人與自然和諧並存的逝去年代。

- 《外星人》：《外星人》代表了一種人們熟悉的神話，講的是救世主式的

這則蔬菜食品廣告借用了二次大戰時期的愛國文宣廣告風格，意指食用花椰菜就是一種英雄行為。(Courtesy of Amazon Advertising)

廣告也可能採用漫畫中的超級英雄為主角，如綠巨人浩克等，來呈現我們所重視的產品聯想，如力量或健壯等。(Courtesy of Movado)

拜訪。來自另一個世界的友善生物訪問地球並展示奇蹟（如使一朵枯萎的花復活）。他的追隨者是個鄰家小孩，他幫助外星人抗爭現代科技和一個多疑的世俗世界。神話的形而上學功能透過講述上帝選出的人類是純潔和無私的而得以發揮。

- 《星艦奇航記》：這部記錄企業號星際飛船冒險經歷的電視連續劇及系列電影也與神話有關，如新英格蘭清教徒開發和征服新大陸——「最後的邊疆」——的故事。與克林貢人的遭遇反映了與本土美洲人的衝突。另外，對天堂的追尋是最初79個情節中至少13個情節的主題[22]。

也可以用潛在神話主題來分析商業廣告。例如，佩珀裏奇農場食品公司的廣告讓消費者「記住」產品健康而自然的美好舊時光（失樂園）。而克萊斯勒汽車與Avis廣告公司則使用了受壓迫者戰勝強大敵人的主題，即大衛(David)與歌利亞(Goliath)的神話[23]（編注：當腓力斯人入侵以色列時，為了保衛自己的家園，牧羊人大衛用石頭殺死了腓力斯的巨人勇士歌利亞）。近年一部鼓勵西班牙裔消費者多買牛奶的電視廣告，主人翁是一名在屋子裡到處哭嚎的女鬼。這名女鬼是「哭泣的女鬼」(La Llorona)，是西班牙傳說中一個殺了兒女的母親，自殺之後，她哭泣著尋找失去的家人，永無止盡。在廣告中，女鬼一路哭到冰箱前，發現牛奶沒了。這時旁白響起那句耳熟能詳的廣告詞：「有牛奶嗎？」(Got Milk?)[24]

▶ 儀式

儀式(ritual)是一套多重的象徵性行為，以固定次序發生並趨向週期性重複[25]。當人們想到儀式時，映入腦海的是奇異的部落儀式，可能包括動物或人類獻祭，但實際上許多當代消費者的行動都是儀式性的。回想一下溫蒂每天去星巴克的那趟「心理健康」之旅。

儀式可以有數種層次，如表16.1所示。一些儀式肯定了廣泛的文化或宗教價值觀。公眾儀式如超級盃足球賽、總統就職與畢業典禮等，都是一種共同活動。透過大規模團體參與來肯定自己也是其中一員，相信自己和其他人一致[26]。而另一些則在小群體中甚或獨立發生。例如，市場研究者發現，對許多消費者（像溫蒂）而言，半夜吃冰淇淋具有一些儀式要素，包括特別喜愛的湯匙和碗[27]！而且，儀式並不總是一成不變的，而是能夠隨時間作出改變。例如，在婚禮上拋灑米粒就象徵祝

表16.1 儀式體驗的種類		
主要行為來源	**儀式種類**	**例證**
宇宙論	宗教儀式	洗禮、冥想、彌撒
文化價值觀	變遷儀式	畢業、婚禮儀式、假日
	文化儀式	(情人節)、超級盃
群體學習	市民團體	遊行、選舉、審判
		聯誼會入會、企業協商、辦公室午餐會
	家庭儀式	用餐時間、就寢時間、生日、母親節、
		耶誕節
個體目標與情感	個人儀式	修飾、家務

資料來源：Dennis W. Rook "The Ritual Dimension of Consumer Behavior," *Journal of Consumer Research* 12 (December 1985) 251-64. Reprinted with permission of the University of Chicago Press.

福新人多子多孫。但近年來，許多新婚夫婦改用肥皂泡或叮噹鈴，因為有鳥啄食米粒，常因為米粒在體內膨脹而導致傷亡[28]。

　　許多商家都將獲利歸功於能向消費者提供儀式性人工製品(ritual artifacts)上，也就是儀式中使用的產品，如婚禮米粒、生日蠟燭、畢業證書、專用食品與飲料（如婚禮蛋糕、典禮用酒、甚至棒球場上的熱狗）、紀念品和裝飾品、鑲邊制服、賀卡，以及退休手錶[29]。此外，消費者常常會使用儀式腳本(ritual script)，以確定要使用的人工製品、順序和使用者。例如畢業典禮節目、聯誼會手冊和禮儀書等。

修飾儀式

　　不管是一天梳100次頭髮，還是對鏡自言自語，事實上所有消費者都有自己的修飾儀式。這是幫我們從私人自我到公眾自我，或從公眾自我到私人自我進行轉換的行為序列。這些儀式有各種目的，從激發出面對大眾的信心，到拂去身上的灰塵和其他髒東西等都算。當消費者談到修飾儀式時，透露出的一些主要話題反映了那些屬於修飾產品或行為近乎神秘的特性。許多人都強調使用前後效果明顯，即人們在使用某種產品後感到不可思議的轉換（與灰姑娘的故事相似）[34]。

　　私人儀式中表現出的兩組二元對立是私人／公眾，以及工作／休閒。例如，許多美的儀式反映了從自然狀態到社交狀態的轉換，如女人化妝；反之亦然。沐浴

網路收益

　　不論好壞，網路都正在改變購買結婚禮物的古老儀式。無數的網上禮物登錄中心去除了人們為新婚夫婦購買完美烤箱的推測。如果你購買了一項禮品，網站就從零售商那裏收取一筆推介費用。儘管從30年代早期這種登錄中心就已經存在了，但它們過去更微妙：梅西百貨過去常常發行「線索提示」，即幫助新娘提供一些對於賓客該買什麼的小建議。

　　與婚姻有關的市場競爭非常激烈，所以登錄中心網站都在爭先恐後地提供新的誘因來引誘消費者加入。在theknot.com網站上，新婚夫婦甚至可以得到蜜月機票票價津貼：因為「飛行常客」活動，他們的賓客每付1美元，他們就可以得到1英哩的免費飛行。在weddingchannel.com，幸運的夫婦可以建立個人婚禮首頁，在上面張貼說明和照片，計劃祝酒辭和座位安排，還可以講述他們如何相遇的故事。客人登入更新後的禮物登記處版面，就可以透過網站直接從零售商那裏購買禮物。婚禮頻道(Wedding Channel)希望能夠追蹤消費者（假設他們一直保持婚姻關係），並在他們慶祝結婚周年紀念和寶寶出生時再登錄一次（啊，又要一份禮物）。

　　現在，這種生意每年賺進190億美元，所以這些登錄中心的增加是可以理解的。光是家用精品業者Williams-Sonoma的禮物登錄網站，2001年估計收益就高達1億2千萬美元。該網站所登錄的新娘會員人數，超過現實世界中兩百多家實體門市的總和[30]。想想這種生意的潛力：一般婚禮宴會會有12個人（包括6個被騙穿那種醜陋服裝的人）和150位客人。一般情況下，新郎新娘會登錄超過50種產品，並收到171個結婚禮物。婚禮登錄還在不斷發展；有些夫婦會大膽提出股票的特定股份、環球旅行的資助，甚或新房的抵押款（可以在美國住房與城市發展部的網站hud.gov上進行一個特殊的登錄）。大約有一半夫婦會在以前從未買過東西的地方登錄，這給了零售商一個新的顧客資料庫。據《新娘》(Bride's)雜誌的出版商說：「如果你能在新娘這個人生階段吸引到這位女性顧客，就等於給她的一生都打上烙印。」[31]

　　當然，這種新的效用也有不利的一面：因為新婚夫婦預先都詳細指明了想要的東西，給予者就不必太瞭解接受者。禮物贈予某部分是發展或強化一種象徵性關係，但現在這個過程就變得太自動化了。一位禮儀專家指出，過去沒網路的時候，人們在挑選禮物時總是「十分在乎創意」。「但現在，挑選禮物成了給我、給我、給我數字。」而且，在許多情況下登錄是列在請帖上的——這是一種社會性的失禮[32]。登錄中心還排除了自製禮物和創意禮物的可能性。

　　與朋友與愛人分享自己特有的物質需求的概念已擴展到婚姻市場外了。如今從事禮物登錄服務的小型事業正在興起，讓各行各業的消費者都能在網路上標明自己想要的東西，然後輕鬆等著建議商品出現。這些登錄服務包括[33]：

- Twodaydreamers.com：為蒐集娃娃的人們所設。
- 為集郵與蒐集錢幣者成立的「全國郵票錢幣連線」(All Nations Stamp and Coin)。
- 「許願井」(The Wishing Well)：提供馬達驅動船的零件與用品。
- Clinique, Prescriptives, and Bobbi Brown：提供口紅與化妝品。
- Restoration Hardware and Goodwood：提供家具與家庭用品。
- OfficeMax.com：協助學生準備開學第一天課堂所需之物。

也被視爲一段神聖、潔淨的時間，是洗去俗世「罪惡」的一種方式[35]。在這些日常儀式中，女性們一再肯定了文化對個人美麗的重視，以及對青春永駐的追求[36]。她們對此的關注在歐蕾美顏潔面乳(Oil of Olay Beauty cleanser)的廣告中十分明顯，廣告宣稱「美好的一天就從歐蕾美顏潔面乳開始」。

禮物贈與儀式

為每個可能的節日和場合促銷適宜禮物的消費儀式，是行銷現象的絕佳例子。在贈禮儀式(gift-giving ritual)中，消費者採購理想的物品，小心地去掉價格標籤並仔細包好（象徵性的把這件物品從一件商品變爲一件獨特物品），然後再把它交給接受者[37]。禮物可以是商店買的東西，自己動手做的小東西，或是服務。近年有些研究還發現，像如今已不復見的Napster、KaZaa或Morpheus等音樂檔案分享系統，其實都算是一種餽贈[38]！

研究者認爲禮物贈與是一種經濟交換(economic exchange)的形式，其中給予者把一個有價值的物品交予接受者，接受者在某種程度上就有回報的義務。然而，禮物贈與也與象徵性交換(symbolic exchange)有關，其中像溫蒂這樣的給予者，就只是想感謝朋友蜜雪兒實在的支持與友誼。有研究顯示，禮物贈與發展成了社交表達的一種形式。在關係建立的初期，它多以交換爲導向（工具性），但隨著關係的發展，就會變得更加利他無私[39]。表16.2就列出了贈與禮物方式如何影響一段關係。

每種文化都對贈與禮物的特定場合與儀式有所限定，不管是出於個人原因或職業。光送生日禮物就是個大事業了。每個美國人平均一年要購買6個生日禮物，全國總共要送出10億個生日禮物[40]。在定義職業關係時，商務禮品是一個重要要素。每年在商業禮品上的費用都超過15億美元，並且爲確保購買到適宜禮品還得費盡心思，有時甚至得在職業禮品顧問的幫助之下完成。大多數經理人認爲，公司禮品贈送的手段會兼具有形且無形的結果，包括改善員工士氣以及提高銷售額[41]。

禮物贈與儀式可以分爲三個不同階段[42]。

1. 在醞釀階段，給予者受一個事件激發去採購一件禮物。這個事件可以是結構的（即由文化限定的，如購買聖誕禮物），也可以是突發的（購買決策更針對個人及特質)。

表16.2	禮物贈與對社會關係的影響	
關係效應	描述	例子
加強	禮物贈與改善了關係品質	一份意外的禮物，如浪漫情境贈與的禮物
肯定	禮物贈與確證了關係的正面品質	通常在儀式化場合發生，如生日
可忽視的效果	禮物贈與對關係品質的知覺僅有極小影響	在非正式的禮物贈與場合，禮物可能被視為是慈善施捨，或對目前的關係狀態而言太過貴重·
消極確認	禮物贈與確認了禮物給予者和接受者之間的消極關係	禮物選擇的不適宜意味著缺乏對接受者的瞭解；換句話說，禮物被視為控制接受者的一種方法
削弱	禮物贈與危害了給予者和接受者之間的關係	當禮物有「附加含義」或被認為是賄賂、不尊重或冒犯時
切斷	禮物贈與傷害給予者和接受者的關係，已到了關係瓦解的地步	禮物形成一個大問題中的一部分，如在一段備受威脅的關係中；以及透過接受「離別」禮物切斷關係時

資料來源：Adapted from Julie A. Ruth, Cele C. Otnes, and Frederic F. Brunel, "Gift Receipt and the Reformulation of Interpersonal Relationships," *Journal of Consumer Research* 25 (March 1999), 385-402, Table 1, p. 389.

　　2. 第二個階段是贈送，或禮物交換過程。接受者（可能合適或不合適）會對禮物作出反應，施予者會對這種反應作出評價。

　　3. 在再形成的第三階段，給予者和接受者之間的連結會作出調整（更鬆弛或更緊密），以反映交換完成後出現的新關係。如果接受者覺得禮物不太適宜或品質低劣，就會產生消極情緒。例如，送妻子真空吸塵器作為結婚周年紀念禮物的倒楣丈夫無異於自討麻煩，送新女友私人衣物的追求者也同樣不上道。贈與者可能會覺得接受者對禮物的反應不夠充分、虛情假意，或者感到違背了**互惠規範**(reciprocity norm)，這個規範使人感到必須以同等價值回報送禮的表示[43]。雙方會因為這種儀式中的「迫不得已」，而感到忿忿不平[44]。

　　日本的習俗強調禮物贈與的意義，其中禮物包裝和禮物本身一樣重要（如果不是更重要的話）。一件禮物的象徵意義重於其經濟價值。對日本人來說，禮物被視爲一個人對社會群體中他人所負責任的一個重要面向。贈與是一種道德上的命令。家庭、個人的禮物贈與，以及公司、職業的禮物贈與都存在著高度儀式化。每個日本人都有一些具有明確定義的親戚和朋友，彼此共享互惠的禮物贈與義務。你可以在社交場合贈與個人禮物，如葬禮時或贈與住院者；或爲了標記從人生一個階段進入另一個階段（如婚禮、生日）；還有作爲問候（如會見來訪者）。公司禮物的贈與則是爲了公司成立的周年紀念、新建築揭幕或新產品的宣佈。與日本人強調保留面子一樣，禮物是不能當著給予者的面打開，這樣也就不必掩飾對禮物可能的失望了[45]。

除了透過消費來表達自己對他人的感情之外，人們通常還會找到或發明出給自己送點什麼的理由。消費者購買送給自己的禮物，作爲調整自我行爲的方式是很常見的。這種儀式提供了一種社會認可的方式，來獎勵自己的良好表現，在負面事件後自我安慰，或激發自己達成某個目標[46]。確實，正如零售商所說的，人們假裝爲他人尋找物品，但其實是要送自己東西。這越來越常見了。正如最近一位顧客承認的：「一個給他們的、一個給我，一個給他們。」[47]

節日儀式

假日，消費者從日常生活中抽身出來，履行這些時候獨有的儀式行爲[48]。節日場合中總是充滿著儀式性的人工製品和腳本，並且逐漸被行銷人員安排爲贈與禮物的時期。感恩節對美國人來說充滿了各種儀式，這些腳本包括（爲暴食者）準備像火雞和蔓越莓這種也許只在那一天消費的食物、對吃太多的抱怨（卻不知何故還要找機會吃餐後甜點），

妮維雅向來以種類繁多的護膚產品聞名。該公司於90年代期間，希望爲完整系列產品打造出較為一致的品牌形象，於是進行研究，確認妮維雅產品在女人潔膚過程中扮演了最重要、無形的功能角色。該公司發現妮維雅讓消費者聯想到的都是有關濕潤、清爽與放鬆的場景。
(Courtesy of Unilever Home & Personal Care, USA)

還包括（對許多人來說）餐後坐在沙發上看必修的足球賽。在情人節那天，關於性與愛的標準就放鬆或改變了，人們會表達出自己的感情，而這種感情也許在一年中的其餘時間裏都是被隱藏著的。在日本，這一天是女人送男人禮物的時候。

除了已經確立的節日之外，行銷人員還發明了新場合，以利用會隨之產生對卡片和其他儀式性製品的需要[49]。這些文化事件往往源自於賀卡業為了刺激產品的更大需求。近來發明的節日包括了秘書節和祖父母節等。

在其他情況下，零售商會把相對較小的節日提升到較大節日的地位，以提供更多的商業機會。最近，墨西哥的五月五節(Cinco de Mayo)成為高加索人狂飲瑪格麗特雞尾酒的藉口。沒錯，這天標誌著1862年5月5日一支小部隊對強大法軍的勝利，但並不是墨西哥的獨立日。正如一位西班牙裔美國行銷公司總裁談到的：「當初墨西哥人來到美國的時候，有美國人提到他們對五月五節的慶典活動會十分興奮，墨西哥人會問：『什麼節？』這就像加拿大人在波士頓茶會(Boston Tea Party)中賺了一筆似的。沒有實質意義的節日透過行銷的大事張揚，便成了一筆大買賣。」在五月五節這天，美國人要吃掉1,700萬磅鱷梨醬，由於飯店和酒吧也趕上了這股熱潮，龍舌蘭酒和其他風味產品的銷售額也會暴漲。龍舌蘭酒的製造商荷西·奎爾沃甚至將「瑪格麗特吧台」沉入水中飄離邁阿密，以紀念這個節日[50]。

大多數文化性節日都是根據神話而來的，故事中心往往有一個歷史人物（如感恩節的邁爾斯·史丹迪許）或虛構人物（如情人節的丘比特）。這些節日之所以延續下來，是因為它們的基本要素對消費者的深層需要有著吸引力[51]。既富含文化象徵，又頗具消費意義的兩個節日當屬聖誕節和萬聖節了。

聖誕節。聖誕節充滿著神話和儀式，從北極的冒險經歷到槲寄生（譯注：通常用作耶誕節裝飾物）下發生的故事。過去幾百年裏，聖誕節的意義有了巨大發展。在殖民時代，聖誕節的慶典類似於嘉年華會，而且以公眾喧嘩最為著稱。最有名的是「酒宴」的傳統，一群群貧窮的年輕人把富人們包圍起來，要求食物和飲料。在19世紀末，聚眾難免難以駕馭，因此美國的新教徒發明了家庭成員圍樹團聚的傳統。這就是從早期異教徒儀式中「借來」的一項儀式。

紐約主教的富有兒子克萊門特·克拉克·摩爾(Clement Clarke Moore)在1822年所作的一首詩中，發明了聖誕老人的現代神話。聖誕節的儀式慢慢轉向以孩子及互贈禮物為焦點[52]。最重要的節日儀式之一仍圍繞全世界孩子等待著的一個神話人物——聖誕老人。的確，根據澳洲近來進行的一項研究，從孩子們寫給聖誕老人的信件中發現，他們幾乎都會仔細指出個人的品牌愛好，而且常包括鉅細靡遺的要求，以確定他們能從這個大傢伙身上得到想要的東西[53]。與救世主耶穌截然不同，聖誕老人是物質主義的支持者。那麼，他出現在商店和購物商場裏——消費的世俗殿堂——可能就不是偶然了。不管聖誕老人的起源是什麼，透過教育孩子在表現好的時候期待得到獎賞，以及社會成

在我們的文化中，耶誕老人神話非常普遍。
(Courtesy of ePresence)

全球瞭望鏡

現在，維也納著名的聖誕市場出現一名不受歡迎的客人。他出沒於攤位之間，賣特調飲料和一些質地粗糙的小東西，為小朋友發送糖果。此人的龐大身軀，在有耶穌誕生情境的聖嬰馬槽上，投下了一大片影子。這位客人的名字是聖誕老人，不過在與日俱增的怨懟奧地利人眼中，他和米老鼠、萬寶路牛仔沒什麼兩樣。

部分奧地利民眾成立「支持聖誕童子協會」(Pro-Christkind Association)來宣揚信念，他們認為，奧地利人應以本土的聖誕象徵「聖誕童子」來慶祝佳節。聖誕童子和聖誕老人一樣，會悄悄地把聖誕禮物放在每一戶人家的耶誕樹下。該協會成員表示，過去3年，奧地利颳起聖誕老人風，他們認為這個現象是因為全球化之故。全球化將聖誕主題的影視節目帶進了奧地利，外加美國眾企業的全球性聖誕行銷活動。這股風潮讓萬聖節也搭上了商業列車，在過去，當天僅被單純視為追憶逝者的日子。看來，聖誕老人已被視為美國跨國勢力無孔不入的又一例證。

資料來源：Adapted from Mark Landler, "For Austrians, Ho-Ho-Ho Is No Laughing Matter," *New York Times*, (December 12, 2002), International section. pg 1; See also: R. W. Belk, "A Child's Christmas in America: Santa Claus as Deity, Consumption as Religion," *Journal of American Culture*, 10 (1) (Spring 1987): 87-100.

員會得到應得的東西，聖誕老人的神話倒是起了對孩子進行社會化的效果。

萬聖節。萬聖節是由異教儀式發展成一個世俗事件。然而，與聖誕節形成鮮明對照的是，萬聖節儀式，如「不給糖就搗亂」(trick or treat)和化妝晚會主要涉及非家庭成員。萬聖節的儀式與許多其他文化事件相反，是一個不尋常的節日。與聖誕節相對，萬聖節是慶祝邪惡而非善良、慶祝死亡而非生命，並且鼓勵狂歡者用「惡作劇」隱藏的恐嚇來騙取款待，而不是只獎勵好事。

正由於這種對立，萬聖節被描述為反節日(antifestival)，而與其他節日相關的象徵在這裏都被扭曲了。例如，萬聖節女巫可以看作是母親形象的轉化。這個節日還透過強調鬼魂復活來模仿復活節的意義；透過將南瓜餅的健康象徵意義轉化為邪惡的鬼火南瓜燈，來模仿了感恩節的意義[54]。而且，萬聖節提供了一個儀式化、並因此為社會所認可的背景，人們可以將異常行為付諸實踐、嘗試新角色：孩子們可以在天黑之後出門玩到很晚，還能吃一晚上愛吃的糖果。平時總是坐在教室後面的怪傢伙那晚卻穿得像貓王，變成晚會中最活躍的人。

成人的萬聖節儀式也在蓬勃發展，這正改變著萬聖節的性質。對成人而言，萬聖節現在是僅次於新年除夕最受歡迎的派對之夜，4個成年人中有1個會穿上萬聖節服裝[55]。現在這個節日在歐洲也日益成為一種時尚，尤其是法國人，他們發現萬聖節是一個歡宴和跳舞的時機，也是炫耀新時裝的機會[56]。

變遷儀式

為剛離婚的人舉行的舞會，與聯誼會縱情周(Hell Week)有什麼共同之處呢？二者可說都是現代變遷儀式(rites of passage)的例子，或者說是由某一社會狀況的變化所標誌出的特定時期。從古至今，每個社會都為這種改變撥出了一些時間。一些改變會成為消費者生命周期一個自然而然的部分（如青春期或死亡），而另一些則更為個人化（如離婚後重新進入約會市場）。就像溫蒂的兒子在駕照考試慘敗時那樣，當一個人在指定時間內無法承受這種變化時，變遷儀式的重要性就變得明顯起來。

消費者的變遷儀式由三個階段組成，很像毛毛蟲蛻變為蝴蝶的過程[57]。

1. 第一個階段是分離期，個體離開原來的群體或狀況，如大學新生離家。

2. 閾限期(liminality)是中間階段，此時個體處於不同狀況，如剛到校園的學生

會想弄清楚新生訓練周裡會發生什麼事情。

3. 最後一個階段是集合期，個體在完成變遷儀式後重新進入社會，如學生以一個大學「老生」的身份回家過聖誕節。

變遷儀式標誌著消費者的許多活動，例如兄弟會宣誓、新兵在營地訓練，或見習修女成為修女。在人們為某種職業角色做準備時，也能觀察到這種轉變。例如，運動員和時裝模特兒都要度過一個「季節性」過程。他們遷移出自己的正常環境，如運動員進入訓練營地，年輕模特兒常去巴黎、注入新的次文化，然後再回到現實世界扮演新角色。

葬禮也幫助生者調整與死者的關係，而且這種活動腳本已經固定，包括服飾，如黑色喪服、哀悼者用的黑絲帶、給死者穿上最好衣服等；以及詳細而明確的行為，如致弔唁或守靈一周等。哀悼者會「致上最後的敬意」，在葬禮上的座位安排通常由哀悼者與死者的親密程度來決定。甚至送葬的汽車列也符合這種特殊狀況，因為別的汽車都能辨認出它與眾不同的神聖性質，不會插入向葬禮行進的行列[58]。

神聖消費與世俗消費

在考量神話結構時，我們知道消費者的多種活動包括產品種類的劃分，或者

行銷陷阱

甚至連與死亡有關的變遷儀式都支撐著一個產業。在**hardiehouse.org/epitaph**，你可以在去世之前寫好墓誌銘。你可以登入**imminentdomain.com**看看，那裏有許多「虛擬典禮」，人們可以在虛擬的墳墓中紀念心愛的人。然而，死亡卻不全是玩笑和遊戲。往往在匆忙狀況下，並受到情感和迷信的驅使，生存者必須作出相當昂貴的購買決策。可能是因為許多此類訴求使用的情感基調，一般都是女性開始購買這些服務。殯葬業在行銷實務上開始變得積極，甚至將那些為安排年長父母而擔憂的年輕人視為目標。葬禮花費的支付在這個行業裏被委婉地稱為「提前的需要」(preneed)。這項服務被濫用的可能性很高：有人就曾說服美國佛羅里達州一位80歲的寡婦在丈夫去世後購買超過125,000美元不必要的產品和服務，包括一個40,000美元的棺材和一個家庭陵墓，儘管她已經沒別的家人了[59]。

二元對立，如善與惡、男與女，甚或一般可樂與低卡可樂。這些分類中最重要的就是神聖與世俗間的區別。神聖消費(sacred consumption)包括從正常活動中「分離出來」，並以某種程度的尊重與敬畏加以對待的客體和事件。它們與宗教的關聯可有可無，但大多數宗教的物品和事件都傾向被認爲是神聖的。世俗消費(profane consumption)包括普通、日常的客體和事件，不具備神聖消費品的「特殊性」。（注意：世俗在文中並不意味著粗俗與猥褻。）

▶ 神聖消費的領域

神聖消費事件滲透在消費者體驗的許多方面。我們想出辦法來「分離出」各種地點、人物和事件。在這一部分我們將檢視一些例子，說明「普通的」消費有時可不普通哩。

神聖之地

神聖的地方會從一個社會中「分離出來」，是因爲具有宗教或神祕的重要性，如伯利恆、麥加、巨石陣；或因爲它們紀念著一個國家的傳統，如克里姆林宮、東京皇宮、自由女神像。這些地方的神聖性是由於沾染(contamination)，是有神聖之事發生在該地，於是那個地方也具備了神聖特質。

也有一些地方是由世俗世界創造出來，而浸染了神聖特質。好萊塢的中國戲院就是這樣的一個地方，電影明星爲後人在水泥上留下自己的手印和腳印。主題樂園則是具備神聖性特質、大量生產奇幻夢想的一種形式。尤其是迪士尼世界和迪士尼樂園，以及它們在歐洲和日本的據點，更是來自世界各地消費者如朝聖般追尋的目的地。迪士尼世界顯示出傳統神聖地方的許多特性，有人甚至認爲它具有治療能力。去迪士尼樂園旅行是患絕症兒童最常見的「最後願望」[60]。

在許多文化中，家是一個特別神聖的地方，代表著嚴酷的外在世界與消費者「內在空間」間至關重要的區別。美國人每年要花費5,000萬美元在內部裝修和家居用具上，而且家是消費者認同的中心部分。畢竟，俗諺有云：「家是心之所在。」[61]全世界的消費者都竭盡全力想營造一個特別的、能有「家的感覺」的環境。他們會盡可能讓住所表現出個人化的特徵，如門上的花環、金屬擺設和貼滿家人照片的「回憶牆」[62]。即使像星巴克咖啡這樣的公共場所，也在努力營造出一種家的氛圍，讓消費者能躲避外部世界的嚴酷。

神聖之人

當人被偶像化並與大眾分離，人也可以是神聖的。神聖之人觸摸或使用過的紀念品、大事記甚至平常物品都有了特殊意義，並憑其本身頭銜而獲得了價值。確實，許多商家都是以消費者對與名人相關產品的渴求而發跡的。名人自傳和名人一度擁有過的產品市場正在繁榮地發展，無論是戴安娜王妃的禮服，還是約翰・藍儂的吉他，都常以天文數字拍賣售出。

神聖之事

許多消費者活動都是在一個特殊狀況下發生的。特別是結合神聖、宗教儀式的公眾事件，如在比賽前背誦「忠貞宣言」、在搖滾音樂會最後點燃虔敬之火等[63]。

對許多人而言，體壇世界是神聖的，而且近乎具備一個宗教上的地位。現代體育的源頭可以在古代宗教儀式中找到，如豐收節（奧林匹克運動會的起源）[64]。確實，隊員在比賽之前先祈禱是很常見的。體育紀錄就好像經文（我們用『虔誠地』

天使意象再度流行。這則煙霧偵測器廣告運用守衛天使意象來突顯產品訴求。(Courtesy of First Alert Inc.)

閱讀來形容狂熱的追隨者），體育館是崇拜儀式發生的地方，狂熱者是聖會的成員。狂熱者看到運動員就像看到神一樣：他們據稱有近乎超人的能力，尤其是麥可‧喬丹這樣的超級明星，他被狂熱者賦予穿著耐吉氣墊鞋(Air Nikes)就能騰空飛起的能力。

在文化的共同神話——英雄故事中——運動員是中心人物。在這些故事中，運動員往往必須在艱鉅的環境下才能證明自己，而只有意志堅定才能贏得勝利。一個極受歡迎的可口可樂廣告，描述了足球運動員喬‧格林和一個崇拜他的小男孩，就遵循了與「獅子與老鼠」(The Lion and the Mouse)這個童話故事同樣的結構。受傷的英雄從謙卑的老鼠（男孩）處重建了信心，使他的英雄人格又恢復了活力。然後他對他的恩人表示了感激之情[65]。

旅遊是神聖、非凡體驗的另一個例子，這對行銷人員非常重要。當人們度假旅遊時，他們會佔用神聖的時間和空間。旅行者不斷尋求著不同於正常世界的「真實」體驗，想一下Club Med的座右銘：「對抗文明的解藥」[66]。這種旅遊體驗包括工作對休閒，以及「在家」對「外出」的二元對立，旅行者艱難地體驗了在家時不會想從事的違法或冒險經歷之後，對適當行為的規範也會作出調整。

旅行者想要留住這些神聖體驗的需要，成了紀念品行業的基礎，可以說它做的是銷售神聖記憶的生意。不論是婚禮上個性化的紙板火柴，還是紐約的鹽瓶和胡椒瓶，紀念品代表著消費者神聖體驗的有形部分[67]。除了像留下喜愛音樂會票根這種個人紀念品之外，以下是另外幾種神聖的紀念品[68]：

- 當地產品，如來自加州的葡萄酒。
- 圖像化的影像，如明信片。
- 「一小塊岩石」，如貝殼、松果。
- 對某地實際表徵的象徵化簡略形式，如自由女神像的模型。
- 標誌物，如硬石餐廳(Hard Rock)的T恤。

▶ 神聖到世俗，再回到神聖

為了使生活更添樂趣，近幾年來消費者許多活動都從一面轉移到了另一面：一

些以前認為神聖的東西移到了世俗領域；另一方面，日常現象現在卻被尊為神聖[69]。

去神聖化

去神聖化(desacralization)是指一件神聖的物品或象徵失去了特殊地位或被大量複製，結果變成世俗的東西。例如華盛頓紀念碑(Washington Monument)或艾菲爾鐵塔(Eiffel Tower)等神聖紀念物的複製品，蒙娜麗莎(Mona Lisa)或米開朗基羅的大衛像(Michelangelo's David)等藝術品的複製品，就連美國國旗這種重要象徵也被服裝設計師改寫。這些複製品成了偽造的物品、機械化產製，相對較不具價值，從而減低了特別之處[70]。

宗教本身在某種程度上也在去神聖化。宗教象徵，如固定的十字架或新世紀水晶，已經進入時尚珠寶的主流[71]。宗教節日，尤其是聖誕節，許多人認為（或批評）已經變成了世俗主義和物質主義的場合，背離了最初的神聖意義。在回教中東世界西化程度較高的地區，也可以看到類似的過程發生。齋戒月（傳統會以禁食與祈禱來慶祝）如今已經類似耶誕節：人們購買回教新月形狀的燈，寄齋戒月賀卡給親友，還上飯店大打牙祭以慶祝齋戒結束[72]。

神聖化

神聖化(sacralization)是指普通的客體、事件甚至一種文化或文化中的特定群體具有了神聖的含義。例如，超級盃球賽以及貓王這樣的人，對一些消費者來說就已經變得神聖化了。實際上任何事物都可以變得神聖。懷疑嗎？想想靠出售達拉斯牛

 混亂的網路

人們對貓王艾維斯‧普里斯萊的懷念，儼然已形成一個產業。每年都有2萬人來到恩地鎮(Graceland)朝聖，緬懷貓王留給世人的回憶。不過，貓王迷現在可以在虛擬空間裡找到許多向偶像致敬的機會了。除了貓王官方網站(www.elvis-presley.com)，還有許多為貓王成立的網站供人追憶，不過有些網站品味讓人不敢領教。其中一座網站讓訪客可以玩一種叫「給我藥吃」(Gimme That Dang Pill)的Shockwave遊戲，你要在貓王吃到鎮靜劑之前，趕緊將藥丸沖進馬桶，贏的人可以獲得一份虛擬花生醬煎三明治（貓王的最愛）[74]。

仔隊(Dallas Cowboys)隊員穿過未洗的運動服而發跡的網站。四分衛特洛伊·艾克曼穿過的鞋售價1,999美元，而留有一個不知名運動員汗漬的未洗訓練衫則賣到99美元。穿過的襪子能以19.99美元一雙的價格熱銷。擁有這雙襪子的人說：「以前接觸不到牛仔隊的球迷們，現在有機會了。」[73]

客體化(objectification)是指為尋常物品（像發臭的襪子）賦予神聖的特性。這種過程發生的一個方式是透過沾染，使客體能與神聖的事或人產生關聯，而變得神聖。這解釋了許多狂熱者對屬於名人、甚或被名人觸摸過物品的渴求。甚至連華盛頓特區的史密森學會(Smithsonian Institution)也有一個展覽，陳列著諸如《綠野仙蹤》(The Wizard of Oz)中的紅寶石拖鞋、《星艦奇航記》中的移相器，以及電視節目《四海一家》(All in the Family)中阿奇·邦克的椅子之類的「神聖的物品」──全都被虔誠地保護在堅固的展覽玻璃後面。

除了博物館展覽陳列的稀世珍品，即使是凡俗並不昂貴的東西也可以分離出來成為收藏(collections)，從而由世俗物品轉換成神聖的物品。一件物品一進入收藏就變得神聖化，並且對收集者具有特殊的意義，這對局外人來說也許很難理解。

收藏是指獲取一種或一套特別物品系統，這種普遍的行為有別於儲藏，後者只是非系統化的收集[75]。收藏一般既包含理性成分，又包含感性成分：收集者往往為收藏品著迷，也很小心地安排和陳列收藏品[76]。消費者往往非常強烈地依戀他們的收藏品，這種熱情可以從一項研究中一位收藏泰迪熊的女性得到例證：「假如我的房子被燒為平地，我不會為傢俱難過，但會為那些泰迪熊哭泣。」[77]

一些消費研究者認為，收藏者有想獲得「獎勵」的動機，以一種社會可接受的方式來滿足高水準的物質主義。透過對收藏品的系統收集，收藏者可以「崇拜」物質化的客體，而無須感到內疚或卑劣。另一種觀點是，收藏實際上是一種審美體驗：對許多收藏者來說，樂趣發自對創造收藏的投入。不論動機是什麼，鐵了心的收藏者往往投入大量時間和精力去維護和擴大他們的收藏，因此，對許多人來說，這種活動成為他們延伸自我的一個中心成分（見第5章）[78]。

如果一項物品出了名，很可能就有一群收藏者在垂涎它。從電影海報、稀有書籍和親筆簽名，到星際大戰玩偶、貓王紀念品、舊電腦甚或垃圾郵件都有可能[79]。麥當勞收藏者俱樂部的1,200位成員會交換如三明治包裝紙和快樂餐(Happy Meal)飾

品之類的「獎勵」：比如1987年售價為25美元的馬鈴薯先生兒童玩具(Potato Head Kids Toys)這樣的稀罕物[80]。而其他消費者收集的是體驗而不是產品：有個人光顧了10,000多家麥當勞，列出了不尋常的菜單選項和裝飾格調，他是這樣為自己的業餘愛好辯護的：「我不是個怪人。我是個麥當勞用餐體驗的收藏家。這個世紀後半葉的許多問題都可以從麥當勞餐廳內的一個座位上得到理解，至少能部分地得到理解。還有比這更能代表美國的精華嗎？」不可思議吧[81]？

摘要

　　一個社會的文化包括成員產生的價值觀、道德和物質客體，是社會成員共享意義與傳統的集合。文化可以用社會適應學（人們適應其居住地的方式）、社會結構和意識形態（包括道德和審美原則）來描述。

　　神話是包含象徵性元素的眾多故事，並表達出一個文化的共享理想。許多神話都涉及二元對立，價值觀是由能否歸屬於某類領域，或被排除於某類領域之外來界定的，如自然與科技。現代的神話則是透過廣告、電影和其他媒體來傳播。

　　儀式是以固定順序發生，並傾向有週期性反覆的一套多重的象徵性行為。儀式與大眾文化中的許多消費活動都有關係，包括節日慶祝、禮物贈與和修飾行為。

　　變遷儀式是一種特殊儀式，涉及從一個角色到另一個角色的轉換。這些變遷基本上帶來了產品和服務的需要，也就是所謂儀式的人工製品，以幫助這種轉變順利完成。現代的變遷儀式包括畢業、聯誼、婚禮、社交舞會以及葬禮。

　　消費者的活動可以分為神聖和世俗兩個範圍。神聖的現象是從日常活動或日常用品中「分離出來」的。人、事、物都可以被神聖化。當神聖的品質歸屬於神聖者所擁有的產品或物品時，就是客體化。當從前神聖客體或活動成為日常生活的一部分，就是去神聖化，正如那些在同類中絕無僅有的藝術作品被大量複製。當以前認為神聖的客體變得商業化並整合進大眾文化時，就是去神聖化。

思考題

1. 文化可以被認為是一個社會的人格。如果將你的文化視為是一個人，那麼你會如何描述他的人格特質呢？

2. 法定規範和成長性規範之間有何區別？請就你所在的文化，指出當男人和女人初次約會去吃晚餐時的那套成長性規範。這些規範影響到哪些產品和服務？

3. 消費者在禮物贈與過程中涉及的決策與其他購買決策有什麼區別？

4. 本章認為不是所有的禮物贈與都是積極的。這種儀式會以什麼方式引起不快或消極後果？

5. 為自己購買禮物的主要動機是什麼？討論這些動機的行銷涵義。

6. 描述與大學畢業相關的變遷儀式三階段。

7. 指出應用於廣告中，有關足球的幾個儀式化面向。

8. 「聖誕節已經成為交換禮物和刺激經濟的另一個機會。」你同意嗎？為什麼？

9. 儀式給予我們一種秩序與安全感。一項以大學生飲酒儀式為主題的研究指出，飲酒決定了學生平時生活的秩序，從何時讀完指定作業，到你用餐的菜色時間。此外，將飲酒或其他活動予以儀式化，可以在成員感覺迷惑與無所適從的時刻提供安全與歸屬感。很顯然地，飲酒儀式也有黑暗面。曾有一名麻省理工新生就因為校園兄弟會的宣誓，過度飲酒陷入重度昏迷，送醫三天後不治[82]。的確，灌酒或許是校園中最常見的儀式，也是現在校園健康問題中最深的陰影。飲酒在你的校園生活中扮演什麼樣的角色？根據你自身的經驗，飲酒如何融入校園生活的各種儀式？這種傳統行為應該改變嗎？要如何實行？

全球消費文化的創造與傳播

當亞莉珊卓正在堪薩斯州威奇塔城Abercrombie & Fitch店裏貨架上選衣服的時候，她的朋友克蘿伊向她喊道：「亞莉珊卓，買這件啦，你看這件豹皮的Capri長褲多緊啊。」看了MTV，亞莉珊卓現在知道「緊」的意思就是「酷」，於是她決定要買那件褲子。當她拿著褲子走向收銀機的時候，她心裏正期待著明天穿著它去學校。她所有的朋友都在競相比較，爭著把自己打扮得像天命真女(Destiny's Child)和其他熱門團體中的女孩，明天她們看到她的時候肯定不會相信自己的眼睛。或許學校裏一些低年級的學生甚至會認為她剛從紐約的大街上走出來！雖然亞莉珊卓從來沒去過密西西比城的東部，但她知道，她的裝扮很符合在雜誌上看到的布朗克斯區（譯注：紐約市黑人區）的「美國黑人女性」(sistahs)。

文化的創造　　　　　　　▶ ▶ ▶ ▶ ▶ ▶ ▶

雖然市中心的青少年數量只占同年齡總人數的8%，而且比市郊白人同齡者的收入低得多，但是他們對於年輕人的音樂和流行偏好的影響已經遠遠超過數量代表的意義了。轉到MTV頻道，很快你就會發現整個螢幕已經充滿了饒舌音樂。走一趟報攤，*Vibe*（譯注：被譽為嘻哈聖經的音樂雜誌）這類的雜誌已經在等你去買了。諸如vibe.com之類的很多網站也充滿了嘻哈文化，在夜店裏，你就可以看到在groovetech.com、thewomb.com，以及raveworle.com等網站上的情景[1]。

　　除了音樂之外，隨著零售連鎖店開始追求熱潮，以吸引更多年輕的中等階級購買者，城內的流行時尚也已經傳播到了心臟地帶。梅西和JC Penny百貨傳遞著「由我們為我們製作的」(for us by us, FUBU)口號，儘管這家城市的服裝公司在城內賣的是許多發亮的緞面棒球夾克、帶著環飾的寬鬆牛仔褲和羊毛帽，但它40%的銷售額可是從市郊白人顧客手上賺來的。即使是Ralph Lauren公司的貴族馬球牛仔系列(Polo Jeans)，也開始用獨特方式來吸引嘻哈族[2]。那麼，這個次文化群體是如何在這麼多面向上影響到大眾市場？

　　美國人總是會被體制外的英雄們深深吸引：無論是約翰·迪林傑、詹姆士·狄恩、瑞德博士，他們擺脫了社會束縛並獲得了金錢和聲譽。某個研究城市年輕人的經理人指出：「人們對饒舌歌詞裡傳達的強烈反壓迫訊息以及對黑人的疏離感，產生了共鳴。」[3]

　　諷刺的是，亞莉珊卓體驗到的惟一一次「壓迫」是當媽媽發現她房間裡有一個吸了一半的煙頭時罰她禁閉。她生活在中西部一個白人中產階級地區，但是她能夠透過來自遙遠地區的穿著方式，與成千上萬的年輕人象徵性地「連接」起來——即使這些流行樣式的最初含義和她不太有關。作為一個優越「白人」社會中的成員，她的嘻哈衣服在她住的郊區有種很特別的含義，而這些衣服樣式對於紐約或是洛杉磯的街頭男孩來說卻不算什麼。她的穿著風格在這些「前衛」的人看來，也許已經過時了，該換一種別的式樣了。

　　大企業正在努力抓住下一種在城市黑人文化中潛伏的流行時尚——在街頭被稱為「風味」的時尚。例如，1926年以義大利內衣製造商創業的Fila，最初透過關注諸如滑雪和網球等「排斥黑人的純白人運動」，而躋身運動服行業。該公司首先把瑞典網球明星柏格的形象及簽名印在衣服上。10年後，雖然人們對網球的狂熱漸漸衰退，但是該公司的經理人注意到，饒舌明星Heavy D穿著Fila的形象，十分完美地表現出他們在白人鄉村俱樂部的理想生活方式。Fila於是改弦更張、順應市場潮流，結果該公司的運動鞋市場大幅成長[4]。

　　最早作為黑人城市次文化群體的象徵，嘻哈音樂和流行時尚是如何成為美國一種主流文化？以下是一個簡要的大事紀：

- 1968年，流行音樂節目DJ赫克(Kool Herc)在布朗克斯區首創嘻哈一詞。

- 1973～1978年，城市中的街區社團以霹靂舞和塗鴉為特徵。

- 1979年，小唱片公司糖山(Sugar Hill)成了饒舌的第一個商標。

- 1980年，曼哈頓的藝廊以塗鴉畫家為特色。

- 1981年，Blondie的歌曲「Rapture」獲得暢銷歌曲排行第一名。

- 1985年，哥倫比亞唱片公司買下了Def Jam唱片公司的商標。

- 1988年，MTV頻道開始播放《呦！MTV嘻哈》，特色是主持人弗雷迪。

- 1990年，好萊塢開始行動，出品了嘻哈電影《別墅派對》；艾斯提(Ice-T)的饒舌唱片在校園廣播電台中頻繁播出；在競爭中，白人饒舌歌手瓦尼拉艾斯(Vanilla Ice)大獲成功；國家廣播公司也推出了一個新的情境喜劇《新鮮王子妙事多》(Fresh Prince of Bel Air)。

- 1991年，美泰兒推出了哈默娃娃（長相很像饒舌明星哈默）；設計師卡爾‧拉格費秀出了他香奈兒收藏品中的小巧尼龍纖維雨衣和鏈式皮帶；設計師夏綠蒂‧納維爾搭配金色尼龍纖維外套加棒球帽，要價800美元；伊薩克‧米茲拉希以寬邊帽和模仿非洲花邊裝飾為特點；而曼哈頓的布魯明岱爾百貨公司則策劃了一場饒舌表演，以宣布該百貨Anne Klein饒舌系列服裝開始上市。

- 1992年，饒舌歌手開始放棄這種服裝風格，轉而改穿不太合身的垮褲，有時還會反著穿。白人饒舌歌手馬基‧馬克在一個全國性的宣傳廣告中，在他緊包臀部的長褲外還穿上卡文‧克萊的內褲；作曲家昆西‧瓊斯發行了*Vibe*雜誌，並贏得大批白人讀者[5]。

- 1993年，嘻哈時尚和俚語繼續在主流消費者文化中擴散。可口可樂的一個戶外廣告宣稱：「得到你的24－7」(Get Yours 24-7)，公司相信目標市場中的許多消費者都會明白這句話。這是句城市俚語，意思是「永遠」（一天24小時，一周7天）[6]。

- 1994年，已故的義大利設計師凡賽斯讓特大號外套深受城市少年的喜愛。在一則廣告中，他問道：「特大號的外套有點像饒舌歌手和街頭男孩穿的樣子，為什麼不穿這種世故的樣式呢？」[7]

- 1996年，熱中於年輕人服裝風格的設計師Tommy Hilfiger，開始轉向嘻哈風格的服裝。他提供Grand Puba和Chef Raekwon等饒舌歌手免費衣服，結果他的名字開始出現在饒舌歌曲中——這可是個永恆的背書。1996年9月，該期的《滾石》雜誌特別介紹難民營合唱團(the Fugees)，幾位樂團成員更大剌剌地展示了Tommy Hilfiger的標誌。同年，Tommy Hilfiger更起用了饒舌明星Method Man和「天生頑家」合唱團(Naughty by Nature)中的Treach為走秀模特兒。Tommy Hilfiger新設計的湯米女孩香水(Tommy Girl)不僅用了他的名字，而且為一家紐約嘻哈唱片公司Tommy Boy的商標提供了參考[8]。

- 1997年，可口可樂公司邀請饒舌歌手LL Cool J拍攝廣告，並在一個幽默情境喜劇《屋簷下》(In the House)的廣告時段播出，這個喜劇節目也捧紅了這位歌手[9]。

- 1998年，為與Dockers公司爭奪卡其市場的佔有率，Gap開始了第一個全球性宣傳廣告，其中更有一則大跳嘻哈舞蹈的廣告[10]。

- 1999年，由饒舌歌手變身為企業家的吹牛老爹推出了他稱之為「城市高級時尚」的高級男裝。FUBU、Mecca、Enyce等新公司在這個有數十億美元的產業中獲得成功[11]。蘿倫·希爾和難民營合唱團在由高級義大利服裝生產商亞曼尼所贊助的晚會上獻唱，並宣稱：「我們只是想謝謝亞曼尼公司為城市黑人區的孩子們提供了衣服」[12]。

- 2000年，一個致力於提倡嘻哈文化的網路社群360hip-hop.com開站了，該網站除了推動嘻哈的生活方式之外，還讓消費者能一邊觀看如威爾·史密斯和Busta Rymes等歌手的錄影訪問，一邊在網上購買衣服和音樂[13]。

- 2001 年，嘻哈舞蹈在中國青少年中起了一陣狂熱，他們稱之為「街舞」[14]。

- 2002～2003：玩具廠商效法嘻哈音樂喜歡將加在名稱裡的字母「S」用「Z」替代。這個趨勢始於1991年的電影《鄰家少年殺人事件》（Boyz N The Hood；不過此片名來自饒舌團體N.W.A.同名歌曲）；蔚為流行後，陸續又出現「skillz」、「gangstaz」與「playaz」等嘻哈語彙。音樂圈的「504男孩」(504 Boyz)、「波普小子」(Kidz Bop Kidz)、「愛秀」(Xzibit)、「新血輪」(Youngbloodz)與「微笑」(Smilez)等藝人，都把「Z」字母嵌進了藝名或團名。在2002年耶誕期間，Target公司創設了兒童玩具專區「酷玩具」(Kool Toyz)，家長可以在此買到「小皮蛋」

(Bratz)娃娃,其中包含女生(Girlz)和男生(Boyz),此外還有「女高音」(Diva Starz)與「戰利尾」(Trophy Tailz),加上一座能讓娃娃們同住一屋簷下的玩具屋「小小屋」(Dinky Digz)。家長們也能選購「掃瞄者」(Scannerz)玩具組、「大聲公」(Loud Lipz)玩具伴唱機,以及學步兒的「彈珠動動」(Marble Moovz)彈珠組合。「Z」家族的玩具還包括「救難裝備」(Rescue Rigz)、「Controlbotz」、「四輪驅動」(4Wheelerz)與「美國愛國者」(American Patriotz)等動作人偶玩具[15]。

　　對主流文化來說,改變一些「前衛」次文化群體認同的象徵,並展現給更廣大群眾是很尋常的。在這種情況下,這些文化產品就經歷了一次揀選(co-optation)過程,在此過程中,局外人會轉變了原始含義。以這個例子來說,饒舌音樂已與原來年輕美國黑人所遇到的掙扎沒什麼關係了,而成了一種主流的娛樂公式[16]。一位作家把白人嘻哈族看做是一個個同心圓。同心圓中心是真正瞭解黑人並理解他們文化的人。第二個圓圈則是透過親戚朋友間接瞭解這種次文化的人,但他們並不真的饒舌、噴漆或者跳霹靂舞。然後,還有一些人,就是在更遠一些圓圈中的人,只是在其他音樂之間玩玩嘻哈音樂。最後是更多的郊區知識分子,他們只是試圖追趕下一次的流行時尚罷了[17]。嘻哈時尚與嘻哈音樂的風潮,只不過是說明由某個文化中成員所創造的意義,如何被大眾消費進行詮釋和生產的另一個例證。

　　本章要考量我們生活的文化如何創造了日常產品的意義,以及這些意義如何在一個社會中向消費者傳播。如圖17.1所示,意義傳遞大部分是由諸如廣告和時尚

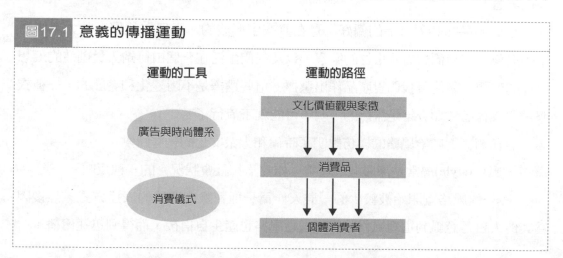

圖17.1　意義的傳播運動

運動的工具　　　　運動的路徑

廣告與時尚體系

消費儀式

文化價值觀與象徵

消費品

個體消費者

產業等行銷工具完成，它們將功能產品與象徵品質，如性感、世故、或者「酷」，聯繫了起來。反過來，當消費者使用這些產品創造和表現自身的認同時，產品就把這些意義傳遞給了消費者[18]。回憶一下第1章學過的：「現代消費者行為學領域中的基本假設前提之一就是，人們經常購買產品不是因為它的功能，而是它的意義」。最後一章將全面檢視產品的象徵意義是如何透過文化發展和傳播的。

▶ 文化的選擇

　　唇環、豹皮褲、壽司、高科技傢俱、後現代建築、聊天室、帶有微量肉桂的雙份低咖啡因卡布奇諾。我們居住在一個充滿了不同風格和可能性的世界中，我們吃的食物、開的車、穿的衣服、生活和工作的地方、聽的歌曲，所有的一切都受到大眾文化和時尚興衰的影響。

　　在市場中，消費者經常可能感覺到自己被各種選擇淹沒了。一個人想購買像領帶一樣平常的東西，卻發現有上百種選擇在等著他。撇開這種表面的豐富性，在任何時候，消費者面對的選擇事實上只代表了整體選擇中的一小部分。

　　選定某種方案——不論是汽車、衣服、電腦、唱片藝術家、政治候選人、宗教甚至社會方法論——就像是由一個漏斗組成的複雜過濾過程的終點，如圖17.2所示。最初，許多物品在市場中相互競爭，試圖被消費者接受；然後，在文化選擇 (culture selection)的過程中，產品沿著從購買觀念到實際消費的路徑一路向前、逐步被篩選。

　　我們的品味和對產品的偏好不是在真空中形成的。展現在我們面前大眾媒體中的形象，和我們對周圍事物的觀察，以及我們生活在一個由行銷人員創造的幻想世界的慾望，驅使著我們對產品作出選擇。這些選擇是不斷變化和發展的，一種衣服樣式或食品種類今年是流行的，明年可能就不流行了。

　　亞莉珊卓對嘻哈風格的模仿說明了時尚和大眾文化的一些特點：

● 風格(style)經常是深層社會趨勢（如政治和社會狀況）的一種反映。

● 一種風格剛開始被較少的一群人作為一種冒險或獨特的表達方式，然後因為其他人日益意識到這種風格，穿上這種風格也產生自信後，而得到迅速傳播。

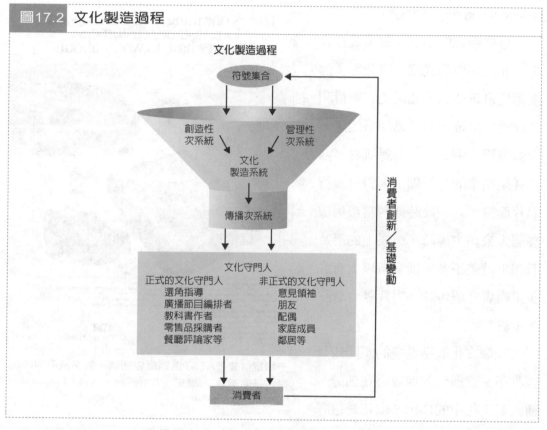

圖17.2 文化製造過程

風格通常是來自設計者與商人的精心設計,以及一般消費者自發行動間的相互影響。能夠預測消費者需求的設計者、製造商和行銷人員會在市場中取得勝利。在這個過程中,他們透過促進大規模分銷使得人們的購買熱情高漲。

• 這些文化產品可以在各國及各洲間廣泛傳播。

• 在媒體中具有影響力的人物對誰會在市場中取勝有很大作用。

• 因為人們不斷地尋找著展示自我的新方式,而且行銷人員也在不斷地爭取跟上人們的消費慾望,所以許多風格最終都因為落伍而被消費者拋棄。

▶ 文化製造系統

並非單一設計者、公司或是廣告代理商就可以完全創造出一種文化。每件產品,無論是流行唱片、轎車,還是新的服裝風格,都要求許多不同參與者的參與。負責創造和推銷某種文化產品的許多個人和組織的集合就是文化製造系統(culture production system, CPS)[19]。

　　這些系統的本質決定了最終會脫穎而出的產品式樣。因此許多因素都是很重要的，如系統的數目和多樣性，以及人們鼓勵創新還是遵從習俗等。例如，一個對鄉村／西方音樂產業的分析顯示，對於流行唱片而言，在一段時期內當市場被幾個大公司主導時，市場上的唱片看起來就差不多；而當市場上有許多生產者在競爭時，唱片就會有許多差異[20]。

　　一個文化製造系統的不同成員也許不必意識到其他成員在創造一種大眾文化中的作用，但正是這許

一如電信業者AT&T這則廣告所述，許多產品與時尚物件注定會走入歷史。(Courtesy of AT&T International Communications Services)

多不同的代理人合作創造了大眾文化[21]。每個系統成員都盡最大努力來預測對於一個消費者市場來說，什麼特殊形象才是最具有吸引力的。當然，那些總能最準確預測消費者品味的人，總會獲勝。

文化製造系統的要素

　　文化製造系統有三個主要次系統：(1)創造性次系統，生產新符號和產品；(2)管理性次系統，挑選並生產出大批有形產品，並管理新符號和產品的分佈；(3)傳播次系統，賦予新產品意義，並提供一套傳遞給消費者的象徵屬性。

　　下面是文化製造系統三要素的一例。以唱片為例：(1)歌手，比如饒舌歌手吹牛老爹，是創造性次系統，(2)公司，如製造和發行吹牛老爹唱片的壞男孩唱片公司(Bad Boy Records)就屬管理性次系統；(3)負責促銷唱片的廣告和出版代理機構是傳播次系統。表17.1解釋了製作一張成功唱片需要的許多文化專家及其職責：

表17.1 音樂產業中的文化專家	
專家職責	功能
詞曲家	負責作曲、作詞，使得歌曲符合市場上消費者的預期，能夠成功銷售。
演唱者	演繹歌曲，同時被代理人包裝，形成一種吸引目標觀眾的風格，如The Monkees、Menudo、New Kids on the Blocks。
老師或教練	挖掘並鍛鍊演唱者的潛力。
代理人	把演唱者推薦給唱片公司。
藝術和節目總監	讓演唱者獲得唱片合約。
出版商、形象顧問、設計師、時裝設計師	為演唱團體創造出展現給大眾購買者的形象。
錄音師、製作人	創造一張要出售的唱片。
行銷經理人	作出關於演唱者形象、票價、促銷策略等策略性決策。
音樂錄影帶導演	透過製作一個音樂錄影帶，從視覺上演繹歌曲以促銷商品。
音樂評論家	為聽眾評論唱片的優缺點。
音樂節目主持人、廣播節目總監	決定哪張唱片可以播放或是否可以在廣播節目上輪流播放。
唱片行老闆	決定生產出的眾多唱片中哪一張會滯銷或暢銷。

文化守門人

許多鑑賞家或「品味者」都將影響到最終提供給消費者的唱片。這些文化守門人(cultural gatekeepers)負責過濾大量針對消費者的資訊和素材，包括電影、飯店和汽車評論家；室內設計師；流行音樂節目主持人；零售採購者；以及雜誌編輯。這些代理人的組合被稱為生產及市場推廣部(throughput sector)[22]。

▶ 精緻文化和大眾文化

貝多芬和吹牛老爹之間有什麼共同點嗎？儘管著名的作曲家和饒舌歌手都與音樂相關，但許多人仍然會說兩者的相似之處也就僅此而已。文化製造系統創造了多樣產品，但在特點上還是有一些基本區別的。

藝術品和工藝品

　　藝術品和工藝品之間有一個主要的區別[23]。藝術品(art product)可能主要被看做是無任何功能性價值的藝術欣賞品，而工藝品(craft product)則不同，經常因為既美觀又實用而受到人們的喜愛，如陶瓷煙灰缸、手工雕刻的魚餌等。一件藝術品是新穎、精緻而有價值的，並且一般與社會菁英人物聯繫在一起。但一件工藝品則好像遵循著一條允許快速生產的公式。根據這個框架，菁英文化是在純美學的背景下製造出來，並以公認的傑作為評斷參考，是一種精緻文化——「嚴肅藝術」[24]。

　　想欣賞藝術品與工藝品之間的分際，可以參考藝術家湯瑪斯・金卡德(Thomas Kinkade)的巨大成功。這位畫家已經售出1,000萬幅以數位技術重製的作品。這些畫作在加州的工廠中大量製造，每幅原作都曾被複製為數千次之多，先是製作成數位相片印在塑膠薄片上，再貼到畫布上出售。被稱作「上光者」(high-lighter)的技術人員沿著裝配線一路而坐，於特定部分蘸點油彩顏料。工廠每個月所生產的1萬幅畫作，都有混合數滴金卡德本人血液的墨水的落款，即使畫家根本沒有親手碰過這些大多數的畫作。金卡德也授權讓其他產品使用他的畫，如馬克杯圖案、躺椅、甚至言情小說封面[25]。

精緻藝術與街頭藝術

　　精緻文化和街頭藝術之間的區別並不像看上去的那麼明顯。除了階級偏見認為有這種區別，也就是假定富人有文化，而窮人沒有文化之外，精緻文化和街頭藝術經常以一些有趣方式混合。大眾文化反映了我們周遭的世界，這些現象包括了窮人和富人。比如，在歐洲，廣告被廣泛認為是一種藝術形式。在英國，一些廣告經理人就是公眾知名人物。近10多年來，法國人樂意花費30美元在電影院裏觀看一個通宵節目，而這個節目裏面全是電視廣告[26]。

　　藝術是一筆大生意。單是美國人每年就花費2億多美元參加藝術活動[27]。透過大眾媒介傳播的所有文化產品最終都成為大眾文化的一部分[28]。古典唱片也用「最佳40大唱片」這種行銷方式，美術館也是用大眾行銷技巧來銷售商品。美國紐約大都會博物館已經設立了遍佈全美的禮品店，其中一些精品店還設置在大型百貨商場內。

這則廣告點出了精緻藝術正以有趣的方式成為大眾文化的一部份。(Courtesy of Robson-Brown Ad Agency)

　　行銷人員經常結合精緻的藝術形象來促銷商品。他們或在購物袋上印製藝術作品，或透過贊助藝術活動來樹立良好的公眾形象[29]。當來自東京的遊客到豪華汽車展示廳中參觀時，公司人員發現這些客人把汽車看做是一種藝術品。這一主題立即被凌志公司應用在一個廣告標題上，「直到現在，我們支持的精緻藝術品僅是雕塑、繪畫和音樂。」[30]

文化公式

　　相反地，大眾文化則大量生產出特別適合大眾的產品。這些產品的目的在於滿足未分化大眾的一般口味，並且由於其遵循特定模式，因而是可以預測的。表17.2說明，偵探故事和科幻小說等許多大眾藝術形式都普遍遵循一個文化公式(cultural formula)，其中特定的角色和舞臺道具經常不斷出現[31]。愛情小說是一個遵循文化公式的極端例子。電腦程式甚至允許用戶只需系統地改變故事的某一套元素就可以寫出自己的愛情故事。

表17.2　大眾藝術形式中的文化公式				
藝術形式／流派	經典西部小說	科幻小說	冷酷偵探小說	家庭情境喜劇
時間	19世紀初	未來	現在	任何時候
地點	文明的邊緣	太空	城市	郊區
主角	牛仔（單獨個體）	太空人	偵探	父親（形象）
女英雄	女教師	女太空人	危難中的少女	母親（形象）
反派角色	歹徒、殺人犯	外星人	殺人犯	老闆、鄰居
次要角色	小鎮居民、印第安人	太空船上的技師	警察、黑社會	孩子、狗
情節	維護法律和秩序	驅退外星人	找到殺人犯	解決問題
主題	公正	人類的勝利	追蹤、發現	混亂和困惑
服裝	牛仔帽、靴子等	高科技裝備	雨衣	平常服飾
交通工具	馬	太空船	破車	旅行車
武器	連發左輪手槍、來福槍	雷射槍	手槍、拳頭	辱罵

資料來源：Arthur A. Berger, *Signs in Contemporary Culture: An Introduction to Semiotics* (New York: Longman, 1984): 86. Copyright © 1984. Reissued 1989 by Sheffield Publishing Company, Salem, Wisconsin. Reprinted with permission of the publisher.

　　對這些公式的依賴也會導致大眾認可的形象周而復始地循環，因為創造性次系統的成員通常會為尋求靈感而回顧過去。因此，年輕人收看了那些重新拍攝的電視劇，如《夢幻島》(Gilligan's Island)和《妙家庭》(The Brady Bunch)。設計者修改了英國維多利亞女王時代和非洲殖民地的風格，嘻哈流行音樂節目主持人從老歌中抽取音節再以新方式加以組合，而Gap的廣告中則出現了穿著卡其褲的已故名人，如亨佛萊・鮑嘉、金凱利、畢卡索等。因為我們現在很容易就能接觸到錄影機、CD燒錄器、數位相機和影像軟體，所以事實上，任何人都可以「重組」過去[32]。

藝術市場調查

　　藝術品的創造者正逐漸適應傳統的行銷方式，以對大眾市場的供應進行細微調整，如用市場調查來測試觀眾對某個電影的反應。儘管測試結果並不能解釋電影的表演品質或拍攝技巧等無形的東西，但可以判斷電影的基本主題能否在目標觀眾

中產生迴響。這種調查方式最適合那些花費鉅資拍攝的電影，因為鉅資電影經常會遵循前面描述過的某種公式來製作。有時市場調查會和宣傳推廣同時進行，如由威爾‧史密斯主演的電影《MIB星際戰警》，製片先向一群事先選定的觀眾放映電影前12分鐘的情節，然後再讓他們和演員見面，以製造預先放映的效果[33]。

甚至電影內容有時也會受到消費者調查的影響。比較典型的做法是，在大型百貨商店裏和電影院裏發放電影預映的免費邀請。調查者會詢問觀眾幾個有關電影的問題，然後挑選出一些觀眾參加焦點團體的討論。儘管觀眾的反應通常只會使製片對電影作出較小的修改，但有時也會使電影發生戲劇性的變化。比如，當觀眾最初對《致命的吸引力》一片結局不甚滿意時，派拉蒙影業(Paramount Picture)不得不花費額外的1,300萬美元來拍攝一個新結局[34]。當然，觀眾的反饋並非總是正確的：當巨片《外星人》放映前，消費者調查顯示4歲以上的人不會去觀看該片[35]！不管是誰做的，都該回家了。

現實操作法

喬治亞州的瑞佛塞村有著豐富多彩的歷史。你可以看看那些發黃的照片，上面是這個村落在19世紀時的樣子，或閱讀一些讚美居民們四海為家本領的小說摘錄。你還會發現這個村落在美國內戰時曾經是聯邦政府的軍事要塞。但是令人迷惑的是，在1998年以前，瑞佛塞村並不存在。關於這個村落的傳說只是聰明的開發商人創造的，目的是促銷一處新房產和擴大生意。 這個故事「只是我們虛構的情節」，一位開發商承認[36]。

就像瑞佛塞村，我們會發現周圍許多環境——無論是房地產開發、購物中心、運動體育館，還是主題樂園——都充滿了由行銷活動營造出來的形象和人物。紐約上奇廣告公司的一位策略規劃總監預測：「我相信，你看到的任何地方、聽到的任何東西，將來都會被冠上品牌。華盛頓紀念碑將不再是華盛頓紀念碑，而會成為華盛頓海報紀念碑」[37]。

　　現實操作法(reality engineering)是一種通俗文化的元素，被市場行銷人員用來作為促銷策略的一種工具[38]。你很難再分辨孰真孰假。甚至所謂的「二手牛仔褲」是專業人員採用化學藥劑洗滌、砂紙研磨與其他技巧，讓新褲子看來有若可以隨時汰換那般老舊。業界甚至為此手法冠上「新款陳年貨」(new vintage)的稱謂，一語道盡此一矛盾[39]。

　　由現實操作者運用的這些元素，包括感覺與知覺方面，不管是出現在電影中的產品、辦公室和商店裏的氣味，或者是廣告招牌、主題樂園、商店購物手推車上的錄影帶螢幕、計程車後座的電視螢幕、警察巡邏車上可供出售的廣告空間、甚至還包括《厄夜叢林》(The Blair Witch Project)這種假造的「紀錄片」[40]。這種現實操作法的過程正在加速。對百老匯舞台劇、暢銷小說，以及流行歌曲歌詞等的歷史性分析都清楚地顯示，隨著時間的推移，使用真實品牌名稱有越來越增加的趨勢。最近一些現實操作計畫更強調了廣告業主如何使出一些招數，讓我們看見行銷訊息地點的不斷擴張。

　　● 電視廣告的業主們開始睜眼面對現實：觀眾不會在廣告時段乖乖坐著，仔細看完你播的廣告。部分業者正在實驗能徹底將訊息傳達出去的新方法，並避免讓觀眾趁廣告空檔跑洗手間。有個名為「明日現場」(Live from Tomorrow)的節目不插播任何廣告，可是在1小時長的節目中，觀眾將看到許多新商品的身影；每一集贊助廠商的產品都會巧妙地出現在綜藝／新聞橋段中[42]。另一個節目「在家迷路」(Lost at Home)則把真實的品牌整合到情節裡，影星格瑞格里‧海恩斯(Gregory Hines)飾演廣告公司老闆，劇中出現的客戶都是現實中的品牌，如Midol、Timberland與富豪汽車等[43]。

　　● 在丹麥，一家媒體公司免費提供頂級嬰兒車給新生兒父母，只要他們願意推著這部印有贊助廠商品牌商標的小車，在哥本哈根市區作免費宣傳[44]。

　　● 有位名為金‧雅德勒(Kim Adler)的保齡球職業選手，在eBay網站上標售她後背身影的使用權。得標者可以在她的短褲或裙子靠攝影機鏡頭的一側，印上8英吋見方的公司商標圖案。雅德勒估計，每次她參加有電視轉播的比賽，這個商標將能在螢光幕上播映20分鐘之久[45]。

● 一家電子商品業者策劃了名為「假觀光客」(Fake Tourist)的宣傳活動，請男女演員前往紐約的帝國大廈、西雅圖太空針塔之類觀光勝地，讓他們三三兩兩結伴假裝成觀光客，拿內建相機手機請不知情的路人為他們拍照。然後，這些演員會和好心的路人熱切談論這款新手機，不會讓對方知道自己是在為該公司進行宣傳。另一組女模特兒則經常前往時髦的夜店與酒吧，與店裡的顧客閒聊；這時她們的手機會「正好」響起，讓對方看到螢幕上顯示著來電者的臉孔[47]。

無論是一個男演員在喝著一罐可口可樂，還是駕駛著一輛寶馬轎車，媒體上出現的形象都顯著地影響消費者對現實的理解。這些描述會影響觀眾關於「真實世界」的概念，包括約會、種族刻板印象以及職業地位等問題[48]。對涵化假設(cultivation hypothesis)的研究焦點在於媒體扭曲消費者對於現實理解的能力。研究顯示，頻繁觀看電視的觀眾容易高估富人的財富，以及自己將成為暴力犯罪受害者的可能性[49]。

媒體還誇大和歪曲了飲酒、吸煙等行為的頻率[50]。由美國婦女與家庭聯合組織調查的一項研究顯示，電視上呈現的生活與現實世界中發生的事情有很大差別。對於在6個廣播電視網黃金時段播出的電視節目和電影所做的一項長達兩周的分析，也顯示出現實與幻想生活間的差距。在150齣電視連續劇中，只有13齣故事情節處理了一個人面對工作和家庭間的衝突時該如何解決問題。820個成人電視角色中，只有26個對成人親戚負有照顧責任（但現實中美國工人有四分之一擔負了這種責任）。超過50歲的角色只有14%，而實際則占了美國人口的38%。分出工作時間處理個人問題的角色絲毫沒有受到老闆任何責難，但在現實生活中，34%的美國工人都很難利用工作時間來處理個人事情[51]。話又說回來了，或許這種遠離現實的故事

 混亂的網路

所謂的**仿製品(knockoff)**是指原創設計風格受到刻意的抄襲或修改，這些名牌仿製品往往著眼於更大範圍或目標不同的市場。巴黎或各地頂尖設計師推出的當令款式，會受到其他設計師普遍仿製，然後鋪到大眾市場販售。現在，網路讓仿製業者比以往更容易抄襲名牌設計，有時仿製的速度快到仿製品會和原版同時上市。投機業者如First View公司，便設立網站來展示設計師最新設計，有時到了鉅細靡遺的地步。情況之糟，使得香奈兒要求攝影師簽約，保證相片絕對不會在網路上公開。不過，模仿不就是最真心的一種恭維[46]？

正是人們需要看電視的首要原因。

▶ 產品置入

　　傳統上，電視網會要求品牌名稱在可能出現的節目中改變一下，比如諾基亞手機在影集《飛躍情海》(Melrose Place)中就被改成 "Nokio" [52]。現在，眞正的產品可是到處都會出現。在許多情形下，這些「置入」可不是無心的。**產品置入**(product placement)指的是在電影或電視劇本中插入特定的產品和使用品牌名稱。可能在這方面最成功的例子是Reese's Pieces糖果，它在電影《外星人》中出現以後，銷售額猛然上升了65%[53]。

　　該片置入性行銷策略的成功經驗，開啓了這種手法的先河。現在大多數的大規模電影製作中，都可以看到現實生活中商品的身影。電影導演喜歡讓眞實品牌在片中露臉，因爲這樣可以增加影片的眞實感。史蒂芬‧史匹柏在拍攝電影《關鍵報告》(Minority Report)時，劇中道具就採用了諾基亞手機、凌志汽車、百事可樂、健力士啤酒、銳步運動用品，與美國運通卡等品牌，爲未來場景增添一份親切感。凌志甚至爲了這部片特別設計一款「Maglev」的新型跑車。

　　一些研究者宣稱，產品置入可以幫助消費者作出決策，因爲對這些道具的熟悉性會使得消費者在產生情緒安全感的同時，創造出一種文化歸屬感[55]。近來的一項研究發現，消費者被劇情吸引的同時，更能接受劇中所置入的商品[56]。另一方面，大多數受訪的消費者相信，廣告與節目之間的界線愈發模糊且不易察覺（雖然一如預期，消費者對這種模糊現象的關切程度與年齡成正比）[57]。無論好壞，產品總會突然出現在任何地方：

　　● 在TNN有線電視網播映的一部《18 wheels of Justice》的動作連續劇中，肯沃斯卡車公司(Kenworth)花了近100萬美元，還借卡車給電視臺用。因此該連續劇中有特寫該卡車的多角度鏡頭，片尾的致謝名單上還提到了該公司全名，而且保證在中間插播至少6分鐘的廣告。儘管市場上很少有消費者需要18輪的卡車，但該公司仍然希望這齣連續劇可以提升卡車產業的形象[59]。

　　● 儘管IBM公司賣出的電腦數量比較多，但在更多節目和電影，如《不可能的

任務》和《ID4星際終結者》中,反而比較常看到蘋果電腦。製片喜歡用蘋果電腦是因為它看起來比較時髦。但除非從螢幕上可以認出該品牌,蘋果電腦才會讓電腦出現在電影中[60]。

● 菲利浦‧莫里斯花了錢才讓萬寶路香煙和商標出現在電影《超人》中。也花了35萬美元才讓Lark香煙出現在007系列電影《殺人執照》(License to Kill)中[61]。

● 哥倫比亞廣播公司最熱門的一個節目《我要活下去》(Survivor)描述了擱淺在婆羅洲附近沙漠孤島上,16個人一同經歷39天的冒險經歷。他們為了得到銳步球鞋、百威(Budweiser)啤酒、龐蒂克的Aztec車而彼此爭鬥[62]。

 行銷陷阱

在業者提供學校各式「教學材料」時,商業行銷與回饋社會之間往往會出現極富爭議的曖昧性。包括耐吉、賀喜巧克力、Crayola蠟筆、任天堂,與運動服飾業者Foot Locker等許多業者,捐贈的教學資源均充滿廣告色彩。美國將近40%的中學每天早晨讓學生收看第一頻道(Channel One)提供的錄影帶節目,該頻道業者提供教育節目以交換於教室播出廣告的機會。類似的情況是一家名為ZapMe!的網路公司,他們捐贈學校客戶電腦與網路服務,加上可連結11,000座網站的教育網路系統,條件是學校每天必須使用這些電腦超過4小時。在電腦螢幕畫面左下角四分之一區域,該公司廣告會持續出現。該公司甚至有權監測學生的網路瀏覽習慣,依據年齡、性別與居住區域諸變項,從事資料的分析統計。在其他案例中,業者會與學校簽約,請該校學生於平常上課日參與焦點團體測試,以探知學生對概念產品的反應。可口可樂與科羅拉多泉市(Colorado Springs)的學校體系,簽署了一紙為期10年、總額達800萬美元的飲料專賣契約。在某些學校,三年級生會利用Tootsie Rolls糖果練習數學,而且小朋友使用的閱讀軟體上也會顯示出Kmart、可口可樂、百事可樂,以及Cap'n Crunch麥片的商標。

企業介入教學並非這幾年才發生的事,早在1920年代,象牙香皂就已經開始舉辦學生香皂雕刻比賽。不過,業者的介入程度正在急遽上升,因為孩子們週六上午與平日下午看電視的時間減少了,業者必須奮力去彌補這個缺口,同時還得和遊戲電玩爭搶孩子們的注意力。許多教育工作者認為,這些教具教材對於資源不足的學校而言猶如甘霖,如果沒有這些捐贈行動,學校根本無力提供學生電腦與其他設備。另一方面,一項加州新法禁止教科書裡出現品牌名稱與商標圖案。這項立法起源於一次家長們的抱怨,他們看到數學習題赫然出現芭比娃娃、奧利歐餅乾、耐吉與任天堂等品牌名稱[58]。

產品置入已經成了一種美國現象——直到最近。現在,其他國家的行銷人員也在發掘盡可能展示品牌訊息的價值[63]。在法國,咖啡館裏的桌面已經成了聯合航空(United Airlines)、Swatch手錶及其他公司的廣告板。儘管一些老主顧公開譴責了這種商業主義的入侵,使得喜歡在小咖啡館中休息的法國人「神聖」習慣受到破壞。但是一個提供廣告的業主宣稱:「我們想讓咖啡館成為人們想去的更有趣地方。」[64]天曉得!

在中國,置入性行銷正逐漸成為吸引注意的新方式。中國國營電視台的廣告時段長達10分鐘,這10分鐘內所有廣告會集中播映,一支30秒廣告影片所能引起的注意力相當有限。娛樂業者於是換個方式,將商品訊息放進節目裡。有部名為《真情告白》的連續劇,就出現了媚比琳(Maybelline)口紅、摩托羅拉手機與旁氏乳霜等產品[65]。

在印度,孟買的電影工業正蓬勃發展(現被稱為『寶萊塢』),當地影業人士也發現在電影中呈現真實品牌具備的商業潛力。印度電影吸引了許多該國民眾,特別是在電視還不普及的農村地區。可口可樂還特別付費,讓該公司於印度發售的飲料品牌「翹起大拇指」(Thums up),在根據昆丁‧塔倫提諾作品《霸道橫行》(Reservoir Dogs)重拍的一部印度片中露臉。生怕觀眾不小心看漏了,在某場槍戰開火之前,劇中的黑幫份子還相互比劃翹大拇指的手勢[66]。

▶ 遊戲式廣告

「Cool Borders」遊戲的三個角色,穿著Levi's牛仔褲,騎馬越過Butterfinger糖果的橫幅廣告,和Swatch手錶上記錄的時間賽跑。新力索尼Playstation的「Psybadek」遊戲,主要角色一身Vans品牌行頭。一位新力索尼主管評論道:「我們活在品牌的世界裡。任何東西都會冠上一個牌子。如果遊戲裡面跑出一顆籃球,我們都會很自然地聯想這是斯伯丁(Spalding)的。」[67]

商品在遊戲電玩中頻頻露臉。連「模擬市民」最新線上版(參閱第6章),都開始讓玩家能到麥當勞購買麥香堡[68]。現階段的電腦遊戲早已不可同日可語。你很難想像猶在不久前,遊戲玩家還只是窩在地下室對著螢幕射擊目標的一群小毛頭。

近年隨著線上遊戲的爆炸性成長，玩家已成為專業的一群人，遊戲也更深入一般人的生活了。更多的女性加入了遊戲世界，連老年人與專業工作者也不缺席。事實上，目前經常造訪GamesSpot、Candystan與Pogo等遊戲網站的玩家中，有41%為女性，43%玩家的年齡介於25到49歲之間[69]。

隨著遊戲產品走入大眾市場，許多業者紛紛採取遊戲式廣告(advergaming)。這種策略讓業者結合線上遊戲與互動式廣告，以引起目標消費者的注意。據估計，到2006年，遊戲式廣告可望獲致約7.5億美元收益[70]。為什麼這種新媒體會如此熱門？從某個角度看，相較於30秒電視廣告，遊戲式廣告可以得到觀眾更持久的注意力，因為玩家在遊戲式廣告網站的平均駐留時間為5到7分鐘。同時，業者能依照不同族群的需要，推出適合的遊戲與商品。遇到教育程度與消費能力高的玩家，就推出需要動腦的戰略遊戲；打打殺殺的動作遊戲則適合年紀較輕的玩家。

以下是更多企業與遊戲廠商雙方互惠的成功案例：

● 在Activision新遊戲「街頭灌籃秀」(Street Hoops)中，可以看到雪碧廣告看板與公車廣告。雪碧則將該遊戲的商標圖案印在上市的4,000萬到5,000萬瓶產品上。

● Activision的X Box遊戲「滑板高手2」(Tony Hawk's Pro Skater 2)中，出現餐飲連鎖店Taco Bell的廣告標誌與店面。

● 「異種追擊戰」(Run Like Hell) 射擊遊戲讓玩家可以喝下虛擬的Bawls飲料，來增進健康指數。現實生活中發售的Bawls飲料咖啡因含量為可口可樂兩倍。

● 與007情報員一道出生入死的雅士頓馬田(Aston Martin)Vanquish車，也在「007龐德：夜之火」(James Bond 007: NightFire)遊戲中大顯身手。玩家駕著Vanquish達成各種任務，有時開著它由船甲板衝入海中，變體為一艘小潛艇[71]。

● 唱片公司Island Def Jam首開音樂產業記錄，於2003年春季宣布該公司將配合新遊戲推出發表新歌，一反過去上電台宣傳的方式。這麼做是希望年輕男性消費者聽過歌曲後會心癢，待正式發片時（最久不超過4個月）會跑到唱片行把完整專輯買回家。摔角遊戲「Vendetta」的角色，就包括12位Def Jam旗下藝人，如DMX、Scarface、Method Man、Ghostface Killah與Ludacris等，可以讓玩家設定在競技場內以格鬥技痛宰對手。遊戲玩家在決鬥時可選擇喜歡的藝人為角色，某位藝人登場摔角時，背景就會響起他的新單曲[72]。

創新傳佈

　　創新(innovation)是指對於消費者來說是新的產品或服務。創新可以是一種服裝風格（如男裙）；一項新的製造技術（如在customatix.com設計自己慢跑鞋的能力）；根據既有產品推出一種新式樣（如Parkay Fun Squeeze Colored Margarine果醬推出電鍍藍與驚爆紫兩種新口味）；產品配送的新方式（如網路購物與宅配）；或者是改換新包裝（例如康寶可微波隨身湯推出旅行杯裝）。

　　如果一項創新是成功的（大多數都不是），就會在人們之間傳播。首先只有少數人購買或使用，然後會有越來越多消費者決定接受它，到最後似乎每個人都購買或嘗試過這個創新產品。創新傳佈(diffusion of innovation)是指一個新產品、服務或思想在人們之間傳播、普及的過程。產品傳播速度是不同的。例如推出10年內，美國家庭使用有線電視的比率有40%，使用CD的有35%，使用答錄機的有25%，使用彩色電視機的有20%。收音機經過30年才達到6,000萬位使用者，彩色電視15年就達到這個數量了。相較之下，只經過3年，網路就已經有9,000萬的瀏覽人次了[74]。

▶ 採納創新

　　消費者採納創新產品的過程與第9章討論的消費者制定決策過程很相似。人們的行為都經過以下幾個階段：瞭解、資訊搜尋、評估、試用、採納。每個階段的相對重要性是不同的，取決於對產品的已有認識以及文化因素，後者影響著人們嘗試使用新事物的意願[75]。對歐洲11個國家所做的一項研究發現，個人主義文化下的個體比集體主義文化下的個體更有創新性（參見第16章）[76]。然而，即使在同一文化下，人們對創新產品的採納速度也是不同的。有些人很快就採納了，有些人則從不採納。我們可以根據採納創新產品的可能性，將消費者進行大概的分類。

　　如圖17.3中所示，大約有六分之一的人（創新者和早期採納者）會很快採納新

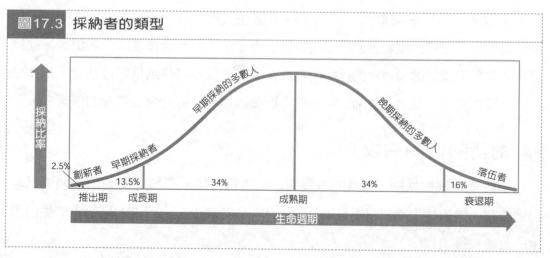

圖17.3 採納者的類型

產品，還有六分之一的**落伍者**(laggards)則採納得非常慢。處於中間三分之二的其他人稱為**後期採納者**(late adopters)，這些採納者代表了主流大眾：這些消費者對新事物感興趣，但是不希望過於新潮。在有些情況下，人們會故意等待一段時間再採納創新產品，因為他們認為它進入市場一段時間後，會進一步改善技術水準，價格也會下降[77]。記住，歸入每一類別的消費者人數比例都只是一個估計值；每一類別人數的實際規模取決於產品的複雜性、成本以及試用帶來的風險等因素。

儘管只有2.5%的人是**創新者**(innovators)，行銷人員卻總是很有興趣找出這些人。這些勇敢的人總是關心著新的進展，總會最先使用新品。誠如全能意見領袖不可能存在一樣（參見第11章），創新者也屬特定類別的一群人。一個人在某一領域中是創新者，但在另一領域卻可能是落伍者。一位自傲居於時尚尖端的紳士可能對唱片技術的新發展一無所知，也許他在某個時髦時裝店裏尋找最新前衛款式的同時，仍然固執地堅守他那過時的留聲機唱片。儘管存在這些限制，我們仍可以對創新者進行一些簡要的概述[78]。例如，令人毫不驚訝的是，他們對冒險都持贊成態度。還有，他們大多數具有較高的教育和收入水平，並且積極參加社交活動。

早期採納者(early adopters)和創新者有許多相同特徵，但是一個最重要的不同點是，前者對社會接受性的不同關注程度，特別是對於那些表現性的產品，如衣服、化妝品等。一般來說，早期採納者易於接受新流行風格，因為他們熱中流行產品，對時尚也評價很高。表面看上去很冒險的創新品，其實並沒有那麼大風險。如當大多數人仍然穿著膝蓋以下的裙子時，這些人卻會嘗試穿高於膝蓋3英吋的裙子。風格改變已經由創新者們「現場實驗」過了，他們才會冒著時尚的風險。在以最新「熱門」設計師為特色的「時尚先鋒」店裏，很容易找到早期接納者。相比之下，在以那些尚不知名設計師為特色的小服飾店裡，才容易發現真正的創新者。

▶ 創新的行為需求

創新可以根據採納者行為的改變程度來進行分類。三種主要的創新類型已經得到確認，儘管這三種類型不是絕對的。在相對意義上，它們指的是給人們生活帶來的改變或破壞程度。

連續創新(continuous innovation)是指現有產品的小改變，例如通用食品新推出一款蜂蜜堅果麥片，或是Levi's促銷「縮水更合身」的牛仔褲等，就是用這種變化把一個品牌與競爭者區分開來。許多產品的創新都是這種類型的；也就是說，創新是一種演變，而非變革。小變化也可以重新定位產品、增加線性延伸，或減輕消費者的厭倦。

 行銷契機

對於想拔得頭籌，讓自家產品打開大眾市場的行銷人員來說，創新者是他們的寶。的確，部分以創新研發為主的企業，深知新產品推出前若能找到最具前瞻想法的顧客參與決策，將能為公司帶來極高價值。例如，超過65萬名消費者試用了微軟的Microsoft Windows 2000作業系統測試版(beta version)，這些試用者甚至有付費的心理準備，因為取得新軟體的測試版有助於瞭解這套新版本能為自身企業創造什麼樣的價值。顧客帶給微軟研發投資上的價值，估計超過5億美元。類似的個案還有思科，該公司對顧客開放資源與系統，讓顧客可以參與解決其他顧客遭遇的問題。

此一作法在科技業較為普遍，因為這個產業有許多業者會邀集**領先使用者**(lead user)參與產品研發。這些領先使用者都是高度投入、經驗老到的顧客，對該領域的一切知之甚詳。如果說科技產品的原始概念、甚至於原型構想，是源於這些領導使用者而非業者自己，一點也不奇怪。這些顧客往往比其他人更早意識到問題或需要，因此他們提出的解決方案也能運用於其他市場。根據一項統計，化工業有**70%**創新產品出於顧客構想，而非業者之手！此一做法對消費者產品而言顯然極具價值，不過目前還沒有被廣泛運用[79]。

消費者可能會被新產品吸引，但是接納創新只意味著消費習慣的微小變化，因為創新增加了產品的便利以及可供消費者選擇的數量。例如，一家打字機公司在許多年前就對產品外形做了變化，使它對秘書更「友善」一些。這個微小改變就是把按鍵表面做成凹面，這一慣例流傳下來，成為今天的電腦鍵盤。這種改變的原因是秘書們老是抱怨長長的手指甲在扁平的按鍵表面上打字很困難。

動態連續創新(dynamically continuous innovation)是指現有產品一種更顯著的改變，如自動調焦的35mm相機或按鍵式電話等改變。這些創新對人們做事的方式有適度影響，需要在行為上做些改變。IBM推出了使用一種打字球而不是單獨按鍵的電動打字機，讓秘書們可以透過替換打字球來不斷改變打字稿的字體。

非連續創新(discontinuous innovation)則為我們的生活方式帶來重大變化。例如，飛機、汽車、電腦和電視等主要發明已經根本上改變了現代的生活方式。個人電腦在許多情況下已經取代了打字機，而且使得許多消費者可以在家中工作，出現了「遠距工作者」的現象。當然，隨著針對電腦全新連續創新的不斷產生（如軟體新版本）、為採納而相互競爭的動態連續創新（如滑鼠）、非連續創新（如腕表式個人電腦）的出現，這個循環還在周而復始地繼續著。

▶ 成功採納的前提

不論一項創新需要多大程度的行為變化，一個新產品要成功需要以下幾個因素[80]：

相容性(compatibility)。創新必須和消費者的生活方式相容。幾年前，一家生產個人護理品的製造商推出一款男用泡沫除毛劑以代替刮鬍刀和刮鬍膏，但卻失敗了。這個新產品非常類似女人經常用來剃腿毛的產品，儘管很簡單實用，但男人卻認為它過於女性化，會威脅到他們的男性自我概念，因此對這種產品沒有興趣。

試用性(trialability)。因為不知名產品常常伴隨著高知覺風險，如果人們可以在作出決定之前先行試用，可能就更願意採納這個創新。為了減少這個風險，公司經常選擇一種代價昂貴的策略，即散發新產品的免費「試用包」樣品。

複雜性(complexity)。產品的複雜程度應該較低。消費者會選擇容易理解和使用的產品。這種策略要求消費者付出較少努力，降低知覺風險。例如，錄影機製造商就付出很多努力簡化使用方式（如螢幕上顯示操作方法），以鼓勵消費者採用。

可觀察性(observability)。容易觀察到的創新往往更可能被傳播，因為這使得其他潛在採納者更容易意識到它的存在。比如腰包的迅速擴散，正是由於非常容易被看到。其他消費者更容易看到它的便利。

相對優勢(relative advantage)。最重要的是產品要能提供相對優勢，消費者相信它可以提供別的產品不能擁有的好處。比如，一條含有昆蟲驅除劑的「驅蟲者」手鏈，就受到帶著年幼孩子母親的喜愛，因為它無毒而且無污染，比現有其他產品更清潔衛生。相反地，一種添加到雨刷上的液體，當雨刷轉動時能夠散發出香味的「瘋狂藍色空氣清新劑」就失敗了。因為人們並沒有看見產品的有用之處，而且會覺得如果想讓汽車裏空氣更清新的話，有更簡便的方法。

流行體系　　　　　▶ ▶ ▶ ▶ ▶ ▶

流行體系(fashion system)包括了所有參與創造象徵性意義，以及把這些意義轉化成文化商品的人和組織。儘管人們喜歡把流行等同於服裝，但重要的是要記住流行過程影響了所有類型的文化現象，包括音樂、藝術、建築，甚至科學，如某一時間「炙手可熱」的研究主題和科學家。甚至商業行為也屬於流行過程，他們的發展和變化端視哪種管理技術「正在流行」，比如是全面品質管理還是及時存貨控制。

流行可以看做是一種代碼或是語言，有助於解釋這些象徵性意義[81]。然而它又不像一種語言，流行是一個獨立體系(context-dependent)。相同的消費品，不同消費者在不同情況下對它就有不同的解釋[82]。以符號形式來說（見第2章），流行產品的意義經常是無法編碼的。因為沒有一個精確意義，對知覺者來說，反而多了許多詮釋空間。

最初，區別一些容易混淆名詞是有幫助的。**流行**(fashion)是一種社會傳布的過程，正是透過這個過程，一些消費者群體採納了一種新的生活方式。不同的是，一種時尚或風格則是指一些特定屬性的結合，而且，合乎時尚(in fashion)就意味著這種

結合通常能夠贏得一些參考團體的好評。因此，Danish Modern這個詞彙指的是傢俱設計的特定屬性，是室內設計的一種時尚，也是一種消費者現在想要的時尚[83]。

▶ 文化類目

我們給予產品的意義反映了潛在的**文化類目**(cultural categories)，這與我們描繪這個世界的基本方式一致[84]。在不同的時間，有關休閒與工作之間、不同性別之間，我們的文化也會作出區別。流行體系提供我們區分這些類目的產品。比如服飾行業讓我們的服裝可以表明某一特定的時間（如晚禮服和度假服裝），可以區分休閒服和工作服之間的差異，還可以促銷男性和女性的流行樣式。

這些文化類目影響了許多不同種類的產品。因此，很自然就會發現，在大範圍項目中的設計和行銷可以反映出一種文化在某一時間的主導面向。這種概念可能很難掌握，因為從表面看來，一種衣服式樣和一件傢俱或是一輛小汽車之間沒有什麼共同之處。然而，在某一特定時間，對諸如成就和環保論等價值的過度關注就能決定產品的類型，因為這樣的產品更有可能被消費者接受。這種潛在的主題表現在關於產品的設計上。以下這些互相影響的例子可以幫助我們說明一種佔有主導地位的時尚主題是如何在業內引起迴響的。

- 政治人物或是電影、搖滾明星的服裝能夠影響服裝業及配件業的命運。男演員克拉克‧蓋博在電影中以不穿T恤的形象出現，就重挫了男性服飾業；賈姬‧甘迺迪著名的圓盒帽在60年代激發了女人們想擁有一頂帽子的衝動。其他跨類目的影響包括電影《閃舞》挑動起來對於撕裂汗衫的狂熱；電影《都市牛仔》對於牛仔靴的力捧；歌星瑪丹娜將內衣轉為一種可接受的外衣服裝樣式。

- 在改建巴黎羅浮宮的過程中，入口處放了一個由建築師貝聿銘設計的一個引起爭議的玻璃金字塔。不久之後，幾位設計師在巴黎時裝展中就公佈了金字塔形狀的衣服[85]。

- 在50和60年代，許多美國人迷上了科學技術。前蘇聯第一顆人造地球衛星的發射，點燃美國人掌握太空時代的關注熱情，因為他們害怕美國會在技術競賽上落後。所以從技術上掌握自然和未來設計的內容突然成了美國通俗文化許多方面的主題，包括汽車設計的突出尾翼到高科技的廚房式樣。

　　記住，在一個文化製造系統之內的創造性次系統會試圖預測購買者的品味。儘管這些人具備獨特天份，但這種次系統的成員也是大眾文化的成員。文化守門人會從一組普遍的文化類目中尋找靈感，因此，他們的選擇若有一些交集也不令人意外——甚至爲了提供消費者一些嶄新或不同的東西，他們內部還會互相競爭。把某種符號性的不同選擇挑選出來的過程稱爲集體選擇(collective selection)[86]。因爲伴隨著創造性次系統，管理性和溝通性次系統的成員們似乎仍形成了一種普遍的思維框架。儘管每種類別的產品必須在市場上爲了被接受而相互競爭，但它們通常會透過當代強勢主題或主旨來描述自身特性，如西式外觀、新浪潮、或者新式烹調等。

▶ 流行的行為科學觀點

　　流行是一個在許多層次運作的複雜過程。一個極端的層次是，它是同時影響很多人的複雜社會現象。但另一個極端是，它對個人行爲也產生了非常個性化的影響。一個消費者的購買決策經常會受到想要追趕潮流的慾望所驅動。流行產品同時也是源於歷史和藝術的一種美學物品。正因如此，對於流行的起源和傳播有許多觀點。儘管我們不能具體的詳談這些觀點，但下面簡要地總結了主要觀點[87]。

心理學模式

　　許多心理因素可以有助於解釋爲什麼人們會受到驅動來追逐潮流。這些心理因素包括從眾、追求多樣化、個人創造力和性吸引力。比如，許多消費者似乎都有個性化的需要：想要與眾不同，但又不是那麼另類[88]。因此，人們經常會遵循那些流行的基本主要原則，但在這些普遍指導方針的基礎上，儘量即興創作或者創造出個人的效果。

　　一個最早關於流行的理論認爲——「性感部位的轉移」（erogenous zones，身體上可以喚起性慾的地方）可以解釋流行變化的原因，不同的身體部位成了人們感興趣的物件，因爲這反映了社會的趨勢。佛洛伊德的一位弟子佛魯傑(Flugel)，在20年代主張，掌管性慾身體部位的起伏變化是爲了保持人們的興趣，而衣服樣式的變

有人認為消費者受到設計師的宰制。你認為呢？(Courtesy of Diesel Jeans/Kessleskramer)

化就是爲了突出或隱藏這些部位。比如，對於文藝復興時期的婦女來說，用一塊針織物像簾子一樣垂下來蓋住腹部是很普遍的，目的是爲了製造出一種膨脹的外形。因爲對於廣受疾病折磨的14、15世紀人們來說，順利的生產應該是優先考慮的。現在一些人認爲，當前裸露上腹部的流行反映了社會對於健美身材的高度重視[89]。順便說一句，我們應該注意的是，直到最近，對於流行的研究幾乎全無例外地集中在女人身上。但願隨著學者們和實務人士開始注意到男人們也被相同流行因素影響後，以後的研究範圍會擴大。

經濟學模式

經濟學家用供需模式來解釋流行的原因。如果一種物品的供給是有限的，那麼就會有很高的價值；反之，容易得到的物品需求就很少。稀少的物品會得到尊重和聲望。

范伯倫提出炫耀性消費的概念認爲，富有的消費者爲了炫耀成功，可能會穿昂貴卻不實用的服裝。正如第13章中提到的,這種觀點多少有點過時。高消費階層的消費者們經常表現出嘲弄行為,故意採納低階層或者便宜的產品,如吉普車或牛仔褲。其他因素也會影響與流行相關產品的需求曲線,包括名聲排他性效應(prestige-exclusivity effect),即高價格仍會導致高需求;以及鄙棄效應(snob effect),即降低價格確實會減少需求(便宜沒好貨)[90]。

社會學模式

之前所討論的集體選擇模式,是從社會學觀點研究時尚的一個例子。此一研究角度的焦點,在於時尚(觀念、風格等)最先受到某一次文化所青睞,然後逐漸擴散到整個社會。這類擴散大多源於青少年次文化,如嘻哈族群。另一個例子則是將歌德文化融合到主流文化之中。歌德時尚最早源於一些體制外青少年表達反叛精神的模式,這些年輕人有的崇尚19世紀傳說,有的則藉由黑色服飾(通常包括吸血鬼斗蓬、網襪、釘刺頸環與黑色口紅等)與龐克音樂來反抗傳統。現在維京音樂城可以看到吸血小女鬼便當盒出售、商場店面掛滿琳瑯滿目的十字架首飾與黑色蕾絲、Kmart買得到看起來像束身內衣的T恤、青少年上網就可以在Hot Topic網站購買「多戒環項鍊」。真正的歌德迷可能會不高興,不過這可是一種時尚哪[91]。

齊美爾(Georg Simmel)在1904年所提出的**下滴理論**(trickle-down theory),已經成了理解流行最有影響的理論之一。這個理論宣稱,有兩股衝突力量在驅動著流行發生變化。首先,從屬群體試圖採納比他們地位高的群體地位象徵,因為他們試圖沿著社會流動的階梯向上爬。因此源於上層社會的主流流行時尚也會緩緩向下面的階級傳播。

然而,這正是第二股力量進入的地方:這些地位高的人不斷看著地位低的人,以保證他們不會被模仿。他們對於次級階級對他們「模仿」的反應,就是去採納更新潮的時尚。這兩種過程就創造一種自我鞏固的改變循環,即驅動流行的機器[92]。嘻哈語言融入我們的日常語彙,可以看出那些引領風騷的人往往不希望時尚成為主流的一部份。以街頭風格自豪的一群,在某些詞彙變成過於主流之後,就會避免把它們掛在嘴上。牛津字典將「def」(俚語,指『死』)收錄為正式單字之後,饒舌樂圈人士甚至爲這個字舉辦了正式葬禮，由艾爾‧夏普頓牧師(Rev. Al Sharpton)朗讀祭文[93]。

在一個有穩固階級結構的社會裏，應用下滴理論來理解流行變化的過程是很有用的，因爲很容易區分低階和高階消費者。但這種情況在現代則不容易出現。在當代西方社會，必須對這種方法作一定修改，以解釋大衆文化中的新發展[94]。

● 一個基於階級結構的觀點不能解釋爲什麼我們的社會可以同時存在各式各樣的流行風格。因爲科技和商品流通的進步，現代消費者比那些過去的消費者有更多的個性化選擇。正如像亞莉珊卓這樣的年輕人，透過MTV頻道幾乎立刻就能知道最新的流行風格。因爲媒體的曝光允許許多群體同時意識到一種流行風格，菁英時尚已經在很大程度上被大衆時尚(mass fashion)所取代。

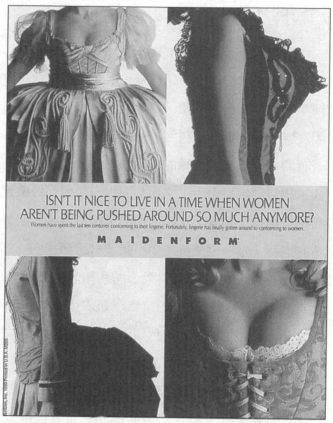

這則廣告說明了隨著歷史演進，時尚注重的女性身體部位也在轉移。(Copyright © 1994 by Maidenform Inc.)

● 消費者傾向於更容易受到與他們相似的意見領袖的影響。因此每個社會群體都有自己的時尚創新者，由他們決定流行趨勢。說這是一個水平蔓延效應(trickle-across effect)更爲準確，流行會在同一個社會群體成員間進行水平的傳播[95]。

● 最後，現在的流行時尚經常起源於較低的階層，然後，向上蔓延(trickle up)。典型的草根創新者是在主流文化中缺少威望的人，如城市裏的年輕人。因爲他們很少關心如何保持自己的地位，所以更可以自由地創新和冒險[96]。

流行的「醫學」模型

一年又一年，便宜的哈博士(Hush Puppy)只是地位卑微的人穿的鞋子。突然間，幾乎是一夜之間，這種鞋子就變成了一種雅致的時尚宣言，公司甚至沒有做任何事情來提升公眾形象。為什麼這種流行風格在人們之間普及的如此迅速？**文化基因理論(meme theory)**利用了一種醫學隱喻來解釋這一過程。文化基因(meme)是指隨著時間，進入人們意識的產品或想法，包括曲調、妙答或是如哈博士這樣的流行樣式。以這種觀點來說，文化基因以一種幾何級數遞增的方式在消費者中傳播，就像起始於幾個人的病毒，迅速地傳染給許多人，而成了一種傳染病。文化基因透過模仿的過程，在一個個腦子中不斷「飛躍而過」。

倖存的文化基因有與眾不同和難忘的傾向，最持久的文化基因經常結合了之前文化基因各個面向，如電影《星際大戰》(Star Wars)喚起了和亞瑟王傳說、宗教、年輕英雄人物和30年代冒險系列劇相關的早先文化基因。實際上，當喬治·盧卡斯在準備《星際大戰》冒險故事的第一個腳本「魅使雲度的故事」(The Story of Mace Windu)時，就已經認眞地研究了比較宗教和神話[97]。

除了哈博士之外，許多產品的傳布方式也似乎都遵循著同樣的基本路徑。產品最初只有少數幾個人使用，但很快事情就發生了變化，也就是當整個過程到了關鍵多數的階段，有位作者把這階段稱爲**傾斜點(tipping point)**。比如，夏普在1984年第一次引進低價位傳眞機，在那一年大約賣掉了80,000台。接下來3年裏，用戶數量只有緩慢的增加。然後，在1987年，足夠數量的傳眞機客戶開始讓每個人意識到必須要擁有一台夏普的傳眞機。在那一年，夏普公司賣掉了100萬台傳眞機。手機也遵循著類似的軌道[98]。

▶ 流行採納週期

80年代早期，椰菜娃娃在美國兒童中非常流行。面對產品的有限供給，一些零售商們說當大人拼命想爲孩子買到這個洋娃娃時，幾乎發生了暴亂。一個密爾瓦基市的流行音樂節目主持人開玩笑地宣稱，人們應該帶著接球的棒球手套去一個當地的體育場，因爲要從空中的一架飛機上拋下來2,000個洋娃娃。聽眾還被要求要舉起

他們的美國運通卡，以便在空中拍到他們的卡號。20多位的焦急父母顯然不明白這是個玩笑：在嚴寒天氣中，他們出現在體育場，手上還帶著棒球手套[99]。

儘管對於椰菜娃娃的狂熱持續了幾季，但最終還是衰退了。消費者又轉向了別的事物，如忍者龜，1989年就賺了超過6千萬美元的銷售收入[100]。金剛戰士後來取代了忍者龜，但反過來又被豆豆娃和Giga Pets取代，最後神奇寶貝又盛行了[101]。不知道下一個流行的又是誰呢？

流行的生命週期

儘管一種特定的流行風格壽命可以從1個月到1世紀不等，但流行傾向於按照一種可預見的順序發展。流行的生命週期和我們熟悉的產品生命週期非常相似。一個物品或是概念經歷了從出生到死亡的幾個基本階段，如圖17.4所示。

本章前面討論過的流行樣式的傳播過程與和時尚相關物品的流行關係密切。為了說明這一過程，來思考一下流行音樂中的**流行接受週期**(fashion acceptance cycle)。在引進階段，一首歌只有少數幾個音樂創新者聆聽，可能在酒吧裏或者在前衛的校園廣播電台中播放，正如超脫合唱團(Nirvana)剛開始那種 "grunge rock" 的曲風。在接受階段，歌曲得到了社會的注目和大部分人的接受。一張唱片可能會在40大電台中廣泛播放，像一顆子彈一樣在排行榜上迅速上升。

在衰退階段，隨著歌曲處處都可聽到，到達了社會飽和狀態後就開始衰落和

圖17.4　標準的流行生命週期

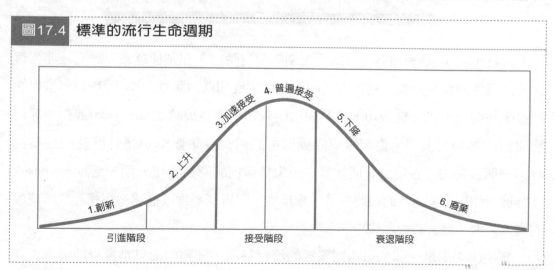

廢棄，此時新歌曲就會取代它的位置。一張成功的唱片可能連續幾周每個小時都在40大電台中播放。但在某一時刻，人們厭倦了，開始關注新的唱片。那麼這張唱片最終會從當地唱片店的折扣貨架上消失。

　　圖17.5解釋了起初人們會慢慢地接受流行時尚（如果時尚成功的話），然後迅速地加速到達頂點，再逐漸停止。可以透過衡量流行接受週期的相對長度，來辨認不同種類的流行時尚。許多流行時尚表現的是一種穩健的週期，幾年後才到達接受階段和衰退階段；還有一些則具備非常長的生命週期或是稍縱即逝。

圖17.5 **狂熱、時尚、經典等不同接受週期的比較**

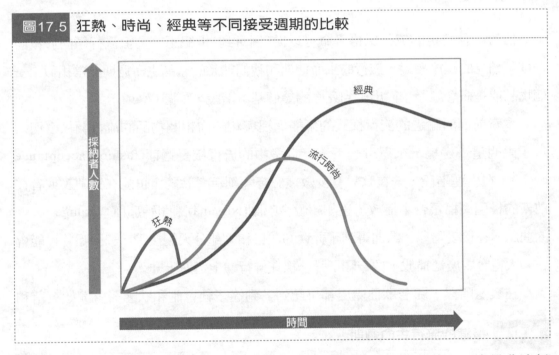

　　經典(classic)是一種有漫長接收週期的流行時尚。在某種意義上，它是非流行的，因為對購買者來說，它能夠長期保持穩定性和低風險性。Keds 1917年推出的軟底帆布鞋之所以能夠成功，就是因為能夠吸引那些被諸如L.A. Gear或銳步等精緻流行所鄙棄的人們。當要求焦點團體中的消費者想像Keds是什麼樣的建築物時，一個普遍的回答是：一個有著白色尖椿籬笆的鄉村小屋。換句話說，Keds的球鞋被看作是一種穩定的經典產品。相反地，耐吉卻經常被描述為鋼鐵和玻璃建成的摩天大樓，反映其較現代的形象[102]。

　　狂熱(fad)則是一個生命週期很短的流行時尚。狂熱通常只是被少數幾個人採

納，採納者可能全部都屬於某個普遍的次文化，而且會在其他成員間「水平蔓延」，卻很少能夠衝破那個特定的群體。一些成功的狂熱產品包括呼啦圈、環扣手環和寵物岩石塊。若想知道更多關於這些「必買」產品的資訊，請登入badfads.com。圖17.6說明了某些種類的狂熱會擁有比較長的壽命。

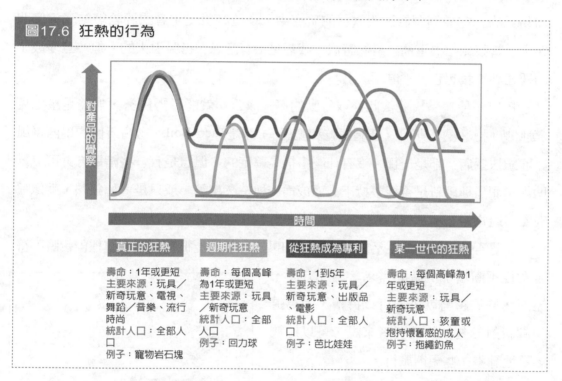

圖17.6 狂熱的行為

真正的狂熱	週期性狂熱	從狂熱成為專利	某一世代的狂熱
壽命：1年或更短 主要來源：玩具／新奇玩意、電視、舞蹈／音樂、流行時尚 統計人口：全部人口 例子：寵物岩石塊	壽命：每個高峰為1年或更短 主要來源：玩具／新奇玩意 統計人口：全部人口 例子：回力球	壽命：1到5年 主要來源：玩具／新奇玩意、出版品、電影 統計人口：全部人口 例子：芭比娃娃	壽命：每個高峰為1年或更短 主要來源：玩具／新奇玩意 統計人口：孩童或抱持懷舊感的成人 例子：拖繩釣魚

在70年代中期，在大學校園裸奔成為一種盛行的狂熱，學生們會赤裸地跑過教室、咖啡廳、宿舍和運動場。儘管這個習慣很快傳至很多校園，但也只限於校園。裸奔突顯了狂熱的幾個重要特點[103]：

- 狂熱是無功利主義的，沒有任何實用意義的功能。
- 狂熱常是人們一時衝動下採納的，人們在加入前不會經歷理性決策階段。
- 狂熱是傳播迅速、很快得到接受、生命週期極其短暫的時尚。

是狂熱還是趨勢？

1988年，Clearly Canadian公司開始測試一種透明的清涼飲料，在接下來幾年中，其他公司生產的此類產品也開始上市了。高露潔棕欖公司花費了600萬美元開發了棕欖牌洗潔精的透明配方。到了1992年，高露潔又在賣透明皂，而康勝則引入了一種叫做日瑪(Zima)的透明麥芽飲料，消費者甚至可以為汽車挑選透明汽油。透明的產品幾乎無所不在，以至於《週六夜生活》(Saturday Night Live)節目用一個假的水晶肉湯廣告嘲諷道：「你可以看到你的肉。」很顯然地，這種狂熱的結局是顯而易見的。在一個關於透明飲料的研究中，一位25歲受訪者的評論總結了這個問題：「當我開始喝這種飲料的時候，我想是很有意思、挺吸引人的。但一旦變成了一種狂熱，我想它就不酷了。」[104]

　　找出一種趨勢、並依此採取行動的第一家公司就能獲得優勢，無論是星巴克（美味咖啡）、納貝斯可（低脂餅乾和脆餅），還是Taco Bell（物超所值的墨西哥風味連鎖快餐店）都是一樣。沒有什麼事情是確定的，但還是有一些指導方針可以幫助你預測這種創新是否能堅持下去而成為一種持久趨勢，或只是一種狂熱，就像呼啦圈、寵物岩石塊那樣[105]。

　　● 是否適合基本的生活方式改變？如果一個新髮型很難整理，這種創新將不符合女性不斷增加的時間需求。另一方面，短期休假的趨勢就可能可以持續，因為這項創新對於匆忙的消費者來說，可以比較容易地計畫一些短期旅行。

　　● 好處在哪裡？人們不再吃牛肉，轉而食用家禽和魚肉，因為這些肉更健康，一個真正的益處是顯而易見的。

　　● 能否個性化？能持續的趨勢要能提供個性化的需求。然而如莫霍克髮型（頭髮剃光，只留一條豎起的頭髮從腦門穿過頭頂到脖子後頸）或是邋遢穿著等流行風格都是一成不變的，人們根本無法表現自己。

　　● 是一種趨勢還是邊際效應？人們日益增加的運動興趣就是健康意識的基本趨

這則廣告說明了流行時尚的循環特性。
(Courtesy of Jim Beam Brand, Inc.)

勢。儘管在任何時間裏流行的特定運動形式會有變化，如低衝擊的有氧運動或溜直排輪。

● 市場上還發生什麼其他變化？有時產品的流行會受到遺留效應(carryover effect)的影響。60年代對於迷你裙的狂熱，引發了針織市場的一個主要變化，使得褲襪和緊身衣在此產品類目的比例2年內從10%上升到80%。現在，由於強調休閒衣著，這些物品的銷售額正在下降。

● 誰會採納變化？如果在職母親、嬰兒潮期出生者或其他一些重要的市場區隔不採納這些創新，那麼它就不可能成為一種趨勢。

向其他文化傳遞產品意義　▶ ▶ ▶ ▶ ▶ ▶ ▶

產品創新沒有地理界限，在現代，它們以目不暇給的速度穿越海洋和沙漠，就像馬可波羅從中國帶來麵條、殖民地居民向歐洲人介紹香煙的「樂趣」。今天，跨國公司不斷透過說服眾多外國消費者來購買他們的產品，以佔領新的市場。

好像理解自身文化動態還不夠難似的，當我們在進行學習其他文化這項令人畏縮的任務時，這些議題就更形複雜了。忽視文化敏感度的後果將付出昂貴代價，看看麥當勞在全球擴店時遭遇的問題吧：

● 1994年世界盃足球賽期間，麥當勞誤將沙烏地阿拉伯國旗印在用完即丟的外包裝上面。沙國國旗包含回教聖典《可蘭經》經文，此舉引起全球回教徒群起抗議，認為麥當勞不當僭用神聖形象。麥當勞付出了極大代價來彌補此一錯誤[106]。

● 2002年，麥當勞誤把薯條與薯餅標示為素食，忽略了油炸用的食用油含有肉類成分。經過訴訟，麥當勞同意捐獻1,000萬美元給印度教與其他團體，作為賠償的一部份[107]。

● 同年，麥當勞突然撤消在挪威推出新產品「麥非堡」(McAfrika)的計畫。挪威麥當勞執行長透過國家電視台發表聲明，表示在非洲正逢飢荒的時刻推出此一產品，全然出於某種「巧合與不幸」[108]。

　　在這一節中，我們將考慮一些消費研究者在試圖理解其他國家的文化動態時面臨的一些問題，還將討論全球文化「美國化」的後果。當美國（某個程度也可說是西歐）的行銷人員繼續把西方大眾文化向全球日益富裕的消費者出口時，許多人還熱切地等待用麥當勞、Levi's和MTV等來替換原來的傳統產品和習慣。但我們將會發現，對許多跨國公司來說，要成功達成這個目標仍會遭遇許多阻礙。

▶ 思考全球化、行動在地化

　　由於企業要在世界許多市場上同時競爭，關於是否有必要針對每個文化開發獨立市場的討論很激烈地展開了。同時，人們也在激烈地爭論是否有適應當地文化的必要。讓我們簡要看看各方的觀點。

採納標準化策略

　　星巴克在日本已家喻戶曉（日本人會唸成『史塔巴庫斯』）。一如美國本土的星巴克，日本星巴克也有舒適的沙發椅，店內迴響著嘻哈或雷鬼樂旋律。對大多數日本人來說，與三五朋友約在咖啡館，灌飲一大杯極品咖啡，是一種新的體驗，因為過去大家都習慣在昏暗的店裡小口品茗。在星巴克進駐之前，喝咖啡的日本人把星巴克聯想成味道不怎麼樣的「美式綜合咖啡」，也就是二次大戰之後美軍帶進日本的豆品。然而星巴克一進駐便造成轟動，如今已擴張到300家以上，為日本消費者所津津樂道。除了品牌本身的特殊地位，有別於大多數日本咖啡館（稱為『喫茶店』），星巴克全面禁煙的規定更吸引了不吸煙的年輕女性消費者[109]。

　　星巴克的成功，源於它能將美國的本土成功經驗輸出到世界各地。星巴克以自成一格的咖啡體驗，打入那些一向以咖啡文化自詡自豪的地方，也讓各地專業人士大感不解。星巴克以聖胡安(San Juan)與墨西哥市為前導據點，推進拉丁美洲地方市場。在當地，牛奶咖啡(cafe con leche)可一直是在地文化的一部份[110]。提到橫衝直撞，星巴克甚至闖進了奧地利，一個自詡每530個國民就有一座咖啡館的國家。奧地利人對咖啡的態度非常嚴肅。雖然還是有一些只習慣向侍者點咖啡、以瓷杯品酌的咖啡愛好者，對星巴克嗤之以鼻，然而該企業再度告捷，目前奧地利的星巴克分店如雨

後春筍般陸續開張[111]。

　　標準化行銷策略的贊成者認為，許多文化，尤其是那些工業化國家的文化，已經變得很同質了，以至於可以在全世界通行同樣的行銷方法。透過開發針對多元市場的一個方法，一個公司可以從規模經濟中受益，因為它不必花費大量時間金錢來為每個文化開發一個獨立的市場策略[112]。這種觀點代表了一種**文化普遍性觀點**(etic perspective)，關注的是文化間的共通性。針對一個文化的文化普遍性研究途徑是客觀且具分析性的，反映了這個文化外的人對這個文化的印象。

採納在地化策略

　　遊客來到巴黎迪士尼樂園新開幕的電影主題公園，不會聽到美國影星的聲音為他們導覽，而是由英國影星傑若米‧艾朗斯(Jeremy Irons)、義大利女星伊莎貝拉‧羅塞里尼(Isabella Rossellini)與德國女星娜塔莎‧金斯基(Nastassja Kinski)分別以母語擔任解說。自1992年歐洲迪士尼園區開幕以來，迪士尼公司付出相當代價，才學會面對各地文化差異絲毫馬虎不得。該公司直接把美國迪士尼樂園移植到歐

許多大企業將全球化思維納入了行銷策略之中。(Courtesy of Electrolux/Fabiana)

洲，卻沒有考慮不同地方習俗（例如將肉類與酒品搭配一起上菜）。不同國家的遊客來到歐洲迪士尼樂園，很多人覺得受到冒犯，甚至在一些小到不能再小的細節上。例如，園區一開始只供應法式香腸，遇到來自德國、義大利以及其他認為該國香腸更勝一籌的遊客，就會怨聲四起。歐洲迪士尼執行長解釋：「園區剛開幕時，我們相信每個地方都已考慮周到。如今才發覺，我們必須以客人的文化與旅遊習慣來款待他們。」[113]

迪士尼的經驗則支持抱持文化特殊性觀點(emic perspective)的行銷人員，強調文化間的差異。他們認為每種文化都是獨特的，有自身的價值體系、慣例和規則。這種觀點認為每個國家都有一種國家特徵(national character)，一套與眾不同的行為和個性特徵[114]。一個有效的策略必須根據每種特定文化的敏感性和需求而制定。針對一種文化的文化特殊性途徑是主觀和經驗的，試圖按照這個文化內的經驗來解釋一種文化。

這個觀點也提醒我們，以往業者確保各地分店與商品整齊劃一，以打造形象一致全球品牌的行為，卻可能激起消費者渴求獨特商品的慾望。歐洲時尚名店路易威登(Louis Vuitton)與芬迪(Fendi)也都面臨此一對獨特性的渴望，於是開始推翻豪華商品在各市場有如同個模子印出來的同質性。這些百萬等級品牌過去在世界各地成立分店，商品可說如出一轍。現在，他們正在調整腳步，搭配推出更多由當地名家設計的作品。根據普拉達(Prada)創意總監表示：「全球化使得

法國廣告代理商JCDecaux擅長的是「街頭傢俱」，如這些小亭子、報攤與公廁。這些設計體現出一種文化主位性觀點，因為每款設計都反映了當地文化精神。(Courtesy of J.C. Decaux Advertising)

品味臻於標準化，不過現在的趨勢是重新發現地方文化價值，在不同的城市與文化語境中尋找新的觸發。」[115]

有時，這種策略還包括了修改一種產品或產品定位的方式，以求被當地人接受。例如，中國出品的青島啤酒嘗試打入台灣市場所推出的一支廣告，廣告中許多人開開心心跪在榻榻米上，有位穿和服的女子唱著配上台語歌詞的日本歌謠。這部廣告絕不可能在中國播映，因為中國民眾有仇日歷史情結。然而在台灣，許多人卻把日本文化視為高層次的象徵[116]。

在某些情況下，某地的消費者就是不喜歡在其他地方流行的一些產品。Snapple飲料在日本就失敗了，因為日本的消費者厭惡飲料不透明的外瓶和在瓶中漂浮的果粒。同樣地，Frito-Lay公司也不再銷售Ruffles薯片（太鹹）和芝多司（日本人不喜歡吃完一把薯片後手指就變成了橘黃色）[117]。芝多司是中國製造的，然而在中國推出的產品卻不含起司成份，因為當地人很少吃起司。所以中國銷售的芝多司，可能是美式奶油與日式牛排之類的口味[118]。

要調整地方性的產品朝更廣大的市場推進，著實為一大挑戰，然而並不是辦不到。例如菲律賓一位企業家，就藉著冠上品牌、標準化店面，以及調配特殊醬料，成功地將原本是勞工階層吃的「鴨仔蛋」(balut)推進中產階級市場。鴨仔蛋就是鴨的胚胎，菲律賓男人喜歡直接從鴨蛋一口把鴨胎吸進嘴裡（連毛帶喙，整隻下肚），因為據說這可以壯陽。這位企業家得意地表示：「鴨仔蛋就是我們本地的威而鋼，我們正為了新的一代重新包裝它。」[119]用薯條配鴨仔蛋吃嗎？

▶ 與行銷人員相關的文化差異

因此，哪種觀點是正確的，是文化特殊性還是文化普遍性？也許，根據產品喜好以及產品被欣賞和被需要的準則，有助於思考文化改變的一些方式。

單在美國國內，品味就有相當多的變化，所以對於世界上的人們各自擁有獨特的偏好，也不用太吃驚。比如，和美國人不一樣，歐洲人喜歡黑巧克力勝於牛奶巧克力，他們認為牛奶巧克力是給孩子們吃的。莎拉・李公司在美國出售的薄餅加上了巧克力片，澳洲的加了葡萄乾，在香港則加上椰蓉。鱷魚牌(Crocodile)的手提袋在亞洲和歐洲很流行，但在美國則不受歡迎[120]。

行銷人員必須意識到每種文化對於諸如香煙或性等敏感問題的規範。貓眼石對於英國人來說預示著壞運氣，然而獵狗或豬的象徵物就冒犯了穆斯林人民。日本人對數字4有迷信，因為「4」和「死」諧音。因此，蒂芙尼在日本就賣5只套裝的玻璃器皿和陶瓷品。

語言隔閡是期盼進軍外國市場的企業眼前的一大難題。世界各地隨處可見讓人抓狂的英語標示。例如東京一家飯店的標示，原意是歡迎旅客多利用女侍應生的服務，卻寫成「歡迎您佔女服務生的便宜」(You are invited to take advantage of the chambermaid)。墨西哥阿卡普爾科市(Acapulco)某家飯店想對客人保證飲水檢驗合格，卻寫成「經理已經親自撤出這裡供應的所有尿液」(The manager has personally passed all the water served here)。還有一間位於西班牙馬霍卡(Majorca)的乾洗店，鼓勵路過的顧客「丟下你的褲子以獲取最佳效果」(drop your pants here for best results)。非英語國家的商品名稱往往讓美國遊客瞠目結舌，讓他們張大嘴巴望著命名為「Creap」──與毛骨悚然(creep)諧音──的日本奶精；名為「惡男女」(Bimbo)的墨西哥麵包；以及北歐一款名為「超級尿尿」(Super Piss)的汽車鎖孔化凍劑。

第14章曾提到，美國企業在其他國家為各文化族群推出廣告時，曾因不察文化差異而失態。試想這些錯誤引起了什麼樣的困惑！避免這種問題的一個技巧是「照字面翻譯回去」，請其他翻譯者根據廣告文字再翻回當地語言，就可以抓出誤譯之處。我們在世界各地遇到的類似難題，可由以下例子窺出[121]：

- 北歐公司在美國市場推出Electrolux吸塵器，推出如下宣傳標語：「沒有任何東西比Electrlux更遜」(Nothing sucks like an Electrolux)。這句標語可能想表達該產品的吸塵(suck)性能無與倫比，不過卻忽略了「suck」的另一個意義「遜」。

- 高露潔在法國推出一款牙膏「Cue」，誰知Cue恰好也是知名的情色雜誌。

- 派克公司(Parker)在墨西哥銷售一款原子筆，廣告標語的原意為「它不會在你的口袋裡漏水，讓你尷尬不已」，翻譯後，卻變成「它不會在你的口袋裡漏水，讓你懷孕」。

- 汽水品牌名稱「Fresca」恰好為墨西哥俚語，意指「女同性戀」。

● 福特汽車在西班牙語市場麻煩不斷。該公司發現旗下一款卡車的名稱「Fiera」，西班牙語為「醜老太婆」。在墨西哥上市的「Caliente」，在當地俚語意指「娼妓」。來到巴西，「Pinto」車的名稱在俚語中則指「男人的小東西」。

● 勞斯萊斯在德國推出「銀霧」(Silver Mist)車款，卻發現「Mist」這個字翻譯後的意思是「糞便」。類似的狀況還不少，Sunbeam公司的燙髮器叫做「Mist-Stick」，翻譯後變成「糞肥棒」。這還不夠慘，藥品業者「Vicks」的名稱在德國俚語中為「性交」之意，使得該公司必須在德國改以「Wicks」為名。

▶ 全球化行銷有用嗎？

於是，在簡短思考過一個人在跨文化所遭遇的許多差異之後，你得到什麼概念？全球化行銷有用嗎？也許更準確的問題應該是「它什麼時候會有用？」

儘管認為世界同質文化的觀點，在理論上來說是很吸引人的，但在實際中卻遇到了許多問題。全球化行銷失敗的一個原因是：不同國家的消費者有不同的風俗習慣和傳統慣例，所以他們使用產品的方式是不同的。比如，家樂氏(Kellogg)發現，在巴西傳統中，早餐不是重要的：麥片普遍來說是一種乾點心。

實際上，在同一個國家內也存在顯著的文化差異。加拿大的廣告商們知道，當目標市場是說法語的魁北克省消費者時，廣告就必須與說英語的省份有顯著不同。所以蒙特婁市的廣告比多倫多市的廣告要辛辣一些，這反映了根源在法國的消費者，與根源在英國的消費者，在對待性方面的態度差異[122]。

有一些大公司，如可口可樂，已經成功地塑造了單一的國際形象。但是，可口可樂也仍然必須對在每個文化中表現自己的方式作出一些小變化。儘管可口可樂的廣告大部分都是非常標準化的，當地代理商也被允許對廣告進行編輯，以突出當地人的特寫鏡頭[123]。為了讓這種跨文化的努力得以成功的機會最大化，行銷人員必須找出這些共享一個普遍世界觀的不同國家消費者。可能在這些人之中，他們的參考框架相對來說是比較國際化或世界性的，或者他們是由整合了一個世界觀點的來源處，接收了許多關於這個世界的資訊。

誰將被歸為這一類？有兩種消費者區隔是極優的候選人：(1)富裕的「全球公

民」，他們透過旅遊、商業活動和媒體得知了全世界的想法；(2)喜歡音樂、時尚的年輕人，他們深受MTV和向不同國家播放同樣形象的媒體影響。比如，MTV台在羅馬或蘇黎世的觀眾，也可以和倫敦或盧森堡的觀眾看到一樣的 "buzz clips" [124]。

消費文化的傳布

可口可樂在亞洲國家是年輕人的首選飲料，麥當勞則是最受歡迎的速食店[125]。NBA的正牌商品每年在美國以外就有5億美元的獲利[126]。走在里斯本或布宜諾斯艾利斯的街道上，你常常會看到耐吉帽子、GapT恤和Levi's牛仔褲。消費文化的魅力已經在全世界傳播開來。在一個全球化的社會中，人們很快就從其他文化中借來一些東西，特別是他們崇拜的東西。

不過，這不僅關係到輸出美國文化的問題而已。在全球社會，人們可以很快地從自己崇尚的文化中取經。例如，日本的流行文化影響了韓國人，因為後者相信前者很懂得消費。日本搖滾樂團在韓國享有的人氣高出當地樂團，韓國消費者對日本漫畫、時裝雜誌與比賽節目等文化輸出也趨之若鶩。一位韓國研究人員解釋：「文化像水一樣，會從強國流向弱國。人們會把比較富強、自由、先進的國家偶像化，在亞洲，這樣的國家就是日本。」[127]

▶ 我想買一瓶可口可樂給世界

西方（尤其是美國）是通俗文化的淨出口國。許多消費者已經普遍學到，把西方生活方式以及特別是英語，等同於現代化和精益求精；很多美國品牌雖然緩慢但卻漸漸滲入了當地品牌。確實，一家北京行銷研究公司的一項調查發現，將近有半數的12歲以下孩童認為麥當勞是一個本地的中國品牌[128]。

儘管美國通俗文化在全世界逐漸普及，但已有跡象顯示這種入侵正在減緩。在歐洲與亞洲地區，美國節目曾經獨佔當地電視熱門播映時段，但現在開始被排到冷門時間，以便把時段空給更多本土自製節目，如以東德人逃往西德為題材的熱門

德國影集《隧道》(The Tunnel)，就贏得高度矚目。有些本土節目則向美國節目借靈感，德國有個同樣大受歡迎的節目《夢之船》(Das Traumschiff)，就是改編自美國《愛之船》(Love Boat)影集。不過平心而論，美國以真人實境為賣點的實境節目(reality show)，如廣受歡迎的《老大哥》(Big Brother)與現場直播博奕節目《智者生存》(Weakest Link)，都是製作人從歐洲進口的概念[129]。最大規模的實境節目之一是西班牙的《凱旋行動》(Operación Triunfo)。這個節目與美國的《美國偶像》(American Idol)節目很類似，已賣給許多國家的電視網，包括俄羅斯、義大利、英國、希臘、墨西哥、巴西與葡萄牙[130]。

　　政治發展對美國產品的需求度有很大影響，特別在中東等反美地區。美國在九一一事件後開始轟炸阿富汗，喀拉蚩有數千名抗議者走上街頭，高唱「處死美國」，縱火焚燬與美國有關的商家，包括肯德基在內（即使是地方人士經營的亦然）[131]。受到反美餘緒波及，可口可樂估計光是2002年，該公司就在波斯灣、埃及與沙烏地阿拉伯等地丟掉了4到5千萬筆生意。寶鹼公司的Ariel洗潔劑受到一場親巴勒斯坦的杯葛行動影響，業績一落千丈，只因為該品牌與以色列首相夏隆(Ariel Sharon)同名[132]。

　　其他國家的評論者則慨嘆當地文化日益蔓延的「美國化」現象，他們將之視為氾濫的物質主義。墨西哥瓦哈卡市(Ocxaca)官方就曾成功地禁止麥當勞在市中心廣場設立象徵該公司的金色拱門[133]。法國更是反對美國文化入侵最積極的反對者，法國人甚至試著禁止法式英語(Franglish)名詞的使用，例如la drugstore（藥房）、la fast food（速食）與la marketing（行銷）等[134]。對美國文化的抗拒，恐怕以某位法國評論家對歐洲迪士尼樂園的描述最為傳神，他說歐洲迪士尼是「由紙板、塑膠與可怕顏色建立的一個恐怖東西，用硬掉的口香糖，以及直接從痴肥老美看的漫畫書中挪用的白痴故事搭設出來的工事。」[135]

　　反對全球性速食文化的行動源自「慢食運動」(Slow Food movement)之類的團體。慢食運動由一位義大利記者發起，動機在抗議羅馬出現的第一家麥當勞分店。這個團體在推廣所稱的「緩慢都市」(Slow Cities)，強調環境政策、創造公共綠意空間，並尋找處理垃圾的新方式。所有團體成員共同遵守一項承諾，在同意開發市區新地域之前，必須先修復老市區。他們不鼓勵連鎖事業與速食餐飲店的營運，也反對基因改造作物。目前全球已有30座緩慢都市，還有40座城市正在申請會員[136]。

▶ 過渡經濟體制的消費文化

在80年代早期，為了指出西方資本主義的頹廢，羅馬尼亞共和國政府播出了美國電視節目《朱門恩怨》(Dallas)。然而，這一策略卻導致了相反結果，傳達的不是衰落，而是富有！在東歐和中東的部分地區，主角小傑(J.R. Ewing)成了一個受人崇拜的偶像。在羅馬尼亞首都布加勒斯特市外的一個受歡迎的遊覽勝地，有一個巨大白色的木頭大門，就用英語寫出該地的名字：「南叉牧場」(South Fork Ranch)[138]。西方的「頹廢」似乎是可以傳染的[139]。

有60多個國家的國民生產總值少於100億美元，但同時至少有135個跨國公司的銷售收入超過了這個數字。這些行銷動力的優勢已經產生了一個全球化的消費倫理(globalized consumption ethic)。全世界的人正不斷地被豪華轎車、MTV中有魅力的搖滾明星，和現代化方便實用電器吸引人的形象所包圍。他們開始共享一個理想的物質生活方式，並重視能那些象徵富有的名牌。購物已經從一個令人厭倦、為基本生存必須的行為，進化為一種休閒方式。佔有這些令人垂涎的物品成了一種展示個人地位的機制（見第13章）。這樣做經常要付出巨大的犧牲。比如在羅馬尼亞的Kent牌香煙只在地下流通，因為一包外國香煙的價值相當於羅馬尼亞人的年收入。

行銷陷阱

逐漸地，跨國企業持續搜尋有潛力的地方商品，將它們發展成全球品牌。有時這些企業會遇到當地人士抗議，抗議者擔心這類行銷行動將減損該產品的地方精神。聯合利華芬蘭分公司就遇到類似的例子。該公司想把芬蘭一個芥末品牌「Turun Sinappi」推廣到全球市場，為它全面發展新包裝、新廣告，且把廠房移到瑞典。這個行動引起有計畫的抗議活動，領導者是「保持Turun Sinappi芬蘭特色」運動組織的成員，該組織堅持Turun Sinappi200年歷史的配方應該保留在芬蘭當地。超過20萬名芬蘭人，包括90%的芬蘭食品、飲料與消費商品工會成員，簽署了一份請願書，要求聯合利華放棄將此品牌行銷到芬蘭境外的計畫[137]。

　　共產主義崩解後，東歐國家從一個漫長物質匱乏的冬天，進入了富有的春天。然而，前景並不總是光明的，因為在過渡經濟(transitional economies)中，對很多國家來說獲得消費品並不是件容易的事。包括中國、羅馬尼亞等國，從一個受到控制的中央集權經濟，到一個自由市場體制，都會經過一段艱難適應的掙扎過程。在這種情況下，隨著人民突然暴露在全球資訊和外部的市場壓力下，社會、政治和經濟體制都需要快速的變化[140]。

　　轉向資本主義的一些後果包括：自信和對當地文化驕傲的喪失，還有疏遠、挫折和壓力的增加，因為空閒時間已經被用來更努力工作以購買消費品。對西方物質文化裝飾品的渴求，在東歐國家最為明顯。在那裏，居民們丟掉了共產主義的一些束縛，而直接購買來自美國和西歐的消費品——如果他們買得起的話。一位分析家指出：「美國夢與全人類的自由和正義沒多少關係，與肥皂劇和席爾斯百貨目錄比較有關係。」[141]

　　隨著全球化消費倫理的傳播，不同文化需求的儀式和產品也逐漸同質化。比如，在回教國家土耳其的一些都市人也開始慶祝聖誕節，儘管在這個國家甚至沒有送生日禮物的慣例。在中國，聖誕熱潮正攫住新興都會中產階級的心，讓他們有藉口購物、吃喝與聚會。中國民眾搶著選購聖誕樹、裝飾品，以及有關基督教的物品（即使販售耶穌與聖母相片的街頭小販老是弄不清他們是誰）。中國消費者之所以擁抱聖誕節，是因為過聖誕節感覺有國際化與現代化的氣氛，不是因為他們有過此節日的傳統。中國政府也鼓勵大家過聖誕，因為這樣可以刺激消費。為了讓佳節更愉快，中國每年出口總值10億美元的聖誕飾品，當地工廠更大量生產出75億美元總值的玩具，讓世界各地的人把這些玩具放在聖誕樹下[142]。

　　難道這種同質性意味著那些生活在奈洛比、新幾內亞或是荷蘭的消費者，與來自紐約和納許維爾市的消費者沒有任何區別嗎？可能不是這樣的，因為消費品的意義必須經常變化，才能與當地的習慣和價值觀一致。比如在土耳其，一些城市的婦女使用爐子來烘乾衣服，使用洗碗機來洗帶有泥土的菠菜。或者說，一件在巴布亞新幾內亞的傳統衣服式樣bilum，可能會和諸如米老鼠T恤或是棒球帽等西方商品結合起來[144]。這些過程使得全球同質化不可能壓倒當地文化，但很有可能形成多消費文化，每一種消費文化都把全球化的圖案，如耐吉標誌和本地的產品、意義混合起來。

混雜化(creolization)就是指外國的影響被在地意義吸收並整合的過程。現代的基督徒把改裝後的異教徒聖誕樹加進了他們的儀式。在印度，地位低下的乞討者會用三輪車兜售一瓶瓶的可樂；而一種叫做Indipop的印度流行音樂就混合了傳統音樂風格，以及搖滾樂、饒舌還有雷鬼樂[145]。如在第14章中提到的，在美國，年輕的西班牙裔美國人會在嘻哈和西班牙式搖滾樂之間舞動，也會把義大利麵醬和墨西哥米飯混合，還在薄薄的玉米餅撒上花生奶油和果凍[146]。

當適度修改產品和服務，以與當地風俗習慣相一致時，混雜化的過程有時會導致產品和服務一些奇異的變化。思考一下下列這些混雜的改編過程[147]：

* 在秘魯，印第安男孩們攜帶著畫成類似電晶體收音機的岩石。

* 在巴布亞新幾內亞高地，部落男子把皇家奇瓦士酒的包裝紙包在鼓上，戴著飛龍牌鋼筆而不是鼻骨。

 行銷契機

原本只有巴西農民在穿的簡陋地方產品，忽然成為全球大熱門。這個現象說明了消費者對全球各地新概念與新風格的渴求，帶動著全球性的消費文化蔓延。該產品是巴西在地人稱為「阿費亞那斯」(Havaianas)的一種拖鞋，「阿費亞那斯」是葡萄牙語「夏威夷人」之意。這種不登大雅之堂的拖鞋，在巴西每雙只賣2美元，在該國幾乎是窮人的同義詞。以至於葡萄牙語pe de chinelo（腳蹬拖鞋）成為常見俚語，意指社會底層的下等人。在巴西，固定買這種鞋子穿的是藍領階級，誰知現在從巴黎到雪梨，時尚男女正穿著這種農夫鞋進出時髦的俱樂部，甚至有人穿進工作場合。

這種拖鞋是如何躋身時尚舞台的？最早，一家名為艾爾帕加塔斯(Alpargatas)的公司為了提高利潤，改良原版拖鞋的淡黃色鞋底與黑／藍扣帶，開發檸檬綠與紫紅色新款式，再以原價的兩倍推出。然後，該公司再推出更新款式，包括男性衝浪鞋等。巴西中產階級消費者也開始穿這款鞋，甚至該國總統也不例外。超級名模娜歐蜜·坎貝爾(Naomi Campbell)、凱特·摩絲(Kate Moss)與巴西本地名模姬賽兒·邦辰(Gisele Bundchen)開始留意這款鞋子後，有了名人加持，這股風尚更是蔓延開來。艾爾帕加塔斯公司的業務代表免費贊助坎城影展的出席影星這款拖鞋，帶動風潮全面延燒。結果是，艾爾帕加塔斯的國際銷售業績從0飆到500萬雙，全球強強滾[143]。

● 在遙遠的衣索比亞卡科高地上，巴納部落的人們花錢去電影院看《馬戲團小狗普魯托》(Pluto the Circus Dog)。

● 當一位非洲史瓦濟蘭公主嫁給一位祖魯國王時，她穿著傳統服裝，在前額圍繞著紅色杜鵑的羽毛，並且披戴一件由窗鳥羽毛和牛尾編成的披肩，還有豹皮外套。但是人們用柯達電影攝影機為這個典禮錄影，而且同時有樂隊演奏「真善美」的音樂。

● 日本人喜歡用西方字詞作為表達一些新鮮和令人興奮東西的簡略形式，即使他們並不知道真正的意義。日本汽車會被命名為窈窕淑女、葛洛莉亞、非洲大羚羊貨車等。消費者買到的是轉換成日式發音的產品，如除臭劑(deodoranto)和蘋果派(appuru pai)。廣告中還會用日式英文發音，要求購買者停下來看看，(stoppu rukku)，並宣稱產品很獨特(yuniku)[148]。可口可樂罐會這麼說：「我能感受到可口可樂，而且聲音聽起來很特別」。一個叫做奶油汽水的公司用這條標語來銷售產品：「太老了死不了，太年輕了高興不了」(Too old to die, too young to happy)[149]。其他使

許多廣告訊息都是以全球消費者為對象。這則澳洲廣告所促銷的是芬蘭產品，希望打動的對象則是不同文化中有品味的年輕消費者。(Courtesy of Finlandia)

全球瞭望鏡

　　隨著全球反美情緒高漲，為美國的跨國企業在國際市場頻添險阻。不過對麥當勞而言，這早已成家常便飯。過去10年裡，伊利諾州起家的麥當勞在超過50個國家裡成為政治抗議活動的目標。為了不讓麥當勞叔叔替山姆大叔挨子彈，一些有違麥當勞創業宗旨的行銷手段只得端出來應急。

法國 1997到2002年

遭遇問題：面對反美國文化帝國主義的餘波。法國農夫喬西．波瓦(Jose Bove)於1999年蓄意破壞一家麥當勞分店，法國人額手稱慶。

因應策略：推出形象廣告。其中有牛仔自豪地宣稱，麥當勞法國分公司拒絕進口美國牛肉，「以保障最佳衛生條件」。麥當勞叔叔讓位給亞司特利斯（捍衛法國獨立精神的卡通人物），由後者繼任法國麥當勞的象徵。

南斯拉夫 1998年

遭遇問題：在北約組織的支持下，美軍對貝爾格勒展開轟炸行動。

因應策略：重新定位麥當勞成為反北約組織的象徵。在集會中發送免費漢堡，金色拱門標誌上加上一頂塞爾維亞民族主義者小帽，標語寫上：「麥當勞都是為你。」

埃及 2001年

遭遇問題：美國支持以色列，引發抵制美國活動。

因應策略：在當地推出「麥法拉菲爾堡」(McFalafel)，廣告配樂則向歌手羅西姆(Shabaan Abdel Rahim)借聲，他的熱門金曲正是「我恨以色列」。

印尼 2002年

遭遇問題：印尼是全球擁有最多回教徒人口的國家，對美國出兵阿富汗（亦屬回教世界）相當憤怒。

因應策略：在印尼各地分店配掛麥當勞印尼分公司總裁到麥加朝聖的巨幅相片。每星期五員工會穿上宗教服裝。新電視廣告則強調其地方經營特色。

沙烏地阿拉伯 2002年

遭遇問題：以色列對巴勒斯坦的回應態度，讓阿拉伯世界憤怒情緒升高，引起對美國商品的抵制。

因應策略：沙烏地分公司推動齋戒月促銷活動，每售出一個麥香堡，將提撥30美分給紅十字會與位於加薩(Gaza)的納瑟(Nasser)醫院，做為治療巴勒斯坦傷患的基金。

資料來源：Business 2.0, December, 2002; ***http://france.attac.org*** (a major French anti-globalization Web site); "McDonald's, Cible Privilégiée de L'anti-Américanisme," *La Monde*, April 27, 2002.

用英語名稱的日本產品還包括口中寵物（Mouth Pet，呼吸清涼劑）、寶礦力汗水（Pocari Sweat，提神飲料）、腋窩（Armpit，電動刮鬚刀）、棕色濃泡沫（Brown Gross Foam，染髮慕絲）、特別天然極品（Virgin Pink Special，護膚面霜）、母牛牌（Cow Brand，美容皂），以及我的早晨水（Mymorning Water，罐裝水）[150]。

摘要

在任一特定時間內，某個文化中流行風格的盛行，經常能夠反映出潛在的政治和社會狀況。創造各種流行風格的一組媒介代理人被稱為文化製造系統。這個系統中包括的各類參與者，以及各種產品形式的競爭數量等因素，都會影響到產品到達市場被最終消費者考慮的可能性。

文化經常被描述成精緻（或菁英）形式和低檔（或大眾）形式兩種。大眾文化產品傾向於遵循一個文化公式，其中包括了可預測的元素。而另一方面，隨著行銷努力不斷整合來自精緻藝術的影像，在現代社會裏，這種區別已經變得模糊了。

現實操作法是指行銷人員挪用大眾文化的元素，將其轉變為行銷策略的工具。這些元素包括對於日常存在物的感覺和空間知覺面向，不論是出現在電影中的產品，還是辦公室和百貨商店裏的氣味，還是廣告看板、主題樂園、商店手推車上的錄影機螢幕。

創新傳佈指的是一種新產品、服務或思想在人群中傳佈的過程。創新者和早期採納者能夠很快採納一件新產品，落伍者則採納得非常慢。一個消費者決定是否要採納一件新產品，取決於個人性格，還有創新產品本身的特點。如果一件創新產品需要用戶行為的較小改變、易於理解，與現有產品相比有相對優勢，則這件創新產品就更有可能被人們採納。

流行體系包括創造和傳遞象徵性意義過程中的每一個人。許多不同產品能夠傳達那些用來表示一般文化類目（如性別差異）的意義。新的流行風格傾向於在集體選擇的過程中被許多人同時接受。根據文化基因理論，思想在大眾中的傳播是以幾何級數遞增的，非常類似於一種傳染許多人、成了一種傳染病的病毒。關於採納一種新流行風格動機的其他觀點還包括流行的心理學、經濟學和社會學模式。

流行有追隨一些循環過程的傾向，生命週期和產品的生命週期非常類似。可以從周期長短來辨別流行時尚的兩個極端：經典和狂熱。

因為消費者文化對個人的生活方式選擇有很大影響，所以行銷人員在多個國家內進行行銷時，就必須盡可能多瞭解文化形式和喜好上的差異。一個很重要的問題就是，行銷策略是否必須適應不同文化，還是實行跨文化的標準化行銷策略。支持文化普遍性觀點者相信，通用的廣告可以在不同文化被人們所欣賞。但是文化特殊性觀點的支持者卻認為，單一文化的獨特性不可能允許這種標準化的存在，因此行銷人員必須改變方法，使其和當地價值觀和慣例一致。全球化行銷的嘗試已經遭遇到了程度不一的成功結果。在許多情況下，如果廣告可以吸引人們關注商品的最基本價值，或者目標市場的消費者更傾向於國際化而不是本土化，這種方法就更容易起作用。

美國是一個大眾文化的淨出口國家。全球的消費者們已經熱切地盼望能採納美國產品，尤其是娛樂資訊和能象徵獨特美國生活方式的物品，如萬寶路香煙和Levi's牛仔褲。儘管世界文化正在不斷的「美國化」，一些消費者仍對這種影響保持警醒，轉而強調使用本國生產的產品和服務。在其他情況下，利用混雜化的過程，行銷人員把這些產品和現有文化慣例進行了整合。

思考題

1. 狂熱、時尚和經典的根本區別是什麼？請你舉例說明。

2. 藝術品和工藝品的區別是什麼？你如何在這個框架內定義廣告？

3. 本章提及一些市場調查結果影響藝術家決定的例子，比如重拍一部電影結局以適應消費者的喜好。許多人反對這種作法，他們認為，書籍、電影、唱片或是其他的藝術產品不應該僅僅滿足人們想要讀、看或是聽的情節。你怎麼想？

4. 由於不斷的競爭和市場飽和度，工業化國家的行銷人員正在透過鼓勵第三世界國家人們消費西方國家產品，來打開這些國家的市場。單是亞洲的消費者1年就消費900億美元的香煙，而且美國香煙製造商繼續殘酷地向這些國家輸出香煙。描寫迷人的西方模特兒和背景的香煙廣告經常出現在世界各地，包括廣告

看板、公共汽車上、商店店面和衣服上，甚至還有許多由香煙公司贊助的大型體育賽事和文化活動。一些公司還在遊樂區裏向13歲以下的兒童發送香煙和禮物。如果出售的產品對消費者的健康有害（如香煙），或者這種產品使得人們把應該用在必需品上的金錢花費在這件產品上，這種做法是否值得提倡？如果你是一位第三世界國家的貿易或是衛生官員，要制定一些方針來管制來自先進國家奢侈品的進口，你會給什麼建議？

5. 對現實操作法中描述的一些手法提出你的評論，行銷人員是否「擁有」了我們的文化，他們可以這樣嗎？

6. 日本年輕女性最炫的時尚，是穿上鞋跟高達6吋的恨天高。好幾位少女因為穿著這種鞋子跌倒，頭骨碎裂死亡。然而追隨流行者表示，她們寧可冒著扭到腳踝、跌斷骨頭、鼻青臉腫的風險，也要穿上這種鞋。一位少女說：「我跌倒扭傷了腳好幾次，不過這鞋子實在太可愛了，除非退流行，否則我還是想穿。」世界各地有許多消費者，似乎都肯為流行受苦受難。有人主張說，我們只是設計師手中的棋子，他們密謀硬是要我們消化這些彆扭的時尚設計。你認為呢？流行在社會中的角色為何，又應該扮演什麼樣的角色？對掌握流行的人來說，時尚有多重要？與流行同步，好在哪裡，又壞在哪裡？你相信我們真的受設計師擺佈嗎？

索引

註釋

第一章

1. www.gammaphibeta.org, accessed February 3, 2003.
2. www.riotsrrl.com/whatwethink.html, accessed June 2, 2000.
3. This definition is similar to the definition of marketing offered by the American Marketing Association: "Marketing is the process of planning and executing the conception, pricing, promotion, and distribution of ideas, goods, and services to create exchanges that satisfy individual and organizational goals" (www.ama.org/about/ama/ markdef.asp, accessed May 27, 2000). The focus of study in the consumer behavior discipline is more on the consumer's experience or satisfaction with the product than with the organizational processes involved in creating or delivering the product. However, these issues obviously are also of great import for many consumer researchers, particularly those with an applied interest. The divergence between academic and applied perspectives will be considered later in this chapter.
4. Jill Rosenfeld, "Experience the Real Thing," *Fast Company* (January–February 2000): 184.
5. Erving Goffman, *The Presentation of Self in Everyday Life* (Garden City, NY: Doubleday, 1959); George H. Mead, *Mind, Self, and Society* (Chicago: University of Chicago Press, 1934); Michael R. Solomon, "The Role of Products as Social Stimuli: A Symbolic Interactionism Perspective," *Journal of Consumer Research* 10 (December 1983): 319–29.
6. Michael R. Solomon and Elnora W. Stuart, *Marketing: Real People, Real Choices*, 2nd ed. (Upper Saddle River, NJ: Prentice Hall, 2000): 5–6.
7. Quoted in Evan Ramstad, "Walkman's Plan for Reeling in the Ears of Wired Youths," *Wall Street Journal Interactive Edition* (May 18, 2000).
8. George Anders, "Web Giants Amazon, eToys Bet on Opposing Market Strategies," *Wall Street Journal Interactive Edition* (November 2, 1999).
9. Pamela Licalzi O'Connell, "New Economy: Behind Bars, a Market for Goods," *New York Times on the Web* (May 14, 2001).
10. Jennifer Ordonez, "Cash Cows: Burger Joints Call Them 'Heavy Users'— But Not to Their Faces," *Wall Street Journal Interactive Edition* (January 12, 2000).
11. Ann Grimes, "Nike Rescinds Advertisement, Apologizes to Disabled People," *Wall Street Journal* (October 26, 2000).
12. Natalie Perkins, "Zeroing in on Consumer Values," *Advertising Age* (March 22, 1993): 23.
13. Jennifer Lee, "Tailoring Cellphones for Teenagers," *New York Times on the Web* (May 30, 2002).
14. Jack Neff, "Crest Spinoff Targets Women," *Advertising Age* (June 3, 2002): 1.
15. Charles M. Schaninger and William D. Danko, "A Conceptual and Empirical Comparison of Alternative Household Life Cycle Models," *Journal of Consumer Research* 19 (March 1993): 580–94; Robert E. Wilkes, "Household Life-Cycle Stages, Transitions, and Product Expenditures," *Journal of Consumer Research* 22 (June 1995): 27–42.
16. Richard P. Coleman, "The Continuing Significance of Social Class to Marketing," *Journal of Consumer Research* 10 (December 1983): 265–80.
17. Maureen Tkacik, "The Worlds of Extreme Sports, Hip-Hop Are Starting to Merge," *Wall Street Journal Interactive Edition* (August 9, 2001).
18. Betsy McKay, "SoBe Hopes Edgy Ads Can Induce the Masses to Try Its 'Lizard Fuel,' " *Wall Street Journal Interactive Edition* (April 28, 2000).
19. Motoko Rich, "Region's Marketers Hop on the Bubba Bandwagon," *Wall Street Journal Interactive Edition* (May 19, 1999).
20. Alice Z. Cuneo, "Tailor-Made Not Merely 1 of a Kind," *Advertising Age* (November 7, 1994): 22.
21. Robert C. Blattberg and John Deighton, "Interactive Marketing: Exploiting the Age of Addressability," *Sloan Management Review* 331(Fall 1991): 5–14.
22. Quoted in "Bringing Meaning to Brands," *American Demographics* (June 1997): 34.
23. Susan Fournier, "Consumers and Their Brands. Developing Relationship Theory in Consumer Research," *Journal of Consumer Research* 24 (March 1998): 343–73.
24. Douglas B. Holt, "How Consumers Consume: A Taxonomy of Consumption Practices," *Journal of Consumer Research* 22 (June 1995): 1–16; Douglas B. Holt, personal communication, August 27, 1997.
25. Brad Edmondson, "The Dawn of the Megacity," *Marketing Tools* (March 1999): 64.
26. For a recent discussion of this trend, see Russell W. Belk, "Hyperreality and Globalization: Culture in the Age of Ronald McDonald," *Journal of International Consumer Marketing* 8 (1995): 23–38.
27. Lorraine Ali, "The Road to Rave," *Newsweek* (August 6, 2001): 54–56.
28. Robert Frank, "When Small Chains Go Abroad, Culture Clashes Require Ingenuity," *Wall Street Journal Interactive Edition* (April 12, 2000).
29. Richard T. Watson, Leyland F. Pitt, Pierre Berthon, and George M. Zinkhan, "U-Commerce: Expanding the Universe of Marketing," *Journal of the Academy of Marketing Science* 30 (2002): 333–47.
30. I.B.M. Unveils 'Smart' Laundry," *New York Times on the Web* (August 30, 2002).
31. Erin White, "Advertisers Aren't Following Flood of Europeans Online," *Wall Street Journal Interactive Edition* (July 26, 2002).
32. Seema Williams, David M. Cooperstein, David E. Weisman, and Thalika Oum, "Post-Web Retail," *The Forrester Report*, Forrester Research, Inc. (September 1999).
33. Some material in this section was adapted from Michael R. Solomon and Elnora W. Stuart, *Welcome to Marketing.Com: The Brave New World of E-Commerce* (Upper Saddle River, NJ: Prentice Hall, 2000).
34. Patricia Winters Lauro, "Marketing Battle for Online Dating," *New York Times on the Web* (January 27, 2003).
35. Tiffany Lee Brown, "Got Skim?" *Wired* (March 2000): 262.
36. Rebecca Fairley Raney, "Study Finds Internet of Social Benefit to Users," *New York Times on the Web* (May 11, 2000).
37. John Markoff, "Portrait of a Newer, Lonelier Crowd Is Captured in an Internet Survey," *New York Times on the Web* (February 16, 2000).
38. Lisa Guernsey, "Professor Who Once Found Isolation Online Has a Change of Heart," *New York Times on the Web* (July 26, 2001).
39. Charles Sheehan, "Upcoming Comic Features Real-Life Marriage Proposal," *Montgomery Advertiser* (February 24, 2002).
40. Stuart Elliott, "Hiding a Television Commercial in Plain View," *New York Times on the Web* (May 24, 2002).
41. Marc Gunther, "Now Starring in Party of Five—Dr. Pepper," *Fortune* (April 17, 2000): 88.
42. Rafer Guzman, "Hotel Offers Kids a Room with a Logo," *Wall Street Journal Interactive Edition* (October 6, 1999).
43. Frances A. McMorris, "Loaded Coconut Falls off Deck, Landing Cruise Line in Court," *Wall Street Journal Interactive Edition* (September 13, 1999).
44. Jennifer Lach, *American Demographics* (December 1999): 18.
45. Valerie S. Folkes and Michael A. Kamins, "Effects of Information about Firms' Ethical and Unethical Actions on Consumers' Attitudes," *Journal of Consumer Psychology* 8 (1999): 243–59.
46. Media Want Colleges to Fight Piracy," *New York Times on the Web* (October 11, 2002).
47. Jacqueline N. Hood, and Jeanne M. Logsdon, "Business Ethics in the NAFTA Countries: A Cross-Cultural Comparison," *Journal of Business Research* 55 (2002): 883–90.
48. Barbara Crossette, "Russia and China Called Top Business Bribers," *New York Times on the Web* (May 17, 2002). For more details about the survey see www.transparency.org.
49. Quoted in Ira Teinowitz, "Lawsuit: Menthol Smokes Illegally Targeted to Blacks," *Advertising Age* (November 2, 1998): 16.
50. Pamela Paul, "Mixed Signals," *American Demographics* (July 2001): 44.
51. R. Harris, "Most Customers Using Internet Fail to Read Retailers' Privacy Policies," *Ventura County Star* (June 6, 2002).
52. Jeffrey Rosen, "The Eroded Self," *New York Times Magazine* (April 29, 2000).
53. Quoted in Jennifer Lach, "The New Gatekeepers," *American Demographics* (June 1999): 41–42.
54. John Hagel III and Jeffrey F. Rayport, "The Coming Battle for Customer Information," *Harvard Business Review* (January–February 1997): 53; Toby

Lester, "The Reinvention of Privacy," *The Atlantic Monthly* (March 2001): 27; Roland T. Rust, P. K. Kannan, and Na Peng, "The Customer Economics of Internet Privacy," *Journal of the Academy of Marketing Science* 30 (2002): 455–64.

55. Michael R. Solomon, *Conquering Consumerspace: Marketing Strategies for a Branded World* (New York: AMACOM, 2003).

56. Jeffrey Ball, "Religious Leaders to Discuss SUVs with GM, Ford Officials," *Wall Street Journal Interactive Edition* (November 19, 2002).

57. William Leiss, Stephen Kline, and Sut Jhally, *Social Communication in Advertising: Persons, Products, and Images of Well-Being* (Toronto: Methuen, 1986); Jerry Mander, *Four Arguments for the Elimination of Television* (New York: William Morrow, 1977).

58. Packard (1957); quoted in Leiss et al., *Social Communication*, 11.

59. Raymond Williams, *Problems in Materialism and Culture: Selected Essays* (London: Verso, 1980).

60. Leiss et al., *Social Communication*.

61. George Stigler, "The Economics of Information," *Journal of Political Economy* (1961): 69.

62. Quoted in Leiss et al., *Social Communication*, 11.

63. Erin White, "English Schoolchildren Get Lessons on Savvy Marketing," *Wall Street Journal Interactive Edition* (November 27, 2002).

64. Adbusters Media Foundation, "Adbusters" [Web site] (Vancouver, British Columbia) [cited 27 June 2002]; available from http://secure.adbusters.org/orders/culturejam.

65. Adbusters Media Foundation, "Adbusters" [Web site] (Vancouver, British Columbia) [cited 27 June 2002]; available from http://adbusters.org/ information/network.

66. www.nikesweatshop.net [Web site], accessed June 29, 2002.

67. The Truth.com, "About Truth" [Web site] [cited 15 March 2002]; available from www.thetruth.com.

68. Co-op America's Boycott Action News, "Boycott updates" [Web site] [cited 15 January 2002]; available from www.coopamerica.org/boycotts/boycott_grid.htm; Greenwood Watershed Association, "We'd Rather Wear Nothing Than Wear GAP!" [Web site] (17 January 2000) [cited 11 February 2002]; available from www.elksoft.com/gwa/history/ wearnothing.

69. Behind the Label, "Global Campaign News" [Web site] (31 January 2002) [cited 11 February 2002]; available from www.behindthelabel.org/ infocus.

70. The Pittsburgh Coalition Against Pornography. "Take Action: Five Steps You Can Take to Ditch Fitch!" [Web site] [cited 25 February 2002]; available from www.pittsburghcoalition.org/abercrombie.html.

71. For consumer research and discussions related to public policy issues, see Paul N. Bloom and Stephen A. Greyser, "The Maturing of Consumerism," *Harvard Business Review* (November–December 1981): 130–39; George S. Day, Assessing the Effect of Information Disclosure Requirements," *Journal of Marketing* (April 1976): 42–52; Dennis E. Garrett, "The Effectiveness of Marketing Policy Boycotts: Environmental Opposition to Marketing," *Journal of Marketing* 51 (January 1987): 44–53; Michael Houston and Michael Rothschild, "Policy-Related Experiments on Information Provision: A Normative Model and Explication," *Journal of Marketing Research* 17 (November 1980): 432–49; Jacob Jacoby, Wayne D. Hoyer, and David A. Sheluga, *Misperception of Televised Communications* (New York: American Association of Advertising Agencies, 1980); Gene R. Laczniak and Patrick E. Murphy, *Marketing Ethics: Guidelines for Managers* (Lexington, MA: Lexington Books, 1985), 117–23; Lynn Phillips and Bobby Calder, "Evaluating Consumer Protection Laws: Promising Methods," *Journal of Consumer Affairs* 14 (Summer 1980): 9–36; Donald P. Robin and Eric Reidenbach, "Social Responsibility, Ethics, and Marketing Strategy: Closing the Gap Between Concept and Application," *Journal of Marketing* 51 (January 1987): 44–58; Howard Schutz and Marianne Casey, "Consumer Perceptions of Advertising as Misleading," *Journal of Consumer Affairs* 15 (Winter 1981): 340–57; Darlene Brannigan Smith and Paul N. Bloom, "Is Consumerism Dead or Alive? Some New Evidence," in Thomas C. Kinnear, ed., *Advances in Consumer Research* 11 (1984): 369–73.

72. "Concerned Consumers Push for Environmentally Friendly Packaging," *Boxboard Containers* (April 1993): 4.

73. Michal Strahilevitz and John G. Myers, "Donations to Charity as Purchase Incentives: How Well They Work May Depend on What You Are Trying to Sell," *Journal of Consumer Research* 24 (March 1998): 434–46.

74. Quentin Hardy, "The Radical Philanthropist," *Forbes* (May 1, 2000): 114.

75. Cf. Philip Kotler and Alan R. Andreasen, *Strategic Marketing for Nonprofit Organizations*, 4th ed. (Englewood Cliffs, NJ: Prentice Hall, 1991); Jeff B. Murray and Julie L. Ozanne, "The Critical Imagination: Emancipatory Interests in Consumer Research," *Journal of Consumer Research* 18 (September 1991): 192–244; William D. Wells, "Discovery-Oriented Consumer Research," *Journal of Consumer Research* 19 (March 1993): 489–504.

76. Bertil Swartz, " 'Keep Control': The Swedish Brewers Association Campaign to Foster Responsible Alcohol Consumption Among Adolescents" (paper presented at the ACR Europe Conference, Stockholm, June 1997); Anna Oloffson, Ordpolen Informations AB, Sweden, personal communication, August 1997.

77. "Japan Calls for Tighter Food Security Against Mad Cow Disease," *Xinhua News Agency* (May 20, 2002) [cited 29 June 2002]; available from www.xinhuanet.com/english.

78. Kenneth E. Nusbaum, James C. Wright, and Michael R. Solomon, "Attitudes of Food Animal Veterinarians to Continuing Education in Agriterrorism" (paper presented at the 53rd Annual Meeting of the Animal Disease Research Workers in Southern States, University of Florida, February 2001).

79. Betty Mohr, "The Pepsi Challenge: Managing a Crisis," *Prepared Foods* (March 1994): 13.

80. Wendy Koch, "Nicotine Water for Smokers Could Hook Kids," *USA Today Online* (May 23, 2002).

81. Laurie J. Flynn, "Web Site for Chap Stick Addicts," *New York Times on the Web* (November 1, 1999).

82. "Psychologist Warns of Internet Addiction," *Montgomery Advertiser* (August 18, 1997): D2.

83. Thomas C. O'Guinn and Ronald J. Faber, "Compulsive Buying: A Phenomenological Explanation," *Journal of Consumer Research* 16 (September 1989): 154.

84. Quoted in Anastasia Toufexis, "365 Shopping Days Till Christmas," *Time* (December 26, 1988): 82; see also Ronald J. Faber and Thomas C. O'Guinn, "Compulsive Consumption and Credit Abuse," *Journal of Consumer Policy* 11 (1988): 109–21; Mary S. Butler, "Compulsive Buying—It's No Joke," *Consumer's Digest* (September 1986): 55; Derek N. Hassay and Malcolm C. Smith, "Compulsive Buying: An Examination of the Consumption Motive," *Psychology & Marketing* 13 (December 1996): 741–52.

85. Georgia Witkin, "The Shopping Fix," *Health* (May 1988): 73; see also Arch G. Woodside and Randolph J. Trappey III, "Compulsive Consumption of a Consumer Service: An Exploratory Study of Chronic Horse Race Track Gambling Behavior" (working paper #90-MKTG-04, A. B. Freeman School of Business, Tulane University, 1990); Rajan Nataraajan and Brent G. Goff, "Manifestations of Compulsiveness in the Consumer-Marketplace Domain," *Psychology & Marketing* 9 (January 1992): 31–44; Joann Ellison Rodgers, "Addiction: A Whole New View," *Psychology Today* (September–October 1994): 32.

86. Helen Reynolds, *The Economics of Prostitution* (Springfield, IL: Thomas, 1986).

87. Howard W. French, "South Korea's Real Rage for Virtual Games," *New York Times on the Web* (October 9, 2002).

88. Amy Harmon, "Illegal Kidney Auction Pops Up on ebay's Site," *New York Times on the Web* (September 3, 1999).

89. G. Paschal Zachary, "A Most Unlikely Industry Finds It Can't Resist Globalization's Call," *Wall Street Journal Interactive Edition* (January 6, 2000).

90. "Advertisers Face up to the New Morality: Making the Pitch," *Bloomberg* (July 8, 1997).

91. "Shoplifting: Bess Myerson's Arrest Highlights a Multibillion-Dollar Problem that Many Stores Won't Talk About," *Life* (August 1988): 32.

92. "New Survey Shows Shoplifting Is a Year-Round Problem," *Business Wire* (April 12, 1998).

93. "Customer Not King, but Thief," *Marketing News* (December 9, 2002): 4.

94. Catherine A. Cole, "Deterrence and Consumer Fraud," *Journal of Retailing* 65 (Spring 1989): 107–20; Stephen J. Grove, Scott J. Vitell, and David Strutton, "Non-Normative Consumer Behavior and the Techniques of Neutralization," in Terry Childers et al., eds., *Marketing Theory and Practice*, 1989 AMA Winter Educators' Conference (Chicago: American Marketing Association, 1989), 131–35.

95. Mark Curnutte, "The Scope of the Shoplifting Problems," *Gannett News Service* (November 29, 1997).

96. Anthony D. Cox, Dena Cox, Ronald D. Anderson, and George P. Moschis, "Social Influences on Adolescent Shoplifting—Theory, Evidence, and

Implications for the Retail Industry," *Journal of Retailing* 69 (Summer 1993): 234–46.

97. Morris B. Holbrook, "The Consumer Researcher Visits Radio City: Dancing in the Dark," in Elizabeth C. Hirschman and Morris B. Holbrook, eds., *Advances in Consumer Research* 12 (Provo, UT: Association for Consumer Research, 1985): 28–31.

98. Alladi Venkatesh, "Postmodernism, Poststructuralism and Marketing" (paper presented at the American Marketing Association Winter Theory Conference, San Antonio, February 1992); see also Stella Proctor, Ioanna Papasolomou-Doukakis, and Tony Proctor, "What Are Television Advertisements Really Trying to Tell Us? A Postmodern Perspective," *Journal of Consumer Behavior* 1 (February 2002): 246–55; A. Fuat Firat and Alladi Venkatesh, "The Making of Postmodern Consumption," in Russell W. Belk and Nikhilesh Dholakia, eds., *Consumption and Marketing: Macro Dimensions* (Boston: PWS-Kent, 1993).

99. www.ronsangels.com/index2.html, accessed 4/3/2000.

第二章

1. "Going Organic," *Prepared Foods* (August 2002): 18; Cathy Sivak, "Purposeful Parmalat: Part 1 of 2," *Dairy Field* 182, no. 9 (September 1999): 1; "North Brunswick, NJ-Based Food Company Signs Deal with Online Grocer," *Home News Tribune* (March 21, 2000).

2. Rick Vecchio, "'Reality TV' Peru Style: Trashy Shows Entertain, Distract During Election Year," *Opelika-Auburn News* (March 15, 2000): 15A.

3. Elizabeth C. Hirschman and Morris B. Holbrook, "Hedonic Consumption: Emerging Concepts, Methods, and Propositions," *Journal of Marketing* 46 (Summer 1982): 92–101.

4. Glenn Collins, "Owens-Corning's Blurred Identity" *New York Times* (August 19, 1994): D4.

5. Gabriel Kahn, "Philips Blitzes Asian Market as It Strives to Become Hip," *Wall Street Journal Interactive Edition* (August 1, 2002).

6. Amitava Chattopadhyay, Gerald J. Gorn, and Peter R. Darke, "Roses are Red and Violets are Blué—Everywhere? Cultural Universals and Differences in Color Preference Among Consumers and Marketing Managers" (unpublished manuscript, University of British Columbia, Fall 1999); Joseph Bellizzi and Robert E. Hite, "Environmental Color, Consumer Feelings, and Purchase Likelihood," *Psychology & Marketing* 9 (1992): 347–63; Ayn E. Crowley, "The Two-Dimensional Impact of Color on Shopping," *Marketing Letters* 4 (January 1993); Gerald J. Gorn, Amitava Chattopadhyay, and Tracey Yi, "Effects of Color as an Executional Cue in an Ad: It's in the Shade," (unpublished manuscript, University of British Columbia, 1994).

7. Adam Bryant, "Plastic Surgery at AmEx," *Newsweek* (October 4, 1999): 55.

8. Mark G. Frank and Thomas Gilovich, "The Dark Side of Self and Social Perception: Black Uniforms and Aggression in Professional Sports," *Journal of Personality and Social Psychology* 54 (1988): 74–85.

9. Dianna Marder, "Food Coloring, Companies Market a Rainbow of Condiments to Kids," *Montgomery Advertiser* (January 16, 2002): C1.

10. Pamela Paul, "Color by Numbers," *American Demographics* (February 2002): 31–36.

11. Paulette Thomas, "Cosmetics Makers Offer World's Women an All-American Look with Local Twists," *Wall Street Journal* (May 8, 1995): B1.

12. Mike Golding and Julie White, *Pantone Color Resource Kit* (New York: Hayden Publishing, 1997); Caroline Lego, *Effective Web Site Design: A Marketing Strategy for Small Liberal Arts Colleges* (unpublished honors thesis, Coe College, 1998); T. Long, "Human Factors Principles for the Design of Computer Colour Graphics Display," *British Telecom Technology Journal* 2 (1994): 5–14; Morton Walker, *The Power of Color* (Garden City, NY: Avery Publishing Group, 1991).

13. "Ny Emballage og Nyt Navn Fordoblede Salget," *Markedsføring* 12 (1992): 24. Adapted from Michael R. Solomon, Gary Bamossy, and Soren Askegaard, *Consumer Behavior: A European Perspective*, 2nd ed. (London: Pearson Education, 2001).

14. Meg Rosen and Frank Alpert, "Protecting Your Business Image: The Supreme Court Rules on Trade Dress," *Journal of Consumer Marketing* 11 (1994): 50–55.

15. Deborah J. Mitchell, Barbara E. Kahn, and Susan C. Knasko, "There's Something in the Air: Effects of Congruent or Incongruent Ambient Odor on Consumer Decision-making," *Journal of Consumer Research* 22 (September 1995): 229–38; for a review of olfactory cues in store environments, see also Eric R. Spangenberg, Ayn E. Crowley, and Pamela W. Henderson, "Improving the Store Environment: Do Olfactory Cues Affect Evaluations and Behaviors?" *Journal of Marketing* 60 (April 1996): 67–80.

16. Pam Scholder Ellen and Paula Fitzgerald Bone, "Does It Matter if It Smells? Olfactory Stimuli as Advertising Executional Cues," *Journal of Advertising* 27 (Winter 1998): 29–40.

17. Jack Hitt, "Does the Smell of Coffee Brewing Remind You of Your Mother?" *New York Times Magazine* (May 7, 2000).

18. Maxine Wilkie, "Scent of a Market," *American Demographics* (August 1995): 40–49.

19. Nicholas Wade, "Scent of a Man is Linked to a Woman's Selection," *New York Times on the Web* (January 22, 2002).

20. Hae Won Choi, "Korean Men Seek Fashion Scents and Lavender Suits Them Just Fine," *Wall Street Journal Interactive Edition* (February 15, 1999); Susan Oh, "Scent Wear," *Maclean's* 113 (January 10, 2000): 12.

21. "A Smell That's Right on the Nose," *Newsweek* (May 31, 1999): 6.

22. Jack Neff, "Product Scents Hide Absence Of True Innovation," *Advertising Age* (February 21, 2000): 22.

23. Erin White, "The Latest Idea from Britain: Outdoor Ads That Make Scents," *Wall Street Journal Interactive Edition* (October 9, 2002).

24. Andruss Lyon Paula, " Paula Lyon Andruss 'Smell Vision' Wafts Fresh Air into Canadian Kids' Network," *Marketing News* (April 9, 2001): 4.

25. Gail Tom, "Marketing with Music," *Journal of Consumer Marketing* 7 (Spring 1990): 49–53; J. Vail, "Music as a Marketing Tool," *Advertising Age* (November 4, 1985): 24.

26. Jamie Reno and N'Gai, Croal "Hearing is Believing," *Newsweek* (August 5, 2002): 44–46.

27. Otto Friedrich, "Trapped in a Musical Elevator," *Time* (December 10, 1984): 3.

28. Jacob Hornik, "Tactile Stimulation and Consumer Response," *Journal of Consumer Research* 19 (December 1992): 449–58.

29. Sarah Ellison and Erin White, "'Sensory' Marketers Say the Way to Reach Shoppers Is the Nose," *Advertising* (November 24, 2000): 1–3.

30. Material adapted from a presentation by Glenn H. Mazur, QFD Institute, 2002.

31. "Touch Looms Large as a Sense That Drives Sales," *BrandPackaging* (May–June 1999): 39–40.

32. Miller Scott, "Acoustics Are the New Frontier in Designing Luxury Automobiles," *Marketplace* (January 24, 2002): 1–2.

33. Jack Neff, "Crest Spinoff Targets Women," *Advertising Age* (June 3, 2002): 1.

34. John Tagliabue, "Sniffing and Tasting with Metal and Wire," *New York Times Online* (February 17, 2002).

35. Becky Gaylord, "Bland Food Isn't So Bad—It Hurts Just to Think About This Stuff," *Wall Street Journal* (April 21, 1995): B1.

36. Dan Morse, "From Tabasco to Insane: When You're Hot, It May Not Be Enough," *Wall Street Journal Interactive Edition* (May 15, 2000).

37. Yumiko Ono, "Flat, Watery Drinks Are All the Rage as Japan Embraces New Taste Sensation," *Wall Street Journal Interactive Edition* (August 13, 1999).

38. "$10 Sure Thing," *Time* (August 4, 1980): 51.

39. For a recent study that did find some evidence that unconscious processing of subliminal embeds affected both upbeat and negative feelings in response to ads, see Andrew B. Aylesworth, Ronald C. Goodstein, and Ajay Kalra, "Effect of Archetypal Embeds on Feelings: An Indirect Route to Affecting Attitudes?" *Journal of Advertising* 28 (Fall 1999): 73–81.

40. Michael Lev, "No Hidden Meaning Here: Survey Sees Subliminal Ads," *New York Times* (May 3, 1991): D7.

41. Aylesworth, Goodstein, and Kalra, "Effect of Archetypal Embeds on Feelings: An Indirect Route to Affecting Attitudes?", 73–81.

42. Bruce Orwall, "Disney Recalls The Rescuers Video Containing Images of Topless Woman," *Wall Street Journal Interactive Edition* (January 11, 1999).

43. Philip M. Merikle, "Subliminal Auditory Messages: An Evaluation," *Psychology & Marketing* 5, no. 4 (1988): 355–72.

44. Timothy E. Moore, "The Case Against Subliminal Manipulation," *Psychology & Marketing* 5 (Winter 1988): 297–316.

45. Sid C. Dudley, "Subliminal Advertising: What Is the Controversy About?" *Akron Business and Economic Review* 18 (Summer 1987): 6–18; "Subliminal Messages: Subtle Crime Stoppers," *Chain Store Age Executive* 2 (July 1987): 85; "Mind Benders," *Money* (September 1978): 24.

46. Moore, "The Case Against Subliminal Manipulation," 297–316.

47. Joel Saegert, "Why Marketing Should Quit Giving Subliminal Advertising the Benefit of the Doubt," *Psychology & Marketing* 4 (Summer 1987): 107–20; see also Dennis L. Rosen and Surendra N. Singh, "An Investigation of Subliminal Embed Effect on Multiple Measures of Advertising Effectiveness," *Psychology & Marketing* 9 (March–April 1992): 157–73; for a more recent review, see Kathryn T. Theus, "Subliminal Advertising and the Psychology of Processing Unconscious Stimuli: A Review of Research," *Psychology & Marketing* (May–June 1994): 271–90.

48. James B. Twitchell, *Adcult USA: The Triumph of Advertising in American Culture* (New York: Columbia University Press, 1996).

49. Joe Flint, "TV Networks Are 'Cluttering' Shows with a Record Number of Commercials," *Wall Street Journal Interactive Edition* (March 2, 2000).

50. David Lewis and Darren Bridger, *The Soul of the New Consumer: Authenticity —What We Buy and Why in the New Economy* (London: Nicholas Brealey Publishing, 2000).

51. Gene Koprowsky, "Eyeball to Eyeball," *Critical Mass* (Fall 1999): 32.

52. John Browning and Spencer Reiss, "Encyclopedia of the New Economy, Part I," *Wired* (March 1998): 105; "Raking It in on the Web," *Trend Letter* (March 2, 2000): 6.

53. "Court Orders Bagpipes for Noise Violations," *Montgomery Advertiser* (March 6, 1999): 1A.

54. Verne Gay, "Best Use of Out-of-Home: Starcom Worldwide," *Adweek* 41, No. 25 (June 19, 2000): M6–M10.

55. Erik Gruenwedel, "Street Fighters," *Adweek Midwest Edition* (August 8, 2000): 36.

56. David B. Caruso, *Marketing News* (November 5, 2001): 15

57. Lucy Howard, "Trying to Fool a Feline," *Newsweek* (February 8, 1999): 8.

58. Roger Barton, *Advertising Media* (New York: McGraw-Hill, 1964).

59. Suzanne Oliver, "New Personality," *Forbes* (August 15, 1994): 114.

60. Adam Finn, "Print Ad Recognition Readership Scores: An Information Processing Perspective," *Journal of Marketing Research* 25 (May 1988): 168–77.

61. Gerald L. Lohse, "Consumer Eye Movement Patterns on Yellow Pages Advertising," *Journal of Advertising* 26 (Spring 1997): 61–73.

62. Michael R. Solomon and Basil G. Englis "Reality Engineering: Blurring the Boundaries Between Marketing and Popular Culture," *Journal of Current Issues and Research in Advertising* 16, no. 2 (Fall 1994): 1–18; Michael McCarthy, "Ads Are Here, There, Everywhere: Agencies Seek Creative Ways to Expand Product Placement," *USA Today* (June 19, 2001): 1B.

63. Erin White and David Pringle, "New Ads for Vanilla Coke Reward Curiosity in Europe," *Wall Street Journal Interactive Edition* (October 30, 2002).

64. Tim Davis, "Taste Tests: Are the Blind Leading the Blind?" *Beverage World* (April 1987): 44.

65. Robert M. McMath, "Image Counts," *American Demographics* (May 1998): 64.

66. Anthony Ramirez, "Lessons in the Cracker Market: Nabisco Saved New Graham Snack," *New York Times* (July 5, 1990): D1.

67. Albert H. Hastorf and Hadley Cantril, "They Saw a Game: A Case Study," *Journal of Abnormal and Social Psychology* 49 (1954): 129–34; see also Roberto Friedmann and Mary R. Zimmer, "The Role of Psychological Meaning in Advertising," *Journal of Advertising* 17 (1988): 31–40.

68. Gannett News Service, "Grandmother Packs Lunch with 'Punch'," *Montgomery Advertiser* (March 28, 1996): 2A.

69. "Brew Ha Ha," *Newsweek* (May 25, 1998): 8.

70. Robert M. McMath, "Chock Full of (Pea)nuts," *American Demographics* (April 1997): 60.

71. See David Mick, "Consumer Research and Semiotics: Exploring the Morphology of Signs, Symbols, and Significance," *Journal of Consumer Research* 13 (September 1986): 196–213.

72. Teresa J. Domzal and Jerome B. Kernan, "Reading Advertising: The What and How of Product Meaning," *Journal of Consumer Marketing* 9 (Summer 1992): 48–64.

73. Arthur Asa Berger, *Signs in Contemporary Culture: An Introduction to Semiotics* (New York: Longman, 1984); David Mick, "Consumer Research and Semiotics: Exploring the Morphology of Signs, Symbols, and Significance," 196–213; Charles Sanders Peirce, in Charles Hartshorne, Paul Weiss, and Arthur W. Burks, eds., *Collected Papers* (Cambridge, MA: Harvard University Press, 1931–58).

74. Gabriel Kahn, "Chinese Characters Are Gaining New Meaning as Corporate Logos," *Wall Street Journal Interactive Edition* (July 18, 2002).

75. Jean Baudrillard, *Simulations* (New York: Semiotext(e), 1983); A. Fuat Firat and Alladi Venkatesh, "The Making of Postmodern Consumption," in Russell Belk and Nikhilesh Dholakia, eds., *Consumption and Marketing: Macro Dimensions* (Boston: PWS-Kent, 1993); A. Fuat Firat, "The Consumer in Postmodernity," in Rebecca H. Holman and Michael R. Solomon, eds., *Advances in Consumer Research* 18 (Provo, UT: Association for Consumer Research, 1991): 70–76.

76. Ernest Beck, "A Minefield in Maienfeld: 'Heidiland' Is Taking Over," *Wall Street Journal Interactive Edition* (October 2, 1997).

77. Stuart Elliott, "Advertising: A Music Retailer Whistles a New Marketing Tune to Get Heard Above the Cacophony of Competitors," *New York Times* (July 2, 1996): D7; Personal communication, GRW Advertising, April 1997.

78. See Tim Davis, "Taste Tests: Are the Blind Leading the Blind?", 43–44.

79. Betsy McKay, "Pepsi to Revive a Cola-War Barb: The Decades-Old Blind Taste Test," *Wall Street Journal Interactive Edition* (March 21, 2000).

80. Adapted from Michael R. Solomon and Elnora W. Stuart, *Marketing: Real People, Real Choices*, 2nd ed. (Upper Saddle River, NJ: Prentice Hall, 2000).

81. Geoffrey A. Fowler, "Cult Film, 1999's Office Space, Transforms Swingline Stapler," *Wall Street Journal Interactive Edition* (July 2, 2002).

82. William Echikson, "Aiming at High and Low Markets," *Fortune* (March 22, 1993): 89.

83. Quoted in *Atlanta Journal-Constitution*, accessed via SS Newslink, May 2, 1998.

第三章

1. HempWorldResorts.com/pstindex.html, accessed February 4, 2003.

2. Jonathan Eig, "Nostalgic Fans Use Internet to Save Quirky Quisp from a Cereal Killing," *Wall Street Journal Interactive Edition* (April 24, 2000).

3. Jennifer Cody, "Here's a New Way to Rationalize Not Cleaning Out Your Closets," *New York Times* (June 14, 1994): B1.

4. Stuart Elliott, "At 75, Mr. Peanut Is Getting Expanded Role at Planters," *New York Times* (September 23, 1991): D15.

5. Todd Pruzan, "Brand Illusions," *New York Times on the Web* (September 12, 1999).

6. Robert A. Baron, *Psychology: The Essential Science* (Boston: Allyn & Bacon, 1989).

7. Richard A. Feinberg, "Credit Cards as Spending Facilitating Stimuli: A Conditioning Interpretation," *Journal of Consumer Research* 13 (December 1986): 348–56.

8. R. A. Rescorla, "Pavlovian Conditioning: It's Not What You Think It Is," *American Psychologist* 43 (1988): 151–60; Elnora W. Stuart, Terence A. Shimp, and Randall W. Engle, "Classical Conditioning of Consumer Attitudes: Four Experiments in an Advertising Context," *Journal of Consumer Research* 14 (December 1987): 334–39.

9. Jane E. Brody, "Cybersex Gives Birth to a Psychological Disorder," *New York Times on the Web* (May 16, 2000).

10. James Ward, Barbara Loken, Ivan Ross, and Tedi Hasapopoulous, "The Influence of Physical Similarity of Affect and Attribute Perceptions from National Brands to Private Label Brands," in Terence A. Shimp et al., eds, *American Marketing Educators' Conference* (Chicago: American Marketing Association, 1986), 51–56.

11. Judith Lynne Zaichkowsky and Richard Neil Simpson, "The Effect of Experience with a Brand Imitator on the Original Brand," *Marketing Letters* 7, no. 1 (1996): 31–39.

12. Janice S. Griffiths and Mary Zimmer, "Masked Brands and Consumers' Need for Uniqueness," *American Marketing Association* (Summer 1998): 145–53.

13. Chris T. Allen and Thomas J. Madden, "A Closer Look at Classical Conditioning," *Journal of Consumer Research* 12 (December 1985): 301–15; Chester A. Insko and William F. Oakes, "Awareness and the Conditioning of Attitudes," *Journal of Personality and Social Psychology* 4 (November 1966): 487–96; Carolyn K. Staats and Arthur W. Staats, "Meaning Established by Classical Conditioning," *Journal of Experimental Psychology* 54 (July 1957): 74–80.

14. Randi Priluck Grossman and Brian D. Till, "The Persistence of Classically Conditioned Brand Attitudes," *Journal of Advertising* 21, no. 1 (1998): 23–31.

15. Kevin Lane Keller, "Conceptualizing, Measuring, and Managing Customer-Based Brand Equity," *Journal of Marketing* 57 (January 1993): 1–22.

16. Herbert Krugman, "Low Recall and High Recognition of Advertising," *Journal of Advertising Research* (February–March 1986): 79–80.

17. Gerald J. Gorn, "The Effects of Music in Advertising on Choice Behavior: A Classical Conditioning Approach," *Journal of Marketing* 46 (Winter 1982): 94–101.

18. Noreen Klein, Virginia Tech, personal communication (April 2000); Calvin Bierley, Frances K. McSweeney, and Renee Vannieuwkerk, "Classical Conditioning of Preferences for Stimuli," *Journal of Consumer Research* 12 (December 1985): 316–23; James J. Kellaris and Anthony D. Cox, "The Effects of Background Music in Advertising: A Reassessment," *Journal of Consumer Research* 16 (June 1989): 113–18.

19. Frances K. McSweeney and Calvin Bierley, "Recent Developments in Classical Conditioning," *Journal of Consumer Research* 11 (September 1984): 619–31.

20. Basil G. Englis, "The Reinforcement Properties of Music Videos: 'I Want My . . . I Want My . . . I Want My . . . MTV' " (paper presented at the meetings of the Association for Consumer Research, *New* Orleans, 1989).

21. Stuart Elliott, "A Name Change at Philip Morris," *New York Times on the Web* (November 19, 2001).

22. Sharon Begley, "StrawBerry Is No BlackBerry: Building Brands Using Sound," *Wall Street Journal Interactive Edition* (August 26, 2002).

23. Peter H. Farquhar, "Brand Equity," *Marketing Insights* (Summer, 1989): 59.

24. Patricia Winters Lauro, "Fire and Police Try to Market Goods," *New York Times on the Web* (June 10, 2002).

25. "Look-Alikes Mimic Familiar Packages," *New York Times* (August 9, 1986): D1.

26. Zaichkowsky and Simpson, "The Effect of Experience with a Brand Imitator on the Original Brand," 31–39.

27. Cursed?" *Advertising Age* (September 16, 2002): 19.

28. www.iacc.org/, accessed November 27, 2002.

29. Miriam Jordan, "In Wooing Brazil's Teenagers, Converse Has Big Shoes to Fill," *Wall Street Journal Interactive Edition* (July 18, 2002).

30. For a comprehensive approach to consumer behavior based on operant conditioning principles, see Gordon R. Foxall, "Behavior Analysis and Consumer Psychology," *Journal of Economic Psychology* 15 (March 1994): 5–91.

31. Youngme Moon, "Personalization and Personality: Some Effects of Customizing Message Style Based on Consumer Personality," *Journal of Consumer Psychology* 12 (4 April 2002): 313–26; Youngme Moon, "Intimate Exchanges: Using Computers to Elicit Self-Disclosure from Consumers," *Journal of Consumer Research* 26 (March 2000): 323–39.

32. Blaise J. Bergiel and Christine Trosclair, "Instrumental Learning: Its Application to Customer Satisfaction," *Journal of Consumer Marketing* 2 (Fall 1985): 23–28.

33. Jane Costello, "Do Offers of Free Mileage Sell? The Proof Is in Pudding Guy," *Wall Street Journal Interactive Edition* (January 24, 2000).

34. Ellen J. Langer, *The Psychology of Control* (Beverly Hills, CA: Sage, 1983).

35. Robert B. Cialdini, *Influence: Science and Practice*, 2nd ed. (New York: William Morrow, 1984).

36. Allen and Madden, "A Closer Look at Classical Conditioning," 301–15; see also Terence A. Shimp, Elnora W. Stuart, and Randall W. Engle, "A Program of Classical Conditioning Experiments Testing Variations in the Conditioned Stimulus and Context," *Journal of Consumer Research* 18 (June 1991): 1–12.

37. Terence A. Shimp, "Neo-Pavlovian Conditioning and Its Implications for Consumer Theory and Research," in Thomas S. Robertson and Harold H. Kassarjian, eds., *Handbook of Consumer Behavior* (Upper Saddle River, NJ: Prentice Hall, 1991).

38. Albert Bandura, *Social Foundations of Thought and Action: A Social Cognitive View* (Upper Saddle River, NJ: Prentice Hall, 1986).

39. Bandura, *Social Foundations of Thought and Action*.

40. R. C. Atkinson and I. M. Shiffrin, "Human Memory: A Proposed System and Its Control Processes," in K. W. Spence and J. T. Spence, eds., *The Psychology of Learning and Motivation: Advances in Research and Theory* 2 (New York: Academic Press, 1968): 89–195.

41. James R. Bettman, "Memory Factors in Consumer Choice: A Review," *Journal of Marketing* (Spring 1979): 37–53. For a study that explores the relative impact of internal versus external memory on brand choice, see Joseph W. Alba, Howard Marmostein, and Amitava Chattopadhyay, "Transitions in Preference over Time: The Effects of Memory on Message Persuasiveness," *Journal of Marketing Research* 29 (1992): 406–16.

42. Lauren G. Block and Vicki G. Morwitz "Shopping Lists as an External Memory Aid for Grocery Shopping: Influences on List Writing and List Fulfillment," *Journal of Consumer Psychology* 8, no. 4 (1999): 343–75.

43. Kathryn R. Braun, "Postexperience Advertising Effects on Consumer Memory," *Journal of Consumer Research* 25 (March 1999): 319–34.

44. David S. Koeppel, "Tales from the Crypt: Storing E-mail to be Sent After Your Death," *New York Times on the Web* (April 13, 2000); www.FinalThoughts.com, accessed November 27, 2002.

45. Kim Robertson, "Recall and Recognition Effects of Brand Name Imagery," *Psychology & Marketing* 4 (Spring 1987): 3–15.

46. Endel Tulving, "Remembering and Knowing the Past," *American Scientist* 77 (July–August 1989): 361.

47. Rashmi Adaval and Robert S. Wyer Jr., "The Role of Narratives in Consumer Information Processing," *Journal of Consumer Psychology* 7, no. 3 (1998): 207–46.

48. George A. Miller, "The Magical Number Seven, Plus or Minus Two: Some Limits on Our Capacity for Processing Information," *Psychological Review* 63 (1956): 81–97.

49. James N. MacGregor, "Short-Term Memory Capacity: Limitation or Optimization?" *Psychological Review* 94 (1987): 107–8.

50. See Catherine A. Cole and Michael J. Houston, "Encoding and Media Effects on Consumer Learning Deficiencies in the Elderly," *Journal of Marketing Research* 24 (February 1987): 55–64; A. M. Collins and E. F. Loftus, "A Spreading Activation Theory of Semantic Processing," *Psychological Review* 82 (1975): 407–28; Fergus I. M. Craik and Robert S. Lockhart, "Levels of Processing: A Framework for Memory Research," *Journal of Verbal Learning and Verbal Behavior* 11 (1972): 671–84.

51. Walter A. Henry, "The Effect of Information-Processing Ability on Processing Accuracy," *Journal of Consumer Research* 7 (June 1980): 42–48.

52. Anthony G. Greenwald and Clark Leavitt, "Audience Involvement in Advertising: Four Levels," *Journal of Consumer Research* 11 (June 1984): 581–92.

53. Kevin Lane Keller, "Memory Factors in Advertising: The Effect of Advertising Retrieval Cues on Brand Evaluations," *Journal of Consumer Research* 14 (December 1987): 316–33. For a discussion of processing operations that occur during brand choice, see Gabriel Biehal and Dipankar Chakravarti, "Consumers' Use of Memory and External Information in Choice: Macro and Micro Perspectives," *Journal of Consumer Research* 12 (March 1986): 382–405.

54. Susan T. Fiske and Shelley E. Taylor, *Social Cognition* (Reading, MA: Addison-Wesley, 1984).

55. Deborah Roedder John and John C. Whitney Jr., "The Development of Consumer Knowledge in Children: A Cognitive Structure Approach," *Journal of Consumer Research* 12 (March 1986): 406–17.

56. Michael R. Solomon, Carol Surprenant, John A. Czepiel, and Evelyn G. Gutman, "A Role Theory Perspective on Dyadic Interactions: The Service Encounter," *Journal of Marketing* 49 (Winter 1985): 99–111.

57. Roger W. Morrell, Denise C. Park, and Leonard W. Poon, "Quality of Instructions on Prescription Drug Labels: Effects on Memory and Comprehension in Young and Old Adults," *The Gerontologist* 29 (1989): 345–54.

58. Frank R. Kardes, Gurumurthy Kalyanaram, Murali Chandrashekaran, and Ronald J. Dornoff, "Brand Retrieval, Consideration Set Composition, Consumer Choice, and the Pioneering Advantage" (unpublished manuscript, the University of Cincinnati, Ohio, 1992).

59. Judith Lynne Zaichkowsky and Padma Vipat, "Inferences from Brand Names" (paper presented at the European meeting of the Association for Consumer Research, Amsterdam, June 1992).

60. Herbert E. Krugman, "Low Recall and High Recognition of Advertising," *Journal of Advertising Research* (February–March 1986): 79–86.

61. Rik G. M. Pieters and Tammo H. A. Bijmolt, "Consumer Memory for Television Advertising: A Field Study of Duration, Serial Position, and Competition Effects," *Journal of Consumer Research* 23 (March 1997): 362–72.

62. Braun, "Postexperience Advertising Effects on Consumer Memory," 319–34.

63. Keller, "Memory Factors in Advertising."

64. Michelle Wirth Fellman, "Mesmerizing Method Gets Real Results," *Marketing News* (July 20, 1998): 1.

65. Ruth Shalit, "The Return of the Hidden Persuaders," www.salon.com (September 27, 1999).

66. Eric J. Johnson and J. Edward Russo, "Product Familiarity and Learning New Information," *Journal of Consumer Research* 11 (June 1984): 542–50.

67. Eric J. Johnson and J. Edward Russo, "Product Familiarity and Learning New Information," in Kent Monroe, ed., *Advances in Consumer Research* 8 (Ann Arbor, MI: Association for Consumer Research, 1981): 151–55; John G. Lynch and Thomas K. Srull, "Memory and Attentional Factors in Consumer Choice: Concepts and Research Methods," *Journal of Consumer Research* 9 (June 1982): 18–37.

68. Julie A. Edell and Kevin Lane Keller, "The Information Processing of Coordinated Media Campaigns," *Journal of Marketing Research* 26 (May 1989): 149–64.

69. Lynch and Srull, "Memory and Attentional Factors in Consumer Choice."

70. Joseph W. Alba and Amitava Chattopadhyay, "Salience Effects in Brand Recall," *Journal of Marketing Research* 23 (November 1986): 363–70; Elizabeth C. Hirschman and Michael R. Solomon, "Utilitarian, Aesthetic, and Familiarity Responses to Verbal versus Visual Advertisements," in Thomas C. Kinnear, ed., *Advances in Consumer Research* 11 (Provo, UT: Association for Consumer Research, 1984): 426–31.

71. Susan E. Heckler and Terry L. Childers, "The Role of Expectancy and Relevancy in Memory for Verbal and Visual Information: What is Incongruency?" *Journal of Consumer Research* 18 (March 1992): 475–92.

72. Russell H. Fazio, Paul M. Herr, and Martha C. Powell, "On the Development and Strength of Category-Brand Associations in Memory: The Case of Mystery Ads," *Journal of Consumer Psychology* 1, no. 1 (1992): 1–13.

73. Hirschman and Solomon, "Utilitarian, Aesthetic, and Familiarity Responses to Verbal Versus Visual Advertisements."

74. Terry Childers and Michael Houston, "Conditions for a Picture-Superiority Effect on Consumer Memory," *Journal of Consumer Research* 11 (September 1984): 643–54; Terry Childers, Susan Heckler, and Michael Houston, "Memory for the Visual and Verbal Components of Print Advertisements," *Psychology & Marketing* 3 (Fall 1986): 147–50.

75. Werner Krober-Riel, "Effects of Emotional Pictorial Elements in Ads Analyzed by Means of Eye Movement Monitoring," in Thomas C. Kinnear, ed., *Advances in Consumer Research* 11 (Provo, UT: Association for Consumer Research, 1984): 591–96.

76. Hans-Bernd Brosius, "Influence of Presentation Features and News Context on Learning from Television News," *Journal of Broadcasting & Electronic Media* 33 (Winter 1989): 1–14.

77. Raymond R. Burke and Thomas K. Srull, "Competitive Interference and Consumer Memory for Advertising," *Journal of Consumer Research* 15 (June 1988): 55–68.

78. Burke and Srull, "Competitive Interference and Consumer Memory for Advertising."

79. Johnson and Russo, "Product Familiarity and Learning New Information."

80. Joan Meyers-Levy, "The Influence of Brand Name's Association Set Size and Word Frequency on Brand Memory," *Journal of Consumer Research* 16 (September 1989): 197–208.

81. Michael H. Baumgardner, Michael R. Leippe, David L. Ronis, and Anthony G. Greenwald, "In Search of Reliable Persuasion Effects: II. Associative Interference and Persistence of Persuasion in a Message-Dense Environment," *Journal of Personality and Social Psychology* 45 (September 1983): 524–37.

82. Alba and Chattopadhyay, "Salience Effects in Brand Recall."

83. Margaret Henderson Blair, Allan R. Kuse, David H. Furse, and David W. Stewart, "Advertising in a New and Competitive Environment: Persuading Consumers to Buy," *Business Horizons* 30 (November–December 1987): 20.

84. Lynch and Srull, "Memory and Attentional Factors in Consumer Choice."

85. Russell W. Belk, "Possessions and the Extended Self," *Journal of Consumer Research* 15 (September 1988): 139–68.

86. Johnson Dirk, "Beyond the Quilting Bee," *Newsweek* (October 21, 2002).

87. Hans Baumgartner, Mita Sujan, and James R. Bettman, "Autobiographical Memories, Affect and Consumer Information Processing," *Journal of Consumer Psychology* 1 (January 1992): 53–82; Mita Sujan, James R. Bettman, and Hans Baumgartner, "Autobiographical Memories and Consumer Judgments" (Working Paper No. 183, Pennsylvania State University, University Park, 1992).

88. Russell W. Belk, "The Role of Possessions in Constructing and Maintaining a Sense of Past," in Marvin E. Goldberg, Gerald Gorn, and Richard W. Pollay, eds., *Advances in Consumer Research* 16 (Provo, UT: Association for Consumer Research, 1989): 669–78.

89. Dan Morse, no headline, *Wall Street Journal Interactive Edition* (February 4, 1999).

90. Susan L. Holak and William J. Havlena, "Feelings, Fantasies, and Memories: An Examination of the Emotional Components of Nostalgia," *Journal of Business Research* 42 (1998): 217–26.

91. Paula Mergenhagen, "The Reunion Market," *American Demographics* (April 1996): 30–34.

92. Keith Naughton and Bill Vlasic, "Nostalgia Boom," *BusinessWeek* (March 23, 1998): 59–64.

93. Diane Crispell, "Which Good Old Days," *American Demographics* (April 1996): 35.

94. Stuart Elliot, "Ads from the Past with Modern Touches," *New York Times on the Web* (September 9, 2002); Julia Cosgrove, "Listen up, Sucka the 80s are back," *BusinessWeek* (August 5, 2002): 16.

95. Morris B. Holbrook and Robert M. Schindler, "Some Exploratory Findings on the Development of Musical Tastes," *Journal of Consumer Research* 16 (June 1989): 119–24; Morris B. Holbrook and Robert M. Schindler, "Market Segmentation Based on Age and Attitude Toward the Past: Concepts, Methods, and Findings Concerning Nostalgic Influences on Consumer Tastes," *Journal of Business Research* 37 (September 1996)1: 27–40.

96. "Only 38% of T.V. Audience Links Brands with Ads," *Marketing News* (January 6, 1984): 10.

97. "Terminal Television," *American Demographics* (January 1987): 15.

98. Vanessa O'Connell, "Toys 'R' Us Spokesanimal Makes Lasting Impression: Giraffe Tops List of Television Ads Viewers Found the Most Memorable," *Wall Street Journal Interactive Edition* (January 2, 2003).

99. Richard P. Bagozzi and Alvin J. Silk, "Recall, Recognition, and the Measurement of Memory for Print Advertisements," *Marketing Science* 2 (1983): 95–134.

100. Adam Finn, "Print Ad Recognition Readership Scores: An Information Processing Perspective," *Journal of Marketing Research* 25 (May 1988): 168–77.

101. James R. Bettman, "Memory Factors In Consumer Choice: A Review," *Journal of Marketing* (Spring 1979): 37–53.

102. Mark A. Deturck and Gerald M. Goldhaber, "Effectiveness of Product Warning Labels: Effects of Consumers' Information Processing Objectives," *Journal of Consumer Affairs* 23, no. 1 (1989): 111–25.

103. Adam Finn, "Print Ad Recognition Readership Scores: An Information Processing Perspective," *Journal of Marketing Research* 25 (May 1988): 168–77.

104. Surendra N. Singh and Gilbert A. Churchill Jr., "Response-Bias-Free Recognition Tests to Measure Advertising Effects," *Journal of Advertising Research* (June–July 1987): 23–36.

105. William A. Cook, "Telescoping and Memory's Other Tricks," *Journal of Advertising Research* 27 (February–March 1987): 5–8.

106. "On a Diet? Don't Trust Your Memory," *Psychology Today* (October 1989): 12.

107. Hubert A. Zielske and Walter A. Henry, "Remembering and Forgetting Television Ads," *Journal of Advertising Research* 20 (April 1980): 7–13; Cara Greenberg, "Future Worth: Before It's Hot, Grab It," *New York Times* (1992): C1; S. K. List, "More Than Fun and Games," *American Demographics* (August 1992): 44.

108. Thomas F. Jones, "Our Musical Heritage Is Being Raided," *San Francisco Examiner* (May 23, 1997).

109. Kevin Goldman, "A Few Rockers Refuse to Turn Tunes into Ads," *New York Times* (August 25, 1995): B1.

第四章

1. Martha Ivine, "Beef, Veggie Activists Compete for Teen Palate," *Montgomery Advertiser* (February 19, 2003): 3A.

2. Robert A. Baron, Psychology: *The Essential Science* (Needham, MA: Allyn & Bacon, 1989).

3. Leon Festinger, *A Theory of Cognitive Dissonance* (Stanford, CA: Stanford University Press, 1957).

4. See Paul T. Costa and Robert R. McCrae, "From Catalog to Classification: Murray's Needs and the Five-Factor Model," *Journal of Personality and Social Psychology* 55 (1988): 258–65; Calvin S. Hall and Gardner Lindzey, *Theories of Personality*, 2nd ed. (New York: Wiley, 1970); James U. McNeal and Stephen W. McDaniel, "An Analysis of Need-Appeals in Television Advertising," *Journal of the Academy of Marketing Science* 12 (Spring 1984): 176–90.

5. Michael R. Solomon, Judith L. Zaichkowsky, and Rosemary Polegato, *Consumer Behaviour: Buying, Having, and Being—Canadian Edition* (Scarborough, Ontario: Prentice Hall Canada, 1999).

6. See David C. McClelland, *Studies in Motivation* (New York: Appleton-Century-Crofts, 1955).

7. Mary Kay Ericksen and M. Joseph Sirgy, "Achievement Motivation and Clothing Preferences of White-Collar Working Women," in Michael R. Solomon, ed., *The Psychology of Fashion* (Lexington, MA: Lexington Books, 1985), 357–69.

8. See Stanley Schachter, *The Psychology of Affiliation* (Stanford, CA: Stanford University Press, 1959).

9. Eugene M. Fodor and Terry Smith, "The Power Motive as an Influence on Group Decision Making," *Journal of Personality and Social Psychology* 42 (1982): 178–85.

10. C. R. Snyder and Howard L. Fromkin, *Uniqueness: The Human Pursuit of Difference* (New York: Plenum, 1980).

11. Abraham H. Maslow, *Motivation and Personality*, 2nd ed. (New York: Harper & Row, 1970).

12. A more recent integrative view of consumer goal structures and goal-determination processes proposes six discrete levels of goals wherein higher-level (versus lower-level) goals are more abstract, more inclusive, and less mutable. In descending order of abstraction, these goal levels are life themes and values, life projects, current concerns, consumption intentions, benefits sought, and feature preferences. See Cynthia Huffman, S. Ratneshwar, and David Glen Mick, "Consumer Goal Structures and Goal-Determination Processes, An Integrative Framework," in S. Ratheshwar, David Glen Mick, and Cynthia Huffman, eds., *The Why of Consumption* (London: Routledge, 2000), 9–35.

13. Russell W. Belk, "Romanian Consumer Desires and Feelings of Deservingness," in Lavinia Stan, ed., *Romania in Transition* (Hanover, NH: Dartmouth Press, 1997), 191–208, quoted on p. 193.

14. Study conducted in the Horticulture Department at Kansas State University, cited in "Survey Tells Why Gardening's Good," *Vancouver Sun* (April 12, 1997): B12.

15. Gary J. Bamossy and Janeen Costa, "Consuming Paradise: A Cultural Construction" (paper presented at the Association for Consumer Research Conference, Stockholm, June 1997); Professor Janeen Costa, personal communication, August 1997.

16. "Forehead Advertisement Pays Off," *Montgomery Advertiser* (May 4, 2000): 7A.

17. Alex Kuczynski, "A New Magazine Celebrates the Rites of Shopping," *New York Times on the Web* (May 8, 2000).

18. "Man Wants to Marry His Car," *Montgomery Advertiser* (March 7, 1999): 11A.

19. Judith Lynne Zaichkowsky, "Measuring the Involvement Construct in Marketing," *Journal of Consumer Research* 12 (December 1985): 341–52

20. Andrew Mitchell, "Involvement: A Potentially Important Mediator of Consumer Behavior," in William L. Wilkie, ed., *Advances in Consumer Research* 6 (Provo, UT: Association for Consumer Research, 1979): 191–96.

21. Richard L. Celsi and Jerry C. Olson, "The Role of Involvement in Attention and Comprehension Processes," *Journal of Consumer Research* 15 (September 1988): 210–24.

22. Anthony G. Greenwald and Clark Leavitt, "Audience Involvement in Advertising: Four Levels," *Journal of Consumer Research* 11 (June 1984): 581–92.

23. Mihaly Csikszentmihalyi, *Flow: The Psychology of Optimal Experience* (New York: HarperCollins, 1991); Donna L. Hoffman and Thomas P. Novak, "Marketing in Hypermedia Computer-Mediated Environments: Conceptual Foundations," *Journal of Marketing* (July 1996): 50–68.

24. Melanie Wells, "Cult Brands," *Forbes* (April 16, 2001): 198–205.

25. Judith Lynne Zaichkowsky, "The Emotional Side of Product Involvement," in Paul Anderson and Melanie Wallendorf, eds., *Advances in Consumer Research* 14 (Provo, UT: Association for Consumer Research): 32–35.

26. For a recent discussion of interrelationships between situational and enduring involvement, see Marsha L. Richins, Peter H. Bloch, and Edward F. McQuarrie, "How Enduring and Situational Involvement Combine to Create Involvement Responses," *Journal of Consumer Psychology* 1, no. 2 (1992): 143–53. For more information on the involvement construct, see "Special Issue on Involvement," *Psychology & Marketing* 10, no. 4 (July–August 1993).

27. Rob Wherry, "Stunts for Blue Chips," *Forbes* (November 11, 1999): 232.

28. Rajeev Batra and Michael L. Ray, "Operationalizing Involvement as Depth and Quality of Cognitive Responses," in Alice Tybout and Richard Bagozzi, eds., *Advances in Consumer Research* 10 (Ann Arbor, MI: Association for Consumer Research, 1983): 309–13.

29. Herbert E. Krugman, "The Impact of Television Advertising: Learning Without Involvement," *Public Opinion Quarterly* 29 (Fall 1965): 349–56.

30. Kevin J. Clancy, "CPMs Must Bow to 'Involvement' Measurement," *Advertising Age* (January 20, 1992): 26.

31. Gilles Laurent and Jean-Noël Kapferer, "Measuring Consumer Involvement Profiles," *Journal of Marketing Research* 22 (February 1985): 41–53. This scale was validated on an American sample as well; see William C. Rodgers and Kenneth C. Schneider, "An Empirical Evaluation of the Kapferer–Laurent Consumer Involvement Profile Scale," *Psychology & Marketing* 10 (July–August 1993): 333–45. For an English translation of this scale, see Jean Noël Kapferer and Gilles Laurent, "Further Evidence on the Consumer Involvement Profile: Five Antecedents of Involvement," *Psychology & Marketing* 10 (July–August 1993): 347–56.

32. Carmen W. Cullen and Scott J. Edgett, "The Role of Involvement in Promoting Management," *Journal of Promotion Management* 1, no. 2 (1991): 57–71.

33. David W. Stewart and David H. Furse, "Analysis of the Impact of Executional Factors in Advertising Performance," *Journal of Advertising Research* 24 (1984): 23–26; Deborah J. MacInnis, Christine Moorman, and Bernard J. Jaworski, "Enhancing and Measuring Consumers' Motivation, Opportunity, and Ability to Process Brand Information from Ads," *Journal of Marketing* 55 (October 1991): 332–53.

34. Morris B. Holbrook and Elizabeth C. Hirschman, "The Experiential Aspects of Consumption: Consumer Fantasies, Feelings, and Fun," *Journal of Consumer Research* 9 (September 1982): 132–40.

35. Elaine Sciolino, "Disproving Notions, Raising a Fury," *New York Times on the Web* (January 21, 2003).

36. Gordon Fairclough, "Dancing, Music and Free Smokes in Good Ol' Tobaccoville, N.C.," *The Wall Street Journal Interactive Edition* (October 26, 1999).

37. Ajay K. Sirsi, James C. Ward, and Peter H. Reingen, "Microcultural Analysis of Variation in Sharing of Causal Reasoning About Behavior," *Journal of Consumer Research* 22 (March 1996): 345–72.

38. David Carr, "Romance, in Cosmo's World, Is Translated in Many Ways," *New York Times on the Web* (May 26, 2002).

39. Richard W. Pollay, "Measuring the Cultural Values Manifest in Advertising," *Current Issues and Research in Advertising* 6, no. 1 (1983): 71–92.

40. Paul M. Sherer, "North American and Asian Executives Have Contrasting Values, Study Finds," *Wall Street Journal* (March 8, 1996).

41. Sarah Ellison, "Sexy-Ad Reel Shows What Tickles in Tokyo Can Fade Fast in France," *Wall Street Journal Interactive Edition* (March 31, 2000).

42. Milton Rokeach, *The Nature of Human Values* (New York: Free Press, 1973).

43. Han, Sang-Pil and Sharon Shavitt, "Persuasion and Culture: Advertising Appeals in Individualistic and Collectivistic Societies," *Journal of Experimental Social Psychology* 30 (1994): 326–50.

44. Rebecca Gardyn, "Swap Meet," *American Demographics* (July 2001): 51–56.

45. Lawrence Speer and Magz Osborne, "Coke Tests Custom Bottles," *Advertising Age* (November 4, 2002): 16

46. Erin White, "Coke Moves to Let Teens Pitch Soda to Themselves," *Wall Street Journal Interactive Edition* (January 10, 2003).

47. Erin White, "Interactive Commercials Face One Big Challenge: Laziness," *Wall Street Journal Interactive Edition* (August 2, 2002).

48. Michel Marriot, "Movie Posters That Talk Back," *New York Times on the Web* (December 12, 2002).

49. David Kushner, "From the Skin Artist, Always a Free Makeover," *New York Times on the Web* (March 21, 2002).

50. Carolyn A. Lin, "Cultural Values Reflected in Chinese and American Television Advertising," *Journal of Advertising* 30 (Winter 2001): 83–94.

51. Donald E. Vinson, Jerome E. Scott, and Lawrence R. Lamont, "The Role of Personal Values in Marketing and Consumer Behavior," *Journal of Marketing* 41 (April 1977): 44–50; John Watson, Steven Lysonski, Tamara Gillan, and Leslie Raymore, "Cultural Values and Important Possessions: A Cross-Cultural Analysis," *Journal of Business Research* 55 (2002): 923–31.

52. Jennifer Aaker, Veronica Benet-Martinez, and Jordi Garolera, "Consumption Symbols as Carriers of Culture: A Study of Japanese and Spanish Brand Personality Constructs," *Journal of Personality and Social Psychology* (2001).

53. Milton Rokeach, *Understanding Human Values* (New York: Free Press, 1979); see also J. Michael Munson and Edward McQuarrie, "Shortening the Rokeach Value Survey for Use in Consumer Research," in Michael J. Houston, ed., *Advances in Consumer Research* 15 (Provo, UT: Association for Consumer Research, 1988): 381–86.

54. B. W. Becker and P. E. Conner, "Personal Values of the Heavy User of Mass Media," *Journal of Advertising Research* 21 (1981): 37–43; Vinson, Scott, and Lamont, "The Role of Personal Values in Marketing and Consumer Behavior," 44–50.

55. Craig J. Thompson and Maura Troester, "Consumer Value Systems in the Age of Postmodern Fragmentation: The Case of the Natural Health Microculture," *Journal of Consumer Research* 28 (March 2002): 550–71.

56. James Brooke, "Japanese Masters Get Closer to the Toilet Nirvana," *New York Times on the Web* (October 8, 2002).

57. Victoria C. Plaut and Hazel Rose Markus, "Place Matters: Consensual Features and Regional Variation in American Well-Being and Self," *Journal of Personality and Social Psychology* 83 (2002): 160–84.

58. Sharon E. Beatty, Lynn R. Kahle, Pamela Homer, and Shekhar Misra, "Alternative Measurement Approaches to Consumer Values: The List of Values and the Rokeach Value Survey," *Psychology & Marketing* 2 (1985): 181–200; Lynn R. Kahle and Patricia Kennedy, "Using the List of Values (LOV) to Understand Consumers," *Journal of Consumer Marketing* 2 (Fall 1988): 49–56; Lynn Kahle, Basil Poulos, and Ajay Sukhdial, "Changes in Social Values in the United States During the Past Decade," *Journal of Advertising Research* 28 (February–March 1988): 35–41; see also Wagner A. Kamakura and Jose Alfonso Mazzon, "Value Segmentation: A Model for the Measurement of Values and Value Systems," *Journal of Consumer Research* 18 (September 1991): 28; Jagdish N. Sheth, Bruce I. Newman, and Barbara L. Gross, *Consumption Values and Market Choices: Theory and Applications* (Cincinnati: South-Western Publishing Co., 1991).

59. Thomas J. Reynolds and Jonathan Gutman, "Laddering Theory, Method, Analysis, and Interpretation," *Journal of Advertising Research* (February–March 1988): 11–34; Beth Walker, Richard Celsi, and Jerry Olson, "Exploring the Structural Characteristics of Consumers' Knowledge," in Melanie Wallendorf and Paul Anderson, eds., *Advances in Consumer Research* 14 (Provo, UT: Association for Consumer Research, 1986): 17–21.

60. This example was adapted from Michael R. Solomon, Gary Bamossy, and Søren Askegaard, *Consumer Behaviour: A European Perspective*, 2nd ed. (London: Pearson Education Limited, 2002).

61. Thomas J. Reynolds and Alyce Byrd Craddock, "The Application of the MECCAS Model to the Development and Assessment of Advertising Strategy: A Case Study," *Journal of Advertising Research* (April–May 1988): 43–54.

62. This example was adapted from Solomon, Bamossy, and Askegaard, *Consumer Behaviour: A European Perspective*.

63. "25 Years of Attitude," *Marketing Tools* (November–December 1995): 38–39.

64. Amitai Etzioni, "The Good Society: Goals Beyond Money," *The Futurist* 35, no. 4 (2001); D. Elgin, *Voluntary Simplicity: Toward a Way of Life That is Outwardly Simple, Inwardly Rich* (New York: Quill, 1993); Ascribe Higher Education News Service, "PNA Trend in Consumer Behavior Called 'Voluntary Simplicity' Poses Challenges for Marketers," (6 December 2001).

65. Russell W. Belk, "Possessions and the Extended Self," *Journal of Consumer Research* 15 (September 1988): 139–68; Melanie Wallendorf and Eric J. Arnould, "'My Favorite Things': A Cross-Cultural Inquiry into Object Attachment, Possessiveness, and Social Linkage," *Journal of Consumer Research* 14 (March 1988): 531–47.

66. James E. Burroughs and Aric Rindfleisch, "Materialism and Well-Being: A Conflicting Values Perspective," *Journal of Consumer Research* 29 (December 2002): 348–370

67. Yumiko Ono, "Tambrands Ads Try to Scale Cultural, Religious Obstacles," *Wall Street Journal Interactive Edition* (March 17, 1997).

68. Norimitsu Onishi, "Africans Fill Churches That Celebrate Wealth," *New York Times on the Web* (March 13, 2002).

69. Marsha L. Richins, "Special Possessions and the Expression of Material Values," *Journal of Consumer Research* 21 (December 1994): 522–33.

70. Richins, "Special Possessions and the Expression of Material Values."

71. Paul H. Ray, "The Emerging Culture," *American Demographics* (February 1997): 29.

72. David Brooks, "Why Bobos Rule," *Newsweek* (April 3, 2000): 62–64.

73. Robert V. Kozinets, "Can Consumers Escape the Market? Emancipatory Illuminations from Burning Man," *Journal of Consumer Research* 29 (June 2002): 20–38; see also Douglas B. Holt, "Why Do Brands Cause Trouble? A Dialectical Theory of Consumer Culture and Branding," *Journal of Consumer Research* 29 (June 2002): 70–90.

74. Bill Carter, "Mom, Dad and the Kids Reclaim TV Perch," *New York Times on the Web* (October 15, 2002).

75. J. Cosgrove, "What-The-Hell Consumption," *BusinessWeek* (2001): 12. For a study that examined value changes following a terrorist attack (the Oklahoma City bombing), see Dwight D. Frink, Gregory M. Rose, and Ann L. Canty, "The Effects of Values on Worries Associated with Acute Disaster: A Naturally Occuring Quasi-Experiment," *Journal of Applied Social Psychology* (forthcoming).

76. M. France et al., "Privacy in an Age of Terror," *BusinessWeek* (November 5, 2001): 83.

77. Lisa Sanders, "Agencies Study a New America," *Advertising Age* (November 26, 2001): 3–5.

78. "'Turkey Terror' Ad by Animal Rights Group," *New York Times Online* (November 28, 2002).

79. Helene Stapinski, "Y Not Love?" *American Demographics* (February 1999): 62–68.

第五章

1. Ann-Christine P. Diaz, "Self Declares Its Own Holiday," *Advertising Age* (January 31, 2000): 20.

2. Harry C. Triandis, "The Self and Social Behavior in Differing Cultural Contexts," *Psychological Review* 96, no. 3 (1989): 506–20; H. Markus and S. Kitayama, "Culture and the Self: Implications for Cognition, Emotion, and Motivation," *Psychological Review* 98 (1991): 224–53.

3. Markus and Kitayama, "Culture and the Self."

4. Nancy Wong and Aaron Ahuvia, "A Cross-Cultural Approach to Materialism and the Self," in Dominique Bouchet, ed., *Cultural Dimensions of International Marketing* (Denmark: Odense University, 1995), 68–89.

5. Lisa M. Keefe, "You're So Vain," *Marketing News* (February 28, 2000): 8.

6. Morris Rosenberg, *Conceiving the Self* (New York: Basic Books, 1979); M. Joseph Sirgy, "Self-Concept in Consumer Behavior: A Critical Review," *Journal of Consumer Research* 9 (December 1982): 287–300.

7. Emily Yoffe, "You Are What You Buy," *Newsweek* (June 4, 1990): 59.

8. Roy F. Baumeister, Dianne M. Tice, and Debra G. Hutton, "Self-Presentational Motivations and Personality Differences in Self-Esteem," *Journal of Personality* 57 (September 1989): 547–75; Ronald J. Faber, "Are Self-Esteem Appeals Appealing?" in Leonard N. Reid, ed., *Proceedings of the 1992 Conference of the American Academy of Advertising* (1992), 230–35.

9. B. Bradford Brown and Mary Jane Lohr, "Peer-Group Affiliation and Adolescent Self-Esteem: An Integration of Ego-Identity and Symbolic-Interaction Theories," *Journal of Personality and Social Psychology* 52, no. 1 (1987): 47–55.

10. Marsha L. Richins, "Social Comparison and the Idealized Images of Advertising," *Journal of Consumer Research* 18 (June 1991): 71–83; Mary C. Martin and Patricia F. Kennedy, "Advertising and Social Comparison: Consequences for Female Preadolescents and Adolescents," *Psychology & Marketing* 10 (November–December 1993): 513–30.

11. Philip N. Myers Jr. and Frank A. Biocca, "The Elastic Body Image: The Effect of Television Advertising and Programming on Body Image Distortions in Young Women," *Journal of Communication* 42 (Summer 1992): 108–33.

12. Charles S. Gulas and Kim McKeage, "Extending Social Comparison: An Examination of the Unintended Consequences of Idealized Advertising Imagery," *Journal of Advertising* 29 (Summer 2000): 17–28.

13. J. C. Herz, "Flash Face-Lift," *Wired* (March 2002): 45.

14. Sigmund Freud, *New Introductory Lectures in Psychoanalysis* (New York: Norton, 1965).

15. Harrison G. Gough, Mario Fioravanti, and Renato Lazzari, "Some Implications of Self versus Ideal-Self Congruence on the Revised Adjective Check List," *Journal of Personality and Social Psychology* 44, no. 6 (1983): 1214–20.

16. Steven Jay Lynn and Judith W. Rhue, "Daydream Believers," *Psychology Today* (September 1985): 14.

17. Erving Goffman, *The Presentation of Self in Everyday Life* (Garden City, NY: Doubleday, 1959); Michael R. Solomon, "The Role of Products as Social Stimuli: A Symbolic Interactionism Perspective," *Journal of Consumer Research* 10 (December 1983): 319–29.

18. George H. Mead, *Mind, Self and Society* (Chicago: University of Chicago Press, 1934).

19. Debra A. Laverie, Robert E. Kleine, and Susan Schultz Kleine, "Reexamination and Extension of Kleine, Kleine, and Kernan's Social Identity Model of Mundane Consumption: The Mediating Role of the Appraisal Process," *Journal of Consumer Research* 28 (March 2002): 659–69.

20. Charles H. Cooley, *Human Nature and the Social Order* (New York: Scribner's, 1902).

21. J. G. Hull and A. S. Levy, "The Organizational Functions of the Self: An Alternative to the Duval and Wicklund Model of Self-Awareness," *Journal of Personality and Social Psychology* 37 (1979): 756–68; Jay G. Hull, Ronald R. Van Treuren, Susan J. Ashford, Pamela Propsom, and Bruce W. Andrus, "Self-Consciousness and the Processing of Self-Relevant Information," *Journal of Personality and Social Psychology* 54, no. 3 (1988): 452–65.

22. Arnold W. Buss, *Self-Consciousness and Social Anxiety* (San Francisco: Freeman, 1980); Lynn Carol Miller and Cathryn Leigh Cox, "Public Self-Consciousness and Makeup Use," *Personality and Social Psychology Bulletin* 8, no. 4 (1982): 748–51; Michael R. Solomon and John Schopler, "Self-Consciousness and Clothing," *Personality and Social Psychology Bulletin* 8, no. 3 (1982): 508–14.

23. Morris B. Holbrook, Michael R. Solomon, and Stephen Bell, "A Re-Examination of Self-Monitoring and Judgments of Furniture Designs," *Home Economics Research Journal* 19 (September 1990): 6–16; Mark Snyder, "Self-Monitoring Processes," in Leonard Berkowitz, ed., *Advances in Experimental Social Psychology* (New York: Academic Press, 1979): 85–128.

24. Mark Snyder and Steve Gangestad, "On the Nature of Self-Monitoring: Matters of Assessment, Matters of Validity," *Journal of Personality and Social Psychology* 51 (1986): 125–39.

25. Timothy R. Graeff, "Image Congruence Effects on Product Evaluations: The Role of Self-Monitoring and Public/Private Consumption," *Psychology & Marketing* 13 (August 1996): 481–99.

26. Richard G. Netemeyer, Scot Burton, and Donald R. Lichtenstein, "Trait Aspects of Vanity: Measurement and Relevance to Consumer Behavior," *Journal of Consumer Research* 21 (March 1995): 612–26.

27. "Video Game Company Tries Human Branding," *New York Times on the Web* (August 12, 2002).

28. Michael R. Solomon and Henry Assael, "The Forest or the Trees? A Gestalt Approach to Symbolic Consumption," in Jean Umiker-Sebeok, ed., *Marketing and Semiotics: New Directions in the Study of Signs for Sale* (Berlin: Mouton de Gruyter, 1987), 189–218.

29. Jack L. Nasar, "Symbolic Meanings of House Styles," *Environment and Behavior* 21 (May 1989): 235–57; E. K. Sadalla, B. Verschure, and J. Burroughs, "Identity Symbolism in Housing," *Environment and Behavior* 19 (1987): 579–87.

30. Solomon, "The Role of Products as Social Stimuli, 319–28; Robert E. Kleine III, Susan Schultz-Kleine, and Jerome B. Kernan, "Mundane Consumption and the Self: A Social-Identity Perspective," *Journal of Consumer Psychology* 2, no. 3 (1993): 209–35; Newell D. Wright, C. B. Claiborne, and M. Joseph Sirgy, "The Effects of Product Symbolism on Consumer Self-Concept," in John F. Sherry Jr. and Brian Sternthal, eds., *Advances in Consumer Research* 19 (Provo, UT: Association for Consumer Research, 1992): 311–18; Susan Fournier, "A Person-Based Relationship Framework for Strategic Brand Management" (doctoral dissertation, University of Florida, 1994).

31. A. Dwayne Ball and Lori H. Tasaki, "The Role and Measurement of Attachment in Consumer Behavior," *Journal of Consumer Psychology* 1, no. 2 (1992): 155–72.

32. William B. Hansen and Irwin Altman, "Decorating Personal Places: A Descriptive Analysis," *Environment and Behavior* 8 (December 1976): 491–504.

33. Jennifer Lee, "Identity Theft Complaints Double in '02," *New York Times on the Web* (January 23, 2003); Susan J. Wells, "When It's Nobody's Business but Your Own," *New York Times on the Web* (February 13, 2000); Deborah Lohse, "Travelers Offers Insurance to Borrowers to Cover Expenses of Stolen Identities," *Wall Street Journal Interactive Edition* (September 29, 1999).

34. R. A. Wicklund and P. M. Gollwitzer, *Symbolic Self-Completion* (Hillsdale, NJ: Erlbaum, 1982).

35. Erving Goffman, *Asylums* (New York: Doubleday, 1961).

36. Floyd Rudmin, "Property Crime Victimization Impact on Self, on Attachment, and on Territorial Dominance," *CPA Highlights, Victims of Crime Supplement* 9, no. 2 (1987): 4–7.

37. Barbara B. Brown, "House and Block as Territory" (paper presented at the Conference of the Association for Consumer Research, San Francisco, 1982).

38. Shay Sayre and David Horne, "I Shop, Therefore I Am: The Role of Possessions for Self Definition," in Shay Sayre and David Horne, eds., *Earth, Wind, and Fire and Water: Perspectives on Natural Disaster* (Pasadena CA: Open Door Publishers, 1996), 353–70.

39. Deborah A. Prentice, "Psychological Correspondence of Possessions, Attitudes, and Values," *Journal of Personality and Social Psychology* 53, no. 6 (1987): 993–1002.

40. Jennifer L. Aaker, "The Malleable Self: The Role of Self-Expression in Persuasion," *Journal of Marketing Research* 36 (February 1999): 45–57; Sak Onkvisit and John Shaw, "Self-Concept and Image Congruence: Some Research and Managerial Implications," *Journal of Consumer Marketing* 4 (Winter 1987): 13–24. For a related treatment of congruence between advertising appeals and self-concept, see George M. Zinkhan and Jae W. Hong, "Self-Concept and Advertising Effectiveness: A Conceptual Model of Congruency, Conspicuousness, and Response Mode," in Rebecca H. Holman and Michael R. Solomon, eds., *Advances in Consumer Research* 18 (Provo, UT: Association for Consumer Research, 1991): 348–54.

41. C. B. Claiborne and M. Joseph Sirgy, "Self-Image Congruence as a Model of Consumer Attitude Formation and Behavior: A Conceptual Review and Guide for Further Research" (paper presented at the Academy of Marketing Science Conference, New Orleans, 1990).

42. Jennifer L. Aaker, "The Malleable Self: The Role of Self-Expression in Persuasion," *Journal of Marketing Research* 36 (February 1999): 45–57.

43. A. L. E. Birdwell, "A Study of Influence of Image Congruence on Consumer Choice," *Journal of Business* 41 (January 1964): 76–88; Edward L. Grubb and Gregg Hupp, "Perception of Self, Generalized Stereotypes, and Brand Selection," *Journal of Marketing Research* 5 (February 1986): 58–63.

44. Ira J. Dolich, "Congruence Relationship Between Self-Image and Product Brands," *Journal of Marketing Research* 6 (February 1969): 80–84; Danny N. Bellenger, Earle Steinberg, and Wilbur W. Stanton, "The Congruence of Store Image and Self Image as It Relates to Store Loyalty," *Journal of Retailing* 52, no. 1 (1976): 17–32; Ronald J. Dornoff and Ronald L. Tatham, "Congruence Between Personal Image and Store Image," *Journal of the Market Research Society* 14, no. 1 (1972): 45–52.

45. Naresh K. Malhotra, "A Scale to Measure Self-Concepts, Person Concepts, and Product Concepts," *Journal of Marketing Research* 18 (November 1981): 456–64.

46. Leslie Walker, "More Than the Sum of His Stuff," *Washington Post* (August 11, 2001): E1.

47. Ernest Beaglehole, *Property: A Study in Social Psychology* (New York: Macmillan, 1932).

48. Jeffrey Ball, "Religious Leaders to Discuss SUVs with GM, Ford Officials," *Wall Street Journal Interactive Edition* (September 17, 2002).

49. David R. Shoonmaker, "Book Review: High and Mighty: SUVs—The World's Most Dangerous Vehicles and How They Got That Way," *American Scientist* (January–February 2003): 69; Keith Bradsher, *High and Mighty: SUVs—The World's Most Dangerous Vehicles and How They Got That Way* (New York: Public Affairs, 2002).

50. James Brooke, "Learning to Avoid a Deal-Killing Faux Pas in Japan," *New York Times on the Web* (September 17, 2002).

51. M. Csikszentmihalyi and Eugene Rochberg-Halton, *The Meaning of Things: Domestic Symbols and the Self* (Cambridge, UK: Cambridge University Press, 1981).

52. Russell W. Belk, "Possessions and the Extended Self," *Journal of Consumer Research* 15 (September 1988): 139–68.

53. Diane Goldner, "What Men and Women Really Want . . . to Eat," *New York Times* (March 2, 1994): C1 (2).

54. Thomas Tsu Wee Tan, Lee Boon Ling, and Eleanor Phua Cheay Theng, "Gender-role Portrayals in Malaysian and Singaporean Television Commercials: An International Advertising Perspective," *Journal of Business Research* 55 (2002): 853–61.

55. Joan Meyers-Levy, "The Influence of Sex Roles on Judgment," *Journal of Consumer Research* 14 (March 1988): 522–30.

56. Anne Eisenberg, "Mars and Venus, on the Net: Gender Stereotypes Prevail," *New York Times Online* (October 12, 2000).

57. Michael Wentzel, "NFL Logos Make Eye Contact with Fans," *Montgomery Advertiser* (September 15, 2002): 1G.

58. Vanessa O'Connell, "Bud Light's Online Campaign Could Attract Underage Users," *Wall Street Journal Interactive Edition* (September 16, 2002).

59. "Branding of Uterus Defended," *Montgomery Advertiser* (January 29, 2003): 4A.

60. Fisher Adam, "The First Time Ever I Shot Your Face," *Wired* (February 2001): 76.

61. Beverly A. Browne, "Gender Stereotypes in Advertising on Children's Television in the 1990s: A Cross-National Analysis," *Journal of Advertising* 27 (Spring 1998): 83–97.

62. Lisa Bannon, "Mattel Sees Untapped Market for Blocks: Little Girls," *Wall Street Journal* (June 6, 2002): B1.

63. Hassan Fattah and Pamela Paul, "Gaming Gets Serious," *American Demographics* (May 2002): 39–43; Emily Laber, "Men Are from Quake, Women Are from Ultima," *New York Times on the Web* (January 11, 2001).

64. Eileen Fischer and Stephen J. Arnold, "Sex, Gender Identity, Gender Role Attitudes, and Consumer Behavior," *Psychology & Marketing* 11 (March–April 1994): 163–82.

65. Clifford Nass, Youngme Moon, and Nancy Green, "Are Machines Gender Neutral? Gender-Stereotypic Responses to Computers with Voices," *Journal of Applied Social Psychology* 27, no. 10 (1997): 864–76; Kathleen Debevec and Easwar Iyer, "Sex Roles and Consumer Perceptions of Promotions, Products, and Self: What Do We Know and Where Should We Be Headed," in Richard J. Lutz, ed., *Advances in Consumer Research* 13 (Provo, UT: Association for Consumer Research, 1986): 210–14; Joseph A. Bellizzi and Laura Milner, "Gender Positioning of a Traditionally Male-Dominant Product," *Journal of Advertising Research* (June–July 1991): 72–79.

66. Hillary Chura, "Barton's New High-End Vodka Exudes a 'Macho Personality'," *Advertising Age* (May 1, 2000): 8.

67. Sandra L. Bem, "The Measurement of Psychological Androgyny," *Journal of Consulting and Clinical Psychology* 42 (1974): 155–62; Deborah E. S. Frable, "Sex Typing and Gender Ideology: Two Facets of the Individual's Gender Psychology That Go Together," *Journal of Personality and Social Psychology* 56, no. 1 (1989): 95–108.

68. See D. Bruce Carter and Gary D. Levy, "Cognitive Aspects of Early Sex-Role Development: The Influence of Gender Schemas on Preschoolers' Memories and Preferences for Sex-Typed Toys and Activities," *Child Development* 59 (1988): 782–92; Bernd H. Schmitt, France Le Clerc, and Laurette Dube-Rioux, "Sex Typing and Consumer Behavior: A Test of Gender Schema Theory," *Journal of Consumer Research* 15 (June 1988): 122–27.

69. Carol Gilligan, *In a Different Voice: Psychological Theory and Women's Development* (Cambridge, MA: Harvard University Press, 1982); Joan Meyers-Levy and Durairaj Maheswaran, "Exploring Differences in Males' and Females' Processing Strategies," *Journal of Consumer Research* 18 (June 1991): 63–70.

70. Lynn J. Jaffe and Paul D. Berger, "Impact on Purchase Intent of Sex-Role Identity and Product Positioning," *Psychology & Marketing* (Fall 1988): 259–71; Lynn J. Jaffe, "The Unique Predictive Ability of Sex-Role Identity in Explaining Women's Response to Advertising," *Psychology & Marketing* 11 (September–October 1994): 467–82.

71. Leila T. Worth, Jeanne Smith, and Diane M. Mackie, "Gender Schematicity and Preference for Gender-Typed Products," *Psychology & Marketing* 9 (January 1992): 17–30.

72. Rebecca Gardyn, "Granddaughters of Feminism," *American Demographics* (April 2001): 43–47.

73. Sherri Day, "As It Remakes Itself, Mattel Does Same for Barbie," *New York Times on the Web* (November 9, 2002).

74. Deborah Roffman, "A Sign Culture's Gone too Far: Lingerie Barbie," *Washington Post* (December 26, 2002): A40.

75. Lisa Bannon, "Fashion Coup? Bratz Grabs Some of Barbie's Limelight," *Wall Street Journal Interactive Edition* (November 29, 2002).

76. Ibid.

77. Cris Prystay, "Marketers to Chinese Women Offer 'More Room to Be Vain'," *Wall Street Journal Interactive Edition* (May 29, 2002).

78. Cris Prystay and Montira Narkvichien, "Sex and the City Singles Out Asian Women for Marketers," *Wall Street Journal Interactive Edition* (August 8, 2002).

79. Craig S. Smith, "Underneath, Saudi Women Keep Their Secrets," *New York Times on the Web* (December 3, 2002).

80. Wayne Arnold, "For the Singapore Girl, It's Her Time to Shine," *New York Times* (December 31, 1999): C4.

81. Barbara B. Stern, "Masculinism(s) and the Male Image: What Does It Mean to Be a Man?" in Tom Reichert and Jacqueline Lambiase, eds., *Advertising: Multi-disciplinary Perspectives on the Erotic Appeal* (Mahwah, NJ: Lawrence Erlbaum Associates 2002).

82. Anthony Vagnoni, "Brut Ad Reeks of Bad-Boy Attitude," *Advertising Age* (October 18, 1999): 24–25.

83. Jack Neff, "Marketers Rush into Men's Care Category," *Advertising Age* (July 29, 2002): 6.

84. Peroxide Tales," *American Demographics* (July–August 2002): 9.

85. Jim Carlton, "Hair-Dye Makers, Sensing a Shift, Step up Campaigns Aimed at Men," *Wall Street Journal Interactive Edition* (January 17, 2000).

86. Projections of the incidence of homosexuality in the general population often are influenced by assumptions of the researchers, as well as the methodology they employ (e.g., self-report, behavioral measures, fantasy measures). For a discussion of these factors, see Edward O. Laumann, John H. Gagnon, Robert T. Michael, and Stuart Michaels, *The Social Organization of Homosexuality* (Chicago: University of Chicago Press, 1994).

87. Lee Condon, "By the Numbers (Census 2000)," *The Advocate: The National Gay and Lesbian Newsmagazine* (September 25, 2001): 37.

88. R. Gardyn, "A Market Kept in the Closet," *American Demographics* (November 2001): 37–43.

89. Kate Fitzgerald, "IKEA Dares to Reveal Gays Buy Tables, Too," *Advertising Age* (March 28, 1994); Cyndee Miller, "Top Marketers Take Bolder Approach in Targeting Gays," *Marketing News* (July 4, 1994): 1; Michael Wilke, "Big Advertisers Join Move to Embrace Gay Market," *Advertising Age* (August 4, 1997): 1.

90. R. Gardyn, "A Market Kept in the Closet," 37–43; see also Lisa Peñaloza, "We're Here, We're Queer, and We're Going Shopping! A Critical Perspective on the Accommodation of Gays and Lesbians in the U.S. Marketplace," *Journal of Homosexuality* 31 (Summer 1996): 9–41.

91. Joseph Pereira, "These Particular Buyers of Dolls Don't Say, 'Don't Ask, Don't Tell'," *Wall Street Journal* (August 30, 1993): B1.

92. Bob Tedeschi, "Gays Draw Attention of Retailers," *New York Times on the Web* (August 26, 2002).

93. Bill Carter, "MTV and Showtime Plan Cable Channel for Gay Viewers," *New York Times on the Web* (January 10, 2002).

94. George Gene Gustines, "A Comic Book Gets Serious on Gay Issues," *New York Times on the Web* (August 13, 2002).

95. Ronald Alsop, "Lesbians Are Often Left Out When Firms Market to Gays," *Wall Street Journal Interactive Edition* (October 11, 1999).

96. Dennis W. Rook, "Body Cathexis and Market Segmentation," in Michael R. Solomon, ed., *The Psychology of Fashion* (Lexington, MA: Lexington Books, 1985), 233–41.

97. Carrie Goerne, "Marketing to the Disabled: New Workplace Law Stirs Interest in Largely Untapped Market," *Marketing News* 3 (September 14, 1992): 1; "Retailers Find a Market, and Models, in Disabled," *New York Times* (August 6, 1992): D4.

98. Geoffrey Cowley, "The Biology of Beauty," *Newsweek* (June 3, 1996): 61–66.

99. Corky Siemaszko, "Depends on the Day: Women's Sex Drive a Very Cyclical Thing," *New York Daily News* (June 24, 1999): 3.

100. Amanda B. Bower, "Highly Attractive Models in Advertising and the Women Who Loathe Them: The Implications of Negative Affect for Spokesperson Effectiveness," *Journal of Advertising* 30 (Fall 2001): 51–63.

101. Basil G. Englis, Michael R. Solomon, and Richard D. Ashmore, "Beauty Before the Eyes of Beholders: The Cultural Encoding of Beauty Types in Magazine Advertising and Music Television," *Journal of Advertising* 23 (June 1994): 49–64; Michael R. Solomon, Richard Ashmore, and Laura Longo, "The Beauty Match-Up Hypothesis: Congruence Between Types of

Beauty and Product Images in Advertising," *Journal of Advertising* 21 (December 1992): 23–34.

102. Cris Prystay, "Critics Say Ads for Skin Whiteners Capitalize on Malaysian Prejudice," *Wall Street Journal Interactive Edition* (April 29, 2002).

103. Lewis Gregory, "Cosmetic Cover-Up: Growing Number of Minority Women Seek Plastic Surgery," *Montgomery Advertiser* (January 14, 2002): 1D.

104. Seth Mydans, "Oh Blue-Eyed Thais, Flaunt Your Western Genes!" *New York Times on the Web* (August 29, 2002).

105. Norimitsu Onishi, "Globalization of Beauty Makes Slimness Trendy," *New York Times on the Web* (October 3, 2002).

106. Ellen Knickermeyer, "Full-Figured Females Favored," *Opelika-Auburn News* (August 7, 2001).

107. Michael Schuman, "Some Korean Women Are Taking Great Strides to Show a Little Leg," *Wall Street Journal Interactive Edition* (February 21, 2001).

108. Lois W. Banner, *American Beauty* (Chicago: University of Chicago Press, 1980); for a philosophical perspective, see Barry Vacker and Wayne R. Key, "Beauty and the Beholder: The Pursuit of Beauty Through Commodities," *Psychology & Marketing* 10 (November–December 1993): 471–94.

109. Abraham Tesser and Terry Pettijohn II, reported in "And the Winner Is . . . Wall Street," *Psychology Today* (March–April 1998): 12.

110. "Report Delivers Skinny on Miss America," *Montgomery Advertiser* (March 22, 2000): 5A.

111. "Study: Playboy Models Losing Hourglass Figures," (December 20, 2002), CNN.com.

112. Jill Neimark, "The Beefcaking of America," *Psychology Today* (November–December 1994): 32.

113. Richard H. Kolbe and Paul J. Albanese, "Man to Man: A Content Analysis of Sole-Male Images in Male-Audience Magazines," *Journal of Advertising* 25 (Winter 1996): 1–20.

114. David Goetzl, "Teen Girls Pan Ad Images of Women," *Advertising Age* (September 13, 1999): 32; Carey Goldberg, "Citing Intolerance, Obese People Take Steps to Press Cause," *New York Times on the Web* (November 5, 2000).

115. Fat-Phobia in the Fijis: TV-Thin Is In," *Newsweek* (May 31, 1999): 70.

116. Amy Dockser Marcus, "With an Etiquette of Overeating, It's Not Easy Being Lean in Egypt," *Wall Street Journal Interactive Edition* (March 4, 1998).

117. Elaine L. Pedersen and Nancy L. Markee, "Fashion Dolls: Communicators of Ideals of Beauty and Fashion" (paper presented at the International Conference on Marketing Meaning, Indianapolis, IN, 1989); Dalma Heyn, "Body Hate," *Ms.* (August 1989): 34; Mary C. Martin and James W. Gentry, "Assessing the Internalization of Physical Attractiveness Norms," *Proceedings of the American Marketing Association Summer Educators' Conference* (Summer 1994): 59–65.

118. Lisa Bannon, "Barbie Is Getting Body Work, and Mattel Says She'll Be 'Rad'," *Wall Street Journal Interactive Edition* (November 17, 1997).

119. Lisa Bannon, "Will New Clothes, Bellybutton Create 'Turn Around' Barbie," *Wall Street Journal Interactive Edition* (February 17, 2000).

120. www.emmesupermodel.com/, accessed December 17, 2002; www.tonner-doll.com/emme.htm, accessed December 17, 2002; Jennifer Barrett, "Must Have, Plus Size," *Newsweek* (August 26, 2002): 60.

121. Kane Courtney, "Advertising: A Male Sex Symbol Enjoys the Company of Larger Women," *New York Times on the Web* (February 1, 2001).

122. Yumiko Ono, "For Once, Fashion Marketers Look to Sell to Heavy Teens," *Wall Street Journal Interactive Edition* (July 31, 1998).

123. www.cbsnews.com/stories/2002/01/31/health/main326811.shtml, accessed December 17, 2002.

124. Fruit Cups," *Details* (August 1999): 37.

125. Debra A. Zellner, Debra F. Harner, and Robbie I. Adler, "Effects of Eating Abnormalities and Gender on Perceptions of Desirable Body Shape," *Journal of Abnormal Psychology* 98 (February 1989): 93–96.

126. Robin T. Peterson, "Bulimia and Anorexia in an Advertising Context," *Journal of Business Ethics* 6 (1987): 495–504.

127. Jane E. Brody, "Personal Health," *New York Times* (February 22, 1990): B9.

128. Christian S. Crandall, "Social Contagion of Binge Eating," *Journal of Personality and Social Psychology* 55 (1988): 588–98.

129. Judy Folkenberg, "Bulimia: Not for Women Only," *Psychology Today* (March 1984): 10.

130. Stephen S. Hall, "The Bully in the Mirror," *New York Times Magazine*, (downloaded August 22, 1999); Natalie Angier, "Drugs, Sports, Body Image and G.I. Joe," *New York Times* (December 22, 1998): D1.

131. John W. Schouten, "Selves in Transition: Symbolic Consumption in Personal Rites of Passage and Identity Reconstruction," *Journal of Consumer Research* 17 (March 1991): 412–25.

132. Jane E. Brody, "Notions of Beauty Transcend Culture, New Study Suggests," *New York Times* (March 21, 1994): A14; Norihiko Shirouzu, "Reconstruction Boom in Tokyo: Perfecting Imperfect Belly-buttons," *Wall Street Journal* (October 4, 1995): B1.

133. Nancy Hass, "Nip, Tuck, Click: Plastic Surgery on the Web Is Hip," *New York Times on the Web* (September 19, 1999); Celeste McGovern, "Brave New World," *Newsmagazine* (Alberta edition) 26 (February 7, 2000): 50–52.

134. Stephen S. Hall, "The Bully in the Mirror," Emily Yoffe, "Valley of the Silicon Dolls," *Newsweek* (November 26, 1990): 72.

135. Jerry Adler, "New Bodies for Sale," *Newsweek* (May 27, 1985): 64.

136. Ruth P. Rubinstein, "Color, Circumcision, Tatoos, and Scars," in Michael R. Solomon, ed., *The Psychology of Fashion* (Lexington, MA: Lexington Books, 1985), 243–54; Peter H. Bloch and Marsha L. Richins, "You Look 'Mahvelous': The Pursuit of Beauty and Marketing Concept," *Psychology & Marketing* 9 (January 1992): 3–16. For a visual overview of these processes, visit amnh.org/exhibitions/bodyart/ to view an exhibit mounted by the American Museum of Natural History.

137. Deanna Bellandi, "U.S. Suffers 'Portion Distortion'," *Montgomery Advertiser* (January 22, 2003): 3A.

138. Sondra Farganis, "Lip Service: The Evolution of Pouting, Pursing, and Painting Lips Red," *Health* (November 1988): 48–51.

139. Michael Gross, "Those Lips, Those Eyebrows; New Face of 1989 (New Look of Fashion Models)," *New York Times Magazine* (February 13, 1989): 24.

140. High Heels: Ecstasy's Worth the Agony," *New York Post* (December 31, 1981).

141. Elizabeth Hayt, "Over-40 Rebels with a Cause: Tattoos," *New York Times* (December 22, 2002): sec. 9: 2.

142. www.pathfinder.com:80/altculture/aentries/p/piercing.html, accessed August 22, 1997.

第六章

1. For an interesting ethnographic account of sky diving as a voluntary high-risk consumption activity, see Richard L. Celsi, Randall L. Rose, and Thomas W. Leigh, "An Exploration of High-Risk Leisure Consumption Through Skydiving," *Journal of Consumer Research* 20 (June 1993): 1–23. See also Jerry Adler, "Been There, Done That," *Newsweek* (July 19, 1993): 43.

2. Maureen Tkacik, "Quiksilver Keeps Marketing to a Minimum to Stay 'Cool'," *Wall Street Journal Interactive Edition* (August 28, 2002).

3. See J. Aronoff and J. P. Wilson, *Personality in the Social Process* (Hillsdale, NJ: Erlbaum, 1985); *Walter Mischel, Personality and Assessment* (New York: Wiley, 1968).

4. Ernest Dichter, *A Strategy of Desire* (Garden City, NY: Doubleday, 1960); Ernest Dichter, *The Handbook of Consumer Motivations* (New York: McGraw-Hill, 1964); Jeffrey J. Durgee, "Interpreting Dichter's Interpretations: An Analysis of Consumption Symbolism" in *The Handbook of Consumer Motivations, unpublished manuscript* (Rensselaer Polytechnic Institute, Troy, New York, 1989); Pierre Martineau, *Motivation in Advertising* (New York: McGraw-Hill, 1957).

5. Vance Packard, *The Hidden Persuaders* (New York: D. McKay, 1957).

6. Harold Kassarjian, "Personality and Consumer Behavior: A Review," *Journal of Marketing Research* 8 (November 1971): 409–18.

7. Karen Horney, *Neurosis and Human Growth* (New York: Norton, 1950).

8. Joel B. Cohen, "An Interpersonal Orientation to the Study of Consumer Behavior," *Journal of Marketing Research* 6 (August 1967): 270–78; Pradeep K. Tyagi, "Validation of the CAD Instrument: A Replication," in Richard P. Bagozzi and Alice M. Tybout, eds., *Advances in Consumer Research* 10 (Ann Arbor, MI: Association for Consumer Research, 1983): 112–14.

9. For a comprehensive review of classic perspectives on personality theory, see Calvin S. Hall and Gardner Lindzey, *Theories of Personality*, 2nd ed (New York: Wiley, 1970).

10. See Carl G. Jung, "The Archetypes and the Collective Unconscious," in H. Read, M. Fordham, and G. Adler, eds., *Collected Works*, vol. 9, part 1 (Princeton, NJ: Princeton University Press, 1959).

11. Linda L. Price and Nancy Ridgway, "Development of a Scale to Measure Innovativeness," in Richard P. Bagozzi and Alice M. Tybout, eds., *Advances in Consumer Research* 10 (Ann Arbor, MI: Association for Consumer

Research, 1983): 679–84; Russell W. Belk, "Three Scales to Measure Constructs Related to Materialism: Reliability, Validity, and Relationships to Measures of Happiness," in Thomas C. Kinnear, ed., *Advances in Consumer Research* 11 (Ann Arbor, MI: Association for Consumer Research, 1984): 291; Mark Snyder, "Self-Monitoring Processes," in Leonard Berkowitz, ed., *Advances in Experimental Social Psychology* (New York: Academic Press, 1979), 85–128; Gordon R. Foxall and Ronald E. Goldsmith, "Personality and Consumer Research: Another Look," Journal of the Market Research Society 30, no. 2 (1988): 111–25; Ronald E. Goldsmith and Charles F. Hofacker, "Measuring Consumer Innovativeness," *Journal of the Academy of Marketing Science* 19, no. 3 (1991): 209–21; Curtis P. Haugtvedt, Richard E. Petty, and John T. Cacioppo, "Need for Cognition and Advertising: Understanding the Role of Personality Variables in Consumer Behavior," *Journal of Consumer Psychology* 1, no. 3 (1992): 239–60.

12. John L. Lastovicka, Lance A. Bettencourt, Renee Shaw Hughner, and Ronald J. Kuntze, "Lifestyle of the Tight and Frugal: Theory and Measurement," *Journal of Consumer Research* 26 (June 1999): 85–98.

13. David Reisman, *The Lonely Crowd: A Study of the Changing American Character* (New Haven, CT: Yale University Press, 1969).

14. Kelly Tepper Tian, William O. Bearden, and Gary L. Hunter, "Consumers' Need for Uniqueness: Scale Development and Validation," *Journal of Consumer Research* 28 (June 2001): 50–66.

15. Bennett Courtney, "Robotic Voices Designed to Manipulate," *Psychology Today* (January–February 2002): 20.

16. Mohan J. Dutta-Bergman and William D. Wells, "The Values and Lifestyles of Idiocentrics and Allocentrics in an Individualist Culture: A Descriptive Approach," *Journal of Consumer Psychology* 12 (March 2002): 231–42.

17. Jacob Jacoby, "Personality and Consumer Behavior: How Not to Find Relationships," in *Purdue Papers in Consumer Psychology*, no. 102 (Lafayette, IN: Purdue University, 1969); Harold H. Kassarjian and Mary Jane Sheffet, "Personality and Consumer Behavior: An Update," in Harold H. Kassarjian and Thomas S. Robertson, eds., *Perspectives in Consumer Behavior*, 4th ed. (Glenview, IL: Scott, Foresman, 1991): 291–353; John Lastovicka and Erich Joachimsthaler, "Improving the Detection of Personality Behavior Relationships in Consumer Research," *Journal of Consumer Research* 14 (March 1988): 583–87. For an approach that ties the notion of personality more directly to marketing issues, see Jennifer L. Aaker, "Dimensions of Brand Personality," *Journal of Marketing Research* 34 (August 1997): 347–57.

18. See Girish N. Punj and David W. Stewart, "An Interaction Framework of Consumer Decision-making," *Journal of Consumer Research* 10 (September 1983): 181–96.

19. J. F. Allsopp, "The Distribution of On-Licence Beer and Cider Consumption and Its Personality Determinants Among Young Men," *European Journal of Marketing* 20, no. 3 (1986): 44–62; Gordon R. Foxall and Ronald E. Goldsmith, "Personality and Consumer Research: Another Look," *Journal of the Market Research Society* 30, no. 2 (April 1988): 111–25.

20. Thomas Hine, "Why We Buy: The Silent Persuasion of Boxes, Bottles, Cans, and Tubes," *Worth* (May 1995): 78–83.

21. Kevin L. Keller, "Conceptualization, Measuring, and Managing Customer-Based Brand Equity," *Journal of Marketing* 57 (January 1993): 1–22.

22. Linda Keslar, "What's in a Name?" *Individual Investor* (April 1999): 101–2.

23. Rebecca Piirto Heath, "The Once and Future King," *Marketing Tools* (March 1998): 38–43.

24. Kathryn Kranhold, "Agencies Beef Up Brand Research to Identify Consumer Preferences," *Wall Street Journal Interactive Edition* (March 9, 2000).

25. Aaker, "Dimensions of Brand Personality."

26. Bradley Johnson, "They All Have Half-Baked Ideas," *Advertising Age* (May 12, 1997): 8.

27. Tim Triplett, "Brand Personality Must Be Managed or It Will Assume a Life of Its Own," *Marketing News* (May 9, 1994): 9.

28. Susan Fournier, "Consumers and Their Brands: Developing Relationship Theory in Consumer Research," *Journal of Consumer Research* 24, no. 4 (March 1998): 343–73.

29. Rebecca Piirto Heath, "The Frontiers of Psychographics," *American Demographics* (July 1996): 38–43.

30. Gabriel Kahn, "Philips Blitzes Asian Market As It Strives to Become Hip," *Wall Street Journal Online* (August 1, 2002).

31. Erin White, "Volvo Sheds Safe Image for New, Dangerous Ads," *Wall Street Journal Online* (June 14, 2002).

32. Benjamin D. Zablocki and Rosabeth Moss Kanter, "The Differentiation of Life-Styles," *Annual Review of Sociology* (1976): 269–97.

33. Mary Twe Douglas and Baron C. Isherwood, *The World of Goods* (New York: Basic Books, 1979).

34. Zablocki and Kanter, "The Differentiation of Life-Styles."

35. The Niche's the Thing," *American Demographics* (February 2000): 22.

36. Richard A. Peterson, "Revitalizing the Culture Concept," *Annual Review of Sociology* 5 (1979): 137–66.

37. Hate Group Web Sites on the Rise," CNN.com (February 23, 1999); www.resist.com/, accessed December 18, 2002.

38. Julia Cosgrove, "Campari and CD?" *BusinessWeek* (July 1, 2002): 14.

39. William Leiss, Stephen Kline, and Sut Jhally, *Social Communication in Advertising* (Toronto: Methuen, 1986).

40. Douglas and Isherwood, *The World of Goods*, quoted on pp. 72–73.

41. Christopher K. Hsee and France Leclerc, "Will Products Look More Attractive When Presented Separately or Together?" *Journal of Consumer Research* 25 (September 1998): 175–86.

42. Christina Binkley, "Fairmont and Porsche Team Up in Luxury Cross-Marketing Deal," *Wall Street Journal Online* (October 8, 2002).

43. Karen J. Banyan, "Bally, Unilever and Free Product Add Up to a Sampling Campaign," *New York Times on the Web* (April 23, 2002).

44. Cara Beardi, "Photo Op: Nike, Polaroid Pair Up for Footwear Line," *Advertising Age* (April 2, 2001): 8.

45. Mark Rechtin, "Surf's Up for Toyota's Co-Branded Roxy Echo," *Automotive News* (June 25, 2001): 17.

46. Michael R. Solomon, "The Role of Products as Social Stimuli: A Symbolic Interactionism Perspective," *Journal of Consumer Research* 10 (December 1983): 319–29.

47. Michael R. Solomon and Henry Assael, "The Forest or the Trees? A Gestalt Approach to Symbolic Consumption," in Jean Umiker-Sebeok, ed., *Marketing and Semiotics: New Directions in the Study of Signs for Sale* (Berlin: Mouton de Gruyter, 1988), 189–218; Michael R. Solomon, "Mapping Product Constellations: A Social Categorization Approach to Symbolic Consumption," *Psychology & Marketing* 5, no. 3 (1988): 233–58; see also Stephen C. Cosmas, "Life Styles and Consumption Patterns," *Journal of Consumer Research* 8, no. 4 (March 1982): 453–55.

48. Russell W. Belk, "The Retro Sims," in Stephen Brown and John Sherry, eds., *No Then There: Ecumenical Essays on the Rise of Retroscapes*, (forthcoming); www.ea.com/eagames/official/thesimsonline/home/index.jsp, accessed December 18, 2002; Michael R. Solomon, *Conquering Consumerspace: Marketing Strategies for a Branded World* (New York: AMACOM, 2003).

49. Russell W. Belk, "Yuppies as Arbiters of the Emerging Consumption Style," in Richard J. Lutz, ed., *Advances in Consumer Research* 13 (Provo, UT: Association for Consumer Research, 1986): 514–19.

50. Danny Hakim, "Cadillac, Too, Shifting Focus to Trucks," *New York Times on the Web* (December 21, 2001).

51. See Lewis Alpert and Ronald Gatty, "Product Positioning by Behavioral Life Styles," *Journal of Marketing* 33 (April 1969): 65–69; Emanuel H. Demby, "Psychographics Revisited: The Birth of a Technique," *Marketing News* (January 2, 1989): 21; William D. Wells, "Backward Segmentation," in Johan Arndt, ed., *Insights into Consumer Behavior* (Boston: Allyn & Bacon, 1968): 85–100.

52. Rebecca Piirto Heath, "Psychographics: 'Q'est-ce que c'est'?" *Marketing Tools* (November–December 1995): 73.

53. Seth Stevenson, "How to Beat Nike," *New York Times on the Web* (January 5, 2003).

54. William D. Wells and Douglas J. Tigert, "Activities, Interests, and Opinions," *Journal of Advertising Research* 11 (August 1971): 27.

55. Ian Pearson, "Social Studies: Psychographics in Advertising," *Canadian Business* (December 1985): 67.

56. Piirto Heath, "Psychographics: 'Q'est-ce que c'est'?"

57. Alfred S. Boote, "Psychographics: Mind over Matter," *American Demographics* (April 1980): 26–29; William D. Wells, "Psychographics: A Critical Review," *Journal of Marketing Research* 12 (May 1975): 196–213.

58. "At Leisure: Americans' Use of Down Time," *New York Times* (May 9, 1993): E2.

59. Joseph T. Plummer, "The Concept and Application of Life Style Segmentation," *Journal of Marketing* 38 (January 1974): 33–37.

60. Berkeley Rice, "The Selling of Lifestyles," *Psychology Today* (March 1988): 46.

61. John L. Lastovicka, John P. Murry, Erich A. Joachimsthaler, Gurav Bhalla, and Jim Scheurich, "A Lifestyle Typology to Model Young Male Drinking and Driving," *Journal of Consumer Research* 14 (September 1987): 257–63.

62. Anthony Ramirez, "New Cigarettes Raising Issue of Target Market," *New York Times* (February 18, 1990): 28.

63. Rebecca Piirto Heath, "The Frontiers of Psychographics," 38–43.

64. Martha Farnsworth Riche, "VALS 2," *American Demographics* (July 1989): 25. Additional information provided by William D. Guns, Director, Business Intelligence Center, SRI Consulting, Inc., personal communication, May 1997.

65. Rebecca Piirto Heath, "You Can Buy a Thrill: Chasing the Ultimate Rush," *American Demographics* (June 1997): 47–51.

66. Michael Weiss, "Parallel Universe," *American Demographics* (October 1999): 58–63, p. 62.

67. Some of this section is adapted from material presented in Michael R. Solomon, Gary Bamossy, and Søren Askegaard, *Consumer Behaviour: A European Perspective,* 2nd ed. (London: Prentice Hall Europe, 2002).

68. Document, RISC.

69. Horst Kern, Hans-Christian Wagner and Roswitha Harris, "European Aspects of a Global Brand: The BMW Case," *Marketing and Research Today* (February 1990): 47–57.

70. Marcia Mogelonsky, "The Geography of Junk Food," *American Demographics* (July 1994): 13–14.

71. "Euromonitor," European Marketing Data and Statistics (1997): 328–31.

72. Søren Askegaard and Tage Koed Madsen, "The Local and the Global: Patterns of Homogeneity and Heterogeneity in European Food Cultures," *International Business Review* (in press).

73. Michael R. Solomon, Suzanne C. Beckmann, and Basil G. Englis, "Exploring and Understanding of Cultural Meaning Systems: Visualizing the Underlying Meaning Structure of Brands," presented at a conference, Branding: Activating & Engaging Cultural Meaning Systems, Innsbruck Austria, May 2003.

74. Thomas W. Osborn, "Analytic Techniques for Opportunity Marketing," *Marketing Communications* (September 1987): 49–63.

75. Osborn, "Analytic Techniques for Opportunity Marketing."

76. Michael J. Weiss, *The Clustering of America* (New York: Harper & Row, 1988).

77. Bob Minzesheimer, "You Are What You Zip," *Los Angeles* (November 1984): 175.

78. Christina Del Valle, "They Know Where You Live and How You Buy," *BusinessWeek* (February 7, 1994): 89.

79. Adapted from a case study provided by Cox Communications, www.claritas.com/index.html, accessed December 18, 2002.

80. Barbra J. Eichorn, "Selling by Design: Using Lifestyle Analysis to Revamp Retail Space," *American Demographics* (October 1996): 45–48.

第七章

1. Grant Wahl, "Foreign Aid: The Carolina Courage Tapped into the International Pipeline and Came Up Champs in WUSA's Year 2," *Sports Illustrated* (September 2, 2002): R2; Bill Saporito, "Flat-Out Fantastic," Time (July 19, 1999): 58; Mark Hyman, "The 'Babe Factor' in Women's Soccer," *BusinessWeek* (July 26, 1999): 118.

2. Robert A. Baron and Donn Byrne, *Social Psychology: Understanding Human Interaction,* 5th ed. (Boston: Allyn & Bacon, 1987).

3. Daniel Katz, "The Functional Approach to the Study of Attitudes," *Public Opinion Quarterly* 24 (Summer 1960): 163–204; Richard J. Lutz, "Changing Brand Attitudes through Modification of Cognitive Structure," *Journal of Consumer Research* 1 (March 1975): 49–59.

4. Russell H. Fazio, T. M. Lenn, and E. A. Effrein, "Spontaneous Attitude Formation," *Social Cognition* 2 (1984): 214–34.

5. Mason Haire, "Projective Techniques in Marketing Research," *Journal of Marketing* 14 (April 1950): 649–56.

6. Sharon Shavitt, "The Role of Attitude Objects in Attitude Functions," *Journal of Experimental Social Psychology* 26 (1990): 124–48; see also J. S. Johar and M. Joseph Sirgy, "Value-Expressive versus Utilitarian Advertising Appeals: When and Why to Use Which Appeal," *Journal of Advertising* 20 (September 1991): 23–34.

7. For the original work that focused on the issue of levels of attitudinal commitment, see H. C. Kelman, "Compliance, Identification, and Internalization:

Three Processes of Attitude Change," *Journal of Conflict Resolution* 2 (1958): 51–60.

8. Lynn R. Kahle, Kenneth M. Kambara, and Gregory M. Rose, "A Functional Model of Fan Attendance Motivations for College Football," *Sports Marketing Quarterly* 5, no. 4 (1996): 51–60.

9. For a study that found evidence of simultaneous causation of beliefs and attitudes, see Gary M. Erickson, Johny K. Johansson, and Paul Chao, "Image Variables in Multi-Attribute Product Evaluations: Country-of-Origin Effects," *Journal of Consumer Research* 11 (September 1984): 694–99.

10. Michael Ray, "Marketing Communications and the Hierarchy-of-Effects," in P. Clarke, ed., *New Models for Mass Communications* (Beverly Hills, CA: Sage, 1973), 147–76.

11. Herbert Krugman, "The Impact of Television Advertising: Learning without Involvement," *Public Opinion Quarterly* 29 (Fall 1965): 349–56; Robert Lavidge and Gary Steiner, "A Model for Predictive Measurements of Advertising Effectiveness," *Journal of Marketing* 25 (October 1961): 59–62.

12. Stuart Elliott and Constance L. Hays, "Coca-Cola Will Try to Promote Its Top Brand with More Emotion," *New York Times on the Web* (October 19, 1999).

13. Daniel J. Howard and Charles Gengler, "Emotional Contagion Effects on Product Attitudes," *Journal of Consumer Research* 28 (September 2001): 189–201.

14. For some recent studies, see Andrew B. Aylesworth and Scott B. MacKenzie, "Context Is Key: The Effect of Program-Induced Mood on Thoughts about the Ad," *Journal of Advertising* 27 (Summer 1998): 17; Angela Y. Lee and Brian Sternthal, "The Effects of Positive Mood on Memory," *Journal of Consumer Research* 26 (September 1999): 115–28; Michael J. Barone, Paul W. Miniard, and Jean B. Romeo, "The Influence of Positive Mood on Brand Extension Evaluations," *Journal of Consumer Research* 26 (March 2000): 386–401. For a study that compared the effectiveness of emotional appeals across cultures, see Jennifer L. Aaker and Patti Williams, "Empathy versus Pride: The Influence of Emotional Appeals across Cultures," *Journal of Consumer Research* 25 (December 1998): 241–61. For research that relates mood (depression) to acceptance of health-related messages, see Punam Anand Keller, Isaac M. Lipkus, and Barbara K. Rimer, "Depressive Realism and Health Risk Accuracy: The Negative Consequences of Positive Mood," *Journal of Consumer Research* 29 (June 2002): 57–69.

15. Punam Anand, Morris B. Holbrook, and Debra Stephens, "The Formation of Affective Judgments: The Cognitive–Affective Model versus the Independence Hypothesis," *Journal of Consumer Research* 15 (December 1988): 386–91; Richard S. Lazarus, "Thoughts on the Relations between Emotion and Cognition," *American Psychologist* 37, no. 9 (1982): 1019–24.

16. Robert B. Zajonc, "Feeling and Thinking: Preferences Need No Inferences," *American Psychologist* 35, no. 2 (1980): 151–75.

17. Patricia Winters Lauro, "Advertisers Want to Know What People Really Think," *New York Times on the Web* (April 13, 2000); Ian Austen, "Soon: Computers That Know You Hate Them," *New York Times on the Web* (January 6, 2000).

18. Banwari Mittal, "The Role of Affective Choice Mode in the Consumer Purchase of Expressive Products," *Journal of Economic Psychology* 4, no. 9 (1988): 499–524.

19. Scot Burton and Donald R. Lichtenstein, "The Effect of Ad Claims and Ad Context on Attitude Toward the Advertisement," *Journal of Advertising* 17, no. 1 (1988): 3–11; Karen A. Machleit and R. Dale Wilson, "Emotional Feelings and Attitude toward the Advertisement: The Roles of Brand Familiarity and Repetition," *Journal of Advertising* 17, no. 3 (1988): 27–35; Scott B. Mackenzie and Richard J. Lutz, "An Empirical Examination of the Structural Antecedents of Attitude toward the Ad in an Advertising Pretesting Context," *Journal of Marketing* 53 (April 1989): 48–65; Scott B. Mackenzie, Richard J. Lutz, and George E. Belch, "The Role of Attitude toward the Ad as a Mediator of Advertising Effectiveness: A Test of Competing Explanations," *Journal of Marketing Research* 23 (May 1986): 130–43; Darrel D. Muehling and Russell N. Laczniak, "Advertising's Immediate and Delayed Influence on Brand Attitudes: Considerations Across Message-Involvement Levels," *Journal of Advertising* 17, no. 4 (1988): 23–34; Mark A. Pavelchak, Meryl P. Gardner, and V. Carter Broach, "Effect of Ad Pacing and Optimal Level of Arousal on Attitude toward the Ad," in Rebecca H. Holman and Michael R. Solomon, eds., *Advances in Consumer Research* 18 (Provo, UT: Association for Consumer Research, 1991): 94–99. Some research evidence indicates that a separate attitude is also formed regarding the brand name itself; see George M. Zinkhan and Claude R. Martin Jr., "New Brand Names and Inferential Beliefs: Some Insights on Naming New Products," *Journal of Business Research* 15 (1987): 157–72.

20. John P. Murry Jr., John L. Lastovicka, and Surendra N. Singh, "Feeling and Liking Responses to Television Programs: An Examination of Two Explanations for Media-Context Effects," *Journal of Consumer Research* 18 (March 1992): 441–51.

21. Barbara Stern and Judith Lynne Zaichkowsky, "The Impact of 'Entertaining' Advertising on Consumer Responses," *Australian Marketing Researcher* 14 (August 1991): 68–80.

22. H. Shanker Krishnan and Robert E. Smith, "The Relative Endurance of Attitudes, Confidence, and Attitude Behavior Consistency: The Role of Information Source and Delay," *Journal of Consumer Psychology* 7, no. 3 (1998): 273–98.

23. For a recent study that examined the impact of skepticism on advertising issues, see David M. Boush, Marian Friestad, and Gregory R. Rose, "Adolescent Skepticism toward TV Advertising and Knowledge of Advertiser Tactics," *Journal of Consumer Research* 21 (June 1994): 167–75.

24. Basil G. Englis, "Consumer Emotional Reactions to Television Advertising and Their Effects on Message Recall," in S. Agres, J. A. Edell, and T. M. Dubitsky, eds., *Emotion in Advertising: Theoretical and Practical Explorations* (Westport, CT: Quorum Books, 1990), 231–54.

25. Morris B. Holbrook and Rajeev Batra, "Assessing the Role of Emotions as Mediators of Consumer Responses to Advertising," *Journal of Consumer Research* 14 (December 1987): 404–20.

26. Marian Burke and Julie Edell, "Ad Reactions over Time: Capturing Changes in the Real World," *Journal of Consumer Research* 13 (June 1986): 114–18.

27. Herbert Kelman, "Compliance, Identification, and Internalization: Three Processes of Attitude Change," *Journal of Conflict Resolution* 2 (1958): 51–60.

28. See Sharon E. Beatty and Lynn R. Kahle, "Alternative Hierarchies of the Attitude–Behavior Relationship: The Impact of Brand Commitment and Habit," *Journal of the Academy of Marketing Science* 16 (Summer 1988): 1–10.

29. David A. Aaker and Donald E. Bruzzone, "Causes of Irritation in Advertising," *Journal of Marketing* 49 (Spring 1985): 47–57.

30. Leon Festinger, *A Theory of Cognitive Dissonance* (Stanford, CA: Stanford University Press, 1957).

31. Chester A. Insko and John Schopler, *Experimental Social Psychology* (New York: Academic Press, 1972).

32. Robert E. Knox and James A. Inkster, "Postdecision Dissonance at Post Time," *Journal of Personality and Social Psychology* 8, no. 4 (1968): 319–23.

33. Daryl J. Bem, "Self-Perception Theory," in Leonard Berkowitz, ed., *Advances in Experimental Social Psychology* (New York: Academic Press, 1972), 1–62.

34. Jonathan L. Freedman and Scott C. Fraser, "Compliance Without Pressure: The Foot-in-the-Door Technique," *Journal of Personality and Social Psychology* 4 (August 1966): 195–202. For further consideration of possible explanations for this effect, see William DeJong, "An Examination of Self-Perception Mediation of the Foot-in-the-Door Effect," *Journal of Personality and Social Psychology* 37 (December 1979): 221–31; Alice M. Tybout, Brian Sternthal, and Bobby J. Calder, "Information Availability as a Determinant of Multiple-Request Effectiveness," *Journal of Marketing Research* 20 (August 1988): 280–90.

35. David H. Furse, David W. Stewart, and David L. Rados, "Effects of Foot-in-the-Door, Cash Incentives and Follow-ups on Survey Response," *Journal of Marketing Research* 18 (November 1981): 473–78; Carol A. Scott, "The Effects of Trial and Incentives on Repeat Purchase Behavior," *Journal of Marketing Research* 13 (August 1976): 263–69.

36. R. B. Cialdini, J. E. Vincent, S. K. Lewis, J. Catalan, D. Wheeler, and B. L. Darby, "Reciprocal Concessions Procedure for Inducing Compliance: The Door-in-the-Face Effect," *Journal of Personality and Social Psychology* 31 (1975): 200–215.

37. Muzafer Sherif and Carl I. Hovland, *Social Judgment: Assimilation and Contrast Effects in Communication and Attitude Change* (New Haven, CT: Yale University Press, 1961).

38. See Joan Meyers-Levy and Brian Sternthal, "A Two-Factor Explanation of Assimilation and Contrast Effects," *Journal of Marketing Research* 30 (August 1993): 359–68.

39. Mark B. Traylor, "Product Involvement and Brand Commitment," *Journal of Advertising Research* (December 1981): 51–56.

40. Fritz Heider, *The Psychology of Interpersonal Relations* (New York: Wiley, 1958).

41. R. B. Cialdini, R. J. Borden, A. Thorne, M. R. Walker, S. Freeman, and L. R. Sloan, "Basking in Reflected Glory: Three (Football) Field Studies," *Journal of Personality and Social Psychology* 34 (1976): 366–75; "Boola Boola, Moola Moola," *Sports Illustrated* (February 16, 1998): 28.

42. Leslie Kaufman, "Enough Talk," *Newsweek* (August 18, 1997): 48–49.

43. William L. Wilkie, *Consumer Behavior* (New York: Wiley, 1986).

44. M. Fishbein, "An Investigation of the Relationships between Beliefs about an Object and the Attitude toward that Object," *Human Relations* 16 (1983): 233–40.

45. Allan Wicker, "Attitudes versus Actions: The Relationship of Verbal and Overt Behavioral Responses to Attitude Objects," *Journal of Social Issues* 25 (Autumn 1969): 65.

46. Laura Bird, "Loved the Ad. May (or May Not) Buy the Product," *Wall Street Journal* (April 7, 1994): B1.

47. Icek Ajzen and Martin Fishbein, "Attitude–Behavior Relations: A Theoretical Analysis and Review of Empirical Research," *Psychological Bulletin* 84 (September 1977): 888–918.

48. Morris B. Holbrook and William J. Havlena, "Assessing the Real-to-Artificial Generalizability of Multi-Attribute Attitude Models in Tests of New Product Designs," *Journal of Marketing Research* 25 (February 1988): 25–35; Terence A. Shimp and Alican Kavas, "The Theory of Reasoned Action Applied to Coupon Usage," *Journal of Consumer Research* 11 (December 1984): 795–809.

49. R. P. Abelson, "Conviction," *American Psychologist* 43 (1988): 267–75; R. E. Petty and J. A. Krosnick, *Attitude Strength: Antecedents and Consequences* (Mahwah, NJ: Erlbaum, 1995); Ida E. Berger and Linda F. Alwitt, "Attitude Conviction: A Self-Reflective Measure of Attitude Strength," *Journal of Social Behavior and Personality* 11, no. 3 (1996): 557–72.

50. Berger and Alwitt, "Attitude Conviction: A Self-Reflective Measure of Attitude Strength."

51. Richard P. Bagozzi, Hans Baumgartner, and Youjae Yi, "Coupon Usage and the Theory of Reasoned Action," in Rebecca H. Holman and Michael R. Solomon, eds., *Advances in Consumer Research* 18 (Provo, UT: Association for Consumer Research, 1991): 24–27; Edward F. McQuarrie, "An Alternative to Purchase Intentions: The Role of Prior Behavior in Consumer Expenditure on Computers," *Journal of the Market Research Society* 30 (October 1988): 407–37; Arch G. Woodside and William O. Bearden, "Longitudinal Analysis of Consumer Attitude, Intention, and Behavior Toward Beer Brand Choice," in William D. Perrault Jr., ed., *Advances in Consumer Research* 4 (Ann Arbor, MI: Association for Consumer Research, 1977): 349–56.

52. Andy Greenfield, "The Naked Truth (Studying Consumer Behavior)," *Brandweek* (October 13, 1997): 22.

53. Michael J. Ryan and Edward H. Bonfield, "The Fishbein Extended Model and Consumer Behavior," *Journal of Consumer Research* 2 (1975): 118–36.

54. Blair H. Sheppard, Jon Hartwick, and Paul R. Warshaw, "The Theory of Reasoned Action: A Meta-Analysis of Past Research with Recommendations for Modifications and Future Research," *Journal of Consumer Research* 15 (December 1988): 325–43.

55. Joseph A. Cote, James McCullough, and Michael Reilly, "Effects of Unexpected Situations on Behavior–Intention Differences: A Garbology Analysis," *Journal of Consumer Research* 12 (September 1985): 188–94.

56. Russell H. Fazio, Martha C. Powell, and Carol J. Williams, "The Role of Attitude Accessibility in the Attitude-to-Behavior Process," *Journal of Consumer Research* 16 (December 1989): 280–88; Robert E. Smith and William R. Swinyard, "Attitude–Behavior Consistency: The Impact of Product Trial Versus Advertising," *Journal of Marketing Research* 20 (August 1983): 257–67.

57. Kulwant Singh, Siew Meng Leong, Chin Tiong Tan, and Kwei Cheong Wong, "A Theory of Reasoned Action Perspective of Voting Behavior: Model and Empirical Test," *Psychology & Marketing* 12, no. 1 (January 1995): 37–51; Joseph A. Cote and Patriya S. Tansuhaj, "Culture Bound Assumptions in Behavior Intention Models," in Thom Srull, ed., *Advances in Consumer Research* 16 (Provo, UT: Association for Consumer Research, 1989): 105–109.

58. Richard P. Bagozzi and Paul R. Warshaw, "Trying to Consume," *Journal of Consumer Research* 17 (September 1990): 127–40.

59. Barbara Presley Noble, "After Years of Deregulation, a New Push to Inform the Public," *New York Times* (October 27, 1991): F5.

60. Matthew Greenwald and John P. Katosh, "How to Track Changes in Attitudes," *American Demographics* (August 1987): 46.

61. Lisa Guernsey, "Welcome to College. Now Meet Our Sponsor," *New York Times on the Web* (August 17, 1999).

第八章

1. Robert B. Cialdini and Kelton V. L. Rhoads, "Human Behavior and the Marketplace," *Marketing Research* (Fall 2001).

2. Gert Assmus, "An Empirical Investigation into the Perception of Vehicle Source Effects," *Journal of Advertising* 7 (Winter 1978): 4–10. For a more thorough discussion of the pros and cons of different media, see Stephen Baker, *Systematic Approach to Advertising Creativity* (New York: McGraw-Hill, 1979).

3. Alladi Venkatesh, Ruby Roy Dholakia, and Nikhilesh Dholakia, "New Visions of Information Technology and Postmodernism: Implications for Advertising and Marketing Communications," in Walter Brenner and Lutz Kolbe, eds., *The Information Superhighway and Private Households: Case Studies of Business Impacts* (Heidelberg: Physical-Verlag, 1996), 319–37; Donna L. Hoffman and Thomas P. Novak, "Marketing in Hypermedia Computer-Mediated Environments: Conceptual Foundations," *Journal of Marketing* 60, no. 3 (July 1996): 50–68. For an early theoretical discussion of interactivity in communications paradigms, see R. Aubrey Fisher, *Perspectives on Human Communication* (New York: Macmillan, 1978).

4. Seth Godin, *Permission Marketing: Turning Strangers into Friends, and Friends into Customers* (New York: Simon & Schuster, 1999).

5. First proposed by Elihu Katz, "Mass Communication Research and the Study of Popular Culture: An Editorial Note on a Possible Future for this Journal," *Studies in Public Communication* 2 (1959): 1–6. For a recent discussion of this approach, see Stephanie O'Donohoe, "Advertising Uses and Gratifications," *European Journal of Marketing* 28, no. 8/9 (1994): 52–75.

6. O'Donohoe, "Advertising Uses and Gratifications," 66.

7. Brad Stone, "The War for Your TV," *Newsweek* (July 29, 2002): 46–47.

8. This section is adapted from a discussion in Michael R. Solomon and Elnora W. Stuart, *Marketing: Real People, Real Choices*, 3rd ed. (Upper Saddle River, NJ: Prentice Hall, 2002).

9. Carl I. Hovland and W. Weiss, "The Influence of Source Credibility on Communication Effectiveness," *Public Opinion Quarterly* 15 (1952): 635–50.

10. Herbert Kelman, "Processes of Opinion Change," *Public Opinion Quarterly* 25 (Spring 1961): 57–78; Susan M. Petroshius and Kenneth E. Crocker, "An Empirical Analysis of Spokesperson Characteristics on Advertisement and Product Evaluations," *Journal of the Academy of Marketing Science* 17 (Summer 1989): 217–26.

11. Kenneth G. DeBono and Richard J. Harnish, "Source Expertise, Source Attractiveness, and the Processing of Persuasive Information: A Functional Approach," *Journal of Personality and Social Psychology* 55, no. 4 (1988): 541–46.

12. Hershey H. Friedman and Linda Friedman, "Endorser Effectiveness by Product Type," *Journal of Advertising Research* 19, no. 5 (1979): 63–71. For a recent study that looked at nontarget market effects—the effects of advertising intended for other market segments—see Jennifer L. Aaker, Anne M. Brumbaugh, and Sonya A. Grier, "Non-Target Markets and Viewer Distinctiveness: The Impact of Target Marketing on Advertising Attitudes," *Journal of Consumer Psychology* 9, no. 3 (2000): 127–40.

13. S. Ratneshwar and Shelly Chaiken, "Comprehension's Role in Persuasion: The Case of Its Moderating Effect on the Persuasive Impact of Source Cues," *Journal of Consumer Research* 18 (June 1991): 52–62.

14. Jagdish Agrawal and Wagner A. Kamakura, "The Economic Worth of Celebrity Endorsers: An Event Study Analysis," *Journal of Marketing* 59 (July 1995): 56–62.

15. Anthony R. Pratkanis, Anthony G. Greenwald, Michael R. Leippe, and Michael H. Baumgardner, "In Search of Reliable Persuasion Effects: III. The Sleeper Effect Is Dead, Long Live the Sleeper Effect," *Journal of Personality and Social Psychology* 54 (1988): 203–18.

16. Herbert C. Kelman and Carl I. Hovland, "Reinstatement of the Communication in Delayed Measurement of Opinion Change," *Journal of Abnormal Psychology* 48, no. 3 (1953): 327–35.

17. Darlene Hannah and Brian Sternthal, "Detecting and Explaining the Sleeper Effect," *Journal of Consumer Research* 11 (September 1984): 632–42.

18. David Mazursky and Yaacov Schul, "The Effects of Advertisement Encoding on the Failure to Discount Information: Implications for the Sleeper Effect," *Journal of Consumer Research* 15 (June 1988): 24–36.

19. Robber Makes It Biggs in Ad," *Advertising Age* (May 29, 1989): 26.

20. Bruce Horovitz, "Gen Y: A Tough Crowd to Sell," *USA Today Online* (April 21, 2002).

21. Deborah Ball, "Half-brother of Osama bin Laden Plans Line of 'Bin Laden' Clothing," *Wall Street Journal Interactive Edition* (January 1, 2002).

22. Robert LaFranco, "MTV Conquers Madison Avenue," *Forbes* (June 3, 1996): 138.

23. Alice H. Eagly, Andy Wood, and Shelly Chaiken, "Causal Inferences about Communicators and Their Effect in Opinion Change," *Journal of Personality and Social Psychology* 36, no. 4 (1978): 424–35.

24. William Dowell, "Microsoft Offers Tips to Agreeable Academics," *Time* (June 1, 1998): 22.

25. Suzanne Vranica and Sam Walker, "Tiger Woods Switches Watches; Branding Experts Disapprove," *Wall Street Journal Interactive Edition* (October 7, 2002).

26. Stuart Elliott, "Celebrity Promoter Says the Words and Has Her Say," *New York Times on the Web* (November 25, 2002).

27. This section is based on a discussion in Michael R. Solomon, *Conquering Consumerspace: Marketing Strategies for a Branded World* (New York: AMACOM, 2003); see also David Lewis and Darren Bridger, *The Soul of the New Consumer: Authenticity—What We Buy and Why in the New Economy* (London: Nicholas Brealey Publishing, 2000).

28. Hillary Chura, "No Bull: Coke Targets Clubs," *Advertising Age* (December 9, 2002): 3(2).

29. Jeff Neff, "Pressure Points at IPG," *Advertising Age* (December 2001): 4.

30. Melody Petersen, "Suit Says Company Promoted Drug in Exam Rooms, *New York Times on the Web* (May 15, 2002).

31. Melody Petersen, "CNN to Reveal When Guests Promote Drugs for Companies," *New York Times on the Web* (August 23, 2002).

32. Eilene Zimmerman, "Catch the Bug," *Sales and Marketing Management* (February 2001): 78.

33. Becky Ebenkamp, "Guerrilla Marketers of the Year," *Brandweek* (November 13, 2001): 25–32.

34. Wayne Friedman, "Street Marketing Hits the Internet," *Advertising Age* (May 2000): 32; Erin White, "Online Buzz Helps Album Skyrocket to Top of Charts," *Wall Street Journal Interactive Edition* (October 5, 1999).

35. Peter Romeo, "A Restaurateur's Guide to the Web," *Restaurant Business* 95, no. 14 (September 20, 1996): 181.

36. Kruti Trivedi, "Great-Grandson of Artist Renoir Uses His Name for Marketing Blitz," *Wall Street Journal Interactive Edition* (September 2, 1999).

37. Richard Sandomir, "A Pitchman with Punch: George Foreman Sells His Name," *New York Times on the Web* (January 21, 2000).

38. Karen K. Dion, "What Is Beautiful Is Good," *Journal of Personality and Social Psychology* 24 (December 1972): 285–90.

39. Michael J. Baker and Gilbert A. Churchill Jr., "The Impact of Physically Attractive Models on Advertising Evaluations," *Journal of Marketing Research* 14 (November 1977): 538–55; Marjorie J. Caballero and William M. Pride, "Selected Effects of Salesperson Sex and Attractiveness in Direct Mail Advertisements," *Journal of Marketing* 48 (January 1984): 94–100; W. Benoy Joseph, "The Credibility of Physically Attractive Communicators: A Review," *Journal of dvertising* 11, no. 3 (1982): 15–24; Lynn R. Kahle and Pamola M. Homer, "Physical Attractiveness of the Celebrity Endorser: A Social Adaptation Perspective," *Journal of Consumer Research* 11 (March 1985): 954–61; Judson Mills and Eliot Aronson, "Opinion Change as a Function of Communicator's Attractiveness and Desire to Influence," *Journal of Personality and Social Psychology* 1 (1965): 173–77.

40. Leonard N. Reid and Lawrence C. Soley, "Decorative Models and the Readership of Magazine Ads," *Journal of Advertising Research* 23, no. 2 (1983): 27–32.

41. Marjorie J. Caballero, James R. Lumpkin, and Charles S. Madden, "Using Physical Attractiveness as an Advertising Tool: An Empirical Test of the Attraction Phenomenon," *Journal of Advertising Research* (August–September 1989): 16–22.

42. Baker and Churchill Jr., "The Impact of Physically Attractive Models on Advertising Evaluations"; George E. Belch, Michael A. Belch, and Angelina Villareal, "Effects of Advertising Communications: Review of Research," in *Research in Marketing*, no. 9 (Greenwich, CT: JAI Press, 1987): 59–117; A. E. Courtney and T. W. Whipple, *Sex Stereotyping in Advertising* (Lexington, MA: Lexington Books, 1983).

43. Kahle and Homer, "Physical Attractiveness of the Celebrity Endorser."

44. Vranica and Walker, "Tiger Woods Switches Watches; Branding Experts Disapprove."

45. Heather Buttle, Jane E. Raymond, and Shai Danziger, "Do Famous Faces Capture Attention?" paper presented at Association for Consumer Research Conference Columbus, Ohio (October 1999).

46. Michael A. Kamins, "Celebrity and Noncelebrity Advertising in a Two-Sided Context," *Journal of Advertising Research* 29 (June–July 1989): 34; Joseph M. Kamen, A. C. Azhari, and J. R. Kragh, "What a Spokesman Does for a Sponsor," *Journal of Advertising Research* 15, no. 2 (1975): 17–24; Lynn Langmeyer and Mary Walker, "A First Step to Identify the Meaning in Celebrity Endorsers," in Rebecca H. Holman and Michael R. Solomon, eds., *Advances in Consumer Research* 18 (Provo, UT: Association for Consumer Research, 1991): 364–71.

47. Grant McCracken, "Who Is the Celebrity Endorser? Cultural Foundations of the Endorsement Process," *Journal of Consumer Research* 16, no. 3 (December 1989): 310–21.

48. Michael A. Kamins, "An Investigation into the 'Match-Up' Hypothesis in Celebrity Advertising: When Beauty May Be Only Skin Deep," *Journal of Advertising* 19, no. 1 (1990): 4–13; Kahle and Homer, "Physical Attractiveness of the Celebrity Endorser," 954–61.

49. Roberts L. Johnnie, "The Rap of Luxury," *Newsweek* (September 2, 2002): 42–44.

50. David P. Hamilton, "Celebrities Help 'Educate' Public about the Virtues of New Drugs," *Wall Street Journal Interactive Edition* (April 21, 2002).

51. Joel Baglole, "Mascots Are Getting Bigger Role in Corporate Advertising Plans," Wall Street Journal Interactive Edition (April 9, 2002).

52. David Germain, "Simone Leading Lady Is Living and Breathing Model," *New York Times* (August 26, 2002): D1.

53. Christopher Lawton, "Virtual Characters Push Cigarettes in New Vending Machine," *Wall Street Journal* (August 6, 2002): B1 (2).

54. Tran T. L. Knanh and Regalado Antonio, "Web Sites Bet on Attracting Viewers with Humanlike Presences of Avatars," *Wall Street Journal Interactive Edition* (January 24, 2001).

55. Olaf Schirm, President, NoDNA GmbH, personal Internet communication, August 13, 2002.

56. David W. Stewart and David H. Furse, "The Effects of Television Advertising Execution on Recall, Comprehension, and Persuasion," *Psychology & Marketing* 2 (Fall 1985): 135–60.

57. R. C. Grass and W. H. Wallace, "Advertising Communication: Print Vs. TV," *Journal of Advertising Research* 14 (1974): 19–23.

58. Elizabeth C. Hirschman and Michael R. Solomon, "Utilitarian, Aesthetic, and Familiarity Responses to Verbal versus Visual Advertisements," in Thomas C. Kinnear, ed., *Advances in Consumer Research* 11 (Provo, UT: Association for Consumer Research, 1984): 426–31.

59. Terry L. Childers and Michael J. Houston, "Conditions for a Picture-Superiority Effect on Consumer Memory," *Journal of Consumer Research* 11 (September 1984): 643–54.

60. Andrew A. Mitchell, "The Effect of Verbal and Visual Components of Advertisements on Brand Attitudes and Attitude toward the Advertisement," *Journal of Consumer Research* 13 (June 1986): 12–24.

61. John R. Rossiter and Larry Percy, "Attitude Change through Visual Imagery in Advertising," *Journal of Advertising Research* 9, no. 2 (1980): 10–16.

62. Jolita Kiselius and Brian Sternthal, "Examining the Vividness Controversy: An Availability-Valence Interpretation," *Journal of Consumer Research* 12 (March 1986): 418–31.

63. Scott B. Mackenzie, "The Role of Attention in Mediating the Effect of Advertising on Attribute Importance," *Journal of Consumer Research* 13 (September 1986): 174–95.

64. Robert B. Zajonc, "Attitudinal Effects of Mere Exposure," *Journal of Personality and Social Psychology* 8 (1968): 1–29.

65. Giles D'Souza and Ram C. Rao, "Can Repeating an Advertisement More Frequently Than the Competition Affect Brand Preference in a Mature Market?" *Journal of Marketing* 59 (April 1995): 32–42.

66. George E. Belch, "The Effects of Television Commercial Repetition on Cognitive Response and Message Acceptance," *Journal of Consumer Research* 9 (June 1982): 56–65; Marian Burke and Julie Edell, "Ad Reactions over Time: Capturing Changes in the Real World," *Journal of Consumer Research* 13 (June 1986): 114–18; Herbert Krugman, "Why Three Exposures May Be Enough," *Journal of Advertising Research* 12 (December 1972): 11–14.

67. Robert F. Bornstein, "Exposure and Affect: Overview and Meta-Analysis of Research, 1968–1987," *Psychological Bulletin* 106, no. 2 (1989): 265–89; Arno Rethans, John Swasy, and Lawrence Marks, "Effects of Television Commercial Repetition, Receiver Knowledge, and Commercial Length: A Test of the Two-Factor Model," *Journal of Marketing Research* 23 (February 1986): 50–61.

68. Curtis P. Haugtvedt, David W. Schumann, Wendy L. Schneier, and Wendy L. Warren, "Advertising Repetition and Variation Strategies: Implications for Understanding Attitude Strength," *Journal of Consumer Research* 21 (June 1994): 176–89.

69. Linda L. Golden and Mark I. Alpert, "Comparative Analysis of the Relative Effectiveness of One- and Two-Sided Communication for Contrasting Products," *Journal of Advertising* 16 (1987): 18–25; Kamins, "Celebrity and Noncelebrity Advertising in a Two-Sided Context"; Robert B. Settle and Linda L. Golden, "Attribution Theory and Advertiser Credibility," *Journal of Marketing Research* 11 (May 1974): 181–85.

70. See Alan G. Sawyer, "The Effects of Repetition of Refutational and Supportive Advertising Appeals," *Journal of Marketing Research* 10 (February 1973): 23–33; George J. Szybillo and Richard Heslin, "Resistance to Persuasion: Inoculation Theory in a Marketing Context," *Journal of Marketing Research* 10 (November 1973): 396–403.

71. Golden and Alpert, "Comparative Analysis of the Relative Effectiveness of One- and Two-Sided Communication for Contrasting Products."

72. Ryan Dezember, "FTC Seeks More Media Policing to Foil Bogus Diet Promotions," *Wall Street Journal Interactive Edition* (September 18, 2002).

73. Belch et al., "Effects of Advertising Communications."

74. Frank R. Kardes, "Spontaneous Inference Processes in Advertising: The Effects of Conclusion Omission and Involvement on Persuasion," *Journal of Consumer Research* 15 (September 1988): 225–33.

75. Belch et al., "Effects of Advertising Communications"; Cornelia Pechmann and Gabriel Esteban, "Persuasion Processes Associated with Direct Comparative and Noncomparative Advertising and Implications for Advertising Effectiveness," *Journal of Consumer Psychology* 2, no. 4 (1994): 403–32.

76. Cornelia Dröge and Rene Y. Darmon, "Associative Positioning Strategies Through Comparative Advertising: Attribute vs. Overall Similarity Approaches," *Journal of Marketing Research* 24 (1987): 377–89; D. Muehling and N. Kangun, "The Multidimensionality of Comparative Advertising: Implications for the FTC," *Journal of Public Policy and Marketing* (1985): 112–28; Beth A. Walker and Helen H. Anderson, "Reconceptualizing Comparative Advertising: A Framework and Theory of Effects," in Rebecca H. Holman and Michael R. Solomon, eds., *Advances in Consumer Research* 18 (Provo, UT: Association for Consumer Research, 1991): 342–47; William L. Wilkie and Paul W. Farris, "Comparison Advertising: Problems and Potential," *Journal of Marketing* 39 (October 1975): 7–15; R. G. Wyckham, "Implied Superiority Claims," *Journal of Advertising Research* (February–March 1987): 54–63.

77. Stephen A. Goodwin and Michael Etgar, "An Experimental Investigation of Comparative Advertising: Impact of Message Appeal, Information Load, and Utility of Product Class," *Journal of Marketing Research* 17 (May 1980): 187–202; Gerald J. Gorn and Charles B. Weinberg, "The Impact of Comparative Advertising on Perception and Attitude: Some Positive Findings," *Journal of Consumer Research* 11 (September 1984): 719–27; Terence A. Shimp and David C. Dyer, "The Effects of Comparative Advertising Mediated by Market Position of Sponsoring Brand," *Journal of Advertising* 3 (Summer 1978): 13–19; R. Dale Wilson, "An Empirical Evaluation of Comparative Advertising Messages: Subjects' Responses to Perceptual Dimensions," in B. B. Anderson, ed., *Advances in Consumer Research* 3 (Ann Arbor, MI: Association for Consumer Research, 1976): 53–57.

78. Allison Fass, "Attack Ads," *Forbes* (October 28, 2002): 60.

79. Dhruv Grewal, Sukumar Kavanoor, Edward F. Fern, Carolyn Costley, and James Barnes, "Comparative versus Noncomparative Advertising: A Meta-Analysis," *Journal of Marketing* 61 (October 1997): 1–15.

80. Fass, "Attack Ads," 60.

81. Dröge and Darmon, "Associative Positioning Strategies through Comparative Advertising: Attribute vs. Overall Similarity Approaches."

82. Jean Halliday, "Survey: Comparative Ads Can Dent Car's Credibility," *Advertising Age* (May 4, 1998): 26.

83. Sarah Ellison and John Carreyrou, "Beauty Battle: Giant L'Oréal Faces off Against Rival P&G," *Wall Street Journal Interactive Edition* (January 9, 2003).

84. Alec Klein, "The Techies Grumbled, but Polaroid's Pocket Turned into a Huge Hit," *Wall Street Journal* (May 2, 2000): A1.

85. Edward F. Cone, "Image and Reality," *Forbes* (December 14, 1987): 226.

86. H. Zielske, "Does Day-After Recall Penalize 'Feeling' Ads?" *Journal of Advertising Research* 22 (1982): 19–22.

87. Allessandra Galloni, "Lee's Cheeky Ads Are Central to New European Campaign," *Wall Street Journal Interactive Edition* (March 15, 2002).

88. John Lichfield, "French Get Bored with Sex," *The Independent London* (July 30, 1997).

89. Belch et al., "Effects of Advertising Communications"; Courtney and Whipple, Sex Stereotyping in Advertising; Michael S. LaTour, "Female Nudity in Print Advertising: An Analysis of Gender Differences in Arousal and Ad Response," *Psychology & Marketing* 7, no. 1 (1990): 65–81; B. G. Yovovich, "Sex in Advertising—The Power and the Perils," *Advertising Age* (May 2, 1983): M4–M5. For an interesting interpretive analysis, see Richard Elliott and Mark Ritson, "Practicing Existential Consumption: The Lived Meaning of Sexuality in Advertising," in Frank R. Kardes and Mita Sujan, eds., *Advances in Consumer Behavior* 22 (1995): 740–45.

90. Penny M. Simpson, Steve Horton, and Gene Brown, "Male Nudity in Advertisements: A Modified Replication and Extension of Gender and Product Effects," *Journal of the Academy of Marketing Science* 24, no. 3 (1996): 257–62.

91. Rebecca Gardyn, "Where's the Lovin'?" *American Demographics* (February 2001): 10.

92. Michael S. LaTour and Tony L. Henthorne, "Ethical Judgments of Sexual Appeals in Print Advertising," *Journal of Advertising* 23, no. 3 (September 1994): 81–90.

93. Roger Thurow, "As In-Your-Face Ads Backfire, Nike Finds a New Global Tack," *Wall Street Journal Interactive Edition* (May 5, 1997).

94. Katharine Q. Seelye, "Metamucil Ad Featuring Old Faithful Causes a Stir," *New York Times Online* (January 19, 2003).

95. Marc G. Weinberger and Harlan E. Spotts, "Humor in U.S. versus U.K. TV Commercials: A Comparison," *Journal of Advertising* 18, no. 2 (1989): 39–44.

96. Thomas J. Madden, "Humor in Advertising: An Experimental Analysis" (working paper, no. 83-27, University of Massachusetts, 1984); Thomas J. Madden and Marc G. Weinberger, "The Effects of Humor on Attention in Magazine Advertising," *Journal of Advertising* 11, no. 3 (1982): 8–14; Weinberger and Spotts, "Humor in U.S. versus U.K. TV Commercials"; see also Ashesh Mukherjee and Laurette Dubé, "The Use of Humor in Threat-Related Advertising," unpublished manuscript, McGill University, June 2002.

97. David Gardner, "The Distraction Hypothesis in Marketing," *Journal of Advertising Research* 10 (1970): 25–30.

98. Funny Ads Provide Welcome Relief During These Gloom and Doom Days," *Marketing News* (April 17, 1981): 3.

99. Ex-Lax Taken off Shelves for Now," *Montgomery Advertiser* (August 30, 1997): 1A.

100. Michael L. Ray and William L. Wilkie, "Fear: The Potential of an Appeal Neglected by Marketing," *Journal of Marketing* 34, no. 1 (1970): 54–62.

101. Brian Sternthal and C. Samuel Craig, "Fear Appeals: Revisited and Revised," *Journal of Consumer Research* 1 (December 1974): 22–34.

102. Punam Anand Keller and Lauren Goldberg Block, "Increasing the Effectiveness of Fear Appeals: The Effect of Arousal and Elaboration," *Journal of Consumer Research* 22 (March 1996): 448–59.

103. Ronald Paul Hill, "An Exploration of the Relationship Between AIDS-Related Anxiety and the Evaluation of Condom Advertisements," *Journal of Advertising* 17, no. 4 (1988): 35–42.

104. Randall Rothenberg, "Talking Too Tough on Life's Risks?" *New York Times* (February 16, 1990): D1.

105. Denise D. Schoenbachler and Tommy E. Whittler, "Adolescent Processing of Social and Physical Threat Communications," *Journal of Advertising* 25, no. 4 (Winter 1996): 37–54.

106. Herbert J. Rotfeld, Auburn University, personal communication, December 9, 1997; Herbert J. Rotfeld, "Fear Appeals and Persuasion: Assumptions and Errors in Advertising Research," *Current Issues & Research in Advertising* 11 (1988) 1: 21–40; Michael S. LaTour and Herbert J. Rotfeld, "There are Threats and (Maybe) Fear-Caused Arousal: Theory and Confusions of Appeals to Fear and Fear Arousal Itself," *Journal of Advertising* 26 (Fall 1997) 3: 45–59.

107. Barbara B. Stern, "Medieval Allegory: Roots of Advertising Strategy for the Mass Market," *Journal of Marketing* 52 (July 1988): 84–94.

108. Edward F. McQuarrie and David Glen Mick, "On Resonance: A Critical Pluralistic Inquiry into Advertising Rhetoric," *Journal of Consumer Research* 19 (September 1992): 180–97.

109. See Linda M. Scott, "The Troupe: Celebrities as Dramatis Personae in Advertisements," in Rebecca H. Holman and Michael R. Solomon, eds., *Advances in Consumer Research* 18 (Provo, UT: Association for Consumer Research, 1991): 355–63; Barbara Stern, "Literary Criticism and Consumer Research: Overview and Illustrative Analysis," *Journal of Consumer Research* 16 (1989): 322–34; Judith Williamson, *Decoding Advertisements* (Boston: Marion Boyars, 1978).

110. John Deighton, Daniel Romer, and Josh McQueen, "Using Drama to Persuade," *Journal of Consumer Research* 16 (December 1989): 335–43.

111. Richard E. Petty, John T. Cacioppo, and David Schumann, "Central and Peripheral Routes to Advertising Effectiveness: The Moderating Role of Involvement," *Journal of Consumer Research* 10, no. 2 (1983): 135–46.

112. Jerry C. Olson, Daniel R. Toy, and Philip A. Dover, "Do Cognitive Responses Mediate the Effects of Advertising Content on Cognitive Structure?" *Journal of Consumer Research* 9, no. 3 (1982): 245–62.

113. Julie A. Edell and Andrew A. Mitchell, "An Information Processing Approach to Cognitive Responses," in S. C. Jain, ed., *Research Frontiers in Marketing: Dialogues and Directions* (Chicago: American Marketing Association, 1978).

114. See Mary Jo Bitner and Carl Obermiller, "The Elaboration Likelihood Model: Limitations and Extensions in Marketing," in Elizabeth C. Hirschman and Morris B. Holbrook, eds., *Advances in Consumer Research* 12 (Provo, UT: Association for Consumer Research, 1985): 420–25; Meryl P. Gardner, "Does Attitude Toward the Ad Affect Brand Attitude Under a Brand Evaluation Set?" *Journal of Marketing Research* 22 (1985): 192–98; C. W. Park and S. M. Young, "Consumer Response to Television Commercials: The Impact of Involvement and Background Music on Brand Attitude Formation," *Journal of Marketing Research* 23 (1986): 11–24; Petty, Cacioppo, and Schumann, "Central and Peripheral Routes to Advertising Effectiveness." For a discussion of how different kinds of involvement interact with the ELM, see Robin A. Higie, Lawrence F. Feick, and Linda L. Price, "The Importance of Peripheral Cues in Attitude Formation for Enduring and Task-Involved Individuals," in Rebecca H. Holman and Michael R. Solomon, eds., *Advances in Consumer Research* 18 (Provo, UT: Association for Consumer Research, 1991): 187–93.

115. J. Craig Andrews and Terence A. Shimp, "Effects of Involvement, Argument Strength, and Source Characteristics on Central and Peripheral Processing in Advertising," *Psychology & Marketing* 7 (Fall 1990): 195–214.

116. Richard E. Petty, John T. Cacioppo, Constantine Sedikides, and Alan J. Strathman, "Affect and Persuasion: A Contemporary Perspective," *American Behavioral Scientist* 31, no. 3 (1988): 355–71.

第九章

1. John C. Mowen, "Beyond Consumer Decision Making," *Journal of Consumer Marketing* 5, no. 1 (1988): 15–25.

2. Richard W. Olshavsky and Donald H. Granbois, "Consumer Decision Making—Fact or Fiction," *Journal of Consumer Research* 6 (September 1989): 93–100.

3. Chris Marks, "As Two Osprey Nests Are Raided, Fears That Thieves See Scotland as a Soft Option," *Daily Mail* (May 14, 2002).

4. Ravi Dhar, Joel Huber, and Uzma Khan, "The Shopping Momentum Effect," paper presented at the Association for Consumer Research, Atlanta, October 2002.

5. James R. Bettman, "The Decision Maker Who Came in from the Cold" (presidential address), in Leigh McAllister and Michael Rothschild, eds., *Advances in Consumer Research* 20 (Provo, UT: Association for Consumer Research, (1993): 7–11; John W. Payne, James R. Bettman, and Eric J. Johnson, "Behavioral Decision Research: A Constructive Processing Perspective," *Annual Review of Psychology* 4 (1992): 87–131. For an overview of recent developments in individual choice models, see Robert J. Meyer and Barbara E. Kahn, "Probabilistic Models of Consumer Choice Behavior," in Thomas S. Robertson and Harold H. Kassarjian, eds., *Handbook of Consumer Behavior* (Upper Saddle River, NJ: Prentice Hall, 1991), 85–123.

6. Mowen, "Beyond Consumer Decision Making."

7. The Fits-Like-a-Glove (FLAG) framework is a new decision-making perspective that views consumer decisions as a holistic process shaped by the

person's unique context; cf. Douglas E. Allen, "Toward a Theory of Consumer Choice as Sociohistorically Shaped Practical Experience: The Fits-Like-a-Glove (FLAG) Framework," *Journal of Consumer Research* 28 (March 2002): 515–532.

8. Jennifer Lee, "In the U.S., Interactive TV Still Awaits an Audience," *New York Times* (December 31, 2001): C1.

9. Ibid., C8.

10. Laurie Freeman, "User-Created Ads Catch On," *Advertising Age* (September 18, 2000): 84.

11. Joseph W. Alba and J. Wesley Hutchinson, "Dimensions of Consumer Expertise," *Journal of Consumer Research* 13 (March 1988): 411–54.

12. Julian E. Barnes, "Whirlpool Trying to Change Consumer Habits," *New York Times on the Web* (March 16, 2001).

13. Gordon C. Bruner III and Richard J. Pomazal, "Problem Recognition: The Crucial First Stage of the Consumer Decision Process," *Journal of Consumer Marketing* 5, no. 1 (1988): 53–63.

14. Peter H. Bloch, Daniel L. Sherrell, and Nancy M. Ridgway, "Consumer Search: An Extended Framework," *Journal of Consumer Research* 13 (June 1986): 119–26.

15. Kevin Maney, "Tag It: Tiny Wireless Wonders Improve Convenience," *Montgomery Advertiser* (May 6, 2002): D1.

16. Ibid.

17. Thomas Maeder "What Barbie Wants, Barbie Gets," *Wired* (January 2002): 4.

18. Girish Punj, "Presearch Decision Making in Consumer Durable Purchases," *Journal of Consumer Marketing* 4 (Winter 1987): 71–82.

19. H. Beales, M. B. Jagis, S. C. Salop, and R. Staelin, "Consumer Search and Public Policy," *Journal of Consumer Research* 8 (June 1981): 11–22.

20. Itamar Simonson, Joel Huber, and John Payne, "The Relationship between Prior Brand Knowledge and Information Acquisition Order," *Journal of Consumer Research* 14 (March 1988): 566–78.

21. John R. Hauser, Glen L. Urban, and Bruce D. Weinberg, "How Consumers Allocate Their Time When Searching for Information," *Journal of Marketing Research* 30 (November 1993): 452–66; George J. Stigler, "The Economics of Information," *Journal of Political Economy* 69 (June 1961): 213–25. For a set of studies focusing on online search costs, see John G. Lynch Jr. and Dan Ariely, "Wine Online: Search Costs and Competition on Price, Quality, and Distribution" *Marketing Science* 19 (1) (2000): 83–103.

22. "Holidays Look Merry for Online Retailers," *Wall Street Journal Interactive Edition* (December 24, 2002).

23. Lisa Guernsey, "As the Web Matures, Fun Is Hard to Find," *New York Times on the Web* (March 28, 2002).

24. Dan Ariely, "Controlling the Information Flow: Effects on Consumers' Decision Making and Preferences," *Journal of Consumer Research* 27 (September 2000): 233–48.

25. "Survey Cites Use of Internet to Gather Data," *New York Times on the Web* (December 30, 2002).

26. Rebecca K. Ratner, Barbara E. Kahn, and Daniel Kahneman, "Choosing Less-Preferred Experiences for the Sake of Variety," *Journal of Consumer Research* 26 (June 1999): 1–15.

27. Cathy J. Cobb and Wayne D. Hoyer, "Direct Observation of Search Behavior," *Psychology & Marketing* 2 (Fall 1985): 161–79.

28. Sharon E. Beatty and Scott M. Smith, "External Search Effort: An Investigation across Several Product Categories," *Journal of Consumer Research* 14 (June 1987): 83–95; William L. Moore and Donald R. Lehmann, "Individual Differences in Search Behavior for a Nondurable," *Journal of Consumer Research* 7 (December 1980): 296–307.

29. Geoffrey C. Kiel and Roger A. Layton, "Dimensions of Consumer Information Seeking Behavior," *Journal of Marketing Research* 28 (May 1981): 233–39; see also Narasimhan Srinivasan and Brian T. Ratchford, "An Empirical Test of a Model of External Search for Automobiles," *Journal of Consumer Research* 18 (September 1991): 233–42.

30. David F. Midgley, "Patterns of Interpersonal Information Seeking for the Purchase of a Symbolic Product," *Journal of Marketing Research* 20 (February 1983): 74–83.

31. Cyndee Miller, "Scotland to U.S.: 'This Tennent's for You'," *Marketing News* (August 29, 1994): 26.

32. Satya Menon and Barbara E. Kahn, "The Impact of Context on Variety Seeking in Product Choices," *Journal of Consumer Research* 22 (December 1995): 285–95; Barbara E. Kahn and Alice M. Isen, "The Influence of Positive Affect on Variety Seeking among Safe, Enjoyable Products," *Journal of Consumer Research* 20 (September 1993): 257–70.

33. J. Jeffrey Inman, "The Role of Sensory-Specific Satiety in Consumer Variety Seeking among Flavors" (unpublished manuscript, A. C. Nielsen Center for Marketing Research, University of Wisconsin–Madison, July 1999).

34. Gary Belsky, "Why Smart People Make Major Money Mistakes," *Money* (July 1995): 76; Richard Thaler and Eric J. Johnson, "Gambling with the House Money or Trying to Break Even: The Effects of Prior Outcomes on Risky Choice," *Management Science* 36 (June 1990): 643–60; Richard Thaler, "Mental Accounting and Consumer Choice," *Marketing Science* 4 (Summer 1985): 199–214.

35. Examples provided by Dr. William Cohen, personal communication, October 1999.

36. Daniel Kahneman and Amos Tversky, "Prospect Theory: An Analysis of Decision under Risk," *Econometrica* 47 (March 1979): 263–91; Timothy B. Heath, Subimal Chatterjee, and Karen Russo France, "Mental Accounting and Changes in Price: The Frame Dependence of Reference Dependence," *Journal of Consumer Research* 22, no. 1 (June 1995): 90–97.

37. Richard Thaler, "Mental Accounting and Consumer Choice," *Marketing Science* 4 (Summer 1985): 199–214, quoted on p. 206.

38. Girish N. Punj and Richard Staelin, "A Model of Consumer Search Behavior for New Automobiles," *Journal of Consumer Research* 9 (March 1983): 366–80.

39. Cobb and Hoyer, "Direct Observation of Search Behavior"; Moore and Lehmann, "Individual Differences in Search Behavior for a Nondurable"; Punj and Staelin, "A Model of Consumer Search Behavior for New Automobiles."

40. James R. Bettman and C. Whan Park, "Effects of Prior Knowledge and Experience and Phase of the Choice Process on Consumer Decision Processes: A Protocol Analysis," *Journal of Consumer Research* 7 (December 1980): 234–48.

41. Alba and Hutchinson, "Dimensions of Consumer Expertise"; Bettman and Park, "Effects of Prior Knowledge and Experience and Phase of the Choice Process on Consumer Decision Processes"; Merrie Brucks, "The Effects of Product Class Knowledge on Information Search Behavior," *Journal of Consumer Research* 12 (June 1985): 1–16; Joel E. Urbany, Peter R. Dickson, and William L. Wilkie, "Buyer Uncertainty and Information Search," *Journal of Consumer Research* 16 (September 1989): 208–15.

42. For a discussion of "collective risk," where consumers experience a reduction in perceived risk by sharing their exposure with others who are also using the product or service, see an analysis of Hotline, an online file-sharing community, in Markus Geisler, "Collective Risk," working paper, Northwestern University, March 2003.

43. Mary Frances Luce, James R. Bettman, and John W. Payne, "Choice Processing in Emotionally Difficult Decisions," *Journal of Experimental Psychology: Learning, Memory, and Cognition* 23 (March 1997): 384–405; example provided by Prof. James Bettman, personal communication, December 17, 1997.

44. John R. Hauser and Birger Wernerfelt, "An Evaluation Cost Model of Consideration Sets," *Journal of Consumer Research* 16 (March 1990): 393–408.

45. Robert J. Sutton, "Using Empirical Data to Investigate the Likelihood of Brands Being Admitted or Readmitted into an Established Evoked Set," *Journal of the Academy of Marketing Science* 15 (Fall 1987): 82.

46. Cyndee Miller, "Hemp is Latest Buzzword," *Marketing News* (March 17, 1997): 1.

47. Alba and Hutchison, "Dimensions of Consumer Expertise"; Joel B. Cohen and Kunal Basu, "Alternative Models of Categorization: Toward a Contingent Processing Framework," *Journal of Consumer Research* 13 (March 1987): 455–72.

48. Robert M. McMath, "The Perils of Typecasting," *American Demographics* (February 1997): 60.

49. Eleanor Rosch, "Principles of Categorization," in E. Rosch and B. B. Lloyd, eds., *Recognition and Categorization* (Hillsdale, NJ: Erlbaum, 1978).

50. Michael R. Solomon, "Mapping Product Constellations: A Social Categorization Approach to Symbolic Consumption," *Psychology & Marketing* 5, no. 3 (1988): 233–58.

51. Emily Nelson, "Moistened Toilet Paper Wipes Out after Launch for Kimberly-Clark," *Wall Street Journal Interactive Edition* (April 15, 2002).

52. McMath, "The Perils of Typecasting," 60.

53. Elizabeth C. Hirschman and Michael R. Solomon, "Competition and Cooperation among Culture Production Systems," in Ronald F. Bush and Shelby D. Hunt, eds., *Marketing Theory: Philosophy of Science Perspectives* (Chicago: American Marketing Association, 1982), 269–72.

54. Michael D. Johnson, "The Differential Processing of Product Category and Noncomparable Choice Alternatives," *Journal of Consumer Research* 16 (December 1989): 300–39.

55. Mita Sujan, "Consumer Knowledge: Effects on Evaluation Strategies Mediating Consumer Judgments," *Journal of Consumer Research* 12 (June 1985): 31–46.

56. Rosch, "Principles of Categorization."

57. Joan Meyers-Levy and Alice M. Tybout, "Schema Congruity as a Basis for Product Evaluation," *Journal of Consumer Research* 16 (June 1989): 39–55.

58. Mita Sujan and James R. Bettman, "The Effects of Brand Positioning Strategies on Consumers' Brand and Category Perceptions: Some Insights from Schema Research," *Journal of Marketing Research* 26 (November 1989): 454–67.

59. See William P. Putsis Jr. and Narasimhan Srinivasan, "Buying or Just Browsing? The Duration of Purchase Deliberation," *Journal of Marketing Research* 31 (August 1994): 393–402.

60. Robert E. Smith, "Integrating Information from Advertising and Trial: Processes and Effects on Consumer Response to Product Information," *Journal of Marketing Research* 30 (May 1993): 204–19.

61. Jack Trout, "Marketing in Tough Times," *Boardroom Reports* 2 (October 1992): 8.

62. Stuart Elliott, "Pepsi-Cola to Stamp Dates for Freshness on Soda Cans," *New York Times* (March 31, 1994): D1; Emily DeNitto, "Pepsi's Gamble Hits Freshness Dating Jackpot," *Advertising Age* (September 19, 1994): 50.

63. Amna Kirmani and Peter Wright, "Procedural Learning, Consumer Decision Making and Marketing Communication," *Marketing Letters* 4, no. 1 (1993): 39–48.

64. Michael Porter, *Competitive Advantage* (New York: Free Press, 1985).

65. Material in this section adapted from Michael R. Solomon and Elnora W. Stuart, *Welcome to Marketing.com: The Brave New World of E-Commerce* (Englewood Cliffs, NJ: Prentice Hall, 2001).

66. Phil Patton, "Buy Here, and We'll Tell You What You Like," *New York Times on the Web* (September 22, 1999).

67. Robert A. Baron, *Psychology: The Essential Science* (Boston: Allyn & Bacon, 1989); Valerie S. Folkes, "The Availability Heuristic and Perceived Risk," *Journal of Consumer Research* 15 (June 1989): 13–23; Kahneman and Tversky, "Prospect Theory: An Analysis of Decision Under Risk," 263–91.

68. Wayne D. Hoyer, "An Examination of Consumer Decision Making for a Common Repeat Purchase Product," *Journal of Consumer Research* 11 (December 1984): 822–29; Calvin P. Duncan, "Consumer Market Beliefs: A Review of the Literature and an Agenda for Future Research," in Marvin E. Goldberg, Gerald Gorn, and Richard W. Pollay, eds., *Advances in Consumer Research* 17 (Provo, UT: Association for Consumer Research, 1990): 729–35; Frank Alpert, "Consumer Market Beliefs and Their Managerial Implications: An Empirical Examination," *Journal of Consumer Marketing* 10, no. 2 (1993): 56–70.

69. Michael R. Solomon, Sarah Drenan, and Chester A. Insko, "Popular Induction: When Is Consensus Information Informative?" *Journal of Personality* 49, no. 2 (1981): 212–24.

70. Folkes, "The Availability Heuristic and Perceived Risk."

71. Beales et al., "Consumer Search and Public Policy."

72. Gary T. Ford and Ruth Ann Smith, "Inferential Beliefs in Consumer Evaluations: An Assessment of Alternative Processing Strategies," *Journal of Consumer Research* 14 (December 1987): 363–71; Deborah Roedder John, Carol A. Scott, and James R. Bettman, "Sampling Data for Covariation Assessment: The Effects of Prior Beliefs on Search Patterns," *Journal of Consumer Research* 13 (June 1986): 38–47; Gary L. Sullivan and Kenneth J. Berger, "An Investigation of the Determinants of Cue Utilization," *Psychology & Marketing* 4 (Spring 1987): 63–74.

73. John et al., "Sampling Data for Covariation Assessment."

74. Duncan, "Consumer Market Beliefs."

75. Chr. Hjorth-Andersen, "Price as a Risk Indicator," *Journal of Consumer Policy* 10 (1987): 267–81.

76. David M. Gardner, "Is There a Generalized Price–Quality Relationship?" *Journal of Marketing Research* 8 (May 1971): 241–43; Kent B. Monroe, "Buyers' Subjective Perceptions of Price," *Journal of Marketing Research* 10 (1973): 70–80.

77. Durairaj Maheswaran, "Country of Origin as a Stereotype: Effects of Consumer Expertise and Attribute Strength on Product Evaluations," *Journal of Consumer Research* 21 (September 1994): 354–65; Ingrid M. Martin and Sevgin Eroglu, "Measuring a Multi-Dimensional Construct: Country Image," *Journal of Business Research* 28 (1993): 191–210; Richard Ettenson, Janet

Wagner, and Gary Gaeth, "Evaluating the Effect of Country of Origin and the 'Made in the U.S.A.' Campaign: A Conjoint Approach," *Journal of Retailing* 64 (Spring 1988): 85–100; C. Min Han and Vern Terpstra, "Country-of-Origin Effects for Uni-National and Bi-National Products," *Journal of International Business* 19 (Summer 1988): 235–55; Michelle A. Morganosky and Michelle M. Lazarde, "Foreign-Made Apparel: Influences on Consumers' Perceptions of Brand and Store Quality," *International Journal of Advertising* 6 (Fall 1987): 339–48.

78. Thomas A. W. Miller, "Cultural Affinity, Personal Values Factors in Marketing," *Advertising Age* (August 16, 1999): H22.

79. See Richard Jackson Harris, Bettina Garner-Earl, Sara J. Sprick, and Collette Carroll, "Effects of Foreign Product Names and Country-of-Origin Attributions on Advertisement Evaluations," *Psychology & Marketing* 11 (March–April 1994): 129–45; Terence A. Shimp, Saeed Samiee, and Thomas J. Madden, "Countries and Their Products: A Cognitive Structure Perspective," *Journal of the Academy of Marketing Science* 21 (Fall 1993): 323–30.

80. Durairaj Maheswaran, "Country of Origin as a Stereotype: Effects of Consumer Expertise and Attribute Strength on Product Evaluations," *Journal of Consumer Research* 21 (September 1994): 354–65.

81. Caroline K. Lego, Natalie T. Wood, Stephanie L. McFee, and Michael R. Solomon, "A Thirst for the Real Thing in Themed Retail Environments: Consuming Authenticity in Irish Pubs," *Journal of Foodservice Business Research* 5, no. 2 (2003): 61–75.

82. Sung-Tai Hong and Robert S. Wyer Jr., "Effects of Country-of-Origin and Product-Attribute Information on Product Evaluation: An Information Processing Perspective," *Journal of Consumer Research* 16 (September 1989): 175–87; Marjorie Wall, John Liefeld, and Louise A. Heslop, "Impact of Country-of-Origin Cues on Consumer Judgments in Multi-Cue Situations: A Covariance Analysis," *Journal of the Academy of Marketing Science* 19, no. 2 (1991): 105–13.

83. Wai-Kwan Li and Robert S. Wyer Jr., "The Role of Country of Origin in Product Evaluations: Informational and Standard-of-Comparison Effects," *Journal of Consumer Psychology* 3, no. 2 (1994): 187–212.

84. Maheswaran, "Country of Origin as a Stereotype."

85. Items excerpted from Terence A. Shimp and Subhash Sharma, "Consumer Ethnocentrism: Construction and Validation of the CETSCALE," *Journal of Marketing Research* 24 (August 1987): 282.

86. Roger Ricklefs, "Canada Fights to Fend off American Tastes and Tunes," *Wall Street Journal Interactive Edition* (September 24, 1998).

87. Adam Bryant, "Message in a Beer Bottle," *Newsweek* (May 29, 2000): 43.

88. Richard W. Stevenson, "The Brands with Billion-Dollar Names," *New York Times* (October 28, 1988): A1.

89. Ronald Alsop, "Enduring Brands Hold Their Allure by Sticking Close to Their Roots," *Wall Street Journal*, centennial ed. (1989): B4.

90. Bruce Orwall, "Some Hip Hopes for Disney Channel Spices Up Its Image for Teenagers," *Wall Street Journal Interactive Edition* (October 13, 1999).

91. Jennifer Ordonez, "Travel Packages That Let Devotees Join Rock Bands on the Road Can Cause Jams," *Wall Street Journal Interactive Edition* (December 11, 2001).

92. Jacob Jacoby and Robert Chestnut, *Brand Loyalty: Measurement and Management* (New York: Wiley, 1978).

93. Anne B. Fisher, "Coke's Brand Loyalty Lesson," *Fortune* (August 5, 1985): 44.

94. Jacoby and Chestnut, Brand Loyalty.

95. Ronald Alsop, "Brand Loyalty Is Rarely Blind Loyalty," *Wall Street Journal* (October 19, 1989): B1.

96. Constance L. Hays, "One-Word Shoppers' Lexicon: Price," *New York Times* (December 26, 2002): C1 (2).

97. "Playing Hard to Get," *Forbes* (April 16, 2001): 204.

98. Hope Jensen Schau and Mary C. Gilly, "We are What We Post: The Presentation of Self in Personal Webspace," *Journal of Consumer Research* (forthcoming 2003); Hope Schau, Temple University, personal communication, March 2003.

99. C. Whan Park, "The Effect of Individual and Situation-Related Factors on Consumer Selection of Judgmental Models," *Journal of Marketing Research* 13 (May 1976): 144–51.

100. Joseph W. Alba and Howard Marmorstein, "The Effects of Frequency Knowledge on Consumer Decision Making," *Journal of Consumer Research* 14 (June 1987): 14–25.

第十章

1. Keith Naughton, "Revolution in the Showroom," *BusinessWeek* (February 19, 1996): 70.
2. Pradeep Kakkar and Richard J. Lutz, "Situational Influence on Consumer Behavior: A Review," in Harold H. Kassarjian and Thomas S. Robertson, eds., *Perspectives in Consumer Behavior*, 3rd ed. (Glenview, IL: Scott, Foresman, 1981): 204–14.
3. Ibid.
4. Carolyn Turner Schenk and Rebecca H. Holman, "A Sociological Approach to Brand Choice: The Concept of Situational Self-Image," in Jerry C. Olson, ed., *Advances in Consumer Research* 7 (Ann Arbor, MI: Association for Consumer Research, 1980): 610–14.
5. Kenneth Hein, "Was That a Big Mac or a McNugget? The Latest in Technology," *Brandweek* (February 25, 2002): 21.
6. Matt Richtel, "New Billboards Sample Radios as Cars Go By, Then Adjust," *New York Times on the Web* (December 27, 2002).
7. Peter R. Dickson, "Person–Situation: Segmentation's Missing Link," *Journal of Marketing* 46 (Fall 1982): 56–64.
8. Alan R. Hirsch, "Effects of Ambient Odors on Slot-Machine Usage in a Las Vegas Casino," *Psychology & Marketing* 12 (October 1995): 585–94.
9. Daniel Stokols, "On the Distinction between Density and Crowding: Some Implications for Future Research," *Psychological Review* 79 (1972): 275–77.
10. Carol Felker Kaufman, Paul M. Lane, and Jay D. Lindquist, "Exploring More than 24 Hours a Day: A Preliminary Investigation of Polychronic Time Use," *Journal of Consumer Research* 18 (December 1991): 392–401.
11. Laurence P. Feldman and Jacob Hornik, "The Use of Time: An Integrated Conceptual Model," *Journal of Consumer Research* 7 (March 1981): 407–19; see also Michelle M. Bergadaa, "The Role of Time in the Action of the Consumer," *Journal of Consumer Research* 17 (December 1990): 289–302.
12. Alan Zarembo, "What if There Weren't Any Clocks to Watch?" *Newsweek* (June 30, 1997): 14; based on research reported in Robert Levine, *A Geography of Time: The Temporal Misadventures of a Social Psychologist, or How Every Culture Keeps Time Just a Little Bit Differently* (New York: Basic Books, 1997).
13. Robert J. Samuelson, "Rediscovering the Rat Race," *Newsweek* (May 15, 1989): 57.
14. John P. Robinson, "Time Squeeze," *Advertising Age* (February 1990): 30–33.
15. "Plugged In: Hong Kong Embraces the Octopus Card," *New York Times on the Web* (June 8, 2002).
16. Lane, Kaufman, and Lindquist, "Exploring More than 24 Hours a Day."
17. Dena Kleiman, "Fast Food? It Just Isn't Fast Enough Anymore," *New York Times* (December 6, 1989): C12.
18. Stephanie Thompson, " 'To Go' Becoming the Way to Go," *Advertising Age* (May 13, 2002): 73.
19. "Instant Refills," *Wired* (June 2002): 36.
20. David Lewis and Darren Bridger, *The Soul of the New Consumer: Authenticity — What We Buy and Why in the New Economy* (London: Nicholas Brealey Publishing, 2000).
21. Robert J. Graham, "The Role of Perception of Time in Consumer Research," *Journal of Consumer Research* 7 (March 1981): 335–42; Esther S. Page-Wood, Paul M. Lane, and Carol J. Kaufman, "The Art of Time," *Proceedings of the 1990 Academy of Marketing Science Conference*, ed. B. J. Dunlap, Vol. XIII, Cullowhee, NC: Academy of Marketing Science (1990): 56–61.
22. See Shirley Taylor, "Waiting for Service: The Relationship between Delays and Evaluations of Service," *Journal of Marketing* 58 (April 1994): 56–69.
23. David H. Maister, "The Psychology of Waiting Lines," in John A. Czepiel, Michael R. Solomon, and Carol F. Surprenant, eds., *The Service Encounter: Managing Employee/Customer Interaction in Service Businesses* (Lexington, MA: Lexington Books, 1985): 113–24.
24. David Leonhardt, "Airlines Using Technology in a Push for Shorter Lines," *New York Times on the Web* (May 8, 2000).
25. Jennifer Ordonez, "An Efficiency Drive: Fast-Food Lanes, Equipped with Timers, Get Even Faster," *Wall Street Journal Interactive Edition* (May 18, 2000).
26. Laurette Dube and Bernd H. Schmitt, "The Processing of Emotional and Cognitive Aspects of Product Usage in Satisfaction Judgments," in Rebecca H. Holman and Michael R. Solomon, eds., *Advances in Consumer Research* 18 (Provo, UT: Association for Consumer Research, 1991): 52–56; Lalita A. Manrai and Meryl P. Gardner, "The Influence of Affect on Attributions for Product Failure," in Rebecca H. Holman and Michael R. Solomon, eds., *Advances in Consumer Research* 18 (Provo, UT: Association for Consumer Research, 1991): 249–54.
27. Kevin G. Celuch and Linda S. Showers, "It's Time to Stress Stress: The Stress–Purchase/Consumption Relationship," in Rebecca H. Holman and Michael R. Solomon, eds., *Advances in Consumer Research* 18 (Provo, UT: Association for Consumer Research, 1991): 284–89; Lawrence R. Lepisto, J. Kathleen Stuenkel, and Linda K. Anglin, "Stress: An Ignored Situational Influence," in Rebecca H. Holman and Michael R. Solomon, eds., *Advances in Consumer Research* 18 (Provo, UT: Association for Consumer Research, 1991): 296–302.
28. See Eben Shapiro, "Need a Little Fantasy? A Bevy of New Companies Can Help," *New York Times* (March 10, 1991): F4.
29. John D. Mayer and Yvonne N. Gaschke, "The Experience and Meta-Experience of Mood," *Journal of Personality and Social Psychology* 55 (July 1988): 102–11.
30. Meryl Paula Gardner, "Mood States and Consumer Behavior: A Critical Review," *Journal of Consumer Research* 12 (December 1985): 281–300; Scott Dawson, Peter H. Bloch, and Nancy M. Ridgway, "Shopping Motives, Emotional States, and Retail Outcomes," *Journal of Retailing* 66 (Winter 1990): 408–27; Patricia A. Knowles, Stephen J. Grove, and W. Jeffrey Burroughs, "An Experimental Examination of Mood States on Retrieval and Evaluation of Advertisement and Brand Information," *Journal of the Academy of Marketing Science* 21 (April 1993): 135–43; Paul W. Miniard, Sunil Bhatla, and Deepak Sirdeskmukh, "Mood as a Determinant of Postconsumption Product Evaluations: Mood Effects and Their Dependency on the Affective Intensity of the Consumption Experience," *Journal of Consumer Psychology* 1, no. 2 (1992): 173–95; Mary T. Curren and Katrin R. Harich, "Consumers' Mood States: The Mitigating Influence of Personal Relevance on Product Evaluations," *Psychology & Marketing* 11 (March–April 1994): 91–107; Gerald J. Gorn, Marvin E. Rosenberg, and Kunal Basu, "Mood, Awareness, and Product Evaluation," *Journal of Consumer Psychology* 2, no. 3 (1993): 237–56.
31. Gordon C. Bruner, "Music, Mood, and Marketing," *Journal of Marketing* 54 (October 1990): 94–104; Basil G. Englis, "Music Television and Its Influences on Consumers, Consumer Culture, and the Transmission of Consumption Messages," in Rebecca H. Holman and Michael R. Solomon, eds., *Advances in Consumer Research* 18 (Provo, UT: Association for Consumer Research, 1991): 111–14.
32. Marvin E. Goldberg and Gerald J. Gorn, "Happy and Sad TV Programs: How They Affect Reactions to Commercials," *Journal of Consumer Research* 14 (December 1987): 387–403; Gorn, Goldberg, and Basu, "Mood, Awareness, and Product Evaluation"; Curren and Harich, "Consumers' Mood States."
33. Rajeev Batra and Douglas M. Stayman, "The Role of Mood in Advertising Effectiveness," *Journal of Consumer Research* 17 (September 1990): 203; John P. Murry Jr. and Peter A. Dacin, "Cognitive Moderators of Negative-Emotion Effects: Implications for Understanding Media Context," *Journal of Consumer Research* 22 (March 1996): 439–47; see also Curren and Harich, "Consumers' Mood States"; Gorn, Goldberg, and Basu, "Mood, Awareness, and Product Evaluation."
34. For a scale that was devised to assess these dimensions of the shopping experience, see Barry J. Babin, William R. Darden, and Mitch Griffin, "Work and/or Fun: Measuring Hedonic and Utilitarian Shopping Value," *Journal of Consumer Research* 20 (March 1994): 644–56.
35. Cele Otnes and Mary Ann McGrath, "Perceptions and Realities of Male Shopping Behavior," *Journal of Retailing* 77 (Spring 2001): 111–37.
36. "A Global Perspective . . . on Women and Women's Wear," *Lifestyle Monitor* 14 (Winter 1999–2000): 8–11.
37. Babin, Darden, and Griffin, "Work and/or Fun."
38. Edward M. Tauber, "Why Do People Shop?" *Journal of Marketing* 36 (October 1972): 47–48.
39. Robert C. Prus, *Making Sales: Influence as Interpersonal Accomplishment* (Newbury Park, CA: Sage Publications, 1989), 225.
40. Some material in this section was adapted from Michael R. Solomon and Elnora W. Stuart, *Welcome to Marketing.Com: The Brave New World of E-Commerce* (Upper Saddle River, NJ: Prentice Hall, 2001).

41. Seema Williams, David M. Cooperstein, David E. Weisman, and Thalika Oum, "Post-Web Retail," The Forrester Report, Forrester Research, Inc., September 1999; Catherine Arnold, "Across the Pond," *Marketing News* (October 28, 2002): 3.

42. Rebecca K. Ratner, Barbara E. Kahn, and Daniel Kahneman, "Choosing Less-Preferred Experiences for the Sake of Variety," *Journal of Consumer Research* 26 (June 1999): 1–15.

43. Jennifer Gilbert, "Customer Service Crucial to Online Buyers," *Advertising Age* (September 13, 1999): 52.

44. Timothy L. O'Brien, "Aided by Internet, Identity Theft Soars," *New York Times on the Web* (April 3, 2000).

45. Jacquelyn Bivins, "Fun and Mall Games," *Stores* (August 1989): 35.

46. Vanessa O'Connell, "Fictional Hershey Factory Will Send Kisses to Broadway," *Wall Street Journal Interactive Edition* (August 5, 2002).

47. Sallie Hook, "All the Retail World's a Stage: Consumers Conditioned to Entertainment in Shopping Environment," *Marketing News* 21 (July 31, 1987): 16.

48. Millie Creighton, "The Seed of Creative Lifestyle Shopping: Wrapping Consumerism in Japanese Store Layouts," in John F. Sherry Jr., ed., *Servicescapes: The Concept of Place in Contemporary Markets* (Lincolnwood, IL: NTC Business Books, 1998), 199–228.

49. Susan Spiggle and Murphy A. Sewall, "A Choice Sets Model of Retail Selection," *Journal of Marketing* 51 (April 1987): 97–111; William R. Darden and Barry J. Babin, "The Role of Emotions in Expanding the Concept of Retail Personality," *Stores* 76, no. 4 (April 1994): RR7–RR8.

50. Most measures of store image are quite similar to other attitude measures, as discussed in Chapter 5. For an excellent bibliography of store image studies, see Mary R. Zimmer and Linda L. Golden, "Impressions of Retail Stores: A Content Analysis of Consumer Images," *Journal of Retailing* 64 (Fall 1988): 265–93.

51. Spiggle and Sewall, "A Choice Sets Model of Retail Selection."

52. Philip Kotler, "Atmospherics as a Marketing Tool," *Journal of Retailing* (Winter 1973–74): 10; Anna Mattila and Jochen Wirtz, "Congruency of Scent and Music as a Driver of In-Store Evaluations and Behavior," *Journal Of Retailing* 77 (2) 2001: 273–289; J. Duncan Herrington, "An Integrative Path Model of the Effects of Retail Environments on Shopper Behavior," in Robert L. King, ed., Marketing: Toward the Twenty-First Century (Richmond, VA: Southern Marketing Association, 1991), 58–62; see also Ann E. Schlosser, "Applying the Functional Theory of Attitudes to Understanding the Influence of Store Atmosphere on Store Inferences," *Journal of Consumer Psychology* 7, no. 4 (1998): 345–69.

53. Joseph A. Bellizzi and Robert E. Hite, "Environmental Color, Consumer Feelings, and Purchase Likelihood," *Psychology & Marketing* 9 (September–October 1992): 347–63.

54. See Eric R. Spangenberg, Ayn E. Crowley, and Pamela W. Henderson, "Improving the Store Environment: Do Olfactory Cues Affect Evaluations and Behaviors?" *Journal of Marketing* 60 (April 1996): 67–80, for a study that assessed olfaction in a controlled, simulated store environment.

55. Robert J. Donovan, John R. Rossiter, Gilian Marcoolyn, and Andrew Nesdale, "Store Atmosphere and Purchasing Behavior," *Journal of Retailing* 70, no. 3 (1994): 283–94.

56. Julie Flaherty, "Ambient Music Has Moved to Record Store Shelves," *New York Times on the Web* (July 4, 2001).

57. Deborah Blumenthal, "Scenic Design for In-Store Try-ons," *New York Times* (April 9, 1988): N9.

58. John Pierson, "If Sun Shines in, Workers Work Better, Buyers Buy More," *Wall Street Journal* (November 20, 1995): B1.

59. Charles S. Areni and David Kim, "The Influence of In-Store Lighting on Consumers' Examination of Merchandise in a Wine Store," *International Journal of Research in Marketing* 11, no. 2 (March 1994): 117–25.

60. Jean-Charles Chebat, Claire Gelinas Chebat, and Dominique Vaillant, "Environmental Background Music and In-store Selling," *Journal of Business Research* 54 (2001): 115–23; Judy I. Alpert and Mark I. Alpert, "Music Influences on Mood and Purchase Intentions," *Psychology & Marketing* 7 (Summer 1990): 109–34.

61. "Slow Music Makes Fast Drinkers," *Psychology Today* (March 1989): 18.

62. Brad Edmondson, "Pass the Meat Loaf," *American Demographics* (January 1989): 19.

63. "Through the Looking Glass," *Lifestyle Monitor* 16 (Fall–Winter 2002).

64. Jennifer Lach, "Meet You in Aisle Three," *American Demographics* (April 1999): 41.

65. Ernest Beck, "Diageo Attempts to Reinvent the Bar in an Effort to Increase Spirits Sales," *Wall Street Journal* (February 23, 2001).

66. Easwar S. Iyer, "Unplanned Purchasing: Knowledge of Shopping Environment and Time Pressure," *Journal of Retailing* 65 (Spring 1989): 40–57; C. Whan Park, Easwar S. Iyer, and Daniel C. Smith, "The Effects of Situational Factors on In-Store Grocery Shopping," *Journal of Consumer Research* 15 (March 1989): 422–33.

67. Dennis W. Rook and Robert J. Fisher, "Normative Influences on Impulsive Buying Behavior," *Journal of Consumer Research* 22 (December 1995): 305–13; Francis Piron, "Defining Impulse Purchasing," in Rebecca H. Holman and Michael R. Solomon, eds., *Advances in Consumer Research* 18 (Provo, UT: Association for Consumer Research, 1991): 509–14; Dennis W. Rook, "The Buying Impulse," *Journal of Consumer Research* 14 (September 1987): 189–99.

68. Michael Wahl, "Eye POPping Persuasion," *Marketing Insights* (June 1989): 130.

69. "Zipping Down the Aisles," *New York Times Magazine* (April 6, 1997): 30.

70. Cathy J. Cobb and Wayne D. Hoyer, "Planned versus Impulse Purchase Behavior," *Journal of Retailing* 62 (Winter 1986): 384–409; Easwar S. Iyer and Sucheta S. Ahlawat, "Deviations from a Shopping Plan: When and Why Do Consumers Not Buy as Planned," in Melanie Wallendorf and Paul Anderson, eds., *Advances in Consumer Research* 14 (Provo, UT: Association for Consumer Research, 1987): 246–49.

71. Lisa Bertagnoli, "Signposts: The Power of Point-of-Purchase," *Marketing News* 21 (May 2001): 3; Michael Janofsky, "Using Crowing Roosters and Ringing Business Cards to Tap a Boom in Point-of-Purchase Displays," *New York Times* (March 21, 1994): D9.

72. See Robert B. Cialdini, *Influence: Science and Practice*, 2nd ed. (Glenview, IL: Scott, Foresman, 1988).

73. Richard P. Bagozzi, "Marketing as Exchange," *Journal of Marketing* 39 (October 1975): 32–39; Peter M. Blau, *Exchange and Power in Social Life* (New York: Wiley, 1964); Marjorie Caballero and Alan J. Resnik, "The Attraction Paradigm in Dyadic Exchange," *Psychology & Marketing* 3, no. 1 (1986): 17–34; George C. Homans, "Social Behavior as Exchange," *American Journal of Sociology* 63 (1958): 597–606; Paul H. Schurr and Julie L. Ozanne, "Influences on Exchange Processes: Buyers' Preconceptions of a Seller's Trustworthiness and Bargaining Toughness," *Journal of Consumer Research* 11 (March 1985): 939–53; Arch G. Woodside and J. W. Davenport, "The Effect of Salesman Similarity and Expertise on Consumer Purchasing Behavior," *Journal of Marketing Research* 8 (1974): 433–36.

74. Sally Beatty, "Bank of America Places Ads in ATMs to Offset Expenses," *Wall Street Journal Interactive Edition* (July 25, 2002); David L. Margulus, "Going to the A.T.M. for More than a Fistful of Twenties," *New York Times on the Web* (January 17, 2002).

75. Paul Busch and David T. Wilson, "An Experimental Analysis of a Salesman's Expert and Referent Bases of Social Power in the Buyer-Seller Dyad," *Journal of Marketing Research* 13 (February 1976): 3–11; John E. Swan, Fred Trawick Jr., David R. Rink, and Jenny J. Roberts, "Measuring Dimensions of Purchaser Trust of Industrial Salespeople," *Journal of Personal Selling and Sales Management* 8 (May 1988): 1.

76. For a study in this area, see Peter H. Reingen and Jerome B. Kernan, "Social Perception and Interpersonal Influence: Some Consequences of the Physical Attractiveness Stereotype in a Personal Selling Setting," *Journal of Consumer Psychology* 2 (1993): 25–38.

77. Linda L. Price and Eric J. Arnould, "Commercial Friendships: Service Provider–Client Relationships in Context," *Journal of Marketing* 63 (October 1999): 38–56.

78. Mary Jo Bitner, Bernard H. Booms, and Mary Stansfield Tetreault, "The Service Encounter: Diagnosing Favorable and Unfavorable Incidents," *Journal of Marketing* 54 (January 1990): 7–84; Robert C. Prus, Making Sales (Newbury Park, CA: Sage Publications, 1989); Arch G. Woodside and James L. Taylor, "Identity Negotiations in Buyer–Seller Interactions," in Elizabeth C. Hirschman and Morris B. Holbrook, eds., *Advances in Consumer Research* 12 (Provo, UT: Association for Consumer Research, 1985): 443–49.

79. Barry J. Babin, James S. Boles, and William R. Darden, "Salesperson Stereotypes, Consumer Emotions, and Their Impact on Information Processing," *Journal of the Academy of Marketing Science* 23, no. 2 (1995): 94–105; Gilbert A. Churchill Jr., Neil M. Ford, Steven W. Hartley, and Orville C. Walker Jr., "The Determinants of Salesperson Performance: A Meta-Analysis," *Journal of Marketing Research* 22 (May 1985): 103–18.

80. Siew Meng Leong, Paul S. Busch, and Deborah Roedder John, "Knowledge Bases and Salesperson Effectiveness: A Script-Theoretic Analysis," *Journal*

of Marketing Research 26 (May 1989): 164; Harish Sujan, Mita Sujan, and James R. Bettman, "Knowledge Structure Differences Between More Effective and Less Effective Salespeople," *Journal of Marketing Research* 25 (February 1988): 81–86; Robert Saxe and Barton Weitz, "The SOCCO Scale: A Measure of the Customer Orientation of Salespeople," *Journal of Marketing Research* 19 (August 1982): 343–51; David M. Szymanski, "Determinants of Selling Effectiveness: The Importance of Declarative Knowledge to the Personal Selling Concept," *Journal of Marketing* 52 (January 1988): 64–77; Barton A. Weitz, "Effectiveness in Sales Interactions: A Contingency Framework," *Journal of Marketing* 45 (Winter 1981): 85–103.

81. Jagdish M. Sheth, "Buyer-Seller Interaction: A Conceptual Framework," in *Advances in Consumer Research* Ud. 3 (Cincinnati, OH: Association for Consumer Research, 1976): 382–86; Kaylene C. Williams and Rosann L. Spiro, "Communication Style in the Salesperson-Customer Dyad," *Journal of Marketing Research* 22 (November 1985): 434–42.

82. Marsha L. Richins, "An Analysis of Consumer Interaction Styles in the Marketplace," *Journal of Consumer Research* 10 (June 1983): 73–82.

83. Rama Jayanti and Anita Jackson, "Service Satisfaction: Investigation of Three Models," in Rebecca H. Holman and Michael R. Solomon, eds., *Advances in Consumer Research* 18 (Provo, UT: Association for Consumer Research, 1991): 603–10; David K. Tse, Franco M. Nicosia, and Peter C. Wilton, "Consumer Satisfaction as a Process," *Psychology & Marketing* 7 (Fall 1990): 177–93. For a recent treatment of satisfaction issues from a more interpretive perspective, see Susan Fournier and David Mick, "Rediscovering Satisfaction," *Journal of Marketing* 63 (October 1999): 5–23.

84. Constance L. Hayes, "Service Takes a Holiday," *New York Times* (December 23, 1998): C1.

85. Leslie Kaufman, "Enough Talk," *Newsweek* (August 18, 1997): 48–49.

86. Robert Jacobson and David A. Aaker, "The Strategic Role of Product Quality," *Journal of Marketing* 51 (October 1987): 31–44. For a review of issues regarding the measurement of service quality, see J. Joseph Cronin Jr. and Steven A. Taylor, "Measuring Service Quality: A Reexamination and Extension," *Journal of Marketing* 56 (July 1992): 55–68.

87. Calmetta Y. Coleman, "A Car Salesman's Bizarre Prank May End up Backfiring in Court," *Wall Street Journal* (May 2, 1995): B1.

88. "Woman Stabbed Over McDonald's Meal Dispute," *Opelika/Auburn News* (April 13, 2002).

89. Anna Kirmani and Peter Wright, "Money Talks: Perceived Advertising Expense and Expected Product Quality," *Journal of Consumer Research* 16 (December 1989): 344–53; Donald R. Lichtenstein and Scot Burton, "The Relationship Between Perceived and Objective Price-Quality," *Journal of Marketing Research* 26 (November 1989): 429–43; Akshay R. Rao and Kent B. Monroe, "The Effect of Price, Brand Name, and Store Name on Buyers' Perceptions of Product Quality: An Integrative Review," *Journal of Marketing Research* 26 (August 1989): 351–57.

90. Shelby Hunt, "Post-Transactional Communication and Dissonance Reduction," *Journal of Marketing* 34 (January 1970): 46–51; Daniel E. Innis and H. Rao Unnava, "The Usefulness of Product Warranties for Reputable and New Brands," in Rebecca H. Holman and Michael R. Solomon, eds., *Advances in Consumer Research* 18 (Provo, UT: Association for Consumer Research, 1991): 317–22; Terence A. Shimp and William O. Bearden, "Warranty and Other Extrinsic Cue Effects on Consumers' Risk Perceptions," *Journal of Consumer Research* 9 (June 1982): 38–46.

91. Morris B. Holbrook and Kim P. Corfman, "Quality and Value in the Consumption Experience: Phaedrus Rides Again," in Jacob Jacoby and Jerry C. Olson, eds., *Perceived Quality: How Consumers View Stores and Merchandise* (Lexington, MA: Lexington Books, 1985): 31–58.

92. Holbrook and Corfman, "Quality and Value in the Consumption Experience"; Robert M. Pirsig, *Zen and the Art of Motorcycle Maintenance: An Inquiry into Values* (New York: Bantam Books, 1974).

93. Gilbert A. Churchill Jr. and Carol F. Surprenant, "An Investigation into the Determinants of Customer Satisfaction," *Journal of Marketing Research* 19 (November 1983): 491–504; John E. Swan and I. Frederick Trawick, "Disconfirmation of Expectations and Satisfaction with a Retail Service," *Journal of Retailing* 57 (Fall 1981): 49–67; Peter C. Wilton and David K. Tse, "Models of Consumer Satisfaction Formation: An Extension," *Journal of Marketing Research* 25 (May 1988): 204–12. For a discussion of what may occur when customers evaluate a new service for which comparison standards do not yet exist, see Ann L. McGill and Dawn Iacobucci, "The Role of Post-Experience Comparison Standards in the Evaluation of Unfamiliar Services," in John F. Sherry Jr. and Brian Sternthal, eds., *Advances in Consumer*

Research 19 (Provo, UT: Association for Consumer Research, 1992): 570–78; William Boulding, Ajay Kalra, Richard Staelin, and Valarie A. Zeithaml, "A Dynamic Process Model of Service Quality: From Expectations to Behavioral Intentions," *Journal of Marketing Research* 30 (February 1993): 7–27.

94. John W. Gamble, "The Expectations Paradox: The More You Offer Customers, the Closer You Are to Failure," *Marketing News* (March 14, 1988): 38.

95. Jagdish N. Sheth and Banwari Mittal, "A Framework for Managing Customer Expectations," *Journal of Market Focused Management* 1 (1996): 137–58.

96. www.protest.net, accessed June 17, 2000.

97. Keith Naughton, "Tired of Smile-Free Service," *Newsweek* (March 6, 2000): 44–45.

98. Mary C. Gilly and Betsy D. Gelb, "Post-Purchase Consumer Processes and the Complaining Consumer," *Journal of Consumer Research* 9 (December 1982): 323–28; Diane Halstead and Cornelia Droge, "Consumer Attitudes Toward Complaining and the Prediction of Multiple Complaint Responses," in Rebecca H. Holman and Michael R. Solomon, eds., *Advances in Consumer Research* 18 (Provo, UT: Association for Consumer Research, 1991): 210–16; Jagdip Singh, "Consumer Complaint Intentions and Behavior: Definitional and Taxonomical Issues," *Journal of Marketing* 52 (January 1988): 93–107.

99. Gary L. Clark, Peter F. Kaminski, and David R. Rink, "Consumer Complaints: Advice on How Companies Should Respond Based on an Empirical Study," *Journal of Services Marketing* 6 (Winter 1992): 41–50.

100. Alan Andreasen and Arthur Best, "Consumers Complain—Does Business Respond?" *Harvard Business Review* 55 (July–August 1977): 93–101.

101. Tibbett L. Speer, "They Complain Because They Care," *American Demographics* (May 1996): 13–14.

102. Ingrid Martin, "Expert-Novice Differences in Complaint Scripts," in Rebecca H. Holman and Michael R. Solomon, eds., *Advances in Consumer Research* 18 (Provo, UT: Association for Consumer Research, 1991): 225–31; Marsha L. Richins, "A Multivariate Analysis of Responses to Dissatisfaction," *Journal of the Academy of Marketing Science* 15 (Fall 1987): 24–31.

103. John A. Schibrowsky and Richard S. Lapidus, "Gaining a Competitive Advantage by Analyzing Aggregate Complaints," *Journal of Consumer Marketing* 11 (1994): 15–26.

104. "Dunkin' Donuts Buys Out Critical Web Site," *New York Times on the Web* (August 27, 1999).

105. Jan McCallum, "I Hate You, and Millions Know It," *BRW* (July 7, 2000): 84.

106. S. McManis, "An Internet Outlaw Goes on Record: Pleasant Hill Student Tells of His 'Hacktivism'," *San Francisco Chronicle* (February 24, 2002): A21.

107. Material adapted from a presentation by Glenn H. Mazur, QFD Institute, 2002.

108. Russell W. Belk, "The Role of Possessions in Constructing and Maintaining a Sense of Past," in Marvin E. Goldberg, Gerald Gorn, and Richard W. Pollay, eds., *Advances in Consumer Research* 17 (Provo, UT: Association for Consumer Research, 1989): 669–76.

109. David E. Sanger, "For a Job Well Done, Japanese Enshrine the Chip," *New York Times* (December 11, 1990): A4.

110. Jacob Jacoby, Carol K. Berning, and Thomas F. Dietvorst, "What About Disposition?" *Journal of Marketing* 41 (April 1977): 22–28.

111. Jennifer Lach, "Welcome to the Hoard Fest," *American Demographics* (April 2000): 8–9.

112. Mike Tharp, "Tchaikovsky and Toilet Paper," *U.S. News and World Report* (December 1987): 62; B. Van Voorst, "The Recycling Bottleneck," *Time* (September 14, 1992): 52–54; Richard P. Bagozzi and Pratibha A. Dabholkar, "Consumer Recycling Goals and Their Effect on Decisions to Recycle: A Means-End Chain Analysis," *Psychology & Marketing* 11 (July/August 1994): 313–40.

113. "Finally, Something at McDonald's You Can Actually Eat," *UTNE Reader* (May–June 1997): 12.

114. Debra J. Dahab, James W. Gentry, and Wanru Su, "New Ways to Reach Non-Recyclers: An Extension of the Model of Reasoned Action to Recycling Behaviors" (paper presented at the meetings of the Association for Consumer Research, 1994).

115. Bagozzi and Dabholkar, "Consumer Recycling Goals and Their Effect on Decisions to Recycle"; see also L. J. Shrum, Tina M. Lowrey, and John A. McCarty, "Recycling as a Marketing Problem: A Framework for Strategy Development," *Psychology & Marketing* 11 (July–August 1994): 393–416; Dahab, Gentry, and Su, "New Ways to Reach Non-Recyclers."

116. John F. Sherry Jr., "A Sociocultural Analysis of a Midwestern American Flea Market," *Journal of Consumer Research* 17 (June 1990): 13–30.

117. John Markoff, "Technology's Toxic Trash Is Sent to Poor Nations," *New York Times on the Web* (February 25, 2002); "Recycling Phones to Charities, Not Landfills," *New York Times on the Web* (October 26, 2002).

118. Alex Markels,"Collectors Shake, Rattle and Watch Those Bankrolls," *New York Times on the Web* (October 13, 2002).

119. Saul Hansell, "Meg Whitman and eBay, Net Survivors," *New York Times on the Web* (May 5, 2002).

120. Stephanie Stoughton, "Unemployed Americans Turn to E-Bay to Make Money," *The Boston Globe* (October 16, 2001).

121. Allan J. Magrath, "If Used Product Sellers Ever Get Organized, Watch Out," *Marketing News* (June 25, 1990): 9; Kevin McCrohan and James D. Smith, "Consumer Participation in the Informal Economy," *Journal of the Academy of Marketing Science* 15 (Winter 1990): 62.

122. John F. Sherry Jr., "Dealers and Dealing in a Periodic Market: Informal Retailing in Ethnographic Perspective," *Journal of Retailing* 66 (Summer 1990): 174.

123. New Kind of Store Getting More Use out of Used Goods," *Montgomery Advertiser* (December 12, 1996): 7A.

124. William Echison, "Designers Climb onto the Virtual Catwalk," *BusinessWeek* (October 11, 1999): 164.

第十一章

1. Details adapted from John W. Schouten and James H. McAlexander, "Market Impact of a Consumption Subculture: The Harley-Davidson Mystique," in Fred van Raaij and Gary Bamossy, eds., *Proceedings of the 1992 European Conference of the Association for Consumer Research* (Amsterdam, 1992); John W. Schouten and James H. McAlexander, "Subcultures of Consumption: An Ethnography of the New Bikers," *Journal of Consumer Research* 22 (June 1995): 43–61. See also Kelly Barron, "Not So Easy Riders," *Forbes* (May 15, 2000).

2. Joel B. Cohen and Ellen Golden, "Informational Social Influence and Product Evaluation," *Journal of Applied Psychology* 56 (February 1972): 54–59; Robert E. Burnkrant and Alain Cousineau, "Informational and Normative Social Influence in Buyer Behavior," *Journal of Consumer Research* 2 (December 1975): 206–15; Peter H. Reingen, "Test of a List Procedure for Inducing Compliance with a Request to Donate Money," *Journal of Applied Psychology* 67 (1982): 110–18.

3. Dyan Machan, "Is the Hog Going Soft?" *Forbes* (March 10, 1997): 114–19.

4. C. Whan Park and V. Parker Lessig, "Students and Housewives: Differences in Susceptibility to Reference Group Influence," *Journal of Consumer Research* 4 (September 1977): 102–10.

5. Jeffrey D. Ford and Elwood A. Ellis, "A Re-examination of Group Influence on Member Brand Preference," *Journal of Marketing Research* 17 (February 1980): 125–32; Thomas S. Robertson, *Innovative Behavior and Communication* (New York: Holt, Rinehart and Winston, 1980): Chapter 8.

6. William O. Bearden and Michael J. Etzel, "Reference Group Influence on Product and Brand Purchase Decisions," *Journal of Consumer Research* 9 (1982): 183–94.

7. Kenneth J. Gergen and Mary Gergen, *Social Psychology* (New York: Harcourt Brace Jovanovich, 1981): 312.

8. J. R. P. French Jr. and B. Raven, "The Bases of Social Power," in D. Cartwright, ed., *Studies in Social Power* (Ann Arbor, MI: Institute for Social Research, 1959): 150–67.

9. Michael R. Solomon, "Packaging the Service Provider," *The Service Industries Journal* 5 (March 1985): 64–72.

10. Tamar Charry, "Advertising: Hawking, Wozniak Pitch Modems for U.S. Robotics," *New York Times News Service* (February 5, 1997).

11. Patricia M. West and Susan M. Broniarczyk, "Integrating Multiple Opinions: The Role of Aspiration Level on Consumer Response to Critic Consensus," *Journal of Consumer Research* 25 (June 1998): 38–51.

12. Gergen and Gergen, Social Psychology.

13. For a recent study that compared the relative potency of the two types, see Julie Tinson and John Ensor, "Formal and Informal Referent Groups: An Exploration of Novices and Experts in Maternity Services," *Journal of Consumer Behaviour* 1, no. 2 (November 2001): 174–183.

14. Harold H. Kelley, "Two Functions of Reference Groups," in Harold Proshansky and Bernard Siedenberg, eds., *Basic Studies in Social Psychology* (New York: Holt, Rinehart and Winston, 1965): 210–14.

15. James H. McAlexander, John W. Schouten, and Harold F. Koenig, "Building Brand Community," *Journal of Marketing* 66 (January 2002): 38–54; Albert Muniz and Thomas O'Guinn, "Brand Community," *Journal of Consumer Research* (March 2001): 412–32.

16. Veronique Cova and Bernard Cova, "Tribal Aspects of Postmodern Consumption Research: The Case of French In-Line Roller Skaters," *Journal Of Consumer Behavior* 1 (June 2001): 67–76.

17. A. Benton Cocanougher and Grady D. Bruce, "Socially Distant Reference Groups and Consumer Aspirations." *Journal of Marketing Research* 8 (August 1971): 79–81.

18. L. Festinger, S. Schachter, and K. Back, *Social Pressures in Informal Groups: A Study of Human Factors in Housing* (New York: Harper, 1950).

19. R. B. Zajonc, H. M. Markus, and W. Wilson, "Exposure Effects and Associative Learning," *Journal of Experimental Social Psychology* 10 (1974): 248–63.

20. D. J. Stang, "Methodological Factors in Mere Exposure Research," *Psychological Bulletin* 81 (1974): 1014–25; R. B. Zajonc, P. Shaver, C. Tavris, and D. Van Kreveid, "Exposure, Satiation and Stimulus Discriminability," *Journal of Personality and Social Psychology* 21 (1972): 270–80.

21. J. E. Grush, K. L. McKeogh, and R. F. Ahlering, "Extrapolating Laboratory Exposure Research to Actual Political Elections," *Journal of Personality and Social Psychology* 36 (1978): 257–70.

22. www.repcheck.com, accessed December 31, 2002.

23. "BT Openworld Hooks up with uDate," *New Media Age* (December 5, 2002); "iVillage enters the Dating Arena with Match.Com," *New Media Age* (August 22, 2002): 7; "Virtual Valentines?" *Yahoo! Internet Life* (February 1, 2002); Jon Herskovitz, "Japanese Look for Love," *Advertising Age International* (July 13, 1998): 6.

24. Basil G. Englis and Michael R. Solomon, "To Be and Not to Be: Reference Group Stereotyping and The Clustering of America," *Journal of Advertising* 24 (Spring 1995): 13–28; Michael R. Solomon and Basil G. Englis, "I Am Not, Therefore I Am: The Role of Anti-Consumption in the Process of Self-Definition" (Special Session at the Association for Consumer Research meetings, October 1996, Tucson, Arizona).

25. Bruce Feirstein, *Real Men Don't Eat Quiche* (New York: Pocket Books, 1982); www.auntiefashions.com, accessed December 31, 2002.

26. J. Craig Andrews and Richard G. Netemeyer, "Alcohol Warning Label Effects: Socialization, Addiction, and Public Policy Issues," in Ronald P. Hill, ed., *Marketing and Consumer Research in the Public Interest* (Thousand Oaks, CA: Sage, 1996): 153–75; "National Study Finds Increase in College Binge Drinking," Alcoholism & Drug Abuse Weekly (March 27, 2000): 12–13.

27. B. Latane, K. Williams, and S. Harkins, "Many Hands Make Light the Work: The Causes and Consequences of Social Loafing," *Journal of Personality and Social Psychology* 37 (1979): 822–32.

28. S. Freeman, M. Walker, R. Borden, and B. Latane, "Diffusion of Responsibility and Restaurant Tipping: Cheaper by the Bunch," *Personality and Social Psychology Bulletin* 1 (1978): 584–87.

29. Nathan Kogan and Michael A. Wallach, "Risky Shift Phenomenon in Small Decision-Making Groups: A Test of the Information Exchange Hypothesis," *Journal of Experimental Social Psychology* 3 (January 1967): 75–84; Nathan Kogan and Michael A. Wallach, *Risk Taking* (New York: Holt, Rinehart and Winston, 1964); Arch G. Woodside and M. Wayne DeLozier, "Effects of Word-of-Mouth Advertising on Consumer Risk Taking," *Journal of Advertising* (Fall 1976): 12–19.

30. Kogan and Wallach, Risk Taking.

31. Roger Brown, *Social Psychology* (New York: The Free Press, 1965).

32. David L. Johnson and I. R. Andrews, "Risky Shift Phenomenon Tested with Consumer Product Stimuli," *Journal of Personality and Social Psychology* 20 (1971): 382–85; see also Vithala R. Rao and Joel H. Steckel, "A Polarization Model for Describing Group Preferences," *Journal of Consumer Research* 18 (June 1991): 108–18.

33. Donald H. Granbois, "Improving the Study of Customer In-Store Behavior," *Journal of Marketing* 32 (October 1968): 28–32.

34. Len Strazewski, "Tupperware Locks in New Strategy," *Advertising Age* (February 8, 1988): 30.

35. Melanie Wells, "Smooth Operator," *Forbes* (May 13, 2002): 167–68.

36. Luc Sante, "Be Different! (Like Everyone Else!)" *New York Times Magazine* (October 17, 1999).

37. Cornelia Pechmann and S. Ratneshwar, "The Effects of Antismoking and Cigarette Advertising on Young Adolescents' Perceptions of Peers Who Smoke," *Journal of Consumer Research* 21 (September 1994): 236–51.

38. For a study attempting to measure individual differences in proclivity to conformity, see William O. Bearden, Richard G. Netemeyer, and Jesse E. Teel, "Measurement of Consumer Susceptibility to Interpersonal Influence," *Journal of Consumer Research* 15 (March 1989): 473–81.

39. John W. Thibaut and Harold H. Kelley, *The Social Psychology of Groups* (New York: Wiley, 1959); W. W. Waller and R. Hill, *The Family, a Dynamic Interpretation* (New York: Dryden, 1951).

40. Bearden, Netemeyer, and Teel, "Measurement of Consumer Susceptibility to Interpersonal Influence," 473–81; Lynn R. Kahle, "Observations: Role-Relaxed Consumers: A Trend of the Nineties," *Journal of Advertising Research* (March–April 1995): 66–71; Lynn R. Kahle and Aviv Shoham, "Observations: Role-Relaxed Consumers: Empirical Evidence," *Journal of Advertising Research* (May–June 1995): 59–62.

41. Leon Festinger, "A Theory of Social Comparison Processes," *Human Relations* 7 (May 1954): 117–40.

42. Chester A. Insko, Sarah Drenan, Michael R. Solomon, Richard Smith, and Terry J. Wade, "Conformity as a Function of the Consistency of Positive Self-Evaluation with Being Liked and Being Right," *Journal of Experimental Social Psychology* 19 (1983): 341–58.

43. Abraham Tesser, Murray Millar, and Janet Moore, "Some Affective Consequences of Social Comparison and Reflection Processes: The Pain and Pleasure of Being Close," *Journal of Personality and Social Psychology* 54, no. 1 (1988): 49–61.

44. L. Wheeler, K. G. Shaver, R. A. Jones, G. R. Goethals, J. Cooper, J. E. Robinson, C. L. Gruder, and K. W. Butzine, "Factors Determining the Choice of a Comparison Other," *Journal of Experimental Social Psychology* 5 (1969): 219–32.

45. George P. Moschis, "Social Comparison and Informal Group Influence," *Journal of Marketing Research* 13 (August 1976): 237–44.

46. Robert E. Burnkrant and Alain Cousineau, "Informational and Normative Social Influence in Buyer Behavior," *Journal of Consumer Research* 2 (December 1975): 206–15; M. Venkatesan, "Experimental Study of Consumer Behavior Conformity and Independence," *Journal of Marketing Research* 3 (November 1966): 384–87.

47. Gergen and Gergen, Social Psychology.

48. L. J. Strickland, S. Messick, and D. N. Jackson, "Conformity, Anticonformity and Independence: Their Dimensionality and Generality," *Journal of Personality and Social Psychology* 16 (1970): 494–507.

49. Jack W. Brehm, *A Theory of Psychological Reactance* (New York: Academic Press, 1966).

50. R. D. Ashmore, V. Ramchandra, and R. Jones, "Censorship as an Attitude Change Induction" (paper presented at meeting of Eastern Psychological Association, New York, 1971); R. A. Wicklund and J. Brehm, *Perspectives on Cognitive Dissonance* (Hillsdale, NJ: Erlbaum, 1976).

51. Pat Wechsler, "A Curiously Strong Campaign," *BusinessWeek* (April 21, 1997): 134.

52. Johan Arndt, "Role of Product-Related Conversations in the Diffusion of a New Product," *Journal of Marketing Research* 4 (August 1967): 291–95.

53. John Gaffney, "Enterprise: Marketing: The Cool Kids Are Doing It. Should You?" *Asiaweek* (November 23, 2001): 1.

54. Elihu Katz and Paul F. Lazarsfeld, Personal Influence (Glencoe, IL: Free Press, 1955).

55. John A. Martilla, " Word-of-Mouth Communication in the Industrial Adoption Process," *Journal of Marketing Research* 8 (March 1971): 173–78; see also Marsha L. Richins, "Negative Word-of-Mouth by Dissatisfied Consumers: A Pilot Study," *Journal of Marketing* 47 (Winter 1983): 68–78.

56. Arndt, "Role of Product-Related Conversations in the Diffusion of a New Product."

57. James H. Myers and Thomas S. Robertson, "Dimensions of Opinion Leadership," *Journal of Marketing Research* 9 (February 1972): 41–46.

58. Ellen Neuborne, "Generation Y," *BusinessWeek* (February 15, 1999): 86.

59. Dorothy Leonard-Barton, "Experts as Negative Opinion Leaders in the Diffusion of a Technological Innovation," *Journal of Consumer Research* 11 (March 1985): 914–26.

60. James F. Engel, Robert J. Kegerreis, and Roger D. Blackwell, " Word-of-Mouth Communication by the Innovator," *Journal of Marketing* 33 (July 1969): 15–19.

61. Chip Walker, "Word-of-Mouth," *American Demographics* (July 1995): 38–44.

62. Richard J. Lutz, "Changing Brand Attitudes through Modification of Cognitive Structure," *Journal of Consumer Research* 1 (March 1975): 49–59. For some suggested remedies to bad publicity, see Mitch Griffin, Barry J. Babin, and Jill S. Attaway, "An Empirical Investigation of the Impact of Negative Public Publicity on Consumer Attitudes and Intentions," in Rebecca H. Holman and Michael R. Solomon, eds., *Advances in Consumer Research* 18 (Provo, UT: Association for Consumer Research, 1991): 334–41; Alice M. Tybout, Bobby J. Calder, and Brian Sternthal, "Using Information Processing Theory to Design Marketing Strategies," *Journal of Marketing Research* 18 (1981): 73–79; see also Russell N. Laczniak, Thomas E. DeCarlo, and Sridhar N. Ramaswami, "Consumers' Responses to Negative Word-of-Mouth Communication: An Attribution Theory Perspective," Journal of Consumer Psychology, in press.

63. Robert E. Smith and Christine A. Vogt, "The Effects of Integrating Advertising and Negative Word-of-Mouth Communications on Message Processing and Response," *Journal of Consumer Psychology* 4, no. 2 (1995): 133–51; Paula Fitzgerald Bone, "Word-of-Mouth Effects on Short-Term and Long-Term Product Judgments," *Journal of Business Research* 32 (1995): 213–23.

64. "Dunkin' Donuts Buys Out Critical Web Site," *New York Times on the Web* (August 27, 1999). For a discussion of ways to assess negative WOM online, see David M. Boush and Lynn R. Kahle, "Evaluating Negative Information in Online Consumer Discussions: From Qualitative Analysis to Signal Detection," *Journal of EuroMarketing* 11, no. 2 (2001): 89–105.

65. Charles W. King and John O. Summers, "Overlap of Opinion Leadership across Consumer Product Categories," *Journal of Marketing Research* 7 (February 1970): 43–50.

66. Michael Fumento, "Tampon Terrorism," *Forbes* (May 17, 1999): 170.

67. Greg Jaffe, "No MTV for Widespread Panic, Just Loads of Worshipful Fans," *Wall Street Journal Interactive Edition* (February 17, 1999).

68. Christina Le Beau, "Cracking the Niche," *American Demographics* (June 2000): 38–40.

69. Kim Folstad, "A Chat Room of One's Own" [Web site] (Cox News Service, February, 2002 [cited April 27, 2002]); available from www.e-fluentials.com/news; INTERNET.

70. This typology is adapted from material presented in Robert V. Kozinets, "E-Tribalized Marketing: The Strategic Implications of Virtual Communities of Consumption," *European Management Journal* 17 (June 1999): 252–64. See also Miriam Catterall and Pauline Maclaran, "Researching Consumers in Virtual Worlds: A Cyberspace Odyssey," *Journal of Consumer Behavior* 1, no. 3 (February 2000): 228–37.

71. Hassan Fattah and Pamela Paul, "Gaming Gets Serious," *American Demographics* (May 2002): 39–43.

72. Ibid.

73. Marc Gunther, "The Newest Addiction," *Fortune* (August 2, 1999): 123.

74. Tom Weber, "Net's Hottest Game Brings People Closer," *Wall Street Journal Interactive Edition* (March 20, 2000).

75. David Kushner, "Where Warriors and Ogres Lock Arms Instead of Swords," *New York Times on the Web* (August 9, 2002).

76. Martha Irvine, "Mother Blames Internet Game for Son's Suicide," *Montgomery Advertiser* (May 26, 2002): 6(A).

77. Bob Tedeschi, "Is Weblog Technology Here to Stay or Just Another Fad?" *New York Times on the Web* (February 25, 2002); Steven Levy, "Living in the Blog-Osphere," *Newsweek* (August 26, 2002): 42–44; David F. Gallagher, "Free Weblog Service and a Vampire, Too," *New York Times on the Web* (August 26, 2002); David F. Gallagher, "A Site to Pour Out Emotions, and Just about Anything Else," *New York Times on the Web* (September 5, 2002).

78. Kozinets, "E-Tribalized Marketing: The Strategic Implications of Virtual Communities of Consumption," 252–64.

79. Glyn Moody, "Gold in Amazon's Box of Tricks," *Computer Weekly* (July 18, 2002): 27; "Shopping (online consumer ratings)," *Yahoo! Internet Life* (July 1, 2002); Bob Tedeschi, "Online Retailers Find that Customer Reviews Build Loyalty," *New York Times on the Web* (September 6, 1999); "Bookseller Offers Refunds for Advertised Books," Opelika-Auburn [Alabama] *News* (February 11, 1999): A11; Jason Anders, "When It Comes to Promoters, Boards Say, 'Reader Beware'," *Wall Street Journal Interactive Edition* (July 25, 1998).

80. Sonia Murray, "Street Marketing Does the Trick," *Advertising Age* (March 20, 2000): S12.

81. "Taking to the Streets," *Newsweek* (November 2, 1998): 70–73.

82. Lynette Holloway, "Declining CD Sales Spur Labels to Use Street Marketing Teams," *New York Times on the Web* (September 30, 2002).

83. Constance L. Hays, "Guerrilla Marketing Is Going Mainstream," *New York Times on the Web* (October 7, 1999).

84. Betsy Spethmann, "X Marks Target For Blucaos Booming Shooter," *Brandweek* (September 24, 1994): 3.

85. Gabriel Kahn, "Virtual Rock Band Corresponds with Fans via Text Messaging," *Wall Street Journal Interactive Edition* (April 19, 2002).

86. Kate Fitzgerald, "Branding Face to Face," *Advertising Age* (October 21, 2002): 47.

87. Jared Sandberg, "The Friendly Virus," *Newsweek* (April 12, 1999): 65–66.

88. Karen J.Bannan, "Marketers Try Infecting the Internet," *New York Times on the Web* (March 22, 2000).

89. Sitelab's Execution of Viral Marketing Campaign for WD-40 Helps Net Nearly 40,000 Fans" *BusinessWire* (January 14, 2002): 279.

90. Peter Landau, "A.I. Promotion," *Mediaweek* (November 12, 2001).

91. Jeff Neff, "Pressure Points at IPG," *Advertising Age* (December 2001): 4.

92. Everett M. Rogers, *Diffusion of Innovations*, 3rd ed. (New York: Free Press, 1983).

93. Leonard-Barton, "Experts as Negative Opinion Leaders in the Diffusion of a Technological Innovation"; Rogers, Diffusion of Innovations.

94. Burson-Marstceller, "The E-fluentials: 2000," Retrieved April 23, 2002, from "The E-fluentials: 2000," [online magazine] [cited April 23, 2002] Burson Marstceller; available from http://bm.com; S. Khodarahmi, "Pass It On"[online magazine] [cited April 26, 2002] DotCEO; available from www.dotceo.com; Seana Mulcahy, "Selling to E-fluentials" [online magazine] [cited April 27, 2002]; *ClickZ Today* (January 3, 2002); available from www. e-fluentials.com /news.

95. Herbert Menzel, "Interpersonal and Unplanned Communications: Indispensable or Obsolete?" in Edward B. Roberts, ed., *Biomedical Innovation* (Cambridge, MA: MIT Press, 1981), 155–63.

96. Meera P. Venkatraman, "Opinion Leaders, Adopters, and Communicative Adopters: A Role Analysis," *Psychology & Marketing* 6 (Spring 1989): 51–68.

97. Rogers, Diffusion of Innovations.

98. Robert Merton, *Social Theory and Social Structure* (Glencoe, IL: Free Press, 1957).

99. King and Summers, "Overlap of Opinion Leadership across Consumer Product Categories"; see also Ronald E. Goldsmith, Jeanne R. Heitmeyer, and Jon B. Freiden, "Social Values and Fashion Leadership," *Clothing and Textiles Research Journal* 10 (Fall 1991): 37–45; J. O. Summers, "Identity of Women's Clothing Fashion Opinion Leaders," *Journal of Marketing Research* 7 (1970): 178–85.

100. Steven A. Baumgarten, "The Innovative Communicator in the Diffusion Process," *Journal of Marketing Research* 12 (February 1975): 12–18.

101. Laura J. Yale and Mary C. Gilly, "Dyadic Perceptions in Personal Source Information Search," *Journal of Business Research* 32 (1995): 225–37.

102. Russell W. Belk, "Occurrence of Word-of-Mouth Buyer Behavior as a Function of Situation and Advertising Stimuli," in Fred C. Allvine, ed., *Combined Proceedings of the American Marketing Association*, series no. 33 (Chicago: American Marketing Association, 1971): 419–22.

103. Lawrence F. Feick, Linda L. Price, and Robin A. Higie, "People Who Use People: The Other Side of Opinion Leadership," in Richard J. Lutz, ed., *Advances in Consumer Research* 13 (Provo, UT: Association for Consumer Research, 1986): 301–5.

104. For discussion of the market maven construct, see Lawrence F. Feick and Linda L. Price, "The Market Maven," *Managing* (July 1985): 10; scale items adapted from Lawrence F. Feick and Linda L. Price, "The Market Maven: A Diffuser of Marketplace Information," *Journal of Marketing* 51 (January 1987): 83–87.

105. Michael R. Solomon, "The Missing Link: Surrogate Consumers in the Marketing Chain," *Journal of Marketing* 50 (October 1986): 208–18.

106. CBS Extends Its High-Tech Reach: CD-ROM Goes to 'Influencers'," *PROMO: The International Magazine for Promotion Marketing* (October 1994): 59.

107. John Lippman, "Sony's Word-of-Mouth Campaign Creates Buzz for 'Crouching Tiger'," *Wall Street Journal* (January 11, 2001).

108. Stern and Gould, "The Consumer as Financial Opinion Leader."

109. William R. Darden and Fred D. Reynolds, "Predicting Opinion Leadership for Men's Apparel Fashions," *Journal of Marketing Research* 1 (August 1972): 324–28. A modified version of the opinion leadership scale with improved reliability and validity can be found in Terry L. Childers, "Assessment of the Psychometric Properties of an Opinion Leadership Scale," *Journal of Marketing Research* 23 (May 1986): 184–88.

110. Dan Seligman, "Me and Monica," *Forbes* (March 23, 1998): 76.

111. "Referrals Top Ads as Influence on Patients' Doctor Selections," *Marketing News* (January 30, 1987): 22.

112. Peter H. Reingen and Jerome B. Kernan, "Analysis of Referral Networks in Marketing: Methods and Illustration," *Journal of Marketing Research* 23 (November 1986): 370–78.

113. Peter H. Reingen, Brian L. Foster, Jacqueline Johnson Brown, and Stephen B. Seidman, "Brand Congruence in Interpersonal Relations: A Social Network Analysis," *Journal of Consumer Research* 11 (December 1984): 771–83; see also James C. Ward and Peter H. Reingen, "Sociocognitive Analysis of Group Decision-making among Consumers," *Journal of Consumer Research* 17 (December 1990): 245–62.

114. Thomas E. Weber, "Viral Marketing: Web's Newest Ploy May Make You an Unpopular Friend," *The Wall Street Journal Interactive Edition* (September 13, 1999).

第十二章

1. See J. Joseph Cronin Jr. and Michael H. Morris, "Satisfying Customer Expectations; the Effect on Conflict and Repurchase Intentions in Industrial Marketing Channels," *Journal of the Academy of Marketing Science* 17 (Winter 1989): 41–49; Thomas W. Leigh and Patrick F. McGraw, "Mapping the Procedural Knowledge of Industrial Sales Personnel: A Script-Theoretic Investigation," *Journal of Marketing* 53 (January 1989): 16–34; William J. Qualls and Christopher P. Puto, "Organizational Climate and Decision Framing: An Integrated Approach to Analyzing Industrial Buying," *Journal of Marketing Research* 26 (May 1989): 179–92.

2. James M. Sinkula, "Market Information Processing and Organizational Learning," *Journal of Marketing* 58 (January 1994): 35–45.

3. Allen M. Weiss and Jan B. Heide, "The Nature of Organizational Search in High Technology Markets," *Journal of Marketing Research* 30 (May 1993): 220–33; Jennifer K. Glazing and Paul N. Bloom, "Buying Group Information Source Reliance," *Proceedings of the American Marketing Association Educators' Conference* (Summer 1994): 454.

4. B. Charles Ames and James D. Hlaracek, *Managerial Marketing for Industrial Firms* (New York: Random House Business Division, 1984); Edward F. Fern and James R. Brown, "The Industrial/Consumer Marketing Dichotomy: A Case of Insufficient Justification," *Journal of Marketing* 48 (Spring 1984): 68–77.

5. Kevin Keller, *Strategic Brand Management* (Upper Saddle River, NJ: Prentice Hall, 1998); Michael R. Solomon and Elnora W. Stuart, *Marketing: Real People, Real Choices*, 2nd ed. (Upper Saddle River, NJ: Prentice Hall, 2000).

6. Daniel H. McQuiston "Novelty, Complexity, and Importance as Causal Determinants of Industrial Buyer Behavior," *Journal of Marketing* 53 (April 1989): 66–79.

7. Patrick J. Robinson, Charles W. Faris, and Yoram Wind, *Industrial Buying and Creative Marketing* (Boston: Allyn & Bacon, 1967).

8. Erin Anderson, Wujin Chu, and Barton Weitz, "Industrial Purchasing: An Empirical Examination of the Buyclass Framework," *Journal of Marketing* 51 (July 1987): 71–86.

9. Fred E. Webster and Yoram Wind, *Organizational Buying Behavior* (Upper Saddle River, NJ: Prentice Hall, 1972).

10. Robert Boutilier, "Targeting Families: Marketing to and Through the New Family," *American Demographics Marketing Tools* (Ithaca, NY: 1993): 4–6; W. Bradford Fay, "Families in the 1990s: Universal Values, Uncommon Experiences," *Marketing Research: A Magazine of Management & Applications* 5 (Winter 1993): 47.

11. Ellen Graham, "Craving Closer Ties, Strangers Come Together as Family," *Wall Street Journal* (March 4, 1996): B1.

12. Steven J. Kafka, Bruce D. Temkin, Matthew R. Sanders, Jeremy Sharrard, and Tobias O. Brown, "eMarketplaces Boost B2B Trade," *The Forrester Report* (Forrester Research, Inc., February 2000).

13. B2B Supply Chain: How Companies Are Using the Web to Cut Costs," *Supply Chain* (November 2001).

683

14. www.worldwideretailexchange.org, accessed January 8, 2003.

15. Alison Hardy, "Designing Time and Sampling Money," *Apparel Industry Magazine* (May 2000): 22.

16. Alan R. Andreasen, "Life Status Changes and Changes in Consumer Preferences and Satisfaction," *Journal of Consumer Research* 11 (December 1984): 784–94; James H. McAlexander, John W. Schouten, and Scott D. Roberts, "Consumer Behavior and Divorce," *Research in Consumer Behavior* 6 (1993): 153–84.

17. Randolph E. Schmid, "Most Americans Still the Marrying Kind, Statistics Show; Trend: The Percentage of Adults Who Are Wed and Living with Their Spouse Is Declining, but Still the Majority," *Los Angeles Times* (January 17, 1999): 9.

18. Study Finds Why Marriage Is on the Decline," *Jet* 96 (July 26, 1999): 16–19.

19. Wendy Bounds, "An Easy Way to Get an Ex out of the Picture—and No Lawyer!" *Wall Street Journal* (June 16, 1994): B1.

20. "Mommy Is Really Home from Work," BusinessWeek (November 25, 2002): 101–2.

21. Karen Hardee-Cleaveland, "Is Eight Enough?" *American Demographics* (June 1989): 60.

22. Frank Bruni, "Persistent Drop in Fertility Reshapes Europe's Future," *New York Times on the Web* (December 26, 2002).

23. Ronald Alsop, "Businesses Market to Gay Couples as Same Sex Households Increases," *Wall Street Journal Interactive Edition* (August 8, 2002).

24. Brad Edmondson, "Inside the New Household Projections," *The Number News* (July 1996).

25. Brad Edmondson, "Inside the New Household Projections."

26. P. Paul, "Childless by Choice," *American Demographics* (November 2001): 45–48, 50.

27. "Mothers Bearing a Second Burden," *New York Times* (May 14, 1989): 26.

28. Thomas Exter, "Disappearing Act," *American Demographics* (January 1989): 78; see also Keren Ami Johnson and Scott D. Roberts, "Incompletely-Launched and Returning Young Adults: Social Change, Consumption, and Family Environment," in Robert P. Leone and V. Kumar, eds., *Enhancing Knowledge Development in Marketing* (Chicago: American Marketing Association), 249–54; John Burnett and Denise Smart, "Returning Young Adults: Implications for Marketers," *Psychology & Marketing* 11 (May–June 1994): 253–69.

29. Marcia Mogelonsky, "The Rocky Road to Adulthood," *American Demographics* (May 1996): 26.

30. For a review, see Russell W. Belk, "Metaphoric Relationships with Pets," *Society and Animals* 4, no. 2 (1996): 121–46.

31. Rebecca Gardyn, "Animal Magnetism," *American Demographics* (May 2002): 31–37.

32. "Colorado Proposal Would Recognize Pets as Companions Rather than Property," *Montgomery Advertiser* (February 10, 2003): 4A.

33. Rebecca Gardyn, "Animal Magnetism"; Anne S. Lewis, "Fancy Fidos Check in at Pet Palazzi," *Wall Street Journal Interactive Edition* (August 27, 1999); Jeffrey Krasner, "Freeze-drying Pets Soothes Owners and the Profits Are 'Phenomenal'," *Wall Street Journal Interactive Edition* (January 9, 2001).

34. Erin White and Betsy McKay, "Coke's New Twist: A Bottle for Two," *Wall Street Journal* (May 17, 2002): B2.

35. Brad Edmondson, "Do the Math," *American Demographics* (October 1999): 50–56.

36. Mary C. Gilly and Ben M. Enis, "Recycling the Family Life Cycle: A Proposal for Redefinition," in Andrew A. Mitchell, ed., *Advances in Consumer Research* 9 (Ann Arbor, MI: Association for Consumer Research, 1982): 271–76.

37. Charles M. Schaninger and William D. Danko, "A Conceptual and Empirical Comparison of Alternative Household Life Cycle Models," *Journal of Consumer Research* 19 (March 1993): 580–94; Robert E. Wilkes, "Household Life-Cycle Stages, Transitions, and Product Expenditures," *Journal of Consumer Research* 22 (June 1995): 27–42.

38. Cheryl Russell, "The New Consumer Paradigm," *American Demographics* (April 1999): 50.

39. These categories are an adapted version of an FLC model proposed by Gilly and Enis (1982). Based on a recent empirical comparison of several competing models, Schaninger and Danko found that this framework outperformed others, especially in terms of its treatment of nonconventional households, though they recommend several improvements to this model as well. See Gilly and Enis, "Recycling the Family Life Cycle"; Schaninger and Danko, "A Conceptual and Empirical Comparison of Alternate Household Life Cycle Models"; Scott D. Roberts, Patricia K. Voli, and Kerenami Johnson, "Beyond

the Family Life Cycle: An Inventory of Variables for Defining the Family as a Consumption Unit," in Victoria L. Crittenden, ed., *Developments In Marketing Science* 15 (Coral Gables, FL: Academy of Marketing Science, 1992): 71–75.

40. Brad Edmondson, "Do the Math," 50–56.

41. Jennifer Lach, "Intelligence Agents," *American Demographics* (March 1999): 52–60.

42. Harry L. Davis, "Decision Making within the Household," *Journal of Consumer Research* 2 (March 1972): 241–60; Michael B. Menasco and David J. Curry, "Utility and Choice: An Empirical Study of Wife/Husband Decision Making," *Journal of Consumer Research* 16 (June 1989): 87–97; Conway Lackman and John M. Lanasa, "Family Decision Making Theory: An Overview and Assessment," *Psychology & Marketing* 10 (March–April 1993): 81–94.

43. Shannon Dortch, "Money and Marital Discord," *American Demographics* (October 1994): 11.

44. For research on factors affecting how much influence adolescents exert in family decision making, see Ellen Foxman, Patriya Tansuhaj, and Karin M. Ekstrom, "Family Members' Perceptions of Adolescents' Influence in Family Decision Making," *Journal of Consumer Research* 15 (March 1989): 482–91; Sharon E. Beatty and Salil Talpade, "Adolescent Influence in Family Decision Making: A Replication with Extension," *Journal of Consumer Research* 21 (September 1994): 332–41.

45. Daniel Seymour and Greg Lessne, "Spousal Conflict Arousal: Scale Development," *Journal of Consumer Research* 11 (December 1984): 810–21.

46. Robert Lohrer, "Haggar Targets Women with $8M Media Campaign," *Daily News Record* (January 8, 1997): 1.

47. Diane Crispell, "Dual-Earner Diversity," *American Demographics* (July 1995): 32–37.

48. Marriage: The Art of Compromise," *American Demographics* (February 1998): 41.

49. Darach Turley, "Dialogue with the Departed," *European Advances in Consumer Research* 2 (1995): 10–13.

50. "Wives and Money," *American Demographics* (December 1997): 34.

51. Thomas Hine, *Populuxe* (New York: Knopf, 1986).

52. Robert Boutilier, "Targeting Families: Marketing to and Through the New Family."

53. Dennis L. Rosen and Donald H. Granbois, "Determinants of Role Structure in Family Financial Management," *Journal of Consumer Research* 10 (September 1983): 253–58; Robert F. Bales, *Interaction Process Analysis: A Method for the Study of Small Groups* (Reading, MA: Addison-Wesley, 1950). For a cross-gender comparison of food-shopping strategies, see Rosemary Polegato and Judith L. Zaichkowsky, "Family Food Shopping: Strategies Used by Husbands and Wives," *Journal of Consumer Affairs* 28, no. 2 (1994): 278–99.

54. Alma S. Baron, "Working Parents: Shifting Traditional Roles," *Business* 37 (January–March 1987): 36; William J. Qualls, "Household Decision Behavior: The Impact of Husbands' and Wives' Sex Role Orientation," *Journal of Consumer Research* 14 (September 1987): 264–79; Charles M. Schaninger and W. Christian Buss, "The Relationship of Sex-Role Norms to Household Task Allocation," *Psychology & Marketing* 2 (Summer 1985): 93–104.

55. "Tailor-Made," *Advertising Age* (September 23, 2002): 14.

56. Craig J. Thompson, "Caring Consumers: Gendered Consumption Meanings and the Juggling Lifestyle," *Journal of Consumer Research* 22 (March 1996): 388–407.

57. Cristina Merrill, "Mother's Work Is Never Done," *American Demographics* (September 1999): 29–32.

58. Miriam Jordan, "India's Medicine Men Market an Array of Contraceptives," *Wall Street Journal Interactive Edition* (September 21, 1999); Patricia Winters Lauro, "Sports Geared to Parents Replace Stodgy with Cool," *New York Times on the Web* (January 3, 2000); Cynthia Webster, "Effects of Hispanic Ethnic Identification on Marital Roles in the Purchase Decision Process," *Journal of Consumer Research* 21 (September 1994): 319–31. For a recent study that examined the effects of family depictions in advertising among Hispanic consumers, see Gary D. Gregory and James M. Munch, "Cultural Values in International Advertising: An Examination of Familial Norms and Roles in Mexico," *Psychology & Marketing* 14 (March 1997): 99–120; John Steere, "How Asian-Americans Make Purchase Decisions," *Marketing News* (March 13, 1995): 9; John B. Ford, Michael S. LaTour, and Tony L. Henthorne, "Perception of Marital Roles in Purchase Decision Processes: A Cross-Cultural Study," *Journal of the Academy of Marketing*

Science 23 (Spring 1995): 120–31; Chankon Kim and Hanjoon Lee, "A Taxonomy of Couples Based on Influence Strategies: The Case of Home Purchase," *Journal of Business Research* 36 (June 1996): 157–68; Claudia Penteado, "Coke Taps Maternal Instinct with New Latin American Ads," *Advertising Age International* (January 1997): 15.

59. Gary L. Sullivan and P. J. O'Connor, "The Family Purchase Decision Process: A Cross-Cultural Review and Framework for Research," *Southwest Journal of Business & Economics* (Fall 1988): 43; Marilyn Lavin, "Husband-Dominant, Wife-Dominant, Joint," *Journal of Consumer Marketing* 10, no. 3 (1993): 33–42.

60. Diane Crispell, "Mr. Mom Goes Mainstream," American Demographics (March 1994): 59; Gabrielle Sándor, "Attention Advertisers: Real Men Do Laundry," *American Demographics* (March 1994): 13.

61. Tony Bizjak, "Chore Wars Rage On—Even When Wife Earns the Most," *The Sacramento Bee* (April 1, 1993): A1.

62. Michael A. Belch and Laura A. Willis, "Family Decision at the Turn of the Century: Has the Changing Structure of Households Impacted the Family Decision Making Process," *Journal of Consumer Behavior* 2 (2001): 111–24.

63. Micaela DiLeonardo, "The Female World of Cards and Holidays: Women, Families, and the Work of Kinship," *Signs* 12 (Spring 1942): 440–53.

64. C. Whan Park, "Joint Decisions in Home Purchasing: A Muddling-Through Process," *Journal of Consumer Research* 9 (September 1982): 151–62; see also William J. Qualls and Francoise Jaffe, "Measuring Conflict in Household Decision Behavior: Read My Lips and Read My Mind," in John F. Sherry Jr. and Brian Sternthal, eds., *Advances in Consumer Research* 19 (Provo, UT: Association for Consumer Research, 1992): 522–31.

65. Kim P. Corfman and Donald R. Lehmann, "Models of Cooperative Group Decision Making and Relative Influence: An Experimental Investigation of Family Purchase Decisions," *Journal of Consumer Research* 14 (June 1987): 1–13.

66. Sarah Lyall, "Jacks? Dolls? Yo-Yos? No, They Want Cellphones," *New York Times on the Web* (October 24, 2002).

67. Charles Atkin, "Observation of Parent-Child Interaction in Supermarket Decision Making," *Journal of Marketing* 42 (October 1978): 41–45. For more information related to children and consumption, see the government Web site, www.childstats.gov.

68. James U. McNeal, "Tapping the Three Kids' Markets," *American Demographics* (April 1998): 3, 737–41.

69. Harris Curtis, "Making Kids Street Smart," *Newsweek* (September 16, 2002): 10.

70. Kay L. Palan and Robert E. Wilkes, "Adolescent-Parent Interaction in Family Decision Making," *Journal of Consumer Research* 24 (September 1997): 159–69.

71. Stephanie Thompson, "Mrs. Butterworth's Changes Her Target," *Advertising Age* (December 20, 1999): 44.

72. Les Carlson, Ann Walsh, Russell N. Laczniak, and Sanford Grossbart, "Family Communication Patterns and Marketplace Motivations, Attitudes, and Behaviors of Children and Mothers," *Journal of Consumer Affairs* 28, no. 1 (1994): 25–53; see also Roy L. Moore and George P. Moschis, "The Role of Family Communication in Consumer Learning," *Journal of Communication* 31 (Autumn 1981): 42–51.

73. Leslie Isler, Edward T. Popper, and Scott Ward, "Children's Purchase Requests and Parental Responses: Results from a Diary Study," *Journal of Advertising Research* 27 (October–November 1987): 28–39.

74. Gregory M. Rose, "Consumer Socialization, Parental Style, and Development Timetables in the United States and Japan," *Journal of Marketing* 63, no. 3 (1999): 105–19.

75. Mary Roach, "Cute Inc.," *Wired* (December 1999): 330–43.

76. Scott Ward, "Consumer Socialization," in Harold H. Kassarjian and Thomas S. Robertson, eds., *Perspectives in Consumer Behavior* (Glenview, IL: Scott, Foresman, 1980): 380.

77. Thomas Lipscomb, "Indicators of Materialism in Children's Free Speech: Age and Gender Comparisons," *Journal of Consumer Marketing* (Fall 1988): 41–46.

78. George P. Moschis, "The Role of Family Communication in Consumer Socialization of Children and Adolescents," *Journal of Consumer Research* 11 (March 1985): 898–913.

79. Gregory M. Rose, Vassilis Dalakas, and Fredric Kropp, "A Five-Nation Study of Developmental Timetables, Reciprocal Communication and Consumer Socialization," *Journal of Business Research* 55 (2002): 943–49.

80. Elizabeth S. Moore, William L. Wilkie, and Richard J. Lutz, "Passing the Torch: Intergenerational Influences as a Source of Brand Equity," *Journal of Marketing* 66 (April 2002): 17–37.

81. James U. McNeal and Chyon-Hwa Yeh, "Born to Shop," *American Demographics* (June 1993): 34–39.

82. See Les Carlson, Sanford Grossbart, and J. Kathleen Stuenkel, "The Role of Parental Socialization Types on Differential Family Communication Patterns Regarding Consumption," *Journal of Consumer Psychology* 1, no. 1 (1992): 31–52.

83. Hassan Fattah, "Hollywood, the Internet, and Kids," *American Demographics* (May 2001): 50–55.

84. Congress Creates Kids' Internet Area," *New York Times on the Web* (November 15, 2002).

85. Matt Richtel, "PC Rooms: Rated M for Mockery," *New York Times on the Web* (September 5, 2002).

86. Bruce Horovitz, "Targeting the Kindermarket," *USA Today* (March 3, 2000): B1.

87. Marian Burros, "McDonald's France Puts Its Mouth Where Its Money Is," *New York Times on the Web* (October 30, 2002).

88. See Patricia M. Greenfield, Emily Yut, Mabel Chung, Deborah Land, Holly Kreider, Maurice Pantoja, and Kris Horsley, "The Program-Length Commercial: A Study of the Effects of Television/Toy Tie-Ins on Imaginative Play," *Psychology & Marketing* 7 (Winter 1990): 237–56 for a study on the effects of commercial programming on creative play.

89. Marina Baker, "Teletubbies say 'Eh Oh . . . It's War!' " The Independent (March 6, 2000): 7; "A Trojan Horse for Advertisers" *BusinessWeek* (April 3, 2000): 10.

90. Gerald J. Gorn and Renee Florsheim, "The Effects of Commercials for Adult Products on Children," *Journal of Consumer Research* 11 (March 1985): 962–67. For a recent study that assessed the impact of violent commercials on children, see V. Kanti Prasad and Lois J. Smith, "Television Commercials in Violent Programming: An Experimental Evaluation of Their Effects on Children," *Journal of the Academy of Marketing Science* 22, no. 4 (1994): 340–51.

91. Glenn Collins, "New Studies on 'Girl Toys' and 'Boy Toys'," *New York Times* (February 13, 1984): D1.

92. Susan B. Kaiser, "Clothing and the Social Organization of Gender Perception: A Developmental Approach," *Clothing and Textiles Research Journal* 7 (Winter 1989): 46–56.

93. D. W. Rajecki, Jill Ann Dame, Kelly Jo Creek, P. J. Barrickman, Catherine A. Reid, and Drew C. Appleby, "Gender Casting in Television Toy Advertisements: Distributions, Message Content Analysis, and Evaluations," *Journal of Consumer Psychology* 2, no. 3 (1993): 307–27.

94. Lori Schwartz and William Markham, "Sex Stereotyping in Children's Toy Advertisements," *Sex Roles* 12 (January 1985): 157–70.

95. Joseph Pereira, "Oh Boy! In Toyland, You Get More if You're Male," *Wall Street Journal* (September 23, 1994): B1; Joseph Pereira, "Girls Favorite Playthings: Dolls, Dolls, and Dolls," *Wall Street Journal* (September 23, 1994): B1.

96. Lisa Bannon, "More Kids' Marketers Pitch Number of Single-Sex Products," *Wall Street Journal Interactive Edition* (February 14, 2000).

97. Ibid.

98. Constance L. Hays, "A Role Model's Clothes: Barbie Goes Professional," *New York Times on the Web* (April 1, 2000).

99. Laura A. Peracchio, "How Do Young Children Learn to Be Consumers? A Script-Processing Approach," *Journal of Consumer Research* 18 (March 1992): 425–40; Laura A. Peracchio, "Young Children's Processing of a Televised Narrative: Is a Picture Really Worth a Thousand Words?" *Journal of Consumer Research* 20 (September 1993): 281–93; see also M. Carole Macklin, "The Effects of an Advertising Retrieval Cue on Young Children's Memory and Brand Evaluations," *Psychology & Marketing* 11 (May–June 1994): 291–311.

100. Jean Piaget, "The Child and Modern Physics," *Scientific American* 196, no. 3 (1957): 46–51; see also Kenneth D. Bahn, "How and When Do Brand Perceptions and Preferences First Form? A Cognitive Developmental Investigation," *Journal of Consumer Research* 13 (December 1986): 382–93.

101. Deborah L. Roedder, "Age Differences in Children's Responses to Television Advertising: An Information-Processing Approach," *Journal of Consumer Research* 8 (September 1981): 144–53; see also Deborah Roedder John and Ramnath Lakshmi-Ratan, "Age Differences in Children's Choice Behavior: The Impact of Available Alternatives," *Journal of Marketing Research* 29 (May 1992): 216–26; Jennifer Gregan-Paxton and Deborah Roedder John,

"Are Young Children Adaptive Decision Makers? A Study of Age Differences in Information Search Behavior," *Journal of Consumer Research* 21, no. 4 (1995): 567–80.

102. Kay Hymovitz, quoted in Leslie Kaufman, "New Style Maven: 6 Years Old and Picky," *New York Times on the Web* (September 7, 1999); Tara Parker-Pope, "Cosmetics Industry Takes Look at the Growing Preteen Market," *Wall Street Journal Interactive Edition* (December 4, 1998).

103. Janet Simons, "Youth Marketing: Children's Clothes Follow the Latest Fashion," *Advertising Age* (February 14, 1985): 16.

104. Horst Stipp, "Children as Consumers"; see Laura A. Peracchio, "Designing Research to Reveal the Young Child's Emerging Competence," *Psychology & Marketing* 7 (Winter 1990): 257–76, for details regarding the design of research on children.

105. Laura Shapiro, "Where Little Boys Can Play with Nail Polish," *Newsweek* (May 28, 1990): 62.

106. Sally Beatty, "Multiple Intelligence Theory Lets TV Appeal to Both Parents, Preschoolers," *Wall Street Journal Interactive Edition* (April 1, 2002).

107. Joseph Pereira, "Pint-Size Judges Make Their Picks for Holiday Favorites This Season," *Wall Street Journal Interactive Edition* (December 17, 1997); Tom McGee, "Getting Inside Kids' Heads," *American Demographics* (January 1997): 53.

108. Gary Armstrong and Merrie Brucks, "Dealing with Children's Advertising: Public Policy Issues and Alternatives," *Journal of Public Policy and Marketing* 7 (1988): 98–113.

109. Bonnie Reece, "Children and Shopping: Some Public Policy Questions," *Journal of Public Policy and Marketing* (1986): 185–94.

110. Daniel Cook, University of Illinois, personal communication, December 2002; and "Contradictions and Conundrums of the Child Consumer: The Emergent Centrality of an Enigma in the 1990s" (paper presented at the Association for Consumer Research, October 2002).

第十三章

1. Data in this section adapted from Fabian Linden, *Consumer Affluence: The Next Wave* (New York: The Conference Board, 1994). For additional information about U.S. income statistics, access Occupational Employment and Wage Estimates at www.bls.gov/oes/oes_data.htm.

2. Sylvia Ann Hewlett, "Feminization of the Workforce," *New Perspectives Quarterly* 98 (July 1, 1998): 66–70.

3. Mary Bowler, "Women's Earnings: An Overview," *Monthly Labor Review* 122 (December 1999): 13–22.

4. Christopher D. Carroll, "How Does Future Income Affect Current Consumption?" *Quarterly Journal of Economics* 109 (February 1994): 111–47.

5. For a scale that measures consumer frugality, see John L. Lastovicka, Lance A. Bettencourt, Renee Shaw Hughner, and Ronald J. Kuntze, "Lifestyle of the Tight and Frugal: Theory and Measurement," *Journal of Consumer Research* 26 (June 1999): 85–98.

6. José F. Medina, Joel Saegert, and Alicia Gresham, "Comparison of Mexican-American and Anglo-American Attitudes toward Money," *The Journal of Consumer Affairs* 30, no. 1 (1996): 124–45.

7. Kirk Johnson, "Sit Down. Breathe Deeply. This Is Really Scary Stuff," *New York Times* (April 16, 1995): F5.

8. Fred van Raaij, "Economic Psychology," *Journal of Economic Psychology* 1 (1981): 1–24.

9. Richard T. Curtin, "Indicators of Consumer Behavior: The University of Michigan Surveys of Consumers," *Public Opinion Quarterly* (1982): 340–52.

10. George Katona, "Consumer Saving Patterns," *Journal of Consumer Research* 1 (June 1974): 1–12.

11. Floyd L. Ruch and Philip G. Zimbardo, *Psychology and Life*, 8th ed. (Glenview, IL: Scott Foresman, 1971).

12. Jonathan H. Turner, *Sociology: Studying the Human System*, 2nd ed. (Santa Monica, CA: Goodyear, 1981).

13. Ibid.

14. Richard P. Coleman, "The Continuing Significance of Social Class to Marketing," *Journal of Consumer Research* 10 (December 1983): 265–80; Turner, Sociology: Studying the Human System.

15. Rebecca Gardyn, "The Mating Game," *American Demographics* (July–August 2002): 33–34.

16. Richard P. Coleman and Lee Rainwater, *Standing in America: New Dimensions of Class* (New York: Basic Books, 1978), 89.

17. Coleman and Rainwater, *Standing in America: New Dimensions of Class.*

18. Turner, *Sociology: Studying the Human System.*

19. James Fallows, "A Talent for Disorder (Class Structure)," *U.S. News & World Report* (February 1, 1988): 83.

20. Coleman, "The Continuing Significance of Social Class to Marketing"; W. Lloyd Warner and Paul S. Lunt, eds., *The Social Life of a Modern Community* (New Haven, CT: Yale University Press, 1941).

21. J. David Lynch, "Emerging Middle Class Reshaping China," *USA Today* (November 12, 2002): 13A.

22. Nicholas D. Kristof, "Women as Bodyguards: In China, It's All the Rage," *New York Times* (July 1, 1993): A4.

23. James Sterngold, "How Do You Define Status? A New BMW in the Drive. An Old Rock in the Garden," *New York Times* (December 28, 1989): C1.

24. Robin Knight, "Just You Move Over, 'Enry 'Iggins; A New Regard for Profits and Talent Cracks Britain's Old Class System," *U.S. News & World Report* 106 (April 24, 1989): 40.

25. Turner, *Sociology: Studying the Human System*, 260.

26. Leslie Kaufman, "Deluxe Dilemma: To Sell Globally or Sell Haughtily?" *New York Times on the Web* (September 22, 1999).

27. See Ronald Paul Hill and Mark Stamey, "The Homeless in America: An Examination of Possessions and Consumption Behaviors," *Journal of Consumer Research* 17 (December 1990): 303–21; estimate provided by Dr. Ronald Hill, personal communication, December 1997.

28. Joseph Kahl, *The American Class Structure* (New York: Holt, Rinehart and Winston, 1961).

29. Leonard Beeghley, *Social Stratification in America: A Critical Analysis of Theory and Research* (Santa Monica, CA: Goodyear, 1978).

30. Coleman and Rainwater, *Standing in America: New Dimensions of Class*, 220.

31. Turner, *Sociology: Studying the Human System.*

32. See Coleman, "The Continuing Significance of Social Class to Marketing"; Charles M. Schaninger, "Social Class versus Income Revisited: An Empirical Investigation," *Journal of Marketing Research* 18 (May 1981): 192–208.

33. Coleman, "The Continuing Significance of Social Class to Marketing."

34. August B. Hollingshead and Fredrick C. Redlich, *Social Class and Mental Illness: A Community Study* (New York: Wiley, 1958).

35. John Mager and Lynn R. Kahle, "Is the Whole More Than the Sum of the Parts? Re-evaluating Social Status in Marketing," *Journal of Business Psychology* 10 (Fall 1995): 3–18.

36. Beeghley, *Social Stratification in America: A Critical Analysis of Theory and Research.*

37. R. Vanneman and F. C. Pampel, "The American Perception of Class and Status," *American Sociological Review* 42 (June 1977): 422–37.

38. Donald W. Hendon, Emelda L. Williams, and Douglas E. Huffman, "Social Class System Revisited," *Journal of Business Research* 17 (November 1988): 259.

39. Coleman, "The Continuing Significance of Social Class to Marketing."

40. Gerhard E. Lenski, "Status Crystallization: A Non-Vertical Dimension of Social Status," *American Sociological Review* 19 (August 1954): 405–12.

41. Richard P. Coleman, "The Significance of Social Stratification in Selling," in Martin L. Bell, ed., *Marketing: A Maturing Discipline: Proceedings of the American Marketing Association 43rd National Conference* (Chicago: American Marketing Association, 1960), 171–84.

42. E. Barth and W. Watson, "Questionable Assumptions in the Theory of Social Stratification," *Pacific Sociological Review* 7 (Spring 1964): 10–16.

43. Zick Rubin, "Do American Women Marry Up?" *American Sociological Review* 33 (1968): 750–60.

44. K. U. Ritter and L. L. Hargens, "Occupational Positions and Class Identifications of Married Working Women: A Test of the Asymmetry Hypothesis," *American Journal of Sociology* 80 (January 1975): 934–48.

45. J. Michael Munson and W. Austin Spivey, "Product and Brand-User Stereotypes Among Social Classes: Implications for Advertising Strategy," *Journal of Advertising Research* 21 (August 1981): 37–45.

46. Stuart U. Rich and Subhash C. Jain, "Social Class and Life Cycle as Predictors of Shopping Behavior," *Journal of Marketing Research* 5 (February 1968): 41–49.

47. Thomas W. Osborn, "Analytic Techniques for Opportunity Marketing," *Marketing Communications* (September 1987): 49–63.

48. Coleman, "The Continuing Significance of Social Class to Marketing."

49. Jeffrey F. Durgee, "How Consumer Sub-Cultures Code Reality: A Look at Some Code Types," in Richard J. Lutz, ed., *Advances in Consumer Research* 13 (Provo, UT: Association for Consumer Research, 1986): 332–37.

50. David Halle, *America's Working Man: Work, Home, and Politics Among Blue-Collar Owners* (Chicago: University of Chicago Press, 1984); David Montgomery, "America's Working Man," *Monthly Review* (1985): 1.

51. Coleman and Rainwater, Standing in America: New Dimensions of Class, 139.

52. Roger Brown, *Social Psychology* (New York: Free Press, 1965).

53. Kit R. Roane, "Affluenza Strikes Kids," *U.S. News & World Report* (March 20, 2000): 55.

54. Tamar Lewin, "Next to Mom and Dad: It's a Hard Life (or Not)," *New York Times on the Web* (November 7, 1999).

55. Herbert J. Gans, "Popular Culture in America: Social Problem in a Mass Society or Social Asset in a Pluralist Society?" in Howard S. Becker, ed., *Social Problems: A Modern Approach* (New York: Wiley, 1966).

56. Eugene Sivadas, George Mathew, and David J. Curry, "A Preliminary Examination of the Continuing Significance of Social Class to Marketing: A Geodemographic Replication," *Journal of Consumer Marketing* 41, no. 6 (1997): 463–79.

57. Edward O. Laumann and James S. House, "Living Room Styles and Social Attributes: The Patterning of Material Artifacts in a Modern Urban Community," *Sociology and Social Research* 54 (April 1970): 321–42; see also Stephen S. Bell, Morris B. Holbrook, and Michael R. Solomon, "Combining Esthetic and Social Value to Explain Preferences for Product Styles with the Incorporation of Personality and Ensemble Effects," *Journal of Social Behavior and Personality* 6 (1991): 243–74.

58. Pierre Bourdieu, *Distinction: A Social Critique of the Judgement of Taste* (Cambridge, UK: Cambridge University Press, 1984); see also Douglas B. Holt, "Does Cultural Capital Structure American Consumption?" *Journal of Consumer Research* 1 (June 1998): 1–25.

59. Pierre Bourdieu, *La Distinction. Critique Social du Jugement* (Paris: Editions de Minuit, 1979). English translation 1984.

60. Henrik Dahl, *Hvis Din Nabo Var En Bil* (Copenhagen: Akademisk Forlag, 1997): 55–81.

61. Mary Douglas, *Natural Symbols* (New York: Random House, 1973).

62. Paula Mergenhagen, "What Can Minimum Wage Buy?" *American Demographics* (January 1996): 32–36.

63. Linda F. Alwitt and Thomas D. Donley, "Retail Stores in Poor Urban Neighborhoods," *The Journal of Consumer Affairs* 31, no. 1 (1997): 108–27.

64. Richard Elliott, "How Do the Unemployed Maintain Their Identity in a Culture of Consumption?" *European Advances in Consumer Research* 2 (1995): 3. For a discussion of coping strategies used by impoverished consumers to combat the consequences of limited product availability and restricted income sources, see Ronald R. Hill and Debra L. Stephens, "Impoverished Consumer and Consumer Behavior: The Case of the AFDC Mothers," *Journal of Macromarketing* (Fall 1997): 32–48.

65. Cyndee Miller, "New Line of Barbie Dolls Targets Big, Rich Kids," *Marketing News* (June 17, 1996): 6.

66. Cyndee Miller, "Baubles Are Back," *Marketing News* (April 14, 1997): 1.

67. Reading the Buyer's Mind," *U.S. News & World Report* (March 16, 1987): 59.

68. D. James, "B2–4B Spells Profits," *Marketing News* (November 5, 2001): 1.

69. Shelly Reese, "The Many Faces of Affluence," *Marketing Tools* (November–December 1997): 44–48.

70. Rebecca Gardyn, "Oh, the Good Life," *American Demographics* (November 2002): 34.

71. Paul Fussell, *Class: A Guide through the American Status System* (New York: Summit Books, 1983): 29.

72. Ibid., 30.

73. Elizabeth C. Hirschman, "Secular Immortality and the American Ideology of Affluence," *Journal of Consumer Research* 17 (June 1990): 31–42.

74. Coleman and Rainwater, Standing in America: New Dimensions of Class, 150.

75. Kerry A. Dolan, "The World's Working Rich," *Forbes* (July 3, 2000): 162.

76. Jason DeParle, "Spy Anxiety: The Smart Magazine that Makes Smart People Nervous about Their Standing," *Washingtonian Monthly* (February 1989): 10.

77. For a recent examination of retailing issues related to the need for status, see Jacqueline Kilsheimer Eastman, Leisa Reinecke Flynn, and Ronald E. Goldsmith, "Shopping for Status: The Retail Managerial Implications," *Association of Marketing Theory and Practice* (Spring 1994): 125–30.

78. Martin Fackler, "Pajamas: Not Just for Sleep Anymore," *Opelika-Auburn News* (September 13, 2002): 7A.

79. Jerry Adler and Tara Weingarten, "Mansions off the Rack," *Newsweek* (February 14, 2000): 60.

80. Debra Goldman, "Paradox of Pleasure," *American Demographics* (May 1999): 50–53.

81. Seth Lubove, "Copter Crazy," *Forbes* (May 13, 2002): 50.

82. Tracie Rozhon, "Dropping Logos that Shout, Luxury Sellers Try Whispers," *New York Times on the Web* (September 15, 2002).

83. Shelly Branch, "What's in a Name? Not Much, According to Clothes Shoppers," *Wall Street Journal Interactive Edition* (July 16, 2002).

84. Western Companies Compete to Win Business of Chinese Babies," *Wall Street Journal Interactive Edition* (May 15, 1998).

85. Susan Carey, "Not All that's Gold Glitters in a $14,000 Pinstriped Suit," *Wall Street Journal Interactive Edition* (December 13, 1999).

86. John Brooks, *Showing off in America* (Boston: Little, Brown, 1981), 13.

87. Naughton Keith, "The Perk Wars," *Newsweek* (September 30, 2002): 42–46.

88. Natalie Angier, "Cell Phone or Pheronome? New Props for Mating Game," *New York Times on the Web* (November 7, 2000).

89. Shell Branch, "To Some, You're Simply a Zero without 0's in Your Cell Number," *Wall Street Journal Interactive Edition* (August 28, 2002).

90. Thorstein Veblen, *The Theory of the Leisure Class* (1899; reprint, New York: New American Library, 1953), 45.

91. Brooks, Showing Off in America.

92. Ibid., 31–32.

第十四章

1. Jaime Mejia and Gabriel Sama, "Media Players Say 'Si' to Latino Magazines," *Wall Street Journal Interactive Edition* (May 15, 2002).

2. Pui-Wing Tam, "The Growth in Ethnic Media Usage Poses Important Business Decisions," *Wall Street Journal Interactive Edition* (April 23, 2002).

3. "The Numbers Game," *Time* (Fall 1993): 17.

4. Russell W. Belk and Janeen Arnold Costa, "The Mountain Man Myth: A Contemporary Consuming Fantasy," *Journal of Consumer Research* 25 (1998): 218–40.

5. Erik Davis, "tlhIngan Hol Dajatlh'a' (Do You Speak Klingon?)," *Utne Reader* (March–April 1994): 122–29; additional material provided by personal communication, Professor Robert V. Kozinets, Northwestern University, October 1997; and adapted from Philip Kotler, Gary Armstrong, Peggy H. Cunningham, and Robert Warren, *Principles of Marketing*, 3rd Canadian ed. (Scarborough, Ontario: Prentice Hall Canada, 1997): 96.

6. Robert V. Kozinets, "Utopian Enterprise: Articulating the Meanings of Star Trek's Culture of Consumption," *Journal of Consumer Research* 28 (June 2001): 74.

7. Alex Blumberg, "It's Good to Be King," *Wired* (March 2000): 132–49; Web sites accessed February 8, 2003.

8. See Frederik Barth, *Ethnic Groups and Boundaries: The Social Organization of Culture Difference* (London: Allen and Unwin, 1969); Janeen A. Costa and Gary J. Bamossy, "Perspectives on Ethnicity, Nationalism, and Cultural Identity," in J. A. Costa and G. J. Bamossy, eds., *Marketing in a Multicultural World: Ethnicity, Nationalism, and Cultural Identity* (Thousand Oaks, CA: Sage, 1995), 3–26; Michel Laroche, Annamma Joy, Michael Hui, and Chankon Kim, "An Examination of Ethnicity Measures: Convergent Validity and Cross-Cultural Equivalence," in Rebecca H. Holman and Michael R. Solomon, eds., *Advances in Consumer Research* 18 (Provo, Utah: Association for Consumer Research, 1991): 150–57; Melanie Wallendorf and Michael Reilly, "Ethnic Migration, Assimilation, and Consumption," *Journal of Consumer Research* 10 (December 1983): 292–302; Milton J. Yinger, "Ethnicity," *Annual Review of Sociology* 11 (1985): 151–80.

9. D'Vera Cohn, "2100 Census Forecast: Minorities Expected to Account for 60% of U.S. Population," *Washington Post* (January 13, 2000): A5. For interactive demographic graphics, visit www.understandingusa.com.

10. Thomas McCarroll, "It's a Mass Market No More," *Time* (Fall 1993): 80–81.

11. Pui-Wing Tam, "The Growth in Ethnic Media Usage Poses Important Business Decisions," *Wall Street Journal Interactive Edition* (April 23, 2002).

12. Rohit Deshpandé and Douglas M. Stayman, "A Tale of Two Cities: Distinctiveness Theory and Advertising Effectiveness," *Journal of Marketing Research* 31 (February 1994): 57–64.

13. John Robinson, Bart Landry, and Ronica Rooks, "Time and the Melting Pot," *American Demographics* (June 1998): 18–24.

14. Steve Rabin, "How to Sell across Cultures," *American Demographics* (March 1994): 56–57.

15. John Leland and Gregory Beals, "In Living Colors," *Newsweek* (May 5, 1997): 58.

16. J. Raymond, "The Multicultural Report," *American Demographics* (November 2001): S3, S4, S6.

17. Linda Mathews, "More Than Identity Rides on a New Racial Category," *New York Times* (July 6, 1996): 1.

18. Tom Maguire, "Ethnics Outspend in Areas," *American Demographics* (December 1998): 12–15.

19. Roberto Suro, "Mixed Doubles," *American Demographics* (November 1999): 57–62.

20. Eils Lotozo, "The Jalapeño Bagel and Other Artifacts," *New York Times* (June 26, 1990): C1.

21. Dana Canedy, "The Shmeering of America," *New York Times* (December 26, 1996): D1.

22. Karyn D. Collins, "Culture Clash," *Asbury Park Press* (October 16, 1994): D1.

23. Cara S. Trager, "Goya Foods Tests Mainstream Market's Waters," *Advertising Age* (February 9, 1987): S20.

24. Molly O'Neill, "New Mainstream: Hot Dogs, Apple Pie and Salsa," *New York Times* (March 11, 1992): C1.

25. U.S. Census Bureau, *Census 2000 Brief: Overview of Race and Hispanic Origin* (U.S. Department of Commerce, Economics and Statistics Administration, March 2001).

26. Robert Pear, "New Look at the U.S. in 2050: Bigger, Older and Less White," *New York Times* (December 4, 1992): A1.

27. Peter Schrag, *The Decline of the WASP* (New York: Simon and Schuster, 1971), 20.

28. "Nation's European Identity Falls by the Wayside," *Montgomery Advertiser* (June 8, 2002): A5.

29. Marcia Mogelonsky, "Asian-Indian Americans," *American Demographics* (August 1995): 32–38.

30. McCarroll, "It's a Mass Market No More," 80–81.

31. Marty Westerman, "Death of the Frito Bandito," *American Demographics* (March 1989): 28.

32. Betsy Sharkey, "Beyond Tepees and Totem Poles," *New York Times* (June 11, 1995): H1; Paula Schwartz, "It's a Small World . . . and Not Always P.C.," *New York Times* (June 11, 1995): H22.

33. U.S. Census Bureau, Census 2000 Brief: Overview of Race and Hispanic Origin.

34. William O'Hare, "Blacks and Whites: One Market or Two?" *American Demographics* (March 1987): 44–48.

35. Raymond, "The Multicultural Report," S3, S4, S6.

36. Frank Robert, "Thai Government Plans 3,000 Restaurants in U.S. and Elsewhere to Promote Nation," *Wall Street Journal* (February 6, 2001).

37. Bob Tedeschi, "Ethnic Focus for Online Merchants," *New York Times on the Web* (January 13, 2003).

38. For studies on racial differences in consumption, see Robert E. Pitts, D. Joel Whalen, Robert O'Keefe, and Vernon Murray, "Black and White Response to Culturally Targeted Television Commercials: A Values-Based Approach," *Psychology & Marketing* 6 (Winter 1989): 311–28; Melvin T. Stith and Ronald E. Goldsmith, "Race, Sex, and Fashion Innovativeness: A Replication," *Psychology & Marketing* 6 (Winter 1989): 249–62.

39. Bob Jones, "Black Gold," *Entrepreneur* (July 1994): 62–65.

40. Jean Halliday, "Volvo to Buckle Up African-Americans," *Advertising Age* (February 14, 2000): 28.

41. Raymond, "The Multicultural Report," S3, S4, S6.

42. Joe Schwartz, "Hispanic Opportunities," *American Demographics* (May 1987): 56–59.

43. Naveen Donthu and Joseph Cherian, "Impact of Strength of Ethnic Identification on Hispanic Shopping Behavior," *Journal of Retailing* 70, no. 4 (1994): 383–93. For another study that compared shopping behavior and ethnicity influences among six ethnic groups, see Joel Herce and Siva Balasubramanian, "Ethnicity and Shopping Behavior," *Journal of Shopping Center Research* 1 (Fall 1994): 65–80.

44. Howard LaFranchi, "Media and Marketers Discover Hispanic Boom," *Christian Science Monitor* (April 20, 1988): 1.

45. Schwartz, "Hispanic Opportunities."

46. Michael Janofsky, "A Commercial by Nike Raises Concerns about Hispanic Stereotypes," *New York Times* (July 13, 1993): D19.

47. Kelly Shermach, "Infomercials for Hispanics," *Marketing News* (March 17, 1997): 1.

48. Eduardo Porter, "CBS Hopes It Can Lure a Latino Audience with New Characters, Bilingual Broadcast," *Wall Street Journal Interactive Edition* (April 17, 2001).

49. Mireya Navarro, "Raquel Welch Is Reinvented as a Latina," *New York Times on the Web* (June 11, 2002).

50. Stephanie Thompson, "Foods Appeal to 2 Palates," *Advertising Age* (November 19, 2001): 10.

51. Rick Wartzman, "When You Translate 'Got Milk' for Latinos, What Do You Get?" *Wall Street Journal Interactive Edition* (June 3,1999).

52. "Plans for Test Marketing Cigarette Canceled," *The Asbury Park Press* (January 1990): 20; Anthony Ramirez, "A Cigarette Campaign Under Fire," *New York Times* (January 12, 1990): D1; Brad Bennett, "Smoke Signals," *The Asbury Park Press* (July 24, 1994): A1; Suein L. Hwang, "Philip Morris Tests Menthol Type of Marlboros, Targeting Minorities," *Wall Street Journal Interactive Edition* (July 26, 1999).

53. Wartzman, "When You Translate 'Got Milk' for Latinos, What Do You Get?"

54. Jeffery D. Zbar, "'Latinization' Catches Retailers' Ears," *Advertising Age* (November 16, 1998): S22.

55. Cheryl Russell, *Racial Ethnic Diversity: Asians, Blacks, Hispanics, Native Americans, and Whites*, 2nd ed. May (Ithaca, NY: American Demographics, 1998).

56. Beth Enslow, "General Mills: Baking New Ground," *Forecast* (November–December 1993): 18.

57. "'Cultural Sensitivity' Required When Advertising to Hispanics," *Marketing News* (March 19, 1982): 45.

58. "What Digital Divide? Hispanic and Asian Households Are More Likely to Be Online," www.insight-corp.com/2_15_01.html, February 15, 2001, accessed January 18, 2003; www.starmedia.com, accessed January 18, 2003; www.elsitio.com, accessed January 18, 2003; Katie Hafner, "Hispanics Are Narrowing the Digital Divide," *New York Times on the Web* (April 6, 2000); Ronald Grover, "Univision Peers into Cyberspace," *BusinessWeek* (January 17, 2000): 74.

59. Hassan Fattah and Pamela Paul, "Gaming Gets Serious," *American Demographics* (May 2002): 39–43.

60. Westerman, "Death of the Frito Bandito."

61. Stacy Vollmers and Ronald E. Goldsmith, "Hispanic-American Consumers and Ethnic Marketing," *Proceedings of the Atlantic Marketing Association* (1993): 46–50.

62. See Lisa Peñaloza, "Atravesando Fronteras/Border Crossings: A Critical Ethnographic Exploration of the Consumer Acculturation of Mexican Immigrants," *Journal of Consumer Research* 21 (June 1994): 32–54; Lisa Peñaloza and Mary C. Gilly, "Marketer Acculturation: The Changer and the Changed," *Journal of Marketing* 63 (July 1999): 84–104.

63. Sigfredo A. Hernandez and Carol J. Kaufman, "Marketing Research in Hispanic Barrios: A Guide to Survey Research," *Marketing Research* (March 1990): 11–27.

64. "Dispel Myths Before Trying to Penetrate Hispanic Market," *Marketing News* (April 16, 1982): 1.

65. Schwartz, "Hispanic Opportunities."

66. "'Born Again' Hispanics: Choosing What to Be," *Wall Street Journal Interactive Edition* (November 3, 1999).

67. "'Cultural Sensitivity' Required When Advertising to Hispanics," 45.

68. Peñaloza, "Atravesando Fronteras/Border Crossings."

69. Michael Laroche, Chankon Kim, Michael K. Hui, and Annamma Joy, "An Empirical Study of Multidimensional Ethnic Change: The Case of the French Canadians in Quebec," *Journal of Cross-Cultural Psychology* 27 (January 1996): 114–31.

70. Wallendorf and Reilly, "Ethnic Migration, Assimilation, and Consumption," 292–302.

71. Ronald J. Faber, Thomas C. O'Guinn, and John A. McCarty, "Ethnicity, Acculturation and the Importance of Product Attributes," *Psychology & Marketing* 4 (Summer 1987): 121–34; Humberto Valencia, "Developing an Index to Measure Hispanicness," in Elizabeth C. Hirschman and Morris B. Holbrook, eds., *Advances in Consumer Research* 12 (Provo, Utah: Association for Consumer Research, 1985): 118–21.

72. Rohit Deshpande, Wayne D. Hoyer, and Naveen Donthu, "The Intensity of Ethnic Affiliation: A Study of the Sociology of Hispanic Consumption," *Journal of Consumer Research* 13 (September 1986): 214–20.

73. Dan Fost, "Asian Homebuyers Seek Wind and Water," *American Demographics* (June 1993): 23–25.

74. Marty Westerman, "Fare East: Targeting the Asian-American Market," *Prepared Foods* (January 1989): 48–51; Eleanor Yu, "Asian-American Market Often Misunderstood," *Marketing News* (December 4, 1989): 11.

75. Greg Johnson and Edgar Sandoval, "Advertisers Court Growing Asian Population: Marketing, Wide Range of Promotions Tied to New Year Typify Corporate Interest in Ethnic Community," *Los Angeles Times* (February 4, 2000): C1.

76. Alice Z. Cuneo and Jean Halliday Ford, "Penney's Targeting California's Asian Populations," *Advertising Age* (January 4, 1999): 28.

77. Dorinda Elliott, "Objects of Desire," *Newsweek* (February 12, 1996): 41.

78. "Made in Japan," *American Demographics* (November 2002): 48.

79. Hassa Fattah, "Asia Rising," *American Demographics* (July–August 2002): 38–43; Raymond, "The Multicultural Report," S3, S4, S6.

80. Donald Dougherty, "The Orient Express," *The Marketer* (July–August 1990): 14; Cyndee Miller, "'Hot' Asian-American Market Not Starting Much of a Fire Yet," *Marketing News* (January 21, 1991): 12.

81. Dougherty, "The Orient Express."

82. Westerman, "Fare East: Targeting the Asian-American Market."

83. Pui-Wing Tam, "Mandarin Pop Is Looking to Penetrate U.S. Markets," *Wall Street Journal Interactive Edition* (March 31, 2000).

84. Dougherty, "The Orient Express," 14.

85. Miller, "'Hot' Asian-Market Not Starting Much of a Fire Yet."

86. Stephen Gregory, "Practicing Religion While on the Go," *New York Times on the Web* (October 15, 2002).

87. Myra Stark, "Titanic Brand Possibilities," *Advertising Age* (March 9, 1998): 36.

88. "Cards Reflect Return to Spiritual Values," *Chain Drug Review* 21 (February 15, 1999).

89. Patricia Leigh Brown, "Megachurches as Minitowns: Full-Service Havens from Family Stress Compete with Communities," *New York Times* (May 9, 2002): D1; Edward Gilbreath "The New Capital of Evangelicalism: Move Over, Wheaton and Colorado Springs—Dallas, Texas, Has More Megachurches, Megaseminaries, and Mega-Christian Activity than Any Other American City," *Christianity Today* (May 21, 2002): 38; Tim W. Ferguson, "Spiritual Reality: Mainstream Media Are Awakening to the Avid and Expanding Interest in Religion in the U.S.," *Forbes* (January 27, 1997): 70.

90. Tim W. Ferguson and Josephine Lee, "Spiritual Reality," *Forbes* (January 27, 1997): 70; Catherine Dressler, "Holy Socks! This Line Sends a Christian Message," *Marketing News* (February 12, 1996): 5.

91. Richard Cimino and Don Lattin, "Choosing My Religion," *American Demographics* (April 1999).

92. H. J. Shrager, "Close Social Networks of Hasidic Women, other Tight Groups, Boost Shaklee Sales," *Wall Street Journal Interactive Edition* (November 19, 2001).

93. Rebecca Gardyn, "Soul Searchers," *American Demographics* (March 2000): 14; Shelly Reese, "Religious Spirit," *American Demographics* (August 1998).

94. Susan Mitchell, *American Attitudes*, 2nd ed. (Ithaca, NY: New Strategist Publications, 1998). (Taken from a sample page off the New Strategist Publications Web page, www.newstrategist.com).

95. Kenneth L. Woodward, "The Rites of Americans," *Newsweek* (November 29, 1993): 80.

96. "Somebody Say Amen!", 72.

97. "Somebody Say Amen!" *American Demographics* (April 2000): 72; MSNBC Online, www.msnbc.com/modules/exports/ct_email.asp?/news/677141.asp, accessed December 26, 2001.; Lori Leibovich, "That Online Religion with Shopping, Too," *New York Times on the Web* (April 6, 2000).

98. www.rickross.com/groups/raelians.html, accessed January 18, 2003.

99. Toby Lester, "Oh, Gods!" *The Atlantic Monthly* (February 2002): 37–45.

100. For a couple of exceptions, see Michael J. Dotson and Eva M. Hyatt, "Religious Symbols as Peripheral Cues in Advertising: A Replication of the Elaboration Likelihood Model," *Journal of Business Research* 48 (2000): 63–68; Elizabeth C. Hirschman, "Religious Affiliation and Consumption Processes: An Initial Paradigm," *Research in Marketing* (Greenwich, CT: JAI Press, 1983): 131–70.

101. Jack Neff, "Dip Ad Stirs Church Ire," *Advertising Age* (July 2, 2001): 8; G. Burton, "Oh, My Heck! Beer Billboard Gets the Boot," *Salt Lake Tribune* (November 6, 2001); "Religion Reshapes Realities for U.S. Restaurants in Middle East," *Nation's Restaurant News* 32 (February 16, 1998); Sarah Ellison, "Sexy-Ad Reel Shows What Tickles in Tokyo Can Fade Fast in France," *Wall Street Journal Interactive Edition* (March 31, 2000); Claudia Penteado, "Brazilian Ad Irks Church," *Advertising Age* (March 23, 2000): 11; "Burger King Will Alter Ad that Has Offended Muslims," *Wall Street Journal Interactive Edition* (March 15, 2000).

102. Stuart Elliot, "G.M. Criticized for Backing Tour of Christian Music Performers," *New York Times on the Web* (October 24, 2002).

103. See for example, Nejet Delener, "The Effects of Religious Factors on Perceived Risk in Durable Goods Purchase Decisions," *Journal of Consumer Marketing* 7 (Summer 1990): 27–38.

104. Yochi Dreazen, "Kosher-Food Marketers Aim More Messages at Non-Jews," *Wall Street Journal Interactive Edition* (July 30, 1999).

105. The Ethics and Religious Liberty Commission, "Resolution on Moral Stewardship and the Disney Company" [Web site] (July 30, 1997) [cited February 12, 2002]; available from www.erlc.com/WhoSBC/Resolutions/1997/97Disney.htm.

106. Family Research Council, "Southern Baptists Offer Terms to End Disney Boycott" [Web site] (June 28, 2001) [cited February 19, 2002]; available from ourworld.compuserve.com.

107. Ibid.

108. Penteado, "Brazilian Ad Irks Church," 11.

第十五章

1. Shelly Reese, "The Lost Generation," *Marketing Tools* (April 1997): 50.

2. Toby Elkin, "Sony Marketing Aims at Lifestyle Segments," *Advertising Age* (March 18, 2002): 3.

3. James W. Gentry, Stacey Menzel Baker, and Frederic B. Kraft, "The Role of Possessions in Creating, Maintaining, and Preserving Identity: Variations over the Life Course," in Frank Kardes and Mita Sujan, eds., *Advances in Consumer Research* 22 (1995): 413–18.

4. Stuart Elliot, "Saturn Tries Alternate Worlds to Change Its Image," *New York Times on the Web* (January 8, 2003).

5. Bickley Townsend, "Ou Sont les Reiges Díantan? (Where Are the Snows of Yesteryear?)" *American Demographics* (October 1988): 2.

6. Stephen Holden, "After the War the Time of the Teen-Ager," *New York Times* (May 7, 1995): E4.

7. Paula Mergenhagen, "The Reunion Market," *American Demographics* (April 1996): 30–34.

8. Chantal Liu, "Faces of the New Millennium," [Web site] Northwestern University, 1999 [cited April 6, 2002]; available from pubweb. acns.nwu.edu/~eyc345/final.html.

9. Cornelia Pechmann and Chuan-Fong Shih, "Smoking Scenes in Movies and Antismoking Advertisements Before Movies: Effects on Youth," *Journal of Marketing* 63 (July 1999): 1–13.

10. Maureen Tkacik, "Alternative Teens Are Hip to Hot Topics Mall Stores," *Wall Street Journal Interactive Edition* (February 12, 2002).

11. Mary Beth Grover, "Teenage Wasteland," *Forbes* (July 28, 1997): 44–45.

12. Junu Bryan Kim, "For Savvy Teens: Real Life, Real Solutions," *New York Times* (August 23, 1993): S1.

13. Scott McCartney, "Society's Subcultures Meet by Modem," *Wall Street Journal* (December 8, 1994): B1.

14. Ellen Neuborne, "Generation Y," *BusinessWeek* (February 15, 1999): 83.

15. A. A. Nolan, "Me, Myself, and IM," *Brandweek* (August 13, 2001): 24.

16. "Teens Spent $172 Billion in 2001," in Teenage Research Unlimited [Web site] (Northbrook, IL, 2002 [cited April 6, 2002]); available from www.teen-research.com.

17. L. Bertagnoli, "Continental Spendthrifts," *Marketing News* (October 22, 2001): 1, 15.

18. Arundhati Parmar, "Global Youth United," *Marketing News* (October 28, 2002): 1–49.

19. "Teens Spent $155 Billion in 2000," in Teenage Research Unlimited [Web site] (Northbrook, IL, 2002 [cited April 6, 2002]); available from www.teen-research.com/PRview.cfm?edit_id=75; Grover, "Teenage Wasteland," 44–45.

20. David Murphy, "Connecting with Online Teenagers" *Marketing* (September 27, 2001): 31–32.

21. Cara Beardi, "Photo Op: Nike, Polaroid Pair up for Footwear Line," *Advertising Age* (April 2, 2001): 8.

22. F. S. Washington, "Aim Young; No, Younger; Millennial Potential Is Huge as Toyota, Ford Hit the High Notes: Music, Fashion, Fun, Sports, Technology," *Advertising Age* (April 9, 2001): 16.

23. Mark Rechtin, "Surf's up for Toyota's Co-Branded Roxy Echo," *Automotive News* (June 25, 2001): 17.

24. Karen Springen, Ana Figueroa, and Nicole Joseph-Goteiner, "The Truth about Tweens," *Newsweek* (October 18, 1999): 62–72.

25. Howard W. French, "Vocation for Dropouts Is Painting Tokyo Red," *New York Times on the Web* (March 5, 2000).

26. Cris Prystay, "Consumer Firms Temper Ads for Conservative Asian Teens," *Wall Street Journal Interactive Edition* (October 3, 2002).

27. "The Human Truman Show," *Fortune* (July 8, 2002): 96–98.

28. Matthew Grimm, "Snap It, Girlfriend!" *American Demographics* (April 2000): 66–67.

29. Cyndee Miller, "Phat Is Where It's at for Today's Teen Market," *Marketing News* (August 15, 1994): 6; see also Tamara F. Mangleburg and Terry Bristol, "Socialization and Adolescents' Skepticism Toward Advertising," *Journal of Advertising* 27 (Fall 1998): 11; see also Gil McWilliam and John Deighton, "Alloy-com: Marketing to Generation Y," *Journal of Interactive Marketing* 14 (Spring 2000): 74–83.

30. Adapted from Gerry Khermouch, "Didja C that Kewl Ad?" *BusinessWeek* (August 26, 2002): 158–60.

31. Veronique Cova and Bernard Cova, "Tribal Aspects of Postmodern Consumption Research: The Case of French In-Line Roller Skaters," *Journal of Consumer Behavior* 1 (June 2001): 67–76.

32. Kate MacArthur, "Plastic Surgery: Barbie Gets Real Makeover," *Advertising Age* (November 4, 2002): 4.

33. Terry Lefton, "Feet on the Street," *Brandweek* (March 2000): 36–40.

34. C. C. Mann, "Why 14-Year-Old Japanese Girls Rule the World" *Yahoo! Internet Life* (August 2001): 98–105.

35. Dave Carpenter, "Tuning in Teens: Marketers Intensify Pitch for 'Most Savvy' Generation Ever," *Canadian Press* (November 19, 2000).

36. Anthony A. Perkins, "The Rise of the Always-On Generation," *Red Herring* (November 16, 2001).

37. Julia Fien Azoulay, "Cyber Shopping—A Family Affair," *Children's Business* 16 (July 2001): 24.

38. Jane Bainbridge, "Keeping up with Generation Y," *Marketing* (February 18, 1999): 37–38.

39. Daniel McGinn, "Pour on the Pitch," *Newsweek* (May 31, 1999): 50–51.

40. Jack Neff, "P&G Targets Teens via Tremor, Toejam Site," *Advertising Age* (March 5, 2001): 12.

41. Gary J. Bamossy, Michael R. Solomon, Basil G. Englis, and Trinske Antonides, "You're Not Cool if You Have to Ask: Gender in the Social Construction of Coolness" (paper presented at the Association for Consumer Research Gender Conference, Chicago, June 2000); see also Clive Nancarrow, Pamela Nancarrow, and Julie Page, "An Analysis of the Concept of Cool and its Marketing Implications," *Journal of Consumer Behavior* 1 (June 2002): 311–22.

42. Ellen Goodman, "The Selling of Teenage Anxiety," *Washington Post* (November 24, 1979).

43. Ellen R. Foxman, Patriya S. Tansuhaj, and Karin M. Ekstrom, "Family Members' Perceptions of Adolescents' Influence in Family Decision-making," *Journal of Consumer Research* 15 (March 1989): 482–91.

44. Margaret Carlson, "Where Calvin Crossed the Line," *Time* (September 11, 1995): 64.

45. Rebecca Gardyn, "Educated Consumers," *Demographics* (November 2002): 18.

46. Tibbett L. Speer, "College Come-Ons," *American Demographics* (March 1998): 40–46; Fannie Weinstein, "Time to Get Them in Your Franchise," *Advertising Age* (February 1, 1988): S6.

47. Bernard Stamler, "Advertising: Wooing Collegians on Campus with, What Else, Television," *New York Times on the Web* (June 6, 2001).

48. Laura Randal, "Battle of the Campus TV Networks," *New York Times on the Web* (January 12, 2003).

49. Stuart Elliott, "Beyond Beer and Sun Oil: The Beach-Blanket Bazaar," *New York Times* (March 18, 1992): D17.

50. Laura Zinn, "Move Over, Boomers," *BusinessWeek* (December 14, 1992): 7.

51. Trujillo Melissa, "Retailers Hype Funky Dorm Items," *Associated Press* (September 16, 2002): 48.

52. Robert Scally, "The Customer Connection: Gen X Grows Up, They're in Their 30s Now," *Discount Store News* 38, no. 20 (1999).

53. Brad Edmondson, "Do the Math," *American Demographics* (October 1999): 50–56.

54. John Fetto, "The Wild Ones," *American Demographics* (February 2000): 72.

55. Kevin Keller, *Strategic Marketing Management* (Upper Saddle River, NJ: Prentice Hall, 1998).

56. Edmondson, "Do the Math," 50–56.

57. Blayne Cutler, "Marketing to Menopausal Men," *American Demographics* (March 1993): 49.

58. Elkin Tobi, "Sony Ad Campaign Targets Boomers-Turned-Zoomers," *Advertising Age* (October 21, 2002): 6.

59. D'Vera Cohn, "2100 Census Forecast: Minorities Expected to Account for 60% of U.S. Population," *Washington Post* (January 13, 2000): A5.

60. Catherine A. Cole and Nadine N. Castellano, "Consumer Behavior," in James E. Binnen, ed., *Encyclopedia of Gerontology*, vol. 1 (San Diego, CA: Academic Press, 1996), 329–39.

61. Jonathan Dee, "The Myth of '18 to 34'," *New York Times Magazine* (October 13, 2002); Hillary Chura, "Ripe Old Age," *Advertising Age* (May 13, 2002): 16.

62. Cheryl Russell, "The Ungraying of America," *American Demographics* (July 1997): 12.

63. Jeff Brazil, "You Talkin' to Me?" *American Demographics* (December 1998): 55–59.

64. David B. Wolfe, "Targeting the Mature Mind," *American Demographics* (March 1994): 32–36.

65. Peter Francese, "The Exotic Travel Boom," *American Demographics* (June 2002): 48–49.

66. Benny Barak and Leon G. Schiffman, "Cognitive Age: A Nonchronological Age Variable," in Kent B. Monroe, ed., *Advances in Consumer Research* 8 (Provo, UT: Association for Consumer Research, 1981): 602–6.

67. David B. Wolfe, "An Ageless Market," *American Demographics* (July 1987): 27–55.

68. Lenore Skenazy, "These Days, It's Hip to Be Old," *Advertising Age* (February 15, 1988): 8.

69. L. A. Winokur, "Targeting Consumers," *Wall Street Journal Interactive Edition* (March 6, 2000).

70. Ellen Day, Brian Davis, Rhonda Dove, and Warren A. French, "Reaching the Senior Citizen Market(s)," *Journal of Advertising Research* (December 1987–January 1988): 23–30.

71. Day et al., "Reaching the Senior Citizen Market(s)"; Warren A. French and Richard Fox, "Segmenting the Senior Citizen Market," *Journal of Consumer Marketing* 2 (1985): 61–74; Jeffrey G. Towle and Claude R. Martin Jr., "The Elderly Consumer: One Segment or Many?" in Beverlee B. Anderson, ed., *Advances in Consumer Research* 3 (Provo, UT: Association for Consumer Research, 1976): 463.

72. Catherine A. Cole and Nadine N. Castellano, "Consumer Behavior," *Encyclopedia of Gerontology*, vol. 1 (1996): 329–39.

73. Dolly Setton, "Cyber Granny," *Forbes* (May 22, 2000): 40.

74. Rick Adler, "Stereotypes Won't Work with Seniors Anymore," *Advertising Age* (November 11, 1996): 32.

75. Melinda Beck, "Going for the Gold," *Newsweek* (April 23, 1990): 74.

76. Paco Underhill, "Seniors & Stores," *American Demographics* (April 1996): 44–48.

77. Michelle Krebs, "50-Plus and King of the Road," *Advertising Age* (May 1, 2000): S18; Daniel McGinn and Julie Edelson Halpert, "Driving Miss Daisy—and Selling Her the Car," *Newsweek* (February 3, 1997): 14.

78. J. Ward, "Marketers Slow to Catch Age Wave," *Advertising Age* (May 22, 1989): S1.

79. Ellen Neuborne, "Generation Y," *BusinessWeek* (February 15, 1999): 80 (7), 83.

第十六章

1. Bill McDowell, "Starbucks Is Ground Zero in Today's Coffee Culture," *Advertising Age* (December 9, 1996): 1. For a discussion of the act of coffee drinking as ritual, see Susan Fournier and Julie L. Yao, "Reviving Brand Loyalty: A Reconceptualization within the Framework of Consumer–Brand Relationships" (working paper 96-039, Harvard Business School, 1996).

2. Louise Lee, "Now, Starbucks Uses Its Bean," *BusinessWeek* (February 14, 2000): 92–94; Mark Gimein, "Behind Starbucks' New Venture: Beans, Beatniks, and Booze," *Fortune* (May 15, 2000): 80.

3. Spice Girls Dance into Culture Clash," *Montgomery Advertiser* (April 29, 1997): 2A.

4. Clifford Geertz, *The Interpretation of Cultures* (New York: Basic Books, 1973); Marvin Harris, *Culture, People and Nature* (New York: Crowell, 1971); John F. Sherry Jr., "The Cultural Perspective in Consumer Research," in Richard J. Lutz, ed., *Advances in Consumer Research* 13 (Provo, UT: Association for Consumer Research, 1985): 573–75.

5. William Lazer, Shoji Murata, and Hiroshi Kosaka, "Japanese Marketing: Towards a Better Understanding," *Journal of Marketing* 49 (Spring 1985): 69–81.

6. Celia W. Dugger, "Modestly, India Goes for a Public Swim," *New York Times on the Web* (March 5, 2000).

7. Geert Hofstede, *Culture's Consequences* (Beverly Hills, CA: Sage, 1980); see also Laura M. Milner, Dale Fodness, and Mark W. Speece, "Hofstede's Research on Cross-Cultural Work-Related Values: Implications for Consumer Behavior," in W. Fred van Raaij and Gary J. Bamossy, eds., *European Advances in Consumer Research* (Amsterdam: Association for Consumer Research, 1993), 70–76.

8. Daniel Goleman, "The Group and the Self: New Focus on a Cultural Rift," *New York Times* (December 25, 1990): 37; Harry C. Triandis, "The Self and Social Behavior in Differing Cultural Contexts," *Psychological Review* 96 (July 1989): 506; Harry C. Triandis, Robert Bontempo, Marcelo J. Villareal, Masaaki Asai, and Nydia Lucca, "Individualism and Collectivism: Cross-Cultural Perspectives on Self–Ingroup Relationships," *Journal of Personality and Social Psychology* 54 (February 1988): 323.

9. George J. McCall and J. L. Simmons, *Social Psychology: A Sociological Approach* (New York: The Free Press, 1982).

10. Robert Frank, "When Small Chains Go Abroad, Culture Clashes Require Ingenuity," *Wall Street Journal Interactive Edition* (April 12, 2000).

11. Eric J. Arnould, Linda L. Price, and Cele Otnes, "Making Consumption Magic: A Study of White-Water River Rafting," *Journal of Contemporary Ethnography* 28 (February 1999): 33–68.

12. Molly O'Neill, "As Life Gets More Complex, Magic Casts a Wider Spell," *New York Times* (June 13, 1994): A1.

13. Susannah Meadows, "Who's Afraid of the Big Bad Werewolf?" *Newsweek* (August 26, 2002): 57.

14. Conrad Phillip Kottak, "Anthropological Analysis of Mass Enculturation," in Conrad P. Kottak, ed., *Researching American Culture* (Ann Arbor: University of Michigan Press, 1982), 40–74.

15. Eric Ransdell, "The Nike Story? Just Tell It!" *Fast Company* (January–February 2000): 44.

16. Joseph Campbell, *Myths, Dreams, and Religion* (New York: E. P. Dutton, 1970).

17. Claude Lévi-Strauss, *Structural Anthropology* (Harmondsworth: Peregrine, 1977).

18. Tina Lowrey and Cele C. Otnes, "Consumer Fairy Tales and the Perfect Christmas," in Cele C. Otnes and Tina M. Lowrey, eds. *Contemporary Consumption Rituals: A Research Anthology* (forthcoming, Erlbaum, 2003).

19. Jeff Jensen, "Comic Heroes Return to Roots as Marvel Is Cast as Hip Brand," *Advertising Age* (June 8, 1998): 3.

20. Jeffrey S. Lang and Patrick Trimble, "Whatever Happened to the Man of Tomorrow? An Examination of the American Monomyth and the Comic Book Superhero," *Journal of Popular Culture* 22 (Winter 1988): 157.

21. Elizabeth C. Hirschman, "Movies as Myths: An Interpretation of Motion Picture Mythology," in Jean Umiker-Sebeok, ed., *Marketing and Semiotics: New Directions in the Study of Signs for Sale* (Berlin: Mouton de Gruyter, 1987), 335–74.

22. See William Blake Tyrrell, "Star Trek as Myth and Television as Mythmaker," in Jack Nachbar, Deborah Weiser, and John L. Wright, eds., *The Popular Culture Reader* (Bowling Green, OH: Bowling Green University Press, 1978), 79–88.

23. Bernie Whalen, "Semiotics: An Art or Powerful Marketing Research Tool?" *Marketing News* (May 13, 1983): 8.

24. Eduardo Porter, "New 'Got Milk?' TV Commercials Try to Entice Hispanic Teenagers," *Wall Street Journal Interactive Edition* (December 28, 2001).

25. See Dennis W. Rook, "The Ritual Dimension of Consumer Behavior," *Journal of Consumer Research* 12 (December 1985): 251–64; Mary A. Stansfield Tetreault and Robert E. Kleine III, "Ritual, Ritualized Behavior, and Habit: Refinements and Extensions of the Consumption Ritual Construct," in Marvin Goldberg, Gerald Gorn, and Richard W. Pollay, eds., *Advances in Consumer Research* 17 (Provo, UT: Association for Consumer Research, 1990): 31–38.

26. Virginia Postrel, "From Weddings to Football, the Value of Communal Activities," *New York Times on the Web* (April 25, 2002).

27. Kim Foltz, "New Species for Study: Consumers in Action," *New York Times* (December 18, 1989): A1.

28. For a study that looked at updated wedding rituals in Turkey, see Tuba Ustuner, Guliz Ger, and Douglas B. Holt, "Consuming Ritual: Reframing the Turkish Henna-Night Ceremony," in Stephen J. Hoch and Robert J. Meyers, eds., *Advances in Consumer Research* 27 (Provo, UT: Association for Consumer Research, 2000): 209–14.

29. For a study that looked specifically at rituals pertaining to birthday parties, see Cele Otnes and Mary Ann McGrath, "Ritual Socialization and the Children's Birthday Party: The Early Emergence of Gender Differences," *Journal of Ritual Studies* 8 (Winter 1994): 73–93.

30. "Power of Registries," *Chain Store Age* 77 (October 2001): 41. For a study on how brides use message boards to plan weddings, see Michelle R. Nelson and Cele C. Otnes, "Exploring Cross-Cultural Ambivalence: A Netnography of Intercultural Wedding Message Boards," *Journal of Business Research*, in press.

31. Cyndee Miller, "Nix the Knick-Knacks; Send Cash," *Marketing News* (May 26, 1997): 13.

32. "I Do . . . Take MasterCard," *Wall Street Journal* (June 23, 2000): W1.

33. Debra Allen, "Gift Registries on the Web," *Link-Up* (May–June 2001): 16; Jennifer Gilbert, "New Teen Obsession," Advertising Age (February 14, 2000): 8; Jeanne Marie Laskas, "Be Careful What You Wish for," *Yahoo! Internet Life* (Winter 2000): 40; Rutrell Yasin, "Registry Notarizes E-Documents," *Internet Week* (June 5, 2000): 39.

34. Dennis W. Rook and Sidney J. Levy, "Psychosocial Themes in Consumer Grooming Rituals," in Richard P. Bagozzi and Alice M. Tybout, eds., *Advances in Consumer Research* 10 (Provo, UT: Association for Consumer Research, 1983): 329–33.

35. Diane Barthel, *Putting on Appearances: Gender and Advertising* (Philadelphia: Temple University Press, 1988).

36. Barthel, Putting on Appearances: Gender and Advertising.

37. Russell W. Belk, Melanie Wallendorf, and John F. Sherry Jr., "The Sacred and the Profane in Consumer Behavior: Theodicy on the Odyssey," *Journal of Consumer Research* 16 (June 1989): 1–38.

38. Markus Giesler and Mali Pohlmann, "The Anthropology of File Sharing: Consuming Napster as a Gift," in Punam Anand Keller and Dennis W. Rook, eds., *Advances in Consumer Research* 30 (Provo, UT: Association for Consumer Research 2003).

39. Russell W. Belk and Gregory S. Coon, "Gift Giving as Agapic Love: An Alternative to the Exchange Paradigm Based on Dating Experiences," *Journal of Consumer Research* 20 (December 1993): 393–417. See also Cele Otnes, Tina M. Lowrey, and Young Chan Kim, "Gift Selection for Easy and Difficult Recipients: A Social Roles Interpretation," *Journal of Consumer Research* 20 (September 1993): 229–44.

40. Monica Gonzales, "Before Mourning," *American Demographics* (April 1988): 19.

41. Alf Nucifora, "Tis the Season to Gift One's Best Clients," *Triangle Business Journal* (December 3, 1999): 14.

42. John F. Sherry Jr., "Gift Giving in Anthropological Perspective," *Journal of Consumer Research* 10 (September 1983): 157–68.

43. Daniel Goleman, "What's Under the Tree? Clues to a Relationship," *New York Times* (December 19, 1989): C1.

44. John F. Sherry Jr., Mary Ann McGrath, and Sidney J. Levy, "The Dark Side of the Gift," *Journal of Business Research* (1993): 225–44.

45. Colin Camerer, "Gifts as Economics Signals and Social Symbols," *American Journal of Sociology* 94 (Supplement 1988): 5, 180–214; Robert T. Green and Dana L. Alden, "Functional Equivalence in Cross-Cultural Consumer

Behavior: Gift Giving in Japan and the United States," *Psychology & Marketing* 5 (Summer1988): 155–68; Hiroshi Tanaka and Miki Iwamura, "Gift Selection Strategy of Japanese Seasonal Gift Purchasers: An Explorative Study" (paper presented at the Association for Consumer Research, Boston, October 1994).

46. David Glen Mick and Michelle DeMoss, "Self-Gifts: Phenomenological Insights from Four Contexts," *Journal of Consumer Research* 17 (December 1990): 327; John F. Sherry Jr., Mary Ann McGrath, and Sidney J. Levy, "Monadic Giving: Anatomy of Gifts Given to the Self," in John F. Sherry Jr., ed., Contemporary Marketing and Consumer Behavior: *An Anthropological Sourcebook* (New York: Sage, 1995): 399–432.

47. Cynthia Crossen, "Holiday Shoppers' Refrain: 'A Merry Christmas to Me'," *Wall Street Journal Interactive Edition* (December 11, 1997).

48. See, for example, Russell W. Belk, "Halloween: An Evolving American Consumption Ritual," in Richard Pollay, Jerry Gorn, and Marvin Goldberg, eds., *Advances in Consumer Research* 17 (Provo, UT: Association for Consumer Research, 1990): 508–17; Melanie Wallendorf and Eric J. Arnould, "We Gather Together: The Consumption Rituals of Thanksgiving Day," *Journal of Consumer Research* 18 (June 1991): 13–31.

49. Rick Lyte, "Holidays, Ethnic Themes Provide Built-in F&B Festivals," *Hotel & Motel Management* (December 14, 1987): 56; Megan Rowe, "Holidays and Special Occasions: Restaurants Are Fast Replacing 'Grandma's House' as the Site of Choice for Special Meals," *Restaurant Management* (November 1987): 69; Judith Waldrop, "Funny Valentines," *American Demographics* (February 1989): 7.

50. "Cinco de Mayo, a Yawn for Mexicans, Gives Americans a License to Party," *Wall Street Journal Interactive Edition* (May 5, 2000).

51. Bruno Bettelheim, *The Uses of Enchantment: The Meaning and Importance of Fairy Tales* (New York: Alfred A. Knopf, 1976).

52. Kenneth L. Woodward, "Christmas Wasn't Born Here, Just Invented," *Newsweek* (December 16, 1996): 71.

53. Aron O'Cass and Peter Clarke, "Dear Santa, Do You Have My Brand? A Study of the Brand Requests, Awareness and Request Styles at Christmas Time," *Journal of Consumer Behavior* 2 (September 2002): 37–53.

54. Theodore Caplow, Howard M. Bahr, Bruce A. Chadwick, Reuben Hill, and Margaret M. Williams, *Middletown Families: Fifty Years of Change and Continuity* (Minneapolis: University of Minnesota Press, 1982).

55. Andrea Adelson, "A New Spirit for Sales of Halloween Merchandise," *New York Times* (October 31, 1994): D1.

56. Anne Swardson, "Trick or Treat: In Paris, It's Dress, Dance, Eat," *International Herald Tribune* (October 31, 1996): 2.

57. Arnold Van Gennep, *The Rites of Passage*, trans. Maika B. Vizedom and Shannon L. Caffee (London: Routledge and Kegan Paul, 1960; orig. published 1908); Michael R. Solomon and Punam Anand, "Ritual Costumes and Status Transition: The Female Business Suit as Totemic Emblem," in Elizabeth C. Hirschman and Morris Holbrook (eds.), *Advances in Consumer Research*, vol. 12 (Washington, DC: Association for Consumer Research, 1995) 315–18.

58. Walter W. Whitaker III, "The Contemporary American Funeral Ritual," in Ray B. Browne, ed., *Rites and Ceremonies in Popular Culture* (Bowling Green, OH: Bowling Green University Popular Press, 1980): 316–25. For a recent examination of funeral rituals, see Larry D. Compeau and Carolyn Nicholson, "Funerals: Emotional Rituals or Ritualistic Emotions" (paper presented at the Association for Consumer Research, Boston, October 1994).

59. "Aggressive Sales Practices in Funeral Industry Decried," *Montgomery Advertiser* (April 11, 2000): 2A.

60. Kottak, "Anthropological Analysis of Mass Enculturation," 40–74.

61. Joan Kron, *Home-Psych: The Social Psychology of Home and Decoration* (New York: Clarkson N. Potter, 1983); Gerry Pratt, "The House as an Expression of Social Worlds," in James S. Duncan, ed., *Housing and Identity: Cross-Cultural Perspectives* (London: Croom Helm, 1981): 135–79; Michael R. Solomon, "The Role of the Surrogate Consumer in Service Delivery," *The Service Industries Journal* 7 (July 1987): 292–307.

62. Grant McCracken, "'Homeyness': A Cultural Account of One Constellation of Goods and Meanings," in Elizabeth C. Hirschman, ed., *Interpretive Consumer Research* (Provo, UT: Association for Consumer Research, 1989): 168–84.

63. Emile Durkheim, *The Elementary Forms of the Religious Life* (New York: Free Press, 1915).

64. Susan Birrell, "Sports as Ritual: Interpretations from Durkheim to Goffman," *Social Forces* 60, no. 2 (1981): 354–76; Daniel Q. Voigt, "American Sporting Rituals," in Browne, ed., Rites and Ceremonies in Popular Culture.

65. Alf Walle, "The Epic Hero," *Marketing Insights* (Spring 1990): 63.

66. Dean MacCannell, *The Tourist: A New Theory of the Leisure Class* (New York: Shocken Books, 1976).

67. Belk et al., "The Sacred and the Profane in Consumer Behavior."

68. Beverly Gordon, "The Souvenir: Messenger of the Extraordinary," *Journal of Popular Culture* 20, no. 3 (1986): 135–46.

69. Belk et al., "The Sacred and the Profane in Consumer Behavior."

70. Ibid.

71. Deborah Hofmann, "In Jewelry, Choices Sacred and Profane, Ancient and New," *New York Times* (May 7, 1989).

72. Lee Gomes, "Ramadan, a Month of Prayer, Takes on a Whole New Look," *Wall Street Journal Interactive Edition* (December 4, 2002).

73. J. C. Conklin, "Web Site Caters to Cowboy Fans by Selling Sweaty, Used Socks," *Wall Street Journal Interactive Edition* (April 21, 2000).

74. "Elvis Evermore," *Newsweek* (August 11, 1997): 12.

75. Dan L. Sherrell, Alvin C. Burns, and Melodie R. Phillips, "Fixed Consumption Behavior: The Case of Enduring Acquisition in a Product Category," in Robert L. King, ed., *Developments in Marketing Science* 14 (1991): 36–40.

76. Belk, "Acquiring, Possessing, and Collecting: Fundamental Processes in Consumer Behavior," cf. 74.

77. Ruth Ann Smith, "Collecting as Consumption: A Grounded Theory of Collecting Behavior" (unpublished manuscript, Virginia Polytechnic Institute and State University, 1994): 14.

78. For a discussion of these perspectives, see Smith, "Collecting as Consumption."

79. For an extensive bibliography on collecting, see Russell W. Belk, Melanie Wallendorf, John F. Sherry Jr., and Morris B. Holbrook, "Collecting in a Consumer Culture," in Russell W. Belk, ed., *Highways and Buyways* (Provo, UT: Association for Consumer Research, 1991): 178–215. See also Russell W. Belk, "Acquiring, Possessing, and Collecting: Fundamental Processes in Consumer Behavior," in Ronald F. Bush and Shelby D. Hunt, eds., *Marketing Theory: Philosophy of Science Perspectives* (Chicago: American Marketing Association, 1982): 85–90; Werner Muensterberg, Collecting: An Unruly Passion (Princeton, NJ: Princeton University Press, 1994); Melanie Wallendorf and Eric J. Arnould, "'My Favorite Things': A Cross-Cultural Inquiry into Object Attachment, Possessiveness, and Social Linkage," *Journal of Consumer Research* 14 (March 1988): 531–47.

80. Calmetta Y. Coleman, "Just Any Old Thing from McDonald's Can Be a Collectible," *Wall Street Journal* (March 29, 1995): B1; Ken Bensinger, "Recent Boom in Toy Collecting Leads Retailers to Limit Sales," *Wall Street Journal Interactive Edition* (September 25, 1998); "PC Lovers Loyal to Classics," *Montgomery Advertiser* (April 2, 2000): 1.

81. Philip Connors, "Like Fine Wine, a 'Collector' Visits McDonald's for Subtle Differences," *Wall Street Journal Interactive Edition* (August 16, 1999).

82. Debbie Treise, Joyce M. Wolburg, and Cele C. Otnes, "Understanding the 'Social Gifts' of Drinking Rituals: An Alternative Framework for PSA Developers," *Journal of Advertising* 28 (Summer 1999): 17–31.

83. Ibid.

第十七章

1. Khanh T. L. Tran, "Lifting the Velvet Rope: Night Clubs Draw Virtual Throngs with Webcasts," *Wall Street Journal Interactive Edition* (August 30, 1999).

2. Lauren Goldstein, "Urban Wear Goes Suburban," *Fortune* (December 21, 1998): 169–72.

3. Marc Spiegler, "Marketing Street Culture: Bringing Hip-Hop Style to the Mainstream," *American Demographics* (November 1996): 29–34.

4. Joshua Levine, "Badass Sells," *Forbes* (April 21, 1997): 142.

5. Nina Darnton, "Where the Homegirls Are," *Newsweek* (June 17, 1991): 60; "The Idea Chain," *Newsweek* (October 5, 1992): 32.

6. Cyndee Miller, "X Marks the Lucrative Spot, but Some Advertisers Can't Hit Target," *Marketing News* (August 2, 1993): 1.

7. Ad appeared in *Elle* (September 1994).

8. Spiegler, "Marketing Street Culture: Bringing Hip-Hop Style to the Mainstream"; Levine, "Badass Sells."

9. Jeff Jensen, "Hip, Wholesome Image Makes a Marketing Star of Rap's LL Cool J," *Advertising Age* (August 25, 1997): 1.

10. Alice Z. Cuneo, "GAP's 1st Global Ads Confront Dockers on a Khaki Battlefield," *Advertising Age* (April 20, 1998): 3–5.

11. Jancee Dunn, "How Hip-Hop Style Bum-Rushed the Mall," *Rolling Stone* (March 18, 1999): 54–59.

12. Teri Agins, "The Rare Art of 'Gilt by Association': How Armani Got Stars to Be Billboards," *Wall Street Journal Interactive Edition* (September 14, 1999).

13. Eryn Brown, "From Rap to Retail: Wiring the Hip-Hop Nation," *Fortune* (April 17, 2000): 530

14. Martin Fackler, "Hip Hop Invading China," *The Birmingham News* (February 15, 2002): D1.

15. Maureen Tkacik, "'Z' Zips into the Zeitgeist, Subbing for 'S' in Hot Slang," *Wall Street Journal Interactive Edition* (January 4, 2003); Maureen Tkacik, "Slang from the 'Hood Now Sells Toyz in Target," *Wall Street Journal Interactive Edition* (December 30, 2002).

16. Elizabeth M. Blair, "Commercialization of the Rap Music Youth Subculture," *Journal of Popular Culture* 27 (Winter 1993): 21–34; Basil G. Englis, Michael R. Solomon, and Anna Olofsson, "Consumption Imagery in Music Television: A Bi-Cultural Perspective," *Journal of Advertising* 22 (December 1993): 21–34.

17. Spiegler, "Marketing Street Culture: Bringing Hip-Hop Style to the Mainstream."

18. Grant McCracken, "Culture and Consumption: A Theoretical Account of the Structure and Movement of the Cultural Meaning of Consumer Goods," *Journal of Consumer Research* 13 (June 1986): 71–84.

19. Richard A. Peterson, "The Production of Culture: A Prolegomenon," in Richard A. Peterson, ed., *The Production of Culture, Sage Contemporary Social Science Issues* 33 (Beverly Hills, CA: Sage, 1976), 7–22. For a recent study that looked at ways consumers interact with marketers to create cultural meanings, see Lisa Penaloza, "Consuming the American West: Animating Cultural Meaning and Memory at a Stock Show and Rodeo," *Journal of Consumer Research* 28 (December 2001): 369–98.

20. Richard A. Peterson and D. G. Berger, "Entrepreneurship in Organizations: Evidence from the Popular Music Industry," *Administrative Science Quarterly* 16 (1971): 97–107.

21. Elizabeth C. Hirschman, "Resource Ex-change in the Production and Distribution of a Motion Picture," *Empirical Studies of the Arts* 8, no. 1 (1990): 31–51; Michael R. Solomon, "Building Up and Breaking Down: The Impact of Cultural Sorting on Symbolic Consumption," in J. Sheth and E. C. Hirschman, eds., *Research in Consumer Behavior* (Greenwich, CT: JAI Press, 1988), 325–51.

22. See Paul M. Hirsch, "Processing Fads and Fashions: An Organizational Set Analysis of Cultural Industry Systems," *American Journal of Sociology* 77, no. 4 (1972): 639–59; Russell Lynes, *The Tastemakers* (New York: Harper and Brothers, 1954); Michael R. Solomon, "The Missing Link: Surrogate Consumers in the Marketing Chain," *Journal of Marketing* 50 (October 1986): 208–19.

23. Howard S. Becker, "Arts and Crafts," *American Journal of Sociology* 83 (January 1987): 862–89.

24. Herbert J. Gans, "Popular Culture in America: Social Problem in a Mass Society or Social Asset in a Pluralist Society?" in Howard S. Becker, ed., *Social Problems: A Modern Approach* (New York: Wiley, 1966).

25. Karen Breslau, "Paint by Numbers," *Newsweek* (May 13, 2002): 48.

26. Peter S. Green, "Moviegoers Devour Ads," *Advertising Age* (June 26, 1989): 36.

27. John P. Robinson, "The Arts in America," *American Demographics* (September 1987): 42.

28. Michael R. Real, *Mass-Mediated Culture* (Upper Saddle River, NJ: Prentice Hall, 1977).

29. Annetta Miller, "Shopping Bags Imitate Art: Seen the Sacks? Now Visit the Museum Exhibit," *Newsweek* (January 23, 1989): 44.

30. Kim Foltz, "New Species for Study: Consumers in Action," *New York Times* (December 18, 1989): A1.

31. Arthur A. Berger, *Signs in Contemporary Culture: An Introduction to Semiotics* (New York: Longman, 1984).

32. Michiko Kakutani, "Art Is Easier the 2d Time Around," *New York Times* (October 30, 1994): E4.

33. Nigel Andrews, "Filming a Blockbuster Is One Thing; Striking Gold Is Another," *Financial Times* (January 20, 1998).

34. Helene Diamond, "Lights, Camera . . . Research!" *Marketing News* (September 11, 1989): 10.

35. Nigel Andrews, "Filming a Blockbuster is One Thing."

36. "A Brand-New Development Creates a Colorful History," *Wall Street Journal Interactive Edition* (February 18, 1998).

37. Mary Kuntz and Joseph Weber, "The New Hucksterism," *BusinessWeek* (July 1, 1996): 75(2).

38. Michael R. Solomon and Basil G. Englis, "Reality Engineering: Blurring the Boundaries between Marketing and Popular Culture," *Journal of Current Issues and Research in Advertising* 16, no. 2 (Fall 1994): 1–17.

39. Austin Bunn, "Not Fade Away," *New York Times on the Web* (December 2, 2002).

40. Marc Santora, "Circle the Block, Cabby, My Show's On," *New York Times on the Web* (January 16, 2003); Wayne Parry, "Police May Sell Ad Space," *Montgomery Advertiser* (November 20, 2002): A4.

41. T. Bettina Cornwell and Bruce Keillor, "Contemporary Literature and the Embedded Consumer Culture: The Case of Updike's Rabbit," in Roger J. Kruez and Mary Sue MacNealy, eds., *Empirical Approaches to Literature and Aesthetics: Advances in Discourse Processes* 52 (Norwood, NJ: Ablex, 1996), 559–72; Monroe Friedman, "The Changing Language of a Consumer Society: Brand Name Usage in Popular American Novels in the Postwar Era," *Journal of Consumer Research* 11 (March 1985): 927–37; Monroe Friedman, "Commercial Influences in the Lyrics of Popular American Music of the Postwar Era," *Journal of Consumer Affairs* 20 (Winter 1986): 193.

42. Wayne Friedman, "'Tomorrow' Heralds Brave New Ad World," *Advertising Age* (June 24, 2002): 3.

43. Hank Kim and Wayne Friedman, "Brands Get Role in New ABC Show," *Advertising Age* (December 30, 2002): 3.

44. Britt Bill and O'Dwyer Gerad, "The New Billboards: Buggies," *Advertising Age* (August 19, 2002): 11.

45. "Pro Bowler's Skirt Is up for Ad Grabs," *Advertising Age* (September 16, 2002): 16.

46. Robin Givhan, "Designers Caught in a Tangled Web," *Washington Post* (April 5, 1997): C1.

47. Suzanne Vranica, "Sony Ericsson Campaign Uses Actors to Push Camera-Phone in Real Life," *Wall Street Journal Interactive Edition* (July 31, 2002).

48. George Gerbner, Larry Gross, Nancy Signorielli, and Michael Morgan, "Aging with Television: Images on Television Drama and Conceptions of Social Reality," *Journal of Communication* 30 (1980). 37–47.

49. L. J. Shrum, Robert S. Wyer Jr., and Thomas C. O'Guinn, "The Effects of Television Consumption on Social Perceptions: The Use of Priming Procedures to Investigate Psychological Process," *Journal of Consumer Research* 24 (March 1998): 447–68; Stephen Fox and William Philber, "Television Viewing and the Perception of Affluence," *Sociological Quarterly* 19 (1978): 103–12; W. James Potter, "Three Strategies for Elaborating the Cultivation Hypothesis," *Journalism Quarterly* 65 (Winter 1988): 930–39; Gabriel Weimann, "Images of Life in America: The Impact of American T.V. in Israel," *International Journal of Intercultural Relations* 8 (1984): 185–97.

50. "Movie Smoking Exceeds Real Life," *Asbury Park Press* (June 20, 1994): A4.

51. Lynn Elber, "TV Offers Fantasy Depiction of Real-Life Family, Work Life, Study Says," *Montgomery Advertiser* (June 11, 1998): B1

52. Fara Warner, "Why It's Getting Harder to Tell the Shows from the Ads," *Wall Street Journal* (June 15, 1995): B1.

53. Benjamin M. Cole, "Products That Want to Be in Pictures," *Los Angeles Herald Examiner* (March 5, 1985): 36; see also Stacy M. Vollmers and Richard W. Mizerski, "A Review and Investigation into the Effectiveness of Product Placements in Films," in Karen Whitehill King, ed., Proceedings of the 1994 Conference of the American Academy of Advertising: 97–102; Solomon and Englis, "Reality Engineering: Blurring the Boundaries Between Marketing and Popular Culture."

54. Wayne Friedman, " 'Minority Report' Stars Lexus, Nokia," *Advertising Age* (June 17, 2002): 41.

55. Denise E. DeLorme and Leonard N. Reid, "Moviegoers' Experiences and Interpretations of Brands in Films Revisited," *Journal of Advertising* 28, no. 2 (1999): 71–90.

56. Cristel Antonia Russell, "Investigating the Effectiveness of Product Placement in Television Shows: The Role of Modality and Plot Connection Congruence on Brand Memory and Attitude," *Journal of Consumer Research* 29 (December 2002): 306–318.

57. Claire Atkinson, "Ad Intrusion Up, Say Consumers," *Advertising Age* (January 6, 2003): 1.

58. Peggy J. Farber, "Schools for Sale," *Advertising Age* (October 25, 1999): 22.

59. Sally Beatty, "In New TV Series, Big-Rig Maker Decides to Team up with Hollywood," *Wall Street Journal Interactive Edition* (October 29, 1999).

60. Jennifer Tanaka and Marc Peyser, "The Apples of Their Eyes," *Newsweek* (November 30, 1998): 58.

61. Nancy Marsden, "Lighting up the Big Screen," *San Francisco Examiner* (August 4, 1998).

62. Joe Flint, "Sponsors Get a Role in CBS Reality Show," *Wall Street Journal Interactive Edition* (January 13, 2000).

63. Stephen J. Gould, Pola B. Gupta, and Sonja Grabner-Kräuter "Product Placements in Movies: A Cross-Cultural Analysis of Austrian, French and American Consumers' Attitudes toward this Emerging, International Promotional Medium," *Journal of Advertising* 29 (Winter 2000): 41–58.

64. Sarah Ellison, "French Cafes Now Serve up Logos du Jour with Au Laits," *Wall Street Journal Interactive Edition* (June 2, 2000).

65. Peter Wonacott, "Chinese TV Is an Eager Medium for (Lots of) Product Placement," *Wall Street Journal Interactive Edition* (January 26, 2000).

66. Gabriel Kahn, "Product Placement Booms in New Bollywood Films," *Wall Street Journal Interactive Edition* (August 30, 2002).

67. Benny Evangelista, "Advertisers Get into the Video Game," *San Francisco Chronicle* (January 18, 1999).

68. Matt Richtel, "Big Mac Is Virtual, but Critics Are Real," *New York Times on the Web* (November 28, 2002).

69. Hassan Fattah and Pamela Paul, "Gaming Gets Serious," *American Demographics* (May 2002): 39–43.

70. Ibid.

71. Tobi Elkin, "Video Games Try Product Placement," *Advertising Age* (May 20, 2002): 157.

72. Lynnette Holloway, "Songs to Start out on Video Games," *New York Times on the Web* (March 10, 2003).

73. Emily Nelson, "Moistened Toilet Paper Wipes out after Launch for Kimberly-Clark," *Wall Street Journal Interactive Edition* (April 15, 2002).

74. Robert Hof, "The Click Here Economy," *BusinessWeek* (June 22, 1998): 122–28.

75. Eric J. Arnould, "Toward a Broadened Theory of Preference Formation and the Diffusion of Innovations: Cases from Zinder Province, Niger Republic," *Journal of Consumer Research* 16 (September 1989): 239–67; Susan B. Kaiser, *The Social Psychology of Clothing* (New York: Macmillan, 1985); Thomas S. Robertson, *Innovative Behavior and Communication* (New York: Holt, Rinehart and Winston, 1971).

76. Jan-Benedict E. M. Steenkamp, Frenkel ter Hofstede, and Michel Wedel, "A Cross-National Investigation into the Individual and National Cultural Antecedents of Consumer Innovativeness," *Journal of Marketing* 63, no. 7 (1999): 55–69.

77. Susan L. Holak, Donald R. Lehmann, and Fareena Sultan, "The Role of Expectations in the Adoption of Innovative Consumer Durables: Some Preliminary Evidence," *Journal of Retailing* 63 (Fall 1987): 243–59.

78. Hubert Gatignon and Thomas S. Robertson, "A Propositional Inventory for New Diffusion Research," *Journal of Consumer Research* 11 (March 1985): 849–67.

79. C. K. Prahalad and Venkatram Ramaswamy, "Co-Opting Customer Competence," *Harvard Business Review* (January–February 2000): 79–87. Eric von Hipple, "Users as Innovators," Technology Review 80 (January 1978): 3–11; Jakki Mohr, *Marketing of High-Technology Products and Services* (Upper Saddle River, NJ: Prentice Hall, 2001).

80. Everett M. Rogers, *Diffusion of Innovations*, 3rd ed. (New York: The Free Press, 1983).

81. Umberto Eco, *A Theory of Semiotics* (Bloomington: Indiana University Press, 1979).

82. Fred Davis, "Clothing and Fashion as Communication," in Michael R. Solomon, ed., *The Psychology of Fashion* (Lexington, MA: Lexington Books, 1985): 15–28.

83. Melanie Wallendorf, "The Formation of Aesthetic Criteria through Social Structures and Social Institutions," in Jerry C. Olson, ed., *Advances in Consumer Research* 7 (Ann Arbor, MI: Association for Consumer Research, 1980): 3–6.

84. Grant McCracken, "Culture and Consumption: A Theoretical Account of the Structure and Movement of the Cultural Meaning of Consumer Goods," *Journal of Consumer Research* 13 (June 1986): 71–84.

85. "The Eternal Triangle," *Art in America* (February 1989): 23.

86. Herbert Blumer, *Symbolic Interactionism: Perspective and Method* (Upper Saddle River, NJ: Prentice Hall, 1969); Howard S. Becker, "Art as Collective Action," *American Sociological Review* 39 (December 1973);

Richard A. Peterson, "Revitalizing the Culture Concept," *Annual Review of Sociology* 5 (1979): 137–66.

87. For more details, Kaiser, The Social Psychology of Clothing; George B. Sproles, "Behavioral Science Theories of Fashion," in Michael R. Solomon, ed., *The Psychology of Fashion* (Lexington, MA: Lexington Books, 1985): 55–70.

88. C. R. Snyder and Howard L. Fromkin, *Uniqueness: The Human Pursuit of Difference* (New York: Plenum Press, 1980).

89. Linda Dyett, "Desperately Seeking Skin," *Psychology Today* (May–June 1996): 14; Alison Lurie, *The Language of Clothes* (New York: Random House, 1981).

90. Harvey Leibenstein, *Beyond Economic Man: A New Foundation for Microeconomics* (Cambridge, MA: Harvard University Press, 1976).

91. Nara Schoenberg, "Goth Culture Moves into Mainstream," *Montgomery Advertiser* (January 19, 2003): 1G.

92. Georg Simmel, "Fashion," *International Quarterly* 10 (1904): 130–55.

93. Tkacik, "'Z' Zips into the Zeitgeist, Subbing for 'S' in Hot Slang"; Tkacik, "Slang from the 'Hood Now Sells Toyz in Target."

94. Grant D. McCracken, "The Trickle-Down Theory Rehabilitated," in Michael R. Solomon, ed., *The Psychology of Fashion* (Lexington, MA: Lexington Books, 1985): 39–54.

95. Charles W. King, "Fashion Adoption: A Rebuttal to the 'Trickle-Down' Theory," in Stephen A. Greyser, ed., *Toward Scientific Marketing* (Chicago: American Marketing Association, 1963), 108–25.

96. Alf H. Walle, "Grassroots Innovation," *Marketing Insights* (Summer 1990): 44–51.

97. Robert V. Kozinets, "Fandoms' Menace/Pop Flows: Exploring the Metaphor of Entertainment as Recombinant/Memetic Engineering," *Association for Consumer Research* (October 1999). The new science of memetics, which tries to explain how beliefs gain acceptance and predict their progress, was spurred by Richard Dawkins, who in the 1970s proposed culture as a Darwinian struggle among "memes" or mind viruses. See Geoffrey Cowley, "Viruses of the Mind: How Odd Ideas Survive," *Newsweek* (April 14, 1997): 14.

98. Malcolm Gladwell, *The Tipping Point* (New York: Little, Brown and Co., 2000).

99. "Cabbage-Hatched Plot Sucks in 24 Doll Fans," *New York Daily News* (December 1, 1983).

100. "Turtlemania," *The Economist* (April 21, 1990): 32.

101. John Lippman, "Creating the Craze for Pokémon: Licensing Agent Bet on U.S. Kids," *Wall Street Journal Interactive Edition* (August 16, 1999).

102. Anthony Ramirez, "The Pedestrian Sneaker Makes a Comeback," *New York Times* (October 14, 1990): F17.

103. B. E. Aguirre, E. L. Quarantelli, and Jorge L. Mendoza, "The Collective Behavior of Fads: The Characteristics, Effects, and Career of Streaking," *American Sociological Review* (August 1989): 569.

104. Kathleen Deveny, "Anatomy of a Fad: How Clear Products Were Hot and Then Suddenly Were Not," *Wall Street Journal* (March 15, 1994): B1.

105. Martin G. Letscher, "How to Tell Fads from Trends," *American Demographics* (December 1994): 38–45.

106. "Packaging Draws Protest," *Marketing News* (July 4, 1994): 1.

107. "McDonald's to Give $10 Million to Settle Vegetarian Lawsuit," *Wall Street Journal Interactive Edition* (June 4, 2002).

108. Gerard O'Dwyer, "McD's Cancels McAfrika Rollout," *Advertising Age* (September 9, 2002): 14.

109. K. Belson, "As Starbucks Grows, Japan, Too, Is Awash," *New York Times on the Web* (October 21, 2001).

110. "Starbucks Plans 24 Stores in Puerto Rico, Mexico: Will Consumers Buy $5 Coffee in the Land of 50 Cent Cafe?" *Wall Street Journal Interactive Edition* (August 29, 2002).

111. Steven Erlanger, "An American Coffeehouse (or 4) in Vienna," *New York Times on the Web* (June 1, 2002).

112. Theodore Levitt, *The Marketing Imagination* (New York: The Free Press, 1983).

113. Paulo Prada and Bruce Orwall, "Disney's New French Theme Park Serves Wine—and Better Sausage," *Wall Street Journal Interactive Edition* (March 12, 2002).

114. Terry Clark, "International Marketing and National Character: A Review and Proposal for an Integrative Theory," *Journal of Marketing* 54 (October 1990): 66–79.

115. Deborah Ball, "Fashion Houses Implement New Local Marketing Push," *Wall Street Journal Interactive Edition* (June 6, 2002).

116. Jason Dean, "Beer's Taiwan Entry Tests Taste for Chinese Products," *Wall Street Journal Interactive Edition* (July 4, 2002).

117. Norihiko Shirouzu, "Snapple in Japan: How a Splash Dried Up," *Wall Street Journal* (April 15, 1996): B1.

118. Glenn Collins, "Chinese to Get a Taste of Cheese-Less Cheetos," *New York Times* (September 2, 1994): D4.

119. James Hookway, "Philippine Balut Goes Gourmet with an Appeal to Elite Class," *Wall Street Journal Interactive Edition* (May 2, 2002).

120. Julie Skur Hill and Joseph M. Winski, "Goodbye Global Ads: Global Village Is Fantasy Land for Marketers," *Advertising Age* (November 16, 1987): 22.

121. Shelly Reese, "Culture Shock," *Marketing Tools* (May 1998): 44–49; Steve Rivkin, "The Name Game Heats Up," *Marketing News* (April 22, 1996): 8; David A. Ricks, "Products That Crashed into the Language Barrier," *Business and Society Review* (Spring 1983): 46–50; "Speaking in Tongues" 3, no. 1 (Spring 1997): 20–23.

122. Clyde H. Farnsworth, "Yoked in Twin Solitudes: Canada's Two Cultures," *New York Times* (September 18, 1994): E4.

123. Hill and Winski, "Goodbye Global Ads."

124. MTV Europe, personal communication, 1994; see also Teresa J. Domzal and Jerome B. Kernan, "Mirror, Mirror: Some Postmodern Reflections on Global Advertising," *Journal of Advertising* 22 (December 1993): 1–20; Douglas P. Holt, "Consumers' Cultural Differences as Local Systems of Tastes: A Critique of the Personality-Values Approach and an Alternative Framework," *Asia Pacific Advances in Consumer Research* 1 (1994): 1–7.

125. Normandy Madden, "New GenerAsians Survey Gets Personal with Asia-Pacific Kids," *Advertising Age International* (July 13, 1998): 2.

126. "They All Want to Be Like Mike," *Fortune* (July 21, 1997): 51–53.

127. Calvin Sims, "Japan Beckons, and East Asia's Youth Fall in Love," *New York Times* (December 5, 1999): 3.

128. Elisabeth Rosenthal, "Buicks, Starbucks and Fried Chicken, Still China?" *New York Times on the Web* (February 25, 2002).

129. Suzanne Kapner, "U.S. TV Shows Losing Potency around World," *New York Times on the Web* (January 2, 2003).

130. Emma Daly, "In a Spanish Reality TV Show, Even the Losers Win," *New York Times on the Web* (December 4, 2002).

131. B. O'Keefe, "Global Brands," *Fortune* (November 26, 2001): 102–6.

132. Kevin J. Delaney, "U.S. Brands Could Suffer Even Before War Begins," *Wall Street Journal Interactive Edition* (January 28, 2003).

133. Julie Watson, "City Keeps McDonald's from Opening in Plaza," *Montgomery Advertiser* (December 15, 2002): 5AA.

134. John F. Sherry Jr. and Edward G. Camargo, "May Your Life Be Marvelous; French Council Eases Language Ban," *New York Times* (July 31, 1994): 12.

135. Alan Riding, "Only the French Elite Scorn Mickey's Debut," *New York Times* (1992): A1.

136. Matthew Yeomans, "Unplugged," *Wired* (February 2002): 87.

137. Gerard O'Dwyer, "Unilever Angers Finns over Mustard," *Advertising Age* (November 11, 2002): 16.

138. Professor Russell Belk, University of Utah, personal communication (July 25, 1997).

139. Material in this section adapted from Güliz Ger and Russell W. Belk, "I'd Like to Buy the World a Coke: Consumptionscapes of the 'Less Affluent World'," *Journal of Consumer Policy* 19, no. 3 (1996): 271–304; Russell W. Belk, "Romanian Consumer Desires and Feelings of Deservingness," in Lavinia Stan, ed., *Romania in Transition* (Hanover, NH: Dartmouth Press, 1997): 191–208; see also Güliz Ger, "Human Development and Humane Consumption: Well Being Beyond the Good Life," *Journal of Public Policy and Marketing* 16 (1997): 110–25.

140. Professor Güliz Ger, Bilkent University, Turkey, personal communication (July 25, 1997).

141. Erazim Kohák, "Ashes, Ashes . . . Central Europe after Forty Years," *Daedalus* 121 (Spring 1992): 197–215; Belk, "Romanian Consumer Desires and Feelings of Deservingness."

142. David Murphy, "Christmas's Commercial Side Makes Yuletide a Hit in China," *Wall Street Journal Interactive Edition* (December 24, 2002).

143. Miriam Jordan and Teri Agins, "Fashion Flip-Flop: Sandal Leaves the Shower Behind," *Wall Street Journal Interactive Edition* (August 8, 2002).

144. This example courtesy of Professor Russell Belk, University of Utah, personal communication (July 25, 1997).

145. Miriam Jordan, "India Decides to Put Its Own Spin on Popular Rock, Rap and Reggae," *Wall Street Journal Interactive Edition* (January 5, 2000); Rasul Bailay, "Coca-Cola Recruits Paraplegics for 'Cola War' in India," *Wall Street Journal Interactive Edition* (June 10, 1997).

146. Rick Wartzman, "When You Translate 'Got Milk' for Latinos, What Do You Get?" *Wall Street Journal Interactive Edition* (June 3, 1999).

147. Eric J. Arnould and Richard R. Wilk, "Why Do the Natives Wear Adidas: Anthropological Approaches to Consumer Research," *Advances in Consumer Research* 12 (Provo, UT: Association for Consumer Research, 1985): 748–52.

148. Sherry and Camargo, "'May Your Life Be Marvelous'" 174–88.

149. Bill Bryson, "A Taste for Scrambled English," *New York Times* (July 22, 1990): 10; Rose A. Horowitz, "California Beach Culture Rides Wave of Popularity in Japan," *Journal of Commerce* (August 3, 1989): 17; Elaine Lafferty, "American Casual Seizes Japan: Teen-agers Go for N.F.L. Hats, Batman and the California Look," *Time* (November 13, 1989): 106.

150. Lucy Howard and Gregory Cerio, "Goofy Goods," *Newsweek* (August 15, 1994): 8.

151. Calvin Sims, "For Chic's Sake, Japanese Women Parade to the Orthopedist," *New York Times On the Web* (November 26, 1999).

國家圖書館出版品預行編目資料

消費者行為 / Michael R. Solomon；陳志銘等譯
. -- 初版. -- 臺北市：臺灣培生教育，
2005[民 94]
面； 公分

譯自：Consumer Behavior
ISBN 986-154-014-8（平裝）

1. 消費心理學

496.34   93013918

消費者行為

原　　　　著	Michael R. Solomon
譯　　　者	陳志銘、郭庭魁、杜玉蓉、蕭幼麟、周佳樺
審　　　校	張重昭
發　行　人	洪欽鎮
主　　　編	鄭佳美
編　　　輯	賴文惠
編 輯 協 力	杜玉蓉
美 編 印 務	楊雯如、廖秀真
電 腦 排 版	何貞賢
封 面 完 稿	陳健美
發　行　所	台灣培生教育出版股份有限公司
出　版　者	

地址／台北市重慶南路一段 147 號 5 樓
電話／02-2370-8168　傳真／02-2370-8169
網址／www.pearsoned.com.tw
E-mail／reader@pearsoned.com.tw

台灣總經銷	全華科技圖書股份有限公司

地址／台北市龍江路 76 巷 20 號 2 樓
電話／02-2507-1300　傳真／02-2506-2993　郵撥／0100836-1
網址／www.opentech.com.tw
E-mail／book@ms1.chwa.com.tw

全 華 書 號	18016
香港總經銷	培生教育出版中國有限公司

地址／香港鰂魚涌英皇道 979 號（太古坊康和大廈 2 樓）
電話／852-3180-0000　傳真／852-2564-0955

版　　　次	2005 年 5 月初版一刷
Ｉ Ｓ Ｂ Ｎ	986-154-014-8